现代水质监测分析技术

第二版

费学宁　池勇志　等 编著

XIANDAI SHUIZHI JIANCE
FENXI JISHU

U0389589

化学工业出版社

·北京·

内 容 简 介

本书总结、归纳和整理了国内外仪器分析在水质监测应用中的新技术、新设备、新方法与新成果，并结合编著者工作经验积累，系统介绍了现代水质监测分析技术。全书分为7章，包括原子光谱技术、分子光谱技术、电化学分析技术、色谱分离分析技术、流动注射分析法、原位水质监测传感器、在线水质监测系统和水质遥感监测等内容，在总结相关技术的基本原理、仪器设备和分析计算的同时，着重介绍了各种仪器分析技术在水质监测及分析领域的应用情况，并附以实例。

本书可供水质监测分析相关领域的工程技术人员、研究人员使用，也可作为环境工程、化学工程、化学分析等专业师生的参考用书。

图书在版编目（CIP）数据

现代水质监测分析技术/费学宁等编著. —2版.—北京：
化学工业出版社，2021.9
ISBN 978-7-122-39420-0

Ⅰ.①现… Ⅱ.①费… Ⅲ.①水质监测②水质分析
Ⅳ.①X832②O661

中国版本图书馆 CIP 数据核字（2021）第 129141 号

责任编辑：冉海滢　刘　军　　　　　　　文字编辑：丁海蓉
责任校对：王素芹　　　　　　　　　　　　装帧设计：王晓宇

出版发行：化学工业出版社（北京市东城区青年湖南街 13 号　邮政编码 100011）
印　　装：大厂聚鑫印刷有限责任公司
787mm×1092mm　1/16　印张 30　字数 804 千字　2022 年 1 月北京第 2 版第 1 次印刷

购书咨询：010-64518888　　　　　　　售后服务：010-64518899
网　　址：http://www.cip.com.cn
凡购买本书，如有缺损质量问题，本社销售中心负责调换。

定　　价：188.00 元

本书编著者

费学宁　池勇志　汪东川　于　翔

王　乐　申丛丛　杨银慧　刘伯约

陈富强　付海娟　张梦怡　席绪昭

自 2005 年本书第一版出版以来的十几年中，水质监测分析技术有了长足发展，一些新技术、新成果不断涌现，同时原书中的一些内容，比如监测设备和监测对象也发生了较大变化。基于此，对第一版进行了补充和修订。

再版主要删除了原来的第 6 章生物传感器及其在水质分析中的应用和第 7 章生物指示器与生物标识器在环境评估中的应用等内容，根据课题组的研究成果，增加了第 6 章传感器在水质监测中的应用和第 7 章水质遥感监测分析技术，介绍了对生态环境中大面积水体水质、水域监测的新方法及信息传感新技术。此外，对于第 1 章至第 5 章中的实例部分进行了更新，包括仪器型号和测试对象等。

本书总结、归纳和整理了国内外仪器分析在水质监测应用中的新技术、新设备、新方法与新成果，并结合编著者工作中积累的经验，深入浅出地介绍了原子光谱技术、分子光谱技术、电化学分析技术、色谱分离分析技术、流动注射分析法、原位水质监测传感器的工作原理和应用、在线水质监测系统的工作原理和应用、AI＋大数据水质监测与评估分析系统和水质遥感监测分析等技术。本书简要介绍了与各种技术相关的分析仪器，着重向读者介绍了各种仪器分析技术在水质监测及分析领域的应用情况，并附以实例。

本书由费学宁主持编写，其他参与编写的人员是（以章节为序）：第 1 章、第 2 章（王乐、费学宁），第 3 章（申丛丛），第 4 章（池勇志、陈富强、付海娟、张梦怡、刘伯约），第 5 章（杨银慧），第 6 章（于翔、席绪昭），第 7 章（汪东川）。

本书注重先进方法的理论性与应用性相结合，实用性强，可供从事环境监测、环境分析等工作的研究人员和技术人员使用，也可作为其他分析领域的技术人员以及环境科学与工程领域的科研、工程技术人员的参考书，还可作为高等院校环境类专业及相关专业本科生、研究生现代环境分析课程的教材或教学参考书。

本书的修订再版得到化学工业出版社的大力支持，在此致谢。同时，本书在编写过程中参考了相关领域的研究论文和著作，在此向有关作者致以谢意。衷心希望专家、学者及广大读者对本书疏漏之处给予指教。

编著者

2021 年 6 月

随着近年来水工程事业的飞速发展以及人们对可持续发展理念的理解和认同，人们的环境意识及对水质的要求不断提高，对水质监测及分析的准确性、快速性以及在线监测分析的要求也愈来愈高。同时，水质分析技术在仪器的自动化和痕量有机污染物的分析方面也有了长足进步，生物技术的渗入也为水质监测分析技术拓展了新的发展空间。为了适应水质监测及分析技术发展的客观要求，特编写本书，为从事水质监测及分析的科技工作者提供参考。

本书由原子光谱技术、分子光谱技术、电化学分析技术、色谱分离技术、流动注射分析法、生物传感器、生物指示器以及生物标识器在水质分析中的应用共 7 章组成。本书注重理论与实际的结合，针对每种分析方法，以应用为重点，在简要介绍其基本原理的基础上，注重实用性的介绍。重点介绍了近年来仪器分析方法在水质监测及分析中应用的最新进展情况，特别注重仪器联用技术以及在线监测技术的介绍，从而使本书尽可能满足水质监测及分析技术最新发展的需要。本书可供从事水质监测及分析的工作者使用，也可作为环境科学等相关专业师生的参考书和工具书。

参加本书编写工作的人员有刘玉茹（第 1 章第 1～2 节）、赵秀杰（第 1 章第 3 节和第 7 章第 3～4 节）、王银叶（第 2 章第 1 节）、周传健（第 2 章第 2～3 节）、费学宁（第 2 章第 4 节）、赵珊（第 3 章和第 7 章第 1～2 节）、池勇志（第 4 章第 1 节）、刘雅巍（第 4 章第 2～3 节）、贾堤（第 4 章第 4 节）、刘丽娟（第 4 章第 5～6 节）、杨少斌（第 5 章）、王广庆（第 6 章第 1～2 节）、黄永春（第 6 章第 3 节）、陈强和史海滨（第 6 章第 4 节）。全书由费学宁、贾堤和池勇志统稿并定稿。

在本书的编写过程中参考了大量有关专家的论文和专著，其中第 7 章（生物指示器和生物标识器）由于中文资料较少，编写人员主要参考了国外近期出版的有关论文和专著，在此对专家、学者们的卓越贡献表示钦佩和深深的谢意。在编写中还得到了化学工业出版社的大力支持和帮助，并得到了其他同仁的关心和帮助，在此一并向他们表示深切的谢意。本书的出版得到了天津市高等学校科技发展基金资助项目（项目编号：20030401 和 20031003）的资助。

由于作者水平和能力有限，加之时间紧迫，书中的不妥之处，敬请专家和读者批评指正。

编者
2005 年 1 月

目录

第1章
原子光谱技术及其在水质分析中的应用

　　原子光谱分析是分析化学学科的重要组成部分，包括原子吸收光谱分析（AAS）、原子发射光谱分析（AES）和原子荧光光谱分析（AFS）。在各类分析方法的需求与应用中，原子光谱分析占居首位。20世纪50～70年代以电感耦合等离子体（ICP）为代表的等离子体原子发射光谱技术的出现，被认为是分析化学发展中的重大突破。20世纪80～90年代等离子体质谱（ICP-MS）技术的问世，则是分析化学发展中的又一重大里程碑。AAS是重要的痕量分析技术之一，它测定灵敏、准确、快速、简便，使仪器设备得到了极大的普及，成为应用十分广泛的常规分析方法，在环保、生物、医学、临床等领域中发挥着重要作用。AAS一直是一种单元素检测技术，这一缺点在一定程度上限制了它的发展与应用。经过人们的长期努力，在20世纪90年代出现了商用多元素AAS仪器，它可以一次检测4～6个元素，目前，原子吸收光谱可测定约70种元素，不过有许多元素的检测下限距区域化探要求相差甚远，能满足区域化探要求的有10～20种。此外，AAS在光源、分光计、检测器以及原子化器方面也取得了一些新的进展。AFS曾被人们视为最有发展潜力的痕量分析技术之一，一度成为"单原子检测技术"有力的竞争者，但由于AFS技术进样方式的限制，其应用范围还远远不及AAS，尤其在水分析领域应用不多。由Fasall和Greenfield各自独立提出的ICP-AES技术至今已有50多年历史，并已发展为成熟的多元素检测手段。由于自身具有的灵敏度高、检出限低、多元素检测、线性范围宽、干扰水平低等突出优点，该技术自面世以来已得到了非常广泛的应用，成为许多部门的实验室中不可缺少的常规分析手段及标准分析方法。20世纪80年代初期，由Houk和Fassel共同创立的等离子体质谱新技术，大大推动了现代分析化学的发展，虽然质谱分析在工作原理上与分子光谱有着本质的不同，但质谱仪根据荷质比的不同将离子分开的过程与光谱分析中的分光过程类似，故通常也被认为是一种光谱分析法，按分析对象的不同，质谱法可分为原子质谱法和分子质谱法。大量研究表明，ICP-MS是有效的元素形态分析手段，目前这一技术正处于重要的发展时期。近年来，随着社会生产各个领域对分析技术要求的不断提高，AAS多与其他分析技术联用，在痕量甚至超痕量的方向上得到了有效发展，ICP-MS技术可与其他色谱分离技术联用，进行同位素比值分析、元素价态分析，已成为元素形态分析和同位素测定的常规分析技术。

　　这里只对在水质分析领域应用广泛的原子吸收光谱法、电感耦合等离子体-原子发射光谱法、电感耦合等离子体-质谱法（原子质谱）做系统的叙述，有关分子质谱的内容将在下一章中详细介绍。

1.1

原子吸收法及其在水质检测中的应用

原子吸收光谱法（atomic absorbtion spectrometry）又称原子吸收分光光度法（atomic absorbtion spectrophotometry），简称原子吸收法（AAS），是仪器分析中重要的测试手段之一，已成为水处理、水环境评价和水质分析中重要的测试方法之一，广泛应用于水中有机物和无机物的测定。所谓原子吸收是指气态自由原子对同种原子发射出的特征波长光的吸收现象。原子吸收光谱法就是基于水样蒸气中的基态原子对光源发出的该种元素的特征波长的光的吸收程度的大小进行定量分析的方法。原子吸收法作为一种分析方法是在 1955 年开始的。澳大利亚物理学家沃尔什（Walsh）发表的著名论文《原子吸收光谱在化学分析中的应用》，奠定了原子吸收光谱分析法的理论基础。

人们陆续使用了连续光源和中阶梯光栅以及二极管阵列的多元素分析检测器，并设计出微机控制的原子吸收分光光度计，为解决原子吸收法多元素同时测定的难题开辟了新的途径。质谱、色谱及流动注射分析等与原子吸收的联用技术愈来愈受到人们的重视，为原子吸收光谱分析开拓出广泛的应用前景。

原子吸收光谱法具有以下特点。

（1）检出限低　火焰原子吸收法（FAAS）的检出限可达到 ng/mL 级，石墨炉原子吸收光谱法（GFAAS）的检出限可达到 $10^{-5} \sim 10^{-4}$ g/mL。

（2）选择性好　原子吸收光谱是元素的固有特征，原子吸收测定具有良好的选择性，干扰小、易分析。

（3）精密度高　相对标准偏差一般小于 1%。

（4）分析速度快　由于选择性的化学处理和测定操作简便，因此分析速度快，使用自动进样器以后，每小时可测定几十个样品。

（5）应用范围广　可分析周期表中绝大多数的金属和非金属元素，可测元素达 70 多种。利用联用技术可以进行元素的形态分析。用间接原子吸收分析光谱法可以分析有机化合物，还可以进行同位素分析。

（6）耗样量小　FAAS 进样量一般为 3～6mL/min，微量进样量为 10～50μL；GFAAS 的进样量为 10～30μL，固体进样量为 mg 级。

与其他分析方法相比，原子吸收法的操作简便，易为初学者所掌握。

原子吸收光谱法是一种同时具有特效性、准确性和选择性的定量分析方法，不足之处是其灵敏度的限制（其线性范围一般为 4～6 个数量级），不能用来测定水体的某些痕量和超痕量元素，且只能进行单元素分析，每测定一种元素都必须更换元素光源灯。目前多元素光源灯的研究已有了一定进展，但多元素同时测定方法仍是原子吸收方法研究的重点。

1.1.1　原子吸收法的基本原理

原子在两个能态之间的跃迁伴随着能量的变化。水样通过原子化器使其中的金属元素变成原子状态，此时金属元素处于基态，即具有最稳定的电子排列。当有辐射通过原子蒸气，且入射辐射频率等于原子中电子由基态跃迁到较高能态所需要的能量频率时，原子处于高能态。当不稳定的高能态原子很快恢复为基态时，便以光的形式释放出能量。原子从基态到第一激发态所吸收的谱线称为共振吸收线；反之，由第一激发态回到基态所释放出的一定频率的谱线称为共振发射线。

各种元素的原子结构和外层电子排布不同，使得不同元素的原子从基态跃迁至第一激发态时所吸收的能量具有特征性。因此元素的共振线也称为该元素的特征谱线。原子吸收光谱法主要应用的是共振吸收线，因为它是从基态到第一激发态，最易发生且最具有特征性，干扰最少，是元素最灵敏的吸收线。

原子吸收法是利用空心阴极灯发出的待测元素的特征谱线，在通过试样蒸气时会被其中该元素的基态原子所吸收的现象，由特征谱线被减弱的程度来测定试样中待测元素含量的方法。它是建立在人们对基态原子蒸气吸收特征光的规律的研究之上的，所以要了解其基本原理首先要了解基态原子的产生和它的吸光特性、积分吸收与峰值吸收的概念以及定量分析的依据等几个主要的问题。

1.1.1.1 积分吸收与峰值吸收

(1) 积分吸收 在原子吸收分析中，常将原子蒸气所吸收的全部能量称为积分吸收。积分吸收与单位体积原子蒸气中吸收辐射的原子数的关系如公式(1-1)所示。

$$\int K_v \mathrm{d}V = \frac{\pi e^2}{mc} N f \tag{1-1}$$

式中　c——光速；

　　　e——电子电荷；

　　　m——电子质量；

　　　N——单位体积原子蒸气中吸收或辐射的原子数；

　　　f——振子强度，代表每个原子中能够吸收或发射特定频率光的平均电子数，在一定
　　　　　条件下，对一定元素可以是定值；

　　　K_v——原子蒸气中某处的吸收系数；

　　　$\mathrm{d}V$——吸收系数对体积积分。

公式(1-1)表明，积分吸收与单位体积原子蒸气中吸收辐射的原子数成正比。理论上讲，只要能测出积分值，就可以求算出待测元素的含量。

不过实际工作中，测量积分吸收是非常困难的。吸收谱线的宽度极窄，要测量这些窄小的谱线轮廓并求出它的积分吸收，需要用到高分辨率的分光仪，而现代分光技术的分辨率还达不到要求，还不能准确测得积分吸收。

(2) 峰值吸收 1955年，Walsh提出了中心吸收系数的概念，通过测定这个最大吸收系数 K_0 来代替测量积分吸收，解决了测量原子吸收的困难，建立了原子吸收定量分析法，这种由测定中心吸收系数来计算待测元素含量的方法称为峰值吸收法。

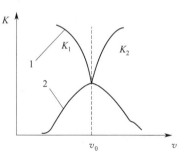

图 1-1　使用锐线光源时
原子的发射线与吸收线
1—锐线光源的原子发射线；
2—锐线光源的原子吸收线

实现测量中心吸收系数的条件是：①入射光线的中心频率与吸收谱线的中心频率严格相同；②入射光线的半宽度远小于吸收谱线的半宽度。要实现这两个条件，就必须使用一个与待测元素相同的元素制成锐线光源（能发射出谱线宽度很窄的光源）。图 1-1 为使用锐线光源时原子的发射线和吸收线。

从图 1-1 中可以看出，若光源发射轮廓很窄，发射线所包围的面积与吸收线轮廓的峰值吸收部分是非常近似的。发射线轮廓愈窄，这种近似愈好，一定情况下可用峰值吸收代替积分吸收。

试验证实，当采用待测元素制成锐线光源时，谱线的中心吸收系数 K_0 与积分吸收线宽 Δv 的关系如公式(1-2)所示：

$$K_0 = \frac{b \times 2}{\Delta v} \int K_v \, \mathrm{d}V \tag{1-2}$$

式中，b 为比例系数，在一定条件下又可写成：

$$K_0 = b \times \frac{2}{\Delta v} \times \frac{\pi e^2}{mc} \times fN = KN_0 \tag{1-3}$$

由公式(1-3)可以看出，中心吸收系数 K_0 在一定条件下与单位体积原子蒸气中吸收光辐射的原子数成正比。

1.1.1.2 火焰中的基态原子浓度与定量分析公式

使用原子吸收光谱进行定量分析的前提是首先要确定原子蒸气中待测元素的基态原子与原子总数之间的关系。火焰原子化方法在目前应用最为广泛，火焰温度一般低于3000K，在这样的温度下，大多数化合物被解离成了原子，其中只有少数被激发。即在火焰中既有基态原子，又有激发态原子。两者数目的比值只与温度有关，温度一定则比值一定，若温度变化，这个比值也随之改变，其关系可用玻尔兹曼方程表示：

$$\frac{N_i}{N_0} = \frac{P_i}{P_0} \times \mathrm{e}^{-\frac{E_i - E_0}{KT}} \tag{1-4}$$

式中　N_i——激发态原子数；

　　　N_0——基态原子数；

　　　P_i——激发态统计权重（表示能级的简并度，即相同能级的数量）；

　　　P_0——基态统计权重；

　　　K——玻尔兹曼常数；

　　　T——热力学温度；

　　　E_i——激发态能级能量；

　　　E_0——基态能级能量。

在原子光谱中，谱线波长确定，则 P_i/P_0 和 E_i、E_0 都是固定值。因此只要确定火焰温度，就可以求得 N_i/N_0 的值。一般而言，温度 T 越高，N_i/N_0 越大，常用的火焰温度低于3000K，而大多数元素的共振线波长都小于6000Å（1Å=0.1nm），因而对大多数元素来说，N_i/N_0 都很小（<1%），即火焰中的激发态原子数远小于基态原子数，即可以用基态原子数 N_0 代表火焰中吸收辐射的原子总数。

使用原子吸收光谱进行定量分析时，由于相同的元素具有相同的共振线频率，因此可用 K_0 代替 K_v，得：

$$I = I_0 \mathrm{e}^{-K_0 t} \tag{1-5}$$

$$A = \lg \frac{I_0}{I} = 0.4343 K_0 L \tag{1-6}$$

式中，L 为原子蒸气宽度（火焰宽度）。

吸光度与原子蒸气的宽度（即火焰的宽度）成正比。故而，改变火焰的宽度，可以改变吸光度的大小，其关系如公式(1-7)所示：

$$A = 0.4343 K_0 N_0 L = KN_0 L \tag{1-7}$$

公式(1-7)表明，吸光度与火焰中待测元素的基态原子数和火焰宽度的乘积成正比。在实际分析中，要求测量的是试样中待测元素的浓度，这个浓度与火焰中基态原子的浓度成正比。所以在一定的浓度范围内和一定的火焰温度下，吸光度与试样中待测元素浓度的关系如公式(1-8)所示：

$$A = K''c \tag{1-8}$$

式中，K'' 在一定试验条件下是常数；c 为待测物浓度。

由此可见，待测元素基态原子对入射光的吸收情况与分光光度法一样，符合朗伯-比尔定律。只要测出吸光度，就可以求算出试样中待测元素的浓度。这就是原子吸收光谱定量分析的依据。

1.1.2 火焰原子化原子吸收法和无火焰原子化原子吸收法

待测元素在试样中都以化合物的状态存在，因此在进行原子吸收分析时，首先应使待测元素由化合态变成基态原子，即原子化过程，也叫作待测元素的原子化。使试样原子化的方法有很多，但总体来说不外乎两种，一种是传统意义上的火焰法，另一种就是后来发展起来的无火焰法。

1.1.2.1 火焰原子化原子吸收法

火焰原子化就是利用火焰提供热能，使待测元素的化合物解离成基态原子，火焰的温度直接影响原子化的过程。温度过高，火焰中产生的基态原子就会有一部分被激发或电离，导致测定的灵敏度降低；温度过低，则解离出基态原子的效率低。一般对于一些易挥发电离，且不易与氧产生耐高温氧化物的元素，宜采用低温火焰测定，如铬、铅、锡、碱金属及碱土金属等。而有些元素（如铝、钒、钙、硅、钨等）易与氧生成耐高温的氧化物，宜采用特别的氧化亚氮-乙炔高温火焰。表 1-1 列出了几种常见火焰的温度及燃烧速度。

表 1-1　几种常见火焰的温度及燃烧速度

燃气	助燃气	化学计量助燃比(摩尔比)	温度/K	燃烧速度/(cm/s)
丙烷	空气	25	2200	80
乙炔	空气	12.5	2600	160
乙炔	N_2O	5.0	3200	180

火焰的组成决定了火焰的温度和氧化还原特性，直接影响原子化的效率。不同种类的火焰其氧化还原特性不同，即使同一类火焰，由于燃料气与助燃气的比例不同，火焰的特性也不同。通常同种类型的火焰按化学计量比的不同可分为以下几种：贫燃性火焰、富燃性火焰和化学计量火焰。而相对常用的两种火焰分别是空气-乙炔火焰和氧化亚氮-乙炔火焰。

空气-乙炔火焰是目前原子吸收分析中应用最广泛的一种火焰，最高温度为 2300K，能测定 35 种以上元素。但当测定铝、硅、钒、锆等元素时，由于能生成难解离的氧化物，灵敏度降低，不宜采用。

氧化亚氮-乙炔火焰，其温度可达到 3000K 以上，它不但温度高，而且可形成强还原性气氛，适用于测定易生成氧化物的元素，并且能消除其他火焰中可能存在的化学干扰现象。但使用氧化亚氮-乙炔火焰时不能直接点燃，若使用不当，易发生爆炸。

火焰原子化法具有操作简便、重现性好的优点，是原子化的主要方法。不足在于以下两点。

（1）雾化效率低　到达火焰参与原子化的试样仅为取样总数的 10%～15%，不宜测定贵重的或难得的样品。

（2）停留时间短　基态原子在火焰中的停留时间太短，大约只有 10^{-3} s，使得测定的灵敏度难以进一步提高，也不能对固体样品直接测定。

1.1.2.2 无火焰原子化原子吸收法

无火焰原子化可以弥补火焰原子化的不足，其中应用较多的有高温石墨炉原子化法、冷原子化法、阴极溅射法、高频感应加热法及低温化学蒸气原子化法等。现分别介绍如下。

（1）高温石墨炉原子化　石墨炉主要由石墨管、冷却水以及相应的其他辅助构件组成，其原理是在充满氮气或氩气的惰性环境中，以石墨管作为电阻发热体，样品用定量器注入石墨管中，通电后，石墨迅速升温，最高温度可达3700K，如此高的温度可以使试样瞬间完全蒸发并充分原子化，然后再进行吸收测定。通常升温要分步骤进行，升温程序分别是干燥、灰化（分解）、原子化和高温除残。

① 干燥　除去溶剂，即在溶剂的沸点温度下，加热使溶剂完全挥发。对于水溶液，这个干燥温度应为370K，每微升试样的干燥时间约为1.5s。

② 灰化　使待测物的盐类分解，并赶走阴离子，破坏有机物，除去易挥发的杂质。这一步骤相当于化学预处理，最适宜的灰化温度及时间与样品及待测元素的性质有关，以待测元素不挥发损失为限度。一般灰化温度在370～2100K之间，灰化时间为0.5～5min。

③ 原子化　使以化合物形式存在的待测元素蒸发并解离为基态原子的过程，原子化温度一般在2100～3300K之间，原子化时间为5～10s。对大多数元素，样品用量极少，分压低，其蒸发和原子化一般可在低于化合物沸点的温度下进行。在这样的温度和持续时间下，绝大多数元素不论以哪种形式存在，都足以解离为原子态，但易与石墨生成稳定化合物的元素除外，这些化合物即使在3000K以上也难以原子化。

④ 高温除残　在很高的温度下清除石墨管中残留的分析物，以减少或避免记忆效应。

与火焰原子化相比，石墨炉原子化的主要优点有以下几点：灵敏度更高，其绝对检出限可达10^{-14}～10^{-6}g；停留时间长，气态原子在测定区域停留的时间是在火焰原子化器中的100～1000倍；温度更高可调，原子化效率高，试样利用率可达100%；测定范围广，既可测定液体样品也可测定固体样品，且用量极少；有利于难解离氧化物的原子化。另外，其中的灰化步骤相当于化学预分离和富集，有一定的抗干扰能力。

其缺点是设备复杂、价格昂贵。同时，由于试样太少，受试样组成的不均匀性影响较大，有时精密度没有火焰原子化好，如果高温除残不充分，记忆效应严重。

（2）低温原子化　某些元素在酸性溶液中能被还原剂还原成金属原子或挥发性气体，而且这种挥发性气体在不太高的温度下就有可能全部分解，产生待测元素的基态原子，这些元素可采用低温原子化法。其中最常用的是氢化物原子化法。

有些元素（砷、锑、锗、锡、铅、硒、铁等）的共振线位于230nm以下的紫外光谱区，在火焰中能被火焰气体强烈吸收产生干扰，在石墨炉中，又易受基体元素背景吸收的影响，而且在灰化过程中有些元素如砷、锡、硒等元素易挥发损失。利用这些元素的氢化物沸点都很低的性质，可以采用氢化物原子化技术。测定时，先用氢化物（通常是$NaBH_3$或KBH_3）处理试样，使待测元素转变成相应的氢化物，室温下就可以以气态的形式释放出来。将其由氮气导入石英吸收管，给石英管加热时，氢化物热分解为基态原子，就可以进行吸光度的测定了。

氢化物的生成过程可用以下化学反应方程式表示（以砷为例）：

$$AsCl_3 + 4KBH_3 + HCl + 12H_2O \longrightarrow AsH_3 \uparrow + 4KCl + 4HBO_3 + 15H_2 \uparrow$$

（3）冷原子化测定汞的方法　测定汞时，可在水样中加入$SnCl_2$将其中的汞离子还原为汞原子。若含有有机汞，则需要先用高锰酸钾和浓硫酸的混合液处理有机汞，使有机汞变成离子状态，再用$SnCl_2$还原成汞原子，由氮气导入吸收管，即可进行吸光度的测定，其检出限可达$0.01\mu g/mL$。专门的冷原子吸收测汞仪，结构简单、操作方便，目前在各级监测站有着广泛的应用。

1.1.3 原子吸收分光光度计的构成和使用

原子吸收光谱分析所用的仪器称为原子吸收分光光度计，是在分析化学领域，用来测量、研究被分析物质特征吸收光谱的分析仪器。原子吸收分光光度计有单光束型和双光束型两种，都是由光源、原子化器、分光系统、检测系统和显示系统等五个主要部分组成，如图1-2所示。

图 1-2　原子吸收分光光度计的组成简图

由光源发出的待测元素光经过火焰，其中的共振线部分被火焰中相应的基态原子所吸收，透过光经单色器分光后，未被吸收的共振线照射到检测器上，产生的光电流经放大器放大后，就可以从读数装置读出吸光度值。

1.1.3.1 光源

光源的作用是发射待测元素的共振线，为了能够测出峰值吸收，获得较高的准确度及灵敏度，原子吸收分析所用的光源必须满足如下要求：能发射待测元素的共振线，而且强度要足够大；光谱线纯度高、背景低，光谱通带中无其他元素的干扰谱线；辐射光的强度要稳定，背景发射要小，以利于提高信噪比，降低检出限；使用寿命长，在正常的使用条件下，工作寿命应在5年以上，使用和维护方便。

在原子吸收分析中，能作为光源的有空心阴极灯、无极放电灯及蒸气放电灯，其中应用最广泛的是空心阴极灯。这里只对空心阴极灯的工作原理和分类情况做简要的介绍。

（1）空心阴极灯的工作原理　空心阴极灯又叫元素灯，是一种特殊的辉光放电器。它的阴极为圆筒形，由发射特征谱线的金属或合金制成；阳极为同心圆球状，在钨棒上镶以钛丝或钽片制成；两极密封于充有低压惰性气体（氖或氩等）的带有石英透过窗的玻璃壳中，内充的惰性气体又称为载气。当两极间施以适当的电压（一般为300～500V）时，便开始辉光放电，两极间气体中自然存在着的极少数阳离子向阴极运动，并轰击阴极表面使阴极表面的电子获得能量而逸出。在电场的作用下，电子加速向阳极运动，在运动中与惰性气体原子碰撞使之电离产生电子和阳离子。这些阳离子在电场的作用下向阴极运动并轰击阴极表面，使阴极表面的金属原子溅射出来，溅射出来的阴极元素的原子再与电子、原子及离子发生碰撞而被激发。于是空心阴极灯就发射出阴极物质的光谱（其中也夹杂有内充气体及阴极材料中杂质的光谱）。用不同的金属元素作阴极材料，制成相应的空心阴极灯并以相应的金属元素来命名，表示它可以用作测定这种金属元素的光源。例如"铜空心阴极灯"，就是用铜作为阴极材料制成的，能发射铜的特征谱线，用作测定铜的光源。

多元素空心阴极灯是在阴极内含有两种或两种以上不同元素，点燃时，阴极负辉区能同时辐射出两种或多种元素的共振线，只要更换波长，就能在一个灯上同时进行几种元素的测定。缺点是辐射强度、灵敏度、寿命都不如单元素灯，组合越多，光谱特性越差，谱线干扰也越大。

（2）空心阴极灯的类型　空心阴极灯的发射谱线的半宽度比原子吸收谱线半宽度小，可以满足原子吸收分析的要求，在原子吸收分析中应用广泛。在其不断改进过程中按性能可分为普通空心阴极灯、高强度空心阴极灯、高性能空心阴极灯及多元素空心阴极灯等。

① 普通空心阴极灯　其结构如图1-3所示，空心阴极是用被测元素的纯金属或合金制成的，对于加工性能差或价格昂贵的金属可先用放电电位较高的金属（如镍）加工成一个杯

形电极，再用熔融或衬箔等方法在该杯形电极的内表面覆盖一层被测元素的纯金属。阴极位于管形外壳的轴心上，阴极的杯形开口对着出射光的石英窗口，阴极与供电电源的阴极相接，阳极由具有吸气性能的高熔点金属材料制成，阳极和电源的阳极相接，玻璃管壳内充有低压惰性气体，多为氖气。

② 高强度空心阴极灯　高强度空心阴极灯是在普通空心阴极灯的基础上增加了一对辅助电极，阴阳极间的放电主要是控制原子的溅射过程，而一对辅助电极的放电主要是控制原子特征光谱的激发过程。高强度空心阴极灯的辐射强度比普通空心阴极灯高。但多一对电极，就多了一个供电电源，其结构复杂了很多，而且在辅助电极之间是大电流放电，发热量大，易损坏，其稳定性和寿命都不及普通空心阴极灯。

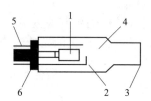

图 1-3　普通空心阴极灯的结构
1—空心阴极；2—阳极；3—窗口；
4—玻璃管壳；5—管脚；6—管座

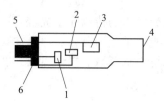

图 1-4　高性能空心阴极灯的结构原理
1—阳极；2—筒形主阴极；3—筒形辅助阴极；
4—窗口；5—管脚；6—管座

③ 高性能空心阴极灯　高性能空心阴极灯的结构原理如图 1-4 所示，它是在高强度空心阴极灯的基础上改进而成，由一个阳极、一个筒形主阴极和一个筒形辅助阴极组成，主阴极材料是被测元素的纯金属，辅助阴极材料是其他金属。工作时，主阴极和辅助阴极同时对阳极放电。主阴极的放电产生阴极金属原子的光谱激发，辅助金属的放电则产生一束特别的"粒子流"，这束粒子流通过主阴极的空间，只参与激发从主阴极溅射出来的基态原子。这样既提高了空心阴极灯的辐射强度（比普通空心阴极灯高数十倍），又消除了光谱线的自吸现象。

④ 多元素空心阴极灯　为了改进测定不同元素时需要更换不同的元素灯的不便，元素灯的生产厂家研制了多元素空心阴极灯。即把不同的元素（通常是 2~6 种）做成圆环衬于支持电极内或用金属或金属化合物的粉末直接烧结在一起制成多元素阴极。为了避免元素谱线的相互干扰，需要考虑元素的组合，各元素共振线的范围不能重叠，即便如此也仍然有很多元素不能组合构成电极，如砷和汞等。

多元素空心阴极灯的发射强度比普通空心阴极灯低，且组合元素越多，强度越低，使用寿命也越短，有时在紫外线波段发射强度太低根本无法使用。

1.1.3.2　原子化器

原子化器的作用是使样品中的被测元素形成原子蒸气。原子吸收分光仪要求原子化过程中火焰温度和样品的利用率高，稳定性高，背景发射低，使用安全。常用的原子化器有火焰原子化器、石墨炉原子化器、氢化物发生原子化器、冷原子发生原子化器等。对于原子化的知识在前面已经有过叙述，并且在一般的著作中都能找到非常详尽的阐述，在这里就不再赘述了，感兴趣的读者可以很容易地查阅到相关的资料。这里介绍几种氢化物原子化器。

（1）双毛细管氢化物发生器　双毛细管氢化物发生器与火焰原子化器中的物化器相似，不同的是，在氢化物发生器中有两根进样毛细管，其中一根输入样品溶液，另一根输入 KBH_4 溶液，两种溶液在喷口处混合发生还原反应，产生被测元素的氢化物，因此可用火焰原子吸收光谱法进行分析。其缺点是在测定砷等分析线波长较短的元素时，火焰背景吸收较大，基线不稳定。

（2）间歇式氢化物发生器 这种氢化物发生器由反应器和自动加 KBH₄ 溶液系统组成，自加液系统的主要构件是电磁阀和控制电路。发生器在工作时需要先将样品溶液置于反应器中，通过电磁阀等自动控制加液系统，把还原剂 KBH₄ 溶液加入反应器中，从而生成被测元素的氢化物。

（3）流动注射式氢化物发生器 这种氢化物发生器中用来输送样品溶液的装置是蠕动泵，两种溶液在流动注射装置中混合并发生还原反应，产生被测元素的氢化物，氢化物经水气分离后，由载气导入加热石英管原子化器。优点是自动化程度高、分析速度快。

1.1.3.3 分光系统

单色器由入射和出射狭缝、反射镜和色散元件组成，其中核心部件是色散元件。色散元件既可以采用棱镜也可以采用光栅，其作用是将被测元素的特征波长单色光经分析线检出后再送至监测器进行监测。目前商品原子吸收分光光度计的色散元件多用光栅，因为光栅单色器色散均匀，波段宽，分辨率高，其中水平对称式多常用。驱动光栅旋转的机构称为波长调节机构，在波长调节机构上带有数字显示器，可以显示出射光谱的波长值。

1.1.3.4 信号监测和数据读出系统（即检测系统和显示系统）

原子吸收分光光度计的信号监测和数据读出系统，是将分光系统中发出的光信号转变为电信号，并进行放大监测和一系列信号处理，最后输出数据的装置。主要由光电转换元件（光电倍增管）、放大器和读数装置组成。

光电倍增管的作用是将单色光信号转变为电信号并放大，以便于吸光度的换算。放大器的作用是将光电倍增管输出的电压信号放大。光源发出的光经原子蒸气、单色器后已经很弱，经光电倍增管后信号仍然不够强，因此电压信号在进入显示装置前还必须放大。原子吸收仪器中多采用窄带放大和同步检波相结合的放大器。

数据读出系统：由光电倍增管输出的电信号经过放大、检波后，可以分别采用指针式表头、检流计、数字显示或记录器、打印机和微机显示器输出测试数据。

1.1.3.5 原子吸收分光光度计的类型

原子吸收分光光度计按光路的不同可分为单光束型和双光束型两类，但不论是哪种类型其主要组成部分离不开上述五个部分。

单光束原子吸收分光光度计结构简单，操作简便，价格便宜，易于维护使用，是主类型。不足之处是不能克服由光源波动所引起的基线漂移问题。

双光束型原子吸收分光光度计能消除光源波动的影响和火焰背景的干扰，具有较高的准确度和灵敏度，近年来应用日益增多。

双光束分光光度计，采用旋转的扇形反射镜，将来自空心阴极灯的光分为两束：一束称为试样光束，可通过火焰（或其他原子化装置）；另一束为参比光束，不通过原子化器，只通过带有可调光栅的空白吸收池。经过半反射镜后，两束光经同一光路交替通过单色器，投射到检测器上，检测系统将得到的信号分离成参比信号和测试信号，并在读数装置上显示出两信号强度之比，所以光源的任何波动都可以得到补偿。

1.1.3.6 原子吸收分光光度计的生产厂家、型号、性能和主要技术指标

部分原子吸收分光光度计的生产厂家、型号、性能和主要技术指标见表1-2。

表 1-2 部分原子吸收分光光度计的生产厂家、型号、性能和主要技术指标

生产厂家	仪器型号	性能与主要技术指标
上海精密科学仪器有限公司分析仪器总厂	AA320CRT	微机化仪器 性能:主要用于测定各种材料中常量和痕量的金属元素;可以显示、打印和储存仪器条件、测量条件、测量数据、标准曲线、原子吸收谱图、谱线轮廓图及数据、浓度分析报告 技术指标:工作波段为 190~900nm;波长准确度为±5.0nm;波长重现性小于等于 0.2nm(单向);光谱带宽为 0.2nm、0.4nm、0.7nm、1.4nm、2.4nm、5.0nm 自动设定;基线稳定性为 0.004A/30min;背景矫正能力大于 30 倍
	361MC	微机化仪器 性能:自动扣除空白,自动扣除灵敏度漂移,自动扣除基线漂移,自动计算平均值与偏差,自动显示和打印吸光度值、浓度值、相对标准偏差值等 技术指标:波长范围为 190~900nm;波长准确度为±0.5nm;波长重现性小于等于 0.3nm;光谱带宽为 0~2.0nm 连续可调;仪器分辨能力为能分辨 Mn 279.5nm 和 279.8nm 双谱线,波谷能量值小于 40% 峰高
	AA370MC	微机化仪器 性能:全自动化,多功能,原子吸收,火焰发射,氢化物在线富集,石墨炉,氘灯扣除背景,自动显示,打印吸光度值、浓度值、相对标准偏差值等 技术指标:波长范围为 190~900nm;波长准确度为±0.5nm;波长重现性小于等于 0.03nm;光谱带宽为 0.1nm、0.2nm、0.7nm、1.4nm 自动设定;仪器分辨能力为能分辨 Mn 279.5nm 和 279.8nm 双谱线,波谷能量值小于 40% 峰高;基线漂移小于 0.004A/30min
	AA320N	性能:①光源系统。空心阴极灯电源,电流可调,氘灯电源,电流固定。②光学系统。双光束全反射系统,C-T 型单色器,闪耀波长 250nm。③火焰原子化系统。可互换 100mm 和 50mm 单峰钛合金燃烧头,气路设有压力指示,高精度稳压流量调节,空气-笑气(N_2O)快速转换,断气、断电、防回火功能和逻辑联锁保护装置。④信号处理。具有内置微机和液晶显示屏,信号方式有吸光度、浓度、发射浓度。⑤标准曲线有线性回归、曲线拟合,多点标准校正,可运算平均值、标准偏差、相对标准偏差和相关数据,可显示和打印标准曲线、原子吸收峰图、谱线轮廓图和数据以及仪器参数表和分析报告等 技术指标:工作波段 190nm~900nm;波长示值误差≤±0.5nm;波长重复性≤0.3nm(单向);光谱带宽有 0.2nm、0.4nm、0.7nm、1.4nm、2.4nm、5.0nm;分辨力<40%;基线稳定性为±0.004A/30min;铜的特征浓度≤0.04μg/(mL·%);铜的检出限≤0.008μg/mL;背景校正能力大于 30 倍
	4530-PC 控制	性能:PC 控制包括主机、电脑、软件、打印机;一体化悬浮式光学平台设计,使得光路系统抗震能力明显改善,即使长期使用光信号依然能保持稳定;八灯架自动切换,同时预热 8 元素灯自动切换,自动点火,自动优化空心阴极灯的工作条件;火焰燃烧器最佳高度及前后位置自动设定;全自动波长扫描及寻峰;完善的安全联锁保护装置,即系统对燃烧头的连续不正确、燃气泄漏、空气欠压、异常熄火等具有报警和自动安全保护功能;超强的数据库,具有多达 500 个以上数据自存储及断电存储功能,分析结果以 Excel 电子表格形式保存,测试方法与结果可随时调用;具有测土配方施肥专用软件,有符合土壤测试标准(FERTREC)通信要求的通信模块 技术指标:波长范围 190~900nm;光谱带宽 0.1nm、0.2nm、0.4nm、1.0nm、2.0nm 自动切换;波长示值误差为±0.15nm;波长重复性≤0.04nm;基线稳定性为 0.002A/30min;特征浓度(Cu)0.02μg/(mL·%);检出限(Cu)0.004μg/mL;重复性 0.5%;燃烧器为全金属钛燃烧器;喷雾器为高效玻璃雾化器
	4530-全套 PC 控制	性能:主机、石墨炉、电脑、软件、打印机全套 PC 控制,可以灵活选配火焰、石墨炉原子化器;一体化悬浮式光学平台设计,使得光路系统抗震能力明显改善,即使长期使用光信号依然能保持稳定;八灯架自动切换,同时预热 8 元素灯自动切换,自动点火,自动优化空心阴极灯的工作条件;火焰燃烧器最佳高度及前后位置自动设定;全自动波长扫描及寻峰;系统对燃烧头的连续不正确、燃气泄漏、空气欠压、异常熄火等具有报警和自动安全保护功能;超强的数据库,具有多达 500 个以上数据自存储及断电存储功能,分析结果以 Excel 电子表格形式保存,测试方法与结果可随时调用;具有测土配方施肥专用软件,有符合土壤测试标准(FERTREC)通信要求的通信模块 技术指标:波长范围 190~900nm;光谱带宽 0.1nm、0.2nm、0.4nm、1.0nm、2.0nm 自动切换;波长示值误差为±0.15nm;波长重复性≤0.04nm;基线稳定性为 0.002A/30min;特征浓度(Cu)0.02μg/(mL·%);检出限(Cu)0.004μg/mL;重复性 0.5%;燃烧器为全金属钛燃烧器;喷雾器为高效玻璃雾化器

生产厂家	仪器型号	性能与主要技术指标
上海精密科学仪器有限公司分析仪器总厂	4510F-PC 控制	性能:PC 控制包括主机、电脑、软件、打印机,可以灵活选配火焰、石墨炉原子化器;安全系统在压力不足、电源中断、熄火或燃烧头不匹配时自动切断燃气 技术指标:波长范围 190~900nm;波长示值误差≤0.3nm(4520TF≤0.25nm);波长准确性(全波段)为±0.5nm(4520TF:±0.25nm);吸光度范围−0.1~2.5A;光谱带宽偏差为 0.2nm±0.02nm;光谱带宽 0.1nm、0.2nm、0.4nm、1.0nm;静态基线稳定性≤0.004A/30min(Cu);光栅数 1800 条/mm;D2 背景校正能力,背景信号为 1A 时,扣除背景能力≥50 倍;自吸收背景扣除方式
	4510-全套 PC 控制	性能:全套 PC 控制包括主机、石墨炉、电脑、软件、打印机,可以灵活选配火焰、石墨炉原子化器;安全系统在压力不足、电源中断、熄火或燃烧头不匹配时自动切断燃气 技术指标:波长范围 190~900nm;波长示值误差≤0.3nm(4520TF≤0.25nm);波长准确性(全波段)为±0.5nm(4520TF:±0.25nm);吸光度范围−0.1~2.5A;光谱带宽偏差为 0.2nm±0.02nm;光谱带宽 0.1nm、0.2nm、0.4nm、1.0nm;静态基线稳定性≤0.004A/30min(Cu);光栅数 1800 条/mm;D2 背景校正能力,背景信号 1A 时,扣除背景能力≥50 倍
	AA320NCRT	性能:内置计算机数据处理和液晶显示屏;可靠的基线稳定性;测量的高精度;高能量的光路;长寿命耐腐蚀的原子化系统;多功能的分析方式;安全可靠的气路系统 技术指标:工作波段 190~900nm;波长准确度≤±0.5nm;波长重复性≤0.3nm(单向);光谱带宽 0.2nm、0.4nm、0.7nm、1.4nm、2.4nm、5.0nm;基线稳定性≤0.004A/30min;背景校正能力>30 倍
	361CRT	性能:全自动氢化物发生器;微机全自动多功能流动注射仪;自动扣空白、自动灵敏度及基线漂移校正、自动计算相对标准偏差、自动打印分析数据、工作曲线、仪器参数表、分析报告,CRT 型还能贮存以上内容于机内,并带有中文版的专家查询系统,包括最佳条件的设置、标样的配制及干扰情况提示,提供八种工作曲线以进行比较并能对标准点进行修正 技术指标:波长范围 190~900nm;波长准确度≤±0.5nm;波长重复性优于0.1nm(单向);分辨锰双线时波谷能量值<40%峰高(光谱带宽 0.2nm 时)基线稳定性优于 0.004A/30min(铜);检出限<0.008μg/mL(铜);特征浓度<0.04μg/(mL·%)(铜)
	4530FG	性能:PID 技术的引入,有效克服了电压波动及石墨管电阻值变化对升温过程的影响,使温控过程更精确;结合快速采样技术,3ms/次的采样速度,保证高速的信号结果得到精确的测量,测试数据更加准确可靠;快速升温能力使得许多元素的灵敏度得到进一步提高;使用 220V 常用电源,无需 380V 动力电源;最大 20 步的程序升温设置,使得不同样品的测试更加方便和容易;3 挡可调的内气流量满足更多应用的需要;停气、停水或气、水不足都会及时报警,避免设备受损和测量误差 技术指标:光学构造/光学系统为一体化悬浮式光学平台设计;波长范围 190~900nm;波长准确性为±0.15nm;测量精密度(RSD)为 0.5%;原子化器为全金属钛燃烧器;扣背景,氘灯、自吸收背景校正;带宽 0.1nm、0.2nm、0.4nm、1.0nm、2.0nm 自动切换;测量检出限(Cu)0.004μg/mL;特征浓度(Cu)0.02μg/(mL·%);静态基线稳定性(Cu)为 0.002A/30min;光栅刻线为 1800 条/mm
北京瑞利分析仪器公司	WFX-110 WFX-120 WFX-130	微机化仪器 性能:1800 线光栅单色器;火焰为富氧火焰,石墨炉原子化器,具有自动换灯机构,自动扫描、自动寻峰、自动对光、自动采样、自动能量平衡、氘灯自吸收双背景校正功能和自动控温石墨炉系统 技术指标:波长范围为 190~900nm;波长准确度为±0.5nm;分辨率优于 0.3nm,基线稳定性为 0.005A/30min;氘灯背景校正能力为当1A 时大于等于 30 倍,自吸效应背景校正能力为当 1.8A 时大于等于 30 倍
	WFX-1E2	微机化仪器 技术指标:波长范围为 190~900nm;波长准确度为±0.5nm;分辨率优于0.3nm,基线稳定性为 0.006A/30min;氘灯背景校正能力大于 30 倍

生产厂家	仪器型号	性能与主要技术指标
北京瑞利分析仪器公司	WFX-1C2	微机化仪器 性能:可显示吸光度、浓度、标准偏差及相对标准偏差,打印工作曲线及测试数据
	WFX-1C	手动仪器 性能:有微机接口,可外接通用计算机;属火焰原子吸收分光光度计 技术指标:波长范围为190~900nm;波长准确度为±0.5nm;分辨率优于0.3nm;基线稳定性为0.006A/30min;氘灯背景校正能力大于30倍
	WFX-1D	手动仪器 性能:有微机接口,属石墨炉原子吸收分光光度计 技术指标:波长范围为190~900nm;波长准确度为±0.5nm;分辨率优于0.3nm;基线稳定性为0.006A/30min;氘灯背景校正能力大于30倍
	WFX-120B	自动转换的光源系统可直接使用高性能空心阴极灯;自动切换光谱带宽、自动点火、全自动波长扫描及寻峰;完善的安全保护,对燃气泄漏、空气欠压、异常灭火具有报警和自动安全保护功能;电路设计采用大规模可编程逻辑阵列、芯片间总线(Inter IC Bus)技术,使用欧式插座、AMP接插件等高可靠性电器连接件;标准RS-22串口通信;Windows 98/Me操作系统中文应用软件;可配石墨炉系统实现无火焰分析
	WFX-130A	自动切换光谱带宽、自动点火、全自动波长扫描及寻峰;火焰/石墨炉原子化器自动切换及位置优化;采用FUZZY-PID控温技术,对曲线工作方式的光控石墨炉电源,升温速度快、控温准确稳定、温度重现性好,并具有温度自校正功能;气动控制、压力锁定的石墨炉原子化器;完善的安全保护,对燃气泄漏、空气欠压、异常灭火具有报警和自动安全保护功能;石墨炉系统对氩气欠压、冷却水不足、原子化过程过热、系统过流具有报警及保护的功能;电路设计采用大规模可编程逻辑阵列、芯片间总线(Inter IC Bus)技术,使用欧式插座、AMP接插件等高可靠性电器连接件;标准RS-22串口通信;Windows 98/Me操作系统中文应用软件
	WFX-130B	自动切换光谱带宽、自动点火、全自动波长扫描及寻峰;完善的安全保护,对燃气泄漏、空气欠压、异常灭火具有报警和自动安全保护功能;电路设计采用大规模可编程逻辑阵列、芯片间总线(Inter IC Bus)技术,使用欧式插座、AMP接插件等高可靠性电器连接;标准RS-22串口通信;Windows 98/Me操作系统中文应用软件;可配石墨炉系统实现无火焰分析
	WFX-310	波长范围190~900nm;波长准确度±0.5nm;分辨率,光谱带宽0.2nm时分开双锰线(279.5nm和279.8nm)且谷峰能量比<30%;基线稳定性≤0.005A/30min;光栅刻1800条/nm;光谱带宽0.1nm、0.2nm、0.4nm、1.2nm四挡切换;高灵敏度、宽光谱范围用光电倍增管;结果打印,多重打印功能,可全部或分别打印测试数据、工作曲线、信号图形,另具分析功能;雾化室为耐腐蚀全塑雾化室;气路系统具有乙炔漏气自动报警功能
	WFX-110B	专利技术:富氧火焰法分析;Windows95、98及2000操作系统,全中文软件;六只灯自动转换、自动对光(含两只高性能灯);全自动寻峰、能量平衡、自动点火,自动狭缝;安全可靠的气路报警及保护系统
	WFX-110A	瑞利专利技术:富氧-空气-乙炔火焰法分析;自动转换的光源系统可直接使用高性能空心阴极灯;自动切换光谱带宽、自动点火、全自动波长扫描及寻峰;火焰/石墨炉原子化器自动切换及位置优化;采用FUZZY-PID控温技术,对曲线工作方式的光控石墨炉电源,升温速度快、控温准确稳定、温度重现性好,并具有温度自校正功能;气动控制、压力锁定的石墨炉原子化器;完善的安全保护,对燃气泄漏、空气欠压、异常灭火具有报警和自动安全保护功能;石墨炉系统对氩气欠压、冷却水不足、原子化过程过热、系统过流具有报警及保护的功能;电路设计采用大规模可编程逻辑阵列、芯片间总线(Inter IC Bus)技术,使用欧式插座、AMP接插件等高可靠性电器连接件;标准RS-22串口通信;Windows 98/Me操作系统中文应用软件;可实现样品自动稀释、工作曲线自动拟合、灵敏度自动校正、标准加入法;样品浓度、含量自动计算,重复测量,自动计算平均值、标准偏差、相对标准偏差;顺序进行同一样品多元素测定;可打印阶段测试数据或最终分析报告,使用Excel编辑处理数据

生产厂家	仪器型号	性能与主要技术指标
北京瑞利分析仪器公司	WFX-120A	自动转换的光源系统可直接使用高性能空心阴极灯;自动切换光谱带宽、自动点火、全自动波长扫描及寻峰;火焰/石墨炉原子化器自动切换及位置优化;采用 FUZZY-PID 控温技术,对曲线工作方式的光控石墨炉电源,升温速度快、控温准确稳定、温度重现性好,并具有温度自校正功能;气动控制、压力锁定的石墨炉原子化器;完善的安全保护:对燃气泄漏、空气欠压、异常灭火具有报警和自动安全保护功能;石墨炉系统对氩气欠压、冷却水不足、原子化过程过热、系统过流具有报警及保护的功能;电路设计采用大规模可编程逻辑阵列、芯片间总线(Inter IC Bus)技术,使用欧式插座、AMP 接插件等高可靠性电器连接件;标准 RS-22 串口通信;Windows 98/Me 操作系统中文应用软件
	WFX-210	性能:火焰与石墨炉分析装置切换方便省时,配合系统的自动控制,免除人工操作;置换火焰发射燃烧器,方便进行 K、Na 等碱金属元素的火焰发射分析;精确的全自动化操作;火焰原子化系统具有燃气泄漏、流量异常、空气欠压、异常熄火报警与自动保护功能;石墨炉原子化系统具有载气与保护气压力过低、冷却水不足、原子化过热报警及保护功能先进的电路设计 技术指标:光学构造/光学系统为双光束,波长范围 190~900nm;检测器为宽范围高灵敏度光电倍增管;分辨率,光谱带宽 0.2nm 时分开锰双线(279.5nm 和 279.8nm)且谷峰能量比<30%;带宽 0.1nm、0.2nm、0.4nm、1.2nm 四挡自动切换;火焰分析采用 10cm 单缝全钛燃烧器,耐腐蚀全塑雾化室,金属套高效玻璃喷雾器;单色器为 Czerny-Turner 型;光栅刻线为 1800 条/mm;波长精度优于±0.25nm
北京海光仪器有限公司	GGX-6	微机化仪器 性能:自动波长扫描定位,自动调节灯电流;显示浓度、信号平均值、峰值、峰面积等 技术指标:波长范围为 190~900nm;波长准确度为 0.3nm;分辨率优于 0.3nm
	GGX-698	微机化仪器 性能:属全自动塞曼原子吸收分光光度计;具有自动灯位调节、自动燃烧头调节、自动点火装置、自动空气燃气调节等 技术指标:波长范围为 190~900nm;波长准确度为 0.3nm;分辨率优于 0.3nm
	GGX-9	微机化仪器 性能:浓度直读;显示信号平均值、峰值、峰面积;氘灯扣背景;自动波长扫描定位,钛合金燃烧头,具有火焰自动调节机构 技术指标:波长范围为 190~860nm;波长准确度小于等于 0.3nm;分辨率优于 0.3nm;氘灯扣背景能力大于 30 倍
	GGX-200	性能:采用纵向加热石墨炉作为原子化器,原子化器效率高,吸光值灵敏度高;采用 Czerny-Turner 型光路和平面衍射光栅,具有较好的分光特性;采用连续光源氘灯进行背景校正 技术指标:波长示值误差≤±0.5nm,重复性≤0.3nm;光谱带宽 0.2nm 时,偏差不超过±0.02nm;狭缝精度≤0.3nm;边缘能量谱线背景值峰值≤2%,瞬时噪声≤0.02;检出限(Cd)≤0.5pg;特征量(Cd)≤0.5pg;精密度≤2%;背景校正能力≥30;基线稳定性 30min 内零点漂移吸光度不超过±0.005
浙江福立分析仪器股份有限公司	AA1700	AA1700 是目前国内市场上体积最小的多功能全自动原子吸收分光光度计,具有强大的控制和数据处理能力,由 PC 机和专业化 AAWinLab 计算机工作站软件完成全自动化的分析测试工作,操作灵活易用,内置小型实验室管理系统,具有全面质量控制(QC)功能,支持药物非临床研究质量管理规范(GLP)和 GMP(一套适用于制药、食品等行业的强制性标准)功能。可实现自动进样器、氢化物发生器等联用,具有灵敏度高、准确度好、分析速度快等优点
吉林华洋仪器设备有限公司	AA2610	能够检测多种微量金属元素,包括铜、铁、钙、镁、锌、铅、汞等多种元素;主要用来检测物质中的金属微量元素含量;仪器检测精度达到×10⁻⁹级
北京科创海光仪器有限公司	GGX-9	氘灯扣背景,可做火焰发射、氢化物发生法;自动波长,自动狭缝,自动负高压、灯电流;光栅采用 1800 条/mm;焦距 270mm;全塑料外壳,防腐蚀、防生锈;中文 Windows 操作软件
上海仪电科学仪器股份有限公司	AA320NCRT	良好的基线稳定性:精心设计的双光束系统能自动补偿光源漂移,灯不必预热就可马上分析样品。分析的高精密度:独特设计的细光束从火焰中通过,基线稳定,确保分析测量的高精密度,检出限极低 仪器光路:采用全反射系统,一个元素对光后,所有元素成像都处于最佳位置。安全可靠的气路系统:独特的快速气体转换和安全防护装置,使分析元素从 30 余种扩大到 60 多种,既可做空气-乙炔火焰分析又可做氧化亚氮乙炔火焰分析

生产厂家	仪器型号	性能与主要技术指标
沈阳华光精密仪器股份有限公司	HG9602A	功能齐全;可靠性好;软件设计先进;光学系统性能优良,光能量强;电路系统设计独特、集成度高,具有高稳定性和高可靠性;仪器具有独立的操作面板和数据显示功能,可完全脱离计算机工作;具有氘灯背景校正装置,可有效消除复杂基质中的杂质干扰;Windows下的计算机数据处理系统,设计先进,操作直观、方便
	lab600	元素灯仓独特设计,更换元素灯时元素灯不动;纯钛燃烧头和预混室;支持火焰、氢化物/石墨炉自动进样;密闭式全反射光学设计;容易更换氘灯的结构设计;元素灯自动识别并区分高性能灯和普通灯;石墨炉智能断管保护;智能采样技术;全自动气体流量控制;集装式气体控制;乙炔泄漏安全检测和自动保护;智能监控仪器状态
	HG-9600A	波长范围190~900nm;原子化器采用预混合型100mm单缝燃烧器,高效玻璃雾化器,具有高度调节及防回火装置的不锈钢雾化室;背景校正能力大于30倍;分辨率,Mn双线之间波谷<20%;带宽有0.2nm、0.4nm、2.0nm;测量检出限(Cu)0.008mg/L;特征浓度(Cu)<0.03mg/L;静态基线稳定性0.004A/30min;光栅刻线1200条/mm;波长精度为±0.4nm 光学系统性能优良,光能量强,电路系统设计独特、集成度高,具有高稳定性和高可靠性;仪器具有独立的操作面板和数据显示功能,可完全脱离计算机工作;具有氘灯背景校正装置,可有效消除复杂基质中的杂质干扰;Windows下的计算机数据处理系统,设计先进,操作直观、方便
	HG-9602B	光学构造/光学系统为单光束双透镜结构;波长范围为190~900nm;波长准确性为±0.2nm 原子化器采用预混合型100mm单缝全钛燃烧器;背景较正1A时≥30倍;高灵敏度、宽光谱范围光电倍增管;Mn双线波谷值<10%;带宽有0.2nm、0.4nm、2.0nm 测量检出限(Cu)<0.005mg/L;特征浓度(Cu)<0.03mg/L;测光方式:能量、吸光度、浓度、背景校正、火焰发射;静态基线稳定性(Cu)0.003A/30min;单色器为Ebert型光栅单色仪;光栅刻线为1800线/mm
	G-9602A	光学构造/光学系统为单光束双透镜结构;波长范围190~900nm;波长准确性为±0.2nm;原子化器为预混合型100mm单缝纯钛燃烧器;背景校正1A时≥30倍;检测器为高灵敏度、宽光谱范围光电倍增管;分辨率优于0.3nm;带宽有0.2nm、0.4nm、2.0nm;测量检出限(Cu)<0.005mg/L;特征浓度(Cu)<0.03mg/L,特征浓度(Hg)≤0.5μg/L;特征浓度(As)≤0.15μg/L;测光方式:能量、吸光度、浓度、背景校正、火焰发射;静态基线稳定性(Cu)0.003A/30min;单色器为Ebert型光栅单色仪;光栅刻线为1800条/mm
北京东西分析仪器有限公司	AA-7003	波长范围190~900nm;波长准确性(全波段)≤±0.2nm;测量精密度(RSD)≤0.7%;扣背景>50倍;分辨率优于0.3nm;带宽0.1nm、0.2nm、0.4nm、1.0nm、2.0nm五挡自动切换;火焰分析检出限≤0.004mg/L,石墨炉分析检出限0.4×10⁻¹²g 特征浓度(Cu)≤0.02mg/(L·%);Cd特征量0.5×10⁻¹²g;静态基线稳定性(Cu)≤±0.002A/30min;单色器为C-T光栅单色仪;光栅刻线为1800条/mm PC机对仪器进行全自动控制和数据处理。波长自动定位,狭缝自动切换,灯电流、增益自动设定。这些工作能在40s内完成,此指标达到目前国际先进水平。六灯转塔旋转台,完全由计算机自动控制,元素灯自动选择。真正实现样品中多达六个元素含量的自动有序分析。自动点火,燃气流量自动控制,泄漏自动报警。可选配完善的笑气/乙炔气系统,分析30余种高温元素
	AA-7001	波长范围190~900nm;波长准确性(全波段)≤±0.2nm;测量精密度(RSD)≤0.7% 扣背景>50倍;分辨率优于0.3nm;带宽0.1nm、0.2nm、0.4nm、1.0nm、2.0nm五挡自动切换;火焰分析检出限≤0.004mg/L,石墨炉分析检出限0.4×10⁻¹²g;特征浓度(Cu)≤0.02mg/(L·%);Cd特征量0.5×10⁻¹²g;测光方式有火焰吸收法、火焰发射法、石墨炉法、氢化物法;静态基线稳定性(Cu)≤±0.002A/30min;单色器为C-T光栅单色仪;光栅刻线为1800条/mm
	AA-7020	光学构造/光学系统为C-T光栅单色器;波长范围190~900nm;测量精密度(RSD),火焰分析≤0.6%,石墨炉分析≤1%;火焰、石墨炉分析均可执行背景校正,均可校正1A背景,校正倍数大于50倍;分辨率优于0.3nm;带宽0.1nm、0.2nm、0.4nm、1.0nm和2.0nm五挡自动调整定位,单光束双透镜结构;火焰分析检出限≤0.003μg/mL,石墨炉分析检出限≤0.5×10⁻¹³g;Cu元素特征浓度≤0.02μg/(mL·%),Cd元素特征量≤0.5×10⁻¹²g;静态基线稳定性(Cu)≤±0.002A/30min;单色器为C-T光栅;光栅刻线为1800条/mm

生产厂家	仪器型号	性能与主要技术指标
北京东西分析仪器有限公司	AA-7001M/7003M（医用）	波长范围190～900nm；波长准确性（全波段）≤±0.2nm；测量精密度（RSD）≤0.7%；背景校正>50倍；分辨率优于0.3nm；带宽0.1nm、0.2nm、0.4nm、1.0nm、2.0nm五挡自动切换；火焰分析检出限≤0.004mg/L，石墨炉分析检出限0.4×10^{-12}g；特征浓度（Cu）≤0.02mg/（L·%），Cd特征量0.5×10^{-12}g；静态基线稳定性（Cu）≤±0.002A/30min；单色器为C-T光栅单色仪；光栅刻线1800条/mm
	AA-7010（医用）	波长范围190～900nm；波长准确性（全波段）≤±0.2nm；测量精密度（RSD）≤0.7%；背景校正>50倍；分辨率优于0.3nm；带宽0.1nm、0.2nm、0.4nm、1.0nm、2.0nm五挡自动切换；测量检出限≤0.004mg/L；特征浓度（Cu）≤0.02mg/（L·%）；安全可靠的控制报警装置，确保做到空心阴极灯过流保护、燃气/保护气欠压保护、燃气漏气报警、石墨炉过热保护以及火焰异常状态保护；静态基线稳定性（Cu）≤±0.002A/30min；单色器为C-T光栅单色仪；光栅刻线1800条/mm
上海森谱科技有限公司	6810F	波长范围190～900nm；波长准确性±0.2nm；测量精密度（RSD），精密度（Cu）≤0.5%；氘灯背景校正，自吸背景校正；带宽0.1nm、0.2nm、0.4nm、0.7nm、1.0nm、2.0nm六挡自动切换；测量检出限（Cu）≤0.008μg/mL；特征浓度（Cu）≤0.025μg/（mL·%）；基线漂移0.002A/30min
	6810F/6810GF	光学构造/光学系统为六灯自动转塔系统；波长范围190～900nm；波长准确性±0.2nm；测量精密度（RSD），火焰分析时精密度（Cu）≤0.5%，石墨炉分析时精密度（Cd）≤3%、Cu≤3%；氘灯背景校正，自吸背景校正；带宽0.1nm、0.2nm、0.4nm、0.7nm、1.2nm、2.0nm六挡自动切换；测量检出限（Cu）≤0.008μg/mL，检出限（Cd）≤2pg；特征浓度（Cu）≤0.025μg/（mL·%）；特征量Cd≤1pg，Cu≤10pg；基线漂移0.002A/30min
	6810	波长范围190～900nm；波长准确性±0.2nm；测量精密度（RSD），火焰分析时精密度（Cu）≤0.5%，石墨炉分析时精密度（Cd≤3%、Cu≤3%）；氘灯背景校正，自吸背景校正；带宽0.1nm、0.2nm、0.4nm、0.7nm、1.0nm、2.0nm六挡自动切换；测量检出限（Cu）≤0.008μg/mL，检出限（Cd）≤2pg；特征浓度（Cu）≤0.025μg/（mL·%）；特征量Cd≤1pg，Cu≤10pg；基线漂移0.002A/30min
	AA6810经济型	波长范围190～900nm；波长准确性±0.2nm；测量精密度（RSD），精密度（Cu）≤0.5%；氘灯背景校正，自吸背景校正；带宽0.1nm、0.2nm、0.7nm、2.0nm四挡自动切换；测量检出限（Cu）≤0.008μg/mL；特征浓度（Cu）≤0.025μg/（mL·%）；基线漂移0.0035A/30min
北京朝阳华洋分析仪器有限公司	AA2620	波长范围190～900nm；测量精密度（RSD），火焰分析时RSD≤0.8%，石墨炉分析时Cd≤5%、Cu≤4%；原子化器采用100mm金属钛燃烧器，空冷预混合型；背景校正系统，氘灯背景校正1A时≥30倍；检测器为高灵敏度、宽光谱范围光电倍增管；光谱带宽0.2nm时分开锰双线（279.5nm和279.8nm）且谷峰能量比<30%；带宽0.2nm、0.4nm、1.0nm、2.0nm四挡自动可选；测量检出限（Cu）0.006μg/mL，检出限（Cd）≤1.0×10^{-12}g，特征浓度（Cu）0.025μg/（mL·%）；特征量Cd≤1×10^{-12}g，Cu≤1×10^{-10}g；基线漂移0.005A/30min；单色器为消像差C-T型单色器
	AA2600	波长范围190～900nm；测量精密度（RSD）≤1%；原子化器采用100mm金属钛燃烧器，空冷预混合型；检测器为光电倍增管；带宽0.2nm、0.4nm、1.0nm、2.0nm四挡自动可选；测量检出限（Cu）0.006μg/mL；特征浓度（Cu）0.03μg/（mL·%）；具有多种自动安全保护功能，乙炔漏气报警、关闭系统；测光方式为空气-乙炔火焰法、氢化物发生器原子吸收法、富氧-空气乙炔火焰法；基线漂移0.005A/30min；单色器为消像差C-T型单色器
	AA2630	波长范围190～900nm；火焰分析精密度RSD≤0.8%，石墨炉分析精密度RSD≤3%；自吸背景校正1A时≥30倍，氘灯背景校正1A时≥30倍；检测器为高灵敏度、宽光谱范围光电倍增管；光谱带宽0.2nm时分开锰双线（279.5nm和279.8nm）且谷峰能量比<20%；带宽0.1nm、0.2nm、0.4nm、1.0nm、2.0nm五挡自动可选；测量检出限（Cu）0.005μg/mL，检出限（Cd）≤1.0×10^{-12}g；特征浓度（Cu）0.02μg/（mL·%）；特征量Cd≤0.5×10^{-12}g；基线漂移0.004A/30min；单色器为消像差C-T型单色器；光栅刻线1800条/mm
	AA2610	波长范围190～900nm；测量精密度（RSD）≤1%；原子化器为100mm金属钛燃烧器，空冷预混合型；检测器为高灵敏度、宽光谱范围光电倍增管；光谱带宽0.2nm时分开锰双线（279.5nm和279.8nm）且谷峰能量比<20%；带宽0.2nm、0.4nm、1.0nm、2.0nm四挡自动可选；测量检出限（Cu）0.006μg/mL；特征浓度（Cu）0.025μg/（mL·%）；具多种自动安全保护功能，乙炔漏气报警、关闭系统；基线漂移0.004A/30min；单色器为消像差C-T型单色器

生产厂家	仪器型号	性能与主要技术指标
北京海光仪器有限公司	GGX-800	光学构造/光学系统,光路采用 C-T 型短焦距设计,能量强,波长范围 190～900nm;测量精密度(RSD)<1.0%(Cu);扣背景>30 倍;分辨率优于 0.2nm;测量检出限(Cu)<0.003μg/mL;安全保护有安全可靠的气路设计,断电、欠压等自动切断燃气;基线漂移<0.004A/30min;光栅刻线 1800 条/mm;波长精度 0.1nm
	GGX-900	光学构造/光学系统,光路采用 C-T 型短焦距设计,能量强,波长范围 190～900nm;测量精密度(RSD)<0.8%(Cu);扣背景>50 倍;分辨率优于 0.2nm;测量检出限(Cu)<0.003μg/mL;安全保护有安全可靠的气路设计,断电、欠压等自动切断燃气;基线漂移<0.004A/30min;光栅刻线 1800 条/mm;波长精度 0.1nm
	GGX-200	波长范围 190～860nm;测量精密度(RSD)≤2%;扣背景≥30;带宽 0.2nm、0.4nm、1.0nm、2.0nm(4 挡自动切换);测量检出限(Cd)≤0.5pg;特征浓度,特征量(Cd)≤0.5pg;静态基线稳定性(Cu),30min 内零点漂移吸光度不超过±0.005;单色器 Czerny-Turner 型,焦距 270mm;光栅刻线 1800 条/mm
上海荆和分析仪器有限公司	AA370MC	波长范围 190～900nm;波长准确性±0.15nm;测量精密度(RSD),石墨炉法对 Cu 精密度≤4%,对 Cd 精密度≤5%;D2 灯背景扣除,背景校正能力>30 倍;分辨率<30%(Mn 双线,波谷);带宽 0.1nm、0.2nm、0.7nm、1.4nm 四挡(自动换挡);测量检出限(Cu)0.007μg/mL;特征浓度,Cd 特征量≤1×10⁻¹²g,Cu 特征量≤1×10⁻¹⁰g;静态基线稳定性(Cu)≤0.004A/30min;单色器为 C-T 型单色器
	AA3510	波长范围 190～860nm;波长准确性(全波段)≤±0.5nm;测量精密度(RSD)≤1%,Cu 石墨炉测试≤3%;在背景信号为 1A 时具有 30 倍以上的背景扣除能力;光谱带宽 0.2nm,能分开锰双线,即 279.5nm 和 279.8nm,且二谱线间的峰谷能量值小于 40%;带宽 0.1nm、0.2nm、0.7nm、1.4nm(开关选择);测量检出限,5mg/L 的 Cu 吸光度大于 0.800A;静态基线稳定性(Cu),30min 漂移量≤0.004A
	AA3510	波长范围 190～860nm;波长准确性(全波段)≤±0.5nm;测量精密度(RSD)≤1%,Cu 石墨炉测试≤3%;在背景信号为 1A 时具有 30 倍以上的背景扣除能力;光谱带宽 0.2nm,能分开锰双线,即 279.5nm 和 279.8nm,且二谱线间的峰谷能量值小于 40%;带宽 0.1nm、0.2nm、0.7nm、1.4nm(开关选择);测量检出限,5mg/L 的 Cu 吸光度>0.800A;静态基线稳定性(Cu),30min 漂移量≤0.004A
	AA4510/4520TF	波长范围 190～900nm;波长准确性全波长±0.5nm(实测±0.2nm);测量精密度(RSD),火焰分析≤0.5%,石墨炉分析 Cu≤3%(相对标准偏差)、Cd≤3%(相对标准偏差);D2 背景扣除方式,背景信号 1A 时,扣除背景能力≥50 倍;自吸收背景扣除方式;光谱带宽 0.2nm 时能分开锰双线(279.5nm 和 279.8nm)且谷峰能量比小于 40%;带宽 0.1nm、0.2nm、0.4nm、1.0nm;测量检出限(Cu)≤0.008μg/mL;特征浓度 Cu≤0.025μg/(mL·%),Cd≤1×10⁻¹²g;Cu≤1×10⁻¹¹g;火焰分析,压力不足、电源中断、熄火或燃烧头不匹配时,自动切断燃气;石墨炉分析,低保护气压力报警/保护;低冷却水流量报警/保护;静态基线稳定性(Cu)≤0.004A/30min;光栅刻线 1800 条/mm
上海光谱仪器有限公司	SP-3520/SP-3530	光学构造/光学系统为消像差 C-T 型单色器装置;波长范围 190～900nm 自动调整;波长准确性±0.20nm(系统自动校正);测量精密度(RSD),火焰分析 RSD≤1%,石墨炉分析 RSD≤4%;扣背景≥50 校正能力;分辨率优于 0.3nm;带宽 0.1nm、0.2nm、0.7nm、1.4nm 自动切换;测量检出限,火焰分析检出限(Cu)0.006μg/mL,石墨炉分析特征量(Cd)≤0.5×10⁻¹²g;火焰分析特征浓度(Cu)0.03μg/(mL·%);石墨炉分析特征量(Cd)≤0.5×10⁻¹²g;具有多种自动保护功能;基线漂移 0.005A/30min;单色器为消像差 C-T 型
	SP-3880	波长范围 190～900nm;波长准确性±0.2nm;测量精密度(RSD),火焰分析 Cu 优于 0.5%,石墨炉分析 Cd 优于 4%;氘灯背景校正能力大于 50 倍(1A 背景),塞曼背景校正能力大于 100 倍(1A 背景);测量检出限,火焰分析 Cu≤0.006mg/L,石墨炉分析 Cd≤1pg;火焰特征浓度(Cu)0.03mg/L,石墨炉特征量(Cd)优于 0.5pg;仪器光度误差,1.0A 时≤0.01A,2A 时≤0.02A;静态基线稳定性(Cu)±0.003A/30min;静态基线瞬时噪声(Cu)0.001A/5min(峰-峰值)

生产厂家	仪器型号	性能与主要技术指标
上海光谱仪器有限公司	SP-3800	光学构造/光学系统为消像差 C-T 型单色器装置;波长范围 190～900nm,自动调整波长;准确性±0.20nm(系统自动校正);测量精密度(RSD),火焰分析 RSD≤0.5%,石墨炉分析 RSD≤2%;可分辨锰三线(279.5nm 和 279.8nm)线峰谷≤25%;带宽 0.1nm、0.2nm、0.7nm、1.4nm 自动切换;采样量 1～100L;石墨炉分析,火焰/石墨炉切换,独立的石墨炉系统,无需切换;特征量(Cd)≤0.4pg;检出限(Cd)≤0.8pg;精密度 RSD≤2%;原子化升温方式为光控、时控、一般升温;升温范围室温～3000℃;升温速率,最大 2000℃/s;安全措施,冷却水、保护气、炉体温度、石墨管安装自动保护和报警;火焰分析检出限(Cu)0.004μg/mL,石墨炉分析特征量(Cd)≤0.4pg;火焰分析,特征浓度(Cu)0.025μg/(mL·%),检出限(Cu)0.004μg/mL;精密度 RSD≤0.5%;燃烧器为金属钛燃烧器(100mm);喷雾器为高效玻璃雾化器;雾化室为耐腐蚀材料雾化室;火焰燃烧器高度自动调节;具有多种自动保护功能;安全保护,火焰分析时具有多种自动保护功能,石墨炉分析时冷却水、保护气、炉体温度、石墨管安装自动保护和报警;基线漂移,静态(Cu)±0.003A/30min;静态基线稳定性(Cu)±0.003A/30min;单色器为消像差 C-T 型
	SP-3803AA	光学构造/光学系统为消像差 C-T 型单色器装置;波长范围 190～900nm,自动调整;波长准确性±0.20nm(系统自动校正);测量精密度(RSD),火焰分析 RSD≤0.5%,石墨炉分析 RSD≤2%;氘灯背景校正,自动光学平衡,校正能力 50 倍(1A);自吸背景校正,智能平衡校正能力 100 倍(1A);带宽 0.1nm、0.2nm、0.7nm、1.4nm 自动切换;火焰/石墨炉系统切换,独立的石墨炉系统,无需切换;特征量(Cd)≤0.4pg;检出限(Cd)≤0.8pg;精密度 RSD≤2%;原子化升温方式有光控、时控、一般升温;升温范围室温～3000℃;升温速率最大 2000℃/s;火焰分析检出限(Cu)0.005μg/mL,石墨炉分析检出限(Cd)≤0.8pg;火焰分析特征浓度(Cu)0.02μg/(mL·%);检出限(Cu)0.005μg/mL;精密度 RSD≤0.5%;燃烧器为金属钛燃烧器(100mm);喷雾器为高效玻璃雾化器;雾化室为耐腐蚀材料雾化室;火焰燃烧器高度自动调节;火焰分析时,燃气泄漏、空气欠压、异常灭火、未水封自动报警和自动安全保护,雾化室自动泄压,空气常开;石墨炉分析时,冷却水流量、保护气压力、炉体温度、石墨管安装自动报警和安全保护;静态基线稳定性(Cu)±0.003A/30min;单色器为消像差 C-T 型
郑州泽铭科技有限公司	361MC/CRT	波长范围 190～900nm;波长准确性≤±0.5nm;分辨锰双线时波谷<40%(光谱带宽 0.2nm 时);测量检出限≤0.008μg/mL(铜);静态基线稳定性(Cu)优于 0.004A/30min(铜)
	4530F 4530TF	光学构造/光学系统为一体化悬浮式光学平台设计;波长范围 190～900nm;波长准确性±0.15nm;测量精密度(RSD)0.5%;带宽 0.1nm、0.2nm、0.4nm、1.0nm、2.0nm 自动切换;测量检出限(Cu)0.004μg/mL;特征浓度(Cu)0.02μg/(mL·%);系统对燃烧头的连续不正确、燃气泄漏、空气欠压、异常熄火等具有报警和自动安全保护功能;静态基线稳定性(Cu)0.002A/30min;光栅刻线 1800 条/mm
	AA320N	波长范围 190～900nm;波长准确性≤±0.5nm;带宽 0.2nm、0.4nm、0.7nm、1.4nm、2.4nm、5nm;静态基线稳定性(Cu)≤0.004A/30min
	3510	波长范围 190.0～860.0nm;波长准确性(全波段)≤±0.5nm;测量精密度(RSD)≤1%,Cu 石墨炉测试≤3%;在背景信号为 1A 时具有 30 倍以上的背景扣除能力;光谱带宽 0.2nm,能分开锰双线,即 279.5nm 和 279.8nm,且二谱线间的峰谷能量值小于 40%;带宽 0.1nm、0.2nm、0.7nm、1.4nm(开关选择);测量检出限,5mg/L 的 Cu 吸光度大于 0.800A;静态基线稳定性(Cu),30min 漂移量≤0.004A
	4510F/4510GF	波长范围 190～900nm;扣背景≥50 倍;光谱带宽偏差 0.2nm±0.02nm;带宽 0.1nm、0.2nm、0.4nm、1.0nm;测量检出限 Cu≤0.008μg/mL;特征浓度≤0.025μg/(mL·%);安全保护,压力不足、电源中断、熄火或燃烧头不匹配时自动切断燃气;静态基线稳定性(Cu)≤0.004A/30min(Cu);光栅刻线 1800 条/mm
	GGX-610	光学构造/光学系统,光路采用 C-T 型短焦距设计;波长范围 190～900nm;测量精密度(RSD)<1.0%(Cu);扣背景≥30 倍;分辨率优于 0.2nm;测量检出限(Cu)<0.003μg/mL;安全保护,安全可靠的气路设计,断电、欠压等自动切断燃气;基线漂移<0.004A/30min;光栅刻线 1800 条/mm;数据传输为 Excel 数据结果输出;波长精度 0.1nm

生产厂家	仪器型号	性能与主要技术指标
郑州泽铭科技有限公司	GGX-600	光学构造/光学系统,光路采用 C-T 型短焦距设计;波长范围 190～900nm;测量精密度(RSD)<1.0%(Cu);扣背景≥30 倍;分辨率优于 0.2nm;测量检出限 Cu<0.003μg/mL;安全保护,安全可靠的气路设计,断电、欠压等自动切断燃气;基线漂移<0.004A/30min;光栅刻线 1800 条/mm;波长精度 0.1nm
	GGX-6	光学构造/光学系统,光路采用 C-T 型短焦距设计;波长范围 190～860nm;波长准确性 0.1nm;测量精密度(RSD)<0.8%(Cu);扣背景≥50 倍;分辨率优于 0.2nm;测量检出限 Cu<0.003μg/mL;通道数两个;安全保护,安全可靠的气路设计,断电、欠压等自动切断燃气;基线漂移<0.004A/30min;单色器采用有专利权的塞曼扣背景系统(专利号 27523);光栅刻线 1800 条/mm;数据传输为 Excel 数据结果输出
	WFX-810	波长范围 190～900nm;带宽,火焰法 0.2nm、0.4nm、0.8nm、1.6nm,石墨炉法 0.2nm、0.4nm、1.2nm;石墨炉分析,温度范围为室温～3000℃,升温速率 3000℃/s,石墨管尺寸 30mm(长度)×7mm(外径);火焰分析,燃烧器为 10cm 单缝全钛燃烧器,雾化室为耐腐蚀材料直接成型雾化室;喷雾器为金属套高效玻璃喷雾器;火焰高度可调;单色器为 Czerny-Turner 型;光栅刻线 1800 条/mm
安徽皖仪科技股份有限公司	WYS2200 火焰-石墨炉一体机	光学构造/光学系统为高光通量全反射双光束分光系统,单光束/双光束任意自动切换;波长范围 185～910nm;测量精密度(RSD),火焰分析 RSD≤0.5%,石墨炉分析≤2%;原子化器为 100/50mm 金属钛燃烧器,空冷预混合型;氘灯背景信号为 1A 时,扣除背景能力≥50 倍;检测器为高灵敏度、宽光谱范围光电倍增管;光谱带宽 0.2nm 时分开锰双线(279.5nm 和 279.8nm)且谷峰能量比<20%;带宽 0.1nm、0.2nm、0.4nm、1.0nm、2.0nm 五挡自动可选;采样量 0.5～70μL;测量检出限,火焰分析检出限(Cu)0.002μg/mL,石墨炉分析检出限(Cd)≤0.2×10^{-12}g;特征浓度,火焰分析浓度特征(Cu)0.02μg/(mL·%),石墨炉分析特征量(Cd)≤0.4×10^{-12}g;火焰分析具有全套安全联锁系统,多种压力监测,自动安全保护功能,乙炔漏气报警、关闭系统(自动监控燃烧头类型、火焰状态、水封、气体压力、雾化系统压力、废液瓶液面高度等,出现异常或断电时自动联锁和关火);石墨炉分析有氩气欠压指示,冷却水流量不足、过热、过流报警及自动保护功能;基线漂移,静态±0.002A/30min;静态基线稳定性(Cu)±0.002A/30min;单色器为优化的消像差 C-T 型单色器,自动寻峰和扫描;光栅刻线 800 条/mm;波长精度≤±0.15nm
	WYS2000 单火焰	光学构造/光学系统为高光通量全反射双光束分光系统,单光束/双光束任意自动切换;波长范围 185～910nm;测量精密度(RSD)≤0.5;原子化器为 100/50mm 金属钛燃烧器,空冷预混合型;氘灯背景信号为 1A 时,扣除背景能力≥50 倍;检测器为高灵敏度、宽光谱范围光电倍增管;分辨率,谱宽 0.2nm 时分开锰双线(279.5nm 和 279.8nm)且谷峰能量比<20%;带宽 0.1nm、0.2nm、0.4nm、1.0nm、2.0nm 五挡自动可选;检出限(Cu)0.002μg/mL;特征浓度(Cu)0.02μg/(mL·%);具有全套安全联锁系统,多种压力监测,自动安全保护功能,乙炔漏气报警、关闭系统(自动监控燃烧头类型、火焰状态、水封、气体压力、雾化系统压力、废液瓶液面高度等,出现异常或断电时自动联锁和关火);静态基线稳定性(Cu)<±0.002A/30min;单色器为优化的消像差 C-T 型单色器,自动寻峰和扫描;光栅刻线 800 条/mm;波长精度≤±0.15nm
	WYS2100 单石墨炉	光学构造/光学系统为高光通量全反射双光束分光系统,单光束/双光束任意自动切换;波长范围 185～910nm;测量精密度(RSD)≤2%;氘灯背景信号为 1A 时,扣除背景能力≥50 倍;检测器为高灵敏度、宽光谱范围光电倍增管;光谱带宽 0.2nm 时分开锰双线(279.5nm 和 279.8nm)且谷峰能量比<20%;带宽 0.1nm、0.2nm、0.4nm、1.0nm、2.0nm 五挡自动可选;采样量 0.5～70μL;测量检出限(Cd)≤0.2×10^{-12}g;特征量(Cd)≤0.4×10^{-12}g;有氩气欠压指示,冷却水流量不足、过热、过流报警及自动保护功能;测光方式为空气-乙炔火焰法、氢化物发生器原子吸收法、富氧-空气乙炔火焰法、石墨炉法;静态基线稳定性(Cu)±0.002A/30min;单色器为优化的消像差 C-T 型单色器;光栅刻线 1800 条/mm;波长精度≤±0.15nm

生产厂家	仪器型号	性能与主要技术指标
北京普析通用仪器有限责任公司	MB-5	光学构造/光学系统为五元素复合空心阴极灯;原子化器为预混合型单缝燃烧器;采样量 40μL;通道为五通道;静态基线稳定性(Cu)≤0.006A/30min(铜、锌、钙、镁、铁);单色器为凹面全息光栅单色器
	TAS-986	波长范围 190～900nm;波长准确性±0.25nm;分辨率优于 0.3nm;带宽 0.1nm、0.2nm、0.4nm、1.0nm、2.0nm 五挡自动切换;基线漂移 0.005A/30min
	TAS-990	波长范围 190～900nm;测量精密度(RSD),火焰分析 RSD≤1%,石墨炉分析 RSD≤3%;氘灯背景校正可校正 1A 背景,自吸背景校正可校正 1A 背景;带宽 0.1nm、0.2nm、0.4nm、1.0nm、2.0nm 五挡自动切换;火焰分析检出限(Cu) 0.006μg/mL,石墨炉分析检出限(Cd) 0.5×10^{-12}g;火焰分析特征浓度(Cu) 0.02μg/(mL·%),石墨炉分析特征量(Cd) 0.4×10^{-12}g;基线漂移 0.004A/30min;光栅刻线 1200 条/mm 或 1800 条/mm(可选);波长精度±0.1nm
江苏天瑞仪器股份有限公司	AAS8000	波长范围 190～900nm;测量精密度(RSD),石墨炉测镉(Cd)精密度<3%;带宽 0.1nm、0.2nm、0.4nm、0.7nm、1.4nm;石墨炉控温范围为室温～3000℃,石墨炉升温速率3000℃/s,石墨炉测镉(Cd)精密度<3%,石墨炉测镉(Cd)检出限<3pg;测光方式为原子吸收、背景扣除;单色器为切尔尼-特纳(Czerny-Turner)型;光栅刻线 1800 线/mm
日本岛津制作所	AA-6800/6650 系列	微机化仪器 光学系统为光学单光束;测定波长范围为 190～900nm;谱带宽为 0.1nm、0.2nm、0.5nm、1.0nm、2.0nm、5.0nm 自动切换;测定方式为火焰吸收法和石墨炉法;浓度变换方式为工作曲线法和标准加入法
	AA-6200	采用高性能的双光束光学系统,基线长时间稳定 测定波长范围 190～900nm;背景校正采用氘灯法;光学系统为高性能光学双光束测光;精度管理;配备质量评定/质量控制(QA/QC)功能
	AA-6300	新开发的高光通量、动态、光束管理方式,实现世界最高水平的高灵敏度测定。火焰/石墨炉切换灵活,简单快速。具备燃烧头高度自动控制机构 测定波长范围 185～900nm;背景校正采用 D2 法、SR 法;测光方式有火焰法(光学双束)、石墨炉法(电子双束)
	AA-6800	提供便于操作的模块功能。采用双原子化器实现了火焰/石墨炉自动切换功能(6800),还有 2 种背景校正法(D2 法、SR 法)、QA/QC 功能、全中文化系统软件 测定波长范围 190～900nm;背景校正 D2 法、SR 法可选;测光方式,可用电子双光束测光(石墨炉);原子化器为双原子化器(6800;F/G 自动切换;6650;F/G 手动切换)
	AA-7000	波长范围 185～900nm;扣背景方法有快速自吸收法(BGC-SR,185.0～900.0nm);快速氘灯法(BGC-D2,185.0～430.0nm);检测器为光电倍增管;带宽 0.2nm、0.7nm、1.3nm、2.0nm(4 挡自动切换);测光方式有火焰光学双光束、石墨炉高通量单光束;光栅刻线 1800 条/mm
日本日立公司	ZA3000	在石墨炉分析中引入暴沸自动检测功能,本功能可对试样干燥过程中导致分析精度降低的试样暴沸进行自动检测。通过新增石墨管残留清除功能和自动进样器的快速进样,也可实现更快和更高精度的分析,操作简便且可靠
	Z-2000	光学构造/光学系统为双光束方法(偏振塞曼模式);波长范围 190～900nm,自动峰寻设置;扣背景采用偏振塞曼模式;带宽 0.2nm、0.4nm、1.3nm、2.6nm(4 挡);采样量 1～100μL;火焰分析有光学火焰检测、火焰传感器错误检测、燃油/辅助气压检石墨炉分析、氩气压力检测、冷却水流量检测、石墨炉温度检测;光栅刻线 1800 线/mm
美国 PE 公司	Aanalyst100	微机化仪器 单色器:焦距为 274nm,色散元件为光栅,光栅面积为 64mm×72mm,刻线密度为 1800 条/mm,光谱覆盖范围为 185～860nm 火焰与石墨炉可快速转换,波长自动调节,六个灯架可自动转换,自动调节最佳位置
	Aanalyst300	微机化仪器 微机控制电动机驱动转动灯架,具有六灯自动互换、自动调节最佳位置功能,可进行波长自动调节 单色器:焦距为 274nm,双闪耀波长光栅,光栅面积为 64mm×72mm,双闪耀波长分别为 236nm 和 597nm,刻线密度为 1800 条/mm,光谱覆盖范围为 185～869nm

生产厂家	仪器型号	性能与主要技术指标
俄罗斯刘梅克斯(LUMEX)公司	MGA-915 原子吸收光谱仪	微机化仪器 分析程序全部自动化；波长范围为195～600nm；分辨率为1nm；氩气用量为0.61L/min；工作状态设置时间为1min，分析时间为60～120s
北京瑞利分析仪器公司	GFU-202A 型微机化双光束原子吸收分光光度计	微机化仪器 具有如下软件系统：自动调零与浓度直读，四点自动曲线校正，误差统计处理，测量数据与曲线CRT显示 波长范围为190～860nm，测量范围为-0.1～+2.0A，分析方式为单光束、双光束、连续背景扣除、背景吸收、火焰发射；测量方式为积分、峰高、峰面积；积分时间为0.1～10s，量程扩展为1～10倍
	GFU-204A 型单光束原子吸收分光光度计	微机化仪器 软件系统有：自动调零与浓度直读，四点自动曲线校正，误差统计处理 波长范围为180～860nm，测量范围为-0.1～+2.0A，分析方式为火焰发射和火焰吸收；稳定性≤±0.005A/min，量程扩展为1～10倍

1.1.4 原子吸收的水质检测方法

1.1.4.1 原子吸收测定条件的选择

选择合理的测定条件可以获得最佳的测定检测限、灵敏度、重现性和最大的线性范围。不同的仪器其最佳的工作条件不同，即使是同一台仪器，测定不同元素其仪器的最佳条件也不相同，因此在实际分析工作中需要根据实际情况选择合适的仪器条件。下面简单介绍几种选择仪器使用条件的参数。

(1) 分析波长的选择　分析波长需要从灵敏度、干扰情况及仪器的自身条件来选择。对低含量的元素，一般选择最灵敏的共振线作为吸收波长；而对于高含量的元素，为了避免试样过度稀释，增加污染的概率，往往选择次灵敏线。如测定高浓度的 Na 时，要选用次灵敏线（330.2nm）而不选共振线（589.0nm）作为吸收波长。

(2) 狭缝宽度的选择　狭缝宽度的选择与测定的质量关系密切。狭缝宽度增大，信噪比提高，谱线的分辨率降低，背景和相邻干扰增大；狭缝宽度减小，灵敏度提高但光强减弱，信噪比变差。狭缝宽度选择的一般原则是，在不降低灵敏度和能分辨开干扰线的前提下，尽可能选择较宽的狭缝。

(3) 空心阴极灯电流的选择　空心阴极灯的灯电流直接影响到灯的发射特性。灯电流过大，发射谱线变宽，灵敏度降低，校正曲线弯曲，灯的寿命也缩短；若灯电流过小则放电不稳，光输出稳定性差，光谱强度减小，影响测定正常进行。灯电流选择的一般原则是：在保证放电稳定、输出光强合适的前提下，尽可能使用较低的工作电流。

(4) 原子化条件的选择　火焰的原子化条件选择如下。

① 火焰类型和状态的选择　有关火焰的内容在前面部分已经做过介绍，这里只介绍最佳助燃比的选择方法。固定助燃气，改变燃气流量，测定标准溶液在不同流量时的吸光度，绘制出吸光度与助燃比的关系曲线，选择吸光度大而稳定的燃气流量作为最佳助燃比。

② 燃烧器高度的选择　自由原子在火焰中的分布是不均匀的，因此为了使空心阴极灯发出的光从自由原子浓度大的火焰区通过，得到最佳的灵敏度，需要对燃烧器的高度进行选择。通常燃烧器的高度是通过试验来确定的，方法是：固定助燃比，改变燃烧器高度，测定标准溶液在不同燃烧器高度时的吸光度，绘制吸光度与燃烧器高度的关系曲线，选择吸光度最大处作为最佳燃烧器高度。

③ 石墨炉原子化条件的选择　这一部分内容在前面的1.1.2.2中已介绍过，这里不再

赘述。

1.1.4.2 原子吸收与其他分析方法的联用技术

随着国民经济各个领域对分析技术要求的不断提高，近代仪器分析技术面临着更多的挑战，它们所面对的样品越来越复杂，要求测定的检出限越来越低，并且朝着痕量甚至超痕量方向发展。就一种分析技术而言，不论它有多精确，所能测定的范围毕竟是有限的，即使有时能够做到精度要求，往往测定时间也是不允许的。原子吸收测定方法在使用上的局限性促成了原子吸收技术与其他样品分析技术联用的发展趋势。实践证明，不同分析技术联用能在很大的程度上发挥各自优势，从而能够大大地拓展仪器分析的使用范围。

原子吸收光谱法在环境监测中充当着重要的角色，尤其是石墨炉原子吸收法，作为一种测定痕量和超痕量的有效方法，与质谱法、中子活化法一起被公认为测定超痕量金属的三种主要方法。火焰法可直接测定水中低至 $\mu g/L$ 级的待测物含量，电热原子吸收法可测定环境样品中 $10^{-14} \sim 10^{-10} g$ 的痕量金属污染物，土壤、固体废物和大气颗粒物中的重金属污染物也可以将其样品消解后采用水的监测方法测定。原子吸收光谱法成为监测环境重金属的首选方法，目前世界上超过 90% 的重金属污染物监测使用原子吸收法。表 1-3 举了我国采用原子吸收法进行水环境监测的国家标准实例。

表 1-3 在水环境中应用的原子吸收国家标准方法

分析元素	方法	特征谱线波长/nm	方法来源	适用范围/(mg/L)
铜	直接法	324.7	GB/T 7476—1987	0.05～5
	螯合萃取法	324.7		1～50μg/L
锌	直接法	213.8	GB/T 7476—1987	0.05～1
铅	直接法	283.3	GB/T 7476—1987	0.2～10
	螯合萃取法	283.3	GB/T 7476—1987	10～200
镉	直接法	228.8	GB/T 7476—1987	0.05～1
	螯合萃取法	228.8	GB/T 7476—1987	1～50μg/L
钾	火焰原子吸收分光光度法	766.5	GB/T 11904—1989	0.05～4
钠	火焰原子吸收分光光度法	589.0	GB/T 11904—1989	0.01～2
钙	原子吸收分光光度法	422.7	GB/T 11905—1989	0.1～6
镁	原子吸收分光光度法	285.2	GB/T 11905—1989	0.01～0.6
银	火焰原子吸收分光光度法	328.1	GB/T 11907—1989	0.03～5
铁	火焰原子吸收分光光度法	248.3	GB/T 11911—1989	0.03～5
锰	火焰原子吸收分光光度法	279.5	GB/T 11911—1989	0.01～3
镍	丁二酮肟分光光度法	232.0	GB/T 11910—1989	0.05～5
汞	冷原子吸收分光光度法	253.7	HJ 597—2011	0.1μg/L 以上
铍	石墨炉原子吸收分光光度法	234.9	HJ/T 59—2000	0.04～0.4μg/L
锑	火焰原子吸收分光光度法	217.6	HJ 1046—2019	0.2～40

（1）流动注射与原子吸收分析光谱联用　流动注射分析方法（FIA）是一种溶液在管道内即可完成分离的高速自动分析技术，也是一项真正的微量化学分析技术，到目前为止，它已经被应用到了分析化学的各个研究领域，如比色分析、比浊分析、分光光度法、荧光分析法、化学发光技术、火焰发射光谱、原子吸收光谱、原子荧光光谱、电感耦合等离子体光谱、催化分析、滴定分析、电位滴定等。

流动注射技术与原子吸收光谱法及电感耦合等离子体发射光谱法联用不仅大大降低了基体效应的干扰，而且使检测的灵敏度得到了数十倍乃至数百倍的提高。FIA 技术与原子吸收技术结合可以在保持其精密度的前提下，显著地提高分析速度。通过对流动注射系统分散度的控制和连续富集，可以灵活地改变分析的灵敏度，用 FIA 合并带法还可以做到自动添加释放剂、缓冲剂，既方便了操作者，又节约了样品用量。由于进样与载流是交替进行的，即使试样中有高浓度盐分也不会堵塞雾化器。目前人们已经将溶剂萃取、离子交换分离预富集与火焰原子吸收光谱结合，其灵敏度已达到甚至超过了石墨炉原子吸收光谱法。

有关流动注射的基本原理及仪器的内容在相关章节将有详尽的介绍。

FIA 与原子吸收光谱联用分析的特点如下。

FIA 与原子吸收光谱联用分析方法使原本操作复杂的在线富集、溶剂萃取与离子交换等旨在提高原子光谱分析灵敏度的富集技术简单化，一般而言，富集倍率可达 20 倍，采样频率可达每小时 80 个样品。与单纯原子吸收方法相比较，取样量少（单次测定一般为 10～300 μL 即可）、测定速度快；绝对检出限低、分析精度高，相对标准偏差一般低于 1%；基体效应小，当体积较小而又需要较高的灵敏度时，可以降低泵速，以提高雾化效率。

FIA 与原子吸收光谱联用大大拓展了原子吸收法的测定范围。如对高浓度试样，可通过控制试样体积和混合管道的长度随意稀释；可以直接测定高盐分试样，不会堵塞雾化器和燃烧器；可在线自动加入消除化学干扰的释放剂、干扰抑制剂、化学改进剂等；使用不与水混溶的有机溶剂作为载流还可以增加有机溶剂的增感作用，例如，利用甲基异丁基甲酮或丙酮可以使灵敏度提高 8 倍。

FIA 与火焰原子吸收光谱分析仪联用，可使标准加入法更为简便可靠。方法是将试样溶液（c_s）作为载流，把不同浓度的标准溶液（c_x）间断地注入该试样溶液的载流中，测定试样与标准溶液的吸光度差（ΔA），因为标准溶液浓度高于试样溶液时产生正峰，反之产生负峰，对 ΔA 与 c_x 作图［图 1-5(a) 和图 1-5(b)］，可得到极佳的线性效果。

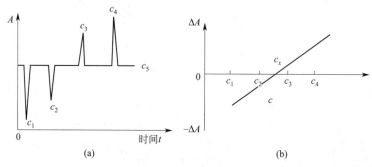

图 1-5　FIA-FAAS 标准增量法

（2）色谱与原子吸收光谱的联用　虽然原子吸收光谱分析是一种高选择性和高灵敏度的方法，但该法在一般的应用中不能分析被测元素的化学形态，当利用原子吸收光谱仪作为色谱分析的选择性监测器时，不仅能测定被测元素的总量，而且能鉴别和定量测定该元素的各种化学形态。而往往在废水水质监测中，欲分析的混合物中动辄含有几种或十几种不同的化合物，要想完全分离这些化合物是相当困难的，当采用原子吸收仪作为色谱法的监测器时，原子吸收仪能测定的组分都将给出色谱峰，从而可以完成多组分混合物中有机化合物的测定。

色谱-原子吸收联用技术已越来越引起分析化学家的高度重视，各种类型的联用方式均已出现，如气相色谱-火焰原子吸收法（GC-FAAS）、液相色谱-火焰原子吸收法（LC-FAAS）、气相色谱-石墨炉原子吸收法（GC-GFAAS）、高效液相色谱-石墨炉原子吸收法（HPLC-GFAAS）、气相色谱-石英炉原子吸收法（GC-QFAAS）、液相色谱-石英炉原子吸收法（LC-QFAAS）、气相色谱-冷原子吸收法（GC-CVAAS）、液相色谱-冷原子吸收法（LC-CVAAS）、离子色谱-石墨炉原子吸收法（IC-GFAAS）。此外，原子吸收光谱仪也用作气相色谱或液相色谱的监测器，测定金属的化学形态。火焰原子吸收监测器连接简单、操作方便、成本低廉。石墨炉或石英原子吸收作为色谱的监测器，虽然灵敏度更高，但连接方法比较困难，仪器装置成本也较高。

目前尚无色谱-原子吸收商品联用仪器，但由于色谱仪和分光光度计十分普及，且其联用技术并不复杂，因此国内外许多实验室都用常规仪器自行联结，开展研究。

色谱-原子吸收联机一般由三部分组成，即色谱仪、原子吸收分光光度计和接口，如图1-6所示。接口是这个联用系统的关键部分，它随色谱类型的不同而有所不同。

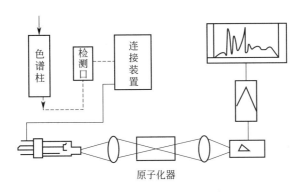

图 1-6　色谱-原子吸收联用装置

一般而言，常规的气相色谱仪和液相色谱仪不经过任何改动即可与各种火焰原子吸收分光光度计相连。常规色谱仪各个部件的作用在多数情况下是不变的，色谱柱仍然是分离系统的核心，联用系统的最佳化常常需要色谱柱条件最优。至于具体的联结方式不同的实验室可根据自身的现有条件和检测目的灵活选择。色谱与原子吸收分析联用的特点如下。

色谱与原子吸收分析联用测定样品，灵敏度、选择性好。色谱分离的效果好，原子吸收灵敏度高、选择性好，因而这种联用技术的色谱图清晰易辨。不过石墨炉原子吸收检测器的灵敏度比常规色谱检测器的灵敏度高。例如用火焰离子化检测器和石墨炉原子吸收检测器测定由气相色谱仪分离出的汽油中的五种烷基铅，由石墨炉原子吸收检测器得到的色谱图就比由火焰离子化检测器得到的色谱图清晰、易辨。

此外，色谱与原子吸收分析联用可分析金属和过渡金属的化学形态。随着环境科学的发展，无机元素的化学形态分析已经引起了人们的高度重视，环境中的重金属污染物的产生、迁移、转化、归宿及其与人体健康的关系，一直是环境科学研究的基本课题，同一种元素其化学形态不同，毒性也不相同，如铬（Ⅵ）的毒性比铬（Ⅲ）的毒性大100倍。砷在水体中的化学形态不同，其毒性差异很大，如胂＞亚砷酸盐＞三氧化二砷＞砷酸盐＞五价砷酸＞砷。因此，仅分析环境污染物中总金属含量不能反映金属的生物效应，也不能正确评价环境质量，再加上环境样品的复杂性和痕量特点，其对分析方法的灵敏度和选择性要求更高，一般的分析方法在这种情况下就难以满足要求了，这时以色谱作为分离手段的联用技术就可以显示出其特有的优势。

如硒和砷，硒的毒性与化学形态关系密切，元素硒的毒性很小，而亚硒酸钠、硒酸钠或硒化氢毒性很大。如果用氢化物发生-原子吸收法测定水样中的硒，有机物会产生严重的干扰。采用消化处理虽然可以消除干扰，但只能测定总硒，不能测定硒的化学形态的分布，而采用离子色谱-氢化物发生-石墨炉原子吸收光谱法就可以测定水样中硒的不同价态的分布。而目前测定砷的化学形态比较有效的方法是离子色谱-石墨炉原子吸收法。使用阳离子交换柱 Dowex 50W-X8 和阴离子交换柱 Dowex AI-X8，检测器是石墨炉原子吸收分光光度计，可以分离和测定水样中的二甲基砷酸盐（DMA）、甲基砷酸盐（MMA）、砷（Ⅲ）和砷（Ⅴ），有时也使用色谱-石英炉原子吸收联用法。

总之，色谱-原子吸收联用技术灵敏高效，将是金属化学形态分析的最有力的工具之一，但这项技术还有待进一步的探索和研究，目前这一领域的研究十分活跃，有望在不久的将来发展成熟。

（3）间接原子吸收光谱分析　目前能用原子吸收法直接测定的元素已达 70 多种，理论上讲，凡能有效地转化为自由基态原子，并能获得稳定的共振辐射光源的元素都可以直接用原子吸收光谱法测定。但是在目前的技术条件下，很多元素不能用常规的原子吸收法直接测定，如碳、硫、磷及卤族元素等，因为这些元素的共振吸收线位于真空紫外线区，要用这种方法测定必须扣除分光系统光路中的氧，并且需要真空或惰性氛围。此外，火焰或高温炉等原子化器对真空紫外区域的光透过率低，噪声大，原子化器中产生的分子有很强的吸收带，共振吸收线波长越短，影响越大。一些元素，如铀、硼、钽、铌、锆、铪等，虽然也可以用原子吸收法测定，但灵敏度却很低，一般可测定的特征浓度范围为 $5\mu g/mL$ 以上，还有铈、钍等元素谱线比较复杂，共振线难以辨认，从而不能用原子吸收法直接测定。为了弥补上述不足，扩大原子吸收法的应用范围，许多分析工作者对间接原子吸收分析法进行了大量的探索。

所谓间接原子吸收光谱法，就是在进行原子吸收测定之前，利用化学反应使某些不能直接进行原子吸收测定或灵敏度低的被测物质，与易于用原子吸收测定的元素进行定量反应，最后测定易于用原子吸收测定的元素的吸光度，间接求出被测物质的含量。即利用间接原子吸收法可以测定非金属元素、阴离子和有机化合物。

间接原子吸收光谱分析法的特点如下。

间接原子吸收光谱分析法可以分析不能直接用原子吸收法分析的元素，这些元素包括共振吸收线位于远紫外区的 F、Cl、Br、I、S、O、C、P、N、As、Se、Hg 等，也包括多数阴离子，如 ClO_4^-、IO_4^-、NO_3^-、NO_2^-、SCN^-、CN^-、PO_4^{3-}、SO_4^{2-} 等，还包括一些有机化合物。同时还可提高测定一些元素的灵敏度，且当共存组分干扰性大时，选择性优于直接原子吸收法。主要测定对象是稀土元素、锕系元素和一些需高温测定的元素。间接原子吸收法与直接原子吸收法测定一些物质的灵敏度的比较见表 1-4。

表 1-4　间接法与直接法灵敏度的比较

被测物质	测定元素	反应类型	灵敏度/($\mu g/mL$)		倍数
			间接法	直接法	
U	Cu	先氧化还原后络合	0.25	120	
Re	Cu	与新亚铜灵-铜（Ⅱ）络合	0.13	10	480
Sn	Hg	氧化还原	0.001	2.4	77
Hg	Zn	与锌-2,2′-吡啶络合	0.04	7.5	2400
B	Cd	与邻二氮杂菲-镉络合	0.005	50	188
Se	Cd	与 1,10-邻菲罗啉-镉络合	0.006	0.5	10000
S、SO_4^{2-}	Ba、Pb	硫酸钡或硫酸铅沉淀	0.8	1.0	83
NO_2^-	Zn	与锌-二氮杂菲络合	0.007	1.0	1.25
ClO_4^-	Cu	与新亚铜灵-铜（Ⅱ）络合	0.025	—	
CN^-	Fe、Ag	络合反应或生成氰化银	0.03	—	
SCN^-	Cu	与锌铜试剂络合	0.004	—	

1.1.5　原子吸收法用于水质分析过程应当注意的几个问题

1.1.5.1　原子吸收过程中的干扰及其消除

AAS测量通常采用的是共振吸收线，在测定过程中会产生干扰。在火焰原子吸收光谱分析中，主要的干扰有物理干扰、电离干扰、光谱干扰、化学干扰以及基体干扰等。

在石墨炉原子吸收光谱分析中，主要的干扰是基体干扰和分子吸收。在测定机体复杂的水样如海水水样中的痕量元素时，消除干扰就显得非常重要了。特别是在紫外线区，化合物分子还会产生严重的背景吸收。

在氢化物发生-原子吸收光谱法中，氢化物发生本身就是一种分离富集过程，这时待测元素与基体分离，通常干扰较少，背景吸收也小，有时甚至不用进行扣除背景分析。实际经常存在的干扰主要是凝聚相干扰和气相干扰。

因此，为了得到准确的分析结果，就需要清楚地了解干扰产生的来源，并在实践中探索消除干扰的方法。对于各种干扰的产生机理在普通的原子吸收的著作中都有大量详尽的描述，在这里只从应用的角度介绍一下各种干扰的消除方法。

（1）光谱干扰的消除方法　光谱干扰通常表现为：光谱的重叠干扰、多重吸收线干扰和光谱通带内存在的光源发射的非吸收线干扰。

① 消除重叠干扰的方法　若被测元素的灵敏线有干扰可另选次灵敏线作为分析线。当要测定的铝样品中存在大量的钒元素时，如选用 Al 308.215nm 分析线的话，干扰太大，根本无法正常测定，若选择 Al 309.27nm 分析线则可以消除干扰。当铅与锑共存于一个样品中时，铅对 Sb 217.023nm 线有干扰，当选用 Sb 217.587nm 灵敏线时，既消除了 Pb 216.999nm 对 Sb 217.023nm 线的干扰，又提高了锑分析的灵敏度。有时可预先将干扰元素分离，也可利用自吸收效应和塞曼效应扣除背景。

② 消除多重吸收线干扰的方法　多重吸收线干扰可通过减小光谱带宽，使光谱通带减小到足以充分挡掉不需要的多重线的水平来消除。使用仪器前应严格检查空心阴极灯，不使用不合格的空心阴极灯。当减小光谱通带仍不能消除干扰时，可另选分析线，这种办法虽然灵敏度有所降低，但可用较宽的光谱通带，提高检测光的能量。例如 Co 240.725nm 比 Co 252.136nm 灵敏，但前者仅允许使用的光谱带宽为 0.2nm，而后者可允许使用 0.7nm 的光谱通带，信噪比优于前者。

③ 消除光谱通带内存在的光源发射的非吸收线干扰的方法　空心阴极的材质决定着光谱通带内存在的光源发射的非吸收线的干扰，应选用光谱纯级的材料，减小光谱带宽，以分离非吸收线。若空心阴极的材质不能改变，也可使用调制分离原子共振线法消除。如 Ni 232.138nm 对 Ni 232.003nm 线的干扰，使用高强度的镍灯，调制前后的效果可由图 1-7 直观地给出。

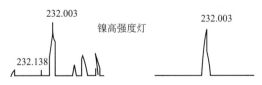

图 1-7　利用选择调制分离镍的共振线 232.003nm

（2）物理干扰的消除方法　物理干扰可通过配制与分析试液组成相似的标准溶液来消除，使试液与标准溶液具有相同或相近的物理性质。如加入同样量的试剂、保持相同的稀释倍数等。使用标准加入法也可消除物理干扰。不过，当样品的含盐量较高（超过 1%）时，会降低提升量和雾化效率，还可能造成燃烧器缝隙的堵塞而改变火焰的性质，这时可通过稀释样品溶液来解决。

（3）电离干扰的抑制方法　抑制电离干扰的途径有加入消电离剂及使用低温火焰等。使用一氧化二氮-乙炔火焰测定金属时，Cs 和 K 就是一种较好的消电离剂，要求是其电离电位越低越好。对那些电离能低于 $5.5eV$ 的元素，要使其完全电离至少需要加入 $10mg/mL$ 的消电离剂，而对电离能高于 $6.5eV$ 的元素只需加入 $0.2mg/L$ 的消电离剂就可完全抑制电离干扰。此外使用空气-乙炔火焰要比使用一氧化二氮-乙炔火焰产生的电离小得多。

（4）化学干扰的消除方法　化学干扰是多种多样的，对应的消除干扰的方法也是多种多样的。在多数情况下，对有些干扰的机理尚不清楚或者不完全清楚，但多数情况下化学干扰还是相对容易克服的。常用的消除化学干扰的方法如下。

① 加入释放剂　这是一种常用的行之有效的方法。其作用是将被测元素从难解离化合物中释放出来。如测 Ca、Mg 时加入镧可消除铝、钛、磷的干扰。

② 加入保护剂　保护剂是一种阻止被测元素与干扰元素生成难解离挥发的稳定化合物的试剂，保护被测元素不受干扰。这类试剂多为有机试剂，如 EDTA（乙二胺四乙酸）、8-羟基喹啉、葡萄糖、蔗糖、乙二醇、甘油、甘露醇等。

③ 加入缓冲剂　在被测试样和标准试样中都加入过量的干扰元素，使干扰达到饱和点，这时干扰效应就不再随干扰元素的变化而变化，即使有变化也十分微小，起到了缓冲的作用。例如用一氧化二氮-乙炔火焰测定钛，当共存的铝量大于 $200mg/L$ 时，干扰趋于稳定。其缺点是测定的稳定性是以降低灵敏度为代价的，因此不经常用到。

④ 加入助熔剂　有文献指出，在进行原子光谱测定时，NH_4Cl 对测定多种元素都有增感效应，例如它可以抑制铝、硅酸根、磷酸根等的干扰。NH_4Cl 之所以可以消除上述干扰，是由其本身的特点决定的：它熔点低，能在火焰中很快地熔融，故可对高熔点的元素起到助燃作用；它的蒸气压高，在数千摄氏度的高温下 NH_4Cl 蒸气仍可以冲撞雾滴，有利于雾化的完全；NH_4Cl 的存在可以使被测元素转变成氯化物，从而提高测定的灵敏度。

⑤ 选择合适的火焰　在高温火焰中的化学干扰比低温火焰中的少。火焰的温度是决定化合物蒸发能否完全的重要条件。例如在空气-乙炔火焰中测定钙时，磷酸根和钙可以生成稳定的磷酸钙干扰钙的测定，而在一氧化二氮-乙炔火焰中即使磷的量比钙高出 200 倍也不会干扰测定。火焰的组成也会影响消除干扰的效果，富燃火焰中存在 C、CO、CN、CH 等强还原组分，阻碍氧化物的形成，有利于原子化。燃烧器的高度也会影响测定结果。

⑥ 化学分离　用化学方法将被测元素与干扰元素分开，是一种行之有效的方法。目前常用的分离方法有萃取、离子交换、共沉淀等，其中应用最广泛的是萃取法。化学分离不仅可以消除干扰，还可以起到富集的作用。不足之处就是化学分离法过程比较繁琐，试剂用量较多，并可能给样品带来沾污。

⑦ 标准加入法　采用标准加入法也可以抵偿化学干扰，但同时可能带来灵敏度的降低。

（5）基体干扰的消除方法　基体干扰主要是针对石墨炉分析而言的，尤其是当分析生物样品或海水样品时基体干扰是非常严重的。消除基体干扰的有效方法是化学改进技术，也就是在样品中加入一种试剂，使基体转变成较易挥发的物质，而被测元素变成较稳定的化合物，以防止在干燥和灰化过程中被测元素的灰化损失，更能消除基体干扰，使得测定难挥发元素中的易挥发元素成为可能。所加入的试剂就是化学改进剂。

化学改进剂是石墨炉原子吸收分析中不可缺少的手段之一。由于在石墨炉分析中基体种类繁多，干扰也是千变万化十分复杂。为了得到较高的灵敏度和理想的检出限，就必须选择合适的物质来消除基体中的干扰，加入的金属、化合物或其他物质与基体和待测元素发生反应，改变了基体和待测元素的性质，达到了消除干扰的目的。

针对基体的化学改进剂，或者是使基体生成易挥发性的化合物，如过渡元素的氯化物产生的干扰，可用高沸点酸来消除，典型的例子是 H_3PO_4 和 H_2SO_4 可消除 $CuCl_2$ 对 Pb 和 Ni 的干扰，因为它们除可反应生成 HCl 这样的易挥发性物质之外，生成的硫酸盐和磷酸盐的背景吸收都很小。或者是使基体生成难解离的化合物，如当测定氯化物基体中的铅时，$MgCl_2$、$CaCl_2$、$SrCl_2$、$BaCl_2$ 能对 Pb 产生抑制效应，该抑制效应与化合物的解离能有关，解离能大的化合物对分析元素的干扰较小。

针对分析元素的化学改进剂，如果基体和待测元素都是易挥发性的，则必须考虑灰化阶段被测元素的损失及背景吸收，此时必须加入化学改进剂，使它与分析元素生成热稳定的化合物或者合金，使它的灰化温度和原子化温度提高，避免灰化损失。如测定 Pb 时，可以用钯作为化学改进剂，这样不仅可以将 Pb 的灰化温度提高到 1200℃，而且将原子化温度也提高了 490℃，原子化峰的出现延迟了 4s，这是因为生成了热稳定性好的 Pb-Pd 合金。对那些基体和被测元素都难以挥发的分析物质，选择的化学改进剂要能使分析元素的原子化温度降低，在较低的温度下灰化。有机酸是常用的化学改进剂之一。如用抗坏血酸作化学改进剂能消除 $MgCl_2$ 对 Pb 的干扰，同时还能消除 Pb 可能出现的双峰现象。有时也要使分析元素形成热稳定的合金。如加入微克量的铂、钯、金，铅的最高允许温度分别可以提高到 1200℃、1150℃和 850℃。

1.1.5.2 背景校正

虽然在原子吸收分析中通过样品预处理、加化学改进剂等方法可减少背景干扰的影响，但随着分析领域的扩大，尤其是石墨炉原子化器的广泛使用，在测定痕量超痕量元素时背景校正是必不可少的。

目前常用的背景校正技术有连续光源法（氘灯法）、塞曼效应法、自吸收法以及非吸收线法（双线法）等，这里简要地做介绍。

（1）氘灯背景校正　氘灯背景校正装置是现代原子吸收光谱仪配置最多的连续光源背景校正装置。利用被测元素的元素灯作为样品光束，测量总的吸收信号（分析原子吸收与背景吸收之和），氘灯的辐射作为参考光束。氘灯背景校正的工作波段为 180～400nm，当波长大于 400nm 时，氘灯的能量很低，不易实现平衡。

氘灯背景校正的主要优点是对测定的灵敏度影响较小，校正后的吸光度降低 0.1%～10%，优于塞曼效应和自吸收法。缺点是两个光源不易准确聚光在原子化器的统一部位，两种灯的光斑大小也存在着差异，故影响背景校正效果，容易出现校正不足或校正过度现象。

（2）塞曼效应背景校正　当数千高斯的磁场作用于光源时，光源的发射谱线分裂为不同波长的几个部分，磁场作用于原子化器中的原子蒸气时，原子的吸收谱线也产生光谱分裂，这种现象称为塞曼效应。利用塞曼效应的不同成分光作为样品光及参考光分别测试 As 及 Ar 可实现背景校正。目前的商品化仪器大部分是将塞曼效应施加于原子化器，应用较多的有横向恒定磁场塞曼效应、横向交变磁场塞曼效应及纵向交变磁场塞曼效应。其中纵向交变磁场塞曼效应效果最好，它无需偏振器，能量损失最小，在磁场足够大时并不影响检出限等指标。

背景干扰与原子化器的气氛有直接的关系，要求测量背景信号与测量分析原子信号的时间严格重合，这一点对石墨炉原子化器尤其重要。正因为如此，厂家采取了各种措施来减小测量误差。首先测量 LC 振荡回路以提高磁场频率，从而缩短测量背景信号与分析原子信号之间的时间。此外，采用多项式插值由数学软件可直接计算出分析原子信号测量时的背景信号，也能较好地解决这一问题。

（3）自吸收背景校正　自吸收背景校正是利用大电流时空心阴极灯出现自吸收现象，发射的光谱线变宽来测量背景吸收的。

自吸收背景校正法的测定灵敏度与窄脉冲电流 I_H 的大小有直接的关系，I_H 越大，自吸收越严重，测得的吸光度 A_{ra} 越小，对灵敏度的影响就越小。一些元素的谱线很容易自吸收，因而对灵敏度影响小，如锌、铬等元素，而另一些元素其空心阴极灯的谱线难以发生自吸收，即使在较大的电流下测得的 A_{ra} 仍较大，因而背景吸收校正后灵敏度损失较大。

1.1.5.3 原子吸收分析方法的灵敏度和检出限

在原子吸收分析方法中，误差的来源是很多的，其中有些是一般的分析方法都共有的，而有些却是原子吸收分析方法所独有的。

产生误差的因素可能包括：标准溶液制备不当，标准物质中混入杂质；样品的前处理方法使用不当，在前处理所用的试剂中混入了杂质；试样基体效应太显著；存在不同形式的干扰（化学干扰、物理干扰、光谱干扰、电离干扰等）；光源灯劣化；波长选择不当或光学系统调节不当；雾化器、预混合室或燃烧器被污染或堵塞；燃气或助燃气的流量波动；燃烧器的高度调节不当；检测系统不稳定；标准曲线制作存在偏差过大；操作人员工作时疏忽大意等。

实际上，灵敏度和检出限的大小通常与仪器、被测元素、基体复杂程度及所选用的原子化方法有关。表 1-5 列举了火焰原子化分析法测定 33 种元素的灵敏度和检出限。

表 1-5 火焰原子化分析法测定 33 种元素的灵敏度和检出限

元素	测定波长/nm	火焰气体	检出限 /(mg/L)	特征浓度 /(mg/L)	最佳测定范围 /(mg/L)
Ag	328.1	A-Ac	0.01	0.06	0.10~4.00
Al	309.3	N-Ac	0.1	1.0	5.0~100.0
Au	242.8	A-Ac	0.01	0.25	0.50~20.00
Ba	553.6	N-Ac	0.03	0.40	1.00~20.00
Be	234.9	N-Ac	0.005	0.030	0.050~2.000
Bi	223.1	A-Ac	0.06	0.40	1.00~50.00
Ca	422.7	A-Ac	0.003	0.080	0.200~20.000
Cd	228.8	A-Ac	0.002	0.025	0.050~2.000
Co	240.7	A-Ac	0.03	0.20	0.50~10.00
Cr	357.9	A-Ac	0.02	0.10	0.20~10.00
Cs	852.1	A-Ac	0.02	0.30	0.50~15.00
Cu	324.7	A-Ac	0.01	0.10	0.20~10.00
Fe	248.3	A-Ac	0.02	0.12	0.30~10.00
Ir	264.0	A-Ac	0.6	8.0	—
K	766.5	A-Ac	0.005	0.040	0.100~2.000
Li	670.8	A-Ac	0.002	0.040	0.100~2.000
Mg	285.2	A-Ac	0.0005	0.0070	0.0200~2.0000
Mn	279.5	A-Ac	0.01	0.05	0.10~10.00
Mo	313.3	N-Ac	0.1	0.5	1.0~20.0
Na	589.0	A-Ac	0.002	0.015	0.030~1.000
Ni	232.0	A-Ac	0.02	0.15	0.30~10.00
Os	290.9	N-Ac	0.08	1.00	—
Pb	283.3	A-Ac	0.05	0.50	1.00~20.00
Pt	265.9	A-Ac	0.1	2.0	5.0~75.0
Rh	343.5	A-Ac	0.5	0.3	—
Ru	349.9	A-Ac	0.07	0.50	—
Sb	217.6	A-Ac	0.07	0.50	1.00~40.00
Si	251.6	N-Ac	0.3	2.0	5.0~150.0
Sn	224.6	A-Ac	0.8	4.0	10.0~200.0
Sr	460.7	A-Ac	0.03	0.15	0.30~5.00
Ti	365.3	N-Ac	0.3	2.0	5.0~100.0
V	318.4	N-Ac	0.2	1.5	2.0~100.0
Zn	213.9	A-Ac	0.005	0.020	0.050~2.000

灵敏度低的原因：第一，原子化温度高；第二，火焰位置不准；第三，喷雾器调节不好，雾化效率太低；第四，狭缝太宽；第五，喷嘴堵塞使吸液量太低；第六，样品黏度或浓度等原因造成原子化效率太低。处理方法：第一，选用适当的原子化条件；第二，边测边调火焰的高低、前后、左右位置；第三，重调喷雾器；第四，选择合适的狭缝；第五，疏通喷嘴或更换喷嘴；第六，对样品进行适当处理，改变其物理性质，提高原子化效率。

检出限太高的原因：第一，分析灵敏度太低；第二，仪器噪声太大；第三，火焰喷雾稳定性差。处理方法：第一，重新调整仪器的灯电流、狭缝、喷雾器和火焰的参数；第二，适当增加电流、降低高压；第三，重调喷雾器。

1.1.6 原子吸收法在水质监测中的应用

1.1.6.1 概述

原子吸收分光光度法是分析饮用水、地表水、生活污水和工业废水中微量金属元素的最重要的方法之一，已被列为水中总铬、总铅、总汞、总锌、总锰等水质指标测定的标准分析方法，在水环境监测领域发挥着重要的作用。

一般而言，pH值小于2的水样才可以直接进行原子吸收分析，因此多数水样需要经过必要的预处理才能上机测定，不同元素的水样其采集、保存与处理方法不同。

水中的金属元素状态分为可溶态和悬浮态两种，以能否通过 $0.45\mu m$ 微孔滤膜为区分标志，能通过该滤膜的金属形态称为可溶态，被阻留在该滤膜上的形态称为悬浮态，两部分的总和即为金属元素的总含量，不过，总含量往往通过将水样消解来测定。水样的采集最好要用石英瓶或聚四氟乙烯瓶，也可用塑料瓶，水样采来后要马上用浓硝酸酸化到 pH 值小于2，然后放置在 4℃ 的冰箱中保存。水样的消解方法有硝酸消化法、硝酸-高氯酸消化法、硝酸-过氧化氢消化法等。对于浓度在 10^{-6} 级以上的样品，消解试剂应为分析纯以上；对于 10^{-6} 级以下的样品，消解试剂要经过提纯才能使用，同时对仪器和工作环境都有很高的要求。对于水中痕量或超痕量元素的分析有时需要一些预分离和富集方法，如吡咯烷二硫代氨基甲酸铵-甲基异丁酮（APDC-MIBK）、碘化钾-甲基异丁酮（KI-MIBK）、双硫腙-氯仿溶剂萃取法、巯基棉富集分离法、活性炭吸附法、螯合离子树脂交换法、氢氧化镁共沉淀富集分离法等。

1.1.6.2 原子吸收法在水质监测中的应用实例

（1）流动注射-火焰原子吸收法测定天然水体中的三价铬和六价铬　天然水体中的铬多以 Cr^{3+}、CrO_3^{3-}、CrO_4^{2-}、$Cr_2O_7^{2-}$ 形式存在，环境中不同价态的铬对生物体的危害性差异很大。由于环境样品的复杂性和铬形态的不稳定性，使用常规的原子吸收法对天然水体中微量铬进行形态分析存在一定困难。若把流动注射富集方法引入原子吸收分析中来，采用流动注射-火焰原子吸收法测定天然水体中微量的铬（Ⅲ）和铬（Ⅵ），可实现自动化监测，方法简便、结果准确、检出浓度低。

① 主要仪器与试剂　原子吸收分光光度仪：日立 Z-8000 型，日本日立公司。铬空心阴极灯：日本日立公司。高效流动注射器：H-900 型，沈阳新兴仪表电器成套厂。锥形富集柱：内装经甲醇处理后的 NP 型螯合树脂，南开大学。硝酸、盐酸：分析纯。甲醇、盐酸羟胺、重铬酸钾：优级纯。铬（Ⅵ）标准储备液（用重铬酸钾配制）、铬（Ⅲ）标准储备液（用重铬酸钾和盐酸羟胺配制）。氢氧化钠溶液：2.0mol/L。

② 仪器的工作参数　波长 259.9nm；灯电流 7.5mA；狭缝宽 1.3nm；峰高测量方式；

燃烧器高 7.5mm；空气流量 27mL/min；乙炔流量 7mL/min；塞曼效应扣除背景。

③ 试验步骤　分取两份水样，其中一份用 3％硝酸溶液调节 pH 值至 4.1 后，加入过量的盐酸羟胺还原剂，将铬（Ⅵ）还原为铬（Ⅲ），进入仪器富集后进行测定；另一份不加还原剂，直接进入仪器富集测定铬（Ⅲ）的含量。两次测定结果之差即为铬（Ⅵ）的含量，以此可准确测定水中铬（Ⅲ）和铬（Ⅵ）的含量。

然后分别讨论溶液的 pH 值、还原剂的类型、用量，富集速率，解吸液酸度，解吸速率以及干扰因素的影响，绘制标准曲线，最后进行样品分析。

④ 分析结果　用洁净的硬质玻璃瓶从三处天然水源分别采集水样，不加任何保护剂，直接带回实验室，按照试验方法测定，然后分别加入铬（Ⅲ）和铬（Ⅵ）标准工作溶液，进行回收试验，测定结果见表 1-6。

表 1-6　流动注射-火焰原子吸收法测定天然水体中的三价铬和六价铬结果

| 样品 | 铬（Ⅲ） | | | | 铬（Ⅵ） | | | |
	本底值 /(μg/mL)	加入量 /(μg/mL)	测得值 /(μg/mL)	回收率/%	本底值 /(μg/mL)	加入量 /(μg/mL)	测得值 /(μg/mL)	回收率/%
1	3.76	10.0	13.2	94.4	3.91	10.0	13.4	94.9
2	0.52	10.0	10.2	96.8	0.73	10.0	10.5	97.7
3	0.41	10.0	10.36	99.5	0.64	10.0	10.94	103

⑤ 结论　硬度较小的天然水体中，Ca^{2+}、Fe^{3+}、有机配体等干扰物质的浓度一般较低，基本不干扰铬（Ⅲ）的富集测定，可以直接采用本方法进行不同价态铬的测定。流动注射-火焰原子吸收法灵敏度高，重现性好，干扰因素少，操作方便，分析速度快，适用于较纯洁水体中铬元素的形态分析。而对于硬度较高的水体（Ca^{2+} 质量浓度大于 40mg/L，Fe^{3+} 质量浓度大于 0.5mg/L），或富含有机配体的水样（浓度大于 $1.0×10^{-6}$mol/L），不适合用该法测定铬（Ⅲ）的含量。

（2）平台石墨炉原子吸收法直接测定污水中钴　钴在环境样品中的含量较低，所以微量元素钴的分析方法一直是分析工作者所关注的研究课题之一。有研究者利用平台石墨炉技术和偏钒酸铵作基体改进剂，较好地解决了基体复杂样品的干扰问题。对含钴废水、自来水、矿泉水、地下水、地表水的测定结果表明，这种方法对不同水体的样品有较好的选择性，完全可以满足环境监测常规分析的要求，是一种较为高效、准确的方法。

① 仪器和试剂　GBC904 型石墨炉原子吸收光谱仪（澳大利亚 GBC 公司）；PAL3000 自动进样器；GF3000 石墨炉系统；GBC 公司生产的石墨平台；热解石墨管；扣除背景采用氘灯方式；硝酸（优级纯）；偏钒酸铵（优级纯）；钴标准储备液质量浓度 1μg/mL（中国环境监测总站）；钴标准使用液质量浓度 1μg/mL。

② 仪器工作参数　波长 240.7nm；灯电流 7.5mA；狭缝宽 0.2nm；峰高计算方式；氘灯扣除背景。

③ 试验步骤　配制 0.2mol/L 的偏钒酸铵溶液：准确称取 23.4g 偏钒酸铵（NH_4VO_3）于 200mL 烧杯中，加入 50mL 去离子水，于电热板上低温加热溶解，冷却后转移至 1000mL 容量瓶中，稀释至刻度。

配制标准系列：用标准使用液按 0μg/L、20μg/L、40μg/L、60μg/L、80μg/L、100μg/L 配制标准系列。其余同样品。

配制试剂空白：0.2％的硝酸溶液 20μL，0.2mol/L 偏钒酸铵溶液 5μL。

样品的测定：取 100mL 样品于容量瓶中加入 0.2mL 浓硝酸摇匀，进样取 20μL 上述溶液，再加入 0.2mol/L 的偏钒酸铵溶液 5μL，上机测量。气体采用氩气，其流量为 2L/min。

④ 结论　用氩气作载气与用氮气相比，前者不仅有更高的灵敏度，而且有更好的重复性

和调和性。其标准系列在 $0\sim100\mu g/L$ 之间有较好的线性，大大改善了石墨管法线性范围（$0\sim30\mu g/L$）较窄的缺点。这说明石墨平台技术在分析元素钴时，有显著改善线性的作用。使用平台石墨炉技术及偏钒酸铵作基体改进剂，使灰化温度从 $600^\circ C$ 提高到 $1200^\circ C$，大大减少了样品的基体干扰。

（3）氢化物发生-电加热石英管原子吸收法测定环境水样中痕量铅　地面水中铅的含量一般在 $0.06\sim120ng/mL$ 范围。铅是人体累积性毒物，易被肠胃吸收，通过血液影响酶和细胞的新陈代谢。当铅浓度达到 $0.1ng/mL$ 时，便抑制水体自净作用。这种水体污染尤其对儿童的健康有严重影响，因此是环境监测必测项目之一。氢化物发生技术用于原子吸收分析是 1969 年提出的，后来有人又将这一技术用于测定微克每升量级铅的测定。

① 仪器与试剂　氢化物发生装置（非标准）；WFX-750 型原子吸收光谱仪；电加热石英管尺寸为 $\phi9mm\times180mm$，电热丝 600W；$0.1mg/mL$ 铅标准溶液，将此标准液用 1% HCl 溶液逐级稀释成 $1.0\mu g/mL$；2% KBH_4 溶液，称取 2g KBH_4 溶于 100mL 0.2% NaOH 水溶液中，过滤，现用现配；10% 过硫酸铵溶液；10% 铁氰化钾溶液；盐酸、硝酸，优级纯；氮气，99.9%。

② 仪器工作参数　波长 283.3nm；灯电流 5.0mA；狭缝宽 0.5nm；峰高测量方式；加热电压 105V；N_2 流量 300mL/min；进样体积 2.0mL；记录仪 20mV。

③ 试验步骤

a. 铅工作曲线绘制　取 100mL 棕色容量瓶 6 只，分别加入盐酸（1:1）1.5mL，依次加入 $1.0\mu g/mL$ 铅标准溶液 0mL、0.5mL、1.0mL、1.5mL、2.0mL 和 2.5mL，加入氧化剂 10% $(NH_4)_2S_2O_8$ 1.0mL、保护剂 10% $K_3Fe(CN)_6$ 4.0mL，用去离子水稀释至刻度，摇匀，此铅标准系列为 0ng/mL、5ng/mL、10ng/mL、15ng/mL、20ng/mL 和 25ng/mL。按表中仪器参数调整仪器进行测定，将测定的铅吸收峰值（mm）对其浓度绘制工作曲线。

b. 水样的处理与分析　对酸化的清洁地面水（含盐酸1%）可直接进样测定；对浑浊的或有机质含量较高的水样，取 100mL 水样置于烧杯中，加入盐酸（1:1）2mL 于电热板上在微沸的状态下将水样蒸至近干，冷却后，用快速滤纸过滤定容至 100mL 并摇匀。取水样 25mL 于 50mL 棕色容量瓶中，加 10% $(NH_4)_2S_2O_8$ 溶液 0.5mL，10% $K_3Fe(CN)_6$ 溶液 2mL，用水稀释至刻度，摇匀。此溶液含盐酸应为 0.75%，与标准溶液一致，然后上机测定吸收峰值，由工作曲线计算水样中铅的含量。

④ 结论　试验证明铁氰化钾 $[Fe(CN)_6^{3-}+e^-\longrightarrow Fe(CN)_6^{4-}$，$\varphi=36V]$ 可将 Pb^{2+} 氧化为 Pb^{4+}。这是因为在碱性溶液中电极反应为 $Pb^{4+}+2e^-\longrightarrow Pb^{2+}$，$\varphi=0.28V$，当加入碱性硼氢化钾溶液时恰好符合了铁氰化钾氧化 Pb^{2+} 的条件。但为了使测定更为稳定，试验中仍需加入过硫酸铵做预先氧化。

在地下水、河水、湖水和饮用水中加入铅，标准为 5ng/mL、10ng/mL、15ng/mL、20ng/mL，做回收试验，结果表明，其回收率分别为地下水 95%～110%、河水 95%～107%、湖水 95%～116%、饮用水 93%～102%。

应用氢化物发生-电加热原子吸收法测定地面水微克每升级铅，重现性好、基线稳定、操作快速、设备装置简单，易于普及和推广。

（4）石墨炉原子吸收法测定镉　镉是一种稀有的重金属元素，它微量而广泛地分布在环境中。在天然水体中，镉含量一般为 $0.01\sim3\mu g/L$。石墨炉原子吸收分光光度法被广泛应用于镉浓度的测定。镉是一种重要的生物积累元素，也是环境监测的必测项目之一，它低温易挥发，原子化温度比较低，测定时灰化温度一般不能超过 $300^\circ C$，人们常使用磷酸以及磷酸盐类的基体改进剂来提高镉的稳定性。有人在利用塞曼效应扣除背景的条件下，研究了磷酸基体改进剂对镉测定的影响。

① 仪器与试剂 Varian Spectr AA-220Z 原子吸收分光光度计（GTA-110 石墨炉，自动进样器）；澳大利亚产 Varian 镉空心阴极灯；德国产 Varian 石墨管；0.2%的硝酸空白溶液，在 1L 纯水中加入 2mL 优级纯硝酸配制而成；镉标准溶液，准确称取 0.5000g 金属镉，加入硝酸（1:5）20mL，微热溶解后，用纯水定容于 500mL 容量瓶中，使用时用 0.2%的硝酸溶液稀释至所需要的浓度；基体改进剂，4g/L 磷酸溶液，将 4g 分析纯磷酸溶解于 1L 纯水中配制而成。

② 仪器的工作条件 波长 228.8nm；灯电流 4.0mA，狭缝宽 0.5nm；塞曼（Zeeman）扣除背景。

石墨炉的升温程序参见表 1-7。

③ 试验步骤

a. 制作标准曲线 利用自动进样器自动稀释，产生一个浓度梯度序列。在对照试验中，用 0.2%的硝酸空白溶液代替磷酸改进剂。

b. 水样测定 进样量为 20μL，其中 10μL 样品，5μL 磷酸溶液作为基体改进剂，其余为 0.2%的硝酸空白溶液，上机测定。

表 1-7 石墨炉的升温程序

步骤	温度/℃	时间/s	氩气流量/(L/min)	步骤	温度/℃	时间/s	氩气流量/(L/min)
1	85	5.0	3	6	250	2.0	0
2	95	40.0	3	7	1800	0.8	0
3	120	10.0	3	8	1800	2.0	0
4	250	5.0	3	9	2000	2.0	3
5	250	1.0	3				

④ 结论 在镉溶液中加入磷酸溶液后，镉吸收峰的最大峰高增加了。根据 IUPAC（国际纯粹与应用化学联合会）规定，原子吸收分析的灵敏度定义为能够产生 1%吸收值，即吸光度为 0.0044 时试样浓度（或者绝对量）。在相同的试验条件下，当样品进样量为 10μL 时，不加磷酸溶液，方法的灵敏度为 $4.2 \times 10^{-2} \mu g/L$，加入磷酸溶液后，灵敏度提高为 $2.3 \times 10^{-2} \mu g/L$，对应标准曲线的斜率由 0.13 提高至 0.22。

石墨炉原子吸收法适用于环境监测中对除了海水外其他基体比较简单的天然水体中痕量镉的测定。

（5）气相色谱-卧管式微火焰原子吸收法测定环境样品中的二乙基汞 自然界中汞以多种化学形态存在，汞的毒性也因其存在形态的不同而不同，有机态汞的毒性远远大于无机态汞。由于微生物或酶可引起汞的甲基化，海洋生物对甲基汞有富集作用，人们对环境中甲基汞的研究较多，而对其他形态汞的研究较少。

有研究者探索了一种以正己烷萃取，用气相色谱-卧管式微火焰原子吸收法测定环境样品中二乙基汞的方法。样品经萃取后，有机相可直接进样分析。方法灵敏度高，操作简单，分析快速。

① 主要仪器与试剂 GC4002 气相色谱仪（北京东西电子技术研究所）；GGX-1 原子吸收分光光度计（北京地质仪器厂）；台式自动平衡记录仪（上海自动化仪表二厂）；汞空心阴极灯（扬水市宁强光源厂）；HY-4 调速多用振荡器（江苏金坛区金城国胜实验仪器厂）。甲醇（石家庄有机化工厂，分析纯）；二乙基汞（merck-schuchardt，98%）储备液，质量浓度 $7.908 \times 10^{-2} g/L$；正己烷（军事医学科学院药材供应站，分析纯）；吡咯烷二硫代氨基甲酸铵（APDC，军事医学科学院药材供应站，分析纯）。

试验所用气相色谱-卧管式微火焰原子吸收联用仪装置简图见图 1-8。

② 试验步骤

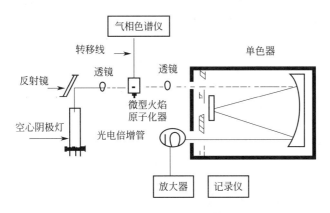

图 1-8　气相色谱-卧管式微火焰原子吸收联用仪装置简图

a. 标准溶液的配制　准确称取二乙基汞 0.0396g，用甲醇溶解并定容至 50.00mL 容量瓶中，质量浓度为 7.908×10^{-2} g/L，并逐级稀释至所需浓度的标准溶液备用。

b. 样品预处理　将水样用少量的稀盐酸处理后立即萃取。

c. 萃取操作步骤　取 100mL 水样，加入 5mL APDC（0.01g/L）和 5mL 正己烷，在振荡器上振荡 2h，静置 20min，水样可直接分离。有机相直接进样进行 GC-AAS 分析。

卧管式微火焰检测器结构简图如图 1-9 所示。

③ 结论　取 5μL 萃取液直接进样分析，利用标准曲线计算二乙基汞的含量，结果为河水中二乙基汞的质量浓度在 3.65～3.79ng/mL 之间。样品中有机汞的色谱图如图 1-10 所示。

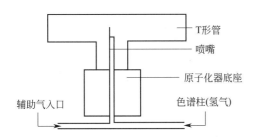

图 1-9　卧管式微火焰检测器结构简图

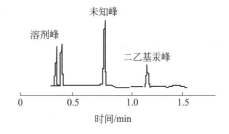

图 1-10　样品中有机汞的色谱图

在色谱图上共有两个有机汞色谱峰，能确定后面较低峰为二乙基汞的色谱峰。由于样品中甲基汞的存在已被证实，推测其前面的峰可能是甲基汞的色谱峰。试验结果证明以正己烷萃取，用气相色谱-卧管式微火焰原子吸收法测定环境样品中二乙基汞的方法是完全可行的。

（6）萃取-缝式石墨管原子捕集火焰原子吸收法测定水样中痕量锑（Ⅲ）和锑（Ⅴ）

锑是一种有毒元素，其毒性与其价态密切相关，在自然水系中主要以锑（Ⅲ）和锑（Ⅴ）形式存在。由于目前锑在冶金、印染、电镀、制药等领域的广泛应用，锑污染已越来越引起人们的关注，研究其价态分析方法具有重要意义。锑的价态分析主要有萃取-石墨炉法、萃取-中子活化法、氢化物发生-色谱法、氢化物发生-等离子体质谱法等。这里介绍一种新的形态分析方法——萃取-缝式石墨管原子捕集火焰原子吸收法。

① 仪器与试剂　日立 180-50 原子吸收分光光度计；锑空心阴极灯；缝式石墨管（管长 140mm、内径 8mm、缝长 48mm、缝宽 1mm），将缝管装在燃烧头上部，管缝对准燃烧器狭缝，两缝间距约 4mm，调至光路通过石墨管。锑（Ⅲ）储备液（1.0g/L），称取 0.2743g

$K(SbO)C_4H_4O_4 \cdot 0.5H_2O$ 溶于水并定容至 100mL；锑（V）储备液（0.1g/L），浓 H_2SO_4 和 $KMnO_4$ 氧化锑（Ⅲ）储备液，用 4mol/L HCl 定容，二乙基二硫代氨基甲酸酯（盐）（DDTC）溶液 [1.5%，用 MIBK（甲基异丁酮）纯化两次]；EDTA（5%）；$CuCl$（1.0g/L）；HCl（优级纯）；二次去离子水。药品无特别说明的，均为分析纯。

② 仪器的工作参数 灯电流 12mA；波长 217.6nm；狭缝 0.4nm；乙炔-空气火焰（乙炔 0.02MPa、空气 0.16MPa）。

③ 试验步骤

a. 锑（Ⅲ）的测定 在 200mL 水样中加入 10mL NH_3-NH_4Cl 缓冲液使 pH 值为 8.5，依次加入 5%EDTA、1.5%DDTC 和 MIBK 各 10mL，振荡 12min，静置 50min，分出有机相并加入 1.0g/L $CuCl_2$ 2mL 进行反萃取，振荡 3min，静置 15min 后收集反萃取所得水相，用缝式石墨管原子捕集火焰原子吸收法测定。

b. 锑（V）的测定 取相同水样 200mL，用浓盐酸调 pH 值约为 2，加 8%KI 5mL，摇匀，5min 后加 10% $Na_2S_2O_3$ 5mL，用氨水中和。按前法萃取和测定，得锑（Ⅲ）和锑（V）的总量，差减即得锑（V）的含量。

④ 结论 不同 pH 条件下，10μg 锑（Ⅲ）和锑（V）在 DDTC-MIBK 体系中的萃取行为如图 1-11 所示。在 pH 值为 7.0～9.0 时，锑（Ⅲ）可被定量萃取，而锑（V）不被萃取；而 pH 值为 8.5 时，锑（Ⅲ）的萃取率可达 99.6%。这里采用 pH 值为 8.5 时选择性萃取分离锑（Ⅲ）和锑（V）。

常规火焰法测锑灵敏度较低，石墨炉法虽灵敏，但重现性不够理想，干扰难以消除。缝式石墨管原子捕集法延长了原子蒸气在光路中的停留时间，并能提供有利于原子化的还原气氛，在这种试验条件下可使测定锑的灵敏度比常规火焰法和缝式石英管法分别提高 4.9 倍和 1.7 倍。由锑（Ⅲ）和由锑（V）还原为锑（Ⅲ）所作的标准曲线相同，在 2.0～60μg/L 范围内线性关系良好。特征质量浓度为 1.5μg/L，检出限为 0.4μg/L，相对标准偏差为 2.6%，锑回收率为 93.0%～105.0%。

该法富集倍数大、精度与回收率好、干扰少、灵敏度较高，可用于水样中微克每升水平锑（Ⅲ）和锑（V）的检测。

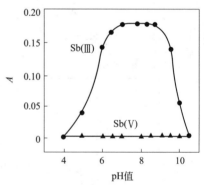

图 1-11 10μg 锑（Ⅲ）和锑（V）在 DDTC-MIBK 体系中的萃取行为

（7）原子吸收分析法测定电厂水中痕量硅 测定硅的方法较多，普遍采用硅钼蓝分光光度法，此法的缺点是操作时间冗长，试剂空白值高、干扰大。若采用石墨炉原子吸收法测定，由于硅在高温下易与石墨管中炭生成碳化硅，影响测定的灵敏度和精度。有人针对电厂用水采用镧和钙混合基体改进剂，用石墨炉原子吸收法直接测定硅，大大减少了碳化硅的形成，提高测定的灵敏度和精度。

① 仪器和试剂 P-E 2100 型原子吸收分光光度计；HGA-700 石墨炉；PE-800 打印机；AS-70 型自动进样器；硅空心阴极灯（上海电光器件厂）；热解涂层石墨管（P-E）。0.1mg/mL 硅标准溶液（武汉水利电力大学研制，含 SiO_2 为 0.1mg/mL）；2.5mg/mL 镧溶液 [将氧化镧（光谱纯）溶于稀硝酸配制而成]；0.1mg/mL 钙溶液（将优级纯 $CaCO_3$ 溶于稀硝酸配制而成）；镧钙盐的混合溶液，等量镧和钙标准溶液混合，配成（1.25mg 镧＋0.05mg 钙）/mL 的混合盐溶液；硝酸，优级纯；电厂无硅水。

② 仪器的工作条件 石墨炉的工作条件见表 1-8。

表 1-8　石墨炉的工作条件

阶段	温度/℃	斜坡时间/s	保持时间/s	氩气流量/(mL/min)
干燥	120	1	40	300
灰化	1400	10	45	300
原子化	2650	0	5	30
清除	2650	1	3	300

③ 测定硅的工作条件　波长 251.6nm；灯电流 20mA；狭缝 0.2nm；积分时间 5s；氘灯背景校正；峰面积测量方式（采用峰面积方式，信号测量的再现性较峰高方式好）；进样量 40μL。

④ 试验步骤

a. 选择原子化条件　测定不同的升温方式下吸光度-时间的关系，做出如图 1-12 所示的 A-t（吸光度-时间）图，选择峰高的升温方式，即如果 a 峰峰高大于 b 中峰形所对应的值，则 a 采用原子化过程可大大提高测定的灵敏度。

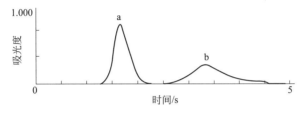

图 1-12　不同升温方式记录的峰形图

b. 选择基体改进剂用量　分别对镧和钙做吸光度（A）-La 工作曲线（La 加入量分别是 200ng、400ng、600ng、1000ng）和吸光度（A）-Ca 工作曲线（Ca 的加入量分别是 20ng、30ng、40ng、50ng、60ng、70ng、80ng），选择合适的基体改进剂用量。

c. 制作工作曲线　配制相应浓度的硅标准溶液，按选定的工作条件，记录信号面积并绘出工作曲线。

⑤ 精确度、灵敏度与回收率　工作曲线的相关系数为 0.995，分析灵敏度为 1.43μg/L（1%A），相对标准偏差为 1.6%～4.6%，回收率为 94%～105%。

⑥ 结论　使用镧钙混合盐作基体改进剂，可提高测定灵敏度。本方法适用于直接测定电厂纯水中的全硅，可避免用分光光度法进行全硅测定时使用具有强腐蚀性的氢氟酸，这种方法也适用于其他高纯物质中痕量硅的测定。

（8）常规火焰原子吸收光谱法测定污水样中的痕量砷　测定水中微量砷主要采用氢化物发生-原子吸收法，它的灵敏度可达 10ng/mL，但该方法需要用氢化物发生器和较危险的乙炔-氢火焰，测定过程还会产生比砒霜（As_2O_3）毒性大 400 倍的砷化氢（AsH_3）。但常规火焰原子吸收光谱法对砷的灵敏度极低，基本上不能测，但有人利用火焰原子吸收光谱分析砷、镉二元体系的干扰效应（主要是光谱干扰），即镉在 228.802nm 处与砷（228.812nm）存在的光谱干扰（$\Delta\lambda=0.01$nm）的现象建立了一种常规火焰原子吸收测砷的方法，使用镉灯在 228.8nm 波长下测定砷、镉共存体系的吸光度，挑选出最佳试验条件，采用均匀设计、多项式回归、计算机数据处理求解 As 的含量。据说测量砷的灵敏度可达 10ng/mL，与氢化物发生-原子吸收法相当。

① 仪器和试剂　GFU-202 型原子吸收分光光度计；计算机（CPU CⅡ566）。砷标准溶液（1.000mg/mL），准确称取 1.3203g As（光谱纯）溶于 50mL 盐酸中，用水稀释至 1.000L；镉标准溶液（1.000mg/mL），准确称取 1.1423g Cd（光谱纯）溶于 20mL 5mol/L

的盐酸中，用水稀释至 1.000L；氯化亚锡溶液（40%），称取氯化亚锡（分析纯）40g 溶于 100mL 盐酸中；碘化钾（分析纯）；无砷锌粒（分析纯，含砷不大于 0.00001%）；氯化汞溶液，取氯化汞 5g，溶于 95mL 乙醇中，取长为 16cm 致密的定性滤纸，放在溶液中浸湿、晾干；去离子水。

② 仪器的工作条件　最佳测量镉的条件为：波长 228.8nm，狭缝宽度为 0.2mm，空气与乙炔流量比为 4：1，火焰水平 14cm，垂直高度 14mm，灯电流 4.0mA。

③ 水样中 As 的测定步骤

a. 测定基本参数　配制 Cd 标准溶液（$1.0\mu g/L$、$3.0\mu g/L$、$4.0\mu g/L$、$5.0\mu g/L$、$7.0\mu g/L$）和 As 标准溶液（$10\mu g/L$、$20\mu g/L$、$30\mu g/L$、$40\mu g/L$、$50\mu g/L$）。

b. 将水样过滤两次直到溶液无色透明，按表 1-9 进行试验。

表 1-9　水样中 Cd、As 的测定程序和数据表

项目	1	2	3	4	5	6	7	8
100mL 容量瓶中 $V_{加入污水}$/mL	2.0	2.0	2.0	2.0	2.0	2.0	2.0	2.0
$c_{Cd^{2+}}$ 加入浓度/($\mu g/mL$)	1.0	3.0	5.0	7.0	4.0	4.0	4.0	4.0
$c_{As^{3+}}$ 加入浓度/(ng/mL)	20	20	20	20	10	20	30	40
吸光度 A	0.125	0.329	0.476	0.583	0.407	0.418	0.421	0.426

c. 计算机程序计算　将数据输入计算机，求解出水样中砷和镉的浓度。

计算机程序流程图如图 1-13 所示。

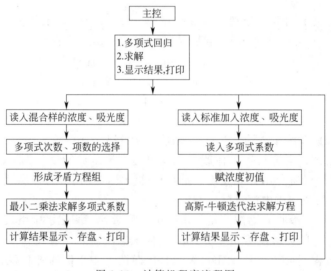

图 1-13　计算机程序流程图

④ 灵敏度和回收率　测定砷的灵敏度可达 10ng/L。向该污水的稀释溶液中加入一定量的砷、镉，将它当作未知试样，用标准加入法加入，测吸光度 A，计算机求解，得污水中 As 浓度为 $0.805\mu g/mL$，回收率为 105.0%。

用氢化物发生-原子吸收光谱法测定该污水中砷的质量浓度，$\rho_{As}=0.4\sim 0.8\mu g/mL$（斑点法半定量）。

⑤ 结论　这种方法测定污水中的砷灵敏度高，并且比氢化物发生-原子吸收法简便、安全。可准确测定食用纯碱、食用小苏打、环境水监测以及蔬菜、食品中的痕量砷。

（9）萃取分离-偏振塞曼石墨炉原子吸收光谱法测定水中痕量汞　对水中汞的测定，目

前普遍采用分光光度法。冷原子吸收法和原子荧光法，这些方法在应用中都存在一定的局限性，尤其在汞的浓度非常低时，用原子荧光法直接测定，往往都难以反映其确切浓度。有人建立了双硫腙萃取富集，碘化物反萃取，塞曼石墨炉原子吸收光谱法测定水中汞的方法，并成功地测定了自来水中的痕量汞。

① 仪器和试剂　日立 Z-8200 偏振塞曼石墨炉原子吸收分光光度计；酸度计。5% 高锰酸钾溶液；20% 亚硫酸钠溶液；双硫腙氯仿储备溶液，1g/L；双硫腙氯仿使用液，临用前将双硫腙氯仿储备溶液，用氯仿稀释（约 50 倍）成吸光度为 0.40（波长 500nm，1cm 比色皿）的溶液；20g/L 乙二胺四乙酸二钠溶液；100g/L 盐酸羟胺溶液；反萃取溶液，在 50mL 硫酸溶液（2+3）中加入 0.1mol/L 碘化钠 50mL 配制而成；用二氧化硒配制成的 5mg/mL 二氧化硒水溶液；2mol/L 硫酸溶液；1mol/L 氢氧化钠溶液；乙醇；硫酸（ρ=1.84g/mL）；10mg/L 镍标准溶液。除乙醇是光谱纯外，其他试剂全部为优级纯。

② 仪器的工作条件　波长 253.7nm，光谱通带宽度 0.7nm，灯电流 6mA，塞曼效应扣除背景，在 110℃ 干燥 50s，不经灰化，480℃ 原子化。

③ 试验步骤

a. 水样预处理　于 500mL 有塞锥形瓶中加入 10mL 高锰酸钾溶液，然后加入 250mL 水样、20mL 浓硫酸，置电炉上加热煮沸 5min，冷却至室温后，滴加盐酸羟胺溶液至高锰酸钾褪色，剧烈振荡，开塞 30min，得消解液。

b. 水样测定　取上述消解液，用 2mol/L 硫酸溶液和 1mol/L 氢氧化钠溶液调 pH 值至 3.8，加 1mL 20% 亚硫酸钠溶液、10mL 乙二胺四乙酸二钠溶液，混匀，加入 12mL 双硫腙氯仿使用液，剧烈振荡 30s，静置分层，移取有机相。在有机相中加入 6mL 反萃取液，振荡 30s，静置分层，在反萃取后的水相中加入 0.4mL 乙醇和 0.5mL 二氧化硒溶液，混匀后上机自动进样测定，样品进样量都是 30μL，同时做空白试验。

④ 共存离子的影响　按上面介绍的试验方法测定 0.500μg/L 汞溶液，下列共存离子不干扰测定：铁（300μg/L），铝（200μg/L），锌、铜（100μg/L），氰化钾、砷（50μg/L），硫化钠（18μg/L），铅、硒、镉（10μg/L），银（20μg/L），锰（100μg/L），金（10μg/L），铂（5μg/L）。而自来水中的共存离子一般不超过上述的量。

⑤ 精密度和回收率　按该试验方法对水样进行测定（每个样品 10 次），同时进行加标回收试验。精密度小于 6.9%，回收率在 95%～107.1% 之间。

⑥ 结论　该法测定水样中的汞，灵敏度较高，具有较好的准确度和精密度，可满足水质检测要求，适合用来测定自来水中的痕量汞。

（10）萃取色层富集原子吸收光谱法测定环境水中痕量铜　液-液萃取法、离子交换法、共沉淀法等是金属离子分析测定的常用预富集手段。萃取色层法就是这样一种固液分离手段，它富集倍数高、选择性好，近年来被广泛应用于痕量金属元素的富集分离测定。双硫腙是一种重要的螯合剂，广泛用于萃取法分离富集，有人建立了以双硫腙为固定相、活性硅胶为载体制备色层柱，富集环境水中的痕量铜，洗脱后，用原子吸收光谱法测定的方法。

① 仪器和试剂　WYX-403 型原子吸收分光光度计。铜标准溶液，用光谱纯铜粉配制成 1g/L 的铜标准溶液，并稀释成相应浓度的铜标准工作液；去离子水。

② 仪器的工作条件　最佳测量铜的条件为：波长 324.8nm；灯电流 3.0mA；光谱通带 0.5nm；火焰高度 5.4mm；乙炔流量 1.2L/min；空气流量 8.0L/min。

③ 试验步骤

a. 硅胶的活化　取色谱分离硅胶 200g，加盐酸（1+1）400mL 活化搅拌 30min，静置过夜，用去离子水洗至中性，于 1800℃ 下烘 4h，储于棕色瓶中备用。

b. 富集剂的制备　称取双硫腙 1.0g 溶于 100mL 氯仿溶液中，加入活性硅胶 50g，搅拌

30min，静置过夜，饱和吸附后，弃去上层液，用去离子水洗至残液无色，于 400℃ 下烘干备用。

c. 富集柱的制备 称取富集剂 4.0g 于 25mL 酸式滴定管中，底部垫少许脱脂棉，待富集剂装好，上层盖少许脱脂棉，柱高约 7cm。

d. 操作步骤 取 pH 值为 2 的缓冲溶液 10mL，以 2.0mL/min 流速过柱，再以同样流速将 pH 值为 2 的铜标准溶液过富集柱，用 0.1mol/L 盐酸＋50g/L 硫脲洗脱剂 10mL 洗脱，洗脱流速控制为 1.0mL/min，洗脱液用火焰原子吸收光谱测定。

④ 富集倍数和富集柱的使用寿命 分别取体积为 50mL、200mL、400mL、800mL、1×10^3mL、1.5×10^3mL、2×10^3mL、2.5×10^3mL 的溶液（pH＝2，20μg 铜），按试验方法上柱，洗脱，测定。当溶液体积小于 2L 时，试验加标回收率符合方法要求，富集倍数可达 200 倍。

同一富集柱重复使用 20 次均可完全定量回收溶液中的铜，说明柱的使用寿命较长。

⑤ 共存离子的干扰 测定 20μg 的铜标准溶液，结果表明，K^+、Na^+、Cl^-、SO_4^{2-} 小于 200mg，Ca^{2+}、Mg^{2+} 小于 1g，Cr^{6+}、Mn^{2+}、Ni^{2+} 小于 20mg，Fe^{2+}、Zn^{2+}、Cd^{2+} 小于 500μg 时均不影响测定结果。

⑥ 结论 对于同浓度水样平行测定 6 次，其相对标准偏差为 3.2%，应用于实际水样分析，加标回收率在 95%～110% 之间，可准确测定环境水中痕量铜。

(11) 单缝石英管原子捕集原子吸收光谱法测定水中碲 原子捕集原子吸收光谱法是一种火焰原子吸收测定浓缩待测原子的预富集技术。它克服了常规火焰原子吸收光谱（FAAS）中燃气、助燃气的稀释作用和原子在测量光区停留时间短的缺点，使灵敏度大幅度提高。与溶剂萃取、离子交换等常规预富集方法相比，它避免了试样在化学前处理或化学预浓缩过程中的污染和损失，缩短了工作周期。有人拓展了单缝石英管贫焰捕集-脉冲富焰释放原子捕集法的使用范围，测定了碲，显著提高了其测定灵敏度。

① 仪器和试剂 AA320 型原子吸收分光光度计（上海分析仪器总厂）；碲空心阴极灯（日立公司）；LZ3-304 记录仪（上海大华分析仪器设备厂）；单缝石英管（以下简称缝管），管长 14cm，内径 5.2mm，缝长 10cm，缝宽 1.3mm。碲标准溶液，按常规配成质量浓度为 1g/L 的储备液，用时逐级稀释；优级纯硝酸、盐酸；二次蒸馏水。

② 仪器的工作条件 分析线波长 Te 214.3nm；灯电流 3mA；狭缝 0.1mm；捕集乙炔流量 0.3L/min；释放乙炔流量 0.6L/min；缝管与燃烧头缝隙间距（以下简称缝距）2.0mm；提升量为 4.0mL/min。

③ 试验步骤 把缝管架设在燃烧器正上方，使缝管的缝与燃烧器狭缝对准并保持一定的距离，光束从缝管中央通过。点燃火焰，调节捕集和释放乙炔流量分别为 0.3L/min 和 0.6L/min。在捕集乙炔流量时喷入待测溶液，捕集 2～5min（视样品浓度而定）后停止喷雾。保留 8s 后，迅速增大乙炔流量至释放值，此时捕集在缝管内壁上的元素瞬间释放并产生一脉冲吸收信号（吸光度）。继续空烧 10s，清除管内残留物，再调节乙炔流量至捕集值，进行下次测量。

分别对 10μg/L、15μg/L、20μg/L、25μg/L、30μg/L 的碲（Ⅵ）标准溶液捕集 4min，测定吸光度，绘制 A-c 曲线。其回归方程式为：$A = 0.0011 + 0.00985c_{\text{Te(Ⅵ)}}$（μg/L），相关系数为 0.9991。

④ 共存离子的影响 按上述试验方法，测定碲（Ⅵ）含量为 20μg/L，相对误差不大于 5% 时允许共存离子（以倍数计）为：Na^+、K^+（>1200 倍），Fe^{3+}、Ca^{2+}、Mg^{2+}、Al^{3+}、S^{2-}、Cl^-（>1000 倍），Mn^{2+}、Pb^{2+}、Zn^{2+}、Cr^{3+}、Cu^{2+}、Ni^{2+}（>800 倍），

PO_4^{3-}、Ba^{2+}、Cd^{2+}、Ag^+、V（V）、Zr（Ⅳ）、Th（Ⅲ）、Sb（V）（＞400 倍）。

⑤ 灵敏度和检出限　用一定浓度的碲（Ⅵ）标准溶液贫焰捕集一定时间后，脉冲富焰释放，观测吸光度。用 $20\mu g/L$ 碲（Ⅵ）捕集 4min 共 11 次，其相对标准偏差为 2.6%，回收率在 99% 以上。

⑥ 结论　这里标准曲线和样品的测定条件（浓度范围、捕集时间、提升量、燃气和助燃气流量等）必须一致。测定碲的灵敏度比 FAAS 高 2 个数量级，目前已用于饮用水中碲的测定。

（12）富氧空气-乙炔火焰原子吸收光谱法测定矿泉水中痕量钡　0.7mg/mL 的元素常用火焰原子吸收光谱法测定。火焰主要有两种：空气-乙炔火焰和一氧化二氮-乙炔火焰。钡在空气-乙炔火焰中易生成氧化物和少量的 MOH 型化合物，难解离完全，且又有一定的电离度，分析灵敏度很低；而后者虽然不存在空气-乙炔火焰的问题，但由于一氧化二氮气体来源较困难，耗气量大，成本高且具有毒性，其应用受到一定的限制。

有研究者建立了一种用富氧空气-乙炔火焰原子吸收光谱测定水样中元素钡的方法，在一定程度上解决了上面的问题。

① 仪器和试剂　WFX-110 原子吸收分光光度计（北京第二光学仪器厂）；50mm 预混合型高温燃烧器。1000mg/L 钡标准储备液（国家钢铁材料测试中心，冶金部钢铁研究总院制），用此溶液逐级稀释成所需工作溶液；钾盐溶液，称 5.18g 硝酸钾（分析纯），溶于 100mL 水中，此溶液每毫升含钾约 20mg。

② 仪器工作条件　钡空心阴极灯，灯电流 5mA，波长 553.5nm，光谱带宽 0.2nm，空气流量 6.0L/min，乙炔流量 7.0L/min，氧气流量 3.8L/min，燃烧器高度为 10mm。

③ 试验步骤

a. 矿泉水样测定　将水样浓缩 10 倍，同时加入 1000mg/L 的钾盐溶液及 1% 的硝酸，按仪器工作条件与标准系列同时测定，通过工作曲线计算出钡的含量。

b. 沉积物样　准确称取 0.5000g 试样于聚四氟乙烯烧杯中，加 5mL 硝酸、1mL 高氯酸，置于铺有石棉网的电热板上加热，直至高氯酸冒白烟，样品成糊状，取下冷却，加 20mL 氢氟酸、3mL 高氯酸，继续加热至高氯酸冒白烟。取下烧杯，冷后用少量水冲洗杯壁，再加热至停止冒白烟，取下冷却，加 2mL 盐酸（1+1）和少量水，温热溶解，冷却后移入 25mL 容量瓶中，定容，混匀。同时做空白试验。按仪器工作条件用标准加入法测定钡的含量，向待测溶液中加入 1000mg/L 钾盐溶液和 1% 的硝酸。

④ 共存离子的影响　在含 8mg/L 钡及 1000mg/L 钾的盐溶液中，分别加入有可能产生干扰的离子，进行试验，结果表明：2000mg/L 的 Mg^{2+}、Sn（Ⅱ）、Zn^{2+}、Cu^{2+}、Pb^{2+}，1000mg/L 的 Fe^{3+}、Ni^{2+}、Sr^{2+}、La^{3+}、Na^+、Cr（Ⅵ）、Ca^{2+}，500mg/L 的 Yb^{3+}、As^{3+}、Cs^+、Ga^{3+}，200mg/L 的 Zr（Ⅳ）、Co^{2+}、Cd^{2+}、Li^+、Mn^{2+}、W（Ⅵ）、Ge（Ⅳ）、B^{3+}，100mg/L 的 Hg^{2+}、V^{5+}、Rb^+、Si^{4+}、Sn（Ⅳ），50mg/L 的 Ag^+、Bi^{3+}、Mo^{2+}、Se^{4+} 均不干扰钡的测定，而 400mg/L 的 Al^{3+} 对钡的测定产生严重的负干扰，加入 2000mg/L 的锶盐可消除其干扰。

⑤ 线性范围、检出限、精密度和准确度　配制不同量的钡标准系列，分别加入 1000mg/L 钾盐溶液及 1% 的硝酸，用上述富氧空气-乙炔火焰的条件制作工作曲线，表明钡溶液在 0～100mg/L 范围内良好线性相关，检出限为 0.034mg/L，灵敏度为 0.16mg/L（1%）。

按样品分析方法对矿泉水浓缩样做 10 次测定，其相对标准偏差为 2.5%；做加标回收试验，回收率分别为 95%、101%。

⑥ 结论　富氧空气-乙炔火焰是一种高灵敏测定钡的高温火焰，其灵敏度远比空气-乙炔

及一氧化二氮-乙炔火焰优越，环保、经济、适用范围较广。

(13) 火焰原子吸收光谱法测定废水中铊　铊虽然不是水质监测的必检项目，但水中的铊具有较强的毒性和累积性，对人体中枢神经系统和消化系统均有严重毒害作用。因此，有的国家已经开始控制含铊废水的排放和监测。目前我国有些地区排放的这类废水，含铊量都较高，可直接用火焰原子吸收光谱法测定，有必要时才进行富集处理。

① 仪器和试剂　BUCK-210 型原子吸收光谱仪。铊标准储备溶液（1g/L），称取分析纯硝酸铊（$TlNO_3$）0.2607g，小心移入 200mL 棕色容量瓶中，在通风橱中加入浓硝酸 20mL，摇动容量瓶使铊盐溶解，用纯水稀释至刻度摇匀；试剂均为优级纯。

② 仪器工作条件　波长 276.7nm，灯电流 6.0mA，光谱通带宽 0.7nm，燃烧器高度 5mm，空气流量 5.0L/min，乙炔流量 1.1L/min。

③ 试验步骤

a. 标准曲线的绘制　用 100mg/L 的铊标准工作溶液，加入硝酸（1+1）20mL，用水稀释至刻度摇匀，配成 0.00mg/L、2.00mg/L、4.00mg/L、6.00mg/L、8.00mg/L 和 10.00mg/L 的标准系列。按测定条件绘制工作标准曲线，求得回归方程为 $A_{Tl} = 0.0001 + 0.0103 c_{Tl}$，$R_{Tl} = 0.9992$。

b. 水样测定　移取废水样 100mL 于 150mL 烧杯中，加入浓硝酸 10mL，在电炉上低温加热，并蒸至约 80mL，移入 100mL 容量瓶中，用纯水稀释至刻度，摇匀，与标准工作曲线系列溶液和空白溶液一起测定，并计算废水样中的铊含量。

④ 共存元素干扰　对 2.0mg/L 的 Tl(Ⅲ) 溶液进行测定，100mg/L 的 Fe^{2+}、Ca^{2+}、Na^+、K^+，50mg/L 的 Cu^{2+}、Zn^{2+}、Mn^{2+}、Mg^{2+}，10mg/L 的 Co^{2+}、Ni^{2+}、Pb^{2+}、Sn^{2+}、As^{3+}、Cd^{2+} 无明显干扰。

⑤ 检出限、精密度和加标回收率　对空白溶液连续测定 11 次，标准偏差为 0.05mg/L，以 3σ 作计算，检出限为 0.15mg/L。对废水样中的铊做连续 6 次测定，标准偏差为 0.024，相对标准偏差为 1.8%。加标回收率为 92%～105%。

(14) 火焰原子吸收光谱法测定环境样品中的锶　火焰原子吸收光谱法常规进样测定锶灵敏度较低，锶在火焰中的性质介于元素 Ca 和 Ba 之间，这就是说，它在笑气/乙炔和空气/乙炔火焰中都能测定。但在较低温度的火焰中会产生大量的化学干扰，而在高温火焰中锶又可以电离。据报道某些稀土元素可以抑制这种干扰，有的研究者以镧为基体改进剂来消除铝及其他共存离子的干扰，采用标准工作曲线法测定了两种标准参比样品中锶的含量。

① 仪器和试剂　WXY-402 型火焰原子吸收分光光度计（沈阳分析仪器厂），配备 DZY-I 低噪声空气压缩机（沈阳分析仪器厂）及高压乙炔钢瓶；锶空心阴极灯（北京有色金属研究总院）。1mg/mL 锶标准溶液，称取 0.2415g 分析纯硝酸锶，加入少量去离子水，缓慢加入 2mL 浓硝酸，边加边摇至溶解，以去离子水定容至 100mL，摇匀，使用时，配成 10μg/mL 的标准使用液；硝酸镧溶液，称取 6.23g 分析纯 $La(NO_3)_3 \cdot 6H_2O$，溶于去离子水中，配成 0.02g/mL 的 La 溶液 100mL；其他试剂均为分析纯，水为去离子水；地球化学标准参比样品（水系沉积物 GSD-2 和 GSD-8）。

② 仪器的工作条件　分析线波长 460.7nm；灯电流 10mA；狭缝 0.2mm；乙炔流量 2.0L/min；空气流量 6.0L/min；燃烧头高度 4.5mm。

③ 试验步骤

a. 工作曲线的制作　在选定的条件下，测量不同浓度 Sr 溶液的吸光度，以吸光度 A 对 Sr 浓度 c（μg/L）作图绘制工作曲线。Sr 质量浓度在 0.5～12μg/L 范围内与吸光度呈良好的线性关系。其回归方程为 $A = 0.032c + 0.011$，线性相关系数为 0.998。

b. 对 5μg/L 和 8μg/L 的 Sr 分别平行测定六次，求得其相对标准偏差（RSD）分别为

2.3%和1.8%。

c. 按制作工作曲线的方法测定两种地球化学标准参比样品，观察其实际应用效果。

④ 离子干扰的消除 镧是一种理想的释放剂，其消除干扰的机理是镧比锶更容易与共存物生成难解离的化合物从而释放出锶，同时它还能减少锶的离子化程度。一定量的镧（这里是 $2000\mu g/mL$）可消除共存离子铝、钙、铁、钾及高氯酸根的干扰。

⑤ 结论 用乙炔-空气原子吸收光谱法测定水系沉积物中的痕量锶时以镧为基体改进剂可消除共存离子铝、钙、铁、钾及高氯酸根的干扰，方法准确、可靠、灵敏度高，是一种测定环境样品中锶的简便方法。

（15）流动注射 APDC/MIBK 萃取 FAAS 法测定地表水中痕量锌 锌是生命必需的元素，锌的缺乏可以影响蛋白质合成、激素分泌以及细胞的分裂，并可导致患"伊朗村病"和肠原性肢体皮炎等疾病。儿童缺锌会发育不良，严重的会造成侏儒、痴呆等。但摄取锌过量也会发生中毒现象，当饮用水中锌浓度达到 $10\sim20mg/L$ 时，有致癌作用。

流动注射在线富集 FAAS 技术是目前测定自然水体中微量元素 Zn 的普遍方法，有人采用 APDC 为螯合剂，MIBK 为萃取剂，流动注射在线注入原子吸收光谱仪中测定了地表水中的痕量锌，使测定得以半自动化进行。

① 仪器和试剂 AA-670 型原子吸收光谱仪（日本岛津）；JTY-1B 多功能流动注射仪（中国武汉）。APDC 分析纯（使用前加入）；$1000\mu g/mL$ 锌标准溶液；MIBK（分析纯）；HNO_3（优级纯）；NaOH（优级纯）；去离子水。

② 仪器的操作条件 波长 Zn 213.9nm；灯电流 4.0mA；光谱通带 0.4nm；火焰高度 6.0mm；乙炔压力 $0.5kgf/cm^2$（$1kgf=9.80665N$）；乙炔流量 1.12L/min；空气压力 $1.3kgf/cm^2$；空气流量 7.02L/min。

③ 试验步骤

a. 萃取富集 萃取流路如图 1-14 所示，操作参数及功能见表 1-10。

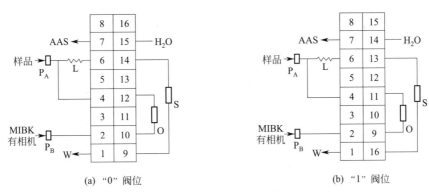

(a)"0"阀位　　　　　　(b)"1"阀位

图 1-14 流动注射液-液在线萃取流路

L—萃取环；P_A—A 泵；P_B—B 泵；O—置换瓶；S—分相器；W—废液

表 1-10 流动注射的操作参数及功能

步骤	时间/s	泵速/(r/min)		阀位	功能
		A	B		
1	35	99	9	0	A 泵进试样，B 泵进 MIBK
2	35	90	0	0	A 泵进去离子水推动萃取环内萃取液
3	10	0	0	0	静置分层
4	1	0	0	1	换阀位
5	40	0	80	0 1	B 泵进去离子水推动 MIBK 进检测器

b. 样品测定　取锌质量浓度为 0.005μg/mL、0.010μg/mL、0.015μg/mL、0.020μg/mL、0.025μg/mL 标准溶液各 50mL，用 1mol/L 的 HNO_3 和 1mol/L 的 NaOH 调 pH 值至 2.0±0.2 后加入 1.2mL 2‰的 APDC，将样品放入 A 泵进样，同时将 MIBK 放置 B 泵进样，按操作程序测定吸光度，并作校准曲线（图 1-15）。

④ 检出限、精密度和加标回收率　取水样 12 份，经 HNO_3 消解后，按上述试验方法进行测定，相对标准偏差为 5.2%，检出限（3σ）为 2.6×10^{-14}μg/L，加标回收率为 93%。

⑤ 结论　把在线流动注射引入原子吸收光谱测定地表水中痕量锌的方法中，克服了以往萃取手工操作工作量大、试剂消耗多、分析速度慢、误差大、易污染的缺点，可供分析工作者参考。

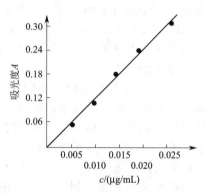

图 1-15　校准曲线

（16）石墨炉原子吸收光谱法快速测定饮用水中硒　硒是生物体必需的营养元素，但过量又会中毒。人体中的硒主要来自食品和饮用水。饮用水中硒的测定方法有荧光法、原子荧光法、氢化物发生原子吸收光谱法、极谱法等。这些方法或操作繁琐，或受仪器的限制。有人用石墨炉原子吸收光谱法测定了饮用水中的硒，方法快速简便，测定结果准确可靠。

① 仪器和试剂　岛津 AA-6800 原子吸收分光光度计，AA-6500 石墨炉，ASC-6100 自动进样器，普通石墨管。1g/L 硒标准储备溶液（国家标准物质研究中心），使用时用 0.1mol/L 的盐酸稀释成 5.00mg/L 工作液；盐酸为优级纯；去离子水。

② 仪器的工作条件　波长 196.0nm，光谱通带宽 0.5nm。干燥温度 80℃，时间 20s；蒸发温度 120℃，时间 10s；灰化温度 2200℃，时间 20s；原子化温度 2400℃，时间 3s；清洗温度 2600℃，时间 2s；进样 30μL。

③ 试验步骤

a. 标准曲线及其绘制　移取 5.00mg/L 的硒标准工作溶液 0.000mL、0.200mL、0.400mL 和 0.600mL 于 10mL 容量瓶中，用 0.1mol/L 的盐酸稀释至刻度，其标准系列溶液为 0.00μg/L、10.0μg/L、20.0μg/L 和 30.0μg/L，硒在此浓度范围（进样 30μL）呈良好的线性关系，回归方程 $A = 0.008148c + 0.010071$，相关系数为 1.000。

b. 水样测定　将采集的饮用水样经 0.45μm 滤膜过滤（清水可不经过滤）后，取水样 20mL，滴加盐酸 2 滴，摇匀。如水样中硒的含量低于 1μg/L，需进一步将其在电炉上低温浓缩至 5mL，移入 10mL 比色管，用水稀释至刻度，摇匀。同时制作空白溶液，按工作条件测定水样和硒标准溶液。

④ 精密度和检出限　在不同时间对 10.0μg/L 的硒标准溶液重复测定 20 次，相对标准偏差为 4.7%。对空白溶液连续测定 11 次，以 3 倍标准差计算，得出的检出限为 3.0×10^{-11}g。

⑤ 结论　石墨管本身由于渗透的原因，使硒的测定呈现负干扰。这时只要将石墨管空烧约 20 次，便会获得良好精密度和准确度。

进样体积对测定结果有影响，当进样高于 25μL 时，可得到满意的精密度，同时标准曲线具有良好的相关性。

（17）石墨炉原子吸收光谱分析测定水中银　当人饮用含银量高的水时，会对人体组织产生毒性作用，如银质沉着病，会使人的皮肤和眼睛产生一种永久性的蓝灰色色变。随着近年来各种净水器的大量应用，自来水经过含银的净水器时，银的含量增加，有时自来水中银的浓度甚至会超过国家规定的生活饮用水中银的含量卫生标准。石墨炉原子吸收法检测银的含量是目前应用比较广泛的检验方法。

① 仪器和试剂　日立 Z-5000 型塞曼原子吸收仪；国产镀层石墨炉；银空心阴极灯（北京真空电子技术研究所）。去离子水；硝酸（分析纯）；银标准使用液（100μg/L）；磷酸二氢铵-抗坏血酸溶液，称取 4.0g 磷酸二氢铵，溶于约 20mL 水中，加入 6.0g 抗坏血酸，溶解后用水稀释至 100mL，摇匀；磷酸二氢铵溶液，称取 12.0g 磷酸二氢铵，加水溶解并定容至 100mL，磷酸二氢铵溶液浓度为 120g/L；硝酸钯溶液，称取 0.3380g 氯化钯加 10mL 浓硝酸溶解，稀释到 500mL 棕色瓶中；抗坏血酸溶液，准确称取 0.5000g 抗坏血酸，溶于水中，转移定容于 100mL 容量瓶中，抗坏血酸浓度为 5g/L。

② 仪器的工作条件　分析波长 328.1nm；狭缝宽度 0.40mm；进样量 20μL；灯电流 6.0mA；负高压 330V；石墨炉的升温条件见表 1-11。

表 1-11　石墨炉的升温条件

步骤	温度/℃	时间/s		步骤	温度/℃	时间/s	
		斜坡	保持			斜坡	保持
干燥	120	20	10	净化	2300	1	3
灰化	800	20	10	冷却	30	5	5
原子化	1800	0	5				

③ 试验步骤

a. 标准曲线的绘制　分别取银标准使用液，加入 2.0mL 硝酸钯基体改进剂，配制成 0.0μg/L、1.25μg/L、2.5μg/L、5.0μg/L、10.0μg/L、20.0μg/L 的标准系列。在上述试验条件下测定标准曲线（不同时间测定六条标准曲线），标准曲线的相关系数（r）在 0.9985～0.9997 之间，测定范围宽，标准曲线在 1～100μg/L 范围内具有良好的稳定性和线性相关性。

b. 取样品溶液按上面的程序上机测定。

④ 精密度和检出限　在上述仪器条件下分别对空白溶液和银标准溶液进行重复测定，检出限为 0.14μg/L。取含银的标准水样及水样 10mL，再加入 2.0mL 硝酸钯，相同仪器条件下进行测定，精密度（RSD,%）小于 1.86%。

⑤ 注意事项　平台原子化要比管壁原子化基体干扰小，同时要消除测定 Ag 的基体干扰必须以 HNO_3 为介质。钯作基体改进剂，起增感、抑制和释放作用且空白值较低，可以明显提高测定灵敏度和精密度，测定重现性、稳定性好，标准曲线测定范围宽，线性高。

(18) 间接原子吸收光谱法测定工业废水中痕量二硫化碳　二硫化碳是一种毒性很大的有机化合物，是我国优先控制的一种有毒化学品种，准确测定二硫化碳具有重要的意义。目前常用于测定二硫化碳的方法有气相色谱法和吸光光度法。前者操作麻烦，后者灵敏度低，且存在 H_2S 等物质的干扰，不能很好地满足环境样品中微分析的要求。

有人用 Ag（Ⅰ）与 CS_2、仲胺反应生成二硫代氨基甲酸银（AgDDTC）间接原子吸收光谱法测定二硫化碳含量，建立了环境废水中痕量二硫化碳的分析方法。

① 仪器及其工作条件　751G 紫外分光光度计（上海分析仪器厂）；pHS-2C 酸度计（上海华侨仪表厂）；3200 型原子吸收分光光度计（上海分析仪器厂），吸收波长 Ag 328.6nm，灯电流 8mA，空气-乙炔流量比为 7∶1；Ag 空心阴极灯。

② 试验步骤

a. 工作曲线的制作　用硝酸银标准溶液配制标准系列，测定吸光度，绘制工作曲线。工作曲线的回归方程为 $A = 0.022c + 0.006 (\mu g/mL)$，$r = 0.9992$。由直线的斜率得灵敏度为 0.022μg/mL。在 2～30μg/mL 范围内线性关系良好。

b. 水样测定 取二乙胺溶液 2.00mL，加入一定量二硫化碳及氨水（1+99）4mL，充分振荡 15min 后，加入银标准溶液 2.00mL、HOAc-NaOAc 缓冲溶液 5mL、CHCl$_3$ 5mL，在避光下振荡 5min，于 60mL 分液漏斗中分离，水相重用 5mL CHCl$_3$ 萃取，合并两次的有机相，加入 5.0mol/L 的硝酸 15mL，振荡 10min，用原子吸收光谱法测定水相中银的吸光度。

③ 干扰和消除 Ag$_2$S 和 AgCl 不溶于氯仿，不产生干扰；H$_2$S 和 Cl$^-$ 可能产生干扰，可加入过量银离子消除。由于 Cu(Ⅱ)、Ag(Ⅰ) 与 DDTC 存在竞争反应，故 Cu(Ⅱ) 可能有干扰，但在低浓度（2mg）下干扰不明显（相对误差小于 5%）。

④ 检测限和回收率 测定样品空白 10 次，检出限按 3 倍于样品空白的标准偏差计算，得检出限为 1.02μg/mL；加标回收率为 96%~106%。

⑤ 注意事项 因为银盐具有感光性，AgDDTC 见光易分解，造成测定误差，所以萃取必须在避光条件下进行；碱性条件有利于二乙胺与二硫化碳之间的反应，但碱性太强，后续步骤中 Ag 可能沉淀，因此试验溶剂必须选择微碱性。

（19）原子吸收法间接测定水中的溶解氧 水中溶解氧（DO）是水产养殖业、自来水厂、污水处理厂、水质监测部门必不可少的测定项目。DO 的测定方法主要有碘量法、阳极溶出伏安法、光度法、示波滴定法等。有人用 MnSO$_4$ 和 NaOH 来固定水中溶解氧，然后用原子吸收法间接测定了溶解氧（DO）。

具体方法如下：用稀 H$_2$SO$_4$ 溶液调溶液 pH 值至 5，白色的 Mn(OH)$_2$ 沉淀溶解。而 MnO(OH)$_2$ 沉淀仍留在溶液中，离心分离 MnO(OH)$_2$ 沉淀后，在 pH 值为 1 时加 KI 溶液使沉淀溶解，用 AAS 测定溶液中的 Mn，通过从试验中得到的 c_{Mn}-c_{O_2} 的关系间接求 DO 的含量。

用 A-c_{Mn} 曲线代替 A-c_{O_2} 曲线作为工作曲线，其稳定性好，重现率高，操作简便。DO 的测定范围为 0.4~12mg/L，对不同浓度 DO 样品的测定结果同碘量法的结果完全吻合。

① 仪器与试剂 原子吸收分光光度计（岛津 AA-650）；记录仪（岛津）。Mn 空心阴极灯（岛津）。MnSO$_4$ 溶液（质量浓度为 64g/L）；NaOH 溶液（质量浓度为 50g/L）；Mn 标准溶液（质量浓度为 1g/L）；H$_2$SO$_4$ 溶液（1+1）；KI 溶液（质量浓度为 150g/L）；纯氧气和氮。

② 仪器的工作条件 波长 79.5nm，灯电流 7mA，狭缝宽度 3nm，乙炔：空气=1:5，燃烧器高度 10mm。

③ 试验步骤

a. 绘制 A-c_{Mn} 工作曲线 在 10mL 容量瓶中分别加入 0mL、1.00mL、2.00mL、3.00mL、4.00mL、…、8.00mL Mn 标准溶液，加入 4.0mL KI 和 2~3 滴 H$_2$SO$_4$，用去离子水稀释至刻度，以试剂空白作参比测定，作出 A-c_{Mn} 曲线。

b. 溶解氧的测定 取水样充满 10mL 离心管并使水样从管口溢流 10s，迅速用吸量管插入液面下，加入 0.5mL MnSO$_4$ 溶液和 0.5mL NaOH 溶液，立即加盖。放置 2min，使 DO 固定完全。然后边振荡边滴加 H$_2$SO$_4$（1+1）调溶液 pH 值为 5，再用离心机沉降分离。弃去上层清液和洗涤沉淀后，加入少量去离子水，用 H$_2$SO$_4$（1+1）调溶液 pH 值为 1，加入 0.4mL KI 溶液，混匀使沉淀完全溶解后定容到 10mL。用 AAS 法测定 Mn 的吸光度 A，在 A-c_{O_2} 曲线上查得 DO 的相应浓度。

④ 结论 同碘量法同步测定发现 AAS 法测定 DO 的测定范围为 0.4~12mg/L，其结果的相对偏差在 3.5% 以内，同碘量法的测定结果能很好地吻合。

（20）火焰原子吸收法间接测定水中硫酸盐 各种水样中硫酸盐的测定通常有重量法、

容量法及光度法三种。重量法是在强酸性条件下用 $BaCl_2$ 沉淀 SO_4^{2-}，生成白色的硫酸钡沉淀，经灼烧恒重后，由硫酸钡的量计算 SO_4^{2-} 的含量。容量法是定量加入 $BaCl_2$ 溶液，然后用已知浓度的 EDTA 来滴定过量的 $BaCl_2$，由消耗的 $BaCl_2$ 的量可以计算出 SO_4^{2-} 的含量。光度法是在强酸性条件下加入 $BaCl_2$ 之后测定溶液的吸光度，由不同浓度的 SO_4^{2-} 与 Ba^{2+} 形成的 $BaSO_4$ 沉淀溶液的吸光度值的线性关系可以计算出 SO_4^{2-} 的含量，这也是现在被广泛使用的方法。但沉淀 $BaSO_4$ 光度法要求 SO_4^{2-} 含量不能很高，而且形成的 $BaSO_4$ 静置沉淀会下沉、吸附，每测一个点要严格控制反应时间和测定吸光值的时间一致，方能制作出较好的检测标准曲线。

有人利用沉淀稳定性的差异，用硫酸盐定量取代铬酸钡当中的铬酸根离子后，采用空气-乙炔火焰原子吸收法测定铬的含量，再计算出 SO_4^{2-} 的含量，提供了一种原子吸收法间接测定某些阴离子的新思路。

① 仪器和试剂　GFU-202C 型原子吸收分光光度计（北京分析仪器厂）；铬空心阴极灯（北京有色金属总院）。铬标准储备液（1mg/mL）；铬标准工作液（0.1mg/mL），准确移取铬标准溶液（1mg/mL）10mL 于 100mL 容量瓶中，用蒸馏水稀释至刻度，密封保存；5mol/L 盐酸溶液，量取 210mL 浓盐酸稀释至 1000mL；铬酸钡悬浮液，称取 19.44g 铬酸钾和 24.44g 氯化钡，分别溶于 1000mL 水中，加热至沸腾后，两溶液倾入 2500mL 烧杯中，生成黄色铬酸钡沉淀。待沉淀下沉后，倾出上清液，用水冲洗沉淀，洗涤后，加入 1000mL 水成悬浮液，于每次使用前混匀；1+2 氨水；SO_4^{2-} 标准溶液（1mg/mL），精确称取 1.4787g 经干燥的无水硫酸钠，溶于水中，移入 1000mL 容量瓶，稀释至刻度。

② 仪器工作条件　最佳仪器工作条件：波长 357.9nm，狭缝 0.2mm，燃烧器高度 2mm，灯电流 4.0mA，空气流量 5.5L/min，乙炔流量 2L/min。

③ 试验步骤

a. 制作标准曲线　精确吸取 SO_4^{2-} 标准溶液 0.0mL、0.3mL、0.5mL、0.75mL、1.0mL 移入锥形瓶中，加水至 50mL，以下操作同试液测定方法。测各浓度的吸光值，绘制标准曲线。

b. 测定方法　移取试液 50mL 于锥形瓶中，加入 1mL 2.5mol/L 盐酸溶液，加热煮沸 5min，然后加入 2.5mL 铬酸钡悬浮液，再煮沸 5min 左右，使铬酸钡和 SO_4^{2-} 生成 $BaSO_4$ 沉淀。冷却，加入氨水溶液中和至溶液刚呈柠檬黄色为止。将溶液过滤至 50mL 容量瓶中，用蒸馏水稀释至刻度。以水为空白，在原子吸收仪上测定吸光度。

④ 结论　用火焰原子吸收法间接测定 SO_4^{2-} 精度高，回收率达 99.8%，易于实际操作，便于推广采用；在试验中，用空气-乙炔火焰原子吸收法测定铬元素，干扰少，灵敏度高，但高浓度的铁、镍会对其产生干扰，可在标液及试样中分别加入 2% 的氯化铵溶液进行掩蔽；能与钡盐产生沉淀的离子很少，因此，反应干扰离子少，但是如果溶液中含有 SO_3^{2-} 等会使结果偏高。

(21) 石墨炉原子吸收光谱仪在电厂水质分析中的应用

① 仪器和试剂　仪器：美国 PE 公司的 AA-600 石墨炉原子吸收光谱仪。试剂：硝酸溶液、铜铁标液（20g/L）。

② 试验步骤

a. 水样的采集和预处理。

b. 空白值的校正　空白值的校正可使用高级别的硝酸，从而有效减少背景误差，提高分析结果的可靠性。

c. 工作曲线的建立与样品测定　工作曲线的建立：以硝酸溶液（1+199）为空白溶液和稀释溶液，以铜铁标液（20g/L）为最高浓度工作溶液，设置五个以上校正标准工作溶液浓度，自动进样器将自动进行稀释配制。以浓度为横坐标，以吸光度为纵坐标，绘制工作曲线。铜铁标准工作液宜在分析时当天配制，以保证工作液的稳定性。由于仪器状态等多方面因素的影响，最好每次开机测量前重制标准曲线。

③ 仪器的使用维护及注意事项　对测量环境的要求：a. 用于安装仪器的实验室应设在附近无强电磁场和强热辐射源的地方，不宜建在会产生剧烈振动的设备和车间附近，应避免日光直射、烟尘、污浊气流及水蒸气的影响。b. 实验室内应经常保持清洁和温度、湿度适宜。空气相对湿度应小于70%，温度应控制在15~30℃。c. 预处理使用的酸化剂具有挥发性，所以通常应将预处理安排在另一间试验室内进行，以避免交叉干扰。

自动进样装置的使用维护：a. 经常更换自动进样器清洗瓶中的水，可使用超纯水或0.2%的 HNO_3 溶液。b. 进样针不应有弯曲现象，应与金属杆成一条直线，呈45°角斜口朝前。并尽最大可能使进样针与石墨管里面内口相切，但不要接触。从垂直方向看，进样针应位于加样孔的正中心，其深度应离平台1~2mm处。c. 分析前应将进样针清洗多次并将炉子空烧1~2次。d. 一段时间后可将插入清洗桶中的管子取出，放入一定浓度的 HNO_3 溶液中清洗进样针。

④ 结论　AA-600 石墨炉原子吸收光谱仪工作曲线理想，灵敏度好，检出限低，样品的重复性、再现性好，结果真实可信，试样消耗少，自动化程度高，省时省力。但其结构复杂，技术含量高，需要化验人员具备较高的专业素质，最好由专人负责并经过专业培训。

（22）火焰原子吸收法测定环境水样中的铜、锌

① 仪器和试剂　所需要的试剂有：硝酸、高氯酸；1%硝酸溶液（浓度1%）；铜标准溶液（浓度1000mg/L）、锌标准溶液（500mg/L）。所使用的仪器有：电热板；AA6880原子吸收分光光度计及相关辅助设备，均由岛津企业有限公司提供。

② 试验步骤

a. 样品的预处理　取水样 100mL，加入容量为 200mL 的烧杯中，再将 5mL 硝酸加入进行稀释，使用电热板进行加热消解，混合溶液蒸至 10mL，再将 5mL 硝酸及 2mL 高氯酸加入混匀，继续消解蒸至 1mL。若消解不彻底，则应再将 5mL 硝酸与 2mL 高氯酸加入继续消解，蒸至 1mL。停止加热，静置冷却，加入少量水将残渣溶解，再将其转移到容量为 25mL 的干净容量瓶中，加入水进行稀释处理，直至标线。制作空白样：取 1% 硝酸溶液，按上述的程序进行操作。

b. 校准溶液的配制　取 5.00mL 铜标准溶液与 2.00mL 锌标准溶液，加入 100mL 容量瓶内，使用 1% 硝酸溶液定容，配制成标准溶液，其中铜含量为 50.0mg/L、锌含量为 10.0mg/L。取配制好的混合标准溶液 0mL、0.20mL、0.5mL、1mL、2mL、3mL、4mL、5mL，分别加入 100mL 容量瓶内，再使用 1% 硝酸溶液定容处理，分别配制成新的标准系列溶液，其中铜浓度分别是 0mg/L、0.10mg/L、0.25mg/L、0.50mg/L、1.00mg/L、2.00mg/L，锌的浓度为 0mg/L、0.02mg/L、0.05mg/L、0.10mg/L、0.20mg/L、0.30mg/L、0.50mg/L。

c. 样品测定　选适当的分析线，调节火焰，调零，分别取水样、样品空白，按照试剂说明书测量吸光度。测定和计算样品空白、水样的吸光度、浓度值（计算时代入浓缩系数），其中水样浓度值为测定浓度值－样品空白浓度值。建立铜、锌校准曲线，其中铜浓度校准曲线为 $y = 0.0014 + 0.1475x$（相关系数 $r = 0.9999$）；锌浓度校准曲线为 $y = 0.0018 + 0.5220x$（相关系数 $r = 0.9997$）。对混合标准溶液进行测量，其中铜、锌含量分别为 (0.810 ± 0.038)mg/L、(1.77 ± 0.08)mg/L。

③ 注意事项

a. 消解操作中水样沸腾容易导致测量值偏低，因而在铜、锌消解过程中，应防止水样沸腾，且不可蒸干水样。

b. 为减少误差，应选择最适宜的实验条件，包括设置适当的空心阴极灯工作电流，选择适当的分析线、狭缝宽度、燃烧器高度、进样量等。

(23) 火焰原子吸收法测定环境水样中的铅、镉

① 主要试剂及仪器　药品：氯化镁、氢氧化钠（优级纯）、硝酸。试剂：1+1 硝酸溶液、氯化镁溶液（浓度 100g/L）、氢氧化钠溶液（浓度 200g/L）、镉标准溶液（浓度 100mg/L）、铅标准溶液（浓度 1000mg/L）。所用试剂均由生态环境部标准样品研究所提供。仪器：电热板；BSA3202S 电子天平，赛多利斯科学仪器；AA6880 原子吸收分光光度计、原子吸收分光光度计相应辅助设备。

② 试验步骤

a. 取 250mL 水样加入烧杯，再取浓度为 100mg/L 的氯化镁溶液 2mL 缓缓加入，再取浓度 200mg/L 的氢氧化钠溶液 2mL 加入，加入时要搅拌均匀，加入完后继续搅拌 1min。常温下静置 2h 左右，使沉淀充分下沉至液面下 25mL 以下，去除上清液，余下液体大约 20mL，再使用 1+1 的硝酸溶液 1mL 加入其中，消解沉淀，将反应后的液体转移至 25mL 容量瓶内，加入纯水定容，摇匀。

b. 取 10.00mL 的铅标准溶液（浓度 1000mg/L）加入容量为 100mL 的容量瓶内，使用 0.15% 硝酸溶液定容，配制成铅标准中间液（浓度 100mg/L）。取 5.00mL 铅中间液、1.00mL 镉标准溶液（浓度 100mg/L）加入 100mL 容量瓶内，再使用浓度 0.15% 的硝酸溶液定容处理，配制混合标准溶液，其中铅含量为 5.0mg/L、镉含量为 1.0mg/L。再分别取此混合溶液 0mL、1mL、2mL、3mL、4mL、5mL，加入烧杯内，加纯水定容为 250mL 溶液。以下的操作按步骤 a 进行。

c. 水样及标准系列分别进行喷雾处理，并测定吸光度。

d. 其中水样浓度值为测定浓度值－样品空白浓度值。铅校准曲线为 $y=0.0011+0.2644x$（相关系数 $r=0.9990$）、镉校准曲线为 $y=0.0023+3.7171x$，相关系数（$r=0.9992$）。

e. 标准样品的比对试验　选取混合标准样品液分别进行直接吸入法、共沉淀法测定铅、镉，样品中铅、镉含量分别为(0.621 ± 0.025)mg/L、(0.0580 ± 0.0045)mg/L。

③ 注意事项

a. 酸碱度会影响铅、镉的测量准确度，若水样系加酸保存 pH 值偏低，需加氨水提高 pH 值到中性，再进行测量。

b. 原子吸收测量所测样品的吸光度测量结果基于两个标准的信号区间内，方可获得准确结果。但原子吸收信号在高浓度状况下时，其灵敏度会下降，使测量误差增大。因此，测量时，把标准曲线中间点设置于样品浓度附近，或把样品溶液浓度调节至接近标准曲线中间值，可有效提高测量准确度。

(24) APDC-MIBK 萃取-火焰原子吸收法测定水中的镉

① 主要仪器　火焰原子吸收分光光度计及 Cd 元素空心阴极灯（美国安捷伦公司）、Ml-li-Q 超纯水系统（美国 Mllipore 科技有限公司）、电子控温电热板（上海新仪微波化学科技有限公司）。

② 标准物质和试剂　主要试剂：2% 吡咯烷二硫代氨基甲酸铵（$C_5H_{12}N_2S_2$）；过饱和甲基异丁基甲酮（$C_6H_{12}O$）；100g/L 氢氧化钠（NaOH，优级纯）溶液；1+49 盐酸（HCl，优级纯）溶液。标准物质：镉的标准溶液，浓度为 500mg/L（生态环境部标准样品研究所）。

③ 试验方法

a. 样品的消解　取 100mL 的实验室样品，置于电热板消解管中，加入 5mL 硝酸后加热消解，确保样品不沸腾，蒸至 10mL 左右，加入 5mL 硝酸和 2mL 高氯酸，继续消解，蒸至 1mL 左右，取下冷却，滤入 100mL 容量瓶中，用水稀释至标线。

b. APDC-MIBK 萃取法　采用有机溶剂络合萃取-火焰原子吸收法测定水中的镉，吡咯烷二硫代氨基甲酸铵（APDC）作为螯合剂能在很宽的 pH 值范围内与镉生成稳定的螯合物，甲基异丁基甲醇（MIBK）作为有机溶剂在火焰里有理想的燃烧特性。工作标准、空白和消解后样品用氢氧化钠和盐酸调节 pH 值为 3.0，各取 100mL，并倒入 200mL 容量瓶中，加入 2% 吡咯烷二硫代氨基甲酸铵溶液 2mL，摇匀，加入水饱和的甲基异丁基甲酮 10mL，剧烈摇动 1min，静置分层后，小心地沿着容量瓶壁加入水，使有机相上升到瓶颈，达到吸样毛细管的高度，螯合样品相当于浓缩了 10 倍。

④ 试验设计　用甲基异丁基甲醇萃取的金属液是 10mL，只够火焰原子吸收法吸两次，故通过制备平行样品来获得更多的统计数据。结合准确度、精密度和加标回收试验要求，试验设计见表 1-12。

表 1-12　试验设计

序号	样品制备	试验内容
1#、1#平行	在空白水样中加入 20.0mg/L 镉的中间标准溶液 100μL，螯合萃取后测定	准确度试验
2#、2#平行	在空白水样中加入 20.0mg/L 镉的中间标准溶液 200μL，螯合萃取后测定	
3#、3#平行	取 3# 废水点位样品进行消解及螯合萃取后测试	精密度试验
4#、4#平行	取 4# 废水点位样品进行消解及螯合萃取后测试	
5#、5#平行	取 3# 废水点位样品加入 20.0mg/L 镉的中间标准溶液 50μL，消解、螯合萃取后测定	加标回收试验
6#、6#平行	取 4# 废水点位样品加入 20.0mg/L 镉的中间标准溶液 50μL，消解、螯合萃取后测定	

⑤ 试验步骤

a. 标准溶液配制及测定　将 500mg/L 镉的标准溶液通过稀释配制成 20.0mg/L 中间液，稀释中间液至 100mL 的容量瓶中配制标准系列溶液。火焰原子吸收分光光度计工作条件优化后，测定螯合萃取后的标准系列溶液浓度，进行回归方程分析，绘制标准曲线。

b. 准确度试验　取空白水样 1#、2# 及平行样各 100mL，加入 20.0mg/L 镉的中间液 100μL 和 200μL，加入量分别为 2.0μg 和 4.0μg，按照同样方法进行螯合萃取，并各测定两次。针对制备的标准样品，结果测得相对误差均在 5% 以下，符合质控要求。

c. 精密度试验　取 3#、4# 及平行废水样品进行精密度试验，将样品进行消解、螯合萃取，并各测定两次。螯合萃取火焰原子吸收法的检出限为 0.001mg/L，3# 及平行样报出浓度为 0.002mg/L，4# 及平行样报出浓度为 ND（<0.001mg/L）。针对废水样品，相对标准偏差均在 5% 以下，符合质控要求。

d. 加标回收试验　取 5#、6# 及平行废水样品进行加标回收试验，将样品加入 20.0mg/L 镉的中间液 50μL，消解、螯合萃取后测定。针对加标样品，回收率均在 90%～110%，符合质控要求。

⑥ 结论　APDC-MIBK 萃取-火焰原子吸收法测定水中的镉，选用吡咯烷二硫代氨基甲酸铵为络合剂，甲基异丁基甲酮为萃取剂，有毒，萃取过程中需做好防毒措施；移液及定容要谨防样品的损失，萃取液较少，故火焰原子光谱仪吸液时要注意吸空等方面。

1.2
电感耦合等离子体-原子发射光谱法及其在水质检测中的应用

1.2.1　概述

电感耦合等离子体光谱法（ICPS），是以电感耦合等离子炬（inductively coupled plasma torch，ICP 或 ICTP）为激发源、原子化装置或离子源的一类光谱分析方法，包括 ICP 原子发射光谱法（ICP-AES）、ICP 原子吸收光谱法（ICP-AAS）、ICP 原子荧光光谱法（ICP-AFS）和 ICP 质谱法（ICP-MS）。虽然质谱法（MS）所依据的原理与一般的光谱法并不相同，但因其把不同荷质比的离子分别聚焦并分辨开的过程（"质量色散"）与光谱法中把不同波长的辐射分别聚焦并分辨开的过程有些类似，因此在许多文献中，把质谱法归并在光谱法中。

虽然 ICP 光谱法包括 ICP-AES、ICP-AAS、ICP-AFS、ICP-MS，但从应用角度来说，无论是仪器的研制及商品化，还是理论基础和应用研究方面都以 ICP-AES 为主，不过经过近几年的探索，非发射法特别是 ICP-AFS 及 ICP-MS 以其优越的性能已逐渐发展成熟，并在化学分析中发挥着巨大的作用。有关 ICP-MS 的内容将在本书随后的内容中加以介绍，这里主要介绍有关 ICP-AES 的内容。

早在 1884 年 Hittorf 就注意到，当高频电流通过感应线圈时，装在该线圈所环绕的真空管中的残留气体会产生辉光，这是高频感应放电的最初观察。但在此以后相当长的时间里，人们虽然对这种放电现象进行了一些有价值的探索，但由于当时试验条件的限制，这种放电现象远未达到可以实际应用的程度。1942 年，Babat 采用大功率电子振荡器实现了石英管中在不同压强和非流动气流下的高频感应放电，为这种放电的实用化奠定了基础。1961 年，Reed 设计了一种从石英管的切向通入冷却气的较为合理的高频放电装置。它采用 Ar 或含 Ar 的混合气体为冷却气，并用炭棒或钨棒来引燃（在高频电场中，碳钨等受热而发射电子以引起气体的电离和放电）。Reed 把这种在大气压下所得到的外观类似火焰的稳定的高频无极放电称为感应耦合等离子炬（induction coupled plasma torch，ICP）。这个装置已经与目前应用的常规炬管差别很小了。

Reed 的工作引起了 Greenfield、Wenat 和 Fassel 的极大兴趣。他们首先把 Reed 的 ICP 装置用于 AES，并分别于 1964 年和 1965 年发表了他们的研究成果，开创了 ICP 在原子光谱分析上的应用历史。

20 世纪 70 年代，ICP-AES 进入实质应用阶段。1975 年，美国的 ARL 公司生产出了第一台商品 ICP-AES 多色仪，此后各种类型的商品仪器相继出现，今天 ICP-AES 分析技术已成为现代测试技术的一个重要组成部分。

原子发射光谱分析又称发射光谱，它利用元素发射的特征光谱判断物质的组成。在光谱分析中使用的激发源有火焰、电弧、电火花、高频电感耦合等离子体炬焰等，被分析物质在这种激发源的作用下一般离解为原子或离子，这种离解后的光谱是线状光谱，这种光谱只能反映原子或离子的性质，而与这些离子或原子来源的分子状态无关，因此发射光谱分析只能确定试样物质的元素组成和含量，不能给出试样物质分子的结构信息。

电感耦合等离子体-原子发射光谱法（ICP-AES）是一种由原子发射光谱法衍生出来的分析技术。它能够方便、快速、准确地测定水样中的多种金属元素和准金属元素，且没有显著的基体效应。

与其他方法相比，ICP-AES 方法的优点有以下几点：①分析速度快，ICP-AES 法干扰低、时间分布稳定、线性范围宽，能够一次同时读出多种被测元素的特征光谱，同时对多种元素进行定量和定性分析。②分析灵敏度高，直接摄谱测定，一般相对灵敏度为 10^{-6} 级，绝对灵敏度为 $10^{-9} \sim 10^{-3}$ g。如果通过富集处理，相对灵敏度可达 10^{-9} 级，绝对灵敏度可达 10^{-11} g。③分析准确度和精密度较高。准确度是对各种干扰效应所引起的系统误差的度量，精密度主要反映随机误差影响的大小，通常用相对标准偏差表示。ICP-AES 是各种分析方法中干扰较小的一种，一般情况下，其相对标准偏差小于等于 10%。当分析物浓度大于等于 100 倍检出限时，相对标准偏差小于等于 1%。因此 ICP-AES 法可以较好地克服人的主观误差，准确地进行定量分析，尤其是被测组分的含量较低（≤1%）时。④测定范围广。可以测定几乎所有紫外和可见光区的谱线，被测元素的范围大，一次可以测定几十种元素。

ICP 等离子炬发射光谱的光源，其工作温度高，可以轻而易举地激发那些其他光源不能激发的元素，在 ICP 等离子炬中，几乎没有元素能以化合物形态存在。谱线强度大、背景小，试样中的基体和共存元素干扰小。在数据处理阶段又通过光电元件（目前 ICP-AES 广泛应用的方式），将分光后的谱线的光信号直接转换成电信号，不需要摄谱和暗室处理等过程，使 ICP-AES 的分析速度大幅度提高。

这些优点使 ICP-AES 广泛应用于矿物岩石、金属合金、化学制品、环境样品、石油产品及其制品、生物组织及生物制品的分析中，成为最广泛、最有效的方法之一。

ICP-AES 法的不足之处在于设备费用和操作费用稍高，样品一般需预先转化为溶液（固体直接进样时精密度和准确度降低），对有些元素优势并不明显。

下面（表 1-13 和表 1-14）给出了 ICP-AES 法与其他光谱分析方法的比较。

表 1-13 ICP-AES 与其他光谱分析方法的性能比较 1

分析能力	ICP-AES（溶液）	火焰-AAS 及火焰-AES	石墨炉-AAS	火花-AES（溶液）	电弧-AES	X 射线荧光光谱法
直接固体	−	−	−	−	+	+
直接液体	+	+	+	+	−	+
多元素分析	+	−	−	+	+	+
痕量分析	+	+	+	（+）	+	−
精密分析	+	+	+	（+）	−	−
准确分析	+	+	（+）	（−）	−	+

注："+"表示"好"，"（+）"表示"尚可"，"（−）"表示"不清楚"，"−"表示"差"。

表 1-14 ICP-AES 与其他光谱分析方法的性能比较 2

比较项目	ICP-AES	微波诱导等离子体光谱仪（MIP-AES）	光电直读光谱仪（DCP-AES）	火焰-AAS	石墨炉-AAS
低基体干扰	+	（+）	（+）	（−）	（−）
低光谱干扰	（−）	（−）	（−）	+	+
精密度	+	+	（+）	+	−
线性分析范围	+	+	（+）	−	−
多元素分析	+	（+）	+	−	−
无机元素分析	+	+	+	+	+
有机元素分析	（+）	+	−	−	−
低样品耗量	−	+	−	−	+
操作简单性	−	（−）	+	+	+
低运转费用	−	（−）	（−）	+	+
低设备费用	−	（−）	（−）	+	+

注：各符号表示的意义同表 1-13。

近年来，ICP 光谱仪器技术虽无重大技术变革，但在固态检测器、分光系统、形态分析、软件功能扩展、智能化自动判别、检出限改善、波长扩展等方面有许多改进发展，使设计更合理，使用更方便，分析性能和工作效率有明显提高。

1.2.2 ICP-AES 的基本原理

1.2.2.1 ICP 的结构原理

尽管市场上的 ICP 装置形式多样，但其基本原理是一致的，在高频感应线圈（或称负载线圈或工作线圈）里面安装一个由三个通心管（常用石英或其他耐高温材料制成）组合而成的等离子炬管（简称炬管，亦有单管炬或双管炬，以三管炬为主），外管以切线方向通入外气流（亦称冷却气或等离子气），中间管以轴向或切向通入气流（也称等离子气或辅助气），然后接通高频电源，用火花放电或将炭棒（钨棒）插进炬管，由感应加热引起电子发射来引燃，便可形成环状等离子体（或实心等离子体），如图 1-16 所示。当等离子体形成后，由炬管导入内气流（载气或中心注入气，有时可先通入载气，然后引燃），这样便可在等离子体轴部钻出一条通道，分析样品由此通道被载气带进等离子体中。

　　通入炬管的工作气体多为氩气、氮气或氩氮混合气，它的主要任务是提供等离子体，同时也肩负着保护炬管和输送样品的使命。外气流是主要气流，用于维持和稳定等离子体，并防止等离子体进入外管，它的冷却作用使等离子体的扩大受到抑制，从而被"箍锁"在外管内。切向进气产生的素流可以使等离子体保持稳定状态，其流量视炬管结构而定，一般是 10~20L/min，约占工作气体总流量的 80%~90%。中气流主要用于点燃等离子体，同时保护中心注入管，流量一般是 1L/min 左右，有时在样品导入后就可停止。内气流的作用主要是在等离子体中打开一条通道，并携带和输送样品进入等离子体中，其流量大小对等离子体中观测区谱线强度的影响最大，其流量一般为 0.5~1.5L/min 左右。

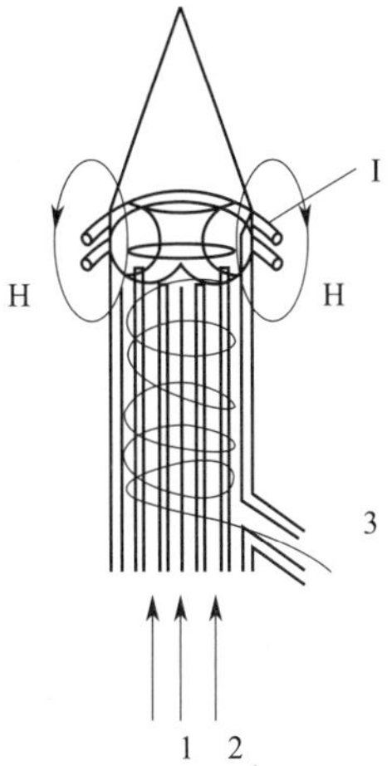

图 1-16　ICP 的结构
1—载气；2—辅助气；
3—冷却气；
I—高频电流；H—磁场

1.2.2.2　ICP 的环状结构

　　通过电感耦合的方式使气体电离形成等离子体的过程形成了 ICP，该分析方法自身的特点决定了 ICP 具有通道效应的环状结构。使分析样品从该环状结构的中心通过是保证 ICP 性能良好的关键，这个环状结构一般由感应区、标准分析区、尾焰区和中心通道四个区域组成。

　　（1）感应区　感应区又称环形外区，由感应线圈包围而成，明亮、白色、不透明，它是高频电流形成的涡流区，温度极高，可达 10000K，是 ICP 温度最高的区域，电子密度很高。感应区能发射很强的连续背景辐射，不适合做光谱分析。

　　（2）标准分析区　标准分析区温度可达 6000~8000K，半透明状，是光谱分析的观测区，应该使待测物在此区发生蒸发、解离、激发、电离、辐射。

　　（3）尾焰区　尾焰区无色透明，温度很低，只能激发碱金属等元素的低能级谱线。

　　（4）中心通道　通入载气后，ICP 中央形成半透明的中央通道，试样从中心通道经过，实现蒸发、解离、激发和电离。

1.2.2.3　ICP-AES 的定量基础

　　（1）发射光谱的产生　在多电子的原子中，各种能级十分复杂。概括地说，离原子核近的电子受到核的引力较大，一般处于稳定状态，此稳定状态称为基态，是低能态。当原子受到外界能量（如热能、电能、光能）的激发时，核外的电子获得足够的能量后就会离开基态向离核较远的能级跃迁，处于激发态。处于激发态的电子不稳定，一般约在 10^{-8} s 内就返回基态或较低能级的激发态，与此同时，要放出其所吸收的能量，表现为不同波长的光，也就是原子发射光谱。

　　电子的每一运动状态都和一定的能量相关联。原子发射光谱就是原子壳层结构及其能级性质的反映。发射光谱分析法就是基于不同元素能产生不同的特征光谱的性质发展起来的。

（2）ICP-AES中气态分析物的物质的量与待测物浓度的关系　以雾化器导入样品为例，假设气态分析物无扩散损失，ICP的加热区和观测区中分析物的总密度分布是均匀的，且溶质挥发完全，则ICP-AES中气态分析物的物质的量 n_t 与待测物浓度 c 之间的关系如公式（1-9）所示：

$$n_t = \frac{N_A F_1 \varepsilon_n}{M F_g} \times \frac{T_R}{T} \times c \qquad (1-9)$$

式中　F_1——样品溶液的析出速率或提升量；

　　　N_A——阿伏伽德罗常数；

　　　ε_n——雾化效率，即进入ICP中分析物的量与从样品溶液中析出的分析物的量的比值；

　　　M——被测物的原子量；

　　　F_g——载气流量；

　　　T_R——环境温度；

　　　T——ICP温度。

由公式（1-9）可知：在其他因素不变的情况下，适当增加样品溶液的析出速率，提高雾化效率都可以增大ICP炬中气态分析物的浓度；过大的载气流量会降低气态分析物的浓度；在保证原子化和激发所需温度的情况下，适当降低等离子体的温度，对提高ICP炬中气体分析物的浓度有利。

（3）谱线强度与试样浓度的关系　在ICP放电中，ICP的环状结构为分析物提供了原子化的理想条件，即使是难熔解、难原子化的化合物只要有足够长的加热路程和时间，也能够实现完全的离子化。由热力学规律可知，在平衡条件下，能量为 E_0 的基态原子数 N_0 与被激发到能量为 E_i 的激发态原子数 N_i 的关系同样符合玻尔兹曼分布：

$$\frac{N_i}{N_0} = \frac{P_i}{P_0} e^{-\frac{E_i}{kT}} \qquad (1-10)$$

式中　E_i——激发能量；

　　　T——火焰热力学温度；

　　　k——玻耳兹曼常数；

P_i，P_0——激发态和基态原子统计权重（能态的兼并度）；

N_i，N_0——激发态和基态原子的数目。

同时，谱线强度 I 满足：

$$I = n_p h \nu_{pq} n_{pq} \qquad (1-11)$$

式中　n_p——ICP中气体物质的总浓度；

　　　h——普朗克常数；

　　　ν_{pq}——元素的发射线频率；

　　　n_{pq}——跃迁概率。

因为化合物MX在整个分析过程中要分别经历原子化和离子化两个过程，两个过程的效率分别用原子化率 β 和离子化率 α 表示，即：

$$MX \xrightarrow{\beta} M \xrightarrow{\alpha} M^+$$

式中，$\beta = \dfrac{n_M}{n_{MX} + n_M}$；$\alpha = \dfrac{n_{M^+}}{n_{M^+} + n_M}$。

由以上各式可推得在ICP-AES中发射线强度的表达式如公式（1-12）所示（因为原子化是一个完全的过程，故 $\beta = 1$）：

$$I = \frac{\alpha}{F_g M T} \times \frac{N_A F_l \varepsilon_n T_R P_i}{P_0} \times e^{-\frac{E_i}{kT}} h \nu_{pq} n_{pq} c \tag{1-12}$$

在公式(1-12)中，E_i、P_i、P_0、n_{pq}、ν_{pq} 都是由待测元素本身的性质决定的；当 ICP 放电不变时，β、T 不变；只要在试验过程中固定载气流速和泵速，F_g、F_l 也不发生变化，由此公式(1-11)又可以写成：

$$I = Kc \tag{1-13}$$

符合朗伯-比尔定律，这就是 ICP-AES 定量分析的依据。并且由公式(1-9)还可知道适当增加样品溶液的析出速率，提高雾化效率可以增大 ICP 炬中气态分析物的浓度，提高光谱强度和灵敏度。而载气流量过大则会稀释 ICP 炬中气态分析物的浓度，使谱线强度 I 降低，灵敏度降低。此外，光谱强度还跟激发能和环境温度有关，具体情况如下。

① 谱线强度（I）与激发能（E_i）的关系 对于给定元素，当原子总数和气体温度固定后，该元素的激发态能量越小，处于激发态的原子数目就越多，谱线强度越强。每一元素的共振线就是光谱最强线。对不同的元素而言，谱线强度与它们各自的共振电位有关，比如具有较少谱线的一些元素，如碱金属、碱土金属、铜、银、铝等，其特点是只有少数很强的低激发电位的谱线。它们集中了辐射的主要能量，这些谱线的强度远远超过了其他谱线的强度。而那些具有复杂光谱的元素，如铀、钍等稀土元素，谱线数目数以千计，由众多的弱谱线构成元素光谱。

② 谱线强度与气体温度的关系 随着弧焰气体温度的升高，蒸气中所有粒子的运动速度也随之增加，粒子间的相互碰撞增加，原子被激发的机会也显著增加。通常而言，谱线强度随温度的升高而增强，但随着温度的升高更高次电离的离子将会出现，谱线强度在升高到一定值后反而开始下降，即在强度-温度曲线上，随着光源温度的升高，谱线强度会出现一个峰值。因此要想提高谱线的强度，单纯地提高光源的温度是行不通的。

1.2.3　发射光谱定性分析法和定量分析法

1.2.3.1　发射光谱定性分析法

基态原子在外界能量的作用下，外层电子吸收能量而由基态跃迁到较高的能级上去，变为激发态原子，这种激发态原子不稳定，在很短的时间内激发态原子就会回到基态，多余的能量以光的形式放出。这个过程既可以一步实现也可以分步完成，从而得到一系列特征谱线。

不同元素的原子结构不同，其电子从基态跃迁到激发态所需的能量也不同。当然，从激发态返回到基态所放出的能量也不同。不同能量的光波长不同。所以说，对于某种元素的原子其发光的波长是固定的，这种特定波长的光所形成的光谱称为该元素的原子特征光谱。有些结构复杂的原子，如 Fe 元素，在紫外线区就可观察到数千条谱线。

发射光谱定性分析就是研究原子由激发态回到基态过程中发射的光的性质而建立的分析方法，可以定性鉴别元素的种类，与前面介绍的原子吸收光谱分析方法相对应，只是两者是同一现象的相反过程。

1.2.3.2　定量分析方法

（1）谱线强度的测量 目前，商品 ICP-AES 仪多采用光电直读定量分析，谱线的积分强度通过积分电容器的电压来测量。电容器的电压 V 与谱线时间积分强度 I 之间的关系如公式(1-14)所示：

$$V = \frac{Q}{C} = \frac{1}{C}\int_{t_1}^{t_2} i\,\mathrm{d}t = \frac{k'I}{C} = kI \qquad (1\text{-}14)$$

式中　Q——电容器内储存的电量；

　　　C——电容；

　k，k'——常数。

电容器电压与谱线对时间的积分具有线性关系，可直接表征为分析物的浓度，即：

$$V = k_1 c^B \qquad (1\text{-}15)$$

式中　B——自吸系数；

　　　k_1——常数。

公式(1-15)是光电直读定量分析常用的分析校准函数之一，若 $B \neq 1$，则分析校准曲线为抛物线，只有在浓度很低时才为直线。通常采用对数标度法使曲线的线性得到改善。

（2）定量分析方法　光谱定量分析方法主要有三种，它们分别是：三标准试样法、持久曲线法和控制试样法。实际上，后两者都是从三标准试样法中演化出来的。

所谓三标准试样法就是按照特定的分析条件，用三个或三个以上含有不同浓度被测元素的标准样品摄谱，测定分析线对的强度比 R。以 $\lg K$ 对 $\lg c$ 作图，未知样品也摄在同一光谱板上，根据测得未知样品中被测元素含量的 $\lg c$ 求得 c 值。

ICP 等离子直读光谱可以用内标法绘制工作曲线，具体采用三标准试样法还是控制试样法，要根据分析任务的性质而定。成批的同类品种的样品分析宜采用三标准试样法，而对一些个别的应急样品分析宜采用控制试样法，可以加快分析速度。由于光电直读法不受摄谱底板的乳剂反衬度（γ）改变的影响，故其工作曲线基本上是持久工作曲线。只要每次测定时用两个标样检查一下工作曲线，并通过仪器上的"细调"和"补偿"使读数回到标准曲线上来就可以了，这样的工作曲线可以长期使用。

1.2.4　ICP-AES 的仪器装置

1.2.4.1　ICP-AES 装置的构造和工作原理

（1）测定水中金属污染物的 ICP-AES 仪器装置　ICP-AES 系统的主要部件有：a. 作为载气、辅助气、冷却气的氩气源和氩气流量控制装置；b. 样品引入装置；c. 炬管；d. 射频发生器；e. 传输光路和分光计；f. 单个或多个检测器；g. 数据处理系统。分为扫描单色仪和多色仪，仪器构造如图 1-17 所示。

（2）ICP-AES 光谱仪的工作原理　样品溶液由自动进样系统抽取进入雾化器，雾化器把样品溶液雾化形成气溶胶，并进入雾室，雾室进一步把气溶胶通筛、粉碎、脱水，变成干的气溶胶，然后由载气送进 ICP 炬管，载气从电感耦合等离子体的轴心通过，样品气溶胶在高温炬焰中受热、蒸发、汽化分解，被测组分的原子被激发，产生包含其他共存组分在内的不同波长的复合光。

束由入口狭缝进入光栅单色器，作为色散元件的光栅把复合光分解成单色光，并按

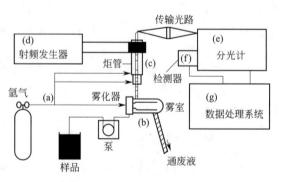

图 1-17　ICP-AES 仪器构造

波长的大小排列。出口狭缝从被测组分原子特征波长的单色光中截取所需要的波段，送至光电倍增管检测器检测。光电倍增管众多的发射阴极把光信号转变成电信号并加以放大，然后由计算机的数据处理系统处理。计算机处理的项目包括背景扣除、定性分析、定量分析、单位换算等。分析结果与分析过程的各种参数经过数模转换器转换，以表格等形式由显示器显示、打印机打印或储存器储存。

现代的 ICP 光谱仪，一般有微机控制系统，自动化程度都较高，分析程序由键盘输入，可进行人机对话，仪器一般也配有自动故障报警、安全保护等功能。

多通道 ICP 光谱仪、综合型 ICP 光谱仪等，其工作原理与单道 ICP 光谱仪相同，只是为了提高分析速度，适应某种特殊的分析需要增加了进样通道或改变了一些部件，提高和完善了仪器的使用性能。实际上，现代的仪器生产厂家，只要顾客提出自己的要求，他们就会生产出用户所需要的仪器。

1.2.4.2　ICP-AES 的分析步骤

ICP-AES 分析从编制程序到得到最终分析结果，大致分为五个步骤。

（1）分析程序编制　上机分析前，先在计算机上编制与该类样品相适应的分析控制表，表的内容应当包括分析元素、波长、左右背景扣除、预燃时间、曝光时间、低标和高标浓度、干扰系数等参数。对天然水样，干扰元素主要是 Na、Ca、Mg 等。在分析前应做好干扰元素的干扰试验，求得干扰系数，反复验证后输入计算机程序备用。

（2）光路调整　在每次分析前，必须进行波长校正，使分析线的峰位更准确地对准出射狭缝。

（3）选择最佳分析条件　分析前，调节输入功率、载气压力及流量、观测高度、溶液提升率、曝光和清洗时间等参数，并用 Cd 标准溶液（1mg/L）和空白溶液进行分析线强度和背景强度（信噪比）试验，确定仪器的最佳工作条件。

（4）标准化　在仪器的最佳条件下点燃等离子气，待等离子气炬焰稳定（通常需要 20～30min）后，将系列标准溶液引入炬焰，对仪器进行标准化，达到仪器示值与标准溶液的标示值相符。

（5）样品分析　在上述条件下把样品溶液引入炬焰中激发，曝光完毕后清洗时间大于 30s，测定结果由计算机处理、储存、显示或打印。

实践中，人们对电感耦合等离子体发射光谱仪的仪器性能进行了摸索，总结了相应的操作参数，一般而言，商品光谱仪射频发生器中产生磁场的频率通常为 4～50MHz（多用 27.12MHz 或 40.68MHz），最大输出功率为 2～5kW，其他典型的操作参数列举在表 1-15 中。

表 1-15　ICP 的典型操作参数

操作参数		雾化方法/样品溶剂		
		喷雾/水	超声波/水	喷雾/有机溶剂
功率/kW		1.1	1.2	1.5
氩气流量/(mL/min)	冷却气	15	15	15
	辅助气	0.75	0.85	1.0
	试样载气	0.5	0.5	0.7
进样速率/(mL/min)		1.0	2.5	0.7

1.2.4.3　使用 ICP-AES 装置的技术要求

① 气流调节装置应有效地控制载气、辅助气、冷却气流。仪器制造商的操作说明书应指明能提供合适操作和测量条件的额定流量。

② 应使用合适的样品引入装置以满足实际测定的要求。常用的样品引入装置是气动雾化器。不同设计类型的雾化器均可应用，但有时要求某种特殊设计的雾化器用于处理黏稠样品、含固体颗粒样品或含大量溶解固体的样品。蠕动泵可以用于调节引入雾化器的样品量。

③ 炬管相对于分光光度计入射狭缝的安装高度应是可调的（有些仪器能进行观测区域的程序化调节）。

④ 分光计应设计成能进行同时或顺序模式的操作。

⑤ 所用检测器应能选择，以使光谱响应与所测元素波长相匹配。

⑥ 分光计应配有能测定峰值单侧或双侧背景光信号的方法，以便进行必要校正。

⑦ 数据处理系统应能提供正确的和易于理解的测量记录，也应可以用于显示、记录和存储 ICP 系统的信号输出和数据处理，也可用于控制仪器效率和测量精度。通过外接计算机，也应能通过标准信息转移通路输出数值。

⑧ ICP 系统的所有主要部件应有下列明显标志：制造商名称；仪器型号、系列号、制造日期（年、月）；电压、频率和电流要求。应根据国家法规提供涉及人身安全和无线电频率干扰发射的标记或声明。

⑨ 电感耦合等离子体原子发射光谱仪，在实际操作中需要高压，会产生高温、腐蚀和/或有害气体。应在仪器上放置明显的警示标记，提醒使用者注意这些潜在的危险。仪器安装和操作，尤其对于热量及腐蚀和/或有害气体的排放，应与国家安全规章一致。

⑩ ICP 系统制造商应提供介绍仪器安装、操作、日常维护要求的手册。制造商也应能提供服务手册和分析方法手册。

⑪ 在安装 ICP 系统之前，应考虑所有实验室环境因素。制造商应提供仪器额定功率的说明，包括额定主电压和频率允许的变化，也应提供额定耗热信息，及环境温度和湿度以及排气口等操作条件。

1.2.4.4 原子发射光谱仪的生产厂家、型号、性能与主要技术指标

ICP-AES 光谱仪的生产厂家、型号、性能与主要技术指标见表 1-16。

表 1-16 ICP-AES 光谱仪的生产厂家、型号、性能与主要技术指标

生产厂家	仪器型号	性能与主要技术指标
赛默飞世尔	iCAP6300	同时型固态检测器 ICP 光谱仪。 分光系统类型：中阶梯交叉色散分光器。 分光系统参数：焦距 $F=381$mm；光栅刻线 52.91g/mm；波长范围 166～847nm；恒温 38℃。 检测器：检测器类型 RACID；像素 291.600；工作温度－45℃。 高频发生器：自激型；频率 27.12MHz；功率 750～1500W
Perkin Elmer	Optima7000	同时型固态检测器 ICP 光谱仪。 分光系统类型：中阶梯光栅交叉色散分光器。 分光系统参数：焦距 $F=504$mm；光栅刻线 79g/mm；波长范围 165～850nm；恒温 38℃。 检测器：检测器类型 SCD，235 段，像素 6334；工作温度－38℃。 高频发生器：自激型；频率 40.68MHz；功率 700～1500W
AGILENT	700 型	同时型固态检测器 ICP 光谱仪。 分光系统类型：中阶梯光栅交叉色散分光器。 分光系统参数：焦距 $F=400$mm；光栅刻线 97.48g/mm；波长范围 175～785nm；恒温 35℃。 检测器：检测器类型 CCD；像素 70000～1024×1024；工作温度－35℃。 高频发生器：自激型；频率 40.68MHz；功率 700～1700W

生产厂家	仪器型号	性能与主要技术指标
LEEMAN LABS	Prodigy	同时型固态检测器 ICP 光谱仪。 分光系统类型:中阶梯光栅交叉色散分光器。 分光系统参数:焦距 $F=800mm$;光栅刻线 52.13g/mm;波长范围 165~1100nm;恒温 38℃。 检测器:检测器类型 CID L-PADCTD;像素 1026×1026。 高频发生器:自激型;频率 40.68MHz;功率 700~2000W
SHIMADZU	ICPe9000	同时型固态检测器 ICP 光谱仪。 分光系统类型:真空中阶梯光栅交叉色散分光器。 分光系统参数:焦距 $F=580mm$;光栅刻线 79g/mm;波长范围 167~800nm;控温 38℃±0.1℃;真空≤10Pa。 检测器:检测器类型 CCD;像素 1024×1024;工作温度-15℃。 高频发生器:固态电路,晶体控制型;频率 27.12MHz;功率 0.8~1.6kW
SPECTRO	ARCOS	同时型固态检测器 ICP 光谱仪。 分光系统类型:Paschen-Runge 多色仪。 分光系统参数:焦距 $F=750mm$;光栅刻线 3600g/mm;波长范围 130~770nm;恒温 15℃。 检测器:32 块线性阵列;3648pixel/CCD。 高频发生器:自激振荡器;频率 27.12MHz;功率 750~1700W
	GENESIS	同时型固态检测器 ICP 光谱仪。 分光系统类型:Paschen-Runge 分光器。 分光系统参数:焦距 $F=750mm$;波长范围 175~770nm;加 Li、Na、K;工作温度 15℃。 检测器:15 块线性阵列 CCD。 高频发生器:自激振荡器;频率 27.12MHz;功率 750~1700W
HJY	ACTIVA-M	顺序-同时型 CCD-ICP 光谱仪。 分光系统类型:双平面光栅。 系统参数:焦距 $F=640mm$;双光栅刻线 4343g/mm 和 2400g/mm;波长范围 120~800nm;光谱视窗(WAV)8nm 及 16nm。 检测器:检测器类型 CCD;像素 2048×512;工作温度-30℃。 高频电源:固态自激电路;频率 40.68MHz;功率 750~1550W
	ACTIVA-S	顺序-同时型 CCD-ICP 光谱仪。 分光系统类型:双平面光栅。 系统参数:焦距 $F=640mm$;双光栅刻线 4343g/mm 和 2400g/mm;波长范围 160~800nm;光谱视窗(WAV)8nm 及 16nm。 检测器:检测器类型 CCD;像素 2048×256;工作温度-30℃;167nm 处窗宽 0.436nm;800nm 处窗宽 2.09nm。 高频电源:固态自激电路;频率 40.68MHz;功率 750~1550W
Perkin ELmer	OPTIMA-2000	顺序-同时型 CCD-ICP 光谱仪。 分光系统类型:中阶梯光栅-棱镜分光系统。 系统参数:光栅刻线 79g/mm;波长范围 160~900nm;动态波长校正系统。 检测器:二维背照射双阵列 CCD;像素 176×128;工作温度-8℃。 高频电源:固态自激式电路;功率 750~1500W
日本岛津	ICPS-8100	顺序扫描 ICP 光谱仪。 分光系统:双分光器平面光栅分光系统;焦距 $F=1000mm$;波长范围 160~850nm;分辨率 0.0045nm;光栅刻线 4960 条/mm、4320 条/mm、1800 条/mm。 高频电源:高频电源;频率 27.12MHz;功率 1.8kW(Max)
	ICPS-7510	顺序扫描 ICP 光谱仪。 分光系统:焦距 $F=1000mm$;波长范围 160~850nm;光栅刻线 3600 条/mm、1800 条/mm。 高频电源:高频电源;频率 27.12MHz;功率 1.8kW(Max)

生产厂家	仪器型号	性能与主要技术指标
HORIBA-JY	ULTIMA2	顺序扫描 ICP 光谱仪。 分光系统:焦距 $F=1000mm$;波长范围 120~800nm;实际分辨率<0.005nm;光栅刻线 2400 条/mm。 高频电源:固态自激型;频率 40.68MHz;功率 600~1500W
澳大利亚 GBC 公司	Integra-XL	顺序扫描 ICP 光谱仪。 分光系统:焦距 $F=750mm$;波长范围 160~800nm;光栅刻线:1800 条/mm 或 2400 条/mm。 高频电源:自激型;频率 40.68MHz;功率 600~1500W
北京科创 海光仪器有限公司	SPS8000	顺序扫描 ICP 光谱仪。 分光系统:双分光系统;波长范围 175~800nm。 光栅刻线(条/mm):第一分光凹面光栅,$F=20cm$;第二分光中阶梯光栅,$F=30cm$。 高频电源:晶体控制;频率 40.68MHz
北京豪威量 科技有限公司	FWS-1000	顺序扫描 ICP 光谱仪。 分光系统:焦距 $F=1000mm$;光栅刻线:3600 条/mm、2400 条/mm。 高频电源:自激型;频率 40MHz;功率 800~1200W
北京纳克分析 仪器有限公司	Plasma1000	顺序扫描 ICP 光谱仪。 分光系统:焦距 $F=1000mm$;光栅刻线 3600 条/mm、2400 条/mm。 高频电源:自激型;频率 40MHz;功率 800~1200W
江苏天瑞仪器 股份有限公司	FWS-1000/ FWS-2000	顺序扫描 ICP 光谱仪。 分光系统:焦距 $F=1000mm$;光栅刻线:3600 条/mm、2400 条/mm。 高频电源:自激型;频率 40MHz;功率 800~1200W
北京华科易通分析 仪器有限公司	HKYT-2000	顺序扫描 ICP 光谱仪。 分光系统:焦距 $F=1000mm$;光栅刻线 3600 条/mm、2400 条/mm。 高频电源:自激型;频率 40MHz;功率 800~1200W
北京海光仪器 有限公司	W1YII	顺序扫描 ICP 光谱仪。 分光系统:焦距 $F=1050mm$;波长范围 200~800nm;光栅刻线 3600 条/mm、2400 条/mm。 高频电源:它激型;频率 40.68MHz;功率 800~1500W
北京浩天晖科贸 有限公司	DCS-III	顺序扫描 ICP 光谱仪。 分光系统:焦距 $F=1000mm$;波长范围 190~520nm;光栅刻线 3600 条/mm。 高频电源:自激型;频率 40.68MHz;功率 600~1200W

1.2.5 标准溶液的制备及干扰校正系数的求法

1.2.5.1 标准溶液的准备

每种待测元素的储备液应直接购买或由超高纯度的单质或其盐类自行配制。一般溶剂为超高纯度的 HCl 或 HNO_3,酸的浓度以使待测元素的溶液稳定为宜。所用的水,25℃时的电导率应小于 0.1mS/m（ISO 3696 规定的二级水）。

一般说来应做到以下几点。

① 标准溶液中待测元素的质量浓度为 1000mg/L 或 10000mg/L。

② 储备标准溶液的配制方法为标准方法。

③ 所有盐类都应在 105℃下烘干 1h,碳酸盐应在 140℃下烘干 1h。

④ 标准溶液的浓度应如表 1-17 中所规定,通过适当稀释储备标准溶液制备。应选择合

适的酸及其浓度，使其对任何一种混合标准溶液都具有可比性。

表 1-17　推荐的标准溶液浓度

元素	标准溶液浓度/(mg/L)	元素	标准溶液浓度/(mg/L)	元素	标准溶液浓度/(mg/L)
铝	10.0	钴	2.0	钾	10.0
锑	10.0	铜	1.0	硒	5.0
砷	10.0	铁	10.0	硅	10.0
钡	1.0	铅	10.0	银	2.0
铍	1.0	锂	5.0	钠	10.0
硼	1.0	镁	10.0	锶	1.0
镉	2.0	锰	2.0	铊	10.0
钙	10.0	钼	10.0	钒	1.0
铬	5.0	镍	2.0	锌	5.0

⑤ 应跟踪监测储备标准溶液，以确保其随时间变化的稳定性。

1.2.5.2　混合标准溶液的制备

① 混合（多元素）标准溶液是在同一溶液中含有几种待测元素，一般采用合适的组合，稀释表 1-17 中推荐的储备标准溶液制备。在配制混合标准溶液之前，所用的储备标准溶液应事先分析，以确认在所选的分析波长处没有可能的光谱干涉。

② 混合标准溶液应含彼此兼容的元素，并在混合液中稳定共存。同时也要考虑阴离子的兼容性。

③ 作为保护剂而加入的酸也应与所选的元素兼容。

实际测定中可能会用到下列混合标准溶液。

混合标准溶液Ⅰ：锰、铍、镉、铅、硒、锌。

混合标准溶液Ⅱ：钡、铜、铁、钒、钴。

混合标准溶液Ⅲ：钼、硅、砷、锶、锂。

混合标准溶液Ⅳ：钙、钠、钾、铝、铬、镍。

混合标准溶液Ⅴ：锑、硼、镁、银（需要特殊的程序以确保银不从标准溶液中沉淀出来）、铊。

也可按以下方法选择标准储备液：用光谱纯的金属或化合物制备成单个元素的标准储备液，根据互有化学干扰或光谱干扰的元素不能放在一起的原则，组合成三组标准溶液。

第一组：低标质量浓度 Fe、Al、Ca、Mg、Ti 为 1mg/L；高标质量浓度 Al 为 500mg/L，Fe、Cd 为 250mg/L，Mg、Ti 为 100mg/L。

第二组：Cu、Zr、Nb、Mn、Cr、Y、Ni、Ba、Sr、Ca。

第三组：P、Ce、V、Pb、Bi、Zn、Yb、Co、Mo。

第二、三组都是痕量元素，低标质量浓度为 0.1mg/L，高标质量浓度为 10mg/L，三组标准溶液的酸都是 10% 的王水。

1.2.5.3　干扰校正系数的求法

① 用光谱纯试剂配制各干扰元素的单元素溶液。主体干扰元素分别为 $200 \sim 500 mg/L$ 的系列，痕量干扰元素都是 $100 mg/L$。

② 对所有的被分析元素通道进行标准化。

③ 把干扰元素溶液喷入等离子炬，在各被分析通道得到浓度值，对该数据逐个分析，辨明干扰是如何引起的，然后用该浓度值与干扰元素浓度相比，即可得到干扰校正系数 K_i。

④ 将 K_i 值输入 ACT 表。在分析过程中计算机能自动进行干扰校正。

⑤ 再次喷入各干扰溶液验证，如果各分析通道浓度值很接近零，则说明 K_i 值正确，否则需继续修正。

1.2.6 ICP-AES 在水质检测中的应用

在水质监测中，所要监测的成分除了碱金属和碱土金属外，重金属也是重要的监测项目，一般水样经过简单的酸化和过滤后，可直接用 ICP 系统分析。当待测元素的含量低于 ICP 系统的检出限时，则需要浓缩。对于民用及工业废水，分析前常常需要进行处理，溶解样品中的悬浮物。淤泥、沉积物和其他类型的固体样品也可以在适当处理后分析。

虽然 ICP-AES 的灵敏度很高，但一般情况下水中金属离子的含量极低，不能直接测定，这时也需要用到一些分离富集技术。在水质分析中常用的分离富集方法有溶剂萃取法、共沉淀法、离子交换法、流动注射法、色谱法、氢化物发生法以及泡沫塑料、纤维素、活性炭富集法等，这些分离富集技术的应用不仅扩大了 ICP-AES 的应用范围，而且使分析的检测限、精密度和准确度有了很大的提高。

1.2.6.1 用于水质分析的 ICP-AES 仪器的调整和性能测试

有研究人员对使用 ICP-AES 法测定水中金属污染物的方法做了专门的研究，总结出了 ICP-AES 仪器的调整和性能测试方法，这里对此做简要的介绍，供从事 ICP-AES 研究和水分析的专业人员参考。

（1）ICP-AES 用于水质分析的计量要求

① 检测限和浓度上限　对水污染物分析中的重要元素，表 1-18 给出了特定波长下的检测限及浓度上限。在与仪器的设计和正常操作参数相一致的最佳测量条件下，ICP 系统对测量元素应达到这些最低要求。实际分析前应用无干扰物的空白及标准溶液进行测定，以确认这些数值。

表 1-18　ICP 系统的计量性能

元素	波长/nm	检出限/(μg/L)	上限质量浓度/(mg/L)	元素	波长/nm	检出限/(μg/L)	上限质量浓度/(mg/L)
Al	308.215	20	100	Mg	279.079	30	20
Sb	206.833	50	100	Mn	257.610	2	50
As	193.696	50	100	Mo	202.030	5	100
Ba	455.403	0.5	50	Ni	231.604	10	50
Bc	313.042	0.5	10	K	766.491	200	100
B	249.773	5	50	Se	196.026	50	100
Cd	226.502	5	50	Si	288.158	60	100
Ca	317.993	10	100	Ag	328.068	5	50
Cr	267.716	7	50	Na	588.995	50	100
Co	228.616	6	50	Sr	407.771	0.5	50
Cu	324.754	3	50	Te	190.864	50	100
Fe	259.940	3	100	V	292.402	5	50
Pb	220.353	50	100	Zn	213.856	3	100
Li	670.784	3	100				

注：1. 前面 1.2.5 中给出的表 1-17 中列出了各元素的标准溶液的推荐浓度，若样品含有非待测元素，且可能干扰检测波长，则改变波长也许更合适。不过在改变的波长下，表 1-18 所列的检出限值就不适用。

2. 对含有待测元素以外的其他物质的样品溶液而言，有可能达不到 1-18 中的检出限值。对于原水、饮用水和废水中待测元素的推荐波长和相应检出限，参见 ISO/CD Ⅱ 885（ISO/TC 147/WG2 N0.234，1992-10-20）。

② 相对标准偏差　在从 100 倍检出限到上限浓度范围内，测量均值的相对标准偏差不大于 2%。

③ 分辨率　分光计应至少能测量波长范围从 190nm 到 766nm 的辐射，分辨率至少为 0.05nm。

④ 工作区间　采用最小二乘法处理每个被测元素工作范围内的测定数据，ICP 系统的输出信号的线性应在 ±0.05% 之内。工作范围是指表 1-18 中所列的从检出限到上限浓度。

⑤ 仪器要求　供给炬管的气体应为氩气，其纯度至少为 99.95% 或更好。功率在 0.5～2kW 的范围内时，射频发生器输出功率的稳定性应在 ±0.05% 之内。其工作频率应在 1～60MHz 范围内。

（2）ICP-AES 系统的综合性能测试　ICP 系统的综合性能测试是在仪器的整个波长范围内，测定几种标准溶液中不同的痕量元素，以检测 ICP-AES 的性能，一般应遵循以下步骤。

① 至少选择 5 种元素，其中两种应是铊和钾。根据表 1-17 中推荐的浓度，配制这些元素的混合标准溶液或单一标准溶液，可以考虑下列元素：Tl 190.864nm，Zn 213.856nm，Mn 257.610nm，Cu 324.754nm，Ba 455.403nm，Na 588.995nm，Li 670.784nm，K 766.491nm。

② 配制与①中制备的每种标准溶液均相关的空白测试溶液。

③ 启动仪器，根据操作说明书对其进行一些必要的调节，然后用上面的空白测试溶液和标准溶液校准仪器。

④ 重复性和波长范围检查　在合适的波长下，对①中选择的每一标准溶液重复测量 10 次。计算在各自波长下浓度的平均值和相对标准偏差，若平均值的相对标准偏差不大于 2%，则满足重复性的要求。若 Tl（190nm）和 K（766nm）的相对标准偏差也不大于 2%，则满足 ICP 系统对波长范围的要求。

⑤ 仪器检出限的检查　重复测量④中用到的溶液 10 次，计算平均值和标准偏差 σ，与表 1-18 中相应的检出限相比较，若 3σ 不大于表 1-18 中的检出限值，则检出限良好。

⑥ 线性检查　对①中选择的每一元素，制备标准溶液，浓度等于或略大于表 1-18 中的上限浓度，然后将其稀释成 3～5 个不同浓度的标准溶液，其中任一浓度都不小于检出限的 100 倍；每种溶液至少重复测量 3 次，计算平均值；用最小二乘法处理得到的数据，绘制曲线，若每两种元素的线性偏差在 ±5% 之内，则线性良好。

（3）ICP-AES 系统的日常仪器检测　日常仪器检测系统是一个通过调节等离子体的载气流速，重新设置仪器预选观测区的日常检测程序。在系统检测时要使用精确、灵敏的气流控制装置，以便在压力变化的条件下，保持气体流速。

在检测之前，必须选择测定标准溶液的仪器最佳操作条件，最佳条件为能够提供最低的可信检出限的条件，包括：射频输出功率，载气、辅助气和冷却气流速，样品提升量，炬管的观测高度等。

具体的检测程序如下。

① 根据操作说明书，仪器开机后预热，并将仪器设置到所选的最佳操作条件。

② 使入射狭缝轮廓对准出射狭缝，得到最大的信号响应。

③ 选择只含 Cu 和 Mn 的标准溶液且浓度相等（在 1～10mg/L 范围）。

④ 由雾化器将 Cu-Mn 的标准溶液引入仪器。

⑤ 根据表 1-18 选择的波长重复测量 10 次，记录 Cu 和 Mn 的输出信号。

⑥ 从每对测量数据，计算 Cu 与 Mn 的输出信号比（Cu/Mn），以及该比值的平均值和标准偏差。

⑦ 若程序③中选择的仪器操作条件有变化或仪器部件有更换，需要重新建立检测标准。

设置等离子体发射区的方法如下。

① 通过重复上面①～⑤步操作进行每一阶段的分析。

② 由 10 次重复测量结果，计算平均值和 Cu/Mn 值。将其与（2）中⑥步得到的结果相比较。如果前者在后者平均值的两倍标准偏差之间，则等离子体无须调节，可以直接进行校准和分析。否则，需调节样品气溶胶的载气流速，载气流速减小，该比值减小。

1.2.6.2 电感耦合等离子体发射光谱法在水质分析中的应用实例

下面就近年来水质监测领域中报道的有关 ICP-AES 的应用情况做以简单的介绍。

（1）高频电感耦合等离子体发射光谱法测定污水中 10 种元素　电感耦合等离子体发射光谱法具有速度快、检测限低、灵敏度高、线性范围宽、能同时测定多种元素等优点，越来越多地被应用于矿业、制药、生物等行业的微量和痕量元素的检测，同时还能对生活污水和工业废水中多种重金属元素进行及时、准确的监测和控制。近年来，有文献报道对电感耦合等离子体发射光谱法同时测定生活污水和工业废水中多种元素的可行性和准确性问题进行了探索，提出了利用高频电感耦合等离子体发射光谱法同时测定污水中 Fe、Zn、Cu、Mn、Pb、Cd、As、Ca、Cr、Al 等 10 种低含量元素的方法。作者称该方法的检测限能满足污水的测定要求，并具有较好的稳定性。10 种元素的相对标准差均小于 5%，回收率在 93%～101% 之间。

① 主要仪器与试剂　OPTIMA-4300 全谱直读高频电感耦合等离子体发射光谱仪，中阶梯光圈，分段 CCD 检测器，具有水平和垂直两种观测方式；所有玻璃器皿均用 7.5mol/L 硝酸浸泡 24h 后，用重蒸蒸馏水冲洗，干燥备用；硝酸（$\rho=1.42g/mL$，优级纯）；高纯氩（99.999%）；1000mg/L 标准储备液（国家标准试样中心）；标准样品（国家标准物质中心）。

② ICP-AES 光谱仪的工作条件　高频发生器功率为 1300W；自动积分时间为 1～10s；载气（氩气）流量为 0.80L/min；辅助气（氩气）流量为 0.2L/min；冷却气（氩气）流量为 15L/min；观测方式轴向或径向。

③ 试验步骤　样品采集于聚乙烯瓶中，立即加浓硝酸酸化至 pH 值小于 2；取一定体积的均匀样品，加入硝酸若干毫升（视取样体积而定，通常每 100mL 样品加 50mL 硝酸），置电热板上加热，确保溶液不沸腾，缓慢蒸至近干（切勿把溶液蒸干），取下冷却。反复进行这一过程，直至试样溶液颜色变浅或保持不变，冷却，再加少量重蒸蒸馏水，置电热板上缓慢加热使残渣溶解，最后用稀硝酸定容，使试液含 5% 硝酸。同时制备试剂空白溶液，选定分析元素波长，分别把试剂空白溶液和标准溶液吸入等离子体的高频炬管中，采用两点法制作校准曲线（$r>0.9999$），即可进行样品测定。

④ 发射光谱分析的检测限和精密度　根据高频电感耦合等离子体发射光谱法半定量分析结果，选择灵敏度高、干扰少、背景等效浓度（BEC）低的发射谱线作为分析线。得到分析元素的检测限、测定下限及分析的精密度见表 1-19。

表 1-19　分析元素的检测限、测定下限及分析的精密度

元素	分析线 λ/nm	检测限/(μg/L)	测定下限/(μg/L)	测定均值/(mg/L)	相对标准偏差/%
Fe	239.6	4.1	20.6	0.998	0.3
Zn	206.2	14.2	71.0	0.760	0.5
Cu	324.7	1.0	5.1	0.943	1.5
Mn	257.6	0.4	2.3	0.760	0.5
Pb	220.4	19.3	96.5	0.045	3.2
Cd	228.8	3.5	17.3	0.013	3.9
As	189.0	90.0	450.0	0.026	2.7
Ca	422.7	11.0	55.0	18.42	0.5
Cr	267.7	2.0	10.2	0.037	3.3
Al	396.2	10.2	51.0	1.20	0.2

⑤ 结论及问题　由以上数据可知，采用高频电感耦合等离子体发射光谱法同时测定生活污水、工业废水中的多种元素，具有速度快、灵敏度高、线性范围宽、检测限低、精密度和准确度好等特点，能满足环境监测的测定需要。主要问题是在自然界的水体和某些工业废水中存在着较多的钠、磷等元素，对所测元素产生一定的基体效应。基体的抑制作用一方面表现在增大分析溶液的黏度，降低了传输速度，从而降低了分析信号；另一方面可能是阻挡效应，降低了激发概率。这些干扰因素都同时存在，为消除干扰：第一，标准溶液和样品溶液需进行基体匹配，再进行样品分析；第二，利用软件自身和背景功能可减少受干扰的程度；第三，对样品进行加标回收。

（2）活性氧化铝微柱分离富集-电感耦合等离子体原子发射光谱法在线测定水中铬（Ⅲ）和铬（Ⅵ）　铬是重要的环境监测对象之一，水中的铬主要来自电镀、制革、纺织及印染等行业。铬的价态不同其毒性也不同，Cr(Ⅲ) 对动植物的生理过程有很大的作用，Cr(Ⅵ) 是毒性很强的一种元素。为了区分两种氧化态铬，准确测定环境中不同价态铬的含量是非常重要的。目前，分离和测定铬形态的方法很多，如：溶剂萃取法、离子交换法、固相萃取法、色谱-光谱联用法及流动注射-光谱联用法等。传统的分析方法过程复杂费时，色谱-光谱联用法因为进样量有限而使灵敏度变差，流动注射-光谱联用技术可以实现全自动化分析，有很高的灵敏度。但是，在使用活性氧化铝作为分离柱时，只能保留富集一个组分，另一个却不被保留而直接测定，这不适用于低含量样品中 Cr(Ⅲ) 和 Cr(Ⅵ) 的测定。利用在不同的pH值下，氧化铝对 Cr(Ⅲ) 和 Cr(Ⅵ) 吸附行为的不同，通过严格控制 pH 值，可用流动注射在线分离富集-电感耦合等离子体原子发射光谱法测定水中的 Cr(Ⅲ) 和 Cr(Ⅵ)。

① 仪器与试剂　AtomScan25 型电感耦合等离子体原子发射光谱仪（美国 TJA 公司），射频功率 1150W，冷却气流量 20L/min，辅助气流量 0.5L/min，雾化器压力 0.2MPa，观察高度 15mm，同心型雾化器，分析波长为 Cr 267.72nm；LY110 型流动注射分离富集装置（北京有色金属研究总院），以直径 0.3mm 的 PTFE（聚四氟乙烯）管作为连接管，自制的 PTFE 微柱（2cm×0.5mm）；标准 Cr(Ⅲ) 和 Cr(Ⅵ) 储备液 1mg/L，用时将两者适当混合配制成工作标准溶液；标准缓冲溶液 pH=2（混合 88.1mL 0.2mol/L KCl 溶液和 11.9mL 0.2mol/L HCl 溶液，稀释到 200mL）；pH=7（混合 50mL 0.2mol/L K_2HPO_4 溶液和 29.5mL 0.2mol/L NaOH 溶液，稀释到 200mL）；HNO_3（0.1mol/L）；$NH_3 \cdot H_2O$（0.2mol/L）；酸式活性氧化铝（粒径 0.18～0.154nm，上海化学试剂厂），使用时先用水洗 3 次，加入 20mL 2mol/L 的氨水浸泡 20min，水洗至中性，再加入 20mL 2mol/L 硝酸浸泡 20min，水洗至中性，低温干燥备用；去离子水；其他试剂均为分析纯。

② 仪器的操作条件　试验过程中各仪器的操作条件见表 1-20。

表 1-20　试验过程的操作条件

步骤	时间/min	流速/(mL/min)		溶液	阀位置	作　用
		泵 1	泵 2			
1	10	4.0		B	(a)	冲洗柱
2	30	4.0		S	(a)	吸附样品
		0.5		B		
3	5	4.0		B	(a)	冲洗
4	15		3.0	E	(b)	洗脱剂

注：B 为缓冲溶液；S 为样品；E 为洗脱剂。

③ 试验步骤　试验装置如图 1-18 所示。

在（a）位置，样品和缓冲溶液同时通过吸附柱 [pH=2 时吸附 Cr(Ⅲ)，pH=7 时吸附 Cr(Ⅵ)]，然后泵入缓冲溶液，使流路中的样品进入微柱，同时冲洗整个流路系统；在

(b) 位置，将阀 V 置于 $NH_3 \cdot H_2O$ 处用于洗脱 $Cr(Ⅵ)$，置于 HNO_3 处用于洗脱 $Cr(Ⅲ)$。根据得到的发射强度进行定量分析，同时做试剂空白。

④ 分析性能和结果　在上述优化条件下，对浓度为 $200\mu g/L$ 的 $Cr(Ⅲ)$、$Cr(Ⅵ)$ 和 $100\mu g/L$ 的 $Cr(Ⅵ)$ 进行测定，当富集时间为 30s 时（进样量为 2mL），进样频率为 60 次/h；线性范围为 $5\sim600g/L$；检出限（3σ），$Cr(Ⅲ)$ 为 $0.8\mu g/L$，$Cr(Ⅵ)$ 为 $0.6\mu g/L$；相对标准偏差小于 2.4% [$n=11$，$c_{Cr(Ⅲ)}=200\mu g/L$；$c_{Cr(Ⅵ)}=100\mu g/L$]。对浓度为 $20\mu g/L$ 的 Cr

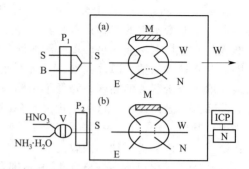

图 1-18　流动注射分离富集 ICP-AES 测定铬装置
P_1，P_2—蠕动泵；V—阀门；S—样品；E—洗脱剂；
M—微柱；N—雾化器；W—废液；B—缓冲溶液

（Ⅲ）和 $10\mu g/L$ 的 $Cr(Ⅵ)$ 进行测定，当富集时间为 7.5min 时（进样量为 30mL），富集因子为 40，回收率为 94.0%～102%。

⑤ 结论　活性氧化铝微柱分离富集-电感耦合等离子体原子发射光谱法准确快速，灵敏度高，已经成功地应用于水和标准水样的分析。

(3) 顺序扫描电感耦合等离子体发射光谱法测定环境样品中的铝　电感耦合等离子体光源激发温度高达 7000K，能使难熔金属如硅、铝等元素原子或离子化，同时，能很快地破坏基体，减少干扰。与 ET-AAS 法（电热-原子吸收光谱法）相比，由于顺序电感耦合等离子体发射光谱法采用连续的积分信号，提高了测定方法的精密度。但是在测定铝时，检测限相差很大（$0.3\sim10\mu g/L$）。因此，针对顺序扫描电感耦合等离子体发射光谱仪测定环境及生物样品中铝的问题，建立了一种适应范围广、简便、有效的测定方法。

① 试验方法　天然水：取适量天然水样，经 $0.45\mu m$ 滤膜过滤，直接测定。土壤浸提液：取 2g 土壤，加 20mL 二次水，振荡 10h，离心分离，取上清液过 $0.45\mu m$ 滤膜，测定。加标回收：取上述直接测定铝后的样品溶液 5mL，加入一定量铝标准溶液，定容至 10mL，测定（加标后测定值）并计算加标回收率。

② 分析谱线的选择　铝的主要分析谱线有 167.020nm、308.215nm、309.271nm 和 396.152nm。在仪器所提供的标准谱库数据中没有发现很明显的谱线干扰。但是在环境样品中 K、Na、Ca、Mg、P、Mn、Fe、Si 和 Cu 的含量有时比铝高出许多，在天然水中含有大量的有机酸和硅酸，在临床样品如血清中铁的含量较高，这些元素的谱线所引起的干扰都必须考虑。

分析当这些元素质量浓度为 1mg/mL 或 0.1mg/mL 时对铝测定的影响。167.020nm 是测定铝最灵敏的分析谱线（检测限为 $2\mu g/L$），但是铁的干扰比较严重。Fe 的峰距离铝的峰为 0.010nm，两个元素的分析谱线实际上只相差 4×10^{-3} nm。铝的峰高约为铁的 500 倍，铁对铝的干扰系数为 2×10^{-3}，因此，样品中含铁时不采用这条分析谱线。同时，这条谱线是远紫外吸收区，对工作条件要求苛刻。

308.215nm 处存在铁和磷的谱线。1mg/L 的铁和磷分别相当于 $1.2\mu g/mL$ 和 $0.8\mu g/mL$ 的铝，铁和磷在该波长下对铝的干扰系数分别为 1.2×10^{-3} 和 8.0×10^{-4}。如果样品中铁和磷的含量分别为 $100\mu g/mL$，将分别产生相当于 $0.12\mu g/mL$ 和 $0.08\mu g/mL$ 的铝信号。所以实际样品分析中一般不采用这条分析谱线。

309.271nm 下的扫描图出现双吸收峰，且最大峰移至 309.261nm 处，这给定量分析带来困难。396.152nm 是可见区测定铝的最灵敏线。该线的峰值与理论值完全一样。1mg/L 的铁仅产生相当于 $3.29\times10^{-2}\mu g/mL$ 的铝信号。当样品中铁的质量浓度为 $182\mu g/mL$ 时才产生相当于 6μg/L 铝的信号，一般环境样品中铁的含量远小于 182μg/mL，所以这种干扰可以忽略。由以上分析可知，396.152nm 分析谱线最适合用作测定环境样品中铝的分析线。

③ 结论　该方法的检测限为 6μg/L，这个检测限高于正常人血清、尿液中铝的含量，对于此类样品，应预先进行分离富集或采用 ET-AAS 或 ICP-MS 测定。对于天然水、土壤浸提液、饮料等样品，该检测限可满足测定要求。

(4) 氢化物发生 ICP-AES 法同时测定纯净水中的砷和汞　电感耦合等离子体发射光谱法（ICP-AES）具有多元素同时测定、良好的分析精密度、较高的灵敏度、抗干扰能力强和线性范围宽等优点。根据国家发布的《生活饮用水卫生标准》和《瓶装饮用纯净水卫生标准》，砷和汞的限量分别为 10μg/L 和 1μg/L。利用氢化物发生 ICP-AES 法同时测定纯净水中的砷和汞，可取得较为满意的结果。用该方法测定纯净水中的砷和汞完全能够满足实际分析的需要。

① 仪器和试剂　美国 TJA 公司 Trance Scan 型单道扫描端视电感耦合等离子体原子发射光谱仪，玻璃同心雾化器，端视等离子炬，蠕动进样泵。混合标准储备液：用含量均为 1000mg/L 的砷、汞单元素国家标准溶液（AsGSBG 62027-9013301、HgGSBG 62069-908001）配制成砷 1000μg/L、汞 100μg/L 的混合标准溶液，临用前用 2% 的盐酸溶液稀释。KBH_4 溶液：称取分析纯 KBH_4 10.0g，用 1.0% 的氢氧化钠溶液溶解定容至 100mL，该溶液 KBH_4 含量为 10%（质量体积比），临用时用亚沸水稀释成 0.5% 溶液。盐酸（优级纯）。亚沸蒸馏水。试剂均用亚沸水配制。

② 仪器的工作参数　测定波长 As 193.759nm、Hg 194.227nm；射频功率（RF）1150W；辅助气流量 1.0L/min；雾化器压力 0.21MPa；样品提升量 2.2mL/min；积分时间 2s。

③ 试验步骤　分别取混合标准储备液 0.0mL、1.0mL、5.0mL、10.0mL 于 100mL 容量瓶中，用 2% 的盐酸溶液定容，按设定的仪器工作参数测定待测元素，并绘制校准曲线。

砷的标准系列质量浓度分别为 0.0μg/L、10.0μg/L、50.0μg/L、100.0μg/L，线性相关系数为 0.9997。汞的标准系列质量浓度分别为 0.0μg/L、1.0μg/L、5.0μg/L、10.0μg/L，线性相关系数为 0.9999。按常规方法上机测定。

④ 样品元素的检出限、精密度及加标回收率　As、Hg 的检出限、精密度及加标回收率见表 1-21。

表 1-21　样品元素的检出限、精密度及加标回收率

元素类别	As	Hg	元素类别	As	Hg
标准偏差	0.59	0.03	平均值/(μg/L)	85.31	5.282
方法检出限/(μg/L)	1.76	0.09	RSD/%	3.4	2.9
实际定量下限/(μg/L)	10	0.5	加标回收率	93%	100%

(5) 流动注射-氢化物发生-电感耦合等离子体发射光谱法测定环境样品中的砷　砷在环境样品中的含量与人类的生活和健康密切相关，其含量一般很低，很难准确测定，采用氢化物发生（HG）与原子光谱相结合的分析方法，可大大提高测定的灵敏度。该方法已经发展成为氢化元素砷、硒、锑、锡、铅等的痕量分析最重要的方法，但氢化反应产生的大量气体往往会影响测试结果的精密度。有研究者采用流动注射（FI）与氢化物发生（HG）、电感耦合等离子体发射光谱（ICP-AES）联用的方法测定了环境样品中的砷。由于流动注射分析技术具有稳定性好、进样量少等特点，能够获得良好的检出限和精密度。

① 主要仪器与试剂　电感耦合等离子体发射光谱仪：JY-ULtima2000 型，法国 Jobin Yvon 公司。流动注射分析仪：中国科学院科仪厂东方仪器设备公司。吴氏氢化物发生器：

有色金属研究院。土壤标准物质（GBW 07401）、煤飞灰标准物质（GBW 08401）、杨树叶标准物质（GBW 07604）：国家标准物质研究中心。砷（Ⅲ）标准储备液：1000mg/L，称取 0.1320g 于干燥器中干燥至恒重的三氧化二砷，加 5mL 4mol/L 的盐酸溶液，搅拌溶解，移入 100mL 容量瓶中，稀释至刻度，摇匀。分别配制酸度为 0.05mol/L、0.1mol/L、0.5mol/L、1.0mol/L、1.5mol/L、2.0mol/L 的 1mg/L 的砷标准溶液。硼氢化钠溶液：分别称取 0.5g、1.0g、1.5g、2.0g 硼氢化钠溶于 0.5%的氢氧化钠溶液中，摇匀，用时现配。硫脲溶液（2%）：称取 2g 硫脲，加水溶解，移入 100mL 容量瓶中，用水稀释至刻度，摇匀，用时现配。载液：用浓盐酸配制成稀盐酸溶液（1+19）。试验所用试剂均为优级纯。试验用水为高纯水（电阻率为 18MΩ·cm）。

② 仪器工作条件　对 1mg/L 的砷标准溶液（酸度为 1mol/L），采用正交设计方法，在不同条件下进行测定。选定的仪器工作条件见表 1-22。

表 1-22　仪器工作条件

仪器	项目	参数
ICP-AES	波长/nm	197.262
	RF 输出功率/W	1000
	观测高度/mm	14
	冷却气流量/(L/min)	12
	载气流量/(L/min)	1
FI	采样环体积/mL	1
	进样速率/(mL/min)	2

③ 试验步骤　将携带样品的载液和硼氢化钠溶液从氢化物发生器的不同部位同时输入，两种溶液在汇合处发生氢化反应，由载气携带气液混合物进入气液分离室。经气液分离后，废液及时排走，待测元素的气态氢化物和氢气进入等离子体并在其中分解、原子化和电离。原子和离子被激发，原子或离子从激发态回到较低能级时发出特征谱线，由检测系统测量待测元素特征谱线的强度。

对于土壤、煤灰、杨树叶等样品要进行处理，处理方法如下。称取 0.1g 干燥均匀的试样于聚四氟乙烯罐中，加入 3mL HNO_3-$HClO_4$（3∶1）混合酸溶液和 1mL 氢氟酸溶液（杨树叶样品加入 3mL HNO_3 溶液和 1mL H_2O_2 溶液），将聚四氟乙烯罐放入钢罐中，于烘箱中 150℃高温加热 4～5h。取出，在电热板上加热，至残留溶液为 1～2 滴时，停止加热，然后加入 2mL 1mol/L 的盐酸溶液，转移至 10mL 试管中，再加入 1mL 2%硫脲溶液，用 1mol/L 的盐酸溶液定容至 10mL。水样可以直接进行测定。

④ 检出限和精密度　在仪器工作条件下，对砷标准溶液平行测定 11 次，计算该方法的检出限和测定结果的相对标准偏差并与 ICP-AES 法和 HG-ICP-AES 法比较，结果见表 1-23。

表 1-23　检出限和精密度测定结果比较

测定方法	检出限/(mg/L)	相对标准偏差/%
ICP-AES 法	0.004	1.10
HG-ICP-AES 法	0.0005	3.82
FI-HG-ICP-AES 法	0.0002	1.25

⑤ 结论　利用流动注射-氢化物发生-电感耦合等离子体发射光谱法测定环境样品中的砷，方法准确、快速，试样用量少，是测定环境样品中砷的一种较好的方法。

（6）ICP-AES 法同时测定饮用水中 Pb、As 等 11 种金属元素　水是维持人生命的必需物质，生活饮用水的质量直接关系到人们的身体健康。近年来由于经济的迅速发展，大量污水废物排入饮用水取水水域，水质遭到了严重的破坏，影响到人们的生活与健康，因此对水质尤其是生活饮用水水质的监测越来越引起人们的普遍关注。

生活饮用水中有些微量元素是生命活动不可缺少的，如硒、铜、铁、锌、锰、铬等是人体必需的元素，缺少会引起机体不适反应，但过量对人体有害；而饮用水中砷、铅、镉、银、铝则是有害元素。国家标准（简称国标）对饮用水中以上金属元素有明确的限量标准，因此，准确快速测定饮用水中铅、砷等11种金属元素的含量，保证饮用水安全，具有重要意义。

饮用水中铅、砷等11种金属元素的测定通常采用分光光度法和原子吸收法，分光光度法灵敏度低，操作繁琐，原子吸收法虽然灵敏度高，但需逐个元素进行测定，比较费时，而ICP-AES（电感耦合等离子体发射光谱）法具有操作简便、分析速度快、多元素同时测定、线性范围宽等优点，业已广泛应用于金属元素含量的测定。近年来，由于超声波雾化器、水平置火炬的使用，更大大提高了ICP-AES法分析的灵敏度和信噪比，其检出限接近石墨炉原子吸收光谱法的水平。有研究者建立了ICP-AES法测定饮用水中Pb、As、Cu等11种元素的分析方法。下面将这一方法介绍给读者。

① 主要仪器及试剂　ICP-AES中阶梯光栅光谱仪：美国 Leeman Labs 公司，DRE 型。超声波雾化器：美国 Leeman Labs 公司，PS-100 型。纯水器：法国 Millipore 公司。1.00mg/mL 各元素标准液，从国家标准物质研究中心开发部购买，临用时用 2% 的 HNO_3 逐级稀释。硝酸：优级纯。氩气：纯度大于 99.99%。试验用水：电导率为 $0.055\mu S/cm$ 的纯水。

② 仪器工作参数　ICP 最佳工作参数分别是：冷却气流量 18L/min，雾化器压力 $50bf/in^2$（$1bf/in^2 \approx 6894.76Pa$），辅助气流量 0.6L/min，蠕动泵进样提升量 1.7mL/s，积分时间 2s，重复积分 3 次，清洗时间 30s，进样时间 30s，观察方式为水平观测或垂直观测。

③ 试验步骤

a. 混合标准溶液系列配制　精确吸取标准储备液，逐步用 2% 的 HNO_3 稀释定容，其中 As、Se、Zn、Pb、Mn、Fe、Cr、Al、Cu 质量浓度系列为 0.00mg/L、1.00mg/L、2.00mg/L、3.00mg/L、4.00mg/L、5.00mg/L，Cd 的质量浓度系列为 0.00mg/L、0.20mg/L、0.50mg/L、1.00mg/L、1.50mg/L、2.00mg/L，Ag 的质量浓度系列为 0.00mg/L、0.50mg/L、1.00mg/L、1.50mg/L、2.00mg/L、3.00mg/L，用 ICP-AES 测定，计算机自动绘制工作曲线，并计算回归方程及相关系数 r 值。标准溶液浓度范围及线性相关系数见表 1-24。

表 1-24　饮用水中 11 种金属元素标准溶液的浓度范围和线性相关系数

元素	浓度范围/(mg/L)	工作曲线相关系数 r
Cd	0.00～2.00	0.9996
Ag	0.00～3.00	0.9994
As、Se、Zn、Pb、Mn、Fe、Cr、Al、Cu	0.00～5.00	0.9993～0.9998

b. 样品测定　取生活饮用水样（包括末梢水、二次供水、井水、纯净水），用 HNO_3 调节酸度为 2%（$V+V$），混匀。于与标准相同条件下测定。

④ 检出限和精密度

a. 方法检出限　取纯净水（电导率为 $0.055\mu S/cm$）适量，加 HNO_3 调节酸度为 2%，混匀。平行测定 20 次，按 RSD 计算各元素检出限，结果见表 1-25。

表 1-25　各元素检出限

元素	Cd	Ag	As	Se	Zn	Pb	Mn	Fe	Cr	Al	Cu
检出限/(μg/L)	0.9	1.4	5.2	3.8	1.8	6.6	1.0	1.2	1.8	2.7	6.0

b. 方法精密度 取同一样品平行测定 10 次，经统计计算出相对标准偏差 RSD<9.8%，样品加标回收率为 90.0%～109.7%。

⑤ 结论 这里提供了一种 ICP-AES 法同时测定生活饮用水中铅、砷、铜、铁、锌、锰、铬、镉、银、铝、硒的分析方法，采用超声波雾化器，提高了雾化效率，进而提高了分析的灵敏度。该法相关性好（r 为 0.9993～0.9998），线性范围广，精密度高，准确度好，样品加标回收率高，检出限低，同时分析速度快，多元素同时测定，操作简便。

（7）ICP-AES 测定地表水中的总砷 砷是人体非必需元素，元素砷的毒性极低，但砷的化合物均有剧毒。三价砷化合物比其他砷化合物毒性更强，砷能通过呼吸道、消化道和皮肤接触进入人体。在实际检测中，有必要对其进行形态分析，但就我国目前的实际情况，总砷仍为地表水环境质量标准的基本项目。从这种意义上讲，对忽略了形态分析的分析方法进行进一步的探索仍具有实际意义。国标推荐采用的测定总砷的方法为二乙基二硫代氨基甲酸银分光光度法（GB/T 7485—1987）。此方法的不足之处在于吸收液中的氯仿有较强的刺激毒性并容易引起二次环境污染；并且在砷发生过程中产生的砷化氢有剧毒，分析人员在操作时需要慎之又慎；另外整个分析过程繁琐、复杂、费时，难以满足现代分析的需要。电感耦合等离子体发射光谱法本身具有的线性范围宽、基体效应小、稳定性好、快速简便等优点能很好地适应总砷测定的需要。有的研究人员就使用 ICP-AES 法测定了地表水中总砷，与国标中规定的二乙基二硫代氨基甲酸银分光光度法的分析结果做了比较。

① 仪器与试剂 Profile-AT 型 ICP 光谱仪（美国 Leeman Labs 公司）；硫酸（优级纯）；100mg/L As 标准储备液（国家标准物质研究中心），根据需要稀释成工作溶液；试验用氩气（纯度为 99.99%）；去离子水。

② 仪器的工作条件 分析线 193.695nm；功率 1.0kW；雾化压力 0.35MPa；冷却气流量 18.0L/min；辅助气流量 0.6L/min；提升量 0.8L/min；积分时间 5s。

③ 试验步骤

a. 样品的制备 采样后，静置 0.5h，取上清液酸化至 pH 值为 1～2（样品较浑浊的需按国标方法进行消解处理），置于玻璃瓶中，待测。

b. 标准溶液的配制 取砷的标准储备液，分别配制成质量浓度为 0.10mg/L、0.25mg/L、0.50mg/L、1.00mg/L、10.00mg/L 的标准溶液。

c. 按有关资料所选定的仪器工作条件，测定标准溶液，绘制校准曲线，然后测定样品，并计算结果。

④ 方法的检出限、精密度与回收率 测定酸性空白溶液 11 次，按 3 倍标准偏差所对应的浓度，计算出方法的检出限为 2.97μg/L；对标准样品进行测定，并与国标方法分析结果对比。每个样品做 6 次平行测试，以计算方法的精密度，RSD 为 1.13%～2.24%；在实际样品中加入不同浓度的标准溶液，测定其回收率，加标回收率在 95%～105% 之间。

⑤ 结论 AES 测定地表水中总砷，检出限低，回收率较高，相对标准偏差小，结果令人满意，不失为一种测定地表水中总砷的有效方法。

（8）端视 ICP-AES 测定水中若干金属时铁的光谱干扰与校正 目前生产净水剂三氯化铁的原料来源复杂，可能从原料中带进一些有害健康的元素。国标仅有铅、砷的测定方法，远不能满足生活饮水卫生标准的要求。检测净水剂中痕量元素，保证生活饮水安全，具有重要意义。

三氯化铁净水剂中微量元素测定方法多为吸光光度法、原子吸收光谱法。20 世纪 90 年代以来，水平炬的电感耦合等离子体的出现，因其仪器灵敏度高、检出限更低，引起分析工作者的极大兴趣，但对于基体样品，其光谱干扰仍很严重。有研究者利用端视 ICP-AES 法较全面地研究了铁基体对 11 种有较大卫生学意义元素的干扰，提出了校正方法，用于实际样品的测定，得到令人满意的结果。

① 仪器与试剂　美国 TJA 公司 Trace Scan 电感耦合等离子体发射光谱仪，光栅为 1200 条/mm 和 2400 条/mm 的组合光栅，分辨率为 0.018nm（用于 265～530nm）、0.036nm（用于 160～265nm），玻璃同心雾化器，旋流雾化室。铁标准溶液（质量浓度为 1500μg/mL）；质量浓度各为 5.0μg/mL 的铅、锌、铝、硒、钼、铜、镉、锶、铬标准溶液；质量浓度各为 2.0μg/mL 的锰、砷标准溶液。

② 仪器工作条件　射频功率 1.15kW，雾化气压力 0.21MPa，进样量 1.0mL/min，积分时间 2s。

③ 试验步骤

a. 标准曲线制作　分别以二次蒸馏水、1500μg/mL 的铁溶液、待测元素的标准溶液、待测元素与 1500μg/mL 的铁混合液在各元素分析线波长处扫描，获得光谱图。同时测定上述四种溶液分析线的发射强度。

b. 样品测定　分别称取 1、2、3、4 号净水剂各 0.500g，用 HNO_3（1+99）稀释于 100mL 容量瓶中，定容，上机检测。

④ 铁基体的光谱干扰与校正

a. 光谱干扰　光谱干扰主要包括谱线或线翼重叠、背景干扰。在 ICP-AES 方法中光谱干扰占有比较重要的地位。干扰等效浓度定义为含有质量浓度为 1500μg/mL 的干扰物在分析物波长处所产生的强度变化，以 μg/mL 表示，即 $IEC=c_A I_{int}/I_A$，式中 I_{int} 为在分析物波长处 1500μg/mL 干扰物的发射强度，I_A 为在分析物波长处给定浓度的分析物的发射强度，c_A 为产生 I_A 的分析物浓度，以 μg/mL 表示；干扰校正因子为 $I_{int}/1500$。铁对待测元素的光谱干扰不同，对于同一元素，波长不同，光谱干扰的差异性也很大。因此对于待测元素的测定，正确选择测定波长，对于消除或减小光谱干扰具有明显作用。

b. 光谱干扰的校正　光谱干扰无论是谱线重叠还是背景干扰，都与主成分元素浓度密切相关，因此克服光谱干扰应以主成分元素考虑。光谱干扰校正法一般有选择干扰少的分析线、校正系数法、分析线附近扣背景及模拟基体法等。这里宜采用干扰少的谱线 Zn 213.856nm、Al 396.152nm、Pb 220.353nm、As 189.042nm、Se 196.090nm、Mo 202.030nm、Cu 324.754nm、Cd 228.802nm、Sr 421.552nm、Cr 267.716nm、Mn 257.610nm；然后以 750μg/mL 铁为基体制备工作标准系列，在分析线处双侧扣除背景等来校正光谱干扰。

⑤ 方法的检出限和精密度　平行测定 750μg/mL 的铁空白液 10 次。按 IUPAC 规定计算检出限，称取样品 0.500g 定容至 100mL，则方法的检出限为：Zn 0.78mg/kg、Al 3.60mg/kg、Pb 1.50mg/kg、As 3.96mg/kg、Se 2.94mg/kg、Cu 0.96mg/kg、Cd 0.24mg/kg、Sr 0.12mg/kg、Cr 3.54mg/kg、Mn 4.20mg/kg、Mo 0.42mg/kg。以某工厂生产净水剂为样品进行分析，测定 10 次，11 种元素的 RSD 在 0.96%～4.10% 之间，符合微量分析要求。

⑥ 结论　ICP-AES 法测定自来水中的十几种金属元素时，净水剂中铁元素的干扰可以通过以上提供的方法测定和消除。

（9）高频电感耦合等离子体发射光谱（ICP-AES）法测定某水库底泥中的多种元素　随着我国经济的发展，在防洪、灌溉、发电、保证城市工农业生产生活用水方面，曾经发挥过极其重要的作用的水库已经受到了严重的污染，有相当一部分水质已超出了饮用水标准。特别值得注意的是，水库泥沙淤积严重，库区水体中的污染物质经过长期沉积，使底泥也受到了严重污染。这时即使水库水体水质得到改善，底泥中的污染物也会缓慢释放出来，造成再污染。因此，对底泥中的污染物进行监测，并找出其分布规律，已成为一项亟待研究的课题。

有研究者采用高频电感耦合等离子体发射光谱（ICP-AES）法对北京附近某水库底泥进行采样分析，希望通过对底泥中重金属污染状况的研究，了解底泥污染物释放对库区水体水质的影响，为水库底泥处置和底泥污染治理工作提供技术依据和指导性分析。下面对此做一简要介绍。

① 仪器与试剂　主要仪器：JY-ULTIMA ICP-AES 光谱仪（法国 JY 公司）。试验所用的试剂：硝酸、盐酸、过氧化氢、高氯酸（均为优级纯）、超纯水（18.3MΩ，EASYPURE 公司）。

② 仪器主要参数　等离子体发生器功率为 1000W，反射功率小于 3W，冷却气体积流量为 12L/min，护套气体积流量为 0.2L/min，溶液的提升速率为 1.0mL/min，雾室压力为 298kPa，观测高度为 12mm（线圈上方）。

③ 试验步骤

a. 底泥的消化和处理　ICP-AES 分析结果的质量在很大程度上取决于样品的预处理，而消解底泥样品通常采用无机酸（HNO_3、$HClO_4$、HF 等），但是加酸量和加酸方式各有不同。采用 3 种加酸方式进行消解。

方式 1：0.1g 样品＋3mL HNO_3＋1mL $HClO_4$＋1mL HF。

方式 2：0.1g 样品＋6mL HNO_3＋2mL $HClO_4$＋2mL HF。

方式 3：0.1g 样品＋1mL HNO_3＋1mL $HClO_4$＋1mL HF，在电热板上加热蒸去 HF 后，补加 0.5mL HNO_3 和 0.5mL $HClO_4$，再蒸至近干。

将底泥晒干，取少量置于研钵中研细，经 100 目筛筛过后，称取 0.100g，置于聚四氟乙烯罐中，分别按上述 3 种方式加入酸，使酸和样品混合均匀，放入不锈钢外套中，拧紧，在烘箱中加热，冷却后取出罐，在电热板上敞口加热去硅及残留的 HF，待大量白烟冒尽，样品呈可流动球珠状时取下，加入 1mL HNO_3，微热，冷却至常温，用超纯水定容至 10mL，待测。

b. 样品测定　使用上述 ICP-AES 光谱仪对上面的消解样品在确定的参数下进行多元素分析，测定 Al、Cd、Ni、Pb、P、Fe、Mn、Cu、Zn、Co 等污染物的浓度。

④ 准确度和精密度　采用国家标准物质中心提供的水系沉积物标准样品（GBW-07307），用上面介绍的方法进行消解处理，准确度和精密度见表 1-26。

表 1-26　测定方法的准确度和精密度

元素	Al	Cd	Ni	Pb	P	Fe	Mn	Cu	Zn	Co
测定波长/nm	396.15	228.80	221.64	220.25	214.91	238.20	257.61	324.75	213.85	228.61
含量/(μg/g)	705000	1.06	50.6	346	831	448000	655	36.2	234	22.9
RSD/%	0.75	5.45	2.20	4.08	0.63	0.93	1.39	3.39	0.41	0.75

⑤ 结论　采用 HNO_3-$HClO_4$-HF 湿法消解样品，用电感耦合等离子体发射光谱法（ICP-AES）测定底泥中重金属（Al、Cu、Co、Mn、Zn、Fe、Pb、Cd、Ni）及磷的质量分数，用水系沉积物标准样品进行对照，其测定值与标准值吻合得很好，方法的相对标准偏差在 6% 以内，结果满意。采用本法对该水库重金属及磷的质量分数进行的测定与分析，为水库底泥处置和底泥污染治理提供了技术依据和指导性分析，也为类似的污染研究提供了一种解决方案。

(10) 电感耦合等离子体对自来水中常规元素的测定　自来水中钙、镁、硅、钾、钠、铁、锰、铜、锌、铅、汞、砷、硒、硼、铝、钒、铬等常规元素的含量直接显示水质的质量，对水处理起着指导作用。电感耦合等离子体原子发射光谱（ICP-AES）法具有灵敏度高、稳定性好、动态线性范围宽、能同时对微量到常量的多种元素进行测定的特点，可以简单、快速、准确地完成自来水中常规元素的检测。

① 主要试剂　盐酸：优级纯。钙、镁、硅、钾、钠、铁、锰、铜、锌、铅、汞、砷、硒、硼、铝、钒、铬的元素标准溶液：标准溶液（钙、镁、钾、钠、铁、锰、铜、锌、铅、汞、砷、硒、硼、铝、钒、铬元素标准浓度均为 1000mg/L；硅元素标准浓度为 500mg/L）。去离子水：电阻率大于 $18.25M\Omega \cdot cm$。

② 仪器　ICAP6300 电感耦合等离子体原子发射光谱仪：美国，Thermo 公司。

③ 仪器工作参数　以钙、镁、硅、钾、钠、铁、锰、铜、锌、铅、汞、砷、硒、硼、铝、钒、铬的混合标准溶液对仪器参数进行优化选择。相应的工作参数：RF 功率 1150W；辅助气氩气；辅助气流量 0.5L/min；雾化器气体流量 0.7L/min；冲洗泵速 100r/min。

④ 标准曲线的绘制　取标准储备液，用 2% 的盐酸稀释成不同浓度的混合标准溶液，2% 的盐酸作为空白，测定并绘制标准曲线。

⑤ 样品测定　为防止进样管及雾化器堵塞，所有水样首先需要过滤及酸化处理。矿化度高的水样需要稀释，而矿化度低的水样可直接测试。选择光谱仪最佳工作条件，通过仪器的自动扣除背景功能进行测定。按仪器工作参数，测定时选取各元素合适的同位素质量数，以铟作为仪器的内标，在仪器的分析过程中仪器内标进样管始终插入内标溶液中，依次将仪器的样品管插入各个浓度的标准系列测定标准曲线点。

⑥ 结果

a. 波长的选取及相关系数、方法检出限、检测下线　按照仪器设定的工作条件，在仪器最佳工作条件下对空白溶液连续测定 11 次，以 3 倍标准偏差方法计算水样中钙、镁、硅、钾、钠、铁、锰、铜、锌、铅、汞、砷、硒、硼、铝、钒、铬元素的检出限，以检出限的 3 倍作为该方法的测定下限，该方法中各元素的检出限为 0.0001% ～0.0006%，满足了自来水的测定需要。

b. 样品分析准确性测试　为检验本方法测定的准确性，在样品溶液中分别加入不同浓度的标准溶液，对其进行 11 次平行测定，并用 11 次测定平均值计算回收率。测得回收率 98%～103%。表明该测定方法准确性较高。

c. 准确度实验　将已知含量的钙、镁、硅、钾等 17 种元素按照上述测定步骤测试 12 次，计算平均值。

d. 精密度实验　对同一自来水进行 10 次重复测定，得到测定方法的精密度实验结果。

（11）电感耦合等离子体原子发射光谱法测定海水中的 22 种元素　目前分析海水重金属元素的分析方法，一般为有机溶剂萃取后用原子吸收分光光度法进行测定，不仅操作过程麻烦、分析效率低，且所使用的有机溶剂对人体有害。近年来随着电荷耦合器（CCD）检测器件的使用，等离子体发射光谱同时分析多种元素的能力大大提高，在各个领用都得到了应用。等离子体发射光谱法具有效率高、准确性高、干扰少的优点，因此该法在海水各种元素分析上有着广阔的应用前景。

① 仪器　电感耦合等离子体发射光谱仪（PE，optima8000）配高盐进样系统。

② 实验材料及试剂　等离子发射光谱分析混合离子标准物质 50mL 1 支（批号 201406，浓度 100mg/L，元素为 Al、As、Ag、Ba、Bi、Ca、Cd、Cr、Co、Cu、Fe、K、Li、Mg、Mn、Na、Ni、Pb、Se、Sr、V、Zn，上海市计量测试技术研究院）；硝酸；氯化钠；海水水样 2 份。

③ 试验步骤

a. 配制人工海水基体　在 1L 超纯水中加入氯化钠 33g，溶解摇匀。

b. 配制标准曲线溶液　将等离子发射光谱分析混合离子标准物质分别配制成 0.00mg/L、0.050mg/L、0.500mg/L、1.00mg/L、2.00mg/L 和 5.00mg/L，用人工海水基体溶液定容，做成系列标准溶液，待分析。

c. 水样预处理　将水样用 0.45μm 的水系滤膜过滤，待分析。

d. 仪器工作条件设置　打开载气，进入操作软件新建方法文件，仪器条件如下：

i. 光谱仪。吹扫气流：正常；读数时间（s）：自动；延迟时间：20s；重复次数：1 次。

ii. 取样器。等离子体气流量：12L/min；辅助气流量：0.2L/min；功率：1300W；观测距离：15.0mm。

建好方法文件后，即可进行样品分析。

④ 结果与讨论

a. 元素分析波长的选择及工作曲线的绘制　电感耦合等离子体原子发射光谱法对每种元素的分析都可以选择多条特征谱线同时测定，在软件中建立方法时只要输入元素化学符号，系统自动推荐该元素的分析谱线，在仪器条件设置中选择。进样完成后仪器自动将谱线强度测定值减去试剂空白，得出分析物质的标准曲线，计算相关系数。

b. 样品测定　在同等实验条件下，绘制完标准曲线后，将过滤后的海水样品一分为二：将一份样品稀释 10 倍后上机分析，测定高浓度元素；另一份样品，对高浓度元素设置仪器禁止采样后，直接进样分析低浓度元素。任选一份海水做平行样同时分析，作为质控手段，分析结果。

c. 最低检出限实验　以人工海水作空白，重复测定 7 次，以其标准偏差的 3.143 倍计算检出限，经计算 22 种元素的方法检出限为 0.003～0.009mg/L，满足实验要求。

（12）电感耦合等离子体原子发射光谱法同时测定地表水中的微量铅、铬、钴、铁、锰

① 主要仪器与试剂　电感耦合等离子体原子发射光谱仪：ICAP6300 型，美国热电公司；纯水器：Milli-plus 2150 型，美国密理博公司；电子天平。铅、铬、钴、锰、铁单元素标准溶液（质量浓度均为 1000mg/L）；硝酸。

② 溶液制备　混合标准储备溶液：铅、铬、钴、锰、铁的质量浓度均为 10mg/L。精密吸取铅、铬、钴、锰、铁单元素标准溶液各 1mL，置于 100mL 容量瓶中，用 2% 硝酸溶液定容，摇匀。系列混合标准工作溶液：分别吸取一定量的混合标准储备溶液，置于 50mL 容量瓶中，用 2% 硝酸溶液稀释至标线定容，得含铅、铬、钴、锰、铁各元素质量浓度分别为 0.01mg/L、0.05mg/L、0.10mg/L、0.50mg/L、1.00mg/L、2.00mg/L 的系列混合标准工作溶液。

③ 仪器工作条件　频率：25.82MHz；RF 功率：1200W；最大积分时间：长波 5s，短波 15s；载气：氩气，流量为 0.65L/min；冲洗时间：25s；离子观测模式：水平；积分次数：5 次；辅助气：氩气，流量为 0.5L/min。

④ 样品处理　取地表水样品 1L，去除表面悬浮物，静置 12h，用 0.45μm 滤膜过滤，取续滤液 100mL，置于蒸发皿中，浓缩至体积约为 15mL，加入 0.5mL 硝酸，用纯化水定容至 25mL，即得样品溶液。

⑤ 结果与讨论

a. 发射功率的优化　增大电感耦合等离子体发射光谱仪的发射功率，可以提高电感耦合等离子体的温度，使谱线的发射强度增大，检测信号增强，但谱线背景显著增加，信背比反而随功率的增大而下降。同时增大发射功率还会增大烧蚀炬管的危险。保持其他实验条件不变，将电感耦合等离子体发射光谱仪的发射功率分别设置为 800W、1000W、1100W、1200W、1300W、1400W，测定混合标准溶液的发射强度，发射强度与发射功率的对应关系如图 1-19 所示。由图 1-19 可知，当发射功率为 1200W 时，仪器的光谱发射强度最大，因此

实验选择发射功率为1200W。

　　b. 载气流量的选择　载气流量对检测结果有一定影响。首先载气流量变化，会影响载气压力的大小，进而影响样品溶液提升率和雾化效率。同时载气流量变化会影响等离子体中心通道的温度、电子密度及分析物在等离子通道中的驻留时间。保持其他实验条件不变，选择载气流量分别为 0.50L/min、0.55L/min、0.60L/min、0.65L/min、0.70L/min、0.75L/min，测定混合标准溶液的发射强度，结果表明：选择载气流量为 0.65L/min 时，各元素响应值最高，同时背景干扰较低。因此确定载气流量为 0.65L/min。

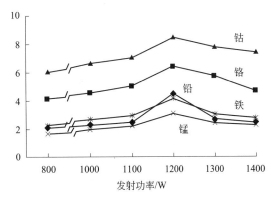

图 1-19　不同发射功率对应的发射强度

　　c. 分析波长的选择　在建立电感耦合等离子体发射光谱分析方法时，最重要的是选择合适的分析波长。在分析谱线受到光谱干扰的情况下，检测结果的精密度、重复性、准确度均会受到影响，特别是在微量元素分析中，选择合适的分析波长更为重要。选择铅、铬、钴、锰、铁 5 种元素的推荐分析谱线对系列混合标准工作溶液进行测定，依据元素谱线的波形、背景干扰、灵敏度、线性等考察结果，选择适当的分析谱线。

　　d. 线性方程和检出限　在仪器工作条件下，分别对配制的系列混合标准工作溶液进行测定，以各元素发射光谱强度（Y）为纵坐标，以混合标准工作溶液的质量浓度（X，mg/L）为横坐标，进行线性回归，计算得线性方程及相关系数，按照国际纯粹与应用化学联合会（IUPAC）的规定，取空白溶液 10 次平行测定结果，以测定数据标准偏差的 3 倍计算出各元素的检出限。

　　e. 精密度试验　取地表水样品 1L，加入一定量混合标准储备溶液，除去表面悬浮物，静置 12h，用 0.45μm 滤膜过滤，取续滤液 100mL，置于蒸发皿中，浓缩至体积约为 15mL，加入 0.5mL 2% 硝酸溶液，用纯化水定容至 25mL，各元素终点质量浓度为 0.10mg/L。同法配制 6 份分别进样分析，计算 6 份样品测定结果的相对标准偏差。

　　f. 加标回收试验　取地表水样品 1L，分别加入一定量混合标准储备溶液，去除表面悬浮物，静置 12h，用 0.45μm 滤膜过滤，取续滤液 100mL，置于蒸发皿中，浓缩至体积约为 15mL，加入 0.5mL 2% 硝酸溶液，用纯化水定容至 25mL，各元素终点浓度分别为 0.01mg/L、0.10mg/L、1.00mg/L。分别进样分析，计算得低、中、高 3 个浓度点的加标回收率。

1.3
ICP-MS 及其在水质检测中的应用

1.3.1　概述

　　元素分析是化学分析的一个重要组成部分，传统的元素分析方法包括分光光度法、原子吸收法（火焰与石墨炉）、原子荧光光谱法、ICP发射光谱法等。这些方法都各有其优点，但也有其局限性，如样品前处理复杂、不能进行多组分或多元素同时测定以及仪器的检测限或灵敏度达不到指标要求等。电感耦合等离子体质谱（inductively coupled plasma mass spectrometry，ICP-MS）技术是克服了传统方法的大多数缺点，并在此基础上发展起来的更加完善的元素分析法，因而被称为当代分析技术的重大发展。

电感耦合等离子体质谱法是 20 世纪 80 年代发展起来的新的分析测试技术。它以独特的接口技术将 ICP 的高温（7000K）电离特性与四极杆质谱计的灵敏快速扫描的优点结合起来，不仅灵敏度高、背景低、检出限低、谱图简单，还能快速进行同位素比值测定。除此之外，由于 ICP-MS 技术不像其他质谱技术需将样品封闭到检测系统内再抽真空，而是与 ICP-AES 一样在常压条件下引入 ICP，样品引入和更换更加方便，便于与其他进样技术联用。比如 ICP-MS 可与激光烧蚀、电热蒸发、流动注射、液相色谱等技术联用，其应用范围得到了很大的扩展。

ICP-MS 对大多数化学元素的动态线性范围为 4～11 个数量级，是目前市面上最灵敏、最可靠的元素检测器。ICP-MS 的特点使其非常适合于地质和环境分析科学中痕量、超痕量元素分析以及某些同位素比值快速分析需求，已经在环境和地学研究领域得到了很大的发展。近年来，ICP-MS 技术在食品、医药、化工和法庭科学等领域也具有广泛的应用，已成为无机痕量元素分析的常规手段。

到目前，已有专门著作涉及这方面的研究，这里结合 ICP-MS 的仪器原理及其在水质监测领域的最新研究进展，从实际应用的角度对此予以简要介绍。

1.3.2 基本原理

在 ICP-MS 中，ICP 作为质谱的高温（5000～10000K）离子源，样品在通道中进行蒸发、解离、原子化、电离等过程。离子通过样品锥接口和离子传输系统进入高真空的 MS 部分，MS 部分为四极杆快速扫描质谱仪，通过高速顺序扫描分离测定所有离子，扫描元素质量数范围从 6 到 260，并通过高速双通道分离后对离子进行检测，浓度线性动态范围达 9 个数量级（从 10^{-12} 到 10^{-3}）直接测定。因此，与传统无机分析技术相比，ICP-MS 技术提供了最低的检出限、最宽的动态线性范围、干扰最少、分析精密度高、分析速度快、可进行多元素同时测定以及可提供精确的同位素信息等分析特性。

1.3.2.1 用作离子源的电感耦合等离子体

有关 ICP 工作原理的内容在上一节中已经有了较详细的阐述，并且有关 ICP 的著作非常多，感兴趣的读者也可以参阅相关的专著，在此就不做赘述，这里只介绍一下使用 ICP 作为 MS 分析的离子源时，原子的离子化率 α 的概念，这是选择 MS 分析的离子化器的重要依据。

原子的离子化率 α 定义如公式(1-16) 所示：

$$\alpha = \frac{n_i}{n_i + n_\alpha} = \frac{n_i n_e / n_\alpha}{n_e + n_i n_e / n_\alpha} = \frac{K_M}{n_e + K_M} \tag{1-16}$$

式中　n_α——原子密度；

　　　n_i——离子密度；

　　　n_e——电子密度；

　　　K_M——Saha 平衡常数。

Saha 平衡常数与离子化温度的关系如公式(1-17) 所示：

$$K_M = \frac{n_i n_e}{n_\alpha} = 4.38 \times 1015 T_{ion}^{3/2} = \frac{Z_i}{Z_\alpha} \exp\left(-\frac{V_i}{k T_{ion}}\right) \tag{1-17}$$

式中　Z_α——原子的分配系数；

　　　Z_i——离子的分配系数；

　　　V_i——离子化电位；

　　　k——玻耳兹曼常数；

　　　T_{ion}——离子化温度。

公式(1-16)和公式(1-17)表明，如果 T_{ion} 和 n_e 确定，便可求出离子化率。

在 ICP 的高温（可达 6000～10000K）下，几乎 90％以上的元素都能离子化，且生成的二价离子较少，绝大多数元素都以一价离子存在。成熟的仪器设备、优越的离子化性能使 ICP 成为非常有效、实用的离子化器。

1.3.2.2　质谱分析仪

质谱分析仪是利用电磁学的原理，使物质的离子按照其特征的质荷比（即质量 m 与电荷 z 之比 m/z）来进行分离并进行质谱分析的仪器。质谱分析法是利用质谱仪把样品中被测物质的原子（分子）电离成离子并按 m/z 的大小顺序排列构成质谱，这样根据物质的特征质谱的位置（m/z）可实现质谱的定性分析；根据谱线的黑度（或离子流强度——峰高）与被测物质的含量成比例的关系，可实现质谱的定量分析。也可以根据质谱中分子离子峰的强度与有机化合物结构有关的规律实现有机化合物的结构测定。此外，利用同位素质谱仪还可以制备纯净的同位素物质。

质谱仪一般由真空系统、进样系统、离子源、质量分析器、检测器和记录系统等组成，还包括真空系统和自动控制数据处理系统等辅助设备。

质谱分析仪的分类：

① 按用途可分为同位素质谱仪、有机质谱仪、无机质谱仪。

② 按质量分析器的工作原理分类，如下所示。

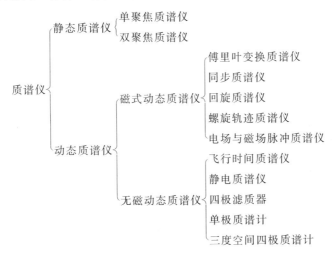

③ 按离子源分类又可分为火花质谱仪、电感耦合等离子体质谱仪、离子探针质谱仪、激光探针质谱仪、辉光放电质谱仪等。

1.3.2.3　质谱分析的定量基础

这里以目前应用最广泛的四极质谱分析仪为例进行说明。

在四极质谱中装有四只对称的电极，相对的两只电极加同向的电压，相邻的两只电极加反向的电压，当加以直流电压（U）和高频电压（$V_{\cos\omega t}$）即 $\pm(U+V_{\cos\omega t})$ 之后，电极内部就产生双曲线的高频电场。送入该电场的待测试样中的离子受到高频电场的作用，沿前进方向的垂直方向振动的离子同时通过电极，此时在对于前进方向的垂直面 X、Y 轴方向的运动方程用 Mathieu 方程表示。

$$\begin{cases} X'' + (\alpha + 2q\cos\omega)x = 0 \\ Y'' + (\alpha + 2q\cos\omega)y = 0 \end{cases} \tag{1-18}$$

$$\alpha = \frac{8eU}{mr_0^2\omega^2}, \quad q = \frac{4eV}{mr_0^2\omega^2}$$

式中　α，q——直流和高频电压下原子的离子化率（图 1-20）；

　　　　e——离子电量；

　　　　U——直流电压；

　　　　V——高频电压最大值；

　　　　m——离子质量；

　　　　r_0——离子在电场中的旋转半径；

　　　　ω——离子旋转频率。

穿过电极的质量数（M）在图 1-20 所示的稳定范围内有 α 和 q 时，M 由公式（1-19）确定。

$$M = \frac{kV}{r_0^2\omega^2} \tag{1-19}$$

式中　M——穿过电极的质量数；

　　　　k——常数；

　　　　V——电压；

　　　　r_0——离子在电场中的旋转半径；

　　　　ω——离子旋转频率。

若保持 U/V 是定值，在使 V 变化的同时进行质量扫描，便可得到质谱图。

ICP-MS 就是融合了 ICP 的高温（7000K 以上）电离特性与 MS（四极杆质谱计）的灵敏快速扫描的优点，形成的一种新型的元素和同位素分析技术，测量范围几乎可覆盖所有元素。

1.3.2.4　ICP-MS 的特点

与传统的无机分析技术相比，ICP-MS 技术具备最低的检出限、最宽的动态线性范围、干扰最少、分析精密度高、分析速度快并可提供精确的同位素信息等特性。

其优点主要为：

① ICP-MS 分析的灵敏度特别高，一般比 ICP-AES 分析法高 1～3 个数量级（因分析元素而异），特别是测定质量数在 100 以上的元素时灵敏度更高、检出限更低。

② 在质谱扫描测定中，当测定范围为 $m/z = 0 \sim 800$ 时，可在 $10 \sim 100\mu s$ 进行高速度扫描。从而可以很方便地做到多元素成分同时测定。

③ 可同时测定各个元素的各种同位素，可用作同位素稀释法测定。

④ 可迅速进行元素化学形态的鉴定。随着对环境污染物质认识的不断深入，人们逐渐了解到很多污染物质（如重金属等）在不同的存在形态下，其毒性的差异往往很大，因此在环境监测中只进行某种污染物的总量测定已经不能完全适应实际分析的需要，而 ICP-MS 法是进行元素化学形态鉴定十分有效的方法之一。

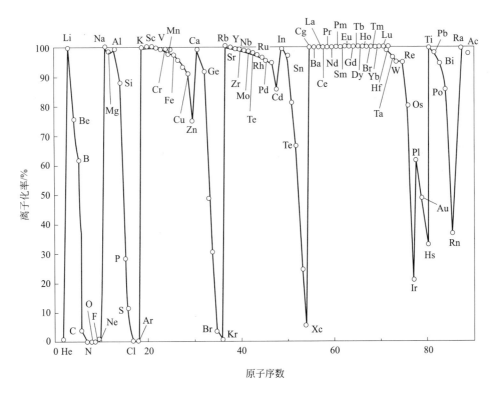

图 1-20　元素原子序数与离子化率的对应关系

⑤ 可进行针对特别环境样品的多机联用。这些不同的联用技术融合了 ICP-MS 和其他分析或预分离方法的优点，在水环境、生物体及人体内环境激素类物质的检测、迁移和转化研究方面发挥着重要的作用。例如作为 LC 检测器的 LC-DIN（直接导入型雾化器）-ICP-MS 法可以测定 As、Se、Sn、Hg 和 Pb 的各种化学形态。

其缺点主要有以下几点：

① 测定一些元素时易出现 ICP 高温环境所特有的一些离子的背景干扰。

荷质比（m/z）在 41 以下的区域常出现诸如 N^+ 14、O^+ 16、OH^+ 17、OH_2^+ 18、OH_3^+ 19、Ar^{2+} 20、N_2H^+ 29、NO^+ 30、O_2^+ 32、O_2H^+ 33、OH_3^+（H_2O）37、Ar^+ 40、ArH^+ 41 等成分的背景峰。因此，使用 ICP-MS 测定 ^{41}K 等质量数低的离子比较困难。

ArO^+ 离子在 m/z 为 52～58 之间有 7 种离子峰出现，最强的背景峰是 $^{40}Ar^{16}O^+$ 和 $^{38}Ar^{18}O^+$，都出现在 56 处，且在其前后都有很弱的小峰出现。因此在测定 ^{56}Fe、^{52}Cr、^{55}Mn、^{58}Ni 等元素时必须充分注意这些离子的干扰。

② ICP-MS 谱线比 ICP-AES 谱线简单，在选择待测元素的谱线时自由度不够大，常常会遇到同位素谱线干扰。例如，Ni 有 5 种同位素：^{58}Ni（67.7%）、^{60}Ni（26.2%）、^{61}Ni（1.25%）、^{62}Ni（3.66%）、^{64}Ni（1.16%）。占比例最大的同位素 ^{58}Ni 会受到 ^{58}Fe（0.33%）的干扰，当大量的 Fe 与 Ni 共存时，不能进行 Ni 的定量测定。

③ ICP-MS 受盐类干扰的程度比 ICP-AES 法明显。当试样中有 NaCl 等盐类共存时会使测定信号强度明显降低。

④ ICP 与 MS 的接口处容易因为高温而损坏或出现故障。

⑤ 所使用的水、试剂、容器以及室内气氛必须严格保持洁净。

1.3.3 ICP-MS 分析仪

ICP-MS 仪器（图 1-21）主要由 ICP、接口、离子透镜、四极质量分析器（四极滤质器）及检测器组成。在整套系统中，ICP 是作为质谱的离子源，通常使用气动雾化器把分析物溶液转化为极细的气溶胶雾滴，以氩气为载气将样品带入等离子体中。氩气穿过等离子体中，形成一条中心通道，样品一般在通道内距感应线圈 10mm 处电离，此处电离温度为 7500～8000K。样品溶液在如此高温的 ICP 通道中被蒸发、原子化和电离，产生的离子在加速电压作用下，经采样锥、分离锥被加速、聚焦后进入质谱仪，不同质荷比离子选择性地通过四极杆，射到电子倍增器上，输出信号经前置放大器和多道分析器检测，由计算机进行数据处理，给出测定结果。

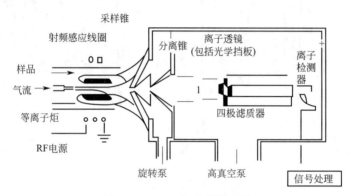

图 1-21　ICP-MS 仪器原理图

由于 ICP 是在大气压力下工作的，而质谱仪一般要求真空度达到 1mPa 以上，因此需要一个接口将它们连接起来。实际上，ICP-MS 技术的关键就在于把常压等离子体与高真空的质谱检测系统相连接起来的"接口"上。这个接口必须能够做到使足够多的离子在两个不同的压力区之间传输，并且不能对给定元素的信号产生不可靠的反应。解决的办法是将一个锥间孔径为 1mm，具有冷却装置的采样锥插入等离子体中心，锥后用机械真空泵排气到 200Pa。由于这种压差和锥孔径的设计，等离子体流过一连续区后就可在锥孔后的空间形成超音喷射，出现连续流，将整块等离子体样品不受干扰地传递出来。

ICP 离子源可对大多数元素进行有效电离并能够给出简单的质谱图，不足之处是电子能量较低且有一定的分散，易在短时间内变化。优化设计的接口连接可以很好地克服 ICP 离子源的不足，使其与四极质谱仪构成具有卓越性能的 ICP-MS 质谱仪。

图 1-22 是 VGPQ 系列的接口示意图，它由前后两个锥组成，分别叫采样锥和截取锥，锥孔分别为 1mm 和 0.75mm。由于锥两面存在压力差，因而载气流就会携带着离子进入真空系统。采样锥锥孔较大，这是为了减少金属氧化物的形成；截取锥锥孔较小，可以进一步减少进入真空系统的离子

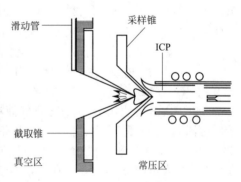

图 1-22　VGPQ 系列的接口示意图

量。锥的材料一般为 Ni，因为 Ni 具有高导热性能，而且比较结实、耐腐蚀，成本也较低。除此之外，还可用 Pt。

进入真空系统的离子有足够长的平均自由程，得以被静电透镜提取和聚焦。第一级静电

透镜（提取电极）被加以负电压，这样它们就能提取正离子，并将它们传送到下级透镜中去，负离子及中性粒子都将被真空泵抽走。在此系统中还有一个光子挡板，防止光子进入质量分析器。

最后离子通过离子透镜，进入四极杆质量分析器，由电子倍增管将信号放大，进入多通道分析器（MCA）进行分析。检测方式有模拟计数和脉冲计数两种。

1.3.4 ICP-MS 联用技术在水质分析中的应用

虽然 ICP-MS 在水质检测方面有着非常好的分析能力，但这种仪器相对其他的一些分析仪器而言较昂贵，成本很高，是一种高端分析仪器。这就决定了至少到目前为止它还不可能作为一种普通的分析方法进行常规的水环境样品分析，在这种情况下，只有面对一些特殊的样品，其他常规仪器已无能为力或者是效果难以满足分析需要的时候才会求助于它。对于复杂的样品在客观上需要将一些预分离或预富集方法引入 ICP-MS 实际分析中来，也就是将其与一些其他的分析方法联用，来达到高端的测定目的。实际上，从近年来发表的有关 ICP-MS 的文章来看，也确实如此，很少有使用 ICP-MS 对常规水样进行检测的报道，大多为针对一些特殊复杂的样品开发的一些联用技术。主要包括与流动注射联用技术，与氢化物发生联用技术，与液相和气相色谱以及毛细管电泳等分离技术的联用技术，与激光剥蚀的联用技术等。

因此，有必要用较多的篇幅来介绍一下这些联用技术的应用情况。

1.3.4.1 流动注射-电感耦合等离子体-质谱联用技术

早在电感耦合等离子体-质谱（ICP-MS）诞生之初，人们就对将流动注射（FI）应用于 ICP-MS 进行了尝试，而 FI 在 ICP-MS 中的真正应用是 1987 年冬季在法国里昂举行等离子体和激光光谱化学会议以后，这次会议上，Mcleod 指出 ICP-MS 易受基体干扰、高盐溶液易在锥上形成固体沉积等不足，阐述了 ICP-MS 和流动注射联用的必要性，他认为该技术和电感耦合等离子体光谱离子源操作要求具有相当的相似性。此后不久，Dean 等通过利用 FI 作为 ICP-MS 的一种进样方式的试验，发现 FI 可以减轻高含盐量、高黏度和高酸度在 ICP-MS 中引起的问题，并对 FI 快速操作微升量样品的可行性进行了验证。从那以后，FI 以其对 ICP-MS 特有的辅助性，在 ICP-MS 分析中得到广泛应用。在此期间，很多分析工作者著文对 FI-ICP-MS 进行了评述，讨论了近年来 FI-ICP-MS 在样品引入、在线稀释、在线同位素稀释、在线气体发生、在线分离预浓集和其他在线样品处理等方面的应用研究工作。

（1）样品引入 FI 进样用载流把样品"推入"雾化器，这种断续进样方式效率高，样品消耗量少（可达微升级），样品在雾化器中的停留时间极短，可以大大减轻高盐溶液在锥上引起的固体沉积问题、仪器基线漂移问题、高酸溶液对锥的腐蚀以及溶液的高黏度等一系列问题。可以说，"FI 提高了 ICP-MS 对高盐、高酸和高黏度溶液的承受力"。同时，样品一直处在由聚乙烯或其他材料的毛细管组成的密闭系统中，避免了与外界接触以及由于频繁添加试剂而由试剂和容器造成的污染，也避免了对环境的污染。整个过程一般由计算机控制，有助于实现自动化。

FI 进样具有快速、高效和高度重现的特点，已经在 ICP-MS 分析中推广应用。它样品消耗量少，在仪器中停留时间短，可以减轻 ICP-MS 分析中某些元素产生的记忆效应和基体干扰。对 FI 小体积进样时 ICP-MS 的基体效应进行研究，并与连续进样做比较，可发现 FI 小体积进样基体对分析元素的抑制效应较弱，增强效应较强。样品消耗量少，也可以用来分析贵重、稀有或有毒及污染性样品。

FI-ICP-MS 对有机溶剂有较高的承受力，缓解了 ICP-MS 分析含有机物质溶液时的矛盾。有些样品分离预浓集过程比较繁琐，又受 ICP-MS 不能大量引入有机溶剂的限制，不能进行在线分析。人们经常将样品经分离预浓集后用 FI-ICP-MS 分析以提高分析速度，节省样品及试剂。

也有研究者对提高 FI-ICP-MS 的采样效率也进行了研究，有研究者设计了一个 FI 流路和控制程序，把样品快速引入 ICP-MS，该控制程序允许上一个样品进入雾化器的同时，下一个样品充入样品环，可以实现 50mL/h 的采样率。也有人利用改进的流动注射控制软件，该软件允许上一个样品被分析的同时，控制自动取样探针移动到下一个样品的位置，可以在保证良好精度的前提下实现 160mL/h 的采样率。

（2）在线稀释　一般的离线稀释方法容易受人为取样误差的影响和试剂、环境的污染，而流动注射在线操作方法使整个过程在毛细管组成的密闭系统中进行，可以免受环境污染，克服人为造成的误差，并且方便、快速，易于实现自动化。

文献报道的有关 FI 在线稀释的应用技术包括：利用串级注射和区带合并技术在线稀释得到稳态流，以实现 FI 与电感耦合等离子体质谱、光谱的联用；利用区带合并技术进行在线稀释（该法具有上述传统在线稀释的优点，但在实际样品测定中，由于样品中分析元素的浓度不同，不同样品需要不同的稀释因数，要随样品不同通过改变流速来改变稀释剂的加入量）；利用流动注射在线稀释加内标 ICP-MS 测定食物消解液中的 Cr、Ni、Cd 和 Pb（该方法降低了 ICP-MS 的报告限，提高了准确度，较一般的离线方法快速，可以扩展到测定 10 余种元素）；利用含有一个循环环的流动注射流路与 ICP-MS 连接，环的一部分被注射入载流，一部分被注射入样品溶液，然后在环内实现在线稀释，这样可以研究在线稀释的一些现象和 19 种元素的稀释行为。

（3）在线同位素稀释　同位素稀释法（ID）是在样品中掺入已知量的某一被测元素的浓缩同位素后，测定该浓缩同位素与另一参考同位素的信号强度比值的变化，由同位素比值的变化计算该元素浓度的方法。同位素稀释有在线和离线两种方法。

离线方法是在样品处理前或处理后用称重法加入同位素稀释剂，达到同位素平衡后上机检测。这种方法用根据称重得到的样品和稀释剂的质量以及测得的同位素比值求算被测元素含量，分析天平的精确度高，所得结果的准确度也较高。当在样品处理前加入稀释剂时，同位素平衡后还可以弥补样品转移过程中的丢失。不足之处是需要较长的时间才能达到同位素平衡，且操作繁琐。此法近年来在 FI-ICP-MS 中得到较为广泛的应用。

在线方法是将处理好的样品和同位素稀释剂控制流速在线混合，通过样品和同位素稀释剂的流量以及所测同位素的比值求算所测元素含量。由于流量的计算没有称重法准确，所得结果一般要比离线方法稍差。但由于只需要待检测的那部分样品和同位素稀释剂混合，可以节省同位素稀释剂的用量，并且省去了离线方法加入同位素稀释剂时繁琐的称重步骤，整个过程可以实现自动化，也能引起人们的兴趣。

（4）在线气体发生　气体（元素氢化物或原子蒸气）发生（VG）气态进样提高了样品传输率，避免了使用雾化器，不再存在雾化器和锥的堵塞问题，并且可使基体分离和被测物预浓集。等离子体在无水条件下操作，可以明显减少多原子离子的形成，因此，在电感耦合等离子体-质谱中得到了广泛应用。

气体发生气态进样也有离线和在线两种方式。在线方式除有上述优点外，还可以节省试剂，近年来备受关注。

（5）在线分离预浓集　当测定元素浓度低于 ICP-MS 检出限或基体干扰严重时，经常要用到分离预浓集，而传统的离线方法费时、繁琐，容易受环境、试剂和器皿的污染。FI 在线分离预浓集方法简便、高效，使离线方法几小时或几天才能完成的工作在几分钟内就可以完成，也可以节省试剂。但由于 ICP-MS 不能引入大量有机溶剂，流动注射在线分离预浓集的优势还远没有发挥出来。目前这方面的研究十分活跃。在线分离预浓集，包括在线溶剂萃取、在线沉淀及共沉淀、在线吸附、在线渗析和在线气体扩散等。

对于有关 FI 在 ICP-MS 中的应用的其他在线样品处理方式人们也进行了进一步的探索，有研究者曾报道过流动注射在线微波辅助消解，用 ICP-MS 进行分析。但由于各方面条件所限，这方面的报道还不多。

1.3.4.2 氢化物发生-电感耦合等离子体-质谱联用技术

氢化物发生-电感耦合等离子体-质谱（HG-ICP-MS）也是 ICP-MS 联用技术的热点之一。氢化物发生（hydride generation）法实质上是一种化学气体发生法，是目前研究最活跃的以气态引入试样的方法之一。其优点是样品传输效率高，无需使用雾化器（甚至雾室），没有堵塞问题，可使基体分离和分析物预浓集，ICP 为无水操作，能够明显减少多原子离子的形成。

Thomson 最早将氢化物发生技术应用于 ICP。氢化物发生技术在 ICP-AES 上所获得的成功，无疑对 ICP-MS 起到了促进作用，利用 ICP-MS 更加先进的测试技术，能进一步提高氢化物发生法的灵敏度，并大幅度降低检出限，实现超痕量分析。目前，国外已经开始了氢化物发生法与电感耦合等离子体-质谱的联用，联用的报道主要包括水样、生物样品中痕量元素的测定及各种 Pb 化合物的测定。如有人曾用气动雾化法和氢化物发生法对生物样品中的 Se 同位素测定进行了比较，结果发现氢化物发生法虽然系统背景计数比使用气动雾化器高 3～5 倍，但 Se 的信背比却是气动雾化法的 30～50 倍，其优势是十分明显的。

对于氢化物发生器和电感耦合等离子体质谱仪来讲，可以考虑直接将生成的气态氢化物不通过雾室而送入炬管，但一般需要氢化物发生器有较好的气液分离装置，以保证仅有气态氢化物和极少量的水汽进入炬管。如果有些实验室的 ICP-MS 属于公用仪器，使用比较频繁，可以采用一种方便的方法，即只将雾化器拆除，而使用自制的雾室座作为接口。接口采用聚四氟乙烯材料，连接部分用硅橡胶 O 形圈密封，中间插入橡胶软管作为气体氢化物的入口。氢化物发生系统采用 ICP-MS 原有的溶液雾化系统的雾室作为气液分离装置，这样就可以很容易地进行接口的拆卸和更换。据称这样的替代装置还是具有一定优势的。其结构如图 1-23 所示。

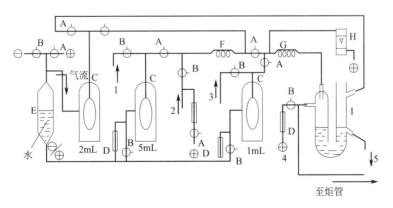

图 1-23 气动型流动注射氢化物发生器结构图

A，B—气动阀；C—量液管；D—液（或气）阻；

E—呼吸管；F—取样管；G—反应管；H—流量计；I—气液分离器；

1—载流；2—样品溶液；3—硼氢化钾溶液；4—干燥气；5—废液

测定过程可由程序控制。程序1：吸液，气动阀A关、B开。程序2：流动测定，气动阀A开、B关。首先按下测定开关，氢化物发生器开始吸取载液、样品溶液和KBH$_4$溶液。载流推动着样品溶液匀速流向反应管，此时，氩气流不断涌入搅拌溶液，KBH$_4$溶液同时也匀速地加入反应管中，反应所产生的氢气和氢化物气体被氩气载入雾室而进入炬管。样品溶液和KBH$_4$溶液反应完毕后，载流溶液再与KBH$_4$溶液反应，从而对反应管进行清洗。

这一装置通过改进使得气动型流动注射氢化物发生器的性能有了较大的提高：①载流不仅清洗了反应管，而且在携带样品过程中也起到了清洗作用，减少了样品溶液在导管壁上的附着；②匀速加入样品溶液和KBH$_4$溶液，能够使反应较平稳地进行，反应完毕后，待测样品中的分析元素基本上已生成了氢化物，减轻了基体效应；③不采用稀释液而直接在样品溶液中进行酸度的调节，降低了检出限。

实际上，有文献报道指出连续流动氢化物发生器灵敏度高，但信号稳定性差，记忆效应大；气动型断续流动氢化物发生器灵敏度高，记忆效应小，但反应不够平稳；气动型连续流动注射氢化物发生器则集中了两者的优点，具有较高的灵敏度和小的记忆效应，信号也比较平稳，是与电感耦合等离子体质谱仪联用的理想装置。

1.3.4.3 气相色谱-电感耦合等离子体-质谱联用技术

（1）接口技术　ICP-MS法自诞生以来已在痕量元素分析中得到了广泛的应用，但在这种分析方法中，样品元素注入仪器瞬间便得到了原子和离子化，根本得不到有关元素化学形态的信息。随着各学科，尤其是环境毒理学的发展，获得样品中元素的形态信息对分析化学而言变得越来越重要。气相色谱（GC）具有分辨率高、分离速度快、效率高等优点，和ICP-MS在线耦合（GC-ICP-MS）在一定程度上解决了ICP-MS进行形态分析的困难，近年来这种方法备受关注。GC和ICP-MS联用，把气态的气相色谱流出物引入ICP-MS的过程中需要保持色谱流出物呈气体状态，不像液相色谱和ICP-MS联用那样直接。这方面的研究最初是在填充柱上进行的，但由于填充柱的效率较低，样品的消耗量也较大，从而在相当长一段时间里GC-ICP-MS的发展比较缓慢。直到毛细管气相色谱柱商品化以后，GC-ICP-MS研究才实现了真正突破。自此之后GC-ICP-MS逐渐得到了应用和推广。

这里从气相色谱和电感耦合等离子体-质谱联用的接口设计、气相色谱和质谱技术在GC-ICP-MS中的应用以及气相色谱和电感耦合等离子体-质谱联用的实际应用等方面对近来气相色谱和电感耦合等离子体-质谱联用的情况做简单的介绍。

GC-ICP-MS直接将气态分析物导入ICP-MS，不使用雾化器，从GC到ICP样品的传输率接近100%，可得到极低的检出限和良好的回收率。因为分析物已经处于气态，在进入ICP前不需要去溶剂和汽化，水和有机溶剂在进入等离子体（ICP）前被物理地分离，减少了等离子体的负荷量，可以实现更有效地电离。同时GC中没有液态流动相，同位素的干扰更少，也不需要高含盐量的缓冲溶液，保护采样锥和截取锥免受严重腐蚀。所遇到的问题主要是分析物在由GC向ICP传输的过程中必须要保持气态，水汽易在接口上凝结而造成分析误差。除此之外，气相色谱洗脱物需要达到一定的流速（700～1000 cm^3/min）才能穿过等离子体中心通道，而典型的填充柱气相色谱流速仅为10～20 cm^3/min，毛细管柱气相色谱的流速则更小。

实际应用中可以通过接口的设计解决上面提到的问题。图1-24为一个典型的GC-ICP-MS连接图。

在接口设计的过程中，为了防止气相色谱流出物在接口（传输管）内凝结，可以给传输管加热并利用热电偶或温度传感器来实现恒温，有时也可以通入预热的合成气。为了减少死体积，传输管的体积越小越好。为了使分析物保持足够的流速以使其到达中心通道，一般要

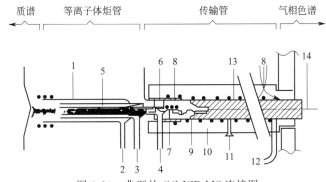

图 1-24 典型的 GC-ICP-MS 连接图

1—可拆卸的等离子体炬管；2—冷却气；3—辅助气；4—注射器；5—不锈钢管
（外径 1.59mm）；6—铝套（外径 37.9mm×内径 25.4mm）；7—石墨带；
8—电耦；9—不锈钢还原装置；10—绝缘管；11—接地点；12—电压变化加热器；
13—铝棒（25.4mm×600mm）；14—毛细管气相色谱柱

加入合成气（如氩气），使气相色谱流出物达到剪切流速（穿透等离子体中心通道的流速），加入的合成气应该和 ICP-MS 的载气为同一种气体。为了防止固体炭在 ICP 炬管和采样锥上的沉积，有时还需要在传输管的中部通入氧气。

（2）色谱技术在 GC-ICP-MS 中的应用

① 色谱技术　GC-ICP-MS 中应用的一些气相色谱技术主要有多毛细管气相色谱技术、吹扫捕集技术、顶空固相微萃取技术和冷阱技术等。

多毛细管气相色谱（MGC）技术是一种利用一捆（束）窄内径内镀层玻璃毛细管来分离热稳定挥发性化合物的方法。MGC 最基本的特点是在大进样量的同时实现高速分离，高载流体积流速可使柱始终保持高效的分离状态。MGC-ICP-MS 主要应用于汞的形态分析。

吹扫捕集（PT）技术是一种分离富集技术，它是向溶液中通入惰性气体使样品挥发，挥发性分析物释放出来吸附在特定的柱上，分析前解吸，然后上机检测。这种方法特别适用于原位富集样品。国外有用 PT-GC-ICP-MS 测定天然水中挥发性金属形态的报道，也有人报道利用这种方法实现了生物质中汞的形态分析和沉积物中汞的甲基化率的测定。

顶空固相微萃取是将具有特殊材料镀层的探针插入盛有挥发性物质溶液的密闭容器顶空来吸附挥发性物质，分析时将探针插入色谱柱，热解吸后检测，以达到分离富集的目的。有人对顶空固相微萃取的机理进行了研究，发现适当提高温度对提高萃取效率有很大影响。已有人利用顶空固相微萃取和 GC-ICP-MS 结合的方法来分析环境样品中的有机汞、铅和锡化合物，表面水和沉积物样品中的有机金属化合物以及环境样品中的有机锡农药等。

冷阱技术是一种收集和储存挥发性样品的方法，在 GC-ICP-MS 分析中已经被用于挥发性元素的形态分析。

② 质谱技术　GC-ICP-MS 中应用到的质谱技术主要是同位素稀释（ID）技术。ID-GC-ICP-MS 中浓缩同位素的加入有形态区别和非形态区别两种模式。前者适用于样品元素形态组成已知的情况，可以在形态分离前加入稀释剂，但必须确保各形态被完全分离前没有同位素转换发生。在这种情况下，整个色谱峰同位素的比值一致，既可以单点也可以在整个色谱峰范围内积分求值，只是前者不如后者精确。同位素平衡后样品流失对分析结果没有影响。非形态区别模式必须在各个形态完全分离后加入稀释剂，必须在整个色谱峰范围内测定同位素比值，因为同位素比值会随时间变化。同位素稀释在 GC-ICP-MS 中的应用主要包括水样或沉积物中二丁基锡的测定，水样或沉积物中 Hg 的甲基化研究及硒和碘的形态分析等。

目前，GC-ICP-MS 的应用主要集中在 Hg、Sn、Se、As 和 Pb 等元素的形态分析方面。

GC-ICP-MS 技术结合了 GC 高效分离功能和 ICP-MS 的多元素灵敏检测功能，在元素形态分析方面很有前景。但由于 GC 仅适用于具有挥发性和加热状态下稳定的物质，对于一些难挥发性物质，GC 不能分离或必须衍生转化为挥发性物质之后才能应用。因此，和其他分离技术相比，GC 和 ICP-MS 在线耦合的应用面相对比较窄，需要和其他在线耦合技术（如 HPLC-ICP-MS、CE-ICP-MS）结合才能圆满完成元素形态分析的使命。

1.3.4.4　高效液相色谱-电感耦合等离子体-质谱联用技术

高效液相色谱柱效高，分离速度快，分离效果好，与元素选择性好、灵敏度高的电感耦合等离子体-质谱联用有很强的潜在优势。从近十多年发表的相关文献来看，其应用范围主要集中在两个方面：一是快速分离基体后实现在线分析；二是形态分析。实际应用中，前者的任务可以有很多其他的替代选择，在这里只对 HPLC-ICP-MS 在形态分析方面的应用做简要介绍。

元素形态分析即用现代分析技术对环境、生化样品中的元素形态进行原位、在线、微区和瞬时的高灵敏度和高分辨率的综合分析。这时只用单一仪器或技术已很难奏效，在目前的情况下只能通过联用技术实现。其中高效液相色谱（HPLC）与电感耦合等离子体-质谱（ICP-MS）的联用是发展较为完善的技术之一。将 ICP-MS 用作 HPLC 的检测器，跟踪被测元素同位素在各形态中信号的变化情况，可以使色谱图变得简单易读，有助于元素形态的确认和定量分析的进行。

这里从 HPLC 与 ICP-MS 联用的接口技术和 HPLC-ICP-MS 在元素形态分析中的应用两个方面进行简单的介绍。

（1）HPLC 与 ICP-MS 联用的接口技术　　HPLC 与 ICP-MS 联用技术的关键是接口问题，即样品溶液经 HPLC 分离后如何在线地引入 ICP 的雾化系统。由于 HPLC 流动相的流速通常为 $0.1 \sim 1 \text{mL/min}$，这与 ICP 常用的气动式雾化器、交叉流（cross flow）雾化器、Babington 雾化器和同心（concentric）雾化器的样品导入流速是相匹配的，而且，HPLC 的柱后流出液压力是常压，与 ICP-MS 的样品导入系统压力一致。因此 HPLC 与 ICP-MS 的接口匹配容易、简单易行。

HPLC 与 ICP-MS 的接口通常用聚四氟乙烯（PTFE）管（内径 $0.14 \sim 0.17 \text{mm}$）或不锈钢管做成，它将色谱柱的流出液直接导入 ICP 的雾化器，连接管应尽可能短，以减少传输管线的死体积，防止色谱峰变宽。但由于 HPLC 的流动相通常含有一定量的无机盐和有机溶剂（如甲醇、乙腈等），会造成仪器进样管、采样锥和截取锥的堵塞，其中的有机溶剂也会在雾化室内壁黏附，造成分析信号的"记忆"效应，降低分析的灵敏度和稳定性。尤其是当采用梯度洗脱方式时，这种现象更加严重。

常见的样品引入方式有以下几种。

① ICP 常规气动雾化系统　　在采用常规的气动雾化器时，一般要在载气流中加入一定比例的氧气，这样可防止在锥孔形成炭粒造成堵塞。氧气的添加量视流动相中有机物的组成和流动相流速而定，一般约占 Ar 气流量的 10%。

② 超声雾化器（ultrasonic nebulizer，USN）　　USN 是用超声波的振动作用将样品溶液雾化成气溶胶。它不受载气流速的影响，能获得颗粒小、分布均匀的高质量气溶胶，不足之处是雾化效率低（20% 左右），如果与加热去溶装置联用，则雾化效率会显著提高，ICP-MS 的检测限也会随之降低。

③ 氢化物发生（hydride generation）接口装置　　氢化物发生法是利用氢还原剂或其他化学试剂，将样品溶液中的待测元素（如 As、Sn、Se、Bi、Hg、Sb 等）还原成挥发性的氢化物，然后借助载气流将其导入 ICP 系统。该方法可将分析元素预浓集，并与基体分离，提高样品的传输效率，降低检测限，目前已经被用作一种元素形态分析的样品导入方法。缺

点是不能对元素的所有形态都适用，很多形态不能产生信号，无法检测。

④ 直接注射雾化器（direct injection nebulizer，DIN） DIN 是直接将全部样品注入 ICP 雾化器中，然后通过载气将样品传输到等离子体中，与样品在常规雾化室的传输效率只有 $1\%\sim2\%$ 相比，它的样品传输效率可接近 100%，大大提高了测定的灵敏度。且由于 DIN 不使用雾化室，流动相中的有机溶剂不会在雾化室的内壁黏附造成"记忆"现象，分析信号稳定。试验证明：用 DIN 雾化器比用常规雾化器其绝对检出限改善了 $1\sim2$ 个数量级。

⑤ 微型同心雾化器（microconcentric nebulizer，MCN） 小柱径是 HPLC 色谱柱技术的发展方向，它可降低流动相的消耗量，并且降低组分在色谱柱中分散变宽的比例，提高柱效。与传统柱径相比，小柱径的种类很多，如 2.0mm、1.0mm（内径）的微柱及 300μm 的毛细管柱，其相应的流动相流速在 $0.01\sim0.1$mL/min 之间，小流量的流出液使 ICP 雾化系统得到了更好的发挥。

⑥ 热喷雾雾化器（thermospray spray，TSP） TSP 用作 HPLC 与 ICP-MS 的接口技术已相当成熟，HPLC 流出液经加热的石英毛细管以极细的雾滴形式喷出，雾滴的大小可以通过改变石英管的温度和液滴的蒸发速率来调节。为了防止过多的溶剂对等离子体产生过大的影响，通常会附加一冷却去溶装置。优点是雾化效率高，能允许流速达 2mL/min 的流出液雾化，但由于毛细管的内径太小，易造成堵塞，不太适合大流量的高盐溶剂雾化。文献报道的 TSP 装置，热喷雾产生的气溶胶温度可达 70℃ 以上，产生的气溶胶液滴极小，其中的有机溶剂在加热管中被蒸发，通过去溶装置，蒸气被冷却后形成大液滴而排出，仅有极少量的有机溶剂进入微波等离子体炬（MPT）中。

⑦ 电热蒸发（electrothermol vaporization，ETV）接口技术 ETV 是首次由 Nixon 提出用作 ICP-AES 的接口技术的，这一技术具有抗基体干扰、提高分析灵敏度的优点，已应用于 ICP-AES 和 ICP-MS 的接口装置中。有研究者用自制的 ETV 卤化装置与 ICP-AES 联用，在线进行多元素的同时测定，结果表明大多数挥发性元素的灵敏度及信号轮廓有很大的改善。将其用作 HPLC-ICP-MS 联用的接口装置，也值得一试。

其他的 HPLC-ICP-MS 接口装置还有：液压式高压雾化器（hydraulic high-pressure nebulizer，HHPN）、振动毛细管雾化器（oscillating capillary nebulizer，OCN）和高效雾化器（high efficiency nebulizer，HEN）等。

（2）用于 HPLC-ICP-MS 元素形态分析的 HPLC 类型 可用于 HPLC-ICP-MS 元素形态分析的 HPLC 类型有分配色谱（partition chromatography）、反相离子对色谱（reverse phase ion-pair chromatography）、离子交换色谱（ion-exchange chromatography）、排阻色谱（size exclusion chromatography，SEC）、胶束色谱（micellar chromatography，MLC）以及手性液相色谱（chiral liquid chromatography，CLC）等，具体内容在后面的章节中将有详尽的叙述，这里就不进一步介绍了。

HPLC-ICP-MS 联用技术将 HPLC 高效分离的特点和 ICP-MS 低检测限、宽动态线性范围、可跟踪多元素同位素信号等优点融为一体，在元素形态分析中应用前景广阔。但应用的瓶颈是接口技术尚不完全成熟，基体干扰难以有效地消除，标准参考物质目前还十分缺乏。此外，HPLC-ICP-MS 只能跟踪金属元素形态的信号变化，要确定形态分子的组成还需参照其他分析信息（如 ESI-MS）。

1.3.5 ICP-MS 在水质分析中的应用实例

（1）ICP-MS 法直接测定冰芯样品中超痕量镉 寒区冰雪中的镉含量保存了与环境有关的信息，通过测定雪冰中的镉可以了解人类活动和自然活动对背景环境的影响。寒区冰雪中的镉含量极低，一般在 20pg/mL 以下。传统的测定方法主要是石墨炉原子吸收光谱法（GFAAS）及激光激发质子荧光光谱法（LEAFS）。其中后者可直接分析皮克每毫升级的镉且需要的样品量仅为 $5\sim20\mu L$。有科研人员在实践经验的基础上建立了使用 ICP-MS 直接测定冰芯样品中痕量元素 Cd 的方法，需要样品少（5mL），检测下限在 0.1pg/mL 数量级。

① 仪器与试剂　Element ICP-MS 仪器（美国 Finnigan MAT 公司）。镉工作溶液（浓度分别为 5pg/mL、10pg/mL、20pg/mL、60pg/mL、100pg/mL、200pg/mL），由镉浓度为 $100\mu g/mL$ 的国家一级单元素标准溶液[GBW(E)-080119]，先以 1% HNO_3 溶液作溶剂逐步稀释成 1.0ng/mL Cd 的稀溶液，然后由此溶液配制；水（18.2MΩ·cm，超纯）；特制浓硝酸（69%，密度为 1.42，经石英亚沸蒸馏器重蒸后使用）。

② 仪器工作参数　优化仪器是通过调节有关参数使测定 Cd 的灵敏度达到最大且稳定不变。载气流量、等离子气流量及进样速度都会影响 Cd 测定的灵敏度。若保持 ICP 入射功率不变，炬管与采样锥的距离不变，增大载气流量可使 Cd 的测定灵敏度发生变化。载气流量在某值时 Cd 的灵敏度最大。由于每次优化仪器时，镉灵敏度最大的载气流量是不同的，故每次优化仪器都要调节主要参数。仪器的工作参数见表 1-27。

表 1-27　仪器的工作参数

仪器参数	接口参数	扫描参数
扫描质量范围:6~254	负载线圈至锥孔距 12mm	采样点:100 个
分辨率:400~4000	加速锥(Ni)孔径 1.1mm	采样点停留时间:0.01ms
高频等离子发生器	采样锥(Ni)孔径 1.0mm	圈数:3
正相功率:1300W	截取锥(Ni)孔径 0.8mm	通道数:100
反相功率:<5W		

③ 试验步骤

a. 容量瓶、烧杯和取液器等器皿的清洗步骤　用 10% HNO_3 溶液浸泡，然后依次用蒸馏水和超纯水各冲洗 5 次后，置于淋洗柜中自然晾干备用。整个清洗过程在 100 级超净室中进行。清洗后的容器充满超纯水，用 ICP-MS 测定水中的镉量，以检验清洗效果。当镉含量与清洗过程中最后一步使用的超纯水的镉含量一致或接近时，表明整个清洗过程达到要求。

b. 样品制备　取样过程中均需采取严格的防污染措施。冰芯样品从低温实验室取出后，需用洁净的工具将冰芯外层被污染的部分除去，实现冰芯分离，分离后的样品置于洁净的聚乙烯瓶中，在超净室中常温自然融化，融化后可直接进行分析。有颗粒物的样品需要离心处理，然后取其上部澄清水样。

c. 样品测定　分别测定空白溶液及 6 个标准工作溶液，仪器工作软件自动给出标准曲线，由此建立校正曲线。该曲线方程为：

$$I = 8.1604c - 7.615(r = 0.9994)$$

④ 检出限、精密度和回收率　该方法的检出限为 0.15pg/mL，定量测定下限为 0.5pg/mL。仪器测量痕量元素 Cd 的精密度与浓度有关，浓度越高，精密度越好。加标回收率在 88%~105% 之间，测定相对标准偏差<10%。

⑤ 结论　采用 ICP-MS 法可对超痕量 Cd 直接测定。这里确定了直接测定浓度为皮克每毫升级的 Cd 的最佳仪器参数和测定条件，研究了浓度和扫描参数对分析精度的影响，可供分析研究人员参考。

（2）氢化物发生-电感耦合等离子体-质谱联用测定水样中的 Ge、As、Se、Sn、Sb、Te、Pb 和 Bi　氢化物发生技术最早测定的元素是砷。目前，可用氢化物发生技术测定的元素主要有 8 种，即 Ge、As、Se、Sn、Sb、Te、Pb 和 Bi。这些元素在强还原剂作用下容易生成不稳定的共价氢化物。还原剂多采用 $NaBH_4$，检测的重现性高，反应容易控制，并可实现自动化。作为一种进样方式，氢化物发生可以与很多仪器进行联用，其中较典型的有原子吸收光谱仪、原子荧光光谱仪和电感耦合等离子体光谱仪。氢化物发生技术使测定的灵敏度大为提高，特别适用于复杂样品分析，如环境、生物、合金、地质和药物中痕量元素的测定。这里介绍一种氢化物发生与 ICP-MS 联用测定以上 8 种元素的方法。

① 仪器及试剂　Sciex Elan 5000 型电感耦合等离子体质谱仪（美国 Perkin-Elmer 公司）。HNO_3、$NH_3 \cdot H_2O$（高纯）；HCl、NaOH（优级纯）；硫酸、抗坏血酸、KI（分析纯）；KBH_4［美国进口分装（纯度＞98%）］；La_2O_3（光谱纯）；试验用水为 3 次离子交换水，电阻率大于 $15M\Omega \cdot m$；标准溶液依然需要按常规法配制。由于 HG-ICP-MS 法的灵敏度很高，所用的酸需要进一步纯化。

纯化方法如下：取浓硝酸（或浓盐酸）500mL 于大塑料瓶中，用细塑料管从底部以 1mL/min 的速率泵入体积分数为 2% 的 KBH_4 10mL，并不断振荡，使其充分反应。这样可以将酸中的部分杂质元素以气态氢化物的形式进行分离。

② 仪器分析条件　测定操作时需要经常调节的仪器参数有进样系统中各气流的流量、离子光学系统中控制各透镜电位的数字电位计设置值等，这些参数需要根据实际情况进行选择；对氢化物发生的介质条件（包括酸的种类及浓度，KBH_4 的浓度和 NaOH 的浓度等）也需要做慎重的试验选择；等离子气、辅助气、雾化气、气动气的流速分别为 12L/min、1.0L/min、1.05L/min 和 0.20L/min；各离子透镜参数分别为 P 透镜 43，S2 透镜 37，B 透镜 42，E1 透镜 22。

③ 灵敏度和检出限　对 Ge、As、Se、Sn、Sb、Te、Pb 和 Bi 的灵敏度及检出限的测定结果与 ICP-MS 的测定结果进行对照，见表 1-28 和表 1-29。

表 1-28　HG-ICP-MS 与 ICP-MS 的灵敏度及精密度比较（$n = 10$）

同位素	ICP-MS		HG-ICP-MS	
	灵敏度/(次/s)	精密度/%	灵敏度/(次/s)	精密度/%
^{78}Se	28	4.2	8530	4.8
^{130}Te	121	4.8	2744	3.8
^{75}As	145	2.0	124832	3.2
^{121}Sb	439	1.8	71108	2.4
^{209}Bi	1428	1.0	54390	2.6
^{74}Ge	301	2.4	12050	3.2
^{208}Pb	1106	1.3	6160	2.5
^{120}Sn	909	2.2	135886	3.1

注：表中灵敏度是指仪器对于单位浓度（$1\mu g/L$）的待测元素所产生的信号响应值。检出限指空白溶液平行测定 10 次所产生的标准偏差的 3 倍与灵敏度之比（$3\sigma/S$）。HG-ICP-MS 的仪器检出限是指不加入还原剂，以去离子水代替硼氢化钾溶液时所测定的检出限；HG-ICP-MS 的方法检出限是指待测元素的分析条件置于最佳时，测定空白溶液所得到的检出限。

表 1-29　ICP-MS 与 HG-ICP-MS 的检出限分析

同位素	ICP-MS 检出限/(ng/L)		HG-ICP-MS 检出限/(ng/L)	
	H_2O	HNO_3(1%)	仪器检出限	方法检出限
^{78}Se	2730	3440	13	20
^{130}Te	430	620	18	46
^{75}As	136	185	0.39	8.2
^{121}Sb	28	32	0.42	7.1
^{209}Bi	17	42	0.83	7.6
^{74}Ge	39	110	3.5	8.4
^{208}Pb	27	100	3.6	7.9
^{120}Sn	130	210	0.5	30

注：各参数意义同表 1-28。

从表 1-28 中可以看出，HG-ICP-MS 测定的灵敏度比单独使用 ICP-MS 要高出 1～2 个数量级。

④ 注意事项　氢化物发生法中各元素对介质环境的要求不尽相同。原则上讲在体积分数为 20%～40% 的盐酸介质中测定 As、Sb、Bi、Se 和 Te 可获得较高的信号强度，但由于盐酸往往不如硝酸纯净，并考虑到氯离子的干扰，测 As、Sb、Bi 时应在体积分数为 20% 的硝酸溶液中，这样背景会更低。As、Sb、Bi、Se 和 Te 在发生氢化反应时需要预还原，用抗坏血酸和硫酸可有效地还原 As、Sb、Bi 至三价，而 Se 和 Te 则需要在浓盐酸中进行煮沸还原至四价。Sn 和 Ge 需要较低的酸浓度，其理想介质是 1%（体积分数）的硝酸；Pb 的理想介质为 1% 的盐酸，测定前需加入一定量的 H_2O_2 进行预氧化，将溶液中的 Pb 定量地氧化为四价。

增大 KBH_4 的浓度，各元素信号响应值都明显增加，使用较高的 KBH_4 浓度有利于提高灵敏度，但浓度过高又影响等离子体的工作稳定性。2%（体积分数）的 KBH_4 能获得较高的信号响应值，同时等离子体工作较稳定。NaOH 对氢化物的生成也起到一定作用，但限于纯度要求，一般只使用较低浓度的 NaOH 来维持 KBH_4 溶液的稳定性。

(3) 水中矿物元素的 ICP-MS 分析　对地下水、地表水、生活饮用水等的检测是供水行业和水质量控制的重要工作。随着全社会的环境意识和健康意识的增强，国家颁布了新的水质监测标准，不但增加了监测项目，而且提出了更严格的控制指标。新标准对元素的检测方法通常有：分光光度法、原子吸收光谱法（AES）、原子荧光光谱法、离子色谱法、电感耦合等离子体-发射光谱法（ICP-AES）等。这些方法都各有优缺点，如：有的方法前处理复杂，需萃取、浓缩富集或抑制干扰；有的不能进行多组分或多元素分析，费时费力；有的仪器的灵敏度或检出限达不到指标要求；有的会因元素、光谱等干扰而无法测定。

水质检测项目大量增加，而其基准和允许限（浓度）都极低，因此传统的检验方法很多时候无法满足规定的技术要求。有人建立了使用 ICP-MS 测定天然水中元素的方法，通过一次进样同时测定水样中的大部分元素。样品只需经过简单的前处理，干扰少，测定快速、准确。可测定的元素包括 K、Na、Ca、Mg、Fe、Mn、Cu、Zn、As、Se、Cd、Hg、Pb、Ag、Al、Si、Ba、B、Be、Ni、Sb、V、Co、Cr（总）、Mo、Tl、Th、U（共 28 种）。

① 仪器与试剂　装配有 Babington 型雾化器、屏蔽炬和 ASX-500 型自动进样器的惠普公司 HP4500（plus）型 ICP-MS。超纯去离子水（电阻率 ≥18MΩ·cm，使用 E-PURE 去离子水系统制备）；标准储备液（购自国家标准物质中心或国家钢铁研究总院）；标准溶液使用液（含 1%HNO_3，每隔 2 周需重新配制或由多元素混合的标准储备液直接稀释而成，储存于聚四氟乙烯瓶中）；所有器皿都要用 15%～20% 的 HNO_3 浸泡过夜，再经去离子水冲洗 3 次，备用；HCl 及 HNO_3（优级纯）；质量浓度为 10mg/L 的 Li、Se、Y、Tb 及 Bi 的混合内标储备溶液（由相应的单元素储备溶液配制，存于聚四氟乙烯瓶中）；所有的空白溶液、标准溶液和样品溶液都通过仪器在线加入内标溶液，内标元素的含量为 50μg/L。

② 仪器条件　高频发射功率：1400W。采样深度：6.4mm。等离子体气流：15.0L/min。载气：1.2L/min。辅助气：1.0L/min。雾化室温度：2℃。积分时间：0.1s。进样间隔：0.31s。样品提取速率：0.4L/min。

③ 试验步骤

a. 样品预处理　对于浑浊度小于 1NTU 的清洁水样，只需进行适当酸化。对于可见有悬浮物或浑浊度为 1～30NTU 的水样，需先用中性滤纸过滤，除去杂质悬浮物，使浑浊度小于 1NTU，再进行适当酸化。对于浑浊度大于 30NTU 的浑浊水样，如泥黄色的河水，则需自然沉淀后，再将上清液过滤，使浑浊度小于 1NTU，再进行适当酸化。如果样品经适当酸化并在分析时其浑浊度小于 1NTU，可以直接用气动雾化法进样测定而无需预消解。

b. 半定量扫描　　对于每一种新的或特殊的基体样品，首先需要做一个元素半定量扫描，目的是大概了解样品中主要含有哪些元素和了解样品中是否存在高含量元素，并确认它们的浓度是否高于可测定的线性动态范围，以便决定样品是否需要稀释，以及了解背景值及干扰的水平。

　　c. 正常的仪器测定。

　　④ 检出限和精密度

　　a. 元素的仪器检出限　　元素的仪器检出限按用 1% 优级纯 HNO_3，空白溶液重复测定10 次所得到的标准偏差（σ）的 3 倍确定。测定结果列于表 1-30，与 ICP-AES 及各种水样的卫生指标值相比较，ICP-MS 的高灵敏度显示了其强大的检测能力。

表 1-30　各种元素的仪器检出限测定结果及有关指标值

元素	检出限/(μg/L)		水样安全标准/(μg/L)			
	ICP-MS	ICP-AES	饮用矿泉水	瓶装纯净水	地表水	饮用水
Ag	0.001	—	50			50
Al	0.01	0.2				
As	0.009	90	50	10	50	50
B	0.03	5	30000			1000
Ba	0.002	0.02	700			100
Be	0.002	0.04				0.2
Ca	0.02	2				100000
Cd	0.003	3	10		5	10
Co	0.001	3				1000
Cr(总)	0.01	0.3				
Cu	0.003	0.1	1000	1000	10	1000
Fe	0.01	0.3				300
Hg	0.005	1	1		0.05	1
K	0.004	500				
Mg	0.005	0.01				50000
Mn	0.002	0.03			100	100
Na	0.03	0.3				200000
Ni	0.005	0.4				50
Pb	0.003	2	10	10	50	50
Sb	0.005	200				10
Se	0.09	—	50		10	10
Si	0.5	30				—
V	0.003	0.2				100
Zn	0.008	9	5000		100	1000
Mo	0.002	0.2				—
Tl	0.001	—				—
Th	0.0004	3				—
U	0.0003	30				—

　　由表 1-30 可见，ICP-MS 仪器的检出限比 ICP-AES 低几个数量级，完全满足各类标准对测定项目的要求，可测定的最低浓度远远低于每种物质指标值的 1/10，是一种非常优异的方法。

　　b. 加标回收率及重复测定精密度　　文献报道对某一管网的自来水样品进行了检测。计算测定了全部 28 种元素的加标回收率以及连续重复测定 20 次的精密度。

　　由结果可知，饮用水中 28 种元素的加标回收率，从毫克每升级的 K、Na、Ca、Mg 到纳克每升级的 Be、Tl 和 Co 都相当好，结果都在 90%～110% 之间。说明饮用水中基体物质对 28 种元素的大多数测定没有干扰，测定准确度比较高。对 Al、As、Ba、Be、Ca、Pb、Mn 等元素的测定有干扰。

⑤ 结论　ICP-MS 能够同时测定天然水中的 28 种元素，具有良好的准确度和精密度；灵敏度高，其检出限低，完全满足水样分析的要求；线性检测范围宽，达到 7~8 个数量级，可以直接测定元素质量浓度范围从纳克每升到毫克每升级的实际样品；样品前处理简单；干扰少，测定快速，省事省力，仪器操作简单并且小型化，可使用自动化仪器进行无人值守分析。

(4) ICP-MS 测定低放废水中的 ^{99}Tc（锝）　^{99}Tc 是软 β 发射体，寿命长，放射性测量灵敏度低，需要经过复杂的化学分离才能去除其他放射性核素的干扰，制备源也有严格的要求。由于存在这些困难，低放废水中 ^{99}Tc 的分析鲜见报道。

文献报道，低放废水处理流程的第一步是将废水中和至偏碱性，第二步是进行化学絮凝和蒸发处理。向低放废水（原水）中加入絮凝剂 $Na_3 \cdot PO_4 \cdot 12H_2O$ 和助凝剂 $FeSO_4 \cdot 7H_2O$，在 pH＝10 条件下将常量元素 Ca、Mg 等絮凝沉淀，澄清液（絮凝水）转至蒸发工段蒸发，排放冷凝液（排放水）。曾有人探索过使用电感耦合等离子体质谱仪（ICP-MS）测定低放废水中 ^{99}Tc 的方法。指出其检测限可比反复和屏蔽流气式计数法和液闪计数法低 2~3 个数量级，也比它们方便得多。据此可建立甲乙酮（MEK）萃取/ICP-MS 测定 ^{99}Tc 的方法，在低放废水处理中各取样点取样测定 ^{99}Tc 含量。如要进行比较，还可用反康普顿 Ge (Li) γ 谱仪测定 γ 放射性核素和用切连科夫直接计数法测量 ^{90}Sr-^{90}Y 的含量。

① 仪器和试剂　VGPQ2＋型等离子体质谱仪；^{99}Mo-^{99}Tc^m 发生器（中国原子能科学研究院同位素研究所）；井型 NaI (Tl) γ 谱仪。甲乙酮（MEK）（北京化工厂生产，化学纯）；NaOH 溶液（4mol/L、6mol/L）；1mol/L HCl 溶液；30％ H_2O_2；HNO_3（1mol/L）；Tc 标准溶液（从美国橡树岭国家实验室进口的 NH_4TcO_4，称重后，溶于去离子水中，稀释至一定浓度，1ng/L~100μg/L）；Mo 标准溶液（500μg/L）；去离子水。

② 仪器操作条件的选择　仪器的待优化工作参数主要是离子透镜电压和等离子体工作参数。透镜电压的最佳值随荷质比而改变，一般通过 ^{98}Mo 离子计数的变化来调节透镜电压和载气流量的最佳值。选择的操作条件如下。入射功率：1350W。载气流量：0.840L/min。取样深度：线圈以上 10mm。数据采集方式：扫描。采集时间/通道：160s。寻峰范围：0.25。反射功率：<5W。进样量：0.8mL/min，Gilson 蠕动泵控制。通道数/质量数：25。每次测量时间：30s。积分范围：0.6。

③ 测定步骤

a. Tc 萃取率的测量　Tc 萃取率的测量用 ^{99}Tc^m 作为示踪剂，^{99}Mo-^{99}Tc^m 发生器发生，用生理盐水溶液淋洗 ^{99}Tc^m。甲乙酮（MEK）用 4mol/L NaOH 预平衡后备用。在 10mL 萃取管中定量加入 6mol/L NaOH、含几十微克 ^{99}Tc^m 的生理盐水溶液和去离子水，配成不同浓度的 NaOH 溶液，使总体积为 3.0mL。加入 3.0mL 上述 MEK，萃取 5min，放置分相后，分别取有机相和水相于聚氯乙烯样品管中，在井型 NaI (Tl) γ 谱仪上测量 ^{99}Tc^m 的 140keV γ 射线计数，计算出 D_{Tc} 和 Tc 的萃取率。

b. ICP-MS 测量样品制备　试验用 MEK 与 HNO_3 一起蒸发的方法制备 ICP-MS 测量样品。结果表明使用该法方便易行，能够对 Tc 的转移规律进行定量分析。

c. 分离流程回收率的测定　按以下分离流程分离 ^{99}Tc 并测定流程回收率：向 50mL 分液漏斗中加入去离子水、7 滴 30％ H_2O_2 和预先配制好的含已知量 ^{99}Tc 的标准溶液，使总体积为 10mL，溶入 1.6g 化学纯 NaOH，此时的 NaOH 浓度为 4mol/L，加入 10mL 4mol/L 用 NaOH 预平衡过的 MEK，萃取 5min；转有机相于含 2mL 1mol/L HCl 的小烧杯中，电炉上加热近沸至 MEK 挥发完毕，并继续浓缩至 0.5mL HNO_3 溶液；用 1mol/L HNO_3 将蒸残液转入带塞的试管中，使总体积为 5.0mL，供 ICP-MS 测量 ^{99}Tc 用。10 个测量样品中 ^{99}Tc 加入量为 $20\sim10^3$pg，测得化学分离流程回收率为 $84.5\%\sim100.1\%$，平均回收率（$n=10$）为 $(92.1\pm6.1)\%$。用此回收率对实测样品做 ^{99}Tc 含量校正。

d. 低放废水处理样品中 ^{99}Tc 的分析　分别测定低放废水处理过程中的原水、絮凝水和排放水中的 ^{99}Tc，找出絮凝工段和蒸发工段对放射性核素的净化系数。排放水中的放射性比活度很低，必须加大取样量。为此，取 1L 排放水于烧杯中在电炉上低于 980℃ 下蒸发浓缩至 10mL 后再行分析。

e. ICP-MS 测量 ^{99}Tc　取原水和絮凝水 10mL，取排放水 1000mL 浓缩至 10mL，加入 7 滴 H_2O_2，溶入 1.6g NaOH 于分液漏斗中。按上述步骤测定 ^{99}Tc。

④ 灵敏度与检测限　在以上仪器和操作条件下，灵敏度为 4538ng$^{-1}\cdot$s^{-1}，检测限（多次空白测量平均值标准偏差的 3 倍，即 3S）为 0.4ng/L。

⑤ 注意事项　在 ICP-MS 测量过程中，一般情况下，质量数 84 以上的元素不存在显著的背景干扰。影响测量准确度的主要干扰是同量异位素和可能存在的缔合离子。以 500μg/L 的 Mo 溶液测试缔合离子的形成情况。结果表明：在质量数 99 处无 ^{98}MoH 缔合离子的干扰。用 1ng/L$\sim$100μg/L Tc 标准溶液测试了仪器线性。结果如图 1-25 所示。

（5）对图们江流域河水中无机元素含量的 ICP-MS 分析　随着人们对水环境中呈微量或痕量级存在的各种元素离子毒性和生理活性认识的增强，人们对水环境中各种元素存在形态信息了解的要求也就越来越高，因此对痕量元素分析要求检出限越来越低。石墨炉原子吸收光谱和电感耦合等离子体发射光谱是环境元素分析中最常用的技术，但受到灵敏度、检出限、标准溶液等因素的限制，对一些痕量元素的分析有时还不能达到人们的要求。有人利

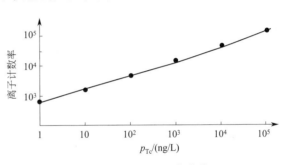

图 1-25　Tc 标准工作曲线
（硝酸体系；进氧量，0.8mL/min；数据采集时间，30s）

用 ICP-MS 对图们江流域 1 江、4 河、2 座水库的 20 个断面位置的水质进行了初步分析，对这一水资源中的 24 种微量元素进行了分析。

① 仪器和试剂　美国安捷伦公司 Agilent 7500a 型电感耦合等离子体质谱仪（ICP-MS）。美国安捷伦公司环境标准加入样品混合物（5183-4687）（内有 24 种元素，使用时用 2%HNO$_3$ 配制标准用液）；天津产优级纯 HNO$_3$，亚沸水。

② 仪器参数　发射功率为 1230W，采样深度为 7.7mm，载气流速为 1.27L/min，蠕动泵转速为 0.1r/min，采样锥孔径为 1.0mm，截取锥孔径为 0.4mm，分辨率（10%峰高）为 $0.65\sim0.75$，积分时间为 0.1s。

③ 测定步骤

a. 样品处理　从 20 个不同地点采集河水表面的水样。采集水样时用水样冲洗样瓶 $2\sim3$ 次，将样瓶浸入水面下 $20\sim50$cm 处，然后将水样收集于瓶中，水面距离瓶塞不小于 2cm。采集的水样过滤，配制成含 5%HNO$_3$ 的水溶液，待测。配制混合系列标准溶液，同时测定 24 种元素的校准工作曲线。Na、Mg、K、Ca、Fe 配制成 0.00μg/mL、1.00μg/mL、3.00μg/mL、5.00μg/mL 的标准系列溶液；其余元素配制成 0.00μg/mL、0.10μg/mL、0.30μg/mL、0.50μg/mL 的标准溶液。

b. 在以上仪器参数下对水样进行检测。

④ 结论　电感耦合等离子体质谱仪（ICP-MS）具有快速、灵敏、准确的特点，对该河

中大多数元素的检出限都在 1ng/mL～1μg/mL 之间，比 ICP-AES 优越得多。缺点是费用较高，不够经济。

（6）脱线柱预富集 ICP-MS 法测定南极水样中的痕量元素　南极水域相对地球其他地方污染小得多，但随着全球环境污染加剧，也对南极带来不同程度的污染，准确测定其环境水体中的微量重金属元素对极地环境研究十分重要。但南极水域的重金属元素含量极低，即使用高灵敏度的电感耦合等离子体质谱法（简称 ICP-MS）也很难直接测定。另外在很多情况下，虽然 ICP-MS 的检出限特别低，但由于它对高含量的可溶固体的承受能力有限，个别高浓度的元素还会产生基体效应，所以它的样品定量下限未必比其他分析技术改善很多。解决这个问题的办法之一是将基体元素与待测分析元素分离。分离不仅能去除基体效应，还能改善分析元素的检测限。有研究者利用 D401 螯合阳离子交换树脂（带有亚氨基二乙酸功能团）可选择性吸附二价金属离子的特点，测定了南极拉斯曼丘陵地区环境水样中难以直接检测的 Mn、Co、Ni、Cu、Cd、Ba 和 Pb。试验对仪器工作条件及树脂的交换条件进行了研究。

① 仪器及试剂　VG PlasmaQuad3 电感耦合等离子体质谱仪（英国）。变速蠕动泵：样品提升速度为 0.5mL/min；Milli-Q 纯水器（美国密理博）。螯合阳离子交换树脂柱，尺寸为 $L7cm \times \phi 0.75cm$，柱内容积为 3.09mL。Mn、Co、Ni、Cu、Cd、Ba 和 Pb 的工作溶液：由高纯金属或化合物配成的 1000μg/mL 储备溶液逐级用超纯水稀释配制而成。0.5mol/L NH_4Ac 缓冲溶液：称取 $8gNH_4Ac$（分析纯）溶解于 200mL 超纯水中配制成溶液，然后通过一根装有 D401 螯合树脂的交换柱（尺寸为 $L10cm \times \phi 0.75cm$）进行一次纯化，pH=6。大孔苯乙烯螯合阳离子交换树脂：D401（钠型，过 80 目筛，南开大学化工厂生产）。内标溶液：^{115}In、^{209}Bi、^{45}Sc、^{89}Y 的工作溶液（浓度为 40ng/L）分别由 1000μg/mL 标液逐级稀释而成。硝酸：超纯 HNO_3 通过亚沸二次蒸馏制得，试验中使用的稀 HNO_3 通过超纯水稀释制成。超纯水：将蒸馏水通过石英亚沸蒸馏器蒸馏一次后再通过 Milli-Q 纯水器净化制成，电阻率为 18.2MΩ·cm。质谱最佳化调试标液：浓度均为 1.0ng/mL 的 Li、Bi、In、Be、Ce、Pb、Ba、Co、U 的 2%HNO_3 混合标准溶液。实验所有器皿经 HNO_3（1+1）溶液浸泡 24h，然后分别先后用蒸馏水、去离子水和超纯水冲洗后在超净室自然干燥。

② ICP-MS 仪器的工作条件　仪器的工作条件见表 1-31。

表 1-31　ICP-MS 仪器的工作条件

工作参数	选定值	工作参数	选定值
1. 等离子体工作条件		2. 进样条件	
射频发生器频率	27.12MHz	采样锥孔径	1.0mm
入射功率	1350W	截取锥孔径	0.7mm
反射功率	<5W	同心气动雾化器	
氩气流速		3. 火炬箱位置	
冷却气	13.0L/min	X 轴	924 阶梯扫描
辅助气	0.65L/min	Y 轴	161 阶梯扫描
雾化气	0.79L/min	Z 轴	234 阶梯扫描
		4. 质谱分析计数模式	脉冲计数

③ 试验步骤

a. 采样　湖水样品直接用聚乙烯瓶采取，采样前先用所取湖水洗涤 5 次，然后取水 1L。所有聚乙烯容器事先须做防污染和防吸附处理。

b. 样品前处理　取样时对水样进行酸化，使水样 pH 值小于 2（即在 1L 水样中加入 2.5L 纯化过的浓硝酸）。然后在 90mL 酸性样品中加入 10mL 0.5mol/L NH_4Ac 缓冲溶液，摇匀待过柱。在 100mL 的容量瓶中加入 10mL 0.5mol/L NH_4Ac 溶液和 0.5mL HNO_3（1+1）溶液，然后用超纯水稀释到刻度，作为样品空白溶液。

c. 螯合树脂微型柱的制备 将 D401（钠型）树脂浸泡在 0.5mol/L NH_4Ac 溶液中，放置 48h，间断地进行振荡，然后分别缓慢地注入两根内径均为 0.75cm 的玻璃柱中，待树脂柱的长度分别达到 7cm 和 10cm 时，停止装柱，然后依次用 2mol/L 的 HNO_3、超纯水进行清洗。

d. 质谱仪测试最佳化调节 用质量浓度均为 1.0μg/L 的不同质量数的元素（Be、Co、In、Bi 和 U 等）组成的混合标液（简称调试标液）调整仪器工作参数，使其计数达到最大值。

e. 导入内标溶液 采用三通的方法，用 In 作内标溶液，将 40μg/L 的 In 溶液与样品分别从两支泵管中以同样泵速导入，然后再一起汇合由毛细管进入雾化器。

f. 制作校正曲线 将 100mL 含 2%HNO_3 标准空白及含质量浓度均为 10μg/L 的 Mn、Co、Ni、Cu、Cd、Ba 和 Pb 标准溶液分别过柱后，用 3mL 5%HNO_3 进行洗脱获得洗脱液，然后用 ICP-MS 测定其计数绘制工作曲线。

g. 样品测定 将样品过柱后，用 3mL 5%HNO_3 洗脱，洗脱液直接进样测定，测定条件与作校正曲线条件相同。

④ 检出限和回收率 将 8 组体积为 100mL 的样品空白分别过柱、洗脱和测定，求得各元素测定结果的标准偏差及检出限（3σ）见表 1-32。对于 100mL 水样检测限为 1.425～24.84ng/L。回收率在 90%～110% 之间。

表 1-32 检出限的测定（$n=8$）

待测元素	空白溶液标准偏差/(μg/L)	检出限/(μg/L)
Mn	0.000773	0.002319
Co	0.000475	0.001425
Ni	0.008280	0.02484
Cu	0.002770	0.00831
Cd	0.000761	0.00218
Ba	0.003236	0.00971
Pb	0.002230	0.00669

⑤ 结论 采用脱线螯合阳离子树脂（D401）将待分析元素预富集并与基体元素分离后，用电感耦合等离子体质谱法（ICP-MS）可测定非常规样品元素，如南极地区的环境水样中难于直接检测的超痕量元素 Mn、Co、Ni、Cu、Cd、Ba 和 Pb；也可以建立一种准确、简便、快速的在线加内标标准方法。被分析元素的测定灵敏度与常规法相比均可提高 30 倍左右，检测限和回收率也有很大程度的改善。

（7）C_{18} 键合硅胶柱-流动注射-电感耦合等离子体-质谱联用技术在海水分析中的应用在环境监控以及痕量元素在天然水中的地球化学循环的基础研究中，都必须对淡水、海水以及废水进行元素分析。由于实际样品中许多元素含量极低，利用常规的一些仪器如原子发射光谱（AES）、原子吸收光谱（AAS）无法直接测定。ICP-MS 具有检测限极低（ng/L～μg/L）、分析速度快等特点，无疑是水分析领域中最先进的分析仪器之一。但对于海水及一些废水样品，由于其可溶盐含量比较高，使用常规雾化法直接测定将造成盐分在 ICP-MS 的炬管、采样锥、提取锥或离子透镜上沉积而影响分析的准确性和精密度，并缩短仪器的寿命。因此，分析海水样品中的痕量元素通常要先进行预富集和基体分离处理。

8-羟基喹啉对过渡金属有较强的络合能力，而对碱金属及碱土金属的络合能力较差，因此可以在海水分析中用来分离和富集过渡金属元素。这里介绍一种用 C_{18}-流动注射-电感耦合等离子体-质谱联用系统（C_{18}-FI-ICP-MS）在线分离富集，ICP-MS 测定海水中痕量的 Cd、Pb、Co、Ni 和 Zn 5 种元素的方法。

① 仪器和试剂　Perkin-Elmer ELAN6000 ICP-MS 质谱仪（Perkin-Elmer，SCIEX，Thomhill，Ont.，Canada）。Perkin-Elmer FIMS（flow injection mercury system）流动注射系统（FIAS400）。C_{18} 键合硅胶柱：用粒径为 $50\mu m$ 的 C_{18} 键合硅胶柱（μBONDAPAK Porasil B，waters Associates，Milford，MA）填充于 $\phi 5.0cm$ 的硬质玻璃柱中。甲醇（HPLC 级经过重蒸纯化处理）。其他均为优级纯试剂。Milli-Q 制超纯水，8-羟基喹啉溶液（1％），NH_4OH 溶液（2mol/L）。

② 仪器的工作条件　仪器的工作条件见表 1-33。

表 1-33　仪器的工作条件

参　数	数　值	参　数	数　值
RF 功率	1000W	截取锥	Ni：0.8mm
冷却气流速	15L/min	采样模式	寻峰
工作气流速	1.2L/min	停留时间	30ms
载气流速	1.04L/min	浏览	3
采样锥	Ni：1.0mm	识别/辨认	3

③ 试验步骤

a. 样品处理　取经 $0.45\mu m$ 滤膜过滤的天然海水 100mL，加入 0.5mL 1％的 8-羟基喹啉溶液。用 2mol/L 的 NH_4OH 溶液调节 pH 值至 8.9。另取 1L 超纯水加入 5mL 1％的 8-羟基喹啉溶液，用 2mol/L 的 NH_4OH 溶液调节 pH 值至 8.9，所得溶液用于配制标准溶液。在线分离富集流动注射程序如图 1-26 所示。

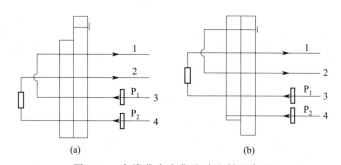

图 1-26　在线分离富集流动注射程序图

P_1—泵 1；P_2—泵 2；1—电感耦合等离子体质谱仪；2—废液；3—洗脱液；4—样品

b. 流动注射的操作　流动注射的操作程序见表 1-34。

表 1-34　流动注射的操作程序（每个样品重复步骤 1 和 2 分析 6 次）

步骤	时间/s	泵 1 转速 /(r/min)	泵 2 转速 /(r/min)	阀门位置	状　态
P(程序)	5	120	10	a	预填充
1	40	120	10	a	富集
2	20	0	75	b	洗脱

④ 方法的检测限及精密度　配制 Cd、Co、Ni、Pb、Zn 的系列标准溶液，测定工作曲线。测定空白样品 6 次，获得各元素检出限，Cd、Pb、Co、Ni 和 Zn 等 5 种元素的检出限（3σ）分别为 $0.03\mu g/L$、$0.09\mu g/L$、$0.1\mu g/L$、$0.1\mu g/L$、$0.3\mu g/L$。连续 6 次进样 $20\mu g/L$ 混合标准溶液，RSD 为 2.1％。

⑤ 结论　C_{18}-流动注射-电感耦合等离子体-质谱联用系统（C_{18}-FI-ICP-MS）可用于测定海水中的过渡金属离子。这种方法的优点有：海水样品消耗少；可实现在线富集、分离和

测定，样品处理过程不易引入污染；拓宽了 ICP-MS 在海水、盐水、废水等复杂水样监测分析中的应用。此外，国内有的研究人员还把这种方法进行了拓展，对单个金属进行了测定。

（8）微柱流动注射同位素稀释电感耦合等离子体质谱法测定海水中的痕量铅　采用微柱流动注射与电感耦合等离子体质谱联用的同位素稀释分析技术，在线测定海水中痕量铅是一种简单有效的方法。利用铅与 5-磺基-8-羟基喹啉在一定的 pH 值条件下具有良好的螯合作用及螯合物在 C_{18} 柱中有一定的富集能力（富集因子 26），用 C_{18} 键合硅胶微柱吸附铅螯合物进行分离、富集，并利用同位素稀释分析方法进行痕量铅的测定。

① 仪器和试剂　HP4500 series300 型 ICP-MS（美国，Agilent）。ISIS（integrated sample introduction system）流动注射装置（美国，Agilent）。铅同位素标准物质（SRM981）和铅同位素浓缩剂（SRM982）（美国国家标准局）：均经优级纯 HNO_3 溶解后配制而成，$1000\mu g/mL$。Tl 标准储备液 GSB G62070-90（8101）（国家钢铁材料测试中心）。0.1% 的 5-磺基-8-羟基喹啉（8-HQS，98%，Acros，USA）：直接用超纯水溶解配制。试验所用试剂均为优级纯或分析纯。超纯水（电阻率 $\geq 18.2 M\Omega \cdot cm$，由 Minipore 装置制得）。微柱为 $50mm \times 3mm$（内径）的聚四氟乙烯（Teflon）管，内部填充 C_{18} 键合硅胶，两端装填有玻璃棉，再用 $\Omega = 0.5mm$ 的 Teflon 管与流动注射系统相连，流速为 3mL/min。蠕动泵转速 0.5r/s；海水取回后即用 $0.45\mu m$ 滤膜过滤，使用时调 pH 值为中性。

② 仪器的工作条件　以 10ng/mL 的 Li、Y、Ce、Tl 的混合标准溶液对仪器进行最优化，优化参数见表 1-35。

表 1-35　ICP-MS 的仪器工作条件和优化参数

工作参数	选定值	工作参数	选定值
RF 功率	1200W	进样速度	1.0mL/min
取样深度	5.9mm	优化模式	时间-光谱
氩气流速	16L/min	点/面	1
辅助气	1.0L/min	扫描方式	阶梯扫描
载气	1.05L/min	停留时间	10ms
采样锥孔径	1.0mm	重复测定次数	1 次
截取锥孔径	0.8mm	总测定时间	300s

③ 试验步骤

a. 流动注射系统的操作程序和参数见表 1-36。

第一步，由泵 1 将样品、5-磺基-8-羟基喹啉和酸度调节剂泵入混合器中混合，再进入微柱进行富集；第二步，泵 2 将淋洗液泵入柱中淋洗，去除基体物质；第三步，利用仪器系统的蠕动泵（泵 3）将酸洗脱液泵入，洗脱吸附在柱中的铅螯合物，并导入 ICP-MS 中进行铅的分析；第四步，泵 2 将淋洗液泵入柱中除去残留的酸液并洗至中性。

表 1-36　流动注射系统的操作程序和参数

步骤	时间/s	泵 1 转速/(r/s)	泵 2 转速(r/s)	阀门 1 位置	阀门 2 位置	作用
1	60	0.5	0	进样(load)	进样	进样
2	80	0	0.5	注射(inject)	进样	洗脱炬管
3	200	0	0	注射	注射	洗脱
4	30	0	0.5	注射	进样	柱洗至中性

b. 水样测定　取一定量的海水，加入 SRM982 及内标元素 Tl，用 6mol/L 的氨水或 2% 的 HNO_3 调溶液的 pH 值为 7 左右或进行在线调节，按设定的程序测定 ^{208}Pb 和 ^{206}Pb 同位素的峰面积。

④ 检出限和回收率　测量仪器的检出限：用 50mL 超纯水作为空白，以铊作为内标元

素，按试验方法连续 11 次测定铅同位素的峰面积，按公式计算得到的铅浓度作为空白值，以 3 倍的相对标准偏差作为铅的检出限，结果为 0.22ng/mL。

用 50mL，经处理的海水，按标准分析方法测定并进行加标回收试验。同时取标准水样 0.5mL，用同样的方法进行测定，每个样品的测量时间约 370s，海水测定的 RSD（$n = 3$）为 0.68%，回收率 94%～108%，优于常规 FI-ICP-MS 测定标准水样回收率（不到 90%）。

⑤ 结论　微柱流动注射与电感耦合等离子体质谱联用的同位素稀释分析方法，在优化条件下铅的检出限非常低，对标准水样和加标海水的回收率高很多。同时准确度高、操作简便，能实现在线分离、富集和测定，减少样品处理过程中引入污染的可能，可应用于高盐样品中铅的在线分离测定。

（9）电感耦合等离子体质谱法测定地表水中 5 种重金属元素　由于 ICP-MS 具有样品需求量相对较少、动态范围宽、适用于有机溶剂、可多个元素进行分析、可进行同位素鉴别和测定、可进行半定量分析等特点，已广泛应用于环境、化妆品、食品、医药等各个领域，环境领域应用最为广泛。电感耦合等离子体质谱法测定地表水中 5 种重金属元素的方法介绍如下。

① 仪器　电感耦合等离子体质谱仪：Agilent 7700X；高纯水制备系统：Purelab flex 3。

② 试剂　硝酸；实验用水（高纯水）；调谐液（10μg/L 的 Ce、Co、Li、Tl、Y）使用 1% HNO₃ 稀释为 1μg/L；锰、铜、锌、镉、铅标准溶液及标准样品。

③ 方法

a. 样品的采集和预处理　现场采集水样，存放于塑料样品瓶中，加适量 50% 硝酸调节至 pH<2 保存，水样带回实验室，用 0.45pm 滤膜过滤后，上机测定。

b. 标准溶液配制　先将 5 种标准溶液用 1% HNO₃ 配制成 5mg/L 的中间液，然后用 1% HNO₃ 稀释为 0mg/L、0.01mg/L、0.05mg/L、0.1mg/L、0.5mg/L、1mg/L 的标准溶液。

c. 样品测定　仪器开机，提前一天抽真空，检测仪器气压、气体流速、温度是否正常，点火，仪器稳定后，使用调谐液进行调谐，确认灵敏度、氧化物、双电荷、分辨率、质量轴达到要求后，编辑方法和序列，将样品管插到自动进样器上，按编辑的序列引入试剂空白、标准溶液、样品溶液、质控样品。在数据分析窗口输入各个元素所需参数，标准曲线和回归方程由计算机自动计算及绘制，并给出精确的浓度值。仪器检测条件见表 1-37。

表 1-37　仪器检测条件

检测条件	要求值	检测条件	要求值
等离子体气流量/(L/min)	15	RF 功率/W	1500
辅助气流量/(L/min)	1	质量轴 Li(7)、Y(89)、Tl(205)	±0.1
载气流量/(L/min)	1	分辨率(10%)	0.65～0.85
补充气/稀释气流量/(L/min)	1	灵敏度(0.1s 时,1×10⁻⁹)	Li≥3000 Y≥8000 Tl≥4000
蠕动泵速/(r/s)	0.10	氧化物	≤2%
温度/℃	2	双电荷	≤3%

④ 结果与分析

a. 标准曲线　在仪器优化条件下，检测锰、铜、锌、镉、铅浓度为 0mg/L、0.01mg/L、0.05mg/L、0.1mg/L、0.5mg/L、1mg/L 的混合标准溶液，绘制出标准曲线。

b. 方法检出限　以 1% HNO₃ 为试剂空白溶液，取 11 次进行重复检测，计算各个元素 11 次平行结果的标准偏差 σ，方法检出限由 3.14σ 计算得出，定量下限由 10σ 计算得出。

c. 精密度　检测方法精密度用相对标准偏差（RSD）表示，重复测定 5 种重金属元素高、中、低 3 种不同浓度各 7 次。

d. 标准样品测定　测定在水利部水环境监测评价研究中心购买的锰、铜、锌、镉、铅单个标准样品，用 1%HNO_3 稀释成在曲线范围内的所需的混合标准样品。

e. 加标回收率　加入 0.1mg/L 的样品元素，进行加标回收率实验。

f. 实际水样检测结果　采用该方法对海河流域潮白河和永定河部分省界断面水样进行检测。

（10）海水淡化水处理药剂中杂质元素的电感耦合等离子体质谱法　我国高度重视海水淡化科技研发工作，自"七五"以来国家对海水淡化相关技术研发进行了持续支持，并将海水淡化作为优先发展主题纳入《国家中长期科学和技术发展规划纲要（2006—2020）》，鼓励海水淡化与综合利用技术和产业的发展。目前国内针对饮用水化学处理剂中元素测定方法的研究非常丰富，这里介绍采用电感耦合等离子体质谱法测定海水淡化水处理药剂中杂质元素。

① 仪器与试剂

a. 仪器　电感耦合等离子体质谱仪（美国 Perkin-Elmer Sciex ELAN DRC 域型），Milli-Q 纯水机（法国 Millipore 公司 Element A 型），微波消解仪（意大利 Miletones 公司 Ethos 1 型），高温电热消解仪（美国 LabTech 公司 EHD 36）。

b. 试剂与标准溶液　多元素混合标准储备液，汞元素标准储备液，内标溶液；质谱调谐液：2%HNO_3 为介质，含有 1 μg/L 铍（Be）、铈（Ce）、钴（Co）、铁（Fe）、铟（In）、镁（Mg）、铅（Pb）、钍（Th）、铀（U）和 10μg/L 钡（Ba）的混合标准溶液。硝酸：优级纯。试验用水为超纯水；高纯氩气的纯度为 99.99% 以上。氢氟酸：优级纯。试验器材在使用之前经体积分数 5% 硝酸溶液浸泡 24h 以上，然后用洗涤剂清洗，再用纯水冲洗 4 遍备用。

② 方法

a. 仪器条件优化　测试前采用调谐液调节仪器，使仪器达到以下要求：Be＞3000mPa·s；Mg＞20000mPa·s；In＞50000mPa·s；U＞40000mPa·s；背景噪声（Bkgd220）≤20mPa·s；氧化物 CeO/Ce＜2.5%；双电荷 Ce＋＋/Ce＜3.0%。优化后的仪器参数见表 1-38。

表 1-38　海水淡化水处理药剂中 ICP-MS 优化后仪器参数

仪器参数	数值
射频功率/W	1200
等离子气体流速/(L/min)	14.5
辅助气流量/(L/min)	0.92
雾化气流量/(L/min)	1.00
样品锥/mm	1.1
截取锥/mm	0.9
分辨率(10%峰高)	0.6～0.7
进样速度/(mL/min)	1.00
检测器模式	脉冲/模拟
分析时间/min	5
重复测量次数/次	3
清洗时间/min	3

b. 样品处理　用 1mL 移液枪吸取 0.2mL 液体样品置于聚四氟乙烯的消解罐内，加入 5mL 硝酸，于通风橱中静置过夜后放入微波消解仪中，按照表 1-39 程序设置进行消解。消解完成后冷却取出，缓慢打开罐盖排气，将消解液移入 50mL 具塞比色管中，用高

纯水少量多次淋洗消解罐内壁，合并淋洗液至比色管中，将比色管放入高温电热消解仪中，于140℃下加热，去除氮氧化合物至近干，冷却至室温，转移定容至10mL容量瓶中，用0.45μm滤头过滤，滤液移入15mL离心管中，按仪器工作条件进行测定，同时做试剂空白试验。

表1-39 海水淡化水处理药剂中微波消解程序

步骤	时间/min	功率/W	温度/℃	压力/bar	温度趋势
1	10	800	140	35	升温
2	5	800	140	35	恒温
3	8	1 000	180	35	升温
4	30	1 000	180	35	恒温

注：$1bar = 10^5 Pa$

c. 质量控制 本试验中采用体积分数2%的硝酸作为介质定容消解液，极易引入污染，因此对整个实验实行质量控制是很有必要的，尤其要注意空白样品、硝酸和实验用水中测定元素的本底值。分别用1mL移液枪吸取1mL GBW08608水中微量元素（中国计量科学院）标准液，置于2个10mL的容量瓶中，用体积分数2%的硝酸溶液定容至刻度线，振荡摇匀，作为质控样品。同时测定2个空白样品，要求平行样相对误差<10%。

d. 标准溶液的配制 分别将多元素混合标准储备液和汞（Hg）元素标准储备液逐级稀释，配制成浓度含量为2000μg/L的多元素混合标准使用液和浓度含量为100μg/L的Hg元素标准使用液。将约3mL多元素混合标准使用液倒入一支15mL刻度离心管中，用1mL移液枪吸取多元素混合标准使用液1mL于一个新的10mL容量瓶中，用体积分数2%的硝酸溶液定容至刻度线，然后振荡摇匀，得到200μg/L的多元素混合标准溶液。依次逐级稀释，得到多元素浓度为0.003μg/L、0.012μg/L、0.049μg/L、0.195μg/L、0.781μg/L、3.125μg/L、12.500μg/L、50.000μg/L和200.000μg/L和Hg浓度为0.010μg/L、0.039μg/L、0.156μg/L、0.625μg/L、2.500μg/L和10.000μg/L的标准系列。

e. 样品测定 将进样泵管接入一个三通阀，在三通阀的另一头接入两根进样泵管，然后两根进样泵管分别吸入待测样品和Rh元素内标溶液，这样待测样品和内标溶液通过三通阀可以同时泵入ICP-MS雾化室，实现了在线内标测定试样。

f. 计算 样品中杂质元素含量的计算如公式（1-20）所示：

$$X = CV_1 \times 10^{-3}/(V_2 \times 10^{-3}) \tag{1-20}$$

式中 X——样品中杂质元素的含量，μg/L；

C——从标准曲线中查到的杂质元素的浓度，μg/L；

V_1——样品定容体积，mL；

V_2——样品取样量，mL。

③ 结论 采用本试验方法测定海水淡化水处理药剂中As、Cd、Cr、Pb等12种元素，采用微波消解方法进行处理，处理后的试液采用ICP-MS一次进样同时测定阻垢剂、消泡剂等典型海水淡化水处理药剂中12种金属杂质的含量。通过选择合适的内标和优化仪器条件克服测定中的干扰，检出限、精密度、加标回收等方法学试验证明本方法具有良好的线性，精密度好，准确度高，适于海水淡化水处理药剂阻垢剂、消泡剂中11种杂质元素的同时测定，能够为海水淡化水处理药剂中杂质元素的分析和质量控制提供技术支撑，为制定海水淡化水处理药剂卫生安全评价规范提供参考依据。

（11）电感耦合等离子体质谱法测定地下水中的六价铬 六价铬的传统测试技术——分光光度法步骤繁琐，干扰较多，电感耦合等离子体质谱法测定地下水中的六价铬是一种简便快速的检测方法。日本已将 ICP-MS 法列为测定水中六价铬的标准分析方法。本法采用活化的树脂配以简易离子交换吸附柱进行分离富集，适用于没有离子色谱或液相专用设备的实验室进行分析测试。

① 仪器与材料

a. 仪器及工作参数　电感耦合等离子体质谱仪（XSerise2 型，美国热电公司生产），功率 1550W，载气流量 1.0L/min，辅助气流量 0.5L/min，采集时间 0.5s，中子质量数＞500kPa·s/10^{-6}。

b. 主要材料　试剂和标准溶液处理至中性；H-732 阳离子交换树脂；树脂吸附柱（直径 10mm，长 100mm）；乙二胺四乙酸二钠（5mmol/L）；磷酸二氢钾（2mmol/L）；六价铬标准溶液；混标溶液系列；调谐液为 1mg/L 锂、钴、铟、铀混合标准溶液（2％硝酸介质）；超纯水。

② 方法

a. 对于新购买的 H-732 型阳离子交换树脂（之后简称树脂），首先用 5％氢氧化钠溶液浸泡 24h，然后用超纯水将树脂洗至 pH 呈中性，再用 5％盐酸溶液浸泡 24h 后，用超纯水将树脂洗至 pH 呈中性，完成树脂活化。

b. 将活化的树脂缓慢注入树脂吸附柱中并用超纯水清洗吸附柱直至流出液 pH 呈中性，完成树脂吸附柱的制备。

c. 取 200mL 地下水样品缓慢注入吸附柱中，待吸附柱中无溶液流出后，弃去流出液，用中性洗脱液乙二胺四乙酸二钠（5mmol/L）进行洗脱，洗脱液定容于 25mL 比色管中，采用标准曲线法在 ICP-MS 上测定六价铬的含量。试剂空白同步进行。

③ 结果与分析

a. 样品预处理　水样应用瓶壁光洁的玻璃瓶采集。水样采集后，加入适量碱性溶液调节 pH 为偏碱性（pH 值约为 8）。应尽快测定，如放置，不得超过 24h。

b. 洗脱液的选择　在本方法中，洗脱液的选择是一个重要环节。采用酸性较高的洗脱液进行洗脱处理，会对交换柱带来不可逆的损伤，因此，为了减少经济损失，实验采用了比较温和的乙二胺四乙酸二钠中性洗脱液（pH＝7.5）淋洗，并控制洗脱液流速（1.5mL/min），保证了三价铬与六价铬的最佳分离条件。在中性洗脱液的前提下，对洗脱液流速设置进行了试验，分别设定洗脱液流速为 0.5mL/min、1.0mL/min、1.5mL/min、2.0mL/min、3.0mL/min，发现洗脱液流速在 1.0～2.0mL/min 之间时分离效率最佳，因此设定其流速为 1.5mL/min。

c. 分析方法的检出限　依照上述的分析步骤，对试样空白平行测定 12 次，以 3 倍标准偏差计算方法检出限，计算得出六价铬的检出限（DL）为 0.04μg/L。对比数据不难看出，本法的方法检出限明显低于二本碳酰二肼分光光度法测定的方法检出限(0.004mg/L)。

d. 分析方法的准确度和精密度　依照分析步骤，对环境保护部标准样品研究所研制的六价铬水质标样 GBS07-3174-2014（203350）进行 6 次平行测定，取其平均值，测定结果的准确度和精密度。

e. 回收率　在环境保护部标准样品研究所研制的六价铬水质标样 GBS07-3174-2014（203350）中，加入 10.0μg/L 六价铬标准溶液进行 6 次平行测定，计算其回收率。标准物质的加标回收率为 94.03％～107.8％，平均加标回收率为 100.8％。

（12）电感耦合等离子体质谱仪测定自来水中的多种金属元素　当前对饮用水中的金属元素测定时常用的方法有化学法、氢化物发生原子荧光法、原子吸收光谱法等。这些方法在实验时，样品的预处理流程十分繁琐，通常只能测定单个元素，测定速率慢、效率低，测定的精密度较差。电感耦合等离子体质谱法（ICP-MS）相比传统检测方法有着明显的优势，监测速率高、效率高，测定的精密度好，并且能够同时检测多种元素。

① 仪器与试剂

a. 仪器　试验采用美国生产的 NexION300D 型电感耦合等离子体质谱仪，西门子公司生产的超纯水机。

b. 试剂　HNO_3 硝酸，优级纯。从需要进行测验的自来水处选取一定量的自来水作为实验水样，然后对其采取必要的实验前预备操作，处理完之后对本次实验所要测定的金属元素进行检验，确保其不会超过检出限。纯度接近 100% 的氩气。各元素混合标准储备液，浓度为 100mg/L。浓度为 10mg/L 的内标元素储备液，锂（Li）、钪（Sc）、锗（Ge）、铟（In）、铋（Bi）混合标准溶液浓度为 1%。将浓度为 1% 的 HNO_3 与本次实验要测定的金属元素混合成浓度为 1% 的调谐液。

② 方法

a. 仪器条件　电感耦合等离子体质谱仪器操作条件：功率 1800W；辅助器气流量 1.26L/min；分析泵速 0.12r/s；雾化器流量 1.0L/min；等离子体气流量 18.0L/min，自动检测；采集锥/截取锥为镍锥；雾化器/雾化室为同心雾化器；采集模式为跳峰；采样深度 8~10mm；测定点数为 20；重复次数为 3。

b. 溶液的配制与测定流程

i. 溶液的具体配制。本实验在配制标准系列溶液时，吸取适量的多元素精密混合标准储备液，然后向储备液中添加浓度为 2% 的 HNO_3 进行稀释，通过搅拌使两者的溶液混合均匀，并且配制多种元素混合标准储备液。

ii. 溶液中金属元素的测定。在对标准溶液中的金属元素进行测定时，测定装置需要将进样管与内标管用一个三通接头连接在一起，这样方便溶液的在线测定。为了排除异常条件对实验的干扰，在测定空白样品时保持了相同的方法。

c. 样品测定　在实验中，从指定自来水中采集水样后，如果采集的水样伴有浑浊物，需要先将自来水中的浑浊物过滤掉，确定自来水水样中没有浑浊物后才能作为试验水样。待试验水样达标后，将采集的水样与 HNO_3 进行同体积比例的混合，然后将溶液搅拌均匀后，将混合溶液调节到 pH 值小于 2 即可，然后将溶液保存。

③ 结果与讨论

a. 干扰及排除　在使用电感耦合等离子体质谱法（ICP-MS）测定自来水中的金属元素时，往往会受到质谱和非质谱两方面的干扰。在利用电感耦合等离子体质谱法测定自来水中的金属元素时，实验仪器的功率、气体速度、采样深度等都会对被测自来水中的金属元素造成一定的影响。为了降低仪器自身的因素给实验造成的干扰，在实验时必须对仪器的监测灵敏度进行科学优化，尤其是要降低被测元素的氧化物离子生产速率，最大限度地降低其干扰。在试验时，为了提升监测仪器的灵敏度，在对仪器进行优化时通常会选用浓度为 1μg/L 的调谐液对仪器性能进行提升。除了上面所讲的质谱带来的干扰之外，同样还存在非质谱干扰。造成非质谱干扰的主要原因是所测样品本身。在实验时为了降低这方面的干扰，通常采用的方法是对所测样品进行稀释。在本次实验中，采取的方法是通过在线加入内标液的方式降低干扰。为了不被所测元素的同位素干扰，实验选定内标元素时没有选择所测元素的同量异位素重叠、多原子离子等。通过这种方式，本次实验有效降低了仪器自身移动造成的实验偏差。

b. 测定数据　实验使用电感耦合等离子体质谱仪测定自来水中金属元素，所测定的多种金属元素的线性关系良好，范围比较广。本次实验的相关系数全部高于 0.9996，完全符合实验需求。

c. 精密度与回收率试验　为了提高实验的准确性，采用了多次重复测定的方式。将所取实验水样反复监测 8 次，测定多种金属元素的本地均值、加标量、加标测定值、加标回收率、RSD 等。

（13）电感耦合等离子体质谱法测定水中硒、锑　根据《生活饮用水标准检验方法 金属指标》（GB/T 5750.6—2006）和《水质 65 种元素的测定 电感耦合等离子体质谱法》（HJ 700—2014），使用电感耦合等离子体质谱法检测硒、锑，主要是通过干扰校正方程或在分析前对样品进行化学分离等方法消除共存元素的干扰。通过优化仪器参数，增加高纯氩气碰撞模式以消除共存元素的基体干扰，减少了电感耦合等离子体质谱法检测硒、锑过程中的样品前处理步骤。

① 材料与方法

a. 材料与试剂　26 种金属标准溶液（铝、砷、硼、钡、钙、镉、钴、铬、铜、铁、汞、钾、镁、锰、钼、钠、镍、铅、锑、硒、锡、锶、钛、铊、钒、锌，100mg/L）；实验用水为超纯水（Milli-Q 纯水/超纯水一体仪）；硝酸（BV-Ⅲ级）；质谱调谐液（PerkinElmer，1μg/L 的 Li、Be、Mg、Fe、In、Ce、Pb、U 混合溶液）；高纯氩气（纯度＞99.999%）；高纯氦气（纯度＞99.999%）。Perkin Elmer NexION 300x 电感耦合等离子体质谱仪。雾室为回旋型单通路；雾化器为 Meinhard 同心玻璃；RF 功率 1200W；载气为高纯氩气；碰撞气为高纯氦气；反应模式为碰撞；雾化器流速 0.92 ~ 1.01L/min；每次跳跃读数时间为 20s；重复次数 3 次；延迟时间 15s；冲洗时间 40s；自动进样器蠕动泵转速 24r/min。

b. 仪器工作参数的优化　RF 功率、采样深度、载气流速、蠕动泵流速和矩管位置是 ICP-MS 最重要的工作参数，条件优化以灵敏度、氧化物和双电荷产率为参考指标，用调谐液优化仪器参数至 CeO 155.9/Ce 139.905≤0.025，Ce++ 69.9527/Ce 139.905≤0.03，Bkgd220≤1，Be 9.0122＞2000，Mg 23.985＞15000，In114.904＞40000，U 238.05＞30000。

c. 干扰的消除　采用通用池技术碰撞模式，利用碰撞后能量差将分析物与干扰离子分开，消除元素间的干扰。碰撞气体选择高纯氦气，通过设置不同的氦气流速，对比信噪比，最终选择测定硒和锑的碰撞气流速分别为 4.2mL/min 和 3.5mL/min。

② 结果与分析

a. 标准曲线和相关参数　选用 100mg/L 混溶液，用 1% 硝酸溶液逐级稀释，配制浓度分别为 1.0μg/L、5.0μg/L、10.0μg/L、50.0μg/L、100.0μg/L 和 200.0μg/L 的混标使用溶液，硒的标准溶液配制浓度分别为 5μg/L、10μg/L、50μg/L、100μg/L 和 200μg/L，锑的标准溶液配制浓度分别为 1μg/L、5μg/L、10μg/L、50μg/L 和 100μg/L。连续 5d 进行标准曲线绘制，按优化方法进行检测分析。结果表明，采用该检测方法，硒和锑分别在 5 ~ 200μg/L 和 1 ~100μg/L 内有较好的相关性。

b. 方法检出限和精密度　配制浓度为 5μg/L、50μg/L 和 200μg/L 的 26 种金属混标溶液，以 1% 硝酸溶液为空白样品，平行测定 6~7 次。该方法测定硒、锑的准确度和精密度高，相对标准偏差为 0.43%~14.73%，平均回收率为 86.6% ~110.4%。平行测定 1% 硝酸溶液 20 次，ICP-MS 检测硒、锑的灵敏度高，检出限满足要求。

c. 实际样品测定　取 10mL 生活饮用水水样，经 0.1mL 硝酸酸化后直接进样分析；地表水取自某水库，1L 水样经 1mL 硝酸酸化后经 0.45μm 滤膜过滤进样分析。进行 20μg/L 和 150μg/L 加标实验，重复测定 2~4 次取平均值。连续 5d 的加标回收率在 83.5% ~126.1%，相对标准偏差均＜5%。

③ 结论　所建立的电感耦合等离子体法操作简单、快速，可以准确检测生活饮用水和地表水中的硒、锑。检测过程中采用氦气碰撞模式消除干扰，在 26 种元素共存的情况下对硒、锑的检测结果表明，在多种干扰元素存在的情况下，线性方程的相关系数均≥0.9995，

质控样品回收率在 86.6% ～ 110.4%。样品直接进样或通过滤膜后直接进样，实际样品加标回收率在 83.5% ～ 126.1%，能够满足生活饮用水和地表水中硒、锑的测定需要。

（14）电感耦合等离子体质谱法在测定水中多种金属元素中的应用研究　目前工业废水中重金属检测方法主要有原子荧光光谱法、原子吸收光谱法及电感耦合等离子质谱法，前两种检测方法操作复杂，通常情况下只用于辅助检测，它的灵敏性与特意性相对较差，对多种金属元素测定不准确。

① 仪器与试剂　实验运用的是 Agilent7700x 型号的电感耦合等离子体质谱仪与美国某公司生产的 Milli-Q 超纯水系统。美国公司生产的混合标准储备溶液的浓度是 10mg/L，主要包括 27 种元素，如 Mg、Ag、Cr、Ba、Na、Pb 以及 Fe 等；上海安谱生产的混合标准溶液的浓度也是 10mg/L，其主要包含 Ho、Ce、Gd、La、Yb 以及 Er 等稀土元素，共 16 种。其中，Sn、Mo 以及 Ti 等单元素的标准储备溶液的浓度是 $1000\mu g/mL$，^{209}Bi、^{115}In 以及 ^{72}Ge 等内标溶液的浓度也是 $1000\mu g/mL$；含有 Y、Ce、Li 等元素的质谱调谐液的浓度是 $10\mu g/mL$，在实际运用之前，需要先用 2% 硝酸溶液做好稀释工作。

② 具体工作条件　需要将质谱调谐液的调试仪器调到最佳状态，保证其各项指标都与实验要求相符，如双电荷、灵敏度、分辨率以及氧化物等。具体参数如下：采样深度是 8mm；补偿气流的速度是 0.8L/min；样品提升的时间是 40s；载气流速是 0.8L/min；雾化室的冷却温度是 2℃；分析模式是全定量；高频发射功率是 1500W；辅助气流的速度是 0.8L/min；氮气碰撞；蠕动泵的转动速度是 0.3r/s；测量次数是 3 次；稳定时间是 10s；取样锥/截取锥则是 1.0mm/0.4mm 锥。

③ 实验方法　在保证实验仪器达到最佳状态后，需要对测定方法进行编辑，并确定测定元素。做好储备溶液稀释工作，运用逐级稀释的方法配制，获得包含 Na、Fe、K、V、Sn、Cu、TI 以及 Se 等元素的浓度分别是 $0\mu g/L$、$10\mu g/L$、$50\mu g/L$ 以及 $100\mu g/L$ 的标准溶液，包含 Er、Pr、Yb、La 以及 Sm 等元素的浓度分别是 $0\mu g/L$、$0.1\mu g/L$、$0.5\mu g/L$ 以及 $1.0\mu g/L$ 的溶液，并把 ^{209}Bi、^{115}In 以及 ^{72}Ge 当作元素内标，然后逐渐把内标储备液稀释成 $500\mu g/L$ 的溶液。另外，选取 100mL 的水样，并通过 $0.45\mu m$ 滤膜完成过滤操作，将水样中的大颗粒物质过滤掉，然后加入 2mL 的硝酸，使其浓度达到 2%。还需要消解带有机物样品与浑浊样品，在完成过滤之后再上机。内标引入的流程如下：根据设定方法，逐次把样品溶液、标准系列以及试剂空白等依照一定顺序引入仪器中，并展开分析研究。对需要检测的元素信号强度进行测定，并利用回归方程或者是标准曲线来获得元素质量浓度结果。

④ 结果与分析

a. 仪器干扰　电感耦合等离子体质谱性能在很大程度上会受到质谱性与基体性的干扰，会严重降低测量结果的准确性。谱线强度和试样电极材料、激发、原子化、蒸发以及组成等条件都存在紧密联系，并且共存元素也会给被测元素谱线强度带来一定影响。后者干扰则是基体干扰，也被称作基体效应。从性质层面来看，基体干扰既可以是物理干扰，也可以是光谱干扰或化学干扰。若基体数量较多，那么就会使试样物理性质发生变化。在具体实验中，基体干扰也是实验人员必须考虑的一种干扰。通常情况下，试样组成复杂度越高，基体干扰效果越显著，分析的误差也就越大。这主要是因为在激发过程中，激发温度会随着试样组成的变化而变化。因此，一般会将光谱载体或者是光谱缓冲剂加入基体中，以此来对干扰进行有效消除。通过具体实验可知，基体性干扰会导致结果漂移、精密度差、准确性下降以及信号灵敏度损失等问题。针对结果漂移问题，本书主要采取在线引入内标与基体匹配等方法进行解决。实验结果表明，合适内标的选择，能够促进方法准确性的大幅度提升。同时，Agilent7700x 型号的电感耦合等离子体质谱仪还包含八极杆反应系统技术，利用氮气碰撞可以对分子离子干扰进行有效消除，还能够凭借八极杆碰撞反应池-He 碰撞能模式来消除相应干扰，其中最显著的是来自等离子体的 $^{40}Ar^{16}O^{+}$ 和 $^{40}Ar^{2+}$，以及来自基体的 $^{40}Ar^{12}C^{+}$、$^{32}S_{2}^{+}$、$^{35}Cl^{16}O^{+}$，高含碳的样品基体中的 ^{56}Fe、^{78}Se 与 ^{80}Se、^{52}Cr 和高含硫基体样品中的 ^{64}Zn 等。

b. 内标元素选择　内标，即内部标准，是指在定量分析中把适当化合物纯品添加到检材中，而测得的数值则能够为计算被测组分含量参比提供依据。在药物分析中，为保证操作与检测方法要求相符，经常选择一种合适的化合物纯品当作随行参比物，并将其适量添加到检材中，和被测组分共同进行前处理，最后分别检测参比物与被测组分，依照参比物实际回收情况来判断各种检测条件是否正常，如仪器、前处理过程效率等。如果参比物失踪或者是回收率较低，那就表明实际检测中存在失误。另外，参比物测得值在被用于定量计算时被称作内标，相应的使用方法也被称作内标法。本书将与内标较近的质量数和样品质量数当作内标，而内标元素会对信号进行校正，并增强或者是抑制干扰。具体实验结果表明，内标回收率保持在 95%～105% 范围内，较好的内标回收率可以为仪器稳定性提供有力保障，并且实验结果也能够得到较佳回收率与精密度。

c. 标准曲线线性范围　电感耦合等离子体质谱分析中有着较广的线性范围，通过对水中金属元素含量的综合考虑，在实验过程中，只有对水测定范围进行合理选择，才能促进实验结果准确性的提升，并获得相应的内标元素信号响应值和待测元素信号响应值。同时，要对标准曲线进行绘制，其中，横坐标是浓度，纵坐标则是待测元素信号响应值和内标元素信号响应值的比值。标准曲线回归方程、线性范围、相关系数等如下（部分）：元素 ^{7}Li，内标是 ^{72}Ge，回归方程是 $y=0.0014x-5.437\times10^{-4}$，相关系数是 0.9985，线性范围是 $5\mu g/L$ 到 $100\mu g/L$；元素 ^{51}V，内标是 ^{72}Ge，回归方程 $y=0.0763x+0.0020$，相关系数是 0.9995，线性范围是 $5\mu g/L$ 到 $100\mu g/L$；元素 ^{89}Y，内标是 ^{72}Ge，回归方程是 $y=0.0018x+4.4346\times10^{-4}$，相关系数是 0.9994，线性范围是 $0.05\mu g/L$ 到 $1.0\mu g/L$；元素 ^{140}Pr，内标是 ^{185}Re，回归方程是 $y=4.4537\times10^{-4}x+2.7947\times10^{-5}$，相关系数是 0.9997，线性范围是 $0.05\mu g/L$ 到 $1.0\mu g/L$；元素 ^{208}Pb，内标是 ^{209}Bi，回归方程是 $y=0.0312x+2.3937\times10^{-4}$，相关系数是 0.9998，线性范围是 $5\mu g/L$ 到 $100\mu g/L$。通过分析可知，相关系数都超过 0.997。

d. 方法的定量限与检出限　方法检出限应该把 2% 的硝酸溶液当作空白试剂，平行测定 11 次，然后对各元素计数值标准偏差进行计算，并利用三倍标准偏差获得方法的检出限，依照十倍标准偏差获得方法的定量限，计算结果如下：元素 ^{55}Mn，检出限是 $0.064\mu g/L$，定量限是 $0.214\mu g/L$；元素 ^{69}Ga，检出限是 $0.024\mu g/L$，定量限是 $0.080\mu g/L$；元素 ^{157}Gd，检出限是 $0.0026\mu g/L$，定量限是 $0.0087\mu g/L$；元素 ^{169}Tm，检出限是 $0.00027\mu g/L$，定量限是 $0.00090\mu g/L$。由此可知，方法的检出限在 $0.00022\mu g/L$ 到 $1.319\mu g/L$ 范围内，而定量限则处在 $0.00072\mu g/L$ 到 $4.397\mu g/L$ 范围中。

e. 加标回收试验　选择超纯水样展开加标试验，并将高、中、低水平的标准溶液添加到其中，重复检测 6 次，获得加标精密度与回收率结果。通过分析可知，若内标与无内标校正结果精密度低于 10%，不存在明显差异；若内标与无内标校正结果精密度超过 10%，那么内标校正结果精密度更高。

⑤ 结论　利用电感耦合等离子体质谱法对水中的 40 多种痕量元素进行了测定。这一方法不但具有高效、稳定以及操作简单等特点，还存在回收率好、精密度与准确性高以及检出限低等优点，与水中金属元素快速测定要求相符，可以有效保障水的安全。

（15）电感耦合等离子体质谱（ICP-MS）法测定环境水样中 5 种重金属元素　采用电感耦合等离子体质谱（ICP-MS）法测定水沟、水库、河水、地下井水、自来水 5 种环境水样中铜、锌、锰、铅、镉 5 种重金属元素含量，并与原子吸收光谱法进行稳定性和准确性对比，进而选择了一种高效、准确地测定环境水样中不同浓度多种金属元素同时分析的方法。

① 主要仪器与设备　PinAAcle 900T 原子吸收分光光度计（美国 PerkinElmer 公司）；

iCPA Q 电感耦合等离子体质谱仪（美国 Thermo Fisher Scientific 公司）；锰、铜、锌、镉、铅空心阴极灯（北京有色金属研究总院）；高纯氩气（ω_{Ar}＞99.99%）。

② 主要试剂与材料　超纯水（电阻率为 18.20MΩ·cm），硝酸（优级纯，北京化工厂）。单元素标准储备溶液（1000μg/mL）：分别准确称取相应质量的氧化锰（优级纯）、纯铜、纯锌、纯镉、纯铅，溶于适量的硝酸溶液（1＋1）中，并用超纯水定容至 1000mL，摇匀。单元素标准物质溶液：Mn（202523）标准值[（0.402±0.015）mg/L]、Cu（201124）标准值[（1.42±0.07）mg/L]、Zn（201320）标准值[（0.356±0.016）mg/L]、Cd（201424）标准值[（78.8±4.2）μg/L]、Pb（201227）标准值[（0.378±0.017）mg/L]，购于环境保护部标准样品研究所。Ba、Bi、Ce、Co、In、Li、U 调谐液（1.0μg/L）：购于美国 Thermo Fisher Scientific 公司。^{45}Sc、^{74}Ge、^{115}In、^{185}Re 内标溶液（100μg/L）：临用前用硝酸（1%）溶液稀释至 20μg/L，购于国家有色金属及电子材料分析测试中心。内标溶液在线加入，与待测样品同时进样进行测定。

③ 实验方法　标准溶液的制备：单元素标准储备溶液用硝酸（2%）溶液稀释成混合标准溶液，然后取一定体积的标准溶液，用硝酸（1%）溶液配制成混合标准系列工作溶液。5种重金属元素的浓度分别为：锰、铜、锌系列浓度为 0μg/L、10μg/L、50μg/L、100μg/L、200μg/L、400μg/L、500μg/L；镉、铅系列浓度为 0μg/L、1.0μg/L、5.0μg/L、10.0μg/L、20.0μg/L、40.0μg/L、50.0μg/L。在仪器优化条件下，采用硝酸（1%）溶液为载流，以标准溶液浓度为横坐标，以样品信号与内标信号的比值为纵坐标建立标准曲线。仪器工作条件：实验采用 ICP-MS 调谐液对仪器参数进行自动调谐，优化后的各项仪器参数见表 1-40。

表 1-40　ICP-MS 测定工作条件及参数

工作条件	参数	工作条件	参数
RF 功率/W	1548.6	提升时间/s	35
雾化器流量/(L/min)	0.99	冷却水流量/(L/min)	3.82
辅助气流量/(L/min)	0.79	Ni 采样锥/mm	0.5
冷却气流量/(L/min)	13.72	采样深度/mm	5
冲洗时间/s	25	扫描方式	跳峰
泵速/(r/min)	40	雾化器温度/℃	2

④ 环境水样预处理　环境水样均按标准采样方法采集于水沟、水库、河水、地下井水、自来水等。澄清的水样可直接进行测定；悬浮物较多的水样，分析前需酸化并消化有机物。若测定溶解的金属，在采样时将水样通过 0.45μm 滤膜过滤，然后每升水加入 1.5mL 硝酸酸化使 pH 值小于 2.0。

⑤ 结果与讨论

a. ICP-MS 的干扰与校正　ICP-MS 的干扰主要来自非质谱干扰和质谱干扰两种。非质谱干扰也称物理干扰，主要来自质谱内沉积物和样品基体的干扰；质谱干扰主要来自多原子干扰和同量异位素干扰。实验采用硝酸（1%）溶液为载流减少通道内的沉积物；采用浓度为 20μg/L 的 ^{45}Sc、^{74}Ge、^{115}In、^{185}Re 为内标，通过在线加入进行校正来消除信号抑制和信号漂移；仪器采用 KED 模式代替 STD 模式可以有效消除多原子干扰和同量异位素的干扰。

b. 工作曲线、线性范围及检出限　在优化的仪器条件下，平行测定空白溶液 11 次，并测定不同系列浓度锰、铜、锌、镉、铅 5 种重金属元素。5 种重金属元素工作曲线的相关系数均大于 0.999，在线性范围内，Pb、Cd 稳定性优于 Cu、Zn、Mn；经计算，5 种重金属元素的检出限在 0.014～0.22μg/L，说明此法具有较高的灵敏度。

c. 方法准确度和精密度　实验分别测定了 15 个批次环境水样，插入国家标准物质作为质控样，并采用原子吸收光谱法同时测定，进行准确度和精密度的对比。三种测定方法 5 种重金属元素的测定值均在标准误差允许范围内，其中：ICP-MS 法的准确度优于火焰原子吸收光谱法，与石墨炉原子吸收光谱法基本相当；由于 ICP-MS 法可能存在一定的干扰，精密度稍差于原子吸收光谱法。ICP-MS 法的准确度和精密度均较高，足以满足多金属元素的同时测定。

d. 实际样品测定结果　由于火焰和石墨炉原子吸收光谱法受到线性范围和检出限的限制，石墨炉原子吸收光谱法测定水沟、水库中高浓度 Pb、Cd 两种金属元素必须进行稀释再测，准确度会降低，而 ICP-MS 法可以直接用于高、中、低等重金属元素含量变化较大的环境水样的同时分析。实验结果进一步验证了 ICP-MS 法可以满足环境水样中不同浓度多种金属元素含量的同时测定，相对于原子吸收光谱法，大大提高了分析效率和测定结果的准确性，扩展了环境水样的分析测定范围。

⑥ 结论　电感耦合等离子体质谱（ICP-MS）法测定环境水样中 5 种常规重金属元素，具有很好的精密度和准确度，能满足环境水样中不同浓度多种金属元素的同时测定。ICP-MS 法具有分析范围宽、分析时间短，可弥补原子吸收光谱法多元素同时测定的缺点，并减少了不同浓度稀释、富集的繁琐操作，提高了分析效率和准确度等优点，更适用于大批量、多样化环境水样的监测分析。

1.3.6　ICP-MS 的新进展及发展趋势

电感耦合等离子体质谱技术从 1980 年发表首篇里程碑文章至今已有 40 年。此间，ICP-MS 技术发展相当迅速，不仅从最初在地质科学研究中的应用迅速发展到广泛应用于环境、冶金、石油、生物、医学、半导体、核材料分析等领域，成为公认的最强有力的元素分析技术，而且随着近年来人们对 ICP-MS 技术内在缺陷的研究革新，等离子体质谱的分析性能，尤其是同位素分析能力有了显著进步。

目前 "ICP-MS" 的概念，已经不仅仅是最早起步的普通四极杆质谱仪（ICP-QMS）了。它包括后来相继推出的其他类型的等离子体质谱技术，比如多接收器的高分辨磁扇形等离子体质谱仪（ICP-MCMS）、双聚焦扇形磁场高分辨电感耦合等离子体质谱仪、多接收器磁扇形等离子体质谱仪、离子体飞行时间质谱仪（ICP-TOFMS）以及等离子体离子阱质谱仪等。四极杆 ICP-MS 仪器也不断升级换代，研究者们针对 ICP-MS 分析过程中存在的质谱干扰与非质谱干扰等影响分析性能的因素，不断对 ICP-MS 的各个重要组件分别进行了改进，如在离子聚焦系统中引入 "离子 90°偏转" 技术，在质量分析器中引入 "动态碰撞/反应池" 技术，串联四极杆质量分析器技术等等，这些都极大地改善了 ICP-MS 的分析性能。阵列检测器技术成功用于 ICP-MS 系统使得全元素质量范围内连续同时检测成为可能，并且可监测色谱或激光剥蚀的快速瞬时信号，成为 ICP-MS 技术发展中一项重要的亮点。各种联用技术，如激光剥蚀-电感耦合等离子体-质谱（LA-ICP-MS）、毛细管电泳-电感耦合等离子体-质谱（CE-ICP-MS）、高效液相色谱-电感耦合等离子体-质谱（HPLC-ICP-MS）、气相色谱-电感耦合等离子体-质谱（GC-ICP-MS）、离子色谱-电感耦合等离子体-质谱（IC-ICP-MS）、同位素稀释-电感耦合等离子体-质谱（ID-ICP-MS）、流动注射-电感耦合等离子体-质谱（FI-ICP-MS）、电热蒸发-电感耦合等离子体-质谱（ETV-ICP-MS）等技术也发展迅速。电感耦合等离子体质谱仪还有许多其他联用技术，如悬浮雾化、氢化物发生等与 ICP-MS 联用技术也在环境、生物、冶金样品分析中得到了应用。另外，一些多级联用技术也有了发展，有学者利用氢化物发生、液相色谱分离与 ICP-MS 联用测定各种铅化合物；利用 HPLC-ICP-MS 成功地做形态分析和分析海水中的痕量金属；利用微波消解、离子交换色谱、同位素稀释法与 ICP-MS 联用测定血浆中的 Mo，测定海水中的 Co、Ni、Cu、Zn、Cd、

Pb、U、Mn。

随着科学技术的不断发展和相关产业的发展及升级，ICP-MS 联用技术的发展必将沿着高效、低耗能和智能化的道路发展，同时，将会解决更加复杂的疑难杂症，在我国的各个检测领域得到更好的应用与发展。目前，ICP-MS 与其他仪器联用技术的标准方法还很少。因此，检测行业出台相关的国家标准或行业法规是亟需解决的问题。

这些 ICP-MS 新技术除了大量应用于元素分析外，在同位素比值分析、形态分析等方面的研究和应用也非常活跃，每年都有大量文章发表，尤其是应用性的文章更是年年激增。

目前，ICP-MS，尤其是四极杆 ICP-MS 在元素分析方面已经成为常规的分析技术，发表的文章基本上是关于仪器的一般应用以及一些与之相关的样品处理技术。近年来 ICP-MS 的最大研究进展是围绕着解决四极杆 ICP-MS 的多原子离子干扰新途径的研究（如动态碰撞/反应池技术）以及提高同位素比值分析精密度的新途径的研究（如多接收器磁扇形等离子体质谱仪和飞行时间等离子体质谱仪）。

一些专家指出，拥有了一流的 ICP-MS 仪器，样品制备和样品引入仍然是目前最薄弱的环节，需要给予足够的重视并投入更多的精力去解决它，使之充分发挥作用。也就是说样品引入是当前 ICP 仪器最薄弱的环节，对于微升和纳升级的分析，将样品直接引入等离子体将是 21 世纪的研究热点之一。

参 考 文 献

[1] 高焰，冷家峰，孔庆珍，等．流动注射火焰原子吸收法测定天然水体中的三价铬和六价铬 [J]．化学分析计量，2003，12 (3)：27-28，32.
[2] 刘永庆，赵红雷．平台石墨炉原子吸收法直接测定污水中钴的研究 [J]．中国环境监测，2002，18 (3)：27-28.
[3] 姚敏德，陈小芒，李绍南．氢化物发生-电加热石英管原子吸收法测定环境水样中痕量铅的研究 [J]．中国环境监测，2002，18 (3)：12-14.
[4] 吴颖，冯利，陈中兰．石墨炉原子吸收法测定水中镉和铅 [J]．广州化工．2011，10 (3)：119-120.
[5] 孙汉文，乔玉卿，孙建民，等．气相色谱-卧管式微火焰原子吸收法测定环境样品中的二乙基汞 [J]．分析仪器，2001 (1)：29-32.
[6] 熊远福，文祝友，熊海蓉，等．萃取-缝式石墨管原子捕集火焰原子吸收法测定水样中痕量锑（Ⅲ）和锑（Ⅴ）[J]．分析科学学报，2003，19 (2)：142-144.
[7] 杨延，薛来，宋立群．测定电厂水中痕量硅的原子吸收分析法 [J]．华东电力，1999 (11)：25-27.
[8] 曹金峰．常规火焰原子吸收光谱法测定水中的痕量砷 [J]．纯碱工业 2002 (4)：7-12.
[9] 王晓，关淑霞．萃取分离-偏振塞曼石墨炉原子吸收光谱法测定水中痕量汞 [J]．城镇供水，2003 (3)：10-11.
[10] 巨振海，司志远，岳玉军，等．萃取色层富集原子吸收光谱法测定环境水中痕量铜 [J]．理化检验——化学分册，2000，36 (4)：155-156.
[11] 胡德文，陈恒初，刘汉东．流动注射在线原子吸收光谱法测定水中微量铜 [J]．江汉大学学报，1999，16 (3)：9-11.
[12] 缪吉根，吴小华，陈建荣．单缝石英管原子捕集原子吸收光谱法测定水中碲 [J]．分析实验室，1999，18 (6)：27-30.
[13] 区红，凉斌，何志荣，等．富氧空气-乙炔火焰原子吸收光谱法测定矿泉水中痕量钡 [J]．光谱学与光谱分析，2002，22 (1)：146-148.
[14] 丁根宝．火焰原子吸收光谱法测定废水中铊 [J]．理化检验——化学分册，2001，37 (4)：156-159.
[15] 苏星光，冯刚，张家骅，等．火焰原子吸收光谱法测定环境样品中的锶 [J]．分析仪器，2003 (3)：28-31.
[16] 黄德发，周志华．湘潭师院北院地下水中锌含量的测定 [J]．湘潭师范学院学报（自然科学版），2001，23 (4)：23-25.
[17] 程德翔，吴旺喜，余新民．流动注射 APDC/MIBK 萃取 FAAS 法测定地表水中痕量锌 [J]．江汉大学学报，2001，18 (6)：18-20.
[18] 张俊，蔡春花．石墨炉原子吸收光谱法快速测定饮水中硒 [J]．理化检验——化学分册，2003，39 (2)：124-125.
[19] 郑丽红，陈旭东．石墨炉原子吸收光谱分析测定水中毒物银 [J]．仪器仪表与分析监测，2000 (4)：47-49.
[20] 周泳德．无标准石墨炉原子吸收光谱法测定环境水和矿泉水中痕量银 [J]．地质实验室，1999，15 (3)：

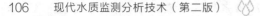

156-158.

[21] 苏耀东，王玉科，程俊，等．间接原子吸收光谱法测定工业废水中痕量二硫化碳［J］．理化检验——化学分册，2000，36（4）：151-153.

[22] 肖开提，阿布力孜，王吉德，等．原子吸收法测定水中溶解氧的研究［J］．分析实验室，2000，19（1）：57-59.

[23] 朱玉祥，尹萍．火焰原子吸收法间接测定水中的硫酸盐［J］．大氮肥，2002，25（4）：274-275.

[24] 邓勃．应用原子吸收与原子荧光光谱分析［M］．北京：化学工业出版社，2003.

[25] 何燧源．环境污染物分析监测［M］．北京：化学工业出版社，2001.

[26] 阎吉昌．环境分析［M］．北京：化学工业出版社，2002.

[27] 吴邦灿，费龙．现代环境监测技术［M］．北京：中国环境科学出版社，1999.

[28] 骆巨新．分析实验室装备手册［M］．北京：化学工业出版社，2003.

[29] 齐文启，孙宗光．痕量有机污染物的监测［M］．北京：化学工业出版社，2001.

[30] 江祖成．等离子体原子光谱/质谱分析的发展现状［J］．食品理化检验，1998（2）：18-19.

[31] 李云巧．水中金属污染物的电感耦合等离子体发射光谱仪（OIML 国际建议 R.116）介绍［J］．现代仪器，2003（3）：45-48.

[32] 陈凌云．高频电感耦合等离子体发射光谱法测定污水中10种元素［J］．环境监测管理与技术，2003，15（4）：30-31.

[33] 范哲峰．活性氧化铝微柱分离富集-电感耦合等离子体原子发射光谱法在线测定水中铬（Ⅲ）和铬（Ⅵ）［J］．分析化学研究简报，2003，31（9）：1073-1075.

[34] 罗明标，毕树平．顺序扫描电感耦合等离子体发射光谱法测定环境样品中的铝［J］．环境化学，2003，22（2）：204-205.

[35] 黄志，刘英萍，张宏．氢化物发生 ICP-AES 法同时测定纯净水中的砷和汞［J］．光谱实验室，2001，18（3）：382-384.

[36] 吴冬梅，赵承易．流动注射-氢化物发生-电感耦合等离子体发射光谱法测定环境样品中的砷［J］．化学分析计量，2002，11（5）：13-14，23.

[37] 吕杰．ICP-AES 法同时测定饮用水中 Pb、As 等11种金属元素［J］．光谱学与光谱分析，2003，23（4）：779-784.

[38] 康清蓉，罗财红，潘平．ICP-AES 测定地表水中的总砷［J］．光谱实验室，2003，20（3）：338-340.

[39] 谯斌宗，杨元，莫定琪．铁在端视 ICP-AES 中的光谱干扰与校正［J］．理化检验——化学分册，2002，38（5）：240-242.

[40] 王水锋，赵承易，刘培斌，等．高频电感耦合等离子体发射光谱法测定官厅水库底泥中的多种元素［J］．北京师范大学学报（自然科学版），2003，39（3）：365-370.

[41] 陈新坤．电感耦合等离子体光谱法原理和应用［M］．天津：南开大学出版社，1987.

[42] 丁健华，廖振环，喻晰，等．电感耦合等离子体光谱中的氢化物发生进样技术［J］．环境科学与技术，2001，24（2）：19-22，43.

[43] 邱招钗，黄志勇，王小如．电感耦合等离子体质谱（ICP-MS）技术及其应用［J］．厦门科技，2002（4）：6-8.

[44] 陈克勤．电感耦合等离子体质谱法（ICP-MS）及其在稀土分析中的应用［J］．湖北化工，2001（3）：38-40.

[45] 吕元琦，尹明，李冰．流动注射-电感耦合等离子体质谱应用现状及进展［J］．岩矿测试，2001，20（2）：115-124，130.

[46] 刘湘生，刘刚，高志祥，等．氢化物发生-电感耦合等离子体质谱联用技术研究［J］．分析化学实验装置与实验技术，2003，8（31）：1016-1020.

[47] 袁倬斌，吕元琦．气相色谱-电感耦合等离子体质谱［J］．化学通报，2002，65（9）：578-583.

[48] 黄志勇，吴熙鸿，胡广林，等．高效液相色谱/电感耦合等离子体质谱联用技术用于元素形态分析的研究进展［J］．分析化学评述与进展，2002，30（11）：1387-1393.

[49] 李月芳，唐富荣．ICP-MS 法直接测定冰芯样品中超痕量镉［J］．分析实验室，2001，20（3）：25-27.

[50] 汪春，农晋琦．水中矿物元素的 ICP-MS 分析［J］．分析测试学，2002，21（5）：94-97.

[51] 崔安智，李金英，刘峻岭，等．ICP-MS 测定低放废水中的^{99}Tc［J］．原子能科学技术，2001，35（3）：211-216.

[52] 金大成，尹起范，彭朝辉，等．图们江流域河水中无机元素含量的分析［J］．延边大学学报（自然科学版），2002，28（2）：102-105.

[53] 陈树榆，孙梅，余明华．脱线柱预富集 ICP-MS 法测定南极水样中的痕量元素［J］．分析试验室，2002，21（1）：16-20.

[54] 杨朝勇，吴熙鸿，谷胜，等．C$_{18}$键合硅胶柱-流动注射-电感耦合等离子体质谱联用技术在海水分析中的应用［J］．分析化学，2001，29（3）：283-286.

[55] 黄志勇，陈发荣，庄峙厦，等．微柱流动注射同位素稀释电感耦合等离子体质谱法测定海水中的痕量铅［J］．分析科学学报，2003，19（4）：301-304.

[56] Yu X，Li X J，Wang H Z．Determination of molybdenum in steel and superalloy by glow discharge mass spectrometry［J］．Metallurgical Analysis，2011，31（11）：1-6.

[57] 刘冬华．浅谈原子吸收分光光度法在水质分析中常见的异常现象及处理方法［J］．黑龙江科学，2014，05（6）：120.

[58] 杨昆．原子吸收分光光度法在水质分析中的异常现象及处理方法分析［J］．化工管理，2017（2）：124.

[59] 黄玉．石墨炉原子吸收光谱仪在电厂水质分析中的应用［J］．科协论坛（下半月），2013（2）：134-135.

[60] 杨素珊．火焰原子吸收法测定环境水样中的铜、锌、铅、镉［J］．轻工科技，2018，34（7）：125-126.

[61] 王东华．电感耦合等离子体对自来水中常规元素的测定［J］．河北冶金，2018（7）：40-42.

[62] 彭辉．电感耦合等离子体原子发射光谱法同时测定地表水中的微量铅、铬、钴、铁、锰［J］．化学分析计量，2018，27（3）：89-91.

[63] 李秀云，李文海，木台力甫，等．电感耦合等离子体质谱技术在法庭科学中的研究和应用进展［J］．分析测试技术与仪器，2019，25（4）：260-266.

[64] 李伟，张俊，孟宪智，等．电感耦合等离子体质谱法测定地表水中5种重金属元素［C］．2018中国环境科学学会科学技术年会2018：899-901.

[65] 王国英，陈曦，林少彬，等．海水淡化水处理药剂中杂质元素的电感耦合等离子体质谱法［J］．职业与健康，2019，35（8）：1046-1050，1066.

[66] 梁慧贞，李学莲，雷占昌．电感耦合等离子体质谱法测定地下水中的六价铬［J］．分析仪器，2017，09（6）：38-39.

[67] 杨尊朝．电感耦合等离子体质谱仪测定自来水中的多种金属元素［J］．化工管理，2019（16）：28-29.

[68] 吴婧，杨鑫，王晶，等．电感耦合等离子体质谱法测定水中硒、锑［J］．供水技术，2019，13（1）：50-52.

[69] 王龙．电感耦合等离子体质谱法在测定水中多种金属元素中的应用研究［J］．世界有色金属，2019（8）：213-215.

[70] 陈磊磊，袁锡泰，余长合，等．电感耦合等离子体质谱（ICP-MS）法测定环境水样中5种重金属元素［J］．中国无机分析化学，2017，07（4）：11-15.

[71] 杨国武，孙晓飞，侯艳霞，等．电感耦合等离子体质谱仪长期稳定性的测定［J］．冶金分析，2019，39（6）：34-41.

[72] 靳兰兰，王秀季，李会来，等．电感耦合等离子体质谱技术进展及其在冶金分析中的应用［J］．冶金分析，2016，36（7）：1-14.

[73] 杨国武，孙晓飞，侯艳霞，等．电感耦合等离子体质谱仪长期稳定性的测定［J］．冶金分析，2019，39（6）：34-41.

[74] 邵丹丹，王中瑗，张宏康，等．电感耦合等离子体质谱法联用技术应用研究进展［J］．食品安全质量检测学报，2017，08（9）：3403-3408.

[75] 韦业．电感耦合等离子体原子发射光谱法测定海水中的21种元素［J］．分析仪器，2017（1）：37-40.

第 2 章

分子光谱技术及其在水质分析中的应用

　　工业生产和许多新兴的科学技术研究的高速发展，不断对分析化学提出新的要求，其中最常见的方面是对试样中微量乃至痕量组分进行测定。这使得人们对分析灵敏度的要求越来越高，特别是在那些对各种具有特殊功能的稀有元素进行提取、分析的课题中显得尤为突出。许多稀有元素在矿石中的含量往往在万分之一以下，传统的分析方法对它们的检测显然无能为力。随着新技术的研究和材料工业的发展以及环境保护问题的日益突出，许多工业部门对物质中微量甚至痕量污染物质的检测提出更高的要求，总之社会生产的需求和科学研究的发展，不断推动着分析化学的进步。

　　物理学、电子学、数学等相邻学科的新成就，促进了分析化学尤其是光谱分析学科及技术的快速发展。20 世纪 30 年代以来，一些新的分析技术和设备，如吸收光谱法、发射光谱法、荧光法、各种类型的极谱法、放射化学分析手段、质谱法等，都在社会需求拉动下建立和发展起来。这些方法从原理上来看，大多超越了经典分析方法的局限，从某种意义上说，几乎都不再是通过对定量化学反应的化学计算，而是把被检测组分的某种物理或物理化学特性（如光学、电学、放射性等特性）作为定性或定量检测的依据，因此灵敏度可以达到很高的水平。20 世纪 40 年代后期，光电倍增管的出现大大促进了紫外及可见光谱、原子发射光谱、红外光谱及 X 射线荧光光谱等光谱分析技术的发展 20 世纪 50 年代，原子物理的发展使原子吸收、原子荧光光谱开始兴起。20 世纪 60 年代，等离子体傅里叶变换、激光技术的引入，导致电感耦合等离子体原子发射光谱（ICP-AES）、傅里叶变换-红外光谱（FT-IR）、激光光谱等分析技术的诞生。20 世纪 70 年代，检测单个原子的激光共振电离光谱的出现使光谱分析的灵敏度达到了极限。20 世纪 80 年代崛起的等离子体-质谱（ICP-MS）成为多种元素分析的理想方法。随着信息时代的发展，分析技术不再只是测定有什么和有多少量，而且还要提供更全面、更准确的物质结构和成分表征信息。从常量到微量及微粒分析、从组成分析到形态分析、从总体分析到微区分析、从破坏试样到无损分析以及从离线分析到在线分析等均能得到满意的检测结果。

　　进入 21 世纪以来，由于环境监测、野外现场分析测试、海洋深水中的分析测试等许多领域对分析仪器小型化、便于携带和分析速度快的要求，进一步促进了分子光谱技术快速发展。因此，适合于各种不同使用对象的小型分子光谱仪不断研发出现。国家科技部在第十个五年规划的科学仪器攻关项目中就提出了研发微型光谱仪的任务，北京普析通用公司承担了该任务，并研发成功 Poes15 便携式快速光谱仪。整体来说，在中华民族伟大复兴的潮流中，我国在分子光谱领域取得了一系列重大进展，2017 年，田中群院士获得了美国化学会颁发的化学分析奖，这是中国学者首次获得该奖项，2018 年，湖南大学的谭蔚泓院士也获得了该奖项，以此来肯定中国光谱领域的科技工作者在国际社会上的贡献。

光谱分析一直是分析化学中富有活力的领域之一，也是环境和卫生监测中应用最广泛的技术。分子光谱是光谱分析的一种，任何能测出分子的能级差和分子几何构型以及了解分子态的各种参数的手段，都属于分子光谱的范畴。分子光谱是把由分子发射出来的光或被分子所吸收的光进行分光得到的光谱，是测定和鉴别分子结构的重要试验手段，是分子轨道理论发展的试验基础。分子光谱的应用也越来越受到分析工作者的重视。

分子光谱的产生和分子内部的运动形式密切相关。它既包括分子中电子的运动，也包括各原子核的运动。一般所指的分子光谱，其涉及的分子运动的方式主要为分子的转动、分子中原子间的振动和分子中电子的跃迁运动等。分子的转动是指分子绕质心进行的运动，其能级间隔较小，相邻两能级差值大约为 $0.0001 \sim 0.05eV$。当分子由一种转动状态跃迁至另一转动状态时，就要吸收或发射和上述能级差相应的光。这种光的波长处在远红外或微波区，称为远红外光谱或微波谱；当分子中的原子在其平衡位置附近小范围内振动并且发生状态跃迁时，就要吸收或发射与其能级差相应的光，由于振动能级差较转动能级差大（$0.05 \sim 1eV$），所以振动光谱在近红外和中红外区，一般称红外光谱；分子中的电子在分子范围内运动，各电子由一种分子轨道跃迁至另一分子轨道时，由于电子运动状态跃迁的能级差（$1 \sim 20eV$）较振动和转动的能级差更大，吸收或发射光的波长范围在可见、紫外区，称为紫外可见光谱。不同分子结构的各种物质对电磁辐射往往具有选择吸收的特性，基于这一特性建立的分析方法可用于研究物质的组成和结构，这类方法属于分子吸收光谱分析法，利用物质对紫外、可见、红外光区域电磁辐射的选择吸收特性而建立了紫外分光光度法、可见分光光度法、红外分光光度法等分析方法。

研究物质的分子光谱，可以鉴别物质中分子的成分、结构及含量。所以分子光谱是现代研究分子结构和进行定性与定量分析的重要方法之一，在科学研究和工业生产中有着广泛的应用。

本章将重点介绍紫外-可见光吸收光谱分析、荧光光谱分析、红外光谱分析以及分子质谱技术及其在水质分析中的应用。

2.1
紫外-可见光吸收法及其在水质分析中的应用

2.1.1 概述

紫外-可见分光光度法（ultraviolet visible，UV-VIS）是利用棱镜或光栅等单色器来获得单色光并对待测物质的吸光能力进行测定的方法。紫外-可见吸收光谱法是分光光度法的一种。光经过分光系统（如单色器）分光后变成单色光。当一束单色光入射到被测溶液时，一部分光被吸收，一部分光通过溶液，并经过光电元件（如光电管）将光信号转换为电信号，其记录下来的响应信号、吸光度与被测溶液的物质浓度成正比。利用这种方法测定溶液中组分含量或浓度的方法称为分光光度法。紫外-可见吸收光谱法是使溶液的吸收光谱保持在紫外或者可见光波段，它同可见分光光度法一样，都是基于分子中电子能级的跃迁吸收特定波长的光、多原子分子的外层电子或价电子的跃迁而产生的分子光谱。紫外-可见分光光度法使用的波长范围为 $190 \sim 800nm$，可用于不饱和烃类和具有不对称电子的化合物，包括一些无机化合物，尤其是含有共价体系的化合物的分析和研究。

目前环境水样或其他环境检测样品均可用紫外-可见分光光度法进行测定。紫外-可见分光光度法具有如下优点：在良好的分析条件下，绝对检出限可达 $10^{-7}g/mL$（或更低），相对检出限可达 $10^{-9}g/mL$，近年来发展了胶束增溶分光光度法、双波长分光光度法、导数分光光度法、动力学分光光度法和光声吸收光谱法等，提高了分光光度法的灵敏度，进一步扩大了应用范围；浓度测量的相对误差一般为 $1\%\sim3\%$，就分析的准确度而言，有时与经典的化学分析法相近，因而可用于各种浓度范围的分析；紫外-可见分光光度法在环境检测中，可直接或间接地测定大多数金属离子、非金属离子和有机污染物的含量，还可用于研究物质的组成，推测有机化合物的结构，研究反应的动力学；在一定条件下，选取某种波长的单色光，利用吸光度的加和性，可同时测定两种或多种组分。

紫外-可见分光光度法也存在一定的局限性，例如谱线重叠引起的光谱干扰比较严重，这是选择性有时不好的主要原因；分析物质通常必须用化学的方法将其转变为吸收光物质，这种操作往往较麻烦，有时亦带来附带物的干扰。

2.1.2 紫外-可见分光光度法的原理

2.1.2.1 紫外与可见光吸收光谱的形成

原子或分子中的电子总是处在某一种运动状态之中。每一种运动状态都具有一定的能量，属于一定的运动能级。这些运动的电子受到光、热、电等的激发，从一个能级转移到另一个能级，称为跃迁。从一个能量较低的能级跃迁到另一个能量较高的能级的过程中，对应着吸收一定的能量。分子的紫外-可见吸收光谱也是由价电子能级跃迁而产生的，每一个电子能级之间的跃迁都伴随着分子的振动能级和转动能级的变化，因此电子跃迁的吸收线就变成了含有分子振动和转动精细结构较宽的谱带。通常电子能级间隔为 $1\sim20eV$，这一能量在紫外与可见光区。把在这一区域的跃迁所吸收的光谱称为紫外与可见光吸收光谱。

2.1.2.2 紫外与可见光吸收光谱的分析原理

显色试剂与被测定的组分发生特征反应，在大多数情况下会生成有颜色的化合物或络合物，其颜色的深浅反映该种组分浓度的大小。利用紫外-可见分光光度法能够定量测定该组分。吸光度值随着水溶液中该组分浓度的增加而增加，由此可以建立表示吸光度与浓度之间关系的曲线。朗伯-比尔定律是确定表达待测物质浓度与吸光值之间关系的表达式：

$$A = \varepsilon bc \tag{2-1}$$

式中　A——在某一波长下的吸光度；

　　　ε——摩尔吸收系数，可以从有关手册或文献中查找；

　　　b——光程长度，cm；

　　　c——待测物质的浓度。

在测定分析过程中摩尔吸收系数 ε 保持不变，光程长度也保持不变，所以吸光度值与浓度之间呈线性关系。

朗伯-比尔定律只适用于一定的浓度或吸光度范围。但在实际测定过程中会产生偏离该定律的现象，例如离子强度或 pH 值的改变、静电相互作用、缔合、离解、聚合都会引起偏离，这方面的影响可以通过改进反应条件得到控制。对光束的散射光也会引起偏离，尤其在高吸光度（高浓度）时，它所造成的影响最大。应该指出在一些特殊情况下是可以在非线性范围内进行测定的，但是在实践操作中，一般还是采取措施在校正曲线的线性范围内进行测定。

由于吸收光度法的测定范围受到化学和仪器两方面因素的限制，因此选用具有低散射光性能的光度计有助于改善测量范围。另外根据朗伯-比尔定律，使用具有较长光程的比色皿会提高测定的灵敏度。使用 2cm、5cm 和 10cm 的光程长度，灵敏度可提高多达 10 倍。

在进行环境水样定量分析之前，要先用已知浓度的标准溶液建立校正曲线。在朗伯-比尔定律适用的范围内校正曲线呈线性。紫外-可见分光光度计具有非线性曲线拟合功能，所以即使在偏离朗伯-比尔定律的情况下，采取曲线校正方法也能在一定的范围内进行测定。

2.1.3　紫外-可见分光光度法的分析测定方法

利用紫外-可见分光光度法的基本原理进行定量测定的方法很多，应该根据具体测定的对象和目的加以选择。

2.1.3.1　单组分的测定

单组分是指试样中只含有一种组分或者在混合物中待测组分的吸收峰并不位于其他共存物质的吸收波长处。在这两种情况下，通常均应选择在待测物质的吸收峰波长处进行定量测定。这是因为在此波长处测定的灵敏度高，并且在吸收峰处吸光度随波长的变化较小，波长略有偏移，对测定结果影响不明显。如果一个物质有几个吸收峰，可选择吸光度最大的一个波长进行定量分析。如果在最大吸收峰处其他组分也有一定的吸收则须选择在其他吸收峰进行定量分析，而以选择波长较长的吸收峰为宜，因为在一般情况下，在短波长处其他组分的干扰较多，而在较长波长处，无色物质干扰较小或不干扰。测定的理论依据是光的吸收定律，即朗伯-比尔定律。

如果要进行单组分的定量测定可以选择比较简单的经典方法，如绝对法、标准对照法、吸光系数法、标准曲线法等。为了克服只用一种浓度的标准溶液测定吸光系数时由试验条件变化引进的偶然误差，可以选用最小二乘方法。这种方法是先配制若干个不同浓度的标准溶液，测定出一系列相应的吸光系数，再经过最小二乘方法处理求出最佳值，这样得到的吸光系数比较可靠。如果需要测定的物质是试样的主体成分，也就是说待测试样是高浓度的溶液，那就必须利用差示分光光度法。这种方法是用一个与待测组分浓度相近的溶液作为参比溶液，这样可以提高测定的准确度。差示法也可以用于低浓度试样的测定，称为微迹法。微迹法是用一个与试样中待测物质浓度相近的标准参比溶液调节透射率标尺读数为零，而用空白溶液调节透射率标尺读数为 100，然后测量未知液的透射率，进而求出待测物的含量的方法。

2.1.3.2　多组分的同时测定

如果要进行多组分混合物的测定而不经预先分离，可以采用等吸收点作图法、y-参比法、解联立方程法以及多波长作图法。等吸收点作图法是供混合物中两个组分的吸收光谱具有一个等吸收点时使用。它是根据光吸收定律列出相应的联立方程式，通过作图求出两个组分的含量。当混合物中两组分的吸收光谱重叠很严重时，测定时相互干扰很大，此时可采用 y-参比法。y-参比法是以混合物中某一组分的标准溶液为参比溶液，在两个波长处测量吸光度，经解方程式求出两个组分的含量。对于多组分混合物的同时测定，解联立方程法应用得更为普遍。有 n 种组分，就要解含有 n 个 n 元的一次联立方程组。根据克莱姆法则，利用行列式运算，可以更快地解出 n 元一次联立方程。用矩阵法求出上述联立方程的解则更为简单。此外，用多波长作图法同样也可以求出混合物中各组分的含量。

2.1.3.3　动力学分光光度法

一般的分光光度法是在溶液中发生的化学反应达到平衡之后测量溶液的吸光度，然后根据光吸收定律计算出待测物质的含量。而动力学分光光度法则是利用反应速率与反应物、产物或催化剂的浓度之间的定量关系，通过测量与反应速率成比例关系的吸光度，从而计算出待测物质的浓度。该法的最大特点是灵敏度高，选择性好。根据催化剂存在与否，动力学分光光度法可分为催化分光光度法和非催化分光光度法。当利用酶这种特殊的催化剂时，则称为酶催化分光光度法。在微量物质（尤其是生物物质）的测定方面，导数吸收光谱法获得了重大发展，特别是在痕量分析方面。

由于动力学分光光度法不是在化学反应到达平衡之后进行测量，而是以化学反应速率与反应物浓度之间的关系作为基础，因而扩大了可利用的化学反应的范围，它不仅可以利用快速反应，而且也可以利用慢反应。该方法的选择性好，还可用于混合物中性质十分相似的化合物的同时测定以及高浓度物质或极低浓度物质的测定。除了建立物质的定性和定量分析方法之外，动力学分光光度法还经常用于进行某些化学反应（例如诱导反应）机理的研究。

2.1.3.4 导数吸收光谱法

导数吸收光谱法近年来也获得了重大发展，特别是在痕量分析方面进展更快。由于导数吸收光谱法直接在技术上改善了测定方法自身的选择性，使它能有效地分辨出波长十分靠近的谱带，以及能够区别出相似的谱带和精细结构。尤其是当分析用的谱带被宽带光谱或非特征背景光谱淹没的时候，导数吸收光谱法也能检测出分析谱带来。这一特点在测定混合组分和消除干扰方面有着重大的意义。

该方法采用信号强度的一阶（或二阶）导数作为时间的函数，因为波长扫描速度是恒定的，那么信号强度对于波长的一阶导数（或二阶导数）正比于信号强度对时间的导数，这实质上就是测量强度分布的斜率（或曲率），测量强度和吸光度随波长的变化。由于导数光谱对于强度随波长的变化很敏感，故能够精确地测量平坦的谱峰和孤立的谱峰，并能从一个强干扰的背景中检测出弱的信号。因此导数分光光度法能够联机操作实现数字化或电子学的模拟微分，获得高价导数光谱（如九阶导数光谱），可以预料其在痕量分析及其他学科中将得到广泛的应用。

2.1.3.5 紫外-可见分子吸收光谱法与其他分析方法的结合

流动注射分析（FIA）是一种比较新颖、简单的自动化分析工具，它的依据是通过连续移动试剂载流中样品对其进行分析。流动注射分析主要应用于大量样品的分析。FIA 可以在非常短的时间（通常为每小时 60～120 个样品）内进行样品分析，因而节省了试剂和人力。紫外-可见分子吸收光谱法和流动注射分析法结合，优点是试剂用量少，容易实现分析过程的自动化，提高了分析的准确度与精密度，可以快速检测及实现在线分析。其最简单的结构由下列部分组成：一个在细管中推动载流的泵，将确定体积的样品注入载流的注射阀和一个反应盘管。样品在其中分散，并与载流组分反应，从而形成能被紫外-可见分光光度计检测的有色产物。如铵态氮是采用气体扩散法测定的。样品注入强碱性载流溶液，铵离子转化为挥发性的氨，后者经过一个短反应环后通过聚四氟乙烯滤膜扩散进入接收载流。接收载流含有指示剂，当氨扩散进入接收载流时，指示剂会变色，该颜色的变化能在 500nm 处检测。该方法适用于水中浓度范围在 0.1～10mg/L 之间的铵的测定，具有良好的线性关系。

总之，分光光度测定的方法很多，并且随着科学技术的发展，还会出现更多崭新的方法。从不同的角度提高分光光度测定的灵敏度、选择性、精密度、准确度，并且更加简化测定操作，提高分析效率以适应各个领域对分光光度分析的要求。

2.1.4 紫外-可见分光光度计的组成

目前市场上有两类主流产品：扫描光栅式分光光度计和固定光栅式分光光度计。几十年来，随着光学和电子学技术的发展，仪器的测量精度、功能和自动化程度在不断地提高，但是以光源、单色器、吸收池、检测器和信号显示系统五个部分组合的结构却仍基本不变。以微型电子计算机控制的紫外-可见分光光度计始于 20 世纪 70 年代中期，微型电子计算机不仅能够控制光度计的操作、运行、自动调整工作参数、实现自动重复扫描、光谱累加、自动收集存储光谱等性能，还能够进一步对数据进行计算、求导和统计处理等，因而得到了迅速的发展。以微处理机控制的新一代单光束自动扫描型分光光度计现已问世，它利用光电二极管阵列作检测器，具有快速扫描吸收光谱的特点，可代替结构复杂而操作繁琐的停流分光光度计。在仪器构型方面，从单光束发展为双光束，现在几乎所有高级分光光度计都是双光束的，有些高精度的仪器采用双单色器，使得仪器在分辨率和杂散光等方面的性能大大提高。一般紫外-可见分光光度计光路组成如图 2-1 所示。

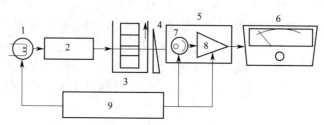

图 2-1　紫外-可见分光光度计光路组成
1—光源；2—单色器；3—吸收池；4—光亮调节器；5—光电管暗盒；
6—微安表；7—光电管；8—放大器；9—稳压电源

　　用于日常定量分析的紫外-可见分光光度计是一整体设备，使用简便，一般进行测定的波长范围从 190nm 到 900nm 或更高（1100nm）。高度的光学稳定性、良好的波长精度和高重现性使它能提供准确可靠的数据。紫外-可见分光光度计由微处理器或外接个人计算机进行控制，给使用者提供了多种应用的可能性。通常仪器本身有许多编制好的基本方法，适用于环境样品（如水样、污泥、土壤等）的分析及实验室各类型的日常定性定量分析。

　　一般的 UV-VIS 分光光度计及其光路可分为两类。第一类是单光束仪器，这类仪器的优点是光效率高，结构简单和价格便宜，缺点是稳定性差，漂移较大。第二类是双光束仪器，这类仪器具有稳定性高、漂移小的优点，但结构复杂、价格较贵、光效率较低。后来开发的一种分光束系统吸取了单光束仪器光效率高的优点，它使初始光束的小部分直接导向光检测器，大部分经过样品，从而可使仪器信噪比高、反应快。随着计算机技术在分析仪器领域的广泛应用，单光束、双光束 UV-VIS 分光光度计均得到了极大的发展。如利用计算机技术在单光束型分光光度计上可实现波长自动扫描的功能，还可实现光门开闭、调零、透过率与吸光度测定的自动化及部分校正仪器漂移的功能。在实验室常规分析、在线分析及流动注射分析中均有应用。双光束型仪器在计算机控制下，可以任意选择单光束、双光束或双、单光束模式进行扫描。如有些仪器可进行固定波长分析、全波长扫描和时间动力学测定等，在固定波长方式下，最多可同时测定 12 个波长，同时读取相应波长下的吸光度（或透过率），并同时乘以相应的计算因子。在波长扫描方式下，可以在全波长范围内任意选择所需要的扫描波段，可完成多次重复地扫描并将光谱图显示在同一屏幕上，根据需要对图形进行电子图形放大、自动标尺处理、峰形平滑处理等。双光束型仪器可以在每次开机时自动校正。有些仪器还允许同时测量两个样品，并且波长范围扩展到 190～1100nm，可用来进行定性、定量分析。由于这种仪器在测定时所有信息均显示在计算机屏幕上，利用窗口技术和鼠标（或键盘）可直接在屏幕上操作，测定结果可储存在硬盘或软盘中，也可利用打印机将数据或图形直接打印出来，给分析工作带来极大的便利。

紫外可见光谱区通常指 190～780nm 的波长范围，但实际的分光光度计设计中，根据物质对不同波长的光具有选择性的吸收作用，经常将波长向长波方向拓展，进入短波近红外区。在 120 多种国外产品中，有 52 种波长≤900nm，其中≤800nm 的仅 11 种，而＞900nm 的有 72 种，占了多数。固定光栅型受硅阵列探测器的限制，1100nm 是其波长的上限。扫描光栅型使用分立光电器件，波长的扩展更为灵活。最特殊的是 Varian 的 Cary6000i（175～1800nm）、Shimadzu 的 UV3101PC（190～3200nm）和 Jasco 的 V-570（190～2500nm），通过切换光栅和探测元件，使仪器的光谱范围覆盖了紫外、可见和近红外区，可满足一机多用的需要。

2.1.5 紫外-可见分光光度法在水质检测中的应用

2.1.5.1 紫外-可见分光光度法测定环境水中无机离子

（1）微波消解-紫外分光光度法（UV-VIS）快速测定水中总氮

① 概述　地面水和地下水中总氮含量的高低标志着水质的污染程度。总氮是国际公认的衡量水体富营养化程度的重要指标之一，它是指水体中有机氮和无机氮（$NH_4^+ + NO_3^- + NO_2^-$）含量的总和。在碱性条件下，过硫酸钾氧化-紫外分光光度法是水体总氮测定的经典分析法，该方法采用灭菌器消解，消解时间长、操作复杂，而且要求用重蒸馏无氨水，受实验室条件所限，在重蒸馏的过程中受到二次污染，操作不当直接影响测定结果。采用微波消解-紫外吸光光度法快速测定水中总氮，可以大大加快消解的速度，提高分析效率。

② 仪器与试剂　NN-5250 型微波炉。753B 微机型数显紫外分光光度计。碱性过硫酸钾：称取过硫酸钾 40g 和氢氧化钠 15g 溶于 1000mL 无氨水中。硝酸钾标准使用液：10.00mg/L。无氨水用离子交换法或加酸重蒸馏法制备。

③ 分析步骤　吸取一系列硝酸盐氮溶液作为标准使用溶液，用无氨水稀释至 10.00mL，用氢氧化钠溶液或硫酸（体积比 1：35）调节水样 pH 值至 5～9，加入碱性过硫酸钾溶液 5mL，用密封带密封瓶口，橡皮筋系紧，置于微波炉内转盘上，于高挡功率微波加热 8min。端出转盘，冷至室温，将消化液完全转移到 25mL 比色管中，加（1+9）盐酸 1mL，用无氨水稀释至刻度，混匀，澄清。吸取上层清液至 1cm 石英比色皿中，在紫外分光光度计上，以无氨水作参比，分别在波长为 220nm 和 275nm 处测定吸光度，计算出校正吸光度（用 $A_s = A_{s220} - 2A_{s275}$ 式子计算校正吸光度）和零浓度的校正吸光度（用 $A_b = A_{b220} - 2A_{b275}$ 式子计算），并用其差值（$A_r = A_s - A_b$）与相应氮含量（μg）绘制校准曲线。吸取一般水样 10.0mL 于 50mL 容量瓶中，按试验方法操作测定吸光值，并在校准曲线上查出相应的总氮（μg），计算出水样中总氮含量。

④ 说明　用灭菌器消解法和微波消解法处理水样，分别对三种不同地区的河水进行了比较试验，结果表明，两者之间无显著性差异，本方法的相对标准偏差为 0.76%、0.80%。若水样总氮含量高于 10mg/L，可适当减少取样量，并用无氨水稀释至 10mL。

（2）紫外分光光度法测定环境水中的硝酸盐氮

① 概述　硝酸盐氮广泛存在于土壤、天然水、食品等物质中，过多的硝酸盐氮对人体是有害的。目前，世界上许多国家发现生活污水和某些工业废水中含有较多的硝酸盐氮，严重污染了地下水。因此，对水质、环境、食品等物质中硝酸盐氮含量的检测，是一个非常重要的研究课题。

目前，水样中硝酸盐常用的测定方法为酚二磺酸比色法、镉汞齐还原法和紫外分光光度法。前两种方法，耗用试剂多，操作繁琐，易受水中一些常见离子的干扰。常规的紫外分光光度法简化了操作步骤，但仍无法消除某些物质的干扰，且灵敏度较低，并且要加入氨基磺

酸消除 NO_2^- 的影响。用还原-紫外分光光度法直接测定水中的硝酸盐。该方法抗干扰能力强，对于一般天然水不需加任何试剂便可直接进行测定。直接测定水中 NO_3^-，具有简便、灵敏、精确度和准确度较好的优点，适用于饮用水、湖水和河水中 NO_3^- 的测试。还原法是基于 NO_3^- 在酸性介质中被锌粉还原，还原后溶液的紫外吸收光谱法发生显著变化的原理来测定的。

② 仪器与试剂　TU-1901 双光束紫外可见分光光度计；pHS-300 精密酸度计；78-2 磁力搅拌器。NO_3^- 标准储备液：在烧杯中准确称取于 110℃ 下烘干 2h 后的硝酸钠 0.1019g，加少量水使其溶解，定量移入 500mL 容量瓶中，稀释至刻度后充分摇匀，所配 NO_3^- 标准储备液的浓度为 148.70mg/L，使用时逐步稀释至所需浓度。锌粉；浓度为 0.30mol/L 硫酸溶液；去离子水。

③ 分析步骤　移取适量体积的 NO_3^- 标准储备液于 50mL 容量瓶中，加水至约 40mL，然后加入 1.0mL 硫酸溶液，稀释至刻度。将溶液倒入 50mL 烧杯中，开始搅拌，然后加入 0.30g 锌粉，在室温下反应至溶液 pH 值为 7.0 时停止搅拌，静置 5min，吸取上层清液于 1cm 石英比色皿中，以水为参比，于 202.0nm 处测定其吸收度 A_1。另外，移取同样体积的 NO_3^- 标准储备液于 50mL 容量瓶中，稀释至刻度，调节溶液 pH 值至 7.0，以水为参比，于 202.0nm 处测定该溶液的吸光度 A_2。根据 $\Delta A = A_1 - A_2$ 与 NO_3^- 浓度绘制标准曲线。吸取一定量自来水样、湖水、池塘水样按试验方法分别测定。

④ 说明　配制 NO_3^- 溶液标准系列，测定其还原前、后在 202.0nm 处的吸光度。用各浓度下 NO_3^- 溶液还原前、后的吸光度之差 ΔA 与 NO_3^- 浓度 $c(NO_3^-)$ 的对应关系求出回归方程。线性回归方程为：$\Delta A = 0.0127 + 0.1418c\,(NO_3^-)$，$r = 0.9997$。线性范围为 0~8.5mg/L，最低检出限为 0.02mg/L。K^+、Na^+、Mg^{2+}、SO_4^{2-}、PO_4^{3-}、F^- 不干扰测定，轻度浑浊以及烃类、醇类和胺类等非氧化有机物也不干扰测定；NO_2^- 的含量高于 0.1mg/L 时，对该方法有干扰，可在还原前溶液中加入 0.1mL 浓度为 0.8% 的氨基磺酸以消除 NO_2^- 的干扰。该方法直接测定水中 NO_3^-，简便，灵敏，精确度和准确度较好，适用于饮用水、湖水和河水中 NO_3^- 的测试。对地下水、自来水、雪水以及湖水等实际水样的测定结果及加标回收试验结果表明，相对标准偏差小于 2.5%，加标回收率在 96.3%~103.1%，相对于标准方法（紫外分光光度法）的偏差为 -4.0%~4.0%。还原-紫外分光光度法的精密度、准确度和灵敏度均较高，且操作简便，适用于饮用水以及污染较轻的湖水和地下水中 NO_3^- 含量的测定。

（3）紫外分光光度法测定亚硝酸盐

① 概述　亚硝酸盐是潜在的致癌物质，而饮用水中亚硝酸盐含量过高会引起高铁蛋白症，因而在环境监测中亚硝酸盐是常规监测项目之一。在环境监测中亚硝酸盐常用的监测方法为萘乙二胺光度法、重氮偶合比色法、催化光度法和流动注射光度法。在以往亚硝酸盐的光度分析中，主要原理为偶氮显色，即首先将亚硝酸盐重氮化，然后进行偶联反应显色，该方法所用偶联剂被认为是致癌物，对人体和环境有一定的危害。

在酸性介质中，亚硝酸根与 DAN（2,3-二氨基萘）间的缩合反应生成的 1-[h]-萘三唑能发射出荧光。由体系的紫外吸收光谱可知，加入 β-CD 后，使体系的紫外吸收光谱产生红移，同时体系的吸光度有明显的增强，体系的吸光度和亚硝酸根浓度成线性关系。该方法在紫外区显色，可以避免有色水体对显色反应的干扰。用于测定水库和地表径流水中的亚硝酸盐的浓度，结果令人满意。

② 仪器和试剂　HP-8452 紫外分光光度计（Hewlett Packard 公司）。pH-3 酸度计（上

海雷磁厂)。亚硝酸钠标准储备液：浓度为 1.00mg/mL，储于棕色瓶中，并加入 1mL 氯仿防止细菌氧化（此溶液在 2～5℃保存可稳定一个月），使用时逐级稀释。2,3-二氨基萘（DAN）储备液：浓度为 100.00mg/L，储存于棕色瓶中，4℃冰箱内保存。浓度为 0.58mol/L 氢氧化钠溶液。浓度为 0.04mol/L β-CD 溶液（现配现用）。

③ 分析步骤　于 100mL 容量瓶中加入一定量的 NO_2^- 标准溶液，1.0mL 浓度为 0.04mol/L 的 β-CD 溶液，定容至 100mL，再加入 1mL 浓度 100.00mg/L 的 DAN 溶液。密塞混匀，放置 10min 后，加入 0.5mL 浓度为 0.58mol/L 的 NaOH 溶液。用 1cm 石英比色皿，在 $\lambda=364$nm 或 $\lambda=382$nm 处测其吸光度。

④ 说明　按照上述试验方法测定表明，NO_2^- 浓度在 0.01～2mg/L 范围内与吸光度呈线性关系，在 364nm 处测定相关系数 $r=0.9998$，检出限为 9.4μg/mL，在 382nm 处测定相关系数为 0.9997，检出限为 9.5μg/mL。该缩合反应最适宜的 pH 值为 1.64，反应之后加入 NaOH 可以避免有色水体对显色反应的干扰。当 NO_2^- 质量浓度为 0.050mg/L 时，其他离子 F^-、Cl^-、NO_3^-、HPO_4^{2-}、CO_3^{2-}、SO_4^{2-} 基本不干扰 NO_2^- 的测定，SO_3^{2-} 由于具有还原性而干扰测定。由于反应显色 pH 值为 11.54，在此条件下，常见的无机阳离子会因形成沉淀而干扰测定，所以本试验中采用沉淀絮凝法消除阳离子干扰。即在体系中加入 NaOH 将 pH 值调至 12，加热絮凝，冷却后过滤，然后用盐酸调 pH 值为 6～7。对不同地区的河水和水库水中亚硝酸盐的浓度进行加标回收试验，回收率在 96.1%～100.4%，相对标准偏差在 2.1%～6.0%（$n=4$）。本方法的测定结果令人满意，操作简便，并且由于显色反应在紫外区，可以避免有色水体对反应体系的干扰。

(4) 紫外分光光度法测定水中磷

① 概述　磷是生物生长必需的营养元素，水体中含有适量的磷会促进生物和微生物生长，令人关注的是磷对封闭状水域或水流迟缓的河流富营养化具有特殊的作用。自然界中江河湖海水体中的磷主要以磷酸盐的形式存在，其最大的污染源为合成洗涤用品。水体中磷含量过高，会使生物的呼吸困难，造成鱼类和其他生物的死亡，水质色深，因而脏臭，病菌丛生，严重时会使水呈红色和红褐色的"赤潮"现象，所以水体中磷的监控十分重要。

目前常用的方法有气相色谱法和溴水氧化-磷钼蓝比色法。其中后者操作复杂，干扰因素多，灵敏度、准确度都很差，难以适应批量及微量样品的测定；前者虽然是一种较成熟的分析方法，但对仪器要求很高。紫外分光光度法测定环境水样中的磷采用正己烷为萃取剂，具有选择性好、溶解度高、毒性小、成本低等优点。萃取后可直接比色，操作简单；校准曲线线性好，测定结果的准确度和精密度均较好。

分子吸收光谱的形成是由能级之间的跃迁引起的。水和废水中的元素磷主要以黄磷的形式存在，分子式为 P_4，组成黄磷分子的四个磷原子外层分别有五个电子，其中三个与其他磷原子成键，称为单键的 σ 电子，另两个组成未共享电子对，称为非键 π 电子。在一定波长的紫外线照射下，未共享电子受到激发，从 π 轨道向 σ^* 轨道（反键分子轨道）跃迁，从而产生了紫外吸收光谱。通过对黄磷紫外吸收光谱的研究，建立了于 219.0nm 处测定得出的元素磷标准曲线，得以定量测定元素磷。

② 仪器与试剂　TU-1201 紫外-可见分光光度计。精制黄磷：纯度 99.98%。正己烷：优级纯（G.R.）。无水乙醇：分析纯（A.R.）。磷标准储备液：在称量瓶中加入大半瓶浸泡过黄磷的蒸馏水，使其溶解的黄磷达到饱和，取一定量的黄磷放入称量瓶中，准确称量其质量为 0.0420g（准确到 0.1mg）。用小镊子将黄磷在短时间内浸入丙酮中脱水，然后将黄磷放入盛有正己烷的 100mL 棕色容量瓶中，待其全部溶解后定容，此溶液每毫升含元素磷 420μg。储于 4℃冰箱内。磷标准使用液：吸取元素磷标准储备液 4.76mL 于盛有正己烷的 100mL 棕色容量瓶中定容，此溶液每毫升含元素磷 20μg，储存于 4℃冰箱内。加标用磷

标准使用液：吸取元素磷标准储备液 4.76mL 于盛有无水乙醇的 100mL 棕色容量瓶中，定容，此溶液每毫升含元素磷 20μg，储存于 4℃冰箱内。

③ 分析步骤　磷吸收光谱的测定：分别以正己烷和环己烷为溶剂配制元素磷标准溶液进行紫外波段扫描，两种溶剂配制的元素磷标准溶液吸收峰均出现在 219nm 附近，以正己烷为溶剂所得的吸收光谱峰形好，没有溶剂吸收的背景干扰，且摩尔吸光系数较高。

样品的测定：吸取磷肥厂处理后水样 100mL 于 250mL 分液漏斗中，加入 10mL 正己烷，轻轻振摇 2min，静置分层，弃去水相，量取 50mL 蒸馏水于分液漏斗中，振摇 2min，静置分层，弃去水相，重复清洗一次，将萃取液放入 1cm 比色皿中，于 219.0nm 处测定吸光度。另取一份样品加入加标用元素磷标准使用溶液 5.0mL，同步测定。

④ 说明　水中的磷极不稳定，容易挥发并被空气中的氧氧化，所以水样必须现场萃取，将萃取剂充满容器后密封带回，并尽快测定。磷在正己烷中溶解度很高，根据试验数据，萃取一次，振摇 2min 即可将水中 99% 的元素磷转移出来。加标时，必须将移液管插入液面下，加入加标用磷标准使用液。加标后必须立即加塞密封，并尽快加入萃取剂振摇。含 Br、S、N 等取代基的短链饱和烃在测定波段有吸收，可能产生正干扰。可用多阶导数光谱法对吸收光谱进行分离，分离后在该阶导数光谱的基础上建立新的标准曲线，仍能获得较满意的结果。加标回收率为 97%。

（5）紫外光度法测定水和废水中的硫化物

① 概述　水和废水中硫化物的测定，目前一般采用碘量法和对氨基二甲基苯胺光度法。这两种方法存在配制试剂种类多、操作繁琐等问题。水和废水中的硫化物中，由于具有孤对电子，可在紫外线的照射下产生 n-π 跃迁，使其特征吸收峰位于紫外光区，因而可用紫外分光光度法测定水和废水中的硫化物。

通过硫化物在强碱性溶液中对某一波长紫外线的吸收与硫离子浓度在一定范围内遵守比尔定律，用紫外分光光度法，测定水和废水中的硫化物。

② 仪器与试剂　7550 型紫外-可见分光光度计。质量浓度为 800.00mg/L 硫化物标准储备液；质量浓度为 8.00mg/L 硫化物标准溶液，质量浓度为 0.5mol/L 的 NaOH 溶液。

③ 分析步骤　取一定量的硫化物标准溶液（8.00mg/L）或处理后的待测样品于 10mL 比色管中，加水至 5mL，加入浓度为 4mol/L 的 NaOH 溶液 1mL（用浓度为 0.50mol/L NaOH 溶液作为吸收液，处理后的样品可直接测定），再加水至刻度，用 1cm 石英比色皿在波长 230nm 处测定吸光度。

④ 说明　按试验方法测定各溶液的吸光值，所得工作曲线的回归方程为 $y = 0.1655c + 0.004$，$r = 0.9998$。用 1.6mg/L 的 S^{2-} 溶液做试验，CO_3^{2-} 小于 80mg/L，$Na_2S_2O_3$ 小于 2mg/L，Na_2SO_3 小于 4mg/L，$NaNO_2$ 小于 2mg/L，H_2SO_4 小于 4mg/L 时，对吸光值没有明显的影响。其他可能存在的干扰物质用吹气法做前处理则可以完全除去。对 3 个不同地表水样分别加标样测定，回收率在 91.6%～101.9% 之间。用配制的标样进行平行测定，标准偏差为 0.023（$n = 9$），通过计算，以 0.010 为吸光值时的检测限为 0.04mg/L。

样品前处理条件：测定环境水样时，必须经吹气前处理。向密闭的含有待测样品的容器通入氮气，盐酸酸化，吹出的硫化氢气体用 10mL 浓度为 0.5mol/L NaOH 溶液吸收，以氢氧化钠吸收液为参比溶液，测定吸收液里硫化物的浓度，换算成样品中硫的浓度。

（6）紫外光度法测定水中微量碘离子

碘对动植物的生命极其重要，在人类及高级哺乳类动物中，碘以碘化氨基酸的形式集中于甲状腺中，如果缺碘将影响到人体的发育和智力的发展，并导致一系列疾病。因此，研究食物和环境水样中碘离子的测定方法具有重要意义。

① 概述　对于少量及微量碘离子的测定主要采用吸光光度法，如 EDTA 和 CyDTA 紫

外吸光光度法、碘-淀粉法等，这些方法通常灵敏度不高，有的需要萃取，方法较繁琐，有的其他卤素离子（特别是 Br^-）有干扰。因此发展简单、快速且灵敏度高的吸光光度法是十分必要的工作。

已知溴水可定量氧化 I^- 为 IO_3^-，而过量溴水可用甲酸除去，在过量碘化物存在下，IO_3^- 可氧化 I^- 生成 3 倍物质的量的 I_3^-，这是一个典型的倍增反应。反应方程式可以表示为：

$$I^- + 3Br_2 + 3H_2O \longrightarrow IO_3^- + 6Br^- + 6H^+$$
$$IO_3^- + 8I^- + 6H^+ \longrightarrow 3I_3^- + 3H_2O$$

这一反应长期以来未被光度分析所利用。试验表明，I_3^- 在紫外区 286nm 处有最大吸收，并在 345nm 处有另一吸收峰，两者均具有极高的灵敏度，其摩尔吸光系数大，高于上述常用的光度法，并且方法也有较好的选择性，因此可广泛用于微量碘离子的快速测定。

② 仪器与试剂　U-3400 型紫外-可见分光光度计（日本日立公司）。721 型分光光度计（上海第三仪器厂）。碘化钾标准溶液：准确称取碘化钾（A.R.）0.3258g 溶于水，定量稀释至 250mL，摇匀储于棕色瓶，用滴定法进行标定，稀释为 5.00μg/mL 工作溶液。溴水：用溴配成饱和溶液。甲酸：10%（体积分数）。磷酸：3.0mol/L。碘化钾溶液：100.0g/L（用时新配）。试剂均为分析纯，水为二次亚沸蒸馏水。

③ 分析步骤　吸取一定量碘化钾标准溶液于 25mL 比色管中，加水 10mL、溴水 2 滴，摇匀，放置 5min，加入甲酸 1.0mL，摇匀至无色，继续摇振 1min，然后加入磷酸 2.0mL、碘化钾溶液 2.0mL，用水稀释至刻度，摇匀。用 1cm 比色皿于 286nm 或 345nm 处（用紫外-可见分光光度计），或者 365nm 处（721 型分光光度计），以试剂空白作参比，测量吸光度。吸取适量水样于 25mL 比色管中按试验方法显色测定。

④ 说明　按照试验方法测定表明，I^- 质量浓度在 0～16μg/25mL 范围内遵守比尔定律。相关系数分别为 0.9990（286nm）和 0.9991（345nm），其摩尔吸光系数分别为 $\varepsilon_{286} = 1.3 \times 10^5 L/(mol \cdot cm)$ 和 $\varepsilon_{286} = 8.1 \times 10^4 L/(mol \cdot cm)$。灵敏度大大高于一些常见的吸光光度法。当测定 10μg 碘时，相对误差小于 ±5% 时，10000 倍的 K^+、Na^+、NH_4^+、Cl^-、NO_3^-、SO_4^{2-}，2000 倍的 Al^{3+}、Ca^{2+}、Br^-、PO_4^{3-}，1000 倍的 Mn^{2+}、Ni^{2+}，200 倍的 Co^{2+}，100 倍的 Zn^{2+}、Cr^{3+}、Mg^{2+}、Cd^{2+}，50 倍的 Ba^{2+}，10 倍的 Pb^{2+}、Cu^{2+}，5 倍的 Fe^{3+}、Hg^{2+} 等不干扰测定，因此方法有良好的选择性。

（7）紫外光度方法连续测定水样中的二氧化氯

① 概述　二氧化氯（ClO_2）是一种广谱杀菌消毒剂，具有低毒、高效、安全的特点。随着水的氯化消毒技术的深入研究和发展，以 ClO_2 代替液氯作为消毒剂已充分显示出其优越性。不但广谱、安全，而且用量少。ClO_2 的使用浓度常在微量级水平，所以建立一个准确、简便的微量监测 ClO_2 含量的方法，对饮水的消毒成本和质量控制，保证饮水的卫生与安全极为重要。

目前，用褪色光度法测定微量 ClO_2 的报道较多，而显色光度法主要有：对氨基-N,N-二乙基苯胺滴定法（DPD 法），但 DPD 法操作比较麻烦，不易推广应用；联邻甲苯胺光度法虽然测定精密度较高，但其本身有致癌作用；采用膜分离紫外光度法连续测定水样中的二氧化氯获得了较好的效果；利用透气膜气体扩散的原理，能很快地分离液相中的气体。依据 ClO_2 能透过微孔性聚四氟乙烯膜的特性，制作了 ClO_2 的连续流动分离装置，提高了紫外分光光度法测定水中二氧化氯的准确度和精密度。

② 仪器与试剂　6010 紫外-可见光分光光度计（惠普上海分析仪器有限公司）、分离器（自制，见图 2-2 所示）。pH 值为 6.89 的磷酸-磷酸钠缓冲液；浓度为 85.90mg/L 的

NaClO$_3$ 溶液。二氧化氯标准溶液：将亚氯酸钠与稀盐酸混合反应产生的二氧化氯经亚氯酸钠溶液纯化后用蒸馏水吸收，用碘量法测定其浓度后，配制成浓度为 1.18mg/L 的二氧化氯标准溶液，置冰箱储存备用，使用时再校正其浓度。试剂均为分析纯，试验用水为二次蒸馏水。

分离器的制备：图 2-2 为自制的连续流动膜分离装置，A 为棕色瓶，装 ClO$_2$ 水溶液 (c_x)；B 瓶和 C 瓶分别装 pH 值为 6.89 的磷酸盐缓冲液（浓度为 0.1mol/L，c_1）和 pH 值为 6.89 的磷酸盐缓冲液（0.01mol/L，c_2）。分离器内管是微孔 H 型聚四氟乙烯膜（厚度 0.2mm、直径 ϕ90mm）管，外管为聚氯乙烯（PVC）管（ϕ40mm）。

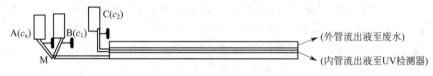

图 2-2　连续流动膜分离装置

③ 分析步骤　控制 3 个阀门，使分离器的内、外管磷酸盐缓冲液以一定的流速连续流动。将含有 ClO$_2$ 的水样在混合点（M）与 pH 值为 6.89 的磷酸盐缓冲液（浓度为 0.1mol/L）混合，输送至分离器外管中；外管中的 ClO$_2$ 透过内管，溶解在内管中 pH 值为 6.89 的磷酸盐缓冲液（浓度为 0.01mol/L）中，至 ClO$_2$ 交换平衡。用 UV 检测器对内、外管流出液进行谱图分析，并在 360nm 处测定内管流出液中的 ClO$_2$ 吸光度值之差（ΔA）。

分离器长为 1m，试验温度为 20℃时，c_1 流量为 0.5mL/min，c_2 流量为 0.5mL/min，c_x 的流量为 4.5mL/min，内、外管 ClO$_2$ 交换达到平衡所需要的时间为 180min。

④ 说明　按照试验方法测定标准溶液的浓度得出二氧化氯的线性范围为：0.24～11.81mg/L。回归方程为：$c_{ClO_2}(mg/L)=13.3\Delta A-0.0748$，$r=0.9994$（$\Delta A$ 为 ClO$_2$ 的吸光度值）。该方法的最低检出限为：5.2×10^{-2}mg/L。使用膜分离紫外光度法测定水厂水管中 ClO$_2$ 浓度时，可以随时、连续取样分析。同时试验表明，ClO$^-$、ClO$_2^-$ 和 ClO$_3^-$ 不能透过本试验所选定的 H 型微孔性聚四氟乙烯薄膜，不干扰测定。该法精密度试验的标准偏差为 2.8×10^{-2}mg/L（$n=6$），相对标准偏差为 3.0%，加标回收率为 96.8%～102.8%。

（8）紫外分光光度法测定水中硫酸盐

硫酸盐广泛存在于各种水体中，是构成水体基体成分的主要成分之一。因此，它的测定对各种水体来说都是必不可少的，它的含量高低，对于人体健康及了解地球化学环境和工程地质评价都有一定的意义。

① 概述　目前，国内外硫酸盐的分析方法较多，一般水体的硫酸根测定多以化学方法为主。化学法中又多以硫酸钡沉淀生成为基础。重量法准确度高，但耗时较长、操作麻烦；光度法和比色法只适用于较清洁水样；EDTA 容量法因测定范围宽、设备操作简单而应用较广，该法中加入钡盐后样品静置时间过长给实际应用带来诸多不便。采用紫外分光光度法测定水中的硫酸根，试验表明，该方法具有简便、快速、灵敏等优点，适合于较清洁环境水样的分析。

② 仪器与试剂　752 型紫外分光光度计。硫酸盐标准液：1.00mg/mL。络合剂：浓度为 0.1mol/L 的硝酸铁和浓度为 0.05mol/L 的高氯酸。

③ 分析步骤　准确吸取浓度为 0.10mg/mL 的硫酸盐标准溶液 0.0mL、2.0mL、4.0mL、8.0mL、10.0mL、15.0mL、20.0mL 分别置于 50mL 具塞比色管中，各加入 2mL 络合剂，以蒸馏水稀释至刻度，摇匀，放暗处 15min，于波长 354nm 处测定。吸取水样 100mL 于 200mL 烧杯中，以高氯酸调 pH 值至 3～4，于电炉上加热煮沸 4～6min，去除挥

发性酸后，冷却。用浓度为 1mol/L NaOH 溶液调 pH 值至 7 左右。准确吸取经上述处理的适量水样于 50mL 具塞比色管中，测定步骤同标准曲线的绘制。

④ 说明　利用该方法测定，标准曲线的回归方程 $y=0.00505c+0.00083$，$r=0.9996$。对某水库水质中硫酸盐浓度分析结果表明，回收率为 $96\%\sim114\%$（$n=6$）。SO_2、CO_3^{2-} 对测定结果影响较大，可将样品酸化至 pH 值为 3 左右，加热煮沸除去；H_2S 有干扰，可加甲醛除去；水样浑浊或有悬浮物时，可用 $0.45\mu m$ 滤膜消除影响。

2.1.5.2　紫外-可见分光光度法测定环境水中有机物

（1）紫外分光光度法测定痕量苯酚

① 概述　酚类化合物（以下简称酚类）系苯及稠环的羟基衍生物。天然水中一般不含酚类，除非遭受工业废水的污染，水中才可能含有酚类化合物。酚类主要来自焦化、煤气制造、石油精炼、木材防腐、石油化工、合成氨等工厂排出的生产废水中。酚类虽然毒性低，但多有恶臭，往往引起人们的恶心不适。许多国家都把饮水中酚类列为必测项目。

目前酚类的测定方法有许多种，应用最广的是 4-氨基安替比林光度法。但该法需要进行蒸馏、萃取、过滤，操作繁琐、耗时长，使用试剂不稳定，不易实现自动化，氯仿的用量特别大，对试剂的配制要求高；而高效液相色谱法、气相色谱法、毛细管电泳、气-质和液-质联用法和化学比色法等，相对操作繁琐，需要前处理或进行水样富集。采用紫外分光光度法测定水中挥发酚，精密度和准确度较好，易于操作，空白吸光度很稳定，对试剂要求不高，缩短了分析时间，适用于地表水、地下水和废水中挥发酚的测定，结果令人满意。在酸性条件下 $KBrO_3$-KBr 与苯酚发生溴化反应，剩余的 Br_2 与 KI 反应，生成 I_2，而 I_2 对紫外线有灵敏的吸收，通过测定 I_2 而间接测定苯酚，提高了测定的灵敏度。

② 仪器与试剂　WFZ-34A 紫外分光光度计（天津光学仪器厂）；CS-501 型超级恒温水浴（重庆试验仪器厂）。6mol/L 的 HCl；5.7×10^{-3} mol/L KI；5.1×10^{-3} mol/L KBr；4.6×10^{-4} mol/L $KBrO_3$：准确称取 $KBrO_3$ 0.0190g，定容至 250mL。苯酚（500.00mg/L）：准确称取 0.2500g 苯酚，定容至 500mL，用时再稀释至 10.00mg/L。分析用水为二次蒸馏水。以上试剂均为分析纯。

③ 分析步骤　在 10mL 比色管中，分别加入浓度为 4.6×10^{-4} mol/L $KBrO_3$、浓度为 5.1×10^{-3} mol/L KBr 溶液各 1.0mL，浓度为 10.00mg/L 苯酚溶液 1.0mL，与二次蒸馏水 5.0mL（于第一支比色管中加入蒸馏水 6.0mL 作为空白），再各加 6mol/L HCl 溶液 1.0mL，加盖，摇匀。放入 35℃±0.2℃ 恒温水浴中，静置 30min，然后分别加入浓度为 5.7×10^{-3} mol/L KI 溶液 1.0mL，摇匀，放回水浴中，15min 后取出，冷至室温，20min 后，用 1cm 比色皿，以蒸馏水为参比，于 287nm 波长处测量吸光度。对一般的工业含苯酚的废水可以直接按照试验方法测定。

④ 说明　按照试验确定的参数测定苯酚得 ΔA 与 c，经计算得直线回归方程为 $\Delta A=0.052c+0.008$（c：mg/L），相关系数 $r=0.9947$，表观摩尔吸光系数 $\varepsilon=4.58\times10^{4}$ L/(mol·cm)，灵敏度 $S=0.0019\mu g/cm^2$，其应用线性范围为 $0\sim12.0$mg/L。当苯酚的质量浓度为 1.0mg/L 时，对 10 余种金属离子和部分有机物进行了干扰试验，Mg^{2+}、Ca^{2+}、Zn^{2+}、Ni^{2+}、NH_4^+、Pb^{2+} 在 50mg/L 内无干扰，Fe^{3+}、Hg^{2+}、Ag^+、As^{3+} 在 10mg/L 内有干扰，若测定样品中含有相当量的这些离子，则应掩蔽或分离。苯胺有干扰，乙醇、甲醇、丙酮等无干扰。苯胺在碱性溶液中预蒸馏，可消除干扰。对模拟废水中的苯酚进行测定，回收率在 $101\%\sim101.8\%$，相对标准偏差为 0.42% 和 0.29%。可直接用于水中痕量苯酚的测定。

（2）紫外分光法测定污水厂出水中的 COD

① 概述　化学需氧量（COD）是在一定条件下，用一定的强氧化剂处理水样时所消耗的氧化剂的量。它是指示水体被还原性物质污染的主要指标。还原性物质包括各种有机物、亚硝酸盐、亚铁盐和硫化物等。COD 反映了水体受还原性物质污染的程度，也作为有机物相对含量的综合指标之一。因此，通过 COD 值的测定，可以掌握水质现状及其发展动态，COD 含量的分析是环保监测的重要项目。

工业废水中 COD 的监测方法可分为高锰酸盐指数法（也叫高锰酸钾法）和重铬酸钾法。采用重铬酸钾法，加强酸和过量强氧化剂重铬酸钾，加热回流 2h 后，再用硫酸亚铁铵滴定的方法来求得 COD 值。该方法缺点是：监测时间长，操作麻烦，抽用试样及药品量较大，且易形成二次污染。有研究用测定吸光度来代替繁琐的 COD 测定的方法，主要是通过分光光度法测定反应过程中的 Cr^{6+} 或者 Cr^{3+}，从而间接得出废水中的 COD_{Cr} 值。根据有机物在紫外光谱区有很强吸收的原理，对废水紫外吸光度与 COD 的相关性进行了研究，并用数理统计的方法建立了两者之间的回归方程。该法与分光光度法直接测定反应过程中的 Cr^{6+}、Cr^{3+} 相比，测定过程更加简单快捷，不仅缩短了测定时间，节省了费用，而且不产生任何二次污染。

② 仪器与试剂　UV-2501PC 紫外分光光度计；去离子水。

③ 分析步骤　将水样混匀，稀释适当的倍数后在波长 210nm 处测定其吸光度。同时用标准方法测定原水的 COD_{Cr}。

④ 说明　采用该试验方法测定污水处理厂二级出水的水样，稀释不同倍数后测定，并进行线性拟合，波长为 210nm 时的相关系数 $r=0.9994$，连续测定一周，从试验得到其经验关系式为 $COD=0.00579+(14.656\pm0.591)A$，该关系式能较好地评估水样的 COD，不仅减少了试验费用并简化了操作步骤，而且避免了重铬酸钾方法导致的铬、汞污染。由试验得到的经验公式能够较好地评估水样的 COD。另外，对于 COD 低的水样，如果用重铬酸钾或高锰酸钾方法测定会导致较大的偏差，若采用紫外吸光度法就能够很好地解决这些问题。对染色废水的测定表明 COD_{Cr} 与紫外吸光度之间也有显著的相关性，该方法具有较好的可信度，测定速度快，无需消耗试剂，不产生二次污染，很有实际意义。但是，本试验建立的回归方程只对特定的废水才成立，当废水水质发生较大变化（生产工艺或产品等发生较大变化）时或者对于其他类型废水，不能直接利用。必须根据实测结果确定其回归方程，以保证测定的准确度。紫外吸光度测定 COD 的方法将在水质实际监测中有广泛应用。

（3）紫外分光光度法测定水中阴离子表面活性剂

① 概述　近几十年来，表面活性剂在日用化工、制药等领域得到日益广泛的应用。种类、数量也在不断地增多。表面活性剂在给我们带来便利的同时也造成了大量的环境污染。由于表面活性剂大多难以生物降解，因此，对环境水中活性剂污染物进行定性、定量分析监控是迫切需要解决的问题之一。目前用于测定水中阴离子表面活性剂的国标通用方法是亚甲蓝吸光光度法。该法不仅操作繁琐、准确度差、易受各种共存物的影响，且灵敏度低，难以满足残留量的测定要求。此外还有滴定分析法，但干扰较多、费时较长、样品需要预处理等。表面活性剂中有很大一部分是具有双键或芳环的化合物，在紫外区域有其特征的紫外吸收光谱和摩尔吸光系数，因此可以采用紫外分光光度法测定。试验表明该方法具有可比性，并有快速省时、准确可靠的特点。

② 仪器与试剂　UV-3410 型紫外/可见分光光度计（日本日立公司），10mm 石英比色皿。十二烷基苯磺酸钠。0.50mg/L 阴离子表面活性剂标准样品：准确定量称取经过标定的十二烷基苯磺酸钠，在容器中准确定容，制备成质量浓度为 0.50mg/L 的样品溶液，充分混匀后，定量分装于安瓿瓶中，经高温、高压灭菌处理后，室温条件保存。

③ 分析步骤　在一系列比色管内分别加入质量浓度为 5.00mg/L 的阴离子表面活性剂

标准溶液 0.0mL、0.5mL、1.0mL、2.0mL、4.0mL、5.0mL、6.0mL、8.0mL，用纯水稀释至标线。混匀后，以 10mm 石英比色皿，在 194nm 处以水为参比，测定吸光度。以测得的吸光度为纵坐标，对应的阴离子表面活性剂浓度为横坐标，绘制标准曲线。

④ 说明　按照试验方法对标样测定，同时和经典的亚甲蓝光度法比较，对测定结果用 Cochran 法进行方差检验，检验结果均无显著性差异。亚甲蓝光度法标准偏差为 ± 0.0072mg/L，紫外光度法的标准偏差为 ± 0.0062mg/L（$n=6$）。两种方法的定值结果无系统误差，并与样品配制值具有一致性。在 194nm 处测得阴离子表面活性剂水溶液的摩尔吸光系数值为 5.5×10^4L/(mol·cm)。

（4）紫外分光光度法测定水中对苯二甲酸

① 概述　对苯二甲酸（PTA）是化纤织物加工过程及整理过程中降解和剥离下来的物质，已成为纺织印染废水中的主要成分之一，它直接影响纺织印染废水处理的工艺流程，因此处理含 PTA 的污水，首先必须检测出污水中 PTA 的含量，以指导污水处理装置及时调整工艺参数，确保处理后的污水达标排放。目前，对苯二甲酸的测定主要有气相色谱法、气-质联用技术等。虽灵敏度高，但受到仪器昂贵、操作繁琐、分析条件苛刻等众多因素限制。应用紫外分光光度计对污水中的 PTA 测定，不需分离，不需要加入掩蔽剂，进行定量分析时，不需要加入显色剂，因而不受显色剂浓度、显色时间等因素的影响，具有快速、简便、灵敏稳定、所用试剂少、选择性好、抗干扰能力强等优点。对苯二甲酸溶于氢氧化钾溶液，在波长 238nm 处有一吸收峰，其吸光度与浓度在一定范围内成直线关系，所以可按其测得的吸光度值求出对苯二甲酸的含量。对苯二甲酸溶液相当稳定，在连续一周内每天所测得的吸光度值基本不变。

② 仪器与试剂　760MC 紫外分光光度计；HP-5890 气相色谱仪。PTA 储备液：准确称取 0.1000g PTA 于 100mL 烧杯中，加入 5mL 浓度为 1.0mol/L 的 NaOH 溶液使 PTA 溶解后转入 50mL 容量瓶中，用蒸馏水稀释至刻度，此储备液每 1.00mL 含有 1.00mg PTA，使用时稀释成质量浓度为 0.20μg/mL 的溶液；浓度为 1.0mol/L 的 NaOH 溶液。

③ 分析步骤　于 50mL 比色管中，分别加入 PTA 标准溶液 0.0mL、1.0mL、2.0mL、3.0mL、4.0mL、5.0mL，用浓度为 0.1mol/L 的 NaOH 调节溶液 pH 值为 7~9，用蒸馏水稀释至刻度，摇匀，用 1cm 石英比色皿在 240nm 波长下，以蒸馏水为参比，测定各标准溶液的吸光度，绘制标准工作曲线。取工业生产装置排放的污水，必要时进行稀释测定。

④ 说明　在最佳测定条件下配制 PTA 标准溶液进行测定，PTA 浓度在 0.8~20mg/L 范围内符合比尔定律，其线性回归方程为 $A=13.865c-0.4951$（c 单位为 mg/L）。废水中的醋酸、醋酸甲酯等不干扰测定。带有芳香环的物质会影响测定结果，但在生产 PTA 的排放污水中，带有芳香环的物质与 PTA 相比，其相对含量很小，故不影响废水中 PTA 的测定。用该方法对对苯二甲酸（PTA）的废水进行回收试验，回收率在 97.7%~99.2%。

（5）紫外分光光度法测定水中硝苯柳胺

① 概述　硝苯柳胺化学名称为 N-(4-硝基苯基)-5-氯水杨酰胺，可以用作杀灭血吸虫中间宿主钉螺的杀螺剂。淡黄色粉末，极微溶于水，微溶于乙醇、丙酮、乙醚、苯、氯仿等有机溶剂，能溶于吡啶二甲亚砜、稀 NaOH、KOH 水溶液和氨溶液中，它是一种高效安全的杀灭血吸虫中间宿主钉螺的杀螺剂。它产生生物效应的浓度在 0.5~2mg/L。这样低的浓度目前国际上还没有现成的检测方法和类似结构物质的检测方法可借鉴，同时也缺少测定水中极微量药物浓度的方法。采用紫外分光光度法来测定硝苯柳胺的含量和监测现场试验用药后水中硝苯柳胺的浓度。

② 仪器与试剂　紫外分光光度计 λ-17 型（美国 PE 公司），日立 340，751GW 型分光光度计（上海分析仪器厂），pHS-25 型酸度计。硝苯柳胺纯品：准确称取 0.0100g 硝苯柳胺样

品置于 100mL 烧杯中，加水约 40mL，滴入 3～5 滴浓度为 1mol/L 的 NaOH 溶液，水溶液加热，搅拌至全溶解，冷却后移入 100mL 容量瓶中，再加水至刻度，摇匀备用，使用时稀释成浓度为 10.00mg/L 的溶液；NaOH（A.R.）；HCl（A.R.）。

③ 分析步骤　准确吸取一系列上述硝苯柳胺溶液，置于 100mL 容量瓶中，加入 NaOH 溶液调节 pH 值至 9.5 以上，用水稀释至刻度摇匀，在（372±1）nm 处测定其吸光度。取自来水 2000mL 或者湖水 500mL，用干燥滤纸过滤，用 1mol/L 的 NaOH 调节滤液的 pH 值大于等于 9.5，按照上述测定条件测定。

④ 说明　对标准溶液进行分析测定，硝苯柳胺水溶液的浓度与吸光度在 0.5～40.0mg/L 范围内线性关系良好，回归方程为 $y=0.0489c+0.007$，$r=0.9999$（y 为吸光度值，c 单位为 mg/L）。准确称取硝苯柳胺纯品，分别用湖水和自来水配成不同浓度的溶液测定，其回收率为 99.8%，相对标准偏差为 1.4%（$n=4$）。测定湖水的回收率为 99.35%，相对标准偏差为 1.57%（$n=4$）。本法不用有机溶剂萃取，直接测定水样，方法简便、快速、准确。

2.1.5.3　紫外可见吸光光度法测定环境水中的金属离子

（1）紫外可见吸光光度法同时测定铬（Ⅲ）和铬（Ⅵ）

① 概述　铬是生物体所必需的微量元素之一。常见的铬化合物价态有三价和六价，过量铬（Ⅲ）和铬（Ⅵ）化合物对人体健康都有害。但是，铬（Ⅵ）化合物更易为人体所吸收，并在体内蓄积，因此，其毒性更大。关于铬（Ⅲ）和铬（Ⅵ）的测定大多数是分离后分别进行测定，或先测定出铬（Ⅲ）或者铬（Ⅵ），然后通过氧化或还原测出铬的总量，再用差减法求出另一个价态铬的含量，这些方法比较麻烦，且在处理过程中易导致价态的改变。利用 751 型分光光度计，采用常规工作曲线法，在不同波长下同时测定铬（Ⅲ）和铬（Ⅵ），此法利用了在特定波长下两组分体系中铬（Ⅲ）和铬（Ⅵ）的吸光度仍符合朗伯-比尔定律，通过控制酸度，加入一定量的 EDTA 溶液作络合剂，在铬（Ⅲ）、铬（Ⅵ）两个最大吸收波长下，测出两组分的浓度。本法简便易行，适合一般实验室条件下试验，可得到满意结果。

② 仪器与试剂　751 紫外可见分光光度计（上海分析仪器厂）。pHS-2C 型酸度计（萧山分析仪器厂）。浓度为 0.025mol/L 的 H_2SO_4。0.05mol/L EDTA 溶液。铬（Ⅵ）储备液：1.00mg/mL，用 $K_2Cr_2O_7$ 按常规法配制。铬（Ⅲ）储备液：浓度为 1.00mg/mL，准确称取 0.7696g $Cr(NO_3)_3 \cdot 9H_2O$ 用适量水溶解后，稀释至 100mL 容量瓶中，使用时稀释为所需标准溶液。

③ 分析步骤　在 50mL 容量瓶中，加入适量铬（Ⅲ）和铬（Ⅵ）标准溶液，加入浓 H_2SO_4 0.2mL、EDTA 溶液 2.5mL，以适量去离子水稀释，在 70～80℃ 的水浴中加热 10min，冷却后定容，以相应试剂作参比，用 1cm 石英比色皿，在 540nm 及 350nm 波长处分别测定铬（Ⅲ）和铬（Ⅵ）的吸光度。取废洗液 1.0mL、电镀废液 5mL 分别于 50mL 容量瓶中，按试验方法测定吸光度。

④ 说明　按试验方法测定，在铬（Ⅲ）和铬（Ⅵ）共存情况下：铬（Ⅲ）在 2.5～80μg/mL 范围内符合比尔定律，线性方程为 $A=0.0137+0.0037c$，$r=0.9998$；铬（Ⅵ）在 4～60μg/mL 范围内，铬（Ⅵ）为铬（Ⅲ）的 1/20～15 倍时，符合比尔定律，线性方程为 $A=0.08690+0.02879c$，$r=0.9996$。测定 2.5μg 铬（Ⅲ）和 4μg 铬（Ⅵ），相对误差 ≤5%；Pb^{2+}（50μg）、Al^{3+}（80μg）、Ca^{2+}、Ni^{2+}（100μg）、Mn^{2+}、Mg^{2+}（500μg）、Zn^{2+}、Cu^{2+}（800μg）、Fe^{3+}（20μg）、Cd^{2+}（600μg）不干扰测定。对废洗液和电镀废液中铬（Ⅲ）和铬（Ⅵ）含量，加入铬（Ⅲ）和铬（Ⅵ）标准溶液测定回收率在 98%～103.0%。

（2）紫外可见分光光度法测定水中微量汞

① 概述　汞及其化合物属于剧毒物质，可在体内蓄积。进入水体的无机汞离子可转变为毒性更大的有机汞，由食物链进入人体，引起全身中毒。仪表厂、食盐电解、贵金属冶炼以及军工等工业废水中可能存在汞。对微量汞的检测在环保工作中有着重要的意义。目前测定微量汞的方法主要有冷原子吸收法和双硫腙光度法，冷原子吸收法需用专门仪器，双硫腙光度法要用到有毒的萃取剂，而且要掩蔽干扰离子和严格掌握反应条件。在非离子表面活性剂吐温-80 的增溶作用下，汞可与溴化物和罗丹明 B 形成水溶性离子缔合物，结合巯基棉分离富集技术，测定水中微量汞，由于巯基棉对汞的吸附能力强，一般实验室均可制备。利用巯基棉对汞的吸附能力很强这一特性，用 TU-1221 紫外可见分光光度计测定环境水样中微量汞，方法简单、快速、灵敏度高、选择性好。

② 仪器与试剂　TU-1221 紫外可见分光光度计（北京普析通用仪器公司）。汞标准液：准确称取硝酸汞（A.R.）0.1618g 于 100mL 容量瓶中，用浓度 0.1mol/L 硝酸溶液溶解并定容，配成 1.00mg/mL 储备液，用水稀释成 1.0mg/L 工作液。浓度为 2.0mol/L 溴化钠溶液；浓度为 1.0×10^{-3} mol/L 罗丹明 B 溶液；浓度为 10g/L 的吐温-80 溶液。

巯基棉制备：于棕色磨口广口瓶中，依次加入硫代乙醇酸 100mL、乙酸酐 60mL、36%（质量分数）乙酸 40mL、硫酸 0.3mL，充分混匀并冷却至室温后，加入长纤维脱脂棉 30g，铺平，使之完全浸泡在溶液内，用水冷却，加盖，于烘箱内保温 48h，取出用去离子水冲洗至中性（pH 试纸测定），挤干，置于瓷盘中在 37~38℃下烘干后，放在暗处长期保存。

吸附装置：在内径 5~7mm 短颈玻璃漏斗中，填充 0.1g 巯基棉纤维，将水样以 2mL/min 速度流过该装置，即可吸附。

③ 分析步骤　于 25mL 容量瓶中，加入 1.00mg/L Hg^{2+} 标准液 2.0mL、浓度 1.0mol/L 硝酸溶液 2.0mL、浓度 2.0mol/L 溴化钠溶液 4.0mL，混匀，加入吐温-80 溶液 3.0mL，再加入罗丹明 B 溶液 3.0mL，用水稀释至刻度，摇匀，静置 15min，用 10mm 比色皿，在 532nm 波长处，在 TU-1221 紫外可见分光光度计上测量吸光度。取水样 50mL 于 150mL 烧杯中，用浓度为 1.0mol/L 的硝酸调节 pH 值至 1，滴入浓度为 100g/L 的高锰酸钾溶液至红色出现，加热蒸发至体积为 5mL，滴加 10g/L 盐酸羟胺至红色消失，以 2mL/min 的速度匀速流过巯基棉吸附装置，先用浓度为 3.0mol/L 的盐酸洗脱 Ca^{2+}、Pb^{2+} 以消除干扰，后用 6mol/L 的盐酸分 3 次洗脱汞，用氢氧化钠溶液中和 pH 值至 3~4，转入 25mL 容量瓶中，然后按照上述方法测定。

④ 说明　准确吸取不同体积的 1.0mg/L Hg^{2+} 标准液，按照试验方法测定吸光度。绘制出标准曲线，结果显示在 0~0.16mg/L 范围内符合比尔定律。选用巯基棉富集分离技术，通过调节吸附及洗脱液酸度消除干扰。结果表明，汞的吸附酸度为 pH 值 1~3，为消除 Pb^{2+}、Cd^{2+} 的干扰，采用浓度为 3mol/L 的盐酸洗脱，然后用 6mol/L 的盐酸 3.0mL 分三次洗脱 Hg^{2+}。对 3 种废水和自来水加标测定，回收率在 99%~102%。把本方法与国标双硫腙法做比较，取同一试样用两种方法测定结果，无明显差异。

（3）紫外可见分光光度法测定水中痕量三价铋

① 概述　铋主要用于金属冶炼，且集中在冶金、地质及化工分析等领域。对铋的测定研究主要采用比色法、极谱法、溶出伏安法、原子吸收分光光度法。采用比色法的灵敏度不高，虽然近几年来一些新的试剂出现，选择性和灵敏度有了一定的提高，但测定的效果仍不甚理想；原子吸收分光光度法测定由于方法复杂、仪器成本和使用费用较高、仪器操作较复杂等原因，应用受到一定的限制。应用紫外可见分光光度法测定水中铋的方法，是一种简单可靠的新方法。

② 仪器与试剂　6010 型紫外-可见分光光度计（安捷伦科技上海分析仪器有限公司）。

铋（Ⅲ）标准溶液：用浓度为 2.0mol/L 的盐酸 50mL 溶解 0.2787g Bi$_2$O$_3$，用浓度为 0.01mol/L 的盐酸稀释至 500mL，得 500.00mg/LBi^{3+}储备液，临用前用浓度为 0.01mol/L 的盐酸稀释为 50.00mg/L 使用液。浓度为 2.0mol/L 的 KI 溶液；浓度为 0.01mol/L 及浓度为 2.00mol/L 的盐酸。以上试剂均为分析纯。

③ 分析步骤 吸取 Bi^{3+} 标准溶液 0.0mL、0.10mL、0.20mL、0.40mL、0.60mL、0.80mL、1.00mL 分别置于 10mL 具塞比色管中，加入浓度为 2.0mol/L 的盐酸 1mL、浓度为 2.0mol/L 的 KI 溶液 2mL，然后用蒸馏水定容，摇匀，倒入 10mm 石英吸收池，加盖，显色 5min，用试剂空白作参比，于 334.5nm 处测定吸光度（A）值。以 Bi^{3+} 含量为横坐标，吸光度 A 值为纵坐标，绘制标准曲线。取一干净的 5L 采样瓶，加浓盐酸 30mL，然后装满水样，密封，低温（冰箱冷藏）下可保存备用。取采集的样品 1000mL 水样于 1000mL 烧杯中，加热蒸发至约 30mL 后，转移到 50mL 容量瓶中，用蒸馏水定容。取 5.00mL 按上述方法测定水样中三价铋含量。

④ 说明 按试验方法配制一系列标准溶液，在 0～5.0mg/L 范围内 Bi^{3+} 质量浓度与吸光度的关系符合比尔定律，回归方程为 $A=0.013+0.143c$（mg/L），相关系数为 0.9995，摩尔吸光系数为 $3.36×10^5$L/（mol·cm）。对空白溶液测定 20 次，计算出检出限为 58μg/L。在含 10μg Bi^{3+} 的标准溶液中，分别加入 200μg 的 K$^+$、Na$^+$、Ca^{2+}、Mg^{2+}、Zn^{2+}、Mn^{2+}、Cu^{2+}、Al^{3+}、Cr^{3+} 和 10mg 阴离子 CH$_3$COO$^-$、NO$_3^-$、SO$_4^{2-}$、F$^-$、Br$^-$ 及 EDTA 等进行干扰试验，结果在 ±5% 误差范围内。对江水、矿泉水、工业废水 3 种样品，按试验方法分别对 3 种样品进行测定（$n=7$）及回收率试验，RSD 在 2.1%～3.9%，回收率在 97.35%～102.62%，摩尔吸光系数为 $3.36×10^5$L/（mol·cm），方法灵敏度较分光光度法高，且常见离子不干扰测定，具有高选择性。

2.1.5.4 其他物质的紫外-可见分光光度法测定

（1）紫外分光光度法直接测定水中臭氧

① 概述 臭氧是一种强氧化剂，能破坏使水产生臭味的有机化合物和有色的有机物，能将铁（Ⅱ）和锰（Ⅱ）氧化为高价氧化物，然后通过沉淀过滤除去；臭氧是一种广谱杀菌剂，可杀灭细菌繁殖体和芽孢、病毒、真菌等，并可破坏肉毒杆菌毒素，臭氧发生器应用于饮水消毒，在一些先进国家已普及。

目前水中臭氧的测定方法主要有碘量法、靛蓝比色法、铬酸紫钾法和连续自动测定法等。国内常用的是碘量法，但此法操作复杂，需要气源，难以实现现场快速测定的要求。用紫外分光光度法测定饮用纯净水中残留臭氧，具有快速、准确、操作简便等优点。将臭氧发生器在水中产生的臭氧，在含有 2% 碘化钾的 0.2mol/L 硼酸溶液吸收液中置换出碘，比色定量，直接测定水中的臭氧，该法快速、灵敏，结果令人满意。

② 仪器与试剂 U-3000 紫外分光光度计（日本日立）。臭氧发生器吸收液：浓度为 20g/L 的碘化钾和浓度为 0.2mol/L 的硼酸溶液。浓度为 0.014g/L 的过氧化氢溶液，用时取 5.0mL 此溶液用蒸馏水稀释至 100mL。浓度为 1.0mol/L 的硫酸。浓度为 0.10mol/L 的碘酸钾溶液。臭氧标准溶液：准确称取碘化钾（A.R.）1.0000g 溶于水，移入 100mL 容量瓶中，加入碘酸钾溶液 10mL 及硫酸溶液 5mL，用水稀释至刻度，此溶液 1.00mL 相当于含 240μg 臭氧，临用前用吸收液稀释成 1.20μg/mL 臭氧的标准溶液。

③ 分析步骤 吸取用臭氧发生器作用过的蒸馏水 5.0mL，置于 10mL 具塞比色管中，分别吸取浓度为 1.20μg/mL 的臭氧标准溶液 0.0mL、1.0mL、2.0mL、4.0mL、6.0mL、8.0mL、10.0mL 于 7 支 10mL 具塞比色管中，于上述样品及标准管中，各加吸收液至 10mL，盖上管塞，摇匀，于波长 351nm 处，以蒸馏水作参比测定吸光度，以测得的吸光度

值对臭氧含量（μg）绘制标准曲线。

④ 说明　按照上述试验方法对标准溶液进行测定表明，臭氧在 $1.2\sim12.00\mu g/mL$ 内符合比尔定律。回归方程 $c=97.4x-4.43$，相关系数为 0.9990。对不同的水样测定，回收率在 $101\%\sim106\%$，相对标准偏差为 0.21%（$n=5$）。该方法用新生态的碘作为与之相当量的臭氧标准，克服了因臭氧分解而使标准液难以准确定量的不足。用硼酸-碘化钾作为臭氧的吸收液，具有易配制、稳定性好、对臭氧的吸收效率高、反应速度快等优点，完全满足水体中臭氧的测定。

（2）紫外分光光度法测定水中油含量

① 概述　在水质监测中，油类是一项重要的监测项目，由于漂浮于水体表面的油将会影响空气与水体表面氧的交换，而分散于水中及吸附在悬浮微粒上的油易被微生物氧化分解，并将消耗水中的溶解氧，从而使水质恶化。为了防止油类物质对水体的污染，必须定期测定水体中油的含量。由于石油类物质是混合物，加之各种方法测定的是不同结构的组分，也就是说既没有标准方法，也没有基准物质。目前水中油类常用的分析方法包括重量法、非分散红外法、紫外分光光度法、荧光光度法以及国家标准方法红外光度法等，其中重量法不需要特殊的仪器与试剂，测定结果的准确度较高、重复性较好，且方法不受油品种的限制，但方法操作繁杂，灵敏度低，分析时间长。荧光光度法是最为灵敏的测油方法，测定对象主要是矿物油类，当油品组分中芳烃数目不同时，所产生的荧光强度差别很大。紫外分光光度法操作简单，精密度好，灵敏度高，测定范围宽。紫外分光光度法测定水中的油，是基于油中含有的带有共轭键和苯环的芳香族化合物在紫外区有特征吸收，因而可借助于该法测定具有共轭双键结构的物质的含量来确定环境水样中的含油量。

② 仪器与试剂　JASCOV-550 分光光度计（配 1cm 石英比色皿一套）。脱芳石油醚（馏分 $60\sim90℃$）：市售石油醚在使用前应在分光光度计上检查，在波长 225nm 处以水为参比，如透过率不足 80% 需要脱芳处理。（体积比 $1:3$）硫酸溶液。油标准储备液（1000.00mg/L）：准备称取 0.1000g 标准油于烧杯中，加入少量石油醚，溶解全量转移到 100mL 容量瓶中，并稀释至标线，混匀。油标准使用液（50.00mg/L）：由储备液稀释。

③ 分析步骤　分别配制浓度为 10.0mg/L、20.0mg/L、30.0mg/L、40.0mg/L、50.0mg/L 的系列标准样品。用 1cm 石英比色皿，以石油醚为空白参比，依次测定上述系列样品的吸光度。对于低含量的水样可以直接按照上述操作步骤测定。高含量的水样必须经过硫酸酸化，然后用石油醚萃取，吸取萃取后的水样测定。

④ 说明　对测定试验数据进行回归，得到标准曲线，$2A=0.0136c+0.0019$，$r=0.9998$。对样品的测定，相对误差没有超过 3%（$n=6$），回收率在 $97\%\sim101\%$ 之间，结果的准确度比较高，精密度也很高。采取空白液的方法来确定方法的检出限可达到 0.03mg/L。因此，紫外分光光度法测定水中油含量简单、快速，测定结果是准确可靠的。

2.1.6　紫外-可见分光光度法的发展趋势

紫外-可见分光光度法是一种灵敏、快速、准确、简单的分析方法，它在分析领域中的应用已有几十年的历史。尤其是在近十几年中，其方法学的研究已经得到普遍的认可，它在单一成分的测定中具有很好的稳定性、重现性，而且快速、简捷，结果准确。

扫描光栅型分光光度计依托成熟的设计制造工艺，并结合计算机控制等新的技术成果，仍有很强的生命力。在很多方面，扫描型产品代表了最高的技术水平。阵列式探测器的产生直接促成了固定光栅分光光度计的设计，使得它在测量更快、更稳定、适应性更强的方向迈出了一大步。随着科学技术和分光光度法的发展，在经典的分光光度法的基础上，又进一步发展和派生了许多新型吸收光谱法。有双波长光度法（又称双波长分光光度法）、一阶导数吸收光谱法、二阶导数吸收光谱法、高阶导数光谱分析法，提供了紫外-可见分光光度法的一种新的发展方向，扩大了应用的范围。这种方法特别适用于痕量分析，纯度试验，质量控制，重叠光谱的分离，吸收背景的消除，浑浊液、浑浊物和固体的研究，以及混合物的鉴别等。此外，在反应动力学、催化剂或大分子的表面吸附以及溶剂和化学环境对发色团的影响等的研究中，也能提供有价值的信息。此外，光声光谱分析技术能直接用于固体薄板的测定，它为固体试样的直接测定开辟了新的前景。

激光及电子计算机技术的飞跃发展使分光光度计大为改善。这两种新技术引入经典的分光光度仪器获得了较大成果。利用激光技术生产的全息光栅已作为单色元件使用在紫外与可见分光光度仪上。随着激光器的广泛应用，光声光谱法已经逐渐发展起来，逐渐应用于生物试样分析和药物的研究，使其分析的领域不断扩大。化学计量学的发展，将化学计量学方法应用于光度分析，将是解决多组分测定以及复杂样品快速测定的有效途径。将色谱等分离分析技术与光度法联用，也是在复杂基体样品有效成分分析鉴定中常用的有效手段。电子计算机的引入，使原有的经典分光光度法向自动化方向大大发展了一步。微处理机控制的紫外-可见分光光度计，可自动调零、自动筛选波长、参数自动设定、自动报警、自动显示故障、自动进行功能改变。这类仪器还可用外部终端装置进行远距设定和控制，亦可根据需要由操作者随时输入其他操作命令。分光光度计与其他仪器联用也是发展的方向之一。例如日本岛津公司生产的双波长薄层色谱扫描仪、光声光谱与气相色谱联用，能解决一些过去只能用气相色谱-质谱联用才能解决的分析测试问题。并且，从今后的发展来看，仪器的小型化、在线化，测量的现场化、实时化将是一大方向。随着集成电路技术和光纤技术的发展，联合采用小型凹面全息光栅和阵列探测器以及 USB 接口等新技术，已经出现了一些携带方便、用途广泛的小型化甚至是掌上型的紫外可见分光光度计。要使分光光度计走出实验室，成为一种应用更广、更为普及的测量分析设备，阵列式探测器以及其他的固态式设计可发挥重要的作用。光纤也将是其中的一项重要技术，它已使紫外可见分光光度计的使用变得更方便，同时也使分光光度计的配置变得更灵活。光纤结合模块化设计，可能使分光光度计可以突破完全固定、静态的组成，而变成可以自由搭配，自助式构建的仪器。光纤同时也是实现在线测量的重要手段。计算机技术的影响将更为增进。

分光光度计的自动化、智能化是一个方面。而光电子技术和 MEMS（微电子机械系统）技术的发展，使得有可能将分光元件和探测器集成在一块基片上，制作微型分光光度计。随着发光二极管（LED）光源技术及产业的日益成熟，以 LED 为光源的小型便携又低廉的分光光度计已成为研究开发的热点。除了空间色散的分光方式，也有人对声光调制滤光和傅里叶变换光谱在紫外可见区的应用进行了研究。

紫外可见分光光度计的功能增多或一机多用，是目前国际上紫外可见分光光度计发展的又一个动向。岛津的 UV-1240 紫外可见分光光度计具有多种功能，既可作为常规紫外可见分光光度计使用，又可作为水质、生物酶分析的专用仪器使用，做到了一机多用。文献报道的 MUV-1 型超小型多功能紫外可见分光光度计，既可作为常规的小型紫外可见分光光度计使用，又可作为核酸蛋白分析仪使用，还可作为 HPLC 紫外分光检测器和流动注射分析仪的紫外分光检测器使用，真正实现了一机多用。还有，文献报道有学者研制的 UV/FL 紫外可见分光/荧光光度计（原南京分析仪器厂投产），也是一种紫外、荧光一机两用的新型紫外可见分光光度计，它只需 $8\mu L$ 试样，就可得到紫外光谱和总荧光量两种数据，该仪器已获得国家发明奖。

另外，仪器的软件功能可以极大地提升仪器的使用性能和价值，软件已经在一定程度上使实在的仪器接近于虚拟的程序，网络和信息技术的结合将会带来进一步的影响。除了传统的空间色散的分光方式外，声光调制滤波和傅里叶变换光谱也以其各自的特点表现出了在紫外可见波段的应用潜力。现代分光光度计生产厂商都非常重视仪器配套软件的开发。除了仪器控制软件和通用数据分析处理软件外，很多仪器针对不同行业应用开发了专用分析软件，给仪器使用者带来了极大的便利。

对于成分复杂的物质，由于仪器自动化、数据计算机化处理，应用紫外分光光度法进行多组分含量测定更加简便。总之，随着现代科学各个领域的不断发展，新技术、新方法将不断应用到水质分析中来，使紫外-可见分光光度法可以在水质分析应用中达到快速、高效、特异性强、重现性好的目的。

2.2
荧光光谱法及其在水质分析中的应用

2.2.1 概述

当紫外线照射到某些物质时，这些物质会发射出不同颜色和不同强度的可见光。而当紫外线停止照射时，这种光线也随之很快地消失，这种光线称为荧光。利用某些物质被紫外线照射后所产生的能够反映出该物质特性的荧光，进行该物质的定性和定量分析的方法称为荧光光谱分析法，即为荧光光谱法。荧光分析法一经建立，就引起人们普遍的重视，并很快在实际分析研究中推广使用。荧光分析发展至今，已被广泛应用在工业、农业、医药、卫生、司法鉴定和科学研究各个领域中。荧光分析法作为一种分析方法，早在19世纪60年代就已经出现。1867年，Goppelsröder进行了历史上首次的荧光分析工作，应用铝-桑色素配合物的荧光进行铝的测定。1880年，Liebeman最早提出了荧光与化合物结构关系的经验法则，从而开始系统地对荧光分析法的理论展开研究。到20世纪，人们对此进行了更为广泛而深入的探讨，1905年Wood发现了共振荧光，1914年Frank和Hertz利用电子冲击进行定量研究，1922年Frank和Cario发现了增感荧光，1924年Wawillous进行了荧光产率的直接测定。

在我国，20世纪50年代初期仅有极少数的分析工作者从事荧光分析，到了20世纪70年代后期，荧光分析方法已经引起国内分析界的广泛重视。20世纪70年代，三维荧光技术诞生，在最近20年发展中，因可获得激发波长与发射波长同时变化的荧光强度光谱图，荧光数据比普通荧光光谱丰富得多，具有高选择性，多用于多组分混合物的定性、定量分析。近年来同步荧光测定、荧光偏振测定、荧光免疫测定、低温荧光测定、固体表面荧光测定、荧光反应速率法、三维荧光光谱技术与其他技术联用得以不断涌现和完善，可为环境分析提供更加广阔的前景。

近年来国内有关荧光分析的内容已经从经典的荧光分析方法逐步扩展衍生出一些新方法和新技术。在仪器分析方面国产化仪器也实现了检测功能的不断提升和优化。新技术、新方法的发展必将使荧光分析法成为一种重要而且有效的光谱化学分析手段，在环境监测中发挥着重大作用。

2.2.2 荧光光谱分析法的原理

荧光光谱分析法是根据试样溶液所发生的荧光的强度来测定试样溶液中荧光物质的含量的。荧光是分子从激发态的最低振动能级回到它原来的基态时发射的光，激发过程的完成是由于光的吸收。吸收与荧光密切相关，因为吸收必须先于荧光发射。由于碰撞和热的耗散常使一部分吸收能丧失，剩余荧光的能量比吸收的能量小，因此荧光在更长的波长发射。

在光的吸收过程中，假如化合物是荧光物质，吸收光的一部分转换成荧光，则发射的量子数与吸收光的量子数之比为 Φ，称为荧光效率。许多物质的 Φ 近乎独立于激发波长和溶液的浓度。根据朗伯-比尔定律，即透射光强度与溶液浓度的关系，因此荧光强度 F 可以用公式（2-2）表示：

$$F=\Phi(I_0-I)=\Phi I_0(1-e^{-2.303KcL}) \tag{2-2}$$

式中　F——荧光强度；

　　　I_0——入射光强度；

　　　I——出射光强度；

　　　c——待测物浓度；

　　　L——样品池的厚度；

　　　K——比例常数，与荧光物质、介质、入射光波长、荧光波长等因素有关。

其中

$$e^{-2.303KcL}=1-2.303KcL-(2.303KcL)^2/2!-(2.303KcL)^3/3!-\cdots\cdots \tag{2-3}$$

如果溶液是稀溶液，$KcL\leqslant0.05$，则可以忽略后边的各项。如果 c 以浓度表示，则 $K=\varepsilon$，而且 ε 的值与激发波长相对应。于是公式（2-2）可以写成：

$$F=2.303\Phi I_0\varepsilon CL=k'c \tag{2-4}$$

式中　k'——比例常数。

从公式（2-4）可以看出以下两点。

① 荧光强度与荧光产物的浓度成正比。因此，在适宜的条件下，校准曲线将是直线。

② 吸光度值与入射光的强度有关，荧光强度与激发光的强度成正比。因此可以认为荧光分光光度计比吸收分光光度计更灵敏，极低强度的光能用现代的光电管测量，而很强的激发光由氙弧灯源产生。

荧光分析光谱法具有灵敏度高、选择性强、试样量少和方法简单等特点，是一种很有用的分析手段。它的灵敏度不仅与溶液的浓度有关，而且与紫外线照射强度及荧光分光光度计的灵敏度有关，灵敏度一般都高过应用最广泛的比色法和分光光度法。与分光光度法和比色法相比，其检测限可达 10^{-12}，比上述两种方法高出二至三个数量级。同时，它具有荧光寿命、荧光量子产率、激发波长、发射波长等多个参数，因而又有比较好的选择性，非常适合测定成分复杂、含量微小的环境样品，因此在环境分析中得到了广泛的应用。

2.2.3　荧光产生的条件和过程

2.2.3.1　荧光产生的条件

可产生荧光的物质必须满足以下条件：一是该物质的分子必须具有与所照射的光线相同的频率，这与分子的结构密切有关；二是该物质分子吸收了与其本身特征频率相同的能量之后，必须具有高的荧光效率。许多会吸收光的物质并不一定会产生荧光就是由于它们的吸收光分子的荧光效率不高，而将所吸收的能量消耗于溶剂分子或其他溶质分子之间的相互碰撞，因此无法发出荧光。

2.2.3.2　荧光产生的过程

荧光物质产生荧光的过程大致可以分为以下四个步骤。

① 处于基态最低振动能级的荧光物质分子受到紫外线的照射吸收了和它所具有的特征频率相一致的光线，跃迁到第一电子激发态的各个振动能级。

② 被激发到第一电子激发态的各个振动能级的分子通过无辐射跃降落到第一电子激发态的最低振动能级。

③ 降落到第一电子激发态的最低振动能级的分子继续降落到基态的各个不同振动能级同时发射出相应的光量子，这就是荧光。

④ 到达基态的各个不同振动能级的分子再通过无辐射跃迁最后回到基态的最低振动能级。

2.2.4 荧光分析方法

2.2.4.1 常规荧光分析法

（1）直接测定法　在荧光分析法中，可以采用不同的试验方法进行分析物质浓度的测定，最简单的荧光分析法是直接测定法，只要分析物质本身发荧光，便可以通过测量它的荧光强度来测定其浓度。分子自身产生荧光必须具备两个条件：一是该物质必须具有与所照射光线相同频率的吸收结构；二是吸收了与其本身特征频率相同的能量之后，必须具有一定的荧光量子产率。直接测定法是荧光分析中最简便易行的方法，但由于自身发射荧光的化合物为数不多，因而该方法在环境分析中应用较少，仅用来测定一些芳香类化合物。比如有机芳香族化合物和生物物质具有内在的荧光性质，往往可以直接测定荧光强度。即取已知量的荧光物质配成一标准溶液测其荧光强度，然后在同样条件下测定试样溶液的荧光强度。以荧光强度对标准溶液浓度绘制工作曲线，然后测定试样溶液的荧光强度，由试样溶液的荧光强度和工作曲线求出试样中荧光物质的含量。

（2）间接测定法　一些有机化合物以及大多数的无机化合物溶液，它们本身不发光或者荧光量子产率很低，无法直接测定，只能采取间接测定方法。主要通过化学反应将非荧光的物质转化为适合于测定的荧光物质。比如许多无机金属离子可以与某些有机螯合剂反应生成具有荧光的螯合物之后测定。或者通过荧光猝灭的方法将本身具有荧光强度的物质，在加入待测物质后荧光强度降低来间接测定待测物质浓度。下面简要介绍部分间接荧光测定方法。

① 络合荧光法　间接测定法中最常见的是有机试剂直接与荧光较弱或不显荧光的共价或非共价物质络合形成发荧光的络合物再进行测定，而不需其他辅助手段。间接测定法中被测物质与荧光试剂直接形成发荧光的络合物的络合荧光法在环境分析中应用较为广泛。络合荧光法可测定的环境中的物质与荧光试剂见表 2-1。

表 2-1　络合荧光法可测定的环境中的物质与荧光试剂

被测物	荧光试剂	激发光谱与发射光谱波长 λ/nm
三苯基锡	Triton X-100 桑色素	415.0 与 525.0
铜	3-对甲基苯-5-(4′-硝基-2′-羧基苯偶氮)-2-硫代-噻唑啉酮	308.0 与 403.0
铝	2,4-二羟基甲醛-异烟酰腙	394.0 与 484.0
敌敌畏	间二苯酚	491.6 与 521.1
亚硝酸盐	Triton X-100 胶束体系	332.0 与 457.0
苯并[a]芘	环糊精增敏 4-羟基香豆素	389.0 与 413.0
铅	氯化钾	262.5 与 485.0

② 荧光猝灭法　荧光猝灭广义地说是可使产生荧光物质的荧光强度降低。如果分析的物质本身不发荧光，然而又具有使某种荧光化合物的荧光猝灭的能力，那么通过测量荧光化合物荧光强度的降低，可以间接地测定该分析物质。

某些元素虽不与有机试剂组成发生荧光的络合物，但这些元素的离子可从发生荧光的其他金属有机络合物中夺取有机试剂或金属离子以组成更为稳定的配合物或难溶化合物，而导致荧光强度降低，由荧光降低的程度来测定该元素的含量。大多数过渡金属离子具有与荧光性质的芳香族配位体配合后，使配位体的荧光猝灭的特性，从而可以间接测定这些金属离子的浓度。

2.2.4.2 同步荧光法

同步荧光法是在常用的荧光光谱的基础上发展的一种荧光分析技术。在常用的发光分析中，所获得的两种基本类型的光谱是激发光谱和发射光谱。同步扫描技术与常用荧光方法不同，它是用同时扫描激发单色器和发射单色器波长的一种光谱图，这种技术是在同时扫描两个单色器波长的情况下绘制光谱的，由测定的荧光信号与对应的激发波长（或者发射波长）构成光谱图，称为同步荧光光谱。对于某一被测化合物，与激发光谱或发射光谱相比，同步荧光可使谱图简化，峰宽变窄。

同步荧光法可分为固定波长同步扫描荧光测定法、固定能量同步扫描荧光法和可变波长同步荧光法。同步荧光和激发光谱、发射光谱都有关系，同时利用被测物质的吸收性能和发射性能，使选择性得到改善。

（1）固定波长同步扫描荧光测定法　固定波长同步扫描是使发射波长和激发波长之间保持一固定的波长间隔，同时以一定的速度扫描，所获得的荧光强度信号与相应的波长所构成的光谱图就是固定波长同步荧光光谱。目前固定波长同步扫描荧光法大多数与导数技术相结合，既可提高选择性，又可提高灵敏度。

（2）固定能量同步扫描荧光法　固定能量差同步荧光光谱是在保持激发光与发射光的能量差恒定的条件下，同时进行激发光和发射光的扫描所获得的同步荧光光谱，比常规荧光具有更高的选择性。这种方法对于多环芳烃的鉴别和测定有利，在室温或者低温条件下，多环芳烃谱带间隔基本相同，因而固定能量同步扫描可与低温技术配合以获得更多的光谱特征，从而作为一种更有效的"筛选型"分析手段。

（3）可变角（可变波长）同步荧光法　可变角同步荧光是同步荧光的重要分支，与通常所见的固定波长同步荧光相比有显著特色。当待测组分的光谱与两个干扰组分的光谱严重重叠，这时无论选用什么样的 $\Delta\lambda$ 值进行固定波长同步扫描，都将受到其中某个干扰组分的一定影响，但是如果采用可变角同步扫描，即适当选择两个单色器的初始波长和两个不同扫描速率，便可以获得良好的选择性。该技术已在环境分析中得到应用。

2.2.4.3 三维荧光法

在室温下，大多数分子处于基态，当其受光（如紫外线）激发时，分子会吸收能量并进入激发态，但分子在激发态下不稳定，很快就跃迁回基态，这个过程伴随着能量的损失，其中过剩的能量便会以荧光的形式释放出来，即发光。物质的荧光性质与其分子结构有关，一般来说分子结构中有芳香环或有多个共轭双键的有机化合物较易发射荧光，而饱和或只有孤立双键的化合物不易发射荧光。物质的荧光强度（F）与激发光波长（E_x）、发射光波长（E_m）有关，二维荧光光谱是固定 E_x 或 E_m 不变，扫描改变另一个波长，得到 E_x 或 E_m 与 F 之间的关系，是一个一元函数。而三维荧光记录的是 E_x 和 E_m 同时改变时 F 的变化，是一个二元函数，也称为激发发射矩阵。

三维荧光测定结果有两种表征方法：等强度指纹图和等距三维投影图。等强度指纹图是以 E_m 和 E_x 为横纵坐标，平面上的点为样品荧光强度，由对应 E_x 和 E_m 决定，用线将等强度的点连接起来，线越密表示荧光强度变化越快。等距三维投影图是用空间坐标 X、Y、Z 分别表示 E_x、E_m 和 F，与 XOY 面平行的区域表示无荧光，隆起的区域表示有荧光。相较于二维荧光，三维谱图蕴含更多的荧光数据，能更完整地描述物质的荧光特征，可用于多组分混合物的分析。但大分子的颗粒和胶体物质在受光激发时会出现散射现象，对荧光测定产生影响，常通过预处理（稀释待测溶液、扣除空白水样的三维荧光光谱、过滤等）来避免此影响。

根据朗伯-比尔定律可知，当溶液中待测物质浓度低于某特定值时，荧光强度与待测物质浓度之间呈线性关系，因此对于一定浓度范围的稀溶液，可利用荧光分析法实现物质的定量研究。三维荧光测定结果的解析最初采用峰值拾取法，目前荧光区域积分法和平行因子分析法应用较为广泛。

三维荧光光谱法具有检测快速、预处理简单、反应灵敏等优点，该法不仅可以用于定量检测某些已知的单一污染物，还可用于表征成分复杂、组分来源不明确的污染物，这一特点使三维荧光有能力应用于水环境监测中。但三维荧光光谱中存在光谱重叠的问题，影响单一成分的提取和识别，若不结合其他的计量解析方法使重叠的光谱分离开，在一定程度上会影响结果的准确度。高效液相色谱与三维荧光的联用，能更准确地提供更丰富的荧光指纹；将矩阵分解与人工神经网络相结合，用于三维荧光光谱提取和识别多环芳烃效果良好。主成分回归法、偏最小二乘法和多维偏最小二乘法与三维荧光联用可以提高三维荧光的精度。此外，若在传统的三维荧光数据中加入时间变量，组成四维数据，即可构成动态荧光光谱，这种动态光谱能够反映物质随时间的演变过程，但目前在水环境监测中的应用还需要进一步研究。

2.2.4.4 荧光动力学分析法

由于化学反应的速率与反应物的浓度有关，在某些情况下还与催化剂（有时还包括活化剂、阻化剂）的浓度有关，因而可以通过测定反应的速率以确定待测物质的含量。这正是动力学分析法定量测定的依据。所以该方法也称为反应速率法。应用荧光法测定反应速率，这种方法称为荧光动力学分析法或者荧光速率法。比如化学反应的某种反应物或产物是荧光物质，便可以利用荧光法来监测反应的速率。动力学分析法主要有非催化法、催化法和酶催化法。

荧光光谱法具有灵敏度高、选择性强、试样量少和方法简单等优点，为复杂的环境样品中微量以及痕量物质的分析提供了新手段。荧光光谱分析法将会成为环境分析中一种重要的方法。将该法与其他手段结合使用，可为环境分析提供更加广阔的前景。

2.2.5 荧光光谱法的优缺点

荧光分析是根据试样溶液所发生的荧光的强度来测定试样溶液中荧光物质的含量。荧光分析的灵敏度不仅与溶液的浓度有关，而且与紫外线照射强度及荧光分光光度计的灵敏度有关。因此荧光分析的灵敏度一般都高过应用最广泛的比色法和分光光度法。比色法及分光光度法的灵敏度通常在千万分之几，而荧光分析法的灵敏度可达亿分之几甚至千亿分之几。如果荧光分析法与纸色谱法或薄层色谱法等方法结合进行，还可能达到更高的灵敏度。

荧光分析法的另一优点是选择性高。这主要是对有机化合物的分析而言。因为凡是会发生荧光的物质首先必须会吸收一定频率的光，但会吸收光的物质却不一定会产生荧光，而且对于某一给定波长的激发光，会产生荧光的一些物质发出的荧光波长也不尽相同，因而只要控制荧光分光光度计中激发光和荧光单色器的波长，便可能得到选择性良好的方法。荧光分析法还有方法快捷、重现性好、取样容易、试样需要量少等优点。

荧光分析法也有它的不足之处。主要是指它比起其他方法来说，应用范围还不够广泛。因为有许多物质本身不会产生荧光而要加入某种试剂才能达到荧光分析的目的。此外，对于荧光的产生过程和化合物结构的关系，还需要广泛地研究。

2.2.6 荧光光谱法在水质分析中的应用

2.2.6.1 荧光光谱法测定水中的金属离子

（1）冷原子荧光法测定水体中的汞离子

① 概述 水中的汞经过微生物的作用转变为毒性更大的甲基汞，甲基汞通过食物链进入人体后，在肠道中易被吸收并输送到身体各个器官、组织从而引起汞中毒，严重的可导致死亡。因此汞被世界各国列为"第一类污染物"。最近美国、日本等发达国家已经把汞列为环境激素类污染物。因此汞作为污染指标已成为监测分析技术的必测项目。

目前对水中汞的常用监测方法有双硫腙分光光度法、冷原子吸收法及原子荧光光谱法。其中双硫腙分光光度法适合污染源的测定，检测范围为 $2\sim40\mu g/L$，该方法在实际应用中比较成熟，容易掌握。冷原子吸收法灵敏度较高，适合测定汞含量为 $0.1\sim0.5\mu g/L$ 的地表水水样，但在使用中往往难以得到理想的准确度和精密度。原子荧光光谱法灵敏度更高，测定范围可达 $0.003\sim0.3\mu g/L$（不经稀释），但对实验室环境、试剂纯度要求较高，同时环境监测人员的经验和技术水平也直接影响数据的质量。为此对水中汞监测存在的问题进行研究，重点是地表水监测中使用原子荧光光谱法测汞。原子荧光法在各级环境监测站中应用较为广泛。利用卟啉试剂的荧光性测定水中的汞，可以不必加热，也无需催化剂，应用迅速且体系稳定，取得了好的效果。

卟啉试剂为大分子环状有机化合物，具有很强的共轭体系，是分光光度法和荧光光谱法测定一些金属离子的优良试剂。m-四(4-三甲胺苯基)卟啉（TAPP）即为其中之一。用 TAPP 荧光猝灭测定痕量汞是一种有效方法。室温下，在 pH 值约为 10 的硼砂-氢氧化钠缓冲溶液中，加入适量乙醇和 β-环糊精（β-CD），Hg^{2+} 即与 TAPP 发生高灵敏的显色反应而使 TAPP 的荧光定量猝灭，借以测定相当量的汞。

② 仪器与试剂 F-4000 型荧光分光光度计（日立公司）；pHS-2 型酸度计（上海第二分析仪器厂）。浓度为 6.5×10^{-5} mol/L 的 TAPP 水溶液；浓度为 1.5×10^{-2} mol/L 的 β-环糊精（美国 Aldrich 公司）水溶液；pH 值为 10.0 的硼砂缓冲溶液；质量分数为 95% 的乙醇（A.R.）；质量浓度为 $2.5\mu g/mL$ 的 Hg（Ⅱ）标准溶液。水为二次蒸馏水，所用试剂经检测无荧光杂质。

③ 分析步骤 准确移取适量汞（Ⅱ）标准溶液于 25mL 容量瓶中，依次加入浓度为 6.5×10^{-5} mol/L 的 TAPP 溶液 0.50mL、浓度为 0.1mol/L 的 NaOH 溶液 2 滴、硼砂缓冲溶液 6mL、乙醇 8mL、β-环糊精 2mL，用水稀释至刻度，摇匀。室温放置 10min 后，在荧光分光光度计上用 1cm 荧光池在荧光激发峰 $\lambda_{ex}=414$nm、荧光发射峰 $\lambda_{em}=646$nm 处测量荧光强度，同时测量相应试剂空白的荧光强度，求差值 ΔF。荧光激发波长与发射波长的狭缝宽度皆为 5nm，响应时间为 2s。吸取 25mL 水样，按照上述操作步骤测定样品中汞（Ⅱ）的荧光强度，计算出样品中汞（Ⅱ）的含量。

④ 说明 按试验方法绘制标准工作曲线。在汞（Ⅱ）的质量浓度为 $0\sim3\mu g/25mL$（$0\sim5.8\times10^{-7}$ mol/L）范围内，荧光强度下降值 ΔF 与汞含量呈良好的线性关系，线性拟合方程为 $\Delta F=4.1142c+0.0287$（$r=0.9986$），测定 10 次的相对标准偏差为 0.5%，测定 5 次的相对标准偏差为 0.7%。取 K（偏差系数）＝3 测量计算，本法对汞（Ⅱ）的检出限为 2ng/mL。Cu^{2+}、Zn^{2+}、Cd^{2+}、Pb^{2+}、Fe^{3+}、Pd^{2+}、S^{2-}、CN^- 等干扰测定，用双硫腙甲苯溶液进行萃取分离。结果表明，大量的离子都可被萃取分离。用实际的水样进行测定，测定的相对标准偏差在 1.5%～4.4%（$n=5$）之间。经与原子吸收法比较，测定结果之间

不存在显著差异。该方法操作简便，不必加热，也无需催化剂，应用迅速且体系稳定。用于测定工业废水等样品中的痕量汞，能完全满足生产以及科研需要。

（2）协同催化荧光法测定痕量钴

① 概述　钴是人体不可缺少的一种微量元素，对铁的代谢有着重要作用。并且钴还与心血管疾病有着密切关系，它的缺乏也会导致贫血症，但积累过多会引起红细胞增多症，冠状衰竭。在生命科学、药物分析和环境监测中，钴被列为重要测定项目之一。钴的测定主要有分光光度法、原子吸收光度法，这些大都存在灵敏度不高、干扰测定严重等问题，使分析方法的应用范围受到很大局限。采用荧光光度法测定钴，具有灵敏度高、选择性好的特点。

罗丹明 6G 结构中含有大共轭 π 键，水溶液具有很强的荧光。当其在溶液中被还原后，分子中的环氧己烯的 π 键遭破坏，共轭 π 键被打破，溶液荧光猝灭，但整个分子的氧桥结构并没有改变。在硼酸-硼砂介质中，钴和三乙醇胺均具有催化作用，当钴和三乙醇胺反应形成配合物时，它在过氧化氢氧化还原型罗丹明 6G 体系中起催化作用。当还原型罗丹明 6G 被协同催化氧化后，六元环的共轭 π 键结构得以恢复，重新具有荧光。荧光的强度和钴的浓度呈线性关系。基于此方法建立了协同催化荧光法测定痕量钴的荧光光度法。

② 仪器与试剂　钴（Ⅱ）标准溶液：配成含钴浓度为 1.00mg/L 的储备液，使用前逐级稀释到浓度为 10.00μg/L。浓度为 3.2×10^{-4} mol/L 还原型罗丹明 6G（Rrh6G）溶液：取浓度为 8×10^{-3} mol/L 罗丹明 6G 溶液 4.0mL 于 100mL 烧杯中，加入质量浓度为 0.20g/mL 的 NaOH 溶液 1.0mL，再加入锌粉约 0.5g，然后将烧杯放入沸水浴中加热至沸，边加热边滴加无水乙醇 5mL，直到荧光完全褪去，待乙醇快蒸发完时，加入 10mL 蒸馏水，避光滤入 100mL 棕色容量瓶中，此溶液避光保存可稳定一周。pH 值为 8.40 的硼酸-硼砂缓冲溶液。浓度为 2.0×10^{-3} mol/L 的三乙醇胺（TEA）溶液。体积分数为 0.6% 的 H_2O_2 溶液。浓度为 10.0g/L 的 EDTA 溶液。试验所用试剂均为分析纯，水为二次重蒸馏水。RF-540 型荧光光度计（日本岛津公司）。

③ 分析步骤　于 25mL 容量瓶中依次加入 pH 值为 8.40 的硼酸-硼砂缓冲溶液 2.00mL、适量 10.0ng/mL 的钴（Ⅱ）标准溶液、浓度为 2.0×10^{-3} mol/L 的三乙醇胺（TEA）溶液 2.50mL、浓度为 3.2×10^{-4} mol/L 的还原型罗丹明 6G 溶液 0.6mL、体积分数为 0.6% 的 H_2O_2 溶液 2.50mL，用水稀释至刻度，摇匀后放入 40℃±0.2℃ 的恒温水浴中 10min 后取出，加入 10.0g/L 的 EDTA 溶液 0.5mL，终止反应。于荧光光度计上分别以 528.0nm 和 554.0nm 为激发波长和发射波长，测定荧光强度 F，以对应试剂空白为 F_0，$\Delta F=F-F_0$。吸取一定量的水样于 25mL 容量瓶中，按照上述操作步骤测定样品中钴的荧光强度，计算出样品中钴浓度。

④ 结果与说明　按试验方法，钴质量浓度在 0.016～0.80ng/L 范围内与 ΔF 呈良好的线性关系。线性回归方程为：$\Delta F=2.434c+0.346$（$r=0.9996$）。方法的检出限为 0.011ng/mL（3 倍标准偏差/斜率）。对钴质量浓度分别为 0.24ng/mL 和 0.40ng/mL 的标样进行 11 次平行测定，其相对标准偏差分别为 6.1% 和 3.5%。对于测定 0.24ng/mL 的钴（Ⅱ），当允许相对误差在 ±5% 以内时，1×10^6 倍量的 Na^+、Cl^-、Br^-、SO_4^{2-}、NO_3^-，1×10^5 倍量的 K^+、Mg^{2+}、I^-、ClO_3^-，1×10^4 倍量的 As^{3+}、W^{2+}、F^-，1×10^3 倍量的 Ag^+、Ca^{2+}、Pb^{2+}、Zn^{2+}、Mn^{2+}、Bi^{3+}、Se^{4+}、Cr^{6+}、V^{5+}，250 倍量的 Hg^{2+}、Cd^{2+}、Fe^{3+}、Si^{4+}，100 倍量的 $C_2O_4^{2-}$，50 倍量的 Sb^{3+}，35 倍量的 Cr^{3+}，30 倍量的 Ni^{2+}，26 倍量的 Cu^{2+} 均不干扰测定。

（3）环境水中铝的荧光分析测定

① 概述　铝是自然界极其丰富的元素，它广泛存在于动植物体内，对人类的健康和生

理代谢都具有重要生物学意义。铝化合物被用作抗胃酸药、饮用水的絮凝剂以及加工某些面食品的添加剂等。专家们认为铝是一种低毒非必需性的微量元素，过量铝的累积可导致一系列致命性的神经综合征、高铝磷酸血症及其并发症，如铝诱发的骨软化症、小细胞低色素性贫血。因此监测水中铝的含量具有重要的意义。铝的测定主要有分光光度法、原子吸收光谱法、荧光法、EDTA滴定法，但在测定水中铝含量时，铁、锰、铜干扰比较严重，且操作过程比较繁琐。而用火焰原子吸收法测定时，要求使用笑气作燃烧气，难以普及。滴定法测定更是操作繁杂，有的样品需要前处理。

目前，铝的测定方法除石墨炉原子吸收法使用普遍之外，最有发展前途的是荧光分析法。现有的荧光试剂由于灵敏度和选择性等原因，多限于一些高纯度试剂及较纯样品中痕量铝的测定。对新荧光试剂 DCOBAQS 与铝（Ⅲ）的络合性能及分析应用的研究表明，与现有方法相比，灵敏度和选择性都有明显的改善，可以不分离干扰成分直接测定水中痕量铝（Ⅲ），方法简便快速，有较好的应用前景。

② 仪器和试剂　F-3010 型荧光光度计（日本日立）；pHS-2C 精密酸度计；501 型超级恒温水浴。浓度为 1.00mg/L 的铝（Ⅲ）标准溶液，用时稀释成质量浓度为 1.00μg/L 的工作液。试剂 DCOBAQS。0.02% 水溶液。pH 值为 4.92 的 HAc-NaAc 缓冲溶液：由浓度为 0.1mol/L 的 HAc 与浓度为 0.1mol/L 的 NaAc 按比例配制，其他试剂均为分析纯。

③ 分析步骤　于 25mL 比色管中，依次加入 5.0mL 缓冲溶液、2.0mL 试剂 DCOBAQS、一定量的标准铝（Ⅲ）试液或样品试液，用二次蒸馏水定容。然后置于 50℃ 恒温水浴加热 10min，流水冷却至室温。用 10mm 石英荧光皿于激发波长 $\lambda_{ex}=510nm$、发射波长 $\lambda_{em}=572nm$ 处测定其荧光强度。对于水样可以按照上述操作步骤直接测定。

④ 说明　铝（Ⅲ）含量在 $0 \sim 0.04\mu g/mL$ 范围内呈良好的线性关系，回归方程为 $c(\mu g/mL)=0.185\Delta F-0.295$，相关系数 $r=0.9980$，方法检出限为 0.557ng/mL。在试验条件下，对于测定 25mL 溶液中 $1.0\mu g\ Al^{3+}$，1000 倍 B^{3+}，500 倍 Mn^{2+}，400 倍 Ca^{2+}、Pb^{2+}，100 倍 Mg^{2+}、Be^{2+}、Ag^+，80 倍 Bi^{3+}，10 倍 EDTA，5 倍 Cd^{2+}、Zn^{2+}、Cr^{3+}、Ni^{2+}、Cu^{2+}、Fe^{3+}、Zr^{4+}、Co^{2+}，30000 倍 F^-，1000 倍柠檬酸、磺基水杨酸、草酸，100 倍抗坏血酸、酒石酸的存在均不干扰测定，1 倍量的 V^{5+} 即干扰测定。

（4）二溴羟基苯基荧光酮荧光熄灭法测定铜

① 方法概述　铜是生物体内最基本的微量元素之一，至少存在于 30 多种酶中，作为氧化还原催化剂或氧载体。铜对血红蛋白的形成、结缔组织代谢以及酶的活性均有重要作用。铜缺乏时会引起贫血、腹泻和味觉减退等症状，但过量摄入也对人体有害，过量摄入铜将引起组织中铜储留，蓄积在肝脏内，若沉积于脑部可引起神经组织病变，对人体造成危害。

近年来已建立了许多测定铜（Ⅱ）的方法，主要有分光光度法、光焰原子吸收法、ICP-AES 法、流动注射分析法等。而荧光法测定铜具有操作简单、灵敏度高、反应快等特点。在表面活性剂存在下，利用三羟基荧光酮与金属离子形成配合物使荧光消失而建立的荧光熄灭法得到了广泛应用。以二溴羟基苯基荧光酮（DBHPF）为荧光试剂，用荧光熄灭法测定铜（Ⅱ）。在非离子表面活性剂 Triton-X100 存在下，DBHPF 有较强的荧光，由于 Cu^{2+} 与 DBHPF-Triton-X100 三元混配配合物的形成而使荧光熄灭。荧光强度的减弱量与铜（Ⅱ）的含量在一定范围内呈线性关系，该法用于环境以及工业废水中痕量铜的测定，结果可令人满意。

② 仪器与试剂　日立 HITACHI8500 型荧光分光光度计（日本岛津）；岛津双光束双波长自动记录分光光度计及荧光测定附件一套；930 型荧光光度计（上海第三分析仪器厂）。铜标准溶液：准确称取纯铜 0.2500g，加入 10mL 水、10mL 浓硝酸，加热溶解至棕色烟逸尽后，用水溶解，定容于 250mL 容量瓶中，该溶液中 Cu^{2+} 为 1.00g/L，用时用浓度为

0.1mol/L 的硝酸逐级稀释为质量浓度为 1.00mg/L 的工作液。浓度为 5×10^{-4} mol/L 的 DBHPF 的乙醇溶液。质量浓度为 2.0g/L 的 Triton-X100 溶液。缓冲溶液：浓度为 0.1mol/L 的 KH_2PO_4 溶液和浓度为 0.1mol/L 的 Na_2HPO_4 溶液按 3：7（体积比）混合，在酸度计上调至 pH=7.2。

③ 分析步骤　于 25mL 容量瓶中，加入一定量的铜标准溶液，加入 5mL 水和 1 滴间硝基苯酚指示剂，滴加浓度为 0.01mol/L 的氢氧化钠使溶液恰为黄色，再用浓度为 0.02mol/L 的盐酸中和至无色。加 3.0mL pH 值为 7.2 的缓冲溶液、15mL DBHPF 溶液、2.0mL Triton-X100 溶液，用水定容。放置 15min 后在 930 型荧光计上选择激发波长 λ_{ex}=500nm、发射波长 λ_{em}=510nm 的滤光片，测定配合物的相对荧光强度（用试剂空白调 $F_{空}$=100，测量 $F_{样}$，ΔF=100-$F_{样}$）。取水样 250mL，用盐酸酸化后加热浓缩，定容于 100mL 容量瓶中，取 2.0mL 水样于 25mL 容量瓶中，加入 0.5mL 质量浓度为 10.0g/L 的氟化钠、0.2mL 质量浓度为 50.0g/L 的苦杏仁酸，然后按试验方法进行测定。

④ 说明　加入掩蔽剂后绘制工作曲线，回归方程 ΔF=9.70c+1.05（c 单位为 μg/L），相关系数 r=0.9990，Cu^{2+} 含量在 0～80μg/L 范围内呈线性关系，检测限为 0.2μg/L（以 3σ 衡量）。在试验测定条件下，加入 1.0μg Cu^{2+}，当相对误差在 ±5% 以内时，大量的碱金属、碱土金属离子、SO_4^{2-}、Cl^-、NO_3^-、NH_4^+、AC^-、F^-、Br^-、ClO_4^-、苦杏仁酸，1000 倍的 Zn^{2+}、Co^{2+}、Mn^{2+}、Cr^{3+}，500 倍的 Ni^{2+}、Sn^{4+}，100 倍的 Pb^{2+}、Cd^{2+}、Sb^{3+}，50 倍的 Bi^{3+}、Ag^+，10 倍的 Zr^{4+}，5 倍的 Mo^{6+} 不干扰测定。在 5mg 苦杏仁酸、4mg 氟化钠存在时，50 倍的 Fe^{3+}、100 倍的 Al^{3+}、10 倍的 W^{6+} 不干扰测定。该反应的灵敏度高，选择性好，方法快速简便，用于环境水中微量铜的测定与其他方法相符，相对标准偏差（n=5）小于 6.9%，回收率在 98%～104% 之间。

（5）催化荧光法测定环境水样中痕量铬（Ⅵ）

① 概述　铬是广泛存在于自然界的一种元素，水中存在的铬主要是由电镀、冶炼、制革等工业废水污染造成的。在水中，铬以六价和三价两种形式存在，其中铬（Ⅲ）是动植物及人体维持生命的微量元素，铬（Ⅵ）的毒性比铬（Ⅲ）的毒性强 100 倍，铬（Ⅵ）在机体内含量过高有致癌作用。

水中铬的测定方法很多，有分光光度法、原子吸收光谱法、催化动力学法、气相色谱法、极谱法，较常用的是前两种。国外标准法和我国的统一方法均采用二苯碳酰二肼（DPC）作显色剂，直接测定水中六价铬。但由于试剂容易失效而使其应用受到一定限制。催化动力学测定痕量铬，近年来发展很快，测定时需要使用有机试剂，其中多为有机染料，对人体健康有明显的影响。采用荧光光度法具有简便、检测限低等优点，被应用于测定环境水中的铬（Ⅵ）。在 pH 值为 4.8 的 HAc-NaAc 介质中，铬（Ⅵ）强烈地催化过氧化氢氧化罗丹明 6G 的反应，使罗丹明 6G 的红色减退并伴随荧光减弱，据此建立了催化荧光测定痕量铬（Ⅵ）的方法。该方法简便、灵敏度高、平行精密度好，用于环境水样中痕量铬（Ⅵ）的测定。

② 仪器试剂　850 型荧光分光光度计；930 型荧光光度计。用重铬酸钾配制成含铬（Ⅵ）量为 1.00g/L 的储备液，使用时逐级稀释成浓度为 1.00mg/L 的标准溶液；体积分数为 30% 的 H_2O_2 溶液；浓度为 3.0×10^{-4} mol/L 的罗丹明 6G 溶液；pH 值为 4.8 的 HAc-NaAc 缓冲溶液；二次去离子水。

③ 分析步骤　取两支刻度一致的具玻璃塞的 25mL 比色管，分别加入 0.50mL 罗丹明 6G、1.0mL HAc-NaAc 缓冲溶液、1.0mL H_2O_2，其中一支管中加入一定量的铬（Ⅵ），以水定容，摇匀，同时放入沸水（100℃）浴中加热 15min，取出后迅速在冷水中冷却 5min 终止反应，以 348nm 为激发波长，547nm 为发射波长，测定非催化和催化体系溶液的荧光强

度 F_0 和 F，计算 ΔF （$\Delta F = F_0 - F$）值。

④ 说明　改变铬（Ⅵ）量按试验方法操作，绘制测铬（Ⅵ）的标准曲线，结果表明铬（Ⅵ）量在 0.2～2.5μg/25mL 范围内与 ΔF 呈良好的线性关系，相关系数 $r = 0.9995$。如按 11 次空白试验值标准差的 3 倍除以标准曲线的斜率计算，可得检出限为 2.1×10^{-9} g/mL。同时，试验表明 K^+、Na^+、NO_3^-、SO_4^{2-}、NH_4^+、Ca^{2+}、Mg^{2+}、Pb^{2+}、Cd^{2+}、Ba^{2+}、Zn^{2+}、Ni^{2+}、Al^{3+}、Mn^{2+}、Hg^{2+}、Br^- 等均不干扰测定。对河水、电镀水样和一般的水样测定取得了较好的结果。方法的线性范围为 0.2～2.5μg/25mL。将该法用于环境水样中痕量铬（Ⅵ）的测定，结果良好。

（6）邻菲罗啉荧光猝灭法测定镍　镍是能引起水体严重污染的重金属。由于重金属的积累性和不可降解性，重金属污染已成为人们广泛关注的问题。迅速测定水环境中的重金属离子，对及时了解环境污染程度，防止环境污染，提出有效的处理方法有着重要的意义。

① 概述　水体中镍的主要测定方法有分光光度法、原子吸收光谱法、原子发射光谱法、ICP 质谱法、X 射线荧光光谱法、离子选择性电极和荧光分析方法等，这些方法存在耗时、分析步骤复杂、分析仪器昂贵、采样频率低等缺点。采用荧光分析方法测定水中的镍，具有操作简便、测定快速、重现性好、灵敏度高等特点。应用该方法测定工业废水中的痕量镍，可以得到满意的结果。

邻菲罗啉作为显色剂常被应用于分光光度法测定金属离子，也曾被作为重要的配位基参与荧光分析。邻菲罗啉本身具有荧光，镍的存在可对邻菲罗啉的荧光强度产生猝灭作用，荧光猝灭的强度和镍的浓度呈线性关系。

② 仪器与试剂　RF-540 荧光分光光度计；pHS-3C 型酸度计（上海雷磁厂）。镍储备液：用纯镍（优级纯）配制成浓度为 100.00mg/L 的溶液。邻菲罗啉（Phen）溶液：准确称取 1.9800g 邻菲罗啉（Phen），用无水乙醇溶解，并定容到 100mL 容量瓶中，得到浓度为 1.0×10^{-2} mol/L 的溶液，使用时用水稀释成浓度为 1.0×10^{-4} mol/L 的溶液。pH 值为 6.7 的缓冲溶液：用 KH_2PO_4 和 NaOH 配制。浓度为 1.0×10^{-4} mol/L 的乙酰丙酮溶液。所用试剂为分析纯，试验用水为二次蒸馏水。

③ 分析步骤　于 25mL 比色管中依次加入 2.00mL Phen 溶液、5.00mL KH_2PO_4-NaOH 缓冲液（pH=6.7）、5.00mL 乙酰丙酮和一定量的镍标准液，用水稀释至刻度，摇匀，以 $\lambda = 272$ nm 为激发波长、$\lambda = 366$ nm 为发射波长，测量荧光强度。对一般的生活饮用水和工业废水可以直接吸取适量，按确定的试验条件直接测定。

④ 说明　在试验确定的条件下，Ni^{2+} 浓度在 10.0～120ng/mL 范围内工作曲线呈良好的线性关系，其回归方程为 $\Delta F = 0.3518c + 0.0117$ （c 单位为 ng/mL），相关系数 $r = 0.9996$。对空白样进行测定，由 3σ 求得其检测下限为 7.6ng/mL （$n = 20$）。对含有 40ng/mL Ni^{2+} 的标准溶液进行精密度检测，其相对标准偏差为 1.2% （$n = 10$）。在 1.0μg Ni^{2+} 存在时，测试了多种离子对测定的影响，各干扰离子含量及产生误差分别为：Pb^{2+} （35μg, 3%）、Cd^{2+} （40μg, 0.3%）、Zn^{2+} （10μg, 3%）、Hg^{2+} （4μg, 3%）、Ag^+ （8μg, 4%）、Ca^{2+} （60μg, 5%）、Mn^{2+} （40μg, 5%）、Mo^{6+} （5μg, 5%）、Cu^{2+} （0.5μg, 3%）、Fe^{2+} （1μg, 5%）。

2.2.6.2　环境水中无机离子的荧光光谱法测定

（1）荧光法测定环境水中的痕量砷

① 概述　砷是一种有害的元素，其化合物广泛应用于建材、化工、制药等部门。砷及砷化合物是重要的环境污染物之一，砷中毒会引起神经损害、运动功能失调、视力障碍、听力障碍、肝脏损害等，对骨骼也有明显的影响。砷作为一种重要的化工原料而广泛应用于化

工、冶金及农业生产中，这使得环境中砷污染的情况日趋严重。在环境监测中砷已被列为重要的监测对象。

目前用于测定砷的方法很多，对微量砷的测定，二乙基二硫代甲酸银分光光度法、砷斑法、原子吸收光谱法、高效液相色谱法都获得了广泛的应用。上述方法中，有的操作周期长、分析速度慢、灵敏度低、吸收液试剂易挥发且毒性大，有的重现性较差、灵敏度低，还有的需要昂贵的仪器设备。而采用灵敏度较高的荧光分析法测定砷具有准确、快速、选择性好、试验设备简单、易操作等特点。测定砷的灵敏度较高的荧光分析法有：罗丹明法，该法需用有毒溶剂萃取，操作麻烦且干扰较大；硝酸铀酰法，利用反应生成沉淀，用紫外线照射沉淀产生荧光，经分离后检测，方法也很繁琐。在 pH 值为 6.5～7.5 的磷酸氢二钠-磷酸二氢钾缓冲介质中，利用 2′,7′-二氯荧光素（DCF）作为荧光试剂，碘可与 DCF 生成无荧光的物质碘代荧光素，当有亚砷酸根存在时，碘与亚砷酸根发生氧化还原反应，与 DCF 竞争碘，并随着亚砷酸根量的增加，体系的荧光强度增强，可直接用于天然水的测定。

② 仪器与试剂　650-10S 型荧光分光光度计；960 型荧光分光光度计；岛津 UV-240 紫外可见分光光度计；pHS-301 型 pH 计。亚砷酸根标准溶液：准确称取 0.0782g 亚砷酸钠于烧杯中，加少量水溶解后，转入 500mL 容量瓶中，用水定容，此溶液亚砷酸根质量浓度为 100.00mg/L，再取适量稀释至浓度为 1.00mg/L 作为工作液。DCF 溶液：准确称取 0.0160g DCF（上海试剂厂），加少量浓度为 1.0mol/L 的 NaOH 溶液使之溶解，转入 100mL 棕色容量瓶，用水定容，溶液 DCF 浓度为 4×10^{-5} mol/L，再取适量稀释至所需浓度作为工作液。碘溶液：准确称取 0.1000g 升华碘，用少量无水乙醇溶解后，转入 100mL 棕色容量瓶，用无水乙醇定容，此溶液碘质量浓度为 1.00mg/mL，再取适量用无水乙醇稀释溶液至浓度为 10.00mg/L 作为工作液，现用现配。所用试剂均为 A. R. 级，试验用水为亚沸蒸馏水。

③ 分析方法　在 25mL 容量瓶中加入一定量的亚砷酸根标准溶液、2.5mL 磷酸氢二钠-磷酸二氢钾缓冲液（pH=7.0），浓度为 10.00mg/L 的碘溶液、浓度为 1×10^{-6} mol/L 的 DCF 溶液各 1.5mL，加水稀释至刻度，摇匀，在激发波长为 510nm、发射波长为 528nm 的条件下测定体系的荧光强度。

④ 说明　按照试验确定的条件测定结果表明，亚砷酸根质量浓度在 0.25～3.50μg/25mL 范围内，荧光强度差值与亚砷酸根含量成正比。线性回归方程 $\Delta F = 7.82c$（μg/25mL）$+0.76$，相关系数 $r=0.9991$。对六份试剂空白进行平行测定，根据 $3S_0/K$（S_0 为空白测定值的标准偏差，K 为工作曲线的斜率）进行计算，得到检测限为 0.16μg/25mL。对于测定 1μg 的亚砷酸根，当荧光测定值相对误差不大于±5% 时，1000μg 的 Na^+、K^+、NH_4^+、NO_3^-、SO_4^{2-}、Cl^-、HPO_4^{2-}、HCO_3^-，500μg 的 Mg^{2+}、Ca^{2+}、Al^{3+}、Cu^{2+}、Ba^{2+}、Co^{2+}、Hg^{2+}、SCN^-，250μg 的 W^{6+}、Ni^{2+}，150μg 的 Pb^{2+}，100μg 的 Mn^{2+}、Cr^{3+}，50μg 的 Zn^{2+}、Cd^{2+}，10μg 的 Fe^{3+} 对测定无干扰。可直接用于检测天然水、自来水和池塘水中的痕量砷，同时对样品进行回收试验，回收率为 95%～105%。

（2）荧光光度法测定水中痕量硫化物

① 概述　硫化物对生态系统及环境的危害性很大，是水体污染的重要监测指标。对中枢神经系统、上呼吸道系统有很强的刺激，易引起中毒。水中所含硫化物能降低水中的溶解氧，抑制水生物活动。饮用水含有硫化物，会产生不愉快的臭味。

用于大气和水体中硫化物的监测方法很多，诸如对氨基二甲基苯胺、亚甲基蓝比色法、结晶紫光度法、碘量滴定法和紫外分光光度法。经典的测定硫化物的化学分光光度法及碘量滴定法灵敏度低、最低检出浓度高、选择性低且测定速度慢，不适用于测定成分复杂的工业废水中微量硫化物的需要。其他方法往往具有较低的灵敏度和较高的检测下限。荧光光度法由于灵敏度高、选择性好，在痕量和超痕量领域的发展迅速。汞（Ⅱ）可以使 2-(2′-羟基苯基）苯并咪唑的荧光猝灭，在该体系中硫离子的加入可使被汞（Ⅱ）熄灭的荧光试剂的荧光重新释放出来，而体系中硫的浓度和试剂的荧光强度呈线性关系，由此建立了测定痕量硫化物的荧光光度法。

② 仪器与试剂　930 型荧光光度计；pHS-2 型酸度计。汞（Ⅱ）标准溶液（浓度为 1.0×10^{-3} mol/L）：称取适量的纯汞于 50mL 烧杯中，加入 2mL 浓硝酸，盖上表面皿后加热，待汞完全反应后，加热蒸干，滴加 2 滴浓硝酸，并以二次蒸馏水稀释至 1000mL，使用时稀释成所需浓度。2-(2′-羟基苯基）苯并咪唑溶液：准确称取 0.0206g 该试剂，以无水乙醇稀释至 100mL，此溶液浓度为 1.0×10^{-3} mol/L，用时再稀释至 1.0×10^{-5} mol/L。硫化钠标准溶液：准确称取 0.2402g $Na_2S\cdot9H_2O$ 于二次蒸馏水中，加入 1mL 浓度为 4mol/L 的 NaOH 溶液，稀释至 100mL，此溶液浓度为 1.0×10^{-2} mol/L，用时稀释成所需浓度。硫离子易被氧化，硫化钠标准溶液须在使用前新鲜配制。$Na_2B_4O_7$-NaOH 缓冲溶液，pH＝9.5。所用试剂均为分析纯，试验用水均为二次蒸馏水。

③ 分析步骤　在 100mL 容量瓶中，依次加入浓度为 1.0×10^{-3} mol/L 的汞（Ⅱ）标准溶液 0.8mL、浓度为 1.0×10^{-3} mol/L 的 2-(2′-羟基苯基）苯并咪唑溶液 1.0mL 和 $Na_2B_4O_7$-NaOH 缓冲溶液 5.0mL，以二次蒸馏水稀释至约 60mL。然后加入适量硫化钠标准溶液或酸化-吹气法处理后的吸收液，以二次蒸馏水稀释至刻度，摇匀，以 320nm 为激发波长、430nm 为发射波长测定荧光强度。

样品的预处理采用酸化-吹气法。在采样现场向 500mL 三颈烧瓶中放入浓度为 2mol/L 的醋酸锌 1mL 后，吸取水样 200mL，把其放入水浴内，装好导气管和分液漏斗。向吸收管内加入 10.0mL 浓度为 0.5mol/L 的 NaOH 溶液，开启氮气源以连续冒泡的流速吹气 5～10min，驱除装置内空气，并检查装置的气密性。关闭气源，向分液漏斗中加入 10mL 冰醋酸。开启分液漏斗活塞，待酸溶液完全流入烧瓶后，迅速关闭活塞。开启气源，水浴温度控制在 70℃，吹气 1h。然后将导管及吸收管取下，关闭气源。将吸收管内溶液转移至上述约 60mL 溶液的烧瓶中，以二次蒸馏水稀释至刻度，摇匀，以 320nm 为激发波长、430nm 为发射波长测定荧光强度，通过工作曲线求出硫化物的含量。

④ 说明　在试验条件下，当 S^{2-} 浓度在 1.0×10^{-8}～9.5×10^{-6} mol/L 范围内时，体系的荧光强度 F 与 S^{2-} 浓度 c 呈线性关系。线性回归结果 $F(\%)=5.5+8.5\times10^6c\,(mol/L)$，$r=0.9978$，SD（标准偏差）$=0.0075$（$n=11$）。再以浓度为 2.0×10^{-6} mol/L 的 S^{2-} 溶液测试共存离子的影响。当测定的相对误差不大于 5% 时，具有氧化性的酸根离子如 ClO_3^-、BrO_3^-、IO_3^- 等严重干扰测定。但在水体中 S^{2-} 不可能与上述离子共存，因此实际测定中不再考虑此类离子的干扰。过渡金属离子对体系的荧光强度影响很大，但可通过酸化-吹气法加以消除。对酸化-吹气法处理过程中可能进入吸收液的阴离子进行了测试，结果为：100 倍的 F^-、Cl^-、Br^-、I^-、$C_2O_4^{2-}$、HPO_4^{2-}、HSO_4^-，50 倍的 CN^-，30 倍的 SCN^- 不干扰测定。从以上试验结果可以看出，该方法具有较好的选择性和较高的灵敏度，且操作简便，可直接应用于水样中硫化物含量的测定。

（3）荧光法测定水样中的硒（Ⅳ）、硒（Ⅵ）和有机硒

① 概述　硒是人体必需的微量元素，摄入不足或过量都会导致疾病的发生。硒在人体中主要是以有机硒的形式存在，是生命必需的微量元素，它能增强人体免疫功能，具有显著的抗癌作用。硒广泛用于颜料、半导体、电信器材、特种玻璃制造和制造硫酸等行业。水中硒主要以无机六价、四价、负二价及某些有机硒的形式存在，一般天然水中主要含有六价或四价硒，废水中常含有各种价态硒。但过量的硒会对水生态系统产生毒性。硒化合物对人的

毒性较强，其中以四价的亚硒酸和亚硒酸盐毒性最大，其次为六价的硒酸和硒酸盐。低浓度硒的测定对饮用水水质评估和水源选择颇为重要。

目前硒的测定方法有比色法、电化学法、气相色谱法、中子活化法、荧光法、原子吸收分光光度法等。2,3-二氨基萘（DAN）或3,5-二溴邻苯二胺（DDB）光度法，试剂较贵，灵敏度低；电化学法干扰严重；气相色谱法与分子荧光法灵敏度和选择性较好，但操作繁琐，试剂需进口且对人体有害；中子活化法所需的设备不易为一般实验室具备；氢化物原子吸收法灵敏度高，但线性范围窄，样品用量大。采用荧光光度法测定水样中的硒（Ⅳ）、硒（Ⅵ）和有机硒：依据酸性介质中 DAN 与硒（Ⅳ）的选择性反应直接测定样品中的硒（Ⅳ）；用 HCl 将水样中硒（Ⅵ）还原成硒（Ⅳ）后测定硒（Ⅵ、Ⅳ），减去硒（Ⅳ）后即得硒（Ⅵ）含量；样品用 HNO_3-$HClO_4$ 消化，使以硒（Ⅱ）形式存在的有机硒氧化成硒（Ⅳ）后，再用 HCl 还原硒（Ⅵ），测出总硒，减去硒（Ⅳ、Ⅵ）即得有机硒 [含硒（0）]含量，从而建立了水样中硒形态分析的新方法。本方法精度好，灵敏度高。

② 仪器与试剂　HITACHI-850 荧光分光光度计（日本日立）；pHS-3C 型酸度计（上海雷磁仪器厂）。硒（Ⅳ）、硒（Ⅵ）和有机硒储备液（质量浓度为 0.50g/L），分别用 Na_2SeO_3、$Na_2SeO_4 \cdot 10H_2O$ 和硒代蛋氨酸配制。0.1% 2,3-二氨基萘（DAN）溶液：临用前在暗室用 0.1mol/L HCl 配制，并用环己烷纯化三次。混合酸 HNO_3-$HClO_4$（2.5:1）。2.5%EDTA 溶液。0.02%甲酚红溶液等。所用酸均为优级纯，水为二次蒸馏水。

③ 分析步骤　硒（Ⅳ）的测定：取 15～20mL 水样于 50mL 比色管中，加入 2mL 2.5%的 EDTA 溶液和 2 滴 0.02%的甲酚红，用体积比为 1:1 的 HCl 和体积比为 1:1 的氨水调 pH 值至 1.5（此时溶液呈浅粉色）。移入暗室，加入 3mL 浓度为 0.1%的 DAN 溶液，用浓度为 0.05mol/L 的 HCl 稀释至 50mL 后摇匀，60℃下水浴 25min，冷却后加 5.0mL 环己烷，加塞振摇 2min，静置分层后吸取环己烷层于 1cm 比色皿中。在激发波长 378nm、发射波长 530nm 处测定。

硒（Ⅵ）的测定：吸取 15mL 水样于比色管中，加浓 HCl 使其在样品中浓度为 4.0mol/L。沸水浴 20min 后冷却，按上述测定硒（Ⅳ）的方法测定得硒（Ⅳ、Ⅵ）的含量，减去硒（Ⅳ）即得硒（Ⅵ）的含量。

有机硒的测定：取 10～15mL 水样于锥形瓶中，加 5mL 混合酸，瓶口放一小漏斗，于电热板上缓慢加热至高氯酸冒烟 4～5min，冷却后转入比色管中。再按照测定硒（Ⅵ）的方法测定得总硒含量，减去硒（Ⅳ、Ⅵ）即得有机硒 [含硒（0）]含量。

生活水样或者工业废水可以只吸取一定量按照上述试验方法测定。

④ 说明　硒（Ⅳ）在 0～150ng/mL 浓度范围内线性关系良好，回归方程 $F = 0.0798c$（$\mu g/L$）-0.00984，$r = 0.9992$。按 10 次空白试验标准偏差的 3 倍比标准曲线的斜率法，测得检出限为 $0.07\mu g/L$。分别用 75ng 的硒（Ⅳ）、硒（Ⅵ）和有机硒平行测定 10 次，测得相对标准偏差分别为 2.4%、3.1%为和 4.0%。在本试验条件下对于 75ng 硒，2000 倍的 Cu^{2+}、Cr^{3+}、Ca^{2+}、Mg^{2+}，1000 倍的 Fe^{2+}、Zn^{2+}、Co^{2+}，160 倍的 Te^{4+} 和 50 倍的 Hg^{2+}、Ag^+ 无干扰；$Cr_2O_7^{2-}$、MnO_4^- 有干扰，可用 2%的盐酸羟胺消除；NO_3^- 及样品处理过程中生成的 NH_4Cl 对测定无影响；NO_2^- 有一定干扰，可将其氧化成 NO_3^- 而消除。

（4）荧光猝灭法测定痕量亚硝酸根

① 概述　亚硝酸盐是环保、食品、纺织及电镀等工业中的分析项目之一，是对人体有害的一种物质，存在于环境水及食品等物质中，由于它能与胺类和酰胺类化合物作用生成具有致癌作用的亚硝胺类物质，因此它是水质监测和食品检验重要测定项目之一。同时它也是水污染程度的重要指标之一，故对人类赖以生存的环境以及食物链中痕量亚硝酸盐的测定，成为特别引人关注的课题。

亚硝酸根的测定方法很多，主要是分光光度法，但该方法多使用对身体有害的α-萘胺类试剂，且试剂稳定性较差；色谱法、极谱法仪器设备复杂或分析费时。由于荧光光度法灵敏度高，近年来用荧光光度法测定亚硝酸根的研究增多。已有的荧光分析法中，其中大多是根据亚硝酸根对溴酸钾氧化有机试剂的催化作用建立的，其线性范围为 20～400ng/mL。2，6-二氨基沉淀法需要溶剂萃取；雷琐酚法需沸水浴加热 1h 以上。本方法介绍采用 2′,7′-二氯荧光素（DCF）作为荧光试剂测定亚硝酸根的新方法。

亚硝酸根与碘化钾反应生成单质碘，单质碘与 DCF 反应生成无荧光的物质——碘代荧光素，从而引起体系荧光强度猝灭。本方法简便、快速、灵敏度较高、选择性和再现性好，用于测定人工合成样和生活饮用水中亚硝酸根的含量，结果令人满意。

② 仪器与试剂　Hitachi650-10S 型荧光分光光度计（日本日立公司）；960 型荧光分光光度计（上海第三分析仪器厂）；岛津 Shimadzu UV-240 型紫外可见分光光度计（日本岛津公司）；pHS-301 型 pH 计（厦门分析仪器厂）。亚硝酸根标准溶液：在 100℃下干燥 2h 后准确称取 0.0754g 亚硝酸钠于小烧杯中，加少量水溶解后，转入 500mL 容量瓶，用亚沸水定容，此溶液亚硝酸根浓度为 100.00mg/L，再取适量稀释至浓度为 1.00mg/L 作为工作液。DCF 溶液：准确称取 0.0160g DCF（上海试剂厂），加少量浓度为 1.0mol/L 的 NaOH 溶液使之溶解，转入 100mL 棕色容量瓶，用亚沸水定容，溶液 DCF 浓度为 4×10^{-5}mol/L，再取适量稀释至所需浓度作为工作液。碘化钾溶液：称取 0.1g 碘化钾，用 100mL 水溶解后，转入棕色试剂瓶，此溶液碘化钾浓度为 1.0g/L。Na_2HPO_4-KH_2PO_4 缓冲溶液：将浓度为 0.3mol/L 的 Na_2HPO_4 和 KH_2PO_4 溶液按照不同的体积比混合，配制成一系列不同 pH 值的缓冲溶液，并在酸度计上测得其准确 pH 值。所用药品均为分析纯，试验用水均为亚沸蒸馏水。

③ 分析步骤　在 25mL 容量瓶中加入一定量的亚硝酸根标准溶液、浓度为 1.0mol/L 的硫酸溶液 0.8mL、1g/L 的碘化钾溶液 0.5mL，稍放置，加入浓度为 1.0mol/L 的氢氧化钠溶液 1.50mL、Na_2HPO_4-KH_2PO_4 缓冲液（pH=7.0）2mL、浓度为 2×10^{-6}mol/L 的 DCF 溶液 1.50mL，加水稀释至刻度，摇匀，在激发波长 510nm、发射波长 528nm 的条件下测量体系的荧光强度。吸取适量水样于 25mL 容量瓶中，按照上述优化好的试验条件进行测定。

④ 说明　试验表明，亚硝酸根含量在 10～120μg/L 范围内，荧光强度差值与亚硝酸根含量呈正比。线性回归方程 $\Delta F=6.15c+4.03$（c 单位为 μg/25mL），相关系数 $r=0.9996$。对 6 份试剂空白进行平行测定，根据 $3S_0/K$（S_0 为空白测定值的标准偏差，K 为工作曲线的斜率）进行计算，得到检测限为 5.6μg/L。测定 1μg 的亚硝酸根，1000 倍 K^+、Na^+、NH_4^+、NO_3^-、SO_4^{2-}、Cl^-、HCO_3^-，500 倍 Ca^{2+}、Co^{2+}、Cu^{2+}、Al^{3+}，200 倍 Mg^{2+}，100 倍 Pb^{2+}，50 倍 Fe^{3+}，25 倍 Zn^{2+}、Ni^{2+}，20 倍 Cr^{3+}、Hg^{2+}、Ba^{2+} 等共存离子对测定不产生干扰。在所分析的样品中加入不同量的亚硝酸根进行回收试验（$n=6$），回收率均在 95％至 105％之间，结果令人满意。

（5）催化荧光法分析痕量溴

① 概述　溴广泛存在于自然界中，如环境水、海水、油田水、有机化合物、人发、岩矿等，广泛应用于环境、医药、有机合成、冶金及材料等领域。溴是人体必需的微量元素。因此建立不同含量溴的分析方法，有一定实际意义。以往测定水中碘和溴的方法有化学法、分光光度法等。化学法和分光光度法分析步骤繁琐，试验条件不易控制，影响结果的准确度和精密度，而发射光谱仪器价格昂贵且测定的检测限低。动力学分析法是测定溴的一种灵敏度高、操作简便的快速分析方法，试样中不同含量的溴对溴酸钾氧化丁基罗丹明 B 这一指

示反应的影响完全不同。质量浓度较高时（0.80～4.80μg/mL），溴对该指示反应有明显的催化作用；而低质量浓度的溴（0.40～6.40ng/mL）对该指示反应有显著的抑制作用。因此，可分别利用溴对溴酸钾氧化丁基罗丹明B反应的催化和抑制作用，在同一体系中建立不同测定范围的溴的动力学荧光分析法。

丁基罗丹明B是一种强荧光试剂，其溶液能发出很强的玫瑰红色荧光。在磷酸介质中，溴酸钾氧化丁基罗丹明B，使荧光猝灭的指示反应的反应速度较慢。当体系中有痕量溴存在时，溴能催化这一指示反应，使反应速度大大加快，荧光熄灭，并且溴的浓度与荧光熄灭程度呈线性关系。据此，建立了催化荧光法分析痕量溴的新方法。该方法应用于受污染的河水中溴的分析，结果令人满意。

② 仪器与试剂　RF-540型荧光光度计（日本岛津公司）；501型超级恒温水浴。溴标准溶液：用溴化钾配成0.1mg/mL标准溶液。丁基罗丹明B（BRDB）溶液：1.0×10^{-4}mol/L。溴酸钾溶液：0.1mol/L。磷酸：1mol/L。所用的试剂均为分析纯，水为二次蒸馏水。

③ 分析步骤　于25mL容量瓶中加入浓度为0.1mol/L的磷酸2.50mL、浓度为1.0×10^{-4}mol/L的丁基罗丹明B溶液0.40mL、适量浓度为0.1mg/mL的溴标准溶液、浓度为0.1mol/L的溴酸钾溶液2.50mL，加水至刻度，放入30℃±0.2℃水浴中，计时，8min后取出，以激发波长$\lambda = 559.0$nm和发射波长$\lambda = 581.0$nm立即测定荧光强度F，以对应试剂空白为F_0，计算$\Delta F = F_0 - F$。取受污染的河水，将其过滤，配成待测液，按照试验方法进行测定。

④ 说明　按试验方法，溴含量在0.80～4.80μg/mL内与ΔF呈良好的线性关系。线性回归方程为$\Delta F = 0.597c$（μg/mL）-8.29，$r = 0.9989$。方法的检出限为0.12μg/mL。对1.20μg/mL和4.00μg/mL溴的标样进行11次平行测定，其相对标准偏差分别为0.93%和4.2%。对于测定50.0μg/25mL的溴，当允许相对误差在±5%时，1000倍的Na^+、K^+，500倍的SO_4^{2-}、NO_3^-，50倍的Mg^{2+}、Ca^{2+}，30倍的W^{6+}、Mo^{6+}、F^-、Cl^-、Fe^{3+}，20倍的Cd^{2+}、Cr^{6+}，10倍的Ni^{2+}、Co^{2+}、Mn^{2+}、As^{3+}，2倍的Zn^{2+}、Sb^{3+}、Cr^{3+}、Sn^{4+}、Si^{4+}、Zr^{4+}、Ge^{4+}、I^-、Pb^{2+}、S^{2-}，等量的Ag^+、Cu^{2+}、Hg^{2+}、Bi^{3+}、NO_2^-均不干扰分析。试验发现该催化反应可视为假零级反应。

2.2.6.3　荧光光谱法测定水体中的有机物

（1）荧光光度法测定环境水中微量甲基对硫磷

① 概述　甲基对硫磷（methyl-parathion）亦称甲基1605，化学名称为O,O-二甲基-O-(4-硝基苯基)硫代磷酸酯，是一种常用的含硫有机磷杀虫剂，属高毒农药。有资料报道，75.4%的农药中毒均系有机磷所致。由于它是一种重要的高毒有机磷杀虫剂，为防止人、畜中毒及保护环境，对其监测工作十分重要。

目前有关甲基对硫磷的测定方法有荧光光度法、紫外可见分光光度法、气相色谱法和高效液相色谱法等。最近介绍的一种测定方法是直接用过氧化氢-鲁米诺化学发光分析法测定甲基对硫磷，但此法所需的酶价格昂贵且不稳定。应用荧光法测定有机磷农药，具有准确、快速、简便、灵敏度高等特点。甲基对硫磷被氧化为硫代过磷酸盐，硫代过磷酸盐再将无荧光的吲哚氧化为强荧光的吲哚酚。测定荧光的强度就可以计算出水体中甲基对硫磷的含量。

② 仪器与试剂　RF-540荧光光度计（日本岛津）。对硫磷或甲基对硫磷溶液：准确称取一定量的农药标准级对硫磷或甲基对硫磷，加4mL丙二醇溶液，再用二次蒸馏水稀释至适当浓度作为储备液，临用前稀释到所需浓度。吲哚-丙酮溶液：称取一定量的吲哚（A.R.），用丙酮配制成所需浓度。过硼酸钠溶液：称取一定量的过硼酸钠（A.R.），用二次蒸馏水配制成所需浓度。

③ 分析步骤　取两支试管，一管中加入 2.00mL 混合液（0.25％吲哚-丙酮和 0.25％过硼酸钠，体积比为 1∶1），加入 0.50mL 二次蒸馏水，放在 5℃恒温水浴中恒温 3min，然后加入不同浓度的甲基对硫磷，在 5℃恒温水浴中反应 2min 后，在 $\lambda_{激发} = 410nm$、$\lambda_{发射} = 490mm$ 处测定荧光强度。另一管做试剂空白试验。吸取一定量已除去悬浮物的自来水、河水、海水和用药后的农田水，用本试验方法测定。

④ 说明　按照试验确定的条件绘制标准曲线，甲基对硫磷的回归方程为 $F = 0.0019 + 0.4606c$，$r = 0.9994$。甲基对硫磷含量在 $0\sim2.5mg/L$ 区域内，检出限为 $5.0\mu g/L$。对不同水样的测定，回收率达 98％～102％。测定 1.0mg/L 的甲基对硫磷分别进行干扰试验研究，共存物允许倍数为：正己烷、石油醚、乙醇 3000 倍；苯、十二烷基苯磺酸钠（SDBS）1200 倍；Al^{3+}、Ca^{2+}、Mg^{2+}、Zn^{2+}、Ba^{2+} 100 倍；甲苯、二甲苯 50 倍。因此，荧光光度法适宜于环境水样中甲基对硫磷的分析测定。

（2）环境水样中痕量肼的荧光分析

① 概述　肼是重要的无机精细化学品，广泛应用于染料与药物的合成、火箭推进、锅炉水脱氧等方面。肼还是生产各种聚合物、杀虫剂、药物等化工产品的原料。由于肼有剧毒，对皮肤及黏膜有强烈的腐蚀作用，能引起肝和血液的损伤，是较强的致癌物，因此，许多国家对肼在水体和空气中的含量都有严格的限制。我国的国家环境标准规定地面水和渔业水中含肼的最高允许质量浓度为 $10.0\mu g/L$。因此，建立高灵敏度检测肼的方法是非常重要的。

常用于测定肼的方法有中和法、高效液相法和分光光度法等。其中中和法快捷方便，颇受欢迎，但用中和法测定强酸性溶液中的肼时会受到强酸的严重干扰。分光光度法以衍生法为主，灵敏度较高，但其操作繁琐。荧光分析法测定肼的报道较少，国外报道用芳香醛的衍生化荧光法测定肼的含量，获得了较高的灵敏度，但该方法所用时间较长。罗丹明 6G（Rh6G）是一种在水溶液中可以发出很强的黄绿色荧光的碱性染料，肼与罗丹明 6G 反应后，荧光强度增大，但有硫酸介质存在时，肼与罗丹明 6G 反应的荧光增强强度 ΔF 更大。在一定条件下，其浓度与测定的 ΔF 呈线性关系，据此建立了高灵敏测定肼的新的荧光分析法。

② 仪器与试剂　RF-540 荧光光度计（日本岛津公司）；930 荧光光度计（上海第三分析仪器厂）。肼标准溶液：用硫酸肼配制成质量浓度为 1.00mg/mL 的肼储备液，临用时稀释成浓度为 $1.0 \times 10^3\mu g/L$ 的工作液。罗丹明 6G 溶液：浓度为 $1.0 \times 10^{-4}mol/L$。浓度为 12.5mol/L 的硫酸溶液。试验所用试剂均为分析纯或优级纯，水为二次蒸馏水。

③ 分析步骤　于 25mL 容量瓶中依次加入 0.2mL 浓度为 $1.0 \times 10^{-4}mol/L$ 的 Rh6G 溶液、2.5mL 浓度为 12.5mol/L 的硫酸溶液、适量质量浓度为 $1.0 \times 10^3\mu g/L$ 的肼工作液，定容至刻度，摇匀，放入沸水浴中，同时开始计时，6min 后取出，流水冷却 3min 终止反应。以 348.7nm 为激发波长、549.8nm 为发射波长，测定溶液的荧光强度 F，以对应试剂空白为 F_0，计算 $\Delta F = F - F_0$。实际样品分析吸取适量不同地点、不同深度的地下水，经阴、阳离子交换树脂处理后，按试验方法进行测定。

④ 说明　试验发现，肼的质量浓度在 $2.0\sim14.0\mu g/L$ 范围内与 ΔF 有良好的线性关系。其线性回归方程 $\Delta F = 3.407c$（$\mu g/L$）-1.644（$r = 0.9998$）。按 $3S_b/$斜率（S_b 为 11 份空白溶液的标准偏差）计算方法检测限为 $0.62\mu g/L$。对肼的 $6.0\mu g/L$ 和 $10.0\mu g/L$ 的标准溶液进行 11 次平行测定，其相对标准偏差分别为 1.9％和 2.0％。对终止反应后体系的稳定性进行了试验，在加热 6min 并流水冷却终止反应后，体系在室温下可稳定放置 24h 无异常变化。同时研究了水体中常见离子对测定肼的影响，当肼的质量浓度为 $8.0\mu g/L$，在相对误差 $\pm5\%$ 以内时，允许 2000 倍的 SO_4^{2-}、Na^+、NO_3^-，1000 倍的 K^+、W^{6+}、HCO_3^-、

CO_3^{2-}、Cu^{2+}，500 倍的苯、PO_4^{3-}、Ac^-、Al^{3+}、Mg^{2+}、Ca^{2+}、Ni^{2+}，400 倍的丙酮、甲苯，200 倍的苯酚、尿素、Zn^{2+}、Mn^{2+}、Cr^{3+}，70 倍的 As（Ⅲ），50 倍的 Cl^-、Fe^{2+}、F^-、Br^-，10 倍的 ClO_3^-、I^-，1.5 倍的 NO_2^-，0.2 倍的 Cr^{6+} 存在。在实际样品测定时，干扰的离子可经离子交换树脂除去。对分析样品进行了回收试验，回收率为 97%～107%，完全满足环境水样中肼含量的测定。

（3）动力学荧光猝灭法测定污水中的对硝基酚

① 概述　酚类化合物是一种重要的化工原料，也是毒性较大的一类物质，因此是环境中的一种主要污染物。酚类污染物主要来源于石油化工、造纸以及农药的降解。在我国环境优先监测的污染物中，有六种酚类物质：苯酚（PhOH）、间甲酚（m-MP）、2,4 二氯酚（DCP）、2,4,6 三氯酚（TCP）、五氯酚（PCP）、对硝基酚（p-NP）。它们都具有致癌、致畸、致突变的潜在毒性。对硝基酚是许多国家环境优先监测的污染物之一，也是我国提出的环境优先监测的六种酚类之一。因此，酚类物质测定方法的研究对环境监测、保护人类有着重要的意义。

酚类化合物的测定有 4-氨基安替比林光度法（4-AAP），该法是酚类化合物传统的测定方法，但它只适合测定酚的总量。气相色谱法测定酚则需繁琐的富集和衍生化，并且测定的多是一元酚和氯代酚，由于不同的酚毒性相差很大，所以必须分别测定，这对于研究酚的环境行为、致毒机理尤为重要。对硝基酚不发荧光，因此不能用荧光法直接测定。有研究发现，动力学荧光猝灭法间接测定酚，具有简便快速、选择性好、灵敏度高等特点，适宜于污水中对硝基酚的测定。罗丹明 6G 是一种碱性染料，在水溶液中能发出非常强的黄绿色荧光，当被强氧化剂氧化后，分子结构遭到破坏，荧光猝灭，但该反应的反应速率很慢，当体系中有痕量钒（Ⅴ）时，反应速率加快，说明钒（Ⅴ）对反应有加速作用。当对硝基酚和钒（Ⅴ）共存时，反应速率更快，表明酚能活化钒（Ⅴ）的催化作用，并且酚的含量与体系的荧光猝灭程度成正比。

② 仪器与试剂　850 型荧光分光光度计；930 型荧光光度计；501 型超级恒温箱；pHS-2 型酸度计。对硝基酚工作液，质量浓度为 1.00mg/L；浓度为 1.0mol/L 的盐酸溶液；罗丹明 6G 溶液，浓度为 5.0×10^{-4} mol/L；0.02mol/L 的氯酸钾溶液；钒（Ⅴ）工作液，质量浓度为 1.00mg/L。所用试剂均为分析纯，水为二次蒸馏水。

③ 分析步骤　在 25mL 比色皿中，加入 1.0mL 盐酸溶液、1.0mL 罗丹明 6G 溶液、0.5mL 钒（Ⅴ）工作液、适量的对硝基酚工作液，用水稀释至 20mL，再加 2.0mL 氯酸钾溶液稀释至刻度，摇匀，置于 75℃ 恒温水浴中加热，秒表计时，10min 后取出，迅速用流水冷却 3min，于荧光光度计上以激发波长 350nm、发射波长 550nm 测定试剂空白的荧光强度 F_0 和含有对硝基酚溶液的荧光强度 F，计算荧光猝灭值 $\Delta F = F_0 - F$。样品分析吸取定量的工业污水作为废液，按上述试验方法测定。

④ 说明　取不同量的对硝基酚，按试验方法进行反应，测定荧光强度，并用 ΔF 值和对硝基酚的浓度作图，绘制标准曲线。试验表明对硝基酚的含量在 5～50μg/L 范围内与 ΔF 呈线性关系，其回归方程为 $\Delta F = 2.6253c + 3.2487$，$r = 0.9996$。对含有对硝基酚为 1.0mg/L 的标准溶液进行 10 次平行试验测定，其相对标准偏差为 3.5%，回收率为 96.5%，检测限（当信噪比 S/N=3 时）为 2.5μg/L，该方法具有很高的灵敏度。对一些常见离子进行的干扰试验结果表明，在测定 1.0μg/25mL 的对硝基酚，测定误差小于 ±5% 时，1000 倍的 K^+、Na^+、Ca^{2+}、Mg^{2+}、Ag^+，500 倍的 Hg^{2+}、Pb^{2+}、Al^{3+}，100 倍的 Sn^{2+}、Ti^{4+}、Cr^{6+}，10 倍的 Bi^{3+}，5 倍的乙醇等不干扰测定。对工业废水进行测定时同时进行回收试验，试验表明回收率为 96.2%～96.8%（$n=6$），相对标准偏差为 3.2% 和 3.7%。

（4）荧光光度法直接测定环境水中对氯苯胺

① 概述　对氯苯胺（p-chloroaniline，PCA，分子式 C_6H_6ClN）是合成橡胶、化学试剂、染料、色素等化工产品，以及医药、农药、摄影药品等的主要原料和中间体。对氯苯胺是芳胺类化合物中使用量较大的一种，能溶于酸和热水，是环境水中的一种重要污染物。环境中的对氯苯胺主要来源于农药、染料、塑料等工业，有很大的毒性，且它是一种优先控制的环境污染物。

目前芳胺类化合物的测定方法有吸光光度法、气相色谱法等，但大多数方法需用有毒的有机溶剂进行萃取，且操作繁琐，耗时长。采用荧光光谱法可以直接测定环境水中对氯苯胺的含量，该法不需萃取和显色，通过控制溶液 pH 直接进行测定，干扰物少，方法简便，精度高。

② 仪器与试剂　RF-540 荧光光度计（日本岛津）；pHS-2 型酸度计（上海第二分析仪器厂）。对氯苯胺标准液（A.R.）：20.00mg/L，临用时用去离子水稀释到所需浓度。试剂均为分析纯，水为去离子水。

③ 分析步骤　取一支 25mL 比色管，加入缓冲溶液 5mL 和一定体积的水样后，用去离子水稀释至刻度，摇匀（如果出现沉淀，离心取清液测定）。以试剂空白为参比，在激发波长 $\lambda_{ex}=288nm$、发射波长 $\lambda_{em}=345nm$ 处测得荧光强度 F 值，根据 F 值由回归方程求得对氯苯胺的含量。对样品分析，取一定量已除去悬浮物的自来水、海水或者市区河水（水样如出现浑浊，离心取清液），按试验方法分析测定。

④ 说明　在 25mL 比色管中，加入 pH 6.5 的缓冲溶液 5mL，以试剂空白作参比，在试验测定的波长处测得荧光强度与对氯苯胺含量的关系，回归方程 $F=0.0104+0.6641c$，相关系数 $r=0.9993$，线性范围 $0\sim1.0mg/L$，检出限 $4.2\mu g/L$。对质量浓度为 0.5mg/L 的对氯苯胺进行测定，280 倍的四氯化碳，260 倍的苯，160 倍的石油醚，200 倍的 Ca^{2+}、Mg^{2+}，180 倍的 Ba^{2+}，100 倍的 Fe^{3+}，90 倍的 Al^{3+}，50 倍的 Ni^{2+}，30 倍的 Zn^{2+}，10 倍的 Cr^{3+}，5 倍的 Co^{2+}，2 倍的 Cu^{2+} 不干扰测定。分别对自来水、海水、城市河水、含胺污水样品进行回收试验，回收率为 99.2%～100.8%，RSD 为 4.5%～11.9%。该法回收率高，精密度较好，可用于环境水中对氯苯胺的检测。

（5）阻抑动力学荧光光度法测定苯胺

① 概述　苯胺类物质是一种重要的化工原料，同时也是一种致癌物质，对人体的危害极大。随着我国工业的迅猛发展，其来源亦日趋广泛。苯胺广泛应用于染料、橡胶、照相显影剂、塑料、药物合成等行业，苯胺类化合物常见于工业废水中。苯胺通过呼吸道及皮肤接触进入人体，引起中毒，损害心血管系统及其他脏器，因此，废液中苯胺的测定具有重要的意义。

苯胺是环境水中的有毒物质芳胺的代表，检测苯胺的传统方法有萘乙二胺分光光度法，此方法要反复使用多种有机试剂进行分离，操作繁琐，耗时长，所用试剂对人体有害且干扰难以消除。也有阻抑动力学光度法测定苯胺的报道，该方法具有灵敏度高、试剂易得、操作简便等特点。用导数示波极谱法测定，操作繁琐，酚类干扰严重。而采用阻抑动力学荧光法直接测定环境水中苯胺的方法更具有方法简便、快速、可靠、灵敏度高等特点。罗丹明 6G 在水溶液中能发出强的黄绿色荧光，当被溴酸钾和过氧化氢氧化后，分子结构被破坏，荧光消失。但在醋酸介质中，苯胺能抑制溴酸钾和过氧化氢氧化罗丹明 6G，使其荧光猝灭速度减慢，据此建立阻抑动力学荧光法测定痕量苯胺的新方法。

② 仪器与试剂　JASCOFP-6200 荧光光度计（日本分光公司）；930 荧光光度计（上海第三分析仪器厂）。浓度为 1.050g/L 的苯胺标准溶液：准确称取刚蒸过的苯胺 0.1050g 于 50mL 烧杯中，加水溶解，定容至 100mL，储于冰箱中，临用时适当稀释。罗丹明 6G

(Rh6G) 溶液：浓度为 1.01×10^{-4} mol/L。浓度为 1.20×10^{-2} mol/L 的醋酸溶液。浓度为 0.1mol/L 的溴酸钾溶液。0.6% 过氧化氢溶液。其他试剂均为分析纯或优级纯，水为二次重蒸的去离子水。

③ 分析步骤　于 25mL 容量瓶中依次加入 0.18mL 浓度为 1.01×10^{-4} mol/L 的罗丹明 6G 溶液、0.52mL 浓度为 1.2×10^{-2} mol/L 的醋酸溶液、1.9mL 浓度为 0.1mol/L 的溴酸钾溶液、0.7mL 浓度为 0.6% 的过氧化氢溶液、适量苯胺标准溶液，加水稀释至刻度，摇匀，再放入沸水浴中加热 7.5min 后取出，流水冷却 3min 以终止反应。以 348.4nm 为激发波长、548.4nm 为发射波长测定溶液的荧光强度 F，以对应的试剂空白为 F_0，计算 $\Delta F = F - F_0$。吸取 100mL 水样放入蒸馏瓶中，进行碱性预蒸馏，馏出液用 100mL 容量瓶接收。自来水和城市河水分别取 5mL、0.5mL 馏出液按试验方法测定。

④ 说明　在选定的最佳试验条件下，苯胺在 $8.40 \sim 58.7 \mu g/L$ 的浓度范围内与 ΔF 呈线性关系。其线性回归方程为 $c(\mu g/L) = 2.09 + 1.67 \Delta F$（相关系数 $r = 0.9993$）。按 $c_L = 3S_b/K$（S_b 为 11 份空白溶液的标准偏差，K 为斜率）计算方法，检出限为 $0.50 \mu g/L$。同时对含苯胺 $25.2 \mu g/L$ 的标准溶液测定，其相对标准偏差为 1.5%（$n = 11$），说明该方法精密度良好。常见离子和有机物对测定 0.025mg/L 苯胺的影响：在相对误差 ±5% 以内时，1500 倍的 K^+、Na^+、Cl^-、F^-、Mg^{2+}、Ca^{2+}、Pb^{2+}、Co^{2+}、Pb^{2+}、Cd^{2+}、NO_3^-、Ni^{2+}，1000 倍的 Mo^{6+}，200 倍的 NO_2^-，150 倍的 Zn^{2+}、Mn^{2+}、V^{5+}，100 倍的甲醇、Bi^{3+}，70 倍的甲苯、甲醛，17 倍的酚类物质，10 倍的 Hg^{2+}、As^{3+}，同倍的 Al^{3+}、Fe^{3+}，0.6 倍的 Cr^{6+}、Cr^{3+}、Cu^{2+} 不干扰测定。实际样品测定时，干扰严重的物质可采用预蒸馏办法除去，即将水样用 4% 的氢氧化钠溶液调为强碱性，进行缓慢蒸馏，吸取馏出液测定。对测定样品进行加标回收试验，城市河水水样检测回收率为 98.5% ~ 100.3%，相对标准偏差为 6.0%（$n = 6$）。

(6) 固相膜萃取-超高效液相色谱-荧光法测定极地水体中多环芳烃

① 仪器设备与试剂　CQuity 超高效液相色谱（美国 Waters 公司）；荧光检测器（美国 Waters 公司）；固相萃取装置（美国 Supelco 公司）；C_{18} 固相萃取膜（上海泉岛公司）；旋转蒸发仪（上海亚荣生化仪器厂）；氮吹仪（北京康林）。15 种多环芳烃标准储备液（$1.0 \mu g/mL$，纯度均大于 99%，百灵威公司）；甲醇、二氯甲烷、乙腈、丙酮（HPLC 级，Tedia，USA）；水（Millipore 系统产生的超纯水）；无水 Na_2SO_4（A.R.）。

② 仪器工作条件　超高效液相色谱条件：色谱柱为 C_{18} 柱，50mm × 2.1mm × 1.7μm；柱温为 35℃；进样量为 4μL；梯度洗脱程序见表 2-2。荧光检测器参数设定见表 2-3。

表 2-2　梯度洗脱程序

T/min	水：乙腈(体积比)	流速 v/(mL/min)	T/min	水：乙腈(体积比)	流速 v/(mL/min)
0	60：40	0.6	4	20：80	0.6
0.5	60：40	0.6	4.5	20：80	0.6
1.5	40：60	0.6	4.7	0：100	0.6
3.5	40：60	0.6			

表 2-3　荧光检测器参数设定

T/min	激发波长 λ/nm	发射波长 λ/nm	T/min	激发波长 λ/nm	发射波长 λ/nm
1.4	300	405	2.5	260	420
2.0	358	435	4.4	350	397
2.2	350	397			

③ 分析步骤

a. 膜的活化　加入 10mL 二氯甲烷后将其抽干，再加入 10mL 纯甲醇，使其流过 1mL，关泵静置 1min，开泵使其缓慢流过，当液面降至约 3mm 时停泵，加入 10mL 水，开泵直到液面重新降至约 3mm 时停泵。

　　b. 样品的提取　取过 WhatmanGF/F 膜的海水 5L，通过活化后的固相膜萃取装置，保持流速在 100～150mL/min，在液面降到约 3mm 时加入 20mL 甲醇（1+9）溶液进行淋洗，减压抽干 10min。用 10mL 二氯甲烷进行洗脱，洗脱 2 次，合并洗脱液，于 25℃ 负压下旋转蒸发至近干。再以乙腈反复冲洗旋转蒸发瓶，收集淋洗液于氮吹管中，氮吹至近干，以 1mL 乙腈复溶，过 0.2μm 的有机相滤膜到进样瓶中，上机待测。

　　④ 结论　采用 C_{18} 固相膜萃取对样品进行富集净化，以二氯甲烷为洗脱目标化合物，采用超高效液相色谱（UPLC）荧光可变波长进行分离分析。可在 5min 内实现 15 种多环芳烃分析，方法检出限分别为：萘为 0.3ng/L，苊、芴、菲和苯并 [a] 蒽为 0.26ng/L，蒽、荧蒽、苯并 [b] 荧蒽和茚并 [1,2,3-cd] 芘为 0.28ng/L，芘、䓛、苯并 [k] 荧蒽、苯并 [a] 芘和二苯并 [a,h] 蒽为 0.24ng/L，苯并 [g,h,i] 苝为 2.6ng/L。加标回收率在 67%～87% 之间，RSD 均小于 10%。该方法可应用于极地环境中痕量多环芳烃样品的检测分析。

2.2.6.4　荧光光谱法在水质分析中的其他应用

　　（1）荧光光谱法在水质化学需氧量检测中的应用研究

　　① 概述　化学需氧量（chemical oxygen demand，COD）的检测是水质分析的重要内容，传统的监测方法耗时，也易对环境造成二次污染，采用荧光光谱法对 COD 进行监测时，相对误差较小，更加绿色环保。荧光光谱法作为一种绿色、便捷、简单的水质 COD 检测手段，值得推广。

　　② 仪器与试剂　根据国家标准 GB 13456—2012，以邻苯二甲酸氢钾为基本试剂配制的化学需氧量（COD）标准液，COD 标准原液配制流程如下：取邻苯二甲酸氢钾适量并放置于 105℃ 恒温干燥箱中烘烤 2h，然后称取 0.4251g 样品，用去离子蒸馏水将其溶于 1000mL 的容量瓶中，得到 500mg/L 的 COD 标准原液，备用。根据浓度配比，将 COD 标准液分别用去离子蒸馏水稀释至浓度为 1～55mg/L，共计 33 份实验 COD 溶液样本，并逐一编号。实验仪器有 F-7000 三维荧光光谱仪（日本 Hitachi 企业）、恒温干燥箱、容量瓶、烧杯等。

　　③ 分析步骤　将三维荧光光谱仪的光电倍增管（PMT）电压设置为 700V，设置狭缝宽度为 5nm，扫描速度为 1200nm/min。激发光波长设置在 200～400nm 范围内，采样间隔为 5nm；发射光波长设置在 200～600nm 范围内，采样间隔为 2nm。在荧光光谱采集的过程中，通常会受到瑞利散射与拉曼散射的影响，致使采集数据的可靠性欠缺，对此，对原始的光谱数据采用 Delaunay 三角内插值法对散射峰进行处理，该方法能有效消除因散射产生的影响，处理效果良好。通过进一步实验处理与分析可得：T1 峰的荧光强度是随着实验样本浓度的增加而不断增强的，在 55mg/L 时达到顶峰，但是其变化速率逐渐减小，最后逐渐平缓；而 T2 峰的荧光强度则随着实验样本浓度增加而不断减小，其变化速率也逐渐降低。因此本实验选择 T1 峰，通过建模来分析水质环境因素与荧光光谱强度之间的关系。本次数学模型分析采用 ACO-iPLS 算法对特征光谱进行信息提取。ACO-iPLS 算法是基于蚁群算法优化的区间偏最小二乘算法，该算法能有效抑制在收敛过程中出现局部最优解；建模算法采用 PSO-LSSVM 算法，该算法具有强全局搜索能力与学习能力，还具有收敛速度快、运算过程简单等多个优点。通过 ACO-iPLS 与 PSO-LSSVM 算法的联合使用，可有效提升本次分析模型的泛化能力。

④ 说明

a. 荧光强度与化学需氧量标准液浓度在 $E_x/E_m=275/348$ 处有明显的正相关关系，荧光强度能反映水质化学需氧量的浓度。

b. 水质化学需氧量荧光强度明显受到温度、浊度以及浓度的影响，在中心峰值处受 pH 值影响不大，并且构建了校正模型来求取组合校正后预测 COD 浓度变化量，最终实现荧光强度向实际 COD 浓度值的转化。

c. 通过与化学法测量结果对比，荧光光谱法测量结果可靠，具有快速、绿色环保、准确等特点，值得广泛推广。

（2）水体中 DOM 三维荧光光谱特征分析

① 概述　溶解性有机物（DOM）广泛存在于各种天然水体中，三维荧光技术（3D-EEMs）由于其监测速度快、灵敏度高、对样品需求量少及不破坏样品本身的优点，被许多学者用于研究太湖、黄浦江、北运河等流域水体中的 DOM 三维荧光光谱特征分析中。

② 仪器　总有机碳分析仪 1030；Aqualog 荧光光谱仪（HORIBA 公司）。

③ 分析步骤

a. 设置研究区域和采样点。

b. 样品采集和处理　采样时，将采样瓶用待测水样润洗 2～3 次。每个采样点采集地表水 1～2L，取样后快速运往实验室，经 $0.45\mu m$ 的滤膜（预先于 $450^{\circ}C$ 灼烧）过滤后，避光冷冻保存，4d 内完成全部指标测定。

c. 样品测定　水体理化指标的测定：主要包括 TP、TN、NH_3-N、COD、DOC（可溶性有机碳）等指标。

三维荧光光谱分析：采用 HORIBA 公司 Aqualog 荧光光谱仪对水样进行 DOM 的测定，配以 1cm 石英比色皿，光源为 150W 氙灯，激发波长 $E_x=240\sim800nm$，发射波长 $E_m=245\sim845nm$，狭缝宽度为 3nm，积分时间为 1s。利用 Mi-Li-Q 超纯水作空白，利用 Aqualog 系统校正水样内滤及瑞利散射。

有色溶解有机质（CDOM）浓度估算：CDOM 浓度通常采用特定波段的吸收系数，国内外研究者一般采用波段为 254nm、280nm 等来表征 CDOM 浓度。其计算方法如公式（2-5）所示：

$$A(\lambda)=2.303\times A(\lambda)/L \tag{2-5}$$

式中　$A(\lambda)$——波长 λ 处的吸光度；

　　　L——光程路径，m。

三维荧光光谱特征参数分析：荧光指数（fluorescence intensity，FI）表征有机质的来源，是指激发波长为 370nm、发射波长为 450nm 与 500nm 处荧光强度的比值。自生源指数（biologicalindex，BIX）是反映 DOM 自生源贡献的指标，指激发波长为 310nm 时，发射波长在 380nm 和 430nm 处荧光强度的比值。HIX（humification index）是衡量水中溶解性有机物的腐殖化程度，指激发波长 254nm 时，发射波长 435～480nm 与 300～345nm 处荧光强度平均值的比值。

平行因子模型：用 Aqualog 软件下自带的平行因子模型 Solo 模型对所测的 15 个三维荧光数据进行分析，并通过折半分析验证结果的可靠性。

④ 说明　通过利用三维荧光光谱与平行因子分析的结合，分析结果如图 2-3，对西北内陆小流域 15 个采样点的表层水体 DOM 的荧光光谱特征、组成成分、荧光强度进行研究，并结合常规水质指标，利用相关性分析法对研究河段 DOM 来源特征进行探讨，标明可以用荧光组分作为水体中 DOC 指标的有效示踪。

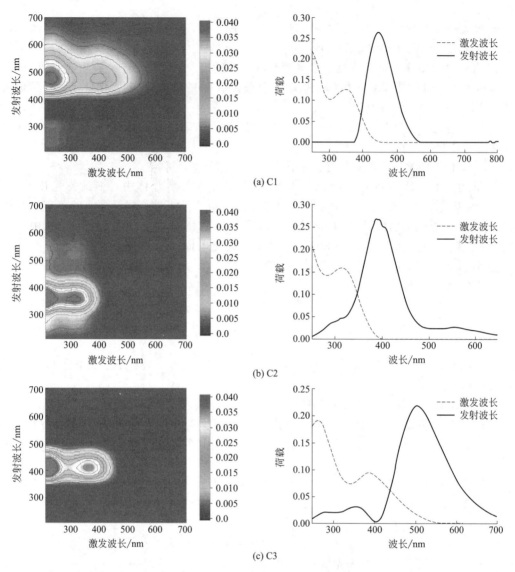

图 2-3　平行因子分析得到的三组分三维荧光图

2.2.7　荧光光谱法的发展趋势

原子和分子发射的荧光是激发态电子跃迁到基态过程中所伴随的一种发光现象。物质的相对荧光光谱可作为物质定性和定量分析的重要手段。荧光光谱分析法具有高灵敏度、高选择性、试样量少和方法简单等特点，为复杂的环境样品中微量及痕量物质的分析提供了新手段。荧光分析方法已成为例行分析的重要手段。然而，随着分析对象的不断发展、分析任务的日益复杂，传统的荧光分析法已很难满足要求。

伴随着新型荧光试剂的合成，一些新的荧光光谱分析技术和方法应运而生。如稀土荧光探针法、光化学荧光法、电解荧光法、激光荧光法、导数荧光法、偏振荧光光谱法、荧光免疫测定法、荧光反应速率法等。这些方法和技术的应用加速了各种新型荧光分析仪器的研制，使荧光分析不断朝着高效、痕量、微观和自动化方向发展，极大地提高了荧光分析法的灵敏度、选择性和特异性，应用范围不断扩大。

随着荧光光谱的发展以及分析技术的不断进步，荧光光谱法与其他仪器或方法联用成为发展趋势。如荧光技术与高效液相色谱（HPLC）联用技术。这种方法的最大优点是可使荧光测定中难于消除的同分异构体干扰问题得到很好的解决，尤其是在对多环芳烃进行测定时。目前国内这方面的应用还不是很广泛。荧光检测与 HPLC 联用将会为分析环境中荧光类化合物提供一个新的途径。此外，荧光光谱与电化学相结合，可测定电解荧光废水中的苯。随着动力学荧光法的发展，国内外一些学者已成功运用流动注射荧光检测法定量测定环境中铁、铀、钙、铝、亚硝酸根和硝酸根以及大气光化学反应形成的氧化剂等物质。

三维荧光法是一种新型荧光分析技术，这种技术能够获得激发波长与发射波长或其他变量同时变化时的荧光强度信息，将荧光强度表示为激发波长-发射波长或波长-时间、波长-相角等两个变量的函数。三维荧光在分析化学中的研究将会在诸多应用领域受到普遍重视。三维荧光光谱法与色谱技术联用，对色谱分离十分困难的苯并［a］芘和苯并［e］芘进行了选择性定量分析。可以预见，类似这种色谱-三维荧光光谱的联用，提高的绝不仅仅是数据的一个维度，更重要的是分析的信息量以及由此带来的解决复杂分析问题的能力。

荧光光谱法具有灵敏度高、选择性强、试样量少和方法简单等优点，为复杂的环境样品中微量及痕量物质的分析提供了新手段。近几十年来，激光、微处理机和电子学的新成就以及新科学技术的引入，大大推动了荧光光谱法在理论方面的进展，并且相应地加速了新型荧光分析仪器的问世，使荧光分析法不断朝着高效、微量、微观和自动化的方向发展，检测方法的灵敏度、准确度和选择性日益提高，方法的应用范围也得到极大扩展。荧光光谱分析法将成为环境分析中的一种重要方法。将该法与其他手段结合使用，可广泛应用于环境分析、生物化学、生物医学等研究领域。

2.3
红外吸收光谱法及其在水质分析中的应用

2.3.1 红外吸收光谱概述

2.3.1.1 红外吸收光谱分析的特点

① 应用面广，提供信息多且具有特征性。依据分子红外光谱的吸收峰的位置、吸收峰的数目及其强度，可以鉴定未知物的分子结构或确定其化学基团；依据吸收峰的强度与分子组成或其化学基团的含量有关，可进行定量分析和纯度鉴定。

② 不受样品相态、熔点、沸点及蒸气压的限制。无论是固态、液态还是气态样品都能直接测定，甚至对一些表面涂层和不溶及不熔融的弹性体（如橡胶），也可直接获得其红外光谱。

③ 样品用量少且可回收，不破坏试样，分析速度快，操作简便。

2.3.1.2 红外光谱区的划分

红外线辐射的能量远小于紫外线辐射的能量，其辐射波长约在 $0.75 \sim 1000 \mu m$ 之间。当红外线照射到样品时，其辐射能量不能引起分子中电子能级的跃迁，而只能被样品分子吸收，引起分子振动能级和转动能级的跃迁。由分子的振动和转动能级跃迁产生的连续吸收光谱称为红外吸收光谱。红外吸收光谱可分为近红外光区、中红外光区和远红外光区 3 个部分，见表 2-4。

表 2-4　红外吸收光谱区域的划分

区域	波长 $\lambda/\mu m$	波数 $\bar{v}/cm^{-1}$	能级跃迁类型
近红外光区	0.75~2.5	13300~4000	分子中化学键振动的倍频和组合频
中红外光区	2.5~25	4000~400	分子中化学键振动的基频
远红外光区	25~1000	400~10	分子骨架的振动、转动

在红外吸收的三个区域中，远红外光谱是由分子转动能级跃迁产生的转动光谱，中红外光谱和近红外光谱是由分子振动能级产生的振动光谱。仅有简单的气体或气态分子才能产生纯转动光谱，大多数有机化合物的气、液、固态分子产生的振动光谱，主要集中在中红外光区。

2.3.2　红外吸收光谱仪器分析

自从 1946 年贝尔德首先研制成功双光束红外分光光度计以来，仪器的性能和结构不断地得到改进。20 世纪 60 年代以后，分光元件从棱镜逐步发展到光栅。

近年来激光、电子计算机、傅里叶变换等技术在红外分光光度计上的应用，使仪器的性能有了重大变化，出现了很多新型仪器。在联用技术方面，气相色谱-傅里叶变换红外光谱（GC-FTIR）、液相色谱-傅里叶变换红外光谱（LC-FTIR）、薄层色谱-傅里叶变换红外光谱（TLC-FTIR）、热重分析-傅里叶变换红外光谱（TGA-FTIR）等技术的出现，标志着红外光谱的理论研究和实际应用已进入一个崭新的阶段。

2.3.2.1　红外吸收光谱的基本概念

红外吸收光谱（infrared spectroscopy，IR）是由分子振动能级的跃迁产生的，因为同时伴随着分子中转动能级的跃迁，故又称为振-转光谱。

红外吸收光谱法作为一种近代仪器分析方法，它与紫外吸收光谱法、核磁共振波谱法、质谱法组合，已成为对有机化合物进行定性和结构分析的有力手段，目前已被广泛应用于分子结构的基础研究和化学组成的研究中，诸如对未知物的剖析，判断有机化合物和高分子化合物的分子结构，化学反应过程的控制和反应机理的研究等。如今，红外光谱的研究已由中红外扩展到远红外和近红外，其应用范围已迅速扩展到生物化学、高聚物、环境、染料、食品及医药等诸多领域。

随着计算机技术的发展和化学计量学研究的深入，加之近红外光谱仪器制造技术的日趋完善，近红外光谱分析技术发展比较迅速，其应用已由传统的农副产品分析扩展到石油化工、医药临床、纺织工业等领域中。另外，光纤技术的发展使得近红外分析技术实现了在线监测。目前近红外光谱分析技术在工业生产过程和在线分析中显示了强大的生命力，并取得了可观的经济效益。

近红外谱区辐射是介于可见光谱区和中红外谱区之间的电磁波，其光子能量为 0.5~1.65eV。分子在这一谱区的吸收产生于分子振动跃迁的非谐振效应，主要为化合物中的含氢基团（如 C—H，O—H，N—H，S—H）振动光谱的倍频（泛频，overtone）吸收（通常是一级和二级倍频）与合频吸收（combination）。由于这些倍频和合频吸收的强度通常为基频（处于中红外谱区）吸收强度的 1/1000~1/10，因而近红外光谱分析技术在光程的要求方面没有像中红外（通常为 1mm）那样苛刻，一般为 1cm，而且样品不需要预处理如稀释等。

近红外光谱有其自身的弱点，如谱带较宽、重叠严重、样品中不同成分叠加的非线性等。鉴于以上特点，在定量和定性分析时，必须对样品进行全谱扫描或者宽波段扫描，其结果是计算工作量倍增，但借助现代的计算机技术和化学计量学［多元线性回归（MLR）、逐步回归分析（SL）、主成分分析（PCA）、主成分回归（PCR）、偏最小二乘法（PLS）等线性校正方法及人工神经网络（ANN）和拓扑（TP）等非线性校正方法］的合理选择，可以很好地识别样品。其次在分析测量以前，必须投入大量的人力、物力和财力才能建立一个准确的校正模型，对于经常的质量控制是非常有效的，而对于只做一两次分析或分散性样品则不太适用，并且不易对总量为几毫克的样品以及样品中含量只占 10^{-6} 或者更小的成分进行分析。

红外吸收光谱是一种分子吸收光谱，是由分子内电子和原子的运动产生的。分子内的电子相对于原子核（电子运动）会产生电子能级跃迁，其能量较大，在 $200\sim780nm$ 波长范围内产生紫外和可见吸收光谱；当分子内原子在其平衡位置产生振动能级和转动能级的跃迁时，此类跃迁所需能量较小，在 $0.78\sim1000\mu m$ 波长范围内产生红外吸收光谱。

红外吸收光谱法定量分析的理论基础是朗伯-比尔定律。红外吸收光谱和紫外吸收光谱一样，呈现出带状光谱。它可在不同波长范围内表征出有机化合物分子中不同官能团的特征吸收峰位，作为鉴别分子中各种官能团的依据，并进而推断分子的整体结构。

当一束具有连续波长的红外线照射某一物质时，该物质分子会吸收一定波长的红外线。这是由物质分子中特征基团的振动频率和红外线的频率相同时，分子吸收能量从原来的基态振动能级跃迁到能量较高的振动能级所引起的。若将物质透过的光用单色器进行色散，就可以得到一条谱带。如果以波长或波数为横轴，以吸收度或百分透过率为纵轴，将这条谱带记录下来，就可得到该物质的红外光谱。

通常波长 λ 和波数 $\bar{v}$ 之间的关系如公式(2-6)所示：

$$\bar{v}=1/\lambda=\nu/C \tag{2-6}$$

式中　$\bar{v}$——波数，cm^{-1}；

$\qquad \nu$——频率，Hz；

$\qquad \lambda$——波长，cm；

$\qquad C$——光速（$C=3\times10^{10}cm/s$）。

2.3.2.2　色散型双光束红外分光光度计

已经广泛使用的色散型双光束红外分光光度计，它的工作原理是"光学零位平衡"。当样品光路中没有放置样品或样品光路和参比光路吸收情况相同时，检测器不产生信号。但是若在样品光路中放置了样品，则由于样品的吸收，破坏了两光束的平衡，检测器就有信号产生。信号被放大后用来驱动测试光栅，使它进入参比光路遮挡辐射，直到参比光路辐射强度和样品光路的辐射强度相等为止，这就是光学零位平衡。此时参比光路中测试光栅所削弱的能量就是样品所吸收的能量，因此如果记录笔和测试光栅同步运动就可直接记下样品的吸收光谱。

2.3.2.3　傅里叶变换红外光谱仪

傅里叶变换红外光谱仪（fourier transform infrared spectrometer，FTIR）于20世纪70年代问世，属于第三代红外光谱仪，它是基于光相干性原理而设计的干涉性红外光谱仪。傅里叶红外光谱分析是近代试验分析技术中的一个重要手段，主要用于高分子材料和以高分子材料为主体的材料及产品的组成、微观结构的研究。它操作方便，分辨率高，扫描速度快，适用于气、固、液样品且不破坏原样，是环境试验研究的有力工具。

（1）傅里叶变换红外光谱仪的构造和工作原理　采用傅里叶变换红外光谱（FTIR）方

法，可以测量许多污染物成分的光谱信息，包括美国修改列出的 188 种污染气体以及大的有机分子或者酸性有机物，如丙烯醛、苯、氯仿等。对于在红外大气窗口 $3\sim5\mu m$、$8\sim12\mu m$ 有特征吸收光谱的气体分子都可以采用 FTIR 方法进行其浓度的探测。

FTIR 的基本结构如图 2-4 所示，有单站和双站两种方式。红外光源经准直后呈平行光出射，经过一百到几百米的光程距离，由望远镜系统接收，经干涉仪后会聚到红外探测器上。FTIR 的核心部分是干涉仪，接收的光束经分束后分别射向两面反射镜，一面镜子前后移动使两束光产生相位差，相位差由光束的光谱成分决定，具有相位差的两束光干涉产生信号幅度变化，由探测器测量得到干涉图，经快速付氏变换得到气体成分的光谱信息。光谱分析方法常用多元最小二乘法，对吸收光谱与实验室参考光谱进行最小二乘拟合，参考光谱最好是采用同样的光谱仪在相同分辨率条件下对标准浓度气体测量得到的光谱。这一变化过程通过计算机完成，最后得到红外吸收光谱图。

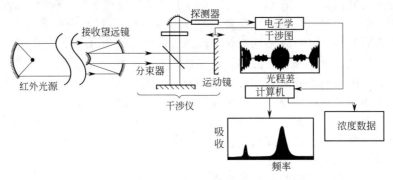

图 2-4 傅里叶变换红外光谱仪基本结构

(2) 傅里叶变换红外光谱仪的特点 傅里叶变换红外光谱仪可以同时测定样品所有频率的信息，扫描速度快，分辨率和灵敏度高，也可和多种仪器联用，主要应用于跟踪化学反应过程、分析和鉴别化合物和化学键、高聚物的聚集态取向以及表面研究等。红外光谱分析在环境试验中的应用是方便和有效的，它通过将微观结构与宏观性能结合起来，为环境试验拓展了新思路。傅里叶变换红外光谱分析在环境试验中的应用是一个新的领域，随着试样处理技术的发展，红外光谱法在环境试验中的应用将更广泛，其动态时间分辨技术、遥感监测技术将拓展专业的领域，为我们进一步研究产品和材料的结构、性能随外界环境因素变化的规律提供帮助。

(3) 傅里叶变换红外光谱分析在环境试验中的应用 傅里叶变换红外光谱是建立在分子振动和转动的基本理论上的光谱技术，它提供了官能团或化学键的特征频率，通过谱图中基团的特征频率结合参考数据可以分析鉴定产物中新的基团，利用分子基团的特征频率和红外"指纹"可以对有机和无机化合物进行定性和定量分析，也可以进行官能团的鉴别。傅里叶变换红外光谱分析在环境试验中的应用主要是通过这种红外光谱分析技术，对试验样品进行微观结构以及微观结构与宏观性能的内在关系的分析研究，找出其基本规律以及与环境因素的关系，从而提高环境试验技术的水平。

(4) 傅里叶变换红外吸收光谱的温度修正方法研究 当温度升高时，标准光谱数据的温度修正、误差状况以及高温气体光谱特征与常温条件下存在着差异性，这种差异性分析很少被研究。报道较多的是不同温度下的分配函数和线型展宽机制。实际过程中 Voigt 线型特征是 Lorentz 线型和 Doppler 线型特征的综合作用结果，因此往往需要考虑温度展宽和压力展宽的总效应。不同的分配函数和不同的温度展宽将直接影响校准光谱的准确性。在测量过程中，环境因素（尤其是温度）的变化可以影响到 CH_4 气体吸收谱线中的线强，从而影响到其浓度的测量结果。在实际的烟气测量中，温度变化的范围是比较大的，因此开展温度对浓度测量影响的实验是必要的，同时也必须通过温度系数对测量公式进行修正。在光谱线宽和吸收强度随温度的变化规律的研究中，发现理论和实验都表明线宽和吸收强度随温度的升高而降低。反演算法在常温下反演精度很高，但随着温度的升高，误差逐渐增大。且加温度校正和不加温度校正的测量相对误差随着温度的增加差距非常明显，因此对于高温气体的测量，温度修正是很有必要的。但温度校正亦有一定的相对误差，可以考虑的解决方法与改进措施是：不同区间采用不同近似，分区间给出温度修正系数，结合 HITRAN 数据库，得到更好的合成校准光谱，进而很好地解决这一问题。

2.3.3 红外光谱法在水质检测中的应用

2.3.3.1 红外光谱法检测废水中酚

酚类污染是国家规定的主要监测项目之一。目前，国家规定的环境监测分析方法标准中，对挥发酚的分析，主要采用 4-氨基安替比林-氯仿萃取比色法和直接光度法，这两种方法的测定范围分别为 0.002～0.06mg/L 和 0.1～5mg/L；对浓度大于 10mg/L 的酚类溶液，则采用溴代法进行监测。但这些方法具有操作步骤复杂、使用试剂多、抗干扰能力有限、测定前要进行预蒸馏、只能测出挥发酚的最低量、需要多次调节 pH 值、不利于实现自动化等缺点。

红外光度法检测废水中的酚时，可以采用工作曲线法定量。其优点是可以排除许多系统的重复性误差，只要控制好仪器操作条件，使用相同的液体池便可得到定量分析的最优值。

(1) 操作条件与试剂　测定波数 $1595cm^{-1}$。固定式液体吸收池。狭缝。将仪器上的"程序"调至 3 位置。扫描时间：4min。记录方式：调整至透光率 100%。增益：在第六挡。A 的读数范围：0.2～0.9。溶剂：氯仿。

(2) 分析步骤　在上述操作条件下，制作标准曲线及测定样品。取所需剂量标准液于 1号～7 号 10mL 容量瓶中，用无酚水稀释至刻度，摇匀，然后用 $CHCl_3$ 萃取。各取 1 号～7号酚液 2mL 于洁净、干燥的 15mL 比色管中，再各加入 2mL 酚液，盖上比色磨口玻璃塞，剧烈振摇 3min，静置 5min，再用吸液管吸取上层水液，留下下层（一定要把水吸尽，可多吸些 $CHCl_3$），用 50mL 进样器吸取 $CHCl_3$ 层液体 50mL，再将此液体注入固定式吸收液中，于红外分光光度仪上测定，绘制 A-c 标准曲线。水样的测定操作步骤同上。

(3) 说明　该法检出限为 12mg/L。精密度试验：质量浓度为 $8.0×10^{-4}$ mg/L，标准偏差为 $3.7×10^{-6}$ mg/L，变异系数为 0.47%；质量浓度为 $9.87×10^{-3}$ mg/L，标准偏差为 $4.025×10^{-6}$ mg/L，变异系数为 0.041%。

2.3.3.2 红外光谱法测定苯胺的含量

苯胺是重要的有机合成原料，以苯胺为原料可以合成药物、染料、橡胶助剂等许多化工产品，因此在生产中，准确迅速地测定其含量尤为重要。

测定苯胺的含量有以下几种方法：高氯酸非水滴定法，气相色谱法，比色法。采用红外光谱法进行定量，克服了气相色谱法和比色法需对样品进行预处理，及非水滴定法消耗试剂多及操作繁琐等诸多缺点，选择苯胺的红外吸收特征光谱，采用标准工作曲线法测定样品含量，与非水滴定法进行对比。该方法操作简便快捷，试剂用量少，准确度高。

该法是利用苯胺特征吸收峰进行测定，苯胺的主要特征吸收由 N—H 的伸展振动、N—H 的弯曲振动和 C—N 的伸展振动引起。N—H 的伸展振动由游离的 NH_2 反对称伸展振动吸收 $3450cm^{-1}$ 红外光和对称伸展振动吸收 $3400cm^{-1}$ 光组成。氢键缔和将使这两个峰的位置和强度均发生变化。伯胺的 N—H 剪式振动吸收比较强，位于 $1650\sim1590cm^{-1}$。经试验选择 $3440cm^{-1}$ 处游离的 NH_2 反对称伸展振动吸收、$3370cm^{-1}$ 处游离的 NH_2 对称伸展振动吸收和 $1618cm^{-1}$ 处的剪式振动吸收作为测试的特征峰，因为在这几处的吸收峰不受溶剂吸收干扰且吸收强。

（1）仪器和试剂　IR-408 红外光谱仪（日本岛津公司）；固定式 KBr 液体吸收池（池厚 0.1mm）；pHS-25 型酸度计（上海雷磁仪器厂）；微量滴定管（体积 5mL，最小分度 0.02mL）。0.1mol/L 高氯酸-冰醋酸标准溶液；0.0879mol/L 苯胺-冰醋酸标准溶液。苯胺、冰醋酸及氯仿均需精制，精制方法见试剂手册。

（2）分析步骤

① 高氯酸非水滴定法　准确移取 5mL 待测苯胺样品溶液于烧杯中，加入 15mL 冰醋酸，插入电极，用 0.1mol/L 高氯酸-冰醋酸标准溶液滴定，记录消耗的高氯酸标准溶液的体积及酸度计电位值，绘制二阶导数 $\Delta^2 E/\Delta V^2$-V 曲线。终点附近的 $\Delta^2 E/\Delta V^2=0$ 时对应的 V 值，即为反应终点，同时做试剂空白。

② 红外光谱法　取一定量的苯胺溶于氯仿中，配制系列标准溶液。将标准溶液注入固定式 KBr 液体吸收池中，在波数 $650\sim4000cm^{-1}$ 范围内扫描，得到一系列不同浓度下的苯胺红外吸收光谱，如图 2-5 所示。在同样条件下对苯胺样品进行测定。

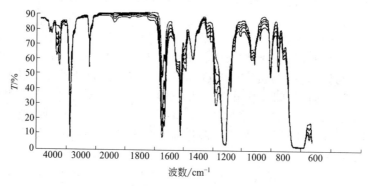

图 2-5　苯胺标准溶液红外吸收光谱

（3）说明　对苯胺标准溶液进行测定分析，测定的结果与标样的含量相近，相对标准偏差（0.29%）符合要求。取上述未知样品加入已知量的苯胺进行测定，回收率 96.91%，该方法的准确度符合要求，证明该方法是可行的。方法的灵敏度试验，按照试验方法，测定苯胺标准溶液，绘制标准工作曲线（表 2-5）。

表 2-5　方法的灵敏度及回归方程

特征峰位/cm^{-1}	线性回归方程	相关系数	摩尔吸光系数/[L/(mol·cm)]
3340	$Y=0.010+0.2178x$	0.9948	21.78
3370	$Y=0.089+0.3350x$	0.9928	33.50
1618	$Y=0.1714+2.247x$	0.9982	224.7

苯胺在稀溶液中遵守朗伯-比尔定律，用红外光谱法进行定量，结果准确，精密度高，线性回归方程相关系数为 $0.9945\sim0.9989$，回收率为 0.99，符合实际要求，$1618cm^{-1}$ 的 NH_2 剪式振动吸收测定灵敏度高。该方法测定样品用量少，污染小，操作简便快捷，是一种值得推广应用的苯胺分析方法。

2.3.3.3　红外光谱法检测漂白废水中的木素、纤维素

在硫酸盐浆漂白车间排放的废水中，已经过鉴定的化合物有 300 多种，其中 200 多种为

有机氯化物，它们主要在传统漂白工艺中的氯化段和碱抽提段排出，这些排出物中对环境危害较大的是氯代有机物。每吨浆约产生 5kg 有机氯，并以氯代酚类化合物的危害最大。

在已确定的约 50 种被认为可影响内分泌系统的化学物质中约有一半是氯化物。这些与生物激素结构相似的化学物质被人体摄入后，会破坏人体的激素平衡，导致内分泌紊乱，严重的还会导致发育与生殖功能异常。

漂白废水中含有木素、纤维素等物质，可用红外光谱研究其结构中的基团在处理过程中的变化。

该方法用锥形瓶摇床试验研究厌氧、好氧及厌氧+好氧过程中漂白废水中污染物各基团的变化。谱图见图 2-6，吸收峰相对强度的计算以 1450cm^{-1} 处的吸收峰作为内标，以 1860cm^{-1} 和 800cm^{-1} 两点为基点作出基线。

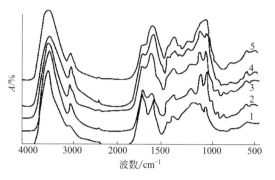

图 2-6　漂白废水处理前后 FTIR 光谱图
1—原水；2—厌氧（1d）；3—好氧（1d）；
4—好氧（2d）；5—厌氧＋好氧（1d＋1d）

（1）仪器与试剂　漂白废水。上海产 pHS-3C 型酸度计；光电式浊度仪；标准重铬酸钾法测定 COD_{Cr} 装置；Schoniger 燃烧法和银量法测 AOX（可吸附有机卤化物）色度装置；752 型紫外分光光度计；日本密滤膜公司生产的 "Pelli-con Casstte" 高容量盒式超滤装置；紫外分光光度仪；FTIRS-Spectrum 2000 傅里叶红外光谱仪。

（2）分析步骤　废水经 0.45μm 滤膜过滤后，用 752 型紫外分光光度计按标准法测定。超滤用高容量盒式超滤装置，废水经 0.45μm 滤膜过滤后，再经滤膜孔径为 0.1～0.5μm 的膜包超滤，工作压力 1.8MPa。毒性的测量用紫外分光光度仪测定，用湖水细菌作为菌源，用在 530nm 处测定的样品培养 24h 后透光度的变化来计算。混凝、厌氧、好氧试验在一体化反应器中进行。红外光谱分析使用 FTIRS-Spectrum 2000 傅里叶红外光谱仪。摇床试验样品的制备：在一系列 250mL 锥形瓶中分别加入 100mL 的漂白废水，同时加入一定量的经离心 10min 的厌氧和好氧污泥，其中厌氧污泥系列用铝薄封口，好氧污泥系列用棉纱封口。放入振荡器上恒温振荡一段时间后，经离心分离取上清液，放入电热恒温培养箱中经 100℃烘干，用溴化钾压片法制得样品。

（3）说明　漂白废水处理前后的 FTIR 光谱图如图 2-6 所示，5 线表示处理前水质情况，1 线则代表处理后废水水质情况。分析该谱图可知，废水中既有木素又有纤维素和半纤维素，其中 3400cm^{-1} 吸收峰是由氢键连接的羟基伸缩振动产生的，2940cm^{-1} 吸收峰表示甲基和亚甲基中 C—H 的伸缩振动。经过厌氧、好氧生化处理后，表示木聚糖中乙酰基或碳基 C＝O 伸展振动的 1720cm^{-1} 吸收峰，代表木素木聚糖 CH_2 弯曲振动、木素苯环振动的 1600cm^{-1} 和 1515cm^{-1} 吸收峰的相对强度基本上降低了，与紫丁香基有关的表示 C＝O（木素酚醚键）伸展振动的 1325cm^{-1} 吸收峰经厌氧、好氧生化处理后减少，这都说明了木聚糖及木素的降解。与纤维素和半纤维素醚键及 O—H 分别有关的 1176cm^{-1}、1210cm^{-1}、1110cm^{-1} 吸收峰的减少，表明了废水内的细小纤维中纤维素和半纤维素的降解。处理条件不同，其吸收峰降低的程度也不同，其处理效果为厌氧＋好氧（1d＋1d）最好，其次为好氧（2d）、好氧（1d），最差为厌氧（1d）。由此可进一步说明虽然漂白废水厌氧处理效果不如好氧处理，但厌氧、好氧联合处理可有效地提高其处理效果。

红外光谱的分析结果表明：废水中既有木素又有纤维素和半纤维素；处理条件不同，其吸收峰降低的程度也不同；虽然漂白废水厌氧处理效果不如好氧处理，但厌氧、好氧联合处理可有效地提高其处理效果。

2.3.3.4 湿法氧化-非分散红外吸收法检测水体中TOC（总有机碳）

地表水被有机物污染是很普遍的。目前在水环境监测中常采用COD_{Cr}（化学耗氧量）、BOD_5（5d生化需氧量）、高锰酸盐指数等综合指标来表示水中有机物的多少。TOC是以碳的含量来表示水体中有机物总量的综合指标，对有机物的氧化效率高，与COD_{Cr}、COD_{Mn}、BOD_5比较更能准确反映有机污染程度，因此，TOC测定越来越受到人们的关注。

湿法氧化-非分散红外吸收法测定水中TOC的原理：水中的无机碳酸盐和有机污染物都含有碳，其总量称为总碳（TC），其中所有无机碳酸盐中的碳叫总无机碳（TIC），所有有机物中的碳叫总有机碳（TOC），该法采用湿法氧化，同时检测同一样品中的TIC、TOC和TC。

（1）仪器与试剂 蒸馏水：TOC小于0.2mg/L，电导率小于$1\mu S/cm$。有机碳标准储备液（基准1000mg/L的邻苯二钾酸氢钾$KHC_8H_4O_4$），此储备液在4℃下保存，有效期约为3周。有机碳标准中间液（100.0mg/L），临用现配。5%（体积分数）磷酸。过硫酸钠溶液（100g/L）。高纯氮气［纯度≥99.9%（体积分数）］。1010型TOC分析仪，带1.00mL、5.00mL、10.00mL、25.00mL自动环形进样管。

（2）分析步骤 水样经自动进样环管进入消解反应器，首先与5%（体积分数）的磷酸反应，分解产生的CO_2被高纯氮气吹出，通过干燥管除湿后进入气体红外检测器（NDIR）检测TIC，然后向消解器中加入过硫酸钠氧化剂与水样中的各类有机物在100℃下迅速反应，分解产生的CO_2亦进入气体红外检测器，检测的CO_2量分别与水样中的TIC和TOC量成比例。

如果要测TC，就向消解反应器里同时加入磷酸和过硫酸钠氧化剂，分解产生的CO_2被红外检测器检测，其值与样品中的TOC成比例。

仪器操作参数如下：电源220V±100V，AC（交流电），50/60Hz；室温10～40℃；相对湿度小于90%；环管自动进样体积为10.00mL；磷酸加入量为200mL；过硫酸钠氧化剂加入量为10.0μL；TIC反应时间为100min；TOC反应时间为200min；氮气流量为400mL/min；TIC吹出时间为100min；TOC吹出时间为15min；清洗液量为25.0mL；清洗系统时间为10s（三次）。

仪器通电预热至TOC分析仪基线趋于平稳。运行仪器清洗模式，即把蒸馏水作样品对仪器系统进行二次清洗。运行空白样品测试模式，进行TOC空白值（蒸馏水、试剂以及系统空白）测定。运行标准工作曲线测试模式，配制0.00mg/L、0.50mg/L、1.00mg/L、5.00mg/L、10.00mg/L的TOC标准系列溶液，上机测定TOC红外吸收值，以红外吸收峰高信号值与对应的TOC标准浓度值绘制TOC测试标准工作曲线（仪器自动扣除空白值并作相关线性计算）。运行样品测试模式，将进样器依次放入水样中，仪器按设定的程序进行测定。一个样品连续测定两次，以两次的平均值作为样品测定值。样品测试完毕，再运行仪器清洗模式一次，关机。

（3）说明 由于该方法测定时水样受进样器的限制，测定结果表示的是溶解和通过进样器的细小悬浮态有机碳，粗颗粒的有机碳不被测定。

湿法氧化-非分散红外吸收法测定水中TOC的影响因素包括以下几个方面。

首先，输入电源电压稳定性对仪器基线的影响。仪器基线的平稳性是测试结果准确性的基础，影响仪器基线稳定性的因素主要是环境条件和仪器预热时间。1010型TOC分析仪基线读数应设置在2000～8000之间，以获得最佳的线性响应。环境影响因子包括操作温度、湿度、红外检测器冲洗时间、载气纯度等。操作温度过高，湿度过大，冲洗时间太短，载气纯度不纯，会引起基线上下漂移，导致测定结果不准。电源电压起伏过大会使光源发出的红外线强度产生波动，使基线不稳，一般市用交流电压起伏都超过±10%，为了保证仪器基线稳定，仪器前应配置一台稳定度在±10%以内的电源稳压器，并安装在 10~40m²、湿度小于 90%的房间，载气纯度大于 99.9%（体积分数），仪器冲洗时间不少于 10s。测试前仪器需预热，特别是红外光源，如果预热时间不够，发出的红外线波长和强度就不稳定，是导致基线不稳的重要因素。表 2-6、表 2-7 和图 2-7、图 2-8 标出了仪器通电预热时间对基线稳定性和测定结果的影响。由这些图表可看出，仪器通电预热时间 4h 内基线和测定结果波动较大，基线读数最大值与最小值之差为 4967，TOC 测定值与已知值的相对误差为低浓度（1mg/L）大于 20%，高浓度（5mg/L）大于 3%，直至仪器预热稳定 6h 后，基线和测定结果才趋于稳定，基线读数最大值与最小值之差为±3，TOC 测定值与已知值的相对误差为低质量浓度（1mg/L）小于 20%，高质量浓度（5mg/L）小于 3%，由此看出，样品测定前仪器预热时间至少应在 6h 以上，如样品较多，条件允许，仪器可不关机一直测定。

表 2-6　仪器通电时间与基线之间的关系一（通电预热 6h 后基线趋于稳定）

通电预热时间/h	0	1	2	3	4	5	6	7	8	9
基线红外信号值	7611	4983	3838	3250	2939	2803	2703	2647	2645	2644

表 2-7　仪器通电时间与基线之间的关系二

时间/h	样品 1(已知值 1.00mg/L)		样品 2(已知值 5.00mg/L)	
	测定值/(mg/L)	相对误差/%	测定值/(mg/L)	相对误差/%
0	1.36	36	5.27	5.4
1	2.75	175	10.01	100.2
2	2.51	151	6.09	21.8
3	1.79	79	5.44	8.8
4	1.24	24	5.14	2.8
5	1.20	20	5.17	3.4
6	1.20	20	5.14	2.8
7	1.16	16	5.11	22
8	1.16	16	5.10	20

其次，水样保存时间、保存剂加入量的影响。HJ 501—2009 TOC 测定方法称，常温下水样可保存 24h 不影响测定值，如果不能及时分析，可加硫酸至 pH 值小于 2，在 4℃下保存一周。为了考察水样加酸、不加酸以及各自保存时间对 TOC 测定的影响程度，做了两组试验：第一组试验为同一试样分别加入不同硫酸量，在同一时间同一操作条件下测定，观察保存剂硫酸加入量对 TOC 测定的影响，见表 2-8；第二组试验为同一水样在加酸（酸量为第一组试验得出最佳加入量）和不加酸两种情况下，分别保存 3d、6d、9d 后进行测定，观察样品保存时间对 TOC 测定结果的影响，见表 2-9。

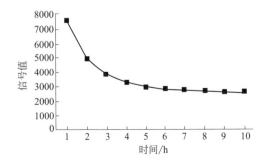

图 2-7　仪器通电预热时间与基线稳定性曲线

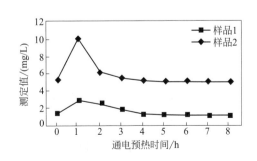

图 2-8　仪器通电预热时间对 TOC 测定值影响曲线

表 2-8 水样加酸量对 TOC 测定结果的影响

水样/mL	1000.0	1000.0	1000.0	1000.0
浓硫酸加入量/mL	0.2	0.50	1.00	0.00
水样 pH 值	2.21	1.81	1.49	7.84
	2.55	2.48	2.65	2.44
TOC 测定值/(mg/L)	2.68	2.41	2.57	2.45
	2.51	2.37	2.55	2.52
平均值/(mg/L)	2.58	2.42	2.59	2.47

表 2-9 水样保存时间对 TOC 测定结果的影响

水样	未加配样品							加配保存样品							
	0d	3d		7d		9d		0d	3d		7d		9d	
	测定值	测定值	相对偏差/%	测定值	相对偏差/%	测定值	相对偏差/%	测定值	测定值	相对偏差/%	测定值	相对偏差/%	测定值	相对偏差/%
1	2.47	2.40	−2.80	2.36	−6.90	2.19	−11.3	2.42	2.31	−5.00	2.22	−8.70	2.10	−13.2
2	2.53	2.55	0.79	2.52	−0.40	2.34	−7.50	2.51	2.39	−4.70	2.24	−10.8	2.08	−17.1
3	2.51	2.49	−0.80	2.54	1.20	2.32	−7.60	2.55	2.36	−7.50	2.26	−11.4	2.13	−16.7
4	1.11	1.13	1.80	1.15	3.60	1.02	−8.10	1.18	1.10	−6.80	1.00	−15.3	0.983	−16.7
5	2.08	2.09	0.48	2.12	1.90	1.92	−7.70	2.03	1.97	−3.00	1.88	−7.40	1.76	−13.3
6	3.48	3.43	−1.40	3.45	−0.86	3.26	−6.30	3.37	3.28	−2.70	3.20	−5.00	3.08	−8.60

注：加硫酸量为 0.50mL（1000.0mL 水样），室温为 10～15℃。

由表 2-8 看出，为使水样 pH 值小于 2，每升水样中加入硫酸 0.2～1.0mL 对当天的 TOC 测定结果影响不明显，测定值均在误差范围内，但控制在每升水样加 0.50mL 硫酸为好。

当室温较低（<15℃）时，不加保存剂硫酸的水样，放置 7d 内的 TOC 测定值与水样当天测定值的相对偏差小于 5%，证明水中微生物的降解行为不明显。而加酸保存的水样随着放置时间的延长 TOC 测定值有所下降，出现这种情况的原因可能是由于水样加酸后有利于挥发性有机物的分解、损失，放置时间越长，分解损失越多。因此，当室温较低时，TOC 水样应尽量不加保存剂及时测定，如确需保存，时间不应超过 7d。在夏天，气温、水温较高，水中微生物活动频繁，为了抑制微生物的降解行为，可加酸低温避光保存，但亦应尽快测定，以减少损失。

再次，试验用水、试剂和载气纯度的影响。TOC 测定仪是灵敏度较高的一种仪器，微量的有机物杂质都会影响测定结果的准确度和可靠性。因此，试验用水应去除有机物，并严格控制药品和氮气的纯度。当更换了试剂或操作者时，应重新测定空白值并建立新的标准工作曲线，以消除试剂、水、氮气纯度及操作者不同所带来的影响。

此外，试剂量、反应温度、反应时间、氮气流量、曝气时间、仪器清洗和泄漏的影响。TOC 测定仪的测试线性范围为 0～125mg/L，所以操作者应预先根据一般样品的 TOC 值确定一组基本操作参数，超出这个范围，则必须重新设置操作条件，以满足测试要求。在 TOC 测试中常出现试剂量、反应温度、反应时间、氮气流量、曝气时间等参数设置不当的现象，这样的操作都会影响测试结果的准确性和可靠性。因此，试验者应根据实际情况对操作参数进行确定，不能千篇一律地使用一组操作参数。TOC 测定仪测定的是有机物氧化分解产生的 CO_2，因此仪器的密封性对 TOC 测定影响很大，当 TOC 测值出现重现性差、标准曲线线性降低时，应及时做仪器检查。为避免样品间的交叉污染，一定要注意仪器的清洗。

2.3.3.5 燃烧氧化-非分散红外吸收法测定饮用水中总有机碳

总有机碳（TOC）和高锰酸盐指数（COD_{Mn}）均是衡量水质中有机物相对含量的一项

重要指标。在采用高锰酸钾法测定化学需氧量时，能对水质中的有机物产生部分氧化作用，氧化率为50%左右，并且一些无机还原性物质也参与反应，因此高锰酸盐指数不能完全反映水质中有机物的污染程度。而总有机碳（TOC）的测定采用燃烧法，能将有机物全部氧化，且具有快速、简单、准确的特点，因此利用TOC指标来表示饮用水中有机物的污染程度是可行的。

考虑到我国的饮用水多为硬水（无机碳含量较高）这一特点，为减少误差，提高方法的准确度，采用燃烧氧化-非分散红外吸收直接测定法作为饮用水中总有机碳（TOC）的监测分析方法。该方法适用于饮用水中总有机碳（TOC）的测定，检测限为0.50mg/L。

水样酸化后曝气，将无机碳酸盐分解生成的二氧化碳去除，残液注入高温燃烧管中，经高温燃烧管的水样受高温、氧化、催化的作用，使有机物转化为二氧化碳和水，所生成的二氧化碳引入非分散红外检测器，在波长为43μm处，二氧化碳对红外线的吸收强度与二氧化碳的浓度成正比，故可对水样的总有机碳（TOC）进行定量测定。

主要工作条件如下：环境温度为5～35℃，载气为高纯空气（CO、CO_2、HCl含量应在1mg/L以下），载气流量为150mL/min，高温燃烧管充填料为高感度用TC催化剂。

（1）试剂　无二氧化碳蒸馏水：将重蒸馏水在烧杯中煮沸蒸发（蒸发量10%），稍冷，装入插有碱石灰管的下口瓶中备用。有机碳标准储备液：称取邻苯二甲酸氢钾（$KHC_8H_4O_4$）基准试剂（预先在110℃下干燥2h，置于干燥器中冷却至室温）2.125g溶于水中，移入1000mL容量瓶中，用水稀释至标线，混匀，此溶液的质量浓度为1000mg/L，在4℃冷藏条件下可保存2周。

（2）分析步骤

① 水样的采集和保存：水样采集后，必须储存于棕色瓶中，于4℃下冷藏可保存24h，如不能及时分析，水样可加硫酸将其pH值调至2，于4℃下冷藏，可保存7d。

② 水样的预处理：测定前将水样倒入100mL烧杯中，酸化至pH值小于等于2，向烧杯中以300mL/min的流量通入无CO_2的高纯氮气15min，以除去无机碳。

③ 样品的测定：吸取经预处理后一定体积的水样注入总碳（TC）燃烧管，按与绘制曲线相同的测量条件测定样品吸收峰的峰高（或峰面积）。

④ 分析结果：根据所测试样的吸收峰高（或峰面积），从校准曲线上查得或由校准曲线回归方程算得总碳（TC，mg/L）值，即为样品总有机碳（TOC，mg/L）的质量浓度：

$$TOC(mg/L) = TC(mg/L)$$

测定结果以三位有效数字表示，采用直接法测定，其结果是不可吹出的总有机碳。

（3）说明　方法检出限为空白值3倍标准偏差所对应的浓度值，采用一次测定方式，$n=17$，其测定结果的标准偏差为0.16，方法的检出限为0.48mg/L，可以将其规定为0.50mg/L。

试验分析了浓度为2.00mg/L和5.00mg/L的TOC标准溶液，平行进样11次，实验室内标准偏差为0.13和0.12，相对标准偏差为2.55%和5.91%，加标回收率为92%～117%。

2.3.3.6　红外分光光度法分析工业废水中的微量油

目前，分析废水中油含量的方法很多，有重量法、紫外分光光度法、红外分光光度法、荧光法、比色法、比重法、气相色谱法及各种在线分析方法等。由于工业废水中的油来源不同，组成差异很大，主要是不同沸点的脂肪烃、芳香烃及非烃类组成的复杂混合物，所以采用不同的分析方法测定同一样品所得的结果不一定相同。即使是同种分析方法，由于预处理程序不同，测定结果也不一定相同。鉴于工业废水中油含量分析的特殊性，实际分析时应根据其来源、主要成分和含量等情况，确定适宜的分析方法。采用重量法分析油含量，虽不受油种类限制，但操作繁琐、费时、灵敏度低，并会造成低沸点烷烃的损失，尤其是当废水中油含量小于 10mg/L 时，测定误差较大、重现性差，给工业废水处理工序控制带来困难。试验证明，在分析工业废水中油的含量时，采用红外分光光度法，具有分析准确、快速、重现性好的优点，有利于提高工业废水处理控制水平。

由于油是一种由许多不同烃类组成的混合物，采用不同的分析方法，结果差异较大。但矿物油成分中都含有碳氢基，其中每一个碳氢基在 $2930cm^{-1}$、$2960cm^{-1}$、$3030cm^{-1}$ 处都有一个截然不同的能量吸收带。对任何一种油来说，这一吸收带几乎都相同，不受其他物质的干扰，且吸收量与样品中的油浓度成正比，因此很适合采用红外分光光度法。特别是冷轧乳化液废水，成分复杂（主要由矿物油、表面活性剂和水等组成），性质稳定，油含量低，表面活性剂干扰大，红外分光光度法是最理想的检测方法。

（1）仪器与试剂 OCMA-220 型油分浓度分析仪（广东佛山分析仪器厂）；康氏电动振荡器。分析纯 CCl_4、硅酸镁、无水 Na_2SO_4 等。采用富集法提取乳化液废水中油作为乳化液废水中油含量测定的基准油；采用富集法提取轧钢废水中油作为轧钢废水油含量测定的基准油。

（2）分析步骤 采用国标 HJ 673—2013 方法，用红外线分析仪测定水中石油和动植物油。针对不同工业废水的特点，采用不同的检验工艺：水样→萃取→无水 Na_2SO_4（→硅酸镁吸附）→红外线分析仪测定。

每天使用的 CCl_4 必须是同一批号且混合均匀。取一定基准油配制成 40mg/L 的标准油溶液，要求每次分析前都必须进行仪器校验。严格按《OCMA-220 型油分析仪技术操作规程》和《动力厂工业废水油分析规程》进行操作。硅酸镁吸附应按规程严格执行。无水 Na_2SO_4 加入量应以萃取液水分全部被吸附完毕为准，减少测定误差。

（3）说明 采用正己烷萃取法、重量法与红外分光光度法（经硅酸镁吸附）测定工业废水，进行对比试验，可知乳化液处理后出水中含有的大量表面活性剂对测量影响较大。重量法测定数据明显大于红外分光光度法。原因是在分析过程中形成的絮状物悬浮在萃取液中，对测定结果影响较大。虽可以通过无水 Na_2SO_4 去除，但去除后结果数据明显偏低。采用红外分光光度法可较好地消除表面活性剂对分析结果的影响。此外，重量法操作繁琐，平行样测定重现性较差，特别是当废水中油含量较低时误差较大。

红外分光光度法测定各类废水含油量，准确性高、重现性好，能较好地消除表面活性剂的影响，平均偏差小于 4%，而重量法大于 5%。

此外，红外分光光度法操作方便，测定速度快，一般半小时可完成分析，而重量法需 4～5h。是否采用硅酸镁吸附，需根据不同的废水水质特性，通过对比试验来确定。基准油最好采用富集法提取被测工业废水中的油。

2.3.3.7 气相色谱-红外光谱联机测定石油化工废水中挥发性有机物

气相色谱与傅里叶变换红外光谱（GC-FTIR）联用分析检测是近十年发展起来的一种分离鉴定复杂有机混合物的有效方法，它是利用色谱的分离能力和红外的定性能力，对混合有机物进行分析。GC-FTIR 的原理是从色谱柱分离出的组分经过惰性的加热传输线，到达光管，来自光谱仪的红外光束通过光管，被光管内的馏分吸收后，透射过来的光用检测器进行检测。

GC-FTIR 与 GC-MS 的检测范围大致相同，只不过同 GC-MS 相比，GC-FTIR 的灵敏度及分辨率较低。GC-MS 库存量大、灵敏度高、广谱性强，可提供分子碎片及分子量信息，特别适合于同系物的分离鉴定，但对异构体的鉴定困难大，不能提供直接的分子结构信息，难以有效地分析组成复杂、结构相似的芳烃化合物。而 GC-FTIR 却能提供比较完整、直接的分子结构信息，对几何异构体的鉴定有特效，尤其适用于芳香族化合物的分析鉴定，即使在无标样情况下亦可鉴定复杂的芳烃混合物，这对芳烃新生物标志化合物的鉴定有一定的辅助作用。

GC-FTIR 是与 GC-MS 具有互补性的一种分析技术手段，将两者结合起来，可大大提高分析能力。GC-FTIR-MS 三机联用技术已有了较大发展，且显示出了强大的分离鉴定能力。

该法是用气相色谱-红外光谱（GC-IR）联机测定石油化工废水中挥发性有机物，用气相色谱分离，红外定性，氢火焰离子化检测器定量。为提高红外分析灵敏度，水样前处理应用高富集倍数的吹脱捕集技术，并使用大吹脱体积，两级捕集方式；色谱柱采用大口径石英毛细管柱，以减小分流，增加进样量。为使用氢火焰离子化检测器（FID）定量技术解决剖析分析无法定量问题，用该方法成功地实现了气相色谱-红外光谱-氢火焰离子化检测器联机，使未知物定性定量一次完成。

（1）仪器与试剂　Carlo Erba 5300 气相色谱仪（意大利 Carlo Erba 公司）。色谱柱：0.53mm×25m，FFAP 石英毛细管柱。Magna-750 傅里叶变换红外光谱仪（美国 Nicolet 公司）。

分析条件如下：样品体积为 100mL；吹扫流量为 50mL/min；吹扫时间为 40min；捕集温度为室温。色谱柱温为程序升温，温度为 45～60℃时升温速度为 5℃/min，温度为 60～150℃时升温速度为 15℃/min；进样口温度为 180℃，检测室温度为 180℃。

（2）分析步骤　样品测定，取 100mL 样品置于吹扫瓶中，接好气路及捕集管，进行吹扫捕集，完成后经热解吸进样，由 GC-IR 分析测定。

（3）说明　吹脱体积最大只能确定为 100mL，吹脱温度需恒温，液层高度高于 40mm。该方法样品前处理采用两级捕集式：第一级是为增大穿透体积，保证大吹脱体积捕集而采用的大口径捕集管；第二级是为减少进样死体积，保证尖锐色谱峰，使分析有较高灵敏度而采用的小口径的解析进样管。

众所周知，红外光谱法灵敏度与热导相当，氢火焰离子化检测器属高灵敏度检测器，很难匹配。但氢火焰离子化检测器有较为成熟的无标样定量技术，解决了剖析性分析难以解决的标样问题。为使红外与氢火焰离子化检测器很好地匹配，采用以下技术措施：其一，加装自制稀释器，稀释器经吹洗、混合、分流可将柱中组分量减少到原来的 1/50～1/10；其二，氢火焰离子化检测器采用无尾吹高温火焰，以增加离子复合率，降低灵敏度。该方法相对标准偏差低于 5%，回收率高于 90%，气相色谱-红外最低检测浓度可达 0.005mg/L。

2.3.3.8　红外光谱法测定水中痕量矿物油

水中油的测定已有很多报道，分光光度法、紫外光谱法应用最为普遍，另外还有重量法、萃取荧光光度法等，其缺点是检出灵敏度低，标准物质与所测样品难以匹配。采用红外光谱法对废水中微量矿物油进行测定，具有操作简便、灵敏度高、分析速度快等特点。

矿物油是多种烃的混合物。每一种烃的官能团在中红外区都有其特征吸收峰，不同波长处的吸收峰是由不同官能团的不同振动引起的。溶液对某一波长的吸光度反映了溶液中某种官能团的浓度。当液层厚度一定时，溶液中矿物油的浓度与各波长处的吸光度存在着线性关系，并具有加和性。其关系如公式(2-7) 所示：

$$c = K_0 A_0 + K_1 A_1 + \cdots + K_{n-1} A_{n-1} + K_n \tag{2-7}$$

式中　　　　　　　　c——溶液中矿物油的浓度；
K_0，K_1，$\cdots$，K_{n-1}，K_n——系数；
A_0，A_1，$\cdots$，A_{n-1}——各波长处的吸光度。

（1）仪器与试剂　石英比色皿（1cm）；分液漏斗（100mL）；日立 270-30 红外分光光

度计。四氯化碳（A.R.）；石蜡油（A.R.）。

（2）试验步骤 取水样 100mL 用 50mL 四氯化碳分三次萃取，将萃取液合并于 50mL 容量瓶中，用 1cm 石英比色皿在红外光谱 $2000\sim4000cm^{-1}$ 处扫描，以四氯化碳为空白。测定 $2924cm^{-1}$ 处的吸光度，其吸光度与油含量成正比。

试剂的制备：准确称取 0.05g 石蜡油于烧杯中，用四氯化碳溶解，然后转入 100mL 容量瓶中，用四氯化碳洗涤烧杯 3 次，并入 100mL 容量瓶中。

标准曲线的绘制：分别称取上述标准液 0.5mL、1.00mL、2.00mL、3.00mL、4.00mL、5.00mL 于 50mL 容量瓶中，用四氯化碳稀释至刻度制得 $5\mu g/mL$、$20\mu g/mL$…$40\mu g/mL$、$100\mu g/mL$ 石蜡油标准溶液。以此标准液在红外光谱 $2000\sim4000cm^{-1}$ 处扫描，测 $2924cm^{-1}$ 处的吸光度 A，以 A 为纵坐标、浓度为横坐标作曲线。

（3）说明 吸收波长的影响：测试水样时通常用四氯化碳作为萃取剂，测试时用到石英比色皿，试验中首先测试了四氯化碳、石英、矿物油的红外光谱，从测试的红外光谱图看，在 $3000cm^{-1}$ 左右处，四氯化碳与石英均无吸收峰，而油在此处存在强吸收，即特征灵敏。试验中用 1cm 石英比色皿在红外光谱 $2000\sim4000cm^{-1}$ 处扫描，以四氯化碳为空白，测得在 $2924cm^{-1}$ 处吸光度与油的含量成正比。

在 $2924cm^{-1}$ 处的吸收峰为有机化合物的 C—H 吸收峰，大多数有机化合物在此处均有不同程度的吸收，水中有机物如能被四氯化碳萃取均可得到测定。由于各种化合物在 $2924cm^{-1}$ 处的摩尔吸光系数不同，对非石蜡油系列有机化合物的测定，应以相同物质为标准进行测定。该方法灵敏度高、重现性好，适用于水中微量矿物油的测定。

2.3.3.9 同时测定水溶液中葡萄糖、果糖和蔗糖的近红外光谱法

葡萄糖、果糖作为单糖物质，在植物、动物和微生物等的机体构成上除了提供维持生命过程所需的能量外，在控制、调节细胞的分裂和生长，增强人体免疫功能，以及抗癌、抗菌、抗病毒等方面都起着重要作用。糖含量测定方法很多，分析方法有：斐林（Fehling）法、碘量法、离子色谱法、毛细管电泳法、高效液相色谱法和葡萄糖氧化酶-过氧化物酶终点比色法等。斐林法测糖的影响因素很多、操作繁琐、时间较长，α-甲基葡萄糖苷在酸性介质中分解，故碘量法和葡萄糖氧化酶-过氧化物酶终点比色法等在酸性介质中测定葡萄糖的方法均不适用。其他方法操作时间长、消耗溶剂或费用较高，不适于在线分析。采用近红外光谱法（NIR）同时测定水溶液中的葡萄糖、果糖和蔗糖含量，可取得较满意的结果。该法快速、简便、成本低。

（1）仪器与试剂 Spectrum oneNTS 傅里叶变换近红外光谱仪（美国 Perkin Elmer 公司）。检测器类型：DTGS。石英样品池（2mm）。分析天平（精确到 0.1mg）。葡萄糖、果糖和蔗糖均为分析纯。按所需含量用去离子水配制葡萄糖、果糖和蔗糖混合体系的水溶液。

（2）分析步骤 配制的 3 种糖的水溶液共 33 个，葡萄糖、果糖和蔗糖质量浓度范围分别为 $0\sim300g/L$、$0\sim200g/L$ 和 $0\sim300g/L$。仪器参数：扫描范围 $4000\sim10000cm^{-1}$；分辨率 $8cm^{-1}$；扫描 30 次累加，采集所配糖的水溶液的 NIR 透射光谱。

定量校正方法：近红外定量分析采用美国 Perkin Elmer 公司的 SPECTRUMQUANT＋软件（V4.51）中的偏最小二乘法（PLS）建立模型。模型评价指标有 r^2、SEC（ε_c）和 SECV（ε_{cv}）等。r^2 为测定系数，r 表示参数实际值与模型预测值的相关系数；SEC（standard error of calibration，ε_c）、SECV（standard error of cross valibration，ε_{cv}）分别为校正集的标准误差和校正集交叉检验的标准误差，其计算如下：$\varepsilon_c^2 = \sum \varepsilon^2/(n-m-1)$，$\varepsilon_{cv}^2 = \sum \varepsilon^2/(n-1)$，其中 $\sum \varepsilon^2$ 为误差平方和，n 为样品数，m 为 PLS 因子数。

（3）说明 采用 2mm 光程时样品在 $4868\sim5285cm^{-1}$ 及 $4000\sim4162cm^{-1}$ 近红外范围内吸收超过阈值，不能用于定量分析，因此选取 $5500\sim6500cm^{-1}$ 光谱范围进行建模，此范围吸光度低于 1.5，主要为 C—H、O—H 的伸缩振动的倍频吸收。

对原光谱采用相同的预处理方法，对光谱及含量均值中心化预处理，光谱采用 5 点平滑及平移校正。从 33 个样品中选取 27 个样品作为校正集，其余 6 个作为外部检验集。采用留一法的交叉检验，根据校正集交叉检验的标准误差 SEVC 的 F-显著性检验，确定最佳 PLS 因子数。建立的葡萄糖、果糖和蔗糖质量浓度校正模型结果见表 2-10。

表 2-10 葡萄糖、果糖和蔗糖质量浓度校正模型结果

项目	浓度/(g/L)	PLS	r^2/%	$SEC(\varepsilon_c)$/(g/L)	$SECV(\varepsilon_{cv})$/(g/L)
葡萄糖	87.9	5	99.98	1.4	2.4
果糖	55.7	4	99.93	1.8	2.1
蔗糖	80.9	5	99.98	1.4	2.7

利用所建立的模型来预测外部检验集的 6 个样品，试验表明：葡萄糖含量测定的标准偏差（SD）为 1.0g/L，相对标准偏差（RSD）为 1.2%，r^2（相关系数的平方）为 0.9998；果糖含量测定的 SD、RSD 和 r^2 分别为 1.4g/L、2.6%、0.9996；蔗糖含量测定的 SD、RSD 和 r^2 分别为 2.1g/L、1.8%、0.9992。通过对葡萄糖、果糖和蔗糖混合体系水溶液的近红外光谱的 PLS 分析，建立了该三组分的 PLS-近红外光谱法的定量分析模型。内部交叉验证和外部检验结果表明，近红外光谱法可用于水溶液中葡萄糖、果糖和蔗糖的同时测定，方法简便快速，结果准确可靠。

2.3.3.10 近红外光谱法测定有机混合物中的正己烷、环己烷、甲苯的含量

有机混合物多组分定量分析常用 GC 或 HPLC 方法，这些方法分析时间较长，当样品的含量相差较大且样品官能团不同时，检测器和分析柱的选择也比较困难。对于大批量样品的定量分析，用 GC 或 HPLC 分析方法将使分析实验室面临巨大压力。光谱分析有快速、非破坏性的特点，但紫外-可见光谱分析和荧光光谱分析有选择性，不能适应所有有机样品直接分析的要求，而在水溶液中或有水的干扰时中红外光谱分析几乎不能进行。因此，寻找一种快速、适应性强的有机混合物测定方法具有特殊的意义，尤其是在工业分析和实验室常规分析领域。近红外光谱分析方法就是这样一种测量方法。

光谱采集用 Bruker 傅里叶变换近红外光谱仪扫描得到样品的近红外光谱。其扫描参数为：扫描波数范围为 $5199\sim12499cm^{-1}$，扫描分辨率为 $4cm^{-1}$，扫描次数为 16 次，比色池厚度为 10mm。

（1）试剂及仪器 四氯化碳、甲苯、正己烷、环己烷、苯，均为分析纯；Bruker-Vector 傅里叶变换近红外光谱仪。

（2）分析步骤 配样方法如下。分别取 0.3mL 甲苯和苯，用四氯化碳溶液定容至 50mL，分别配制甲苯和苯的母液。取 10mL 正己烷用四氯化碳溶液定容至 100mL，配制正己烷母液。共配制有机混合物样本 29 个。移取环己烷，加入量范围在 $0.5\sim10mL$；正己烷母液加入量在 $0\sim5mL$；甲苯母液和苯母液各自加入量均在 $0.5\sim5mL$；为了避免不同成分之间共线性的干扰以及对低含量样品分析可能产生的误判，各种组分含量之间随机搭配，最后用四氯化碳溶液定容至 50mL。因此，样品中环己烷的体积分数在 $1.4\%\sim20\%$ 之间，正己烷的体积分数在 $0.04\%\sim0.96\%$ 之间，甲苯的体积分数在 $0.003\%\sim0.03\%$ 之间，苯作为干扰成分。

（3）说明 正己烷、环己烷的浓度数据用体积分数来表示。甲苯则换算为 mg/L 来表

示，质量浓度范围是 26.0～259.8mg/L。采集到的近红外光谱用 Perkin Eboer Quant V4.51 定量分析软件对正己烷、环己烷、甲苯分别建立定量分析模型。模型好坏用真值与预测值的测定系数和相关关系散点图、校正集标准偏差（SEE）和检验集标准偏差（SEP）来评价。校正集样品采用交叉-证实法（cross validation）来确定模型的最佳维数（rank），独立的检验集用来评价模型的适应性。

尽管有少量苯的干扰，应用近红外光谱分析法测定四氯化碳溶液中环己烷、正己烷、甲苯的含量，仍能取得较好结果，其中：对于体积分数在 1.4％～20％之间的环己烷，校正集真值与预测值的相关系数 $r=0.9969$，RSD$=0.34％$；对于体积分数在 0.04％～0.96％之间的正己烷，校正集真值与预测值的相关系数 $r=0.9999$，RSD$=0.83％$；对于质量浓度在 26.0～259.8mg/L 的甲苯，校正集真值与测定值的相关系数 $r=0.9921$，RSD$=4.63％$。从以上数据可以看出，用近红外光谱可以快速、准确测定不同含量水平的组分，且不受有机化合物种类的限制。在该方法中，用近红外光谱同时测量了三个不同组分的浓度，环己烷和正己烷体积分数分别为 1.4％～20％ 和 0.04％～0.96％，甲苯质量浓度范围是 26.0～259.8mg/L。另外，以上数据表明，采用可靠的测试方法并优化模型参数，近红外光谱可以检测到 26.0mg/L 水平，其相对误差 0.38％，这比通常认为的近红外光谱分析方法 0.1％直接检测限的含量低得多。

2.3.3.11 检测废水中微量汞

汞是对人体有害的常见元素之一，它进入人体后积累在中枢神经、肝和肾脏内，引起有关器官损害和中毒。天然水中可溶性汞的浓度一般都比较低，但仪表、炸药、杀虫剂、化学及石油化工等工业生产废水常有汞排出，而水体中的汞可富集于底质及生物组织，从而关系到人体健康。我国生活饮用水国家卫生标准规定汞的含量不得超过 0.001mg/L。建立高灵敏度、高准确性的汞的测定方法，在环境科学和生物医学上都具有重要意义。

关于废水中微量汞浓度的测定分析问题，多年来一直是有关专家、学者和环境化学分析工作者十分关注的重要研究领域。该法用显微红外光谱法与环炉法相结合，对废水中的微量汞进行分析测定。这种结合的测定方法，类似于 GC-FTIR 联机检测的色谱分析技术，只是在测定过程中，将 GC 改为更易操作的环炉法来进行分析测定。众所周知，环炉法在定量分析测定中，具有分离效果好、灵敏度高、设备简单、易于操作等诸多优点。但是，由于它的比色方式是通过目视进行的，因而影响了其精准度，也难于更加广泛地推广和应用。环炉法本身规定，每一个测定结果要依据三个色标，并经过两次推断获得。当进行大量样品的分析测定时，多次和长时间地应用目视进行推断，会导致视觉疲劳，降低测试的准确性，从而影响分析结果的精准度。另外，有些化合物，如氮氢化合物，在空气中非常不稳定，容易氧化，如果应用环炉法进行测定分析，它的标准系列色阶不能长期保存使用，需要每进行一次测定，更新一次标准色阶。这样，势必给操作带来诸多不便。

多年来，人们一直期望对环炉法的比色方式进行改进，德国、日本等国家的有关专家对此进行了一些分析研究，但由于他们设计的测定仪器较为复杂，没能够得到推广。用显微红外光谱法取代环炉法的比色分析部分，就可以使上面所提到的难题得到很好的解决。因此，显微红外法与环炉法结合直接测定分析废水中微量汞的浓度，是一种非常有效和具有前途的测定分析新技术。

显微红外法在红外光谱中具有灵敏度高的特点。朗伯-比尔定律（Lambert-Beer law），则是这一定量测定分析方法的理论基础和依据。对于多组分体系来说，只要在其红外光谱中能找到待测组分的某个特征峰，就可以用此峰来进行定量分析。显微红外法的高灵敏度，通常可达纳克级。这与环炉法的分析测定范围是相吻合的。此外，显微红外法采用激光光源作为激发光源，它的测试点可以精确到 $10\mu m$ 直径的分析样品，这正好在环炉法产生的色环的区域之内。从某种意义上来说，这可以被看成是试纸色析法（环炉法）与显微红外法的结合。

显微红外法与环炉法结合进行测定分析，其技术原理的依据是棕色的碘化铋晶体遇到微量汞离子后迅速发生褪色的现象。这一现象与加入的汞离子量成正比，即在微量级的范围内，定量地形成了一个色度梯度。这种试验分析方法的最低检出限为 0.1ng。

（1）环炉法部分

① 仪器与试剂　环炉测定分析仪，可用国产 CW-1 型仪器。$Cu(Ac)_2$：10mg/mL。铋离子溶液：10mg/mL。汞离子标准液：制得 10mg/mL 的储备液，储存于冰箱中，可稳定 3~6 个月，用时再将此储备液依次稀释到所需要的浓度。H_2SO_3（0.2mol/L）-H_2SO_4（0.025mol/L）混合冲洗液：分别配制 100mL 0.05mol/L HI 溶液与 H_2SO_3（0.2mol/L）-H_2SO_4（0.025mol/L）混合冲洗液，储存于冰箱中，可稳定 1~3 个月，使用时，当时将两种溶液等体积混合。0.05mol/L HCe 溶液。上述主要化学试剂均为分析纯。

② 分析步骤　将炉温控制在 92℃，在环炉中心加 $5\mu L$ 铜离子液，用 $3\times10\mu L$（0.05mol/L）HCe 冲洗到环边缘，然后在环中心加入 $5\mu L$ 铋离子液，依次加入 $0\mu L$、$1\mu L$、$3\mu L$、$5\mu L$、$7\mu L$、$9\mu L$ 汞离子标准液，用 $8\times10\mu L$ 混合冲洗液将铋离子和汞离子液同时冲洗到环边缘，待滤纸干后取下，浸入 0.05mol/L 的 HCe 溶液中，数分钟后用水将多余的 HCe 洗掉，在红外灯下烘干备用。这样就得到了一个标准系列的色阶。样品测定分析时，只需将汞离子标准液去掉，代之以未知液，其他步骤与前述相同。

（2）显微红外光谱法部分

① 仪器与试剂　测定分析仪，使用 FTS-48 型傅里叶变换红外光谱仪。主要试验试剂与前述环炉法部分试验用的主要分析试剂相同。

② 试验步骤　将试验分析仪器充满液氮，30min 后，红外信号出现，进行外光路选择。打开显微仪并接通荧光屏的光路，调整好亮度，将从环炉上得到的样品色环放在显微镜下，滤纸下垫一个小反射镜，调整焦距，选择最佳检测部分。样品扫描前先以空白滤纸作本底，进行本底值扫描。将本底值存入计算机内，然后开始扫描。最后对样品所得的光谱峰进行积分，计算其光谱强度。

③ 说明　用标准浓度值与积分所得到的光谱强度值一一对应地绘制标准曲线（图 2-9，图 2-10）。这个标准曲线对测定分析试验有较大价值，而且可以在较长时周内进行使用和参考。

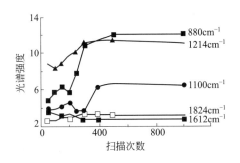

图 2-9　扫描次数与光谱强度的关系

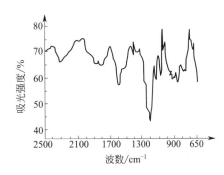

图 2-10　被测样品红外光谱

在整个试验分析的操作过程中，从将样品放在环炉上，到最终计算出光谱强度的积分值，大约只需要 10min。不同的样品所需要的时间不相同。

从图 2-10 中可以看到，该被测样品的红外光谱是由几个峰组成的。在实际测定分析开始时，首先要从这些峰中选择出哪些峰值可以使用，哪些峰值经过定量分析可以用于进行结构研究。这样，就需要进行选择最佳测试条件的试验。这种试验是比较简单的，可将环炉上所得到的样品在不同的扫描次数下进行测定，一般扫描次数的范围选择在 50～1000 次。然后，可将试验所得到的结果绘制成扫描次数与光谱强度的标准关系曲线图。

从图 2-9 中可以清楚地看出最佳扫描次数应该为 500 次，因为如果小于 500 次，就得不到最大的光谱强度值。而大于 500 次，进行的扫描工作是毫无意义的。另外，从图 2-10 中也可以明显地看到，该化合物的特征峰为 1610cm^{-1} 和 1724cm^{-1}，这两个峰主要用于该物质的分子结构的分析。做定量分析，则可选择 890cm^{-1} 或 1122cm^{-1} 两个峰值。

关于干扰试验的因素，因为分析样品来自单一性含无机汞废水，加之选择了外反射红外光谱测定方法，具有较好的选择性，所以经过测试没有发现干扰因素的存在。

进行重现性试验结果的测试分析时，应该注意以下几个问题。

首先，取水样所使用的容器在使用之前要用体积比为 1∶1 的 HNO$_3$ 溶液浸泡 24h 以上，除去容器中的活性点，然后用水平衡几小时再装水样，以最大限度地减少样品中汞的流失。

其次，在环炉方法分析的操作过程中，要避免加入的各种试剂与微量注射器的相互污染。否则，将出现不显色或色阶跳色等现象。在显微红外光谱分析方法的操作过程中，要特别注意测试部位的选择。从屏幕上所观察到的样品应该是分布均匀的，并且具有一定厚度，焦距要调整到清晰的部位。这样，测试分析的结果才具有良好的代表性和重现性。

测定分析表明，该方法确实在灵敏度、选择性、色阶稳定性和操作难易程度上具有诸多长处。方法的精密度可以达到 9.3%。用显微红外法与环炉法结合的方法，不仅能直接对废水中汞的浓度进行测定分析，而且还可以根据红外光谱图中各个波峰的位置，分析出该化合物的组分结构，这为环境保护研究中污染源的分析，进而为污染排放的控制和治理提供依据，是极为有益的方法。

2.3.3.12 红外光谱法在线测量高浓度重水

根据测量仪器不同，重水浓度测量方法主要有比重法、密度法、质谱法和红外光谱法。采用比重法和密度法测量重水时，^{18}O 和水中的杂质离子对测量结果有影响。采用质谱法测量重水，需把液态重水转换成气体物质，分析周期长、操作复杂。红外光谱法测量重水时不受 ^{18}O 和杂质离子影响，无需进行样品转换，具有测量简便、分析速度快、非破坏分析等优点而被应用。根据测量形式不同，重水浓度测量方法有离线法和在线法。离线法测量重水浓度的缺点是测量频次非常低、时间滞后，不能及时反映系统当下的真实浓度，取样分析过程中将有放射性氚进入环境。而在线法可以有效弥补离线法的不足。将红外光谱技术和在线测量技术结合起来测量重水浓度的方法尚未报道。本工作基于重水水质良好、温度波动小、红外光强度稳定等特点，研究基于红外光谱法在线测量高浓度重水的方法，解决工艺系统运行中面临的问题。

（1）仪器及试剂 iS10 傅里叶变换红外光谱仪：配有 Omnic 8.0 谱图测量软件、Macros Basic 编程软件和 TQ Analyst EZ Edition 光谱分析软件，美国赛默飞世尔公司。LT-R13-TL 液体池：液体池窗片为 0.2mm CaF$_2$，美国 Durasens 公司。XPE205 分析天平：瑞士梅特勒-托利多公司。ATC-204-4 控温器：美国 Harrick 科技有限公司。重水标准样品：99.98%（mol/mol），美国 Sigma-Aldrich 公司。无水乙醇：分析纯，国药集团化学试剂有限公司。氮气：99.999%，北京华通精科有限公司。实验用水均为电阻率 18.25MΩ·cm 的高纯水。实验的环境条件要求为：温度 25℃，相对湿度≤40%，环境较稳定，波数范围

$4000 \sim 20000 cm^{-1}$，分辨率 $4 cm^{-1}$，采样 32 次。

（2）分析步骤 采集空光路背景光谱（样品仓中无液体池）。液体池分别用高纯水和乙醇清洗，然后用高纯氮气吹干。用注射器将重水样品从液体池 U 形端口的一端注入口缓缓注入，使重水样品从另一注入口溢流，注入过程中需确保液体池中无气泡残存，注入完后封堵液体池，放入样品仓后采集样品吸收光谱。

（3）说明 通过离线式红外光谱仪，比较空光路状态和放有 0.2mm CaF_2 空液体池状态下的背景光谱，考察环境中 CO_2 和 H_2O 对吸收光谱图的影响，建立红外光谱法测量高浓度重水的标准曲线。在此基础上，设计在线流程图并编制相应测量程序，可直接用于 $99.06\% \sim 99.98\%$ 高浓度重水的在线测量，成功实现了红外光谱技术和在线分析技术的结合。该测量方法准确、快速、无损样品、无放射性辐照、易于实现远程实时监控，改变了目前测量频率低的分析现状，可拓展到其他浓度段重水在线测量。

2.4
分子质谱法及其在水质分析中的应用

2.4.1 概述

质谱法（mass spectrometry，MS）与质谱仪起源于 19 世纪末，第一台质谱仪产生于 1912 年，发明者 J. J. Thomson 将其用于物质同位素的研究。1918 年 A. J. Pemster 发明了单聚焦质谱仪；20 世纪 30 年代出现了双聚焦质谱仪；20 世纪 50 年代美国的 Bendix 公司推出了飞行时间质谱仪，英国的 AEI 公司则生产了火花源双聚焦质谱仪；20 世纪 60 年代德国公司制造了四极滤质器；到 20 世纪 70 年代出现了傅里叶变换质谱仪（FT-MS）和电感耦合等离子体质谱仪（ICP-MS）。在国内，20 世纪 60 年代以来，也先后研制成功了各种类型的质谱仪。

早期的质谱法主要用于测定原子量和定量测定某些复杂的烃类中的各组分。而近年来，质谱法已被广泛应用于有机化学中分子结构的确定工作，与核磁共振法、红外法、紫外法共称为鉴定有机化合物结构的四大工具。

进入 20 世纪 80 年代，分子质谱法发生了巨大的变化，出现了对非挥发性或热不稳定性分子进行离子化的新方法。而到了 1990 年以后，各种新的离子化技术层出不穷，生物质谱法得到了迅速的发展。目前，分子质谱法已经能够用于测定多肽、蛋白质以及其他的高分子生物聚合物。

Anna Katarina Huba 等建立了固相微萃取耦合介质阻挡放电电离源常压敞开式离子源质谱测试水中多环芳烃和极性微量污染物的方法。常压敞开式离子源的最大特点是快速、原位、实时离子化样品，目前被广泛应用到样品快速筛查、质谱成像、真伪鉴定等领域。介质阻挡放电电离源是一种非表面接触型的常压敞开式电离源，借助大气压下惰性气体的介质阻挡放电产生低温等离子体，在数秒内实现固态、液态和气态样品的解吸附离子化，将离子源用于质谱检测，基本不需要复杂的样品前处理过程，在常压、常温下即可对样品进行原位、实时、快速和无损分析。

在与其他仪器联用方面，20 世纪 70 年代，液相色谱-质谱联用（LC-MS）技术开始出现，当时的场解吸（FD）离子化技术虽然能测定分子量 $1500 \sim 2000$ 的非挥发性物质，但重复性差。后来出现的快原子质谱法（FAB-MS），对分子量较大的多肽类化合物测定效果良好。随着现代科学技术的发展，更加精密的化合物分析质谱法——电喷雾离子化质谱法

（ESI-MS）和大气压化学电离源质谱法（APCI-MS）应运而生。质谱以及质谱联用技术的应用，使水环境监测可以同时测定多种污染物质，尤其是有机污染物，实现了对多组分污染物的高通量、高灵敏度定性及定量分析。目前，质谱检测技术已经发展为水质检测的主导技术之一，能够解决水环境中部分无机物及大部分有机物痕量检测问题。其中，GC-MS、LC-MS联用技术仍是目前水质检测应用的主要技术，但从当前的发展趋势看，水质检测仍需要解决如下问题：获得更高的灵敏度、更低的检出限；实现多种污染物同时检测，提高工作效率；应急处理中对未知污染物进行筛选鉴定；对水质安全进行实时监测等。MS-MS、TOF-MS（飞行时间-质谱）、QTOF（四极杆飞行时间）等技术具有解决以上问题的潜力，将成为未来水质监测研究的重点技术之一。

根据分析对象的不同，质谱分析法可分为原子质谱法（atomic mass spectrometry）和分子质谱法（molecular mass spectrometry）。原子质谱法又称无机质谱法，是将单质离子按其荷质比的不同进行检测和分离的方法，它广泛应用于试样中元素的识别和物质浓度的测定，这里介绍旨在进行有机化合物分析的分子质谱（有机质谱）法。

2.4.2 分子质谱法

2.4.2.1 分子质谱法的基本原理

分子质谱法研究的是如何使用质谱法获得无机、有机和生物分子的结构信息以及如何对复杂的混合物各组分进行定性和定量分析。它应用离子化技术［如高能电子流（70eV）轰击、强电场作用等］使处于气体状态（$10^{-5} \sim 10^{-4}\,Pa$）的化合物失去价电子而形成分子离子（molecular ion），分子离子的化学键又会在高能离子化源的轰击下发生某些有规律的断裂而生成不同质量的碎片离子（fragment ion），这些带正电荷的离子在电场或磁场的作用下产生的信号被记录下来，按荷质比及相对强度的大小排列成谱即得到质谱，由于不同化合物形成离子的质量以及各种离子的相对强度都是各类化合物所特有的，因此可由质谱图确定分子量及分子结构。

质谱中带正电荷的离子只要其存在时间不小于 $10^{-6}\,s$，它就能在电场中被加速，加速后的动能为 $\frac{1}{2}mv^2$。而电场中的势能为 eV，所以有：

$$eV = \frac{1}{2}mv^2 \tag{2-8}$$

式中　m——离子质量；

v——离子被电场加速得到的速度；

e——离子电荷；

V——加速电压。

经电场加速后的正离子随后进入磁场，受磁场的作用做圆周运动，离子受到的向心力 HeV 和离心力 mv^2/R 相等，即：

$$HeV = \frac{mv^2}{R} \tag{2-9}$$

式中　R——离子轨道曲率半径；

H——磁场强度。

其他符号的意义与公式(2-8)相同。

由公式(2-8)和公式(2-9)可得：

$$\frac{m}{e} = \frac{H^2 R^2}{2V} \tag{2-10}$$

这就是磁场质谱仪的基本方程，利用该式所表示的关系，只要有规律地改变磁场强度（H）或加速电压（V）（即进行扫描）就可以使不同荷质比的离子彼此分开，由记录装置记录放大后就得到了质谱图。绝大多数质谱图都是用棒图表示的。

2.4.2.2 分子质谱法的特点

分子质谱法具有以下特点：灵敏度高，使用微克甚至纳克级的样品就可得到满意的质谱图；检出限低，最低可达到 10^{-14} g。分析速度快，一次分析在数秒甚至一秒之内就可完成；可推测物质结构，确定化合物的分子式；可与其他分析方法联用，其中最为成功的是与色谱仪的联用。色谱-质谱联用仪集色谱仪的高效分离和质谱仪的多组分同时定性定量分析为一体，成为目前分析有机化合物的混合物的最为有效的仪器。其不足是质谱法测定分子量较高的化合物还存在一定困难，不过随着离子化技术和电子计算机技术的进一步发展，质谱分析方法的范围会越来越广。

2.4.3 分子质谱仪

2.4.3.1 质谱仪的工作机理

这里以单聚焦质谱仪为例介绍质谱仪的工作原理。单聚焦质谱仪是只具有磁分析器的质谱仪的统称。它只能进行方向聚焦，不能进行速度（能量）聚焦。图 2-11 是单聚焦质谱仪的工作原理示意图，其工作过程如下：极微量的试样由进样系统通过蠕动泵进入电离室。电离室内的压力约为 10^{-3} Pa，热灯丝产生的电流将气态的原子和分子电离成正负离子。在狭缝 A 处，存在微小的负电压，可将正负离子分开。然后借助 A、B 间几百至几千伏的电压将正离子加速，使对准狭缝 A 的正离子流通过狭缝 B 进入真空度更低的质量分析器中。离子荷质比不同，其偏转角度也不同，荷质比大的偏转角度小，荷质比小的偏转角度大，这样荷质比不同的离子在这里得到了分

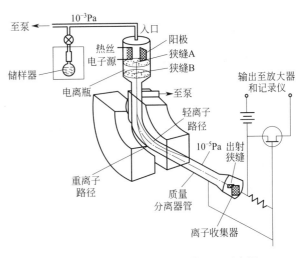

图 2-11 单聚焦质谱仪的工作原理示意图

离。这时改变磁场强度，进行扫描，就能将不同荷质比的正离子依次聚焦在出射狭缝处，离子透过狭缝后通过监测器进行放大处理，再由数据处理系统分析记录就得到了质谱图。同时容易知道，质谱图上的信号强度与到达监测器的离子数目成正比。双聚焦质谱仪的工作原理与之类似，不同之处是其质量分析器比单聚焦质谱仪多了一个电分析器，解决了单聚焦质谱仪不能解决的速度聚焦问题。

2.4.3.2 质谱仪的主要部件

质谱仪的主要部件有进样系统、离子源、质量分析器、检测器、计算机控制和数据处理系统等，其结构简图如图 2-12 所示。

因检测对象的不同，分子质谱仪各部件与其他类型相比略有差别，其主要部件见表2-11。

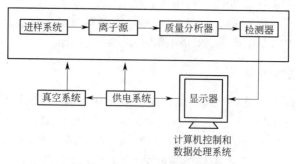

图 2-12　质谱仪主要部件结构简图

表 2-11　分子质谱仪的主要部件

进样系统	离子源	质量分析器	检测器
(1)全玻璃加热进样系统 (2)直接进样系统	(1)电子轰击器 (2)化学电离源 (3)解吸化学电离源 (4)场致电离源 (5)场解吸电离源 (6)快中子轰击电离源 (7)离子轰击电离源 (8)激光解吸电离源	(1)磁质量分析器 (2)四极杆滤质器 (3)飞行时间质量分析器 (4)离子阱质量分析器 (5)离子回旋共振质量分析器	(1)电子倍增器 (2)法拉第筒检测器 (3)闪烁检测器 (4)平板电极 (5)微通道板

2.4.3.3　质谱仪的主要技术指标

质谱仪的主要技术指标有：质量测定范围、分辨率、灵敏度等。

（1）质量测定范围　质量测定范围是指质谱仪能够测量的分子量（或原子量）的范围。实际上就是仪器能够测量的离子的荷质比的范围。

（2）分辨率　质谱仪的分辨率是指其分开相邻质量数的能力，通常用 R 表示。一般而言，对两相等强度的相邻峰，当两峰间的峰谷不大于其峰高的 10% 时，可认为两峰已分开。这时仪器的分辨能力以公式(2-11) 计算：

$$R=\frac{m_1}{m_2-m_1}=\frac{m}{\Delta m} \tag{2-11}$$

式中，m 为质量数，且 $m_1 < m_2$。

由公式(2-11) 可知，两峰间的质量差 Δm 越小时，仪器所需的分辨率 R 越大。

如要鉴别 N_2^+（$m/z=28.006$）和 CO（$m/z=27.995$）两个峰时，仪器的分辨率应不小于：

$$R=\frac{27.995}{28.006-27.995}=2545 \tag{2-12}$$

而要鉴别 NH_3^+ 和 CH_4^+ 两个峰时，仪器的分辨率只需 7.5。因此所需质谱仪的分辨能力主要取决于被分析的对象。当前质谱仪的分辨本领约在 $500\sim500000$ 范围之内。

（3）灵敏度　质谱仪的灵敏度有绝对灵敏度和相对灵敏度之分。绝对灵敏度是指在指定的信噪比条件下能够监测的最小样品量；相对灵敏度是指仪器能够监测的大组分与小组分的含量之比。对于不同的检测内容有不同的灵敏度指标。

2.4.3.4　分子质谱仪的生产厂家和仪器型号

分子质谱仪的生产厂家与仪器型号见表 2-12。

表 2-12　分子质谱仪的生产厂家与仪器型号

生产厂家	仪器型号	生产厂家	仪器型号
（美）Perkin-Elmer	Q-MASS910 型四极台式质谱仪； API-Ⅰ型四极式 LC-MS； API-Ⅲ型三级四极式 LC-MS-MS	（英）VG 公司	TS-250 型双聚焦 GC-MS； AUTO SPEC 型双聚焦 GC-LC-MS
		（日）日立公司	M80B 型双聚焦 GC-MS
（英）VG 公司	MD800 型四极台式 GC-MS； TRIO2000 型四极式 GC-LC-MS； QUATTRO 型四极式 GC-LC-MS	（日）岛津公司	QP1000EX 型四极式 GC-MS； QP2000A 型四极台式 GC-MS； 9020DF 型双聚焦 GC-MS

2.4.4　分子质谱图的分析

有机质谱仪主要用于有机化合物的定性分析，根据质谱图与标准图谱相比较，可确定被分析物质的分子量、分子式和分子结构。分析样品可以是气体、液体和固体，取样量可以是极微量，如果采用色谱-质谱联用仪，则既可对复杂的有机化合物进行定性分析，也可以对其定量分析。

现代质谱仪都具备计算机系统，计算机的数据库中储存着大量的标准图谱，可以随机调用分析。图谱分析的一般步骤如下。

① 寻找并测定被测物质的离子峰。

② 求出分子量，初步判断所属化合物的类型，分子或离子的 m/z 就是化合物的分子量。

③ 初步判断化合物中是否含有 Cl、Br、S 等元素。

④ 根据分子峰和同位素峰来确定化合物的分子式，从计算机质谱图库中检索分子式，或根据质谱数据查表求出分子式。

⑤ 计算化合物的不饱和度，确定化合物中环的数目和不饱和键的数目。

⑥ 考察高质量端的离子峰。这些离子峰是由分子离子脱落的碎裂片形成的，称碎片离子，考察这些离子峰，找出取代基的类型。

⑦ 考察抵制两端的离子峰，寻找不同化合物断裂后生成的特征离子和特征离子系列，再根据特征离子系列推断出该化合物的类型。

⑧ 提出一种或多种该化合物的结构。

⑨ 制作标准物质的质谱图，根据可能的结构进行验证。

2.4.5　分子质谱在水质检测中的应用

质谱分析的主要目的之一是进行未知物的结构鉴定。质谱图能提供未知物的分子量、元素组成及其他有关的结构信息，根据质谱的碎裂机制可对这些结构信息进行解析来推断分子结构。色谱-质谱联用技术是先进的分析方法之一，其特点是能同时快速分离、鉴定复杂成分中的有机化合物。

有机质谱仪和其他分析仪器相比较的一个显著特点是它可以和其他某些仪器联机（GC-MS、LC-MS 等），也可以同其他质谱仪联机（MS-MS）。这不仅可以集中两种以上分析方法的长处，弥补单一分析方法的不足，还能产生一些新的分析测试功能，大大拓展了质谱仪的应用范围。联用技术的应用起到了一种特殊的作用，满足了灵敏度高、鉴别能力强、分析速度快和分析范围广的要求，是现代分析化学中最重要的一种分析技术。由于与分离型仪器（气相色谱仪、液相色谱仪等）实现联用，质谱可以直接分析混合有机物，是复杂混合物成分分析的最有效工具，这些混合物包括天然产物、食品、药物、代谢产物、污染物等。它们的组分可多至数百个甚至上千个，含量也可千差万别，用其他方法分析这类样品所耗费的时间、代价是人们难以承受的，有时则根本不可能进行，而用色谱-质谱联用法则可能在较短的时间内很方便地进行。因此，色谱-质谱联用法的问世，被认为是分析化学中的一个里程碑，并不断得到发展和完善。

随着时代的发展，质谱已成为有机化学、生物化学、环境化学、食品化学、毒物学、药物学、医学、地质、石油化工等领域进行分析和科学研究的有力手段。

2.4.5.1 检测水源水中的有机污染物

为了获得水体中有机污染物污染现状和分布信息，应用 GC 和 GC-MS 技术，对某地区重要饮用水源中的有机物进行了初步的研究，共检出半挥发性和非挥发性有机污染物 183 种，其类别有烷烃、烯烃、芳烃、酚类、醇类、酮类、脂类、酸类和其他一些杂环化合物。研究结果表明，北江潭洲水道水体受到了石油类、生活污水、塑料增塑剂和工厂排放污水等的污染。

（1）仪器和试剂　HP5890I 型 GC 仪。HP5972 型 GC-MSD 仪。氢火焰离子化检测器。无水硫酸钠：在马弗炉中经 450℃灼烧 18～24h。XAD-4 树脂（Amberlite 系列）和 GDX-102（天津试剂二厂）：依次经乙醚、丙酮、甲醇分别抽提 8h，每隔 2h 更换一次抽提液，然后保存于甲醇溶液中备用。滤纸和棉花：用氯仿-甲醇（1∶1）索氏抽提 72h。纯水：通过市售去离子水经 GDX-102、XAD-4 混合树脂和 XAD-4、XAD-8 混合树脂吸附二次制得。所有玻璃仪器均经自来水冲洗、洗液洗涤、自来水冲洗、去离子水淋洗后置于烘箱烘干备用，使用前用相应的有机溶剂淋洗。所有试剂均经重蒸，并取 1∶500 浓缩液进行色谱检查确保不被污染。

（2）仪器分析条件

① GC 分析条件　色谱柱：25m×0.32mm 熔融石英毛细管柱。柱温：初温 60℃（5min），升温速率 4℃/5min，终温 290℃（40min）。载气：N_2。检测器：FID 检测器（进样口温度 300℃，检测口温度 305℃）。

② GC-MSD 仪分析条件　色谱柱：25m×0.32mm 熔融石英毛细管柱。柱温：初温 60℃（5min），升温速率 4℃/5min，终温 290℃（40min）。质谱条件：EI 源，电离能 70eV，灯丝电流 250mA。

（3）试验步骤

① 富集　试验中选用 GDX-102 和 XAD-4 混合树脂，将甲醇-树脂转移到底部塞有棉花的玻璃柱中，树脂柱床高约 7～10cm，上端塞一小块棉花，再用 30mL 甲醇冲洗，然后用 100mL 纯水分三次淋洗，最后用纯水封好备用。试验时使水样经富集装置中的树脂柱以吸附水中的有机质。

② 洗脱　富集完毕后，用水泵抽其空装置排出吸附柱中的大部分水分，然后用 5～10mL 甲醇洗脱，接着用正己烷∶丙酮（85∶15）60mL 分 4 次洗脱，每次平衡 10min，最后将以上洗脱液合并于蒸馏烧瓶中。洗脱液经无水硫酸钠脱水后，用旋转蒸发器浓缩并经色谱柱（采用在 135℃下活化 18h 的硅胶作吸附剂）分离成几个组分。分离出的强极性组分用 12% BF_3 乙醚/甲醇溶液在 80℃下酯化 30min，将酯化后的样品溶于饱和 NaCl 溶液中，再用二氯甲烷萃取 3 次。将萃取液合并，经脱水、浓缩处理后备作 GC、GC-MS 分析。

③ 分析方法　通过计算机谱图解析与人工解析，确定组分的分子量和分子结构。有标样的采用 GC-MS 和色谱保留时间进行定性，无标样时根据文献提供的保留时间、质谱图进行定性。有的化合物采用共注法做进一步的确定。定量则采用内标法。

（4）试验分析结果　从某水道水体中检出的半挥发性和非挥发性有机污染物共 183 种。

其类别有烷烃和烯烃（42 种）、芳烃（54 种）、酚类（1 种）、醇类（4 种）、酮类（33 种）、酯类（7 种）、酸类（28 种）和其他一些杂环化合物（14 种）。其中列于国家水质优先控制污染物黑名单的有萘、荧蒽、苯并 [a] 芘、苯并荧蒽、酞酸二甲酯、酞酸二乙酯等 6 种。属于美国国家环保局（USEPA）优先控制的污染物有萘、二氢苊、菲、蒽、荧蒽、芘、苯并 [a] 蒽、苯并荧蒽、苯并 [e] 芘、苯并 [a] 芘、酞酸二甲酯、酞酸二乙酯、酞酸二丁酯、酞酸二(2-乙基己基) 酯等 16 种。分析相应的色谱图可以得出该水道受到了来自生活污水、化工生产、塑料溶出等污染物的污染。

2.4.5.2 检测焦化废水中的有机污染物

焦化废水是一种难处理的工业废水。废水中含有大量有机污染物，如酚类、多环芳烃、含氮有机物及杂环化合物等，这些组分会对环境造成严重污染，特别是酚类化合物，可使蛋白质凝固，有的还是强致癌物质，给人和农作物带来极大危害。用液-液（L-L）萃取、气相色谱-质谱联用对超声波处理前后焦化废水的水质情况进行了分析，GC-MS 对焦化废水分析一般使用传统 L-L 萃取法，不仅费时，而且手续非常繁琐。有人用 C_{18} 小柱富集废水中的有机污染物，用二氯甲烷进行洗脱，收集洗脱液，并利用高纯氮气吹扫浓缩，然后用 GC-MS 对废水中微量有机污染物进行分离、定性、定量，为焦化废水实现在线监测提供了确实可行的新分析方法。

（1）仪器与试剂　　GC-MS 仪，QP5050A（SHIMAZU 公司）。SPBTM1.30m × 0.32mm × 0.25μm 石英毛细管柱。SUPELCO 公司 ENVI C18（500mg）小柱。样品瓶：带有磨口的棕色玻璃瓶。Class-5000K 工作站；全玻璃高效精馏柱。二氯甲烷（市售分析纯）。甲醇：精馏柱精馏两次，浓缩 500 倍做 GC-MS 空白分析，不出杂峰。无水硫酸钠：分析纯，粒状，用二氯甲烷（20mL/g）冲洗后，在 450℃下烘 1h 以上，在干燥器中冷却后装入带磨口的玻璃瓶中。所有玻璃器皿在使用前均用洗液浸泡洗涤，自来水、蒸馏水冲洗，干燥，再经 450℃灼烧 4h，使用前用适量相应溶剂冲洗 3 次。

（2）仪器分析条件　　载气为氦气。载气流量为 2.6mL/min；柱前压为 50kPa。分流比为 10：1。进样口温度为 250℃。柱温：50℃保持 3.5min，以 10℃/min 的速率程序升温至130℃，保持 1min，再以 6℃/min 的速率程序升温至 240℃，保持 2min。电离方式：EI（电子轰击电离）。电子能量：70eV。电子倍增器电压：1.2kV。质量扫描范围：40～450。检测器温度为 260℃。

（3）分析步骤

① ENVI C_{18} 吸附小柱活化　　分别用纯化后的二氯甲烷、甲醇各 5mL 分两次冲洗小柱，去除柱内杂质并使之活化。小柱活化后，用 5mL 不含有机物的水冲洗小柱，在未完全将水放出的瞬间过滤水样，洗脱液流速不得大于 10mL/min。不允许填料抽干。

② 吸附　　取焦化废水进口和经活性污泥法处理后的焦化出口水样各 100mL，分别用高纯 HCl 试剂将 pH 值调至小于 2，使分析物和吸附剂带反向电荷，保证吸附效果。当水样抽滤吸附完以后，对 C_{18} 小柱进行干燥处理，消除干扰，提高洗脱率，节省溶剂用量。干燥方法是在淋洗液通过柱子后真空抽滤继续保持 30s，将柱子在 1000～1500r/min 的离心装置上离心分离 5min。

③ 洗脱　　取精馏后的二氯甲烷 5mL，分 2～3 次对 C_{18} 小柱进行洗脱，收集洗脱液。用高纯氮气顶吹洗脱液，进行浓缩，当浓缩至 1mL 时，低温保存备用。

④ 污染物的鉴定　　可由下列方法来完成。校准 GC-MS 系统并将每个标样的质谱及保留时间存入用户建立的数据库中，当被测化合物的质谱及保留时间与数据库中的某一标样相同时，这个化合物即可被鉴定出来。对没有标样的化合物，可在峰的顶端得到经背景校正过的

质谱图。通过谱库检索，可得到推断性的定性鉴定。将水质的质谱图与工作站里储存的 NIST 谱库中的谱图相比较，选出可能性最高的对应谱图来确定该化合物。

（4）试验结果

① 气相色谱结果　焦化废水进口总离子流图如图 2-13 所示，活性污泥法处理后进口水样总离子流图如图 2-14 所示。

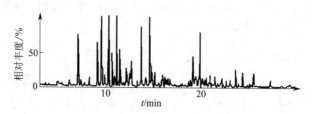

图 2-13　焦化废水进口总离子流图

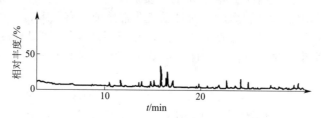

图 2-14　活性污泥法处理后进口水样总离子流图

② 废水中有机物的分析检测结果　在焦化废水中共检出 75 个峰，而在活性污泥法处理后的水样中只检出 18 个峰，有机物的种类（以色谱峰个数计）减少了 76%。有机物的浓度（以色谱峰面积计）有很大降低，焦化废水色谱峰总面积为 175461706，而活性污泥法处理后水样色谱峰的总面积为 5174461，去除率达 97%，可见活性污泥法对有机物去除效果显著。

（5）结论　焦化废水中有机物成分复杂，主要有酚类化合物、多环芳香族化合物，以及含氮、氧、硫的杂环化合物。焦化废水活性污泥法处理前后水中微量有机污染物的对比明显。通常认为酚类及其衍生物属易于生物降解的有机物，而吡啶、咔唑、喹啉、吲哚类化合物均属于难降解有机物，但试验结果显示吡啶、吲哚类有机物去除效果较理想。分析原因，有人认为这是有机物之间联合作用的结果，吡啶与喹啉之间具有明显的拮抗作用，喹啉对吡啶具有消除抑制、促进降解的作用；也有人认为是基质条件的影响，在与苯酚共基质好氧条件下，吲哚有一定的降解；有人将其归结为挥发作用的影响，喹啉、吲哚属于中等程度挥发性有机物，在曝气吹脱作用下有一定程度的挥发，吡啶属于挥发性较强的有机物，曝气吹脱作用较为明显。在进行生物降解特性研究中必须考虑挥发作用对焦化废水中有机物的去除效果的影响。

国内对工业废水中有机污染物的分析尚无统一方法。由于工业废水中有机物含量低，组成复杂，所以水样的富集是试验成败的关键。固相萃取技术（SPE）作为一种有效的样品处理技术，已广泛用于水中有机物的痕量富集。与经典的液-液（L-L）萃取相比，固相萃取具有节省时间、溶剂用量少、不易乳化等特点。

2.4.5.3　检测饮用水中有机物

饮用水中有机污染物的含量一般在 10^{-9} g/L 以下，为了测试的需要，需将有机物有效地富集起来。目前从水中富集有机溶质的方法主要有：溶剂萃取法、气浮法、树脂吸附法等。溶剂萃取法分离效果明显，然而能用此提取的溶质种类有限，而且操作繁琐，在蒸发溶剂的过程中将损失一部分溶质。气浮法对具有挥发性的溶质的分析有一定的实用价值，但只适用于挥发性较高或在水中溶解度较小的化合物。有人采用自制的 XAD-2 吸附树脂小柱，有效富集水中的痕量有机物，用于样品的前处理，得到了较高的回收率。然后用气相色谱-质谱联用法测定水中的有机物，经 GC-MS 定性、定量，对地下水、自来水两种水样进行了分析，检测出自来水中 8 种有机物，地下水中 12 种有机物。两种水中有机物总含量分别为 56.0ng/L 和 61.0ng/L。

（1）仪器和试剂　质谱仪：VG-70E-HF（英国）。气相色谱：HP-5709A（美国）。色谱柱：HP-5，5％苯甲基聚硅氧烷交联弹性毛细管石英柱，33m×0.32mm，膜厚 1.05μm。XAD-2 树脂吸附柱（自制）：将 XAD-2 树脂依次用甲醇、丙酮、二氯甲烷在索氏提取点左右各回流 8h，取出，在通风橱中放置 24h，将树脂装入 ϕ1cm、H 6cm 的玻璃吸附柱中，吸附剂装入高度约为 5.5cm，两端填玻璃棉，用 5mL 甲醇润湿排除树脂内气泡。吸附剂：XAD-2 树脂，20～60 目（sigama）。甲醇、丙酮、二氯甲烷，均为分析纯。

（2）仪器条件

① 色谱条件　载气：氦气。前压：70kPa。进样口温度：240℃。检测接口温度：160℃。不分流进样方式，升温程序从 40℃ 以 34.5℃/min 的速度升温到 180℃，保持 12min。

② 质谱条件　电离方式为 EI（电子轰击电离）；电子能量为 70eV；源温为 180℃；全程质量扫描方式；质量扫描范围为 33～500，扫描时间为 1s；进样量为 2μL。

（3）分析步骤

① 样品的富集　水样来自自来水和地下水各 20L，进入吸附柱中，进行吸附。自来水流速为 3.3mL/min，地下水流速为 5.5mL/min。富集样品后的吸附柱在通风橱中室温放置 24h。用二氯甲烷 30mL 分 5 次淋洗，收集洗脱液，经冷冻脱水，用 N$_2$ 浓缩至 0.2mL 留待分析测试用。取 30mL 二氯甲烷用 N$_2$ 浓缩至 0.2mL，作为空白。

② 标准曲线的绘制　以甲苯作为外标，依次配制浓度为 25μL/mL、15μL/mL、5μL/mL、2.5μL/mL、1.5μL/mL 及 0.5μL/mL 的二氯甲烷溶液。采用 GC-MS 分析以上样品，得出各个不同浓度对应的色谱峰面积，取三次进样的平均值。以浓度为纵坐标，以峰面积为横坐标作图。

③ 回收率的测定　采集自来水 20L，向其中滴加 1μL 的甲苯，然后以同样的测定样品的方法进行处理分析测定，测定回收率。

（4）测定结果　试验测试地下水及自来水的色谱图如图 2-15 和图 2-16 所示。

由图 2-15 和图 2-16 可知，较大的 3 个色谱峰都来自二氯甲烷溶剂，水中有机物的色谱峰比较小。利用计算机谱图检索和解谱可鉴定地下水中 12 种、自来水中 8 种有机物，由分析结果可知自来水中相对含量较大的是烷、醇、醛类有机物，占总含量的 70％以上；地下水中相对含量较大的是醇、胺、酮类有机物，占总含量的 70％以上。两种水中的有机物酮、醛、苯类含量相同，地下水中烷类多于自来水，并含有醛。由谱图对照可知，在地下水谱图中 4、7、10 号峰为本底中有机物，在自来水谱图中 4、6、8 号峰为本底中有机物。

甲苯溶液浓度在不大于 3.0μL/mL 范围内样品浓度 c 与峰面积 A 为线性关系，绘制出的直线方程 $Y=0.00012x+0.3834$，线性相关系数 $r=0.9897$。根据直线方程和甲苯的峰面积 A 可得溶液中甲苯的绝对含量，由此换算成各有机物的绝对含量。自来水及地下水中有机物质量浓度分别为 56.0ng/L 及 61.0ng/L。

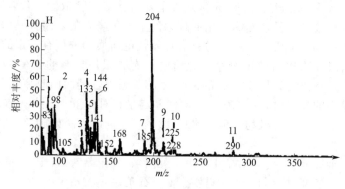

图 2-15　地下水色谱图

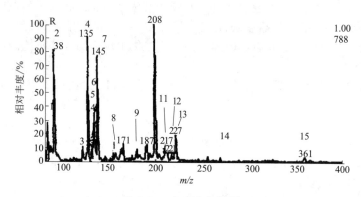

图 2-16　自来水色谱图

（5）结论　通过 GC-MS 检测分析得知饮用水中的有机物含量较低。水中的烷烃有可能来自石油污染。地下水及自来水中均含有痕量的有毒苯系物。

2.4.5.4　检测水中苯系物

苯系物是一类普遍存在于水环境中的有毒有害污染物。国内外环境监测部门推荐的标准方法是二硫化碳萃取气相色谱法。固相微萃取技术在国内也得到了迅速发展，引起国内学者越来越多的关注。国内许多大专院校、环境监测站以及研究所开始重视本技术并开展了相关的研究工作，如水中痕量多环芳烃、1-苯酚和氯苯系化合物的测定等。针对活性炭纤维吸附对象广、吸附容量大、容易解吸的特点，有研究者自制了活性炭体型纤维固相微萃取器。以整根纤维作为萃取介质，大大增加了吸附量，同时又加强了纤维的强度，成功地弥补了传统涂层型固相微萃取存在的不足，可作为涂层型的一种补充形式。试验中采用直接进样、二硫化碳萃取和活性炭纤维固相微萃取（ACF-SPME）3 种方法，分别用气相色谱-质谱联用测定水中的苯系物，进行了 3 种方法的比较研究。对线性、重复性、最小检出限等进行了试验测定。测定结果表明固相微萃取在灵敏度方面优于其他方法，但在重复性方面还有待提高。利用固相微萃取方法进行了实际废水样的检测及回收率试验，结果令人较为满意。

（1）仪器和试剂　QP5000 气相色谱-质谱联用仪（日本岛津）；弱极性毛细管柱。苯、甲苯、乙苯、邻二甲苯、对二甲苯（均为上海化学试剂研究所产品），色谱纯；间甲基乙苯（Fluka，瑞士），色谱纯；二硫化碳、甲醇，分析纯；纯水、二硫化碳、甲醇，不含苯系物；标准储备液：用甲醇为溶剂配制苯系物混合标准储备液，质量浓度为 5g/L，低温保存。

（2）试验条件　日本岛津公司 QP5000 气相色谱-质谱联用仪：60m×0.25mm（内径）、弱极性毛细管柱；涂层 [m（苯基）：m（聚甲基硅氧烷）＝5：95]；厚度为 0.25μm；柱温采用程序升温方式，在 80℃下恒温 10min，然后以 20℃/min 的速度升温至 100℃，恒温 5min 后，再以 20℃/min 的速度升温至 120℃，恒温 3min。进样口温度：250℃。接口温度：250℃。载气：高纯氦气。柱流量：0.4mL/min。栓压：50kPa。进样方式：分流进样，分流比为 10：15。进样量：0.2μL。质谱检测为单离子扫描选择离子监测（SIM）方式，采用分段检验离子碎片定量。

（3）分析步骤

① 二硫化碳萃取　用移液管移取欲萃取的溶液 10.00mL 置于具磨口比色管中，加入 1.00mL 二硫化碳。振荡 5min，充分萃取后取出二硫化碳层，放入磨口试剂瓶中。

② 活性炭纤维固相微萃取　将盛有 10.00mL 水样的萃取瓶加密封圈，于 20℃的恒温条件下放置 1h，将 SPME 器插入萃取瓶中，萃取 20min。萃取完毕后迅速将针管插入气相色谱仪的汽化室，高温解吸，经色谱柱分离后进入质谱仪中进行分析定量。

③ 标准曲线的制作　用纯水逐级稀释混合标液的储备液，得到苯系物混合标准溶液的质量浓度分别为 0.00mg/L、1.00mg/L、2.00mg/L、4.00mg/L、6.00mg/L 和 10.00mg/L。依据上述步骤进行试验，

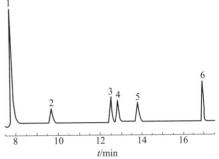

图 2-17　苯系物的总离子流色谱图

以峰面积对质量浓度作图，分别制作直接进样、二硫化碳萃取、固相微萃取等 3 种方法下的标准曲线。

④ 重复性试验　用 4.00mg/L 的标准溶液进样 5 次，测试各种方法的精密度。

（4）试验结果　图 2-17 是在上述条件下得到的苯系物总离子流色谱图。图中还同时给出了各种物质的保留时间以及各段时间内检验的离子碎片。

结果表明 3 种方法均具有良好的线性。固相微萃取方法的相对标准偏差（RSD）均小于 8%，直接进样法的 RSD 小于二硫化碳萃取法和固相微萃取方法，原因是直接进样法没有其他两种方法的前处理过程，避免了因预处理产生误差。不过，使用活性炭纤维作萃取纤维是一种新的实践，技术本身还存在很多不足，对于影响重复性的因素还需要进一步进行研究。

（5）检出限和回收率　按照仪器 3 倍信噪比计算检出限。直接进样法对各种苯系物的最低检出限为 0.030～0.050mg/L，CS_2 萃取法的检出限为 0.006～0.010mg/L，ACF-SPME 方法的检出限为 0.001～0.009mg/L。ACF-SPME 方法的灵敏度优于其他两种方法。试验中，选择分流比为 10：1；若减小分流比，灵敏度还可以增加；使用活性炭纤维固相微萃取方法对实际废水样品进行测试，同时进行回收率计算，试验结果表明，利用活性炭纤维固相微萃取方法测定水中 6 种苯系物，回收率为 94.0%～111.0%。

（6）结论　活性炭纤维固相微萃取方法经试验测试，具有灵敏度高的优点。虽然在重复性方面有待改进，但比其他方法操作简单，测定迅速，值得做进一步的探讨。

2.4.5.5　检测炼油厂废水中的有机组分

目前，炼油行业控制排放的水质有机指标主要有 COD、石油类、总酚等综合指标及少数单因子指标如苯系物等，这些指标不足以全面反映水中有机污染物的详细组成及优先污染物的分布，对废水的进一步深度处理及有关环境管理缺乏针对性指导，因此，有必要剖析典

型炼油厂外排废水中有机污染物组成。炼油废水经生化工艺处理后，极性亲水性有机组分增多，加大了预处理难度。如果选择适当的吸附剂，并调节水样的 pH 值，就可以富集水中某些极性有机物。国外有人用固相萃取（SPE）法测试了瑞典大型污水处理厂出水中溶解性有机物，并研究了某污水处理厂有机物的去除效果，所用方法溶解性 COD 的富集效率约为 25％。

国内有人用气相色谱-质谱法测试分析了炼油厂外排废水中的有机组分，将水中的有机组分划分为悬浮性有机物（SOC）、溶解性可吸附有机物（EOC）及溶解性不可吸附有机物（NEOC）三类，研究了以 SPE 技术为基础的预处理程序。应用 GC-MS 技术定性分析了某炼油厂生化处理出水中有机物的组成。

（1）仪器和试剂　PE Auto System GC/Q-Mass 910 气相色谱-质谱联用仪。Yanaco TOC 8L 总有机碳测定仪（测定原理为催化燃烧-红外法）。三球 KD 浓缩仪（加装高纯氮气吹脱管）。Soxhet 提取器。总有机碳测定仪：测定原理加装高纯氮气吹脱管。G3 型耐酸滤过漏斗：滤板孔径 $16 \sim 30 \mu m$。固相萃取（SPE）装置（从水中提取有机质）：玻璃制，由高纯氯气加压接头、1L 球形蓄水器及吸附管 [150mm×8.5mm（内径）]构成。吸附柱：GDX-502 以浆状湿法装柱，两端用石英棉固定，树脂床填充高度 $8 \sim$ 10cm，树脂装完后，先放掉部分甲醇至其液面与树脂床上表面相当为止，然后用热的纯水（约 50℃）淋洗，检验淋洗液 TC 值，并与纯水 TC 值比较，二者相等时，停止淋洗，并保持纯水液面略高于树脂床上表面，备用。二氯甲烷（分析纯），用前需用全玻璃蒸馏器于 45℃ 浴温下重蒸，弃去馏头 20mL，收集中间馏分，残液不少于 100mL，并参考实样分析步骤进行空白检验。无水硫酸钠：分析纯，用前于 400℃ 下烘 4h。GDX-502 树脂：$40 \sim 60$ 目。净化方法：将 GDX-502 装入无胶玻璃纤维滤筒（于 120℃ 下烘 2h），置于 Soxhlet 提取器中依次用甲醇、乙腈及乙醚各提取 8h，每小时 $5 \sim 6$ 个循环，提取后的树脂浸在甲醇中保存。

（2）气相色谱-质谱条件

① 气相色谱条件　柱 1：DB-5ms 石英毛细管柱，$30m×0.32mm×0.5\mu m$，柱温为 40℃，保持 4min，以 10℃/min 的速率升至 270℃，恒温 30min，汽化温度为 300℃，传输线温度为 240℃，载气（He）柱前压为 41.4kPa，不分流进样，进样量为 $0.2 \sim 1.0\mu L$。柱 2：DB-Wax 石英毛细管柱，$30m×0.32mm×0.5\mu m$，柱温为 40℃，保持 4min，以 7℃/min 的速率升至 230℃，恒温 30min，汽化温度为 250℃，传输线温度为 220℃，载气（He）柱前压为 41.4kPa，不分流进样，进样量为 $0.2 \sim 1.0\mu L$。

② 质谱条件　电子轰击源（EI），电子能量为 70eV，离子源温度为 200℃，电子倍增器电压为 1050V，全扫描方式，扫描速度为 $500s^{-1}$，扫描范围为 $35 \sim 400$。

（3）分析步骤　样品取自某炼油厂（其废水采用隔油-浮选-曝气处理工艺）曝气池出水，采样时，生产工况及污水处理场运行状况均正常。样品预处理的流程及条件如图 2-18 所示。

（4）试验结果　在上述条件下 TOC 的测定结果：样品预处理各步 TOC 测定结果及 SOC、EOC、NEOC 所占比例见表 2-13。

表 2-13　TOC 的测定结果及 SOC、EOC、NEOC 所占比例

TOC/(mg/L)			SOC/%	EOC/%	NEOC/%
原水	滤后	吸附后			
27.4	15.2	7.5	44.5	28.1	27.4

由表 2-13 可知，样品中有机组分可分析部分为 72.6％，溶解性（$d < 30\mu m$）有机物的

树脂吸附率为 50.7%。因 SPE 相当于简单的液相色谱过程，而水是较强流动相，极性有机物保留能力较弱。

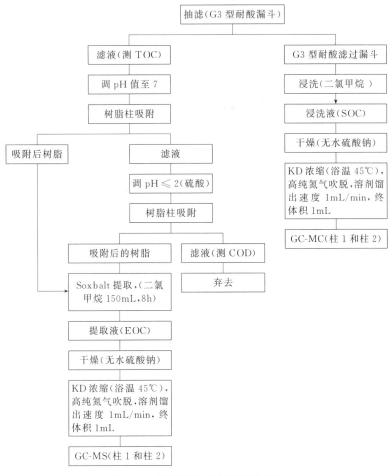

图 2-18　样品预处理的流程及条件

SOC 的定性分析结果：某炼油厂生化曝气池出水 SOC 中共鉴定出有机组分 44 种，如图 2-19 所示有机组分的定性率约为 90%。从峰面积来看 $C_{15} \sim C_{28}$ 正构烷烃含量相对较高，峰面积最大峰为 $n\text{-}C_{23}$。由以上结果可知，该炼油厂生化出水中的 SOC 主要是石油烃类。

EOC 的定性分析结果：某炼油厂生化曝气池出水中 EOC 的 GC-MS 分析结果如图 2-20 所示，有机组分的定性率约为 80%。由试验可知，柱 2 定性出的有机组分（62 种）远多于柱 1（29 种）。由图 2-20 可发现柱 1 得出的 TOC 图有明显的驼峰，其分辨率不及柱 2。以上事实说明，经生化处理后，废水中极性

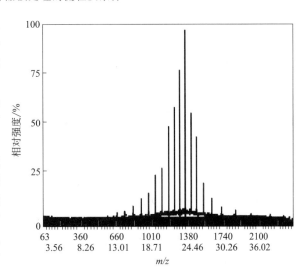

图 2-19　某炼油厂生化曝气池出水 SOC 的 TIC

有机组分增多，用极性柱分析较合适，但其中少量高沸点有机组分的分析仍需要耐高温的弱极性柱。

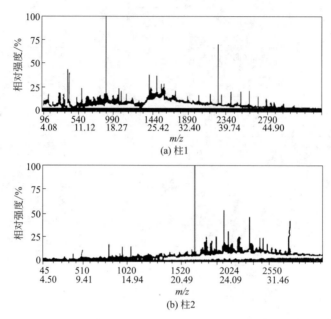

图 2-20　某炼油厂生化曝气池出水 EOC 的 TIC

（5）结论与讨论　某炼油厂曝气池出水的分析结果表明：这种方法的 TOC 回收率为 72.6%，其中 SOC 占 44.5%，EOC 占 28.1%；由于有机组分不同程度地穿透吸附柱，水中尚残余 27.4% 的 TOC 未能分析；溶解性 TOC 树脂吸附率约为 50%；SOC 及 EOC 的 GC-MS 定性率为 80%～90%；SOC 中共鉴定出有机组分 44 种，其中 C_{15}～C_{28} 正构烷烃含量相对较高；EOC 中共鉴定出有机组分 78 种，其中苯酚类、邻苯二甲酸二正丁酯及 1-甲基环己醇含量相对较高。

该项研究初步定性了炼油厂生化处理出水中的特征有机污染物，如石油烃类、苯酚类、苯系物、吡啶类及邻苯二甲酸酯类化合物等。其中石油烃类主要是正构烷烃，基本以粗分散态存在于悬浮性有机物中；苯酚类主要是二甲酚及三甲酚，以 2,4-二甲酚含量居多；苯系物相对含量不高，但种类全，包括甲苯、乙苯、二甲苯、三甲苯、异丙苯等；吡啶类相对含量不高，但种类也较全，包括甲基吡啶、二甲基吡啶、三甲基吡啶及甲乙基吡啶等；酞酸酯类以邻苯二甲酸二正丁酯含量较高。

该废水中有机物的分类方法和预处理程序对炼油厂生化处理废水中有机组分的分析有一定的适用性，其研究结果对炼油厂废水的深度处理及优先污染物的筛选有一定的指导意义。

2.4.5.6　水中五氯酚的 GC-MS 测定

酚类化合物是常见的有毒有机污染物，含酚废水在我国水污染控制中被列为重点解决的有害废水之一，它未经处理违法大量排放，对水体、土壤造成严重的污染，进而危害人类的健康。五氯酚（PCP）是酚类的一种，被认为是致突变物。五氯酚及其盐类被广泛地应用于工农业生产中，它们具有杀菌杀虫、除草等作用，主要用于木料和木制品的防腐，在环境中的存在和归宿已引起环境科学家的重视。世界卫生组织建议饮用水中五氯酚的含量不超过 $10\mu g/L$。由于五氯酚水溶性较大，因此容易导致其对水环境的严重污染。对 PCP 的测定，一般采用 4-氨基安替比林法和 GC 法。前者不仅费时，且在其他酚存在下不能单独测出

PCP，测出的仅是总酚的含量，限制了它的应用；后者易受多种物质干扰，如有机氯农药666，特别是 γ-666 等。

采用浓硫酸酸化水样后，用正己烷萃取，在萃取液中加入重氮甲烷，反应生成的五氯酚甲酯使色谱峰形更为对称。在水样中加入已知量的 $^{13}C_6$ 同位素五氯酚为内标物进行定量测定。

（1）仪器及试剂　Incos50 四极杆质谱仪（FinnigonMat 公司）；Varian3400 气相色谱仪（Varian 公司）；A200s 自动进样器（FinnigonMat 公司）；INcos50 数据处理系统（FinnigonMat 公司）；色谱柱 DB5（30m×0.25mm×0.25μm，J&W 公司）。

五氯酚，英国的（Chem Service 公司产品）$^{13}C_6$ 五氯酚（由 Promchem，inc 合成）：准确称量 10mg $^{13}C_6$ 五氯酚，用少量丙酮溶解并转移至 100mL 容量瓶中，摇匀溶解后，以丙酮稀释至刻度，转移至棕色瓶中，用带聚四氟乙烯内衬的盖子盖紧，存放在 4℃ 的冰箱中。溶液质量浓度为 100mg/L。

五氯酚标准储备液：准确称量 500mg 五氯酚，用少量丙酮溶解并转移至 50mL 容量瓶中，摇匀溶解后，以丙酮稀释至刻度，移至棕色瓶中，用带聚四氟乙烯内衬的盖子盖紧，存于 4℃ 冰箱中。浓度为 10g/L。

6 重氮甲烷乙酸溶液；正己烷；乙丙醇，丙酮，无水硫酸钠，硫酸。以上标准物质及试剂为色谱纯或分析纯。

（2）仪器条件　进样口温度：1min 内从 40℃ 升至 240℃；柱温：40℃ 保持 2min，以 150℃/min 的速度，从 40℃ 升到 270℃；270℃ 保持 15min。载气压力（柱头）为 3800Pa。

离子源温度：175℃。电子能量：70eV。扫描模式先后采用全扫描模式（扫描条件见表 2-14）和 SIM 扫描模式（扫描条件见表 2-15）。

表 2-14　全扫描模式扫描条件

起始质量数	终止质量数	所需扫描时间/s	实际扫描时间/s
39.5	370.5	1.0	0.91

表 2-15　SIM 扫描模式扫描条件

起始质量数	终止质量数	所需扫描时间/s	实际扫描时间/s
236.5	237.5	0.1	0.091
241.5	242.5	0.1	0.091
264.5	265.5	0.1	0.091
270.5	271.5	0.1	0.091
279.5	280.5	0.1	0.091
285.5	286.5	0.1	0.091

（3）分析步骤　用移液管准确移取 1.0mL 五氯酚标准储备液于已加有约 50mL 正己烷的 100mL 容量瓶中，用正己烷稀释至刻度，浓度为 100μg/mL。用一支 500μL 注射器，分别移取 500μL、400μL、200μL、100μL、50μL 上述五氯酚溶液于 50mL 容量瓶中，用另一支 500μL 注射器，分别移取 500μL 质量浓度为 100μg/mL 的 $^{13}C_6$ 五氯酚标准储备液于每个容量瓶中，用正己烷稀释至刻度。标准校准样品系列中，五氯酚的质量浓度分别为 1mg/L、0.8mg/L、0.4mg/L、0.2mg/L、0.1mg/L，$^{13}C_6$ 五氯酚质量浓度均为 1mg/L。再用量筒准确量取 400mL 水样，注入 500mL 玻璃瓶中，用注射器加入 200mL 质量浓度为 100mg/L 的 $^{13}C_6$ 五氯酚混合均匀，继续加入 10mL 浓硫酸、15mL 2-丙醇和 20mL 正己烷，摇动 1min 后，置玻璃瓶子滚动萃取机上滚动 1h，取下瓶子，注入超纯水使正己烷层上升至瓶口。用自动移液器吸取 0.5mL 正己烷，注入 1.5mL 的自动进样器小瓶中，用自动移液器移取 0.5mL 新制备的重氮甲烷乙醚溶液于自动进样小瓶中，混合均匀，在室温下反应 2h 以上，

取样进行 GC-MS 分析。

（4）试验结果　样品浓度分别由式（2-13）和式（2-14）计算。

$$c = H_1 c_2 / (RF H_2) \qquad\qquad (2\text{-}13)$$

$$RF = H_1 c_2 / (H_2 c_1) \qquad\qquad (2\text{-}14)$$

式中　c——样品中五氯酚质量浓度，$\mu g/L$；

　　　H_2——$^{13}C_6$ 五氯酚的峰高，计数单位；

　　　H_1——五氯酚标样的峰高，计数单位；

　　　c_2——五氯酚的质量浓度，$\mu g/L$；

　　　c_1——五氯酚标样的质量浓度，$\mu g/L$；

　　　RF——使用平均 RF 值。

当标样质量浓度在 $0.0 \sim 1.0mg/L$（相当于实际水样质量浓度 $5 \sim 50\mu g/L$）范围内时，该方法的检测上限为 $1.0\mu g/L$。按试验方法，对饮用水及处理后的工业废水测定，以 $5\mu g/L$ 和 $15\mu g/L$ 质量浓度水平的标样进行加标回收率试验，其平均回收率分别为 94.0% 和 96.5%。

2.4.5.7　GC-MS 在水污染事故监测中的应用

如果某河段每天清晨在河水中出现深色污水带，为查清污染责任者，可在该污染河段及上游多个可疑企业排污口采样，用气相色谱-质谱仪（GC-MS）进行分析，确定污染事故的责任者。有研究者对某河段清晨出现的红色污废水寻找了源头。

（1）仪器和试剂　MD800 色谱-质谱联用系统，英国 VG 公司；DB-5MB 30m × 0.25mm × 0.25μm 弹性石英毛细管柱，美国 J&W 公司；二氯甲烷，重蒸馏。

取 1000mL 待测水样于 1000mL 分液漏斗中，加入 3×20mL 二氯甲烷萃取，萃取液经干燥后用 K-D 浓缩器浓缩到 1mL，取 1μL 进样。

（2）仪器分析条件　柱温 50℃（恒温 5min），然后以 6℃/min 的速度升温到 250℃（恒温 10min）；进样口温度 250℃；接口温度 220℃；载气 He，柱前压 50kPa；分流比 1:30；离子源温度 200℃；离子源能量 70eV；扫描范围 35～450u；扫描时间 0.9s；回扫 0.1s；倍增器电压 350V。

（3）分析步骤　有关 GC-MS 的测定步骤，前面已有详尽的介绍，操作步骤同上例。

（4）试验结果　在上述条件下，污染河水的总离子流谱图如图 2-21 所示，某厂排放口污水的总离子流谱图如图 2-22 所示，排放口上游 100m 处河水总离子流谱图如图 2-23 所示。

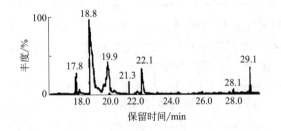

图 2-21　污染河水的总离子流谱图

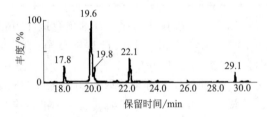

图 2-22　排放口污水的总离子流谱图

（5）结论　对以上三个谱图进行定性分析，两组谱图中有 20 个组分相重叠，其中 N,N-三甲基苯胺、N,N-二甲基苯胺、N,N-二甲基对苯二胺、香草醛、N,N,N',N'-四甲基-4,4'-联苯二胺为被检测的化工厂的原料、产品及中间体。比较该厂排污口和被污染河水的监测结

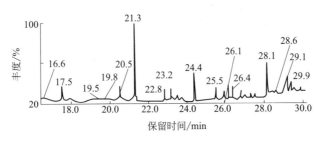

图 2-23　排放口上游 100m 处河水总离子流谱图

果，被污染河水和该厂的污水有极其相似的指纹特征。根据污染源调查的结论和该厂停产后被污染河水立即得到改善，由此判定该起污染事故为该化工厂定时向被污染河道排放工艺废水所致。由此可见，GC-MS 检测法在污染事故责任推定中亦具有极其重要的实际意义。

2.4.5.8　造漆厂排水中有机污染物的色谱-质谱（GC-MSD）测定

随着环境科学和医学的发展，人们已逐渐认识到某些有机物对环境的污染直接威胁着人类的健康。水中有机物的常规监测项目 COD、BOD 等综合性指标，并不能确切地反映有机污染物的含量。因此，对微量有毒有害有机污染物的检测研究，已成为全球环保部门的重要课题。1977 年美国环境保护局提出 129 种优先（监测）污染物，其中 114 种是有机物，占总数的 88.4%。1989 年我国也提出中国优先（监测）污染物黑名单，其中也以有毒有害有机物为主。若要达到优先（监测）的目的，则必须建立有效的检测分析手段。有人用 GC-MSD 法分析检出某造漆厂排放废水中有机污染物 96 个。为其他有机化工厂排水中有机污染物的检测建立了参考方法。

（1）仪器与试剂　HP5970B 气相色谱-质量选择检测器（GC-VSD）（美国惠普公司）；HP59970B GC-MS-MSD 数据系统（包括 HP9816 计算机、HP9133D 温氏盘、HP2225AK150 喷墨宽行打印机）。溶剂乙醚、丙酮、甲醇、二氯甲烷均为分析纯，须用旋转蒸发器重蒸，经气相色谱检验无杂质峰出现；吸附树脂 XAD-2、XAD-7（进口），亦可用国产 GDX-501。

（2）仪器分析条件　弹性石英甲基聚硅氧烷类色谱柱（ϕ0.2mm×25m）；柱温为 50℃（2min），以 4℃/min 的速度升至 250℃（10min）；汽化室温度 250℃；转输线温度 250℃；柱前压 0.05MPa；载气，氦气 1.0mL/min；分流比 10:1；隔膜清洗 1mL/min；进样量 1μL；质谱电子轰击能量 70eV；扫描质量范围 18～500；溶剂延迟时间 1.6min；电子倍增器电压 2kV。

（3）分析步骤　采集 10L 水样，通过大分子网状树脂（XAD-2 和 XAD-3）富集，用二氯甲烷洗脱，于 KD 浓缩器中浓缩，以毛细管色谱分离、质谱定性鉴定。

① 富集　将吸附树脂按乙醚、丙酮、甲醇的顺序分别在索氏抽提器中回流提取 8h，浸泡过夜，进行净化处理后储存于甲醇中，用时湿态装入吸附柱。吸附柱为 ϕ23mm×500mm 的玻璃柱，装填吸附树脂 XAD-2、XAD-7 各 1/2，总高度 100mm。将水样 10L（有机物浓度高时可酌情减少）通过虹吸管流入吸附柱，流速为 2mL/min，至水样全部通过吸附柱。

② 洗脱　向过完水样的吸附柱通氮气吹除残留水分。加入二氯甲烷浸泡 30min，再以 2～3mL/min 的流速洗脱，收集洗脱液 100mL。洗脱液再通过无水硫酸钠（400℃下处理 2h）脱水。此外也可将树脂装入索氏抽提器内用二氯甲烷抽提。

③ 浓缩　收集的洗脱液用 KD 浓缩器在通氮气、减压的状态下浓缩至 1mL（或 0.1mL）。

④ 测定　用毛细管气相色谱质谱仪分离检测。

⑤ 空白与回收率的测定　将超净水（去离子水经蒸馏后再通过活性炭柱和 XAD-2、XAD-7 混合柱的流出水）以与水样同样步骤处理，用 GC-MSD 检测，得出全过程的空白本底色谱图，如图 2-24 所示。制备低、中、高分子量的有机物标样的超净水溶液 10L，按与水样相同的步骤处理和分析，回收率在 70%～90% 之间。

（4）试验结果　用 GC-MSD 分离、鉴定某市某造漆厂废水中的有机污染物有 96 个，在线总离子色谱图如图 2-25 所示。

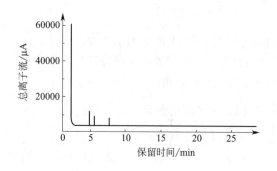

图 2-24　全过程的空白本底色谱图　　　　图 2-25　在线总离子色谱图

有机污染物的定性，采用 HP59970B 数据系统对获得的每个色谱峰的质谱图经计算机在机内 NBS（美国标准局）质谱库中检索，并与美国《EPA/NIH 质谱基本数据》和英国《质谱八峰值索引》对照，再进行人工谱图解析、确认等步骤完成。机内检索是以各化合物质谱图的 10 个最强离子的丰度为依据，分别与库中 3 万多标准质谱统计出 3 万多个相似度，并列出相似度最大的化合物名称。

2.4.5.9　测定橡胶废水中的有机污染物

橡胶工业是石化工业中的用水排水大户之一。其排水水质复杂，变动较大，较难处理。有人曾对某橡胶厂不同处理阶段的废水进行了有机成分与有机指标的分析，并对不同有机成分的去除规律做了初步分析，为有效地处理橡胶废水提供了科学依据。

该橡胶厂主要产品为顺丁橡胶和丁苯橡胶，主要生产废水为顺丁废水和丁苯废水。其废水处理流程为：丁苯废水经气浮后与顺丁废水在管道中混合，经沉淀隔油后进入污水处理场生化处理，经快滤池过滤后排入海中。处理工艺流程如图 2-26 所示。

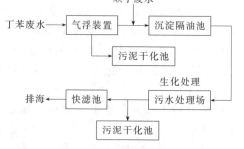

图 2-26　某石化厂橡胶废水处理工艺流程

（1）仪器与试剂　HP 589015970 型气相色谱-质谱联用仪（美国）；KD 浓缩器；日本岛津 TOC-10s 型总有机碳测定仪。二氯甲烷-乙醚（体积比 2∶1）复合萃取剂、NaOH、HCl、无水 Na_2SO_4，均为分析纯；盐析剂；重铬酸钾氧化法测定化学耗氧量的药品和装置。

（2）仪器分析条件　SE-54 0.25mm×30m 石英毛细管柱，汽化温度 280℃，分离器温度 280℃。柱温：起始温度 80℃，恒温 10min，以 5℃/min 速率升温至 140℃，恒温 2min，继以 15℃/min 速率升温，达 280℃后恒温 10min。载气为 He，柱前压 10Pa，分流比 10∶1，进样量 1μL。质谱电离方式 EI，电子轰击能量 70eV，电子倍增器电压 1145V，离子源温度 140℃，扫描时间 1s，质量范围 50～500。

（3）试验内容　二氯甲烷-乙醚（体积比 2∶1）复合萃取剂：以 30mL 萃取液分 3 次、每次 5min 萃取 500mL 水样，并加入盐析剂至水样饱和。萃取后的溶剂经无水 Na_2SO_4 柱脱水后，在 40℃以下，用 KD 浓缩器浓缩至 1mL。

① 定性分析　用 GC-MS，以清水为对照，分析顺丁废水、丁苯废水、污水场进水、污水场出水和活性炭出水中的有机物成分。

② 定量分析　对含量较高的有机物，采用 GC-MS 和毛细管气相色谱（GC-FID）外标/内标法，确定其含量，同时，以总有机碳测定仪测定水样中的总有机碳（TOC），以重铬酸钾氧化法测定其化学耗氧量（COD_{Cr}）。

（4）试验结果　以清水为参照本底。在橡胶废水中共发现 25 种有机物，其中顺丁废水 12 种，丁苯废水 22 种。水样的 GC-MS 总离子流谱图如图 2-27 所示。对 25 种有机物中含量较高的 18 种有机物进行定量分析，发现丁苯废水中的有机物含量是顺丁废水有机物含量的 16.8 倍，是橡胶废水主要有机污染来源。两种废水均以苯乙烯为主要成分。

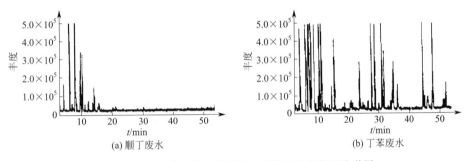

图 2-27　顺丁废水和丁苯废水的 GC-MS 总离子流谱图

（5）结论　GC-MS 法在橡胶工业废水中共检出 25 种有机物。其中顺丁废水 12 种，丁苯废水 22 种。废水主要有机组分为苯乙烯。丁苯废水中 18 种定量有机物的含量为顺丁废水中有机组分含量的 16.8 倍。并且分析发现现行污水处理工艺对低分子量有机物具有较好的去除率，而对一些高分子有机物去除率较低。随着处理程度的加深，出水中的高分子有机物含量逐渐增大。

2.4.5.10　GC-MS 内标法测定废水中的半挥发性有机污染物及其质量保证与质量控制

随着石油化工、制药、农药、染料等工业的迅速发展，化学物质的数量和种类与日俱增，其中许多有毒物质随投放使用或工业三废排入环境。对有机物只使用 COD、BOD、TOC 等综合指标已经无法满足环境监测的需要。美国环保局早在 20 世纪 80 年代初就开始监测控制并由合同试验方案（CLP）样品管理办公室定期对合同实验室进行 QA（质量保证）/QC（质量控制）评估。在国内有人选用 CLP 工作说明中所规定的要求，进行了内标定量分析废水中的半挥发性有机优先监测污染物的试验。

半挥发性有机物 QA/QC 包括下列步骤：色质联机系统的质量校正和离子丰度模式调谐；GC-MS 的初始校正和继续校正；内标峰响应和保留时间的稳定；方法空白分析；回收率指示物的回收率分析；基体加标和基体加标双样的分析。

（1）仪器和试剂　HH-S 恒温水浴，具塞分液漏斗（1L）；KD 浓缩装置；P-E 公司 Autlosystem9000 型色谱-Q-Msss 910 质谱联用仪；Restec SE-54 石英弹性毛细管柱 30m×0.25mm，膜厚 0.25μm。美国 EPA 优先污染监测物标样、内标样［Supelco Inc.（Bellefente，PA-16823-0048，USA）］；十氟三苯基磷（DFTPP，美国 ALdrich Chemical

Co. Inc.）；无水硫酸钠（北京化学试剂商店，分析纯）；溶剂在 40～50℃的恒温中重蒸后使用。所有试剂均为分析纯。

（2）仪器分析条件

① 色谱条件　柱前压 0.03MPa，载气 He，流速约 29cm³/s，35℃保持 3min，然后以 6℃/min 速率升至 120℃，再以 15℃/min 速率升至 200℃，接着以 10℃/min 速率升至 280℃，到苯并芘出峰为止。注射口温度 280℃，传输线温度 260℃。Grob 型不分流进样方式，进样量 1μL。

② 质谱条件　离子源 EI，70eV，质量范围 40～450，扫描时间 0.82s，倍增器电压 950V，离子源温度 200℃，全扫描谱方式。

（3）分析过程

① 建立定量校正用的定量校正库　取中等浓度 40ng 全扫描数据文件观察每个峰的质谱图。对于定性鉴定的要求：每个化合物的标准谱图中碎片离子相对强度大于 10％基峰的峰均应存在；碎片离子峰强度与标准谱图中相应峰的强度相差在±20 之间。操作步骤：首先建立分析过程中的目标表，其中包括每个化合物的保留时间及其质谱图；然后建立校正库，利用目标表输入，将自动建立内标库（扩展名为.STD）和分析库（扩展名为.TAR），构成校正库文件；最后产生响应曲线，由扫描文件计算出不同浓度的响应值。

② 样品的采集和制备　水样取自某污水处理厂的排出口。按 3510 液-液萃取法制备样品。水样加入回收率指示物或基体加标样后调酸碱度，再用二氯甲烷萃取，脱水浓缩得到分析样品。空白样品、回收率指示剂、基体加标样品以同样方法进行萃取浓缩而成。

③ 溶剂水空白分析　主要检查样品在化学预处理和分析过程中是否被溶剂、容器沾污，要求酞酸酯空白不大于 5 倍最低检测量，所有目标化合物的空白值不大于最低检测量。

在进样前，根据实际样品量加入内标，使各个组分质量浓度为 40ng/μL，打印混合标样及样品分析的总离子流色谱图，要求溶剂和仪器空白的总离子流色谱图中看不到任何干扰峰。

按上述仪器条件上机测定，打印谱图。

（4）分析结果　内标定量法分析废水中半挥发性优先监测有机污染物的结果见表 2-16。

表 2-16　内标定量法分析废水中半挥发性优先监测有机污染物的定量结果

序号	化合物名称	相对响应因子（RRF）	内标物的相对响应因子（RRFc）	误差（D）/%	含量/(μg/L)
1	酚	0.82	0.77	-6	5.36
2	2-甲酚	0.95	0.77	-12	12.96
3	4-甲酚	1.05	0.95	-10	7.28
4	异佛尔酮	0.98	0.99	-1	10.88
5	2,4-二甲酚	0.29	0.25	-14	8.08
6	4-氯-3-甲酚	0.19	0.15	-21	8.56
7	二苯并呋喃	2.01	1.89	-20	41.36
8	2,4-二硝基甲	0.35	0.28	-20	8.80
9	苯	1.25	0.95	-24	8.32
10	芴	0.99	0.84	-21	7.20
11	菲	0.98	0.84	-15	7.84
12	蒽	1.46	1.26	-14	18.0
13	二丁基钛酸酯	0.71	0.67	-14	3.12
14	荧蒽	0.89	0.87	-2	7.04
15	苯并[a]蒽	0.90	0.74	-18	5.12
16	二异辛基钛酸酯	0.95	0.89	-6	22.08

注：$RRF_i = \dfrac{A_x}{A_{is}} \times \dfrac{c_{is}}{c_x}$，$A_x$、$A_{is}$ 分别为被测化合物和指定内标物的特征离子峰面，c_x 和 c_{is} 为被测化合物和指定内标物的浓度。

从以上工作看出，这种分析方法在质量保证和质量控制下能达到要求，定量分析结果的可信度较好。检出 16 种目标化合物，其含量在 $3.12\sim41.4\mathrm{ng}$ 之间，远小于允许排放标准。

在样品中除了优先监测物外还有 9 种无三致性的化合物。这些化合物通过色质联机系统的库检索定性。设 RRF 为 1，以相邻内标为参考，进行定量，在 CLP 中称为尝试性化合物测定，其含量在 $1.30\sim39.9\mathrm{ng}$ 之间。

（5）结论　质量保证/质量控制是 GC-MS 进行定量的重要因素之一，在此工作中，仪器的调整、样品的前处理、标准混合溶液的配制、校正库文件的建立等步骤是关键。但只要认真仔细地做好每一步，完全可以达到 CLP 要求。

2.4.5.11　质谱法在水中多环芳烃分析中的应用

多环芳烃（PAHs），指含有两个或两个以上苯环或杂环的烃类，是煤、石油等有机高分子化合物在不完全燃烧时产生的，因其具备较高毒性、致突变性和致癌性，通过人体吸入或食物链作用，在生物体内累积，可能对环境和人的健康产生严重影响。在 16 种 PAHs 中，苯并［a］芘经常被用作环境污染水平和致癌风险的代表物。PAHs 分布广泛，国内外已有水体中存在多环芳烃的报道。美国环境保护署（USEPA）制定的环境水质标准中规定，饮用水中 PAHs 推荐的最大污染物水平为 $0.2\mathrm{pg}/\mu\mathrm{L}$。我国《生活饮用水卫生标准》（GB 5749—2006）中规定的苯并［a］芘的含量不得超过 $0.01\mu\mathrm{g}/\mathrm{L}$，PAHs 总量不得超过 $0.002\mathrm{mg}/\mathrm{L}$。水是人类生存不可缺少的资源，研究水体中尤其是地下水、地表水中 PAHs 的分析测试技术意义重大。水体中 PAHs 的含量一般极低，对水中 PAHs 的分析测试技术的报道并不多。

（1）基质标准校正-气相色谱-质谱法同时检测地下水中有机氯农药和多环芳烃

① 仪器和试剂　TRACE DSQ 气相色谱-质谱联用仪（美国 Thermo 公司）；MTN-2800W 氮吹仪（恒奥公司）；HA-20 固相萃取仪（恒奥公司）；AP-02 真空泵（恒奥公司）；ENVI18 固相萃取小柱（SUPELCO 公司），规格 6mL 500mg；K-D 浓缩装置（SUPELCO 公司）。丙酮；CH_2Cl_2；甲醇；水。标准品：α-BHC、β-BHC、γ-BHC、δ-BHC、p,p'-DDE、p,p'-DDD、p,p'-DDT、艾氏剂、七氯、环氧七氯、狄氏剂、异狄氏剂、六氯苯、α-硫丹、β-硫丹、异狄氏剂醛、甲氧-DDT。萘、苊、苊烯、芴、菲、蒽、荧蒽、芘、苯并［a］蒽、屈、苯并［b］荧蒽、苯并［k］荧蒽、苯并［a］芘、茚并［123］芘、二苯并［a,h］蒽、苯并［g,h,i］芘；内标菲-d10（SUPELCO 公司）。

② 仪器分析条件　毛细管色谱柱：HP-5MS（$30\mathrm{m}\times0.25\mathrm{mm}\times0.25\mu\mathrm{m}$）柱。色谱程序升温条件：$40\mathrm{℃}$（1min）经 $7\mathrm{℃}/\min$ 升至 $120\mathrm{℃}$，$10\mathrm{℃}/\min$ 升至 $220\mathrm{℃}$，$5\mathrm{℃}/\min$ 升至 $300\mathrm{℃}$（3min）。进样口温度：$230\mathrm{℃}$。进样方式：不分流。进样体积：$1\mu\mathrm{L}$。离子源类型：EI 源。离子源温度：$280\mathrm{℃}$。质谱扫描方式：短程选择离子扫描（segment selected ion monitoring）。

③ 分析过程

a. 样品预处理　依次用 5mL CH_2Cl_2、5mL 甲醇、5mL 纯水活化 C_{18} 小柱，将加入标准品的模拟水样混合均匀，上样，控制水样流速，经活化后的 C_{18} 小柱富集，用甲醇（1＋19）溶液 10mL 淋洗小柱，用 5mL 丙酮、10mL CH_2Cl_2（分 2 次）洗脱，浓缩定容至 1.0mL，准确加入内标（不超过 $10.0\mu\mathrm{L}$），转移至 GC 小瓶，于气相色谱-质谱联用仪待测。

b. 基质溶剂的制配　取 1000mL 无有机物水，在不加任何标准物的情况下，经过与样品一样的预处理过程，将溶剂浓缩定容至 1.0mL。可同时制备多个样品，合并浓缩后的溶剂，以备配制标准使用。

④ 分析结果

a. 溶剂选择与样品洗脱　选定丙酮、CH_2Cl_2 作为洗脱溶剂。丙酮（5mL）加入后，待丙酮完全浸湿柱床体积，控制丙酮浸泡小柱约 5~10min，以流速 3~4mL/min 收集洗脱液；加入 CH_2Cl_2（10mL），以 3~4mL/min 的流速淋洗，合并洗脱液。由于 C_{18} 柱的个体差异，丙酮（5mL）不能完全浸泡小柱时，需补加丙酮。丙酮浸泡小柱的时间控制是很重要的一个环节，若丙酮加入后不经浸泡直接流出丙酮液，多数项目回收率偏低，部分项目回收率仅达到 50%。

b. 基质效应的消除　在固相萃取中，除水体基质成分外，C_{18} 小柱的洗脱，丙酮、CH_2Cl_2 的浓缩，无水硫酸钠的脱水，实验器皿的使用，玻璃纤维滤纸的过滤，高纯氮气的吹扫，实验环境等每个环节都可能会带来复杂的基质成分，而这些方面的基质效应之和往往大于水体本身的基质效应（污水除外）。通过数据对比说明，水样（污水除外）自身基体所产生的基质放大效应并非起着主导作用，导致基质放大效应的主要因素是预处理过程中每个环节所产生的基质成分总和。

c. 质谱条件优化　为提高仪器的灵敏度，降低检出限，本方法采用短程选择离子扫描方式，即把整个分析过程分成 6 个时间段，在每一个时间段内只扫描对应目标物的特征离子，使得特征离子的扫描频率比常规选择离子扫描方式高数倍，同时因为忽略了其他大多数无关离子，使噪声信号得以减弱，所得到的各种化合物的分离效果较好，峰形趋于完美。

d. 方法检出限及定量限评估　配制浓度为 20.0ng/L 的水样（1000mL），经全流程处理，逐步稀释上机检测，以 3 倍噪声对应浓度作为方法检出限（LOD）。在满足回收率（R）70%~130.0%（保证准确度），RSD<15%（保证精密度）的情况下，本方法对 33 种半挥发有机物定量检出最低浓度（LOQ）值进行了评估确定。由于采用基质标准校正，甲氧 DDT、异狄氏剂、萘、菲等组分在浓度较低时，表现出较高的准确度和精密度。目标化合物平均回收率 70%~130%，相对标准偏差 5%~11%，检出限（LOD）0.3~2.0ng/L，定量限（LOQ）5.0~20.0ng/L。

e. 样品回收率　对来自河北、河南、山东、北京、天津的多组地下水水样进行基体加标分析，虽然水样基质不同，但采用固相萃取技术和全过程基质溶剂标准校正，其回收率均在 70%~130%。

（2）配位聚合物固相萃取-气相色谱-质谱联用法测定环境水样中的 6 种多环芳烃

① 仪器和试剂　岛津 QP-2010 气相色谱-质谱联用仪（配备 AOC-20i 自动进样器）；Vario EL 元素分析仪；理光-D/max2500VX 射线粉末衍射仪，配备铜靶（$\lambda=1.54178$）；日立 S-3700 扫描电镜；V-Sorb 2800PBET 比表面积分析仪（北京金埃谱科技有限公司）；医用聚丙烯柱管（200mg/3mL）及多孔聚丙烯筛板，均购自博纳-艾杰尔科技有限公司；海利电磁式真空泵（AOC-308，30W），购自广东海利集团有限公司。实验中所用的二氯甲烷为农残级（德国 Merck 公司），其他有机试剂均为分析纯，购于广州金华大化学试剂有限公司；荧蒽（Flan）、苯并［b］荧蒽（BbF）、苯并［k］荧蒽（BkF）、苯并［a］芘（BaP）、茚并［1,2,3-cd］芘（InP）、苯并［g,h,i］芘（BghiP）的单一标准品均购自美国 Accustandard 公司，使用前用乙腈配制成混合标准溶液（其中荧蒽、苯并［b］荧蒽、苯并［g,h,i］芘均为 2mg/L，苯并［k］荧蒽、苯并［a］芘、茚并［1,2,3-cd］芘为 1mg/L），并置于 4℃ 保存。

② 仪器分析条件　DB-5MS 柱［30m×0.25mm（内径），0.25μm，购自 J&W 公司］，载气为高纯氦气（纯度 99.999%），载气流速 1.0mL/min。进样口温度 280℃，不分流进样，取样时间 2min，之后分流比为 50∶1，进样量 1μL。程序升温条件：初始温度 110℃，保留 1min，以 20℃/min 升至 220℃，后以 8℃/min 升至 320℃，保留 10min。质谱条件：

传输杆温度280℃；电子轰击（EI）离子源，电子能量70eV，离子源温度250℃；溶剂延迟5min。

③ 分析过程 配合物 $[Zn(BTA)_2]_n$ 的制备：制备方法参照文献，元素分析的结果为C 47.93%，H 2.76%，N 27.88%，与目标物相符。所得样品分别经乙醇、二氯甲烷洗涤并干燥后，放入真空烘箱中在150℃条件下烘干2h待用。

a. 固相萃取柱的装填 准确称取200mg所得粉末样品装入柱管中，下端用筛板封住，以3mL乙醇淋洗，真空泵抽实，上端以筛板封住。

b. 样品预处理 江水、湖水等水样均需在真空泵抽取条件下经0.45μm的滤膜过滤，并置于4℃条件下保存于棕色瓶中。为防止PAHs黏附于瓶壁，上样前向水样中加入5%的乙腈并混匀。

c. 固相萃取过程 SPE柱分别用3mL甲醇、3mL去离子水活化，上样，在真空泵抽取下以4mL/min流速通过SPE柱，以20mL去离子水洗涤样品瓶，合并上样。以5mL含10%甲醇的水淋洗，抽取10min以除去填料中的水分，分别以0.5mL丙酮、5mL二氯甲烷进行洗脱，控制流速为1mL/min，所得洗脱液经450℃灼烧过的无水硫酸钠干燥后，用氮气吹至0.5mL，待GC-MS检测。

d. PAHs的分离与测定 在设置的色谱和质谱条件下，用SCAN方式对6种PAHs进行扫描，测得其总离子流图（TIC），然后根据各PAH的保留时间和质谱图，确定各待测化合物，再利用选择离监检测方式（SIM）来监测各PAH的特征离子。其中荧蒽的定量离子为 m/z 202，苯并 $[b]$ 荧蒽、苯并 $[k]$ 荧蒽、苯并 $[a]$ 芘为 m/z 252，茚并 $[1,2,3-cd]$ 芘及苯并 $[g,h,i]$ 芘为 m/z 276。

④ 分析结果 使用200mg $[Zn(benzotriazole)_2]_n$ 配合物作为固相萃取填料，以10%甲醇为淋洗剂，0.5mL丙酮和5mL二氯甲烷作为洗脱剂，在上样体积为200mL、流速为4mL/min的条件下，6种多环芳烃均具有较高的回收率。荧蒽（Flan）、苯并 $[b]$ 荧蒽（BbF）、苯并 $[g,h,i]$ 芘（BghiP）的质量浓度在20~1000μg/L范围内，苯并 $[k]$ 荧蒽（BkF）、苯并 $[a]$ 芘（BaP）、茚并 $[1,2,3-cd]$ 芘（InP）在10~500μg/L范围内与峰面积呈良好线性关系，相关系数为0.9968~0.9993。方法的检出限为0.45~10.7ng/L，加标回收率为77%~112%，相对标准偏差为3.8%~8.5%。结果表明，该方法具有成本低、灵敏度高等特点，能够满足实际水样中6种多环芳烃的测定要求。

⑤ 结论 制备了一种二维的 $[Zn(benzotriazole)_2]_n$ 配位聚合物，并经过XRD、SEM及元素分析法的表征，将其用于富集萃取环境水样中的6种重质多环芳烃，该配合物对于含多苯环的化合物显示出较强的吸附力。实验中分别对填料用量、淋洗剂、洗脱剂的种类及用量、穿透体积等参数进行考察，并将其与同等上样量及加标量的 C_{18} 固相萃取小柱进行对比，建立了水样中6种多环芳烃的气相色谱-质谱联用检测方法。

（3）气相色谱质谱法测定水质中16种多环芳烃

① 仪器和试剂 气相色谱质谱仪：7890A/7000（美国 Agilent 公司）。固相萃取仪：VISIPRE-DL，四通道，Waters-C_{18}固相萃取柱，500mg×6m（美国 Supelco 公司）。定量浓缩仪：Dry Vap 6位（美国 Horizon 公司）。样品制备平台：696A，150位（美国 Agilent 公司）。多环芳烃标准样品（Z-013-17，16混，200.0mg/L，美国 Accustandard 公司）；内标菲-d10（48710-U，2000mg/L，美国 o2si 公司）；内标三联苯-d14（010009-06，1000mg/L，美国 o2si 公司）；二氯甲烷（农残级，美国 J.T. Baker 公司）；正己烷，农残级（95%，美国 J.T. Baker 公司）；甲醇，农残级（美国 J.T. Baker 公司）。使用16种多环芳烃的标准溶液及微量注射器，用正己烷作为溶剂，配制浓度为500μg/L、100μg/L、25μg/L、5μg/L、1.0μg/L的标准曲线；使用3种内标的标准溶液，用甲醇作为溶剂，配制浓度为10.0μg/L

的菲-d10、2-氟联苯及三联苯-d14的混合内标溶液。

② 仪器分析条件　色谱条件：色谱柱 DB-5MS，30m×0.25mm×0.25μm；柱温，50℃保存 1min，以 20℃/min 升至 130℃ 保存 1min，以 4℃/min 升至 300℃ 保存 15min，共计63.5min，320℃后运行 2min；进样口温度 300℃；分流比 5:1；柱流量 0.8mL/min；进样量 2.0μL。质谱条件：质谱接口温度 300℃；离子源温度 300℃；四极杆温度 150℃；碰撞气体为 He 2.25mL/min，N₂ 1.5mL/min；溶剂延迟 5.0min。

③ 分析过程　样品前处理：取水样 1.0L，加入一定量的甲醇改进剂，使用固相萃取仪，采用 Waters-18 固相萃取柱，固相萃取柱经活化后，以一定的流速萃取水样后纯水淋洗、二氯甲烷洗脱，收集洗脱液于棕色管中；使用定量浓缩仪经自动膜除水、正己烷换相，浓缩上述接收的洗脱液至 0.9mL，最后正己烷定容至 1.0mL；经样品制备平台自动加入10.0μL 内标后，上机测定。

固相萃取条件：活化，10mL 纯水、10mL 甲醇、10mL 二氯甲烷、10mL 甲醇、10mL 测定水；萃取，以一定流速萃取；洗脱，10mL 纯水淋洗、10mL 二氯甲烷洗脱。

④ 结论　建立了固相萃取-气相色谱质谱法测定水质中 16 种多环芳烃的方法，考察了进样口温度及离子源温度，确定了色谱及质谱条件，优化了萃取过程的有机改进剂加入量和萃取流速等。经条件优化后，本方法所测 16 种目标化合物的标准曲线相关系数均在 0.9995以上。当使用 1.0L 的水样时，各目标化合物的方法检出限在 0.18~1.32ng/L 之间，3 种高低不同浓度空白水样的加标回收率在 71.5%~102% 之间，精密度均小于 15%。经 4 种不同来源的实际水样的测定，16 种目标化合物实际样品加标回收率均在 70%~110% 之间。

（4）全二维气相色谱-飞行时间质谱测定地下水中低环多环芳烃及其衍生物

① 仪器和试剂　全二维气相色谱-飞行时间质谱（GC×GC-TOF MS），美国 LECO 公司：GC×GC 系统由 Agilent7890B 气相色谱仪和双喷口热调制器组成，MPS 进样器（德国Gerstel 公司），飞行时间质谱仪为美国 LE-CO 公司的 PEGASUS 4D，数据处理系统为Chroma TOF 软件。LABOROTA-4003 型旋转蒸发仪（德国 Hei-dolph 公司）。Milli-Q 超纯水系统（美国 Millipore 公司）。Rxi-5Sil MS 气相色谱毛细管柱（30m×0.25mm×0.25μm，美国 Restek 公司）。Rxi-17Sil MS 气相色谱柱（1.2m×0.15mm×0.15μm，美国Restek 公司）。HLB 小柱（3mL/60mg，美国 Waters 公司）。1L 棕色细颈螺旋口预清洗样品瓶（美国 Thermo 公司）。内标范-D10、替代物萘-D8 均购自美国 Accu Stan-dard 公司。正己烷（HPLC 级，美国 Fisher Scientific 公司）。二氯甲烷（HPLC/ACS 级，北京 J&K 百灵威科技公司）。丙酮（农残级，美国 Fisher Scientific 公司）。恒大冰泉矿泉水。

② 仪器分析条件　气相色谱条件：色谱柱，一维柱 Rxi-5Sil MS 气相色谱柱（30m×0.25mm×0.25μm，美国 Restek 公司），二维柱 Rxi-17Sil MS 气相色谱柱（1.2m×0.15mm×0.15μm，美国 Restek 公司）；进样口温度 275℃，传输线温度 280℃；载气氦气（纯度≥99.999%）；进样量 2μL；不分流进样；载气流速 1.5mL/min；一维柱程序升温，初始温度 60℃，保留 0.5min，以 6℃/min 升至 200℃，最后以 25℃/min 升至 300℃；二维炉温补偿温度 5℃，调制解调器补偿温度 15℃；调制周期 3s，热吹时间 0.6s；以目标物的色谱保留时间、质谱图定性，内标法定量。

质谱条件：电子轰击源（EI 源），电离电压 70eV，采集速率 100（谱图/s），检测电压-1750V，离子源温度 240℃；扫描方式为全扫描模式；特征离子定量分析。

③ 分析过程　样品前处理：量取 1L 地下水样于 1L 分液漏斗中，分别加入 30.0gNaCl、20μL 替代物标准溶液（10.0μg/mL）和 50mL 二氯甲烷-正己烷（1:1）混合萃取溶剂，摇匀排气，于振荡器上振摇萃取 10min，静置分层后，将有机相转移至 250mL 平底烧瓶中；后两次分别加入 30mL 正己烷，重复上述操作，合并 3 次有机相，加适量无水硫酸钠

除水，旋蒸浓缩至 2～3mL；然后转移至 KD 浓缩瓶中，氮吹至 1.0mL 以下，加入 20μL10.0μg/mL 混合内标标准溶液，正己烷定容至 1.0mL，待测。

④ 结论　建立了地下水中低环多环芳烃及其衍生物的全二维气相色谱-飞行时间质谱（GC×GC-TOF MS）检测方法。对比研究了液液萃取（LLE）和固相萃取（SPE）对地下水中低环多环芳烃及其衍生物的提取效率，优选液液萃取为前处理方法。在优化条件下，除 1,2,3,4-四氢萘（$r=0.9872$）和联苯（$r=0.9899$）外，其他目标物在 0.1～1000μg/L 范围内具有良好的线性关系，相关系数（r）均大 0.99。地下水的平均加标回收率为 63.3%～111%，除喹啉的相对标准偏差（RSD，$n=6$）为 24.9% 外，其余目标物的 RSD 均小于 9.5%，方法检出限在 1.63～14.7ng/L 之间。该方法用于河北地区 6 个地下水样中低环多环芳烃及其衍生物的检测，4 个样品有检出，最高浓度达 353ng/L。

（5）C_{18} 膜萃取-超高效液相色谱-串联质谱法测定海水中羟基多环芳烃

① 仪器和试剂　E08UPF374M 型超高效液相色谱仪（美国沃特世公司）；Finnigan TSQ Quantum Discovery MAX 三重四极杆质谱仪（美国热电公司）；ACQUITY UPLC BEH C_{18} 色谱柱（1.7μm，2.1mm×50mm），ACQUIUPLC BEH-C_8 色谱柱（50mm×2.1mm，1.7μm）（美国沃特世公司）；Eclipse PAH 柱（2.1mm×100mm，1.8μm，美国安捷伦公司）；KQ-500DA 型超声萃取仪（上海超声波仪器厂）；Envi-C_{18} 固相萃取膜（$\phi=$47mm，美国 Supelco 公司）；GF/F 膜（$\phi=$47mm，美国沃特曼公司）；0.22μm 有机相滤器（津腾实验设备公司）。

羟基多环芳烃标准试剂：2-萘酚（2-OH-nap，99.9%）、1-羟基菲（1-OH-phe，98%）、2-羟基菲（2-OH-phe，95%）、3-羟基菲（3-OH-phe，98%）、4-羟基菲（4-OH-phe，99.6%）、9-羟基菲（9-OH-phe，95%）、2-羟基芴（2-OH-fluo，99.5%）、1-羟基芘（1-OH-pyr，99.7%）、2-羟基-9,10-蒽醌（2-OH-9,10-AQ，98%）、丹蒽醌（1,8-DH-9,10-AQ，99.0%）、2-羟基-9-芴（2-OH-9-fluo，96%）；3 种内标物：1-萘酚 D9（D9-1-OH-nap，99.97%）、3-羟基菲 D9（D9-3-OH-phe，98%）和 1-羟基芘 D9（D9-1-OH-pyr，99%）。以上试剂均购于 J&K 百灵威公司。氨水（色谱纯，美国天地公司）。其他试剂均为分析纯。实验用水由 Milli-Q 纯水仪产生。

② 仪器分析条件　ACQUITYUPLC BEH C_{18} 柱（1.7μm，2.1mm×50mm）；流动相为乙腈-0.02%氨水，梯度洗脱，流速 0.3mL/min，进样量 5μL，柱温 30℃。流动相切换程序：0～3min，乙腈 40%；3～4min，乙腈 40%～55%；4～7min，乙腈 55%；7～8min，乙腈 55%～40%；8～11min，乙腈 40%。采用电喷雾（ESI）离子源，化合物在负离子检测模式下以选择反应监测模式（SRM）检测。电喷雾电压 4kV；离子传输毛细管温度为 350℃；鞘气^{23}Ar；辅助气^{12}Ar。

③ 分析过程　C_{18} 固相萃取膜的活化：向抽滤装置中加入 10mL 甲醇，打开真空泵，当甲醇流出约 1mL 后，关闭真空泵，用剩余甲醇浸泡 C_{18} 膜 30s，抽真空至残留少量甲醇时加入 10mL 水活化，在不抽干的情况下上样。

水样前处理：经 GF/F 膜过滤后，准确量取 4L 水样，向其中加入 3 种 OH-PAHs 替代标准物质，摇匀，在负压条件下，以 20～35mL/min 的流速使水样通过活化好的 C_{18} 固相萃取膜，弃掉抽滤液。将 C_{18} 膜转移到离心管中，加入 20mL 二氯甲烷，超声提取 3min，将提取液转移并旋蒸至近干，用乙腈准确定容至 1mL，过 0.22μm 有机相滤器后待上机。

④ 分析结果　利用 C_{18} 固相膜对 4L 海水中 11 种 OH-PAHs 进行富集，二氯甲烷超声提取，浓缩后进入 C_{18} 柱色谱，以乙腈-0.02%氨水为流动相梯度淋洗后进入质谱检测，11 种 OH-PAHs 的浓度与其峰面积呈线性关系，方法检出限为 0.290～2.04ng/L，平均回收率为 60.8%～96.4%，相对标准偏差均低于 13%。利用本方法对河北养殖区海水中 11 种 OH-

PAHs 进行检测，OH-PAHs 的浓度处于 1.81～10.0ng/L 之间。

⑤ 结论　建立了 C_{18} 固相膜萃取-超高效液相色谱-质谱法测定海水中 11 种羟基多环芳烃（OH-PAHs）的方法。本法为远距离、大体积水样中痕量 OH-PAHs 的提取富集与测定提供了解决方案。

2.4.5.12　质谱法在水中有机磷农药残留检测中的应用

有机磷农药（OPPs）是一类用于防治农林病虫害的有机磷酸酯类或硫代磷酸酯类化合物，在保护农作物正常生长、提高农作物产量上发挥了不可估量的作用。随着有机氯农药被有机磷农药逐渐取代，有机磷农药得到广泛使用甚至滥用，农业废水排放入水体，部分水源地已出现多种农药复合污染的严重局面，对生态环境构成了一定威胁。有机磷农药传统的检测方法是气相色谱法，配以火焰光度检测器或氮磷检测器。随着科学技术的发展，气相色谱-质谱法在有机磷农药的检测方面得到了越来越广泛的应用。近年来，也不乏有用液相色谱法、液相色谱-质谱法、极谱法及拉曼光谱法检测有机磷农药的研究。

（1）低温富集液液萃取-气相色谱-串联质谱法测定水样中 15 种农药　六六六是我国明令禁止使用的农药。六六六在工业上由苯与氯气在紫外线照射下合成，过去主要用于防治蝗虫、稻螟虫、小麦吸浆虫和蚊、蝇、臭虫等。由于对人、畜都有一定毒性，20 世纪 60 年代末停止生产或禁止使用。GB 5749—2006 对生活饮用水中的毒死蜱、六六六、滴滴涕等农药残留限量规定为 0.001mg/L 以上。目前，水中农药残留检测的前处理方法主要有固相萃取、液液萃取、固相微萃取、液相微萃取和超临界流体萃取等，但这些方法大多具有耗材贵、使用溶剂量大、需要使用分散剂等缺点，不仅成本高，而且易对环境造成二次污染。因此，发展新型高效、快速的前处理分析方法具有重要的实际意义。

① 仪器和试剂　Agilent 7890A-7000B 型三重四极杆气相色谱-质谱联用仪。混合标准储备溶液：11 种有机氯农药（α-六六六、β-六六六、γ-六六六、δ-六六六、艾氏剂、α-硫丹、p,p'-DDE、狄氏剂、p,p'-DDD、β-硫丹、o,p'-DDT），3 种有机磷农药（二嗪磷、甲基毒死蜱、毒死蜱），1 种菊酯类农药（甲氰菊酯）的质量浓度均为 10mg/L，以乙酸乙酯为溶剂，使用时稀释至所需质量浓度。乙酸乙酯和正己烷为色谱纯，异辛烷和甲苯为分析纯，试验用水为超纯水。

② 仪器分析条件　色谱条件：Agilent HP-5MS 色谱柱（30m×250μm，0.25μm）；进样方式为不分流进样；流量为 1.2mL/min；进样口温度 230℃；载气为氦气，流量为 1.2mL/min。升温程序：初始温度 80℃，保持 2min；以 20℃/min 速率升至 200℃；再以 10℃/min 速率升至 280℃，保持 5min。质谱条件：电子轰击离子源（EI）；离子源温度 230℃；多反应监测扫描模式（MRM）；溶剂延迟时间 3min；碰撞气为氦气，流量为 1.5mL/min。

③ 分析过程　依次向 50mL 聚丙烯离心管中加入 10mg/L 农药混合标准溶液 20μL 和水 30mL，涡旋 1min，再加入有机溶剂，涡旋 1min，于 4200r/min 转速下离心 5min 后，吸出上层有机相用氮气吹至近干，用甲苯定容至 1mL，进行 GC-MS/MS 分析。另外，以相同的方法依次添加农药混合标准溶液、水和有机溶剂，经涡旋离心后，将此离心管直立放入冰箱中，于 -40℃下冷冻 1h 后取出，移取上层有机相氮吹至干，最后用甲苯定容至 1mL，在仪器工作条件下进行测定。

④ 结论　利用低温冷冻条件下农药在水相和有机相之间达到新的传质平衡，建立了低温富集液液萃取-气相色谱-三重四极杆串联质谱法同时测定水样中 15 种有机磷、有机氯及菊酯类农药的方法。通过对样品前处理中的溶剂选择、冷冻温度及冷冻时间的优化，最终确定的样品前处理条件为：萃取溶剂为甲苯 2.0mL；冷冻温度 -40℃；冷冻时间 1h。15 种农

药的检出限（3S/N，即 3 倍信噪比）在 $0.005\sim0.02\mu g/L$ 范围，测定下限（10S/N）为 $0.02\sim0.07g/L$。方法用于水样中农药的分析，加标回收率在 $78.8\%\sim124\%$ 之间，测定值的相对标准偏差（$n=5$）在 $0.9\%\sim9.1\%$ 之间。

（2）全自动固相萃取分子筛脱水气质联用法测定水中有机磷农药残留

① 仪器和试剂　美国 Agilent 7890A/5975CGC/MS 联用仪；色谱柱 DB-624 $30m\times0.25mm\times0.14\mu m$；Horizon technology SPE-DEX4790 自动固相萃取仪；LABCONCORapid Vap N2/48 自动氮吹仪；Millipore synergy 纯水机；Horizon 47mm C_{18}、DVB、HLB 萃取盘；分子筛脱水杯。有机磷农药：Accu Standard $100\mu g/mL$ 1mL［敌敌畏（dichlorvos）、内吸磷-S（demeton-S）、乐果（dimethoate）、内吸磷-O（demeton-O）、甲基对硫磷（parathion-methyl）、马拉硫磷（malathion）、对硫磷（parathion）］；菲 D10（Ph-D10，内标物），Dr. Ehrenstorfer Gm bH 25mg；PCB209（十氯联苯，替代物），Dr. Ehrenstorfer Gm bH 20mg；超纯水，电阻率为 $18.25m\Omega\cdot cm$；甲醇 DUKSAN 色谱纯；丙酮 J&K Superpure；MTBE（甲基叔丁基醚）CNW 色谱纯；高纯氦气（>99.999%）；高纯氮气（>99.999%）。

② 仪器分析条件　色谱条件：50℃ 保持 0.5min，25℃/min 到 100℃，保持 2min，60℃/min 到 260℃，保持 7min；He 为恒流，流速为 1.0mL/min；进样口温度 250℃，不分流模式，总流量 14mL/min，隔垫吹扫流量 3mL/min；MS 接口温度 250℃。质谱条件：EI 离子源，70eV，离子源温度 280℃，四极杆温度 150℃，增益系数 5，溶剂延迟时间为 8.0min，数据采集模式选择离子模式（SIM）。自动固相萃取条件：萃取盘活化，丙酮浸泡 90min 干吹 90min，甲醇浸泡 90min 干吹 90min，水浸泡 90min 干吹 90min；萃取盘干吹 8min；萃取盘洗脱，丙酮浸泡 90min 干吹 60min，MTBE 浸泡 90min 干吹 60min，MTBE 浸泡 90min 干吹 120min，MTBE 浸泡 90min 干吹 120min。自动氮吹仪条件：氮吹仪振荡速度为最大值的 60%，氮吹温度 30℃。

③ 分析过程　样品的制备：取 500mL 经 $0.45\mu m$ 微孔滤膜过滤后水样（清洁地表水不用过滤），加入一定量的替代物 PCB209，装入自动固相萃取仪的进样瓶，按优化的萃取条件进行萃取，萃取液（大约 5mL）转移至脱水杯中进行脱水，用自动氮吹仪的氮吹杯（带有定量刻度线）收集脱水后的萃取液，用 1mL 甲基叔丁基醚洗脱水杯两次，甲基叔丁基醚一并收集在氮吹杯中。将氮吹杯放入自动氮吹仪，按优化的氮吹条件进行氮吹，当浓缩至 0.8mL 左右时，停止氮吹，加入内标物菲 D10，用甲基叔丁基醚定容至 1.00mL，转移至 1.5mL 进样瓶中备用。

样品的测定：将制备好的样品用 GC-MS 选择离子模式进行分析，保留时间和特征离子定性，菲 D10 作内标用内标法进行定量。

④ 结论　建立了气相色谱-质谱联用法测定水中有机磷农药残留的方法，样品用全自动固相萃取分子筛脱水进行预处理，对固相萃取盘的类型进行了比选，试验了萃取盘的穿透性，优化了萃取条件，用丙酮和甲基叔丁基醚（MTBE）作萃取剂，用 DVB 萃取盘进行萃取。方法相关系数（r^2）为 $0.9930\sim0.9991$，检出限为 $0.000006\sim0.000018mg/L$，方法用于饮用水、工业废水和生污水中有机磷农药的测定，对高、中、低浓度的样品进行加标回收测定（$n=6$），精密度为 $2.7\%\sim16.7\%$，平均加标回收率为 $71.7\%\sim101.2\%$。方法具有良好精密度、准确度和灵敏度，前处理方法简单快速，环境友好。

（3）固相萃取-气质联用　测定水中 23 种有机氯有机磷农药污染物问题同上，如果有机氯有机磷农药文献表明已弃用，可说明一下，虽有些农药品种已经弃用，但对此类污染物已经污染的环境，还是需要研究优化测定评价方法的。

① 仪器和试剂　气质联用仪（Thermo DSQ 单四极杆 GC-MS），固相萃取小柱 PLS 柱（200mg/6mL 30/pk，迪马科技），supelco 固相萃取装置。色谱纯二氯甲烷，乙酸乙酯，甲

醇，去离子水。农药标准品。

② 仪器分析条件 色谱柱：HP-5MS 石英毛细管柱（30m×0.25mm×0.25μm）；载气：高纯氦气（纯度≥99.999%）；柱流速：1mL/min。检测器：质谱检测器；进样口温度：250℃进样温度高敌百虫易分解；升温程序：初始温度50℃，保持1min，以40℃/min升温至130℃，保持3min；3℃/min升温至180℃，保持1min；3℃/min升温至240℃，保持1min；3℃/min升温至280℃，保持1min；再20℃/min升温至300℃，保持5min；质量范围：50～500；电离方式：EI；电子能源：70eV；接口温度：250℃；离子源温度：250℃；四极杆温度扫描方式：全扫描；溶剂延迟：3min。按上述条件调节仪器，系统稳定后进样，进样体积：1.0μL。

③ 分析过程 样品的采集：样品送到实验室后，加入约40～50mg亚硫酸钠去除余氯（在加酸调pH前必须脱氯），放于冰箱中4℃保存。

样品处理（萃取小柱的活化）：PLS固相萃取小柱使用前分别用10mL乙酸乙酯、二氯甲烷、甲醇和水润湿填充颗粒表面，进行活化。

样品的富集：利用supelco固相萃取装置富集水样2L，流速控制约为5mL/min，富集完毕后，继续真空吸抽10min，使柱子干燥，接着用氮气将填充颗粒表面吹干，约15min。源水视水样清洁程度，较浑浊的水样用玻璃纤维滤纸进行过滤，出厂水一般较清洁，可以直接进行抽滤。

样品的洗脱：洗脱萃取柱时，保持连接管线相连，打开萃取装置顶部，将收集用的玻璃蒸发皿放在萃取柱之下。加5mL乙酸乙酯到样品瓶中，摇晃样品瓶，清洗瓶子内部，打开真空泵，让乙酸乙酯流过聚四氟乙烯连接管线，并让乙酸乙酯浸泡萃取柱中的吸附剂30s，在较低的真空压力下，让洗脱液慢慢滴流至蒸发皿中，接着用10mL二氯甲烷洗脱，然后去掉连接管线，用两个6mL的1:1的二氯甲烷和乙酸乙酯混合液洗脱萃取柱。浓缩和定容：洗脱液用氮吹浓缩，用乙酸乙酯定容至1.0mL。现场空白样品的制备富集方法同水样。

测定方法：以各农药的保留时间和特征质量离子进行定性分析，以峰面积为定量指标，采用内标法计算样品中的农药残留量。

④ 结论 建立固相萃取-气质联用法同时测定水中多种有机磷、有机氯农药，监测江苏省部分地区饮用水中有机氯、有机磷农药污染状况。采集江苏省部分地区13个水厂的水源水和出厂水样，用PLS固相萃取小柱富集水中的有机氯、有机磷农药，用1:1的乙酸乙酯和二氯甲烷洗脱，采用气相色谱-质谱联用仪测定，农药的保留时间和特征质量离子进行定性分析，以峰面积为定量指标，采用内标法计算样品中的农药残留量。结果在0.2～1.0mg/L浓度范围内，各组分检测响应值与浓度呈良好线性关系，相关系数均大于0.997。检出限为0.3～6.4ng/L，加标回收率为70.0%～118.0%，相对标准偏差（RSD）为4.5%～12.3%。共检测水源水和出厂水49个水样，有机磷农药中敌敌畏检出率为100%，有机氯农药中β-六六六、林丹检出率为58.3%～100%、28.0%～41.7%。

（4）水中克百威及5种有机磷农药的超高效液相色谱串联质谱测定法

① 仪器和试剂 API4000质谱仪（ESI源，Applied Biosystems公司）；Acquity UPLC I-Class系统（Waters公司）；纯水机（Barnstead公司）；PE160电子天平（Mettler公司）；C$_{18}$（mL，500mg）固相萃取柱（Agilent公司）；0.2μm GHP针头过滤器（Waters公司）。二氯甲烷、乙酸乙酯、甲醇、乙腈（色谱纯，Fisher公司）；盐酸（分析纯，国药集团化学试剂有限公司）；甲酸（99%，ROE公司）；纯水（Barnstead公司纯水机制备）。甲酸缓冲溶液（0.2%，体积分数）：量取2mL甲酸，用纯水定容至1000mL，超声脱气。乐果、敌敌畏、克百威、甲基对硫磷、马拉硫磷和毒死蜱标准品（Accu Standard公司，纯度＞99%）。单标储备液的配制：称取一定量的农药标准品，用甲醇溶解、定容至10.0mL，

配制成浓度约为2.00mg/mL的标准储备液，分装于安瓿瓶中备用。混合标准溶液的配制：根据各单标储备液的浓度，计算配制相应浓度的混合标准溶液所需要的体积。6种单标储备液各取一定体积混合后，用甲醇定容，配制成各组成浓度均为20.0μg/mL的混合标准中间液，用甲醇逐级稀释得使用液。

② 仪器分析条件　质谱条件：ESI离子源，正离子多反应监测（MRM）雾化气为高纯氮气；碰撞气（CAD）12psi（1psi≈6894.76Pa）；气帘气（CUR）25psi；雾化气（GS1）30psi；辅助气（GS2）35psi；喷雾电压（IS）4500V；离子源温度（TEM）350℃；扫描时间100ms。色谱条件：色谱柱为Acquity UPLC BEH C18（2.1mm×100mm，1.7μm）；柱温25℃；进样量3.00μL；流速0.25mL/min；流动相为0.2%甲酸（A）和乙腈（B）；梯度洗脱程序为0~8min时65%~5%A，8~12min时5%~65%A。

③ 分析过程

a. 样品前处理　依次用5.00mL二氯甲烷、5.00mL乙酸乙酯、10.0mL甲醇和10.0mL纯水活化C₁₈固相萃取柱；然后将100mL水样（pH<2）通过活化的固相萃取柱，用氮气吹干小柱，再用2.50mL二氯甲烷和2.50mL乙酸乙酯依次洗脱后，35℃真空浓缩至干，用1.00mL甲醇溶解定容，经0.2μmGHP膜过滤后，待测。

b. 工作曲线的制备　将6种农药的混合标准溶液用甲醇逐级稀释，得浓度分别为0.00ng/mL、5.00ng/mL、25.0ng/mL、50.0ng/mL、250ng/mL、500ng/mL、1000ng/mL和2500ng/mL的标准系列，各取200μL至100mL纯净水中，配制成浓度分别为0.00ng/L、10.0ng/mL、50.0ng/mL、100ng/mL、500ng/mL、1000ng/mL、2000ng/mL和5000ng/L的标准工作曲线溶液，经过与样品相同的前处理方法处理后，在设定的色谱、质谱条件下，分别进样3.00μL，以峰面积为纵坐标、质量浓度（ng/L）为横坐标，绘制工作曲线。

c. 样品测定　取3.00μL经过前处理后的样品，进样分析，根据各组分的保留时间定性，当样品中检测物的保留时间与标准品一致（即相对偏差<5%），并且两个离子对的响应值比例与标准品相对偏差小于20%时，方可确认为目标物。将检测样品的色谱峰面积代入工作曲线的线性回归方程中，计算样品中各组分的含量。如果测试样浓度超出工作曲线范围，则应将样品适当稀释后重新测定。

④ 结论　建立高效、准确测定水中克百威及5种有机磷农药的方法。方法：100mL水样经固相萃取前处理，0.2μm滤膜过滤后，以Acquity UPLC BEH C₁₈（2.1mm×100mm，1.7μm）为分析柱、0.2%甲酸和乙腈为流动相，采用正离子扫描多反应监测模式检测。结果：乐果在0.9~2000ng/L、敌敌畏在2.5~5000ng/L、克百威在0.6~2000ng/L、甲基对硫磷在19~5000ng/L、马拉硫磷在0.9~5000ng/L、毒死蜱在0.8~5000ng/L浓度范围内，线性关系良好，$r>0.999$，方法检出限为0.6~19ng/L，回收率为89.6%~129%，RSD<11%。

2.4.5.13　质谱法在饮用水消毒副产物测定中的应用

饮用水消毒副产物（disinfection by-products，DBPs）是指在对饮用水消毒过程中，水中的各类有机物与消毒剂发生反应生成的化合物。水处理使用较多的消毒剂有液氯、氯胺、次氯酸钠、臭氧、二氧化氯。DBPs的种类繁多，主要包括三卤甲烷（THMs）、卤代乙酸（HAAs）、卤代乙腈（HANs）、亚硝胺（NAs）及卤酸盐（氯酸盐、次氯酸盐和溴酸盐等）等。目前饮用水中消毒副产物的分析主要采用样品前处理技术结合各种色谱分离技术进行检测。

（1）气相色谱-质谱法测定饮用水中消毒副产物卤代腈

① 仪器和试剂　Varian 450-GC&Varian 320-MS 气相色谱-三重四极杆质谱仪，1.0mL 自动顶空进样针，VF-17ms 色谱柱，美国瓦里安公司；XS105 型十万分之一全自动分析天平，瑞士梅特勒-托利多公司；SK8200HP 型超声仪，上海科导超声仪器有限公司。氯乙腈、二氯乙腈、三氯乙腈、甲醇、三氯甲烷（色谱纯），国药集团化学试剂有限公司。

② 仪器分析条件　气相色谱：载气为氮气，流量 1.0mL/min；分流比 10∶1；柱温 50℃，保持 3min，以 10℃/min 升温到 200℃ 保持 10min，再以 20℃/min 升温到 260℃；气化室温度 200℃；顶空瓶加热器温度 85℃；顶空进样针温度 90℃；加热时间 15min；摇床转速 500r/min；振荡时间为 15min。质谱：传输线温度 260℃；电子点火 EI 源温度 230℃；电子轰击能量为 70eV；接口温度 250℃；采用选择离子扫描（SIM）定量方法。

③ 分析过程

a. 标准溶液的配制　用三氯甲烷将氯乙腈、二氯乙腈、三氯乙腈标准品配制成 100mg/L 的混合标准溶液，在冰箱中 0~4℃ 下保存备用。临用时，用三氯甲烷将混合标液稀释成 5.00μg/L、10.0μg/L、20.0μg/L、40.0μg/L、80.0μg/L 的混合标准系列。

b. 前处理　对空白水样加标，前处理分别采用液液萃取法、固相萃取法、直接顶空法和顶空加盐法进行试验，考察不同前处理方法得到的目标物回收率。顶空加盐法最为可靠。传统液液萃取法和固相萃取法采用甲醇、三氯甲烷、甲基叔丁基醚等为萃取剂，回收率为 43%~54%，结果重现性较差。

c. GC/MS 条件的优化　分别选择 VF-624ms、VF-17ms、VF-5ms 不同极性的色谱柱试验。结果表明，选用 VF-17ms 中等极性柱时仪器响应值较高，目标物峰形好。在质量范围 20~200 之间全扫描，并与标准谱图库特征离子峰比对，得到氯乙腈、二氯乙腈、三氯乙腈的保留时间和特征离子。

④ 结论　采用顶空加盐气相色谱-质谱法检测饮用水中的消毒副产物氯乙腈、二氯乙腈和三氯乙腈，对样品前处理方法及 GC/MS 仪器条件进行优化，使得 3 种卤代腈在 5.0~80.0μg/L 范围内线性良好，方法检出限分别为 2.52μg/L、1.02μg/L 和 1.57μg/L。空白水样的加标回收率为 75.9%~94.1%，RSD 为 3.6%~6.2%。

（2）高效液相色谱串联质谱法测定含藻水氯化消毒后 7 种亚硝胺物质

① 仪器和试剂　LC-20A 液相色谱仪（日本岛津公司）；ABI3200QTRAP 三重四极杆线性离子阱质谱（美国 ABI 公司）；Thermo Hypersil GOLD C_{18} 色谱柱（15mm×2.1mm，3μm，美国热电公司）；十二孔固相萃取装置（美国 Supelco 公司）；DC-12 氮吹仪（上海安谱公司）；椰子活性炭固相萃取柱（2g/6mL，美国 Supelco 公司）；7 种亚硝胺混合标准液（Sigma-Supelco 公司）；同位素内标 NDMA-d_6（Cambridge Isotope Laborato-ries 公司）；甲醇、二氯甲烷（色谱纯，美国 TEDIA 公司）；醋酸铵、甲酸（分析纯，国药试剂公司）。

② 仪器分析条件　色谱/质谱条件：柱温 40℃；流速 0.3mL/min；进样量 25μL；流动相 A 为 0.3% 甲酸-3mmol/L 乙酸铵溶液，B 为甲醇；梯度洗脱程序，0~4min 时 10%~40%B，4~8min 时 40%~90%B，8~10min 时 90%B，10~10.1min 时 90%~10%B，10.1~15min 时 10%B；离子化方式为电喷雾离子化正模式（ESI$^+$）；雾化气、脱溶剂气、锥孔气、碰撞气为氮气，雾化气（GS1）流速 50L/min；离子源温度 450℃；气帘气流速（CUR）15L/min；碰撞气体 Medium；辅助气流速（GS2）35L/min；电喷雾电压（IS）5500V；多反应监测（MRM）模式，离子驻留时间 50ms；以各化合物的分子离子为母离子，对其子离子进行全扫描，选取响应较强、干扰较小的两对子离子为定性离子对。

③ 分析过程　先用二氯甲烷 2×3mL 和甲醇 2×3mL 活化固相萃取小柱，再用 2×3mL 甲醇和 3×5mL 超纯水平衡固相萃取小柱。消毒后的水样，经 0.45μm 醋酸纤维膜过滤，用 HCl 调至 pH 7，样品以 3~5mL/min 流速过柱。用 4mL 正己烷淋洗除杂，5×3mL 二氯甲

烷 1~3mL/min 流速洗脱。氮吹前加入 800μL 超纯水，40℃ 水浴，氮吹浓缩后用水定容至 1mL。

④ 结论　采用液相色谱串联质谱法（LC/MS/MS）测定含藻水氯消毒产生 7 种亚硝胺类（NAms）消毒副产物（NDMA、NMEA、NDEA、NDPA、NDBA、NPyr、NPip）。方法检出限分别为 5.0ng/L、14ng/L、8.6ng/L、3.6ng/L、2.9ng/L、6.3ng/L 和 4.9ng/L，相关系数 $r>0.999$。除 NDBA 回收率（60%）较低外，其余 6 种亚硝胺回收率均在 80%~120% 之间，相对标准偏差为 1.4%~12.6%。分别以藻原液和消毒后藻液配制基质标准曲线，采用其与纯水标准曲线斜率之比评估基质效应。藻原液的基质效应为 0.79~0.94，藻液消毒后 NDMA 基质效应为 0.36，其他亚硝胺为 0.63~0.96。应用此方法检测了自来水、富营养江河水、景观水及藻类悬浮液氯消毒后的亚硝胺含量。

2.4.5.14　质谱法在环境水样中高氯酸盐检测中的应用

高氯酸盐可对水、土壤、生物及食品造成污染，且其溶解度高，一旦进入环境介质即会随着地下水和地表水迅速扩散，从而造成污染的扩大化。目前对高氯酸盐的测定方法可以概括地划分为离子色谱法、表面增强拉曼散射法、离子色谱-质谱法、离子色谱-串联质谱法和高效液相色谱-串联质谱法等。离子色谱-串联质谱技术被认为是灵敏度最高、选择性最强、最准确的一种检测方法，但该设备的普及率较低。液相色谱-质谱联用技术也可用于高氯酸盐的测定，但普通液相色谱柱对于高氯酸的保留有困难，另外流动相中的缓冲盐会导致背景信号和噪声增加，灵敏度难以提高。

（1）液相色谱-质谱测定饮用水中的溴酸盐和高氯酸盐

① 试剂和仪器　市售桶装纯净水、瓶装饮用水。乙腈（色谱纯），美国 Fisher 公司；超纯水，美国 Milli-Q 纯水系统制；四丁基氢氧化铵；溴酸钾（优级纯）；高氯酸钠（分析纯）；微孔滤膜（孔径 0.22μm）；溴酸盐标准储备液；高氯酸盐标准储备液。ZQ4000 型液相色谱-质谱仪（配电喷雾离子源和 Masslynx 4.0 数据处理系统），美国 Waters 公司。

② 仪器分析条件　色谱条件：色谱柱为 Xterra™ C$_{18}$（150mm×2.1mm，5μm）；流动相 A 为乙腈，B 为 1.5mmol/L 四丁基氢氧化铵水溶液，A：B=48：52（体积比）；流速 0.3mL/min；柱温 35℃；进样体积 50μL。质谱条件：离子源为电喷雾离子源，负离子模式；毛细管电压 2.6kV；离子源温度 120℃；脱溶剂气温度 380℃；脱溶剂气（N$_2$）流量 400L/h，锥孔气（N$_2$）流量 50L/h。扫描方式：选择离子监测。不同采集时间段的监测离子及对应的锥孔电压为：0~3.5min 时 129（35V）、127（35V）、113（60V）、111（60V）；3.5~5min 时 101（45V）、99（45V）、85（80V）、83（80V）。

③ 分析过程　样品测定：取水样，经 0.45μm 孔径水相滤膜过滤后，进样分析。

④ 结论　建立液相色谱分离、电喷雾四极杆质谱测定饮用水中溴酸盐和高氯酸盐的方法。使用 Xterra™ C$_{18}$ 色谱柱，以乙腈-四丁基氢氧化铵溶液为流动相分离，选择离子检测。溴酸盐和高氯酸盐的线性范围均在 1.0~200.0ng/mL，方法检出限均为 1.0ng/mL。

（2）离子色谱-串联质谱测定地表水中高氯酸盐

① 仪器和试剂　Dionex ICS-3000 离子色谱仪串联 MSQ 四极杆质谱仪（美国），带有外接 AXP-MS 泵，用以泵入有机溶剂，清洗离子源。离子色谱仪带有双泵、双六通阀以同时实现离子色谱电导检测和阀切换切出检测液中弱保留阴离子功能；色谱数据采集和处理采用 Chromeleon 和 Xcalibur 色谱工作站；美国 Millipore（simplicity 185）超纯水机。乙腈（HPLC 级），高氯酸盐标准溶液（1000mg/L，NSI solution 公司），超纯水（电阻率为 18.2MΩ·cm）。

② 仪器分析条件　色谱条件：分析柱为 Ion Pac AS16 离子交换柱（2mm×250mm），

保护柱为 Ion Pac AG16 离子交换柱（2mm×50mm）；淋洗液为 45mmol/L 氢氧化钾，淋洗液流速为 0.3mL/min；柱后辅助试剂为乙腈：超纯水=1：1；柱后泵流速为 0.3mL/min；柱温为 30℃；检测池温度为 35℃；进样体积为 68μL；抑制电导检测（外加水自再生抑制模式，ASRSTM3002mm）；阀切换时间为 8min，数据采集时间为 16min。质谱条件：ESI，SIM 检测，m/z 99.0 为定量离子，喷雾温度 450℃，锥孔电压 70V，喷雾电压−3000V，雾化气 $5.17×10^5$ Pa，质谱采集时间 10～16min。

③ 分析过程

a. 样品预处理　水样过 0.22μm 针式过滤器后直接进样。由于尼龙过滤器对高氯酸盐有一定的吸附作用，过滤水样时采用聚醚砜针式过滤器。

b. 分析流路　超纯水（E1）经泵 1（P1）泵入淋洗液自动发生器（EGC）产生分析用的 45mmol/L 淋洗液，将由六通阀（V1）进入离子色谱分析系统的样品依次推入保护柱（C0）和（C1），经抑制器（RS）后去除样品中大量阳离子和淋洗液中 OH^- 后进入电导检测器（CD）进行检测，再流入柱后六通阀（V2），通过阀切换使其在 0～8min 流入废液，8～16min 流入检测流路，与柱后辅助试剂（乙腈：水=1：1）混合后进入质谱检测器。同时 AXP-MS 泵（P3）以 0.2mL/min 的流速泵入清洗试剂（乙腈：水=1：1），不断清洗离子源。分析时，样品进入质谱前先经抑制器后可以去除大量阳离子，再通过六通阀的阀切换功能将其中相对于高氯酸盐而言弱保留的大量阴离子（如氟化物、氯化物、硫酸盐等）切入废液后，在高氯酸盐出峰前再将其切入质谱分析，可以消除离子色谱电导检测时大量阴离子的干扰，同时避免了样品中大量阴阳离子对离子源的污染。

④ 结论　采用离子色谱-串联质谱测定地表水中高氯酸盐，在 US EPA 相应分析方法的基础上进行了优化，以阴离子交换柱为分析柱、氢氧化钾为淋洗液，经抑制电导检测后通过阀切换将检测液中大量弱保留的阴离子切到废液后再将强保留的高氯酸盐切入质谱，电喷雾负离子模式电离，选择离子反应监测（SIM）高氯酸盐。方法检出限达 0.031μg/L，实际样品相对标准偏差为 2.26%～4.45%，加标回收率为 93.0%～98.0%。

2.5
拉曼光谱技术及其在水质分析中的应用

2.5.1　概述

1928 年印度科学家 Raman 发现了拉曼散射效应，在随后的几十年内，由于拉曼散射光的强度很弱、激发光源（汞弧灯）的能量低等困难，它在相当长一段时间里未能真正成为一种有实际应用价值的工具，直到使用激光作为激发光源的激光拉曼光谱仪问世以及傅里叶变换技术出现，拉曼光谱检测灵敏度才大大增加，其应用范围也在不断地扩大，两年一次的国际拉曼光谱会议都有拉曼光谱在医学和生物学中的应用的专门讨论会。

目前拉曼光谱已广泛应用于材料、化工、石油、高分子、生物、环保、地质等领域。就分析测试而言，拉曼光谱技术和红外光谱技术相配合使用可以更加全面地研究分子的振动状态，提供更多的分子结构方面的信息。其中表面增强拉曼散射（surface-enhanced raman scattering，SERS）效应于 20 世纪 70 年代被发现后，就引起了科学界的广泛关注。SERS 主要是纳米尺度的粗糙表面或颗粒体系所具有的异常光学增强现象，它可以将吸附在材料表面的分子的拉曼信号放大数倍，对于特殊的纳米级粒子形态分布的基底表面，信号的增强甚至可以高达 10^{11} 倍，可以用于区分同分异构体、表面上吸附取向不同的同种分子等，因此在探测器的应用和单分子检测方面有着巨大的发展潜力。SERS 技术不仅能提供被测物结构的指纹信息，而且可实现单分子量级的检测。因此，作为一种新型光谱分析技术，SERS 技术以其超高灵敏度、无损分析、快速和可实时原位检测等优点，被广泛应用于环境监测、司法鉴定、催化化学、生物医学及传感器等应用领域。

拉曼光谱仪收集和检测与入射光成直角的散射光。激光激发波长从近红外（1000nm）到近紫外（200nm）。激光通过滤波片和聚焦透镜投射到样品上，然后向各个方向散射。由于弹性散射强度比拉曼散射高出 10^3 倍以上，所以样品池和收集拉曼散射光的光学系统与单色仪的安排要合理，以使尽可能多的散射光进入单色仪。摄谱仪（或单色仪）的相对孔径要大、色散率要好，以消除弹性散射以及各种杂散光对信号的干扰。为提高分辨率，可采用双联和三联光栅，激发波长在可见和近红外区的拉曼光谱仪还可采用全息滤波器来进一步提高信号采集强度。

2.5.2 拉曼光谱原理

拉曼散射是光散射现象的一种，单色光束的入射光（incident light）光子与分子相互作用时可发生弹性碰撞和非弹性碰撞，在弹性碰撞过程中，光子与分子间没有能量交换，光子只改变运动方向而不改变频率，这种散射过程称为瑞利散射（Rayleigh scattering）。而在非弹性碰撞过程中，光子与分子之间发生能量交换，光子不仅仅改变运动方向，同时光子的一部分能量传递给分子，或者分子的振动和转动能量传递给光子，从而改变了光子的频率，这种散射过程称为拉曼散射。拉曼散射分为斯托克斯散射（Stokes Raman scattering）和反斯托克斯散射（anti-Stokes Raman scattering）。

通常的拉曼实验检测到的是斯托克斯散射，拉曼散射光和瑞利散射光的频率之差值称为拉曼位移。拉曼谱线的数目、位移值的大小和谱带的强度等都与物质分子的振动和转动有关，这些信息就反映了分子的构象及其所处的环境。拉曼光谱研究分子振动和转动模式的原理和机制都与红外光谱不同，但它们提供的结构信息却是类似的，都是关于分子内部各种简正振动频率及有关振动能级的情况，从而可以用来鉴定分子中存在的官能团。在分子结构分析中拉曼光谱与红外光谱是相互补充的。例如电荷分布中心对称的键如 C—C、N≕N、S—S 等红外吸收很弱而拉曼散射却很强，因此，一些红外光谱仪无法检测的信息在拉曼光谱仪上能很好地表现出来。

2.5.3 拉曼光谱优缺点

拉曼光谱技术从物质的分子振动光谱来识别和区分不同的物质结构，成为研究物质分子结构的有效手段，其优点体现于以下几点：第一，拉曼散射光谱对于样品制备没有任何特殊要求。对形状大小要求低，不必粉碎、研磨，不必透明，可以在固体、液体、气体、溶液等物理状态下测量；对于样品数量要求比较少，可以是毫克甚至微克的数量级，适于研究微量和痕量样品。第二，拉曼散射采用光子探针，对于样品是无损伤探测，适合对那些稀有或珍贵的样品进行分析。第三，因为水是很弱的拉曼散射物质，因此可以直接测量水溶液样品的拉曼光谱而无需考虑水分子振动的影响，比较适合于生物样品的测试，甚至可以用拉曼光谱检测活体中的生物物质。

其中，表面增强拉曼散射光谱检测技术是一个可应用于多领域的切实可行的光学技术。作为一种分析检测手段，相对于其他方法的明显优势主要体现在以下几个方面：①超灵敏性，SERS 的信号增强最高可以达到 $10^{14} \sim 10^{15}$ 倍，因此其灵敏度不低于任何其他方法，在单分子检测方面具有很强的优势；②高选择性，表面选择定则和共振增强的选择性使得可以在极其复杂的体系中仅仅增强目标分子或基团，得到简单明了的光谱信息；③检测条件温和，光谱可以方便地用于水溶液体系检测，而且样品可以是固态、液态和气态。同时具有准确、灵敏、检测时间迅速等优点。该技术正逐渐表现出在化学及工业、环境科学、食品安全领域的现场快速检测微量化合物的优越能力。

2.5.4 拉曼光谱在水质分析中的应用

2.5.4.1 自来水硬度的测定

自来水硬度的检验方法主要有滴定法、原子吸收法和电感耦合高频等离子体发射光谱（ICP-AES）法等。滴定法和原子吸收法需要对水样品进行处理，ICP-AES法虽然能克服用滴定法和原子吸收法测试时的缺陷，但仪器设备昂贵，操作复杂。而用拉曼光谱法检测水质不需要对样品进行处理，操作也较简单。拉曼光谱的峰带通常较狭窄，具有准确的特征标志。

（1）实验方法 实验使用的是LRS-Ⅲ型激光拉曼光谱仪。光源为半导体激光器，输出波长532nm，输出功率≥40mW；单色仪$D/F=1/5.5$；光栅1200lp/mm；狭缝宽度0～2mm连续可调；接收单元为单光子计数器。技术指标如下：波长范围为200～800nm；波长精度≤±0.4nm；杂散光≤10^{-3}。为减小环境光对测试的影响，测试在暗室中进行。首先，调整外光路达到如下要求：在单色仪的入射狭缝处放一张白纸观察瑞利光的成像，即绿光亮条纹是否清晰。仪器调试好就不再改变，以保证不同的样品是在相同的条件下进行测试的。从长沙市某自来水厂提取了不同生产阶段的4种水样品，即1—原水（湘江水），2—反应池出口水，3—沉淀池出口水，4—清水池出口水。为了比较，在实验室自制了去离子蒸馏水，即5—蒸馏水。根据等离子体发射光谱方法，测试了这5种水样品的硬度。

（2）结论 采用激光拉曼光谱法，对不同生产阶段自来水样品的硬度指标进行了研究。结果表明，弯曲振动拉曼峰与伸缩振动拉曼峰的强度的比值随水样品中总硬度的减少而减小，同时，伸缩振动拉曼峰处的退偏振度也随水样品中总硬度的减少而减小。由此可见，用激光拉曼光谱可直接检测自来水的总硬度，将为自来水的水质分析提供一种简单而有效的新方法。

2.5.4.2 拉曼光谱定量分析水样中的多环芳烃

多环芳烃（PAHs）是一类广泛存在于自然环境中，含有两个或两个以上苯环的有机污染物，是由煤、石油、木材、烟草等有机物不完全燃烧产生的。多环芳烃水溶性极低，亲脂性强，容易在生物体内富集，被人体摄入后具有相当大的致癌性。目前国内外检测多环芳烃的方法有气相色谱法、液相色谱法以及毛细管电泳等，上述检测方法具有较高的灵敏度，但是前处理和富集浓缩过程复杂，仪器昂贵并且不便携带，难以满足现场快速检测的需求。

表面增强拉曼光谱（SERS）具有检测范围广、灵敏度高、特征性强以及检测时间短等优点，在分析检测、表面科学和生物医学等研究领域中展现出独特的技术优势。随着拉曼仪器逐渐趋于便携化，其越来越适合现场快速检测分析。若想利用SERS手段检测目标分子，必须借助物理或者化学的吸附作用使目标分子靠近SERS基底表面，这就限制了对PAHs这一类没有特殊官能团的分子的检测应用。目前国内外研究者主要通过官能团修饰来实现贵金属基底对PAHs的有效吸附，方法大致分为5类：烷烃修饰的SERS基底；腐殖酸修饰的SERS基底；环芳烃修饰的SERS基底；紫晶二阳离子修饰的SERS基底；巯基取代环糊精修饰的SERS基底。上述方法需要合成有机物中间体对金、银基底进行功能化，步骤复杂，并且过程中容易产生对环境及人体有害的副产物。本研究利用多巴胺一步还原法制备的金溶胶实现了多环芳烃的SERS检测。通过金纳米颗粒表面的多巴胺拉近多环芳烃与金纳米颗粒的距离，结合便携式拉曼仪完成了对 5 种多环芳烃的定性鉴别与定量检测，并利用此方法检测了实际水样中的混合多环芳烃。该方法操作简单省时，便携性高，可作为现场应急分析的有效手段。

（1）环境水样中五种多环芳烃的表面增强拉曼光谱定量分析

① 实验材料　实验所用氯金酸及氢氧化钠购于国药集团化学试剂有限公司，多巴胺购于 Sigma 公司，试剂均为分析纯，溶液用超纯水（Milli-Q，18.2MΩ·cm）配制；菲、芘、苯并［a］芘、苯并［b］荧蒽以及苯并［g，h，i］苝购于百灵威公司，苯并［g，h，i］苝储备液用丙酮溶剂配制，其余 4 种多环芳烃储备液用无水乙醇配制，储备液浓度均为 2×10^{-3} mol/L，用超纯水稀释得到不同浓度的多环芳烃水溶液；选取河水（北京清河）、地下水（山西省山阴县）和自来水（北京），研究环境基质对 SERS 检测的影响。实验所用实际水样经 $0.22 \mu m$ 水系滤头过滤 3 次，将多环芳烃混合储备液与实际水样以 1∶10 的体积比混合，稀释至所需浓度。

② 实验仪器　日本 SHIMADZU 公司 UV-2500 型紫外可见分光光度计，扫描范围从 200nm 到 800nm，扫描步长 1nm。日本 JEOL 公司 JEM2010 高分辨透射电子显微镜。英国 MALVERN 公司 Zetasizer Nano ZS 型纳米粒度仪器。美国 Enwave 公司 Easy Raman-Ⅰ便携式拉曼光谱仪，分辨率 $4 cm^{-1}$，激光波长 785nm。

③ 实验方法　将 $30 \mu L$ 氯金酸（8×10^{-3} mol/L）、$20 \mu L$ 多巴胺（2.5×10^{-3} mol/L）以及 $5 \mu L$ 氢氧化钠（0.1mol/L）加入 1.5mL 的离心管中，用超纯水定容至 1mL，摇匀后静置 90min 制得金溶胶。将制得的金溶胶在 8000r/min 下离心 30min，去除上清液，得到 SERS 基底。将基底与多环芳烃水溶液 1∶1 混合后即可进行检测。

④ 高斯计算　采用 B3LYP 水平的 DFT 方法，应用 6-31G 基组，对 5 种 PAHs 分子进行全几何构型的优化计算。计算在中国科学院超级计算机中心深腾 7000 高性能计算系统下完成，运用 GAUSS-VIEW 软件对计算结果中的简正模型进行可视化处理。

⑤ 结论　本研究利用多巴胺一步还原的金溶胶为基底，结合 SERS 检测手段，实现了对菲、芘、苯并［a］芘、苯并［b］荧蒽以及苯并［g，h，i］苝 5 种多环芳烃的定性定量检测。通过分析特征峰的归属，成功鉴别了复杂基质中的多环芳烃，并考察了实际水样对 SERS 信号的影响。与文献报道的 SERS 技术检测多环芳烃的基底需要还原和修饰两个步骤相比，本方法利用一步合成的金纳米颗粒达到检测目的。方法操作简单省时，便携性高，具备用于现场快速检测以及应急分析的潜力。但是其与传统多环芳烃检测方法的检测限仍有一定的差距。目前环境样品 SERS 检测面临的主要问题是环境基质中杂质信号给目标物光谱分析带来的干扰。针对此问题，应进一步考虑将 SERS 技术与其他快速分离技术结合，降低基质干扰，实现对环境污染物的快速原位检测。

（2）磁性微孔聚合物富集/表面增强拉曼光谱法测定水与土壤中多环芳烃

① 仪器与试剂　机械搅拌器（上海新荣仪器公司）；恒温振荡摇床（江苏余姚仪器公司）；拉曼系统采用美国 Delta Nu 的 Inspector 便携式拉曼光谱仪。$FeCl_2 \cdot 4H_2O$（99.95%）（沈阳化学试剂厂）；3-缩水甘油醚氧基丙基三甲氧基硅烷（GLYMO，97%）、3-氨基苯硼酸（APB，98%）、1,4-苯二硼酸（TBB，98%）、1,2,4,5-四溴苯（BDBA，97%）、四（三苯基膦）钯［Pd(PPh3)4，99.8%，百灵威科技有限公司］；$FeCl_3 \cdot 6H_2O$（99%）、蒽、芘、荧蒽、苯并［a］芘（阿拉丁试剂公司）；正硅酸乙酯（TEOS）、30%氨水、碳酸钾（广州化学试剂厂）；SERS 增强试剂 CP-S1（厦门市普识纳米科技有限公司）；实际水样取自广州市珠江江水和实验室自来水；土壤样品取自广州市海珠区某加油站旁。

② 磁性聚亚苯基共轭微孔聚合物（PP-CMP）的合成与萃取条件研究　磁性 PP-CMP 首先采用化学沉淀法合成 10nm Fe_3O_4 纳米粒子，然后经 TEOS 水解作用对 Fe_3O_4 纳米粒

子表面进行硅烷化，再经环氧丙基化和硼酸化后得到硼酸功能化的 Fe_3O_4 纳米粒子，将其作为硼酸基团的单体，与聚亚苯基共轭微孔聚合物的两种反应单体共同参与交叉偶联反应，从而获得嵌入型磁性 PP-CMP。实验考察了磁性 PP-CMP 对多环芳烃萃取的最优解吸溶剂、萃取时间和解吸时间：取一系列浓度的 4 种多环芳烃单标溶液 20mL，加入 5mg 磁性 PP-CMP 萃取，磁分离后用 $200\mu L$ 解吸溶剂洗脱，最后利用 SERS 技术进行检测。

③ 标准 PAHs 溶液的配制与仪器分析条件　以甲醇为溶剂分别配制质量浓度为 1.00mg/L 的 4 种多环芳烃单标储备溶液和混合标准溶液，再分别用超纯水逐级稀释成不同浓度的单标溶液和混合标准溶液。SERS 测试时，将等量的洗脱液、SERS 增强试剂 CP-S1 和等离激元增强拉曼光谱（PERS）助剂滴于硅片上混合后进行 SERS 检测，积分时间为 1s，连续采集 3 次光谱，每次测试扣除暗电流 1s，激光功率为 High（高），结果为 Average（均值），分辨率为 Low（低）。

④ 样品前处理与制备　环境水样：经 $0.45\mu m$ 有机滤膜过滤后储存于 4℃ 冰箱中待测。土壤样品：将泥土在室温下风干，磨碎，过 180 目筛网，粒径约为 0.088mm。称取 10g 过筛网后的泥土，加入 30mL 丙酮提取 1h，离心 10min，获得上层清液后再用 $0.45\mu m$ 有机滤膜过滤，收集所有滤液用 N_2 吹干，再用 5mL 乙醇复溶得到萃取液，取其 0.5mL 用超纯水稀释至 20mL 后用于多环芳烃的检测。

⑤ 结论　建立了自来水、珠江水和土壤中 4 种 PAHs 磁性聚亚苯基共轭微孔聚合物富集/SERS 检测的分析方法。样品经磁性聚亚苯基共轭微孔聚合物富集，通过磁性分离并洗脱后进行 SERS 检测。4 种 PAHs 的检出限（LOD）均为 $0.03\mu g/L$，回收率为 71.6%～115.8%。研究表明该方法操作简单、试剂用量少、灵敏度高，可用于环境样品中痕量污染物 PAHs 的同时定性定量检测，并有潜力应用于 PAHs 的现场、快速、实时监测。

2.5.4.3　激光拉曼光谱法分析自来水水质

单个水（H_2O）分子中 O—H 键的极性很强，偶极矩值高。分子间容易在动态平衡中形成氢键，形成水分子多样性存在形态。O—H 键长度变化产生的对称伸缩振动（U_1）与反对称伸缩振动（U_2）、键角变化产生的弯曲振动（U_3）是水分子的 3 种主要振动方式，所以理论上来说水分子应具有三条特征拉曼谱线。利用采集到的水通过拉曼光谱法观察分析拉曼谱中水的特定峰值出现的位置和相对的强度，研究水中杂质和矿物质的量化关系以及对水质组分的快速定性分析。

（1）实验装置和仪器　LRS-3 型激光拉曼光谱仪。仪器采用半导体激光器为激发光源，发出的入射光波长为 532nm，输出功率为 40mW；单色仪相对孔径 $D/F=1/5.5$；光栅选用 1200L/mm 的光栅；采用单光子计数器为接收单元；狭缝宽度 0～2mm 连续可调；光谱范围 200～800nm，精度 $\leqslant \pm 0.4nm$；杂散光 $\leqslant 10^{-3}$；谱线半宽 $\leqslant 0.2nm$。用计算机对输入的信号进行自动采集和加工处理。测试样品为自来水和蒸馏水。将水样静置五天后，再用滴管装入玻璃样品管中进行测量。外界的环境光会对测试产生影响，所以实验在暗室中进行。

（2）实验结果及其分析　将测量出的自来水与蒸馏水激光拉曼谱进行比较，横坐标为波数，纵坐标为拉曼峰相对强度值。检测得到的特征峰波数值如表 2-17 所示。

表 2-17　自来水和蒸馏水各特征峰的波数值　　　　　　　　单位：cm^{-1}

样品	U_2 峰	U_4 峰	U_1 峰	U_3 峰
自来水	1543.5	2944.2	2592.3	3862.4
蒸馏水	1543.6	2952.3	2589.6	3882.7

可以看出自来水的拉曼谱中峰的强度较低，现在多数自来水都是经过消毒和净化处理过

的，一般来说，其硬度和矿物质含量都比较高。自来水中含有的矿物质微量元素（如钾、钠、钙等离子）对水分子的振动有干扰，测得的拉曼峰相对强度会比较低。水中杂质会影响拉曼光谱中峰的数量。所测自来水光谱图中出现的杂峰和毛刺数目比较多，说明自来水中包含的杂质种类较多，但杂峰和毛刺的强度不是很大，说明杂质浓度不高。

参 考 文 献

[1] 周公度，段连运．结构化学基础［M］．2 版．北京：北京大学出版社，1995．

[2] 柯以侃，董慧茹．分析化学手册-第三分册（光谱分析）［M］．2 版．北京：化工大学出版社，1998．

[3] 陈国珍，黄贤智，刘文远，等．紫外-可见光分光光度法（上，下册）［M］．北京：原子能出版社，1983．

[4] 汪志国，齐文启．紫外可见分光光度法及其在环境监测中的应用［J］．现代科学仪器，1998（6）：36-39．

[5] 魏复盛．水和废水监测分析方法指南（中册）［M］．北京：中国环境科学出社，1994．

[6] 国家环保局《水和废水监测分析方法》编委会．水和废水监测分析方法［M］．4 版．北京：中国环境科学出版社，2002．

[7] 杨明，宋巧红，席丽峰．微波消解-紫外吸光光度法快速测定水中总氮［J］．理化检验（化学分册），2001，37（1）：46，48．

[8] 唐仕明，袁存光．还原-紫外分光光度法测定水中 NO_3^-［J］．中国石油大学学报（自然科学版），2002，26（2）：88-90．

[9] 王林．紫外导数分光光度法直接测定饮用水中的硝酸根含量［J］．环境科学，1999（1）：98-99．

[10] 符艳宏．紫外吸光光度法测定水源水中硝酸盐［J］．理化检验-化学分册，2000，36（6）：273-275．

[11] 董捷，杨景和，蔡红．紫外分光光度法测定亚硝酸盐的研究及应用［J］．中国环境监测，2002，18（1）：26-29．

[12] 赵康，任玉贝，李文遐，等．3，3′，5，5-四甲基联苯胺紫外光光度法测定水中 NO_2^-［J］．光谱实验室，2002，19（2）：181-183．

[13] 马军．紫外分光光度法测定水中元素磷［J］．中国环境监测，2001，17（3）：36-38．

[14] 郁建桥，刘建琳．紫外分光光度法测定水和废水中硫化物［J］．环境监测管理与技术，2000，12（3）：35-36．

[15] 魏丹毅，刘绍璞，胡小莉．紫外吸光光度法测定碘离子［J］．理化检验（化学分册），2001，37（11）：505-507．

[16] 朱英存，黄君礼，沈耀良，等．膜分离紫外连续测定水样中的二氧化氯［J］．分析试验室，2001，20（2）：58-60．

[17] 朱英存，黄君礼，沈耀良．膜分离紫外光度法连续测定二氧化氯的应用［J］．中国环境监测，2001，17（3）：39-41．

[18] 施来顺，胡德栋，章艺．水中低浓度二氧化氯含量的紫外方法测定［J］．山东大学学报（工学版），2002，32（6）：578-580．

[19] 邹玲媛，承宪成．3，3′，5，5′-四甲基联苯胺分光光度法测定水中的微量二氧化氯［J］．光谱实验室，2003，20（6）：891-893．

[20] 张向东，王伟，丁鲁．紫外分光光度法测定水中硫酸盐的研究［J］．环境工程，2001，19（3）：55-56．

[21] 杨景芝，孙衍华，周杰，等．$KBrO_3$-KBr紫外分光光度法测定痕量苯酚［J］．分析试验室，1999，18（4）：57-59．

[22] 阿曼古丽·阿不都热合曼．紫外分光光度法直接测定水中酚［J］．干旱环境监测，2001，15（4）：243-244，250．

[23] 宋来洲，李健，运如艳，等．紫外分光法测定污水厂出水中的 COD［J］．中国给水排水，2002，18（12）：85-86．

[24] 戴小波，曹鹏．无汞盐紫外分光光度法快速测定染色废水 COD［J］．泰州职业技术学院学报，2002，2（4）：4-5，12．

[25] 邢书才，邱争，吴忠祥，等．紫外分光光度法在水中阴离子表面活性剂标准样品研制中的应用［J］．干旱环境监测，2000，14（3）：132-134．

[26] 刘恩栋．紫外法测定水中烷基苯磺酸盐［J］．环境与开发，1998，13（4）：39-40．

[27] 杨正富．精对苯二甲酸排放污水中对苯二甲酸的测定［J］．工业水处理，2002，22（2）：38-39．

[28] 张寿宝，徐香．紫外分光光度法测定水中对苯二甲酸［J］．中国环境监测，1999，15（1）：36-37．

[29] 张一甫，许友，施天益．用紫外分光光度测定水中硝苯柳胺的含量［J］．光谱学与光谱分析，2000，20（2）：247-249．

[30] 高文玲，贺全林．紫外-可见吸光光度法同时测定铬（Ⅲ）和铬（Ⅵ）［J］．理化检验（化学分册），2002，38（6）：313-314．

[31] 蒋世伟，苗向阳，王天贵．紫外分光光度法测定六价铬的研究［J］．天津化工，2007，21（3）：51-52．

[32] 王文忠．紫外可见分光光度法测定水中微量汞［J］．西南给排水，2002（4）：46-47．

[33] 于军晖，陈云生，杨慧仙，等．紫外分光光度法测定水中痕量三价铋的研究［J］．衡阳医学院学报（医学版），

2000，28（6）：602-604.

[34] 黄坚，曹岳辉．铋的分光光度法分析概况［J］．冶金分析，2000（6）：26-30.

[35] 贾秀莲，屈蒙，刁满盈．紫外吸光光度法直接测定水中臭氧［J］．理化检验（化学分册），2002，38（8）：417.

[36] 余辉菊，杨晓松．硼酸-碘化钾紫外分光光度法测定饮用纯净水中残留臭氧［J］．中国卫生检验杂志，2001，11（3）：326-328.

[37] 宋钰，蔡士林，张卫强．水中臭氧的快速测定［J］．卫生研究，2000，29（3）：151-153.

[38] 庞艳华，丁永生，公维民．紫外分光光度法测定水中油含量［J］．大连海事大学学报，2002，28（4）：68-71.

[39] 郑晓红，郑晓霖．水中油类监测分析方法研究［J］．仪器仪表与分析监测，2001（1）：1-3.

[40] 郑健，陈焕文，刘宏伟，等．紫外-可见分光光度法在药物分析中的应用［J］．分析科学学报，2002，18（2）：158-163.

[41] 周名成，俞汝勤．紫外与可见分光光度分析法［M］．北京：化学工业出版社，1986.

[42] 陈国珍．荧光分析法［M］．2版，北京：科学出版社，1990.

[43] 夏锦尧．实用荧光分析法［M］．北京：中国人民公安大学出版社，1992.

[44] 孙媛媛．荧光光谱法在环境监测中的应用［J］．环境监测管理与技术，2000，12（3）：12-16.

[45] 刘阳春，郑泽根．荧光分析法在水体污染监测中的应用［J］．重庆建筑大学学报，2003，25（5）：57-60.

[46] 罗兆福，左超，潘祖亭，等．荧光光谱法测定工业废水中痕量汞的研究［J］．分析试验室，2000，19（2）：18-20.

[47] 邵建章．协同催化荧光法测定痕量钴的研究［J］．分析试验室，2004，23（2）：32-34.

[48] 吴芳英，黄坚峰．新试剂 DCOBAQS 与铝的荧光反应性能研究及分析应用［J］．光谱与光谱分析，2001，21（1）：92-93.

[49] 付佩玉，曹伟，高红亮．二溴羟基苯基荧光酮荧光熄灭法测定铜［J］．光谱学与光谱分析，2000，20（1）：99-101.

[50] 陈兰化，王建芳．催化荧光法测定环境水样中痕量铬（Ⅵ）［J］．环境污染与防治，1998，20（2）：36-41.

[51] 闫良国，张旭桢，王晓东，等．催化动力学光度法测定痕量铬研究进展［J］．济南大学学报（自然科学版），2003，17（2）：202-206.

[52] 向海艳，陈小明，李松青，等．邻菲罗啉荧光猝灭法测定镍［J］．光谱学与光谱分析，2000，20（4）：566-568.

[53] 张敬东，Reinhard Niessner．流动注射-荧光法同时测定水中的镍和锌［J］．分析试验室，2002，21（4）：1-4.

[54] 苑宝玲，傅朋来，林清赞．荧光法测定环境水中的痕量砷［J］．分析试验室，2000，19（6）：71-73.

[55] 赵保卫．荧光光度法测定水样中痕量硫化物［J］．中国环境监测，2001，17（3）：34-36.

[56] 佟岩，王喜全．荧光分光光度法测定废水中微量硫化物［J］．理化检验-化学分册，2004，40（6）：322-323，328.

[57] 熊远福，刘军鸽，文祝友，等．荧光法测定水样中的硒（Ⅳ）、硒（Ⅵ）和有机硒［J］．分析科学学报，1999，15（2）：154-157.

[58] 苑宝玲，林清赞．荧光猝灭法测定痕量亚硝酸根［J］．分析化学，2000，28（6）：692-695.

[59] 邵建章．催化荧光法分析痕量溴的研究［J］．理化检验-化学分册，2003，39（3）：160-161.

[60] 邵建章．痕量溴的阻抑动力学荧光法测定［J］．分析测试学报，2002，21（1）：87-88.

[61] 梅建庭，王化南．荧光光度法测定环境水中微量甲基对硫磷［J］．分析化学，1997，25（1）：82-84.

[62] 唐尧基，樊静，冯素玲．环境水样中痕量肼的荧光分析［J］．分析试验室，2003，22（1）：48-50.

[63] 徐贵潭，李瑞波．动力学荧光猝灭法测定污水中的对硝基酚［J］．牡丹江师范学院学报（自然科学版），2002（1）：28-29.

[64] 徐敏，郝义，郭丽华．阻抑动力学光度法测定痕量对硝基酚［J］．化学工程师，2001（6）：30-31.

[65] 梅建庭，郝炎．荧光光度法直接测定环境水中对氯苯胺［J］．理化检验（化学分册），2003，39（3）：166-167.

[66] 程宝玺，张红武．阻抑动力学荧光光度法测定苯胺［J］．分析化学-研究简报，2002，30（6）：719-721.

[67] 张文伟，辛长波，李晓辉，等．荧光光度法直接测定环境水中的苯酚和苯胺［J］．分析试验室，2000，19（5）：37-39.

[68] 刘志宏，蔡汝秀．三维荧光光谱技术分析应用进展［J］．分析科学学报，2000，16（6）：516-523.

[69] 四川大学工科基础化学教学中心，分析测试中心．分析化学［M］．北京：科学出版社，2001.

[70] 武汉大学化学系．仪器分析［M］．北京：高等教育出版社，2001.

[71] 骆巨新．分析实验室装备手册［M］．北京：化学工业出版社，2003.

[72] 黄业茹，施钧慧，唐莉．固相萃取工业废水中二恶烷的 GC/MS 分析［J］．质谱学报，2001，22（1）：70-74.

[73] 尤作亮，蒋红花．橡胶废水的有机成分及其去除特点研究［J］．上海环境科学，1996，15（4）：25-27，30.

[74] 万军明，梁润秋．水源水中有机污染物的研究［J］．环境与开发，1998，13（1）：29-30.

[75] 杨舰．高效液相色谱/质谱联用仪在农药全分析中的应用［J］．环境化学，2001，20（4）：407-408.

[76] 徐杉，宁平．GC/MS 法分析焦化废水中的有机污染物［J］．云南化工，2002，29（5）：32-34.

[77] 陈慧，戴晖．GC/MS 法分析焦化废水中微量有机污染物［J］．环境科学与技术，2002，25（3）：30-31.

[78]　郭志峰，李艳菊，安秋荣．饮用水中有机物的 GC-MS 分析测定 [J]．质谱学报，2001，22（3）：71-75.

[79]　夏豪刚．GC/MS 在水污染事故监测中的应用 [J]．环境监测管理与技术，1999，11（6）：23-24.

[80]　贾金平，冯雪，方能虎，等．活性碳纤维固相微萃取/气相色谱-质谱联用测定水中苯系物 [J]．色谱，2002，20（1）：63-65.

[81]　李凌波，齐敏，申开莲，等．气相色谱-质谱法表征炼油厂外排废水中的有机组分 [J]．中国环境监测，2000，16（2）：32-36.

[82]　施钧慧，周春玉，董凤霞，等．GC/MS 内标法测定废水中的半挥发性有机污染物及其质量保证/质量控制 [J]．质谱学报，1995，16（3）：60-68.

[83]　唐受印，金一中，戴友芝，等．炼油污水有机物的 GC/MS 分析 [J]．质谱学报，1994，15（3）：36-41.

[84]　范元中，孔福生，吴增彦．造漆厂排水中有机污染物的色谱质谱（GC/MSD）测定 [J]．化工环保，1990，10（5）：301-304.

[85]　Willie S N，Lam J W H，Yang L，et al. On-line removal of Ca，Na and Mg from iminodiacetate resin for the determination of trace elements in seawater and fish otoliths by flow injection ICP-MS [J]．Analytica Chimica Acta，2001，447（1）：143-152.

[86]　Pozebon D，Dressler V L，Curtius A J. Comparison of the performance of FI-ICP-MS and FI-ETV-ICP-MS systems for the determination of trace elements in sea water [J]．Analytica Chimica Acta，2001，438（1）：215-225.

[87]　石书权．水中五氯酚的 GC/MS 测定 [J]．上海环境科学，1995，14（11）：25-27.

[88]　刘丰茂，钱传范，江树人．水中 12 种农药的固相萃取及 GC-MS 测定方法研究 [J]．农药学学报，2000，2（2）：89-93.

[89]　陈耀祖．有机质谱原理及应用 [M]．北京：科学出版社，2001.

[90]　刘文清，崔志成，董凤忠．环境污染监测的光学和光谱学技术 [J]．大气与环境光学学报，2002，15（5）：1-12.

[91]　朱蕾，苏艳．傅里叶红外光谱分析在环境试验中的应用 [J]．环境技术，2002（3）：5-9.

[92]　曹文祺．红外光度油分仪的校准及标准溶液 [J]．现代仪器使用与维修，1998（6）：36-37.

[93]　刘廷泉，刘京，齐文启，等．水中石油类分析方法现状与存在问题 [J]．光谱仪器与分析，1999（2）：27-30.

[94]　孙宏，张泽．红外光谱法测定苯胺的含量 [J]．齐齐哈尔大学学报，2002，18（3）：25-27.

[95]　林大泉，王玉纯．红外分光光度法测定水体中石油烃的含量 [J]．抚顺石油化工研究院院报，1990（1）：64-74.

[96]　陈素兰，郁建桥，尹卫萍，等．红外光度法测定水质石油类 [J]．江苏国土资源，2001（6）：182-184.

[97]　陈元彩，陈中豪，唐怀宇，等．造纸废水的混凝-水解-接触氧化处理技术 [J]．中国造纸，2002（3）：24-27.

[98]　李艳华．红外测油仪在废水监测中的应用 [J]．科技与企业，2013（17）：311.

[99]　钱达．水中总油，矿物油的红外分光光度法分析 [J]．交通环保，1997，18（3）：31-34.

[100]　张利群．测定废水中酚的新方法-红外吸收光谱法 [J]．环境保护，1991（11）：20.

[101]　幸梅．湿法氧化-非分散红外吸收法测定水中 TOC（总有机碳）的影响因素 [J]．重庆环境科学，2003，25（11）：105-107.

[102]　韩熔红．燃烧氧化-非分散红外吸收法测定饮用水中总有机碳 [J]．中国公共卫生，2002，18（12）：1507.

[103]　孙剑辉，冯精兰，孙瑞霞．水体有机污染物分析的研究进展 [J]．中国环境监测，2003，19（6）：58-61.

[104]　张荣贤，孙桂芳．气相色谱-红外光谱联机测定石油化工废水中挥发性有机物 [J]．分析化学，2000，28（7）：915.

[105]　高小玲，巴，IS. 显微红外法与环炉法结合对废水中微量汞的直接分析测定 [J]．中国环境监测，1995，11（3）：28-31.

[106]　张明智．红外分光光度法分析工业废水中的微量油 [J]．分析仪器，2003（3）：24-26.

[107]　叶升锋，闵顺耕，覃方丽，等．同时测定水溶液中葡萄糖、果糖和蔗糖的近红外光谱法 [J]．分析测试学报，2003，22（3）：89-91.

[108]　覃方丽，闵顺耕，李宁．近红外光谱法测定有机混合物中的正己烷、环己烷、甲苯的含量 [J]．光谱学与光谱分析，2003，23（6）：1090-1092.

[109]　田中群．中国光谱四十年从跟跑到领跑 [J]．高科技与产业化，2018（10）：25-28.

[110]　倪一，黄梅珍，袁波，等．紫外可见分光光度计的发展与现状 [J]．现代科学仪器，2004（3）：3-7，11.

[111]　朱焯炜，解希顺，陈国庆．分子荧光光谱法及其工程应用 [J]．物理通报，2008（9）：56-57.

[112]　汪之睿，于静洁，王少坡，等．三维荧光技术在水环境监测中的应用研究进展 [J]．化工环保，2020，40（2）：125-130.

[113]　那广水，刘春阳，张琳，等．固相膜萃取-超高效液相色谱-荧光法测定极地水体中多环芳烃 [J]．分析试验室，2011，30（1）：29-31.

[114]　吴升红．荧光光谱法在水质化学需氧量检测中的应用研究 [J]．长春师范大学学报，2019，38（12）：63-67.

[115] 孟永霞，程艳，李琳，等．西北内陆小流域水体 DOM 三维荧光光谱特征 [J]．环境科学与技术，2019，42（9）：134-141.

[116] 朱余，魏桢，张劲松．傅里叶变换红外吸收光谱的温度修正方法研究 [J]．大气与环境光学学报，2016，11（3）：191-196.

[117] 刘艳，任英，吕卫星，等．红外光谱法在线测量高浓度重水 [J]．同位素，2019，32（5）：332-336.

[118] 许海舰，刘翠哲．液相色谱-质谱联用技术的研究进展 [J]．承德医学院学报，2017，34（6）：513-516.

[119] 闫凤丽，刘波，张凌云，等．质谱检测技术在水环境监测中的应用及发展 [J]．供水技术，2016，10（6）：10-14，18.

[120] 贾双琳，郑松，龙纪群，等．水中多环芳烃分析技术研究进展 [J]．贵州科学，2020，38（2）：21-30.

[121] 张莉，张永涛，李桂香，等．基质标准校正-气相色谱-质谱法同时检测地下水中有机氯农药和多环芳烃 [J]．分析试验室，2010，29（2）：18-22.

[122] 王冠华，雷永乾，蔡大川，等．配位聚合物固相萃取/气相色谱-质谱联用法测定环境水样中的 6 种多环芳烃 [J]．分析测试学报，2013，32（5）：575-580.

[123] 刘保献，史鑫源，王小菊，等．气相色谱质谱法测定水质中 16 种多环芳烃 [J]．分析试验室，2015，34（7）：827-831.

[124] 张红庆，饶竹，王晓春，等．全二维气相色谱-飞行时间质谱测定地下水中低环多环芳烃及其衍生物 [J]．分析测试学报，2017，36（10）：1197-1202.

[125] 刘丹，赫春香，那广水，等．C_{18} 膜萃取-超高效液相色谱-串联质谱法测定海水中羟基多环芳烃 [J]．分析试验室，2018，37（8）：884-888.

[126] 王芹，宋鑫，王露．水和食品中有机磷农药残留检测的研究进展 [J]．理化检验（化学分册），2018，54（6）：739-744.

[127] 徐玉娥，魏远隆，左海根，等．低温富集液液萃取-气相色谱-串联质谱法测定水样中 15 种农药残留 [J]．理化检验（化学分册），2015，51（1）：1-5.

[128] 秦明友．全自动固相萃取分子筛脱水气质联用法测定水中有机磷农药残留 [J]．西部皮革，2015，37（8）：37-43.

[129] 李凌，张付刚，李建，等．固相萃取-气质联用测定水中 23 种有机氯有机磷农药污染物 [J]．环境卫生学杂志，2014，4（3）：305-309.

[130] 付慧，张海婧，胡小键，等．水中呋喃丹及 5 种有机磷农药的超高效液相色谱串联质谱测定法 [J]．环境与健康杂志，2015，32（3）：243-246.

[131] 赵瑞，马继平．饮用水消毒副产物测定方法的研究进展 [J]．化学分析计量，2018，27（2）：117-121.

[132] 李海青，蔡烨，张利明，等．气相色谱-质谱法测定饮用水中消毒副产物卤代腈 [J]．环境监测管理与技术，2014，26（5）：37-39.

[133] 孙博思，李石馨．水体中亚硝胺类物质检测的研究进展 [J]．科技资讯，2015（20）：125，127.

[134] 王昌钊，方悦，付雯宇．环境和食品样品中高氯酸盐检测方法进展 [J]．化学分析计量，2018，27（1）：115-119.

[135] 王骏，胡梅，张卉，等．液相色谱-质谱测定饮用水中的溴酸盐和高氯酸盐 [J]．食品科学，2010，31（10）：244-246.

[136] 钱蜀，谢永洪，杨坪，等．离子色谱-串联质谱测定地表水中高氯酸盐 [J]．中国环境监测，2014，30（3）：125-131.

[137] 张延会，吴良平，孙真荣．拉曼光谱技术应用进展 [J]．化学教学，2006（4）：32-35.

[138] 汪仕韬，卫荣，胡建，等．表面增强拉曼散射光谱法在环境污染物检测中的应用 [J]．理化检验：化学分册，2013，49（1）：118-120，127.

[139] 冯艾，段晋明，杜晶晶，等．环境水样中五种多环芳烃的表面增强拉曼光谱定量分析 [J]．环境化学，2014，33（1）：46-52.

[140] 温海滨，胡玉玲，李攻科．磁性微孔聚合物富集/表面增强拉曼光谱法测定水与土壤中多环芳烃 [J]．分析测试学报，2017，36（10）：1214-1218.

[141] 孙燕芬．激光拉曼光谱法分析自来水水质 [J]．信息记录材料，2018，19（6）：54.

第 3 章
电化学分析技术及其在水质分析中的应用

电化学分析是建立在电化学基础上的分析方法，其原理是利用物质的电学性质与化学性质二者之间的关系来测定物质的含量。按传统的分类方法一般分为电位分析法、电导分析法、库仑分析法和极谱分析法。早在 20 世纪 70～80 年代，电化学分析法就对水溶液中贵金属的测定发挥着重要作用。19 世纪以来，随着电化学、物理学和化学等学科基础理论的快速发展，促进了电化学分析法产生、完善，并不断拓展其应用领域。当今电化学分析法在水质分析领域发展的主要特点表现为：①仪器联用是现代分析方法的主流发展趋势。例如，电化学检测器与毛细管电泳、离子色谱组成的仪器已取得可观的改进和应用；电化学检测器与流动注射分析体系联用在分析大批量样品方面更具优势。随着光谱电化学的发展，将可实现同时对物质的定性和定量分析。②从材料角度出发，研制新型、高催化活性的电极材料，优化电极材料的结构和制备方法。例如，脱乙酰壳聚糖化学修饰电极阳极溶出法、水杨醛肟修饰碳糊电极吸附溶出伏安法以及硫冠醚碳糊电极法等不同的化学修饰电极及测试方法在贵金属的测定中被运用。③另外，催化极谱法、线性扫描伏安法、示差脉冲极谱法、微分循环示波计及离子选择电极等电化学分析技术配合富集技术也能有效地测定超痕量贵金属元素。

电化学分析技术具有高效率、占地小、无二次污染等优点，是一种基本对环境无污染的"绿色"分析技术。其中，电极相当于异相反应的催化剂，因而减少了由催化剂带来的环境污染，与此同时，电化学过程有较高的选择性，可减少污染物生成。此外，电化学技术还具有仪器设备简单、易自动化、便于携带、灵敏度和准确度高、选择性好等特点。并且电化学技术运行费用低于光谱法和色谱法，因而在水质监测和分析中得到了更广泛的推广和应用，具有极其重要的地位。由于离子选择电极法和溶出伏安法更具有代表性且在水质监测中应用广泛，本书主要介绍电位分析法中的离子选择电极法和极谱分析法中的溶出伏安法。

3.1
离子选择电极法及其在水质分析中的应用

电位分析法是一种经典的分析方法。在电位分析法中，根据指示电极的电极电位与响应离子活度的关系，通过测定指示电极、参比电极和试液组成的原电池的电动势来确定被测离子的浓度。电位分析法主要包括电位滴定法（potentionmetric titration）和直接电位法（direct potentionmetric method）。

电位滴定法是通过测量滴定过程中电池电动势的变化来确定滴定终点的一种滴定分析法。在滴定过程中，由电极电位的"突跃"来确定滴定终点，并根据滴定剂的用量求出被测物质的含量。该法主要用于浑浊有色溶液的滴定、非水滴定、连续自动滴定以及无适当指示剂的滴定分析。在水质分析中可以便捷地检测水中阴阳离子、碱度、COD以及总硬度等关键指标，并且无论是准确度还是精密度都能达到定量分析的要求。此外，将专门的自动电位滴定仪与计算机技术和自动进样装置结合可实现整个检测过程全自动化。

直接电位法是通过测量原电池的电动势直接测定有关离子活度的方法。这种方法测量技术简单快速，并且该法指示电极具有很强的选择性，一般不需要进行预先分离，并能够连续监测和自动记录。然而直接电位法的测量准确度比电位滴定法要差一些，因此就需要较严格地控制试验变量和较精密的实验仪器进行测量。为减小电动势测定误差，很多公司都推出了差分电极。差分电极法通过引入溶液地电极，使用差分测量技术，用三电极取代传统的pH传感器的双电极系统，可以有效地提高分析的灵敏度和准确度。另外，pH与电动势直线斜率是温度的函数，所以在使用的过程中需要注意温度补偿，并维持温度的恒定以确保输出结果的准确性。

电位分析法与其他分析法的显著区别在于，多数分析法是测定溶液中一种元素的总量，而电位分析法只能测定某一种待测离子的活度，使待测离子的浓度或活度能够从试样溶液中同一元素的总量中区别开来。比如，某一溶液中含有 Ag^+、$Ag(R)^+$、$Ag(R)_2^+$ 等多种离子且已达到化学平衡，用银电极作指示电极进行电位测定，只能给出 Ag^+ 的活度；如果用氯化钠标准溶液滴定，平衡将移动并给出溶液中所有银化合物的总量。因此，应用电位分析法可以测定某元素单一存在价态或者存在形态的活度。

电位分析法是化学传感器中最重要、最活跃的一支。在水质监测中已广泛应用于在线分析、自动监测、自动报警等方面，有着极为广阔的发展前景。其中，离子选择电极法就是电位分析法中一种重要的分析法。

3.1.1 离子选择性电极

3.1.1.1 概述

离子选择性电极属于一类具有薄膜材料感应的电极，能够从含有多种离子的溶液中选择性地测量某一特定的离子活度。测量过程中所产生的电位与溶液中被测离子活度的对数呈线性关系。用于测pH值的玻璃电极就是具有氢离子专属性的一类典型的离子选择性电极。此外，离子选择电极还可以测定氢离子以外的多种离子。

离子选择性电极是一种简单、快速、能用于有色和浑浊溶液的非破坏性分析工具，使用上不要求复杂的仪器，可以分辨不同离子的存在形式，能测量低至几微升的样品，因此十分适用于野外分析和现场自动连续监测。与其他分析方法相比，离子选择性电极在阴离子分析方面特别具有竞争能力。离子选择性电极的分析对象十分广泛，它已成功地应用于环境监测、水质分析、土壤分析、临床化验、海洋考察、工业流程控制以及地质、冶金、农业和食品安全分析等领域。

早在1893年离子选择性电极就应用于电位分析。20世纪初，Cremer等发现玻璃膜电位的大小依赖于溶液的酸度，由此研制出pH玻璃电极，随后一系列 Na^+、K^+、Ag^+ 等一价阳离子选择性玻璃电极被成功研制。20世纪50年代末，测定碱金属离子的玻璃电极被成功研制，其中钠离子电极性能较好。1967年，Eiseman在对玻璃电极的长期研究基础上，出版了关于玻璃电极组分及其响应的专著，对膜电位理论的发展做出重大贡献。1965年，Pungor等将卤化银分散在惰性基质中，制备出卤素离子选择性电极。目前已经生产出几十种离子选择性电极。离子选择性电极对微量物质的测定和生物样品的分析起到了重要的作用，该分析技术已成为电化学分析法的一个独立分支科学。1996年，Frant和Ross成功研制出 LaF_3 单晶膜材料并研制具有高选择性和灵敏度的氟离子选择电极，这为离子选择电极的研究工作开创了新局面，从而推动了离子选择电极的迅速发展。我国从 1964 年开始离子选择电极的研发和使用，在 20 世纪 70 年代对离子选择电子的研究发展最快，此后，我国以氟离子电极为中心的固膜电极取得长足进展。1997 年 1 月，在福州召开的"离子选择性电极及离子计技术交流会"上研讨的均为固膜电极的 50 多篇报告，其中涉及近 20 种电极，这表明我国的离子选择电极的研究达到了一定水平，因而形成了仪器分析中的一门新的测试技术。进入 20 世纪 90 年代以来，离子选择电极的应用和响应机理的研究已成为研究热点，离子选择电极对于环境监测已成为最重要的手段之一。

3.1.1.2 离子选择性电极法的特点

理想的电极应该具有选择性好、电极功能符合 Nernst（能斯特）公式、测量范围宽、平衡时间短、电位漂移小、坚固耐用等特性。

① 离子选择电极法具有如下优点：所需仪器设备价廉、便携，分析操作简便、快速，易于小型化、自动化，测量线性范围广，选择性和灵敏度较高，并且大多数离子选择电极的灵敏度可达 1mg/L，测定离子与干扰离子的选择性系数多在 $10^{-5}\sim10^{-2}$ 之间，一般情况下无需化学分离即可进行现场监测。还可以在不破坏测试体系的情况下进行分析测定。

② 理想的离子选择性电极应该只对待测的离子有响应，对其他共存离子没有响应。然而，绝大多数离子选择电极的选择性是相对的。即离子选择电极不仅对待测离子有响应，对共存的其他离子也可能产生膜电位。因此，通常将指示电极对待测离子的响应与另一干扰离子的响应的相对比值（电极的选择性，K）作为判断电极功能优劣的重要指标之一。

③ 离子选择电极在环境监测中也可用作指示电极进行电位滴定，这样不仅可以提高分析的准确度和精密度，还可以扩大其应用的范围。离子选择电极适用的浓度范围很广，能达到几个数量级差。离子选择性电极分析法不仅可用于气敏电极测定环境中的 CO_2、NH_3、NO_2、SO_2、HCN 等，还可以用于直接测定游离态离子的含量，因此便于进行环境质量评价。

④ 由 Nernst 方程可以得出，一个理想的离子选择性电极，在测试温度为 25℃时，其电极系数的理论值对一价离子（$n=1$）应该是 56mV，二价离子（$n=2$）应该是 28mV。需要指出的是，由于种种内在和外界因素的影响，电极系数通常达不到理论值，但只要与理论值相差不大，且重现性和稳定性也良好，电极依然可以使用。

⑤ 离子选择性电极的测定范围主要受组成电极膜的电活性物质本身的性质影响，但由于杂质的干扰以及容器和电极体对离子的吸附等因素的影响，实际使用中电极的测定下限比理论值要大一些。例如 AgI 沉淀膜电极，理论上，测定 I^- 的下限约为 10^{-8}mol/L，但实际却很少能达到 10^{-7}mol/L。

⑥ 电极浸在溶液中达到稳定电极电位所需的时间称为电极响应速度。一般情况下，响应时间与试液中的离子浓度有关。浓度越大，响应就越快，而浓度很小时，响应便较慢。离子选择电极分析法一般响应时间很短，仅需几分钟甚至更短，所以适用于对环境污染进行快速分析。离子选择电极法由于可在不破坏测试体系的情况下直接进行分析测定，响应速度快，因此可以连续测试、记录并与控制系统及计算机联用。

⑦ 离子选择电极法可以测定其他分析方法较难测定的阴离子，如 F^-、SO_4^{2-}、S^{2-}、NO_3^-、CN^- 等离子，也能测定许多阳离子、有机离子、生物物质和碱金属离子，并能用于气体分析，而且测定过程简单，不受试液颜色和浑浊度的影响。此外，还可以制成微型电极，甚至做成管径小于 $1\mu m$ 的超微型电极，用于单细胞及活体监测。

在现有条件下用于环境监测的离子选择电极尚需提高其选择性和稳定性，同时也应完善延长离子选择电极的使用寿命、克服共存离子的干扰以及提高测量精度方面的工作。离子选择电极法在环境自动监测中日益显示出其独特的优越性，已成为环境监测重要的监测手段之一。

3.1.1.3 离子选择性电极的分类

离子选择电极已然成为电化学分析中一个重要的领域，相继问世的多种电极，成为环境监测中一种不可缺少的分析工具。由于离子选择性电极的品种繁多、形式各异、响应机理也各有特点，还有新型的电极不断出现，使得各种分类方法分类依据不一。本书中离子选择性电极可按以下方式分类。

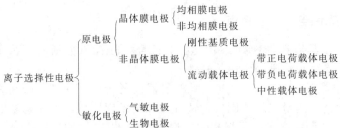

（1）晶体膜电极　是用晶体或把晶体沉淀压成薄片后制成的一类晶体薄膜电极。其中应用最广泛的是氟离子选择性电极。氟离子选择性电极薄膜原料为纯的或掺杂 Eu^{3+} 的 LaF_3 单晶，内充液为 $0.1mol/L\ NaF$-$0.1mol/L\ NaCl$，以 Ag-AgCl 作内参比电极，测定时控制 $pH=5.5\sim6.5$，氟离子浓度的线性范围为 $10^{-6}\sim10^0\ mol/L$。

（2）非晶体膜电极　这类电极主要包括两种：刚性基质电极和流动载体电极。

玻璃膜电极属于刚性基质电极，该种电极对金属离子的响应与膜的化学成分有关。改变膜的成分，会影响其对不同离子的选择性。对 Li^+、Na^+、K^+、Ag^+ 等阳离子敏感的玻璃电极已经研发成功。

流动载体电极又称为液膜电极，与玻璃电极不同，液膜电极可以与被测离子进行选择性作用，可在膜相中流动。如果载体带有电荷，称为带电荷的流动载体电极；如果载体不带电荷，则称为中性载体电极。

（3）气敏电极　这种电极是一种复合电极，也是一种气体传感器，能用于测定溶液或其他介质中某种气体的含量。测定时，pH 玻璃电极和指示电极插入中介液中，待测气体通过气体渗透膜与中介液反应，pH 值会随之改变，从而可测得 CO_2 或 NH_3 等气体的活度。常用的气敏电极可对 CO_2、NH_3、NO_2、SO_2、H_2S、HCN、HF、HAc 和 Cl_2 进行测量，还可用于测定试液中的有关离子，如 NH_4^+、CO_3^{2-} 等。

（4）生物电极　生物电极主要包括两类：酶电极和生物组织电极。

酶电极是通过覆盖于电极表面的酶活性物质（起催化作用）与待测物质反应，生成可以被电极响应的物质而构成的电极。它是通过将生物酶涂在电极的敏感膜上，通过酶催化作用，使待测物质产生能在该电极上响应的离子或其他物质。

生物组织电极是基于生物组织中存有某种酶，因此可以将一些生物组织贴在电极上，构成类似于酶电极的电极。

这类电极的特点是：它们能够像测定无机离子一样方便、快速地测定出较为复杂的有机物。生物酶催化的反应条件温和，所以这类电极的工作条件也较为温和；酶的干扰较少，所以这类电极的选择性也较好。

在上述生物电极基础上，形成一种高新技术：电化学生物传感器。根据对输出电信号的不同测量方式，又可分为电位型、电流型和伏安型生物传感器。电化学生物传感器具有如下特点，响应时间快、成本低、分析样品需求量小、数据分辨率高以及能够现场快速测试等，已被广泛应用于疾病快速诊断、环境污染监测、食品安全以及毒品检测等领域。电化学生物传感器可分析污水中多种污染物，如无机污染物（如重金属）、有机污染物（如农药、毒品）、生物分子（如 DNA）以及细菌等，是追踪环境污染物以检测各种目标物的可靠分析方法。由于其监测不同类型环境污染物时展现的简单性和高选择性，越来越多基于电化学生物传感器的方法被陆续建立。

3.1.2 用离子选择性电极测定溶液中离子活度的方法

3.1.2.1 测定离子活度的原理

离子选择电极的电位为内参比电极的电位与膜电位之和，即

$$E_{ISE} = E_{内参比} + E_{膜} = k + \frac{RT}{zF} \ln a_{M(外)} \tag{3-1}$$

式中，k 为常数项，包括内参比电极的电位与膜内的相间电位；R 为气体常数；T 为热力学温度；z 为离子电荷数；F 为法拉第常数；$a_{M(外)}$ 为待测溶液中 M^{n+} 的活度。

在一定试验条件下，指示电极电动势与参比电极之间的电势差与待测离子活度的对数值呈线性关系。使用时，将离子选择电极与内参比电极组成电池（复合电极则无需参比电极），在接近零电流条件下测量电池电动势。鉴于外参比电极与试液接触的膜（或盐桥）的内外两个界面上也有液接电位存在，所以在测得的电位值中还包括液接值在内。因此，在测量过程中，应设法尽量减少液接电位或使液接电位保持稳定，从而进一步保证测量结果的准确性。

3.1.2.2 测定离子活度的方法

通过离子选择电极进行分析的方法有很多，常用的为标准曲线法和标准加入法。

（1）标准曲线法　该法主要操作为：先配制一系列不同浓度被测离子的标准溶液，用离子选择电极分别测定其膜电位，进而绘制出膜电位与其对应浓度的标准曲线。然后，在同样的条件下测定水样的膜电位，再从标准曲线上查出对应水样中待测离子的浓度。这种分析方法一般只能测定游离离子的活度或浓度。

采取这种方法测定离子活度时，应尽可能使标准溶液与试样溶液的测定条件一致，尽可能地避免误差。实际测量中，除控制离子强度外，溶液的浓度、干扰物的掩蔽与消除以及其他测试条件等因素都需要综合考虑。

（2）标准加入法　该法又名标准增量法或直线外推法，尤其适用于组成较复杂以及份数不多的试样分析，例如检验样品中存在干扰物质。该法原理为：将一定量已知浓度的标准溶液加入待测样品中，测定加入前后样品的浓度。加入标准溶液后的浓度将比加入前的高，其增加的量应等于加入的标准溶液中所含的待测物质的量。如果样品中存在干扰物质，则浓度的增加值将小于或大于理论值。由于标准物加入前后试液的性质基本不变，所以测量准确度较高。

① 一次标准加入法　设待测试液体积为 V_x、浓度为 c_x、所测电池电动势为 E_x，由公式(3-1) 得：

$$E_x = k \pm S \ln c_x \tag{3-2}$$

式中　S——Nernst 斜率。

在待测试液中加入体积为 V_s、浓度为 c_s 的待测离子标准溶液，此时电池电动势为：

$$E = k \pm S \ln \frac{c_x V_x + c_s V_s}{V_x + V_s} \tag{3-3}$$

$$\Delta E = |E - E_x| = S \ln \frac{c_x V_x + c_s V_s}{(V_x + V_s) c_x} \tag{3-4}$$

于是得到：

$$c_x = \frac{c_s V_s}{V_x + V_s} \left(10^{\Delta E/S} - \frac{V_x}{V_x + V_s} \right)^{-1} \tag{3-5}$$

由于 $V_x \gg V_s$，则 $V_x + V_s \approx V_s$，于是可得：

$$c_x = \frac{c_s V_s}{V_x} (10^{\Delta E/S} - 1)^{-1} \tag{3-6}$$

这种方法的优点：不需做标准曲线，仅需一种标准溶液便可测量水样中被测离子的总浓度，与此同时可降低标准溶液与待测溶液的离子强度、组成的不同所引起的误差。此外，该法操作简便迅速，成为测定一种离子总浓度的有效方法。

② 连续标准加入法（又称格氏作图法） 这种方法可以用于低浓度离子的测定，其测定方法与标准加入法相似，在测定的过程中需要连续多次加入标准溶液，用作图的方法求出结果。其测定原理如下，由公式(3-3)得：

$$(V_x + V_s) 10^{\pm E/S} = (c_x V_x + c_s V_s) 10^{\pm k/S} \tag{3-7}$$

式中，k 和 S 均为常数项，设 $10^{\pm k/S} = K$，K 为常数，则

$$(V_x + V_s) 10^{\pm E/S} = K(c_x V_x + c_s V_s) \tag{3-8}$$

通常向试液中连续加入 3～5 次的标准溶液，由公式(3-8) 可作出 $(V_x + V_s) 10^{\pm E/S}$ 与 V_s 的一条关系直线，当 $(V_x + V_s) 10^{\pm E/S} = 0$ 时，可得：

$$c_x V_x + c_s V_s = 0 \tag{3-9}$$

所以：

$$c_x = -c_s V_s / V_x \tag{3-10}$$

连续标准加入法的准确度较一次标准加入法要高。

标准加入法的灵敏度较高，能将电极检测的浓度大幅度降低，即使检测浓度低到线性以下，只要加入标准溶液后的最后几个点呈线性，仍可得出较好的结果。其次是标准加入法精确度好，这是由于这种方法是通过作图外推求得体积，所以精度不受任何直接法测量其浓度时干扰因素的影响，所以计算的结果比任何其他方法更为准确。对于单个试样的测定，标准加入法比校正曲线和一般电位滴定法速度快，通常只要几点就能确定终点，并能很快计算出试样中被测离子的浓度。标准加入法适用于电位突跃不明显或无电位突跃的滴定。

3.1.2.3 测定离子活度时的注意事项

为了得到准确可信的分析测量结果，必须控制好分析过程中的各个定量条件。总结影响液接电位大小的一系列因素，在测定过程中应注意一些问题来提高试验的精确度。

当两种溶液的 pH 值相差较大时，产生的液接电位也较大。例如，当在 pH＝4 的缓冲溶液标定玻璃电极后，再测 pH 值为 10 的溶液时，即便电极本身的功能很正常，电位差数也达不到理论值。此外，离子强度会影响活度系数，如果两种溶液之间或标准溶液与试样溶液之间的离子强度相差很大，那么测量结果将会相应受到很大的影响。由于离子的活度系数受温度的影响，因此在测量时，应尽量使标准溶液和试样溶液的温度保持一致，以达到更好的效果。用作测量的指示电极，在使用前应该检查其感应膜是否被污染或破损。若有污染情况，可用沾水海绵或软布擦拭。对于单结晶固体膜电极，可用酒精浸洗 5～10min 以洁净感应膜。如膜有破损，则应更换新电极。特别地，在测定过程中，必须不断地搅拌试液，这是因为试液的搅拌状态对于电极电位、响应速度、检出限等均有影响。在实际测定时常用机械搅拌器做恒定速度搅拌。此外，在搅拌过程中还不应产生气泡。在 pH 值测定中，试液不需要搅拌。

3.1.2.4 离子选择电极法测定的误差来源

离子选择电极分析法是由离子选择电极、参比电极、试样溶液及离子计组成的测量体系，因此，可能引起误差的来源是多个方面的。

首先，由电极响应特性可能引起离子选择的电极误差。例如电极的标准电位及斜率漂移引起的误差，温度变化和电极膜表面老化和变化引起的误差。由于溶液中的某些因素，如干扰离子的存在，基体离子强度及离子存在形式变化可能引起电极误差。

其次，参比电极电位漂移、温度波动及液接电位的变化引起的参比电极误差也是一种误差来源。

此外，由标准溶液配制和试样溶液处理过程中引起的偶然和系统误差等溶液配制误差，由仪器输入阻抗、输入电流示值准确性等引起的离子计误差，由电极的清洗及预处理过程产生的操作误差，由操作条件的控制、校准方法及响应电位平衡的判断引入的误差也是引起离子选择电极测量误差的重要因素。

3.1.3 离子选择电极在水质分析中的应用

离子选择性电极常用于江水、河水、饮用水、污水、锅炉水、冷凝水以及海水中的 F^-、NO_3^-、氰化物、亚硫酸盐、氨、铵盐及金属等离子的测定。这种方法简便，运行费用低，可以直接检测用光度法和滴定法检测困难且带颜色的待测样品。应用离子选择电极进行水质分析较广泛的方式是直接应用离子选择电极对待测物进行测定，并在此基础上发展了双点电位法与催化动力学、流动注射分析联用等方法。下面将分别以实例进行具体说明。

离子选择电极直接测定法是应用离子选择电极进行水质分析的主要方法，应用广泛且操作简便。

3.1.3.1 应用离子选择电极测定水中氟化物

离子选择电极法测定水中氟化物具有多种优势，如选择性好、适用范围广、干扰少、设备简单以及操作方便。离子选择电极法是氟化物测定中应用最普遍、最稳定的一种方法。

离子选择性氟电极浸入待测溶液，与参比电极组成一个原电池并测量其电动势时，工作电池的电动势与溶液中 F^- 的活度符合 Nernst 方程，在一定条件下，E 与 $\ln c$ 呈现对应的线性关系，以已知 F^- 浓度的标准溶液为基准，比较待测液和标准溶液的电池电动势来确定待测试液的浓度。

(1) 仪器与试剂　PF～1C（201）型氟电极（江苏电分析仪器厂）；参比电极为 802 型单液接饱和甘汞电极。PXJ-IB 数字式离子计（江苏电分析仪器厂）。标准溶液（此溶液含氟离子质量浓度为 $100\mu g/mL$）：氟化钠在 $105℃$ 下干燥 $2h$，后称取 $0.22g$ 加少量去离子水溶解，再倒入 $1000mL$ 容量瓶中，并用去离子水稀释至刻度，存于塑料瓶中备用，用时用去离子水稀释成含氟质量浓度为 $10\mu g/mL$ 或 $1\mu g/mL$ 的溶液。总离子强度调节缓冲液：$85.00g$ 硝酸钠和 $58.80g$ 二水合柠檬酸钠加水溶解，用 $1:1$ 盐酸调节 pH 值为 $5.5\sim 6.0$，溶于去离子水并定容到 $1000mL$。

(2) 试验步骤　标准曲线的绘制：用移液管准确移取标准液 $1.00mL$、$3.00mL$、$5.00mL$、$10.00mL$、$15.00mL$、$20.00mL$ 分别置于 $50mL$ 容量瓶中，再加入缓冲溶液 $10mL$，用去离子水稀释至标线。用离子选择电极法分别测量得电极电位，绘制 $E\text{-}\lg c_{F^-}$ 曲线。

取 $10mL$ 样品用去离子水稀释至 $250mL$，分别取稀释后样品 $10mL$、$30mL$ 置于 $50mL$

容量瓶中，加入 10mL 缓冲溶液，用去离子水稀释至刻线，用电极法测定结果。

标准样品采用中国环境监测总站 10mL 的氟标样 3930108，浓样品用去离子水稀释至 250mL 后，保证质量浓度值为 0.70mg/L，不确定度 ±0.032。取 10mL 浓样品稀释至 100mL，此溶液质量浓度 $c_b = (0.699 \pm 0.032) \times 25/10 = (1.7475 \pm 0.08)$mg/L。分别取稀释后溶液 20mL、30mL，各加入 10mL 缓冲溶液，用去离子水稀释至 50mL，测得其浓度。

取 10mL 浓样品，置于 50mL 容量瓶中，加入 10mL 缓冲溶液，用去离子水稀释至刻线，此溶液的浓度 $c = (0.699 \pm 0.032) \times 25/5 = (3.495 \pm 0.16)$mg/L。用电极法测得电极电位 $E = 85.35$mV。

（3）说明　测量时应由低浓度向高浓度开始测，这样不仅可减少误差，还可减少响应时间，提高测试速度。开始测量第 1 个浓度时，它一般是该方法的最低检测浓度，响应时间要长一些，约 5min，以后从低浓度到高浓度测标液或样品，响应时间不到 2min 就可读出稳定电位值。如受样品中干扰物的影响，响应时间要稍长一些。另外，搅拌速度也影响响应时间及电位值，搅拌速度越快，响应时间越短，但搅拌速度过快，水中易形成旋涡，电极表面也易形成气泡，影响所测的电位，因此搅拌速度不宜过快，应使搅拌子刚好转动为佳。一般在含有大量非干扰离子的场合，响应速度会快些。此外，膜的厚度和表面光洁度等对响应速度也有影响。

电极在使用前必须在 10^{-3}mol/L NaF 溶液中浸泡 1～2h 进行活化，再用去离子水反复清洗，直至空白电位值达 +270mV 左右。氟电极使用一段时间后就很难达到 +270mV 空白电位值，这是由于电极头部敏感部分受到油类污染，采用酒精浸泡再用现制的去离子水洗涤处理，可使空白电位值恢复到 +270mV 左右。

温度对测量结果的影响也很大。当温度相差 10℃ 时，所测电位相差约 2mV。测量时试液和绘制校准曲线的温度应相同，温差不得超过 ±1℃。当温度在 20～25℃ 之间时，校准曲线斜率在 (58±2)mV 范围内，线性关系良好，所测样品的浓度也应在校准曲线线性范围内，这样才能取得准确可靠的监测数据。

还要注意，清洗电极和绘制校准曲线以及样品测量时应使用同一种水质的去离子水，以避免因水质不同所引起的测量误差。

测量电位所用的仪器必须具有很高的灵敏度和相当高的准确性，测量误差与电位误差呈正相关。对于一价氟离子，电位测量产生 1mV 的误差时，就产生 3.9% 的浓度误差，而电位测量产生 0.1mV 的误差，浓度误差仅为 0.4%。因而在条件允许的情况下，宜尽可能选用精度高的电位测量仪。

简单总结，测定氟化物必须在一定的浓度范围内进行，且有适宜的搅拌速度，保证从稀溶液到浓溶液的测量顺序，并尽可能选用精度高的测量仪才能获得较好的检测效果。

3.1.3.2　离子选择电极法测定水中氯化物

采用离子选择电极法测定水中氯化物，需通过试验确定参比溶液、离子强度调节剂的配制，并用添加氯离子氧化剂和离子浓度调节剂的方法排除干扰离子对测定的影响，使复合氯离子电极测得的能斯特曲线响应系数为 93.2%。标准品的加标回收率为 99.8% ± 0.6%，测定结果的 RSD 为 0.4%。用该方法与国标硝酸银滴定法同时测定实际水样，两方法的测定值绝对误差在允许范围内。

（1）仪器与试剂　perfectION™ 型复合氯离子电极，S40-SevenMulti 综合测试仪，上海梅特勒·托利多仪器有限公司。500mg/L 的氯化物标准溶液〔编号 GSB 07-1195-2000 (201833)〔(50.30±1.30)mg/L〕的标准样品〕，生态环境部标准物质研究所。离子强度调节剂溶液（ISAB）：将 73.50g 二水合柠檬酸三钠（$Na_3C_6H_5O_7 \cdot 2H_2O$）和 101.00g 硝酸钾溶于1L水中。参比溶液：101g硝酸钾溶于1L水中形成溶液。氯离子氧化剂：称取30g溴酸钠溶入1L浓度1mol/L的稀硝酸溶液中。所用试剂均为分析纯以上，用水为去离子水。

（2）试验步骤　将500mg/L氯化物标液配制成浓度依次为4.82mg/L、19.82mg/L、44.75mg/L、76.82mg/L、98.65mg/L的标准系列。依次量取各质量浓度标液各50mL，分别加入6mL氯离子氧化剂和1mL离子强度调节剂，混匀。在复合氯离子电极填充孔中加入1mol/L的硝酸钾溶液，填充液高度约11.5cm。按照设定的程序和参数在综合测试仪上绘制工作曲线。量取50mL待测样品，每个样品中分别加入6mL氯离子氧化剂和1mL离子强度调节剂，混匀，利用绘制好的工作曲线测定。

（3）说明　选择1mol/L的硝酸钾溶液作为参比溶液，以溴酸钠作为氯离子氧化剂。考虑到检测成本和试剂空白的影响，离子强度用101.00g/L的硝酸钾和73.50g/L的二水合柠檬酸三钠作调节剂。不同环境水质存在差异性，加入过多会造成稀释误差，实验中确定加入体积为6mL。表面层影响测定准确性，可通过中和的方法来消除干扰。部分金属离子Bi^{3+}、Cd^{2+}、Mn^{2+}、Pb^{2+}、Sn^{2+}、Ti^{3+}等会与氯离子发生络合反应，影响测定。此外，OH^-也会与Ag^+反应，腐蚀复合电极。试验表明，柠檬酸三钠易与金属离子络合，从而释放出氯离子，使检测快速、准确，因此部分金属离子的干扰可通过加入离子强度调节剂来消除。

采用离子选择电极法测定水中氯化物，测定时间短、结果准确度高。使用离子选择电极法不仅成功降低了测定成本，且避免了硝酸银滴定法中重金属离子对环境的污染。该方法提高了效率，降低了监测人员的工作强度，在面对多样化的监测对象时多了一种选择。

3.1.3.3　离子选择电极法测定水中的溴化物

通过化学法测定样品中的溴化物一般都存在步骤繁琐、费时费力、占用仪器多、耗用试剂多等缺点。国标上测定饮用水或污水中的溴化物常采用比色法，而采用离子选择电极法测定溴，则不受样品溶液颜色、浑浊度、悬浮物或黏度等因素的影响。此外，测量过程用样品量少、所需设备简单、操作方便，且适用于现场监测和批量样品的连续测试。

溴电极属于固态多晶膜电极，是由$AgBr/Ag_2S$膜组成。$AgBr$、Ag_2S晶体是离子导电的固体电解质，在电极内管中装入含有待测离子的内充液，当电极接触待测溶液时，由于内外溶液的活度差，在膜表面将建立起平衡状态而产生膜电势。电极电势与离子活度的关系符合Nernst方程，因此，通过测量电极电势即可测定溴离子的活度，选择适当的条件，即可求知其浓度。

（1）仪器与试剂　PW9415型离子计（PHILIPS）；磁力搅拌器；302型溴电极（江苏电分析仪器厂）。溴标准溶液（100mg/L）的配制方法：溴化钠在105℃条件下干燥至恒重，称取溴化钠1.04g，用蒸馏水溶解并移入1L容量瓶中，稀释至刻度，分散均匀后移取10mL上述溶液于100mL容量瓶中，加蒸馏水至刻度，摇匀备用。离子强度调节液（1000mg/L）的配制方法：将0.14g硫酸钠加蒸馏水溶解，再移入1L的容量瓶中，定容后摇匀备用。

（2）试验步骤　电极使用前，需在100mg/L溴溶液中浸泡1h以上。参比电极的内盐桥注入饱和氯化钾溶液，外盐桥注入饱和硝酸铵溶液。连接电极与仪器，打开电源，稳定仪器15min。用蒸馏水清洗电极至空白电位值200mV左右。

分别移取100mg/L溴标准溶液0.10mL、0.20mL、0.40mL、0.60mL、0.80mL、1.00mL、2.00mL、4.00mL、6.00mL、8.00mL、10.00mL于50mL容量瓶中，用离子强度调节液稀释至刻度，摇匀，倒入100mL干燥烧杯中，插入电极，并搅拌2min左右读数，依次由低浓度向高浓度测试，记录结果。

将试验结果在计算机上直接作图，以线性轴为电极电势、对数轴为溴的浓度，作出标准曲线。

（3）说明　当电极从高浓度至低浓度测量时，由于难以洗涤干净，可能使结果偏高，而且达至平衡时间较长，因此，应从低浓度至高浓度顺序测量。在测量前，接界端应浸泡于盐桥溶液中 0.5h，使接界电势易于达到平稳。搅拌有利于电极较快达到平衡电势，用固膜电极测量时搅拌速度可快一些。和其他电极一样，在电极不用时，应清洗至空白电位值，用滤纸吸干，避光保存。为防止电极片被碰擦或污染，如敏感膜表面污染，就在抛光机上抛光以更新感应面。该方法得出了电极电势对溴离子响应的线性关系，并由此绘制出标准曲线，适用于成批的温度相同以及浓度范围相近的样品的测试，$0.20 \sim 10.00$mg/L 线性极佳，检测下限可达 10.00mg/L。

3.1.3.4　离子选择电极法测定生活饮用水中碘化物

碘是人体维持正常新陈代谢不可缺少的元素，因此测定生活饮用水中碘化物的含量具有重要意义。碘化物的测定方法多样，常用的有气相色谱法、离子色谱法、液相色谱法等，这些方法使用仪器昂贵，操作复杂，不适合广泛使用。离子选择电极法测定碘化物，快速简便，不需要作标准曲线，使用的仪器价格便宜、操作简单，是一种较为理想的测试水中碘化物的方法。

（1）仪器与试剂　PI-1-01 碘离子电极，PXSJ-226 型离子计和 232-01 甘汞电极。碘化物标准使用液：浓度 0.10μg/mL；缓冲液：将 34.85g 硫酸钾溶解于约 600mL 无碘水中，再加 57mL 冰醋酸，后用饱和氢氧化钠溶液调节 pH$=5.20 \sim 5.30$，最后用无碘水稀释至 1000mL。实验用水应符合 GB/T 6682—2016 用水规则。

（2）试验步骤

① 测定　吸取 10mL 水样于 50mL 烧杯中，假如水样中总离子浓度过高，应取适量水样稀释到 10mL，分别吸取标准使用液 0.50mL、1.00mL、2.00mL、4.00mL、8.00mL、10.00mL，依次加去离子水至 10mL。加入离子缓冲液 10mL，放入搅拌子电磁搅拌溶液，搅拌 1min 后插入碘离子电极和甘汞电极，读取稳定电位值。

② 计算方法　对表 3-1 标准系列测定值具体按表 3-2 步骤操作，如知 y 也就是知道电位值求 x 浓度可操作如下：例电位值为 96mV，先输入 96 按"2ndf"键，按"x^"，再按"2ndf"，再按"10x"键，按"＝"键即可显示测得值，保留 3 位有效数字，浓度为 17.8μg/L。

表 3-1　标准系列的测定值

碘化物浓度/(μg/L)	电位值/mV	碘化物浓度/(μg/L)	电位值/mV
5.0	129	40.0	76
10.0	109	80.0	58
20.0	93	100.0	53

表 3-2　数据处理步骤

操　作	显　示	操　作	显　示
2ndf　MODE　2	DEG　STAT　Stat xy　0	Log40.0(x,y) DATA　76	DEG　STAT　$n=4$
Log5.0(x,y) DATA　129	DEG　STAT　$n=1$	Log80.0(x,y) DATA　58	DEG　STAT　$n=5$
Log10.0(x,y) DATA　109	DEG　STAT　$n=2$	Log100.0(x,y) DATA　53	DEG　STAT　$n=6$
Log20.0(x,y) DATA　93	DEG　STAT　$n=3$	RCL r	DEG　STAT　$r=-0.9992$

（3）说明　本方法电极响应时间随溶液的浓度变化而不同，浓度越大，响应速度越快，一般在 2min 内电位趋于稳定。溶液的温度对测定结果会有影响，要求所测各标准溶液和样品温差不超过 2℃，缓冲溶液的用量需在 $5 \sim 15$mL 之内，本实验选择 10mL。测定时需注意

每次测定完样品都得洗至空白电位，测定次序浓度由低到高，测量时搅拌速度必须一致，电极置于溶液中的深度必须一致，确保样品测定条件一致，测完后按说明书进行有效存放电极，避免因电极污染对结果造成误差。

该方法是一种可行的测定生活饮用水中碘化物含量的检验方法。将碘电极与饱和甘汞电极组成一对原电池，利用电动势与离子活度负对数值的关系，使用带有统计功能的计算器进行数据处理，在不建立标准曲线情况下，可以直接求出水样中碘化物浓度。该方法的线性范围为 $3.0 \sim 100.0 \mu g/L$，检出限 $1.0 \mu g/L$，加标平均回收率 105.0%，相对标准偏差小于 4.3%，测得方法的标准曲线的相关系数 $r = 0.9992$。该法与传统方法相比，所用的仪器设备价格便宜、操作方法简便、分析时间短、对环境要求不高，特别适合大批样品的连续测定，值得推广。

3.1.3.5 应用离子电极法测定生活饮用水中氰化物

氰化物是剧毒物质，可导致人体组织缺氧窒息。当含氰废水排入水体后，会立即引起水生动物急性中毒甚至死亡。因此，准确地测定生活饮用水中氰化物的含量具有十分重要的意义。离子选择电极法通过氰电极与 217 型双液接饱和甘汞电极组成一对原电池，是一种测定水中氰化物的可行方法。该法利用电动势与离子活度呈负对数的关系，使用 Offce Excel 表格进行数据处理，不需建立标准曲线，便可快速准确地检测生活饮用水中氰化物的含量。

（1）仪器与试剂　JB-1A 磁力搅拌器，313 型氰电极，仪器 PXSJ-226 型离子计和 217 型双液接饱和甘汞电极。氰化物标准使用液：配制浓度 $1.00 \mu g/mL$ 溶液。缓冲液：称取 745g 乙二胺四乙酸二钠、101g 硝酸钾、40g 氢氧化钠，用去离子水溶解，最后定容至 1000mL。0.05mol/L 硝酸铅溶液：称取 16.6g 分析纯硝酸铅，用去离子水溶解并定容至 1000mL。实验过程用水符合 GB/T 6682—2016 用水规则二级水要求。

（2）试验步骤　将 50.00mL 水样置于 50mL 烧杯中，当水样中总离子浓度过高时，应取适量水样稀释到 50mL。分别吸取标准液 0.25mL、0.50mL、1.00mL、2.00mL、5.00mL、10.00mL，各加纯水至 50mL。加入 0.50mL 浓度为 0.05mol/L 的硝酸铅溶液，加入缓冲液 5.00mL，放入搅拌子电磁搅拌溶液，搅拌 1min 后插入 217 型双液接饱和甘汞电极和氰离子电极，读取稳定电位值。

（3）说明　离子选择电极法测定生活饮用水中氰化物含量，回收率在 95.2% ~ 103.4% 之间，平均回收率 99.3%，相对标准偏差小于 3.0%，用标样对水中氰化物进行质量控制，测定标准物质的平均值为 $46.2 \mu g/L$，在证书标准浓度值 $42.8 \sim 49.8 \mu g/L$ 范围之内，因此该检测方法精密度和准确度较好。实验选用 5.00mL 的离子强度缓冲液，溶液 pH 值控制在 11.00 ~ 12.00 之间。测定氰化物主要干扰离子 S^{2-}、Fe^{3+}、Zn^{2+}、Cu^{2+}、Co^{2+}、Mn^{2+} 的影响时，采用了加入硝酸铅和乙二胺四乙酸二钠进行掩蔽。

样品测定时，每次测定完样品都洗至空白电位，待测液测定次序浓度由低到高，测量时搅拌速度必须一致，电极置于溶液中的深度必须一致，电极法温度对电位影响较大，因此被测溶液的温度也必须相同，确保样品测定条件一致。测完后电极按说明书进行有效存放，避免因电极污染给结果造成误差。

试验证明，用该方法测得标准样品平均值为 $46.2 \mu g/L$，与标准值 $42.8 \sim 49.8 \mu g/L$ 相符合。与传统方法相比，离子选择电极法操作简便，分析时间短，准确度高，所用的仪器设备价格便宜，对环境要求不高，特别适合连续测定大批样品。综上，该法值得推广。

3.1.3.6 离子选择电极法测定工业水中的钙含量

在工业水质分析中，钙含量是一个重要的控制指标，常用测定钙含量的主要方法有：原子吸收分光光度法、离子色谱法、EDTA络合滴定法、离子选择电极法等。其中，原子吸收分光光度法和离子色谱法特别适用于低浓度钙含量的测定，但所用仪器价格昂贵，操作复杂；滴定法操作简便，但所用指示剂在钙含量较低时变色不明显，最终影响滴定终点的判定；采用钙离子选择电极进行测定，测试线性范围广，一般为 $10^{-5} \sim 10^{0}$ mol/L，响应时间为1min，便于监测，适合现场分析。

离子选择电极测定工业水中的钙含量，具有显著优势，如测定准确、操作简便等等，因而可作为工业水水质控制分析方法。

(1) 仪器与试剂　PXJ-IC离子计；801甘汞电极；402型钙离子选择电极。三羟基甲基氨基甲烷（Tris）、氯化钙均为分析纯；盐酸和氯化钾均为优级纯；系列钙标准溶液；Tris·HCl离子强度调节剂：将三羟基甲基氨基甲烷（Tris）边搅拌边溶于1mol/L盐酸中至 pH = 7.5±0.2，得到浓度为1.00mol/L的 Tris·HCl，将此溶液稀释到0.11mol/L。

(2) 试验步骤　测定前，离子选择电极首先在浓度为 10^{-2} mol/L 的氯化钙溶液中浸泡30min以上，并用去离子水清洗到空白，电位约为 -70 mV。加入一定量待测溶液和离子强度调节剂，测定其电位值 E_1。加入标准溶液（其浓度为待测离子的50~100倍），体积为总体积的1/100~1/50，测定其电位值 E_2，计算钙含量。

(3) 说明　离子选择电极分析技术有很多种，标准曲线法只适用于体系简单的低浓度样品或组成基本上保持恒定的样品，而工业用水的组成差别很大，组分复杂，因此宜采用适合于此类样品测定的标准加入法。

离子选择电极的斜率用 S 表示，理论上斜率应等于 Nernst 因子 $2.303RT/(nF)$。在一定温度下对给定的离子是一个常数。25℃时对二价离子 S 为29.58mV，而电极实际斜率为理论值的 $80\% \sim 110\%$，通过两次标准溶液加入即可求出测定条件下的实际响应斜率，使用试验 S 值可提高准确度。

工业水中常见的 K^+、Na^+、Mg^{2+} 等离子对钙的测定不产生影响，5倍量的 Zn^{2+}、100倍的 Fe^{3+} 不干扰测定。

使用不同浓度的钙标准溶液考察该方法的准确度、精密度，其中离子强度调节剂为氯化钾，测试结果列于表3-3。对于钙含量大于2mg/L的测试样品，相对标准偏差小于5%，可见，离子选择电极法测定水中钙含量，准确度、精密度均较好。

表 3-3　准确度、精密度考察表

标样理论值/(mg/L)	99.8	20.0	2.0	0.4
1次测定/(mg/L)	100.6	20.2	2.0	0.4
2次测定/(mg/L)	97.5	20.6	2.0	0.4
3次测定/(mg/L)	100.6	20.6	2.0	0.5
4次测定/(mg/L)	99.0	20.4	2.1	0.4
平均值/(mg/L)	99.4	20.4	2.0	0.4
回收率/%	99.6	102	100	100
相对标准偏差/%	1.5	0.9	2.5	12.5

3.1.3.7　离子选择电极法测定酸性镀锌液中的铜

在镀锌工艺中，镀液中重金属离子（如 Cu^{2+}、Pb^{2+}、Fe^{3+} 等）质量浓度较大时，对镀层质量影响很大。例如当 Cu^{2+}、Pb^{2+} 重金属的质量浓度超过5mg/L时，将引起镀层发暗，甚至发黑。控制和减少镀液中 Cu^{2+}、Pb^{2+} 等离子的浓度无疑对保证电镀质量具有重要意义。对于电镀液中 Cu^{2+}、Pb^{2+} 的质量浓度，以往多用原子吸收法测定，该法虽然简单、准确，但由于仪器昂贵，无法在一般电镀厂普及应用。而离子选择电极法具有仪器设备简单、方法快速简便的特点。用铜离子选择电极测定氯化钾镀锌液中 Cu^{2+} 的浓度，并与原子吸收法进行了比较，测定结果基本一致。

（1）仪器与试剂　306 型铜离子选择电极；PXS-215 型离子活度计；801 型双液接饱和甘汞电极。浓度为 10^{-3} mol/L 的铜标准溶液：准确称取 0.6242g $CuSO_4 \cdot 5H_2O$ 固体，溶于去离子水中，加几滴 HCl 以防止水解，然后将上述溶液转移至 250mL 容量瓶中，定容，再稀释至 10^{-3} mol/L 备用。浓度为 0.1mol/L 的 NaF 溶液；浓度为 1mol/L 的 2，3-二巯基丙烷磺酸钠溶液。

（2）试验步骤　将 100mL 氯化钾镀锌样品溶液移入 250mL 容量瓶中，加入 30mL 2，3-二巯基丙烷磺酸钠溶液和 1mL 浓度为 0.1mol/L 的 NaF 溶液，用去离子水稀释至刻度，摇匀。用移液管移取 50mL 上述试样溶液于 100mL 烧杯中，置于电磁搅拌器中，插入电极，搅拌 1min 后静止 2min，读取稳定的电压值。然后依次准确加入 1mL 铜离子标准溶液（3～10mol/L），使体系中分别含铜离子标准溶液 1mL、2mL、3mL、4mL，分别依次测定其电压值。

（3）说明　试验表明，在试液的 pH 值为 3.5～7.0 范围内，电极的 Nernst 响应良好，pH 值过高和过低，都会使测定结果偏低。原因可能是：当 pH 值过高时，由于 Cu^{2+} 水解生成羟基络合物而影响对电极的响应，而 pH 值过低时，H^+ 对电极膜产生影响，因为该电极膜的电活性物质为 CuS。

铜离子选择电极的干扰离子主要为 Ag^+、Hg^{2+}、Pb^{2+}、Fe^{3+}、Al^{3+} 等二价和三价阳离子。其中 Ag^+、Hg^{2+} 干扰严重，但在镀液中存在的机会很少，可以不予考虑。镀液中存在大量的 Zn^{2+}，少量的 Fe^{3+}、Al^{3+}、Pb^{2+} 等干扰离子，其中 Fe^{3+}、Al^{3+}、Pb^{2+} 的干扰较重，而 Zn^{2+} 在质量浓度较低时，不干扰测定。由于氯化物镀液中 Zn^{2+} 的质量浓度较高，所以对测定产生相当大的干扰。克服 Zn^{2+} 干扰的方法是，用 NaF 掩蔽 Fe^{3+}、Al^{3+}，用 2，3-二巯基丙烷磺酸钠掩蔽 Pb^{2+}、Zn^{2+}。试验表明，在 100mL 镀液中，加入 1mL 浓度为 0.1mol/L 的 NaF 溶液和 30mL 浓度为 1mol/L 的 2，3-二巯基丙烷磺酸钠溶液，可以有效地消除上述离子对测定的干扰。

电位测定方法既可以采用标准曲线法，也可以采用标准加入法。但是镀液成分较复杂，采用标准加入法能减少离子强度不同带来的误差。测定时采用多次标准加入法得到结果，可减少测量中的偶然误差。而每次加入标准溶液的量，以能使电位变化在 15～30mV 为宜。如果采用直接比较法进行测量，则更为快捷。测定时先配制与试样组成相同的铜标准溶液，用此标准溶液对离子活度计定位，然后直接测定被测试液中 Cu^{2+} 的浓度。但该法由于很难配制出与试样溶液组成完全相同的铜标准溶液，因此测定的准确度不如标准加入法。而且部分离子选择电极的零电位较高，无法用标准溶液定位，所以还需在参比电极的接线上串接一只电位差计，调节电位差计以抵消电极的零电位后，才能进行准确定位。

用铜离子选择电极法测量氯化物镀锌液中 Cu^{2+} 的浓度，具有仪器设备简单、操作简便快速的优点，可以代替原子吸收法用于镀锌液中 Cu^{2+} 浓度的测定。

3.1.3.8　离子选择电极法测定水中汞

在水质监测中，汞是重要的监测项目之一，其监测方法大多采用冷原子吸收法。离子选择电极法具有操作简便、快速等优点而被广泛采用，然而在测汞时也因稳定性差、灵敏度低等问题而影响使用。本节介绍的方法是在前期工作的基础上，针对提高稳定性和灵敏度这一目的，通过在含汞样品中定量加入过量的碘离子，并选择合适的总离子强度调节缓冲液，使 I^- 与 Hg^{2+} 反应，然后测定溶液中剩余的 I^-，从而间接求得 Hg^{2+} 的含量。该法比较稳定，灵敏度也大大提高，可测定 5.0×10^{-5}～1.0mg/L 范围的汞。

(1) 仪器与试剂　参比电极：双液接饱和甘汞电极；外盐桥充注 0.1mol/L 的 NaNO₃；CB-Hg-1 型汞离子选择电极（长沙半导体材料厂）。电压计：pHS-10C 数字式离子计（浙江萧山科学仪器厂）。碘化钾标准溶液：准确称取 0.6540g 碘化钾溶于蒸馏水中，后移入 500mL 容量瓶中定容，此标准溶液含 I^- 量为 1mg/mL（临用时稀释成所需的浓度）。总离子强度调节缓冲溶液（TISAB）：称取 58.8g 二水合柠檬酸钠和 58.0g 硝酸钠溶解于 700mL 水中，用 HNO₃ 调节 pH 值至 2~3，转入 1000mL 容量瓶中稀释至刻度摇匀，备用。汞标准溶液：准确称取在硅胶干燥器中放置过夜的 0.1354g 氯化汞，用固定液（配制：0.5g $K_2Cr_2O_7$ 溶于 950mL 水中，再加 50mL HNO₃）溶解后移入 1000mL 容量瓶中，再用固定液稀释至标线摇匀，此溶液含汞为 100μg/mL（使用前根据实际情况以去离子水稀释成所需的浓度）。

(2) 试验步骤

① 电极的处理　离子选择电极在使用前，首先置于 10^{-3} mol/L Hg(NO₃)₂ 溶液中活化 1~2h，再用去离子水冲洗，直至在去离子水中的电位值为 100mV 左右。

② 标准曲线的绘制　将 10.0μg I^- 和 10mL TISAB 分别加入 8 个 50mL 的容量瓶中，再依次加入 0μg、0.0005μg、0.0050μg、0.0500μg、0.5000μg、1.0000μg 汞标准溶液，用水稀释至刻度摇匀，转入 100mL 塑料杯中，插入电极，在搅拌下由稀至浓逐个测定溶液的电位值，用空白的电位值减去标准系列各电位值的绝对值并对相应的 lg[Hg^{2+}] 值作图，用计算法或绘制标准曲线求出回归方程：$E_x = E_0 - Slg[Hg^{2+}]$。

③ 自配水样的测定试验（含汞量 0.1000μg/mL）　取 10mL 水样于 50mL 容量瓶中，加入 10mL 的 TISAB 和 10.0μg I^-（加入的碘量应以汞量的 10 倍为宜），定容后，采用上述的操作方法测其样品的电极电位。与此同时，测定两份空白溶液（以去离子水作空白）的电极电位值。将两份空白溶液电位值的平均值减去样品电位值，然后将此电位差值查曲线图或输入回归方程求出汞的含量（微克），再计算出样品的浓度。因为电极电位是温度的函数，精密的测定应在恒温下进行，样品分析应与制作标准曲线的温度一致。

(3) 说明　取适量水样（视汞的含量可增减）于有回流装置的烧瓶中，按 10mL 水样中加入 1mol KMnO₄ 和 5% 的 H₂SO₄ 15mL，如 KMnO₄ 褪色可补加至不褪色。回流加热 30min 后，用 NaNO₂ 还原剩余的 KMnO₄，再煮沸 10min，冷却后加入 1 滴甲基橙指示剂，并用 1:1 NaOH 水溶液调至橙黄色，移入 50mL 容量瓶中，加入浓度约为水样中汞浓度 10 倍的 KI 标准溶液，混匀后加入 10mL TISAB 溶液，稀释至刻度摇匀，转入 100mL 塑料杯中测其电位值。用时做两份空白试验。查曲线或利用回归方程计算结果。

如果只测定 Hg^{2+}，则水样不需预处理，直接加入 KI 标准溶液和 TISAB 后测定其电位值。

在该试验中，总离子强度和 pH 会产生一定的影响，因为这种方法是定量加入过量的 KI，使 Hg^{2+} 和 KI 反应后用离子电极测其剩余的 I^-。根据 Nernst 的论述和 Debyc-Huckei 公式，试验选用柠檬酸钠和 NaNO₃ 作为总离子强度固定液，总离子强度为 0.005，pH 值为 2~3。

此外，一些干扰离子也会产生影响。根据含汞地面水和含汞工业废水的化学成分，用分别溶液法进行了 Cl^-、S^{2-}、NO_3^-、SO_4^{2-}、CO_3^{2-}、$Cr_2O_7^{2-}$ 和 Ag^+、Al^{3+}、Pb^{2+}、Cd^{2+}、Zn^{2+}、Cu^{2+}、As^{3+} 等阴阳离子的干扰试验。结果表明，Ag^+ 有明显干扰，其余在强酸性溶液（pH 值为 2~3）中干扰极微，可忽略不计。Ag^+ 质量浓度在大于 10μg/50mL 时干扰测定，柠檬酸钠在 pH 值为 2~3 的硝酸钠溶液中对少量的 Ag^+ 有一定的掩蔽作用。故借 TISAB 中的柠檬酸钠可以络合掩蔽，当 Ag^+ 量高于 10μg/50mL 时要采取分离手段，地面水中 Ag^+ 的含量甚微，不存在干扰问题。

这种方法简单、快速且成本低，其准确度和精密度都能满足水中汞的测定要求，尤其是为无专用测汞仪的地方开展汞的检测提供了可能性。

3.1.3.9 镉离子选择电极测定雪水中微量镉

作为环境主要污染物之一的重金属镉对人类和动物均有毒性。有研究表明，镉污染主要通过土壤进入农作物再被摄入人体。慢性低水平接触镉可以引起机体免疫功能的改变，从而导致许多疾病的发生，镉的远期效应为致癌、致畸。

（1）仪器与试剂　双液接饱和甘汞电极；镉离子选择电极（上海电光器件厂）；78-1 型磁力搅拌器（杭州仪表电机厂）；pHS-2 型酸度计（上海第二分析仪器厂）；10mL 微量滴定管。镉标准溶液（1.00×10^{-3}）：称取 0.20g $CdCl_2 \cdot 2.5H_2O$，后用蒸馏水溶解，再转入 100mL 容量瓶中，用蒸馏水定容，所用工作溶液由该储备溶液稀释。总离子强度调节缓冲液（TISAB）：浓度为 0.1mol/L 的 KNO_3，浓度为 1.00×10^{-3}mol/L 的抗坏血酸，浓度为 0.75mol/L 的 NaAc，浓度为 1.00×10^{-3}mol/L 的水杨酸钠，浓度为 0.25mol/L 的 HAc，浓度为 1.00×10^{-4}mol/L 的磷酸二氢钠。以上试剂均为分析纯，水为去离子水。

（2）试验步骤　取新鲜雪样融化，然后过滤，按以下步骤测定。在 50mL 烧杯中加入雪样 25mL、TISAB 1mL，再插入指示电极及参比电极，搅拌并测定平衡电位（E_1），分别加入一定量标准溶液，搅拌并测定平衡电位（E_2）和（E_3）。

（3）说明　按试验方法测得的工作曲线，Cd^{2+} 浓度在 $10^{-4} \sim 10^{-1}$mol/L 之间有良好的线性关系，平均斜率 $S = 27.5$mV，相关系数 $r = 0.9988$。

该试验中，pH 值对测定结果会有一定的影响，分别配制 Cd^{2+} 浓度分别为 1×10^{-2}mol/L 和 1×10^{-3}mol/L 的雪水溶液，测得不同 pH 值下的平衡电位。上述试验结果表明，pH 值在 3～7 范围内，pH 值变化对检测结果无影响。试验中，用浓度为 0.25mol/L 的 HAc、浓度为 0.75mol/L 的 NaAc 的缓冲溶液控制 pH 值约为 5。

此外，共存离子也会影响试验的检测结果，在总离子强度调节缓冲液（TISAB）中，用水杨酸钠、抗坏血酸、磷酸二氢钠溶液可有效排除 Pb^{2+}、Fe^{2+}、Cu^{2+} 等对镉测定的干扰。

3.1.3.10 工业废水中微量银的测定

工业废水中银的测定也是环境监测的项目之一。离子选择电极分析法可用于测定工业废水中微量银，其方法是以 10% 的 NH_4NO_3 溶液为离子强度调节剂，在 pH 值为 2～6 酸度下测量电位值，银离子电极响应的线性范围：$10^{-6} \sim 10^{-1}$mol/L。对含银量在毫克每升级的水样，测量误差均在 10% 以内，这种方法设备简单，测定速度快，可以满足环境监测的要求。

（1）仪器与试剂　银离子选择电极；袖珍或携带式离子计；双液接饱和甘汞电极（外盐桥充以浓度为 0.1mol/L 的 KNO_3 溶液）；磁力搅拌器。银离子标准液（浓度为 1.00×10^{-1}mol/L）：称取 1.6980g 分析纯 $AgNO_3$ 溶于去离子水中，加入 HNO_3 水溶液（$V_{硝酸}$：$V_{水} = 1 : 1$），后转入 100mL 棕色容量瓶中，稀释至刻度，摇匀，将此标准液用 10% 的 NH_4NO_3 稀释配成浓度为 $1.00 \times 10^{-6} \sim 1.00 \times 10^{-2}$mol/L 的系列标准溶液。HCl（A.R.）；浓度为 10% 的 NH_4NO_3 溶液；HNO_3（A.R.）。

（2）试验步骤　将 100mL 工业废水置于 250mL 烧杯中，后加 5mL HNO_3 硝化，烘干。将 10mL 1:1 HCl、少许锌粉以及适量 Cu^{2+} 加入，待反应停止后，煮沸 10min，静置，倾去上清液，再用 1% 的 NH_4NO_3 溶解沉淀，待溶解完后，将上述溶液转入 100mL 容量瓶中，以 10% 的 NH_4NO_3 稀释至刻度。取 50.00mL 反应液于烧杯中，插入银离子电极和甘汞电极。实验中电磁搅拌，记录稳定电位值 E_1，再加入 0.5mL 高浓度银离子标准溶液，测量电位值 E_2。根据两次电位差值，按公式 (3-11) 计算 Ag^+ 含量：

$$c_x(mg/L) = \frac{V_s c_s}{V_x}(10^{\Delta E/S} - 1)^{-1} \tag{3-11}$$

$$\Delta E = E_2 - E_1 \tag{3-12}$$

式中 V_s——标准溶液体积，mg/L；

   V_x——样品溶液体积，mL；

  c_x，c_s——试样和标准溶液浓度，mg/L；

   S——电极斜率。

（3）说明   本试验中用硫化银电极测 Ag^+，适宜的 pH 值范围为 2～6。pH 值小于 2 时，受 H^+ 的干扰，电位偏低；pH 值大于 6 时，生成 AgOH 而使测定无法进行。试验表明，温度每增加 1℃，电位变化约 0.2mV，故应保持测定中温度恒定。此外，干扰离子也有一定的影响。试验表明，Cu^{2+}、Pb^{2+}、Cd^{2+}、Mg^{2+}、Fe^{3+}、Ni^{2+} 在 1000 倍量时无干扰，Cl^- 和 CO_3^{2-} 有干扰，Hg^{2+} 会产生严重干扰，应采取方法消除。

3.1.3.11   利用氟离子选择性电极测定锂

锂是重要的稀有金属，锂单质及其化合物在国防、冶金、新能源、陶瓷、医药、制冷等方面均有重要用途。无论是从自然资源中提取锂还是进行锂盐的热力学研究，都要解决锂离子的测定问题。锂的测定方法较多，如火焰光度法、原子吸收法、发射光谱法、分光光度法、容量法、极谱法等，这些方法都各有其特点和局限性。采用常规的氟离子选择性电极间接测定卤水中的锂离子，并对测定的条件进行了研究。研究证明，在该方法选定条件下，锂浓度的对数值与电位值呈线性关系。对于大量碱土金属的干扰可添加 MnO_2 分离排除。离子选择电极测定水中锂的方法精密度、准确度均好，所需仪器设备简单、操作方便、易于掌握、快速，可直接用于卤水中锂的测定。

（1）仪器与试剂   201 型氟离子选择性电极（江苏电分析仪器厂）；PXJ-B 型数字式离子计（江苏电分析仪器厂）；232 型甘汞电极（上海电光器件厂）；78-1 型磁力搅拌器（杭州仪表电机厂）。NaF 标准溶液（0.8mol/L）：称取 8.3976g 氟化钠（A.R.）（在 120℃下烘干 1～2h）于烧杯中，用蒸馏水溶解，移至 250mL 容量瓶中，用水稀释至刻度，摇匀，移至洁净干燥的聚乙烯瓶内备用。锂标准溶液（10mg/L）：称取 26.6167g 碳酸锂（A.R.）（在 105℃下烘干 1～2h），在烧杯中加少许蒸馏水润湿，后加盖表面皿，滴加 1:1 盐酸并不断搅拌使其溶解，微热，除去二氧化碳，冷却至室温，移至 500mL 容量瓶中，稀释至刻度，充分混合备用。缓冲溶液：称取 KCl 76g（A.R.）和冰醋酸 60mL（A.R.），用浓度为 6mol/L 的 KOH 调节使其 pH 值为 6 左右，后稀释至 100mL，摇匀，备用。15% 磺基水杨酸（SSA）；0.5mol/L 乙二胺四乙酸（EDTA）。

（2）试验步骤   分别加入 20.0mL 浓度为 0.8mol/L 的 NaF 溶液、2.0mL EDTA 溶液、5.0mL 缓冲溶液、2.0mL 浓度为 15% 的 SSA 和一定量的锂工作液于 50mL 容量瓶中，稀释至刻度摇匀，然后倒入干烧杯中，于磁力搅拌器上搅拌 1min，测其电位值，绘制 E-$\lg c_{Li}$ 曲线。

（3）说明   试验结果表明，体系中有浓度为 0.1mol/L 以上的 KCl 时，测定的电位值不变；pH 值大于 6 即不影响锂的测定；用 HAc-KAc 作缓冲体系线性关系良好。实验中利用 Li^+ 与 F^- 形成沉淀后测定过量的 F^- 以间接测定 Li^+，所以 NaF 用量与测定 Li^+ 有关，试验表明，浓度为 0.8mol/L 的 NaF 溶液用量为 20mL 时，Li^+ 在质量浓度为 $0.3\sim1.8g/L$ 的范围内呈线性关系。

此外，共存离子会对试验产生一定的影响。针对卤水中存在的离子，试验表明每 50mL 试样中各离子允许量如表 3-4。

表 3-4 离子含量分析

检测离子	离子含量/mg	检测离子	离子含量/mg
Ca^{2+}	6	Pb^{2+}	5
Mg^{2+}	1.1	As^{3+}	0.01
Sr^{2+}	0.3	BO_3^{2-}	6.5
Ba^{2+}	4	Br^-	50
Al^{3+}	1	I^-	100
Fe^{3+}	4	SO_4^{2-}	100
Hg^{2+}	1	NO_3^-	500
Zn^{2+}	5		

金属离子中除 Ca^{2+}、Mg^{2+}、Sr^{2+}、Ba^{2+}、Fe^{3+} 可超过允许量外，其余离子均在允许范围以内。Ca^{2+}、Mg^{2+}、Sr^{2+}、Ba^{2+}、Fe^{3+} 几种离子可用掩蔽剂掩蔽。该试验对 EDTA、DCTA、磺基水杨酸、柠檬酸等做了掩蔽试验，试验证明，EDTA（0.02mmol/50 L）、磺基水杨酸（0.3%/50mL）掩蔽效果最佳，可使允许量扩大 $10\sim20$ 倍。

该方法的回收率在 $96.75\%\sim102.3\%$ 之间，平行测定相对标准偏差为 0.085%，可见这种方法的准确度和精密度均好。

3.1.3.12 离子选择电极法测定生活污水中的硫化物

硫化物是水环境监测中的必测项目之一，然而生活污水污染程度重、成分复杂、不明干扰因素较多，硫化物样品测定过程中浓度有波动，测定结果准确度不够理想。通过对水样进行碱性乙酸锌过滤预处理后，再用硫离子选择电极电位滴定法进行结果测定，不但对硫离子测定范围广、测试结果准确，而且抗干扰能力增强。

(1) 仪器与试剂　参比电极：双盐桥饱和甘汞电极（上海罗素科技有限公司）。指示电极：PAg/S-1 型银硫电极（上海罗素科技有限公司）。测定仪：PXS-450 型精密离子计（上海大中分析仪器厂）。酸度计：pHS-2 型（上海雷磁仪器厂）。搅拌器：JBZ-14 型磁力搅拌器（上海大中分析仪器厂）。微量滴定管：10.00mL（1/10 刻度）。分光光度计：UV-7550 型（上海分析仪器厂）。硫化钠（分析纯）；硝酸铅（分析纯）；乙二胺四乙酸二钠（EDTA，分析纯）；氢氧化钠（分析纯）；抗坏血酸（分析纯）；乙酸锌（分析纯）。

(2) 试验步骤　将 50.00mL 未经预处理和经预处理的样品分别吸取于烧杯中，插入 PAg/S-1 型银硫电极（指示电极）和双盐桥饱和甘汞电极（参比电极），用微量滴定管将浓度为 0.100mol/L 的标准硝酸铅溶液慢慢加入（缓慢搅拌读数），同时记录电位值。当电位发生突变后，再加入 0.1mL 滴定液，记录此时电位值和所消耗标准硝酸铅溶液的体积数，计算出硫化物浓度并做回收率的测定。同时，再用"对氨基二甲基苯胺光度法"对预处理的样品进行结果测定，与前种方法进行比较。

(3) 说明　研究中以二阶微分法求出硝酸铅溶液的终点准确体积数，然后将数值代入计算公式，求出硫化物含量。从统计结果看，由于样品中干扰因素较强，用硫化物抗氧缓冲溶液（SAOB）不能完全消除干扰，使得测量电位有小幅波动，测试精确度不理想。

用 Na_2S 标准溶液进行加标回收率的测定，来检定结果的准确度。

首先采用直接法测定回收率，在 6 只试样中各吸取 50.00mL 体积平行样（共 12 只），分成两组。一组仍用硫离子电极电位滴定法，与前样品测定步骤相同，测出样品结果；另一组根据样品浓度加入标准硫化钠溶液，用同样方法进行回收率测定。直接法测定的回收率见表 3-5。

表 3-5　直接法测定的回收率

样　品　号	1	2	3	4	5	6
硫加标量/μg	50.0	50.0	50.0	50.0	50.0	50.0
加标样品测定值/μg	90.8	92.8	87.1	90.2	86.6	93.4
原样品测定值/μg	45.8	46.2	42.4	46.1	40.1	50.2
回收率/%	90.0	93.2	89.4	88.2	93.0	86.4
平均回收率/%	90.0					

结果表明，样品回收率较低，测定结果准确度不理想，所以不能直接用硫离子选择电极电位滴定法测定污染成分复杂的生活污水。为此可以在测定时采用碱性乙酸锌预处理，具体方法如下：量取 2000mL 样品于烧杯中，向其中滴加浓度为 2.0mol/L 的乙酸锌-氢氧化钠溶液，同时轻轻搅拌使硫化物与锌生成硫化锌沉淀，直到沉淀完全生成后静置分层，弃去上层清液，与溶液中的干扰物质分离。将沉淀物用少量去离子水洗涤到烧杯中，利用锌离子的两性性质，用浓度为 0.01mol/L 的 HCl 溶液慢慢滴入沉淀完全溶解为止，用 pH 计测出此时的 pH 值（此时 pH 值范围在 10.4～10.6），硫化物以硫离子的形式存在于溶液中。把溶液移入 2000mL 容量瓶中，加入去离子水至标线，同时用硫化钠标准溶液在与样品处理相同的条件下对预处理方法做回收率的检定。预处理后的回收率见表 3-6。

表 3-6　预处理后的回收率

样　品　号	1	2	3	4	5	6
Na_2S 标准溶液含量/μg	50.0	50.0	50.0	50.0	50.0	50.0
预处理后 Na_2S 标准溶液含量/μg	48.7	49.3	51.2	49.1	49.8	48.8
回收率/%	97.4	98.6	102.4	98.2	99.6	97.6
平均回收率/%	99.0					

3.1.3.13　离子选择电极法对废水中苯酚含量的测定

在制药、工业生产和食品环境中苯酚应用广泛。苯酚具有挥发性，所以不仅存在于水中，也挥发进入大气，造成对水和空气的污染。

苯酚与季铵盐类等阳离子结合力弱，很难制备这类流动载体膜苯酚电极，所以较多采用光度法分析和生物传感器测定苯酚。S-烷基双硫腙具有阳离子构型，电荷分散，其分子结构中两个苯环与三苯甲烷类碱性染料以及四苯钾盐中的苯环相比更趋向于苯酚苯环的相似性，因此制备苯酚离子电极能够取得较好结果。

（1）仪器与试剂　PXJ-1B 数字离子计（江苏电分析仪器厂）。邻苯二甲酸二异辛酯（DIOP）（CP），溴化 S-十六烷基双硫腙（SHDTZ），试剂未经注明者为分析纯或分析纯以上。苯酚标准溶液配制：新蒸馏的分析纯苯酚取 1.00g，溶于蒸馏水并稀释到 1L，取该溶液 10mL 于 250mL 具塞磨口的锥形瓶（碘量瓶）中，加水至 100mL 后加 10mL 浓度为 0.02mol/L 的溴酸钾-溴化钾溶液，然后，再加 5mL 盐酸，塞紧，摇匀，放置 10min，加 1.00g 碘化钾，2min 后用浓度为 0.10mol/L 的 $Na_2S_2O_3$ 溶液滴定游离的碘（以淀粉作指示剂，蓝色消失为终点），确定苯酚的浓度，然后根据结果调节酚的浓度为 1000μg/mL，保存于冰箱中备用，使用时各浓度苯酚用此标准液稀释而成。

（2）试验步骤　将溴化 S-十六烷基双硫腙氯仿溶液与 pH 值为 10 的苯酚水溶液交换萃取，得载体材料。取干燥的上述载体、邻苯二甲酸二异辛酯和 10% 的 PVC 四氢呋喃溶液按常规法制得 PVC 膜并装配成电极，膜相各物质质量比为载体：邻苯二甲酸二异辛酯：PVC 为 1.5：68：30.5。

测量电池结构如下：

SCE‖待测液│PVC 膜│苯酚(10^{-3} mol/L)-NaOH($5×10^{-4}$ mol/L)-KCl(0.1mol/L)│Ag,AgCl

电极使用前需要在苯酚（10^{-4} mol/L）-NH₄Cl（pH 值为 9～10，0.01mol/L）-NH₃ 体系中活化 2h，不用时干燥保存。

（3）说明　以十六烷基双硫腙-苯酚为载体的电极在 pH 值为 9～10 的 NH₃-NH₄Cl 缓冲溶液中，对质量浓度为 9～100μg/mL 的苯酚呈现线性响应。在 30℃时，斜率为（52±2）mV/dec（1dec＝1μg/mL），检测灵敏度为 8μg/mL，电极的响应时间为 1.5～2min。电极放置于浓度为 50μg/mL 的苯酚溶液中测试 2h，电位波动值小于 1mV，而将电极置于浓度为 20～60μg/mL 的苯酚溶液中交替测试，标准偏差为 1.0mV（n＝10）。

其次，pH 在电位测量中主要影响溶液中苯酚的离子量及其稳定性。试验表明，在 pH 值较低（pH＜6）时，电极对苯酚的电位响应已很弱；而在 pH 值为 12 时，检出灵敏度为 25μg/mL，线性范围为 35～90μg/mL，且较稳定；在 pH 值为 9～10 的范围内，电极的线性范围和检测灵敏度相对较好。因此，在浓度为 0.01mol/L 的 NH₃-NH₄Cl 缓冲液中进行试验，测试结果较好。

试验中常见无机干扰离子主要有 I^-、HCO_3^-、S^{2-}，有机物中如硝基酚会产生严重干扰。

3.1.3.14　电位滴定法测定有机含酚废水中的苯醌

含有机物酚的废水具有显著特点：除了含酚外，还含有其他种类较多的有机污染物。即便氧化处理，大部分酚转化为苯醌，仍混有相当数量的酚及氢醌、甲基氢醌、氯氢醌等杂质。酚含量是废水处理中酚转化率的一项指标，因此废水中酚含量的确定具有重要意义。

以氯离子选择电极为指示电极测定有机含酚废水中苯醌的电位滴定法，其基本原理基于如下定量反应：

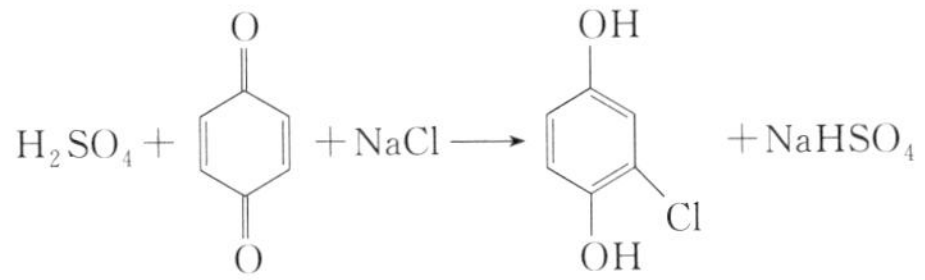

电位滴定法测定空白溶液和样品溶液在经上述反应后剩余的氯离子，从而计算苯醌的含量。

（1）仪器与试剂　氯离子电极、溴离子电极（上海电光器件厂）；pHS-2 型酸度计（上海雷磁仪器厂）；甘汞电极（上海电光器件厂）；2mL 微量滴定管（北京仪器三厂）。质量浓度为 10g/L 的氯化钠、溴化钠溶液；质量浓度为 16mol/L 的乙酸溶液；质量浓度为 18mol/L 的硫酸溶液；质量浓度为 0.02mol/L 的标准硝酸银溶液。

（2）试验步骤　将 10～12mg 苯醌样品置于具塞玻璃管（10×2cm）内，加入浓度为 16mol/L 的乙酸 0.5mL 来溶解样品，加入质量浓度为 10g/L 的 1mL 氯化钠（或溴化钠）溶液，然后再小心地逐滴加入 1.5mL 浓度为 18mol/L 的硫酸。塞好玻璃管，缓慢摇动 3～5min，冷至室温。开塞后，用大约 3mL 的去离子水冲洗内壁，将管内物转移至 250mL 的烧杯内，用去离子水定量稀释至 100mL。插入氯离子电极、溴离子电极与甘汞电极，边电磁搅拌边在 0.02mol/L 标准硝酸银溶液中进行电位滴定，按二阶微商法在坐标纸上求得滴定终点。并且在同一条件下进行空白试验。

按公式(3-13)计算苯醌含量：

$$苯醌(mg) = M(V_0 - V)c \qquad (3-13)$$

式中　c——硝酸银标准溶液的摩尔浓度；

　　　M——苯醌的分子量；

　　　V_0——空白所消耗的硝酸银溶液的体积，mL；

　　　V——样品所消耗的硝酸银溶液的体积，mL。

（3）说明　试验结果表明，硫酸浓度在8～12mol/L时，苯醌与氯化钠反应完全。浓盐酸与苯醌反应定量生成氯氢醌，用氯离子选择电极（或溴化离子电极）测定过量卤素离子所做的尝试没有得到满意的结果，此外浓盐酸还会挥发一部分，因而不宜用浓盐酸作为测定介质。

卤化银对沉淀吸附误差的影响也要考虑。卤化银沉淀易吸附溶液中的离子（包括 Ag^+ 和卤素离子）而带来误差。由于AgX沉淀可能吸附浓度较大的 K^+ 或 NO_3^-，在溶液中加入 KNO_3 或 $Ba(NO_3)_2$ 从而减小对 Ag^+ 的吸附作用，使误差减小。

测定实际样品回收率时，质量为11.00mg的样品被选取若干份，测得样品中苯醌含量均在1.112mg左右。在这些样品中分别加入10mg纯苯醌，测定该方法的回收率（表3-7）。

表 3-7　实际样品回收率

苯醌加入量/mg	测定值/mg	回收率/%	苯醌加入量/mg	测定值/mg	回收率/%
10.00	9.82	98.2	10.00	9.73	97.3
10.00	9.90	99.0	10.00	9.68	96.8
10.00	9.90	99.0	10.00	9.88	98.8

上述实验分析可见本法具有选择性好，在多种干扰离子存在下仍可进行测定，测定灵敏度高、准确度好、精密度高、操作快速方便，并易于实现分析和监测自动化等优点。

3.1.3.15　工业废水中甲醛的测定

对有机化工、合成纤维、染料、制漆等行业排放废水中的有机物甲醛的测定常采用乙酰丙酮或变色酸光度法，该法对有色浑浊废水必须进行蒸馏预处理。而采用电化学方法，用氨气敏电极，Gran作图法，干扰因素较少，灵敏度和精密度提高，不足之处是检测限降低。电化学测量原理是 NH_4^+ 与甲醛发生定量反应生成六亚甲基四胺，因此将浓度为 c_s、体积为 V_s 的 NH_4^+ 标准液加入浓度为 c_x、体积为 V_x 的试液中，即可求得被测物甲醛的含量。

（1）仪器与试剂　501 氨气敏电极（中介液为 AgCl 饱和的 0.1mol/L NH_4Cl 溶液）；数字式离子计（精度 0.1mV）；磁力搅拌器。浓度为 $1.0×10^{-2}$ mol/L 的甲醛标准溶液；浓度为 $5.00×10^{-3}$ mol/L 的 NH_4^+ 标准溶液；5mol/L NaOH 和 0.5mol/L EDTA 混合溶液。

（2）试验步骤

① 空白试验　在50mL无氨水中，插入氨气敏电极，加0.5mL NaOH-EDTA混合溶液，在搅拌下逐次分批加入1mL浓度为 $5.00×10^{-3}$ mol/L 的 NH_4^+ 标准液，测其稳定电位分别为 $E_1, \cdots, E_5$，以 E 对 V_s 在 Gran 作图纸上绘制直线 I，将直线外推至交 V_s 轴于 $V_{空白}$，此直线应通过零点，否则需校正。

② 标准溶液试验　将电极插入浓度为 $1.0×10^{-4}$ mol/L 的 50mL 甲醛标准液中，加2mL浓度为 $5.00×10^{-3}$ mol/L 的 NH_4^+ 标准液，搅拌5min后，加0.5mL NaOH-EDTA混合液，测得电位值 E_2，然后分三次逐次加入1mL浓度为 $5.00×10^{-3}$ mol/L 的 NH_4^+ 标准

溶液，测得电位为 E_3、E_4、E_5，在 Gran 作图纸上得直线 Ⅱ，外推至交 V_s 轴于 $V_{标准}$。

③ 试样测定　将电极插入 50mL 的试样溶液中，加 0.5mL NaOH-EDTA 混合液，按①步骤作图得直线 Ⅲ，交 V_s 轴于 $V_{试样氨}$。另取 500mL 试样溶液按②步骤作图得直线 Ⅳ，交 V_s 轴于 $V_{试样}$。结果按公式（3-14）计算：

$$c_x = \frac{V_{试样} - V_{试样氨} - V_{空白}}{V_{标准} - V_{空白}} \times 10^{-4} \tag{3-14}$$

（3）说明　当试验中试样为酸性时，测定前应先加 NaOH 溶液调为中性。此外，该试验中常见的共存物乙醛量在 30mg/L、苯酚在 10mg/L 以内时，对实验结果无明显影响。而氰的干扰较严重，其量大于 0.5mg/L 即产生影响；对于 Ag^+、Hg^{2+} 等金属离子可加 EDTA 掩蔽。本实验中的检测方法对甲醛的线性检测范围为 $5.0 \times 10^{-7} \sim 1.0 \times 10^{-4}$ mol/L，回收率大于 98%。

3.1.3.16　铅离子选择电极测定氰戊菊酯废水中的硫酸根

在农药氰戊菊酯的合成过程中，常以浓硫酸作催化剂，将会有数倍于成品的含盐有机废水排出，如不进行综合治理、回收，不但污染环境，也会造成资源浪费。因此，选择合理的方法测定废水中的组分是一项重要的工作。

（1）仪器与试剂　217 型甘汞电极（江苏电分析仪器厂）；PXD-2 型通用离子计（江苏电分析仪器厂）；铅离子选择性电极（江苏电分析仪器厂）；磁力加热搅拌器（江苏电分析仪器厂）。浓度为 0.2mol/L 的 Pb（NO_3）$_2$ 标准溶液：按 GB/T 601—2016 配制与标定。浓度为 0.1mg/mL 的 SO_4^{2-} 标准液：按 GB/T 602—2002 配制。溴甲酚绿-甲基红混合指示液：按 GB/T 603—2002 配制。无水乙醇；活性炭。

（2）试验步骤　用活性炭来吸附有机物，将样品稀释以降低干扰离子的浓度，把 pH 值调节至 5～6，在 50% 乙醇体系中以 217 甘汞电极为参比电极、铅离子选择电极为指示电极，用硝酸铅滴定硫酸根，二级微商法确定终点。完成一次滴定仅需 20min 左右，分析结果回收率为 98%，标准偏差为 0.9%，变异系数为 0.24% 左右。

（3）说明　18～25℃ 时，硫酸铅在水中的溶解度较大（$K_{sp}=1.6 \times 10^{-8}$），必须在体系中加入适量与水互溶的有机溶剂来降低硫酸铅的溶解度。常用的有机溶剂有丙酮和各种醇等。废水经过多次试验结果证明，滴定体系中乙醇含量低于 30% 时终点不明显，高于 75% 时铅电极塑料管有微溶现象。对于有机溶剂的种类与用量，需视 SO_4^{2-} 和共存离子的含量来选择，该废水 SO_4^{2-} 含量一般在 300g/L 左右，几种离子 Cl^-、NO_3^-、Fe^{3+} 和 SO_4^{2-} 的含量相较甚微，选用 50% 乙醇体系终点电位突跃较明显。

以铅电极作为指示电极，常用高氯酸铅和硝酸铅滴定剂作为铅电极滴定剂。由于酸的拉平效应和区分效应，在有机溶剂介质中，$HClO_4$ 的酸性最强，HNO_3 较弱。SO_4^{2-} 也是一种弱碱，所以选择弱酸性滴定剂为好。由于硝酸铅不含结晶水，易得纯品试剂，该实验中选用 0.1～0.2mol/L 的硝酸铅为滴定剂。

酸度对体系滴定终点电位的突跃也有一定的影响。在无 CO_3^{2-} 时，滴定曲线在 pH 值为 3～6.5 的范围内无变化，当 pH 值小于 4 时终点突跃变小，当 pH 值大于 7 时有氢氧化铅沉淀析出。综上，pH 值应控制在 5～6 为宜。

此外，废水中的有机干扰物主要是苯、二甲苯、对氯苯乙腈。消除干扰的方法主要有萃取法、焙烧法和活性炭吸附法。这些方法中分别选用苯、四氯化碳、乙酸乙酯进行萃取，苯的效果比较好，焙烧法消除干扰效果不理想，活性炭吸附消除干扰效果最佳。当废水中的阴离子 NO_3^-、Cl^-、PO_4^{3-} 稀释 100 倍后对测定结果无影响，Fe^{3+} 的干扰通过加入抗坏血酸也可以消除。

3.1.3.17　离子选择电极法测定水中的硫氰酸根离子

SCN^- 在废水中广泛存在，例如工业废水、污水以及农药残渣中，对人体和环境都有重大影响，因此 SCN^- 的监测对生产、生活和医疗等方面均具有重要意义。以肉桂醛邻氨基苯甲酸合铜为中性载体的阴离子选择性电极测定水中 SCN^-，具有如下四个优点：①载体可在室温的条件下进行整个合成过程，这降低了加热条件下有机溶剂、试剂的挥发造成的环境污染。②配合物合成简单，节约时间。③选择 [Cu(Ⅱ)-CMAA] 作配合物，因其是三配位所以更有利于和待测离子作用。④电极具有响应快、线性范围宽、选择性高和检测限低等优点，有利于低含量的 SCN^- 的检测。

（1）仪器与试剂　MP230 pH 计（瑞士 Mettler Toledo 公司）；NHC 元素分析仪（德国 Heraeus 公司，D-6450 型）；紫外可见分光光度计（PE，Lambda 17，美国 PE 公司）；IM6e 型交流阻抗测试系统（德国 Zahner Elektrik 公司）；PHS-3C 型酸度计（上海大中分析仪器厂）。中性载体肉桂醛邻氨基苯甲酸合铜（Ⅱ）[Cu(Ⅱ)-CMAA]。合成产物经元素分析所证实 [计算值（%）：H 4.73，C 52.87，N 3.43。实测值（%）：H 4.83，C 52.68，N 3.50]。并按同样的方法合成了肉桂醛邻氨基苯甲酸合锌（Ⅱ）[Zn(Ⅱ)-CMAA]。增塑剂为按照文献合成的邻硝基苯基辛基醚。所用所有试剂均为分析纯，水为去离子水经 $KMnO_4$ 处理重整蒸馏。

（2）试验步骤　采用正交试验法选择最佳电极膜组成，以电极对 SCN^- 线性响应范围为优化目标函数制备电极。最终确定 SCN^- 的最佳电极膜组成（质量分数）为：29.8% PVC，3.0%载体和 67.2%邻硝基苯基辛基醚。实验中，按常规方法制备 PVC 膜及安装电极。电极电位由下列电池测定：Ag,AgCl,KCl（0.1mol/L）| PVC 膜 | 测试液 ‖ KCl（饱和），Hg_2Cl_2，Hg。

（3）说明　pH = 5.0 时电极的电位响应性能最佳。以 [Cu(Ⅱ)-CMAA] 为载体的电极对 Br^-、NO_3^-、Cl^-、SO_4^{2-} 等常见阴离子基本无响应。

[Cu(Ⅱ)-CMAA] 作为电极膜载体优先响应 SCN^-，这说明配合物中心金属原子与 SCN^- 之间发生了直接作用。上述配合物的中心原子在水平面上是未饱和的三配位，另外，在轴向上尚有空位，所以阴离子可以同中心金属原子直接发生配位作用。依据软硬酸碱作用原理，Cu(Ⅱ) 易形成 $Cu-SCN^-$ 键。[Cu(Ⅱ)-CMAA] 与 SCN^- 可能的作用机理见图 3-1。

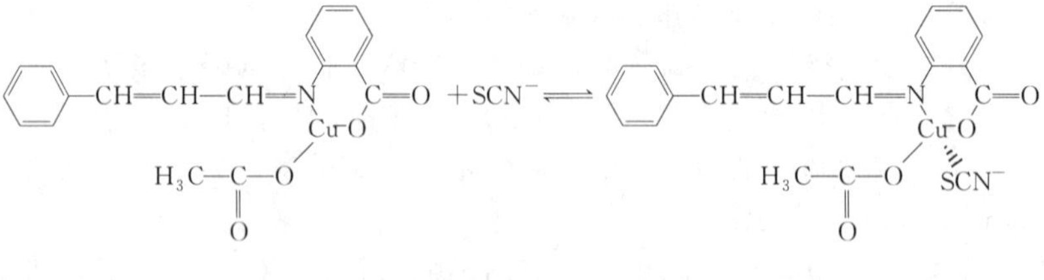

图 3-1　肉桂醛邻氨基苯甲酸合铜（Ⅱ）与 SCN^- 作用机理示意图

膜交流阻抗行为测试条件为：20℃，频率范围为 $10^{-2} \sim 10^6$ Hz，激励电压为 25mV，选用以 [Cu(Ⅱ)-CMAA] 配合物为载体的 PVC 膜，以及 pH 值为 5.0 的磷酸盐缓冲体系。含不同浓度 NaSCN 的交流阻抗行为测试表明，在高频区呈现规则的膜本体及表面阻抗半圆，在低频区可观察到 Warburg 阻抗。随着溶液中 SCN^- 浓度的增加膜本体阻抗减少。当 NaSCN 浓度分别为 1.0×10^{-6} mol/L、1.0×10^{-4} mol/L、1.0×10^{-2} mol/L 时，其相应的膜本体阻抗分别为 997kΩ、820kΩ、745kΩ。以上结果表明 SCN⁻ 参与了传输，且载体携带 SCN⁻ 通过膜相的传输过程扩散控制。

研究表明，以肉桂醛邻氨基苯甲酸合铜（Ⅱ）[Cu(Ⅱ)-CMAA] 为载体的离子选择电极具有选择性高、检测限低、重现性好、制备简单等优点。对硫氰酸根离子（SCN⁻）的检测呈现出优良的电位响应性能并呈现反 Hofmeister 选择性行为，并且选择性顺序为：$SCN^- > ClO_4^- > SaI^- > I^- > Br^- > NO_2^- > NO_3^- > SO_3^{2-} > Cl^- > SO_4^{2-} > H_2PO_4^-$。在 pH=5.0 的磷酸盐缓冲体系中，电极对 SCN⁻ 在 $1.0 \times 10^{-6} \sim 1.0 \times 10^{-1}$ mol/L 浓度范围内呈近能斯特响应，斜率为 -52.4 mV/dec（20℃），检测下限为 4.0×10^{-6} mol/L。此外，采用交流阻抗技术和紫外可见光谱技术可研究阴离子与载体的作用机理。

3.1.3.18 电极法-标准系列加入回收法测定污水中氨态氮

应用离子选择电极测定水样中氨态氮越来越广泛。常用的方法有浓度直读法、校正曲线法、一次标准加入法、格氏作图法（系列加入）等。上述方法各有其特点，本例中是在污水样中加入一系列铵标准溶液进行离子选择电极测定氨态氮。以 Nernst 新关系式进行回归运算，并通过使样品和标准溶液完全处于同一条件下测定来消除污水中大量基体对测定的影响，进而提高了方法的准确性。

（1）仪器与试剂　铵离子选择电极；720A 型酸度计（美国）。1mg/mL 铵氮标准溶液：氯化铵经 100℃干燥，称取 3.819g 溶于水中，移入 1L 容量瓶中，用蒸馏水稀释至刻度，标准溶液使用时稀释成 100μg/mL 铵氮标准工作液。离子强度缓冲调节剂：加入 53.6g 乙酸镁于 500mL 蒸馏水的烧杯中，搅拌溶解后，慢慢加入 28.7mL 冰醋酸，用水稀释至 1L。

（2）试验步骤

① 电极斜率（S）的测定　依次加入 100mL 水、1mL 浓度为 1mg/mL 的铵氮标准溶液及 10mL 缓冲溶液于 150mL 烧杯中，经搅拌后，测定其溶液电势 E_1，然后，加入 10mL 浓度为 1mg/mL 的铵氮标准溶液，测定其溶液的电势 E_2，则 $S = E_2 - E_1$。

② 试样测定　另取一个 150mL 烧杯，依次加入 100mL 水样和 10mL 缓冲溶液，搅拌，测定其溶液电势 E，然后加入一系列不同体积（V_s）的浓度为 c_s 的标准溶液，依次测定每一个标准溶液的电势 E，记下每次的 V_s 和 E 值。

③ 计算　对每次加入量的 $(V_0 + V_s)10^{E/S}$ 值与其对应 V_s 进行回归运算，最后求出 $(V_0 + V_s)10^{E/S} = 0$ 时，对应的 V_s 值，根据 $c_0 = -(c_s V_s / V_0)$ 计算出水样中氨态氮浓度。

（3）说明　试验中电极斜率 S 值一般是采用实测，主要有两种方法：①测定加入标准溶液 10 倍量时，得到电势值的差；②测定一系列标准溶液，用回归运算算出曲线的斜率。采用第一种方法获得 S 值较简单、快速，但无论采用哪种方法，S 值范围在 56～60mV 为最佳。

此外，加入标准溶液的最终体积约为试样体积的 1%～2%，并且标准溶液浓度约为试样浓度的 100 倍。最后求出当 $(V_0 + V_s)10^{E/S} = 0$ 时的 V_s 值，该值最好控制在标准系列 V_s 的中间。

试验发现，试样的盐类含量较高（进水、出水约 200～300μg/mL），这会使测定的灵敏度下降，所以仅用一般的校正曲线法测定，准确性较差。本例方法可以抵消基体物质干扰，从而提高测定的准确性。

测试中，标准溶液是加入同一试样中进行同时测试，所以不用配制标准系列，这可以避免很多操作上的误差，方法简单。

3.1.3.19 离子选择电极快速测定水的硬度

水硬度是水质的主要指标之一，对工业生产、生活需求的影响很大。水硬度电极对钙、镁离子具有同样的选择性。

(1) 仪器与试剂　PXJ-B 数字离子计（江苏电分析仪器厂）；614-05 电子交流稳压器（苏州仪表厂）；磁力搅拌器、802 饱和甘汞电极和 405 硬度电极（均为江苏电分析仪器厂）；π 型饱和氯化钾琼脂盐桥；X 型电解池。Ca^{2+} 及 Mg^{2+} 标准液：分别定量称取 $CaCO_3$ 和 $MgCl_2 \cdot 6H_2O$ 配制溶液（用 1.00×10^{-2} mol/L 的 EDTA 标准溶液标定），使其浓度各为 1.00×10^{-2} mol/L，试验过程中根据需要对标准溶液稀释、混合。$NaHCO_3$ 溶液：0.5mol/L（TISAB）。以上试剂均为分析纯。

(2) 试验步骤　以硬度电极为指示电极、甘汞电极为参比电极，分别置于 X 型饱和氯化钾琼脂盐桥电解池的两个室，在两室中均放入待测试样，以 $NaHCO_3$ 溶液为 TISAB，搅拌下，测其电压值。分别配制浓度为 c 和 $10c$ 的标准 Ca^{2+}-Mg^{2+} 溶液，满足 $c < c_{样} < 10c$。分别测定上述三种溶液的电压值，由公式(3-15) 和公式(3-16) 计算试样的硬度。

$$\frac{E_c - E_{样}}{E_c - E_{10c}} = \frac{\lg c/c_{样}}{\lg c/10c} = \lg \frac{c_{样}}{c} \tag{3-15}$$

$$c_{样} = c \times 10^{\frac{E_c - E_{样}}{E_c - E_{10c}}} \tag{3-16}$$

依据待测水样的实际硬度（以 $CaCO_3$ 计，约 2×10^{-3} mol/L），试验取 $c = 5.00 \times 10^{-4}$ mol/L，$10c = 5.00 \times 10^{-3}$ mol/L。对未知浓度的水样，可通过预测浓度来确定 c 和 $10c$。

(3) 说明　试验结果显示，试验条件选择合适，电极对 Ca^{2+}、Mg^{2+} 两种离子均有良好响应，电位测定值与 Ca^{2+}-Mg^{2+} 比例无关。此外，溶液 pH 值在 5.5～9.8 间 pH-电压曲线呈平台状，说明溶液在该范围内的 pH 值是适宜的，这使硬度电极对 Ca^{2+}-Mg^{2+} 混合液有良好响应。

3.1.3.20 离子选择电极连续测定天然水中钾、钠的含量

钾、钠是天然水中的重要组成部分，试验室中通常采用重量法、火焰光度法及原子吸收法等测定钾、钠元素。在野外，常用阴阳离子差减法计算水中钾、钠的含量，然而准确度欠佳。选用钾、钠离子选择电极同时在一份天然水样中进行 K^+、Na^+ 测定，结果较为满意。

(1) 仪器和试剂　pHS-3 型酸度计；pXJ-1B 型数字式离子计；401 型钾电极；801 型双液接饱和甘汞电极（外盐桥充以浓度为 1mol/L 的 LiAc 溶液）；6801-B 型钠电极。浓度均为 1.0mol/L 的钾、钠、钙和镁标准溶液，其中 KAc 溶液浓度为 0.1mol/L；$Ca(OH)_2$ 为饱和溶液。试验用去离子水，其电阻率为 2 MΩ·cm，试剂均为分析纯。

(2) 试验步骤

① K^+ 校正曲线　在浓度为 10^{-4} mol/L 的 Mg^{2+}、Ca^{2+}、Na^+、H_3BO_3 的混合溶液基体中配制浓度为 10^{-5}～10^{-1} mol/L 的 K^+ 标准系列，按照钾电极从稀至浓顺次测定其电位值，搅拌 1min，静置 2min 后读数，绘制 E-$\lg c_{K^+}$ 曲线。

② Na^+ 校正曲线　在 Mg^{2+}、Ca^{2+}、K^+、H_3BO_3 浓度为 10^{-4} mol/L 的基体中配制 10^{-5}～10^{-1} mol/L 的 Na^+ 标准系列。移取 50.00mL 标准液依次加入 100mL 烧杯中，插入

钠电极，加 $1\sim2$ 滴饱和 Ba (OH)$_2$ 溶液，搅拌 2min，静置 2min 后，记录电位值，绘制 E-$\lg c_{Na^+}$ 曲线。

③ 样品测定　首先吸取 50.00mL 水样于 100mL 烧杯中，插入钾、钠电极，搅拌 1min，静置 2min 后，记录钾电极电位值。然后，再向溶液中加入 $1\sim2$ 滴 Ba (OH)$_2$ 饱和溶液，搅拌 2min，静置 2min 后，记录钠电极电位值。最后，在校正曲线上分别求得钾、钠含量。

(3) 说明　钾的测试条件选择：在浓度分别为 10^{-2}mol/L、10^{-3}mol/L、10^{-4}mol/L 的 K$^+$ 溶液中，由钾溶液的响应曲线结果可知，在 Na$^+$ 含量为 K$^+$ 含量 100 倍的情况下，可直接进行 K$^+$ 的测定。由镁的响应曲线结果可知，当 K$^+$ 浓度分别为 10^{-3}mol/L、10^{-2}mol/L，Mg^{2+} 浓度大于 5×10^{-2}mol/L 时，产生干扰。由 Ca^{2+}、H$_3$BO$_3$ 的响应曲线可知，Ca^{2+} 浓度小于 10^{-2}mol/L 时，对 K$^+$ 不产生干扰，而 H$_3$BO$_3$ 对结果无显著影响。

在钾的标准系列中，底液（Na$^+$、Mg^{2+}、Ca^{2+}、H$_3$BO$_3$）浓度分别为 10^{-2}mol/L、10^{-3}mol/L、10^{-4}mol/L 时，测定钾的溶液的电位值，由 E-$\lg c_{K^+}$ 曲线结果表明，在由 Na$^+$、Mg^{2+}、Ca^{2+}、H$_3$BO$_3$ 形成的底液中，当其浓度分别为 10^{-2}mol/L、10^{-3}mol/L、10^{-4}mol/L 时，相应线性范围分别为 $10^{-4}\sim10^{-1}$mol/L、$4\times10^{-5}\sim10^{-1}$mol/L、$8\times10^{-6}\sim10^{-1}$mol/L。特别地，当底液浓度为 10^{-4}mol/L 时，K$^+$ 电极检测下限可达 2.6×10^{-4}mol/L。

钠的测试条件选择：在 Na$^+$ 的标准溶液中，K$^+$ 的响应曲线反映出 K$^+$ 对钠电极产生严重干扰。此外，pH 值对钠的响应也有一定的影响，用稀 Ba (OH)$_2$ 和 HCl 溶液调节 Na$^+$ 标准溶液的 pH 值，测其电位值。结果显示，当溶液的 pH>10 时，测定较为合适。用饱和 Ba(OH)$_2$ 调节 pH 值，不仅可降低 H$^+$ 和 NH$_4^+$ 等的干扰，还不对电位值造成影响，是测定 Na$^+$ 较为理想的离子强度调节剂（TISAB）。

在 Na$^+$ 的标准溶液中，分别以浓度为 10^{-2}mol/L、10^{-3}mol/L、10^{-4}mol/L 的 K$^+$、Mg^{2+}、Ca^{2+}、H$_3$BO$_3$ 为底液，用 Ba(OH)$_2$ 饱和溶液调节溶液 pH 值大于 10 时，分别测其电位值。由 E-$\lg c_{Na^+}$ 曲线结果可知，当 K$^+$、Mg^{2+}、Ca^{2+}、H$_3$BO$_3$ 混合底液的浓度大于 10^{-3}mol/L 时，该浓度对测定结果产生严重干扰，结果偏高。因此，当干扰组分含量较高时，应适当稀释后再进行测定。当底液浓度为 10^{-4}mol/L 时，无显著干扰，线性范围为 $8\times10^{-5}\sim10^{-1}$mol/L，检测下限为 6×10^{-5}mol/L。

3.1.3.21　碘离子选择电极催化测定水中钼（Ⅵ）

根据反应速度与催化剂的浓度成比例来测定水中微量的钼（Ⅵ），选择试验条件时采取单纯优化法，这样可以减少操作步骤，测定范围在 $0.5\sim5.0$mol/L。

(1) 仪器与试剂　303 型碘离子选择电极（江苏泰县无线电厂）；217 型饱和甘汞电极（外盐桥充浓度为 0.1mol/L 的 KNO$_3$ 溶液，上海电光器件厂）；PXS-201 离子活度计（上海第二分析仪器厂）；计时秒表；恒温水浴装置一套。浓度为 5.0×10^{-3}mol/L 的 NaBO$_3$ 溶液：现用现配。浓度为 1.0×10^{-2}mol/L 的钼酸铵储备液的配制与标定：首先，称取 12.3612g A. R. 级钼酸铵试剂，溶解于 100mL 的蒸馏水中，然后在 1000mL 容量瓶中对溶液定容，摇匀，最后倒入瓶中备用，用反滴定法进行标定，先加入过量的 EDTA 标液，再用 Cu^{2+} 标液滴定 EDTA，其中 PAN 为指示剂，标定结果为（NH$_4$）$_2$MoO$_4$ 的浓度为 9.984×10^{-3}mol/L。浓度为 5.0×10^{-3}mol/L 的 KI 标准溶液的配制：称取 0.8300g 分析纯碘化钾，在 1000mL 容量瓶中定容后置于棕色瓶中储备。浓度为 1mol/L 的 H$_2$SO$_4$ 溶液。

（2）试验步骤　将 $NaBO_3$ 溶液（$NaBO_3$ 溶液的用量依据最优化试验条件来确定，以下各溶液所取量同上）加入一个 50mL 容量瓶中，后蒸馏水稀释到刻度；在另一个 50mL 容量瓶中加入 H_2SO_4、KI 和 MoO_4^{2-} 样品，并同样稀释到刻度。将配好溶液的容量瓶放入恒温水浴中维持 10～15min，然后把含有 I^- 的溶液放置于 250mL 烧杯中，相应插入碘电极和甘汞电极，开动搅拌。等到碘电极电位稳定时，再把含有 $NaBO_3$ 的溶液倒入这个烧杯中，并按下秒表记录电位值，每分钟记录一次电位值。测定总时间为 10min，计算每分钟电位变化及其平均值。

（3）说明　采用单纯优化法选出该试验最优化试验条件：温度为 27℃，$NaBO_3$、KI 和 H_2SO_4 的浓度分别为 1.0mmol/L、$27\mu mol/L$ 和 20.5mmol/L。

配制钼（Ⅵ）标准溶液（浓度范围：$0.5～7.0\mu mol/L$）系列，其余反应物的浓度选用优化体系，作出工作曲线，钼（Ⅵ）含量在 $0.5～5.0\mu mol/L$ 之间时与电极电位变化速率有线性关系。

该试验在反应开始时电位变化很快，这是由于加入了过硼酸钠溶液而引起碘离子浓度的下降，致使电位变化很快，此外，反应开始反应质点碰撞增多也是导致反应快的原因之一。当催化剂浓度较高时，随着反应时间的延长，KI 的量不断减少，以至于低于电极的检出下限，造成了电极电位的变化率与钼（Ⅵ）的线性关系变窄；但当反应时间过短，在催化剂含量较低时，电极电位变化很小且不稳定，同样使线性范围变窄。综上所述，反应时间选为 10min，可获得含量在 $0.5～5.0\mu mol/L$ 范围内的线性关系。

用这种方法研究多种共存离子对测定 $3\mu mol/L$ 钼（Ⅵ）的影响，只有铬（Ⅵ）在试验的测定范围内对钼（Ⅵ）的测定有干扰。可加入少量抗坏血酸将铬（Ⅵ）还原为铬（Ⅲ）来消除铬（Ⅵ）的干扰。

3.1.3.22　催化离子选择电极联合测定天然水中钒、铁、钼的方法研究

对于天然水中钒、铁、钼的测定，可先测得钒、铁、钼的总量，后加 EDTA 掩蔽铁测得钒和钼量，然后再加柠檬酸掩蔽铁和钼测得钒量，经差减法计算便可得钒、铁、钼量的理想检测结果。

（1）仪器与试剂　232 型甘汞电极；303 型碘离子选择电极；pHS-2 型酸度计；100mL 恒温夹套高型烧杯为反应池；501 型超级恒温水槽。铁、钒、钼标准溶液：浓度均为 $10\mu g/mL$。抗坏血酸溶液：浓度为 0.02mol/L。H_2O_2 和 H_2SO_4 溶液：浓度均为 1mol/L。KI 溶液：浓度为 0.01mol/L。试剂均为 A. R. 级；试验用水均为二次蒸馏水。

（2）试验步骤　将 1mL H_2SO_4 溶液、5mL 抗坏血酸溶液、5mL KI 溶液及一定量标准溶液加入 50mL 比色管中，用水稀释至刻度，摇匀，备用。先在 25℃ 恒温水槽中恒温，后倒入 100mL 恒温夹套高型烧杯中，在溶液中插入甘汞电极和碘离子选择电极，待电位稳定后，再加入 1mL H_2O_2 溶液，启动秒表记录抗坏血酸全部耗尽时所需非催化与催化的时间 t_0 及 t，计算 t_0/t 值。

（3）说明　按预设试验方法，先固定钒、铁、钼用量，分别改变 I^-、H_2O_2、H_2SO_4 及抗坏血酸用量，试验结果显示反应体系中各试剂的最佳用量为：I^- 浓度为 $10^{-3}mol/L$、H_2O_2 浓度为 0.02mol/L、H_2SO_4 浓度为 0.02mol/L 以及抗坏血酸浓度为 $2\times10^{-3}mol/L$。

试验过程显示，温度升高，反应速率加快，平衡的时间也随着温度升高而缩短。但是，温度过高，反应速率过快，空白值较高，使检测下限上移，因此，25℃ 时进行反应最为适宜。

此外，测定 $1\mu g$ 钒、铁、钼时，结果表明，W^{4+}、2 倍量的 Cu^{2+}、3 倍量的 Cr^{6+}、5

倍量的 Ni^{2+}、20 倍量的 Al^{3+}、25 倍量的 Mg^{2+}、30 倍量的 Zn^{2+}、40 倍量的 Mn^{2+} 以及 900 倍量的 Cl^- 不对测定产生干扰。

在 $4\mu g$ 的 V 和 Fe、$5\mu g$ 的 Mo 的混合溶液中分别加酒石酸、氯化铵、三乙醇胺、EDTA 等掩蔽剂，按上述试验方法试验，结果表明，加入 0.5mL 浓度为 0.01mol/L 的 EDTA 对掩蔽铁的效果最佳。为掩蔽钒和钼，在 $V(4\mu g)$、Fe、$Mo(5\mu g)$ 混合溶液中分别加酒石酸、柠檬酸、草酸、邻二氮菲等掩蔽剂按同样试验方法试验，结果表明，加 1mL 浓度为 0.001mol/L 的柠檬酸效果最佳。

3.1.3.23　催化动力学电位法测定痕量亚硝酸根

亚硝酸根是一种严重危害人体健康的有毒物质，广泛存在于环境中，在食品等物质中也很常见。在稀硫酸介质中，亚硝酸根对溴酸钾、氧化钾、碘化钾有强烈的催化作用，用碘离子选择电极可跟踪 I^- 浓度的变化，从而建立测定痕量亚硝酸根的催化动力学电位法。在一定适宜条件下，指示反应为一级反应，反应速度可用电位差值（ΔE）来表示。当时间固定，亚硝酸根质量浓度在 $0\sim0.12mg/L$ 范围时，ΔE 与亚硝酸根质量浓度呈线性关系，检出限为 $2.0\mu g/L$，据此可建立测定亚硝酸根的催化电位法。该法简便快速、灵敏度高、选择性好、线性范围广，用于水中痕量亚硝酸根的测定，可得到令人满意的结果。

（1）仪器与试剂　pHS-3C 型酸度计（上海雷磁仪器厂）；pI-1 型碘离子选择电极（上海雷磁仪器厂，适用酸度 pH 值范围 $2\sim10$）；78-1 型磁力加热搅拌器（杭州仪表电机厂）；CS501 型超级恒温器（重庆试验设备厂）。亚硝酸根标准溶液：110℃下干燥过的亚硝酸钠被配制成浓度为 100mg/L 的储备液并置于冰箱中冷藏，用时稀释至 10mg/L。$0.10mol/L$ 的 $KBrO_3$ 溶液、$1.0\times10^{-3}mol/L$ 的 KI 溶液以及 $0.50mol/L$ 的 H_2SO_4 溶液配制备用。所用试剂均为分析纯，水使用二次蒸馏水。

（2）试验步骤　首先启动恒温器和循环水将温度控制在 $25℃\pm0.5℃$，准确移取 25.00mL 氧化液（含 $1.2\times10^{-2}mol/L$ $KBrO_3$ 和 $2.0\times10^{-2}mol/L$ H_2SO_4）和 25.00mL 还原液（含 $4.0\times10^{-5}mol/L$ 的 KI）分别置于两支 25mL 比色管中用恒温器恒温 5min。还原液被倒入通循环水的夹套烧杯中，插入电极，开始搅拌，再将氧化液倒入夹套烧杯中，1min 后，读取电位值（E_0），与此同时，加入一定量的亚硝酸根标准溶液，并开始计时，反应至 12min 时读取电位值（E_t），求得 ΔE（E_0-E_t）值。

（3）说明　按照上述试验条件，选取不同量的亚硝酸银标准溶液进行试验，结果表明，亚硝酸根质量浓度在 $0\sim0.12mg/L$ 范围内时，ΔE 与亚硝酸根浓度 c 之间呈线性关系，相应回归方程为 $\Delta E=401.55c+21.081$，相关系数 $r=0.9993$。依据 11 次空白测得值的标准偏差的 3 倍计算，该方法检出限为 $2.0\times10^{-9}g/mL$。

此外，20 余种共存离子在实验中被考察对 0.06mg/L 的 NO_3^- 测定的影响。结果表明，当相对误差在 $\pm0.5\%$ 以内时，Mg^{2+}、Ca^{2+}、K^+、Na^+、F^-、Cl^-，1000 倍量的 NO_3^-、Zn^{2+}，500 倍量的 Pb^{2+}、Mn^{2+}、Al^{3+}，300 倍量的 Ni^{3+}、Cd^{2+}，100 倍量的 Zr^{4+}，50 倍量的 V^{5+}，25 倍量的 Fe^{2+}，10 倍量的 Cu^{2+}，4 倍量的 MoO_4^{2-}，3.6 倍量的 Hg^{2+}，3 倍量的 Ag^+ 不会产生干扰。对于 Fe^{3+} 可用氟化物掩蔽。

3.1.3.24　用铝离子电极双点电位滴定法间接测定水中的 Al^{3+}

铝在生活中使用较多，可以引起老年性痴呆症，溶于水中的铝可累积在人和动物的组织中，铝化合物被美国国家标准协会列入剧毒品之类。铝致毒程度可与重金属砷、铜、锰等并列。检测铝的方法较多，有原子吸收光谱法、荧光测定法和极谱测定法。上述测定法虽灵敏度较高，但仍存在不足，不易在基层试验室普及和推广。电位法采用其他离子选择电极间接测定，操作简便，易于推广，如用氟离子电极、铜离子电极间接测定铝，但也存在问题。普通电位滴定法确定滴定终点比较麻烦，尤其是低浓度测定时，由于电位突跃不明显，滴定误差大。

本实例方法中以铝离子选择电极为指示电极，以 NaF 为 Al^{3+} 的掩蔽剂，在 pH＝5 的 NaAc-HAc 缓冲溶液中通过双点电位滴定法间接测定较低浓度下的 Al^{3+}，无需根据滴定的电位突跃确定滴定终点，避免了作图、计算的麻烦，同时提高精确度。

（1）仪器与试剂　pHS-2 型酸度计（上海第二分析仪器厂）；305 型铝离子电极。EDTA 试剂；$Pb(NO_3)_2$ 试剂；NaF 试剂；HAc 试剂；NaAc 试剂；纯 Al 金属粉末。上述试剂均为分析纯，用普通蒸馏水配制，标定。

（2）试验步骤

① 将 50.00mL 水样试液移取置于 250mL 烧杯中，加入 2mL 浓度为 2mol/L 且 pH 值为 5.0 的 HAC-NaAc 缓冲溶液，然后将过量的 5.00mL 浓度为 1.002mol/L 的 EDTA 标准溶液加热至沸，冷却后，以铝电极为指示电极、饱和甘汞电极为参比电极，在磁力搅拌下，用 $Pb(NO_3)_2$ 标准溶液滴定至等当点之后（根据滴定过程中电位变化的情况估计约过量 10%）暂停滴定。实验中读取所消耗 $Pb(NO_3)_2$ 的标准溶液体积记为 V_{A1}（mL），并测量铝电极电位为 E_{A1}（mV），加入 $Pb(NO_3)_2$ 标准溶液的体积为 V_{A2}（mL）并测得电极电位 E_{A2}（mV）。

② 量取与①步骤中等量的试液，加入 0.5mL 浓度为 0.5mol/L 的 NaF 溶液，加热至沸，冷却。类似地，加入与①中相同量的 EDTA 标准溶液和缓冲溶液，加热至沸，再冷却，然后同样测得 V_{A1}、E_{A1}、V_{A2}、E_{A2}。

（3）说明　从铝的测定原理可知，不管其他金属离子是否能与 EDTA 生成络合物，只要不与 F^- 生成稳定络合物，不干扰铝离子电极电位响应，就不会干扰 Al^{3+} 的测定结果。水样中往往含一定的 Ca^{2+}，但在酸性介质中，Ca^{2+} 与 F^- 的络合稳定常数小，而 Pb^{2+} 与 EDTA 络合稳定性好，故干扰很小。实验研究表明，金属离子 Fe^{3+}、Ni^{2+}、Cu^{2+} 和 Cd^{2+} 虽然都能与 EDTA 生成络合物，但在目前试验条件下不与 F^- 生成络合物或生成络合物不稳定，因此上述离子基本上不干扰 Al^{3+} 的测定。但是，Ag^+ 和 S^{2-} 由于影响 Pb^{2+} 电极响应，会对试验造成干扰，甚至不能测定 Al^{3+}。阴离子 Cl^-、SO_4^{2-}、$Cr_2O_7^{2-}$、$Cr_2O_4^{2-}$ 等与 Pb^{2+} 会生成沉淀，当它们超过一定浓度时会产生沉淀干扰。

与标准加入法相比，该方法的相对误差较小。滴定剂使用过量越小，准确度越高。但是在实际试样的测定中，要求过量的滴定剂的百分数过低，特别是低浓度的测定，在滴定过程中电位变化不明显时，滴定剂过量太少的话难以操作也难以判断，所以一般掌握在 10% 左右比较适宜。

将 1.003mol/L 的 $Pb(NO_3)_2$ 标准溶液作为滴定剂，在维持 pH 值为 5.0 的 HAc-NaAc 缓冲溶液中，滴定已知量的 EDTA，再按双点电位滴定法测定 EDTA。实验表明：用双点电位滴定法测得 EDTA 的量与加入量相符合。因此，双点电位滴定法是可行的。

3.1.3.25　流动注射分析和离子选择电极联用测定水的 pH 值

流动注射分析（FIA）具有快速准确、自动化程度高、通用性强、仪器简单、使用方便等特点。通过 FIA-ISE 联用技术测定水的 pH 值，分析速度可高达每小时 150～200 个试样，相对标准偏差为 0.58%～2.0%。

（1）仪器与试剂　pHS-3 型酸度计（上海第二分析仪器厂）；ZD-2 型自动滴定计；台式自动平衡记录仪（上海大华仪器厂）；231 型玻璃电极；232 型饱和甘汞电极。pH 值为 4.003 的标准液；pH 值为 6.864 的标准液；pH 值为 9.182 的标准液；浓度为 0.05mol/L 的草酸；浓度为 0.05mol/L 的 HAc；酒石酸氢钾饱和溶液；pH值为 10 的缓冲溶液；pH 值为 12 的缓冲溶液；

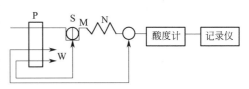

图 3-2　FIA-ISE 联用测定水的 pH 值流程图
P—蠕动泵；S—试样；W—进样器；
M—混合管；N—电极

pH 值为 2.8 及 pH 值为 3.2 的溶液（采用浓度为 6mol/L 的 NaOH 和浓度为 0.2mol/L 的 HCl 混配而成）。

（2）试验步骤　图 3-2 为 FIA-ISE 联用测定水的 pH 值流程图。流通池为有机玻璃池，用浓度为 0.5mol/L 的 KNO_3 和浓度为 $1.0\times10^{-6}mol/L$ 的 NaH_2PO_4 作载液，管道长为 15cm、内径 0.5mm 的聚乙烯管，每次注入流速为 4.63mL/min 水样 50mL，记录水样的峰形电位曲线，以峰高定量。

（3）说明　试验表明，随着管路的增长，灵敏度逐渐降低。这是由于管路增长，试样在管中停留时间增长，分散度随之增大。考虑实际可行性，选择 15cm 的聚乙烯管。

当流量为 4.63mL/min，pH 值为 4.003 时，溶液峰高为 4.62，当 pH 值为 9.182 时，溶液峰高为 -2.55，分析的灵敏度均最高。因此，选择体积流量为 4.63mL/min，在此体积流量下，样品经 FIA 注入后，能迅速包裹 ISE 的敏感球部，迅速响应。

在试验过程，进样体积也有一定的影响。随着进样体积的增加，峰高逐渐增大，当达到 110μL 以上时，峰高趋于恒定。结合进样体积对分析速度的影响，本方法选择进样体积为 50μL。

除此之外，还应注意载液的选择。在进样体积、载液体积流量和管路长度分别为 50μL、4.63mL/min 和 15cm 等相同的条件下，又分别试验了 3 种载液：浓度为 0.5mol/L 的 KNO_3 和浓度为 $1.0\times10^{-2}mol/L$ 的 NaH_2PO_4；浓度为 0.5mol/L 的 KNO_3 和浓度为 $1.0\times10^{-4}mol/L$ 的 NaH_2PO_4；浓度为 0.5mol/L 的 KNO_3 和浓度为 $1.0\times10^{-6}mol/L$ 的 NaH_2PO_4。实验表明：仅有浓度为 0.5mol/L 的 KNO_3 和浓度为 $1.0\times10^{-6}mol/L$ 的 NaH_2PO_4 的线性良好。

3.2
溶出伏安法及其在水质分析中的应用

极谱分析法是化学分析的一个重要分支，该法是在电解池内采用滴汞电极进行的电解分析方法。只要能在滴汞电极上发生电极反应的物质（如多数金属离子）或发生氧化还原反应的物质（如有机物）都可用极谱法测定。极谱分析法具有灵敏度高、测定范围广、操作简便、分析速度快、准确等优点，因而成为较好的分析手段之一。随着人们对极谱方法研究的不断深入，该类分析方法又相继出现了示波极谱法、溶出伏安法和方波极谱法，并以此为基础发展了脉冲极谱法和极谱催化波等。

伏安法是一种通过电流（i）-电压（E）的函数曲线进行物质分析的一种分析方法，检出限能达到 ppb（10^{-9}）及亚 ppb 水平，在某些金属元素的检测上甚至能与原子吸收相媲美，因此其在金属元素分析方面的优势日益凸显。极谱法的应用不局限于痕量重金属，也可以做价态分析，还可以检测有机物和阴离子。其原理是通过激励电压来测量响应电流。一般情况下，在伏安法中是取有限电流值作为定量分析参数，其中电压波形可以是线形、脉冲、正弦或方波等各种复合形式。此外激励电压的扫描方向可正可负。

在生化、药物、材料、环保等方面的检测，以及用于研究一些生化物质的电化学特性中，线性扫描伏安法、示差脉冲伏安法、方波伏安法、卷积伏安法、络合吸附波、催化波等极谱和伏安方法因为具有简单、快速、灵敏等特点而被广泛使用。在这里主要介绍伏安方法在水质方面的应用。

3.2.1 溶出伏安法

3.2.1.1 概述

溶出伏安法，是一种把电解富集和溶出测定结合在一起的电化学分析方法，根据溶出过程所得的溶出峰电流或峰高进行定量分析，主要包含两步：预电解富集和溶出。预电解富集过程是在恒定电位下进行电解，使待测物质富集在电极上，提高灵敏度；而溶出过程则是反方向改变电位，可以采用线性扫描伏安法或微分脉冲法等，使富集在电极上的物质重新溶出的过程。这种方法的特点是：①灵敏度很高，可达到 $10^{-11} \sim 10^{-7}$ mol/L。其原因主要是测定时工作电极的表面积很小，而由于电解富集，使得电极表面汞齐中金属的浓度相当大，从而起到了浓缩的作用，在溶出时又相当于是以汞齐为溶液介质进行的，因此会产生很大的电流，也就提高了这种方法的灵敏度。②选择性好。在控制电位条件下电解富集，可连续测定几种痕量物质而避免干扰。溶出伏安法是伏安分析法中很重要的一种分析方法。溶出伏安法在伏安测定前，首先把目标物预富集到电极表面上，因而该方法优于直接伏安法。在分析痕量重金属离子时，阳极溶出伏安法（ASV）是最普遍的溶出伏安技术。

3.2.1.2 分类

电解富集时，阳极溶出法是以工作电极为阴极，而溶出时作为阳极。与之对应的，阴极溶出法是以工作电极为阳极，而溶出时作为阴极。按照富集-溶出过程的电极反应性可将溶出伏安法分为三种类型。

（1）金属离子的阳极溶出伏安法　金属离子（Me^{n+}）在阴极处被还原为金属原子或汞齐［$Me(Hg)$］的形式富集在电极表面或电极之中，然后再被阳极氧化转变为金属离子而溶出。若电极电位随时间呈线性变化，那么溶出电流呈峰形。全过程可表示为：

$$Me^{n+} + Hg + ne^{-} \underset{溶出}{\overset{富集}{\rightleftharpoons}} Me(Hg)$$

（2）阴离子的阴极溶出伏安法　阴极溶出伏安法的电极过程与阳极溶出伏安法的电极过程相反。电极基体金属（M）经阳极氧化转变为金属离子并与被测阴离子（A^{-}）结合形成难溶盐而沉积在电极表面，而后再被阴极还原而释放出阴离子。全过程可表示为：

$$m M^{n+} + n A^{n-} \underset{溶出}{\overset{富集}{\rightleftharpoons}} M_m A_n (s) + n(n-m)e^{-}$$

实际应用过程，电极材料多选用银、汞及金等。

（3）变价离子的溶出伏安法　变价离子（X^{n+}）经阳极氧化或阴极还原后在电极表面上与其他异性离子（Y^{-}）形成难溶化合物（$XY_{n \pm m}$），同样沉积在电极表面上而被富集，随后该化合物再被阴极还原或阳极氧化，使之恢复为原来的组分离子而溶出。全过程如下：

$$X^{n+} + (n \pm m)Y^- \underset{\text{溶出}}{\overset{\text{富集}}{\rightleftharpoons}} XY_{n+m}(s) \pm me^-$$

式中　Y⁻——OH⁻或具有选择性沉淀作用的有机酸、有机碱等。

无论哪种类型的溶出伏安法，溶出和富集两个过程是互逆的。富集是缓慢的积累，而溶出则是瞬间的释出，所以 Faraday 电流被作为记录相应信号会大大提高，干扰电流却未能明显增加。这对提高分析能力成效显著，再通过对工作电极方面的改进和与扫描电压方式的有效结合，极大地提高了方法的有效灵敏度。该法测量范围在 $10^{-11} \sim 10^{-6}$ mol/L 之间，检出限可达 10^{-12} mol/L。

3.2.2　应用溶出伏安法对元素进行定量分析

3.2.2.1　"电积"和"溶出"所需的仪器装置

"电积"和"溶出"所需的仪器装置如图 3-3 所示，主要包括四个部分："电积"装置、"溶出"装置、电解池和联系这些部分的时间继电器。"电积"装置作用：作为恒电压电源可调节电压。"电积"装置包括直流电源与电位调节器及伏特表，直流电源可用电池或稳压直流电源供给。"溶出"装置则可采用各种类型的极谱仪。

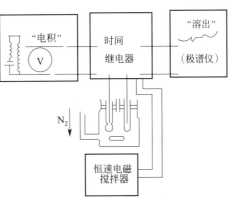

3.2.2.2　定性和定量分析方法

在溶出伏安法中，不同离子在不同的介质中的峰电位具有特征性，尽管如此，有时两种元素可能在同一介质中有相同的溶出峰电位，这就必须借助其他方法来定性。光谱法是最可靠的定性分析方法，这是因为每一元素具有互不干扰的特征谱线。综上，溶出伏安法主要用于定量分析。

图 3-3　溶出伏安法装置示意图

溶出伏安法主要有三种定量方法，如下所述。

（1）标准曲线法　标准曲线法通过对一系列浓度已知的标准溶液进行测定，再将测定结果绘制成峰高-浓度标准曲线，然后根据标准曲线，对比试样液的峰高在图上直接查得试样的浓度。这种方法主要适用于大批量试样的常规分析。

当试样较多时，在实际分析操作中采用标准曲线法的分析速度较快。但仍须注意以下几个问题。

① 标准系列浓度溶液的组分必须和实际分析样品最终测定时的组分完全相同。

② 若试样需经过化学预处理，则标准系列溶液也应同样经过相同的化学预处理，力求二者的条件尽可能一致。

③ 标准系列溶液与试液温度应相同且恒温。

④ 测试中，搅拌速度和电极位置等要完全相同。

⑤ 此外，其他试验条件尽量保持相同。

（2）标准加入法　由于标准曲线法在试验过程中要控制温度和其他操作条件必须保持相同，给操作上造成了一些困难。但在标准加入法中，所有的影响因素都可以互相抵消掉，所以即使不严格控制试验条件，也可以取得较好的分析结果。标准加入法可分为前期加入法和后期加入法。

前期加入法：首先同时取两份相同的试样，向其中的一份中加入一定量的被测离子，然后将这两份试样进行相同的预处理后再进行测定，最后得到两个试样的溶出峰高度。

预设未加入标准被测离子试样的峰高为 h_1，加入被测离子试样的峰高为 h_2，加入的质量为 $a\mu g$，则 $h_2 - h_1 = \Delta h$ 即相当于 $a\mu g$，这样就可以简单地由 h_1 与 Δh 的关系求得未知试样中被测离子的含量。

后期加入法则是首先测定体积为 V_1 的未知试样液（设其浓度为 c_1）的峰高 h_1，然后加入浓度为 c_2、体积为 V_2 的标准溶液，在相同条件下，测定其峰高 h_2，则未知物的浓度为：

$$h_1 = kc_1 \tag{3-17}$$

$$h_2 = k\frac{c_1 V_1 + c_2 V_2}{V_1 + V_2} \tag{3-18}$$

化简公式(3-17) 和公式(3-18) 得：

$$c_1 = \frac{h_1 c_2 V_2}{(h_1 + h_2)V_1 + h_2 V_2} \tag{3-19}$$

这是最为普遍的方法，其主要是消除了溶出法公式中的各种试验参数，较为简化，使用起来也比较方便。

此外，标准加入法也可以用于少量试样或本底组成未知试样的测定，这种情况只有在峰高与浓度呈线性关系时才能使用。此外，测定时还需要注意标准溶液的浓度应为未知溶液浓度的 100 倍，标准溶液的体积应为未知溶液体积的 1%～2%。

（3）内标法　又称为指示离子法。这种方法是在几种被测离子共存的情况下进行测定时，加入另外一种离子作为指示离子，通过指示离子与被测离子等物质的量的波高或峰高的比值来计算出被测离子的浓度。在极谱法或溶出伏安法中，当试液中若有两种以上的被测离子时，在图上就会出现两个以上的极谱波或溶出峰，这时就不宜采用标准加入法。这是因为加入两种以上的标准溶液，相互有稀释作用，后续计算起来比较麻烦，这时用内标法进行分析就比较方便了。

3.2.2.3　影响溶出电流的因素

影响溶出电流的因素很多，主要与电解过程、溶出过程有关。

（1）电积电位　电积电位的大小对溶出电流影响很大。一般来说，对于电积电位的选择并不困难。对于阳极溶出伏安法，只要工作电极的电位控制在比被测离子的半波电位❶负 0.2～0.4V 左右即可。这个电位也是该离子的极限扩散电流电位。如果电积电位离半波电位太近，电积电流就会不稳定，必然会影响到溶出电流的重现性。如果电积电位太负，那么大量后放电的离子就可能放电，特别是氢的放电，这就会直接影响到测定结果，因此应视实际需要选择电积电位。

（2）电积时间　在部分电积法测定过程中，由于所用电极的面积都很小，所以溶液的体积应在 5mL 以上。短时间的电积过程中，离子浓度可以认为不发生变化。因此，电积的金属量是与电积时间成正比的。试验显示，当溶液体积在 10mL 左右，电积时间在 5min 之内时，溶出电流就会与电积时间成正比。

电积时间的长短，不仅受被测离子浓度的影响，而且还受所用的工作电极和电位扫描速度的影响。使用悬汞电极或铂球镀银沾汞电极时，生成的金属由汞齐中将扩散到汞电极的内部，而在溶出时又不可能全部溶出，因此使用悬汞电极或其他厚汞膜电极时电积时间应相应

---

❶ 半波电位：扩散电流为极限电流一半时的电极电位称为半波电位。

地长一些。用悬汞电极和慢扫描时，一般被测离子浓度为 $10^{-6}\,mol/L$、$10^{-7}\,mol/L$、$10^{-8}\,mol/L$ 三个数量级时所需的电积时间相应可为 2min、5min、15min，被测离子浓度在 $10^{-9}\,mol/L$ 时，电积时间需 30min 以上。

在使用玻璃碳同位镀汞法制备薄汞膜电极时，由于汞膜很薄，生成的金属不能向内部扩散，而是积累在电极的表面，在金属溶出时又能很快地全部溶出，因此薄汞膜电极灵敏度比悬汞电极要高，而电积时间却比悬汞电极短得多。使用该电极采用快速扫描时，一般 $10^{-7}\,mol/L$ 仅需电积 30s 到 2min 左右即可。

在实际工作中，电积过程中即使离子浓度下降较多，电积电流也随之逐渐下降。但是，定量分析中常用的标准溶液加入法是一种相对比较的方法，所以仍会得到良好的效果。快速电位扫描法已是溶出伏安法普遍采用的方法，所以电积时间不需要太长。

（3）电位扫描速度　在溶出伏安法中，当使用悬汞电极和厚汞膜电极时，其溶出电流值与电位扫描速度的平方根成正比，而用薄汞膜电极则溶出电流值与电位扫描速度成正比。综上可以看出，无论采用何种工作电极，扫描速度越快，溶出电流值也越大。

一般情况下，现在常用的扫描速度为 $100\,mV/s$，一个可逆反应的溶出峰从出峰开始到结束仅需约 2s 的时间。理论上，扫描速度越快，电容电流也就越大，因此扫描速度快到一定程度之后，便无法再进一步提高分析的灵敏度了。

（4）搅拌　搅拌对溶出伏安法的电积过程也是一个非常重要的影响因素。如果溶液保持静止，那么在微电极上的氧化还原反应开始后，电极附近的溶液在很短时间内即会产生所谓的贫乏现象，这将导致电积电流随时间迅速下降，并且很快就会降低到极低的程度。为了提高电积效率，用机械的方法来搅拌溶液是十分必要的。搅拌使被测离子不是依赖于缓慢的扩散作用，而是通过搅拌产生的对流作用将离子快速传递到电极表面，因此在电积过程中能保持较大的电流，所以在溶出法的电积过程中搅拌是必不可少的。

电积电流与搅拌速度的平方根成正比。搅拌速率越快，电流越大，电极效率也越高。此外，溶出法结果的重现性在很大程度上取决于搅拌状态的重现性。

（5）电极的形状和面积　溶出伏安法所用的电极材料种类繁多，而电极的形状也是多种多样，如球形、柱形、锥形及圆盘等，较为普遍的是球形和平面圆盘两种形式。在部分电积法中，电积电流与电极面积成正比，但是面积越大，带来的噪声也越大，因此仅靠增大电极面积并不能相应地提高灵敏度。对于球形电极，其直径以 1～2mm 为宜，圆盘电极的直径以 3～5mm 左右为宜。

使用全部电积法时，以面积为 $2cm^2$ 的圆锥形电极为宜，这主要是为了使溶液中较少的离子全部还原成金属，而不在于提高灵敏度。该方法的灵敏度与部分电积法相差不多，只是耗费的电积时间太长。

（6）支持电解质　大体上，溶出伏安法所用的支持电解质与极谱法相同，各种酸、碱、盐几乎均可作支持电解质。溶出伏安法中，支持电解质的作用是为了降低 i_r，减少迁移电流，维持恒定的离子强度和扩散系数。此外，如果为了提高测定的选择性，支持电解质应选用络合性的介质。

（7）被测离子浓度　溶出伏安法定量分析的依据是：其他条件恒定时，峰电流与被测离子浓度在一定范围内呈线性关系。但当溶液中被测离子浓度较高或电积时间过长时，峰电流与离子浓度的关系图上会有弯曲现象，这是由于汞滴中金属浓度已达饱和。

（8）表面活性物质和氧　在极谱法中，为了抑制极谱畸峰常加入表面活性物质如动物胶、Triton-x-100 和聚乙烯醇等。但在溶出伏安法中，不希望有表面活性物质存在，这是由于表面活性物质会在电极表面形成一吸附膜，使电极的活性面积减小，因而测定灵敏度会受表面活性物质浓度的增加而降低。一般情况下，在进行溶出法测定时溶液中不应引入任何表面活性物质，也最好不用未经蒸馏的去离子水和一般盐桥。但必要时，也可利用表面活性物质抑制干扰物质的电极反应，以达到掩蔽干扰的目的。

氧会严重影响金属的电积，因此必须除去溶解在试液中的氧。对于汞电极，氧的两个还原波占据了很宽的电位，在$-0.9 \sim -0.2V$范围内，相当于O_2还原到H_2O_2，H_2O_2还原到H_2O。对于固体电极，氧的不可逆还原波电位受溶液pH值的影响，其影响在$-0.1 \sim +0.5V$范围内。溶解氧的存在不仅产生相当大的重现性差的残余电流，还可以氧化已经形成的汞齐。其反应方程式如下：

$$M(Hg) + \frac{1}{2}O_2 + H_2O \longrightarrow Hg + M^{2+} + 2OH^-$$

最终将会降低溶出法电解富集效率，同时生成的OH^-亦会改变非缓冲溶液的pH值，从而发生水解现象。一般来说，通氮气或氢气可以有效除氧。此外，在酸性溶液中通CO_2，碱性溶液中用Na_2SO_3还原也可以达到除氧的目的。

（9）温度 温度主要对离子的扩散系数D和金属汞齐中的扩散系数D_a有影响。温度升高使电积电流增大，从而使溶出峰亦增高。因此，溶出伏安法在进行试验时，温度一般控制在$25℃$，并维持恒温条件下进行。特别地，在进行理论研究时更需要严格控制温度。在日常分析工作中，因为常采用标准加入法，所以温度的影响也就抵消了。对于溶出伏安法，温度系数约为$\pm 2\%℃$。

（10）金属间化合物 电解富集过程中当有几种金属同时进入汞中时，金属和金属间可能形成金属间化合物，比如金属离子与阴离子在水溶液中有一个溶度积相似，只有当金属在汞中浓度之积超过溶度积时，金属间化合物才能形成。若有金属间化合物生成，将会引起被测金属溶出峰降低，甚至消失，或者出现新的溶出峰等复杂现象。金属化合物的生成既可以导致测定误差或困难，也可以被用于消除干扰。如果两种金属在汞中的浓度未超过溶度积，则两种金属互不影响，但当其浓度超过溶度积时，则会生成金属间化合物，以固相"沉淀"出来。

3.2.2.4　提高溶出伏安法性能的方法

（1）使用汞膜电极 汞膜电极不仅A/V比率大，还可以加快搅拌速度，因而可以提高电积效率。同步电机高速旋转电极的效果比电磁搅拌溶液好，这是因为溶液中离子向电极表面传输过程受电解池和电极相对几何形状变化的影响比较小。金属电积的量W决定了溶出峰的高低，而W在恒定的电解时间下，将决定离子传输效率。其中溶出峰电流i_p与电极旋转速度的平方根（$\omega^{1/2}$）成正比。

（2）在对流扩散的情况下溶出测定 在对流扩散的情况下进行溶出测定，可以提高测定的灵敏度。所谓对流扩散指的是被测物质通过扩散和对流两种作用从溶液本体到达电极表面。所以，在对流扩散中，单位时间内在电极表面进行还原或氧化的物质的量越多，灵敏度就越高。

（3）分步溶出提高分辨能力 如干扰元素汞齐的溶出电位比被测元素更负，那么可将扫描电压停在干扰元素的溶出峰电位处，等金属全部溶出后，再继续进行扫描，就能较好地得到被测元素的溶出峰。通过这种方法提高In和Cd金属溶出峰的分辨能力，效果理想。

（4）加入配位体或变换支持电解质 EDTA常被用作配位体，由于配合物的形成可以改变各元素的峰电位，所以可以分开重叠的溶出峰。当完成电积过程后变换支持电解质，便可以改善溶出测定的条件，与此同时，也可以降低因高浓度易氧化的物质（如有机化合物等）所产生的背景电流。

（5）优化电解池的结构 采用微型电解池或薄层电解池均可以实现100%的电积，以消除电解富集过程中各试验参数的影响，从而提高测定的精度。

（6）改进溶出方法　在分析测定过程中，如果采用示差脉冲阳极溶出法，可使测定的灵敏度和分辨能力进一步提高。也可通过在分析溶液中加入适当的化学试剂以提高测定的灵敏度和分辨能力。

（7）使用小波自卷积法　这种方法的特征为：具有良好的时频局部化，经分辨后重峰的峰形变窄，峰的位置不变而峰面积与原峰面积相当。

3.2.3　溶出伏安法在水质分析中的应用

对水体中无机污染物的化学形态研究是环境科学中的一个重要课题。污染物质的毒性并不完全取决于它的总量，而与污染物在环境中实际存在的化学状态密切相关。水中重金属元素化学形态的研究是探索环境污染实质的重要手段，也是了解其对水生生物的毒性和在水环境中的转移机理及归宿的必要前提。溶出伏安法为水体中重金属的研究提供了极其便利的条件。

溶出伏安法不仅能够对 50 余种无机离子进行微量和痕量测定，还将研究延伸到有机分析领域，特别是在海洋和环境中微量或痕量物质化学形态方面的研究发挥了重要的作用。

随着电极的研究发展，人们对化学修饰电极产生了极大的兴趣，使用修饰电极作为工作电极大大促进了溶出伏安法的发展。适当地选择修饰物和合理地控制电极电势为测定离子组分提供可能，这对水中化学形态分析意义重大。将碳糊电极应用在溶出法中，可以记录机械渗入碳糊中银相的电化学转化电流。上述方法可以不破坏样品测定元素的各种氧化态。此外，在研究银不同氧化态之间的转化时证实碳糊电极的设想是行之有效的。

微电流和流动电解池也是溶出伏安法的重要革新。早已在溶出法中使用的旋转环盘电极也在不断更新，用此电极分析镉、铅、铜、锑、铋等元素可得到满意结果。

方波伏安法具有多功能、快速、高效能、高灵敏度的分析优势。从 20 世纪 70 年代起，方波伏安法一出现就因其突出的优点得到关注，对水样中的 Cu、Pb、Cd 等金属元素可进行定量测定。电位溶出伏安法因受电极吸附的有机物影响较小而成为化学形态分析最有前途的方法之一。此外，卷积溶出伏安法也因较高的灵敏度而使其重要性日益增大。

下面将通过实例分别详细介绍不同的溶出伏安法：传统的溶出伏安法、微分溶出伏安法、脉冲溶出伏安法、碳糊电极溶出伏安法及催化溶出伏安法。

3.2.3.1　吸附溶出伏安法测定水中痕量钴

评价水质、了解水体污染程度必不可少地要测定水中重金属离子含量。在 $NH_3 \cdot H_2O$-NH_4Cl-ACBK 体系中使用溶出伏安法测定钴，其回收率在 97.5%～102% 之间。

（1）仪器与试剂　JP3-1 型示波极谱仪（山东电讯七厂），由 SH-84 型悬汞电极、铂电极、饱和甘汞电极构成的三电极体系。浓度为 1.0×10^{-3} mol/L 的钴标准溶液（使用时再根据实际情况稀释）；浓度为 1.0mol/L 的 $NH_3 \cdot H_2O$-NH_4Cl 缓冲溶液（pH＝9.0）；浓度为 1.0×10^{-4} mol/L 的酸性铬蓝 K（ACBK）溶液。以上所有试剂均为分析纯，试验用水为石英亚沸蒸馏水。

（2）试验步骤　取适量含钴溶液于 50mL 容量瓶中，再分别加 0.5mL 浓度为 1.0mol/L 的 $NH_3 \cdot H_2O$-NH_4Cl 溶液和 0.5mL 浓度为 1.0×10^{-4} mol/L 的 ACBK 溶液，稀释至刻度，摇匀，放置 20min，转于电解池中。控制维持一定温度，在 0V 电位下搅拌富集 80s，静止 30s，确定适当灵敏度，负向扫描至 -1.0V，记录 2.5 次微分极谱波峰电流。

（3）说明　稀 HCl、稀 HAc、浓度为 0.01mol/L 的 HAc-NaAc、KCl、浓度为

0.01mol/L 的 $NH_3 \cdot H_2O\text{-}NH_4Cl$、稀 NaOH 等介质均被进行了介质选择试验，发现只有在弱碱性及中性介质中钴才有极谱波产生，特别是在 $NH_3 \cdot H_2O\text{-}NH_4Cl$ 介质中最灵敏，波形最好。因此，该试验选定 $NH_3 \cdot H_2O\text{-}NH_4Cl$ 缓冲溶液为介质。缓冲溶液的缓冲容量只要不是太小，缓冲溶液的浓度对峰电流就无明显影响，但当缓冲溶液的浓度过大时，便产生一定影响。试验结果表明，测试浓度为 1.0×10^{-7}mol/L 的 Co^{2+} 时，当缓冲溶液浓度大于 0.15mol/L 时，峰电流开始缓慢下降，这很可能是 NH_3 作为一种配体影响了 ACBK 与钴的配合所致，因此，该试验缓冲溶液的浓度控制在 0.01mol/L。

其次，pH 对峰电流也有较大的影响。pH 值的最佳范围是 8.7～9.3，该试验控制 pH=9.0。当钴的浓度为 1.0×10^{-7}mol/L 且 ACBK 浓度较小时，峰电流随 ACBK 浓度的增加而增大；而当 ACBK 浓度为 $6.0 \times 10^{-7} \sim 2.3 \times 10^{-6}$mol/L 时，峰电流最大且能保持基本稳定；当 ACBK 浓度大于 2.3×10^{-6}mol/L 时，峰电流有缓慢下降趋势，这可能是 ACBK 试剂本身与钴配合物之间的吸附竞争所致。本试验中控制 ACBK 的浓度为 1.0×10^{-6}mol/L。

此外，试验表明当富集时间较短时，峰电流随富集时间的增加而增大，富集 60s 时达最大值，之后，便基本保持稳定，富集时间过长，超过 100s 时，峰电流便有下降趋势，可能是由于较弱吸附性的 ACBK 试剂本身有后吸附现象，从而与钴配合物产生竞争，导致峰电流下降。实验验证，富集时间定为 80s 为宜。试验结果显示富集电位正移，峰电流明显增大，但峰形变差。因此，根据该试验的情况选富集电位为 0V，这时峰形好，灵敏度也较高。实验中所有试剂加入并摇匀后，初始峰电流随放置时间增加而增大，15min 后达最大，随后可在 4h 内保持基本稳定，因此，应在试剂放置 20min 后再进行测定。钴的浓度在一定范围（$2.8 \times 10^{-8} \sim 5.0 \times 10^{-7}$mol/L）之内时与峰电流成线性关系，检测限为 5.0×10^{-9}mol/L。

研究共存离子的影响发现，体系中的共存离子对于浓度为 1.0×10^{-7}mol/L 的 Co^{2+}，相对偏差不大于 ±5% 时，30 倍量的 Cu^{2+}、Ni^{2+}、Cd^{2+} 不干扰测定结果，100 倍量的 Al^{3+}、Ag^+、Cr^{3+}、Zn^{2+}、Mo^{6+}、W^{6+}、Se^{4+}、Pb^{2+} 不发生干扰。

3.2.3.2　吸附溶出伏安法测定苯胺的研究

苯胺是较为常见的化工原料，常用作染（颜）料制造、印染、橡胶和制药等工业的原料，然而也成了一种主要的环境污染物。苯胺对人有一定的毒害作用，某些苯胺类化合物还具有致癌性。酸性条件下，苯胺类化合物经与亚硝酸盐重氮化后再与萘乙二胺偶合可生成玫瑰红色偶氮染料，所以能进行光度分析。上述偶氮染料在微碱性介质中可在汞电极上还原产生极谱波，所以可用示波极谱法代替光度法测定空气中的苯胺。进一步研究该偶氮染料的极谱性能发现该染料在汞电极上具有很强的吸附能力，据此建立了吸附溶出伏安法测定苯胺的方法。该法的灵敏度较光度法和极谱法有大幅度的提高。

（1）仪器与试剂　AD-3 型极谱仪（金坛分析仪器厂）；X-Y 记录仪（上海大华仪表厂）；JM-01 型悬汞电极。试验采用三电极系统：饱和甘汞电极为参比电极，铂丝为辅助电极，悬汞电极为工作电极。浓度为 0.5mol/L 的亚硝酸钠溶液；浓度为 0.2mol/L 的氨基磺酸铵溶液。浓度为 0.02mol/L 的盐酸萘乙二胺溶液：储于棕色瓶中，置冰箱中保存。苯胺标准溶液：在 25mL 容量瓶中加入 10mL 浓度为 0.05mol/L 的硫酸，然后加入 2～3 滴苯胺，用浓度为 0.05mol/L 的硫酸稀释至刻度，摇匀，计算出苯胺的浓度，作为储备液于冰箱内保存，使用时，用浓度为 0.05mol/L 的硫酸稀释至所需浓度。所用试剂均为分析纯，试验用水为二次蒸馏水。

（2）试验步骤　将适量苯胺标液或样品移至 25mL 小烧杯中，用 1mol/L 的硫酸溶液调节酸度为 pH=1.5～2.0，加入 1 滴 $NaNO_2$ 溶液，摇匀后放置 3min，加入 0.5mL 氨基磺酸铵溶液，摇匀后放置 5min，接着加入 0.2mL 盐酸萘乙二胺溶液，混匀，放置 15min 使之充分显色。然后，加入 0.2mL 氨水，再加蒸馏水至 20mL。此外，需通 N_2 除氧 3min。将悬汞电极换上一个新汞滴，在搅拌的情况下于 -0.2V 吸附富集一定时间，具体时间视浓度而定，停止搅拌后静置 15s，以 50mV/s 的扫速负向扫至 -0.70V，记录一次导数伏安曲线。

（3）说明 NO_2^- 浓度的增大有利于苯胺的重氮化，但浓度太大不利于后面去除过量的 NO_2^-。当 NO_2^- 浓度大于 1×10^{-3} mol/L 时，溶出峰电流即趋于恒定值，这说明重氮化反应已完全。此时，5×10^{-3} mol/L 的氨基磺酸铵可以完全消除过量 NO_2^- 的影响。盐酸萘乙二胺的浓度在 $5 \times 10^{-4} \sim 5 \times 10^{-3}$ mol/L 范围内变动时，显色后溶液的颜色随盐酸萘乙二胺浓度的增大而加深。尽管如此，吸附溶出峰电流却并非随溶液颜色加深成比例增大。当盐酸萘乙二胺的浓度低于 2×10^{-4} mol/L 时，峰电流随浓度的增大而增大；相反地，当盐酸萘乙二胺的浓度高于此浓度时，溶出峰电流反而随盐酸萘乙二胺浓度的增大而降低。降低的原因可能是非电活性的盐酸萘乙二胺本身在电极上吸附与偶氮化合物争夺电极表面。所以，该试验取盐酸萘乙二胺的浓度为 2×10^{-4} mol/L。

在酸性介质中，反应生成的偶氮染料于汞电极上还原时没有响应信号，调节 pH 值，溶液的颜色由玫瑰红色变为橙黄色后即可出现还原波。（1:1）氨水被用于调节溶液 pH 值，加入 0.1mL 氨水便可使溶液呈橙黄色，当氨水用量在 $0.1 \sim 1.0$ mL 范围内时，峰电流保持不变。该试验最终选取氨水用量为 0.2mL。

此外，富集电位将影响被测物在电极上的吸附效果。试验中当电位正于 +0.2V 时，因电极上汞的溶解而无法有效富集；当电位负于 -0.3V 时，电位值接近偶氮化合物的还原电位，富集效果也不好。在电位值 $-0.2 \sim 0$V 之间富集时，富集效果最佳，溶出电流保持不变。故该试验富集和起扫电位定为 -0.2V。苯胺的浓度决定了吸附富集时间的选择，当苯胺的浓度为 5×10^{-7} mol/L 时，吸附富集时间在 1min 内即可与溶出峰电流呈线性关系。而苯胺的浓度为 5×10^{-8} mol/L 时，富集时间在 3min 内也可与溶出峰电流呈线性关系。

在上述选定的试验条件下：当富集时间为 1min 时，苯胺的浓度在 $2 \times 10^{-8} \sim 5 \times 10^{-7}$ mol/L 范围内与吸附溶出峰电流呈良好的线性关系，线性方程为 $I_p(\mu A) = 0.006 + 3.38c_x(\mu mol/L)$，相关系数为 $r = 0.999$；当富集时间为 3min 时，线性范围内苯胺的浓度为 $5 \times 10^{-9} \sim 5 \times 10^{-8}$ mol/L，线性方程为 $I_p(\mu A) = 0.023 + 9.64c_x(\mu mol/L)$，相关系数为 $r = 0.998$。本实验方法的检测下限为 5×10^{-9} mol/L。

3.2.3.3 阳极溶出伏安法测定水体中痕量 Sb^{5+}

离子缔合萃取光度法常用于测定锑。随着电化学法的研究和发展，极谱和阳极溶出伏安法被用于测定锑与有机试剂生成的配合物。Sn^{4+} 的配合物在 8-羟基喹啉与甲基橙存在时有良好的吸附波，而 Sb^{5+} 与 Sn^{4+} 有相似的化学性质，所以采用 Sb^{5+} 与 8-羟基喹啉及甲基橙的络合吸附波，以阳极溶出伏安法测定痕量 Sb^{5+}。

（1）仪器与试剂 AVA-I 自动伏安仪（上海工业大学研制）；L23-24 函数记录仪（上海大华仪表厂生产）。电极：工作电极为旋转玻碳汞膜电极，对电极为铂片电极，参比电极为 232 型饱和甘汞电极。$SbCl_5$、甲基橙为化学纯试剂；8-羟基喹啉等试剂均为分析纯。Sb^{5+} 标准使用液：用上述 $SbCl_5$ 配成浓度为 0.2mol/L 的 Sb^{5+} 标准使用液，采用碘量法标定其准确浓度。

（2）试验步骤 1mL 浓度为 0.001mol/L 的 $Hg(NO_3)_2$ 溶液加入 70mL 浓度为 0.1mol/L 的 $(NH_4)_2SO_4$ 溶液中，通 N_2 除氧，电积电位为 -1.2V，电镀 900s，镀好汞膜。

向上述溶液中加入一定量标准 Sb^{5+} 溶液，并依次加入 8-羟基喹啉、甲基橙，调 pH 值至 3~4 左右，续通 N_2 充分除氧，在 -0.7V 电位下清洗电极 60s，0.0V 电位下电积 120s，静置 30s，然后以 160mV/s 扫描速度从 0.0~0.7V 扫描，记录峰值。

（3）说明　当电积电位在 -0.05~+0.05V 之间时，峰值较高。若电积电位太低，则达不到 Sb^{5+} 络合物的电积电位，电积效果较差；若电积电位太高，可导致汞膜溶出（汞膜的溶出电位为 0.1V 左右），同样影响电积效果。所以，该试验电积电位为 0.0V。由试验可知，峰高会随电积时间的增加而增大，当电积时间超过 60s 以后，峰值变化较小。该试验选择电积时间为 120s 使 Sb^{5+} 络合物电积较完全。

由试验可知，当扫描速度增加时，峰值可线性增加。综合各种因素，该试验取扫描速度为 160mV/s。此外，随甲基橙浓度增大，峰值呈近似线性增加。当甲基橙浓度大于 $12\mu mol/L$ 时，曲线上升趋势开始减缓。故该试验选用甲基橙的浓度为 $13\mu mol/L$。

分别以浓度为 0.1mol/L 的 KCl、KNO_3、$(NH_4)_2SO_4$、NH_4Cl、NaCl、HCl 及 HAc-NaAc 为底液，进行底液选择性试验。实验结果表明以浓度为 0.1mol/L 的 $(NH_4)_2SO_4$ 为底液时，其峰形对称性好、峰值高。随着 $(NH_4)_2SO_4$ 浓度升高，峰值增加，但空白值也增加。因此，综上，以浓度为 0.1mol/L 的 $(NH_4)_2SO_4$ 溶液为底液较适宜。

其次，试验结果也会受酸度的影响。当 pH 值过高时，Sb^{5+} 易水解；当 pH 值过低时，由于 8-羟基喹啉与甲基橙的电离减小，使有效浓度降低，从而影响配合物的形成。综合试验证明，pH 值在 3.4~3.5 之间峰值较高。因此本试验中底液酸度选择 pH 值为 3.5。

此外，峰值也受 8-羟基喹啉浓度的影响。试验表明，在 8-羟基喹啉的浓度为 $43\mu mol/L$ 时，峰值最大。其浓度过低时，由于配合物生成不完全，峰电流下降；而浓度太高时，则可能因生成高配位的配合物而使峰值下降，因此，试验中选用 8-羟基喹啉浓度为 $43\mu mol/L$。

对某些工厂的排放废水进行测定及回收率试验，结果见表 3-8。

表 3-8　回收率试验结果

水样号	测得值 /(nmol/L)	标准加入浓度 /(nmol/L)	回收率 /%	水样号	测得值 /(nmol/L)	标准加入浓度 /(nmol/L)	回收率 /%
1	1.93	0.9	96.7	3	0.41	0.9	95.6
2	0.74	0.9	96.7	4	0.56	0.9	104.0

综上所述，采用 8-羟基喹啉、甲基橙与 Sb^{5+} 形成三元络合体系，按上述试验条件，以阳极溶出伏安法测定痕量 Sb^{5+}，具有操作简便，灵敏度、准确度均较高等显著优势。

3.2.3.4　水中硫酸盐的溶出伏安法测定

对天然水中硫酸盐的测定方法有重量法、比浊法、比色法、极谱法等。本案例在参考了资料的基础上，试验了溶出伏安法测定硫酸盐的条件。依据硫酸根能从铬酸钡中定量地置换出铬酸根，而铬酸根在 NH_4-NH_4Cl 介质中有一良好的还原波，可间接测定水中硫酸根。

（1）仪器与试剂　83-2.5 型多阶自动伏安仪（福建宁德分析仪器厂）；函数记录仪（上海大华仪表厂）；pHS-29A 型酸度计（上海第二分析仪器厂）。质量浓度为 26.4g/L 的酸性铬酸钡溶液：取分析纯铬酸钡（$BaCrO_4$）13.20g 溶于浓度为 2.5mol/L 的盐酸溶液中并稀释至 500mL，混匀，1mL 该溶液可置换 10mg 硫酸根。浓度为 0.2mol/L 的氯化铵溶液：称取 5.35g 分析纯氯化铵（NH_4Cl）溶于水中并稀释至 500mL。硫酸根标准溶液：配成 SO_4^{2-} 质量浓度为 1mg/mL 的溶液。

（2）试验步骤　将含一定量 SO_4^{2-} 的 20mL 水样置于 25mL 比色管中，加入 1mL 酸性铬酸钡溶液，混匀，放置 10min，而后再加入 1mL 1:1 的氨水，用蒸馏水定容至刻度，混匀。放置 10min 后取上清液 10mL 于电解池中，将 10mL NH_4Cl 溶液加入其中，再插入三电极，于－0.1V 处富集 30s，记录－0.30V 左右的二次微分极谱图。

（3）说明 在该试验中，以 KCl、NH_4Cl、NH_3Ac 等进行了底液试验，发现三种底液中均有 CrO_4^{2-} 的还原峰。由于 NH_4Cl 底液中的峰形最好且灵敏度较高，故选浓度为 0.2mol/L 的 NH_4Cl 为底液。

当加入过量氨水时可以使铬酸钡在碱性溶液中生成沉淀，当 pH 值小于 9.0 时，溶出峰形不好。因而试验了 pH 值为 9.0～10.0 测定体系中 CrO_4^{2-} 的溶出峰，结果表明 pH 值在 9.5～10.0 时，溶出峰形好且峰电流较高，故选择测定体系的 pH 值为 9.7。

此外，溶液过滤前后的对照试验也在相同条件下进行。结果表明，沉淀对测定的灵敏度及重现性影响很小，且不过滤时的峰电流较过滤时稍高。这一现象可能是过滤时滤纸对 CrO_4^{2-} 有部分吸附，故宜在不过滤时取上清液直接测定。

离子干扰性研究试验表明至少 20 倍 SO_4^{2-} 量存在下的 CO_3^{2-}、HCO_3^-、SiO_3^{2-}、NO_3^-、PO_4^{2-} 等常见阴离子对测定结果无影响。通过加入 $CaCl_2$ 可消除 CO_3^{2-} 的干扰，这种方法选用的酸性铬酸钡溶液在反应放置 10min 内可能使 CO_3^{2-} 生成了 CO_2，故 CO_3^{2-} 在该方法中无干扰。

3.2.3.5 水体中痕量硝基苯的阴极溶出伏安法测定

硝基苯是有机污染物中毒性较大的污染物之一。常用的测定硝基苯的方法有还原-偶氮比色法，液、气色谱法，经典直流极谱法，脉冲极谱法，化学改性碳糊电极伏安法等。本例中的方法是以 Nafion 化学修饰电极为工作电极，用阴极溶出伏安法来测定水体中的痕量硝基苯。当硝基苯浓度在 0.01～0.2μmol/L 范围内时，其溶出峰高与浓度呈良好的线性关系，检测限可达 0.002μmol/L。对浓度为 0.1μmol/L 硝基苯标准溶液平行测定 8 次，其相对标准偏差为 4.1%，方法的回收率为 105.6%～113.1%。

（1）仪器与试剂 XJP-821（B）型极谱仪（江苏电分析仪器厂）；LM-15 型函数记录仪（大华仪表厂）。电极：Nafion 修饰玻碳电极为工作电极，铂电极为辅助电极，饱和甘汞电极为参比电极。Nafion 修饰电极的制备：用金相砂纸磨平玻碳电极，在抛光机上加 Al_2O_3 悬糊抛成镜面，继续分别用 HNO_3 溶液（$V_{硝酸}$：$V_水$＝1：1）、无水乙醇、二次蒸馏水超声波清洗，于红外灯下烘干，将 4μL 浓度为 0.1% 的 Nafion 甲醇修饰液用微量进样器慢慢滴在电极表面上，然后在红外灯下烘干，溶剂挥发后，一层 Nafion 聚合物薄膜在电极表面形成，即可使用。硝基苯标准溶液：称取适量硝基苯配成浓度为 0.4mmol/L 的硝基苯乙醇溶液。Nafion 修饰液选用美国 Dupont 公司 5%（质量分数）的 Nafion 117 配制成 0.1% 甲醇溶液。所用试剂均为分析纯，水为二次蒸馏水。

（2）试验步骤 用浓度为 0.1mol/L 的 KNO_3 溶液为底液，用浓度为 1.0mol/L 的 H_2SO_4 调至 pH＝3，通氮气充分除氧 15min，加入一定量硝基苯标准液，设定＋0.3V 处，搅拌富集 3min 后静止 30s，以 100mV/s 的速度扫描至－1.0V，记录 1.5 次微分的阴极溶出伏安曲线。由于在－0.65V 处，硝基苯有一敏锐的还原峰，可根据峰高进行定量分析。

（3）说明 分别在浓度为 0.10mol/L 的 HAc-NaAc、KNO_3、KCl 底液中，加入一定量硝基苯，进行阴极溶出分析来选择底液。试验测试结果表明，以 KNO_3 为底液效果最佳。因此，浓度为 0.10mol/L 的 KNO_3 被该试验选用为底液。

为选取合适的 pH 值，对浓度为 0.08μmol/L 的硝基苯溶液进行酸度对溶出峰值影响的试验。结果显示，底液酸度 pH＝3 较为适宜。富集电位对溶出峰值也有影响，试验表明富集电位为＋0.3V 较为理想。对溶出峰高与富集时间的关系也进行了实验研究，结果显示在 0～3.5min 范围内，溶出峰高随富集时间的增加而增大，然而当富集时间大于 3.5min 时，溶出峰高值趋于稳定。故该试验选用富集时间为 3min。

其次，Nafion 对电极的修饰量也会影响结果。浓度为 0.1mol/L 的 KNO_3 溶液中，pH 值为 3，硝基苯浓度为 $0.08\mu mol/L$，在不同量的 Nafion 甲醇修饰液修饰电极表面下进行试验并绘制结果曲线。根据曲线，该试验选用 $4\mu L$ 浓度为 0.1% 的 Nafion 甲醇作为修饰液。

此外，试验结果也受共存离子的影响。在浓度为 $0.1\mu mol/L$ 的硝基苯溶液中，200 倍量的 Ca^{2+}、Mg^{2+}、Al^{3+}、Zn^{2+}、Ni^{2+}、Ba^{2+}、K^+、Co^{3+} 不干扰测定；20 倍的 Hg^{2+}、Cu^{2+}、Pb^{2+} 干扰测定，加入适量浓度为 0.1mol/L 的 EDTA 溶液，可消除干扰；其他离子如 Br^-、柠檬酸根、草酸根、酒石酸根不干扰测定。

该试验的回收率试验结果见表 3-9。

表 3-9　回收率试验结果

样品号	1	2	3	样品号	1	2	3
试样含量/(nmol/L)	65.5	75.5	103	测定量/(nmol/L)	150	166	188
加入量/(nmol/L)	80.0	80.0	80.0	回收率/%	105.6	113.1	106.3

综上所述，制作 Nafion 修饰电极简便、快速，修饰电极用以测定某些重金属离子及硝基苯等有机物，具有较高的灵敏度和选择性。

3.2.3.6　吸附溶出伏安法同时测定水中痕量 Zn 和 Mn

该方法研究了以 KSCN 作配体同时测定 Zn、Mn 的条件，初步研究了二者吸附波的性质。将该法用于测定水中痕量的 Zn、Mn，得到满意结果。

（1）仪器与试剂　BAS-100A 电化学分析仪（美国）。三电极系统：玻碳工作电极，铂丝辅助电极，Ag/AgCl 参比电极。pHS-3B 精密 pH 计。浓度为 1.0×10^{-2} mol/L 的锰标准液：准确称取 0.4226g 硝酸锰（分析纯）溶于水后定容至 250mL。浓度为 1.0×10^{-3} mol/L 的锌标准液：准确称取 0.0743g 硝酸锌（分析纯）溶于水后定容至 250mL。浓度为 0.40mol/L 的 KSCN 溶液：准确称取 19.3460g KSCN（北京化工厂，分析纯）溶于水后定容至 500mL，pH 值调为 7.4 左右。浓度为 1.0×10^{-2} mol/L 的硝酸汞标准液：准确称取 0.8341g 硝酸汞（光谱纯）溶于水后定容至 250mL。上述标准液用时进行适当稀释即可。浓度为 0.1mol/L 的 KOH 溶液；浓度为 0.1mol/L 的 HNO_3 溶液（调 pH 值用）。上述配制溶液所用水均为去离子水再经二次蒸馏后的水。

（2）试验步骤　移取适量锌、锰溶液于 50mL 容量瓶中，加 2.5mL 浓度为 1.0×10^{-2} mol/L 的硝酸汞溶液，用 pH 值为 7.4 左右浓度为 0.40mol/L 的 KSCN 定容，摇匀，放置 15min，而后置于 10mL 电解池中，在 -1.7V 电位下，搅拌富集 120s，选择适当灵敏度，正向扫描至 -0.85V，记录阳极溶出峰电流值。

（3）说明　锌、锰在浓度为 5.0×10^{-4} mol/L 的硝酸汞溶液中，在 pH 值为 7.4 左右浓度为 0.01mol/L 的 KNO_3 底液中有两个氧化峰出现，这是由于 Zn^{2+}、Mn^{2+} 在 -1.7V 富集电位下，通过扩散作用，产生扩散电流峰（图 3-4 中 a），而当向溶液中加入浓度为 0.40mol/L 的 KSCN 后，在

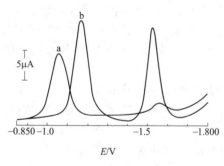

图 3-4　锌、锰的溶出伏安图

a—5.0×10^{-4} mol/L Hg^{2+} +
0.01mol/L KNO_3 + 1.0×10^{-6} mol/L
（Zn^{2+}，Mn^{2+}），pH=7.4；
b—a+0.40mol/L KSCN

-1.14V 和 -1.56V 附近产生了两个更大的电流峰，而且峰形明显好于 a（图 3-4 中 b），这

个现象是由于加入 KSCN 后 Zn、Mn 与 KSCN 形成的配合物在玻碳镀汞电极上发生了吸附。加入 KSCN 后，峰形明显变好，灵敏度也显著增加。此外，KSCN 的存在能使汞在玻碳电极上镀得更好。一系列试验表明直接选择 KSCN 作为支持电解质，所得波形较好，灵敏度较高，峰电流值伴随 KSCN 浓度的增加而增加后趋于稳定。因此，KSCN 浓度最后选择为 0.40mol/L。

随着镀汞浓度的增加，锌、锰峰电流值随之上升，当 Hg^{2+} 的浓度大于 8.0×10^{-4} mol/L 时，二峰电流值开始下降，其原因可能是汞浓度过大使镀汞膜厚度相应增厚，从而不利于配合物在汞膜中扩散氧化，使测试灵敏度降低。故该试验选择镀汞浓度为 5.0×10^{-4} mol/L。试验结果也显示测 Zn 适宜的 pH 值范围为 7.04~8.50，测 Mn 适宜的 pH 值范围为 6.72~7.50。因而该试验控制 pH 值为 7.40。

此外，试验结果也受富集电位的影响。对于 Zn 来说，富集电位正移，Zn 的溶出峰电流值略有增加，而对于 Mn 来说，当 $E=-1.7V$ 时，溶出峰电流值基本达到最大。再考虑到二者峰的位置，该试验采用富集电位为 $-1.7V$。

试验表明，相对偏差为 5% 时，100 倍量的 Ca^{2+}、Sr^{2+}、Mg^{2+}、Al^{3+}、Ba^{2+}、Pb^{2+} 无干扰，50 倍量的 Bi^{3+}、Sn^{4+}、W^{6+} 无干扰，20 倍量的 Ag^+、Cr^{3+} 无干扰，100 倍量的 Fe^{3+} 对 Zn 无干扰，50 倍量的 Fe^{3+} 对 Mn 无干扰，10 倍量的 Se^{4+}、Cr^{6+} 无干扰，5 倍量的 Ni^{2+}、Cd^{2+} 无干扰，4 倍量的 Sb^{3+}、Co^{2+}、Cu^{2+} 无干扰。

3.2.3.7　阴极溶出伏安法测定痕量硒（Ⅳ）

硒是人体必需的重要微量元素，亦是体内红细胞谷胱甘肽酶的必需组成成分，但是硒的浓度过高时是有毒的。采用银基汞膜电极为工作电极，以硫氰酸根离子为增敏剂，研究了硒（Ⅳ）在 0.10mol/L $HClO_4$ 与 1mg/L Cu（Ⅱ）离子的电解液中的阴极溶出行为，硒浓度在 5~30μg/L 范围内时与相应峰电流呈良好的线性关系。此外，还研究了铁（Ⅲ）、铅（Ⅱ）、锌（Ⅱ）、镉（Ⅱ）、硫（Ⅱ）、碲（Ⅳ）等离子对硒测定的干扰问题。

（1）仪器与试剂　LK98BⅡ型电化学分析系统（天津兰力科电化仪器厂）。三电极系统：工作电极为银基汞膜电极；参比电极为饱和甘汞电极；对电极为铂棒电极（天津兰力科电化仪器厂）。pHS-3S 精密酸度计（上海雷磁仪器厂）。试剂硒标准溶液（1000mg/L）：将 1.0000g 硒粉（光谱纯）溶解在少量硝酸中，后加 2mL 高氯酸，置沸水浴中加热 3 h，冷却后加入 8.4mL 盐酸，再置沸水浴中煮 2min，以 1.0mol/L 盐酸稀释至 1000mL。1.0mol/L $HClO_4$（用 70% 的 $HClO_4$ 配制）；0.2mol/L KSCN；由 Cu(NO_3)$_2$ 配制 50mg/L Cu^{2+} 储备液。实验用试剂均为分析纯，实验用水为亚沸水。

（2）试验步骤

① 汞膜电极的制备　用湿滤纸擦电极表面后再用蒸馏水冲洗清洁，把银基电极浸在 1:1（体积比）的硝酸水溶液中，在银棒表面刚刚变白时立即用蒸馏水冲洗并蘸汞，而后取出电极，冲洗干净，并置于二次水中陈化 10min 备用。

② 银基汞膜上的阴极溶出测定　将三电极体系置于 0.1mol/L $HClO_4$、1mg/L Cu（Ⅱ）和 0.2×10^{-3} mol/L 硫氰酸钾的溶液中，录下此时空白值，然后加入硒溶液，用同样的方法进行检测记录数值。采用方波脉冲伏安技术，相应测量参数为：沉积电位 $-0.1V$；沉积时间 120s；平衡时间 30s；初始电位 $-0.1V$；终止电位 $-0.7V$；方波频率 10Hz；方波幅度 0.02V。所有实验在室温下进行。

③ 样品的处理与测定　将富硒的蛹虫草冷冻干燥后磨成粉末混匀。称取 0.5g 上述粉末放入聚四氟乙烯消解罐中，加入 5mL 5% 去硒 H_2SO_4，待试样润湿后，再加 10mL 硝酸和高氯酸的混合酸（$V_{硝酸}:V_{高氯酸}=2:1$）放置过夜，再于烘箱中 120℃ 下加热 2h，冷却后再

加入 5mL 10%盐酸羟胺还原，然后将消化处理后的样品定容于 250mL 容量瓶中备用。分别移取上述消化样品溶液 1mL 至 4 个 50mL 容量瓶中，各加入 5.0mL 1.0mol/L 的 $HClO_4$、1mL 50mg/L 的 Cu^{2+}、$50\mu L$ 0.2mol/L 的 KSCN，以水定容，以标准工作曲线法定量分析。

（3）说明　研究显示 pH 值在 0.7～1.5 范围内时，实验为最佳。本实验选择沉积电位 $-0.1V$，选择沉积时间 120min 可满足实验条件。此外，对可能存在的重金属以及硒的同族元素所产生的干扰进行研究，Cd^{2+}、Zn^{2+} 对峰电流没有干扰，Fe^{3+} 的存在使峰电流略有增加，Te^{4+}、S^{2-} 和 Pb^{2+} 对硒的测定有干扰，但是出峰电位没有太大变化。

实验结果表明：阴极溶出伏安法以银基汞膜电极作为工作电极测定样品中痕量硒取得令人满意的结果，并当硒浓度在 5～30μg/L 范围内时与其峰电流呈良好的线性关系。不同价态的硒在汞阴极化过程中与电极膜材料可能会发生选择性的电极反应和化学反应，因此利用此方法对生物或环境样品中不同化学形态的硒进行研究是可能的。

3.2.3.8　半微分阳极溶出伏安法测定矿泉水中痕量铝

铝元素是一种常见的生物活性元素，研究表明，铝对中枢神经系统、组织代谢和消化道酶等均有不良影响。铝能抑制与记忆认知功能有关的胆碱系统功能和降低乙酰胆碱转化酶的活性。研究发现环境中铝的含量过高与痴呆症的发病率、死亡率有关，铝的生物毒性作用已引起有关专家越来越多的重视。因而，各种生物样品和食品中铝测定的新方法的发展十分迫切。通常选用光度法、荧光法、原子吸收光谱法及发射光谱法等检测铝。本方法是利用铝(Ⅲ)与 8-羟基喹啉形成化合物，采用半微分阳极溶出法测定饮用矿泉水中痕量铝。

（1）仪器与试剂　AD-3 型极谱仪（江苏金坛分析仪器厂）；pHS-3 型酸度计。浓度为 1.000×10^{-2}mol/L 的 Al^{3+} 标准溶液：用浓度为 0.01mol/L 的 HNO_3 溶解 0.9375g $Al(NO_3)_3$，并定容于 250mL 容量瓶中，使用时逐级稀释至所需浓度。浓度为 5.000×10^{-3}mol/L 的 8-羟基喹啉溶液的配制：将 0.1813g 8-羟基喹啉溶于热水中，冷却后定容于 250mL 容量瓶中，而后存放于阴暗处。浓度均为 0.60mol/L 的乙酸铵、乙酸、氨水溶液的配制：将乙酸或氨水加在乙酸铵溶液中用以调节溶液的 pH 值。试剂均为分析纯，水为二次去离子水。

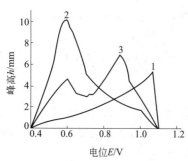

图 3-5　半微分阳极溶出伏安图
1—浓度为 0.024mol/L 的乙酸-乙酸铵缓冲液（pH=6.0）；
2—(1+1.00)×10^{-4}mol/L 的 8-羟基喹啉；
3—(2+4.00)×10^{-5}mol/L 的 Al^{3+} 溶液

（2）试验步骤　分别移取乙酸-乙酸铵缓冲溶液、乙酸-乙酸铵缓冲溶液和 8-羟基喹啉混合液、乙酸-乙酸铵缓冲溶液和 8-羟基喹啉与铝(Ⅲ)溶液的混合液 10.00mL 放置于 25mL 电解杯中，通氮气除氧 6min。

初电位和终电位分别为 0.40V 和 1.10V，极谱仪扫描时间约为 10s，预电解时间 60s，静止时间 60s。此时，通氮转为氮气保护，以玻碳电极为工作电极、银-氯化银（饱和 KCl）电极为参比电极、铂电极为辅助电极，用半微分阳极溶出法测定并在终点电位处搅拌清洗 60s。作图（图 3-5）可得在 0.55V 处有 8-羟基喹啉的阳极溶出峰，在 0.87V 处有铝(Ⅲ)-8-羟基喹啉络合物的阳极溶出峰。

（3）说明　当 8-羟基喹啉处于弱酸或弱碱介质时，阳极溶出峰电位是 0.55V。有铝(Ⅲ)存在时，由于铝(Ⅲ)-8-羟基喹啉络合物形成而在 0.87V 处出峰，0.55V 处的峰高明显减弱。在不同的支持电解质中，络合物的峰高及峰电位也不同。选择 10.00mL 浓度均为 0.024mol/L 的不同电解质溶液于电解杯中，分别试验了氨水-NH_4Cl（pH 8.2）、KH_2PO_4-$Na_2B_4O_7$（pH 7.0）、NaH_2PO_4-NaOH（pH 7.0）、NaOAc-HOAc（pH 6.5）和 HOAc-NH_4OAc（pH 6.7）五种底液。测试结果表明，HOAc-NH_4OAc 缓冲溶液的峰形和灵敏度最佳。

试验时，分别于不同电位下富集溶出，结果表明，最佳富集电位为 0.40V。按同样试验方法，在 30～210s 之间改变富集时间进行测定，结果表明，富集时间在 60～180s 内，络合峰高最大且不变，而当超过 180s 时，络合峰高会减小。上述现象可能是由于吸附使玻碳电极慢速失效。

选择底液浓度时，将配制的一系列不同浓度的乙酸铵溶液移取 10.00mL 于电解杯中，除氧后加入铝（Ⅲ）标液及 8-羟基喹啉溶液，按同样试验方法进行测定。结果表明，乙酸铵浓度在 0.024～0.027mol/L 范围内时络合物峰高达到最大并保持不变。因此，底液浓度选用 0.024mol/L。

其次，pH 对该试验也有影响。配制浓度为 0.024mol/L 的乙酸和氨水溶液并与乙酸铵配成 pH 值为 3.9～9.0 的缓冲溶液。实验结果显示，络合峰高在 pH 值为 5.4～7.6 之间几乎保持最大且不变，而当 pH 值小于 5.4 及 pH 值大于 7.6 时，峰电位降低且呈线性变化，即在中性或微酸性溶液中背景电流最小且与基线电流最可能重合。故选择底液的 pH 值为 6.0。

此外，按同样试验方法，对浓度为 2.00×10^{-5}mol/L 的 Al^{3+} 进行测定时，浓度为 6.00×10^{-6}mol/L 的 Cr^{3+}、Hg^{2+}、Mg^{2+}、Pb^{2+}，浓度为 2.00×10^{-3}mol/L 的 NO_3^-、F^-、CO_3^{2-}、Cl^- 没有干扰，而浓度为 2.00×10^{-6}mol/L 的 Cu^{2+}、Co^{2+}、Mn^{2+}、Fe^{3+} 有干扰。加入浓度为 2.00×10^{-5}mol/L 的 EDTA 和柠檬酸钠强螯合剂，使络合峰高大大降低。对于 $C_2O_4^{2-}$ 或 Br^- 阴离子，虽然能观察到背景电流，但其完全被 Al^{3+}-HOX 峰掩盖，因此，不会产生干扰。对于能与 8-羟基喹啉形成络合物的两倍于 Al^{3+} 的阳离子 Mn^{2+}、Cu^{2+}、Co^{2+} 及 Fe^{3+}，可在试样中加入浓度为 1.00×10^{-3}mol/L 的酒石酸铵加以掩蔽。

3.2.3.9 微分阳极溶出伏安法连续测定天然水中铜、铅、镉、锌

铜、铅、镉、锌等微量元素是环境样品的重要检测指标，它们对于水质评价、生态环境考察以及环境污染监测等有重要意义。天然水中这些元素含量极低，所以需要高灵敏度的检测手段方能检测。该方法可通过微分阳极溶出伏安法连续测定天然水中铜、铅、镉、锌，取得了良好效果。

（1）仪器与试剂　FDSV-1 溶出伏安三电极系统；LZ3-204 函数记录仪。纯度为 99.99% 的氮气；HAc-NaAc 缓冲液；浓度为 2.0×10^{-3}mol/L 的 HgC 水溶液；浓度为 100mg/mL 的 $GaCl_3$ 水溶液；分别由四元素的光谱氧化物经王水溶解后制备成质量浓度为 1.0mg/mL 的 Cu、Pb、Cd、Zn 标准储备液。含 Cu、Pb、Cd 均为 $1\mu g/mL$、含 Zn $5\mu g/mL$ 的 Cu、Pb、Cd、Zn 混合标准工作液：由各元素的标准储备液逐级稀释配制而成。

（2）试验步骤　取 25.00mL 待测液于电解池中，并加入 2.00mL pH 值为 5～6 的 HAc-NaAc 底液和 0.15mL 浓度为 2×10^{-2}mol/L 的 HgC 溶液，插入玻碳电极、Ag/AgCl 电极和铂片电极，通氮气（流量为 100mL/min）充分除氧 10min。首先在 −1.00V 电极下富集 60s，静止 30s 后以 100mV/s 电压扫描至 +0.3V，记录 Cu、Pb、Cd 的溶出峰。然后，加入质量浓度为 1.0mg/mL 的 $GaCl_3$ 溶液若干毫升（视 Cu^{2+} 含量而定），在 1.40V 电极下富集 Zn，并记录 Zn 的溶出峰。Pb、Cu、Cd、Zn 的峰电位分别为 −0.47V、−0.06V、−0.62V、−1.05V。Cu、Pb、Cd、Zn 的含量可采用标准曲线法计算，对于含 Cd 量非常低的样品可采用标准加入曲线法计算 Cd 含量，并且该法可使 Cd 的检测极限降到

$0.002\mu g/L$。

（3）说明　对底液草酸、氯化钾、氯化铵、乙酸-乙酸钠等进行对比试验，都得到较好的伏安图。其中用 pH 值为 5～6 的乙酸-乙酸钠底液测试时，峰形好，四元素的溶出峰间隔大，相互干扰小，而且测定结果的重现性好，故选用此底液，其最佳加入量为 2mL（在 25mL 被测液中）。在选定的底液中进行电解电压对 Cu、Pb、Cd、Zn 的溶出液的影响实验，结果表明，Cu、Pb、Cd、Zn 的最佳电解电压分别为 $-0.9V$、$-1.00V$、$-1.10V$、$-1.40V$。为使 Cu、Pb、Cd 同时电积，以及防止 Zn 对 Cu 的干扰，故选择对 Cu、Pb、Cd 三种物质均适宜的电解电压 $-1.00V$，Zn 选择 $-1.40V$。

峰电流会随预电解时间的增加而增大，但超过 5min 后，峰电流明显下降，因此，根据样品含量选 30～60s 即可满足分析要求。此外，在所选定的电分析条件下，对共存的一些离子进行了干扰研究并发现水样中 Sn^{4+}、Fe^{3+}、Mn^{2+} 的含量较低，一般不干扰测定。此外，适量加入抗坏血酸可消除 Fe^{3+} 的影响。Zn 和 Cu 在电极上易形成金属互化物，两种金属在测定中相互干扰，使 Cu 的溶出峰升高，Zn 的溶出峰降低，为消除这种干扰，可以采用分步电积法。首先在 $-1.0V$ 下电积 Cu、Pb、Cd，在此电位下 Zn 不电积，故不干扰 Cu 的测定。但是，在 $-1.40V$ 电积 Zn 时，Cu 也会电积，从而干扰 Zn 的测定，尤其是当样品中 Cu^{2+} 和 Zn^{2+} 的浓度比超过 1:2 时，干扰更为明显。因为 Ga 与 Cu 更易形成金属互化物，所以为消除 Cu^{2+} 对 Zn^{2+} 的干扰，在电积 Zn 时加入 Ga^{3+} 液，从而消除 Cu 对 Zn 的干扰。测试结果表明，加入 Ga^{3+} 的量为 Cu^{2+} 量的 6～12 倍最好。

3.2.3.10　2.5 次微分溶出伏安法同时测定水中痕量钴和镍

该方法是在选定的 $NH_3 \cdot H_2O\text{-}NH_4Cl\text{-}ACBK$ 体系中，应用溶出伏安法同时测定钴和镍，详细地讨论了测定的条件，对波的性质也进行了初步探讨。该法成功地测定了水中痕量钴和镍，回收率分别在 98.0%～101.8% 和 97.9%～101.4% 之间。

（1）仪器与试剂　$JP_3\text{-}1$ 型示波极谱仪（山东电讯七厂），由 SH-84 型悬汞电极、铂电极、饱和甘汞电极构成的三电极体系。浓度为 $1.0 \times 10^{-3}mol/L$ 的钴标准溶液；浓度为 $1.0 \times 10^{-3}mol/L$ 的镍标准溶液（使用时再根据需要稀释）；浓度为 $1.0 \times 10^{-3}mol/L$ 的 $NH_3 \cdot H_2O$ 和 NH_4Cl 的缓冲溶液（pH=8.9）；浓度为 $1.0 \times 10^{-4}mol/L$ 的 ACBK 溶液。所用试剂均为分析纯，试验用水为石英亚沸蒸馏水。

（2）试验步骤　移取适量含钴、镍的溶液于 50mL 容量瓶中，将 0.5mL 浓度为 $1.0mol/L$ 的 $NH_3 \cdot H_2O$ 和 NH_4Cl、2mL 浓度为 $1.0 \times 10^{-4}mol/L$ 的 ACBK 加入，稀释至刻度，摇匀，放置 20min，然后倒于电解池中。在 0V 电位下，先搅拌富集 80s，静止 30s 后，选择适当灵敏度，负向扫描至 $-1.0V$，记录 2.5 次微分极谱波峰电流。

（3）说明　经试验发现仅在弱碱性及中性介质中钴和镍才会有极谱波产生，尤其以 $NH_3 \cdot H_2O$ 和 NH_4Cl 缓冲溶液为介质进行实验最灵敏，波形最好，因此，该试验以氨性缓冲溶液为介质。缓冲溶液的浓度不大时，对两峰电流无显著影响；一旦浓度过大时，便会产生影响。当 Co^{2+} 的浓度为 $1.0 \times 10^{-7}mol/L$，缓冲溶液浓度大于 0.15mol/L 时，峰电流开始缓慢下降；对于同等量的 Ni^{2+}，缓冲液浓度大于 0.11mol/L 时，峰电流便开始下降。上述现象很可能是 NH_3 作为一种配体，影响了 ACBK 与钴、镍的配合，而镍与 NH_3 的配合能力更强些，所以允许的缓冲溶液浓度更低些。

其次，峰电流会受 ACBK 浓度的一定影响。对浓度为 $1.0 \times 10^{-7}mol/L$ 的钴和镍，当 ACBK 浓度较小时，两峰电流均随 ACBK 浓度增大而增大。对于钴检测来说，当 ACBK 浓度为 2.0×10^{-6}～$6.0 \times 10^{-6}mol/L$ 时，峰电流最大且能保持基本稳定；对于镍检测来说，其最佳 ACBK 浓度范围是 $2.0 \times 10^{-6} \sim 7.0 \times 10^{-6} mol/L$。而当 ACBK 浓度大于其高限时，峰电流均有缓慢下降趋势，可能是具有一定吸附性的 ACBK 自身与其钴、镍配合物的吸附竞争所致。经上述分析，该试验控制 ACBK 浓度为 $4.0 \times 10^{-6} mol/L$。试验还发现 pH 值对两配合物峰电流有较大影响。对于钴测试，最佳 pH 值范围是 $8.7 \sim 9.3$；对镍测试，最佳 pH 值范围为 $8.6 \sim 9.1$。故该试验控制 pH 值为 8.9。

此外，试验发现，当富集时间较短时，两峰电流均随富集时间增加而增加，对于钴，峰电流在 60s 后方达最大值，而镍仅需 50s 便达最大，之后便保持基本稳定状态。当时间过长时，峰电流有下降趋势，这可能是具有一定吸附性的 ACBK 本身有后吸附现象，从而与配合物产生了吸附竞争，导致峰电流下降，因此，该试验控制富集时间为 80s。当富集电位正移时，两峰电流均增大，但是峰形渐渐变差。综合两峰各方面的情况来看，该试验选用 0V 为富集电位，此时两峰峰形较好，而且灵敏度也较高。

对于浓度为 $1.0 \times 10^{-2} mol/L$ 的钴和镍，按照相对偏差不大于 $\pm 5\%$ 计，100 倍量的 Zn^{2+}、Mo^{6+}、W^{6+}、Al^{3+}、Ag^+、Cr^{3+}、Se^{4+}、Pb^{2+} 不发生干扰，30 倍量的 Cu^{2+}、Cd^{2+} 不发生干扰。

3.2.3.11 碳糊电极溶出伏安法同时测定废水中两种酚类污染物

在溶出伏安法中，碳糊电极可以在不破坏样品的前提下测定元素的各种氧化态，试验证明该法是水质监测中一种行之有效的方法。对甲氨基苯酚硫酸盐和 1,4-二羟基苯两种有机物是轻工行业中经常要用的化工原料，但具有较大的毒性，是进行工业污水排放监控的重要特征指标。使用阳极溶出伏安法并以碳糊电极同时分析测定对甲氨基苯酚硫酸盐和 1,4-二羟基苯，已经成功地用于胶片洗印废水中两种试剂的含量测定，被验证为监测水污染的一个有效的方法。

（1）仪器与试剂　79-1 型伏安分析仪；台式自动平衡记录仪；甘汞电极为参比电极，铂电极为辅助电极。碳糊电极：将光谱纯的炭棒研磨成 200 目的碳糊，用甲醇和二氯甲烷先后回流 6h，然后干燥，将 5.5g 此炭粉和 3g 石蜡调成糊状，然后将长约 10cm、直径约 3mm 的玻璃管按压在碳糊上，使碳糊进入管中约 0.5cm，用铜棒（长约 15cm，内径略小于玻管）插入管中，将碳糊轻轻压实，且在玻璃板上将露出的碳糊表面轻轻磨光，电极即制成。电极导线在使用时连于铜棒尾端。对甲氨基苯酚硫酸盐；1,4-二羟基苯。试验所用试剂均为分析纯。

（2）试验步骤　首先配制以浓度为 $0.1 mol/L$ 的 NaH_2PO_4 为底液（pH 值调至 5）的 1,4-二羟基苯和对甲氨基苯酚硫酸盐溶液，然后将含碳糊电极在内的三电极浸入，并于 0.0V 电位下富集 3min，在 $0.0 \sim +0.8V$ 范围内以 160mV/s 的速度进行阳极扫描。其中，对甲氨基苯酚硫酸盐与 1,4-二羟基苯的峰电位分别为 +0.2V 和 +0.5V，通过测量峰高可对它们分别定量。

（3）说明　峰高会受碳糊电极组成的影响，改变碳糊比例，当炭粉/石蜡值（质量比）在 $1.6 \sim 1.9$ 时，两种待测物的峰高均较大，1,4-二羟基苯最大峰值对应的炭粉/石蜡值为 1.7，对甲氨基苯酚硫酸盐对应值为 1.8。综合考虑到碳糊稀稠对电极制作难易的影响，试验采用炭粉:石蜡=5.5:3.0（质量比）。

当 pH 值在 $4.4 \sim 6.0$ 范围内时，两待测物的氧化峰高与 pH 值变化无关；当 pH 值在 $1.0 \sim 4.4$ 范围内时，两待测物的峰电位皆为 0.6V，氧化峰重叠；当 pH 值在 $4.4 \sim 8$ 范围内时，对甲氨基苯酚硫酸盐和 1,4-二羟基苯的溶出峰电位分别为 +0.2V 和 +0.5V，此时两个峰可以分开从而进行同时定量。因此，该试验选择了 pH 值为 5 的底液，这既可避免 pH 对各自峰高的影响，又可使两峰达到分离的目的。

试验表明，当碳糊电极与仪器断开时富集与连接时富集所得到的峰高值是相同的；富集时是否搅拌也对峰高值无影响；不经富集直接进行扫描时的峰值低于富集后的峰值。1,4-二羟基苯和对甲氨基苯酚硫酸盐富集与不富集的溶出峰比值分别为 62/43 和 41/35，这说明碳糊电极确实对两被测物有富集作用。在电路相通，0V 以及搅拌富集的条件下，当富集时间超过 2min 时，两待测物的溶出峰高基本稳定，不再随富集时间延长而增大，这说明富集速度很快。实际样品的测定采用富集时间 3min。试验中，对扫描速率进行改变，结果发现两待测物的溶出峰高值皆随扫描速率增大而增大。实际测定中，采用 160mV/s 的较大速度来扫描。

碳糊电极阳极溶出伏安法应用于胶片洗印废水中对甲氨基苯酚硫酸盐和 1,4-二羟基苯的测定，还应考虑共存的还原性物质如亚硫酸盐、银离子及亚铁离子的影响，这些离子均有可能使待测物的溶出峰增大。而加入 Na_2S 可以消除干扰，SO_3^{2-} 等与 S^{2-} 生成单质硫，Ag^+、Fe^{2+} 等与 S^{2-} 生成 Ag_2S 和 FeS 沉淀，沉淀分离后，可调节滤液 pH 为酸性使多余的 Na_2S 生成 H_2S，再通入氮气将其赶尽，由上述可见这是消除干扰的一种简单而有效的方法。

3.2.3.12 有序介孔炭-壳聚糖修饰玻碳电极差分脉冲溶出伏安法测定痕量钯（Ⅱ）

钯是一种为人熟知的重要的贵金属元素，电化学分析法测定钯（Ⅱ），多用络合吸附波法、催化波法，其方法应用受到一些限制。近年来，化学修饰电极伏安法受到人们的广泛关注，该法可以大大提高测定钯（Ⅱ）的灵敏度和选择性。在本例中，将有序介孔炭（OMC）分散于壳聚糖（CTS）溶液中，修饰在玻碳电极表面，制成有序介孔炭-壳聚糖修饰玻碳电极（OMC-CTS-GCE），然后用差分脉冲溶出伏安法可测定痕量钯（Ⅱ）。在 0.1mol/L 乙酸钠-0.1mol/L 盐酸缓冲溶液（pH＝4.5）条件下，钯（Ⅱ）在 OMC-CTS-GCE 电极上，于 0.49V 处产生一灵敏的溶出峰，钯（Ⅱ）的浓度在 $2.0\times10^{-6}\sim1.8\times10^{-4}$ mol/L 范围内时与峰电流呈良好的线性关系，检出限（S/N＝3，即 3 倍信噪比）为 1.5×10^{-6} mol/L。该方法应用于矿样中痕量钯（Ⅱ）的测定，其结果同火焰原子吸收光谱法（FAAS）的测定结果基本一致。

（1）仪器与试剂 MEC-12B 型多功能微机电化学分析仪（华东师范大学，江苏电分析仪器厂）。三电极系统：有序介孔炭-壳聚糖修饰玻碳电极（OMC-CTS-GCE）为工作电极，饱和甘汞电极为参比电极，铂丝电极为对电极。pH-3C 型酸度计（上海雷磁仪器厂）；WFX-1F2B2 型原子吸收分光光度计（北京瑞利分析仪器公司）；KQ3200DV 型数控超声波清洗器（昆山市超声仪器有限公司）；SYZ-550 型石英亚沸高纯水蒸馏器（江苏金坛医疗器械厂）。9.40×10^{-3} mol/L 钯（Ⅱ）标准储备溶液的制备：用 5mL 6mol/L 的盐酸加热溶解 0.1660g 二氯化钯（光谱纯）后，用水定容至 100mL，摇匀备用，使用时再用 0.1mol/L 的盐酸逐级稀释至所需要的浓度。乙酸钠-盐酸缓冲溶液：0.1mol/L，pH 4.5。壳聚糖（CTS）溶液：5g/L，称取 0.05g 壳聚糖溶于 10mL 2mol/L 的乙酸中，超声振荡 45min。实验所用试剂均为分析纯或更高级别；实验用水为二次石英蒸馏水。

（2）试验步骤

① 有序介孔炭的制备 有机硅烷 TEOS 被用作硅源，三嵌段共聚化合物 P123 作为模板剂，以水热合成法制备出介孔硅 SBA-15，然后，以该介孔硅为硅模板、蔗糖为碳源，通过高温炭化制备出有序介孔炭。

② 有序介孔炭-壳聚糖修饰玻碳电极的制备 将直径 3mm 的玻碳电极在麂皮上分别用粒度为 $0.5\mu m$、$0.3\mu m$、$0.05\mu m$ 的 α-Al_2O_3 粉抛光成镜面后，二次水冲洗干净，并在丙酮、无水乙醇、水中分别超声振荡清洗 15min，得到洁净、光亮的玻碳电极。然后，将 20mg 有序介孔炭分散于 10mL 0.5% 的壳聚糖溶液中，超声 30min，得到浅黑色、均匀的有序介孔炭-壳聚糖分散液。再用微量注射器吸取该分散液 $6\mu L$ 均匀滴涂于玻碳电极表面上，将该电极置于红外灯下干燥 5min，冷却备用。

③ 测定方法 将一定量的钯（Ⅱ）溶液移置 10mL 容量瓶中，用 0.1mol/L 乙酸钠-0.1mol/L 盐酸（pH＝4.5）缓冲溶液稀释至刻度，摇匀后倒入恒温 60℃的电解池中。在电化学分析仪上，以有序介孔炭-壳聚糖修饰玻碳电极为工作电极，在 -0.4V（$vs.$ SCE）下，通氮气除氧，搅拌，富集 5min，静止 30s，在 $0.21 \sim 0.85$V 电位范围内，以 400mV/s 的扫描速率记录钯（Ⅱ）的差分脉冲溶出伏安曲线（见图 3-6）。测量结束后，将电极置于 0.1mol/L 乙酸钠-0.1mol/L 盐酸溶液中采用循环伏安法扫描至没有钯（Ⅱ）的溶出峰后，即可重新实验。

（3）说明 乙酸钠-盐酸选定为测试底液，底液酸度为 pH 4.5，富集电位为 -0.4V，试验富集时间选择为 5min，最佳扫描速率选择为 400mV/s，修饰剂用量为 6μL。

试验中，还研究了共存离子对钯（Ⅱ）测定的影响，当钯（Ⅱ）的浓度为 1.0×10^{-5}mol/L，测定相对误差不大于 $\pm 5\%$ 时，997 倍的 K^+、Na^+、Al^{3+}、Fe^{3+}、Cu^{2+}、Co^{2+}、Ca^{2+}、Mg^{2+}、NH_4^+、SO_4^{2-}、NO_3^-、PO_4^{3-}、Cl^-、Ac^-，98 倍的 Ba^{2+}、Pb^{2+}、Ni^{2+}、Mn^{7+}，45 倍的 Pt^{2+}、Ag^+，5 倍的 Ru^{4+}、Rh^{3+}、Au^{3+}、Os^{6+}、Ir^{3+} 不影响测定。Cu^{2+}、Sb^{3+}、Bl^{3+}、Co^{2+}、Mo^{4+}、Tl^+、V^{5+} 干扰严重。因此，测定阳极泥中微量钯时必须预先分离。

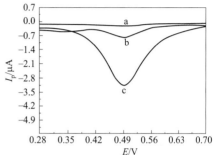

图 3-6　1.0×10^{-4}mol/L 钯（Ⅱ）在 GCE(a)、CTS-GCE(b)、OMC-CTS-GCE(c) 电极上的差分脉冲溶出伏安图

本例中制备一种有序介孔炭-壳聚糖修饰玻碳电极，并对钯（Ⅱ）在该电极上的电化学行为进行了研究，通过差分脉冲溶出伏安法测定了痕量钯（Ⅱ）。测试结果表明，该修饰电极制备方法简单、灵敏度高、线性范围宽、重现性好。

3.2.3.13　示差脉冲溶出伏安法测定湖水中痕量硫

痕量硫的测定方法已有很多种，如分光光度法、悬汞电极溶出伏安法等。本例的方法是研究银微盘电极上 S^{2-} 的示差脉冲阴极溶出伏安法，该法基于 S^{2-} 能与 Ag 电极阳极化产生的 Ag^+ 生成难溶化合物 Ag_2S 的特性。示差脉冲阴极溶出伏安法（DPSV）与悬汞电极相比较，重现性相当，灵敏度较高，但避免了汞的污染，又不需搅拌，支持电解质溶液较稀，直接测定湖水中 S^{2-} 的含量，结果理想。

（1）仪器与试剂 BAS-100 A 电化学分析仪（美国 BAS 仪器公司），采用 ϕ50μm 银微盘电极、饱和甘汞电极和铂丝电极组成三电极系统。Na_2S 标准溶液：将 7.5g Na_2S 固体（A.R. 级）溶于水中定容至 1.0L，并用碘量法标定，移取该溶液适量配制成浓度为 1.0×10^{-3}mol/L 及 1.0×10^{-4}mol/L 的 S^{2-} 标准溶液。冰醋酸、醋酸钠（A.R. 级）配成浓度为 0.2mmol/L 的缓冲溶液；浓度为 0.1mol/L 的 EDTA 溶液。盐酸为 G.R. 级，其他所用试剂均为 A.R. 级，所有用水均为蒸馏水经过两次去离子处理的水。

（2）试验步骤 取 5.0mL 浓度为 0.20mol/L 的 HAc-NaAc 缓冲溶液和 1.0mL 浓度为 0.10mol/L 的 EDTA 溶液于电解池中，用水稀释至 10.0mL（pH＝5.5），插入三电极（银微盘电极使用前需经 1200 目细砂纸和丝绸布抛光），通氯除氧 20min，在氯气保护下，以 $-1.00 \sim 0.00$V 记录溶出伏安曲线。

（3）说明 分别于浓度为 0.01mol/L 的 HCl、浓度为 0.10mol/L 的 KCl、KNO_3、HAc-NaAc 等一系列介质中，对一定浓度的 S^{2-} 进行试验，均有 Ag_2S 的阴极溶出峰。比较发现，在 HAc-NaAc 缓冲溶液中溶出峰较高，稳定性更好。为了消除重金属元素的干扰，在底液中加入适量的 EDTA：若底液的酸度过大，S^{2-} 完全形成 H_2S，易逸出造成损失，同时也难达到 EDTA 的掩蔽效果；若酸度太小，虽能增加 EDTA 的掩蔽能力并提高检测 S^{2-} 的灵敏度，但有可能导致 Ag_2O 产生，重现性变差。故该试验选择浓度为 0.10mol/L 的 HAc-NaAc 和浓度为 0.01mol/L 的 EDTA（pH≈5.5）作底液。

试验中，一定浓度的 S^{2-} 标准溶液采用 DPSV 进行试验，实验表明，电解电位从 -0.30V 增至 0.00V 时，溶出峰电流依次增大，但当电解电位设置为 +1.00V 时，溶出峰电流反而下降。理轮上讲，为降低 S^{2-} 的检测限应保证足够的 Ag^+，仅用银电极参与的阴极溶出伏安法阳极化电极电位稍高为佳，但试验表明电解电位不是越正越好，故该试验选择电解电位为 0.00V。

此外，电解时间也有重要影响。取一定浓度的 S^{2-} 溶液用 DPSV 法进行试验，结果表明，电解时间依次增加为 20s、40s、60s 时，溶出峰电流逐渐升高，当电解时间为 70s 时，基本与 60s 时的峰电流相近，所以，该试验选择电解时间 60s。若提高灵敏度，对极稀 S^{2-} 溶液可适当增加电解时间。

该体系中的干扰离子会对试验结果产生一定影响。阴离子试验表明：对浓度为 1.0×10^{-6}mol/L 的 S^{2-} 标准溶液进行试验，50 倍量的 Br^-、30 倍量的 I^-、20 倍量的 RS^- 对 S^{2-} 的测定均不产生干扰。重金属离子试验：S^{2-} 标准溶液浓度为 1.0×10^{-6}mol/L 下的试验表明，30 倍量的 Cd^{2+}，50 倍量的 Zn^{2+}、Pb^{2+} 不干扰测定结果，15 倍量的 Fe^{3+}、20 倍量的 Cu^{2+} 也不干扰测定结果，当 20 倍量的 Fe^{3+}、50 倍量的 Cu^{2+} 存在于 S^{2-} 溶液中，测定时峰电流稍有增敏现象。

3.2.3.14　催化阴极溶出伏安法测定海水中的铁

铁是海水中浮游植物生长的必需元素。海水中低浓度铁的测定主要采用以下几种方法：分光光度法、石墨炉原子吸收法、中子活化法、X 射线荧光法、比色法、电感耦合等离子发射光谱法、同位素火花源质谱法和电分析法。而与其他方法相比，电分析法更加快速、准确，其中催化阴极溶出伏安法与传统的吸附阴极溶出伏安法相比又有更大的还原电流和更高的灵敏度。该试验将 pH、$c_{过氧化氢}$、c_{SDS}、富集时间选作影响试验结果的主要因子，通过拉丁方正交试验确定了各因子及因子间的交互作用对催化电流的影响，由此优化了试验测定的各个条件。

极谱催化波是动力波的一种，它主要有两种类型：氧化还原型催化波和催化氢波。例如，当溶液中的过氧化氢与铁离子共存时可形成氧化还原型催化波。在电极表面还原的 Fe^{3+}，在溶液中为 H_2O_2 所氧化重生。循环往复下，Fe^{3+} 并没有减少，消耗的仅是 H_2O_2，同时还原电流较吸附阴极溶出伏安法大大增加。

（1）仪器与试剂　HY-1B 型多功能极谱仪（附银基悬汞电极，青岛极谱仪器有限责任公司）；pHS-2 型精密酸度计（上海雷磁仪器厂）；超净试验台（苏州仪器制造厂）；石英亚沸蒸馏器（江苏金坛医疗仪器厂）。铁标准溶液（中国环境监测总站）；盐酸（优级纯，上海试剂厂）；邻苯二酚（分析纯，上海试剂总厂第三分厂）；过氧化氢（分析纯，莱阳经济技术开发区精细化工厂）；SDS（十二烷基硫酸钠，分析纯）；甲醇（光谱醇，天津市化学试剂二厂）；氨水（分析纯，上海振兴化工二厂）；亚沸水（由一次水的亚沸蒸馏制备）。

（2）试验步骤　将 10.00L 样品加入 1.0×10^{-5}L 浓度为 0.02mol/L 的邻苯二酚后放置 5h 使铁离子与邻苯二酚络合完全。在测定前加入 3×10^{-4}L 浓度为 0.1mol/L 的 H_2O_2、2.5×10^{-4}L 质量浓度为 200mg/L 的 SDS，搅拌均匀。在 -0.15V 下搅拌富集 60s，静置

15s。以 200mV/s 的速率进行线性扫描，扫描三次，取平均值。

（3）说明　扫描速率会对曲线及峰高产生影响。当扫描速率过低时，所得曲线不平滑，会出现大量锯齿状小峰，即使在最大值处也观察不到平滑的峰形；而当扫描速率过高时，峰高与扫描速率曲线不再呈线性。HY-1B 型极谱仪已将扫描速率固定为 200mV/s，效果理想。在催化阴极溶出伏安法的扫描过程中，如果不加入适当的表面活性剂，几乎观察不到可度量的铁峰。对于氢波及 H_2O_2，其产生的背景电流使峰高陡增，基线不成形。通过 SDS 优化基线能有效消除氢波和溶解氧的干扰，减少还原副反应。测试过程中，加入一定的 SDS，基线得到极大改善，峰形平滑，肩峰得到抑制，峰高亦随之上升。而当 SDS 最终质量浓度超过 10mg/L 后，由于 SDS 与 Fe-邻苯二酚在电极表面产生竞争吸附，将导致还原电流减少，峰高反而下降。SDS 浓度在 0～10mg/L 之间，峰高与 SDS 的浓度负相关。

试验中，随着富集电位正移，峰电流逐步增加，电位在 −0.2V 至 −0.1V 处达到一个高值平台。随着富集时间变化，发现在一定的时间范围内，峰高随富集时间线性增加。但是当富集时间超过 200s 后，灵敏度不与时间呈线性；如果再延长富集时间，其他干扰离子与邻苯二酚在电极表面会由于竞争络合吸附而使背景电流升高，杂峰增多，基线不成形，影响铁峰测量。但是，如果富集时间过短，峰高过低，反而影响测量灵敏度，所以一般将富集时间定于 50～200s 之间。

此外，试验结果也受 pH 值的影响。改变溶液的 pH 值，将测得的峰高和峰位对 pH 值的作用作图。由图可知，随着 pH 值的增大，在一定范围内峰高急剧增加并且峰形平滑性好，pH 值在 6.8～7.0 之间，实验可以得到较高的灵敏度和较平滑的曲线。结果表明，以邻苯二酚为络合吸附剂时，灵敏度随 pH 值的升高而不断增大，pH 值在 6.9～7.5 之间可以得到较大的峰高和较平滑的峰形。当 pH 值小于 6.5 时，Fe^{3+} 与产生的络合物还原电流下降导致峰高的急剧下降，这是由于邻苯二酚的质子化程度增强，络合能力下降。当 pH 值大于 8.0 时，OH^- 与邻苯二酚产生竞争络合，此外，电极还原得到的 Fe^{2+} 易在电极表面形成铁的氢氧化物胶体，并开始生成红褐色的沉淀（氢氧化铁）。上述情况破坏了溶液的稳定性和 Fe-邻苯二酚的吸附还原，所以试验的 pH 值定为 6.5～7.5 为宜。

3.2.3.15　阴极溶出伏安法测定含铀废水中的痕量铀

生产核燃料的过程中会产生大量的含铀化工废液，若不对其进行妥善处理直接将含铀废液排放，会对人体健康和自然生态环境造成不可逆转的破坏和危害。新型自动伏安极谱仪可以对含铀废水中的痕量铀进行测定。在优化的实验条件下，该方法的检出限为 0.076ng/mL，实际样品的加标回收率在 80%～105% 范围内，相对标准偏差为 5.2%（$n=6$）。该电化学方法用于含铀废水中痕量铀的快速测定操作简便，重现性好，试样用量少。

（1）仪器与试剂　伏安极谱仪：797 型，带三电极系统，瑞士万通中国有限公司。自动电位滴定仪：848 型，瑞士万通中国有限公司。移液枪：10～10μL，100～1000μL，德国 Eppendorf 仪器公司。1000mg/L 铀标准储备溶液：称取 0.2948g 灼烧后的基准八氧化三铀，加入盐酸和双氧水，加热溶解，冷却后转入 250mL 容量瓶中，用水稀释至标线，摇匀备用。1.0μg/L 铀标准工作溶液：分别取铀标准储备溶液，用 0.12mol/L 盐酸溶液逐级稀释而成。5mmol/L 氯冉酸溶液：加水溶解 0.1045g 氯冉酸，后转入 100mL 容量瓶中，用水稀释至标线，摇匀，备用。体积分数为 1% 的稀硫酸溶液。实验所用试剂均为优级纯，实验用水为超纯水。

（2）试验步骤

① 器皿和样品前处理　实验前，将玻璃及塑料器皿在（1＋9）硝酸溶液中浸泡 24～48h，使用时再用超纯水将器皿清洗数次。将浓硝酸和双氧水与一定量待测废水样品混合，加热至冒烟，继续蒸发至干，然后加入少量浓硝酸，冷却后转入 50mL 聚乙烯容量瓶中，最

后稀释至标线备用。

② 空白试验 将 0.1mL 氯冉酸溶液加入样品杯中，再加入适量超纯水至 20mL，加入适量 1% 硫酸溶液，调节酸度使 pH 值至 2.5。将上述样品杯放在伏安极谱仪上，按选定的仪器工作条件进行测定。通过标准加入法，计算出空白溶液的质量浓度。

③ 样品测定 将一定量待测试液移取至样品杯中，加入 0.1mL 氯冉酸溶液，后加入适量超纯水至 20mL，加入适量 1% 硫酸溶液，调节酸度使 pH 值至 2.5。将上述样品杯放在伏安极谱仪上，在选定的仪器工作条件下进行测定。通过标准加入法，计算出待测样品的质量浓度。测量前首先进行上一阶段的空白试验，由仪器自动扣除背景空白值。

（3）说明 用浓硝酸和双氧水预先处理废水试样，以 5mmol/L 的氯冉酸为铀络合剂，用量为 0.1mL，试液的 pH 值调节为 2.4～2.6。以悬汞电极为工作电极，以微分脉冲测定模式扫描，扫描起始电压和扫描终止电压分别为 50mV 和 −200mV，平衡时间为 10s，通过标准加入法进行定量分析。电化学实验需要向溶液中通高纯氮气 300s 除氧，以确保试液中的氧气完全去除。

常见的一些金属离子对测定基本不产生干扰，但是当锆离子与铀离子的质量浓度比高于 5∶1 时，铀含量完全测定不出来，锆的存在对痕量铀的测定造成严重干扰。按上述试验操作，对 $1\mu g/mL$ 铀标准溶液进行测定，相对误差在 ±5% 之内时，$30\mu g/mL$ 的 Mg^{2+}、Zn^{2+}，$20\mu g/mL$ 的 Cu^{2+}、Fe^{2+} 不干扰测定。

阴极溶出伏安法测定含铀废水中的痕量铀，分析速度较快，标准物质用量少，节约实验成本；抗干扰能力强；选择性好；样品用量少，减少放射性废液的产生。综上，该法可为工业废水中铀含量的检测提供准确可靠的数据。

3.2.3.16 过氧化氢氧化-全自动石墨消解仪消解-阳极溶出伏安法测定海水中总铬

目前，国内测定海水中总铬含量的方法主要有：无火焰原子吸收分光光度法和二苯碳酰二肼分光光度法。以上两种方法中样品处理都比较繁琐，且操作中使用的有机试剂对检测人员及环境有危害。因此，更为环保、简单的海水中总铬的样品处理方法及测定新方法需求紧迫。用全自动石墨消解仪加热，在碱性条件下过氧化氢氧化海水中的三价铬，很好地优化了极谱法的测定条件，该方法检出限为 $0.20\mu g/L$，加标回收率为 82.8%～105%，相对标准偏差 <5%，且符合准确度要求。综上所述，该方法选择性好、灵敏度高、准确性高，适用于海水中总铬的测定。

（1）仪器与试剂 797 型伏安极谱仪（Metrohm 公司，瑞士）；ST60 全自动石墨消解仪（普立泰科仪器有限公司）。30% 过氧化氢；铬缓冲溶液（1.64g 醋酸钠、1.96g 二乙基三胺五乙酸、21.3g 硝酸钠溶于纯水中，并用纯水定容至 100mL）；10mol/L 氢氧化钠溶液；优级纯的浓硝酸。

（2）试验步骤

① 极谱仪工作参数设置见表 3-10。

表 3-10 极谱仪工作参数设置

名称	参数设置	名称	参数设置
工作电极	HMDE(悬汞)	结束扫描电压	−1.5V
搅拌速度	2000r/min	阶跃电压	10mV
汞滴尺寸	4	阶跃电压时间	0.30s
工作模式	DP(差分脉冲)	扫描速率	33.3mV/s
脉冲幅度	50mV	出峰电位	−1.20V
起始扫描电压	−0.9998V	—	—

② 实验方法 从已过滤的海水样品中取 10mL 于 50mL 聚四氟乙烯管中，再加入适量氢氧化钠溶液及 3mL 30％的过氧化氢消解 60min，然后升高温度，蒸发至近干，冷却至室温，然后加入适量纯水溶解，测试前需用酸溶液滴至絮凝状沉淀完全溶解，再定容至 25mL，备用待测。类似地准备空白试样。测试过程采用悬汞滴汞方式及标准加入法。取 1mL 样品溶液、6.5mL 纯水与 2.5mL 缓冲溶液于极谱仪测量杯中，通氮气 180min 除氧，富集 60s，平衡 10s。

（3）说明 当消解温度在 100～120℃ 范围内时，总铬测定值最高，而当消解温度过低或过高时，总铬测定值均会明显降低。碱性环境有利于总铬的氧化，所以测定海水中总铬的样品消解均需加入氢氧化钠溶液调节溶液至碱性。消解后产生的絮凝状沉淀样品测试前均加入醋酸溶液至絮凝状沉淀消失。分 6 次加入过氧化氢溶液，每次加入 0.5mL 时，总铬氧化率最高，回收率在 91.6％～102％ 范围内。在试验条件下，消解 30min 即可。4.92g/L 的醋酸钠溶液，即醋酸钠、二乙基三胺五乙酸（DTPA）、硝酸钠物质的量比值为 6∶25∶0.5，支持电解质使得总铬信号值达到最大。

过氧化氢氧化-全自动石墨消解-阳极溶出伏安法测定海水中总铬的检测方法，确定了海水中总铬的最佳测试条件，同时优化了电解质缓冲溶液的配比，使得出峰信号更为灵敏，此时醋酸钠、DTPA、硝酸钠物质的量比值为 6∶25∶0.5。该法的检出限为 0.20μg/L，加标回收率为 82.8％～105％，相对标准偏差＜5％，且测试结果符合准确度要求。

3.2.3.17 微分脉冲溶出伏安法测定含氟废水中磷

磷是生物体的必需化学元素之一，同时也是导致环境污染的主要成分之一。在废水或天然水中，能够准确、高效、经济地测定废水中剩余的磷或者水质中的总磷具有非常重要的意义。当磷与钼酸铵在酸性介质中反应生成磷钼杂多酸后，立即被还原生成蓝色络合物。而该蓝色络合物在 pH＝10 的 NH_3-NH_4Cl 缓冲溶液中有一个高灵敏度及高选择性的极谱还原波，峰电位为 -1.04V。当磷的质量浓度在 3～50μg/L 范围内时与相应峰电流呈良好线性关系，方法的检出限为 0.3072μg/L，相对标准偏差小于 5％，加标回收率在 98.27％～104.14％。

（1）仪器与试剂 Metrohm797VA 极谱仪，三电极系统（悬汞工作电极，Ag-AgCl 参比电极，铂丝辅助电极），瑞士万通公司；SZ-97 自动三重蒸馏水器，上海亚荣生化仪器厂；pHSJ-3F 实验室 pH 计，上海仪电科学仪器股份有限公司。0.1mg/mL 磷标准贮备溶液：将 0.4394g 在 110℃ 下烘干 2h 的磷酸二氢钾（A.R.）于 100mL 烧杯中，加水溶解后转入 1000mL 容量瓶中定容，使用前，逐级稀释成 1.0μg/mL 的工作液和 0.1μg/mL 的工作液。2.5mol/L 盐酸（G.R.）；50mg/mL 抗坏血酸溶液；0.03mol/L 钼酸铵溶液（以 MoO_4^{2-} 计）；0.2mol/L EDTA 溶液。pH＝10 的 NH_3-NH_4Cl 缓冲溶液：将 54g 氯化铵和 150mL 水加入 200mL 烧杯中搅拌至溶解，加 $w(NH_3)＝25％$ 的氨水 350mL，用蒸馏水定容于 1000mL 容量瓶中，摇匀备用。高纯氮气（99.999％）。如未特别说明，实验所用试剂均为分析纯，水为三次蒸馏水。

（2）试验步骤

① 工作条件 HMDE 测定模式：起始电位 -0.6999V，终止电位 -1.25V，富集电位 -0.9V，富集时间 30s，清洗电压 -0.1V，平衡时间 60s，脉冲振幅 50mV，扫描速率 5mV/s，吹气时间 30s，仪器的测量条件都应控制在（20±5）℃。

② 试验方法 移取一定量含磷溶液样品于电解杯中，将 2.5mol/L 盐酸 0.2mL、约 4.3mL 的水、0.3mL 浓度为 50mg/mL 的抗坏血酸，以及 0.3mL 浓度为 0.03mol/L 的钼酸铵溶液依次加入，放置 1min，然后再加入 0.1mL 0.2mol/L EDTA 溶液和 4mL NH_3-NH_4Cl 缓冲溶液，最后加水稀释至 10mL。放下电极系统，向电解杯中通入 N_2 充分除氧。

以－0.6999V 为起扫电位，测量－1.04V 处的电流峰高。用所测样品溶液中磷的极谱波电流峰高来从标准曲线上求得样品的浓度。

（3）说明 有两种方式可以进行磷在悬汞电极上极谱波电流峰高的自动识别。对于磷的极谱波峰电位，以全峰方式自动识别峰时不稳定，可能导致全峰电流值的误差，但是用后峰方式自动识别峰时则不受影响。因此，实验选择用后峰方式自动识别峰的电流值。

采用微分脉冲伏安法检测含氟废水中的磷含量，是由于磷与钼酸铵在酸性介质中反应所生成的蓝色络合物在 NH_3-NH_4Cl 缓冲溶液中（pH＝10）有一个极谱还原波。对于钙、镁、铝等金属离子，可以用 EDTA 进行掩蔽；维生素 C 的加入有利于磷钼杂多酸形成，而不利于硅钼杂多酸形成，使得硅酸根对测定的影响在一定程度上消除了。

该方法的检出限为 $0.31\mu g/L$，标准偏差小于 5%，加标回收率在 98.27%～104.14%。在含氟废水中微量磷的测定中，微分脉冲伏安法灵敏度高、简单、快速，非常适用。

3.2.3.18 阳极溶出伏安法同时测定水中微量砷、汞

阳极溶出伏安法（ASV）具有显著优势，如快速、简便、低成本和高灵敏度，因而成为水环境重金属检测的主要方法之一。特别是在现场自动监测领域，与分析仪器的契合优势明显。采用微分脉冲阳极溶出伏安法可以同时测定水中微量 As 和 Hg。采用三电极系统，以金盘电极为工作电极，以添加了盐酸羟胺的硫酸溶液为电解液，通过比较峰高找到了目标元素富集和溶出的最佳试验条件。As 和 Hg 在 $10～60\mu g/L$ 的范围内都线性良好，相关系数能达到 0.997 以上，相对标准偏差均小于 3%。

（1）仪器与试剂 Parstat 4000 电化学工作站（美国 Ametek 仪器公司）；旋转圆环圆盘装置（美国 PINE 公司）。三电极系统：工作电极（2mm 直径金盘电极）、参比电极（Ag/AgCl 参比电极）及辅助电极（铂片电极）。国家生态环境部制的汞标准溶液 100mg/L，临用时稀释成标准使用溶液。国家生态环境部制的砷标准溶液 100mg/L，临用时稀释成标准使用溶液。硝酸、硫酸、盐酸均为优级纯试剂；盐酸羟胺为分析纯；实验用水为超纯水。玻璃器皿均在 1mol/L 硝酸溶液中浸泡 24h 以后备用。

（2）试验步骤

① 电极的处理 金电极首先要用 $0.5\mu m$ 氧化铝粉抛光打磨，后在 0.1mol/L 硫酸中浸泡 2min，再置于乙醇中超声清洗 3min，纯水冲洗干净即可。

② 测定方法

a. 电极活化 在无搅拌的条件下，在 0.5mol/L 硫酸电解液中，电位在－0.2～1.6V 范围时，以 400mV/s 的扫描速率作循环伏安曲线，扫描 5～10 圈以活化电极。

b. 测试步骤 电解池中加入 5mL 底液，再根据试验需要添加标液。设定电化学工作站参数，在 2000r/min 搅拌速度下，先在－0.3V 电压下富集一定时间；停止搅拌平衡溶液 15s；再以 80mV/s 的速率从－300mV 反向扫描至 900mV，脉冲幅度设 50mV，记录电流-电压曲线。测试完成后，加 1000mV 清洗电压 10s，清洗电极未溶出物。

（3）说明 0.5mol/L H_2SO_4＋0.10g/L NH_4OCl 被选为水中砷和汞的溶出伏安法同时测定的电解液（底液）体系。考虑信号的稳定性问题，选择－0.3V 作富集电位。上述实验条件下，响应基本不受搅拌速度影响，响应峰高与富集时间呈良好的正相关性。根据测验样品的浓度范围，选择合适的富集时间。

实验结果表明，引入还原剂盐酸羟胺后进行水中砷和汞的同时测定，其平衡电位稳定、峰形对称、响应灵敏，在一定的线性范围内线性良好，精密度能满足痕量分析的要求。因此，该法简单易行，对地表水中重金属元素砷、汞的测定具有一定的实践意义。

3.3
展望电化学分析技术在水质分析中的应用

在水质分析的实际应用中，电化学分析法正趋于各种便携式电化学传感器的研究发展，这是因为电化学传感器致力于实现现场以及实时检测的目标，具有检测灵敏、操作简单、成本低、便携等优势，拥有广阔的前景。

电化学传感器是应用电化学分析的基本原理和实验技术，基于待测物质的电化学性质，将待测物质的化学变化转化为电信号输出，从而实现待测物质组分及含量检测的一种传感器。电化学传感器有很多种分类方式，按照输出信号不同进行分类，电化学传感器可以分为电流型传感器、电位型传感器、电容型传感器和电导型传感器。例如：①利用电桥法、分压法等方法测定水质电导率的电导仪；②利用物质电解氧化所需电量进行测量的库仑滴定剂；③根据电位产生突变时滴定液体体积进行测量的电位滴定剂；④根据玻璃电极的电位进行测量的 pH 计和离子计等等。上述设备的使用，有利于实现减轻分析人员的劳动量、提高工作效率的同时还具有更高的准确度和精密度的目的。

随着新材料和微型化技术的出现与发展，以及人们对水环境污染检测的迫切需要，未来水质重金属电化学传感器将向着多功能、微型化、快速和实时检测的方向不断发展。

参 考 文 献

[1] 张青，朱华静．环境分析与监测实训 [M]．北京：高等教育出版社，2009．
[2] 张祥琼，刘波，张凌云．电化学分析法在水质分析与监测中的应用综述 [J]．水质分析与监测，2018 (1)：31-35．
[3] 宋萌，何忠洲，江涛．电化学技术处理难降解废水的应用综述 [J]．安徽农学通报，2018，24 (2)：68-70．
[4] 潘昱臻，毛康，Tuerk F，等．电化学生物传感器在污水分析及污水流行病学中的应用进展 [J]．电化学，2019，25 (3)：363-373．
[5] 付志军，罗桂娟，李雅妍，等．离子选择电极法测定水中氯化物 [J]．环境监测管理与技术，2014，26 (1)：49-52．
[6] 杜宝中．环境监测中的电化学分析法 [M]．北京：化学工业出版社，2003．
[7] 王玉新，刘渭萍，张素艳，等．离子选择电极法测定溴的研究 [J]．辽宁化工，2001，30 (11)：507-508．
[8] 赵庆武，刘志新，韩振杰，等．离子选择电极法测定生活饮用水中碘化物方法的研究 [J]．医学动物防制，2018，34 (11)：1122-1124．
[9] 赵庆武，刘志新，高坤，等．离子选择电极法测定生活饮用水中氰化物方法的研究 [J]．医学动物防制，2018，34 (12)：1172-1174．
[10] 俞冰．电极法测定水中氟离子浓度研究 [J]．东北电力技术，2000，21 (5)：24-26．
[11] 王洁清，张金锐，陈文阔．离子选择电极测定工业水中的钙含量 [J]．水处理技术，1998，24 (2)：3-5．
[12] 李运涛．离子选择电极连续测定天然水中钾钠含量 [J]．陕西师范大学学报（自然科学版），1997，25 (2)：115-116．
[13] 袁洪志，曾雪艳．离子选择电极法测定水中汞 [J]．环境科学与技术，1997 (3)：36-38．
[14] 王孝镕，陈静，李艳萍．离子选择性电极法测定酸性镀锌液中的铜 [J]．电镀与精饰，2003，25 (2)：30-32．
[15] 王维如．碘离子选择电极催化测定水中钼(Ⅵ) [J]．辽宁大学学报（自然科学版），1996，23 (1)：27-32．
[16] 龚兰新．镉离子选择电极测定雪水中微量污染镉 [J]．新疆师范大学学报，2002，21 (3)：24-25．
[17] 张佩芳．测定生活污水中硫化物的方法探讨 [J]．甘肃环境与监测，2002，15 (3)：166-168．
[18] 施丹昭，于振安．离子选择电极快速测定水的硬度 [J]．化学传感器，1996，16 (1)：63-65．
[19] 曾云龙，唐春然，沈国励，等．苯酚离子选择电极的研制 [J]．化学传感器，1998，18 (4)：3-5．
[20] 费多益，孙彦平，许文林，等．电位滴定法测定有机含酚废水中的苯醌 [J]．化学传感器，1996，16 (1)：56-59．
[21] 赖晓绮，薛君，黄承玲．催化动力学电位法测定痕量亚硝酸根 [J]．分析科学学报，2002，18 (4)：294-296．
[22] 侯玉娥．铅离子选择电极测定氰戊菊酯废水中的硫酸根 [J]．化学传感器，1993，13 (3)：60-62，66．
[23] 孙爱丽，柴雅琴，归国风，等．新型中性载体高选择性硫氰酸根离子选择电极的研究 [J]．化学传感器，2005，25 (2)：46-50．

[24] 朱化雨，朱成勇．催化离子选择电极联合测定天然水中钒铁钼的方法研究［J］．理化检验（化学分册），1995，31（4）：217-218.

[25] 梁云．电极法-标准系列加入回收法测定污水中氨态氮［J］．理化检验（化学分册），2000，36（10）：433-434.

[26] 胡晴晖，徐彦彦，林文如．用铝离子电极双点位电位滴定法间接测定水中的 Al(Ⅲ)［J］．福建环境，1992（6）：22-24.

[27] 邹家庆，刘宝春，罗平，等．流动注射分析和离子选择电极联用测定水的 pH 值［J］．南京化工大学学报，2000，22（1）：71-72.

[28] 罗丽，程温莹，杨建元．利用氟离子选择性电极测定锂［J］．分析化学，1996，24（12）：1473.

[29] 薛华．分析化学［M］．2 版．北京：清华大学出版社，1994.

[30] 韩长秀，毕成良，唐雪娇．环境仪器分析［M］．2 版．北京：化学工业出版社，2019.

[31] 地质矿部水文地质工程地质研究所．水的分析［M］．北京：地质出版社，1990.

[32] 黄君礼．水分析化学［M］．3 版．北京：中国建筑工业出版社，2008.

[33] 李中玺，周丽萍，冯玉怀．现代分析仪器在贵金属分析中的应用及进展［J］．黄金科学技术，2002，10（3）：1-6.

[34] 陶霞．水环境中无机污染物形态分析的溶出伏安法概述［J］．内蒙古环境保护，1998，10（3）：3-5.

[35] 周连君，郝秀荣．吸附溶出伏安法测定水中痕量钴［J］．曲阜师范大学学报（自然科学版），1997，23（1）：81-84.

[36] 张丽君，王晶，李丽燕，等．吸附溶出伏安法测定苯胺的研究［J］．分析试验室，1999，18（1）：3-5.

[37] 臧树良，王歆睿，铁梅，等．阴极溶出伏安法测定痕量碲(Ⅳ)［J］．辽宁大学学报，2005，32（4）：289-292.

[38] 徐晖，张必成，王升富．微分脉冲阴极溶出伏安法测定环境水样中的痕量硒［J］．环境化学，2001，20（4）：386-391.

[39] 周荣丰，宁伟光，陈青萍．阳极溶出伏安法测定水体中痕量 Sb^{5+}［J］．上海环境科学，1994，13（3）：29-31，46.

[40] 杨军，王宇婧，张曼平．催化阴极溶出伏安法测定海水中的铁及试验条件的优化［J］．海洋技术，2001，20（3）：61-64.

[41] 赵进沛，张春煦，陈进生．碳糊电极溶出伏安法同时测定废水中两种酚类污染物［J］．工业水处理，1998，18（3）：3-5.

[42] 齐同喜，齐蕾．有序介孔碳-壳聚糖修饰玻碳电极差分脉冲溶出伏安法测定痕量钯(Ⅱ)［J］．化学研究与应用，2015，27（3）：241-245.

[43] 方宾，朱英贵，李蜀萍，等．示差脉冲溶出伏安法测定湖水中痕量硫［J］．安徽师大学报，1997，20（2）：176-179.

[44] 范莉君，赵峰，龙绍军，等．阴极溶出伏安法测定含铀废水中的痕量铀［J］．化学分析计量，2016，25（3）：41-44.

[45] 张霞，王国玲，高素芝．水中硫酸盐的溶出伏安法测定［J］．劳动医学，1996，12（2）：116-117.

[46] 金利通，孙文渠，潭北京．水体中痕量硝基苯的阴极溶出伏安法测定［J］．上海环境科学，1991，10（12）：18-20.

[47] 田丹碧，曾明敏．半微分阳极溶出伏安法测定矿泉水中痕量铝［J］．理化检验（化学分册），2003，39（12）：713-715.

[48] 于铁力．微分阳极溶出伏安法连续测定天然水中铜、铅、镉、锌［J］．世界地质，2002，21（4）：415-416.

[49] 张海民，任守信．吸附溶出伏安法同时测定水中痕量 Zn 和 Mn［J］．内蒙古大学学报（自然科学版），2002，33（2）：161-166.

[50] 周连君．2.5 次微分溶出伏安法同时测定水中痕量钴和镍［J］．化学试剂，1995，17（5）：304-307.

[51] 王胜天，许宏鼎，李景虹．环境电分析化学［J］．分析化学，2002，30（8）：1005-1011.

[52] 侯峰岩，王为．电化学技术与环境保护［J］．化工进展，2003，22（5）：471-476.

[53] 陈秀梅，刘琳娟，张晔霞，等．过氧化氢氧化-全自动石墨消解仪消解-阳极溶出伏安法测定海水中总铬［J］．环境监测与预警，2016，8（5）：19-21.

[54] 刘鸿飞，张旭，沈庆峰，等．微分脉冲溶出伏安法测定含氟废水中磷［J］．矿冶，2017，26（6）：94-98.

[55] 赵行文，文立群，卜秋荣．阳极溶出伏安法同时测定水中微量砷、汞的研究［J］．广东化工，2017，44（5）：51-52.

[56] 宋怡然，胡敬芳，邹小平，等．电化学传感器在水质重金属检测中的应用［J］．传感器世界，2017，23（12）：17-23.

色谱分离分析技术及其在水质分析中的应用

4.1

概论

色谱分析法是分析化学中得到广泛应用的一个重要分支，是近几十年来迅速发展起来的一种新型分离分析技术，是一种物理化学分离分析方法。经过多年发展，已形成一门独立的科学，即色谱学，它是多组分混合物分离分析的最重要的方法之一。它利用混合物中各组分在两相间分配系数的差异，当两相相对移动时，各组分在两相间进行多次分配，从而使各组分得到分离。

4.1.1 色谱法简介

俄国植物学家茨维特（Tswett）于1903年在波兰华沙大学研究植物叶子的组成时，把一植物色素的石油醚溶液从一根主要装有碳酸钙吸附剂的玻璃管上端加入，沿管滤下，后用纯石油醚淋洗，结果在玻璃管内的植物叶色素就被分离成几个具有不同颜色的谱带，按谱带颜色对混合物进行鉴定分析。茨维特于1906年在德国植物学杂志上发表的一篇论文中将这些色带命名为色谱图，并将该方法命名为色谱法，这根玻璃管称色谱柱，碳酸钙称为固定相（stationary phase），石油醚称为流动相（mobile phase）。色谱法不仅可分离有色物质，实践证明还可广泛应用于无色物质的分离，而且又发展成多种形式，因而"色谱"二字已经失去了原来的意义，但色谱法这个名称一直沿用下来。后来，蒂西利斯在吸附色谱、电泳等方面做出了重要贡献，马丁等提出了塔板理论，发展了液-液色谱，开创了分配色谱新阶段，他们分别获得了1948年和1952年的诺贝尔化学奖。

1957年，Golay开创了开管柱气相色谱法（open-tubular column chromatography），使柱效达到 $10^5 \sim 10^6 n$（理论塔板数，描述色谱的柱效参数之一），配合高灵敏度监测器，可以测定低于 10^{-14} g 级的痕量组分。1959年又发展了按分子大小进行分离的体积排阻色谱法；1967年出现了生物亲和色谱，即按生物特异性进行分离的色谱过程。20世纪60～70年代，气相色谱-质谱（GC-MS）、气相色谱-傅里叶变换红外光谱（GC-FTIR）等联用技术的成功，随着计算机技术的普及和应用，20世纪80年代发展了毛细管电泳和电色谱，20世纪90年代又出现了光色谱，使色谱法成为分离、鉴定、剖析复杂混合物的最有效工具。与此同时，微流控芯片技术（microfluidic chips）在分析化学领域也得到快速发展，该技术可将采样、稀释、加试剂、反应、分离、检测等集成在微芯片上，实现整个化验室功能。21世纪初，Dionex公司推出了世界上第一台免化学试剂的离子色谱（RFIC），不用直接接触化学试剂，无有毒有害化学试剂排放，保护了人的生命健康和环境。所有上述各种色谱技术的发展过程，都表明了色谱分析法是一种具有强大生命力的分离分析技术。色谱法已广泛应用在化工、环境、医药卫生、农业、食品、空间研究等各个领域。

4.1.2 色谱联用技术

色谱法是一种高效率的分离方法，可以将复杂的混合物中的各个组分分离开，但是，利用保留值对照、比较的方法定性虽然直观却有其固有的缺陷，为了有效地分离和鉴定一种有机混合物，常常把色谱仪器和一些定性、定结构功能的分析仪器（如质谱仪、傅里叶红外光谱仪、原子吸收光谱仪等）直接在线联用，此方法就是色谱联用技术，此外还包括色谱仪器之间的直接在线联用。常用的色谱联用包括以下几种。

① 色谱-质谱联用　是最重要的分析手段，包括气相色谱-质谱联用、液相色谱-质谱联用和毛细管电泳-质谱联用技术。

② 色谱-光谱联用　包括色谱-傅里叶变换红外光谱联用、色谱-拉曼光谱联用和色谱-原子光谱联用技术，是剖析未知物结构的有效手段之一。

③ 色谱-核磁共振波谱联用　对烃类异构体确定质子位置是很有效的，但是实现色谱和核磁共振波谱的在线联用是当前色谱技术中最具挑战性的技术。

④ 色谱-原子光谱联用　近年来随着有机金属化合物研究的深入，研究人员用此方法对某些元素（如铅、砷、汞、铬等）的不同价态或不同形态进行分离，并且进行定性和定量的分析。

⑤ 色谱-色谱联用　是将不同分离模式的色谱通过接口连接起来，用于单一分离模式不能完全分离的样品。

4.1.3 色谱法分类

4.1.3.1 按两相状态分类

色谱法中共有两相（相就是界面），即固定相和流动相。流动相可以是气体、液体、超临界流体，分别称为气相色谱法（gas chromatography）、液相色谱法（liquid chromatography）、超临界流体色谱法（super fluid chromatography）。固定相可以是固体或液体（液态固定液涂渍在固体载体表面上）。因此，按两相状态可将色谱分为四类。

$$
气相色谱
\begin{cases}
气固色谱（GSC）\\
气液色谱（GLC）
\end{cases}
$$

$$
液相色谱
\begin{cases}
液固色谱（LSC）\\
液液色谱（LLC）
\end{cases}
$$

4.1.3.2 按分离机理分类

利用组分在流动相和固定相之间的分离原理不同，可将色谱法主要分为以下几种类型。

（1）吸附色谱法　利用组分在吸附剂（固定相）上的吸附能力差别而分离的方法，称为吸附色谱法（AC）。

$$
吸附色谱
\begin{cases}
气固吸附色谱（GSC）\\
液固吸附色谱（LSC）（适于摩尔质量为300～1000的试样）
\end{cases}
$$

（2）分配色谱法　利用组分在液态固定相中溶解度不同而分离的方法，称为分配色谱法（PC）。

$$分配色谱\begin{cases}气液分配色谱（GLC）\\液液分配色谱（LLC）\end{cases}$$

液液分配色谱又分为正相色谱（即固定相为极性液体，而流动相为弱极性溶剂，如己烷等）和反相色谱（即固定相为弱极性液体，流动相为极性溶剂，如水和醇）。

（3）离子交换色谱法 利用在离子交换剂（固定相）上的亲和力的差别而分离的方法，称为离子交换色谱法（IEC），其中，用于分离、分析离子的IEC称为离子色谱法（IC）。

$$离子交换色谱\begin{cases}阳离子交换色谱\\阴离子交换色谱\end{cases}$$

（4）空间排阻色谱法 利用组分分子大小不同在多孔固定相（凝胶）中选择渗透而分离的方法，称为凝胶渗透色谱法（GPC）或空间排阻色谱法（SEC），适用于分子量大于2000的试样。

（5）毛细管电泳法 样品在毛细管的液体介质中，在电场力作用下得到分离的方法，称为毛细管电泳法（CE）。

4.1.3.3 按色谱技术分类

为提高对多组分的分离效能和选择性，采取了许多技术措施，根据这些技术性质的不同，将色谱法分为程序升温气相色谱法、反应色谱法、裂解色谱法、顶空气相色谱法、毛细管气相色谱法、多维气相色谱法、制备色谱法等。

4.1.3.4 按固定相的性质分类

按固定相在色谱分离系统中使用的方式，可分为柱色谱法、纸色谱法和薄层色谱法。

（1）柱色谱 是将固定相放在玻璃、不锈钢、石英管中，该管子即为色谱柱，这种色谱法叫作柱色谱法可分为如下几类。

① 填充柱色谱 固定相装在一根玻璃或金属管内。

② 毛细管柱色谱 固定相附着在一根细管内壁上（内径在0.2~0.5mm左右），管中心是空的，又叫开管柱色谱或毛细管柱色谱。

③ 填充毛细管柱色谱 固定相装到玻璃管内，再拉成毛细管。

（2）纸色谱 就是利用滤纸作固定相，把试样点在滤纸上，用展开剂将它展开，根据其在纸上斑点的位置和大小进行鉴定和定量分析。

（3）薄层色谱 将吸附剂涂或压成薄膜，然后用与纸色谱类似的方法进行操作。

4.1.4 色谱法的特点

① 分离效率高，应用毛细管色谱仪柱效可达几十万理论塔板数，因而可以分析沸点十分接近的组分和极为复杂的多组分混合物。

② 分析速度快，一般用几分钟到几十分钟就可进行一次复杂样品的分离和分析，某些快速分析，1s可分析7个组分。

③ 灵敏度高，可测定10^{-12}g微量组分，因此在痕量杂质分析中，可以测出超纯气体、高分子单体。

④ 样品用量少，用毫克、微克级样品即可完成一次分离和测定。

⑤ 分离和测定一次完成，可以和多种波谱分析仪器连用。

⑥ 应用范围广，它几乎可以用于所有化合物的分离和测定。

⑦ 可用于定性和定量分析，不过定性方法还需要加强研究，以提高可靠性。

4.1.5 色谱仪流程

色谱仪可分为六大系统，如图 4-1 所示。

（1）流动相控制系统 控制气体或液体流动相的压力和流量。

（2）进样系统 使样品不发生质的变化，快速定量地进入色谱的装置。

（3）分离系统 由色谱柱组成。它是色谱仪的核心部分，用来分离样品中各个组分。

（4）检测系统 样品经色谱柱分离后，顺序进入本系统，按时间及浓度或质量的变化，转变成电信号。

（5）记录系统 记录监测器的信号，从而得到色谱流出曲线。

（6）计算机控制和采集系统 由计算机发出指令控制色谱仪工作参数，采集数据并储存起来，然后处理数据，打印出报告。

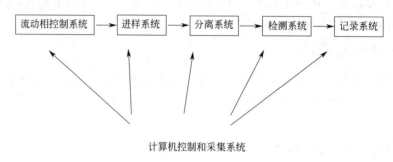

图 4-1 色谱仪流程图

4.2
气相色谱法及其在水质分析中的应用

20 世纪 50 年代初期，随着新兴的石油化学工业的出现，以及医药、生物化学的发展，促进了气相色谱法的产生和发展，借助于先进的电子技术，又使气相色谱仪日益完善。所以，气相色谱自问世以来，很快就发展成分析化学领域中极为重要的分析方法之一。

气相色谱法主要指气-液色谱法。20 世纪 40 年代，英国人马丁（A. J. P. Martin）和辛格（R. L. M. Synge）在研究分配色谱理论的过程中证实了气体作为色谱流动相的可行性，到 1952 年，马丁等经三年的时间，研究成功了崭新的气-液色谱法，用以分析脂肪酸、脂肪胺等混合物，并对气-液色谱法的理论和试验方法做了精辟的论述。

由于气相色谱具有高灵敏度、高选择性（可有效分离部分性质相近的同分异构体和同位素）、高效能（可把组分复杂的样品分离成单组分）、高检测速度的特点，适用于易挥发有机化合物的定性、定量分析，因此广泛应用于石油化工、食品、制药、环境监测、农药残留物分析等领域。在最新的《生活饮用水卫生标准》（GB 5749—2006）中，检测项目由原标准的 35 项增加至 106 项，其中有机化学物检测项目 53 项，气相色谱相关的检测方法有41 项。

1955 年，珀金埃尔默（Perkin Elmer）公司推出了世界上第一台商品化气相色谱仪，命名为 Model 154。随后，气相色谱仪经过 60 多年的发展，Perkin Elmer、安捷伦（Agilent）、赛默飞（Thermo Fisher）和岛津（Shimadzu）等公司成为了著名的气相色谱仪制造商。

Perkin Elmer 公司 Clarus 系列的气相色谱仪降温速度极快（从 450℃降温到 50℃仅用时2min），与同类产品比，减少了至少 30％的时间，缩短分析周期，提高工作效率。目前最新的 Clarus 690 GC，稳定性更高，性能更佳，采用超宽线性范围的火焰离子化检测器（FID），具有 10^9 宽泛的动态范围，因而能够精确地量化范围在 10^7 以内的色谱峰，并无需更改"范围"或"衰减"设置；可防止活性物质降解的惰性毛细管进样口，当样品成分被载气向下导入通过玻璃衬管和柱内时与热金属表面隔离，载气气流经引导直接通过隔膜的内表面，通过隔膜净化管将残留溶剂蒸气吹扫出去，减少溶剂峰的拖尾效应；采用"三合一"自动进样平台，可实现在一套气相系统中实现液体进样、顶空进样和 SPME 进样。Agilent 的前身惠普公司从 1958 年开始研发气相色谱仪，1965 年收购了气相色谱生产商 F&MScientific 公司。从 5890 系列开始，Agilent 的气相色谱仪成为市场上最受欢迎的产品之一。其目前最新的产品 Intuvo 9000，继承了前代产品的优良特性，EPC 控制精度达 0.001psi（1psi≈6894.76Pa），保留时间重现性和峰面积重现性高的优势，同时又具有自身独特的优点，如与大多数使用空气恒温箱来加热的色谱柱不同，Intuvo 9000 采用高效的直接加热系统，所耗电量不到传统气相色谱的一半，且能够以更快的程序升温速度提高 GC 速度，并且采用了 Intuvo 芯片式保护柱，可避免色谱柱的维护并在一分钟内实现色谱柱更换。

Shimadzu 公司是最早进行色谱仪研究的公司之一，在 Perkin Elmer 首次推出第一台商品化气相色谱仪后的第二年，Shimadzu 就生产出了 GC 1A。在技术方面，Shimadzu 的气相色谱仪可以同时安装更多的进样口和检测器，如 GC-2010 Pro 最多同时安装 3 个进样口和 4 个检测器。Shimadzu 于 2014 年推出独有的 BID 新一代通用检测器（介质阻挡放电等离子体检测器），可进行永久性痕量气体的分析，相比传统的 TCD 检测器，具有速度快、灵敏度高、线性范围宽的优点，比如它比 TCD 的灵敏度高 100 倍以上，比 FID 的灵敏度高 2 倍以上。同时最新的 GC-2010 Pro 配备了"双喷射冷却系统"，从而将 450℃ 降至 50℃ 的时间缩短至 3.4min，实现了更为有效地快速冷却；采用窄口径毛细管柱的快速分析可有效节约分析时间，改善样品的处理能力；采用新型流路控制技术的毛细管分析系统，通过提高分析工作效率，高精度地将目标成分从复杂的原始样品中分离出来，实现高效率、高分离。

Thermo Fisher 早期收购了欧洲著名的高精度分析仪器制造厂商 Carlo Erba（意大利卡拉尔巴）公司，从而得到了气相色谱仪的生产线，而前文提到的开创开管柱气相色谱法的 Golay 正工作于这家公司，因此 Thermo Fisher 在气相色谱仪的研究上同样非常深入，其产品很早就实现了冷柱头进样和大体积进样。新一代的 Trace 1300 和 1310 系列是市面上第一台采用即时连接进样口和检测器的气相色谱仪，70～80℃ 左右的进样口温度和插拔式检测器、进样口，可在 2min 内切换进样口和检测器，显著减少维护停机时间，数分钟内即可重新运行样品；可以同时安装两个进样口、两个检测器，其中一个非破坏型检测器（如 ECD）可以在后面再串联一个检测器，三个检测器同时工作，实现一针进样，检测三种物质的能力。

我国科技工作者早在 1956 年，就已开展了气相色谱法的研究工作，1963 年，北京分析仪器厂研制出我国第一代商品化气相色谱仪，并在石油、化工、医药等行业推广应用。半个世纪以来取得了令人瞩目的成就，对气相色谱法的发展做出了较大的贡献。

4.2.1 气相色谱法分离的基本原理

由于被测物种各个组分的性质差别，它们在固定相中的吸附或溶解能力有差异：较难被吸附或溶解度小的组分，就易被脱附或挥发，其停留在柱中的时间就短些，出峰时间早；而容易被吸附或溶解度大的组分，则其停留在柱中的时间就长些，出峰时间相对晚些，经过一定时间，在连接于柱后的检测器中可接受到先后有序的各组分，从而得到可供分析用的色谱图。这种分离过程的示意如图 4-2 所示。

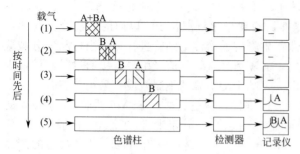

图 4-2 水样中被测组分在色谱柱中的分离过程

物质在固定相和流动相之间发生的吸附-脱附和溶解-挥发的过程，叫作分配过程。被测组分根据吸附与脱附或溶解与挥发能力的大小，以一定的百分比分配在固定相和流动相之间。溶解度（或吸附能力）大的组分分配给固定相多一些，在流动相中的量就少一些；溶解度小的组分分配给固定相的量就少一些，在流动相中就多一些。在一定温度下，组分在固定相和流动相之间分配达到平衡时的浓度比称分配系数 K。

$$K = \frac{组分在固定相的浓度}{组分在流动相的浓度} = \frac{c_1}{c_g}$$

一定温度下，不同的组分 a 和 b 在两相之间的分配系数 k_a 和 k_b 不同，在相同温度下若 k_a 大于 k_b，每次分配后组分 b 在流动相中的浓度 $c_{g(b)}$ 大于组分 a 在流动相中的浓度 $c_{g(a)}$。因此，经过多次分配，组分 b 和组分 a 分离开来，组分 b 比组分 a 较早地流出色谱柱。由此可见，气相色谱的分离原理是利用不同的物质在两相间具有不同的分配系数，当两相做相对运动时，水样中的各组分就在两相中经反复多次地分配，使得原来的分配系数只有微小差别的各组分产生很大的分离效果，从而将各组分分离出来。

4.2.2 色谱流出曲线图

位于色谱图中的对应于试样中某一组分的色谱峰是该组分的色谱流出曲线，如图 4-3 所示。

它是色谱柱分离结果的反映，是进行定性和定量的基础，也是研究色谱过程机理的依据。现对构成该曲线的诸多要素介绍如下。

组分从柱后流出，浓度达到最大值所形成的部分称色谱峰。在一定条件下，色谱峰是对称的。

（1）基线 在试验条件下，只有纯流动相通过检测器时所得到的相应信号。稳定的基线是一条平滑的水平线。因而，基线的形状可以用来判断试验和仪器是否正常。

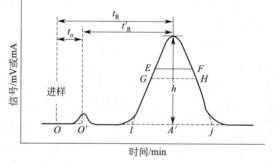

图 4-3 色谱图

（2）保留值 保留值有很多表示法。

① 死时间 t_o 不被固定相吸附或溶解的组分（如空气），从进样到出现峰顶所需的时间。

② 保留时间 t_R 组分从进样到出现色谱峰顶所需时间。t_R 可用时间单位或长度单位表示。

③ 调整保留时间 t_R' 扣除死时间后的组分保留时间。

$$t_R' = t_R - t_o \tag{4-1}$$

④ 死体积 V_o 死时间间隔内所通过载气的体积，通常由死时间乘以载气流速求得。

$$V_o = t_o F_o \tag{4-2}$$

⑤ 保留体积 V_R 从进样开始到组分色谱峰顶点所通过的载气体积，可用保留时间乘以

载气流速求得。

$$V_R = t_R F_o \qquad (4\text{-}3)$$

⑥ 调整保留体积 V_R'　扣除死体积后的组分保留体积。

$$V_R' = V_R - V_o \qquad (4\text{-}4)$$

⑦ 相对保留值 $r_{1.2}$　一组分调整保留值与另一标准物调整保留值的比值。

$$r_{1.2} = \frac{t_{R1}'}{t_{R2}'} = \frac{V_{R1}'}{V_{R2}'} \qquad (4\text{-}5)$$

（3）区域宽度　表示色谱峰区域宽度的方法通常有 3 种。它是色谱流出曲线中一个重要参数，体现了组分在色谱柱中运动的情况，并且与物质在流动相和固定相之间的传质阻力有关。

① 标准偏差 σ　即 0.607 倍峰高处色谱峰宽度的一半。

② 半峰宽 $W_{0.5}$　色谱峰高一半处对应的宽度。习惯上称为区域宽度、半宽度、半峰宽度，分别用 $2\Delta t_{0.5}$、$2\Delta V_{0.5}$、$2\Delta X_{0.5}$ 表示，其单位分别为 min（或 s）、mL 和 mm。

$$W_{0.5} = 2\sigma\sqrt{2\ln 2} = 2.354\sigma \qquad (4\text{-}6)$$

③ 基线宽度 W_b　又叫峰底宽度，由色谱峰两侧拐点作垂线在基线上得到的截距宽度。也可用时间表示。标准偏差 σ 与基线宽度的关系如下。

$$W_b = 4\sigma \qquad (4\text{-}7)$$

（4）峰高 h　色谱峰顶点到基线的垂直距离。

4.2.3　气相色谱仪的组成

图 4-4 是气相色谱分析装置和流程示意图，经过调整压力和流量的载气载带试样进入色谱柱（或称分离柱），试样中各组分在流动相（载气）和固定相（分离柱中填充物）间进行反复多次（$10^3 \sim 10^6$ 次）的吸附-脱附或溶解-挥发过程。

气相色谱仪主要包括气路系统（包括载气钢瓶、净化器、流量控制和压力表等）、进样系统（包括汽化室、进样器两部分）、分离系统（色谱柱）、检测系统和记录系统（包括放大器和记录仪）5 个部分。

在分析水样之前，先把载气调节到所需的流速，把汽化室、色谱柱和检测器加热到所需的操作温度。待载气流量、温度计记录仪上的基线稳定之后即可进样。由载气钢瓶供给气体作流动相（载气），载气经减压阀降低压力，经净化器除去杂质，经压力、流量调节装置（流量调节阀、转子流量计或电子调节系统）调节载气的压力和流量。

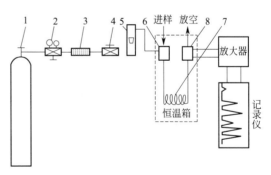

图 4-4　气相色谱分析装置和流程示意图
1—载气钢瓶；2—减压阀；3—净化器；4—稳压阀；
5—转子流速计；6—汽化室；7—色谱柱；8—检测器

样品由汽化室进入，立即汽化并被载气带入色谱柱进行分离。分离后的单组分先后进入检测器，转变为电信号，经放大器后在记录器上记录下来。所记录的电信号-时间曲线称为流出曲线，又称色谱图。样品通过检测器后放空。利用各种物质在色谱图上的保留时间定性，用其各个组分的峰高或面积定量。

（1）气路系统　气路系统由载气（及辅助气）的气源及其所流经的部件组成。常用载气有 N_2、H_2、He 和 Ar，常用的辅助气体是空气、O_2 和 H_2。气体大多由高压钢瓶供给，H_2 可由电解 H_2O 的氢气发生器提供，用作助燃的空气亦可用气泵直接在实验室抽取。

气体进入色谱仪前要经过净化。气体压力和流量的调节、控制通过减压阀、针形阀、压力表、转子流量计等实现。

它的气密性、载气流速和稳定性以及测量流量的准确性，对色谱结果均有很大的影响，因此必须注意控制。

（2）进样系统

① 进样器　这是一种能把样品送入色谱系统中去，而不造成漏气的装置。目前液体试样的进样，一般分为手动微量注射器和自动进样器。手动微量注射器常用的规格有 $1\mu L$、$5\mu L$、$10\mu L$ 和 $50\mu L$ 等，以微量注射器进样要做到快速、准确是比较困难的。在定量测定中采用六通阀进样重现性较好（相对误差为 $0.5\%\sim2\%$）。自动进样器常用的规格有 $1\mu L$、$5\mu L$、$10\mu L$、$25\mu L$、$50\mu L$、$100\mu L$ 等，与手动进样相比，自动进样器免去了繁杂的人工操作，提高了工作效率和分析样品的准确性及重复性。

② 汽化室　汽化室也叫样品注射室。常用金属块制成汽化室，而当金属加热到 $250\sim300℃$ 时可能有催化效应，为了使液体试样瞬间汽化为蒸气而不被分解，要求汽化室热容大，采用玻璃管插入汽化室，消除金属表面的催化效应。

进样系统的进样量的大小、进样时间的长短、进样量的准确性、试样的汽化速度、试样的浓度等都会影响色谱分离效率、分析结果的准确性和重现性。

（3）分离系统　气相色谱仪的分离系统由色谱柱组成，它包括柱管和装填在其中的固定相等。分离过程正是在色谱柱中进行，因此色谱柱是色谱仪的最重要部件。

① 色谱柱　气相色谱法的色谱柱可分为填充色谱柱和毛细管色谱柱两大类。

填充色谱柱由不锈钢或玻璃制成，内径为 $2\sim4mm$，长度为 $1\sim10m$，U 形或螺旋形为了减少跑道效应，其螺旋直径与柱内径之比一般为 $(15:1)\sim(25:1)$，分离效果较低。

毛细管色谱柱可由不锈钢、玻璃、石英制成。由于不锈钢毛细管柱惰性差，有一定催化活性，且不透明，现已较少使用；玻璃管毛细管柱较易折断；石英制成的毛细管柱具有良好的化学惰性、热稳定性高、机械强度大、具有弹性，应用最为广泛，内径为 $0.2\sim0.5mm$，长度为 $10\sim200m$，盘成螺旋状，分离能力较强。

② 固定相　气相色谱的色谱柱是气相色谱法的核心部分。色谱柱内所涂渍的固定液决定了色谱柱性能。固定相分为固体固定相和液体固定相两大类。

固体固定相包括固体吸附剂和新型合成固体固定相。气相色谱常用的固体吸附剂包括非极性的活性炭，极性的氧化铝、硅胶，强极性的分子筛（合成的硅铝酸盐）。固体吸附剂比表面积大（$100\sim1000m^2/g$），吸附能力强，主要用在气态烃类及永久性气体的分离分析上，能获得满意的结果。但由于吸附剂的种类有限，性能受其制备、活化条件影响较大以及本身表面积的不均匀性，常常会出现色谱峰脱尾和色谱性能重复性差的缺点。新型合成固体固定相是一类较为理想的固体固定相，主要包括高分子多孔微球（GDX、Porapak 系列）、石墨化炭黑、碳多孔小球（TDX）等。

液体固定相多为高沸点的有机液体，也称为固定液。由惰性担体与涂在担体表面上的固定液组成。担体亦称载体或支持物，多孔性固体颗粒起支持固定液的作用，它使固定液以薄膜状态分布在表面上。一般对载体的基本要求是单位质量的载体的表面积要大（一般不低于 $1m^2/g$）；颗粒有规则，孔径分布均匀；化学惰性好（即无吸附和催化作用、不与固定液或样品组分起化学反应，但应有较好的润湿性）；热稳定性好；有一定的机械强度；表面无吸附性或吸附性能较差。应该指出完全满足上述要求的载体是没有的。当一种载体具有某一种优点时，往往会带来另一种缺点，因此需要根据具体分析对象选出性能适合的载体。到目前为止，气相色谱的固定液有数百种。固定液的极性与固定液本身的化学组分有关，但它和化学上极性的概念不尽相同。大多数固定液按固定液的极性和化学类型分类。

按固定液的极性分类：根据极性强弱，固定液分为非极性（如角鲨烷）、弱极性（如甲基硅油 OV-101）、中等极性（如邻苯二甲酸二壬酸）和强极性（如 β,β'-氧二丙腈）固定液。

按固定液的化学类型分类：把具有相同官能团的固定液排列在一起，按官能团的类型不同而分类，便于按组分与固定液"结构相似"原则选择固定液时参考，同时还可以从化学结构方面了解固定液的分离特征。这对分类及选择固定液都是有益的。

固定液的选择：选择固定液的原则为，对较简单的混合物，应使其中难分离物质相对保留值尽可能大，以便用较短的色谱柱做快速分析。对于复杂高沸点混合物，需采用程序升温、高效能、高选择性的毛细管柱，使各组分都得到良好分离。目前固定液的选择尚无严格规律可循，在多数情况下，需凭操作者的实践经验和参阅文献资料来选择。据前人经验，"相似相溶"规律必须遵循，分子间的相互作用力必须考虑，一般而言组分与固定液分子间化学结构相似、相对极性相似，则分子间的作用力就强，选择性就高，反之亦然。分离非极性物质就选用非极性固定液，分离中等极性物质就选用中等极性固定液，分离强极性样品就选择强极性固定液，分离极性和非极性混合物一般也采用极性固定液。

气相色谱载体种类很多，大致可分为两大类，即硅藻土和非硅藻土载体。硅藻土载体由硅藻土煅烧制成，应用较广泛。硅藻土载体按其制造方法的不同，又可分为红色硅藻土载体和白色硅藻土载体。在天然硅藻土中加入木屑及少量黏合剂于 900℃ 左右煅烧，就得到红色硅藻土载体，如国产的 6201、201，国外 C-22、Chromosorb P 均属此类。它们有较为惰性的表面，能用于高温分析，经适当处理后，可分析强极性组分。先将天然硅藻土经盐酸处理后干燥，再加入少量碳酸钠助熔剂在 1100℃ 左右煅烧，就得到白色硅藻土载体，如国产的 101 白色载体、405 载体，国外的 Celite 和 Chromosorb W 载体均属此类。它们含碱金属氧化物的量较高，pH 值较大，比表面积比红色硅藻土载体小。然而由于以下原因，硅藻土载体表面常存在吸附性能和催化性能。

a. 无机杂质　经过灼烧制成的硅藻土载体，无定形的二氧化硅部分转化成结晶体的白硅石，其他原子和制备过程中添加的助熔剂等在表面生成酸性或碱性活性基团。酸性活性基团会吸附胺类、氮杂环化合物，产生拖尾并引起一些醇类、萜类、缩醛类物质发生催化反应。碱性基团会吸附酚类、酸类物质，造成拖尾。

b. 表面硅醇基团　硅藻土载体表面的硅醇基团与醇类、胺类、酸类等极性化合物形成氢键，发生吸附现象，造成拖尾。

c. 微孔结构　硅藻土载体表面存在小于 $1\mu m$ 的微孔，会妨碍气体扩散，还会产生物理吸附的毛细管凝聚现象。

为此，人们常采用酸性、碱性、硅烷化、釉化等方法消除硅藻土载体的表面活性。

非硅藻土载体有聚四氟乙烯载体、玻璃微球等。氟载体的特点是吸附性小，耐腐蚀性强，适合用于强极性物质和腐蚀性气体分析。其缺点是润湿性差（固定液负荷在 5% 以内），操作柱温应低于 180℃，表面积较小，强度低，柱效差。目前氟载体的许多应用方面，已被高分子多孔微球所代替。聚四氟乙烯热稳定性较好，可以在 200℃ 柱温下操作，290℃ 分解，放出全氟异丁烯气体。此外，还有一些无机盐类、海砂、素瓷等载体，也属于非硅藻土型载体。玻璃微球是一种有规则的颗粒小球，其主要优点是能在较低柱温下分析高沸点样品，且分析速度较快。然而由于其表面积很低（$0.1\sim0.2m^2/g$），固定液含量在 $0.05\%\sim3\%$ 之间，即只能用于低配比固定液，而且表面也有吸附性，柱效不高。

常根据以下情况选择不同载体：

a. 分析极性物质用红色硅藻土载体，分析非极性物质宜选择白色硅藻土载体。

b. 要求进样量大和色谱柱负荷固定液多时，宜选择红色硅藻土载体。

c. 分析腐蚀性气体宜选择氟载体。

d. 分析非极性高沸点组分时，可选择玻璃微球载体。

（4）检测系统　气相色谱仪的检测器又称鉴定器、检定器。它是一种将载气经色谱柱分离出来的各组分按其性质和含量转换为易测量的信号（一般为电信号）的装置。用于气相色谱分析的检测器有 30 多种，但实际上通常使用的检测器仅四五种。四种常用检测器的性能见表 4-1。

表 4-1　四种常用检测器的性能

检测器	类型	灵敏度[1]	最低检测限[2]	线性范围	最高操作温度	试样性质	主要用途
热导池检测器（TCD）	浓度型	$10^4 \mathrm{mV \cdot mL/mg}$	$2 \times 10^{-6} \mathrm{mg/mL}$	$10^5 \sim 10^6$	500℃	所有组分	适用于各种无机气体和有机物的分析，多用于永久气体的分析
电子捕获检测器（ECD）	浓度型	$800 \mathrm{A \cdot mL/g}$	$10^{-14} \mathrm{mg/mL}$	$10 \sim 10^4$	400℃	卤素化合物、硝基化合物	适合分析含电负性元素或基团的有机物，多用于分析含卤素化合物
氢火焰离子化检测器（FID）	质量型	$10^{-2} \mathrm{mV \cdot s/g}$	$2 \times 10^{-12} \mathrm{g/s}$	10^7	450℃	含碳有机物	各种有机化合物和痕量分析
火焰光度检测器（FPD）	质量型	$400 \mathrm{mV \cdot s/g}$	用十二烷硫醇和三丁基膦酸酯混合物测定：$<2 \times 10^{-12} \mathrm{g/s}$ 的硫，$<1.7 \times 10^{-12} \mathrm{g/s}$ 的磷	10^3	270℃	硫、磷化合物	适合含硫、含磷和含氯化合物的分析

① 浓度型检测器灵敏度，单位为 mV·mL/mg，表示每毫升载气中含有 1mg 试样时，检测器所产生的毫伏数；质量型检测器灵敏度，单位为 mV·s/g，表示 1g 样品通过检测器时，每秒钟所产生的毫伏数。

② 将产生两倍噪声的信号时，单位体积的载气或单位时间内需要向检测器进入的组分量称为检测限。浓度型检测器单位为 mg/mL，质量型检测器单位为 g/s。

① 热导池检测器（thermal conductivity detector，TCD）　热导池检测器结构简单、性能稳定、线性范围宽、灵敏度适宜、对有机物和无机物都有响应，既可做常量分析也可做微量分析，制作也比较简单，是目前应用最广泛的一种检测器。

② 电子捕获检测器（electron capture detector，ECD）　电子捕获检测器是一种高灵敏度、高选择性的浓度型检测器，其检出限可达 $10^{-14} \mathrm{g/mL}$，线性范围为 $10 \sim 10^4$。它经常用来分析痕量的含有卤素、O、S、N、P 等具有电负性的原子或基团的有机化合物，如食品、农副产品中的农药残留量，大气、水中的痕量污染物等。基本原理如下。

载气（高纯 N_2）在检测器内放射源的 β 射线照射下发生电离：

$$N_2 \longrightarrow N_2^+ + e^-$$

生成正离子和低能电子，并在恒定电场作用下产生离子电流，此电流为基流。一般在 $10^{-9} \sim 10^{-8} \mathrm{A}$ 左右。当样品中含电负性很大的物质 AB 进入检测器时，就会捕获上一反应产生的电子而形成稳定的负离子 AB^- 并释放能量：

$$AB + e^- \longrightarrow AB^- + E$$

或样品 AB 的组分部分 A 或 B 捕获自由电子而形成 A^- 或 B^- 和自由基（如脂肪卤代物），放出或吸收一定能量：

$$AB + e^- \longrightarrow A \cdot + B^- \pm E$$

这一过程称为电子捕获。由此生成的负离子又与载气电离生成的正离子碰撞重新生成中性分子：

$$AB^- + N_2^+ \longrightarrow N_2 + AB$$

由于电子捕获引起基流降低，则相应样品浓度给出一个负峰。组分浓度愈大，则负峰也愈大。这就是电子捕获检测器的基本工作原理。

③ 氢火焰离子化检测器（hydrogen flame ionization detector，FID） 氢火焰离子化检测器又称氢焰检测器。它灵敏度高，能检测试样中 10^{-9} 级的痕量组分，且结构简单，响应快，稳定性好，几乎对所有有机物都能产生响应（但对惰性气体和无机的永久性气体物质不产生响应），因此也是一种比较理想的检测器，目前应用很广。

④ 火焰光度检测器 火焰光度检测器又叫硫磷检测器。该检测器是对含硫或含磷化合物有高选择性和高灵敏度的一种质量型检测器，在环境保护检测中应用广泛。

4.2.4 气相色谱分析方法

4.2.4.1 气相色谱定性分析方法

气相色谱法是一种高效、快速的分离技术，可分离几十种或几百种组分的混合物。对一个水样进行色谱分析，首先是分离，再做定性、定量分析。因此分离是核心环节，分离的好坏直接影响定性和定量的准确性，但分离的好坏又借助于定性分析。定性分析就是确定每个色谱峰是何种物质，必要时采用色谱与鉴定未知物结构的有效工具——质谱、光谱等联用技术，以及与化学反应联用，来解决未知物的定性问题。

由于各种化合物在一定色谱条件下均有确定的保留值，所以在气相色谱分析中可以用保留值作为定性依据。但是，具有相同保留值的两个物质却不一定是同一种物质。此时，保留值就成为定性的必要条件，而不是充分条件。

常用的定性方法有以下几种。

（1）保留值定性法 这种方法是最简便最常用的色谱定性方法。测定时只要在相同的色谱条件下，分别测定并比较纯物质和试样中未知物的保留值，即可得到相对结果。在色谱图中，如果被测物质中某一组分与已知纯物质的保留值相等，则两者可能是同一化合物。为提高此法可靠性，可采用双柱定性法，即用两根极性差别较大的色谱柱做同样试验。若所得结果相同，则可确证待定物与纯物质为同一物质。

保留值法又分为保留时间法与保留体积法。缺点是柱长、柱温、固定液配比及载气流速等因素都会对保留值产生较大的影响（保留体积法不受载气流速影响），因此必须严格控制操作条件。

（2）相对保留值法 在某一固定相及柱温下，分别测定被测物质与另一基准物质（或称标准物）的调整保留值之比。由于相对保留值只与柱温有关，不受其他操作条件的影响，所以用此法做色谱定性是比较可靠的。

（3）加入已知物增加峰高法 对试样进样后，得到待定物质的色谱图，再在试样中加入待定物质的纯物质进行试验，比较同一色谱峰的高低。如果得到的色谱峰峰高增加而半峰宽不变，则待定物质可能即是试验中所用的纯物质。

（4）与其他仪器配合定性法 利用保留值和峰高增加法定性是最常用、最方便的定性方法。但有时，对待定物质中所含组分全然不知时，用上述方法定性有一定困难，可用气相色谱与质谱、红外光谱的联用技术。GC-MS 联用技术，既充分利用了气相色谱的强分离能力，又利用了质谱的强鉴别能力，使该法成为鉴定复杂多组分混合物的非常有力的工具。如果再接上微处理机，对数据进行快速处理和检索就更方便了。

4.2.4.2 气相色谱定量分析方法

定量分析是气相色谱的主要任务。

（1）定量分析的依据　在一定操作条件下，检测器对组分 i 产生的响应信号（峰面积 A_i 或峰高 h_i）与组分 i 的质量（m_i）成正比，即

$$m_i = f_i A_i \tag{4-8}$$

或

$$m_i = f_i h_i \tag{4-9}$$

式中　m_i——被测组分的质量；

　　　A_i——被测组分的峰面积；

　　　h_i——被测组分峰的峰高；

　　　f_i——比例常数，称为绝对校正因子。同一检测器对不同组分的响应能力不同，反应的 f_i 值各不相同。

$$f_i = \frac{1}{S_i} \tag{4-10}$$

式中　S_i——检测器的灵敏度（又称响应值）。

为准确定量，必须准确地测出峰面积 A_i（或峰高 h_i），选择合适的定量计算方法并做恰当的数据处理。

（2）峰面积的测量方法　在色谱图中得到的色谱峰并不总是符合正态分布的对称形峰，有的是不对称峰，甚至有严重拖尾的峰。

① 对称峰面积的测量　峰高乘以半峰宽法。

$$A_i = 1.065 h_i W_{0.5} \tag{4-11}$$

式中　A_i——i 组分的峰面积；

　　　h_i——i 组分的峰高；

　$W_{0.5}$——半峰宽。

在做相对测量时，可以略去 1.065。但在绝对测量时，如灵敏度、比表面积、绝对法计算含量等，就不能略去。

② 不对称峰面积的测量　峰高乘以平均峰宽法。

$$A_i = h_i \times 0.5(W_{0.15} + W_{0.85}) \tag{4-12}$$

式中，$W_{0.15}$ 和 $W_{0.85}$ 分别为 0.15 和 0.85 峰高处的峰宽。

③ 峰高乘以保留时间法　在一定操作条件下，同系物的半峰宽与保留时间成正比，即：

$$W_{0.5} \propto t_R$$

$$W_{0.5} = b t_R \tag{4-13}$$

$$A = h W_{0.5} = h b t_R \tag{4-14}$$

在做相对测量时，比例系数 b 可略去不计，这样就可以用峰高与保留时间的乘积表示峰面积。此法适用于狭窄的峰。

④ 剪纸称重法　对于不对称的峰，可把色谱峰剪下来称量，每个峰的质量代表峰面积。但操作费时，且破坏了整个色谱图，非特殊情况，一般不采用此法。

⑤ 求积仪和自动积分仪法　求积仪法是手工测量峰面积的方法，能准确测至 $0.1\mathrm{cm}^2$，适用于不对称峰和重叠色谱峰的测定。

自动积分仪能自动测出一曲线包围的面积，是一种自动测量的方法，速度快，精确密度好（一般在 0.2%～2%）。该方法在测小峰时，误差较大。

数字积分仪对峰面积的数据和保留时间能自动打印出来，大大节省了人力，提高了自动化的程度。

（3）校正因子的测定及应用　定量分析的依据是被测物质与其峰面积的正比关系。由于同一检测器对不同的物质具有不同的响应值，即使两种物质含量相同，在检测器上得到的峰

面积也往往不相等，因此在进行定量时，必须加以校正。

① 校正因子的表示方法　由 $m_i = f_i A_i$ 得：

$$f_i = \frac{m_i}{A_i} = \frac{1}{S_i} \qquad (4\text{-}15)$$

式中　f_i——绝对校正因子，即单位面积的组分的量；

　　　S_i——响应值。

由于 f_i 不易准确测定，无法直接应用，因此在实际定量工作中常用相对校正因子 $f_{i/s}$，即物质 i 和标准物质 s 的绝对校正因子的比值。

$$f_{i/s} = \frac{f_i}{f_s} = \frac{\dfrac{m_i}{A_i}}{\dfrac{m_s}{A_s}} = \frac{A_s m_i}{A_i m_s} = \frac{1}{S_{i/s}} \qquad (4\text{-}16)$$

式中　$S_{i/s}$——相对响应值（又称相对灵敏度）。

质量校正因子 f_w：

$$f_w = \frac{f_{i(w)}}{f_{s(w)}} = \frac{A_s m_i}{A_i m_s} \qquad (4\text{-}17)$$

式中　A_i，A_s——分别为被测组分和标准物质的峰面积；

　　　m_i，m_s——分别为被测组分和标准物质的质量。

用质量校正因子校正峰面积，然后归一化，可得质量分数。

摩尔校正因子 f_M：

$$f_M = \frac{f_{i(M)}}{f_{s(M)}} = \frac{A_s m_i M_s}{A_i m_s M_i} = f_w \frac{M_s}{M_i} \qquad (4\text{-}18)$$

式中　M_i，M_s——被测组分和标准物质的摩尔质量。

用摩尔校正因子校正峰面积，归一化，得摩尔分数。

体积校正因子 f_v 在数值上与摩尔校正因子相等，因为 1mol 任何气体在标准状态下体积是相同的。因此：

$$f_v = f_M = f_w \frac{M_s}{M_i} \qquad (4\text{-}19)$$

② 校正因子的测定　常用化合物的校正因子可查阅有关参考文献，也可以自行测定。测定方法是：准确称取一定量待测组分的纯物质（m_i）和标准物质的纯物质（m_s），然后混合均匀，取一定量（在检测器的线性范围内）在试验条件下注入色谱仪，根据加入的物质的量和相应的峰面积即可求出 $f_{i/s}$。应该指出，被测物质和标准物质并非为同一物质，但两者出峰的时间应该相近。

只要测得水样中某一组分的峰面积（A_i）或峰高（h_i）和校正因子 f_i 后，便可计算该组分的含量。

（4）定量方法

① 归一化法　归一化法是较常用的计算方法之一。当试样中各组分都能流出色谱柱，并且在色谱图上都显示出色谱峰时，可用此法定量计算。

设试样中有 n 个组分，进样量为 w，则 i 组分的百分含量 $c_i\%$ 可按公式(4-20) 计算：

$$c_i\% = \frac{m_i}{w} \times 100\% = \frac{f_i A_i}{\sum\limits_{i=1}^{n} f_i A_i} \times 100\% \qquad (4\text{-}20)$$

式中　$c_i\%$——i 组分的百分含量，%；

　　　A_i——i 组分的峰面积；

　　　f_i——i 组分的校正因子，可由文献查得，也可由试验测得。

如果试样中各组分的 f_i 值接近或相等（如同分异构体），则公式(4-20) 可简化为：

$$c_i\% = \frac{A_i}{\sum\limits_{i=1}^{n} A_i} \times 100\% \tag{4-21}$$

如果色谱峰峰形对称、狭长，操作条件稳定，使各组分色谱峰的半峰宽不发生变化，也可用峰高代替峰面积进行归一化法定量。

$$c_i\% = \frac{f_i' h_i}{\sum\limits_{i=1}^{n} f_i' h_i} \times 100\% \tag{4-22}$$

式中　h_i——i 组分的峰高；

　　　f_i'——i 组分的峰高校正因子，须自行测定，测定方法与峰面积校正因子相同。

归一化法的优点是：简便、准确，操作条件如进样量、流速等的变化对测定结果影响较小。但此法要求水样中全部组分都必须流出色谱柱并可测其峰面积，即使不需要定量的组分也必须测出峰面积。

② 标准曲线法　标准曲线法又叫外标法，是用欲测组分的纯物质来制作标准曲线，与分光光度法中的标准曲线法相同。取纯物质配制成不同浓度（$c_1 \sim c_5$）的溶液，分别取一定体积，进行色谱测定，测得不同浓度纯物质的峰面积（$A_1 \sim A_5$）或峰高（$h_1 \sim h_5$），以浓度为横坐标、峰面积或峰高为纵坐标作标准曲线。测定未知样品时，在同样的试验条件下进行测定，得未知样品的峰面积（A_x）或峰高（h_x），由上述标准曲线查出其浓度。

当未知样品中欲测组分浓度变化不大时，不必作标准曲线，可用单点校正法。即配制一个和欲测组分含量十分接近的标准样 c_s，取相同量的标准样和试样分别进行色谱测定，得相应的 A_s 和 A_i，由欲测组分和标准样的峰面积比（或峰高比）可求得预测组分的含量：

$$\frac{c_i\%}{c_s\%} = \frac{A_i}{A_s} \Rightarrow c_i\% = \frac{A_i}{A_s} \times c_s\% \tag{4-23}$$

外标法的优点是操作简单易行，计算方便，不必用校正因子，适于工厂控制和大量样品的分析，但要求操作条件稳定，进样量重复性好，否则会给测定带来较大影响。此时如能使用自动进样器进样，则准确度将会有很大的提高。

③ 内标法　当试样中所有组分不能全部出峰，或者只要测定试样中某几个组分时，可采用此法。内标物的选择条件是试样中不存在的纯物质，要求其出峰不能离欲测组分太远，又得分开，加入量要准确。根据被测组分和内标物的峰面积及内标物质量，计算被测组分含量。

设试样质量为 $m_i(g)$，加入的内标物质量为 $m_s(g)$，待测物和内标物的峰面积分别为 A_i、A_s，质量校正因子分别为 f_i、f_s，则

$$\frac{m_i}{m_s} = \frac{A_i f_i}{A_s f_s} \tag{4-24}$$

$$所以\ m_i = \frac{A_i f_i m_s}{A_s f_s}$$

$$P_i = \frac{m_i}{m} \times 100\% = \frac{A_i f_i m_s}{A_s f_s m} \times 100\%$$

内标法中常以内标物为基准，即 $f_s = 1.0$，则

$$P_i = \frac{A_i f_i m_s}{A_s m} \times 100\%$$ (4-25)

公式(4-25)中的峰面积亦可用峰高代替，则

$$P_i = \frac{h_i f_i m}{h_s m} \times 100\%$$ (4-26)

为了减少称量和计算数据的麻烦，可用内标标准曲线法进行定量测定，这是一种简化的内标法。

令 $\dfrac{f_i m_s}{f_s m} = K$ （常数），则有

$$P_i = \frac{A_i}{A_s} \times K \times 100\%$$ (4-27)

以 P_i 对 A_i/A_s 作图，可得一条通过原点的直线，即内标标准曲线，利用此曲线确定组分含量。

制作标准曲线时，先将待测组分的纯物质配成不同浓度的标准溶液，再选择一内标物质，取固定量的标准溶液和内标物混合后进样分析，测得 A_i 和 A_s，以 A_i/A_s 比值为纵坐标，以标准溶液含量或浓度为横坐标作图，得一组通过原点的直线，如图 4-5 所示。分析时，取与绘制标准曲线相同量的试样和内标物，测出其峰面积比，从标准曲线上查出待测组分的含量。

内标标准曲线法无需测出校正因子，消除了某些操作条件和进样量变化带来的误差，适用于液体试样的常规分析。缺点是每次分析比较费时。

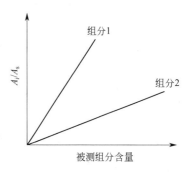

图 4-5　内标标准曲线

4.2.5　气相色谱分析法在环境监测中的应用

4.2.5.1　气相色谱法测定水质中的内吸磷

（1）概述　内吸磷（demeton，1059）是一种混合物，它由内吸磷-O［O,O-二乙基-O-(2-乙基硫代乙基)硫代磷酸酯］与内吸磷-S［O,O-二乙基-S-(2-乙基硫代乙基)硫代磷酸酯］这两种同分异构体组成，是淡黄色的油状液体，微溶于水，带有硫醇臭味。硫酮式内吸磷-O 在较高温度下会很快转换成硫醇式内吸磷-S。内吸磷是一种高效的有机磷杀虫剂，在生产和使用过程中有可能进入水体，并可经食入、皮肤吸收等方式进入人体，引起中枢神经系统一系列中毒症状。

现利用气相色谱仪检测不同水质中内吸磷-O 和内吸磷-S，该方法检出限低、重现性好、定量准确，能满足不同水质中内吸磷的监测要求。

（2）仪器及试剂

① 仪器　7890A 气相色谱仪（配有火焰光度检测器）；DB-5 石英毛细管色谱柱（30m×0.25mm，内涂 5%苯基甲基聚硅氧烷，膜厚 0.25μm）；弗罗里硅土柱（0.167g/mL）；Hei-VAP 旋转蒸发仪；DC-12 氮吹浓缩仪。

② 试剂　二氯甲烷、正己烷、丙酮、三氯甲烷、乙酸乙酯（均为农残级）；氯化钠、无水硫酸钠（均为分析纯）；内吸磷标准物质（100mg/L，纯度 92.7%，其中 24.7%为内吸磷-O，68.0%为内吸磷-S，溶剂为正己烷）。

③ 仪器条件　进样口温度 230℃；进样方式分流进样；分流比 10:1；柱箱初始温度

70℃，保持 3min，以 20℃/min 的速率升至 150℃，再以 5℃/min 的速率升至 220℃，保持 5min；色谱柱流量 1.0mL/min；检测器温度 250℃；氢气流量 75mL/min；空气流量 100mL/min；进样量 1.0μL。

（3）分析测试

① 标准曲线　正己烷和二氯甲烷作为内吸磷标准曲线配制溶剂的差异见表 4-2。

表 4-2　内吸磷-O 和内吸磷-S 标准曲线方程及相关系数

化合物	配制溶剂	标准曲线方程	相关系数 r
内吸磷-O	正己烷	$y = 489.13x + 39.498$	0.9984
	二氯甲烷	$y = 512.85x + 26.246$	0.9992
内吸磷-S	正己烷	$y = 552.67x - 34.920$	0.9996
	二氯甲烷	$y = 768.18x + 16.108$	0.9998

由表 4-2 可知，用二氯甲烷配制内吸磷-O 和内吸磷-S 标准曲线的线性优于正己烷，因此采用二氯甲烷作为配制标准系列的溶剂。配制内吸磷质量浓度分别为 0.464mg/L、0.927mg/L、1.85mg/L、4.64mg/L 和 9.27mg/L 的标准系列，内吸磷-O 质量浓度分别为 0.124mg/L、0.247mg/L、0.494mg/L、1.24mg/L 和 2.47mg/L，内吸磷-S 质量浓度分别为 0.340mg/L、0.680mg/L、1.36mg/L、3.40mg/L 和 6.80mg/L。

② 水样的测定　结合标准曲线的线性范围，分别对地表水、生活污水和工业废水这 3 种实际水体进行内吸磷-O 和内吸磷-S 的精密度和准确度实验，内吸磷-O 的质量浓度为 1.24μg/L、4.94μg/L 和 24.7μg/L，内吸磷-S 的质量浓度为 3.40μg/L、13.6μg/L 和 68.0μg/L，每个样品加标前后测定 6 次。

③ 计算方法检出限

$$MDL = t_{(n-1, 0.99)} S \tag{4-28}$$

式中　n——样品的平行测定次数；

　　　t——自由度是 $n-1$、置信度为 99% 时的 t 值；

　　　S——n 次平行测定的标准偏差。

（4）说明

① 优化了气相色谱法对水质中内吸磷的测定，该方法主要优点为：区分了水中的内吸磷-O 和内吸磷-S，均能分别定量。

② 采用二氯甲烷配制内吸磷-O 和内吸磷-S 标准溶液，所得曲线线性关系良好；采用二氯甲烷作为萃取溶剂，萃取 2 次，效果较好，回收率>80%。

③ 内吸磷-O 和内吸磷-S 的方法检出限低，小于 GB 3838—2002 中规定的内吸磷标准限值 0.03mg/L；能有效将内吸磷-O、内吸磷-S 与其他有机磷农药类干扰物分离。内吸磷-O 方法检出限为 0.30μg/L，测定下限为 1.20μg/L；内吸磷-S 方法检出限为 0.80μg/L，测定下限为 3.20μg/L。

④ 内吸磷-O 标准曲线线性范围为 0.124~2.47mg/L，线性方程为 $y = 512.85x + 26.246$，相关系数为 0.9992；内吸磷-S 标准曲线线性范围为 0.340~6.80mg/L，线性方程为 $y = 768.18x + 16.108$，相关系数为 0.9998。

⑤ 地表水、生活污水及工业废水样品中内吸磷-O 的相对标准偏差为 3.6%~9.2%，加标回收率为 90.3%~104%；内吸磷-S 的相对标准偏差为 4.6%~8.7%，加标回收率为 92.1%~94.9%。

4.2.5.2　顶空-气相色谱法同时测定水中 30 种卤代烃

（1）概述　采用顶空-气相色谱法同时检测水中 30 种卤代烃（包括氯苯类）物质时，方法操作简单，目标物分离效果好，线形范围广且线形良好。

（2）仪器及试剂

① 仪器　Agilent 7890A 气相色谱仪（配 ECD 检测器），LHX-xt 多功能自动进样系统；DB-264 毛细管色谱柱（60m×0.25mm×1.4μm）；20mL 的顶空瓶；聚四氟乙烯衬的硅橡胶垫的螺口瓶盖等。

② 试剂　30 种卤代烃标准溶液，分别为 1,1-二氯乙烯、二氯甲烷、反-1,2-二氯乙烯、氯丁二烯、顺-1,2-二氯乙烯、三氯甲烷、1,1,1-三氯乙烷、四氯化碳、1,2-二氯乙烷、三氯乙烯、1,2-二氯丙烷、一溴二氯甲烷、1,1,2-三氯乙烷、四氯乙烯、二溴一氯甲烷、1,2-二溴乙烷、氯苯、1,1,1,2-四氯乙烷、三溴甲烷、1,2,3-三氯丙烷、1,1,2,2-四氯乙烷、1,4-二氯苯、1,2-二氯苯、1,3,5-三氯苯、1,2,4-三氯苯、六氯-1,3-丁二烯、1,2,3-三氯苯、1,2,4,5-四氯苯、1,2,3,4-四氯苯和六氯苯，均为甲醇介质；甲醇（色谱纯）；氯化钠（优级纯）。试验用水为新制备的不含有机物的去离子水或蒸馏水。

③ 仪器条件　程序升温，初始温度 45℃，保持 3min，以 8℃/min 升温至 90℃，保持 4min，再以 6℃/min 升温至 200℃，保持 7min，总运行时间约 56min；不分流进样；载气为高纯氮气（≥99.999%），流速 31cm/s；尾吹气流量 30mL/min；进样口解析温度 260℃，解析时间 5min；ECD 检测器温度 280℃。

（3）分析测试

① 校准曲线　对 30 种卤代烃物质进行单标测定，确定各目标化合物保留时间及分离效果、响应测试。结果如图 4-6 所示。

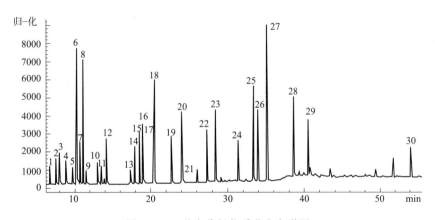

图 4-6　30 种卤代烃物质分离色谱图

1—1,1-二氯乙烯；2—二氯甲烷；3—反-1,2-二氯乙烯；4—氯丁二烯；5—顺-1,2-二氯乙烯；
6—三氯甲烷；7—1,1,1-三氯乙烷；8—四氯化碳；9—1,2-二氯乙烷；10—三氯乙烯；
11—1,2-二氯丙烷；12—溴二氯甲烷；13—1,1,2-三氯乙烷；14—四氯乙烯；
15—二溴一氯甲烷；16—1,2-二溴乙烷；17—氯苯；18—1,1,1,2-四氯乙烷；
19—三溴甲烷；20—1,2,3-三氯丙烷；21—1,1,2,2-四氯乙烷；22—1,4-二氯苯；
23—1,2-二氯苯；24—1,3,5-三氯苯；25—1,2,4-三氯苯；26—六氯-1,3-丁二烯；
27—1,2,3-三氯苯；28—1,2,4,5-四氯苯；29—1,2,3,4-四氯苯；30—六氯苯

按各卤代烃单标物质响应测试结果配制 30 种卤代烃混合标准溶液及浓度系列，用优化条件下的顶空-气相色谱法对线性范围内标准溶液系列进行测定，以卤代烃含量对应峰面积绘制校准曲线。并连续分析 7 次接近检出限浓度的实验室空白加标样品，按公式 MDL $= St_{(n-1,0.99)}$ 计算检出限。30 种卤代烃标准系列溶液浓度值、曲线线性及检出限结果见表 4-3。

表 4-3　30 种卤代烃标准系列溶液浓度值、曲线线性及检出限结果

序号	化合物	标准溶液浓度 /(μg/L)	浓度1 /(μg/L)	浓度2 /(μg/L)	浓度3 /(μg/L)	浓度4 /(μg/L)	浓度5 /(μg/L)	相关系数 r	检出限 /(μg/L)
1	1,2-二氯乙烯	100	15.0	30.0	60.0	150	300	0.9992	1.51
2	二氯甲烷	100	12.5	25.0	50.0	125	250	0.9991	4.70
3	反-1,2-二氯乙烯	1000	250	500	1000	2500	5000	0.9989	4.22
4	氯丁二烯	1000	25.0	50.0	100	250	500	0.9990	0.32
5	顺-1,2-二氯乙烯	2000	200	400	800	2000	4000	0.9995	1.04
6	三氯甲烷	1000	2.50	5.00	10.00	25.0	50.0	0.9998	0.02
7	1,1,1-三氯乙烷	100	1.00	2.00	4.00	10.0	20.0	0.9990	0.02
8	四氯化碳	2000	5.00	10.0	20.0	50.0	100	0.9987	0.01
9	1,2-二氯乙烷	1000	250	500	1000	2500	5000	0.9997	1.96
10	三氯乙烯	1000	2.50	5.00	10.00	25.0	50.0	0.9993	0.01
11	1,2-二氯丙烷	2000	200	400	800	2000	4000	0.9993	2.40
12	一溴二氯甲烷	2000	5.00	10.0	20.0	50.0	100	0.9997	0.01
13	1,1,2-三氯乙烷	100	10.0	20.0	40.0	100	200	0.9995	0.21
14	四氯乙烯	2000	1.00	2.00	4.00	10.0	20.0	0.9996	0.01
15	二溴一氯甲烷	2000	5.00	10.0	20.0	50.0	100	0.9998	0.01
16	1,2-二溴乙烷	2000	2.00	4.00	8.00	20.0	40.0	0.9991	0.05
17	氯苯	2000	125	250	500	1250	2500	0.9990	53.1
18	1,1,1,2-四氯乙烷	100	0.25	0.50	1.00	2.50	5.00	0.9987	0.01
19	三溴甲烷	2000	20.0	40.0	80.0	200	400	0.9993	0.04
20	1,1,2,2-四氯乙烷	2000	10.0	20.0	40.0	100	200	0.9994	0.20
21	1,2,3-三氯丙烷	1000	2.00	4.00	8.00	20.0	40.0	0.9991	0.06
22	1,4-二氯苯	1000	40.0	80.0	160	400	800	0.9977	0.22
23	1,2-二氯苯	2000	20.0	40.0	80.0	200	400	0.9980	0.17
24	1,3,5-三氯苯	5000	10.0	20.0	40.0	100	200	0.9990	0.04
25	1,2,4-三氯苯	100	5.00	10.0	20.0	50.0	100	0.9990	0.04
26	六氯-1,3-丁二烯	2000	1.00	2.00	4.00	10.0	20.0	0.9992	0.01
27	1,2,3-三氯苯	2000	5.00	10.0	20.0	50.0	100	0.9980	0.06
28	1,2,4,5-四氯苯	1000	5.00	10.0	20.0	50.0	100	0.9991	0.08
29	1,2,3,4-四氯苯	1000	5.00	10.0	20.0	50.0	100	0.9980	0.08
30	六氯苯	100	5.00	10.0	20.0	50.0	100	0.9980	0.05

② 样品的测定　用所建立的方法对自来水、深井水及污水样品分别进行测试。

（4）说明　采用顶空-气相色谱法同时检测水中 30 种卤代烃（包括氯苯类）物质时，方法操作简单，目标物分离效果好，线性范围广且线形良好。在选择平衡温度 65℃、10mL 样品中盐度加入量 3.5g，转速 500r/min 的顶空条件下，方法检出限 0.01～4.70μg/L，氯苯 53.1μg/L，平均回收率 85.0%～115%，RSD 为 0.5%～12.1%，均能满足标准方法要求和实际工作需要。另外，采用该方法测定氯苯类卤代烃物质时，不需要使用有机溶剂进行萃取，避免了测定过程中发生的二次污染现象。

4.2.5.3　气相色谱法测定水及油中 MDEA 的含量

（1）概述　N-甲基二乙醇胺（MDEA）是脱硫胺液的一种常见主要组分，被广泛应用于炼厂气脱硫净化处理装置中。利用气相色谱法测定水中 MDEA 含量，操作简便、速度快、

成本低。

（2）仪器及试剂

① 仪器　安捷伦 7820A 气相色谱仪。色谱柱：HP-35 毛细管色谱柱（35％二苯基＋65％二甲基聚硅氧烷），30m × 0.32mm × 0.50μm。微量注射器：1μL。载气：氢气≥99.9％（体积分数）。

② 试剂　MDEA，纯度≥99％（质量分数）。

③ 仪器条件　进样量：0.5μL。汽化室温度：260℃。检测器（TCD）温度：260℃。柱温：160℃。柱前压：72.8kPa。柱流量：3mL/min。定量方法：外标法。

（3）分析测定

① MDEA 标样的配制　用移液管吸取 0.5mL MDEA 加入已称重的 50mL 容量瓶中，称出 MDEA 的质量 W_1，再将蒸馏水加入容量瓶至刻度线，称出 MDEA 和蒸馏水的总质量 W_2，配制出质量分数约为 1％的 MDEA 标样，用 W_1/W_2 计算出 MDEA 的含量 W，单位为％（质量分数）。

② 样品处理　如样品为水样，无需处理；如样品为油样，用量筒取 50mL 油样与 50mL（或其他合适体积）蒸馏水倒入分液漏斗中，摇动 3min，用试管接取 10mL 的水相萃取液。

③ 样品分析　用微量注射器吸取水样或油样的水相萃取液 0.5μL 注入色谱仪，根据 MDEA 的色谱峰面积计算样品的 MDEA 含量。样品的典型色谱图见图 4-7。

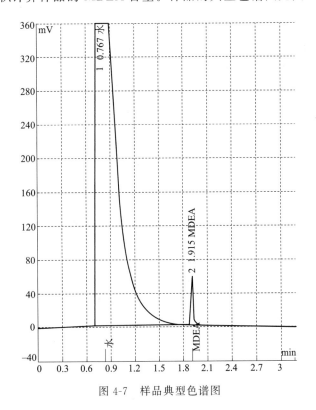

图 4-7　样品典型色谱图

④ 结果计算

a. 水样中 MDEA 含量 $W_{水样}$ 计算，单位为％（质量分数）：

$$W_{水样} = fA_{水样} \tag{4-29}$$

式中　f——MDEA 的质量校正因子；

$A_{水样}$——水样中 MDEA 的积分面积。

b. 油样中 MDEA 含量 $W_{油样}$ 的计算，单位为 ％（质量分数）：

$$W_{油样} = f A_{萃取液} \frac{V_水 \rho_水}{V_样 \rho_样} \qquad (4\text{-}30)$$

式中　f——MDEA 的质量校正因子；
$A_{萃取液}$——萃取液中 MDEA 的积分面积；
$V_水$——萃取用水的体积，mL；
$\rho_水$——水的密度，g/mL；
$V_样$——萃取油样的体积，mL；
$\rho_样$——油样的密度，g/mL。

（4）说明　重复性试验：取污水汽提装置的净化水与柴油贮罐的罐底水考察方法的精密度，分别重复测定 5 次，计算测定结果极差与算术平均值的 10％，试验结果见表 4-4。

表 4-4　样品测定重复性试验结果（质量分数）　　单位：％

试验次数	净化水	罐底水	试验次数	净化水	罐底水
1	0.46	3.50	5	0.45	3.60
2	0.42	3.63	极差	0.04	0.13
3	0.46	3.57	算数平均值的 10％	0.045	0.357
4	0.44	3.55			

从表 4-4 中可以看出，两个样品的重复测定，极差均不大于算术平均值的 10％。参照脱硫胺液中 N-甲基二乙醇胺浓度的测定方法，其精密度要求两个结果之差不应大于算术平均值的 10％，可见本法可满足现有生产过程分析监控要求。

4.2.5.4　直接进样气相色谱法测定水中 6 种有机溶剂残留

（1）概述　建立了直接进样气相色谱氢火焰检测器法同时测定水中丙酮、乙酸乙酯、甲醇、乙醇、异丙醇、乙腈的方法。该方法操作简便，水样过滤后可直接进样，不需要复杂的前处理过程。

（2）仪器及试剂

① 仪器　Agilent 7890B 气相色谱仪（FID）；石英毛细管色谱柱 DB-WAXetr，30m×0.32mm，膜厚 1.0μm；XP205 电子天平；Milli-QIntegral 3 实验室超纯水系统；聚醚砜水相针式过滤器 13mm×0.45μm。

② 试剂　丙酮、甲醇、乙醇、异丙醇、乙酸乙酯、乙腈（色谱纯）。

③ 色谱测定条件　进样口温度 200℃；进样方式脉冲不分流，脉冲压力 30psi，脉冲时间 0.5min；进样量 0.5μL；柱温 40℃，保持 2min，以 5℃/min 升到 80℃，再以 20℃/min 升到 200℃；流速 3.0mL/min；FID 检测器 250℃，氢气∶空气＝40∶400，尾吹流速 25mL/min。

（3）分析测定

① 标准曲线绘制　取 100mL 容量瓶，用氮气吹扫 2min，加入少量超纯水，快速准确称量 100mg 丙酮、甲醇、乙醇、异丙醇、乙酸乙酯、乙腈进容量瓶，精确到 0.1mg，定容到 100.0mL，混匀，得到浓度为 $1×10^3$mg/L 标准储备液。取 100mL 容量瓶，依次用标准储备液和纯水配制成浓度为 0.5mg/L、2.0mg/L、5.0mg/L、10.0mg/L、20.0mg/L、50.0mg/L、100.0mg/L 的 7 个标准溶液系列。从低到高浓度依次取 0.5μL 注入气相色谱仪分析，以峰面积为纵坐标、浓度为横坐标，绘制标准曲线。

② 样品分析　将采集的样品用聚醚砜水相针式过滤器过滤至 2mL 样品瓶中，取 0.5μL

注入气相色谱仪分析，同时进行空白试验。

③ 检出限和测定下限　按 HJ 168—2010 的方法计算检出限及测定下限。采用 7 个 0.5mg/L 的空白加标样品平行测定后计算检出限，测定下限为检出限的 4 倍。检出限按公式(4-31) 计算。结果见表 4-5。

$$MDL = t_{(n-1,0.99)} S \tag{4-31}$$

式中　MDL——方法检出限；

　　　　n——样品的平行测定次数；

　　　　t——自由度为 $n-1$、置信度为 99% 时的 t 分布（单侧）；

　　　　S——n 次平行测定的标准偏差。

表 4-5　方法检出限、测定下限汇总表　　　　　　　　单位：mg/L

化合物	检出限	测定下限	化合物	检出限	测定下限
丙酮	0.13	0.52	乙醇	0.12	0.48
乙酸乙酯	0.18	0.72	异丙醇	0.14	0.56
甲醇	0.15	0.6	乙腈	0.06	0.24

（4）说明

① 精密度和回收率　6 种有机溶剂的平均回收率为 94.7%～106.0%，相对标准偏差为 0.6%～4.4%，该方法显示了良好的精密度和回收率。

② 实际样品和实际样品加标测试　采用本方法分析不同类型的水样，实验室废水样品有检出，分别对样品进行加标试验，不同水体的样品加标回收率在 92.0%～111.0% 之间。

4.2.5.5　气相色谱-质谱法测定地表水中六氯丁二烯

（1）概述　六氯丁二烯，又称全氯丁二烯，为无色液体，具微弱松节油味。可用作天然橡胶、合成橡胶和许多其他高分子化合物的溶剂，不燃物的载热体，变压器流体和液压流体等，并具较高的慢性毒性。因此对地表水中的六氯丁二烯的检测具有十分重要的意义。现用气相色谱法定量分析其浓度。

（2）仪器及试剂

① 仪器　安捷伦 7890-5973 I 型气相色谱-质谱联用仪；Tekmar3100 型吹扫捕集装置（5mL 样品吹扫管）；HP-INNOWAX 毛细管色谱柱（30m×0.53mm×1μm）。

② 试剂　甲醇（色谱纯）；质谱标记物采用 4-溴氟苯，质量浓度为 2000mg/L，上海安谱；六氯丁二烯标准溶液，质量浓度为 104mg/L，上海安谱。取 10mL 六氯丁二烯标准溶液到 100mL 棕色容量瓶中，用甲醇配制浓度为 10.4mg/L 的标准中间液。取 100μL 内标物 4-溴氟苯于 10mL 容量瓶中，用甲醇配制浓度为 20mg/L 的内标。硫酸钠（分析纯）。实验用水为去离子水。

③ 仪器条件　吹扫捕集条件：吹扫载气为氦气，吹扫流量为 40mL/min；吹扫采样体积 5mL；吹扫时间 8min；吹扫温度 45℃；解吸温度 220℃，解吸时间 1min；烘烤温度 250℃，烘烤时间 2min。

色谱和质谱条件：进样口温度 220℃；程序升温，以 10℃/min 升至 130℃，保持 2min，以 20℃/min 升至 180℃，保持 1min；检测器温度 3000℃；载气（氦气）10mL/min；1∶1 分流进样。EI 离子源，电子能量 70eV，温度 230℃；四极杆温度 150℃；GC-MS 传输线温度 250℃；扫描方式为全扫描（SCAN），扫描范围 35～550。

（3）步骤

① 样品的采集与保存　将样品采集于 50mL 棕色玻璃采样瓶中，瓶内不留有空气，仔

细封住瓶口，在样品分析前采样瓶一定要保持密封。水样采集完毕后统一进行编号并贴上标签尽快分析，若不能及时分析，应加盐酸防止生物降解，置于4℃冰箱冷藏保存。取水样5mL，加入内标物1μL，注入吹扫捕集装置进行分析，同时取去离子水做空白分析。

② 线性回归方程　在5支吹扫管中分别注入5mL过饱和的硫酸钠溶液，用微量注射器加入0μL、3μL、5μL、10μL、15μL、20μL六氯丁二烯标准中间液，配制浓度为0μg/L、6.27μg/L、10.4μg/L、20.8μg/L、31.2μg/L、41.6μg/L的标准溶液系列，标准系列中加入内标物1μL/5mL，用Tekmar 3100吹扫捕集进样分析，以六氯丁二烯峰面积对质量浓度做回归分析。六氯丁二烯在0~41.6μg/L内有良好的线性关系，线性回归方程$Y=2.36\times10^4X-1047$，相关系数$r=0.9993$。

（4）说明

① 精密度　用该方法对20.8μg/L六氯丁二烯标准溶液平行测定7次，计算其相对标准偏差为3.12%，方法精密度良好。

② 加标回收试验　以过饱和的硫酸钠溶液为本底，加入已知量的六氯丁二烯标准中间液，按上述色谱和质谱条件进行测定分析，加标回收率分析结果为93.9%~103.8%，加标回收率符合测试质量控制要求。

4.2.5.6　气相色谱法测定生活饮用水地表水源地水中的有机氯农药

（1）概述　地表水，特别是生活饮用水源地的水质与人们的生活和身体健康息息相关，是人们关注的热点问题。本法采用液液萃取、Florisil柱净化、SPB-5毛细管柱分离、ECD检测器测定生活饮用水源地水中6种有机氯农药，将原有的多种参考方法缩减至1种方法，简化了流程。液液萃取操作简单，Florisil柱净化可以有效去除干扰，SPB-5毛细管柱能有效分离目标物，ECD检测分析灵敏度高，样品分析结果准确可靠。

（2）仪器及试剂

① 仪器　气相色谱仪（美国Agilent 6890A，ECD检测器）；蒸发浓缩器（美国Zymark TurboVap Ⅱ）。

② 试剂　OCPs标准混合溶液：α-六六六、β-六六六、γ-六六六、δ-六六六、4,4′-DDE、4,4′-DDD、4,4′-DDT、七氯、环氧七氯、α-氯丹、γ-氯丹、硫丹Ⅰ、硫丹Ⅱ、艾氏剂、狄氏剂、异狄氏剂、异狄氏剂醛、异狄氏剂酮、硫丹硫酸盐、甲氧氯 [1000μg/mL，溶剂：正己烷：甲苯(1:1)]；阿特拉津、百菌清、2,4′-DDT、溴氰菊酯标准溶液（100μg/mL，溶剂：正己烷）；正己烷（色谱纯）；丙酮（色谱纯）；无水硫酸钠（分析纯，400℃下烘烤4h）。

③ 仪器测定条件　色谱柱为SPB-5毛细管柱（30m×0.32mm×0.25μm）；进样口温度270℃；柱箱升温程序，40℃保持2min，以20℃/min升至230℃，保持8min，再以20℃/min升至290℃，保持7.5min；检测器温度300℃；载气流量氮气1.0mL/min；进样量1.0μL；不分流进样。

（3）分析测定

① 水样萃取　取250mL水样于500mL分液漏斗中，加入50mL正己烷，振荡萃取20min，静置分层。弃去水相，上层有机相用无水硫酸钠干燥过滤后，浓缩至1.0mL。

② 标准曲线的绘制　用正己烷将有机氯标准溶液逐级稀释至浓度为10μg/L、20μg/L、50μg/L、100μg/L、200μg/L（溴氰菊酯为100μg/L、200μg/L、500μg/L、1000μg/L、2000μg/L）的混合标准溶液系列，按条件进样分析，根据峰面积和进样量的关系得到各组分的回归方程。

③ 定量计算　采用外标法定量。水样中各组分的浓度按公式(4-32)计算：

$$C_1=C_0V_e/V \tag{4-32}$$

式中　C_1——水样中有机氯的含量，$\mu g/L$；

C_0——提取浓缩后测得的组分的浓度，$\mu g/L$；

V_e——浓缩后提取液的体积，mL；

V——取样体积，mL。

④ 色谱图　目标化合物的标准色谱图如图 4-8 所示。

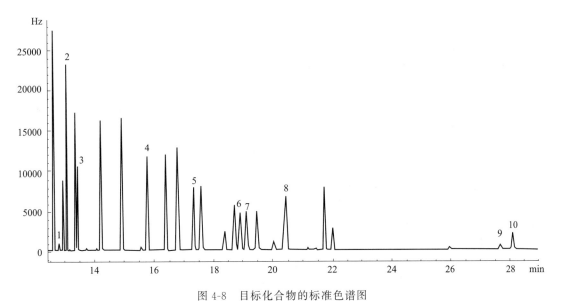

图 4-8　目标化合物的标准色谱图

1—阿特拉津；2—γ-六六六（林丹）3—百菌清；4—环氧七氯；5—p,p'-DDE；

6—p,p'-DDD；7—o,p'-DDT；8—p,p'-DDT；9—反-溴氰菊酯；10—顺-溴氰菊酯

（4）说明

① 标准曲线和方法检出限　根据保留时间定性，以峰面积 y 对目标组分浓度 $x(\mu g/L)$ 分别绘制标准曲线，得到的回归方程的相关系数见表 4-6。目标物的相关系数均在 0.9910 以上，表明其在标准曲线范围内线性良好。

② 回收率和精密度实验　在已知不含有机氯农药的超纯水中分别加入一定量的标准溶液，按方法提取、净化和检测，重复 6 次，计算目标物的回收率和相对标准偏差（RSD），试验结果见表 4-6。从表中可以看出 10 种有机氯农药的加标回收率为 87.7%～111.0%，相对标准偏差为 3.6%～9.7%。

表 4-6　相关系数、检出限及加标回收实验、实际样品分析结果

保留时间/min	物质名称	相关系数	MDL/(μg/L)	回收率/%	RSD/%	1#	2#	3#	4#
12.846	阿特拉津	0.990	0.430	100.8	3.6	ND	ND	ND	ND
13.123	林丹	0.998	0.0096	99.0	4.5	ND	ND	ND	ND
13.505	百菌清	0.9996	0.0182	89.4	5.7	ND	ND	ND	ND
15.870	环氧七氯	0.9998	0.0117	87.7	5.3	ND	ND	ND	ND
17.466	4,4-DDE	0.9996	0.0134	88.3	4.4	ND	ND	ND	ND
19.074	4,4-DDD	0.9996	0.0095	101.6	4.0	ND	ND	ND	ND
19.269	2,4-DDT	0.9997	0.0128	95.1	4.0	ND	ND	ND	ND
20.564	4,4-DDT	0.998	0.0079	101.1	4.2	ND	ND	ND	ND
27.854	反-溴腈菊酯	0.992	0.1100	111.0	9.7	ND	ND	ND	ND
28.288	顺-溴腈菊酯	0.991	0.1171	105.7	7.3	ND	ND	ND	ND

注：ND 代表未检出。

4.2.5.7　气相色谱-氧选择性火焰离子检测器在煤焦油酚类化合物分析研究中的应用

（1）概述　中低温煤焦油中含有大量的酚类化合物，这类物质是重要的化工原料和高附加值产品，但其存在于油品中会影响油品的质量，并且影响常规分析方法对煤焦油的适用性。利用气相色谱-氧选择性火焰离子检测器（GC-OFID）建立了煤焦油中酚类物质的测定方法，该方法可以鉴定出低级酚单体（苯酚、甲基苯酚、C_2 苯酚）的含量和高级酚总含量。

（2）仪器及试剂

① 仪器　气相色谱仪：安捷伦公司生产的 GC 7890A，配有分流/不分流进样口、色谱工作站、OFID 检测器、反吹系统；分析柱为 KC144 柱，$60m \times 0.20mm \times 0.25\mu m$；预分离柱为 HP-5 毛细管柱，$2m \times 0.32mm \times 0.25\mu m$。ElementarVario EL Cube 型氧元素分析仪，配有非色散红外检测器（NDIR）；T50 型电位滴定仪，带有玻璃电极。

② 试剂　二甲苯、乙醇、苯酚、萘酚，均为分析纯试剂；3 种煤焦油馏分油分别为小于 205℃馏分、205～260℃馏分、260～300℃馏分；1～4 号煤焦油全馏分油。

③ 仪器测定条件　气相色谱进样口温度 280℃，进样口载气（N_2）压力 0.24MPa，分流比 80:1；检测器温度 250℃；裂解炉温度 1250℃；转化炉温度 450℃；柱箱初始温度 50℃，以 5℃/min 升温速率升到 110℃，再以 1.5℃/min 升温速率升到 280℃。

（3）分析测定

① 酚类物质的出峰顺序　3 种煤焦油馏分油的 GC-OFID 色谱如图 4-9 所示。

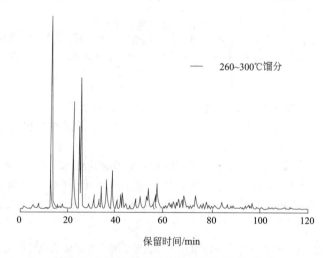

图 4-9　3 种煤焦油馏分油的 GC-OFID 色谱

② 线性考察　在氧质量分数为 0～0.1% 的范围内峰面积与氧质量分数具有良好的线性关系，线性相关系数 R^2 均大于 0.99。

③ 重复性考察　用已建立的 GC-OFID 方法重复测定质量分数均为 1.8% 的苯酚和萘酚混合标样 5 次，通过关系曲线计算出测定值，考察方法的重复性。该方法的相对标准偏差 RSD 均小于 5%。

（4）说明

① 加标回收率　分别将一定质量的萘酚加入煤焦油馏分油及煤焦油全馏分油中，通过比较测定值与加入的标准值，考察方法的加标回收率，结果如表 4-7 所示。从表中可以看出，萘酚的回收率均在 97%～104% 范围内，符合色谱分析的一般要求。

表 4-7 方法的加标回收率

萘酚质量分数/%		回收率/%
加标量	测定值	
0.38	0.3779	99.4
0.12	0.1245	103.7
0.35	0.3451	98.6
0.49	0.4782	97.6
0.30	0.2931	97.7

② 方法检测下限　在加氢柴油中添加萘酚，萘酚中氧质量分数为 $10\mu g/g$，采用该方法重复测定 10 次萘酚中氧含量，结果如表 4-8 所示。从表中可以看出，萘酚中氧质量分数为 $10\mu g/g$ 时重复性和准确性较好，并且测得的色谱峰信号的响应值远大于色谱检测限（3 倍信噪比）和定量限（10 倍信噪比）。因此该方法可定量测定试样中氧质量分数大于 $10\mu g/g$ 的氧化物含量。

表 4-8　方法的检测下限　　　　　　　　单位：$\mu g/g$

序号	数据	序号	数据
1	9.9	6	10.4
2	10.0	7	10.1
3	9.8	8	10.0
4	9.7	9	10.3
5	9.6	10	9.8

4.3
高效液相色谱法及其在水质分析中的应用

作为色谱分析法的一个分支，高效液相色谱法是在 20 世纪 60 年代末期，在经典液相色谱法和气相色谱法的基础上，发展起来的新型分离技术。1963 年，沃特世公司（Waters）开发出了世界上第一台商品化的高压凝胶渗透色谱 GPC-100，开创了液相色谱的时代。在随后的几十年里，液相色谱在高沸点、大分子、强极性、热稳定性差化合物的分离分析中显示出优势，因此高效液相色谱法被广泛应用在生物工程、制药工业、食品工业、环境监测、石油化工等领域中的有机物分析。在 20 世纪 80 年代，国外许多著名的分析仪器厂家开始投入大量的资金及技术力量去研究开发高效液相色谱产品，并在 21 世纪初相继推出各自的超高效液相色谱仪，由于超高效液相色谱在分离方面有着更快的分析速度，更好的分离度、精密度和稳定性，分析所得到的数据信息更加完整，因此目前也受到了越来越多的关注与应用。目前市场上主要以 Agilent、Waters、Thermo Fishier 等国外知名品牌为主。

Waters 公司 Alliance HPLC 系列一直是其公司最为核心的液相色谱系统，其最主要的特点是具有极佳的稳定性，能够始终提供准确且可重现的结果，其独特的溶剂分配系统具有四元混合功能，无论系统背压如何，均可通过固定的延迟体积获得一致的可预测结果。灵活的进样功能、进样体积范围广（最多 2mL）、残留率非常低（通常不到 0.005%）等卓越的性能使该系统至今保持着史上 HPLC 产品销量纪录。

Thermo Fishier 公司对液相色谱仪同样具有深入的研究，在 2020 年新推出 Vanquish Core 液相色谱仪，主要特点和优势有：Vanquish 溶剂监测功能可以智能化地对流动相容量进行主动测量，可确保系统永不干涸，让溶剂跑空成为历史；具有连续可调节的梯度延迟体积功能的液相，在谱图质量、保留时间、分离度上都有所提升；继承了 Vanquish 系列产品的自动进样器设计，流路一直在高压环境下工作，进样更加精准；带预压缩的智能进样功能技术，可智能降低压降，有效改善压力波动，可提升重现性并延长色谱柱寿命。

流动相是液体的色谱法称为液相色谱法（liquid chromatography，LC）。液相色谱可分为平板色谱和柱色谱，前者如纸色谱和薄层色谱，后者如离子交换柱色谱等。在液相柱色谱中，采用颗粒十分细的高效固定相，并采用高压泵输送流动相，全部工作通过仪器来完成，这种色谱法称为高效液相色谱法（high efficiency liquid chromatograph，high performance liquid chromatography，HPLC），又称高压液相色谱法（high pressure liquid chromatograph，HPLC）、高速液相色谱（high speed liquid chromatography）、高分离度液相色谱（high resolution liquid chromatography）或现代液相色谱（modern liquid chromatography）等。

4.3.1　高效液相色谱法的特点

高效液相色谱法是一种高效、快速的分离技术。它有以下几个突出的特点。

（1）高压　高效液相色谱法以液体为流动相，这种液体称作载液。当液体流经色谱柱时，受到的阻力比较大，为了能迅速地通过色谱柱，必须对流动相施以高压。一般供液压力和进样压力高达 $1.52 \times 10^4 \sim 3.04 \times 10^4 \, kPa$，最高可达 $5.07 \times 10^4 \, kPa$。

（2）高速　高效液相色谱法由于采用了高压，流动相流动速度快，所以完成一个样品的分析仅需几分钟到几十分钟。

（3）高效　由于许多新型固定相的开发和使用，高效液相色谱法的分离效率大大提高，液相色谱填充柱的柱效可达 $2 \times 10^3 \sim 5 \times 10^4$ 理论塔板数/m。

（4）高灵敏度　高效液相色谱一般采用高灵敏度的检测器，从而提高了分析的灵敏度。如荧光检测器灵敏度可达 $10^{-11} \, g$。

（5）应用范围广　70%以上的有机化合物可用高效液相色谱分析，特别是对高沸点、大分子、强极性、热稳定性差化合物的分离分析，显示出优势。

除上述特点外，还具有水样用量少、选择性高、样品不被破坏等特点。

4.3.2　高效液相色谱和经典液相色谱的区别

现代高效液相色谱是在气相色谱和经典液相色谱的基础上发展出来的。从分析原理上讲，高效液相色谱法和经典液相色谱法没有本质差别，不同点只是高效液相色谱比经典液相色谱有较高的效率和较高的自动化水平。经典液相色谱法是用粗粒多孔固定相，装填在大口径长玻璃柱内，而色谱柱往往只用一次，每次分离都得重新填充一次柱子，这必然造成人力和物力的极大浪费；流动相仅靠重力流经色谱柱，检测和定量都是由人工对各个馏分分别进行收集和分析的，既耗时又费力。高效液相色谱法使用了全多孔微粒固定相，用特殊的方法装填在小口径短不锈钢柱内，从而使柱效远远高于经典液相色谱法，并且可重复使用，可在同一根柱子上进行上百次的分离；在仪器方面，流动相通过高压输液泵进入高柱压的色谱柱，溶质在固定相的传质、扩散速度大大加快，从而在较短的分析时间内获得高柱效和高分离能力；同时，在色谱柱后连有检测器，可对流出物进行连续检测，为高效液相色谱的连续操作和自动化提供了可能。

高效液相色谱与经典液相色谱的区别见表 4-9。

表 4-9　高效液相色谱与经典液相色谱的区别

高效液相色谱	经典液相色谱	高效液相色谱	经典液相色谱
高压,2~20MPa	常压或减压,0.001~0.1MPa	分析时间短,0.05~1.0h	分析时间长,1~20h
色谱柱填料粒度小,5~50μm	色谱柱填料粒度大,75~600μm	色谱柱可重复多次使用	色谱柱只能用一次
		进样量少,10^{-6}~10^{-2}g	进样量多,1~10g
柱效高,2×10^{3}~5×10^{4}理论塔板数/m	柱效低,2~50 理论塔板数/m	可以在线检测	不可以在线检测

4.3.3　高效液相色谱和气相色谱的区别

高效液相色谱法和气相色谱法各有所长,互相补充,二者根本性差别在于流动相的不同。由于气相色谱法使用气体作流动相,被分析样品必须要有一定的蒸气压,汽化后才能在柱上分离,所以它仅适于分析蒸气压低、沸点低的样品,而不适于分析高沸点有机物、高分子和热稳定性差的化合物以及有生物活性的物质,在已知化合物中,仅有 20%的样品可不经过预先的化学处理而满意地用气相色谱法分离。而液相色谱法则不受样品挥发性和热稳定性的限制,液相色谱法一般在室温下操作,最高不超过流动相溶剂的沸点,因而只要被分析物质在流动相溶剂中有一定的溶解度,便可以分离,所以大约 80%的有机化合物可用此法分离。

气相色谱和高效液相色谱的区别见表 4-10。

表 4-10　气相色谱和高效液相色谱的区别

气　相　色　谱	高效液相色谱
气体流动相为惰性气体,一般有氢气、氦气、氮气、氩气,不与被分析的样品发生相互作用	液体流动相可为离子型、极性、弱极性、非极性溶液,液体流动相不仅起运载样品的作用,同时对样品组分有一定的亲和力(排阻色谱除外)
用于分析永久性气体、低沸点和易挥发有机物	分析对象范围要宽得多,几乎可以分析各种物质
不适于分子量大、热不稳定或离子性化合物	能分析分子量为 300~2000 的化合物、热不稳定性化合物或离子性化合物
色谱柱长	色谱柱短,一般为 100~300mm
选择性检测器:电子捕获检测器、氮磷检测器、火焰光度检测器	选择性检测器:紫外可见检测器、二极管阵列检测器、荧光检测器、电化学检测器、激光诱导荧光检测器
通用型检测器:热导池检测器、火焰离子化检测器	通用型检测器:蒸发激光散射检测器、示差折光检测器
运行和操作容易	运行和操作难一些
仪器制造难度小一些	仪器制造难度大一些
样品不易回收	可定量回收样品
样品需加热汽化或裂解	样品制成溶液

4.3.4　高效液相色谱仪的工作流程和仪器组件

典型的高效液相色谱仪的结构如图 4-10 所示。高效液相色谱仪一般都具有流动相储槽、高压泵、梯度洗提装置、进样器、色谱柱、检测器、记录仪等主要部件。其工作过程是:高压输液泵将储液槽的溶剂经进样器送入色谱柱中,然后从检测器的出口流出;当欲分离样品从进样器进入时,流经进样器的流动相将其带入色谱柱中进行分离,然后以先后顺序进入检测器,记录仪将进入检测器的信号记录下来,得到液相色谱图。

(1) 储液槽　用以储存载液。现多用聚四氟乙烯塑料制成,有足够容量并附有脱气装置。

(2) 高压泵　高效液相色谱仪的主要部件之一。高压泵的作用是以很高的柱前压将载液

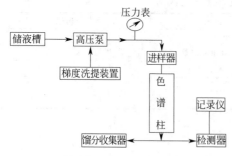

图 4-10　高效液相色谱仪的结构示意图

输送入色谱柱，以维持载液在柱内有较快的流速。对高压泵的要求是需由耐压、耐腐蚀材料制成，输出压力高，流量稳定无脉动，密封性好，易于清洗和适用于不同的载液。

（3）梯度洗提装置　梯度洗提是指分离过程中，使载液中不同极性溶剂按一定程度连续地改变它们的比例，以改变载液的极性，或改变载液的浓度，来改变水样中被分离组分的分配系数，以提高分离效果和加快分离速度。

梯度洗提装置有两种类型。一种是溶剂在常压下混合，然后用泵输送至色谱柱，成为低压梯度装置或外梯度系统。其优点是只需要单个泵，使用简便，价格便宜。另一种类型称为高压梯度装置或内梯度系统，是用两台高压泵分别将两种溶剂输入梯度混合室，然后送入色谱柱。其溶剂（组成的）变化程序，可事先通过电子系统设定，经对每只泵的输出做自动控制，就能获得任何形式的梯度，其适用范围比前一种广。

（4）进样器　常用的进样方式有三种：直接注射进样、停流进样和高压六通阀进样。直接注射进样的优点是操作简便，并可获得较高的柱效，但这种方法不能承受高压。停流进样是在高压泵停止输液、体系压力下降的情况下，将样品直接加到柱头，这种进样方式操作不便，重现性差，仅在不得已时才使用。高压六通阀进样的优点是适于大体积样品进样，易于自动化，高压条件下也可连续不断吸纳样品，且进样重现性好。

（5）色谱柱　高效液相色谱的核心是色谱柱，把经典液相色谱改造为现代高效液相色谱，重要的内容之一就是色谱柱的"现代化"。色谱柱"现代化"的关键内容是制备出高效的填料。近年来的高效涂料是使用了小颗粒的无机氧化物，如硅胶、二氧化锆、三氧化二铝和有机多孔共聚微球作基质，在这些基质上键合各种化学基团，形成各种具有选择性作用的高效固定相。这些填料装填成的色谱柱既要有好的选择性，又要有高的柱效，而提高柱效是现代高效液相色谱的又一重要问题。所以填料和装柱技术是关键问题。

在高效液相色谱中，色谱柱一般采用优质不锈钢管制成。在早期，填料剂粒度大（20～75μm），柱管径一般为 2mm，柱长 50～100cm。近年来，由于高效微型填料（3～10μm）的普遍应用，考虑管壁效应对柱效的影响，故一般采用管径粗（4～5mm）、长度短（0～50cm）的色谱柱。

柱温发生变化时，会引起多个分离参数变化。如温度上升，流动相黏度降低，柱压也会相应降低。若柱子材质不均一，或固定相充填不均匀，又会引起柱内温度分布的不均。上述种种变化，会综合地影响到被测组分在两相间的反应速度和分配平衡，最终导致峰扩散、峰拖尾等不良结果。因此通过温度控制器保持恒定的柱温至关重要，若将载液在进样前就预热到与柱温相同的温度，也将有助于保持柱温恒定。

（6）检测器　用于液相色谱中的检测器应该具有灵敏度高、噪声低、线性范围宽、响应快、死体积小等特点，同时对温度和流速的变化不敏感。为了将谱带展宽现象减小到最低，检测池的体积一般小于 15μL，当接微型柱时应小到 1μL 以下。在液相色谱法中，有两类基本类型的检测器：一类是溶质性检测器（solute property detector），是相应值取决于流出液中组分的物理或化学特性的检测器，如紫外检测器、荧光检测器、电化学检测器等；另一类是总体性能检测器（bulk property detector），是相应值取决于流出液某些物理性质的总变化的检测器，如示差折光检测器、介电常数检测器等。

常用高效液相色谱检测器的比较见表 4-11。

表 4-11　常用高效液相色谱检测器的比较

检测器	紫外-可见光吸收光度	示差折光	荧光	电导
测量参数	吸光度	折射率	荧光强度	电流
池体积/μL	1~10	3~10	3~20	<1
类型	选择性	通用型	选择性	选择性
线性范围	10^4	$10^3 \sim 10^4$	$10^2 \sim 10^4$	$10^4 \sim 10^5$
噪声(测量参数单位)	10^{-4}	10^{-7}	10^{-11}	10^{-3}
最小检出质量浓度/(g/mL)	10^{-10}	10^{-7}	10^{-11}	10^{-3}
用于梯度洗脱	可以	不可以	可以	不可以
对流量敏感性	没有	有	没有	有
对温度敏感性	不明显	明显	不明显	不明显
在 LC 中的使用量	第一	第四	第二	第三

4.3.5　高效液相色谱法的分类

高效液相色谱法的流动相为液体，按分离机理不同分为四类。从应用的角度而言，这四种方法实际上是相互补充的。

（1）液-固色谱（liquid-solid chromatography）　又称吸附色谱（adsorption chromatography）。用固定吸附剂作固定相，以不同极性溶剂作流动相，根据水样中被测组分吸附能力的强弱不同而进行分离。吸附剂是一些多孔的固定颗粒物质，在它们的表面上通常存在吸附点。

在液-固色谱中常用的固定相是硅胶和氧化铝。此色谱适用于分离分子量中等的油溶性组分，对具有不同官能团的化合物和异构体有较高的选择性。

（2）液-液色谱（liquid-liquid chromatography）　又称分配色谱（partition chromatography）。用载带在固相基体上的固定液作固定相，以不同极性溶剂作流动相，根据水样中各组分在固定相和流动相中的分配系数不同而进行分离。从理论上讲，流动相与固定相应互不相溶，两者之间有一个明显的分界面。一般分离极性较强的组分，选用极性较强的固定相和极性较弱的流动相，这种液-液色谱称为正相分配色谱简称正相色谱（normal phase chromatography）；相反，如分离极性较弱的组分，则选用极性较弱的固定相和极性较强的流动相，这种液-液色谱称为反相分配色谱简称反相色谱（reversed phase chromatography）。两者的出峰顺序恰好相反。反相色谱分配的优点是能分离极性相似而结构互异的样品组分，且水、醇这些极性溶剂廉价，又易提纯，因而得到广泛应用。

（3）离子交换色谱（ion exchange chromatography）　离子交换色谱是各种高效液相色谱中最先得到广泛应用的现代液相色谱方法，液相色谱在 20 世纪 60 年代的复兴也是以离子交换色谱的应用为标志的。

离子色谱法的固定相是高效微粒离子交换剂，流动相一般是含盐的水溶液，通常是缓冲溶液，有时还加入适量的与水混溶的有机溶剂，根据流动相中被测定的各种离子与树脂上相同电荷的离子亲和力不同，进行可逆交换而分离。一般离子交换色谱均有电导检测器，或配有其他检测器。离子交换色谱可以同时测定多个组分，尤其是对于用其他方法难以测定的 pK 小于 7 的阴离子更为适用，还可以分离和测定醇、胺、氨基酸、酚、有机酸和简单糖（单糖、双糖）等。

（4）体积排阻色谱（size exclusion chromatography）　又称凝胶色谱（gel chromatography）。体积排阻色谱是专门用于快速分离不同分子量混合物的色谱方法。以水溶液作流动相的体积排阻色谱法，称为凝胶过滤色谱法（gel filtration chromatography）；以有机溶剂作流动相的体积排阻色谱法，称为凝胶渗透色谱法（gel permeation chromatography）。实际分析中一般用凝胶渗透色谱较多。体积排阻色谱的分离机理是样品组分和固定相之间原则上不存在相互作用，色谱柱的固定相是具有不同孔径的多孔凝胶，当被测组分随流动相进入色谱柱时，在凝胶外部间隙及孔穴旁流过时，体积大的分子不能渗透到孔穴内部而受到排阻，首先流出色谱柱，小分子的组分可以渗透到孔穴内部而后流出。体积排阻色谱既可以快速测定高聚物的分子量分布和各种平均分子量，也可以研究高聚物的歧化度，还可以用于小分子混合物的分离和蛋白质的纯化。常用于农药、杀虫剂、酚类、芳烃、稠环芳烃、硝基苯类以及水溶性维生素等的分离和测定。四种高效液相色谱法的比较见表 4-12。

表 4-12 四种高效液相色谱法的比较

色谱法类型		吸附色谱法	分配色谱法		离子交换色谱法	体积排阻色谱法	
			正相液相色谱法	反相液相色谱法		凝胶渗透色谱法	凝胶过滤色谱法
固定相		全多孔固体吸附剂	固定液载带在固相基体上		高效微粒离子交换剂	具有不同孔径的多孔凝胶	
流动相		不同极性有机溶剂	不同极性有机溶剂和水		不同 pH 值的缓冲溶液	有机溶剂或一定 pH 值的缓冲溶液	
分离原理		吸附⇌解吸	溶解⇌挥发		可逆性的离子交换	多孔凝胶的渗透或过滤	
分离对象	分子量	$10^2 \sim 5 \times 10^3$				$10^3 \sim 10^6$	
	极性	非极性或弱极性	极性较强	极性范围较广	离子型	非离子型	
	溶解性	溶于非极性溶剂，在水中溶解度很差	溶于烃类、氯仿等有机溶剂，在水中溶解度很差	溶于极性溶剂（如水、醇类），但不离解	溶于水且能离解，或不溶于水，但溶于 HCl 溶液或 NaOH 溶液	溶于低极性的有机溶剂	溶于水

4.3.6 高效液相色谱法在水质分析中的应用

4.3.6.1 高效液相色谱法测定饮用水中克百威、甲萘威、莠去津及百菌清

（1）概述 克百威（carbofuran）又名呋喃丹，甲萘威（carbaryl）又名西维因，两者均属于氨基甲酸酯类农药，是国内使用量较大的杀虫剂。莠去津（atrazine）又名阿特拉津，是一种常用的三嗪类除草剂，在自然界中不易分解。百菌清（chlorothalonil）是一种非内吸性广谱杀菌剂，对大宗农作物和林业真菌病害具有良好的防治效果。由于这 4 种农药的广泛应用会对地表水和其他饮用水源造成污染，人们通过饮水长期摄入残留的农药，则会增加人体健康的风险。我国 GB 5749—2006《生活饮用水卫生标准》将克百威、莠去津和百菌清规定为水质非常规指标，其限值分别为 0.007mg/L、0.002mg/L 和 0.01mg/L。

水中 4 种农药的检测方法主要有气相色谱法、气相色谱-质谱法、高效液相色谱法、高效液相色谱-质谱法、超高效液相色谱-串联质谱法，但大多是分类进行检测。现行国家标准方法 GB/T 5750.9—2006《生活饮用水标准检验方法 农药指标》亦将这 4 种农药采用不同分析方法进行检测，其中克百威还需柱后衍生后进行测定，增加了实验人员的工作强度，难以满足大量水样快速检测。本法采用液液萃取对样品中农药进行富集，无需衍生，高效液相色谱法进行检测，实现了对饮用水中克百威、甲萘威、莠去津及百菌清的同时测定。

（2）仪器及试剂

① 仪器 岛津 LC-20AD 高效液相色谱仪（日本岛津公司），SPD-M20A 二极管阵列检

测器（PDA），N-EVAP OA-SYS 氮吹仪，IKA MS3BS25 型涡旋仪。

② 试剂　甲醇、乙腈、正己烷、石油醚、二氯甲烷、丙酮均为色谱纯；氯化钠、无水硫酸钠均为优级纯。标准品：克百威（CAS：1563-66-2，99.5%），甲萘威（CAS：63-25-2，99.5%），莠去津（CAS：1912-24-9，98.6%），百菌清（CAS：1897-45-6，98.0%）。0.45μm 一次性滤膜。

③ 色谱条件　色谱柱 Diamonsil C₁₈（250mm×4.6mm，5μm）；检测波长 230nm；柱温 40℃；流速 1mL/min，进样量 10μL。流动相：A 为乙腈，B 为水。梯度洗脱：0~8min，A 为 50%→90%；8~10min，A 为 90%；10~12min，A 为 90%→50%；12~17min，A 为 50%。

（3）分析测定

① 样品预处理　取 200mL 水样于 250mL 分液漏斗中，加入 5.0g 氯化钠，溶解后加入 10mL 二氯甲烷萃取 2min，静置分层后，转移出有机相，再加入 10mL 二氯甲烷萃取，静置分层后，合并有机相，有机相经过无水硫酸钠脱水后，用高纯氮气刚好吹干，用 1mL 甲醇溶解，涡旋混匀，0.45μm 滤膜过滤后进样测定。

② 水中克百威、甲萘威、莠去津、百菌清的液相色谱分离　通过反复试验，在 Diamonsil 柱上，在上述色谱条件下，在 230nm 处检测，使水中克百威、甲萘威、莠去津、百菌清得到分离，其标准色谱图如图 4-11 所示。

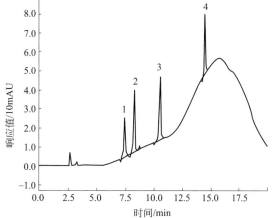

图 4-11　4 种农药标准色谱图

1—克百威；2—甲萘威；3—莠去津；4—百菌清

由图 4-11 可知，4 种农药在所选条件下得到了分离。

（4）说明

① 样品回收率　按照实验方法，在同一样品中分别添加低、中、高 3 种浓度水平标准溶液，每种浓度做 6 次平行，计算回收率，试验结果见表 4-13。由表可知 4 种农药的平均回收率为 83.2%~96.5%，色谱条件同图 4-11。

表 4-13　各种农药的回收率

农药	低浓度加标		中浓度加标		高浓度加标	
	加标量/μg	回收率/%	加标量/μg	回收率/%	加标量/μg	回收率/%
克百威	2.0	83.2	8.0	88.9	16.0	90.6
甲萘威	1.0	90.7	4.0	92.6	8.0	93.5
莠去津	0.5	87.7	2.0	90.1	4.0	91.8
百菌清	0.25	91.0	1.0	92.9	2.0	96.5

由表 4-13 可知，当高浓度加标时，四种农药的回收率均超过 90%。

② 线性范围与检出限　按试验方法对不同浓度的 4 种农药混合标准系列进行测定，以质量浓度（mg/L）为横坐标、峰面积为纵坐标绘制标准曲线。以 3 倍信噪比计算检出限，试验结果见表 4-14。由表可知，4 种农药的质量浓度在线性范围内与其峰面积的线性关系良好（$r \geqslant 0.9995$），方法的检出限为 0.08~0.9μg/L，线性范围和检出限能满足饮用水中 4 种农药的检测要求。

表 4-14　各种农药试验结果

农药	线性范围 /(mg/L)	标准曲线	相关系数	最低检出浓度 /(mg/L)	检出限 /(μg/L)
克百威	0.40~20.00	$y=25060.5x-983.24$	0.9998	0.180	0.90
甲萘威	0.20~10.00	$y=71549.9x-904.35$	0.9996	0.060	0.30
莠去津	0.10~5.00	$y=137146.8x-257.52$	0.9999	0.030	0.15
百菌清	0.05~2.50	$y=220285.4x-394.38$	0.9995	0.015	0.08

③ 精密度试验　分别对 4 种农药混合标准系列溶液的低、中、高 3 种浓度水平连续进样 6 次，计算相对标准偏差（RSD），结果如表 4-15 所示。由表可知，4 种农药在低、中、高 3 种浓度水平下进行平行测定，RSD 为 0.32%~4.38%。

表 4-15　精密度试验结果

农药	低浓度		中浓度		高浓度	
	测定值 /(mg/L)	RSD /%	测定值 /(mg/L)	RSD /%	测定值 /(mg/L)	RSD /%
克百威	2.00	3.91	10.00	2.04	20.00	1.03
甲萘威	1.00	3.56	5.00	1.89	10.00	0.32
莠去津	0.50	4.38	2.50	1.73	5.00	0.78
百菌清	0.25	3.82	1.25	1.81	2.50	0.39

4.3.6.2　高效液相色谱法测定水中 3 种氟乙胺

（1）概述　含氟低级脂肪胺是一种重要的化工原料，具有独特的理化性能和生物活性，广泛应用在医药、农药、染料等领域。但其毒性大、反应活性高，大量使用与排放会对生态环境造成不可忽视的影响。2-氟乙胺（FEA）是一种高效剧毒的有机氟杀虫农药，具有内吸收作用，有效期长且不易挥发；2,2-二氟乙胺（DFEA）常作为活性成分制备中的一种重要的中间体和合成原料，特别是在农药化学活性成分的制备中应用广泛；2,2,2-三氟乙胺（TFEA）中含有的三氟甲基基团具有强电负性和亲脂特性，是制备含氟聚合物、医药与农药的重要中间体和合成原料。

氟乙胺类化合物没有紫外吸收基团，利用高效液相色谱-紫外检测法对其进行检测时，需将其转化为具有紫外吸收的物质后方可进行检测，可参考氨基酸和脂肪胺的衍生方法进行方法开发。

然而由于各种原因，许多衍生程序并不适用于环境样品（如湖水和海水）和生物样品（如蛋白水解产物、尿液等）的分析。由于柱前衍生等前处理方法需要复杂的流程和较长的时间，因此研究人员针对水体中低级脂肪胺含量的测定开发了无需前处理可直接进样的方法。但在直接进样的方法中，流动相组成复杂，每次测定前需要较长的时间配备流动相，并且背景干扰较多。

总体来说，直接进样的方法与需要进行样品前处理的方法相比，便捷程度并没有显著提升。目前对氟乙胺类化合物的研究主要集中在合成方法方面，针对水中氟乙胺类化合物测定方法的研究较少，未见同时测定水中 3 种氟乙胺类化合物的报道。

（2）仪器及试剂

① 仪器　Waters Alliancee2695 型高效液相色谱仪，配四元梯度输液泵、光电二极管阵列检测器、120 位自动进样器和工作站等；WatersKQ-500DV 型数控超声波清洗器；DGG-9070A 型电热恒温鼓风干燥箱。

② 试剂　FEA 标准储备溶液：0.01mol/L（0.996g/L），称取 0.0498gFEA 盐酸盐，

用水定容至 50mL，使用时用水稀释成 0.05～500.0mg/L 的 FEA 标准溶液。

DFEA 标准储备溶液：0.01mol/L（0.810g/L），移取适量 DFEA（纯度为 97％）至加入适量水的 50mL 容量瓶中，用水定容至 50mL，使用时用水稀释成 0.05～500.0mg/L 的 DFEA 标准溶液。

TFEA 标准储备溶液：0.01mol/L（0.990g/L），移取适量 TFEA 至加入适量水的 50mL 容量瓶中，用水定容至 50mL，使用时用水稀释成 0.05～500.0mg/L 的 TFEA 标准溶液。

3 种氟乙胺混合标准储备溶液：80.0mg/L，移取 240.0mg/L 的 FEA、DFEA、TFEA 标准溶液各 10mL，混合均匀。

四硼酸钠溶液：0.10mol/L（38.1372g/L），称取 19.0686g 十水合四硼酸钠，用水定容至 500mL。

FMOC-Cl 溶液：0.10mol/L（25.87g/L），称取 1.2935g FMOC-Cl（纯度为 98％），用乙腈定容至 50mL。

十水合四硼酸钠为优级纯，乙腈为色谱纯，试用水为超纯水（电阻率为 18.2MΩ·cm）。

③ 色谱条件 Waters AtlantisT3 色谱柱（4.6mm×150mm，5μm），柱温 40℃；流量 1.0mL/min；进样量 20.0μL；检测波长 264nm。流动相：A 为乙腈，B 为水。梯度洗脱程序：0～3.00min 时，A 为 60.0％；3.00～3.10min 时，A 由 60.0％升至 85.0％，保持 3.90min；7.00～7.10min 时，A 由 85.0％ 降至 60.0％，保持 1.90min。3 种氟乙胺衍生物的色谱图如图 4-12 所示。

（3）分析测定 移取 0.01mol/L FEA 标准储备溶液 200μL、0.01mol/L DFEA 标准储备溶液 200μL、0.01mol/L TFEA 标准储备溶液 20μL、0.10mol/L 四硼酸钠溶液 300μL、0.10mol/L FMOC-Cl 溶液 360μL（物质的量之比为 1∶1∶1∶15∶18），混合均匀后置

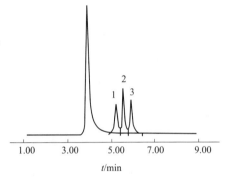

图 4-12　3 种氟乙胺衍生物的色谱图
1—FEA 衍生物；2—DFEA 衍生物；3—TFEA 衍生物

于 40℃烘箱加热 8min，冷却至室温后经有机相滤膜过滤后，按色谱条件进行测定。

按上述试验方法对 3 种氟乙胺混合标准溶液系列进行测定，并绘制标准曲线。结果表明：3 种氟乙胺的质量浓度均在 0.5～50.0mg/L 内与其对应的峰面积呈线性关系，线性回归方程和相关系数见表 4-16。

根据 3 倍信噪比（3S/N）计算 3 种氟乙胺的检出限，结果见表 4-16。

表 4-16　线性回归方程、相关系数和检出限

化合物	线性回归方程	相关系数	检出限 ρ/(mg/L)
FEA	$y = 0.2651x + 0.3342$	0.9975	0.195
DFEA	$y = 0.3228x + 0.5815$	0.9945	0.218
TFEA	$y = 0.2248x + 0.2577$	0.9950	0.619

（4）说明

① 精密度 按试验方法对 2.5mg/L、5.0mg/L、25.0mg/L 的 3 种氟乙胺混合标准溶液进行测定，平行测定 6 次，计算峰面积的相对标准偏差（RSD），RSD 在 0.33％～2.8％ 之间。

② 洗脱方式的选择　试验通过不断优化梯度洗脱时间与流动相比例，最终选定的梯度洗脱程序如下。流动相：A 为乙腈，B 为水。梯度洗脱程序：0～3.00min 时，A 为 60.0%；3.00～3.10min 时，A 由 60.0%升至 85.0%，保持 3.90min；7.00～7.10min 时，A 由 85.0%降至 60.0%，保持 1.90min。

③ 衍生剂用量的选择　测定不同衍生剂用量时 3 种氟乙胺衍生物的峰面积，选择 0.10mol/L FMOC-Cl 溶液的用量为 360μL。

④ 衍生温度和衍生时间的选择　试验选择衍生温度为 40℃。试验选择衍生时间为 8min。

⑤ 检测限　根据 3 倍信噪比（3S/N）计算 3 种氟乙胺的检出限如下：FEA 的检出限 0.195mg/L，DFEA 的检出限为 0.218mg/L，TFEA 的检出限为 0.619mg/L。

4.4
毛细管气相色谱法及其在水分析中的应用

4.4.1　毛细管气相色谱的发展历史

1957 年，高雷（M. J. E. Golay）首先提出毛细管柱气相色谱法是用毛细管柱作为气相色谱分离柱的一种高效、快速、高灵敏的分离分析方法。如何提高气相色谱柱的柱效一直是人们研究的重要课题。1955 年，高雷经过大量的理论研究发现如果使用毛细管柱可以大大提高柱效。他用内壁涂渍一层极薄而均匀的固定液膜的毛细管代替填充柱，解决组分在填充柱中由于受到大小不均匀载体颗粒的阻碍而色谱峰扩展、柱效降低的问题。高雷的研究激发了许多色谱学家的极大兴趣，如英国的 Desty、Scott，美国的 Zlatkis、Lipsky、Lovelock，德国的 Kaiser、Schomberg，意大利的 Liberti 和 Bruner 都为毛细管气相色谱的早期发展做出了贡献。我国从 20 世纪 50 年代后期对毛细管气相色谱进行了研究和应用，特别是在石油工业的研究和生产中起到很大的作用。

在毛细管气相色谱的发展过程中，一个核心的问题是高效毛细管气相色谱的制备工艺。高雷的第一支毛细管气相色谱柱是用聚乙烯做的，其后多采用不锈钢毛细管气相色谱柱。但是不锈钢柱柱效低、活性大，因而在 20 世纪 60～70 年代主要使用玻璃毛细管气相色谱柱。直到 20 世纪 70 年代中期可以涂渍出性能很好的玻璃毛细管气相色谱柱。

虽然玻璃毛细管气相色谱柱的性能大大优于不锈钢毛细管柱，但是它的活性和易碎性不能令人满意，1979 年 Dandeneau 和 Zerenner 制备出熔融二氧化硅毛细管气相色谱柱，我国习惯地称为"弹性石英毛细管柱"。很快这种毛细管柱成为毛细管气相色谱的主流，这是因为弹性石英柱柔韧性好，易于安装，机械强度较好，惰性好，吸附和催化性小，涂渍出来的色谱柱柱效高、热稳定性好。20 世纪 70 年代末毛细管柱工艺交联为网状结构，或者键合到毛细管柱壁上。到 20 世纪 80 年代后期固定相固定化的商品毛细管柱已经很流行了。1983年 10 月，惠普（HP）公司推出大孔径毛细管（megao bore colunm），它可以直接代替填充柱，既有毛细管柱高柱的优点，又有填充柱的大柱容量以及高重复性的特征，在 80 年代末曾风靡一时。20 世纪 90 年代中期，美国 Alltech 公司由 919 支内径为 40μm 的毛细管柱组成的毛细管束，有容量高、分析速度快的特点，适于工业分析之用。20 世纪 90 年代后期，为了适应石油工业中模拟蒸馏试验的要求，出现了可以耐高温的商品色谱柱，可以在 450℃，甚至可以在 480℃的柱温下工作。为了进行各种手性化合物的分离，有多种环糊精衍生物的商品手性毛细管柱出现。为了在工业分析中进行快速分析，20 世纪 90 年代 HP 公司又倡导使用细内径毛细管气相色谱柱。同时，为了适应环保、石油、电力等行业中的要求发展了小型便携式气相色谱仪。

4.4.2 毛细管气相色谱柱的类型

4.4.2.1 从制柱方法上分"填充柱型"和"开管柱型"

高雷称之为"开管柱"（open tubular column），是因为这种色谱柱是中空的，他强调这种色谱柱的特点是它的"空心性"，而不是它的"细小性"，但是人们的习惯难以改变，多数人仍把这种色谱柱叫作毛细管气相色谱柱。

（1）开管型毛细管柱　又分为常规毛细管柱、小内径毛细管柱、大内径毛细管柱和集束毛细管柱四种。

① 常规毛细管柱　这类毛细管柱的内径为 0.1～0.3mm，一般为 0.25mm 左右，可以是玻璃柱也可以是弹性石英柱，它们按内壁处理方法不同又可以分为壁涂开管柱和多孔层开管柱。

a. 壁涂开管柱（wall coated open tubular column，WCOT）　是将固定液直接涂在毛细管内壁上，这是高雷最早提出的毛细管柱。由于管壁的表面光滑，润湿性差，对表面接触角大的固定液，直接涂渍制柱，重现性差，柱寿命短。现在的 WCOT 柱，其内壁通常都先经过表面处理，以增加表面的润湿性，减小表面接触角，再涂固定液。现在大多数毛细管柱是这种类型的。

b. 多孔层开管柱（porous layer open tubular column，PLOT）　它是先在毛细管内管壁上附着一层多孔固体，然后再在其上涂渍固定液。在这一类毛细管柱中使用最多的是"载体涂层毛细管柱"（support coated open tubular column，SCOT）。它是先在毛细管壁上涂覆一层硅藻土载体，然后再在其上涂渍一层固定液。SCOT 柱现在已经很少用了。

② 小内径毛细管柱（microbore column）　这类毛细管柱是内径小于 $100\mu m$ 的弹性石英毛细管柱，多用来进行快速分析。

③ 大内径毛细管柱（megaobore column）　这类毛细管柱的内径为 $320\mu m$ 和 $530\mu m$，为了用这种色谱柱代替填充柱，常做成厚液膜柱，如液膜厚度为 $5～8\mu m$。

④ 集束毛细管柱（multicapillary column）　它是由许多支很小内径的毛细管柱组成的毛细管束，且有容量高、分析快的特点，适于工业分析之用。

（2）填充型毛细管柱　又分为填充毛细管柱和微填充毛细管柱两种。

① 填充毛细管柱　这种毛细管柱是先在较粗的厚壁玻璃管中装入松散的载体或吸附剂，然后再拉制成毛细管柱。如装入的是载体，可涂渍固定液成为气-液填充毛细管柱；如装入的是吸附剂，就成为气-固毛细管柱。这种毛细管柱近年很少使用了。

② 微填充毛细管柱　这种毛细管柱与一般填充柱一样，只是它的内径较细（1mm 以下），它是把固定相直接填充到毛细管中。这种色谱柱在气相色谱中应用不多。

4.4.2.2 其他分类方法

① 从分离机理上可分为分配型和吸附型两类毛细管柱。

② 从涂渍固定液方式上又可分为胶联型和涂渍型两种毛细管柱。

③ 根据柱内径分：大于 0.5mm 孔径的称为大口径毛细管柱；0.32mm 的称为中口径毛细管柱；0.2～0.25mm 的称为小口径毛细管柱；0.1mm 孔径以下的称为超细口径毛细管柱。

4.4.3 毛细管气相色谱的特点

4.4.3.1 毛细管柱的一般性特点

（1）渗透性好，可使用长色谱柱　柱渗透性好，即载气流动阻力小。柱渗透性一般用比渗透率（B_O）表示。当气体通过一支色谱柱时，柱中填料（填充柱）或细小的通道（毛细管柱）对气体有一定的阻力。描述这一阻力的参数叫比渗透率（B_O），$B_O = L\eta u / (j\Delta p)$。式中，$L$ 为柱长；η 为载气黏度；u 为载气平均线速；Δp 为柱压降；j 为压力校正因子。毛细管色谱柱的比渗透率约为填充柱的 100 倍，这样就有可能在同样的柱压降下，使用 100m 以上的柱子，而载气线速仍可保持不变。

（2）相比（β）大，有利于实现快速分析　β 值大（固定液膜厚度小），有利于提高柱效。可是毛细管柱的容量因子（k）比填充柱小，加上由于渗透性大可使用很高的载气流速，从而使分析时间变得很短。由于上述两因素所损失的柱效，通过增加柱长来弥补很方便，这样既可有高的柱效，又可实现快速分析。

（3）容量小，允许进样量少　进样量取决于柱内固定液的含量。毛细管柱涂渍的固定液仅几十毫克，液膜厚度为 $0.35 \sim 1.50 \mu m$，柱容量小，因此进样量不能大，否则将导致过载而使柱效率降低，色谱峰扩展、拖尾。对液体样品，进样量通常为 $10^{-3} \sim 10^{-2} \mu L$。因此毛细管柱气相色谱在进样时需要采用分流进样技术。

（4）总柱效高，分离复杂混合物的能力大为提高　从单位柱长的柱效看，毛细管柱的柱效优于填充柱，但二者仍处于同一数量级，由于毛细管柱的长度比填充柱大 $1 \sim 2$ 个数量级，所以总的柱效远高于填充柱，可解决很多极复杂混合物的分离分析问题。

4.4.3.2　大内径厚液膜毛细管气相色谱柱的特点

所谓大内径毛细管柱主要是指内径为 0.53mm 的弹性石英毛细管柱，其特点是：直接取代填充柱，即无需分流进样；分析速度快，比填充柱分析速度快；吸附性小；在较低的载气流速下柱效大大优于填充柱；这种色谱柱多为交联型固定相，所以它的化学稳定性和热稳定性优于填充柱。

4.4.3.3　细内径毛细管气相色谱柱的特点

气相色谱分析方法的主要目的是在尽可能短的时间里使一个混合物得到完全的分离，对于痕量分析而言还要求灵敏度高、对样品的容量大。如果减小柱内径就会提高柱效，所以可在维持分离度不变的情况下缩短柱长。分析时间也大大缩短，所以在分离度不减小的情况下可以进一步提高分析速度。在许多化学、石油化学、食品、调味品和香料的分析中不需要很高的灵敏度，所以在这些领域中使用细内径毛细管柱可以大大缩短分析时间，在保持分离度不变的条件下提高分析效率。

4.4.4　毛细管气相色谱的应用

在气相色谱领域中，无论在分离能力、分析速度还是在检测灵敏度等方面，毛细管柱都大大优于填充柱，更适于对复杂多组分混合物的分离。目前，毛细管色谱技术已广泛应用于石油化工、石油地质、环境科学、天然产物、生物医学、食品、化妆品及酿酒工业等领域中复杂组分的分离分析。

（1）在环境科学中的应用　1979 年美国环保局公布了 129 种优先污染物，其中 114 种为有机物。环境污染的特点是组成复杂，含量低。毛细管色谱技术是分离分析这类有机污染物强有力的手段。在分析环境污染物中使用的毛细管柱大致有 DB-1、DB-5、DB-624、UCONHB、PS-225、SE-30、SE-52、SE-54 和 OV-101 毛细管柱。

（2）农药残留物分析　目前，有机农药主要有有机磷和有机氯两大类。有机磷类急性毒性大，但易分解。有机氯类急性毒性小，但性质稳定，不易破坏。多种杀虫剂、除草剂和杀菌剂属于极性、热稳定性差的化合物，在色谱分析时要求柱壁要完全惰性。用钝化的玻璃填充柱、玻璃毛细管柱和弹性石英毛细管柱与 ECD、NPO 和 FPD 检测器配合，是对多种农残分析的通用方法。在农残分析中经常使用的毛细管柱有 DB-1701、SP-2330、Slarloc、SE-30、OV-1、OV-101、OV-17 和 OV-225-OH 等。

（3）食品中有机污染物的分析　食品中的有机污染物主要是残留的农药、亚硝胺、苯并芘、食品添加剂等。此外，镰刀真菌在其污染的粮食和饲料中产生多种镰刀真菌毒素，人畜食用后可出现不同程度的中毒症状，采用 SE-54 弹性石英柱可检测出 8 种镰刀真菌毒素。

（4）在石油化工和石油地质中的应用　从天然气、馏分油到原油，从烃类到非烃类等组分的分析，均可采用毛细管柱。在此类分析中所采用的毛细管柱有异三十烷、SE-30、SE-54、OV-101 等。

（5）在生物和医学方面的应用　毛细管色谱用于生物分析主要是对昆虫信息素相对微生物的分析，对于此类物质的分析通常采用 DEGS、FFAF、FEG-20M、OV-17、OV-1701 和 SE 类毛细管柱。

毛细管柱用于临床分析主要是对氨基酸、糖、有机酸、胆汁酸和多胺的分析。所使用的毛细管柱有 OV-101（分析氨基酸用），SE-30、SE-33（分析糖用），OV-17、OV-1701 和 DB-1（分析有机酸用），SE-30、OV-101、OV-225、PEG-20M（分析流体化合物用）。胆汁酸的分析有人采用 PEG-20M 和 SE-54 毛细管柱。同时，SE-54 毛细管柱也可分析多胺类化合物。

毛细管色谱也是对药物分析的强有力的手段之一。在分析抗坏血酸及其降解产物时可采用 SE-54 毛细管柱；分析烷基比血清巴比妥酸盐采用 SP-2100 毛细管柱；兴奋剂的分析也可采用 SP-2100 毛细管柱；酸性、碱性和中性药物都可采用 SPB-1 毛细管柱进行分析。此外，毛细管柱还可用于天然产物、中药有效成分、食品和酿酒工业分析等。

4.4.5　毛细管气相色谱法及其在水分析中的应用举例

4.4.5.1　毛细管气相色谱法同时测定生活饮用水中 18 种有机污染物

饮用水安全直接关系到广大人民群众的身体健康和生命安全，2006 年国家标准委和卫生部联合发布了新的《生活饮用水卫生标准》（GB 5749—2006），标准中的指标数量由 35 项增至 106 项，大大增加了检测项目。标准中要求检测的有机污染物检验方法众多，操作比较繁琐。例如：标准中氯苯类化合物与六六六、滴滴涕、七氯、六氯丁二烯、百菌清和溴氰菊酯都是分开检测，前处理和色谱条件都不同，这样就需要大量的人员和仪器设备才能完成，花费大量的检测时间。因此，需要建立快速、准确且可同时检测多组分的分析方法，以提高检测效率。

（1）概述　毛细管气相色谱法可以同时测定国家标准中规定必须检测的 18 种有机污染物，且该分析方法快速简便，重复性好，准确度高，能够更好地完成生活饮用水检测任务。

（2）主要试剂　正己烷：色谱纯（Sigma-Aldrich，SHBB3200V）。石油醚：沸程 30～60℃（Thermo Fisher，705413）。硫酸：分析纯（批号：20130201）。氯化钠：分析纯（批号：20130806）。无水硫酸钠：分析纯（批号：20130430）。

标准物质：1,4-二氯苯（批号：80625）、1,2-二氯苯（批号：80714）、1,3,5-三氯苯（批号：80430）、1,2,4-三氯苯（批号：20201）、1,2,3-三氯苯（批号：10115）、六氯苯（批号：20624）均为含量＞99％的标准品（德国 Dr. Ehrenstorfer 公司）；六氯丁二烯（批号：71204）、七氯（批号：50511）、溴氰菊酯（批号：80917）均为含量＞99％的标准品（德国 Dr. Ehrenstorfer 公司）；百菌清为 $100\mu g/mL$ 的标准品（国家标准样品 GSB05—

2312—2008，批号：46053）；α-666、β-666、γ-666、δ-666、4,4'-DDE、4,4'-DDD、2,4'-DDT、4,4'-DDT 均为含量>99% 的标准品（中国标准技术开发公司 GBW06401～GBW06408）。

（3）仪器及工作条件　Agilent 7890A 气相色谱仪，附电子捕获检测器（ECD）；DB-5 毛细管柱 30m×0.32mm×0.25μm。10μL 微量注射器。

色谱分析条件如下：进样口温度 325℃，检测器温度 330℃，柱流速 1.0mL/min，分流比 5：1；尾吹 28mL/min；进样体积 1μL；柱温 100℃保持 12min，以 10℃/min 的速率升温至 190℃，保持 8min，以 20℃/min 的速率升温至 210℃，保持 10min，以 30℃/min 升温至 270℃，保持 18min。

（4）分析步骤

① 样品的采集和保存　用 500mL 磨口玻璃瓶采集。采样后应尽快进行萃取处理，如不能尽快处理，采样时每升水样中加 1.0mL 硫酸，并置于 4℃冰箱内，保存期 4d，经过萃取后的样品可在 4℃冰箱内保存 40d。

② 样品分析　取 250mL 水样置于 500mL 分液漏斗中，加 5g 氯化钠溶解后，用 20mL 石油醚分 2 次萃取（10mL、10mL），每次充分振荡 3min，合并石油醚萃取液，经无水硫酸钠脱水干燥。用少量的石油醚洗涤锥形瓶和无水硫酸钠层，合并洗脱液于 KD 浓缩器中。于 50～70℃水浴中浓缩至 1.0mL，按照实验条件进行分析。

在上述实验条件下，用 DB-5 毛细管柱对 18 种有机污染物进行分析，分离效果很好，色谱图如图 4-13 所示。

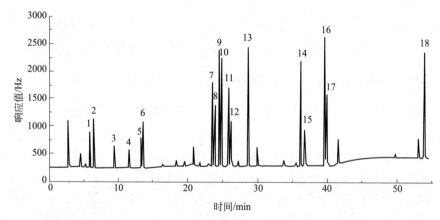

图 4-13　18 种有机污染物标准色谱图

1—1,4-二氯苯，5.868min；2—1,2-二氯苯，6.390min；3—1,3,5-三氯苯，9.492min；4—1,2,4-三氯苯，11.632min；
5—六氯丁二烯，13.393min；6—1,2,3-三氯苯，13.595min；7—α-666，23.655min；8—六氯苯，23.965min；
9—β-666，24.650min；10—γ-666，24.939min；11—δ-666，25.955min；12—百菌清，26.210min；
13—七氯，28.674min；14—4,4'-DDE，36.261min；15—4,4'-DDD，36.848min；
16—2,4'-DDT，39.745min；17—4,4'-DDT，40.059min；18—溴氰菊酯，53.965min

（5）说明

① 单种标准储备液　分别准确称取约 25mg 六六六和滴滴涕标准品于 8 个 50.0mL 容量瓶中，用正己烷分别定容，得到浓度约为 500mg/L 的单标溶液；分别准确称取约 100mg 1,4-二氯苯、1,2-二氯苯、1,3,5-三氯苯、1,2,4-三氯苯、1,2,3-三氯苯、六氯苯、溴氰菊酯、六氯丁二烯和 10mg 七氯于 9 个 100.0mL 容量瓶中，用正己烷定容，分别得到浓度约为 1000mg/L 和 100mg/L 的单标溶液。

② 混合标准储备液　吸取一定体积各组分标准储备液于 25.0mL 容量瓶中，用正己烷定容。

③ 标准曲线的绘制　分别吸取 $50\mu L$、$100\mu L$、$200\mu L$、$300\mu L$、$400\mu L$ 混合标准储备液于 10.0mL 容量瓶中，正己烷定容，得到标准系列，按照实验条件进行分析。以峰面积为纵坐标、浓度为横坐标，绘制标准曲线。其线性方程、相关系数及检出限见表 4-17，结果表明这 18 种物质在相应的浓度范围内具有良好的线性关系。

表 4-17　线性方程、相关系数及检出限

组分	浓度范围 /(mg/L)	线性方程	相关系数	检出限 /(μg/L)
1,4-二氯苯	0.02~2.0	$y=2441.17x+60.39$	0.9995	0.1
1,2-二氯苯	0.02~2.0	$y=3360.74x+79.34$	0.9996	0.1
1,3,5-三氯苯	0.001~0.1	$y=40999.87x+16.29$	0.9996	0.05
1,2,4-三氯苯	0.001~0.1	$y=38855.52x+11.21$	0.9998	0.05
六氯丁二烯	0.00004~0.004	$y=1069480x+23.17$	0.9998	0.002
1,2,3-三氯苯	0.001~0.1	$y=63745.6x-21.75$	0.9996	0.03
α-666	0.0006~0.06	$y=108596.9x-28.28$	0.9982	0.001
六氯苯	0.0005~0.05	$y=118234.9x+122.89$	0.9975	0.001
β-666	0.02~2.0	$y=5799.52x+50.72$	0.9981	0.02
γ-666	0.001~0.1	$y=104713.5x-94.04$	0.9980	0.002
δ-666	0.001~0.1	$y=93232.3x-109.17$	0.9982	0.002
百菌清	0.002~0.2	$y=64178.72x-33.33$	0.9991	0.003
七氯	0.002~0.2	$y=95805.75x-329.42$	0.9982	0.003
4,4'-DDE	0.003~0.3	$y=96935.69x-119.89$	0.9985	0.02
4,4'-DDD	0.001~0.1	$y=19274.15x+227.63$	0.9967	0.02
2,4'-DDT	0.014~0.4	$y=68333.2x-159.77$	0.9975	0.005
4,4'-DDT	0.001~0.1	$y=187715.4x-679.51$	0.9964	0.002
溴氰菊酯	0.01~1.0	$y=25581.19x-1148.26$	0.9952	0.02

④ 方法检出限　以仪器 3 倍信噪比（3S/N，即以 3 倍的噪声除以方法的灵敏度）计算方法检出限，方法检出限为 $0.001\sim0.1\mu g/L$，满足《生活饮用水卫生标准》（GB 5749—2006）中的水质指标要求。

⑤ 方法的精密度与准确度　同一样品重复测定 6 次，计算相对标准偏差。按实验方法，在同一样品中分别添加低、高浓度标准溶液，计算平均加标回收率，该方法的相对标准偏差（RSD）在 0.9%~3.4% 之间，精密度较好。各组分平均加标回收率为 80%~107%，满足《生活饮用水卫生标准》（GB 5749—2006）中的水质指标要求。

4.4.5.2　毛细管气相色谱法测定水中二氯乙腈

随着多种消毒剂的单独或联合使用，越来越多的消毒副产物（DBPs）在饮用水中被检测出来，80% 的疾病与饮用水有关，随着对饮用水中 DBPs 研究的不断深入，以二氯乙腈（DCAN）为主的卤乙腈类含氮消毒副产物越来越受到重视。二氯乙腈是生活饮用水氯化消毒过程中产生的一种含氮消毒副产物（N-DBPs），具有较强的遗传毒性和细胞毒性。在酸性及中性条件下，DCAN 的生成量随着 pH 值的增大而增大，DCAN 的生成量随着投氯量的增加而增加。

二氯乙腈的测定方法有气相色谱/质谱法和液液微萃取-气相色谱/质谱法，气相色谱/质谱法检测水中消毒副产物卤代腈，效果较好，但是此法对检测设备要求高，不利于后期研究的开展。液液微萃取-气相色谱/质谱法，该法预处理繁琐，相对标准偏差（RSD）较高，分析耗时。顶空毛细管气相色谱法测定水中的二氯乙腈，该方法气体进样，可专一性收集样品中的易挥发性成分，与液-液萃取和固相萃取相比既可避免在除去溶剂时引起挥发物的损失，

又可降低共提物引起的噪声，具有更高的灵敏度和分析速度，对分析人员和环境危害小，操作简便，可满足实际水样检测的要求。

（1）概述　顶空-毛细管气相色谱法测定地表水和饮用水中的二氯乙腈（DCAN）含量，二氯乙腈的最低检出质量浓度可达 0.050μg/L。

（2）主要试剂　二氯乙腈标准物质：纯度＞99％；其他各类溶剂均为国产色谱纯。

（3）仪器与工作条件　气相色谱仪：Agilent7890B 型气相色谱仪，带有微池电子捕获检测器（μECD）。顶空进样器：CombiPAL 顶空自动进样器。

色谱分析条件如下。色谱柱：HP-INNOWAX 毛细管色谱柱（30m × 0.32mm，0.5μm）。温度：进样口 250℃，检测器 300℃，柱温：起始温度为 40℃，保持 2min，然后以 30℃/min 速率升温到 190℃，保持 4min。载气为高纯氮气（纯度为 99.99％），流速为 2.0mL/min。

顶空如下。加热器转速为 500r/min，进样体积为 1mL。样品平衡温度：60℃。样品平衡时间：20min。整个分析时间为 9min。

（4）试验方法　标准使用溶液（1.00g/L）制备：精密称取二氯乙腈标准物质 0.1000g，溶于 100mL 乙腈中，得到浓度为 1.00g/L 的标准储备溶液，准确稀释标准储备溶液 1000 倍，得到 1.00mg/L 标准使用溶液。

样品检测：取 10mL 待测水样，置于 20mL 顶空样品瓶中，盖上瓶盖密封，采用 CombiPAL 顶空自动进样器预处理，按照色谱条件自动进样进行气相色谱检测分析。

（5）说明

① 色谱柱选择　采用 HP-1 和 HP-1701 色谱柱时，目标化合物均有一定的拖尾现象出现，不利于后期的定量分析；而 HP-INNOWAX 色谱柱得到的分离效果和峰形较好。

② 平衡时间选择　平衡时间也是影响待测物质气液分配比的一个重要因素。配制 1.00μg/L 二氯乙腈标准溶液，在其他条件不变的情况下，分别选取平衡时间 10min、20min、30min、40min、50min。试验结果显示，当平衡时间在 10～20min 时，样品响应值显著增加，20min 以后，其目标物的响应值变化不大。因此，将 20min 作为顶空平衡时间。

③ 标准曲线与方法检出限　在选定的条件下，按试验方法对二氯乙腈系列标准溶液进行进样分析，记录峰面积，以峰面积为纵坐标、相应的质量浓度（μg/L）为横坐标绘制标准曲线。线性回归方程为 $y = 1009.8\rho - 2.45$，R 为 0.9985，线性范围是 0.100～2.00μg/L。考察方法检出限，信噪比为 3:1 时，该方法的检出限为 0.050μg/L。

④ 回收率与精密度　100.00mL 纯水中进行加标回收实验，标准加入量分别为 0.500μg/L、1.00μg/L、1.50μg/L，按试验方法分别平行测定 7 次，其结果如表 4-18 所示。

表 4-18　回收率与精密度结果

加标浓度 /(μg/L)	检测浓度/(μg/L)							均值 /(μg/L)	回收率 /%	RSD /%
0.500	0.52	0.52	0.52	0.50	0.48	0.54	0.52	0.51	102	3.7
1.00	0.94	0.87	0.94	0.95	0.89	0.92	0.91	0.92	92.0	3.2
1.50	1.40	1.41	1.43	1.50	1.38	1.33	1.36	1.40	93.3	3.9

结果表明，毛细管柱顶空法测定二氯乙腈在不同浓度加标情况下，回收率为 92.0％～102％，有较好的准确度。

4.4.5.3　毛细管气相色谱法测定水中苯系物

水中的苯系物通常包括苯、甲苯、乙苯、间二甲苯、对二甲苯、邻二甲苯、异丙苯、苯乙烯等几种化合物。除苯是已知的致癌物外，其他几种化合物对人体和水生生物均有不同程度的毒性。苯系物的工业污染源主要是石油化工生产的排放废水。利用苯系物易挥发的特性，结合顶空进样器的进样技术，采用自动顶空-毛细管柱气相色谱法测定水中苯系物，得到了较满意的分析结果。以下为应用实例。

（1）概述　采用自动顶空-毛细管柱气相色谱法测定水中苯系物具有操作简便、快速、灵敏度高、重现性好、能实现半自动化的特点。可用于地表水和废水中苯系物的测定。

（2）主要试剂　纯水（色谱检测无待测组分）；氯化钠（优级纯）；甲醇（色谱纯）；色谱标准物（色谱纯：苯、甲苯、乙苯、间二甲苯、对二甲苯、苯乙烯、异丙苯）。

（3）仪器与工作条件　色谱仪（Agilent 公司的 7890B 型气相色谱仪，FID 检测器，配 Agilent 公司数据工作站）；毛细管色谱柱（HP-55% Phenyl Methyl Siloxane：$30m \times 320\mu m \times 0.25\mu m$）；顶空进样器（Agilent 公司 7697A 顶空进样器）；顶空瓶（Agilent 公司带密封盖 20mL 顶空瓶）；压盖器；启盖器；电子天平（精度 0.01g）。

色谱仪条件：色谱柱温度 50℃（等温方式）；检测器温度 160℃；进样口温度 150℃；线流速 18cm/s（恒定流速）；分流比 10:1；燃气流速 30mL/min；助燃气流速 300mL/min；进样量 $1\mu L$。

顶空进样器条件：加热箱温度 60℃；定量环温度 70℃；传输线温度 80℃；进样持续时间 0.5min；GC 循环时间 20min。

（4）分析步骤

① 方法原理　在恒温的密闭容器中，水样中的苯系物在气液两相间分配，达到平衡，取气相样品进行色谱分析。采用外标法计算苯系物含量，如公式（4-33）所示。

$$P_i = f_i A_i(h_i) \tag{4-33}$$

式中　P_i——i 组分含量，$\mu g/L$；

$\quad A_i(h_i)$——i 组分的峰面积（或峰高）；

$\quad f_i$——i 组分标准工作曲线斜率。

② 样品的预处理　称取 3.0g NaCl 放入顶空瓶中，再准确移取 10.0mL 水样加入顶空瓶内，立即盖上瓶盖压盖密封，轻轻摇匀，待 NaCl 完全溶解后，放入顶空进样器中待测。

③ 定性分析　各组分出峰顺序及时间：苯 4.4min，甲苯 6.5min，乙苯 10.9min，间二甲苯、对二甲苯 11.5min，苯乙烯 13.2min，异丙苯 16.5min。

④ 定量分析

a. 苯系物标准储备液　准确称取苯、甲苯、乙苯、间二甲苯、对二甲苯、苯乙烯、异丙苯各 20mg，分别置于 10mL 容量瓶中，用甲醇溶解并稀释至刻度。各物质质量浓度分别为 2mg/mL。

b. 苯系物标准使用液　分别吸取上述苯系物标准储备液 $100\mu L$ 于 100mL 容量瓶中，用纯水稀释至刻度，各物质的质量浓度分别为 $2.0\mu g/mL$。

c. 苯系物标准色谱图如图 4-14 所示。

d. 平衡时间选择　将同一浓度的样品（以苯为例）在 60℃ 的平衡温度下分别平衡 20min、30min、40min、50min，由顶空进样器自动进样进行色谱分析，平衡时间对峰面积的影响见表 4-19。

表 4-19　平衡时间对峰面积的影响

平衡时间/min	20	30	40	50
峰面积	21.10	26.69	27.10	27.86

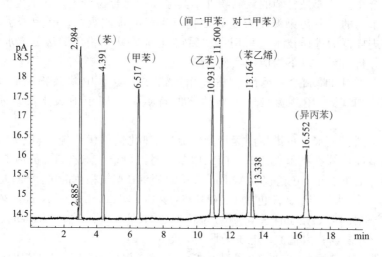

图 4-14　苯系物标准色谱图

由表 4-19 可见，随着平衡时间增加，峰面积增大，但 30min、40min、50min 时峰面积基本一致，已不随时间变化而变化，为了提高工作效率，选择平衡时间 30min。

e. 工作曲线的制作　取 8 个 100mL 容量瓶，先加入适量纯水，再分别加入苯系物标准使用溶液 0mL、0.05mL、0.10mL、0.50mL、1.50mL、2.50mL、3.50mL 及 5.00mL，用纯水稀释至刻度，其质量浓度分别为 0μg/L、1μg/L、2μg/L、10μg/L、30μg/L、50μg/L、70μg/L 及 100μg/L，按样品处理方式进行顶空进样。以峰面积为纵坐标、质量浓度为横坐标，绘制浓度-峰面积工作曲线。

实验结果表明，在 1~100μg/L 的测定范围内，可以获得 6 条满意的直线方程，6 条曲线的相关系数 (r) 在 0.99~0.999 之间，结果见表 4-20。

表 4-20　标准曲线及线性相关系数

组分	回归方程式	线性相关系数(r)
苯	$Y=0.2666X-0.1070$	0.9987
甲苯	$Y=0.2299X-0.0567$	0.9969
乙苯	$Y=0.2477X-0.1489$	0.9983
间二甲苯、对二甲苯	$Y=0.1796X-0.3665$	0.9985
苯乙烯	$Y=0.2786X-0.0728$	0.9980
异丙苯	$Y=0.3347X-0.1462$	0.9988

f. 精密度　分别选用高、低两种浓度样品进行精密度实验，其结果分别见表 4-21 和表 4-22。七种物质重复测定后，其相对标准偏差为 2.35%~8.74%，与规范相比结果令人满意。

表 4-21　低浓度样品精密度实验 ($n=6$)

组分	浓度平均值/(μg/L)	标准偏差/%	相对标准偏差/%
苯	30.3	2.0	6.60
甲苯	30.9	2.3	7.44
乙苯	31.2	1.8	5.77
间二甲苯、对二甲苯	59.6	1.4	2.35
苯乙烯	31.0	1.0	3.23
异丙苯	31.9	2.1	6.58

表 4-22　高浓度样品精密度实验 （n＝6）

组分	浓度平均值/(μg/L)	标准偏差/%	相对标准偏差/%
苯	101	3.5	3.47
甲苯	105	4.2	4.00
乙苯	103	5.8	5.63
间二甲苯、对二甲苯	201	12.4	6.17
苯乙烯	104	7.5	7.21
异丙苯	103	9.0	8.74

g. 回收率实验　对样品进行加标实验，其结果见表 4-23。由表可知回收率为 89.1%～105%，与规范相比结果令人满意。

表 4-23　回收率实验结果

组分	加标量/(μg/L)	回收量/(μg/L)	回收率/%
苯	30.3	27.0～30.5	89.1～101
甲苯	30.9	29.2～30.0	94.5～97.1
乙苯	30.9	30.1～31.6	97.4～102
间二甲苯、对二甲苯	60.3	56.6～61.6	93.9～102
苯乙烯	31.0	29.0～31.0	93.5～100
异丙苯	30.9	29.3～32.5	94.8～105

4.4.5.4　毛细管气相色谱法分析测定水中吡啶、丙酮、乙腈

吡啶、丙酮和乙腈均是无色透明液体，易燃，沸点不高于 120℃，易溶于水，是重要的有机化工及精细化工原料，也是医药、农药生产过程的优良溶剂，具有一定的毒性。吡啶有特殊臭味，其蒸气与空气能形成爆炸性混合物，毒性较大，其液体及蒸气刺激皮肤和黏膜。生产工艺及排放废水中存在一定浓度的吡啶、丙酮和乙腈，对环境和人体健康造成危害。因此，测定水质中吡啶、丙酮和乙腈，对保护环境、保证人体健康具有重要意义。水中有机物的检测前处理一般有溶剂萃取和顶空。萃取过程繁琐，而且用有机溶剂又会对环境造成污染和对操作人员有伤害。萃取过程还会有损失，使检出结果有误差。用顶空对水样进行前处理，避免了萃取等复杂的前处理过程，减少了沾污和损失。以下为应用实例。

（1）概述　顶空-毛细管气相色谱法同步测定水中吡啶、丙酮、乙腈，操作简单、结果准确，完全适用于环境水中吡啶、丙酮和乙腈的测定。

（2）主要试剂　实验用水是将去离子水加热 20min 后的水，吡啶、丙酮和乙腈均为色谱纯。

贮备液的配制：在 100mL 容量瓶中先加入适量的实验用水，再称取 100mg （准确至0.1mg）吡啶、丙酮和乙腈加入容量瓶中，用实验用水稀释至刻度，反复混合至均匀，吡啶、丙酮和乙腈标准贮备液浓度为 1.0mg/mL。4℃ 下避光保存，使用前在室温下放置 15min。

中间溶液的配制：在 100mL 容量瓶内加入实验用水，用 10mL 移液管移取上述标准贮备溶液 10mL，加入容量瓶中，用水定容并混合均匀。该标准溶液内吡啶、丙酮和乙腈浓度为 100mg/L。

标准工作溶液的配制：将上述标准中间溶液逐步稀释得到较低浓度的吡啶、丙酮和乙腈标准工作溶液，配制系列浓度 0.10mg/L、0.50mg/L、1.00mg/L、2.00mg/L、5.00mg/L的吡啶、丙酮和乙腈溶液，现用现配，绘制标准曲线用于常规校正。

（3）仪器与工作条件　安捷伦 7890 气相色谱仪及化学工作站，FID 检测器；G1888 顶空自动进样器，20mL 样品瓶；HP-FFAP 弹性石英毛细管柱，30m×0.25mm×0.25μm。

顶空条件：加热箱温度85℃，进样阀温度100℃，传输线温度110℃，平衡时间40min，加压时间0.5min，取样时间0.5min。

色谱条件：柱的起始温度50℃，以100℃/min升到220℃；检测器温度250℃，进样口温度230℃，载气为高纯氦（大于99.999%），柱流量3.0mL/min，进样量10mL，分流比15∶1，氢气流量35mL/min，空气流量300mL/min，尾吹为20mL/min。

（4）分析步骤

① 采样　样品采集平行样，在样品瓶中加入20g氯化钠。在现场采集水样，瓶内液面上不要留有空间，用塞子塞紧瓶口，一直保持密封状态，立即送实验室尽快分析。

② 样品预处理　顶空分析水样时加入一定量的盐，由于盐析作用，可以降低挥发性有机物在水中的溶解度，使气相中挥发性有机物的浓度增大，进一步提高分析的灵敏度。本方法采用氯化钠为盐析剂，氯化钠加入量为3g/10mL水。分别考察了水中加盐量为2.0g/10mL、3.0g/10mL、4.0g/10mL、5.0g/10mL等对吡啶、丙酮和乙腈色谱峰值大小的影响。当含氯化钠量为3.0g/10mL水时，吡啶、丙酮和乙腈峰值达最大，4.0g/10mL时已有部分氯化钠不溶解，影响样品体积。因此，加氯化钠量为3.0g/10mL水。

③ 分析步骤　先取实验水10mL做空白试验，然后再取水样10mL注入顶空自动进样器进行前处理和色谱分析。对于水中吡啶、丙酮和乙腈浓度较大的样品，可经适当稀释后再行测定。

④ 标准曲线和检出限　取标准工作溶液10mL进行顶空和色谱分析，结果见表4-24。由表可知，吡啶、丙酮和乙腈相关系数均大于0.992。说明在混合溶液中吡啶、丙酮和乙腈质量浓度在0~5μg/mL之间时其线性关系良好。

表 4-24　吡啶、丙酮和乙腈的标准曲线

序号	1	2	3	4	5	6	标准曲线
浓度/(mg/L)	0.0	0.1	0.5	1.0	2.0	5.0	
吡啶峰面积 A	0.0	25.6	150.3	280.9	600.3	1506	$y=302.0x-5.65, R^2=0.999$
丙酮峰面积 A	0.0	56.1	280.6	750.8	1806	3800	$y=775.9x+3.44, R^2=0.992$
乙腈峰面积 A	0.0	18.9	96.3	250.6	550.0	1200	$y=243.6x+3.52, R^2=0.995$

取低浓度的标准样品连续分析7个，计算其标准偏差S，则吡啶、丙酮、乙腈的方法检出限分别为0.026mg/L、0.006mg/L、0.03mg/L。从结果可以看出，3种溶剂的检出限均符合国家排放标准。

⑤ 回收率　以实验用水为本底，加入已知量的吡啶、丙酮和乙腈进行回收率实验，回收率为78.0%~100.2%。水样加标色谱图如图4-15所示。

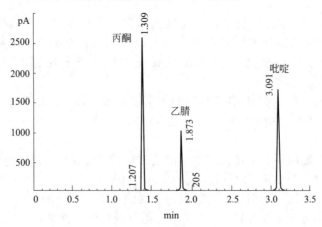

图 4-15　水样加标色谱图

⑥ 精密度和准确度 以本方法的标线最高浓度 c 为基准，配制 0.5c（2.5mg/L）标准溶液按方法操作步骤连续进行 5 天的测定，RSD 为 1.6%，结果见表 4-25。说明本方法的精密度和准确度较高，完全满足色谱分析要求。

表 4-25 重现性试验结果

测定次数	0.5c(2.5mg/L)		
	吡啶	丙酮	乙腈
1	2.5632	2.5231	2.5102
2	2.5126	2.5163	2.5222
3	2.5036	2.4505	2.5009
4	2.5169	2.4992	2.4893
5	2.4936	2.5101	2.5607
平均值$\bar{x}$/(mg/L)	2.5180	2.4998	2.5167
标准偏差 S/(mg/L)	0.02682	0.02895	0.02743
相对标准偏差/%	1.1	1.2	1.1

4.4.5.5 毛细管气相色谱法测定水中异丙苯

异丙苯属低毒类有机物，对人体有较强的麻醉作用，可能引起结膜炎、皮肤炎，并对脾脏和肝脏有害。异丙苯对环境有危害，对大气、土壤和水体可造成污染，是中国水质监测优先控制的污染物之一，中国《地表水环境质量标准》（GB 3838—2002）规定其标准限值为 0.25mg/L，因此对水中异丙苯的测定具有一定的现实意义。

（1）概述 异丙苯是一种无色、有特殊芳香气味的液体，不溶于水，可溶于乙醇、乙醚、四氯化碳和苯等有机溶剂，在工业上主要用作有机合成原料及提高发动机燃料辛烷值的添加剂。异丙苯的分析一般常用气相色谱法，在实际工作中由于水中异丙苯常以痕量状态存在，因此在分析前需要对水样进行富集处理。目前，水中有机物的前处理方法主要有液液萃取法、吹扫捕集法、固相萃取法和顶空法等，其中液液萃取法具有技术成熟、易于操作、回收率高、富集效率高且分析成本较低等优点。

（2）主要试剂 1000mg/L 异丙苯标准溶液，介质为二硫化碳，国家标准物质研究中心；二硫化碳，色谱纯；优级纯氯化钠和无水硫酸钠，450℃条件下烘烤 4h。实验用水：纯净水，经纯水机处理后使用。

（3）仪器与工作条件 安捷伦 7890B 型气相色谱仪，配氢火焰离子化检测器（FID）；MMV-1000W 型分液漏斗振荡器，上海爱朗仪器有限公司；微量注射器。

HP-INNOWAX 毛细管色谱柱（30m×0.53mm×1μm）；载气为高纯氮气（≥99.999%），柱流速为 1.3mL/min，尾吹气流量 3mL/min；仪器进样口温度 220℃；检测器温度 250℃；色谱柱初始温度 50℃保持 2min，以 20℃/min 的速率升至 170℃，恒温保持 2min；氢气流量 50mL/min，空气流量 400mL/min；进样方式为分流进样，分流比为 10：1；以待测物色谱保留时间定性、峰面积定量。

（4）分析步骤

① 水样采集与处理 采用洁净的棕色玻璃容器采集水样，采样前用水样荡洗采样瓶 2～3 次，采样时不得留有顶上空间和气泡，采样后密封瓶塞，统一进行编号并贴上标签，在 4℃冰箱中保存不超过 7d。量取经 0.45μm 微孔滤膜过滤的 100mL 水样置于 250mL 分液漏斗中，加入 4g 氯化钠振摇溶解，再加入 10mL 二硫化碳至水样中振摇 5min 后静置 10min，待有机相和水相分离后收集有机相。收集后的有机相通过装有无水硫酸钠的色谱柱脱水，取 1mL 按色谱条件进行分析测定。

② 标准储备液制备 用移液器准确移取 100μL 浓度为 1000mg/L 的异丙苯标准溶液至

10mL 容量瓶中，用二硫化碳定容至标线后混匀，配制浓度为 10mg/L 的异丙苯标准中间液。

（5）说明

① 标准工作曲线绘制和方法检出限　用注射器移取 0μL、3μL、8μL、15μL、30μL、60μL 浓度为 10mg/L 的异丙苯标准中间液分别至 10mL 容量瓶中，用二硫化碳定容，配制成质量浓度为 0.00μg/L、3.00μg/L、8.00μg/L、15.0μg/L、30.0μg/L、60.0μg/L 的异丙苯标准系列。在上述实验条件下，对异丙苯标准系列从低浓度到高浓度进行气相色谱分析，以色谱峰面积为纵坐标、质量浓度为横坐标绘制标准曲线。结果表明，在 0.00～60.0μg/L 浓度范围内异丙苯线性关系良好，其回归方程为 $Y = 21496.7X - 493.1$，线性相关系数 $r = 0.9992$。异丙苯标准样品色谱图见图 4-16。

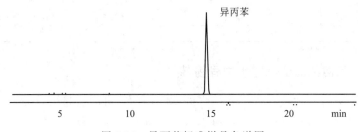

图 4-16　异丙苯标准样品色谱图

在上述色谱条件下对浓度为 3.00μg/L 的异丙苯水样连续测定 7 次，计算 7 次测定结果的标准偏差 S。方法检出限按公式 $MDL = St_{(n-1,0.99)}$ 计算[在 99% 的置信区间 $t_{(n-1,0.99)} = 3.143$，S 为 7 次测定结果的标准偏差]，计算水中异丙苯的检出限均为 0.05μg/L。

② 方法精密度　取浓度为 8.00μg/L 的异丙苯标准溶液在上述气相色谱条件下平行测定 7 次，计算测定结果的相对标准偏差，结果见表 4-26。实验结果表明，该方法有较好的精密度，异丙苯溶液 7 次测定结果的相对标准偏差小于 2%。

表 4-26　精密度试验结果

项目	测定值/(μg/L)	平均值/(μg/L)	RSD/%
异丙苯	7.72、7.61、7.54、7.65、7.58、7.49、7.43	7.57	1.29

③ 加标回收率　在超纯水中加入不同量的异丙苯标准溶液，配制成浓度为 5.00μg/L、8.00μg/L、10.0μg/L 和 15.0μg/L 的加标样品。按上述分析步骤对不同质量浓度的加标样品进行液液萃取气相色谱分析，进行样品加标回收率试验，结果见表 4-27。实验结果表明，异丙苯的加标回收率在 94.7%～102.8% 间，在分析测试有效范围内，表明该方法准确度较好。

表 4-27　加标回收率试验结果

样品	成分	本底值/(μg/L)	加入量/(μg/L)	测定值/(μg/L)	回收率/%
1	异丙苯	0.00	5.00	5.14	102.8
2		0.00	8.00	7.76	97.0
3		0.00	10.0	9.83	98.3
4		0.00	15.0	14.2	94.7

液液萃取-毛细管气相色谱法测定水中异丙苯具有操作简单、方法灵敏度和准确度高、检出限能满足地表水中痕量异丙苯的测定等优点，能满足水样中异丙苯的定性、定量分析要求。

4.4.5.6 毛细管气相色谱法测定饮用水及水源水中 6 种有机磷农药

（1）概述 为了提高农作物的产量、防止病虫害的发生，农药被大量广泛使用，在雨水的冲刷作用下，残留农药随地表径流进入河湖，继而进入饮用水源，从而增加了污染饮用水和水源水的机会。2006 年我国新颁布的《生活饮用水卫生标准》（GB 5749—2006）中将大量农药纳入监测指标中。

（2）主要试剂 高纯氮载气（中国北京如源如泉气体有限公司）；氯化钠（优级纯，批号：20140819）；无水硫酸钠（分析纯，批号：20140421）；乙酸乙酯（Pesticide 级，批号：R141008）；甲醇（HPLC 级，批号：R141099）；二氯甲烷（Pesticide 级，批号：2908483）；乙酸乙酯与二氯甲烷混合溶剂（1＋1，体积比）；Restek47mm 的 C_{18} 固相萃取膜（批号：6215254001）；Restek47mm 的 DVB 固相萃取膜（批号：080714）；高纯水；迪马公司 6 种有机磷农药混合标准物（含敌敌畏、乐果、毒死蜱、对硫磷、马拉硫磷、甲基对硫磷，批号：3826130）。

（3）仪器与工作条件 Agilent 6890N 气相色谱仪（带火焰光度检测器，美国 Agilent）；HA-500 氢空一体机（中国北京中惠普分析技术研究所）；TurboVap Ⅱ 氮吹浓缩仪（美国 Caliper. LifeSciences）；Dex-4790 固相萃取仪（美国 Horizon）。

气相色谱条件：采用程序升温方式，100℃（保留 1min）→10℃/min→230℃（保留 10min）；火焰光度检测器温度 250℃；尾吹气流量 15mL/min，氢气流量 75mL/min，空气流量 100mL/min；以氮气为载气，采用分流进样方式，进样口温度 250℃，进样口压力 14.61psi，总流量 14.1mL/min，分流比 10∶1，分流流量 11.0mL/min，柱流量 1.1mL/min，平均线速度 30cm/s。

（4）分析步骤

① 样品前处理 将待处理水样装于 1000mL 的样品瓶中，瓶口用锡箔纸覆盖，放上密封圈，并将专用瓶盖拧紧后倒置放在固相萃取仪上，按照下述方法对样品进行萃取：首先用乙酸乙酯、甲醇、高纯水对固相萃取膜进行预活化，3 种溶剂浸泡时间均设置为 90s，风干时间分别设置为 90s、0s、0s；活化完毕后，样品自动萃取，萃取完成后，将空气风干时间设置为 8min，接着分别用乙酸乙酯、二氯甲烷、乙酸乙酯与二氯甲烷（1＋1，体积比）、乙酸乙酯与二氯甲烷（1＋1，体积比）进行洗脱，每一种溶剂的浸泡时间分别设置为 30s、30s、90s、90s，风干时间分别设置为 60s、60s、120s、120s。萃取后的样品放在氮吹仪中，浓缩至 1.0mL，用气相色谱仪进行测定，以保留时间定性，外标法进行定量。

② 仪器条件 萃取膜的选择：分别选择 47mm DVB 膜和 47mm C_{18} 两种萃取膜。使用 C_{18} 膜进行加标回收实验，发现乐果的回收率仅为 40%～50%，其余 5 种组分回收率可达到 80% 以上。而如果采用 DVB 膜，当样品浓度＜10μg/mL 时，6 组分的回收率均可达 80%～110%，完全符合一般生活饮用水以及水源水的检测需求，故选择 DVB 膜进行样品的萃取。具体结果见表 4-28。

表 4-28 6 种有机磷农药用 C_{18} 膜与 DVB 膜回收的回收率结果

组分	组分浓度/(μg/mL)	C_{18} 膜回收率/%	DVB 膜回收率/%
敌敌畏	5.00	86.4	92.2
乐果	5.00	53.2	86.5
毒死蜱	5.00	89.6	93.8
甲基对硫磷	5.00	92.6	98.6
马拉硫磷	5.00	95.8	97.1
对硫磷	5.00	90.3	103.0

③ 分离效果　分别采用弱极性、中等极性和强极性色谱柱对 6 种有机磷农药进行分离，经多次实验发现，采用 DB-1701 色谱柱的分离效果最佳。分离效果图如图 4-17 所示。敌敌畏 8.047min，乐果 15.269min，毒死蜱 16.385min，甲基对硫磷 16.566min，马拉硫磷 16.918min，对硫磷 17.837min。

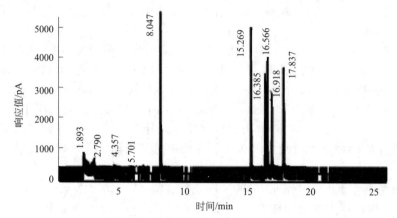

图 4-17　6 种有机磷农药分离效果图

④ 标准曲线　对质量浓度在 0.2～10μg/mL 的 6 种有机磷农药标准溶液系列进行了 6 次重复测试，各组分浓度范围、线性方程及相关系数（r）见表 4-29。数据显示，6 种有机磷农药的标准曲线的相关系数可以达到 0.9980 以上。

表 4-29　6 种有机磷农药浓度范围、标准曲线线性方程及相关系数

组分	浓度范围/(μg/mL)	线性方程	相关系数
敌敌畏	0.200～10.0	$y=2842.3A+46.46$	0.9991
乐果	0.200～10.0	$y=2354.1A-358.27$	0.9986
毒死蜱	0.200～10.0	$y=1823.8A-13.44$	0.9997
甲基对硫磷	0.200～10.0	$y=2412.9A-469.97$	0.9983
马拉硫磷	0.200～10.0	$y=1633.3A-57.28$	0.9990
对硫磷	0.200～10.0	$y=2439.0A-99.07$	0.9997

注：表中 A 为色谱峰面积。

⑤ 检出限　以噪声的 10 倍计算该方法的检出限，用峰高指标进行统计。实验结果发现，6 种有机磷农药的检出限在 0.02～0.10μg/mL，各组分分别为：敌敌畏 0.085μg/mL；乐果 0.031μg/mL；毒死蜱 0.055μg/mL；甲基对硫磷 0.052μg/mL；马拉硫磷 0.080μg/mL；对硫磷 0.048μg/mL。

⑥ 精密度　在进行精密度实验中，由于在日常样品中很难找到阳性样品，故实验配制了 3 种浓度的合成水样，选用上述方法进行精密度实验，具体实验结果见表 4-30。统计结果

表 4-30　精密度实验结果 （$n=6$）

组分	低浓度		中浓度		高浓度	
	组分浓度 /(μg/mL)	RSD /%	组分浓度 /(μg/mL)	RSD /%	组分浓度 /(μg/mL)	RSD /%
敌敌畏	0.40	6.45	1.50	4.56	7.00	4.66
乐果	0.40	5.58	1.50	4.25	7.00	5.73
毒死蜱	0.40	4.01	1.50	5.17	7.00	6.68
甲基对硫磷	0.40	3.36	1.50	5.68	7.00	9.49
马拉硫磷	0.40	1.95	1.50	7.95	7.00	3.56
对硫磷	0.40	2.91	1.50	6.04	7.00	6.48

显示：低浓度测定结果，其相对标准偏差（RSD）在 1%～7%；中浓度测定结果，其 RSD 在 4%～8%；高浓度测定结果，其 RSD 在 3%～9.5%。

⑦ 方法准确度　采用加标回收的方式进行准确度实验，分别配制高、中、低 3 种质量浓度的样品进行回收率实验，其结果见表 4-31。结果表明，3 种不同质量浓度的样品，其回收率在 80%～120%。

表 4-31　加标回收实验结果

组分	低浓度		中浓度		高浓度	
	组分浓度 /(μg/mL)	回收率 /%	组分浓度 /(μg/mL)	回收率 /%	组分浓度 /(μg/mL)	回收率 /%
敌敌畏	0.40	81.5～97.8	1.50	93.4～107	7.00	93.7～109
乐果	0.40	85.8～99.6	1.50	99.9～112	7.00	92.3～106
毒死蜱	0.40	80.5～104	1.50	98.5～114	7.00	92.5～110
甲基对硫磷	0.40	91.6～106	1.50	99.9～116	7.00	90.2～114
马拉硫磷	0.40	80.8～100	1.50	96.8～120	7.00	104～116
对硫磷	0.40	86.8～107	1.50	97.6～116	7.00	95.9～114

4.4.5.7　毛细管气相色谱法测定水中邻甲苯酚和邻溴苯酚

邻甲苯酚和邻溴苯酚作为重要的有机合成中间体，广泛应用于合成农药、合成树脂、染料和塑料抗氧剂等有机合成工业。邻甲苯酚和邻溴苯酚均为具有刺激性和致癌性的有毒物质。邻甲苯酚和邻溴苯酚主要通过工业废水的排放进入水环境，对水体可造成污染，对生态环境和人体健康造成危害。因此，准确测定地表水中邻甲苯酚和邻溴苯酚的残留量是非常有必要的。

邻甲苯酚和邻溴苯酚一般都以痕量浓度存在于地表水环境中，在测定前需对水样进行富集前处理。地表水中有机物的富集预处理一般采用固相微萃取法、固相萃取法、吹扫捕集法和液液萃取法等技术。固相微萃取法、固相萃取法和吹扫捕集法可以富集大体积水样品，但方法耗时太长且使用成本较高，而液液萃取法是富集水中有机物的经典方法，具有操作稳定可靠、样品回收率高、成本较低且易于操作等优点。本部分采用液液萃取法对地表水样品进行前处理，在酸性条件下选用乙酸乙酯作萃取溶剂，用气相色谱法同时测定水中邻甲苯酚和邻溴苯酚的含量。

（1）概述　用直接液液萃取浓缩富集水中邻甲苯酚和邻溴苯酚，毛细管气相色谱分析，地表水中邻甲苯酚检出限为 0.04μg/L，邻溴苯酚检出限为 0.03μg/L。本方法灵敏度和准确度高，富集效率高，检出限低，适用于水中邻甲苯酚和邻溴苯酚的定性和定量分析。

（2）主要试剂　2000mg/L 邻甲苯酚和邻溴苯酚标准溶液，国家标准物质中心；正己烷、二氯甲烷、丙酮、乙酸乙酯、石油醚均为色谱纯；优级纯盐酸；优级纯氯化钠和硫酸钠，使用前于 300℃下烘烤 4h。

（3）仪器与工作条件　安捷伦 7890N 型气相色谱仪，配氢火焰离子化检测器（FID，安捷伦公司）；TuRboVapⅡ型定量氮吹浓缩仪（美国 CalipeR 公司）；CSR-1-05 型超纯水机。

气相色谱分析条件：CD-5 型毛细管色谱柱（15m×0.53mm×0.5μm）；进样口温度 250℃；FID 检测器温度 300℃；氢气流量 60mL/min，空气流量 400mL/min；升温程序为 60℃保持 2min，以 10℃/min 升至 160℃保持 1min，然后以 20℃/min 升温到 240℃，保持

2min；载气为高纯氮气（纯度≥99.999％），流速为 1.0mL/min，尾吹流量 20mL/min；不分流进样，进样量为 1μL。

（4）分析步骤

① 水样采集及处理　在采样现场，将地表水样品沿瓶壁缓缓倒入棕色玻璃采样瓶中，水样充满后塞紧瓶口使水样处于密封状态。采集后的水样最好当天分析，如不能及时分析，应将水样放置在 4℃冰箱中避光保存。取 200mL 地表水经 0.45μm 微孔滤膜过滤后置于分液漏斗中，用盐酸调至 pH 值为 4 左右后加入 8g 氯化钠振摇溶解，再加入 10mL 乙酸乙酯振荡萃取 10min，静置 5min，收集有机相。有机相通过无水硫酸钠脱水后经氮吹浓缩仪浓缩至近 0.5mL，用乙酸乙酯定容至 1.0mL 后，进行气相色谱分析。

② 标准工作曲线和检出限　用乙酸乙酯将 2000mg/L 邻甲苯酚和邻溴苯酚标准溶液稀释成浓度为 10mg/L 的混合标准使用液。用微量注射器吸取 0μL、2μL、5μL、10μL、20μL、40μL 标准使用液到 10mL 乙酸乙酯中，配制成质量浓度为 0.00μg/L、2.00μg/L、5.00μg/L、10.0μg/L、20.0μg/L、40.0μg/L 的混合标准系列。取邻甲苯酚和邻溴苯酚标准系列按色谱条件由低浓度到高浓度上样分析，以色谱峰面积为纵坐标、溶液的浓度为横坐标，绘制工作曲线。邻甲苯酚回归方程为 $Y = 3249X - 234.7$，相关系数 $R = 0.9994$；邻溴苯酚回归方程为 $Y = 4257X - 118.1$，相关系数 $R = 0.9992$。

在上述工作条件下对浓度为 2.00μg/L 的邻甲苯酚和邻溴苯酚的混合标准溶液平行分析 7 次，计算标准偏差 S。方法检出限按公式 $MDL = St_{(n-1, 0.99)}$ 计算，其中 $t_{(n-1, 0.99)}$ 为置信度 99％、自由度 $n-1$ 时的 t 值，n 为重复次数，当 $n = 7$ 时，t 值取 3.143。计算出地表水中邻甲苯酚检出限为 0.04μg/L，邻溴苯酚检出限为 0.03μg/L。

③ 精密度和加标回收率　按照本试验方法对 3 份不同地区地表水样品进行测定，均未检出邻甲苯酚和邻溴苯酚。在上述 200mL 水样中分别加入一定量的邻甲苯酚和邻溴苯酚标准中间液，配制成浓度为 3.00μg/L、5.00μg/L、8.00μg/L 的 3 个样品，在上述工作条件下每个样品重复测定 7 次，进行加标回收率和精密度试验。实验结果表明，邻甲苯酚和邻溴苯酚的加标回收率为 92.9％～97.1％，相对标准偏差均小于 3％。

④ 分离效果　取邻甲苯酚和邻溴苯酚标准混合溶液，除色谱柱外按色谱条件设置仪器参数，分别使用 DB-1 色谱柱、DB-624 色谱柱、CD-5 色谱柱及 HP-5 色谱柱进行分析，邻甲苯酚和邻溴苯酚色谱图如图 4-18 所示。由图可知，选择 CD-5 型毛细管色谱柱，邻甲苯酚和邻溴苯酚达到较高的色谱信号响应值，分离度良好。

4.4.5.8　毛细管气相色谱法同时测定水中甲醇、乙醇和 N,N-二甲基甲酰胺

（1）概述　甲醇、乙醇均为无色透明液体，易溶于水，是重要的有机化工及精细化工原料，也是医药、农药生产过程的优良溶剂，有一定的毒性。甲醇对血管有麻痹作用，能导致神经变性，损害视神经。N,N-二甲基甲酰胺（DMF）是一种极性溶剂，在合成革工业中应用广泛。DMF 可经呼吸道、消化道和皮肤进入人体，具有一定的毒性。由于 DMF 仅作为载体溶剂，不发生化学反应，因而几乎无损耗，全部进入生产废水和环境空气中，若不处理会对环境造成很大的污染。

甲醇测定一般有 2 种方法，直接进样法和顶空法；DMF 测定有直接进样法和预蒸馏法；乙醇测定方法为顶空法。目前还没有一套能够同时测定这 3 种物质的国家标准分析方法。甲醇、乙醇及 DMF 作为常用有机溶剂，在医药及化工企业中常被大量使用，这类企业的生产废水中往往含有这些化合物成分。

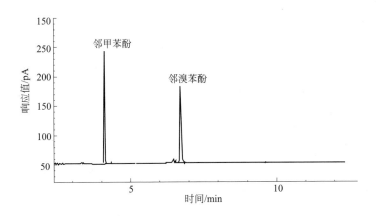

图 4-18　邻甲苯酚和邻溴苯酚色谱图

（2）主要试剂　甲醇（分析纯，德国默克公司），乙醇（分析纯，上海凌峰化学试剂有限公司），DMF（分析纯，上海凌峰化学试剂有限公司），超纯水。

（3）仪器和工作条件　气相色谱仪：GC2010 气相色谱仪（日本岛津公司），配备 AOC20＋is 自动进样器及 FID 检测器。

色谱分析条件：进样口温度为 250℃；分流比为 10∶1；色谱柱内流量 3mL/min；柱温箱起始温度 170℃，保持 2min，以 10℃/min 升到 190℃，再以 50℃/min 升到 230℃，保持 3min；检测器温度 270℃；空气流量 300mL/min；氢气流量 40mL/min；进样体积 1μL。

（4）分析步骤

① 水样的采集与保存　采集水样前，除去水面漂浮物，采样容器用水样荡洗 3 次后再采样，采样瓶上部不留空间，样品采集后应尽快分析，否则可在 4℃下保存 7d。

② 样品的前处理　样品经 0.45μm 水系滤头过滤后，可直接进样。

③ 色谱柱选择　选择 HP-PLOTQ（30m×0.53mm×40μm）毛细管填充柱作为分析柱，该柱的固定相为聚苯乙烯-二乙烯基苯，属于有机多孔聚合物类型的色谱柱，有良好的耐水性。目标化合物在该柱上分离良好，标准色谱图如图 4-19 所示。

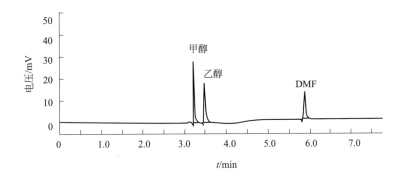

图 4-19　甲醇、乙醇、DMF 标准色谱图

④ 标准曲线　量取甲醇、乙醇和 DMF 各 100.0μL 于 10mL 的容量瓶中，用超纯水定容，配制成甲醇、乙醇、DMF 质量浓度分别为 7920mg/L、7980mg/L 和 9450mg/L 的混合

标准储备液。取适量上述混合标准储备液，用纯水逐级稀释成甲醇质量浓度为 7.92mg/L、15.8mg/L、79.2mg/L、158mg/L、396mg/L、792mg/L，乙醇质量浓度为 7.98mg/L、16.0mg/L、79.8mg/L、160mg/L、399mg/L、798mg/L，DMF 质量浓度为 9.45mg/L、18.9mg/L、94.5mg/L、189mg/L、473mg/L、945mg/L 的系列混合标准溶液。按照色谱分析条件进行分析，以各化合物峰面积为纵坐标、质量浓度为横坐标，进行线性拟合，得甲醇、乙醇和 DMF 的线性回归方程分别为 $y=188.89x-488.88$、$y=217.66x-3201.9$ 和 $y=123.95x-535.7$，对应的相关系数 r 分别为 0.9998、0.9993 和 0.9998。即在上述浓度范围内，各目标化合物线性良好，相关系数均＞0.999。

⑤ 方法精密度、准确度及检出限　分别对甲醇质量浓度为 39.6mg/L 和 396mg/L、乙醇质量浓度为 39.9mg/L 和 399mg/L、DMF 质量浓度为 47.3mg/L 和 473mg/L 的空白加标水样平行测定 6 次，考察方法的精密度，结果见表 4-32。结果显示甲醇、乙醇、DMF 的相对标准偏差均≤5.79%，精密度满足质控要求。

表 4-32　方法精密度结果

化合物	测定值/(mg/L)						RSD/%
	1	2	3	4	5	6	
甲醇	40.3	39.9	38.8	38.2	40.0	40.5	2.28
甲醇	391	393	394	392	391	391	0.33
乙醇	45.2	38.5	43.9	45.3	43.7	43.4	5.79
乙醇	393	395	399	396	393	393	0.55
DMF	46.1	50.0	50.0	50.4	47.2	46.8	3.98
DMF	479	472	475	474	477	477	0.55

分别对甲醇、乙醇、DMF 质量浓度为 3.96mg/L、3.99mg/L 和 4.73mg/L 的各 7 个空白加标水样做连续测定，按照 $MDL=St_{(n-1, 0.99)}$ 计算方法检出限，其中 $t=3.143$，得甲醇、乙醇和 DMF 的检出限分别为 1.17mg/L、1.31mg/L 和 2.05mg/L。

⑥ 加标回收率　实际样品加标回收率见表 4-33。

表 4-33　甲醇、乙醇、DMF 的实际样品加标回收率

监测指标		测定值/(mg/L)		加标浓度 /(mg/L)	回收率 /%
		加标前	加标后		
地表水	甲醇	—	15.7	15.8	99.4
	乙醇	—	15.9	16.0	99.4
	DMF	—	17.8	18.9	94.2
废水	甲醇	8.26	24.3	16.5	97.1
	乙醇	9.32	28.6	18.6	98.5
	DMF	11.50	33.7	23.0	96.5

结果显示，地表水中甲醇、乙醇和 DMF 的回收率分别为 99.4%、99.4% 和 94.2%，废水中甲醇、乙醇和 DMF 的回收率分别为 97.1%、98.5% 和 96.5%。分别对甲醇、乙醇、DMF 质量浓度为 3.96mg/L、3.99mg/L 和 4.73mg/L 的各 7 个空白加标水样做连续测定，得甲醇、乙醇和 DMF 的检出限分别为 1.17mg/L、1.31mg/L 和 2.05mg/L。

4.5
毛细管电泳法及其在水分析中的应用

4.5.1 毛细管电泳法简介

4.5.1.1 概述

毛细管电泳（capillary electrophoresis，CE），又称高效毛细管电泳（high performance capillary electrophpresis，HPCE），是近年来发展起来的一类以毛细管为分离通道，以高压直流电场为驱动力的新型液相分离分析方法，是现代分析化学研究的前沿领域之一。毛细管电泳实际上包含电泳、色谱及其交叉的内容，是现代分析化学中继高效液相色谱（HPLC）之后的又一重大发展。

4.5.1.2 毛细管电泳产生的背景

色谱科学在20世纪末的20年里以前所未有的速度发展，特别是进入生命科学、材料科学和信息科学时代，对分离分析提出越来越高的要求。气相色谱（GC）虽然分离效率、选择性、灵敏度都很高，但是它只适用于热稳定性好、易挥发的物质。高效液相色谱法（HPLC）虽然不受热稳定性及挥发性限制，可以分析热稳定性差、难挥发的物质，但是和气相色谱（GC）相比，缺乏灵敏的通用型检测器，试验中需消耗大量的有机溶剂，特别是对于大分子物质因其分子扩散系数小、传质阻力大，使柱效率大大降低，以至于难以分离分子量大于2000的物质。经典电泳技术虽然和离心法、色谱法一起成为分离生物高聚物最有效和应用最广泛的三大方法，对生物化学的发展起了重要的推动作用，但是这些电泳技术操作繁琐、费时、定量困难，也很难满足现代生命科学研究的要求。Jorgenson和Lukacs在充分研究电泳理论、技术的基础上，将色谱理论和电泳技术相结合，于20世纪80年代初从理论和实际两个方面提出高效毛细管电泳分析技术，并迅速在全球范围掀起研究热潮。

4.5.1.3 毛细管电泳的发展

早在1808年，俄国物理学家Von Reus首次发现黏土颗粒的电迁移现象，并开始研究带电粒子在电场中的电迁移行为，测定它们的迁移速度。但是，把电泳作为一种分离分析技术还是在1970年，Field和Teague用电泳理论作指导，研究设计出填充有琼脂糖凝胶的桥管，成功地分离了白喉毒素和它的抗体。1937年，瑞典科学家Tiselius将蛋白质混合液放在两段缓冲液之间，两端加电压进行自由溶液的电泳，第一次将从人血清提取的蛋白质混合液中分离出白蛋白和α-球蛋白、β-球蛋白、γ-球蛋白，并发现样品的迁移方向和速度取决于它所带的电荷和淌度。Tiselius制成第一台电泳仪并进行了第一次自由溶液电泳，使电泳作为分离分析技术有了突破性的进展。Tiselius对电泳技术的发展和应用所做的巨大贡献，使他获得了1984年诺贝尔化学奖。

自由溶液电泳的分离效率受焦耳热的限制，只能在低电场强度下进行操作，使分析时间和分离效率很低。为解决电泳的介质对流及散热问题，人们又进行了多方探索。Hjerten最早提出了用小内径管在高电场下进行自由溶液的电泳，用以降低焦耳热，他在1967年的文章中报道了使用慢速旋转的内径为3mm的石英玻璃管进行自由溶液电泳，以UV进行检测，成功地分离了无机离子、有机离子、蛋白质、多肽、核酸、病毒以及细菌，证明了他的设想。Virtenen系统地研究了在玻璃及聚四氟乙烯的$200\sim300\mu m$内径的毛细管中进行电泳分离，并指出用细内径柱进行电泳的优点，即可以减小对流和热扩散。Everaerts在高电压下进行等速电泳并于 20 世纪 70 年代初发表了专著《等速电泳》，提出用毛细管进行电泳的基本原理和在线检测方法，并在等速电泳系统上获得了区带电泳的结果。1979 年，Everaerts 和 Mikker 发表了有关区带电泳理论的文章，提出用毛细管来抑制对流和增强散热效果的方案，并用内径 200μm 的聚四氟乙烯管以毛细管区带电泳方式成功地分离了 16 种有机酸，用 UV 和电导进行检测，使理论塔板数达到 18 块/m。这实际上是毛细管电泳的开创性的工作。但是由于检测器灵敏度的限制，进样量大导致峰形不好，他们的工作还没有引起人们的重视。1981 年，Jorgenson 和 Lukacs 进行了划时代的研究工作，用 75μm 内径石英毛细管进行电泳，电迁移进样，以灵敏的荧光检测器进行柱上检测，使单酰化氨基酸高效、快速分离，峰形对称，达到理论塔板数 400000 块/m 的高效率，并进一步研究了影响区带加宽的因素。Jorgenson 等的开创性工作，使电泳这一古老技术发生了根本变革，从此跨入高效毛细管电泳的新时代。1984 年和 1987 年，Terabe 和 Hjerten 分别发展了毛细管胶束电动色谱（micellar electrokinetic capillary chromatography，MECC）和毛细管等电聚焦（capillary isoelectric focusing，CIEF）。1988～1989 年出现了第一批 CE 商品仪器，1989 年第一届国际毛细管电泳会议召开，标志着一门新的分支学科的产生。目前市面上毛细管电泳仪市场占用率最高的分别是贝克曼（Beckman）和 Agilent 公司。Beckman 公司于 1989 年推出商品化的毛细电泳仪之后，不断地在仪器的硬件、软件、化学试剂盒、应用技术支持方面开发新的技术，目前拥有全球最多种类的毛细管电泳系统。其 P/ACE MDQ 毛细管电泳系统，拥有高效的毛细管液体冷却专利技术，同时拥有最完备的检测器选择，如二极管阵列检测器（DAD）、紫外/可见光检测器（UV/VIS）、激光诱导荧光检测器（LIF）、外部检测器接口（EDA）等，可满足不同应用。

Agilent 公司同样也是目前最强的 CE 仪器制造商之一，2009 年推出 7100 CE 系统，是 Agilent 应用最为广泛的毛细管电泳仪，无论是单独使用，还是作为 CE/MS（质谱仪）的分离部分，或是作为液相色谱的互补技术，7100 CE 都提供了类似 HPLC 的出色的高灵敏度。采用的扩展光程的毛细管光路设计和高灵敏池设计，其灵敏程度可达到同类产品的 10 倍以上。Agilent 公司的 CE/MS 系统是市面上唯一的 CE/MS 解决方案，可与 CE、MS 和软件无缝结合，将 CE 的短分析时间和高分离效率优势与质谱的分子量和结构数据相结合。

4.5.1.4 毛细管电泳技术的最新进展

在基础研究方面的进展有：研究毛细管壁厚和内径对电泳过程中控制电渗流的影响；用荧光光谱法和显微技术研究毛细管电泳中分子的柱截面分布；界定电动力学注射的上限；发展基于流动注射原理的进样技术；在线监测毛细管电泳的电渗流；改进预置柱中加入试剂的方法，以提高分离效果；合成新的分辨剂——六-(6-O-羧甲基-2,3-二甲基)-β-环糊精；在电泳微型芯片上进行间接荧光检测；光学控制的芯片电泳法；控制电动力学效应以便微量流体试样的操作；用注射模塑、平版印刷方法在塑料中制作毛细管电泳用的微型器件；在有机改性剂共存的条件下使用聚化后的表面活性剂进行手征性分离；溴化十四烷基三甲铵的表面性能的研究；环糊精和 D 形聚化型表面活性剂合用可做手征性分离；高速毛细管电泳用的注射进样的直接比较，如光学控制、流速控制；用藻蓝素异构体作荧光探针，二极管激光诱导荧光检测法；影响分析再现度的参数的研究；在线浓集分析物种的方法；用线性成像紫外检测法的微芯片电泳系统；用于电泳分离的连续缓冲系统又可起电泳浓集分子物种的作用；用固态紫外激光器的激光诱导荧光检测法；用光干涉反散射检测法非介入式监测小孔径熔融石英毛细管内的液流；纳米级直径毛细管内的电泳现象；顺序注试液于不同直径的毛细管的等速电泳-毛细管区带电泳综合法；各种单细胞检测器；在太空航天服务方面取得的进展；研究可溶性离子聚化态对阴离子分离的影响和阴离子聚化态对分离阳离子（用电导检测）的影响。

随着毛细管电泳的不断完善，它将和 HPLC 相互补充成为两种用途最广的分析技术。一些以激光为基础的检测器和电化学检测器的商品化将改善 HPCE 的检测系统，可对痕量物质进行常规分析。CE-MS，特别是 CE-MS-MS 的进一步发展将与 GC-MS 相互补充，使能鉴定不挥发或不稳定化合物中的未知组分。HPCE 在电动色谱、多聚半乳糖醛酸酶-合成和分离、二维和快速扫描技术、多路分析和基因定位等方面尤其具有诱人的前景。但是，由于 HPLC 仪器价格昂贵，使其短期内不能广泛使用。毛细管壁的吸附问题及检测器的灵敏度，都有待于进一步提高。

4.5.2　毛细管电泳法的原理

CE 是以高压电场为驱动力，以毛细管为分离通道，依据样品中各组分（各粒子）之间的迁移速度的差异而实现分离的一类液相分离技术，这里组分的迁移速度是指电渗和淌度两个速度的矢量和。CE 原理与结构如图 4-20 所示。由于各组分迁移速度不同，因而经过一定时间后，各组分按其速度的大小顺序，依次到达检测器被检出，得到按时间分布的电泳谱图，根据谱峰的迁移时间和峰面积或峰高即可进行定性和定量分析。

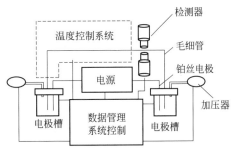

图 4-20　毛细管电泳装置原理与结构

在一般情况下（毛细管壁带负电），电渗方向从阳极到阴极，且在多数情况下，电渗速度一般大于电泳速度 5～7 倍，所以阴离子也向阴极流动。因此，阳离子、中性分子和阴离子能够同时朝一个方向（如阴极方向）产生差速迁移，在一次 CE 操作中，同时完成正、负离子和中性分子的分离分析。

阳离子（＋）移动速率＝电渗流速率＋阳离子电泳速率；中性分子（N）移动速率＝电渗流速率；阴离子（－）移动速率＝电渗流速率－阴离子电泳速率。所以移动速率：阳离子＞中性分子＞阴离子。

但对小离子（如钠、钾、氯）分析时，组分的电泳速率一般大于电渗速率。另外，毛细管壁电荷的改性会使电渗发生变化，在这些情况下，阳离子和阴离子可能向不同的方向移动。

必须指出的是电渗是溶液整体的流动，它不能改变分离的选择性。

4.5.3　毛细管电泳的模式及分类

通过对毛细管及其填充物进行修饰、更换或改进，可以创造出各种不同的分离模式，具体见表 4-34。

表 4-34　毛细管电泳分离模式及其分类

编号	类型	名　称	说　明
I	电泳型	毛细管区带电泳（CZE）	管内只充填 pH 缓冲溶液
		毛细管凝胶电泳（GCE）	管内填充聚丙烯酰胺等凝胶
		毛细管等电聚焦电泳（CIEF）	管内填充 pH 梯度介质
		毛细管等速电泳（CITP）	通常采用不连续（自由溶液）电泳介质
II	色谱型	填充毛细管色谱（PCEC）	管内填充各种色谱填料
		空气毛细管色谱（OTCEC）	毛细管内壁涂有所需色谱固定相，管内只充填 pH 缓冲溶液
		胶束电动毛细管色谱（MECC 或 MEKC）	在 CZE 缓冲液中加入表面活性剂使成胶束
		微乳液电动毛细管色谱（EECC）	使用水包油缓冲体系

编号	类型	名　　称	说　　明
Ⅲ	联用型	毛细管等速电泳-区带电泳（CITP-CZE）	CITP 用于样品浓缩
		亲和毛细管电泳（ACE）	增加分离选择性
		毛细管电泳-质谱（CE-MS）	MS 用于定性测定
		毛细管电泳-核磁共振（CE-NMR）	NMR 用于定性
		预柱毛细管电泳（PCCE）	预柱用于样品浓缩
Ⅳ	其他型	阵列毛细管电泳（CAE）	利用一根以上的毛细管进行 CE 操作
		芯片式毛细管电泳（CCE）	利用刻制在载玻片上的毛细管通道进行电泳

　　按操作方式毛细管电泳可重新分为手动、半自动及全自动型毛细管电泳，或按分离通道形状分为圆形、扁形、方形毛细管电泳等。毛细管电泳的多种分离模式，给样品分离提供了不同的选择机会，这对复杂样品的分离分析是非常重要的。

　　（1）毛细管区带电泳　毛细管区带电泳（capillary zone electrophoresis，CZE）是指溶质在毛细管内的背景电解质溶液中以不同速度迁移而形成一个一个独立溶质带的电泳模式，其分离基础是淌度的差别，即不同分子处于电场中所显示的迁移速率的差别。毛细管区带电泳的突出特点是过程简单，但是因为中性物质的淌度差为零，所以不能分离中性物质。CZE 模式是 HPCE 中最简单、应用最广的一种操作模式，是其他操作模式的基础。

　　（2）毛细管胶束电动色谱　胶束电动色谱（micellar electrokinetic chromatography，MECC 或 MEKC）是 1984 年日本京都大学 Terabe（寺部茂）创立的一种 HPCE 模式。这种模式把电泳与色谱相结合，其分离原理是向载体中加入十二烷基磺酸钠等表面活性剂，在毛细管内形成胶束，被分析物受到电渗流和胶束相与水相分配的双重影响而分离。其突出特点是只能分离中性化合物，从而大大拓宽了电泳的应用范围。MEKC 的试验操作与 CZE 相同，唯一差别是在操作缓冲溶液中加入大于临界胶束浓度（CMC）的表面活性剂。

　　（3）毛细管凝胶电泳　毛细管凝胶电泳（gel capillary electrophoresis，GCE）是毛细管内填充凝胶或其他筛分介质，如交联或非交联的聚丙烯酰胺。电荷与质量之比相等但分子的大小不同的分子，在电场力的推动下经凝胶聚合物构成的网状介质中电泳，其运动受到网状结构的阻碍。大小不同的分子经过网状结构时受阻力不同。大分子受到的阻力大，在毛细管中迁移的速度慢；小分子受到的阻力小，在毛细管中迁移的速度快，从而使它们得以分离。主要用于核酸的分离。

　　（4）毛细管等电聚焦　毛细管等电聚焦（capillary isoelectric focusing，CIEF）是一种根据等电点差别分离生物大分子的电泳技术，等电聚焦电泳在毛细管中进行，就是毛细管等电聚焦。两性物质以电中性状态存在时的 pH 值叫等电点，用 pI 表示。如氨基酸、蛋白质、多肽等在其等电点时为电中性，淌度为零，溶解度最小。当所处环境的 pH 值大于其等电点时，两性物质以带负电形式存在；当所处环境的 pH 值小于其等电点时，两性物质以带正电形式存在。利用两性物质等电点时呈电中性、淌度等于零的特性，建立了等电聚焦电泳。

　　所谓"聚焦"是当两性物质在毛细管中形成 pH 梯度时，不同等电点的溶质在外电场的作用下，分别向其等电点的 pH 范围迁移，此过程叫聚焦。当溶质迁移到等于其等电点的pH 范围时，就不再移动，形成了一个很窄的溶质带。由于不同两性物质的等电点不同，聚焦的 pH 范围不同，可以形成一个个独立的溶质带而彼此分开。CIEF 可采用盐作载体的填充毛细管柱，也可采用电渗载流的非填充毛细管柱，主要用于蛋白质的分离。

　　（5）毛细管等速电泳　等速电泳（ITP）是 20 世纪 70 年代发展起来的一种电泳技术。用毛细管进行等速电泳，就是毛细管等速电泳（capillary isotachophresis，CITP）。用两种淌度差别大的缓冲体系分别构成前导离子和尾随离子，将试样像夹心饼干一样夹在二者之间，在一次电泳中可以同时分离正离子和负离子。一般前导电解质用淌度大于试样中所有负离子的电解质组成，尾随离子由淌度小于试样中所有负离子的电解质组成。所有溶质都按前导离子的速度等速迁移。由阴极进样，阳极检测。当加电压后，所有负离子都向阳极迁移。因前导离子淌度最大，迁移最快，走在最前，其后是淌度次之的负离子，它们都以前导离子速度迁移，并逐渐形成独立的溶质区的溶质区带而得到分离。CITP 是用柱上瞬时等速电泳进行样品的预浓集以降低检出限而保持 CITP 及 CZE 的效能。

（6）毛细管电色谱　毛细管电色谱（capillary electromatography，CEC）是把毛细管电泳和毛细管液相色谱结合起来的一种分离技术，是用装有固定相的毛细管柱（或有固定相涂层的空心毛细管柱）以电渗流为驱动力，使样品在两相间进行分配的色谱。普遍使用的是装 ODS 的毛细管填充柱（50～100μm），装在毛细管电泳仪上，以电渗流作驱动力，让样品在固定相和流动相之间进行分配。也有把泵和电渗流同时作驱动力的电色谱。

4.5.4　毛细管电泳的特点

（1）分离测试灵敏度高、重现性好，适合于常规检测　采用紫外/可见光检测器，检测灵敏度可达 10^{-14}，而采用激光诱导荧光，则可达 10^{-17} 甚至 10^{-19}。由此可见，其检测灵敏度远远高于传统的凝胶电泳和高效液相色谱。

（2）分离效率高，分析速度快　由于毛细管能抑制溶液对流，并具有良好的散热性，允许在很高的电场（可达 400V/cm 以上）下进行电泳，因此可在很短时间内完成高效分离。高效毛细管电泳的进样、冲洗、检测以及数据收集等均已全部自动化，样品分离检测所需时间比高效液相色谱短得多。毛细管冲洗时间更比高效液相色谱的柱子冲洗和平衡所需时间短得多。因此，高效毛细管电泳工作效率极高。此外，最新的毛细管电泳系统的自动进样器，可容纳的样品数也比高效液相色谱多得多。

（3）试剂消耗较少，降低了仪器的运行成本，且不造成环境污染　毛细管电泳通道是石英毛细管，而高效液相色谱用的是色谱柱，前者的成本不到后者的 1/4，且一般情况下使用寿命长得多；毛细管电泳使用的流动相是各种各样的缓冲液，使用量也极少，而高效液相色谱使用的是醇或乙腈，用量也较大，因此，毛细管电泳的运行成本远比高效液相色谱低得多。且后者对操作人员的健康和环境有一定的影响。

（4）对样品无特殊要求　可减少样品的预处理时间和过程，且进样量在纳升数量级（仅几微升即可），使得有限的样品量可被充分利用，特别适用于生物工程或微量样品的分析和检测。当然，因限于其较少的进样量，其制备功能远逊色于高效液相色谱。

（5）应用范围极广　由于高效毛细管电泳具有高效、快速、样品用量少等特点，所以广泛用于分子生物学、医学、药学、材料学以及与化学有关的化工、环保、食品、饮料等各个领域，从无机小分子到生物大分子，从带电物质到中性物质都可以用高效毛细管电泳进行分离。由于高效毛细管电泳的分离模式远比高效液相色谱多，因此其分离检测范围远比高效液相色谱广，有许多普通高效液相色谱较难检测的样品，如手性药物、立体异构体以及一些离子化合物，高效毛细管电泳则可以进行较好的检测。

CE 之所以有上述优点，是因为它采用了细内径毛细管，同时，正因为它使用毛细管，也给 CE 带来问题，比如：制备能力差，与高效液相色谱（HPLC）相比还存在一定差距；光路较短，需要高灵敏度的检测器才能测出样品峰；凝胶、色谱填充管需要专门的灌制技术；大的侧面截面积比能"放大"吸附的作用，导致蛋白质等的分离效率下降或无峰；吸附引起电渗变化，进而影响分离重现性等，目前尚难以定量控制电渗。

4.5.5 毛细管电泳仪

高效毛细管电泳仪组成简单（图 4-21），由一个高压电源、一支内径为 $50\sim100\mu m$ 的石英毛细管、一个检测器及两个缓冲溶液瓶组成。

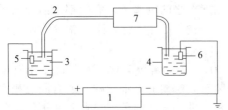

图 4-21 高效毛细管电泳仪的组成
1—高压电源；2—毛细管；3,4—缓冲溶液瓶；
5,6—铂电极；7—检测器

（1）高压电源 电压为 $0\sim30kV$ 的稳定、连续可调的直流电源，具有恒压、恒流和恒功率输出的特点，有些仪器还具有电场强度程序控制系统。为保证迁移时间的重现性，要求输出电压稳定在 $\pm0.1\%$ 以内，并且电源极性可以转换。

（2）毛细管 由于玻璃材料的电渗流较大，对紫外线有吸收，机械强度差，因此较少采用。有机高聚物，如聚四氟乙烯、聚乙烯等，机械及化学稳定性好，可以透过可见光及紫外线，电渗流可以控制，但是散热性差并且对短波紫外线有较强吸收，使用也不多。熔融石英材料透光性好（远、近紫外线都能透过），化学惰性好，外壁涂聚酰亚胺大大增加了柔韧性，强度高并且价格便宜，故使用较多。

虽然相同容积的矩形管比圆形管有较大的比表面积，并且光散射小、容易增大检测光程，但是加工困难，所以目前仍以圆形毛细管为多。兼顾毛细管散热性、检测灵敏度和减小溶质与壁表面间的相互作用力，目前最常用的毛细管内径是 $20\sim75\mu m$，外径是 $350\sim400\mu m$。从分离效果和分离时间考虑，在满足分离的前提下尽量用短柱，因为这样可以节省分析时间。一般而言，毛细管最长不超过 $1m$。对于一定长度的毛细管，有效长度越长越有利于分离。

（3）缓冲液池 缓冲液池内装缓冲溶液，为电泳提供工作介质。要求缓冲液池化学惰性，机械稳定性好。

（4）检测器 因毛细管电泳仪（HPCE）中的毛细管内径很小，进样量很小，所以对检测器的灵敏度要求很高。目前已有多种高灵敏度的检测器用于 HPCE，如紫外-可见检测器、荧光检测器、电导检测器、质谱检测器、放射性同位素检测器、光电二极管阵列检测器等。此外，有人采用金-汞齐微电极，作为硫醇类化合物的专属检测器，Tylor 采用轴向的光纤发光器研制了毛细管电泳的多通道荧光检测器。以上这些检测器的出现，大大提高了 HPCE 的检测灵敏度。毛细管电泳仪中常用检测器的主要类型及特点见表 4-35。

表 4-35 毛细管电泳仪中常用检测器的主要类型及特点

检测器	动态范围 (S/N=2)	质量最小检测限 /mol	应用	优点	缺点
UV-VIS 吸收	$10^{-6}\sim10^{-3}$	10^{-15}	肽、蛋白质、核酸药物、小分子	易于使用,通用	灵敏度较低
荧光检测	$10^{-8}\sim10^{-5}$	10^{-17}	氨基酸、肽、蛋白质、核酸	灵敏度和选择性高于 UV	非通用
激光诱导荧光检测	$10^{-12}\sim10^{-9}$	10^{-21}	微量氨基酸、肽、蛋白质、核酸	灵敏度和选择性都很高	贵,通用
电导检测	$10^{-6}\sim10^{-3}$	10^{-16}	离子分析	峰面积和迁移时间线性相关	灵敏度较低,非通用
安培检测	$10^{-8}\sim10^{-5}$	10^{-20}	复杂物质(如体液)中电活性化合物的定量分析	灵敏度和选择性很高	限于电活性物质的分析,难建装置

检测器	动态范围 (S/N=2)	质量最小 检测限 /mol	应用	优点	缺点
间接 UV-VIS 检测	$10^{-5}\sim10^{-3}$	10^{-14}	离子分析、碳水化合物	通用	灵敏度较低，缓冲溶液受限制
间接安培检测	$10^{-8}\sim10^{-5}$	10^{-20}	同时测定电活性和非电活性物质	高灵敏度	难建装置
间接荧光检测	$10^{-7}\sim10^{-5}$	10^{-17}	检测非荧光物质	通用、选择性好	缓冲溶液受限制

毛细管电泳的分离及检测均在毛细管柱内进行，因此毛细管柱的性质将决定样品的分离。一般采用长度 $20\sim70\mathrm{cm}$、内径 $25\sim100\mu\mathrm{m}$ 的熔融石英毛细管。但石英表面的硅醇基能产生吸附和形成电渗流，造成基线不稳、重复性变差，在分析蛋白质等大分子时吸附问题尤为明显，因此有必要对管壁进行动态修饰和表面涂层。

① 管壁的动态修饰　改变电渗流和抑制吸附，可通过调节缓冲液 pH 值和离子强度、在缓冲液中加入添加剂及用化学键合的方法在管内壁形成一涂渍层等方法完成。采用极端 pH 值缓冲体系，或在 pH 值小于 3 的条件下抑制硅烃基离解，或使 pH 值高于所分离蛋白质的等电点，都能减少吸附。Jorgenson 等发现用高离子强度的缓冲液能减少蛋白质的吸附，通过试验认为 $0.25\mathrm{mol/L}$ 的 K_2SO_4 效果最好，并成功地分离了五种标准蛋白。Bushey 等提出用两性离子作添加剂。他们用含 $2\mathrm{mol/L}$ 的三甲基甘氨酸内盐及 $0.1\mathrm{mol/L}$ K_2SO_4 的缓冲液取得了很好的效果。在缓冲液中加入阳离子表面活性剂如十四烷基三甲基溴化铵，以及聚合物加聚乙烯亚胺等，能在管内壁形成物理吸附，使电渗流反向。

② 管内壁的表面涂层　有毛细管内壁硅烷化法和直接涂渍法。常见的是采用双官能团的偶联剂如各种有机硅烷，使第一个官能团与管壁上的游离烃基反应，和管壁进行共价结合，再用第二个官能团与涂渍物进行反应，形成一稳定的涂层，如聚丙烯酰胺、聚乙二醇等。此外，还有带正电荷亲水性的 PEI 涂层，就是先将 PEI 吸附到管壁上，再将胶联剂乙二醇二环氧甘油醚联结到壁上，形成一带正电荷的稳定薄层，可在 pH 值为 $2\sim12$ 的范围内使用。

以上关于电渗流和吸附问题的解决各有利弊，如：调节 pH 值只能解决部分吸附问题，且过高或过低的 pH 值可引起蛋白质变性；在毛细管内加涂层，可使电渗流大大减小，限制了分离样品组分的范围，增加了分析时间；加入添加剂，为避免产生过量焦耳热，使用较低的分析电压，延长了分析时间，降低了柱效，且提高了对检测灵敏度的要求。

由于大多数环境样品中的待测组分含量极低，且基体十分复杂，干扰物质多、同种元素以多种形式存在、易受环境影响而变化等特点，所以在分离测定前一般都需要对样品进行预富集处理。目前比较成熟的新技术有：固相萃取法（SPE）、超临界流体萃取法（SFE）、微波消解法（MWD）、液膜分离法（SLM）、固相微萃取法（SPME）和加速溶剂萃取法（ASE）等。此外，在 CE 的实际应用中常需采用区带浓缩技术，因为初始区带越窄，浓度越高，越有利于检测和分离，但单纯的进样技术不能达到这种要求，必须结合浓缩（聚焦）技术。其主要方法如下。

（1）柱头吸附浓缩　在毛细管进样端填充一小段吸附（色谱）填料或涂布一层色谱固定液，使样品吸着浓集，一定时间后再进行电泳分离。此法可提高检测灵敏度近百倍，但需要长时间进样。

（2）pH 聚焦　利用淌度与 pH 有关的现象，可以把区带聚焦在某一 pH 突变界面上。

（3）电场聚焦　根据离子迁移速度与电场强度成正比的特点，在电泳初期，使样品离子从高电场突然转入低电场时，会因减速而堆积在电场交界处，导致区带缩短和浓度提高，可以达到聚焦的目的。电聚焦又分为简单电聚焦、场放大（增强）电聚焦和整管进样三类方法。

4.5.6 毛细管电泳法的应用概述

按照美国国家环保局 1979 年的规定，环境污染物中有 298 种优先考虑的物质，其中 114 种是有机污染物，目前世界各国基本认同这一规定。到 1981 年，EPA 的实验室用色谱方法对这些有机化合物进行了分析，力求建立有效的分析方法。CE 技术出现得较晚，在环境分析和监测中的应用是近年来才起步的。最初的研究工作大多数限于方法的研究和改进，但近年来 CE 已经越来越多地用于环境中实际样品的分离或分析工作。

CE 具有多种分离模式（多种分离介质和原理），故具有多种功能，因此其应用十分广泛，通常能配成溶液或悬浮溶液的样品（除挥发性和不溶物外）均能用 CE 进行分离和分析，小到无机离子，大到生物大分子和超分子，甚至整个细胞都可进行分离检测。它广泛应用于生命科学、医药科学、临床医学、分子生物学、法庭与侦破鉴定、化学、环境、海关、农学、生产过程监控、产品质检以及单细胞和单分子分析等领域。对水质的分析是 CE 最广泛的应用领域之一。环境污染物质中，多环芳烃（PAHs）、多氯联苯、农药、有害金属化合物和一些无机化合物等，由于它们具致癌性质或毒害作用而受到广泛重视。

（1）多环芳烃（PAHs） PAHs 的 CE 研究始于 20 世纪 90 年代初，至今仍在不断开拓新的途径。由于 PAHs 的憎水性和电中性，早期的 CE 还无法分离 PAHs。直到 MEKC（胶束电动毛细管色谱）技术出现才很好地解决了这两个问题。进一步的发展是在运行缓冲液中加入合适的有机添加剂（如胆酸盐、环糊精等），一方面可以增加 PAHs 的水溶性，另一方面可以提高分离效率。近年来，CEC 的应用为 PAHs 的分析又开辟了一条新的途径，它是 CE 技术与色谱技术结合的典型代表。Yan 等运用反相填充柱系统地研究了溶剂 CEC 梯度技术，成功地分离了 16 种 PAHs。这项技术中采用双进样口、双溶剂和双电场，通过自动控制的双电场调整进样口两种溶剂的比例。据称，这项新技术有望解决 pH 梯度、离子强度梯度等 CE 应用中的问题。

（2）农药残留物 农药包括除草剂和杀虫剂。除草剂大体分为烷基取代芳酸盐和季铵盐两大类。采用毛细管区带电泳（CZE）或胶束电动毛细管色谱（MEKC）对农药进行分析，对分离和检测两个方面都是最好的选择。paraquat（百草枯）、diquat（敌草快）和 difenzoquat（燕麦枯）是常用的季铵盐除草剂，Kamiansky 等运用等速电泳（ITP）分离出了浓度为 10^{-9} mol/L 的此类除草剂，同类工作也在 Galceran 的实验室里进行。Benz 和 Garrison 对烷基取代芳酸盐除草剂进行了 CE 研究。Jung 等通过对芳酸盐除草剂进行衍生后，结合 MEKC 并采用激光诱导检测器进行 CE 分离，进样 4nL 时，检测限达到 2×10^{-15} g。特别值得提出的是 Dinelli 近年来开展的农药方面的 CE 分离研究，他在测定自来水中杀虫剂含量时，可做到定量分离 $10^{-12} \sim 10^{-10}$ g 的 metsulfuron（甲磺隆）和 chlorsulfuron（绿磺隆）。

（3）金属离子和水中的无机阴、阳离子 有关金属离子的 CE 研究越来越多，碱金属、碱土金属以及无机阴离子的 CE 分离大多采用间接紫外检测。有人曾对阳离子进行过系统研究，有效地分离了 11 种金属阳离子（K^+、Na^+、Li^+、Ba^{2+}、Sr^{2+}、Mg^{2+}、Mn^{2+}、Fe^{3+}、Co^{2+}、Ni^{2+} 和 Zn^{2+}）。该系统已成功地用于新加坡含有 7 种金属离子水样的分析。有人在 Applied Biosystems270A 高效毛细管电泳仪上用 2mmol/L EDTA 和 15mmol/L 硼砂载体测定了天然水中的 Ca^{2+}、Mg^{2+}，为分析水质硬度提供了简便快速的方法。Ito 等报道了他们在碱金属、碱土金属和铵等阳离子的 CE 分析中的改进措施，即用肌酸酐作为背景吸收物质（254nm），在缓冲液中加入聚乙二醇和酒石酸以提高分离效率。无机阴离子的 CE 分离通常需要在缓冲液中加入 EOF 调节剂（如十六烷基三甲基溴化铵等阳离子表面活性剂）以消除或改向电渗流，或者采用几乎不产生 EOF 的涂渍柱。Masselter 等在分析造纸厂牛皮纸液中的含硫阴离子（SO_4^{2-}、SO_3^{2-}、S^{2-} 和 $S_2O_3^{2-}$ 等）时，除了使用 EOF 调节剂外，还用乙腈作为缓冲液的有机调节剂改进选择性。Soga 等采用聚苯乙烯涂渍柱，EOF 减小至原来的 1/40，在分离 11 种阴离子时，经过样品预浓缩，检测限可达到 14～260μg/L。络合剂用于过渡金属离子的 CE 分析中，一方面能够避免沉淀发生，另一方面也会在很大程度上提高选择性并增大检测灵敏度。Regen 等还研究了络合剂对金属离子的痕量富集作用。在测定血清中的铁含量时，以 1,10-邻菲罗啉作为络合剂，有良好的 CE 响应，铁离子的检测极限可达到 0.1μmol/L。

（4）多氯联苯　多氯联苯（PCBs）是一组由一个或多个氯原子取代联苯分子中的氢原子而形成具有广泛应用价值的氯代芳烃类化合物，是目前国际上关注的 12 种持久性有机污染物之一，也被称为二噁英类似化合物。持久性污染物除了直接急性毒性外，其高残留性、高富集性以及对生态群落乃至人类健康的影响也日益引起人们的忧虑。Selvin 等采用聚合表面活性剂（Poly-SUS），在 7.5mmol/L 硼砂和质量分数 40% 的乙酯的缓冲溶液中分离出 9 种 PCBs，同系物的流出顺序与氯化程度以及烃基性质有关。He 等采用顶空固相微萃取的方法结合毛细管电泳分离出水样中的 10 个氯苯化合物。Garcia 等采用 CD-MEKC 方法，在 50mmol/L 2-morpholino ethanesulfonic acid（MES）缓冲液中，用两种环糊精混合物为假固定相 12min 内分离出 13 组对映体中的 19 种 PCBs，考察了缓冲液浓度、pH 值、CD 衍生物浓度对分离的影响。

（5）酚类化合物　酚类化合物是环境科学、水工业、食品工业等必需检测的一类有机污染物，对它们测定方法的研究成为环境分析方法研究的重要课题之一。传统测定方法有光度法及电化学方法等。毛细管电泳应用于酚类测定已有的报道是采用光学检测器。采用区带电泳分离测定化工厂废水中的邻、对、间氯苯酚表现出更优异的特性。Masse Iter 等采用毛细管区带电泳模式在 24min 内分离了酚及其 10 种衍生物，改变分析条件可在 5min 内实现对 12 种酚类化合物的快速分离。袁悼斌等采用自行研制的毛细管电泳安培检测分析测定酚类化合物。采用自行组装的毛细管电泳柱端安培检测系统对 4 种酚类化合物进行检测，并测定废水样品。把小波滤噪技术引入毛细管电泳中，采用安培检测法测定 6 种酚类以及硝基氯苯和苯胺化合物等也表现出较好的效果。

4.5.7　毛细管电泳法及其在水分析中的应用举例

4.5.7.1　毛细管电泳方法分析酸

高效毛细管电泳作为一种具有高分离能力、高灵敏度的分析方法，其在生命科学、药物研究等领域中的应用日趋广泛。因毛细管电泳的分离过程是在内径仅 25～100μm 的毛细管内完成，普通毛细管内表面基本上都是裸露的硅醇基，有一定的吸附作用，常常使流出峰出现拖尾，吸附严重时甚至会测不出信号，使分离不理想。随着科技的发展，生命科学和生物工程的崛起，毛细管电泳技术作为强有力的分离工具，其分析对象有了很大的变化，相应地，其测试的要求也日益提高，对毛细管柱的内表面也越来越关注。由于毛细管涂层技术在一定程度上可减小玻璃柱壁上硅醇基的影响，也就有了许多柱改性的报道。通过在毛细管内壁键合疏水分子层，可以有效地避免吸附，改善峰形和分离情况。同时，如果键合的那一层分子具有一定的功能，使涂层如同色谱固定相一样参与分离，会使分离效果更好。本节将毛细管内表面由硅醇基有选择地改性为其他特殊基团，并以此作为主体，选择性地分析一些小分子客体，进而探索了电泳分离的可能机理。

试验结果表明，在 pH=5.5 的 KH_2PO_4 缓冲液中，紫外检测器的检测波长为 200nm 时，用键合毛细管柱可在 10min 内完全分离 4 种有机酸，方法重现性良好，而用未经改性的毛细管柱进行分离时，峰形差，且分离不完全，说明键合后柱子性能得到了改善。

以下为应用实例。

(1) 毛细管电泳方法分离有机酸的研究

① 概述　采用制备内壁具有特殊基团的电泳毛细管柱的方法考察有机酸同系物的毛细管电泳保留行为问题。柱制备过程方法相对较简单，稳定性好，所制备的柱子重复性和单柱的重现性都令人满意。

② 主要试剂　不同 pH 值和浓度的硼酸和 KH_2PO_4 缓冲液、3-氨丙基三甲氧基硅烷 (3-APS)、2,4-二硝基氯苯、蒸馏水、甲醇、0.1mol/L NaOH、甲酸、乙酸、丙酸、丁酸、均为 A.R. 级，按常规方法配制成相应浓度。

③ 仪器与工作条件　CkmanP/AC2100 型毛细管电泳仪，配 Beckman 公司的毛细管电泳工作站；毛细管为 37cm×75μm（内径）弹性石英毛细管（河南永年光导纤维厂）。

电泳分离条件：毛细管为 37cm×75μm（内径）（有效柱长 30cm）的涂层石英毛细管柱，所用缓冲液为 40mmol/L 的 KH_2PO_4 缓冲体系（pH=5.5），分离温度 20℃，分离电压 20kV，紫外检测波长 200nm，压力进样。

④ 分析步骤　特殊毛细管涂层柱的制备采用硅烷化试剂 3-APS 作为偶联剂，键合于毛细管内壁，然后使它与 2,4-二硝基氯苯反应，从而在毛细管内表面引入了带硝基官能团的疏水性键合相，且柱子键合层牢固，不易脱落，性能稳定。制备过程如下：将毛细管内壁在室温下用 0.1mol/L NaOH 浸泡 2h。然后用蒸馏水、甲醇依次冲洗 10min，在 100℃、0.05MPa 压力下通 N_2 2h。然后将 10% 的 3-APS 干燥甲苯溶液灌入毛细管，在恒温 96℃下反应 40min，放出溶液，重新灌入新的 10% 的 3-APS 干燥甲苯溶液继续反应，重复 4 次。接着用干燥甲苯冲洗 10min，抽干溶剂，将 40% 2,4-二硝基氯苯的干燥甲苯溶液灌入毛细管，80℃下反应 6h，升温至 90℃再反应 2h，最后用氮气吹干溶剂，备用。

开机待仪器稳定 0.5h 后，用缓冲液清洗至基线平稳，并调零。以一组小分子有机酸（甲酸、乙酸、丙酸和丁酸）为评价对象，压力进样 5s，于 20kV 电压下分离 10min。每次更换试样时均用缓冲液清洗 5~10min，时间长短以基线平稳为准。通过对缓冲液类型、缓冲液浓度、缓冲液 pH 值以及电泳电压等各种影响因素的优化，对其进行分离。在各自最佳的操作条件下，与空毛细管的电泳行为进行比较。

⑤ 说明　采取三因素三水平的正交优化设计辅以单因素调试法，对缓冲溶液浓度、pH 值以及电泳电压值进行最佳试验条件的探索。经试验得，操作 pH 值选定为 5，选定 4.0×10^{-2} mol/L 的 KH_2PO_4 作为运行缓冲液。选定 20kV 为工作电压。

为检验试验方法的可靠性，进行了重复性试验，在相同条件下反复进样 10 次，保留时间保持稳定，变异系数为 1.2%，说明其重现性良好。

在各自的最佳条件下，改性柱的分离效果明显优于未改性柱，峰形也有明显的改善，这应该是键合改性改变了柱内壁的吸附作用，且固定相与样品的特殊作用力使样品扩散降低所致。4 种有机酸的保留时间与理论塔板数见表 4-36。

表 4-36　4 种有机酸的保留时间与理论塔板数

样品名称	甲酸	乙酸	丙酸	丁酸
保留时间/min	2.33	4.27	5.66	6.56
理论塔板数	12463895/m	418613081/m	725522984/m	988030875/m

值得注意的是毛细管内壁键合的固定相分子中有苯环，对紫外线有一定的吸收，使透射光强度减弱，灵敏度有所降低。

利用分子的空间结构并结合量子化学计算的方法，考察了 2-DNPAS 分离有机酸混合物的机理，结果表明，有机酸疏水的尾端氢正基团和亲水的羧基负基团分别与 2-DNPAS 上的硝基负基团及胺基氢正基团相互作用的可能性最大。说明了基团的适应性在特种毛细管电泳的分离机理研究中同样具有很强的实用价值。从所引用的数据看，量子化学计算方法确实是定量地进行分子识别研究的重要方法。

(2) 高效毛细管电泳测定水中氯代乙酸

① 概述　离子型化合物的分离测定是一个重要的研究领域，氯代乙酸是结构非常相近的离子型化合物，同时分离测定较困难。目前，三氯乙酸的测定多采用气相色谱法和比色法。

② 主要试剂　十六烷基三甲基溴化铵（CTAB）溶液 5.0mmol/L，用时稀释；邻苯二甲酸氢钾溶液 50mmol/L，用时稀释；用氯代乙酸和甲酸配成 1000mg/L 标准储备液，用时稀释；NaOH。试验用水为 Milli-RO（美国）超纯水。

③ 仪器　270A-HT 高效毛细管电泳仪（美国），Model1022 工作站，石英毛细管 72cm×50μm（内径）。

④ 分析步骤　间接紫外法以邻苯二甲酸氢钾为背景吸收物质，在波长为 230nm，电进样（−8kV×3s），毛细管温度 25℃，pH＝4.13 的试验条件下进行测试。试验前后对毛细管都要用新配的 0.1mol/L NaOH 洗 5min，水洗 15min，电解质溶液洗 15min。每次分离完成后，用电解质溶液洗 2min 后，再进行下一个样品的测试。

⑤ 说明　0.3mmol/L CTAB、2.5mmol/L 邻苯二甲酸氢钾电解质溶液的紫外光谱在 200~260nm 和 270~284m 处有最大吸收，氯代乙酸在紫外区吸收。

以邻苯二甲酸氢钾作背景吸收物质并作为缓冲液（pH＝4.13），用正交试验法 $L_9(3^4)$ 考察 CTAB 浓度（0.1mmol/L、0.3mmol/L、0.5mmol/L）、邻苯二甲酸氢钾浓度（1.0mmol/L、2.5mmol/L、5.0mmol/L）、运行电压（−15kV、−20kV、−25kV）及毛细管温度（20℃、25℃、30℃）等因素对氯代乙酸分离的影响。试验结果表明：温度并不影响分离度，但当温度升高至 30℃ 时基线不稳，电压对分离度影响较大，仪器参数以 −15kV、25℃ 为佳。电解质溶液组成：当 CTAB 浓度＞0.3mmol/L，且邻苯二甲酸氢钾浓度＞2.5mmol/L 时，可获得很好的分离效果。

试验中发现 pH 值增大后，虽然可以增大一氯乙酸与二氯乙酸的分离度，但 CO_3^{2-} 峰前移与三氯乙酸峰相连，故选用 pH 值为 4.13 为佳。

在 0.3mmol/L CTAB、2.5mmol/L 邻苯二甲酸氢钾、25℃、−15kV、pH 值 4.13、电进样为 −8kV×3.0s 试验条件下，得到的分离谱图如图 4-22 所示。

在 0.2~10μg/mL 范围内分两段进行，以甲酸为内标物，将氯代乙酸和甲酸配成混合标准液，以氯代乙酸和甲酸的峰面积比定量，两段标准曲线各测 8 次，3 种物质标准曲线的相关系数均为 0.9999。

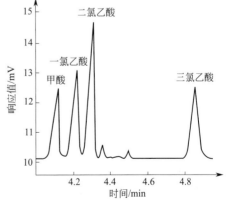

图 4-22　3 种氯代乙酸的分离谱图

以自来水为本底，用标准加入法做精密度与回收率试验。添加浓度选高、中、低 3 种，回收率范围为 95.4%~103.1%，相对标准偏差为 0.89%~2.01%。

取与氯代乙酸结构相近的酒石酸和乙酸进行干扰试验，最小的分离度为 1.09，最大的大于 3.0，得到较好的分离效果。以信噪比 S/N＝3 时的浓度作为最低检测浓度，一氯乙酸为 0.029mg/L，二氯乙酸为 0.021mg/L，三氯乙酸为 0.017mg/L。

4.5.7.2 用毛细管电泳法对典型抗生素分析的研究

抗生素可用于治疗由细菌、真菌、致病微生物等感染引起的各种疾病，商品化的抗生素品种已达上千种，被广泛地用于人类和动物疾病的治疗，有着其他药物无可替代的重要作用。我国是抗生素的生产和使用大国，2013 年，我国的抗生素生产总量为 24.8 万吨，全年使用量 16.2 万吨，其中用于畜牧养殖业的兽药抗生素超过了总使用量的 1/2。抗生素生产过程中废料、废液未经处理排放，商品化后成为药物制剂进入市场用于人类和动物疾病的治疗，以原药或代谢产物的形式通过各种途径持续排放进入环境中，导致其在生物体内和各种环境基质中富集。

目前，检测环境水样中抗生素的分析方法主要有毛细管电泳法、微生物检测法、色谱法等，由于环境水样的基质干扰以及抗生素的残留浓度较低，目前分析环境水样，一般采用配备质谱、质谱联用或者荧光检测器的 CE，再结合离线和在柱富集技术，可以检测到每升纳克级的抗生素残留。CE-MS 结合 FESI 在柱富集和离线 SPE 技术，检测海水中八种青霉素和磺胺类抗生素残留，富集技术使得灵敏度提高了 1629～3328 倍，检测限在每升纳克级。Soto-Chinchilla 等采用 CE-MS 或 CE-MSMS 检测水样中的磺胺类抗生素残留，检测限在每升纳克级。Lombardo-Agüí 等采用配备激光诱导荧光检测器（LIF）的毛细管电泳，测定井水和自来水中氟喹诺酮类抗生素残留。采用配备电化学检测器的 CE 结合中空纤维液相微萃取技术，测定水中磺胺类抗生素残留，检测限在 0.033～0.44μg/L。Herrera-Herrera 等采用分散液液微萃取（dispersive liquid-liquid microextraction，DLLME）技术萃取矿物水样中的氟喹诺酮类抗生素，利用非水毛细管电泳（NACE-UV）技术对其进行检测，检测限在 1.42～15.2μg/L。一些常用的前处理富集技术如液相萃取和固相萃取技术也可以采用在线的方式，连接到毛细管电泳仪上，用于检测环境水体中氟喹诺酮和磺胺类抗生素。

以下为应用实例。

（1）环境水样中七种抗生素的固相萃取及电泳分析

① 概述　采用固相萃取（SPE）前处理后用毛细管电泳法对样品中七种抗生素（磺胺嘧啶，SDI；磺胺二甲嘧啶，SMZ；磺胺甲噁唑，SMX；氧氟沙星，OFL；恩诺沙星，ENR；环丙沙星，CIP；诺氟沙星，NOR）进行分析检测，研究了固相萃取柱类型、洗脱液、标样 pH 值等对分离检测的影响，在优化条件下，通过对各个反应条件的优化，将此萃取方法用于实际样品的分析，通过加标水样实验，证明可以提取出水样中的抗生素残留。

② 主要试剂　抗生素标准样品为磺胺类抗生素和氟喹诺酮类抗生素。磺胺类抗生素有磺胺嘧啶、磺胺二甲嘧啶、磺胺甲噁唑；氟喹诺酮类抗生素有氧氟沙星、恩诺沙星、环丙沙星、诺氟沙星。十水合四硼酸钠（$Na_2B_4O_7 \cdot 10H_2O$）、甲基-β-环糊精（M-β-CD）。氢氧化钠（NaOH）、硼酸（H_3BO_3）和氨水（$NH_3 \cdot H_2O$）为分析纯，甲醇（HPLC 级）、乙腈（HPLC 级）。

③ 仪器与工作条件　固相萃取仪（SUPELCOVISIPREP^{TM}DL），Waters Oasis HLB 固相萃取柱（60mg/3cc），Supeclo ODS-C18 固相萃取柱（60mg/3cc），Waters Oasis MCX 固相萃取柱（60mg/3cc）均购于上海楚定分析仪器有限公司；氮吹仪（HSC-12B）。采用配备光电二极管阵列（PDA）检测器的毛细管电泳仪（Beckman Coulter，P/ACE^{TM} MDQ，USA）对样品进行分析检测，非涂层石英毛细管 60cm×75μm（内径），有效长度 50cm。

④ 分析步骤　进样前，新毛细管分别用超纯水、甲醇、超纯水、1.0mol/L NaOH、超

纯水冲洗 3.0min、3.0min、3.0min、30min、2.0min 后开始实验；每次进样前，用超纯水和 BGE 分别冲洗 3.0min。HDI 进样条件：0.5psi，5s。分离电压为 +15kV。BGE：25mmol/L $Na_2B_4O_7$+15mmol/L M-β-CD（以 1.0mol/L NaOH 调节 pH=10.0），检测波长为 272nm。毛细管通过冷却液控制温度在 25℃。

⑤ 说明　采用三种固相萃取柱（Waters Oasis HLB、Supelco ODS-C_{18}、Waters Oasis MCX）分别对七种抗生素进行固相萃取实验，三种固相萃取柱的性能对比见表 4-37。新固相萃取柱首先用 6mL 甲醇、6mL 水分三次淋洗（每次 2mL）进行活化。上样：样品溶液以自身重力作用过萃取小柱萃取。淋洗：用适量纯水淋洗，弃去淋洗液。洗脱过程：洗脱溶剂以每次 1mL 的体积分次洗脱。收集洗脱溶剂，用氮吹仪吹干，再加入纯水溶解。

表 4-37　实验中采用的三种固相萃取柱的性能对比

固相萃取柱类型	萃取吸附机理	洗脱液	适合萃取类型
Waters Oasis HLB	反相吸附（非极性作用力）	甲醇、乙腈等	对于水中极性、非极性的化合物均有很好的保留
Supelco ODS-C_{18}	反相吸附（非极性作用力）	甲醇、乙腈等	非极性、中等极性化合物
Waters Oasis MCX	反相吸附与阳离子交换	氨水、氨甲醇溶液等	阳离子（碱性）化合物

采用重力进样，进样高度为 20cm。毛细管电泳中，进样体积的多少影响柱效和分离，进样时间长，进样量随之增大，峰电流会加大。但进样量的增大会使试样区带加宽，导致峰宽加大，不利于基线分离。进样时间过短，使峰电流响应太小，进样量的精度也随之减小，峰高重现性得不到保证。考虑到峰电流、分离效率和进样精度，选用进样时间为 3min。

采用 Oasis HLB、ODS-C_{18}、Oasis MCX（60mg/3cc）对七种抗生素进行萃取，取 2mL 10.0mg/L 氟喹诺酮类和磺胺类抗生素混合标准溶液过柱，分别用 6mL 甲醇和乙腈，分三次洗脱（每次 2mL）。洗脱液用氮吹仪吹干，残留物用 2mL 超纯水溶解后进行电泳分析。

首先采用 ODS-C_{18} 对低浓度标准溶液进行固相萃取实验，配制 10mL 0.1mg/L 的氟喹诺酮类抗生素（FQs）和磺胺类抗生素（SAs）混合标准溶液，采用 C_{18} 柱进行萃取，用甲醇作洗脱剂，分三次洗脱（每次 1mL），洗脱液吹干后加入 1mL 纯水，HDI 进样电泳分析，电泳谱图如图 4-23 所示，图中下曲线为 1.0mg/L FQs 和 SAs 溶液直接电泳分析，上曲线为 10mL 0.1mg/L FQs 和 SAs（单一浓度）混合溶液，过 C_{18} 柱后采用甲醇洗脱后吹干，

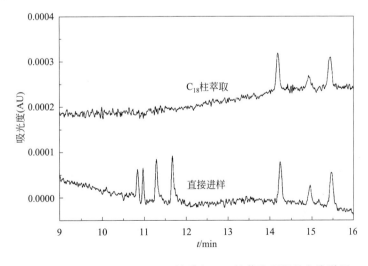

图 4-23　1.0mg/L FQs+SAs 溶液与 C_{18} 柱萃取所得的电泳谱图

加入纯水溶解后的溶液进行电泳分析。

　　与未经萃取的标准溶液相比，C_{18} 柱对氟喹诺酮类抗生素（FQs）的回收率很差，电泳分析无法检测到 FQs 峰。

　　然后采用 MCX 对低浓度标准溶液进行固相萃取实验，配制 10mL 0.1mg/L 的氟喹诺酮类和磺胺类抗生素混合标准溶液，采用 MCX 柱进行萃取，用甲醇作洗脱剂，分三次洗脱（每次 1mL），1.0mg/L FQs 和 SAs 溶液直接电泳分析，10mL 0.1mg/L FQs 和 SAs（单一浓度）混合溶液过 MCX 柱后，采用甲醇洗脱后吹干，加入纯水溶解后的溶液进行电泳分析，电泳谱图如图 4-24 所示。图中下曲线为 1.0mg/L FQs 和 SAs 溶液直接电泳分析；上曲线为 10mL 0.1mg/L FQs 和 SAs（单一浓度）混合溶液，过 MCX 柱后、采用甲醇洗脱后吹干，加入纯水溶解后的溶液进行电泳分析曲线。

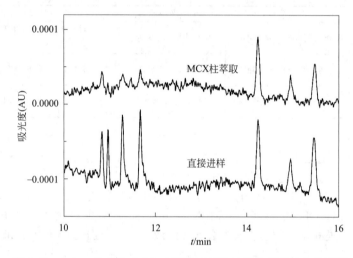

图 4-24　1.0mg/L FQs＋SAs 溶液与 MCX 柱萃取所得的电泳谱图

　　与未经萃取的标准溶液相比，MCX 柱对 FQs 的回收率相比 C_{18} 稍好，但回收率仍较差。

　　最后采用 HLB 对低浓度标准溶液进行固相萃取实验，配制 10mL 0.1mg/L 的氟喹诺酮类和磺胺类抗生素混合标准溶液，采用 HLB 柱进行萃取，分别用 3mL、6mL 和 9mL 甲醇进行洗脱，每次 1mL，洗脱液吹干后加入 1mL 纯水，得到浓度为 1.0mg/L 的溶液，HDI 进样电泳分析，如图 4-25 所示。图中下曲线为 1.0mg/L FQs 和 SAs 溶液直接电泳分析；上曲线为 10mL 0.1mg/L FQs 和 SAs（单一浓度）混合溶液过 HLB 柱后采用甲醇洗脱后吹干，加入纯水溶解后的溶液进行电泳分析曲线。

　　三种固相萃取小柱对比，HLB 小柱的回收率优于 C_{18} 和 MCX 柱，因此选择 HLB 小柱对抗生素进行萃取。

　　（2）高效毛细管电泳对水体中四环素类抗生素测定

　　① 概述　四环素类抗生素（tetracyclines，TCs），由于其价格低廉被广泛用于动物疾病的治疗，并长期以亚治疗剂量添加于动物饲料中用于动物疾病的预防和促进动物生长，是目前用量最大且使用最为广泛的药物之一，其长期、大量、持续性的排放会造成水环境抗生素"假性持久性"污染，对生态环境以及人类健康造成危害。因此对环境水体中 TCs 的监测具有非常重要的意义。本部分探究了水体 pH 和分离电压对 TCs 分离的影响。

　　② 主要试剂　标准样品为各盐酸四环素类抗生素，包括 TC、甲醇和乙腈，均为色谱纯；腐殖酸（＞98%）；其他试剂 $Na_2HPO_4 \cdot 12H_2O$、NaOH、$Na_2EDTA \cdot 2H_2O$、草酸、硫酸镁、无水氯化钙、硫酸亚铁、无水硫酸铜，均为分析纯。

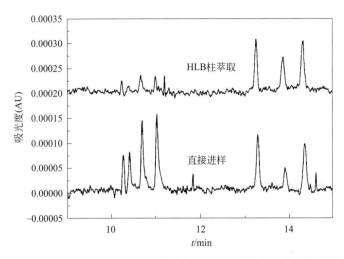

图 4-25　1.0mg/L FQs+SAs 溶液与 HLB 柱萃取所得的电泳谱图

③ 仪器与工作条件　CE 采用 P/ACE^{TM} MDQ 毛细管电泳仪（美国），并配置光电二极管阵列（PDA）检测器，可测波长范围 190～600nm，数据处理使用其自带的 32Karat 软件。实验用非涂层石英毛细管 60cm×75μm（内径）（有效长度 50cm）。

④ 分析步骤　CE 条件：新毛细管分别用超纯水、甲醇、超纯水、1.0mol/L NaOH、超纯水冲洗 3.0min、3.0min、3.0min、30min、2.0min 后开始实验；连续分析过程中用超纯水、BGE 各冲洗 3.0min 即可。HDI 为 3.45kPa（0.5psi），持续 5.0s。CE 分离电压为＋20kV。毛细管采用液冷方式控制温度为 25℃，TCs 的检测波长为 275nm。

⑤ 说明　准确称取适量 TCs 标准物质，用甲醇配成 0.10mg/mL 的储备液置于冰箱中避光保存（－18℃）。CE 实验前，混合标样可用超纯水稀释到所需的浓度。最终优化后的 CE 背景缓冲电解液（background electrolyte，BGE）为 30mmol/L Na$_2$HPO$_4$＋1.5mmol/L Na$_2$EDTA，pH 11.0（由 1.0mol/L NaOH 调制），为保证 BGE 的稳定性，需每周配制，并用 0.22μm 的微孔滤膜过滤。

实验测定四种四环素类抗生素物质，包括四环素（tetracycline，TC）、金霉素（chlortetracycline，CTC）、土霉素（oxy-tetracycline，OTC）、强力霉素（doxy-cycline，DC）。

实验首先对缓冲液 pH 进行了优化，测定浓度为 30mmol/L 的 Na$_2$HPO$_4$，用 1.0mol/L 柠檬酸或 1.0mol/L NaOH 调节 pH 值从 2.5 到 12 情况下 TCs 水溶液的分离情况。实验表明当 pH 值小于 10.0 时，目标物不能完全分离；当 pH 值介于 10.5～11.5 之间时，四种 TCs 可以达到基线分离且峰形良好。因此在该 pH 范围内（每隔 0.2 个 pH 单位）更深入地对分

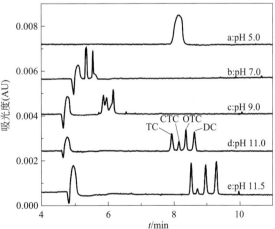

图 4-26　四种四环素类抗生素在不同
pH 值的 BGE 中的电泳谱图

离状况进行考察，四种四环素类抗生素在不同 pH 值的 BGE 中的电泳谱图如图 4-26 所示，由图可知：随 pH 值增大，TC、OTC 和 DC 的峰形变化不明显，但 CTC 在 11.0 时峰最高。

分离电压主要是影响样品的出峰时间和峰扩展（焦耳热原因）。CE 分离一方面希望在高电压下得到更快的分离速度，同时又希望毛细管内产生的焦耳热不影响峰形的尖锐与对称，从而不影响分离度（R_s）。实验考察了分离电压从 +5kV 到 +25kV 的范围，实验结果显示当分离电压为 +5kV 时，出峰时间延长至 35.0min，+10kV 时为 15.0min，当电压大于 20kV 时焦耳热增加且 R_s 降低，所以综合考虑选择 +20kV 作为最优的分离电压，窗口时间为 8.0~9.0min。

在 pH 值为 11.0 的情况下，TCs 以阴离子的状态存在，所以它的移动方向和 EOF（电渗现象中液体的整体流动叫电渗流，electro osmotic flow，EOF）方向相反，在进样端 +20kV 的分离电压下，目标分析物受 EOF 驱动向检测器方向移动，分离度（R_s）约为 2.78。如果减小 EOF 速度，则有可能增大样品的 R_s。基于此，考虑可通过抑制 EOF 来提高 R_s，并增大 TCs 在 BGE 中的溶解度。研究中尝试了在 BGE 中添加 2%（体积分数）的 4 种不同有机试剂，如甲醇、乙腈、DMF、异丙醇。实验结果显示有机试剂添加对 TCs 分离效果没有明显的改善，对 EOF 抑制的效果不明显，如异丙醇对 EOF 的抑制仅有 8.0%，所以各种有机试剂的添加对 R_s 的改善不明显。

4.5.7.3 用毛细管电泳法对水样中阳离子和阴离子的分析

硝酸盐、亚硝酸盐以一定的数量广泛存在于环境中，易于从一种形式转变为另一种形式。亚硝酸盐对人体健康的不良影响已广为人知，硝酸盐在人体内也可转变为亚硝酸盐，故硝酸根和亚硝酸根的定量分析对于环境质量评价、保护人畜健康和生化研究都有重要意义。提高环境水中硝酸根和亚硝酸根的分析速度和精度以适应批量分析的需要是分析工作者的重要任务。目前测定硝酸根和亚硝酸根的常规方法一般为离子色谱法（IC）。近年来采用的毛细管电泳（CE）分离法在几分钟内即可完成典型的阴离子分析，分离柱效一般可达每米几十万理论塔板数，分离效率比 IC 提高两个数量级。由于采用传统间歇式进样方式效率较低，对样品的批量分析操作繁琐，且难应用于过程分析。流动注射（FI）是一种高效率的进样及在线溶液处理手段。与传统 CE 相比，FI-CE 分析速度与测定精度显著提高，其采样频率的增加得益于通过 FI 程序控制实现不间断电压连续进样，且可合理控制进样时机使电泳图谱之间合理交错，不必待分离完成后再引入下一样。其精度的改善在于工作电压的恒定及毛细管入口处电解质的不断更新。通过 FI 进样与毛细管电泳联用，减少人工参与，提高环境水样中硝酸根和亚硝酸根的分析速度和精度，提高分析过程的自动化程度，以适应批量分析和过程分析的需要。用于实际水样分析，结果令人满意。

以下为应用实例。

(1) 流动注射-毛细管电泳直接紫外测定环境水中硝酸根和亚硝酸根

① 概述　采用流动注射与毛细管电泳联用（FI-CE）接口进行自动连续采样，对检测波长、电渗流改性剂浓度、载流中四硼酸钠浓度、载流 pH 值、载流流速及采样环体积等条件进行优化，并对环境水样中常见阴离子的干扰进行研究，建立了同时测定水中硝酸根和亚硝酸根的方法。在采样量为 $50\mu L$ 时硝酸根和亚硝酸根的检出限（3δ）分别为 0.2mg/L 和 0.4mg/L，峰高相对标准偏差分别为 1.6% 和 2.0%（20mg/L，$n=25$），峰面积相对标准偏差分别为 1.7% 和 1.6%（20mg/L，$n=25$），采样频率为 60/h。测定井水水样的结果与离子色谱法一致。水样中加入 10mg/L 硝酸根和亚硝酸根的回收率为 98%~108%。

② 主要试剂　所用试剂均为分析纯，用去离子水配制；载体电解质用 100mmol/L $Na_2B_4O_7$ 溶液和 5mmol/L CTMAB（十六烷基三甲基溴化铵）溶液稀释而成；标样由 1000mg/L 的 NO_2^- 和 NO_3^- 储备液稀释而成，储备液用相应的钠盐配制而成。

③ 仪器与工作条件　LZ-2000 型流动注射仪（沈阳肇发自动分析研究所）；PVC 泵管输

送溶液，用 0.7mm 内径的聚四氟乙烯管作导管及采样环；熔融石英毛细管（河北永年光纤通信厂）75μm（内径）×69cm，有效长度为 56cm。采用自制接口将 FID 与 CE 连接。

HP-100 型毛细管电泳仪（BIO-RAD 公司），恒负高电压，检测波长为 205nm，数据采集及处理由计算机联机完成。所用毛细管电泳仪的最高电压为 12kV；设定初步试验条件为 FI 载流流速 2.4mL/min；采样环体积 33μL。

④ 分析步骤　采用 FL-CE 流路，当多功能进样阀位于采样位时，试样充满采样环，载流则直接流经联用接口；当位于注样位时，采样环中的试样在载流的推动下，通过联用接口并靠电渗流分流进样，多余的试样及载流从接口的上部被泵出。引入毛细管的试样在电场力的驱动下，在毛细管中分离并经过紫外检测器得到检测信号。在此联用体系中，FI 进样与 CE 分离同步进行。

⑤ 说明　选用 $Na_2B_4O_7$ 为载体电解质（对 FI 系统来说即载流），电渗流改性剂为 CT-MAB，试验中考察了 NO_2^- 和 NO_3^- 在 200nm、205nm 和 214nm 3 种波长下的检测信号，在 205nm 波长下二者的吸光度较大，因此检测波长选定为 205nm。最初选用的 CTMAB 浓度为 0.05mmol/L，但由于 CTMAB 中 Br^- 在此波长也有一定吸收，在被测离子出峰 10min 后，出现小的负峰干扰后继续样品 NO_2^- 和 NO_3^- 的测定。降低 CTMAB 浓度至 0.025mol/L 后消除了这种现象，在被测离子出峰 30min 后仍未出现负峰，且 NO_2^- 和 NO_3^- 达到基线分离。因此，CTMAB 的浓度选定为 0.025mmol/L。

为选取四硼酸钠的最佳浓度，对含 10mmol/L、15mmol/L、20mmol/L、25mmol/L 和 30mmol/L $Na_2B_4O_7$ 的载体电解质进行了试验。试验表明，随着 $Na_2B_4O_7$ 浓度增加，峰高有所增加，峰面积基本上没有变化，各组分的迁移时间稍有些增加。但由于连续进样而影响很小，柱效明显增加，当达到 25mmol/L 后增长已基本趋于缓慢。因此，$Na_2B_4O_7$ 浓度选在 25mmol/L。

载流 pH 值在 8.00、8.85、9.72 和 10.52 时对灵敏度的影响试验表明，pH 值对灵敏度和分离度的影响均很小。考虑到试验中溶液配制的方便，选择了 pH 值为 9.72 的试验条件。

考察了载流流速为 1.6mL/min、1.8mL/min、2.1mL/min、2.4mL/min、2.6mL/min 和 2.8mL/min 时对灵敏度和分离柱效的影响。结果表明：随载流流速的增加，灵敏度有所下降，柱效则有所提高。综合考虑灵敏度和柱效两个因素，载流流速选为 2.4mL/min。未发现在此范围流速下由于流速较大而产生的压力推动载体电解质或试样直接进入毛细管的现象。

当 采 样 环 体 积 为 33μL、50μL、80μL 和 100μL 时对灵敏度和柱效的影响试验显示，随采样环体积增大，其样品峰高、峰面积增大，但柱效逐渐降低。为了确保分离，选择采样环的体积为 50μL。

通过对上述试验条件的优化，用该 FI-CE 联用系统实现了 NO_2^- 和 NO_3^- 的快速完全分离。试验证明，常见阴离子 Cl^-、Br^- 和 I^- 对 NO_2^- 和 NO_3^- 的测定基本上没有影响。

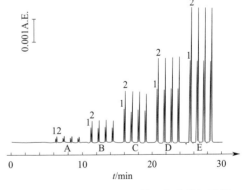

图 4-27　NO_2^- 和 NO_3^- 的工作曲线记录图

采样频率达 60/h，比传统 CE 法测定速度提高 9～10 倍，这对环境水样的连续监测有重要意义。此外，本方法具有良好的精度，NO_2^- 和 NO_3^- 峰高的相对标准偏差分别为 1.6% 和 2.0%（20mg/L，$n=25$），峰面积的相对标准偏差分别为 1.7% 和 1.6%（20mg/L，$n=25$），其工作曲线如图 4-27 所示。

将本法用于自来水厂水源、井水水样测定的结果见表 4-38，水样的加标回收率在98%～108%之间。测定实际样品的结果与离子色谱法所测结果符合较好。

表 4-38　井水水样测定和回收率试验结果（NO_2^- 和 NO_3^- 各加入 10mg/L，$n=5$）

水样	稀释比	阴离子	测定值/(mg/L)	加入量/(mg/L)	回收率/%	FI-CE法结果/(mg/L)	IC法结果/(mg/L)
2	1:4	NO_2^-	0.0	10.1	101	—	—
		NO_3^-	7.1	17.4	103	35.5±0.3	35.4
4	1:4	NO_2^-	0.0	10.4	104	—	—
		NO_3^-	5.8	16.6	108	29.0±0.2	30.6
7	1:2	NO_2^-	0.0	9.8	98	—	—
		NO_3^-	3.4	13.3	99	10.2±0.2	10.2
3	1:4	NO_2^-	0.0	10.2	102	—	—
		NO_3^-	12.6	22.9	103	60.0±0.5	61.0

（2）天然水中钙、镁离子的测定

① 概述　科学的迅速发展提出了一系列前所未有的复杂的微量、痕量分析等问题，传统的分析技术手段需要不断地更新，才能满足高速发展的社会的要求。在环境科学中，水源是人类生存最重要的环境资源，天然水中所含元素，特别是 Ca^{2+}、Mg^{2+} 含量（即水的硬度），对人类生产、工业和生活有着极其重大的影响。虽然对 Ca^{2+}、Mg^{2+} 的分析已有流动注射、络合滴定等传统的分析方法，但水质中元素的微量分析是高效毛细管电泳（HPCE）最为广泛的应用领域之一，并有着巨大的应用潜力。本研究采用有高效分离、快速分析、操作简单、所需样品量极少和不产生污染等优点的高效毛细管电泳法，利用 Ca^{2+}、Mg^{2+} 与乙二胺四乙酸（EDTA）形成稳定的络合物，在紫外波长和高压电场作用下，根据两种络离子在毛细管内的淌度不同，同时测定 Ca^{2+}、Mg^{2+} 的含量。

② 主要试剂　乙二胺四乙酸（EDTA）由日本东京化成工业（株）制；所有配制用水均采用超精制仪（QLab/Millipore 社制）制备的蒸馏水；测定前泳动载体溶液和试样分别通过孔径 $0.45\mu m$ 的滤膜进行过滤，并用超声波脱气。

③ 仪器　APPlied Biosystems270A 高效毛细管电泳仪，所用熔融石英毛细管内径为 $50\mu m$，外径为 $375\mu m$（GLSeience 制）；数据记录及图形处理为日立 D-2000 型积分仪；硼砂由日本和光纯药工业（株）制。

④ 分析步骤　先用含 2×10^{-3} mol/ LEDTA 和 1.5×10^{-2} mol/L 硼砂（pH=9.2）的载体溶液，以负压（-16931.64Pa）方式，从阳极注入熔融石英毛细管（有效长 $L_D=30\sim50cm$）3min。使其清洁并使管内表面达到平衡，基线稳定后，以负压方式吸取试样 5s，取样量为 15nL。在电压为 20kV、波长为 200nm、恒温槽内的温度为 30℃等优化条件下进行测定。

⑤ 说明　EDTA 与 Ca^{2+}、Mg^{2+} 能形成稳定的络合离子，在 195nm 处 2 种络合离子均有较大的吸光强度，由于毛细管电泳仪使用 UV 检测器，在 195nm 近基线干扰较大，影响检出效果，所以选择 200nm 为固定波长。

对载体溶液中硼砂浓度在 $0\sim3\times10^{-2}$ mol/L 的范围内进行试验。结果表明，硼砂浓度低，电渗流速度增大，毛细管内表面电荷增加，并引起离子淌度（μ_{ep}）的增加，见表 4-39。当硼砂浓度高时，电流密度增大，基线稳定，同时载体溶液的离子强度大于试样中离子强度，产生 Ca^{2+}、Mg^{2+} 浓缩效应，提高了测定感度，考虑检出感度和 Ca^{2+}、Mg^{2+} 的分离，选择硼砂浓度为 1.5×10^{-2} mol/L。

表 4-39　载体溶液中硼砂浓度对电渗流速度及离子淌度的影响

硼砂浓度 /(10^{-2} mol/L)	$U^{①}$	$\mu^{②}$	
		Ca	Mg
0	2.55	—	—
0.2	2.27	3.48	3.62
0.5	2.09	3.35	3.52
1.0	1.90	3.29	3.48
3.0	1.52	3.16	3.37

注：载体溶液中 $C_{EDTA}=2\times10^{-3}$ mol/L。

① 电渗流速度的单位为 10^{-1} cm/s。

② 离子淌度的单位为 10^{-4} cm^2/(V·s)。

利用 EDTA 与 Ca^{2+}、Mg^{2+} 形成的络合物有较大稳定常数（分别为 10.69 和 8.69）的特点，使 Ca^{2+}、Mg^{2+} 在毛细电泳管内与载体溶液中的 EDTA 形成络合离子，经过 UV 检测器，测定当时 Ca^{2+}、Mg^{2+} 量。首先将自来水和井水分别经 0.45μm 的过滤器进行过滤。为缩短分析时间，选择毛细管有效长度为 30cm。5min 内得到自来水、井水的电泳谱图，如图 4-28 所示。每个试样重复测定 5 次，得到较高的相对偏差（RSD），自来水中 Ca^{2+} 的 RSD=1.6%，Mg^{2+} 的 RSD=5.7%；井水中 Ca^{2+} 的 RSD=1.6%，Mg^{2+} 的 RSD=1.2%。由试样中 Ca^{2+}、Mg^{2+} 的平均含量求得自来水中 Ca^{2+} 浓度为 1.75×10^{-4} mol/L、Mg^{2+} 浓度为 0.66×10^{-4} mol/L；井水中 Ca^{2+} 浓度为 2.88×10^{-4} mol/L、Mg^{2+} 浓度为 1.58×10^{-4} mol/L。当电压为 20kV，毛细管有效长度 $L_D=50$cm 时，分析时间需 10min 以上，检测精度可提高，相对标准偏差在 1% 以下。

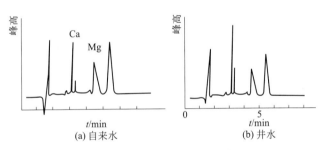

图 4-28　自来水、井水电泳谱图

Ca^{2+}、Mg^{2+} 在毛细电泳管内与载体溶液中的 EDTA 能形成稳定的络合离子。Ca^{2+}、Mg^{2+} 的电泳淌度差较大，能得到完全分离，有利于同时测定。采用高效毛细管电泳法，能在 5min 内对天然水中的 Ca^{2+}、Mg^{2+} 进行同时测定和定量。

（3）饮用水中钾、钠、钙、镁离子的毛细管电泳分析

① 概述　毛细管电泳是 20 世纪 80 年代发展起来的一种新型、高效的分离分析方法，起初主要用于生物大分子的分离分析。小分子离子包括无机离子的毛细管电泳是 90 年代初形成的一个新的分支，称为毛细管离子分析法（CIA）。金属离子的 CE 分析是根据被分析离子的电泳迁移率不同而分离的，该方法采用高电压，减少了溶质在毛细管内的停留时间，降低了由离子扩散引起的区带扩展，实现了金属离子的分离。鉴于大部分金属离子没有紫外吸收，为此需采用一个具有强紫外吸收的物质作为背景电解质，用间接紫外方法检测。由于金属离子的电泳迁移率差别较小，所以还需在电解质溶液中加入络合剂，以改善金属离子的分离选择性。

饮用水中一般含多种金属离子，如 K^+、Na^+、Ca^{2+}、Mg^{2+} 等。不同的饮用水中金属离子的种类和浓度存在一定的差异，某些金属离子浓度的大小从一定程度上反映了其水质情

况，如 Ca^{2+} 和 Mg^{2+} 的浓度决定了水的硬度，而高硬度的水在使用过程中对管道、锅炉等设备会产生不良影响。我国有专门的饮用水标准，对其中某些金属离子的浓度作出限制。因此对饮用水中金属离子的种类、浓度进行检测具有非常重要的意义。饮用水中金属离子的测定方法主要有络合滴定法、吸光光度法、原子吸收法。

② 主要试剂　咪唑：瑞士进口，分析纯。α-羟基异丁酸（HIBA）：日本进口，分析纯。K^+、Na^+、Ca^{2+}、Mg^{2+} 标准溶液：1mg/L（日本进口），试验时稀释至所需浓度。所有溶液均用 MilliporeMilli-Q II 超纯水配制。

③ 仪器与工作条件　美国 waters-Quanta4000 型毛细管电泳仪，电压 0～30kV 可调，$75\mu m$（内径）×61cm 熔融石英毛细管（河北永年光导纤维厂生产），虹吸进样高度 9.8cm，214nm 固定波长紫外检测器；日本岛津 C-RIB 色谱数据处理机；MilliporeMilli-Q II 超纯水装置。

④ 分析步骤　按要求配制好电解质溶液，试验前用超声波脱气 10min。毛细管分别用超纯水和电解质溶液清洗 5min，每次电泳前用电解质溶液清洗 2min，采用虹吸进样法，进样时间为 30s，紫外 214nm 间接检测。温度 25℃。整个电泳分析由仪器自动完成。取 K^+、Na^+、Ca^{2+}、Mg^{2+} 标准溶液做毛细管电泳分析。

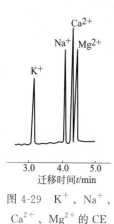

图 4-29　K^+、Na^+、Ca^{2+}、Mg^{2+} 的 CE 分离图

⑤ 说明　试验考察了不加与加络合剂 HIBA 时相关阳离子的 CE 分离情况。结果表明，不加络合剂时，Na^+ 和 Mg^{2+} 由于迁移率相近而不能分离，而加入适量 HIBA 后，能使这 4 种阳离子得到完全分离。同时络合剂的浓度对迁移率有一定的影响，一般随络合剂浓度增大，离子的有效迁移率降低，迁移时间增加。电解质溶液的 pH 值对分离的影响主要表现在：一方面电渗流随 pH 值增加而增大，另一方面 pH 值对络合平衡有影响。

四种离子的 CE 分离结果如图 4-29 所示。可见，在选定条件下，各离子在 5min 内达到完全分离。

重复进样，K^+、Na^+、Ca^{2+}、Mg^{2+} 迁移时间和峰面积的相对标准偏差分别为 0.41%、0.33%、0.38%、0.28% 和 2.0%、2.7%、2.0%、3.9%。其线性范围分别为 0.2～2.4mg/L、0.2～2.0mg/L、0.3～2.1mg/L 和 0.04～1.2mg/L。其最低检出质量浓度分别为 0.1mg/L、0.1mg/L、0.2mg/L 和 0.04mg/L。

饮用水样为自来水及市售矿泉水、太空水和纯净水。自来水及矿泉水用超纯水稀释后进样，纯净水和太空水直接进样进行 CE 分析。采用两点外标法定量，测得各饮用水实样中 K^+、Na^+、Ca^{2+}、Mg^{2+} 浓度见表 4-40。

表 4-40　饮用水实样中 K^+、Na^+、Ca^{2+}、Mg^{2+} 的 CE 测定结果　　单位：mg/L

样品	K^+	Na^+	Ca^{2+}	Mg^{2+}
矿泉水	2.4	28.7	6.9	6.0
自来水	1.0	22.2	4.0	2.9
太空水	<0.2	0.3	0.6	0.06
纯净水	未检出	<0.2	<0.3	<0.04

用毛细管电泳法对饮用水中的 K^+、Na^+、Ca^{2+}、Mg^{2+} 进行了分离和测定。与常规分析方法相比，CE 法具有前处理简单、低耗费且可对有关离子进行同时快速测定等特点，在水质分析、环境监测等领域有着广阔的应用前景。

4.5.7.4 用毛细管电泳法对金属离子的分析测定

应用实例：水样中常见金属离子的快速测定。

(1) 概述 金属阳离子的分析方法有原子吸收法、离子色谱法、发射光谱法等。用毛细管电泳法测定各种矿泉水、饮用水中金属阳离子与比色法、原子吸收光谱相比，具有一次性测定多种金属离子、速度快、耗费少等优点，因此具有良好的推广应用前景。

(2) 主要试剂 咪唑 (A. R. 级)；K^+、Na^+、Li^+、Ca^{2+}、Mg^{2+}、Ba^{2+}、Sr^{2+} 等 7 种阳离子的氯化物标准品 (A. R. 级)；浓硫酸 (A. R. 级)；6mmol/L 咪唑用硫酸调 pH 值至 4.5；标样及电解质载液均用纯水配制。

(3) 仪器与工作条件 7530 型紫外分光光度计；宾达 1229 型毛细管电泳仪 (北京市新技术应用研究所)；pH-25 型酸度计；弹性石英毛细管柱 50μm (内径)×72cm (购自河北永年光导纤维厂)，有效长度 60cm，电压 0～30kV。

电泳条件：柱温 25℃；电压 30kV；检测波长 212nm；进样方式为电动进样。

(4) 说明 大多数金属阳离子没有紫外吸收，含有不饱和键的胺类化合物可作为共存离子测定阳离子。选择咪唑为共存离子，获得了较理想的灵敏度。

电解质 pH 值影响电渗流的大小，从而对分离效果产生影响。pH 值越大，分离所需时间越短，但分离效果变差。试验证明，pH 值为 4.5 时效果最佳。

在共存离子的最大吸收波长处检测到最大信号，在光源的最高强度发射波长处检测到最低噪声。考虑到检测波长处应使信噪比最高，所以选择 212nm 作为间接检测波长。

试验结果表明，当咪唑浓度不小于 6mol/L 时，各种离子可达到完全分离。随着其浓度的增加，尽管分离趋于良好，但噪声增大，所以选择浓度为 6mmol/L 的咪唑最佳。

在 CE 中，电压越高，各离子迁移时间越短，分离越差。试验证明，选择 30kV 为最佳。

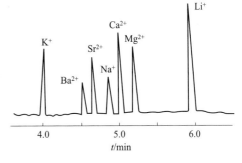

图 4-30 阳离子标样谱图

在上述条件下测得的阳离子标样谱图如图 4-30 所示。选择一组适当浓度的阳离子标准混合溶液进行线性试验，得出标准曲线方程。结果见表 4-41。

表 4-41 各种阳离子的标准曲线方程

离子	方程	相关系数 r	r^2
K^+	$c=-6.432\times10^{-2}+1.351\times10^{-3}R$	0.9991	0.9982
Na^+	$c=-1.726\times10^{-2}+2.983\times10^{-4}R$	0.9994	0.9988
Li^+	$c=1.358\times10^{-2}+4.563\times10^{-4}R$	0.9993	0.9986
Ca^{2+}	$c=-5.799\times10^{-2}+4.235\times10^{-4}R$	0.9990	0.9980
Mg^{2+}	$c=-2.157\times10^{-2}+2.684\times10^{-4}R$	0.9991	0.9982
Ba^{2+}	$c=4.391\times10^{-2}+3.255\times10^{-4}R$	0.9992	0.9984
Sr^{2+}	$c=1.872\times10^{-2}+8.721\times10^{-4}R$	0.9998	0.9996

由表 4-41 可知，此时 r 均优于 0.999，线性关系良好。

选择 7 种阳离子的标准样品，在毛细管电泳仪上重复 10 次试验，峰面积和迁移时间的相对标准偏差分别在 3.2% 与 1.1% 以下，可见其重现性良好。

取一份自来水为样品，计算其结果，数据见表 4-42。试验表明，平均回收率在 98.0%～

103.3%之间，回收率良好。

表 4-42　回收率试验

离子	测定值/$(10^{-6}\,mg/L)$	加标值/$(10^{-6}\,mg/L)$	回收率/%
K^+	1.85	2.92	99.1
Na^+	1.20	1.62	103.3
Ca^{2+}	4.46	4.70	99.0
Mg^{2+}	12.70	11.31	99.2
Ba^{2+}	2.02	2.30	98.0
Sr^{2+}	1.49	1.85	98.4
Li^+	6.72	7.58	99.3

4.5.7.5　用毛细管电泳法对取代苯化合物的分析

（1）概述　芳香类化合物常采用气相色谱、液相色谱分离测定，而通过毛细管区带电泳（CZE）或胶束毛细管电泳（MEKC）技术分离测定芳香类化合物如酚类、苯胺类物质的工作也常见报道。与毛细管电泳法相比，HPLC 流动相配制较繁琐，柱材料昂贵，环境污染较重。作为近几年来最为活跃的一种分离技术，毛细管电泳以其高效、快速、进样量少、成本低的特点被广泛应用于环境样品的分析。采用毛细管电泳法，通过 3 种模式对 6 种取代苯的化合物进行了分离测定研究，采用环糊精改性的胶束毛细管电泳法可使各组分达到基线分离，正交设计可得到其最佳试验工作条件。

（2）主要试剂　羟丙基-β-环糊精（HP-β-CD，由中国科学院长春应用化学研究所提供）；对硝基苯甲醛、3,5-二硝基苯甲酸、对硝基苯甲酸、对硝基苯酚、对氨基苯甲酸、苯甲酸、硼砂、磷酸盐、甲醇、β-环糊精均为分析纯，试验用石英二次蒸馏水。

分别称取一定质量的 6 种取代苯的化合物，用体积分数 50% 的甲醇溶液溶解稀释，配制 1.00mg/mL 的混合标准储备液。试验前移取一定体积的标准储备液于 10mL 的容量瓶中，配制成 30～300mg/L 的工作标准溶液，微孔滤膜过滤后，再放在超声波发生器内超声 15min，冷却后备用。

（3）仪器与工作条件　试验所用为自行组装高效毛细管电泳仪、自制高压电源及 Spectra100 型可变波长紫外检测器（美国热电集团），并装有 On-column 型专用毛细管流通池；压差式进样；65cm×50μm（内径）石英毛细管（河北永年光纤厂），有效长度45cm。毛细管电泳工作条件：检测波长 214nm、254nm；分离电压 15kV；进样位差 20cm，10s。数据记录采用 ACS2000 软件。室温 19～21℃。

（4）分析步骤　配制一定浓度的硼砂作为电解质缓冲液，用 0.1mol/L NaOH 冲洗毛细管 2min，再分别用去离子水和背景电解质溶液洗柱 2min，采用阳极端手动压差进样，在选定试验条件下进行分离，每 2 次运行之间用背景电解质溶液洗柱 2min，分离进行 5～6 次后，更换两边缓冲液。

当混合标准溶液各组分达到基线分离时，分别提高单组分物质的浓度，根据其峰高的响应变化来对谱峰进行定性。

（5）说明　因为硝基苯甲醛在 214nm 处有较大吸收，其他 5 种芳香化合物在 254nm 处有较大吸收。因此采用时间程序设定波长，作为中性物质的对硝基苯甲醛在分离过程中最先流出，检测器在 214nm 处检测，在此之后，检测器自动切换到 254nm 处进行检测。

毛细管区带电泳法分离的物质主要是那些在水溶液中呈离子态或可离子化的化合物，其分离原理主要是基于它们在形状或者是质荷比上的差异。采用硼砂作缓冲溶液分离 6 种不同取代的芳香化合物，试验分离谱图如图 4-31 所示，由图可看出对氨基苯甲酸和苯甲酸 2

种物质重叠在一起。试验过程中改变分离电压、缓冲溶液的浓度及 pH 值，分离仍然得不到改善，这可能是由于氨基苯甲酸和苯甲酸两种物质的质荷比差别不大。

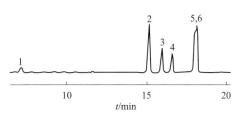

图 4-31　标准混合液的区带电泳分离谱图
1—对硝基苯甲醛；2—3,5-二硝基苯甲酸；
3—对硝基苯甲酸；4—对硝基苯酚；
5—对氨基苯甲酸；6—苯甲酸；
缓冲溶液—硼砂（30mmol/L）

胶束毛细管电泳在用于离子型化合物分离的同时可进行中性物质的分离，其分离机理为具有不同疏水性的粒子与胶束的相互作用不同。试验过程中通过改变分离电压、缓冲溶液的浓度及 pH 值，区带电泳难以分离的氨基苯甲酸和苯甲酸两种物质仍然得不到基线分离，这说明二者与 SDS 胶束的结合差别不大，二者在两相中的分配系数较小。

环糊精-胶束电动色谱对于异构体的分离是基于被分离的物质能和环糊精（CD）形成稳定的包合物，而且形成包合物的作用力有一定差异。CD 与分析物间的主客体关系表现为 CD 内腔与分析物芳环间的包容作用及 CD 外壳上羟基与分析物上的取代羟基、硝基、氨基、醛基、羧基的作用，分离效果与 CD 类型和浓度有关。采用羟丙基-β-环糊精（HP-β-CD）或 β-环糊精分离 6 种取代苯，试验分离谱图如图 4-32 所示。两种环糊精在选择分离 6 种取代苯上存在显著差别。

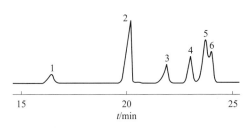

图 4-32　标准混合液的胶束毛细管电泳图
注：6 种物质代号同前。缓冲溶液为硼砂 20mmol/L、
CH$_3$OH（体积分数 10%）、
SDS 45mmol/L，pH=9.0

（6）试验设计　经羟丙基-β-环糊精改性的标准混合液毛细管电泳图和经 β-环糊精改性的标准混合液毛细管电泳图分别如图 4-33 和图 4-34 所示。从图 4-33 和图 4-34 中可以看出，采用羟丙基-β-环糊精（HP-β-CD）或 β-环糊精均可以很好地分离 6 种取代苯化合物，考虑到羟丙基-β-环糊精比较昂贵，故采用在图 4-34 所选定的试验条件下对分离条件进行进一步优化。试验方案采用四因素三水平，不考虑交互作用。

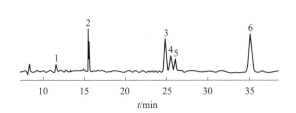

图 4-33　经羟丙基-β-环糊精改性的标准
混合液毛细管电泳图
注：6 种物质代号同前所述

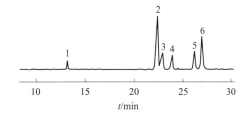

图 4-34　经 β-环糊精改性的标准
混合液毛细管电泳图
注：6 种物质代号同前所述

交互作用的正交矩阵 OA$_9$（3^4），在以上初步试验条件的基础上选择合适的试验参数。采用正交设计法对胶束毛细管电泳中的优化分离情况进行了考察，研究了改性剂浓度、十二烷基硫酸钠（SDS）浓度、β-环糊精（β-CD）浓度、pH 值几个参数对分离的影响，以最难分离的一对峰组的分离度和最后一个峰的出峰时间来评定优化效果的好坏，试验结果如表 4-43 所示。

从表 4-43 中可以看出，试验 4、8、9 的最难分离的一对物质的分离度均大于等于 1，可满足定量分析的需要。在试验 8 所选定的条件下，环糊精改性的标准混合液毛细管电泳图如

图 4-35 所示，由图可知：从分析时间上看在试验 8 所选定条件下，6 种物质均得到基线分离而且分离时间较短。

表 4-43 分离试验的正交设计

试验编号	$c(SDS)$ /(mmol/L)	$c(\beta\text{-CD})$ /(mmol/L)	$c(CH_3OH)$ /%	pH 值	分离度	t_{end}/min
1	1(25)	1(8)	1(0)	1(8.5)	0.91	16.4
2	1(25)	2(10)	2(5)	2(9.0)	0.95	18.8
3	1(25)	3(12)	3(10)	3(9.5)	0.81	25.7
4	2(35)	1(8)	2(5)	3(9.5)	1.3	23.2
5	2(35)	2(10)	3(10)	1(8.5)	0.79	26.4
6	2(35)	3(12)	1(0)	2(9.0)	0.91	15.7
7	3(45)	1(8)	3(10)	2(9.0)	0.97	26.9
8	3(45)	2(10)	1(0)	3(9.5)	1.2	17.8
9	3(45)	3(12)	2(5)	1(8.5)	1.0	26.5

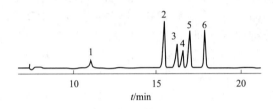

图 4-35 环糊精改性的标准混合液毛细管电泳图
注：6 种物质代号同前所述。缓冲溶液为
硼砂 20mmol/L、SDS 45mmol/L、
β-CD10mmol/L，pH=9.5

在选定的已优化的电泳操作条件下，以峰面积与对应的浓度作标准曲线，求得它们的线性关系和相关系数，同时以三倍信噪比来计算最小检测限。采用本方法对试验配标准液（100mg/L）和更换缓冲溶液过程中所产生的废液不经任何处理直接进样进行回收率的测定，结果见表 4-44。试验测定了 6 种取代苯类的迁移时间、峰面积的重现性，其测定结果见表 4-45。

表 4-44 回归方程、检测限及回收率

化合物	回归方程（$\times10^{-3}$）	相关系数	检测限 ρ_B/(mg/L)	回收率/%
对硝基苯甲醛	$y=-2.72+2.50x$	0.9985	8.9	95.8~102
3,5-二硝基苯甲酸	$y=0.443+1.09x$	0.9975	1.8	96.8~101
对硝基苯甲酸	$y=-3.54+2.21x$	0.9993	2.9	98.5~103
对硝基苯酚	$y=-4.50+3.81x$	0.9981	2.2	94.8~102
对氨基苯甲酸	$y=-0.931+1.41x$	0.9989	3.4	97.5~104
苯甲酸	$y=1.04+1.61x$	0.9939	2.1	98.7~103

表 4-45 迁移时间和峰面积的重现性

化合物	迁移时间 t/min		峰面积	
	平均值	相对标准偏差/%	平均值	相对标准偏差/%
对硝基苯甲醛	11.2	0.29	13210	2.1
3,5-二硝基苯甲酸	15.5	0.45	29870	1.8
对硝基苯甲酸	16.2	0.34	14156	3.1
对硝基苯酚	16.5	0.51	16422	2.4
对氨基苯甲酸	16.9	0.37	21743	2.6
苯甲酸	17.8	0.22	18931	1.7

4.5.7.6 用毛细管电泳法对水中杀虫剂含量的分析

环境中存在的杀虫剂是一种有害的污染物。对饲料、食物以及复杂的环境系统（水、土壤、淤泥、沉淀物等）中的杀虫剂含量的测定，通常需要一种具有高效性、特殊选择性和高度敏感性的分离方法。毛细管电泳法能满足上述要求，并被证明是一种适合分析手性和非手性杀虫剂的微分离方法。尽管气相色谱和高效液相色谱是分析杀虫剂最常用的两种方法，毛细管电泳法可以在痕量水平上定量测定杀虫剂，通过结合预选柱分离方案、敏感的探测方法（例如，激光-荧光探测）和痕量富集技术可以用作测定环境样品的方法。除了毛细管电泳-激光-荧光探测法外，毛细管电泳测量的浓度限制相对较高，这一事实潜在地阻碍了它在痕量杀虫剂测量上的应用。然而在线和离线待测物浓度处理与选择预选柱分离方案的联用已经较好地解决了这个探测能力的问题，并且使毛细管电泳法成为最适合测定水及土壤样品中的杀虫剂的分离及测量的方法之一。

由于研究杀虫剂毛细管电泳法的中性介质已经被扩展，在缓冲器系统中添加离子表面活性剂为同时测定分离中性和带电分析物提供了可能。在电动胶束毛细管色谱法中，不带电化合物的分离是在水和胶束相通过不同的分散剂达到分离的。在液样中不同的缓冲器已经被用来分离若干种杀虫剂了。毛细管电泳法分离的关键问题是合适的背景电解液的选择。水中三嗪的溶解性是 $0.001mol/L$，将甲醇-水的混合溶剂用作电解液可以防止样品在毛细管壁上的吸附作用和干扰。Foret 等提出了一种利用浓度为 $0.02mol/L$ 的 Tris 电解液，分离三嗪除草剂的方法。在乙醇-水（30：70，体积比）中用三氯乙酸调节 pH 值为 3，在连续流系统与商品毛细管电泳系统结合的情况下实现样品处理方法的自动化，同时在毛细管电泳仪中自动校准。

应用实例：通过自动在线固相微萃取-毛细管电泳法测定水中杀虫剂的含量。

（1）概述　该试验通过电动胶束毛细管色谱分离加标水样中 7 种杀虫剂，在 13min 内对杀虫剂混合物的分析质量浓度达到 $50\mu g/L$。小瓶样品中的标度（校准）、预浓缩、洗提和注射是由连续流系统结合毛细管电泳系统通过可编程系统自动进行的。整个系统带有电子微处理器并由电脑完全控制。C_{18} 固相毛细管被用来预浓缩，允许加标水样中杀虫剂的 12 相浓缩（作为平均量）。在最佳的萃取条件下，所得大部分杀虫剂的回收率在 $90\%\sim114\%$ 之间。

连续流系统和商品毛细管电泳系统的结合，表明这是一种对河水水样中痕量杀虫剂含量自动测量的重要工具。这个系统允许完全自动调节、预浓缩和在痕量水平上对实际样品中现存物质进行分析测量。而且这种方法还可以用来测定其他有毒污染物，因为它无需人工准备样品。

（2）主要试剂　所有的试剂均系用分析纯级，去离子水的电阻率高于 $18M\Omega\cdot cm$；杀虫剂，即非草隆、西玛津、阿特拉津和胺甲萘（由 Chemserv 提供），Prometryn 和去草净（由 Riedel-deHaen 提供），Ametrin（由 Ciba 提供）；每种化合物的标准储存液浓度是 $200\mu g/mL$，并保存在冰箱中；工作标准溶液每天用纯水稀释制备；十二烷基硫酸钠（SDS）、磷酸氢二钠和高效液相色谱级的乙腈被用来制备缓冲器；用 C_{18} 毛细管柱（100mg）来富集杀虫剂，由 Varian 提供；河水样品预处理的尼龙过滤器由 Cameo 提供。

（3）仪器与工作条件　BeckmanP/ACE5500 毛细管电泳系统含有二极管阵列探测器和融硅毛细管，可用来分离待测物。用 Gold 软件控制系统并处理数据。GilsonMinipuls-3 蠕动泵，聚四氟乙烯管道的直径是 0.5mm，泵的电子管直径是 1.02mm，自动 10 相进样阀被用来实现多种连续进样。连续进样系统与毛细管电泳仪的机械接触面是实验室规模的可编程手柄。整个系统（泵、阀、可编程手柄和毛细管电泳仪）都是电子结合 D/A 转炉板。毛细管电泳仪的装备控制整个连续系统发送晶体管-晶体管逻辑电路到中等电脑中，电脑通过写在 GW-BASIC 中的程序来控制连续进样系统。

电动胶束毛细管色谱法采用融硅毛细管（47cm×75μm），温度为 20℃，阳极电源电压 25kV（平均电流 135μA）。载流子电解液是 60mmol/L 十二烷基硫酸钠、10mmol/L

Na$_2$HPO$_4$，用 0.05mmol/L NaOH 将 8％的乙腈 pH 值调到 9.5。Electropherograms 被记录为 226nm。水力进样在 5s 内完成。毛细管每天由超纯水、0.1mol/L NaOH 和缓冲液冲洗，间隔 5min。分离时，毛细管用水冲洗 1min，用 0.1mol/L NaOH 冲洗 0.5min，缓冲液冲洗 2min。

（4）分析步骤　用连续流系统预处理（稀释和富集）标准样品如图 4-36 所示。这种多相进样器含有一个自动 10 相开关真空管（用在两极模式中）和一个样品注射的可编程手柄。整个系统由电子接触面自动控制，如前所述。第一个蠕动泵（PP$_1$）用来抽水，第二个蠕动泵（PP$_2$）用来抽取杀虫剂溶液或各自的样品，而第三个（PP$_3$）用于洗提液（30％乙腈）。富集、洗提和注射在以下情况下工作。首先，实验室自制的注射器的可编程手柄移到毛细管电泳仪的自动进样器的废液瓶底部。泵 1（PP$_1$）和泵 3（PP$_3$）以最大速度运行，用水清洗系统并用洗提液控制微柱。在这一步骤中真空管的开关停留在注射位置上。泵 3（PP$_3$）关闭真空管换到负载位置上用清水清洗微柱。其次，真空管换到注射位置，泵 1 和泵 2 以适当的速度进行理想稀释。当分析真正的样品时仅运行泵 2，因为这些情形都不需要稀释。1min之后真空管的开关换到负载位置，对样品预浓缩 10min。为了清洗柱状矩阵化合物，在经过负载步骤后水要通过柱 1min。然后，真空管换到注射位置，泵 1 以最大速度用水清洗系统。泵 3 也以最大速度运行洗提样品的第一部分（经过样品的时间应该从微柱的底端到注射器手柄的底端）。泵 1 和泵 3 停止，手柄上移，毛细管电泳仪的自动进样器换到样品瓶中，手柄再移下来。泵 1 再开始运行，用水来清洗。泵 3 开始运行，洗提样品并注射到样品瓶中。泵 1 和泵 3 停止，手柄上移，样品的分离完成时，自动进样器换到废液瓶中，并开始准备下一个样品的分析。

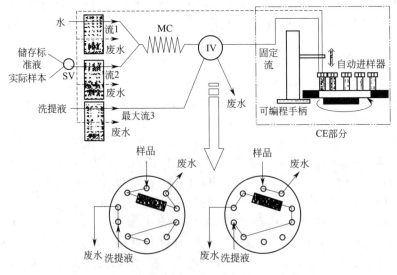

图 4-36　连续流系统对杀虫剂的预浓缩

MC—混合线圈；IV—注射阀；SV—选择阀

（5）说明　由于存在于环境媒介物中的杀虫剂含量低，存在形态复杂，因此在测定前要经过预浓缩和样品预选。适用的商品柱 C$_{18}$（100mg）被用来预浓缩并直接放入用甲醇、水和洗提溶液预处理过的连续流系统中。乙腈洗提液浓度和停留时间的优选可以提供最佳的预浓缩效率。洗提液中乙腈浓度的影响如图 4-37 所示，由图可知 30％乙腈溶液是最好的洗提液。进一步增加乙腈的浓度反而在一定程度上影响分离。

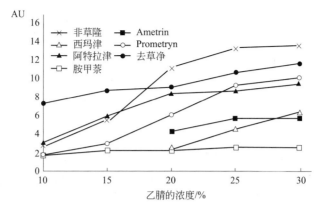

图 4-37　洗提液中乙腈浓度的影响

在负载时间 4～10min 之间进行试验，优选样品预浓缩的时间。持续时间的影响如图 4-38 所示，由图可知最终预浓缩时间选为 10min，因为增加时间并没有明显地增加样品的回收率。

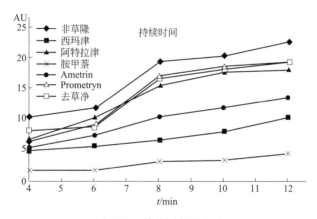

图 4-38　持续时间的影响

毛细管区带电泳利用简单的硼酸盐或磷酸盐缓冲液不能分离杀虫剂，因为所有的物质在连续流系统中具有相同的迁移速度。阴离子表面活性剂十二烷基硫酸钠（SDS）根据杀虫剂和胶团之间相互作用的不同使胶团获得不同的迁移速度。

有效分离杀虫剂的关键是缓冲液中表面活性剂的加入量。在不溶性水相介质中加入 30mmol/L 的十二烷基硫酸钠可以有效分离所测杀虫剂。当在线预浓缩时，必须使用一定量的有机溶剂来洗提来自微柱的样品。这里洗提液选用 30% 的乙腈。结果表明这确实强烈影响溶液的分离并导致峰的展宽和重叠。为解决这个问题，表面活性剂的投加量增加到 60mmol/L 才能得到最好的分离，并得到最好的峰形。更高浓度的十二烷基硫酸钠（SDS）没有改善分离并导致了分析时间的增加。

有机改性剂如甲烷或乙腈的出现改变了缓冲液系统的黏性和控制分析物与胶团的相互作用。对甲醇和乙腈作为改性剂进行试验表明，二者在浓度为 8% 时都能得到最好的分离效率。这些改性剂的浓度高于或低于 8% 都会在峰之间产生不利影响。当以甲醇作为改性剂时，基线不稳定，所以很难解析，在痕量水平进行分析时效果更差。所以改性剂最终确定为 8% 的乙腈。

通过改变缓冲液的 pH 值可以使电渗流的比率发生明显变化。电渗流是由毛细管壁上的表面电荷决定的。

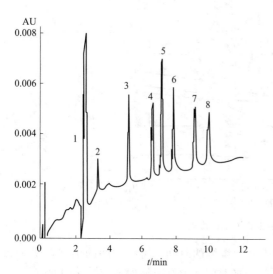

图 4-39　7 种被测杀虫剂混合物的
电泳图（5μg/mL）

1—EOF；2—非草隆；3—西玛津；4—阿特拉津；
5—胺甲萘；6—Ametrin；7—Prometryn；8—去草净

因此，电渗流的流动性在酸性范围内很慢并在缓冲液的 pH 值更高时明显增强。分离的最佳 pH 值为 9.5（用 0.05mol/L 的 NaOH 进行调节），可以在较短的分析时间内获得满意的分离。在最优的控制条件下获得的 7 种杀虫剂（5μg/mL）的电泳图如图 4-39 所示。

对 1~5μg/mL 的样品不经过任何预浓缩构造一个调节图，用来检验电泳法的效果。由 5μg/mL 的储存溶液的连续流系统自动进行调节，结果见表 4-46。所有杀虫剂含量计算的极限都在 0.5~0.9μg/mL 之间，另外一个分析物质量浓度在 0.05~0.25μg/mL 之间，含有预浓缩步骤的调节在 C$_{18}$ 柱上进行，结果见表 4-47。在这种情况下，7 种杀虫剂中有 5 种的计算量都等于或低于 0.05μg/mL，Prometryn 和去草净除外，此时所得量为 0.09μg/mL。

表 4-46　电泳法测得的数据

分析物	等式	r	$S_{y/x}$	LOD	LOQ
非草隆	$a=-0.0004\pm0.0007$ $b=0.0129\pm0.0002$	0.998	0.0012	0.16	0.54
西玛津	$a=-0.0006\pm0.0055$ $b=0.0637\pm0.0016$	0.996	0.0090	0.25	0.86
阿特拉津	$a=-0.0141\pm0.0049$ $b=0.0692\pm0.0014$	0.997	0.0080	0.21	0.71
胺甲萘	$a=-0.0349\pm0.0091$ $b=0.1151\pm0.0027$	0.996	0.0149	0.24	0.79
Ametrin	$a=-0.0304\pm0.0054$ $b=0.0887\pm0.0016$	0.998	0.0090	0.18	0.61
Prometryn	$a=-0.0360\pm0.0057$ $b=0.0839\pm0.0017$	0.997	0.0095	0.20	0.68
去草净	$a=-0.0272\pm0.0049$ $b=0.0787\pm0.0015$	0.998	0.0081	0.19	0.62

注：a 为截距；b 为斜率；$S_{y/x}$ 为残余物的标准偏差；r 为相关系数；LOD 为检出限，μg/mL；LOQ 为最小检出量，μg/mL。

表 4-47　经预浓缩校准后测得的数据

分析物	等式	r	$S_{y/x}$	LOD	LOQ
非草隆	$a=-0.0039\pm0.0008$ $b=0.2326\pm0.0050$	0.997	0.0014	0.01	0.03
西玛津	$a=-0.0121\pm0.0049$ $b=0.9699\pm0.0296$	0.994	0.0081	0.02	0.05
阿特拉津	$a=-0.0115\pm0.0025$ $b=0.7611\pm0.0148$	0.998	0.0004	0.01	0.03
胺甲萘	$a=-0.0428\pm0.0058$ $b=1.1280\pm0.0348$	0.994	0.0095	0.02	0.05

分析物	等式	r	$S_{y/x}$	LOD	LOQ
Ametrin	$a=-0.0184\pm0.0030$ $b=0.6799\pm0.0178$	0.996	0.0049	0.01	0.04
Prometryn	$a=-0.0288\pm0.0030$ $b=0.3162\pm0.0178$	0.980	0.0048	0.03	0.09
去草净	$a=-0.0159\pm0.0025$ $b=0.2883\pm0.0153$	0.982	0.0042	0.03	0.09

注：各符号意义同表 4-46。

对选定的四条河流的水样进行分析。在分析之前样品经过 $0.45\mu m$ 的尼龙滤膜过滤并在连续流系统中直接预浓缩，所有被测杀虫剂的量都已找到。因此，为了验证使所用的分析方法有效，对水样进行加标。一个 25mL 样品加标为三种质量浓度水平：对非草隆、西玛津、阿特拉津、胺甲萘和 Ametrin，分别为 $0.1\mu g/mL$、$0.2\mu g/mL$ 和 $0.3\mu g/mL$；对 Preometryn 和去草净分别为 $0.2\mu g/mL$、$0.3\mu g/mL$、$0.4\mu g/mL$。结果见表 4-48，回收率为 90%～114%。这些结果表明所选方法中没有明显的系统错误。标准附加方法应用在每一个单独样品中，然后用于实际样品中杀虫剂混合物的直接测量。

表 4-48　实际样品中杀虫剂的分析

分析物	所加质量浓度 /(μg/mL)	河水样 I		河水样 II		河水样 III		河水样 IV	
		所测质量浓度 /(μg/mL)	回收率 /%	所测质量浓度 /(μg/mL)	回收率 /%	所测质量浓度 /(μg/mL)	回收率 /%	所测质量浓度 /(μg/mL)	回收率 /%
非草隆	0.10	0.112	112	0.100	100	0.092	92	0.114	114
	0.20	0.215	107.5	0.206	103	0.198	99	0.222	111
	0.30	0.282	94	0.294	98	0.287	95.6	0.294	98
西玛津	0.10	0.096	96	0.097	97	0.098	98	0.107	107
	0.20	0.210	105	0.198	99	0.221	110.5	0.208	104
	0.30	0.312	104	0.291	97	0.298	99.3	0.299	99.6
阿特拉津	0.10	0.095	95	0.096	96	0.110	110	0.103	103
	0.20	0.199	99.5	0.196	98	0.209	104.5	0.213	106.5
	0.30	0.277	92.3	0.296	98.6	0.285	95	0.310	103.3
胺甲萘	0.10	0.093	93	0.106	106	0.097	97	0.094	97
	0.20	0.227	113.5	0.204	102	0.213	106.5	0.212	106
	0.30	0.271	90.3	0.290	96.6	0.285	95.6	0.297	99
Ametrin	0.10	0.099	99	0.103	103	0.097	97	0.110	110
	0.20	0.217	108.5	0.208	104	0.208	104	0.202	101
	0.30	0.285	95	0.297	99	0.312	104	0.294	98
Prometryn	0.10	0.206	103	0.192	96	0.214	107	0.211	105.5
	0.20	0.321	107	0.300	100	0.313	104.3	0.298	99.3
	0.30	0.419	104.7	0.398	99.5	0.409	102.2	0.397	99.25
去草净	0.10	0.179	89.5	0.200	100	0.192	96	0.198	99
	0.20	0.300	100	0.310	103.3	0.317	105.6	0.307	102.3
	0.30	0.368	92	0.397	99.2	0.397	99.25	0.412	103

4.5.8　小结

作为一种高效分离技术，CE 已显示出极大的潜力。客观地说，CE 有自身的优势，同时也有一些方面有待于进一步完善。它的工作环境是水介质，这一点很接近生物体、植物体和自然界的背景。这一特点将会为以水为背景的各种分析（包括环境分析）带来极大方便，减少一些样品处理的繁琐过程，大大缩短分离周期，在未来的快速分离和连续在线监测方面有很好的发展前景。CE目前还处于发展阶段，虽然某些物质的CE定量分析重复性不如高效液相色谱好，在检测极限上也比环境分析所要求的高一些，但近年来高灵敏度的检测器在CE上的联用，比如CE-激光诱导荧光（LIF）、CE-质谱（MS）等检测极限可达到10^{-14}g至10^{-15}g。Jung和Brumley在应用MEKC分离芳酸类除草剂时，有效地运用了LIF检测手段。CE几乎可以分离除挥发性物质或难溶物之外的各种分子。如此广泛的适用性，对化学分析研究人员具有很大的吸引力。随着愈来愈多的具有开拓性的工作的不断推进，CE很有希望在将来的环境分析应用中取得更大的进展。

4.6
超临界流体色谱法及其在水分析中的应用

4.6.1 超临界流体色谱法及其产生的背景与发展

超临界流体色谱法（supercritical fluid chromatography，SFC）是以超临界流体作流动相的色谱方法，所谓超临界是指在高于临界压力和临界温度时的一种物质的状态。二氧化碳的超临界相图如图4-40所示。处于超临界状态的流体兼有气体和液体的某些性质，即兼有气体的低黏度、液体的高密度以及介于气、液之间较高的扩散系数等特征，见表4-49。此外超临界流体也有区别于气体和液体的明显特征：可以得到处于气体和液体之间的任一密度；在临界点附近，压力的微小变化可导致密度的巨大变化。超临界流体色谱技术的研究始于20世纪60年代，1962年Ernst Klesper在Johns Hopkins大学使用高密度氯氟烃作为流动相对金属卟啉进行分离，首次提出超临界流体色谱概念。尽管他使用的流动相压力仍低于临界点，没有达到真正的超临界状态，但却是当时离SFC分析最近的一次实验。20世纪70年代出现了填充柱超临界色谱仪。1982年Agilent的前身惠普基于HP1084型HPLC开发了SFC系统，第一代商品化SFC就此诞生。

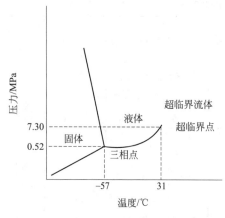

图4-40 二氧化碳的超临界相图

表 4-49 超临界流体、液体和气体某些物理性质的比较

物质的相态	密度/(g/cm³)	扩散系数/(cm²/s)	黏度/[g/(cm·s)]
在21℃和0.1MPa下的气体	10^{-3}	10^{-1}	10^{-4}
超临界流体	$0.3\sim0.8$	$10^{-4}\sim10^{-3}$	$10^{-4}\sim10^{-3}$
液体	1	$<10^{-5}$	10^{-2}

气相色谱法（GC）需要将样品汽化后方能分离，主要适用于沸点不太高、热稳定性好、分子量小于400的物质。而高效液相色谱法（HPLC）虽然能在低温下分离高沸点、热不稳定、大分子量的样品，但因其配置检测器的限制，定量工作较为困难。SFC不仅有比GC和HPLC更宽的分离范围，而且超临界流体色谱可以使用气相色谱和高效液相色谱的监测器，可与质谱、傅里叶红外光谱等仪器在线连接，因而可方便地进行定性和定量分析。许多炸药组分是热敏感物质，用SFC可以方便地分析它们。

随着超临界流体色谱法写入 2015 年版《中国药典》，SFC 在我国分析化学行业的发展越发迅速。由于早期的理论或应用研究中，SFC 设备多由实验室改装气相色谱仪或液相色谱仪而成，因此目前市场上主流的超临界流体色谱仪制造商依然是 Agilent、ThermoFisher、Shimadzu 和 Waters 公司。

Agilent 推出了第一代商品化 SFC 色谱仪 HP1084 后，经过多年的发展，2017 年推出全新一代 1260 Infinity Ⅱ SFC 系统，其主要的特性有：性能范围宽，在最高达 5mL/min 的流速下支持高达 600bar 的压力，可扩展应用范围；采用反相液相色谱的正交技术，可最大程度减小峰丢失的风险；FEED 进样技术（一种特有的进料注射技术）可确保卓越的进样精度以及与液相色谱近似的灵敏度；利用食品级 CO_2 将运行成本降低至 $1/15 \sim 1/10$。Waters 公司除一系列的 SFC 色谱仪产品外，还开发出了世界首套合相色谱系统 ACQUITY UPC^2 系统，该系统基于正相 LC 的原理，又兼具反相 LC 的易用性；采用无毒且经济的压缩 CO_2 作为流动相；能够精确地改变流动相强度、压力和温度；在结构类似物、同分异构体、对映异构体和非对映体混合物的分离、检测和定量分析中能够更好地控制分析物的保留。

近年来我国汉邦科技在超临界流体色谱仪的制备和研发上也有不俗的表现，其在 2013 年牵头的项目"超临界流体色谱仪的研制与应用开发"获得国家重大科学仪器设备专项资助，累计获得国家财政 2431 万元经费支持。相继推出可多款分析型 SFC、半制备型 SFC、制备型 SFC、工业级 SFC，在一定程度上填补了我国在 SFC 的生产、制造方面的空白，有助于打破欧美、日本等国家的垄断。

超临界流体色谱中和了气相色谱的高速度、高效和高效液相色谱的分析时间短、选择性强、分离效能高等特点，为分析有机化合物开辟了新的途径，成为适合分析难挥发、易热解高分子物质的有效快速方法。

在 SFC 分析中使用的流动相有 N_2O、NH_3、CO_2、乙烷、戊烷、二氯二氟甲烷等，其中应用最为广泛的是 CO_2 和戊烷。二氧化碳的临界温度只有 31.1℃ 左右，与室温很接近，所以对于热稳定性差的物质，也可以在较低温度下进行分析。不仅如此，由于超临界流体与液体相比，扩散性很强，黏度很低，因此可以使用毛细管色谱进行分析，而且具有比液相色谱更高的灵敏度，更好的分离性能。超临界流体的溶解度随着它的密度的变化而变化，利用这个特性可以设计出以密度（压力）为变量的程序设计法。

用超临界流体作为色谱的流动相是由 Klesper 等于 1961 年首先提出来的，他们用二氯二氟甲烷和一氯二氟甲烷超临界流体作流动相分离镍卟啉的异构体。之后 Klesper 等发展了填充柱 SFC 的技术，用以分离聚苯乙烯的低聚物。后来 Sie 和 Rijnderder 等又进一步研究了 SFC 的方法，研究了二氧化碳、异丙醇、正戊烷等作流动相的问题，并以此技术分析了多环芳烃、抗氧化剂、染料和环氧树脂等样品。20 世纪 60 年代末 SFC 得到进一步的发展，同时在使用超临界流体时遇到了一些试验方面的问题。直到 20 世纪 80 年代初，毛细管超临界流体色谱的出现推动了 SFC 的快速发展。

4.6.2 超临界流体色谱的特点

超临界流体（SF）的性质介于气体和液体之间，其扩散和黏度接近 GC，溶质的传质阻力较小，可以获得快速高效的分离。SF 的密度、溶解度与 LC 相似，可在比较低的温度下分析热不稳定和分子量大的物质。SF 的其他性质，如溶剂力、扩散及黏度都是密度的函数，即只要改变流体的密度，就可改变其性质。从类似气体到类似液体，无需通过汽液平衡曲线，即毛细管超临界流体色谱（CSFC）的升密度程序相当于 GC 中的升温程序及 LC 中的梯度洗脱。因此，SFC 在有机分析中与 HPLC 或 GC 相比有很多明显的优点。

① 宜用于分析蒸气压低和热稳定性差的物质。因为超临界流体的密度低，具有溶解一些物质的性能，可使这些物质在色谱柱上移动而洗脱，SFC 的流动相温度通常比 GC 低得多，因此 SFC 特别适合热稳定性差的物质的分析。

② 可使用细长的色谱柱以增加柱效。因为超临界流体的黏度比液体低，柱压可极大地被降低。并可通过操作压力等参数改变超临界流体的密度，调节流动相的溶解能力、扩散系数及黏度，改进分离的效能。

③ SFC 与 HPLC 和 GC 相比，可以简单地将产品和溶剂分离，后处理简单，产品纯度高。SFC 还可以和大多数通用型 HPLC、GC 检测器匹配，易与 MS、FTIR 等大型机联用，使其在定性、定量检测中极为方便；分析速度比液相色谱快（比气相色谱慢）。因为溶质在超临界流体中的扩散系数比在液体中快，故可选用比液相色谱更快的流动相线速，且由于色谱峰较窄，有利于检测。

4.6.3 超临界流体色谱原理及仪器

4.6.3.1 超临界流体色谱的原理及一般流程

SFC 是指用超临界流体作流动相，以固体吸附剂（如硅胶）或键合到载体（或毛细管壁）上的高聚物为固定相的色谱，混合物在 SFC 上分离的机理和气相及液相色谱相同，即基于各化合物在两相间分配系数的不同而使混合物得到分离。SFC 也分为填充柱 SFC 和毛细管柱 SFC。

超临界状态流体源（CO_2）在进入高压泵之前要进行预冷却。高压泵把液态流体经脉冲抑制器注入在恒温箱中的预柱，在预柱中形成超临界状态流体，然后进入色谱柱。要保持 SFC 系统的压力，在排气口处装限流器（多用一定长度的毛细管）。最常用的 SFC 的流动相是 CO_2，也可用 N_2O、C_5H_{12}、SF_6、Xe、CCl_2F_2、CHF_3、甲醇、乙醇、乙醚等。

4.6.3.2 超临界流体色谱装置及其性能

SFC 是 Klesper 等于 1961 年首次提出的，20 世纪 80 年代以来得到迅速发展。典型的 SFC 装置示意图如图 4-41 所示，主要包括 3 个部分。

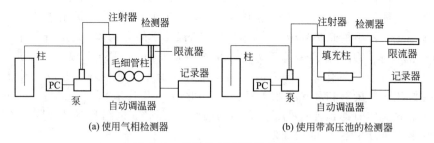

(a) 使用气相检测器　　　　　　　　(b) 使用带高压池的检测器

图 4-41　典型的 SFC 装置示意图

（1）高压流动相输送系统　主要由储槽、压力控制器和泵组成，其作用是将高压气体（有时含少量改性剂）经压缩和热交换变为超临界流体，并以一定的压力连续输送到色谱分离系统。

（2）色谱分离系统　包括进样器、色谱柱和恒温箱三部分。SFC 采用高压进样器，色谱柱分为填充柱和毛细管柱两种，填充柱可使用不锈钢液相色谱柱，毛细管内径一般为 $50\sim100\mu m$，长约 $2.5\sim20m$。

（3）检测系统　SFC 检测器有 GC 型和 HPLC 型两类。GC 型检测器适用于毛细管柱

SFC，包括火焰离子化检测器、热离子检测器、火焰光度检测器等；HPLC 型检测器适用于填充柱 SFC，包括荧光检测器、紫外检测器等。SFC 还可以与 MS、FTIR 等联用，使其在定性、定量检测中极为方便。

在商品化 SFC 设备中一般采用计算机对泵和恒温箱进行控制，以实现温度、压力和密度的梯度洗脱。另外，某些超临界色谱仪还可以在同一套装置中提供柱前调压式（upstream）和柱后调压式（downstream）两种操作模式。上流式 SFC 在柱前进行压力控制，使用填充色谱柱；下流式 SFC 在柱后进行压力控制，既可使用毛细管柱，又可使用小内径的填充柱。两种操作模式可以方便地进行转换。

用 20 世纪 90 年代商品 SFC 仪器作典型，说明超临界流体色谱仪的性能。

（1）高压泵 容积为 150mL 的注射泵，用计算机控制流动相的密度梯度，还可以串联另一个泵使泵容积增大到 300mL，流量 1～4000μL/min。

（2）柱箱 室温约 450℃，配低温系统，可在 -50℃下工作。

（3）检测器 可以更换各种检测器，FID 和 NPD 配有陶瓷火焰喷嘴，适于高温下使用。

虽然已经有许多商品化的 SFC 装置，但其价格较高，所以对广大试验者来说，主要是根据各自的不同需要，用现成的色谱仪进行改装。例如用 HPLC 进行改装时，只要在原有设备基础上添加高压进样器和压力控制系统，并根据需要选择合适的高压检测器，即可将 HPLC 改装成简易的填充式 SFC。因为 SFC 在高压状态下操作，因此改装时必须解决好压力控制问题，既要使流体在系统中保持高压超临界状态，又要防止管线堵塞和泄漏。

4.6.4 超临界流体色谱的色谱柱

虽然在 20 世纪 80 年代初主要是发展了毛细管超临界流体色谱，但是填充柱超临界流体色谱也相应地得到发展。而填充柱超临界流体色谱柱，几乎使用了所有的反相和正相高效液相色谱键合相填料，硅胶和烷基键合硅胶是使用最多的，正相色谱填料中的二醇基、腈基键合硅胶也有不少应用。

在超临界流体色谱中，流动相的密度对保留值有很大的影响，溶质的保留性能要靠流动相的压力来调节。在填充柱超临界流体色谱中，由于它的柱压降很大，比毛细管柱要大 30 倍，因而在填充柱超临界流体色谱柱的入口和出口处，其保留值有很大差别。也就是说在柱头由于流动相的密度大，溶解能力大，而在柱尾溶解能力变小。但是超临界流体密度受压力的影响在临界压力处最大，超过此点以后影响就不明显，所以在超临界压力 20% 的情况下，柱压降对填充柱超临界色谱结果的影响就不大了。

在超临界流体色谱中，由于色谱柱的相比率比较小，固定相和样品接触和作用的概率比较大，所以要针对所分析的样品很好地选择固定相。在用填充柱超临界流体色谱分析极性和碱性样品时，常会出现不对称峰，这是由于填料的硅胶基质残余羟基所引起的吸附作用。如果使用"封端"填料制成的色谱就会在一定程度上解决这一问题。但是由于基团的立体效应，不可能把硅胶表面所有的硅醇基全部反应。有研究者用各种低聚物和单体处理硅胶，并把这些低聚物和单体聚合固定化到硅胶表面上，这样就大大改善了色谱峰的不对称现象。

在超临界流体色谱的填充柱中也有用微填充柱的，填充 3～10μm 的填料，内径几毫米。还有用内径为 0.25mm 的毛细管填充 3～10μm 的填料的毛细管填充柱。

4.6.5 毛细管超临界流体色谱

毛细管超临界流体色谱（capillary supercritical fluid chromatography，CSFC）理论基本上是 Golay 发展的毛细管气相色谱的速率理论。其总板高与分子扩散、流动相传质、固定相传质有关。影响板高的因素主要有线速、柱直径、液膜厚度和密度。

4.6.5.1 超临界流体色谱毛细管

在毛细管超临界流体色谱中使用的毛细管柱，主要是细内径的毛细管柱，其内径为 $50\mu m$ 或 $100\mu m$，由于超临界流体色谱的流动相是有溶解能力的流体，所以毛细管柱内的固定相必须进行交联。所涂渍的固定相有聚二甲基硅氧烷（OV-1、OV-101、键合相 BD-1 等）、苯基甲基聚硅氧烷、二苯基甲基聚硅氧烷、含乙烯基的聚硅氧烷（如 SE-33、SE-54）、正辛基、正壬基聚硅氧烷。在手性分离中使用接枝了手性基团的聚硅氧烷。

4.6.5.2 操作条件的选择

（1）固定相 CSFC 的固定相应能抗溶剂冲刷、选择性高、热稳定性好。常用固定相的性能见表 4-50。与一般色谱法相同，非极性物质选用通用型非极性固定相；极性物质选用极性固定相；空间异构体、光学异构体的分离，选用液晶固定相或手性固定相。

表 4-50 CSFC 常用固定相的性能

名称	极性	使用温度/℃	名称	极性	使用温度/℃
甲基聚硅氧烷	非极性	30～300	液晶甲基聚硅氧烷	中极性	100～280
苯基甲基聚硅氧烷	弱极性	30～260	交联聚乙二醇-20M	极性	30～260
联苯基甲基聚硅氧烷	中极性	30～260	氰丙基苯基聚硅氧烷	强极性	30～250

（2）流动相 目前普遍使用的流动相为 CO_2，适用于大多数非极性、中强极性物质的分离、分析。分离碱性胺类化合物可选用 NH_3 为流动相。多采用 10 倍最佳线速。复杂样品为 $2\sim 4cm/s$（$50\mu m$ 内径），一般样品为 $1\sim 2cm/s$（$100\mu m$ 内径柱），快速分析为 $5\sim 10cm/s$。流动相升密度程序可使多组分混合物得到最佳分离。

（3）柱 一般分析多选用 $10m\times 50\mu m$ 柱，而复杂的多组分分析，柱长可增至 $15\sim 20m$。一般样品分析，柱温应选 $100\sim 125℃$（高压 GC 区）、$60\sim 70℃$（SFC 区）。

（4）检测器 最常用的检测器是通用型氢焰离子化检测器 FID。检测器温度的选择与一般色谱法相似。

（5）阻力器 流量阻力器是影响 CSFC 分离的一个特殊部件。一般样品分析选用小孔及锥形阻力器，复杂样品多选用多孔玻璃型阻力器。

4.6.5.3 毛细管超临界流体色谱法（CSFC）的特点

通常采用微孔径（$25\sim 100\mu m$）石英或玻璃交联柱，柱效高达 $2\times 10^4 m^{-1}$ 以上，总柱效可达 10^6 以上，具有较高的分离效能；CSFC 可用手性、液晶等高选择性固定液分离异构体、同位素、拆分对映体等，若在单一流动相中加入各种改性剂，采用混合流动相，则分离的选择性更强，具有较好的选择性；CSFC 可用的检测器很多，其检测限一般在 $10^{-15}\sim 10^{-12}g/s$，检测灵敏度较高；CSFC 内黏度比较小，扩散比较快，传质阻力小，可采用短毛细管柱快速程序升密度进行快速分析，分析速度快；CSFC 仪一般由 GC 和 SFC 构成，带有 LC 流动相接口，可用于适合 GC 和 LC 分析的样品，也适用于热不稳定、强极性、生物大分子等样品，应用范围特别广。

4.6.6 超临界流体色谱法的应用

4.6.6.1 应用概述

目前，SFC 对胺类、芳香油、药物、糖类等的分离都有研究报道。SFC 也用于环境分析，其内容包括多环芳烃、有机染料、表面活性剂、农药、酚类、卤代烃及多氯联苯等化合物。此外气相色谱法和液相色谱法中已经实用化的各种检测器，也可以在超临界流体色谱分析中得到应用。这就使超临界流体色谱分析法可以进入更加多样的分析应用领域。

(1) 超临界流体色谱法的主要用途　高分子化学：合成聚合物中的低聚物（oligomer）的分析等。药品方面：合成试剂、表面活性剂、医药品的分析等。食品方面：油脂、维生素、味素的分析等。石油化工方面：高沸点成分、特定成分分析等。环境分析：残留农药、高沸点烃类的分析等。其他：有必要高度分离的物质。

(2) 超临界色谱分析适用的分析对象　热稳定性差的物质；难挥发性的物质；有必要衍生物化的物质；不吸收紫外线的物质；必须以高灵敏度来检出的物质。

4.6.6.2　超临界流体色谱法在环境分析中的应用

(1) 多环芳烃（PAHs）的分析测试　工业上对于气体燃料中的多环芳烃一般采用吸附荧光法测试，这种方法不仅费时，而且准确度不高。核磁共振（HMR）和质谱（MS）可以提供多环芳烃详细的结构信息，但操作要求严格，不适于常规分析。液相色谱（LC）可以在较短时间内对一些多环芳烃进行分离，但因缺乏通用型的检测器而使应用受到限制。气相色谱（GC）分析多环芳烃使用的柱温较高，柱老化严重，且分离较差。近年来，超临界流体色谱连接通用型的氢火焰离子化检测器（SFC-FIO）被证明非常适合于多环芳烃的分析。

S. Rokushika 采用 SB-液晶石英弹性毛细管柱，以 CO_2 为流动相，在 96℃柱温，90kPa 到 190kPa 压力下，在 28min 内使得 10 种三环芳烃化合物全部得到分离；R. E. Jentoft 等使用 3.5m×2.1mm PermaphaseETH（硅胶）柱，甲醇为流动相，在 39℃柱温，217.6～261.3kPa 柱压条件下，在 40min 内使 8 种四环芳烃化合物得到分离；使用 SB-液晶石英弹性毛细管柱，以 CO_2 为流动相，分别在 90min、70min 和 80min 内使 11 种五环芳烃、6 种含 N 多环芳烃和 9 种含有多环芳烃类化合物全部达到基线分离。

多环芳烃是一类中等极性的异构体混合物，性质极其相似，是色谱分析中最难分离的一类物质。SFC 选用极性或特殊选择性的液晶固定液，在较低的柱温下，就可使其得到有效的分离。SFC 结合 FID 检测器，使定量工作变得极为方便。

(2) 有机染料和颜料的分析测试　目前，世界上各种染料的生产量逐年倍增。染料属于环境中降解很慢的一类物质，至今已发现许多类型的染料有一定的毒性和致癌、致突变性。天然水的颜色主要来源于植物的残骸，以及腐殖质和泥沙、矿物质等的污染。但由于各种有色物质与染料废水的进入，使其颜色变得较为复杂，成分也难测定。因此，只测定环境样品的色度是很不够的，还应对其成分进行分析。目前，用 SFC 测试染料化合物的工作还很少。Jackson 以 n-C_s 为流动相，交联 SE-54 石英弹性毛细管柱对几种染料进行分析，效果很好。

(3) 表面活性剂的分析测试　表面活性剂自问世以来，其应用情况已经发展到几乎在各个领域无所不在的程度。表面活性剂的大量应用，带来了水质的严重污染，难以生物降解的表面活性剂给污水处理也带来了难题。所以表面活性剂在环境中的行为已成为环境化学研究的重要课题之一。

目前，对环境样品中表面活性剂的常规测试往往是采用染料试剂显色后，再进行分光（或比色）测定。此方法虽然操作简单，但灵敏度不高，准确度较差。液相色谱法（HPLC）可以对一些表面活性剂，进行测试，特别是离子色谱对于离子型表面活性剂的测试具有很大的优势。但对于缺乏紫外吸收的非离子型表面活性剂，HPLC 法就显得束手无策。另外，分析速度慢，检测器灵敏度不高。由于大部分表面活性剂属于难挥发或不挥发的物质，因此不能直接进行气相色谱（GC）分析。而近年来毛细管 SFC 在非离子型表面活性剂方面的分析研究，显示了 SFC 法在这方面具有优越性。

文献报道，用自行改装的 SFC 对聚氧乙烯型非离子表面活性剂进行分析，所分析的表面活性剂平均分子量为 650，如用 GC 法，即使在国产色谱仪的极限柱温（330℃）下，也不能得到好的色谱分离。如将样品处理为三甲基硅醚衍生物，在 GC 上也只能分析分子量在 300 左右的化合物，而用毛细管 SFC 进行分离，其峰形、基线、峰数目等都令人满意。对于其他聚氧乙烯型非离子表面活性剂（如 Span 型和 Tween 型）及多元醇型非离子表面活性剂所进行的 SFC 研究也很多，效果均很理想。但目前对于阴离子、阳离子和两性型的 SFC 分析研究较少，有待分析工作者们进行开发。

（4）农药及除草剂的分析测试　在农业生产中，农药及除草剂发挥着重要作用。大量的农用化学品进入环境，引起生态环境的破坏，给人类和生物带来的危害也日益显著。农药是一类含有 O、S、P、N 杂原子的极性物质，有些还含有热不稳定性基团。由于 SFC 是在中等温度下操作，故在这类物质分析上，可以充分发挥作用，更由于 SFE（超临界流体萃取）-SFC 的在线、脱线连接，可直接对环境样品进行测试，更加扩大了 SFC 的测定范围。目前，对农药的分析，是 SFC 中一个比较活跃的领域，可测试的品种越来越多，测试下限已达皮克级。M. L. Lee 等分析 S.P 农药，M. Andersen 等用 SB-氰丙基-25 柱测试 Aldicarb 农药代谢物发现，对于组分复杂的环境样品来说，毛细管柱要比填充柱具较大的优越性。Shah 等用填充柱和开管柱对尿素进行了对比测试，并对添加改性剂（甲醇）进行了研究。结果表明，在填充柱 SFC 中添加改性剂可改善分离效果，亦可得到较好的分析结果。

（5）酚类化合物的分析测试　酚类化合物由一系列酚及其衍生物构成。含酚废水进入水体后，严重影响地面水的质量，危害人体和生物的健康。美国环保局（EPA）测试 11 种酚类化合物（EPA604）的标准方法为毛细管气相色谱法，但此法定量困难，且相当费时。Berger 等用填充柱 SFC 测试了这 11 种酚类化合物，使用的是二元和三元流动相，着重讨论了以甲醇为改性剂、TFA（三氟乙酸）为添加剂对分析测试的影响。其结果无论从峰形、测试时间，还是从检测限上都能满足常规测试的要求。Chye Dengong 等以一氯二氟甲烷（R_{22}）和 CO_2 为混合流动相，亦对 EPA604 11 种酚类化合物进行了 SFC 测试，使峰形较前者得到较大改善，检测下限达 $0.01 \sim 3.80 mg/m^3$。试验证明了用 Rn 作为改性剂对酚类的测试非常有效。

（6）卤代烃的分析测试　卤代烃在大气光化学反应中起着很重要的作用，它能通过光解反应，产生卤素自由基，从而参与催化破坏臭氧层的反应，对环境危害深远。目前，SFC 法被证明用于分析热不稳定性卤代烃（如溴代烷烃）效果较好。

（7）多氯联苯（PCBs）的分析测试　多氯联苯（PCBs）是已知的最毒的几类环境污染物之一。目前，PCBs 的测定方法主要是 GC 法。对于测试 PCBs 组分十分复杂的环境样品来说，GC 法分析时间较长、柱温较高、分辨能力较差。Cammanm 等以 CO_2 和 N_2O 为混合流动相，以氰丙基柱测试了沉泥中的 PCBs 和 PAHs，测试结果能够满足定性、定量的要求。

从以上 SFC 在各类物质中的应用情况不难看出，SFC 可以弥补 GC 和 HPLC 在分析有机污染物方面的不足之处。随着技术的不断完善，SFC 将在环境分析中发挥越来越重要的作用。

4.6.7　超临界流体色谱及其在水分析中的应用举例

4.6.7.1　超临界流体色谱在金属络合物和金属有机化合物中的分析应用

金属络合物和金属有机化合物的超临界流体萃取（SFE）近年来被广泛地报道。由于二氧化碳（CO_2）具有适中的超临界常数以及其惰性和易获得纯品，因此它在 SFE 中是一种常用的流体。超临界流体二氧化碳（SF-CO₂）萃取金属络合物的主要优点是能减少有机废液的产生，而且能直接从固体样品中获取分析物。SFE 萃取金属离子的方法是用能溶解于 SF-CO₂ 的有机螯合剂将带有电荷的金属离子转变成金属络合物。使用这种方法萃取金属离子首要考虑的是选择恰当的螯合剂。螯合剂在 SF-CO₂ 中的溶解度及形成金属络合物在 SF-CO₂ 中的稳定性是决定萃取效率的主要条件。金属有机化合物通常可以被 SF-CO₂ 所萃取。有时需要衍生化以增加某些金属有机化合物的溶解度。萃取金属络合物和金属有机化合物的定量分析可通过 SFC 完成。

SFC 结合了气相色谱（GC）的高扩散性和液相色谱（LC）液体性质的特点，通常只需较低的温度便可分析对热不稳定的化合物。虽然近来大部分 SFC 报告是关于有机物的分析，但第一个 SFC 的应用报告却是关于金属有机化合物的分析报告。使用 GC 分析金属络合物须面对低蒸气压的问题。为了增加金属络合物的蒸气压，通常是通过升温来解决，但这样会在 GC 分离过程中产生样品的分解。在此分离过程中会产生解析度不够、降解以及样品在固定相上的不可逆吸附等情况。SFC 能克服在 GC 或 LC 金属络合物分析过程中的检测和分离问题。

（1）过渡金属和重金属络合物的 SFC 分离 砷和锑的毒理和生理行为取决于它们不同的氧化态和化学形式。无机 As³⁺ 要比 As⁵⁺ 毒性更大，与无机砷相比，有机砷化合物显示了较小的毒性。Laintz 和 Wai 使用 SFC 和 SB-甲基-100 色谱柱，将 As³⁺（FDDC）₃ 和 Sb³⁺（FDDC）₃ 络合物，从 Zn、Ni、Co、Fe、Hg、As、Sb 和 Bi 的混合物中分离开来。分析结果与溶剂萃取-中子活化分析和诱导耦合等离子体-原子发射光谱（ICP-AES）的分析结果一致。一些砷的无机物和有机物能够用溶剂萃取或 SFE/SFC 方法来测定。使用 KI、Na₂S₂O₃ 和 H₂SO₄，在水溶液中将有机砷化合物如 CH₃AsO(OH)₂ 和 （CH₃）₂AsO(OH) 分别转变成 CH₃AsI₂ 和 （CH₃）₂AsI。这些碘化物被 FDDC 萃取进入氯仿，生成的 As(FDDC)₃、CH₃As(FDDC)₂ 和 （CH₃）₂As(FDDC)，由 SFC 分析，其回收率大于 90%。随后，使用 LiFDDC 作为螯合剂，将天然水和尿液中的 As³⁺ 和 Sb³⁺ 用 SFE 萃取，用 SFC 进行定量分析。用 KI 和 Na₂S₂O₃ 将第二个样品还原，测定 As 和 Sb 的总量。通过相减得到 As⁵⁺ 和 Sb⁵⁺ 的浓度。三价或五价 As 和 Sb 的浓度范围在自然水中为 1～150μg/L，在尿液中为 1～10mg/L。

Manninen 用毛细管 SFC、SB-苯基-50 色谱柱，分离了金属-二异丁基二硫代氨基甲酸盐络合物，包括 Zn²⁺、Cd²⁺、Cu²⁺、Ni²⁺、Pb²⁺、Co³⁺、Fe³⁺ 和 As³⁺。

在 SFC 使用过程中，金属-β-二酮类是最常用的金属络合物体系。在最初的 SFC 试验中，Karayannis 用 CCl₂F₂ 作为流动相，对 14 种不同的金属-TTA 络合物进行了研究。后来又用同一流动相，对 43 种不同的金属-乙酰丙酮络合物进行了研究。他们用以 Epon1001 树脂为固定相的色谱柱分离了 23 种金属-乙酰丙酮络合物，包括 Ru²⁺、Co³⁺、Rh³⁺、Ir³⁺、Pb²⁺ 和 Pt²⁺。Laintz 最近用填装色谱柱的 SFC 分离了 Cr³⁺ 和 Rh³⁺-三氟乙酰丙酮（TFA）和 TTA 的络合物的几何异构体，CO₂ 被用来作为流动相，同分异构体的最佳分离是通过苯基固定相获得的。TFA 金属络合物的色谱分离要比相应的 TTA 金属络合物好。

（2）铅、汞和锡的金属有机化合物的 SFC 分离 用 CO₂ 进行 SFC 萃取水样品中的离子化合物如有机锡是不可能实现的，这是因为电荷中和的需要以及微弱的溶质-溶剂作用。但是当这些离子化合物与有机螯合剂键合在一起时，或形成离子对时，它们在 SF-CO₂ 中溶解度便大大提高了，因此能从环境样品中把它们萃取出来。

Bayona 等使用火焰光度检测器（FPD），由毛细管 SFC 分析了氯化三烷基锡。在 SFC 中使用线性程序成功地分析了二丁基锡、二苯基锡和三苯基锡氯化物。此外，Bayona 等还在 SFE 之前用 CO_2 进行了系统内衍生化，然后进行 SFE/GC 以及 SFE/SFC 分析。

在水生植物样品中，人们发展了首先用 SFE 萃取甲基汞，然后使用气相色谱-电子捕获检测器（GC-ECD）的检测步骤。因此被用来同步测定 SFC 的各种参数，如 CO_2 流速、密度、温度、压力、静态萃取时间、HCl 的浓度等。Knochel 等用 SFC/原子荧光光谱（AFS）来检测有机汞化合物。为了使有机汞和无机汞化合物在 SF-CO_2 中溶解度更大，将有机汞和无机汞与二乙基二硫代氨基甲酸钠（NaDDC）络合，转变成低极性的化合物。不稳定化合物如烷氧乙基汞，它在 GC 条件下会分解，但在 SFC-AFS 体系中可以取得较好的分析效果。

Johansson 等报道了在固体样品中 SFE 萃取离子烷基铅的步骤。在这类分离中，与水和丙酮相比，甲醇是较好的修饰剂。离子烷基铅在己烷中被萃取成二乙基二硫代氨基甲酸盐络合物，用 Grignard 试剂丙基化，然后由 GC-MS 进行定量分析。沉积物样品中的三甲基铅、三乙基铅和二乙基铅的回收率分别为 96％、106％和 80％。

（3）金属有机化合物的溶解度的 SFC 测定　SFC 提供了研究二茂铁及其衍生物行为的方法，并显示了溶质的保留行为直接与它在超临界流体中的溶解度有关。Cowey 利用 SFC 的保留数据与一些溶解度的试验值，决定了二茂铁在 SF-CO_2 中不同条件下的溶解度。Brauer 和 Wai 研究了二茂铁和其衍生物的行为，并使用毛细管 SFC 分离了二茂铁衍生物。二茂铁衍生物的容量因子被发现在色谱温度和压力下变化很大。这表明 SFC 的保留行为能够从简单的参数，如溶质的溶解度、溶质的摩尔体积、色谱柱的物理性质来预测。一般来说，SF-CO_2 溶解度越大，该化合物在色谱柱上就会洗出得更快。

当超临界流体温度在恒定的压力下增加时，流体的密度就会降低，这会导致超临界流体的溶剂化能力的降低并使分析物的保留时间增加。这样，在低温和低蒸气压下，超临界流体的密度就会成为决定因素。然而，当超临界流体温度增加时，分析物的蒸气压也会增加，直到分析物的蒸气压成为比超临界流体的密度更为重要的因素。在这一点上，超临界流体中的分析物的溶解度开始增加，使得分析物的保留时间随之减少。这种现象已在镧系-β-二酮类络合物和聚芳香烃化合物中，由 SFC 填充色谱柱的分析中观察到。

随着生物和环境方面的元素形态分离信息的日益丰富，SFC 在复杂的媒质上，在金属化合物的制备和分离上的应用甚广。在较低温度下，与一般 GC 相比，SFC 能在较短的时间内，提供金属络合物和金属有机化合物的色谱分析。使用改性剂，SFC 能够分析极性较大的化合物。SFC 检测器的灵敏度和应用范围在 SFC 今后的发展中将会是一主要因素。CO_2 作为流动相的 SFC 的重要特点之一是它与液相和气相检测器，尤其是 FID 的匹配性。对填充和毛细管色谱柱的 SFC 而言，需要发展选择性更高的固定相，需要研究和发展在较高温度下和在极性超临界流体的溶剂化影响下仍具有稳定性的固定相。

金属络合物和金属有机化合物的 SFE 萃取和分离主要取决于选择适合的螯合剂。氟化螯合剂在金属离子的系统内络合-SFE 以及金属有机化合物的 SFE 方面是十分有效的。有机化合物取代金属络合物中配位水分子，能增加其在 SF-CO_2 中的溶解度以及改善在 SFC 中的分离。加合物的形成对提高金属络合物的 SFE/SFC 的有效性极为有用。含磷和硅的螯合物，同样可在 CO_2 中形成溶解度较高的金属络合物。在 SF-CO_2 中使用大分子化合物进行金属离子选择性萃取和分离是今后 SFE/SFC 的发展技术中一个令人感兴趣的领域。SFC 与 GC 检测器的匹配，对于分析那些不适用 GC 或 LC 分析的金属化合物是十分有用的。

4.6.7.2　超临界流体色谱-质谱联用快速表征聚山梨酯 80

（1）概述　表面活性剂在环境中的行为是环境化学研究的重要课题之一。聚山梨酯 80 作为一种非离子表面活性剂由于其高表面活性和低毒性，作为消泡剂、增溶剂、稳定剂等，广泛使用在食品、化妆品、药物及生物制品中。商业化的聚山梨酯 80，其结构又相当复杂。

一些文献表明聚山梨酯 80 中的一些副产物可能有致敏性和潜在的毒性，大量副产物的存在影响产品本身的品质。因此建立一个快速有效的检测和表征聚山梨酯产品的方法是十分有必要的。

（2）主要试剂　1 号聚山梨酯 80 产品（天津化学试剂厂），2 号聚山梨酯 80，3 号聚山梨酯 80（南京威尔公司），色谱纯甲醇（美国 Fisher Scientific），二氧化碳（纯度 99.99%，北京释源精业空气动力科技发展公司）。

（3）仪器与工作条件　超临界流体色谱仪（美国 Waters），配二元溶剂泵、自动进样器、柱温箱、背压管理器、二极管阵列检测器、分流器及 515HPLC 补偿泵。柱子选用的是 AcquityUPC2BEH 柱子（100mm×3mm，1.7pm），柱温保持在 50℃；流动相 A 相为二氧化碳，B 相为甲醇，流速为 1.60mL/min，背压为 1600psi，进样量为 1μL；补偿液为添加 10mmol 乙酸铵的甲醇，流速为 0.3mL/min。

（4）分析步骤　用 CSFC 法分析 Span 时，超临界流体 CO_2 的密度是影响选择性、保留值和柱效的主要参数。流体的密度主要随压力而变化，通过变动压力可以调节各组分的保留值，从而达到有效分离的目的。对于 Span 中各种组分，随着酯化作用程度和分子量的增加，组分的挥发性下降，因而可用程序升压方法进行分析。选用四极杆飞行时间质谱（QTOF-MS，美国 Waters 公司）作为质谱检测器，配有电喷雾电离源。毛细管电压为 3kV，锥孔电压为 25V，碰撞能量保持在 15~25eV，源温为 120℃，脱溶剂气的温度为 450℃，脱溶剂气流速保持在 800L/h。并在正模式，全扫模式下采集数据，采集质谱范围为 50~3000。

在实验中温度的变化对于密度的改变的影响是主要影响。温度的提高导致流体密度下降，从而导致保留时间变长。实验对 45~60℃ 范围的温度进行研究，发现保留时间随着温度上升而增大，但不同系列的物质保留时间的变化程度不同。在温度 45~60℃ 的条件下样品 1 的色谱图如图 4-42 所示。从图中可以明显发现系列 2 和系列 3 的变化十分显著。随温度的升高，系列 3 保留时间变化的程度比系列 2 更大，相比较而言，在 50℃ 时，系列 2 和系列 3 获得了较好的分离。

实验研究了背压从 1600psi 到 2000psi 变化对

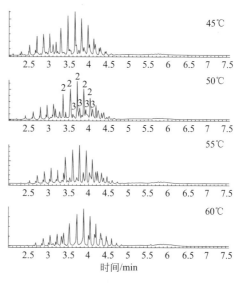

图 4-42　在温度 45~60℃
条件下样品 1 的色谱图

物质保留的影响。在背压从 1600psi 升高到 2000psi 时，由于压力上升，流动相密度增加，洗脱能力变强，物质的洗脱速度加快。但对洗脱顺序的变化并没有影响，因此并没有明显地改善分离效果。实验研究了流速从 1.60mL/min 到 2.00mL/min 变化对保留时间的影响。流速增大，柱内压力升高，导致流体密度变大，从而使洗脱能力变强，物质保留时间变短。但在实验中，流速的变化对物质洗脱顺序的变化并无改变，因此也没有改善分离效果。因此，实验的最优化条件为柱温 50℃，背压 2000psi 和流速 1.60mL/min。

4.6.7.3　硅胶柱中使用超临界流体色谱法对烷烃、烯烃、芳香族化合物和石化混合物氧化物族的分析

（1）概述　目前尚不存在一种能够较好地完整分析石化样品的分离方法。大量混合物样品的分离都需要预处理。用超临界流体色谱将物质预处理后变成化学级的方法，有助于毛细

管气相色谱法分析。用于硅胶柱研究的常规相超临界流体色谱法和使用 CO_2 作为流动相已成为分离石化样品中芳香族和脂肪族化合物的确定方法。

硅胶柱能有效地保留含有氧、硫原子的化合物。一些学者使用氰柱作为清除器去除样品中的氧化物，以防永久破坏硅胶柱的能力。Suatoni 和 Swab 通过缩短芳香族化合物在硅胶柱中反冲洗后达到最初状态的时间，使得氧化物和芳香族化合物可以在洗提后结合。因为芳香族化合物在反冲洗之前被洗提过，在反冲洗样品时，其中唯一存在的氧化物可以定量测得。Dark 阐述了这一点，他之前定量氧化芳香族化合物，在氨基模型柱中使用已烷作为移动相反冲洗磁极。SFC 也在氰柱中使用 CO_2 反冲洗磁极。因为 CO_2 的极性大于已烷，使用这种移动相可以直接从硅胶中恢复氧化物。氧化物显示了在火焰电离检测器中碳反应因素的降低，因此有必要在定量前修正。现在汽油样品中的许多氧化物的可测浓度是增加的，这时可以用廉价的酒精，在合成燃料厂可能为副产品。特殊化合物的反应因素通常可以在相关文献中获得。

（2）主要试剂　汽油和柴油样品（均来自汽油站）。标准溶液包括 10％的 MTBE（甲基叔丁基醚）和含 CS_2 10％的甲苯。$0.2\mu L$ 的标准溶液在 200atm（1atm＝101325Pa）、28℃时注入，流速是 0.18mL/min，10min 后反冲洗工作塔。所用的汽油酒精混合物是向工业酒精中增加 10％的丁醇。

（3）仪器与工作条件　超临界流体泵用来释放超临界 CO_2，塔中没有氦压头，250mm×2.1mm，塔中充满硅胶。在塔的出口固定闸门板以保持超临界压力状态。两个闸门板为一组，在塔出口处用三通连接，以改善组分定量的 FID 火焰稳定性和允许脱机收集分离组分。Guthrie 和 Swartz 为了描述过程制成了整体的闸门板。塔和一个六端口的回转阀连接允许反冲洗到达检波器和气水阀。一个 Pye-UnicamGOD 气相色谱仪和两个内部建立的 FID 系统可以保持它的等温状态。一个 FID 系统与气体供给断开，作为加热第二个闸门板的分界面，第二个闸门板用来截留脱机分析的塔洗提液。

通过设计一种新型的闸门板分界面，用来改善再生的持续时间和防止闸门板的堵塞。这种分界面允许热块和闸门板尖端直接接触。在开始沉淀前先将 4mm×8mm（外径）的闸门板连接到分界面上。这个分界面由放置在热块上的铜体组成，铜体与一个由 1/4in（1in＝0.0254m）黄铜管和 1/4in×1/16in 渐缩接触器组成的烤箱内部连接。在它的上面楔入一排针压住闸门板固定加热分界面，确保足够的热接触。

FID 系统用于组分定量，为 GC 填充塔和不需要交替的 SFC 操作而设计。FID 系统和截留分界面保持在 200℃。Chromperfect 软件用于信息的获得。一个电动内圈注射器和一个 $0.2\mu L$ 内圈用于样品的注入。所有的连接器都由 1/16in（外径）、$120\mu m$（内径）的不锈钢管和电抛光端头制成。端头连接 SS 环和接触器。

（4）分析步骤　SFC 的死时间由加压罐直接注入的甲烷和丁烷决定，加压罐直接通过注入真空管同时将真空管移到注入位置。标准溶液包括二十二烷、已烯和 CS_2、甲苯，标准溶液在 200atm（1atm＝101325Pa）低压和温度 20～28℃间注入 SFC 系统。流速在 28℃和 200atm 时可用流速为 0.2mL/min 的泵测得，稳定温度在 28℃以下可由塔底部的液体测得，20℃下制冷。准备的标准液包括从已烯到二十二烷的烷烃的同源系列。准备与从已烯到二十二烷的烷烃相似的样品。样品在 90～130atm 的低压范围内，28℃时注入。

为了研究准备的不饱和样品中含有癸烷、癸烯和甲苯的压力和色谱律的关系，在 28℃，压力范围 100～140atm 时，使用含有十六烷和 3-己烯的标准溶液研究组分离。基于前两个试验的结果，研究压力在 28℃时为 14～220atm。所有分析等级的标准液和任何情况下的 CS_2 都作为溶剂使用。

（5）说明　保持时间的不可延续性是由于在加压 CO_2 膨胀时，在闸门板的进口处暂时结冰。闸门板的尖端被冻住也导致小于样品挥发度的组分堵住闸门板。将固体插入分界面可使保持时间延续，并且固体的插入不会影响截留程序。

k 值和 α 值的确定对塔的死时间和拦截时间的精确计算是必要的。当用气体探查死时间判定时，注入可再生性就出现了问题。溶液变得过度饱和引起样品注入器内起泡。这个问题很严重，因为有过多的挥发性甲烷，甲烷的溶解度在甲苯-CS_2 的测试溶液中也很低，对不能保留的溶质会有影响。在这个研究中发现对保持因素的评估没有受到影响，甲烷代替丁烷作为许多化合物的温度和压力的不保留标记。CS_2 不能用作不保留标记，因为它的保持时间类似烯烃。

为了使组分在固定阶段选择非特殊类型反应，饱和碳链必须忽略，但是双结合物间的特殊感应反应和固定时间越长越好。Tagaki 和 Suzuki 研究烯烃和烷烃分离时的温度影响，发现具有最好 α 和 R_s 的同族体只在碳原子的个数上不同，几乎不受温度的影响，然而同族体的 α 和 R_s 在双结合物间有差别，随温度的升高而降低。他们认为碳个数的分离受熵差异的控制，然而双结合体的分离是基于焓的贡献。这就说明了好的色谱在低于临界温度下产生的原因。在温度低于 28℃时选择相的增加比保持稳定的仪器的复杂度增加要少。结果显示二十二烷、己烯和甲烷的保持力都会受温度的影响。

烯烷烃的分离在低压时开始运行，为了改善色谱率，应该考虑两个压力的作用因素：a. 选择相导致的不饱和；b. 选择相导致的碳数。在低压时增加烯烷烃组分间的色谱率，选择相导致双结合体数量的增加和沸点的微小改变。

将环烷烃的相对比例从 SFC 烷烃值中减去再加上 SFC 烷烃值，这样两种方法的烯烷烃值都有很好的相关。可以看出可能环烷和烯烷烃能一起洗提。当把环烷烃加到石油样品中时，烯烃的相对浓度会增加，因此可知环烷烃和烯烃这样结合洗提，烯烷烃贡献的确切要求是，脂肪族只有在其对样品构成的贡献可以忽略或可以由一些好的方法确定时使用。试验显示 PAM 分析对于反冲洗没有压力梯度，反冲洗的压力梯度改变了氧化组分的峰形状。当反冲洗的压力梯度达到 250atm 时，氧化组分的混合度增加到 6.4%，因此可以相信火焰反应因素是关键点。

色谱参数的系统研究揭示，在高压下选择相的增加使得组分更好地分离，尽管持续值会降低。随压力的增加，烷烃的 k 值要比烯烃的 k 值降得快，这导致选择相的增加。在 200atm 时烯烷烃间有最好的色谱率。压力的更大增加不会使色谱率有明显的改变。在压力 200atm、温度 28℃时，己烯可以从十六烷中分离。如果烯烷烃对于脂肪族的相对贡献是确定的，烯烃或环烷不应出现在样品中或被选择的方法去除或定量。

烯烷烃分离的最佳压力是高于文献中所述的脂肪芳香族分离的 150atm 的压力。尽管这样，二十二烷和甲苯的最佳色谱率可在 200atm 下获得。氧化物，包括像 TAME 和 MTBE 这样的添加物，在塔反冲洗时恢复。反冲压力斜坡的改变对峰形状的改变略有影响。

温度从临界的 28℃降低到 20℃时组分分离有一点增加，但是不会改变增加低温要求的工作塔冷却到室温的复杂度。烯烷烃组分分离的改变比脂肪芳香族分离更明显，这可由以后的研究证明。SFC 设计将合并的一个固定塔分裂，以改善检测器的稳定性和为了 GC-MS 分析的细节方便组分转移。固体插入表面允许直接加热闸门板顶端，受可再生保持时间的限制。

4.6.7.4 多环芳烃的超临界流体色谱分离研究

（1）概述 三至十环多环芳烃异构体混合物的分离是极其困难的。Jackson 等以正戊烷为流动相，用非极性毛细管柱、紫外检测器，需 150min 才将其基本分离。但若选用细径极性填充柱，以 CO_2 为流动相，用 FID 检测器，26min 就将三至十环多环芳烃很好地分离，定量重复性良好。

（2）主要试剂　三环蒽、四环芘、五环苝和䓛、七环晕苯、十环卵苯，瑞士 Fluka。$n\text{-}C_{22} \sim C_{36}$ 八个偶数碳烷烃标准样品，上海化学试剂公司进口。流动相为 CO_2，纯度99.995%，山东龙口侨丰化工厂。

（3）仪器与工作条件　SFC-8000 系列超临界流体色谱仪，北京先通科学仪器技术公司，其 SFC-80 微机注射泵，最大压力为 40MPa，具有线性升压功能；Rheodyne7520 进样阀，进样管 $0.5\mu L$。

色谱柱：$150mm \times \phi 1mm(3\mu m)C_{19}$ 和 $150mm \times \phi 1mm(5\mu m)CN$ 细径填充柱，国家色谱研究分析中心；SB-Methyl-100.5m × 50μm 和 SB-Cyanopropyl-25.5m × 100μm，美国 Dionex-LeeScientific。

（4）分析步骤　加氢尾油中的多环芳烃需以 Al_2O_3 色谱柱进行分离浓缩。取 0.2g 油样溶于 $2mL\ n\text{-}C_6$ 中，加 2.0g 硅胶干燥，然后在 4.5g Al_2O_3 柱上进行淋洗：①$20mL\ n\text{-}C_3$，收集 25mL（饱和烃）；②$25mL\ n\text{-}C_6 + CH_2Cl_2$（1∶1），收集 22mL（多环芳烃、晕苯、卵苯）；③$25mLCH_3Cl_2$ 洗出极性物。

（5）说明　加氢尾油中的多环芳烃虽经 Al_2O_3 柱色谱分离，但仍伴有一定量的饱和烃。用 $nC_{22} \sim nC_{35}$ 和多环芳烃配制一模拟标样，然后在非极性 SB-Methyl100 毛细管柱和 $1500mm \times \phi 1mm C_{28}$ 柱上，线性升压进行超临界色谱（SFC）分离。结果表明，标样在非极性毛细管柱和填充柱上都按分子量大小顺序流出，即晕苯在偶数碳之间流出。彼此虽能分离，但实际样品中烷烃组分更复杂，会干扰多环芳烃的分析。

多环芳烃有一定的极性，可用强极性色谱柱将其与非极性的饱和烃选择性地分离。有可能消除饱和烃对多环芳烃分离的干扰，将标样在 $5m \times 100\mu m SB Cyanopropyl25$ 毛细管柱和 $150mm \times \phi 1mm CN$ 柱上，线性升压进行 SFC 分离。结果与预料的一样，在极性毛细管柱和填充柱上，标样都按极性顺序流出。非极性的 $n\text{-}C_{36}$ 在三环芳烃（蒽）之前流出，因而消除了同沸程饱和烃对三至十环多环芳烃分离的干扰。

试验结果表明，标样在毛细管柱上分离过程中，由于必须采用分流法进样，分流比为30∶1，所以 $n\text{-}C_{22} \sim n\text{-}C_{36}$ 谱峰有"失真"现象，即当线性升压时含量相同的组分的后面峰的峰高有所降低。而在细径填充往上采用无分流法进样，则流出峰近似为等高峰。因此加氢尾油中多环芳烃馏分分离采用细径 CN 填充柱和无分流直接进样，结果如图 4-43 所示。分离条件：色谱柱 $150mm \times \phi 1mm(5\mu m)CN$ 填充柱，柱温 70℃。FID 检测器，温度 300℃。CO_2 为流动相，阻力器流速 24mL/min（16MPa），线速 $u = 3mm/s$。压力程序为从14MPa 开始以 0.4MPa/min 的速度程序升压至 26MPa。样品：加氢尾油多环芳烃馏加少量标样，以 CH_2Cl_2 为溶剂，浓度为 1.5%，进样量为 $0.5\mu L$。

图 4-43 中最先流出的为溶剂峰，其次为饱和烃峰。峰号 1 为三环蒽；2 为四环芘；3 为五环苝；4 为四环䓛；5～7 未定性；8 为七环晕苯；9、10 未定性；11 为十环卵苯。由图 4-43 可见，多环芳烃中伴随的饱和烃都赶

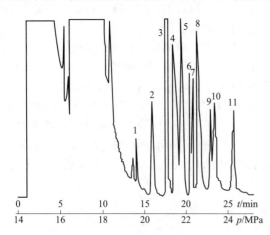

图 4-43　加氢尾油中多环芳烃 SFC 分离图

在三环芳烃前流出，故不影响芳烃分析。图中三至十环芳烃为用纯样品分别在 C_6 非极性和

CN 极性柱上"双柱法"定性的芳烃。因无纯样品，故 5～7 号、9 号、10 号峰未定性。

以外标法测定了加氢尾油中多环芳烃的含量。5 次测定平均值见表 4-51。由表中数据可以看出，定量重复性良好，误差一般小于 5%。

表 4-51　加氢尾油中多环芳烃的含量

芳烃峰号	含量/10^{-6}	芳烃峰号	含量/10^{-6}
1(蒽)	12 ± 2	7(未定)	120 ± 3
2(芘)	93 ± 3	8(䓛苯)	210 ± 6
3(苊)	254 ± 7	9(未定)	860 ± 3
4(菡)	102 ± 2	10(未定)	87 ± 3
5(未定)	122 ± 3	11(卵苯)	90 ± 3
6(未定)	100 ± 2		

4.6.8　小结

超临界流体色谱技术是一种重要的分离分析工具，SFC 虽不能完全取代 HPLC 和 GC，但它较 HPLC 和 GC 技术具有分离效率高、分离时间短、产品质量好以及易于与检测器匹配等优点。在分离分析非挥发性大分子、生物分子、手性对映体以及其他生物工程下游产物等领域有广阔的应用前景。SFC 以其流动相的特殊性质而在分离分析领域中占有一席之地，然而由于 SFC 的理论研究还不够深入和透彻，使其应用缺少相应的理论指导，所以对 SFC 中物质的保留性质以及相应的热力学和动力学因素对分离效率的影响的研究无疑是 SFC 工作的重点。

虽然 SFC 具有一些独特用途，但是它被挤在气相色谱和高效液相色谱之间，还没有像 GC 和 HPLC 一样成为广泛应用的技术，还不能成为分析方法的主流，有待于进一步发展。要使之成功地普及并成为定量分析方法必须具备以下条件：①易于使用，操作费用低；②能够得到准确、可重复的定量结果；③要能够解决至少一个分析化学中的重要问题。在所有这三个问题中，它的功能必须超过其他技术。20 世纪 60 年代的 GC 和 70 年代的 HPLC 就是这样的。SFC 是一种很重要的分析分离方法，有自己的某些特殊的优点，它如能满足上述要求就会得到广泛的应用。

参　考　文　献

[1]　于世林. 高效液相色谱方法及应用 [M]. 北京：化学工业出版社，2000.

[2]　史军歌，吴梅. 气相色谱-氧选择性火焰离子检测器在煤焦油酚类化合物分析研究中的应用 [J]. 石油炼制与化工，2019，50（7）：97-102.

[3]　凡传明，植深晓，潘锦. 气相色谱法测定生活饮用水地表水源地水中的有机氯农药 [J]. 东莞理工学院学报，2019，26（3）：69-72.

[4]　何其均. 气相色谱法测定水及油中 MDEA 的含量 [J]. 广东化工，2019，46（13）：175-176.

[5]　朱小梅，张宗祥，丁金美. 气相色谱法测定水质中的内吸磷 [J]. 环境监控与预警，2019，11（4）：32-36.

[6]　范仁秀，王弋. 气相色谱质谱法测定地表水中六氯丁二烯 [J]. 环境科学导刊，2016，35（5）：95-97.

[7]　杨家欢，陈进营，谭仁烨，等. 直接进样气相色谱法测定水中 6 种有机溶剂残留 [J]. 分析仪器，2019（2）：34-37.

[8]　黄君礼. 水分析化学 [M]. 2 版. 北京：中国建筑工业出版社，1997.

[9]　孙传经. 气相色谱分析原理与技术 [M]. 北京：化学工业出版社，1981.

[10]　刘虎威. 气相色谱方法及应用 [M]. 北京：化学工业出版社，2003.

[11]　四川大学工科基础化学教学中心、分析测试中心. 分析化学 [M]. 北京：科学出版社，2003.

[12]　汪正范，杨树民. 色谱联用技术 [M]. 北京：化学工业出版社，2001.

[13]　何燧源. 环境污染物分析监测 [M]. 北京：化学工业出版社，2001.

[14] 武汉大学化学系. 仪器分析 [M]. 北京：高等教育出版社，2001.

[15] 朱明华. 毛细管色谱柱的应用仪器分析 [M]. 北京：高等教育出版社，1993.

[16] 周围. 气相色谱（GC）毛细管柱的选择及分离条件的优化原则 [J]. 食品理化检验，1998（2）：22-31.

[17] 郭爱华，李建红，李堃等. 高效液相色谱法同时测定饮用水中呋喃丹、甲萘威、莠去津及百菌清 [J]. 中国卫生检验杂志，2016，26（22）：3213-3216.

[18] 舒耀皋，范宾，杨媖舒等. 柱前衍生-高效液相色谱法测定水中 3 种氟乙胺 [J]. 理化检验——化学分册，2019，55（2）：218-222.

[19] 杨莉霞，周铮，张敏. 毛细管气相色谱法同时测定生活饮用水中 18 种有机污染物 [J]. 化学测定方法，2014，24（16）：2311-2313.

[20] 景二丹，许小燕，张荣. 顶空-毛细管气相色谱法测定水中二氯乙腈 [J]. 中国给水排水，2018，34（12）：115-117.

[21] 杨萍，朱劲松. 自动顶空-毛细管柱气相色谱法测定水中苯系物的探讨 [J]. 科学管理，2019（7）：361-363.

[22] 李海燕. 顶空-毛细管气相色谱法同步测定水中吡啶丙酮乙腈 [J]. 中国环境监测，2011，27（2）：56-58.

[23] 韩梅. 液液萃取-毛细管气相色谱法测定水中异丙苯 [J]. 污染防治技术，2018，31（1）：64-66.

[24] 韩志宇，陶晶，詹未，等. 膜固相萃取-毛细管气相色谱法测定饮用水及水源水中 6 种有机磷农药 [J]. 中国卫生检验杂志，2017，27（21）：3065-3067.

[25] 乐驰. 液液萃取-毛细管气相色谱法测定水中邻甲苯酚和邻溴苯酚 [J]. 分析仪器，2018（2）：46-48.

[26] 沈敏，王美飞，吴丽娟. 毛细管柱气相色谱法同时测定水中甲醇、乙醇和 N,N-二甲基甲酰胺 [J]. 环境监控与预警，2017，9（1）：25-27.

[27] 陈义. 毛细管电泳技术及应用 [M]. 北京：化学工业出版社，2000.

[28] 苏立强. 色谱分析法 [M]. 北京：清华大学出版社，2009.

[29] 丁永生，薛俊. 毛细管电泳在环境分析中的应用 [J]. 色谱，1998，5，16（3）：215-219.

[30] 向征兵，谢怀龙. 高效毛细管电泳（HPCE）的分析应用进展 [J]. 军队医学，2000，10（4）：46-52.

[31] 袁倬斌，尚小玉，张君. 毛细管电泳及其在环境分析中的应用进展 [J]. 盐矿测试，2003，22（2）：144-150.

[32] 罗峰. 高效毛细管电泳：一种新型的检测技术 [J]. 福建技术监督，1999（1）：42-43.

[33] 曲晓明，李华，王明伟. 高效毛细管电泳测定水中氯代乙酸 [J]. 中国公共卫生，1998，14（7）：428.

[34] Zhang Q Q，Ying G G，Pan C G，et al. Comprehensive evaluation of antibiotics emission and fate in the river basins of China：Source analysis，multimedia modeling，and linkage to bacterial resistance [J]. Environmental Science & Technology，2015，49（11）：6772-6782.

[35] Soto-Chinchilla J J，García-Campaña A M，Gámiz-Gracia L. Analytical methods for multiresidue determination of sulfonamides and trimethoprim in meat and ground water samples by CE-MS and CE-MS/MS [J]. Electrophoresis，2007，28：4164-4172.

[36] Lombardo-Agüi M，Gámiz-Gracia L，García-Campaña A M，et al. Sensitive determination of fluoroquinolone residues in waters by capillary electrophoresis with laser-induced fluorescence detection [J]. Analytical and Bioanalytical Chemistry，2010，396（4）：1551-1557.

[37] Tong F H，Zhang Y，Chen F，et al. Hollow-fiber liquid-phase microextraction combined with capillary electrophoresis for trace analysis of sulfonamide compounds [J]. Journal of Chromatography B，2013，942-943：134-140.

[38] Herrera-Herrera AV，Hernández-Borges J，BorgesMiguel T M，et al. Dispersive liquid-liquid microextraction combined with nonaqueous capillary electrophoresis for the determination of fluoroquinolone antibiotics in waters [J]. Electrophoresis，2010，31（20）：3457-3465.

[39] Springer V H，Lista A G. In-line coupled single drop Liquid-liquid-liquid microextraction with capillary electrophoresis for determining fluoroquinolones in water samples [J]. Electrophoresis，2015，36（14）：1572-1579.

[40] Laraa F J，García-Campaña A M，Neusüss C. Determination of sulfonamide residues in water samples by in-line solid-phase extraction-capillary electrophoresis [J]. Journal of Chromatography. A，2009，1216（15）：3372-3379.

[41] 姚巍，徐淑坤. 流动注射-毛细管电泳直接紫外测定环境水中硝酸根和亚硝酸根 [J]. 分析化学研究简报，2002，7（22）：836-838.

[42] 杨玲娟，袁冬梅. 毛细管电泳在环境分析中的应用 [J]. 天水师范学院学报，2002，22（2）：27-29.

[43] 林秀丽，主沉浮. 水样中常见金属离子的快速测定 [J]. 中国给水排水，2000，16（8）：53-54.

[44] 万涛，王勇，本水昌山. 天然水中钙、镁离子的测定 [J]. 广东微量元素科学，1999，6（8）：61-63.

[45] 邱瑾，傅小芸. 饮用水中钾钠钙镁离子的毛细管电泳分析 [J]. 理化检验——化学分册，1998，34（8）：342-343.

[46] 张裕平，袁倬斌，李向军. 应用毛细管电泳法分离测定 6 种取代苯化合物 [J]. 分析实验室，2003，22（1）：24-27.

［47］ 沈晓春，陈平，郭伟强，等．用毛细管电泳方法分离有机酸的研究 ［J］．浙江大学学报（理学版），2002，29（6）：679-684.

［48］ Hinsmann P，Arce L，Rios A. Determination of pesticidesin waters by automatic on-line solid-phase extraction-capillary electrophoresis ［J］．Journal of Chromatography. A，2000，866（1）：137-146.

［49］ 傅若农．色谱分析概论 ［M］．北京：化学工业出版社，1999.

［50］ 宋继国．超临界流体色谱在有机分析中的应用进展 ［J］．中山大学研究生学刊（自然科学版），2001，22（3）：37-44.

［51］ 李红莉，戴金平．超临界流体色谱法在环境分析中的应用 ［J］．山东环境，1998（3）：16-18.

［52］ 卢子扬．超临界流体的原理及利用技术．甘肃环境研究与监测 ［J］．1997，10（1）：43-49.

［53］ 王少芬，魏建谟．超临界流体色谱在金属络合物和金属有机化合物中的分析应用 ［J］．分析化学评述与进展，2001，29（6）：725-730.

［54］ Abrar S，Trathnigg B. Separation of polysorbates by liquid chromatography on a HILIC column and identification of peaks by MALDI-TOF MS ［J］．Analytical and Bioanalytical Chemistry，2011，400（7）：2119-2130.

［55］ 张莘民．超临界流体色谱分析有机污染物 ［J］．上海环境科学，1994，13（6）：12-15，45.

［56］ 郑福良．超临界流体色谱在生物工程领域中的应用 ［J］．新余高专学报，2003，8（2）：8-12.

［57］ Venter A，Rohwer E R，Laubscher A E. Analysis of alkane，alkene，aromaticand oxygenated groupsin petrochemical mixtures by supercritical fluid chromatographyon silica gel ［J］．Journal of Chromatography A，1999，847（1）：309-321.

［58］ 孙云鹏，孙传经．多环芳烃的超临界流体色谱分离研究 ［J］．色谱，1995，13（5）：398-399.

［59］ 方禹之，方晓明．高效毛细管电泳-电化学检测对多羟基抗生素分离测定的研究 ［J］．高等学校化学学报，1995，16（10）：1514-1518.

第 5 章
流动注射分析法及其在水分析中的应用

5.1
流动注射分析法概述

20 世纪 50 年代，美国 Technicon 等公司第一次尝试把分析试样与试剂从传统的试管、烧杯等容器中转入管道中，试样与试剂在连续流动过程中完成物理混合与化学反应，并且在分析（air segmented continuous flow analysis，ASCFA）的基础上发展了溶液自动分析仪。这一新技术在 20 世纪 60 年代在国外得到了化学分析工作者的密切关注，对化学实验室中溶液处理的基本操作方式的变革起到了重要的推动作用。但是受化学反应平衡条件的制约，化学反应的效率较低。流动注射分析法正是为了解决这一问题，在 20 世纪 70 年代中期形成的一种溶液处理新技术。

1975 年，丹麦学者 Ruzicka 与 Hansen 首次摆脱了试验中存在的空气泡间隔式连续流动的缺点，改变了传统分析方法操作上的局限。该法采用把一定体积的试样注入无空气间隔的流动试剂（载流）中的办法，保证混合过程与反应时间的高度合理性。由于在连续流动分析装置中去除了气泡，消除了空气隔断，解决了空气连续流动分析法的弊端，实现了在非平衡状态下高效率完成试样在线处理与测定，从而引发了化学实验室中基本操作技术的又一次重大的变革。这次变革的本质在于打破了几百年来分析化学反应必须在物理化学平衡条件下完成的传统，使非平衡条件下的分析化学成为可能，从而开发出分析化学的一个全新领域——流动注射分析技术（flow injection analysis，FIA）。

FIA 是指在热力学非平衡的条件下，能够在流动性的液体当中处理试样或对试剂区带的一种定量流动分析技术。FIA 分析技术与其他分析技术相结合，成为了一门全新的微量、高速、自动化的分析技术，具有操作成本低且精确度很高的特点，受到分析工作者的青睐，在测量样品和分析方法学上占有很重要的地位。流动注射分析技术所需的仪器设备结构简单、紧凑，自从集成或微管道系统出现，使得 FIA 迈进了分析微型化领域。随着与多种测量方式及纯化技术的结合（其中包括分光光度分析、原子吸收光谱分析、原子发射光谱分析等），在分析性能方面，使得原本就具有较高效率的方法，在分析效率上有了进一步显著的提高，扩大了对样品分析分离的适用性，使得许多样品改善了传统测量方法的复杂程度，该法在样品快速分析、精确测量等方面占有重要地位。

FIA 的出现使普遍流行的基本化学操作发生了转变，是现代科学技术发展过程中对化学信息的质量与数量要求不断提高的结果。FIA 正是从实验室操作中最基础部分入手来提高整个化学分析过程的效率及改变提供信息的能力。FIA 在初始阶段是为系列分析实现自动化设计的，目前已成为一种溶液处理和数据采集的通用技术。

文献调查表明，FIA 在日常化学分析、化学过程监测、传感器测试及各种仪器性能提高等方面的应用日益增多。FIA 法也常用来测定基础性数值，如扩散系数、反应速率、稳定常数、络合物的组成及萃取常数和溶度积等。

随着 FIA 法的不断成熟和发展，各种试验装置和仪器及其技术也在不断进步。许多具有特殊溶液处理功能的 FIA 仪器相继问世，有 FIA 自动比色仪，FIA 与原子吸收分光光度计、原子发射光谱仪的联用等。其不但可以测定金属离子、非金属离子，还可以测定一些放射性元素及有机物，应用越来越广泛，受到了众多的研究者和生产科研单位的普遍重视。

FIA 可与多种检测手段联用，既可完成简单的进样操作，又可实现诸如在线溶剂萃取、分离及在线消解等较复杂的溶液操作，有广泛的适应性；溶液的稀释、自动化进样及数据处理等一体化结构，通过计算机程序控制形成全自动分析体系，容易实现分析操作的自动化，是一种比较理想的进行自动监测与过程分析的手段；测定速度快，一般分析速度可达 $100\sim300$ 样/h，包括较复杂的处理，如萃取、吸附柱分离等过程的测定也可达 $40\sim60$ 样/h；是一种微量分析技术，一般试样每次消耗为 $10\sim100\mu L$，试剂消耗水平也大体相似，与传统手工操作相比，可节约试剂与试样的 $90\%\sim99\%$，这对降低贵重试剂的分析成本有重要意义，尤其对生化分析更为重要；一般 FIA 法测定的相对标准偏差（RSD）可达 $0.5\%\sim1\%$，多数优于相应的手工操作，即使是很不稳定的反应产物或经过很复杂的在线处理，测定相对标准偏差仍可达 $1.5\%\sim3\%$，具有较高的精度；设备简单、价廉，简单的 FIA 分析仪器和一台打字机的大小相当，一台国产的自动化 FIA 仪器（不包括检测器）的价格仅数千余元。

5.2
流动注射分析法的原理

流动注射分析是把试样溶液直接以"试样塞"的形式注入一个无气泡间隔的连续液流中，然后被载流推动进入反应管道。试样塞在向前运动过程中靠对流和扩散作用被分散成一个具有浓度梯度的试样带，试样带与载流中某些组分发生化学反应形成某种可以检测的物质，检测器连续地记录由样品通过流通池而引起的吸光度、电极电位或其他物理量的变化，从而达到对未知组分的定性及定量检测。该方法不要求反应达到稳定状态，可在非平衡的动态条件下进行，从而提高了分析速度。

5.2.1 流动注射分析法的基本原理

最简单的流动注射分析仪的构成如图 5-1 所示。FIA 由用于驱动载流通过细管的蠕动泵、可将一定体积的样品溶液注入载流的注入阀以及微型反应器组成。样品带在微型反应器中分散并与载流中的组分发生反应，生成流通检测器所能够响应的产物，并记录下来。记录仪输出为一个峰（图 5-1），峰高 H、峰宽 W 或峰面积 A 都与被测物浓度相关。一般以峰高或者面积为读出值来绘制校正曲线并计算分析结果。从样品注入到峰值（在此读取峰高 H）出现的时间为化学反应的留存时间 T，一个设计合理的 FIA 系统应具有很快

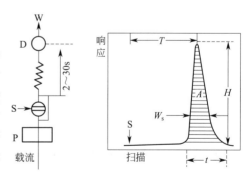

图 5-1 典型的 FIA 流路及其记录峰

P—蠕动泵；S—注入口；D—流通池；W—废液；
H—峰高；W_s—某一峰处的峰宽；A—峰面积；
T—对应于峰高测定的留存时间；t—基线处的峰宽

的响应，留存时间 T 在 5～20s 的范围内。因此采样周期应该小于 30s（大致为 $T+t$），一般情况下每分钟可分析两个样品。注入的样品体积在 1～200μL 之间（常用 25μL），因而每个采样周期所用的试剂不多于 0.5mL。流动注射分析从试样注入 FIA 系统开始到分析完成，试样、试剂和载流之间经历一个综合过程，其中包括载流、样品和试剂三者扩散对流的分散混合过程，试剂和试样发生反应过程，化学反应动力学过程和能量转换过程。

由记录峰的形状可知，当分散样品带通过流通检测器时，记录下来的瞬间信号为峰的形状。其高度 H、峰宽 W 或峰面积 A 都包含着分析信息（图 5-1）。在没有化学反应的情况下（如普通原子吸收光谱法测定），当检测器线性连续地监测注入的被测物时，其不同时刻的峰高、峰面积或峰宽大致不同，它们都给出有用的信息，尽管注入物的浓度不同，但与这些参数相关。如果在分散过程中，试剂在整个分散样品带上过量，这种结论对于生成可测物的体系（如分光光度法）也是适用的。

峰高是最常用的测定参数，因其易于辨别，并直接与检测器的响应（如吸光度、电极电位或电流）相关，且与被测物的浓度呈线性函数，即

$$H=kc \tag{5-1}$$

式中　k——比例常数；

　　　c——待测物质浓度。

除了测量峰顶到基线之间的距离即峰高外，也可在峰的上升沿或下降沿的任何地方测量垂直读数。这种额外的峰参数（$H'=k'c'$）在 FIA 梯度技术中得到了开发。欲从峰上得到更多信息，可在峰的某处对整个光谱进行扫描，而不应该只在某一检测通道（如某一固定波长）测量垂直量。

与峰高相似，峰面积也与检测器的响应直接相关，即

$$A=kc \tag{5-2}$$

式中　k——比例常数；

　　　c——待测物质浓度。

由于此参数为积分结果，故有两个缺点：一是峰面积 A 无法与光谱或浓度梯度联系起来；二是它总是使 $\lg c$ 检测器（如离子选择性电极）的读数失真，因为基线附近的非比例响应所占的比重要比峰顶附近的响应大得多。

峰宽与浓度的对数也成正比。峰宽响应范围宽，但精度却不如峰高或峰面积法。因为它是水平参量，所以无法直接与光谱相联系。峰宽是峰的上升沿到下降沿（见图 5-1）的时间差（W 或 Δt）。FIA 峰宽测定法是基于水平参量的梯度技术，可将任何 FIA 峰水平切割，在离基线的一个或几个水平上读出峰宽。FIA 法的表达结果可以多种形式给出，迄今为止峰高用得最普遍，其原因很简单，因为峰高最容易测量，其他参数都必须靠分散样品带的时间坐标来定位，从注入开始计时（梯度稀释、梯度扫描或梯度动力学法）或设定检测器的响应水平测峰宽。对于前面讨论的任何一种数据，时间控制都是保证重现性所必不可少的，因此时间 T 是任何 FIA 系统设计的参数之一。

5.2.2　与 FIA 相关的分散理论

FIA 的基本原理就是分散（dispersion）或称扩散。试样带在输送过程中与载液混合形成分散，即注入的 FIA 样品均要经过稀释，其方式按层流所特有的抛物面分散——层流扩散方式进行，这种扩散被认为是"受控的和不完全的"。

当把一个试样以塞状注入连续流动的载流（试剂）中的一瞬间，其中待测物的浓度沿着管道分布的轮廓呈长方形（见图 5-2）。试样带在注入后立即从载流试剂获得一定的流速而

随其向前流动。一般在 FIA 中所采用的管道孔径（0.5～1mm）及流速（0.5～5mL/min）条件下，流体处于层流状态，可知管道中心流层的线速度为流体平均流速的二倍。越靠近管壁的流层线速度越低，因而在流动中形成了抛物线形的截面（见图 5-2）。但随着流过管道距离的延长，此抛物面越来越充分。由于此对流过程与分子扩散过程同时存在，试样与载流（试剂）之间逐渐相互渗透，出现了试样带的分散。待测物沿着管道的浓度轮廓逐渐发展为峰形，峰的宽度随着流过的距离的延长而增大，峰高则降低（图 5-2）。由此可见，在 FIA 中试样与试剂的混合总是不完全的，然而对一个固定的试验装置来说，只要流速不变，在一定的留存时间内分散状态都是高度重现的。这就是用 FIA 可以得到重现良好的分析结果的根据。

单一平直管道的 FIA 体系中流体流动状态通常为层流，因而运用对流-扩散模型描述试样分散过程更为合理和直观，为了求解方便，只讨论无化学反应的 FIA 体系。在层流状态下，流体的速度分布为抛物线形的曲面分布，因此试样在流动过程中发生 3 种分散作用（图 5-3），即：①轴向扩散作用，由于轴向上存在浓度梯度而产生；②对流分散作用，由于对流使试样带发生变形而产生；③径向扩散作用，速度的抛物线形曲面分布导致了径向浓度梯度的存在，因而产生径向扩散。包含这 3 种作用的扩散-对流方程用公式（5-3）来描述：

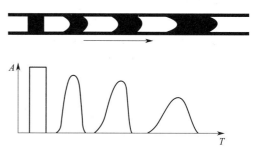

图 5-2　FIA 体系中注入载流中的试样
区带分散过程示意图

$$D_{\mathrm{m}}\left(\frac{\partial^{2}c}{\partial r^{2}}+\frac{1}{r}\times\frac{\partial c}{\partial r}+\frac{\partial^{2}c}{\partial x^{2}}\right)=\frac{\partial c}{\partial t}+2u\left(1-\frac{r^{2}}{R^{2}}\right)\frac{\partial c}{\partial x} \tag{5-3}$$

式中　D_{m}——分子扩散系数；

　　　c——待测物质浓度；

　　　x——沿管流向的距离；

　　　r——管内某点到管中心的距离；

　　　R——管半径；

　　　t——留存时间；

　　　u——平均流速。

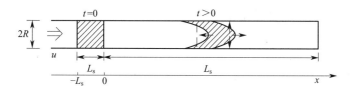

图 5-3　载流中的试样区带的分散状况图

因为公式（5-3）不能直接求解，所以 Taylor（泰勒）从两种极端情况得出近似解，即无扩散的层流和受控扩散的分散，后者是层流影响完全被分子扩散作用掩蔽。遗憾的是 Taylor 求解的条件并不在 FIA 法条件范围内。要定量描述 FIA 体系中的分散过程，可用数值计算法解扩散-对流方程，或采用适当的流动模型。一些研究工作者提出用数值积分法推断有或无化学反应出现的试样带形状，采用这种方法解扩散-对流方程的主要缺点是只适用于单路 FIA 体系，而且假定流动不受阀门、注射过程、检测器等干扰。实际上这样的条件是很难达到的。

从 FIA 多年的发展看，对试样区带在载流中的分散状态进行确切的定量化预测并非易事。影响试样分散的各试验参数早已为人熟知，但运用已有的流体动力学理论建立 FIA 响应峰形的数学模型的结果并不十分理想。

5.2.3　流动注射分析法的分散系数

在流动注射分析中，用分散系数（dispersion coefficient）来描述试样带在载流中的分散程度。分散系数是在分散过程发生之前与之后，产生读出信号的流体元中待测组分的浓度比值。试样在 FIA 系统中的分散过程就是试样的物理稀释过程。不同的测定方式对试样的稀释程度要求不同，人们可以充分利用 FIA 法能控制试样分散的特点来实现测定中所需的试样稀释度。设计与控制试样和试剂的分散是所有 FIA 方法的核心问题，因此，需要对试样的分散状态有一个定量的描述。分散系数 D_m 的表达式如（5-4a）所示。

$$D_m = c_0/c \tag{5-4a}$$

式中　c_0——试样未分散时待测物浓度；

　　　c——分散后的某段流体元中待测物的浓度。

如果在峰顶上读出分析结果，则 $c = c_{max}$，便有

$$D_m = c_0/c_{max} \tag{5-4b}$$

根据泰勒提出的有关管路中流体的分散理论，假定有初浓度为 c_0 的溶液在管型反应器中流动，其随时间发生变化的浓度 c_0 与试样经管道反应后到达检测器并出现的峰值 c_{max} 以及分散度 D_t 之间的关系符合公式（5-5）：

$$D_t = \frac{2\pi r^2 \sqrt{D_m L/u}}{V} \tag{5-5}$$

由公式（5-5）可见，分散度与管道长度（相应于流动时间）的平方根以及管径 r 成正比，并与试样体积 V 及流速的平方根成反比。通过增大进样体积来减小系统的分散度是最简单有效的方法，但会导致进样频度受限制，一般采用减小管路长度、直径和增大流速的措施来达到同样的目的。对于需要大分散度的分析项目来说，为了使装置小型化，大多采用降低流速的方法来提高 D_t 值。

D 的物理意义是测定的流体元试样中待测定组分被载流稀释的倍数。一般情况下，D 应当是大于 1 而小于无穷大的一个数值，因为经过分散（稀释）之后，c 不可能大于 c_0，在使用某些特殊技术（如离子交换或萃取预浓集）时，D 也可能小于 1，但这并非与分散因素有关。当 $D = 2$ 时，说明试样被载流以 1∶1（体积比）比例稀释。当载流是试剂时，D 能说明试样与试剂混合的比例。Ruzicka 与 Hansen 由在峰最大值处所得的分散系数的大小，将 FIA 的流路划分为高、中、低三种分散体系。低分散体系（D 为 1～2），用于把 FIA 技术仅作为传输试样手段的分析。这类测定中，出于对测定灵敏度的考虑，尽量不稀释试样而保持待测物的原始浓度，同时，由于其测定原理，无需引入试剂。以离子选择电极、原子吸收光谱和等离子体光谱为中等程度分散体系（D 为 2～10），适用于多数基于某种化学反应光度的测定。这类分析中都需要试样与试剂反应生成可测定的反应产物，适当的分散是为了保证试样与试剂之间一定程度的混合，以使反应正常进行。高分散体系 D 大于 10，用于对高浓度试样进行必要的稀释及某些 FIA 梯度分析技术。

5.3
流动注射分析法的基本装置及流路

5.3.1　流动注射分析法的基本装置

根据上节所述 FIA 方法的原理，可以知道基本的 FIA 试验装置可以是很简单的。如图 5-4 所示，包括：用于把载流和试剂溶液导入反应管道及检测器的液体传输装置（如蠕动泵）；用来把一定体积的试样注入载流中的注入阀；用于使试样与载流中的试剂由于分散而实现高度重现的混合，并发生化学反应的反应管道；设在检测器中的流通池，使在反应过程中形成的可供检测的产物流过其中时由检测器测出信号。

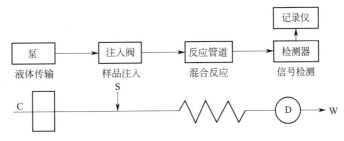

图 5-4　基本的 FIA 装置和功能示意图
C—待测样品；S—注入阀；D—检测器；W—废液

5.3.1.1　液体传输设备

液体驱动或传输设备是 FIA 试验装置中的重要部分，其功能是将试剂、样品等溶液输送到分析系统中。FIA 中使用的理想液体传输设备应具备以下特性：流速既具有短期稳定性（如几小时），又具有长期（几天）的重现性；多通道，至少应能提供四个平行泵液通道以保证较高的灵活性；提供无脉动的液体输送；能输送多种试剂和溶剂；易于调节流速；生产成本低，运行消耗少。

但现有液体传输设备尚无一种能够完全满足上述所有要求，目前常用的液体传输装置主要有蠕动泵和注射泵。

（1）蠕动泵（peristaltic pump）　一般 FIA 流路的管道为长度约 2～3m 的开放管路系统，管道内阻力较小，蠕动泵是 FIA 分析装置中用以推动液体的最合适的装置。它可以提供数个通道，改变泵速和选择泵管内径可以得到不同的流速。蠕动泵用的泵管有多种材质可供选择，聚氯乙烯泵管能满足一般试验要求，可用于水溶液、稀酸、稀碱及乙醇等溶液。在使用有机溶剂或浓度较高的强酸时，应选择改进的聚氯乙烯或氟橡胶材质的泵管。这类泵的主要缺点是：①泵管长时间运转会产生疲劳，导致流量改变，故要注意更换；②流动的脉动导致长期稳定性较差，泵管的耐磨性及抗有机溶剂和强酸强碱的性能也有限。然而可以通过润滑泵管，正确调节压盖（或压带）的压力以及采用较高转速等手段使之减少到可以忽略的程度。对于那些具有较高流动阻力的 FIA 系统，也可以通过缩短泵管长度（特别是粗泵管）而减少脉动。

（2）注射泵（syringe pump）　近年来由 Ruzicka 等提出并设计的正弦流注射泵在一些应用中代替蠕动泵取得较好效果。但由于其非线性流动的局限性，近来已被微机化步进电机驱动的注射泵所代替而大量用于顺序注射分析（SIA），代表性的有 Cavro 和 Hamilton 等公司的产品。该类泵的步进电机在计算机的指令下推动注射针筒的活塞运动。

5.3.1.2　注入阀

注入阀也称采样阀（sampling valve）或注入口（injection port），其功能是采集一定体积的试样（或试剂）溶液，并以高度重现的方式将其注入连续流动的载流中。FIA 系统进样阀多功能、自动或半自动、无渗漏，不影响流速和进样量，以保证检测结果重现性高。目前多采用旋转式注入阀，可以把旋转阀预先置于定量试样的充满部位，使样品充满，随着阀的旋转将试样切入载液流路中。旋转阀处于充满试样位置时，试样从旁路通过。由于旁路管较细，增大了流体的阻力，阀旋转时，试样注入就比较容易。注入样品溶液的容积多数采用几十微升的固定量。如三通旋转阀，应选择适当长度的采样环，这样可以自由调节进样容积。目前国内已有成型产品上市。采样环多为聚四氟乙烯塑料（PTFE）管，内径 0.3～1mm，常用 0.5mm。

进样方式一般可分为定容进样和定时进样或者两种方式结合。在 FIA 发展的初级阶段基本以定容进样为主，使用较多的是夹层旋转采样阀，由上下两块有机玻璃定子夹一个聚四氟乙烯转子构成。转子上装有采样环，调节环的长度即可随意改变试样体积，若转子上以直通的孔作为采样腔则不能改变采样体积，成为固定容积的采样阀。后来，这种夹层旋转采样阀逐渐被简化为双层旋转采样阀，结构上有代表性的是六孔三槽双层旋转阀。目前应用广泛的是十六孔八通道多功能旋转阀。定时进样主要是控制进样时间来决定进样量。

5.3.1.3　混合反应器（mixing reator）

流动注射分析法流程的各主要部件之间均需要用管道连接，反应物在被检测之前也需要在反应管道中经历一定的分散与反应过程。反应器的主要功能是实现经三通汇合的两种或多种液体的重现径向混合以及混合液中化学反应的发生。最常用的反应器由一些能盘绕、打结或编织的聚四氟乙烯管或塑料管组成。采用这种几何形状的目的在于减少试样带的分散，能够改变流动的方向，在径向上产生二次流（secondary flow），促进径向混合，减少试样的轴向分散。最常用的管道材料是聚四氟乙烯（PTFE），它的化学性质稳定，表面对无机试剂一般吸附较少。但须常注意其管壁对有机组分的吸附，有时甚至利用这种性能来实现一些组分的浓集。美国 Thermoplastic 公司生产的 Micro-line 管清澈透明，易于成形（或恢复原状），在国外常用于制作混合反应管道，但在耐有机溶剂性能方面不如 PTFE。混合反应管道的另一功能是实现试样的在线稀释，此时要求试样带与载流稀释剂之间实现轴向混合，为此采用的管道内径较大（有时大至 1.2～1.3mm），盘曲直径也较大（有时大至 10cm）。

绕成 10cm 左右直径的反应管道已经应用很广泛，但是编结反应器（knotted reactor，KR）近来较多地表现出其优越性。这类反应器（图 5-5）最早由 Engelhardt 和 Neue 在高效液相色谱（HPLC）应用中提出，称为三维转向反应器（three dimensionally disoriented reactor），因为在反应盘管中流动方向的变化主要在二维面上，而在编结式反应器中流动方向是在三维基础上变化的。由于这种反应器有较强的限制轴向分散的功能，不仅适用于混合管道，而且还用来作为传输管道和采样环。

图 5-5　编结反应器

5.3.1.4　检测器

FIA 法可根据不同的设计要求，选用不同的光学检测器和电学检测器。其中常用的许多定量分析仪器的检测器都可作流动注射分析的检测器。常用于流动注射分析的检测器有可见/紫外分光光度计、荧光光度计、原子吸收光谱仪及离子选择电极等；检测方法有光度法、原子吸收光谱法、电化学法、荧光光谱法、化学发光法等。如分光光度法可以测定 Ca^{2+}、PO_4^{3-}、Cl^-、Mg^{2+}、K^+等，伏安法可以用来测定抗坏血酸，荧光法可以用来测定氨基酸。

在 FIA 中待测物的检测总是在流动状态下完成的，检测器有液体流入口和流出口。有些检测器如火焰原子吸收光谱（FAAS）、电感耦合等离子体（ICP）光谱，原来就需要在连续供给试样的条件下测定，当 FIA 系统与其联用时就较为方便，只需用通向雾化器的管道代替原提升管即可。原来一般需要在一定容器中完成检测的方法如光度法、电化学法、荧光法等作为 FIA 法的检测器时，则要配备特制流通池。常见的检测用的流通池如图 5-6 所示。

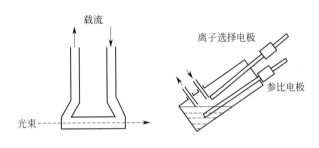

图 5-6　检测用的流通池

5.3.2　流动注射分析法的流路

自 FIA 诞生以来，由于其灵活性，通过运用各种流路，可利用不同的检测器和技术。当流体在 FIA 通道中运动时，进行着复杂的物理与化学过程。只有深化对这些过程的理解，才能优化流程设计，得到最大采样频率、试剂与试样的最低消耗以及对化学反应的合理利用。

5.3.2.1　单道的 FIA 流路

最简单的 FIA 体系是仅由一条管道（指泵管后续反应盘管及连接管道等）组成的单道流路体系，注样阀设在泵与反应盘管之间，注样后含有试剂的载流把试样从注样阀中载入反应管道，经混合相反应后流入流通式检测器进行检出。现以硫氰酸汞测定氯离子的分光光度法为例说明 FIA 单道体系的流路（见图 5-7）。该方法基于硫氰酸根离子从硫氰酸汞（Ⅱ）中释放出来，然后与铁（Ⅲ）反应，测定生成的红色物质，将氯离子含量在 $5\sim75\mu g/mL$ 的样品通过一个 $30\mu L$ 的阀注入含混合试剂的载流溶液，泵速 0.8mL/min。通过检测器的混合盘管（长 0.5m，内径 0.5mm）注入的样品带在试剂载流中分散。硫氰酸铁（Ⅲ）生成，通过微型流通池（体积 $10\mu L$）载流的吸光度在 $\lambda=480nm$ 处连续监测并记录。在此试验中，为了显示分析数据的重现性，每个样品重复注入 4 次，即对 7 个不同浓度的氯离子溶液进行了 28 次分析。所需时间为

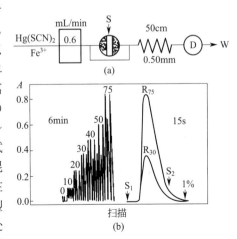

图 5-7　氯离子的 FIA 法测定流程示意图
S—注样点；D—检测器；W—废液

14min，即平均进样率为 120 次/h，对 $75\mu g/mL$ 和 $30\mu g/mL$ 的样品进行快速扫描表明，当

下一个样品到达（在 S_2 处注入）时，流通池内残留小于 1%，因此以 30s 间隔注入不会携出。

图 5-7（b）为用图 5-7（a）的系统进行 $5\sim75\mu g/mL$ Cl^- 的平均测定，为了表现测定的重复性，每样注 4 次，注样体积 $30\mu L$，采样频率约 120 次/h。图 5-7（b）右侧：对 $30\mu g/mL$（R_{30}）和 $75\mu g/mL$（R_{75}）的样分别进行快速扫描，若样品以 38s 间隔注入（S_1 与 S_2 之差），携出程度小于 1%。

单道流路的最大优点是简单，能够采用一些简便的方法推动载流，甚至恒定的水位差或气压储瓶都可以用来产生无脉冲液流以得到极好的测定重现性。但是所有其他 FIA 体系都需要两条或更多的控制良好的通道，因而在设计具有广泛适应性的 FIA 系统时最好选用蠕动泵。

5.3.2.2 双道及多道 FIA 流路

一个分析过程中往往要使用两种或多种试剂溶液，有些试剂可以预先混合，但也有的因为试剂或反应产物不能共存而必须以一定顺序加入。起初曾认为在汇合点处的混合不能重现，怀疑 FIA 法能否满足那些顺序地在下游加入多种试剂方法的需要。但很快就明显地得出将几种试剂按顺序加入是可行的，有关分散理论已经得到确认并成功地进行分析，试样和试剂溶液不必要而且确实不应该达到均匀混合。例如用对甲酚酞络合剂（complexone）测定钙，形成的紫红色络合物在 $\lambda=580nm$ 处有强吸收，反应需在有 8-羟基喹啉（用来掩蔽镁）的缓冲溶液（$pH=11$）中进行，为此需用两种试剂：显色剂和碱试剂。而这两种试剂混合后不稳定，因此必须将这两种溶液分别注入（图 5-8），在一小段混合管中进行合并，并将合并载流的温度进行调节（混合及反应管道均恒温于 37℃），然后注入钙溶液（$V=30\mu L$），流经第二混合管时形成钙的对甲酚酞络合物，随之进行检测，这个测定能在 15s 内得出读数。

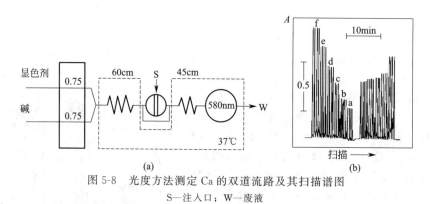

图 5-8 光度方法测定 Ca 的双道流路及其扫描谱图

S—注入口；W—废液

有时根据方法的特点，需要在试样带注入以后顺序加入两种或两种以上的试剂，这就需要多道 FIA 体系。其基本流路的流程图如图 5-9 所示。

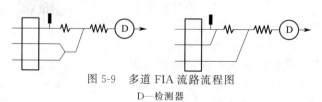

图 5-9 多道 FIA 流路流程图

D—检测器

5.3.2.3 其他的 FIA 流路

除了基本 FIA 流路中的操作模式外，根据分析中的特殊需要，FIA 中常用的特殊操作模式还有合并带法、停流法、流体动力注入法、顺序注入法等。如停流法，在流路上与基本流路并无区别，但多数情况下操作的不同在流路上也有反映。在本节不详细地论述，有兴趣的读者可以参阅有关流动注射分析的专著。

FIA 除了可用于上述简单分析外，也可用于样品的稀释和富集，通过溶剂萃取、离子交换、气体扩散或渗透进行分离，可在线制备不稳定试剂，也可将试剂稀释到适于指定分析的浓度。此外，由于 FIA 广泛地应用于化学制备的过程控制，成为工业、农业、医药、科研和临床化验室采集信息的工具，因此有必要定义一些设计参数，从而可按一定比例设计 FIA流路。注样体积可在几微升至几毫升之间选择，依被测样品多少或所用试剂成本而定。要合理设计如此多样化的 FIA 系统，必须依靠流动注射的基本理论。

5.4
流动注射分析法的应用现状

流动注射分析法（FIA）可将分离、浓缩、稀释、加标等复杂的操作在线完成，具有操作简单、分析速度快和灵敏度高等特点，除此，也可以在非均匀、非平衡态下进行分析检测，保证分析精密度。但要使用 FIA 使不同的待分析物产生适当的响应值，通常所发生的化学反应是不同的，所以没有通用的分析方法。随着 FIA 各种技术和联用检测器（如分光光度计、化学发光仪、原子吸收、质谱等）的发展，FIA 和特定的检测技术联用构成完整的分析系统，使其在环境污染检测领域中的应用范围日益广泛，FIA 联用的检测方法主要有以下类型。

（1）与分光光度法联用　分光光度法中的分光光度检测器结构简单、灵敏度高、价格低廉，因此成为目前与流动注射分析技术联用最为普遍的检测器之一。在流动注射分析技术与分光光度检测器结合时，对比色池和光源有特殊要求。首先，比色池需要选取具备流入口以及流出口的流通式比色池，光源需要足够强。此外，流动注射分析法和分光光度法结合时可以将大部分的手动操作替换为自动化操作分析，能够有效提高检测的精准度、精密度和自动化程度。

（2）与电化学法联用　电化学分析法通常情况下不需要对检测到的信号进行转换，通过物质在水环境中的电化学性质以及其相应的变化，从而确定水环境中被测物质的组成和分析，直接进行分析和记录。流动注射分析法和电化学法相结合使用时，该方法仪器设备简单、价格便宜，且能够实现自动化和连续性的分析功能。

（3）与化学发光法联用　发光法是利用分子发光的强度与被检测物体间含量之间的关系，通过光子计量的方法直接进行分析，因此该方法有很高的灵敏度和选择性。但化学发光法检测时由于发光物质的发光寿命普遍较短，运用间歇式的手动操作很难满足检测的目的，而流动注射分析技术的分析速度很快，因此更适合对此类反应的检测。通过化学发光法与FIA 联用能够有效地提高检测的灵敏度和重现性。

（4）与荧光法联用　荧光法具有选择性高、灵敏度高、分析快速、重复性好等优点。流动注射分析法和荧光分析法相结合，整个过程在一个密闭体系中完成，不仅能实现自动在线分析，而且避免了氧的荧光淬灭，提高了测定方法的选择性和灵敏度，同时有效提高了定量分析的准确度。

（5）与色谱法联用　色谱分析法在对样品进行分析测定前，往往需要对低含量检测物质进行富集，而流动注射在线固相萃取预富集分离技术则是一种集采样、萃取和富集于一体的新的样品前处理方法，能够克服色谱采用固相萃取前处理时多步操作、样品前处理时间较长等的缺点。流动注射分析法结合色谱分析法能够实现自动固相萃取富集，可以有效提高分析速度，减少试剂耗量，提高重现性，实现富集、清洗、洗脱、测定过程的连续自动化。

（6）与电感耦合等离子体质谱（ICP-MS）联用　电感耦合等离子体质谱技术（ICP-MS）是一种有效的用于元素检测的现代分析方法。但高盐溶液引起的固体在锥上的沉积与仪器漂移、高酸溶液对锥的腐蚀以及高黏度溶液可能影响测试结果的准确性。而在线流动注射法进样时用载流把样品"推入"雾化器，这种断续进样方式效率高，样品消耗量少，可达微升级，且样品在雾化器中的停留时间极短，可以提高 ICP-MS 进样系统的运送效率，减少盐等固体在锥孔周围的沉积，克服了水样中盐分的干扰。

（7）与电感耦合等离子体原子发射光谱（ICP-ASE）联用　以电感耦合等离子体为光源的发射光谱法简称为 ICP-AES，在发射光谱分析中得到广泛的应用，该法具有蒸发、原子化和激发能力强，分析准确度和精密度高，线性范围宽，干扰效应少，同时或顺序测定多元素能力强等优点。将 ICP-AES 与自动化程度高的流动注射分析技术结合，可实现复杂的分离富集等操作，节约试剂，在重金属检测方面占有极其重要的地位。

（8）与生物化学法联用　生物化学分析是近年来科学界的研究热点，也是一种检测重金属离子的前沿方法，主要有酶分析法、免疫分析法等生物传感器方法。流动注射-生物化学分析法就是利用流动注射与上述分析方法的联合，来减少贵重生物试剂的消耗，提高检测的灵敏度和准确度。

5.5
流动注射分析法在水分析中的应用

流动注射分析技术具有操作简便、分析速度快、精确度高、重现性好、设备投资和操作费用低、适应性强及可实现自动化等优点，使其迅速被广大分析工作者所接受，相关研究不断扩展和深入，因而得到了迅速的发展和普及。加之环境污染问题日益受到广泛关注，流动注射分析技术越来越广泛应用于水环境等体系的实际监测中。如今在土壤分析、农业及环境监测等领域发挥着巨大的作用。FIA 尤其在水质监测领域得到广泛的应用，已经成为水质监测的重要方法之一。其测定目标主要包括金属离子和无机非金属离子等。近年来人们对各类水体中有机污染物的监测愈来愈重视，监测项目和监测量大大增加，有时还要进行连续监测以收集大量的动态数据，用于水质的科学管理。但由于有机污染物的种类多、浓度低，往往需要分离和富集等预处理，有些样品甚至还需要进行消解（如化学需氧量），这些样品的预处理步骤往往比较繁琐、耗时，并且会消耗大量的人力和物力，经过一系列预处理步骤之后，所得分析结果的精确度并不都能令人满意。而流动注射分析技术具有其他分析方法不可比拟的优点，尤其是 FIA 卓越的样品在线预处理技术更是被人们所推崇。

5.5.1　流动注射分析法测定水中的无机物

5.5.1.1　流动注射分析法测定水中微量的氰化物

氰化物是一种剧毒物质，可通过呼吸道或消化道进入人体，与体内细胞色素氧化酶中的铁（Ⅲ）结合，从而使细胞的功能失调，细胞失去传递氧的作用，使机体缺氧而死亡。水中氰化物是我国水体中常规检测项目。目前，水环境中的氰化物主要来源于氰化提金、染料制造、炼焦、金属电镀工艺、合成纤维及有机玻璃等工业。大量含氰废水会对环境造成很大的污染，对人类的健康和牲畜、鱼类的生命造成严重的威胁。因此，氰化物的测定在环境监测和食品分析领域十分重要。

（1）方法概述　目前测定氰化物的方法主要有分光光度法、荧光光度法、磷光法、原子吸收光谱法、色谱法、电化学法及流动注射分析法等。相比较于其他水样中氰化物的测定方法，连续流动分析测定水样中的氰化物操作简单，可以将样品和试剂在连续流动的系统中均匀混合，降低液体的扩散度及样品之间的交叉污染。除此，该方法分析速度快、操作简单、样品和试剂消耗少，同时具有自动化程度高、检出限低、准确度高、精密度好、线性范围宽、样品用量小等优点。

（2）主要试剂　蒸馏试剂：称取柠檬酸 10.0g 溶于 430mL 超纯水中，量取 1.0mol/L 氢氧化钠溶液 50mL 加入，然后用盐酸调节 pH 值至 3.8，定容至 500mL。缓冲溶液：称取氢氧化钠 2.3g、邻苯二甲酸氢钾 20.5g 溶于 980mL 超纯水中，用盐酸调节 pH 值至 3.8，然后定容至 1L。硫酸锌溶液：称取七水合硫酸锌 5.0g 溶于 980mL 超纯水中，用盐酸调节 pH 值至 3.8，稀释至 1L。显色剂：取 1,3-二甲基巴比妥酸 6.8g，异烟酸 13.6g，氢氧化钠 7.0g 溶于 980mL 超纯水中，用盐酸调节 pH 值至 3.8，稀释至 1L，在 30℃下充分搅拌 1h，并用滤纸过滤。氯胺 T 溶液：称取氯胺 T 2.0g 溶于 500mL 超纯水。氰化物标准溶液：68mg/L。柠檬酸、邻苯二甲酸氢钾、氯胺 T、1,3-二甲基巴比妥酸、异烟酸、润滑剂 Brij-35、氢氧化钠、盐酸为分析纯试剂，试验用水为超纯水。

（3）仪器与试验条件　Futura 型连续流动分析仪；Orion 4 型 pH 电导率仪；DOA-P504-BN 型抽空泵。

该方法的分析流程如图 5-10 所示。测定波长 600nm，参比波长 460nm，在线蒸馏温度 125℃，分析速率 30 样/h，取样时间 60s，清洗时间 60s，寻峰时段 15～80s。水样进样管内径 1.85mm，蒸馏剂进样管内径 1.14mm，硫酸锌进样管 1.65mm，缓冲液进样管 0.89mm，氯胺 T 进样管 0.38mm，显色剂进样管 0.76mm，空气管路 0.76mm。

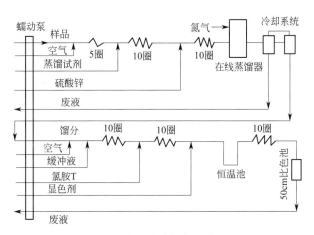

图 5-10　连续流动分析仪工作流程图

（4）分析步骤　根据样品选择不同的处理方法。如果水样澄清透明且色度较低，则可以直接进样测定；如果浑浊水样则需澄清或过滤后测定；如果水样中含有少量的硫化物，可以用磷酸调节 pH 值至 4，然后加入适量的硫酸铜或碳酸铅等，沉淀、过滤后再测定；如果水样中含有游离氯等氧化剂，可加入抗坏血酸除去。接着按着以下分析步骤对环境水样中氰化物进行测定：将盛有 5mL 水样的样品管置于自动取样器的固定架中，放好预先配制的试剂，如图 5-10 接通各个流路，待基线走稳后，调节灯能量，基线调零，开始进样并采集吸光度信号。

（5）说明　在 pH3.8 的介质中，氢氰酸与氯胺 T 反应生成氯化氰，氯化氰与异烟酸及 1,3-二甲基巴比妥酸生成红色配合物，且该配合物在 600nm 处有最大吸收峰。氰化物的质量浓度在 272.0μg/L 以内呈线性，回收率在 91.9%～108.5%之间，检出限（3S/N，即 3 倍信噪比）为 0.4μg/L，能够达到质控要求，可用于环境水样中氰化物的测定。

5.5.1.2　流动注射分析法测定水中微量的硫酸根离子

（1）方法概述　硫酸根离子的测定是水质分析主要项目之一，常规的分析方法包括重量法、容量法和比浊法。这些测定方法都很费时费力。流动注射比浊法及其他光度分析法也可以用于硫酸根离子的测定。本节以二甲基磺基偶氮Ⅲ［二甲基 3,6-双-(2-磺酸苯基偶氮) 变色酸］为试剂测定水中低含量的硫酸根离子，采用阳离子交换树脂在线吸附消除某些阳离子的干扰，取得了较好的结果。

（2）主要试剂　二甲基磺基偶氮Ⅲ（A.R.）溶液浓度：0.01mol/L。显色剂制备：吸取 5.6mL 浓度为 0.01mol/L 的二甲基磺基偶氮Ⅲ溶液、5mL 浓度为 1mol/L 的硝酸钾溶液、4mL 浓度为 0.01mol/L 的氯化钡溶液、20mL 冰醋酸（36%）及 700mL 乙醇（96%）混合后用水稀至 1L，脱气备用。硫酸根标准溶液：准确称取 1.8141g（预先于 105℃下干燥 2h）的硫酸钾（A.R.）加水溶解，转移至 1000mL 容量瓶中，稀释定容至刻度，此溶液质量浓度为 1.00g/L，用时稀释成 100.00mg/L 的标准使用液。载流溶液：称取 0.20g 硫酸钡（A.R.），加入 1000mL 去离子水，加热至沸，搅动，用滤纸过滤备用。以上所用试剂均为分析纯。

（3）仪器与试验条件　721 型分光光度计（上海第三分析仪器厂）；BD41 记录仪；FI-Astar 5103 蠕动泵；八道旋转进样阀；阳离子交换树脂柱，柱长 8cm，内径 4.0mm，内充 70～100 目 732 型阳离子交换树脂，柱两端用玻璃棉封住以防树脂流失，微型过滤器由 tygon 泵管内填充塑料泡沫制成。

试验流路如图 5-11 所示。反应管道内径为 0.5mm，长 2.5m，3D 型。阻流管路：内径 0.5mm，长 5m，3D 型。进样量：200μL。以经硫酸钡饱和溶液处理的去离子水作载流，离子交换微柱的长度为 7cm，树脂柱位于采样环后。测定波长 λ＝525nm，泵的流速选用 1.3mL/min。

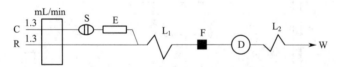

图 5-11　FIA 法测定 SO_4^{2-} 流路图

C—载流（去离子水）；R—试剂；F—微型过滤器；L_1—反应管路；
L_2—阻流管路；S—取样环；E—离子交换树脂微柱；D—检测器；W—废液

（4）分析步骤　仪器预热后，按试验条件调好试验参数，稳定后分别吸取 0.0mL、1.0mL、2.0mL、3.0mL、5.0mL、6.0mL、8.0mL 硫酸根的标准使用液于 100mL 容量瓶中，加水稀释至刻度。将 SO_4^{2-} 标准溶液注入流路，在 λ＝525nm 处检测，由计算机记录峰形，以峰的高度对 SO_4^{2-} 的含量作图。将待测水样直接注入流路，进行测定，根据峰高计算待测样品的 SO_4^{2-} 浓度。

（5）说明　在本试验条件下硫酸根离子的浓度在 1～14mg/L 范围内与吸光度响应呈线

性关系。对含硫酸根浓度约 5mg/L 的水样连续测定 12 次，相对标准偏差（RSD）为 1.5%，对含 10mg/L 的水样连续 4h 测定 160 次，测定的精度在 5% 以内。方法的分析速度为 40 样/h，样品的回收率为 90%～106%。

5.5.1.3　流动注射分析法测定水中的硫化物

硫化物的测定是水环境质量标准的基本要求检测项目。水中硫化物包括溶解性的 H_2S、HS^-、S^{2-}，存在于悬浮物中的可溶性硫化物，酸可溶性金属硫化物以及未电离的有机、无机类硫化物。研究硫化物监测方法对环境保护有很重要的作用，因此水中硫化物的测定在环境检测中有着十分重要的意义。

（1）方法概述　测定硫化物的方法通常有亚甲基蓝光度法、离子色谱法、比浊法、碘量滴定法、毛细管电泳法、电极电位法、库仑法等，化学发光法也有少数报道。为了克服分光光度法反应时间难以控制引起的方法精密度、准确度不高等弱点，本节采用流动注射技术，建立了一种简单、灵敏、快速测定痕量硫化物的流动注射分光光度法。该方法是基于硫离子与对氨基二甲基苯胺作用生成亚甲基蓝，其颜色深度与硫离子浓度成正比这一原理。

（2）主要试剂　硫化钠标准储备液：取 $Na_2S \cdot 9H_2O$ 晶体用水淋洗除去表面杂质，用干滤纸吸去水分后，称取 7.6g 溶于少量去离子水中，转移至 1000mL 棕色容量瓶中，用时用去离子水稀释成 76mg/L，其准确浓度用碘量法标定。对氨基二甲基苯胺：取 2.0g 对氨基二甲基苯胺盐酸盐溶于 700mL 去离子水中，缓缓加入 200mL 硫酸，冷却后用水稀释至 1000mL 备用。硫酸铁铵溶液：取 25.0g 硫酸铁铵溶于含有 5mL 硫酸的去离子水中稀释至 200mL。

（3）仪器与试验条件　721 分光光度计（上海第三分析仪器厂）。LK2000 -FIA 流动注射分析仪（天津兰力科化学电子高技术有限公司）。比较各种流路实验，图 5-12 所示流路具有基线稳定、空白值低、信号值高等优点。本实验为增加实验的稳定性和准确度，采用停留法。而温度的升高对反应速度的影响不明显，实验选择在室温（22℃）条件下进行，测定波长为 665nm，硫酸铁铵的浓度为 0.125g/mL，对氨基二甲基苯胺的浓度为 2g/L。

（4）分析步骤　按图 5-12 所示流路进行测定。准确移取一定量的硫化钠标准储备液，稀释成 7.6mg/L 的溶液，摇匀，作为试剂。采用混合管 160cm，流路总长 280cm，内径 0.8mm，加入试剂和样品，启动 LK2000-FIA 流动注射分析仪。在测定过程中，键入试验参数，使主泵 P_1 先转 5s，停留 10s，再转 25s，副泵 P_2 转 5s，阀进样时间为 5s，分析周期为 40s。接着以 S^{2-} 的浓度为 0.00mg/L、0.40mg/L、0.80mg/L、1.20mg/L、1.60mg/L、2.00mg/L、2.40mg/L，测定不同 S^{2-} 的浓度对应的吸光度。结果表明，在测定范围内不同浓度的 S^{2-} 与吸光度的回归方程为 $A = 0.0552x + 0.008$，在测定范围内具有良好的线性关系，相关系数为 0.99672。接着分别对海水和鱼塘水的水样进行处理，按上述实验方法进行测定。直接测定海水和鱼塘水中的硫化物，回收率分别为 100.28% 和 97.13%，获得满意的结果。

（5）说明　采用流动注射技术与分光光度法相结合，建立了测定痕量硫化物的流动注射分光光度方法。S^{2-} 质量浓度在 0.02～0.8mg/L 时与吸光度 A 具有良好的线性关系。用该方法直接测定海水和鱼塘水中的硫化物获得满意的结果。该法准确性好、精密度高，适合于大批量水样硫化物的测定。

5.5.1.4　流动注射分析法测定水中的亚硝酸盐

亚硝酸盐作为食品添加剂，在肉制品中可起到发色、防腐和改善风味的作用。亚硝酸盐

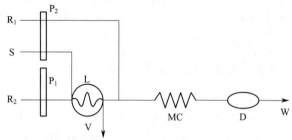

图 5-12　流动注射分析法测定水中硫化物的流路图

R₁—对氨基二甲基苯胺；R₂—硫酸铁铵溶液；S—样品溶液；V—多功能阀；P—蠕动泵；

L—微量定量管；MC—160cm 混合反应管；D—分光光度计；W—废液

进入人体后，可将低铁血红蛋白氧化成高铁血红蛋白，使之失去输送氧的能力，还可与仲胺类化合物反应生成致癌性的亚硝胺类物质。因此，食品和水中亚硝酸盐含量的测定备受关注。

（1）方法概述　目前测定亚硝酸盐的方法有电化学方法、光谱法、离子色谱法等。在光谱法中，化学发光法可采用不同的发光体系，通常与流动注射联用，方法简便，灵敏度较高。硫酸介质中的 Ce（Ⅳ）氧化罗丹明 B（RhB）能产生强化学发光，本节利用 NO_2^- 对 Ce（Ⅳ）-罗丹明 B 体系化学发光的抑制作用，建立了流动注射化学发光测定 NO_2^- 的方法。

（2）主要试剂　罗丹明 B、浓硫酸、硫酸铈、亚硝酸钠等试剂均购自国药集团化学试剂公司。所用试剂为分析纯，实验用水为一级纯水。

（3）仪器与试验条件　流动注射化学发光分析仪（IFFM-E），西安瑞迈分析仪器有限公司。试验的基本流程如图 5-13 所示。实验选择 H_2SO_4 浓度为 0.2mol/L。实验选择 Ce（Ⅳ）浓度为 0.02mol/L。

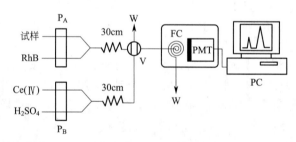

图 5-13　流动注射化学发光分析法测定 NO_2^- 流程图

P_A，P_B—蠕动泵；V—进样阀；FC—流通池；PMT—光电倍增管；PC—计算机；W—废液

（4）分析步骤　按图 5-13 所示连接试剂和试样，4 条管路分别为适当浓度的 NO_2^- 溶液或样品溶液、0.02mol/L Ce（Ⅳ）溶液、0.5mmol/L 罗丹明 B 溶液和 0.2mol/L 硫酸溶液。测得空白溶液发光值 I_0 和样品溶液发光值 I_s，发光强度减小值 $\Delta I = I_0 - I_s$，以 ΔI 进行定量分析。

在优化的实验条件下，NO_2^- 浓度在 $2.0 \times 10^{-5} \sim 1.0 \times 10^{-4}$ mol/L 范围内与体系的化学发光强度的变化值呈线性关系，其线性回归方程为 $\Delta I = 2.35c$（NO_2^-，10^{-5}mol/L）－12.34，相关系数 $r = 0.997$，检出限为 2.4×10^{-6} mol/L（DL=$3S_b/k$，其中 S_b 为多次空白信号的标准偏差，k 为工作曲线的斜率）。对 5×10^{-5} mol/L NO_2^- 标准溶液进行 10 次测定，其相对标准偏差为 0.89%。

取校园池塘水作为测试水样，用 $0.45\mu m$ 滤膜过滤后按实验方法进行测定，同时做加标回收试验，加标回收率在 $92.4\%\sim105.2\%$ 之间，测定值的 RSD 在 $2.1\%\sim4.4\%$ 之间。

（5）说明　利用 NO_2^- 对 Ce（Ⅳ）-罗丹明 B 化学发光体系发光的抑制作用建立了流动注射化学发光法测定水体中的 NO_2^-，该法操作简便，能用于水样中微量亚硝酸根离子的测定。

5.5.1.5　流动注射分析法测定水中的氨氮

水质中的氨氮是《生活饮用水卫生标准》中的基本项目，也是水质评价的重要指标。氨氮废水来源多，排放量大，如炼油、化肥、无机化工、肉类加工和饲料生产等工业部门排放的氨氮废水，以及动物排泄物和垃圾渗滤液等。氨氮的浓度能反映出该饮用水是否被有机物污染较严重，从而判定该水源能否直接用作饮用水水源。除此之外，高浓度的氨氮不仅对许多水生生物有毒害作用，还会引起水体富营养化，从而导致"水华""赤潮"等灾害频发。氨氮也是海洋环境监测的必检项目，是评价水质优劣的重要指标之一。因此测定水中氨氮的含量，合理有效地控制氨氮废水污染就显得尤为重要。

（1）方法概述　目前，水中氨氮的分析方法以光度法为主，大多采用纳氏试剂分光光度法、次溴酸盐氧化法、靛酚蓝分光光度法、电化学检测法、化学发光法等。纳氏试剂易与水中大量钙、镁离子反应，掩蔽剂无法掩蔽而引起水样浑浊，无法测定含有高含量钙、镁离子的水；次溴酸盐氧化法不能用于污染较重、含有机物较多的水，且操作相对繁琐；靛酚蓝分光光度法反应时间长，不适用于受污染海水及养殖海水的氨氮快速测定；电化学检测法和化学发光法存在操作步骤冗长、分析速度慢和稳定性差、所需化学试剂和样品量较多等缺点，不能满足批量样品的快速测定。因此，建立快速、准确、可靠的氨氮分析方法十分必要。

流动注射分析法以亚硝基铁氰化钠作催化剂，利用铵离子在碱性条件下与二氯异三聚氰酸盐水解生成的次氯酸离子和水杨酸盐反应生成蓝色产物，指定的时间内，在 $\lambda=690nm$ 处测定生成蓝色溶液的吸光度值，该溶液的吸光度值和样品中氨氮的浓度成正比，基于此原理可测定水样中氨氮的浓度。

（2）主要试剂　500 mg/L 氨氮标准溶液，中华人民共和国生态环境部；氯化铵、水杨酸钠、硫酸（$\rho=1.84g/mL$）、乙醇（$\rho=0.79g/mL$）、磷酸氢二钠、硝普钠、氢氧化钠、乙二胺四乙酸二钠盐、次氯酸钠及溴百里酚蓝为优级纯，天津科密欧试剂公司；水性滤膜孔径为 $0.45\mu m$，美国哈希公司；实验用水为一级水。氨氮标准工作溶液：采用逐级稀释的方式将氨氮标准溶液配制成质量浓度分别为 0.000mg/L、0.020mg/L、0.050mg/L、0.250mg/L、0.500mg/L、2.500mg/L、5.000mg/L 的标准工作溶液。0.01mol/L 硫酸吸收液；0.5g/L 溴百里酚蓝指示剂；2mol/L 氢氧化钠溶液。

（3）仪器与试验条件　流动注射分析仪为 QC8500 型，美国哈希公司；pH 计为 FE20 型，测量范围为 $0.00\sim14.00$，梅特勒-托利多仪器（上海）有限公司；超声波水浴清洗器为 KQ-700DV 型，频率范围为 $0\sim100kHz$，昆山市超声仪器有限公司。

试验条件：超声除气时间 30min；超声频率 40kHz；检测光程 10mm；检测波长 660nm；蠕动泵泵速 35r/min；进样体积 $150\mu L$。流动注射在线分析法测定海水中氨氮参考工作流路见图 5-14。

（4）分析步骤　冷冻样品应在融化后立即分析。酸化样品分析前应将 pH 值调至中性。样品检测前需用孔径为 $0.45\mu m$ 的水性滤膜过滤。当样品浑浊、含有大量金属离子或有机物时或带有颜色时，若试样经加标回收检验不合格，须进行蒸馏预处理后再次检测。

在优化的试验条件下，对氨氮系列标准工作溶液从低浓度到高浓度依次进行取样测定，以光谱峰面积（y）为纵坐标、对应的氨氮浓度（x）为横坐标，绘制校准曲线。线性方程

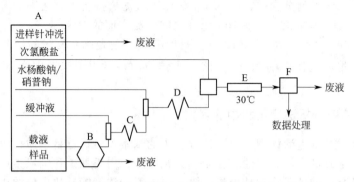

图 5-14　流动注射在线分析法测定海水中氨氮参考工作流路图

A—蠕动泵；B—注入阀；C、D—反应圈（60℃）；E—加热圈；F—检测池（10mm，660nm）

为 $y=0.230x-0.0034$，线性相关系数为 0.99997，氨氮的质量浓度在 0.00～5.00mg/L 范围内与吸光度成正比，海水中氨氮的检出限为 0.003mg/L。添加水平在 0.020～5.00mg/L 时，平均加标回收率为 88.5%～104.5%，测定结果的相对标准偏差为 0.95%～9.64%。

（5）说明　本方法为流动注射在线分析测定海水中氨氮的含量，该方法操作简便，自动化程度高，灵敏度高，运行成本低，定量结果准确，分析周期短，能够满足海水中氨氮日常检测的需要和监测分析要求。

5.5.1.6　流动注射分析法测定水中的氟离子

氟在地壳中的丰度是第 13 位元素，广泛分布在我们周围的环境中。我们每天的饮水、食物、化妆品和牙膏等中均含有不同程度的各种氟化物。人群流行病学调查及动物试验研究表明：摄入过多的氟会造成全身性中毒，对肌体的各组织器官均有一定的损害作用。饮用水中含 0.5～1.0mg/L 氟时，可防止患龋齿病，但长期饮用含氟高于 1.0mg/L 的水，易患斑齿病。因此必须准确检测水中的氟化物含量。

（1）方法概述　水中痕量氟化物的测定方法主要有氟离子选择电极法、氟试剂（ALC）分光光度法、茜素磺酸锆目视比色法和离子色谱法等。离子选择电极法由于操作简便、快速且仪器的价格较低而得到广泛应用，在氟化物的分析检测中也起着重要作用，是目前比较准确快速的测定方法，但由于电极性能等原因，一般稍经使用过的电极，在低于一定浓度范围时，呈非线性响应关系，难以得到准确可靠的测定结果；茜素磺酸锆目视比色法可以快速测定水中的氟，但只适合常量分析。离子色谱可用于水中氟的分析，可将氟的络合物与试剂分离开，大大提高了测定的灵敏度和选择性，具有简单、快速和高灵敏度等优点。

氟试剂分光光度法有较好的灵敏度和选择性，是国家标准分析方法和 ISO 的标准分析法，但 ALC 与氟离子生成蓝色络合物，此显色反应较为缓慢，通常需放置半小时后才能测定。采用流动注射分析（FIA）可在试样中氟离子与试剂的反应还未达到平衡状态时对氟离子进行测定，可大大缩短分析时间。将 FIA 技术与 ALC 分光光度法联用，研究并建立了 ALC-FIA-光度法进行自来水和废水中氟化物的测定。该反应的原理是氟离子在 pH 值为 5.0 的乙酸-乙酸钠的缓冲介质中与氟试剂及镧离子反应生成蓝色三元络合物，络合物颜色的强度与氟离子浓度成正比，在 620nm 波长处定量测定水样品中的氟化物。

（2）主要试剂　氟化物标准溶液：准确称取预先于 105℃下干燥 2h 的基准氟化钠（A.R.）0.2210g，加水溶解，转移至 1000mL 容量瓶中，此溶液的质量浓度为 100.00mg/L，用时将其稀释成 50.00mg/L 和 5.00mg/L 的氟标准使用溶液。ALC-La^{3+} 混合显色剂的丙酮-水溶液（pH＝5.0）：向 1000mL 容量瓶中依次加入 25.50g 无水乙酸钠（A.R.）和

15.0mL 乙酸（A.R.），配成缓冲溶液，再准确加入 0.1740g 氟试剂（A.R.）、0.5mL 浓氨水（A.R.）和 5.0mL 质量分数 $\omega = 20\%$ 的醋酸铵溶液配制 ALC 溶液，然后准确加入 0.0733g 三氧化二镧（A.R.）、2mL 浓度为 2mol/L 的盐酸溶液及 500mL 丙酮（A.R.），加水定容至刻度，储存于棕色瓶中，此溶液中 ALC 和 La^{3+} 的浓度均为 4.50×10^{-4} mol/L。试验用水均为去离子水。

（3）仪器与试验条件　PU-8800 型自动记录分光光度计（英国）；752 型紫外光栅分光光度计；进样阀（黄海水产研究所）；RD-4 型八通道层状压片蠕动泵；pHS-3 型酸度计（上海雷磁厂）；pF-1 型氟离子选择性电极。

分析的流程如图 5-15 所示。其中 R_1 流量：2.4mL/min。R_2 流量：1.2mL/min。$V_s = 500\mu$L。反应管内径为 0.6mm，长度 L 和 L_2 分别为 500cm 和 100cm。进样管的内径为 0.78mm，长度 L_1 为 10cm。波长 $\lambda = 618$nm；恒温水浴 50℃。

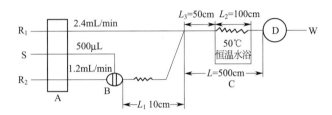

图 5-15　ALC-FIA 法测定氟离子流程图
A—蠕动泵；B—进样阀；C—反应管；D—分光光度计；
R_1—ALC-La^{3+} 的丙酮-水溶液；R_2—载流（水）；S—试样；W—废液

（4）分析步骤　按照如图 5-15 所示连接好仪器，启动仪器，调整好 R_1、R_2 的流速，反应管的长度，波长以及恒温水浴的温度。先分别吸取 0.0mL、1.0mL、2.0mL、3.0mL、5.0mL、6.0mL、8.0mL、10.0mL 质量浓度为 5.00mg/L 的氟标准使用溶液于 100mL 容量瓶中，加水稀释至刻度。直接注入仪器进行测定，测定溶液的吸光度，用吸光值对标准溶液的浓度绘制标准工作曲线。

对于无污染的清洁水（如自来水），可以待测水样代替校准溶液，按上述操作步骤测量吸光度，由校准曲线求得氟化物含量。对于污染严重的水样（如含氟废水）需先进行预处理（如脱色、过滤、预蒸馏），对于含氟量过高或过低的水样需预先稀释或富集浓缩等，然后再按上述操作步骤测量吸光度，由标准曲线求得水中氟化物含量。

（5）说明　尝试将流动注射分析法与氟试剂分光光度法联用，是一种新的测试技术，对于实时监测具有一定的意义。利用本方法和分光光度法对一些工业废水中痕量氟进行对比分析测定，本法具有较好的准确度和精密度，线性范围 0.04～3.0mg/L，检出限为 0.036mg/L。而且具有选择性好、基本离子不产生干扰、分析速度快等特点，已经在废水监测中得到了应用。

5.5.2　流动注射分析法测定水中的有机物

5.5.2.1　流动注射分析法测定水体中的化学需氧量

化学需氧量（COD）是指在一定条件下，水体中易被强氧化剂氧化的还原性物质（特别是有机物）氧化时所消耗的氧化剂量（以 mg/L O$_2$ 计），是衡量水质受有机污染的综合性指标，反映了水体受还原性有机物污染的程度。化学需氧量是我国水质的常规监测项目，其普遍存在于各种地表水中，主要来源为生活污水、某些工业废水和农田的排水等。在环境监测和环境影响评价中常把化学需氧量的值作为水质有机污染物相对含量的重要依据。

（1）方法概述　常用的水中化学需氧量的测定方法主要有重铬酸钾法、库仑法、快速密闭消解法等。这几种方法存在需要相应的预处理、操作复杂、分析周期长、干扰因素多等缺点。随着分析技术的发展，在1993年提出了使用连续流动分析法测定环境水样中COD的可行性。流动注射分析技术也越来越多地在科研和实际操作中得到应用，其作为氮、磷元素的测试手段已进行了大量的研究工作，部分指标取得了行业规范的认可。对于环境中部分类别的地表水中的COD测定以及相关指标的分析也已开展。

流动注射分析法是基于重铬酸钾法演变而来的，采用间隔液流的方式，将样品和各种试剂连续注入，通过空气泡均匀的间隔，使样品在加热的酸性环境下和重铬酸钾消化液一起消化，以硫酸银作为催化剂、硫酸汞作为掩蔽剂。样品的氧化反应导致六价铬减少，最终用比色法进行检测。与其他方法不同的是，连续流动分析法的样品和试剂是在150℃的恒温条件下反应后进入检测系统，通过420nm波长的光线进行比色检测的，且试样在系统内的流动过程中两端各有一个空气泡，较好地解决了慢反应过程中样品的分散问题。

（2）主要试剂　储备试剂1：称取7.4g重铬酸钾于400mL硫酸中加热溶解，冷却至室温后移入1000mL容量瓶中，用硫酸定容至标线，混合均匀。移入棕色试剂瓶中待用。

储备试剂2：称取57.0g硫酸银于200mL硫酸中加热溶解，冷却至室温后移入1000mL容量瓶中，用硫酸定容至标线，混合均匀。移入棕色试剂瓶中待用。

消解液：量取75mL储备试剂1和125mL储备试剂2于1000mL容量瓶中，用硫酸定容至标线，移入棕色试剂瓶中待用。

硫酸汞：称取7.4g硫酸汞至50mL蒸馏水中，边搅拌边缓慢加入10mL硫酸，溶解完全后冷却至室温，移入1000mL容量瓶中用蒸馏水定容至标线，混合均匀。移入棕色试剂瓶中待用。

储备标准液1：准确称取1.7540g于120℃烘箱中烘干2h的邻苯二甲酸氢钾溶于少量蒸馏水中，移入100mL容量瓶中，用蒸馏水定容至标线，混合均匀，COD_{Cr}含量为2000mg/L。

储备标准液2：准确移取5mL储备标准液1于100mL容量瓶中，用蒸馏水稀释至标线，混合均匀，COD_{Cr}含量为1000mg/L。

标准曲线：用储备标准液2配制浓度分别为0mg/L、20mg/L、50mg/L、100mg/L、150mg/L、200mg/L标准溶液。

（3）仪器与试验条件　AA3型流动注射分析仪（德国SEAL公司），Liebisch加热消化器、自动进样器蠕动泵（4+1空气+进样器冲洗），检测器（附有10mm流通池和420nm滤光片）。试验装置如图5-16所示。消解温度为150℃，进样时间为86s，冲洗时间为34s。

（4）分析步骤　开机，根据仪器的实验条件设定方法；打开泵，泵入消解液、硫酸汞和样品管路泵入空气直到混合圈中充满消解液；进样针插入冲洗位置；打开消解加热器开关，等待温度恒定至150℃；待基线稳定后根据设定的分析方法进行样品的检测。选取环境水样，用连续流动分析法做加标回收实验，样品的加标回收率在93.60%～103.67%之间。

（5）说明　与国标采用重铬酸钾化学法测定水样中化学需氧量相比，流动注射分析法具有自动化程度高、对样品和分析试剂需求量少、降低分析人员工作强度、检测速度快等优点，同时可有效避免化学分析过程中人为造成的实验误差，适合大批量样品的分析，可在实际研究和工作中进一步推广。

5.5.2.2　流动注射分析法测定河水中对苯二酚

对苯二酚有毒，对皮肤、黏膜有很强的侵蚀作用，可损伤肝或对中枢神经系统产生抑制

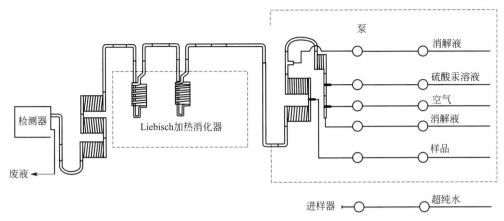

图 5-16　流动分析仪测定 COD_{Cr} 示意图

作用。长时间低浓度接触对苯二酚可致皮炎、头疼、头晕、耳鸣、干呕、厌食、面色苍白等症状，甚至也会引发癌症。

（1）方法概述　对苯二酚的测量方法主要有分光光度法、电化学检测法、高效液相色谱法、气相色谱法、毛细管电泳法、荧光法、化学发光法等。其中化学发光法多数利用的是酚类物质对发光体系的抑制作用。对于流动注射化学发光法而言，一方面抑制峰出峰时间长，所需试剂量大；另一方面，基线高且不易稳定，容易造成误差。对苯二酚的 Na_2CO_3 溶液对鲁米诺（Luminol）-$KMnO_4$ 化学发光体系有较强的增敏作用。据此建立流动注射-化学发光测定河水中对苯二酚含量的新方法。

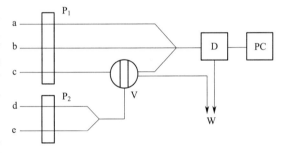

图 5-17　流动注射化学发光分析系统流路图
a—鲁米诺；b—$KMnO_4$；c—H_2O；d—试样；
e—Na_2CO_3；P_1、P_2—蠕动泵；V—进样器；
D—检测器；PC—计算机；W—废液

（2）主要试剂　0.01mol/L 鲁米诺储备液，0.01mol/L $KMnO_4$ 储备液，0.01mol/L 对苯二酚储备液，0.1mol/L $NaCO_3$ 溶液。实验所用试剂均为分析纯，使用的水为二次蒸馏水。

（3）仪器与试验条件　RFL-1 型超微弱化学发光/生物发光检测仪（西安瑞迈公司）；Cary Eclipse 荧光分光光度计（美国安捷伦公司）；UV-2550 型紫外可见分光光度计（日本岛津公司）。

流动注射化学发光分析系统流路如图 5-17 所示。

（4）分析步骤　蠕动泵 P_1 输送 Luminol 溶液、$KMnO_4$ 溶液和载流 H_2O，当流动体系平稳，化学发光信号稳定时，基线信号为 I_0。蠕动泵 P_2 输送对苯二酚和碳酸钠的混合溶液，通过六通阀 V 进样，产生增强的信号为 I。分别记录发光体系的基线信号（I_0）和增强信号（I），峰高 ΔI（$\Delta I = I - I_0$）与对苯二酚浓度在一定范围内呈线性关系。

（5）说明　本方法在优化的实验条件下，对苯二酚浓度在 $5 \times 10^{-8} \sim 5 \times 10^{-5}$ mol/L 范围内与化学发光强度的增强值 ΔI 呈良好的线性关系，方法检出限为 1.75×10^{-8} mol/L，对 $3.0\mu mol/L$ 的对苯二酚溶液进行测定，测得其相对标准偏差为 1.2%（$n = 11$）。该方法已用于测定河水中对苯二酚含量。

5.5.2.3 流动注射分析法测定水中苯胺

苯胺是一种重要的化工原料，广泛应用于国防、印染、塑料、油漆、农药和医药工业等，存在于这些行业的废水中，对人类及其他生物具有非常强的毒性，是水源污染的一种重要成分，严重污染环境和危害人体健康，是一种"三致"物质。由于苯胺对生态及生物的毒性，已经被列入"中国环境优先污染物名单"中，在工业排水中要求严格控制。随着化工工业的发展，苯胺的需求呈明显上升趋势，由此对环境的潜在污染危害越来越受到人们的广泛关注，许多国家严格限制苯胺的排放标准，它是环境污染控制的重要指标之一。

（1）方法概述　目前标准分析方法通常采用萘乙基二胺偶氮分光光度法，但该法存在测定时间长、较为繁琐等弊病，也有用气相色谱法测定或者用极谱法测定的。这里介绍采用流动注射分析法测定水和废水中的苯胺，其基本原理是利用阴离子交换树脂柱结合流动注射分析技术，使干扰苯胺测定的苯酚类化合物得到在线分离。在六次甲基四胺-盐酸缓冲溶液中，以铁氰化钾为氧化剂，苯胺与4-氨基安替比林（4-AAP）发生显色反应，生成紫红色的络合物，该红色络合物溶液的吸光度值与样品溶液中苯胺的浓度呈线性关系，以此来测定水样中苯胺浓度。

（2）主要试剂　4-氨基安替比林、铁氰化钾、氯化钠、六次甲基四胺和盐酸等均为分析纯。所用的水为二次蒸馏水。苯胺储备液：准确称取 0.2500g 新蒸馏的苯胺，用浓度为 0.10mol/L 的 HCl 稀释至 250mL，使用时稀释成浓度为 50.00mg/L 的使用液。用 pH=5.8 的六次甲基四胺-盐酸缓冲溶液配制 4-氨基安替比林溶液。

（3）仪器与试验条件　LZ-1000 型组合式流动注射分析仪（沈阳肇发自动分析研究所）；台式自动平衡记录仪（上海大华仪表厂生产）；722 光栅分光光度计（上海第三分析仪器厂制造）；pH-3C 酸度计（上海雷磁厂）。

离子交换树脂分离柱自制，长 45cm、内径 3mm，内装 717 强碱性阴离子交换树脂。

试验流路如图 5-18 所示。图中 L_1 管长 10cm，L_2 为 300cm；氧化剂 $K_3Fe(CN)_6$ 的质量浓度为 10.0g/L；显色剂 4-AAP 的质量浓度为 0.3g/L；样品速度为 3mL/min，进样时间为 70s；洗脱剂 NaCl 的最佳质量浓度为 100.0g/L，20s 即能够快速洗脱；测定波长 $\lambda=530nm$。

（4）分析步骤　按图 5-18 所示连接流动注射分析系统，用蒸馏水做空白调零，调节试样的酸度 pH=11.5，迅速过滤后，分别吸取 0.0mL、1.0mL、2.0mL、3.0mL、5.0mL、8.0mL、10.0mL 的苯胺标准使用溶液于 100mL 容量瓶中，加水稀释至刻度。直接进样进行测定。读取标样的吸光度值，绘制标准曲线。对于水样的测定，可以按照上述步骤直接进样测定，注意每测定一次样品，在测定之前均要进行洗脱。洗脱时间和流量参见仪器与试验条件。

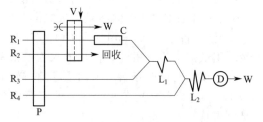

图 5-18　流动注射化学测定苯胺的流路图

P—蠕动泵；C—离子交换树脂；D—分光光度计；
W—废液；V—洗脱；R_1—样品；R_2—氯化钠溶液；
R_3—4-氨基安替比林溶液；R_4—铁氰化钾溶液；
L_1—被测物与 4-氨基安替比林反应管路；
L_2—被测物、4-氨基安替比林与铁氰化钾反应管路

（5）说明　采用该方法分别测定生活饮用水、河水、海水、工业废水中苯胺类物质的浓度，该方法测定苯胺的线性范围为 0～5mg/L，检出限为 0.03mg/L。进样频率可达 40 次/h。该方法可用于工业废水中苯胺的测定，具有测定速度快、干扰小、精密度高等特点，已经应用于环境水中苯胺的监测。

5.5.2.4　流动注射化学发光测定水中对氨基酚

对氨基酚是重要的工业原料，可以用于制造各种硫化染料、酸性染料、偶氮染料及用于制造橡胶防老剂等，也是合成扑热息痛药片的重要中间体。对氨基酚是一种毒性较强的物质，难以自然降解，在环境中会长期滞留，并在食物链中形成积累。因此，测定水中的对氨基酚有十分重要的意义。

(1) 方法概述　目前测定对氨基酚含量的方法有高效液相色谱法、离子交换色谱法、光度法、高效毛细管电泳安培法、比色法。利用流动注射化学发光法测定对氨基酚具有仪器设备简单、操作方便、灵敏度高、线性响应范围宽和易于实现自动化操作等明显的优势，但由于发光反应速度快，很难保证样品与发光试剂可以快速、高效混合并具有很好的重现性，导致其选择性和稳定性较差，限制了其技术的推广应用。流动注射分析是一种自动化程度高，方便抽样和富集的技术，可以结合分光光度法、原子吸收光谱法和化学分析法。流动注射化学发光分析法集流动注射与化学发光分析两种技术的优点于一身，这里介绍以对氨基酚对鲁米诺-盐酸羟胺-钴离子化学发光体系的抑制作用为基础，建立的流动注射化学发光测定对氨基酚的新方法，取得了很好的效果。

(2) 主要试剂　鲁米诺、盐酸羟胺、硝酸钴、对氨基酚均为分析纯。

(3) 仪器与试验条件　IFFM-E 型流动注射化学发光分析仪；T-50.2L 溶剂过滤器；CPA324S 电子天平。

实验流程如图 5-19 所示。b、c、d 管分别流入蒸馏水、鲁米诺溶液、钴离子溶液，三者混合后经 P、Q 进入仪器。a 管进入盐酸羟胺溶液后，打开蠕动泵使三者充分混合，在螺旋状的流通池中发生化学作用产生发光信号。基线稳定后，b 管流入对氨基酚溶液，根据前面的操作，并记录峰值。实验中主泵转速代表流速，在 15～35r/min 范围内，转速为 30r/min 时的相对发光强度最大，发光最稳定，因此实验过程中取 30r/min 为最佳转速。

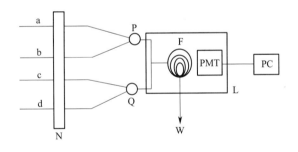

图 5-19　流动注射化学发光检测分析流程

a—盐酸羟胺溶液；b—蒸馏水；c—鲁米诺溶液；d—钴离子溶液；P—蠕动泵；Q—蠕动泵；
F—流通池；W—废液；PMT—光电倍增管；L—六通进样阀；PC—计算机

(4) 分析步骤　取水样 1000mL，经滤膜 (0.45μm) 过滤去除其中的颗粒状物，用硫酸酸化到 pH＝2.0。将滤液放于分液漏斗中，慢慢地滴入固相萃取装置中，用真空泵以 10mL/min 的流速抽残留在固相萃取小柱上的水分，最后分 3 次各取甲醇 10mL，依次将待测物从固相萃取小柱上洗脱，合置于 10mL 容量瓶中定容待测。取水样后，分别经过静置、沉淀、过滤后，再加入 EDTA，将 pH 值调节为 7.0，取水样配制不同浓度的对氨基酚溶液样品。

(5) 说明　最优实验条件为：转速 30r/min，鲁米诺浓度 4.16×10^{-6} mol/L，NaOH

浓度 0.10mol/L，盐酸羟胺浓度 4.548×10^{-5}mol/L，钴离子浓度 4.072×10^{-6}mol/L。在最优条件下，方法的检出限为 1.0×10^{-7}mol/L，线性范围为 $1.0\times10^{-7}\sim2.0\times10^{-6}$mol/L。

5.5.2.5 流动注射化学发光测定水中的甲基对硫磷

甲基对硫磷，化学名称为 O,O-二甲基-O-(4-硝基苯基)硫代磷酸酯，是常用的一种广谱有机磷杀虫剂，属于剧毒农药，其杀虫功效很强。在使用过程中由于设备和操作的不严密，会随大气飘逸于环境中。特别在农田使用时也能造成环境污染，在空气中主要以蒸气和雾状形式存在，对环境造成的污染也不可忽视。

(1) 方法概述　甲基对硫磷的测定多用气相色谱法和高效液相色谱法、盐酸萘乙二胺分光光度法、极谱法和荧光法等，这些都是经典的分析方法，但操作较繁琐，且易造成二次污染。近年来，毛细管电泳技术由于进样量少、分析速度快、分离效率高等优点，已广泛地应用于手性分子、药物分子、环境污染物的分析。虽然其用于农药分析起步较晚，但作为一种高效的分离技术，在这一领域已显示出极大的潜力。

经研究发现，甲基对硫磷在中性或酸性条件下对鲁米诺-过氧化氢体系的化学发光有一定的抑制作用，但在较强碱性条件（pH=11.5）下，却能增强该体系的化学发光反应，且在一定的浓度范围内，与化学发光强度呈良好的线性关系。加入适量的聚乙二醇可使测定的灵敏度大大提高。采用流动注射装置，据此而建立了一种新的、快速、简便、高灵敏度的甲基对硫磷分析方法。甲基对硫磷是因与过氧化氢-鲁米诺体系直接发生氧化还原反应而产生化学发光。甲基对硫磷分子中的磷原子因接有对硝基苯氧基（吸电子基）易受亲核基团进攻，而过氧化氢在碱性介质中产生的 HOO^- 负离子可进攻磷原子而取代对硝基苯氧基，具体过程是：①过氧化氢首先氧化甲基对硫磷生成过氧化磷酸盐及对硝基苯酚；②含有过氧键的硫代磷酸盐氧化鲁米诺生成了激发态的 3-氨基邻苯二甲酸盐；③激发态的 3-氨基邻苯二甲酸根离子发射光回到基态。反应原理用化学方程式可以表示为：

(2) 主要试剂　甲基对硫磷标准溶液：取甲基对硫磷标准品一支（中国防化研究院第四研究所，每支含 5.00mg），加 5mL 丙酮及适量的水溶解后，移至 100mL 容量瓶中，用水定容摇匀，此溶液质量浓度为 5.00μg/mL，在 4℃冰箱中保存，作为标准储备液，使用时用水逐级稀释成 5.00μg/mL 标准使用液。鲁米诺溶液：0.02mol/L，使用时稀释成 5×10^{-4}mol/L。过氧化氢溶液：0.03mol/L。聚乙二醇 400（北京益利精细化学品有限公司）。以上试剂均为分析纯，水为二次去离子水。

（3）仪器与试验条件 流动注射化学发光分析仪（西安瑞科电子设备有限公司）；UV-2100S 紫外可见分光光度计（日本岛津公司）；pH-3C 型酸度计（上海雷磁仪器厂）。

试验流路如图 5-20 所示。每条管路中试液流速 2mL/min，采样管长度 10cm；鲁米诺溶液浓度为 5×10^{-4} mol/L；过氧化氢溶液浓度为 0.03mol/L；pH 值为 11.5 ～ 12 的 NaOH 介质。

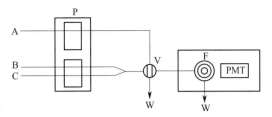

图 5-20 流动注射化学发光分析
测定甲基对硫磷流路图
P—蠕动泵；V—进样阀；F—流通池；
PMT—光电倍增管；
W—废液；A—样品溶液；
B—鲁米诺溶液；C—过氧化氢溶液

（4）分析步骤 按照图 5-20 所示连接好仪器。分别吸取 0.0mL、1.0mL、2.0mL、3.0mL、5.0mL、6.0mL、8.0mL、10.0mL 标准使用液于 100mL 容量瓶中，加入 4mL 聚乙二醇，加水稀释至刻度。将标准样品溶液注入鲁米诺与过氧化氢混合液的载流中，记录发光信号，以峰高定量，绘制标准曲线。吸取 5mL 水样，加入 8% 聚乙二醇 5mL，充分混合，放置 6h 后，按照上述步骤测定峰高，根据标准曲线计算出样品中甲基对硫磷的浓度。

（5）说明 在选定的试验条件下，甲基对硫磷质量浓度在 $5 \times 10^{-8} \sim 1 \times 10^{-5}$ g/mL 范围内与发光强度呈良好的线性关系，检出限为 0.02mg/L，对标准浓度的样品进行测定，其标准偏差小于 4%（$n = 11$），回收率在 83% ～ 94% 之间。不含硝基苯氧基的硫代磷酸酯类农药如马拉硫磷在上述条件下并不发光；一般的金属离子在较强的碱性条件下，以氢氧化物的形式产生沉淀而不干扰样品的测定，能适用于水样、谷物、蔬菜表面农药残余量的测定。

5.5.3 流动注射分析法测定水中的金属离子

5.5.3.1 FIA 法分析测定水中的汞

随着环境科学和生命科学的发展，环境污染越来越受到人们的重视，汞污染是其中重要的一种，汞作为一种典型的环境污染物已受到人们的高度关注。汞在自然界中以多种形态存在，无论大气还是水中都含有不同形态的汞，汞的形态不同，产生的毒性也不同。有研究表明：无机汞可通过生物甲基化、乙基化等反应生成相应的有机汞，而有机汞可被动、植物吸收，并通过食物链富集，最终危害人类健康。

（1）方法概述 汞的测定方法很多，其分析方法主要有双硫腙比色法、冷原子吸收光谱法、色谱法、质谱法及中子活化分析法等。这些方法因具有灵敏度高、操作简便等特点，在微量汞的测定中得到了广泛的应用。但对于环境水样中痕量或超痕量汞的测定，有时灵敏度还难以满足要求，而且受测试条件的影响，尤其难以实现在线监测。

采用流动注射分析方法测定汞可以克服普通还原汽化-冷原子吸收法分析速度慢、操作繁琐等不足，具有操作简便、快速、自动化程度高的优点。该方法采用流动注射在线氢化物发生-原子荧光光谱法测定水样中痕量的无机汞和有机汞。该方法的原理是以溴化剂作为有机汞的消解剂，在有、无溴化剂的存在下，采用在线氢化物发生流动注射-原子荧光光谱法分别测定总汞和无机汞，差减法求出有机汞的含量。该方法操作简便快速、精密度高、干扰少，已经应用于水中汞的测定，取得了较好的结果。

（2）主要试剂 汞标准储备液：准确称取 0.6760g 氯化汞溶于水中，加浓硝酸 25mL、$K_2Cr_2O_7$ 0.50g，定容至 500mL，此溶液为 1.00mg/mL 的汞标准储备液，在使用前用储备液逐级稀释成质量浓度为 0.10μg/mL 的汞标准使用溶液。二苯基汞标准储备液：准确称取

0.0921g 二苯基汞于 50mL 烧杯中，用无水乙醇溶解后转入 100mL 容量瓶中，用无水乙醇定容至刻度，此溶液的质量浓度为 $0.50\mu g/L$。盐酸羟胺溶液：准确称取 0.1000g 盐酸羟胺溶于 100mL 蒸馏水中，此溶液的质量浓度为 1000.00mg/L。溴化剂：准确称取 0.1400g 溴酸钾和 0.2000g 溴化钾溶于 100mL 蒸馏水中。0.1％硼氢化钠溶液（质量体积分数）：准确称取 1.0000g 硼氢化钠溶于 1000mL 预先加少量氢氧化钠的蒸馏水中。载流：5％ HCl（体积分数）。所有试剂均为分析纯，水为去离子水。

（3）仪器与试验条件　AF-610 原子荧光光度计（北京瑞利分析仪器公司）。JTY-1A 型流动注射多功能溶液自动处理系统（自制）：选用微型离子交换功能块，原子荧光仪器接口，气-液分相器（自制），在线离子交换系统，由蠕动泵、八通阀、微型离子交换柱和气-液分相器等组成。

分析流路如图 5-21 所示。待测试液流量 6.5mL/min，洗脱液（HCl）流量 5mL/min，Na_4BH_4 流量 4mL/min。原子荧光光度计灯电流 30mA，观察高度 7mm，载气（Ar）流量 600mL/min，负高压 280V，泵速为 90r/min，采样时间为 8s，注入时间为 14s。溴化剂的用量为 0.2mL，消解时间为 10min。

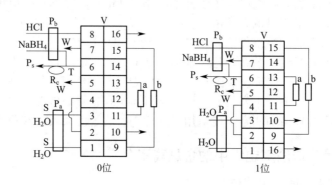

图 5-21　FIA 法测定水中汞的流路图

P_a，P_b—蠕动泵；V—八通阀；a,b—微型离子交换柱；

T—三通阀；R_c—反应圈；P_s—分相器；S—待测试液；W—废液

（4）分析步骤　分别吸取 0.0mL、0.5mL、1.0mL、1.5mL、2.0mL、2.5mL、3.0mL 汞标准工作溶液于 25mL 比色管中，加 4mL 1:1 HCl，再加入 0.20mL 溴化剂，盖上瓶塞，室温放置 10min，滴加 0.1％盐酸羟胺溶液至溴的微黄色褪尽，用水稀至刻度，摇匀。在试验选定的仪器及流路参数下测定荧光信号，绘制工作曲线。然后吸取 20.0mL 水样于 25mL 比色管中，加 4mL 浓盐酸，用水稀释至刻度，摇匀。在试验选定的仪器及流路参数下与标准系列一同测定，求得无机汞含量。再吸取 20.0mL 水样于 25mL 比色管中，加 4mL 浓盐酸，再加入 0.20mL 溴化剂，盖上瓶塞，室温放置 10min，滴加 0.1％盐酸羟胺溶液至溴的微黄色褪尽，用水稀释至刻度，摇匀。在试验选定的仪器及流路参数下与标准系列一同测定，求得总汞的含量。再减去无机汞含量，最后求得有机汞含量。

（5）说明　采用本方法测定水中的无机汞和有机汞，在仪器最佳操作条件下，按试验方法测得本法的检出限为 0.19ng/mL（$n=3$），对 10ng/mL 的 Hg^{2+} 连续测定 11 次，相对标准偏差（RSD）为 4.2％。一般水样中有机汞的含量极低，所以对人工合成模拟水样进行测定，进行加标回收验证，回收率在 98％～104％之间。

5.5.3.2　流动注射法分析测定水中微量铅

铅是重要的工业原料,在工业生产中已得到广泛应用。但铅的大量使用使大气环境受到污染。铅是一种剧毒性毒物,过量铅的摄入将严重影响人体健康。无论在工业生产过程中还是在卫生、环保等领域,铅是经常需要进行调查测定的元素之一。铅对大气的污染主要来源于机动车尾气,以及工业产生的铅尘粒和烟气,降雪降雨可以将大气中的铅沉降下来,因此水中的铅含量反映了大气污染的状况。

(1) 方法概述　水中铅的含量极微,测定方法主要有原子吸收光谱法(AAS)、原子发射光谱(AES)和分光光度法。火焰原子吸收光谱法是经典的测定方法,但其检出限一般难以满足痕量分析的要求,必须进行样品的预分离和富集。溶剂萃取是实现分离富集的一种有效方法,但在实际批量样品分析中采用手工萃取,故存在分析流程长、劳动强度大、有机溶剂用量多和易污染环境等问题。电感耦合等离子体质谱(ICP-MS)虽能准确测量微量的铅,但水中大量的可溶性盐会在ICP-MS的炬管、采样锥、截取锥及离子透镜上沉积,从而影响分析的准确度和精密度。

采用流动注射-氢化物发生-原子吸收光谱法测定水中微量铅,其原理是首先用铁氰化钾溶液氧化水中的铅,再用硼氢化钾溶液还原,反应产生的氢气和氢化物经气液分离器后直接进入加热原子吸收分光光度计的石英管进行测定溶液的吸光度值。该法不需要对样品进行复杂的前处理,实现了水中铅的直接测定,简单、快速,适合常规分析。

(2) 主要试剂　硼氢化钾溶液(20g/L):称取氢氧化钠0.50g,置于盛有100mL高纯水的塑料瓶中(不能用玻璃容器,否则空白较大),再称取2.0g硼氢化钾置于此氢氧化钠溶液中振荡使其溶解(现用现配)。铅标准溶液:准确称取0.1000g高纯金属铅于50mL烧杯中,加入5mL体积比1:1的硝酸(A.R.),在电热板上加热至完全溶解并蒸发至近干,取下冷却后,转入100mL容量瓶中,加水稀释至刻度,此溶液质量浓度为1.00mg/mL,摇匀备用,使用时稀释成1.00μg/mL铅的标准使用液。铁氰化钾溶液:称取10.0g铁氰化钾,加纯水溶解,加入5.00mL浓盐酸,用纯水稀释至100mL,溶液浓度为100.0g/L。载液:100mL水中加入1.0mL浓盐酸,所用玻璃器皿用洗衣粉洗涤,再用体积比1:1的HNO_3浸泡过夜,高纯水洗至中性。试验所用试剂盐酸为优级纯,其他试剂均为分析纯,用水均为超纯水。

(3) 仪器与试验条件　WFX-110(北京瑞利分析仪器公司);铅空心阴极灯(北京端利普光电器件厂);WHG-102A2型流动注射氢化物发生器(北京瀚时制作所);载气为普通氮气。

仪器工作条件:波长$\lambda = 283.3nm$,灯电流2.0mA,光谱通带0.4nm,载气流量150mL/min,氧化时间20min。

选择HCl-$K_3[Fe(CN)_6]$氧化体系,为了使样品中的铅能够被完全氧化,试验选择加入浓度为100g/L的$K_3[Fe(CN)_6]$溶液8.0mL,使氧化剂的浓度为16g/L,硼氢化钾的浓度选用2%,反应的酸度为0.5%盐酸体系。

(4) 分析步骤　在50mL容量瓶中分别加入0.0mL、0.5mL、1.0mL、2.0mL、3.0mL、4.0mL、5.0mL质量浓度为1.00μg/mL的铅标准使用液,加入8.0mL质量浓度为100g/L的$K_3[Fe(CN)_6]$、0.25mL浓盐酸,用高纯水定容,放置20min,待反应完全后在283.3nm波长处测定铅的吸光度,根据吸光度值绘制标准曲线。然后在50mL容量瓶中加入30.0mL水样,加入8.0mL质量浓度为100g/L的$K_3[Fe(CN)_6]$、0.25mL浓盐酸,按上述方法测定样品中铅的吸光度,根据校准曲线计算水样中铅的含量。

(5) 说明　利用该方法测定水中痕量铅干扰少,方法快速、简单,灵敏度高,不需要复杂的前处理即可满足水样分析测定的要求。

5.5.3.3 流动注射在线分离富集快速顺序测定水样中 Cu^{2+}、Cd^{2+}、Ni^{2+}、Co^{2+}

铜、镉、镍、钴是水中普遍存在的金属元素，测定的方法常有原子吸收法、分光光度法、X射线荧光光谱法、离子色谱法等。这些方法测定结果准确可靠，但一些环境样品中金属离子的含量很低，必须用灵敏度较高的石墨炉原子吸收法测定，但基体干扰比较严重。不少人采用预富集办法，溶剂萃取预处理后再直接进样，用原子吸收光谱法测定，操作较为繁琐。

(1) 方法概述　近年来配有微型柱的流动注射（FI）在线分离富集系统与原子吸收（AAS）的联用技术，以灵敏度高、选择性好、抗干扰能力强、分析自动化程度高等特点，被广泛应用于基体复杂样品中的低含量金属元素的测定。美国 VARIAN 公司生产的 220FS 原子吸收分光光度计，实现了多元素的快速测定。其基本原理是选用适宜的螯合剂（APDC＋DDTC）和柱填充材料（PT-C_{18}），以甲醇为洗脱剂，采用双柱富集的在线分离富集系统，能够实现多种元素同时富集，将这个系统与原子吸收分光光度计联用，实现了 Cu^{2+}、Cd^{2+}、Ni^{2+}、Co^{2+} 等元素的快速顺序测定。

(2) 主要试剂　Cu^{2+}、Cd^{2+}、Ni^{2+}、Co^{2+} 标准储备液（国家标准物质中心），分析时逐级稀释成 ρ(Cd) ＝1.00mg/L，ρ(Cu, Ni, Co) ＝10.00mg/L。1％DDTC＋1％APDC 溶液：称取 0.25g DDTC 和 0.25g APDC 溶于 25mL 去离子水中，有浑浊（APDC 分解产物）时需过滤。试验使用的硝酸、高氯酸、甲醇等均为优级纯试剂，氨水为分析纯试剂，所用水为二次蒸馏水。

(3) 仪器与试验条件　220FS 火焰原子吸收分光光度计（美国 VARIAN 公司）；LZ-2000 组合式流动注射分析仪（沈阳）；PT-C_{18} 色谱预处理小柱（河北津杨）；Cu、Cd、Ni、Co 空心阴极灯（美国 VARIAN 公司）。

流动注射预富集与原子吸收联机装置如图 5-22 所示。试验采用长波到短波的顺序进行测定，依照原子吸收光谱说明书上的操作条件，调整各个空心阴极灯的波长、灯电流和助燃比。测量时间 30s；用氨水和硝酸调节样品溶液 pH 值为 6～7.5；试验采用质量分数为 0.08％DDTC 和 0.08％APDC 的混合物作螯合剂；甲醇为洗脱剂，流速 5mL/min（泵速 80r/min），测定铜的流速为 5.6mL/min（泵速 90r/min）；富集时间 34s，采用 6.3mL/min 的泵管和 100r/min 的泵速，采样体积 4.40mL。

(4) 分析步骤　柱活化：在预富集前对 C_{18} 新柱进行柱活化处理。分别在采样位、注射位以 60r/min 的泵速通甲醇1min。经过柱活化后便可进行样品的预富集。

预富集：通过控制采样时间使试样通过 C_{18} 双柱进行预富集与洗脱。当阀位处于采样位时，第二个小柱里进行样品的富集，第一个小柱里正进行洗脱；当阀位处于注射位时，试

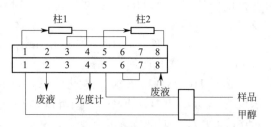

图 5-22　流动注射预富集与原子吸收联机装置图

样富集于第一个小柱，第二个小柱被洗脱。这样交替进行，便实现了多元素的顺序连续测定。

标准曲线的绘制：在流动注射分析仪上编制流动注射预富集与洗脱程序，调整好空心阴极灯的电流、波长；样品泵的流速为 100r/min；洗脱泵的流速为 80r/min（仅第二步时为 90r/min）。分别吸取 0.0mL、1.0mL、2.0mL、3.0mL、4.0mL、5.0mL 质量浓度为

1.00mg/L 的 Cd 标准使用液和 0.0mL、1.0mL、2.0mL、3.0mL、4.0mL、5.0mL 浓度为 10.00mg/L 的 Co、Ni、Cu 的标准使用液于 50mL 容量瓶中，加水稀释至刻度后，直接进入采样阀进行采样，洗脱与富集时间为 34s，经过阀位在采样位和注射位交替变换的七个程序步骤便完成了一个样品的测定（其中在第一步时洗脱泵的泵速为 0，第七步时样品泵的泵速为 0），记录其峰高信号，再将采样阀返回到采样位置便可进行下一次测定，最后由峰高强度和标准样品的浓度绘制标准曲线。

水样测定：吸取水样 10.0mL，调 pH 值至中性，然后加入 1%APDC＋1%DDTC 混合螯合剂 4mL，定容至 50mL 后，按照上述的操作步骤进行测定，计算出样品中各个元素的含量。

（5）说明　采用本方法测定水中的 Cu^{2+}、Cd^{2+}、Ni^{2+}、Co^{2+}，按照上述试验条件对水样进行测定，同时对所分析的水样加入不同浓度的待测离子进行回收试验，回收率均在 94%～104% 之间，而且首次实现了 Cu^{2+}、Cd^{2+}、Ni^{2+}、Co^{2+} 等元素的快速顺序测定。测定的检出限分别为 Cu^{2+} 2.91μg/L、Cd^{2+} 0.35μg/L、Ni^{2+} 4.05μg/L、Co^{2+} 3.61μg/L，相对标准偏差分别为 Cd^{2+} 2.59%、Co^{2+} 2.57%、Ni^{2+} 2.78%、Cu^{2+} 2.64%，用于环境样品中痕量元素的测定，得到了满意的结果。

5.5.3.4　流动注射在线富集法测定环境水样中 Cr^{3+} 和 Cr^{6+}

铬在自然界中以多种形态存在，三价与六价为常见的稳定形态。铬几乎存在于所有生物体内，与人类的生活密不可分。Cr^{3+} 为人体及动植物维持生命所必需的微量元素，但浓度过高则对生命产生危害。Cr^{6+} 为致癌物质，且能造成环境污染，可以干扰酶的活性，损伤肝和肾脏，有潜在的致癌作用，危害人类的健康。有关铬的测定对生命科学及工农业等领域都具有重要意义。

（1）方法概述　铬的测定方法虽然很多，如分光光度法、ICP-AES、原子吸收分光光度法等。二苯卡巴腙光度法仍是经典的测定方法，但该试剂稳定性较差，需每日配制试剂，给分析工作带来不便。但光度分析法以仪器价廉、操作简单等优点在我国仍具有广泛的实用价值。ICP-AES 和 AAS 法测定铬时，需预先对不同价态的铬进行分离，样品处理过程繁琐，且耗费大量的时间和试剂，但测定的灵敏度、精确度较高，在日常的分析中也有广泛的应用。

将流动注射在线分离富集技术和原子吸收光度法相结合进行水中铬的测定，该方法采用单阀阴离子和阳离子交换微树脂并联，两个柱交替采样，逆向洗脱在线分离富集，分离富集液可直接进入原子吸收分光光度计测定，因而实现了在线分离富集-火焰原子吸收光度法同时测定水中 Cr^{3+} 和 Cr^{6+}。待测样品无需预处理，自动进行分离富集，操作简便。采用单一试剂洗脱，具有采样频率快、灵敏度高、在线分析快速等特点，适用于环境水样中 Cr^{3+} 和 Cr^{6+} 的形态分析，已成功地应用于标准物质测定和环境水样分析。

（2）主要试剂　Cr^{3+} 标准储备液：准确称取 0.2829g 于 105℃ 下干燥 2h 的重铬酸钾，置于 100mL 烧杯中，加少量水溶解后，加入 0.50g 盐酸羟胺，用水定容至 100mL 容量瓶中，摇匀，此溶液质量浓度为 1.00mg/mL，使用时稀释成浓度为 1.00μg/mL 的 Cr^{3+} 标准使用溶液。Cr^{6+} 标准储备液：将 $K_2Cr_2O_7$ 于 105℃ 下烘 2h，准确称取 0.2829g 于 100mL 烧杯中，用水溶解后转入 100mL 容量瓶中，稀释至刻度，此溶液浓度为 1.00mg/mL，使用时稀释成 1.00μg/mL 的 Cr^{6+} 标准工作溶液。试验用水均为二次蒸馏水。

（3）仪器与试验条件　WIG-IF2 型原子吸收分光光度计（北京第二光学仪器厂）。LZ2000 流动注射分析仪（沈阳肇发仪器公司）。3066 型台式自动平衡记录仪（四川仪表四厂）。两个微型富集柱：柱长 20mm，内径 3.0mm，分别内充 140～160 目 732 型阳离子交换树脂、717 型阴离子交换树脂（保定试剂厂）。

试验的流程图如图 5-23 所示。仪器灯电流 7.5mA，λ＝357.9nm；蠕动泵流速 10mL/min，转速 60r/min，洗脱时间 30s；选择 8％硝酸铵和 15％硝酸进行洗脱；反应介质选用 3mol/L 硝酸，其 pH 值在 4～7。

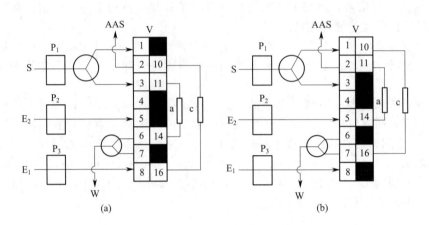

图 5-23　在线富集流动注射系统测定水中 Cr^{3+} 和 Cr^{6+} 的流程图
V—八通阀；P_1，P_2，P_3—蠕动泵；a,c—离子交换柱；E_1，E_2—洗脱液；S—试样；W—废液

（4）分析步骤　按图 5-23 所示连接好仪器，调整各蠕动泵的流速、空心阴极灯的电流、波长。分别吸取 0.0mL、1.0mL、2.0mL、3.0mL、4.0mL、5.0mL 质量浓度为 1.00μg/mL 的 Cr^{3+} 和 Cr^{6+} 的标准使用液于 50mL 容量瓶中稀释至刻度。将阀位转至图 5-23（a）位置，直接注入标样，a 柱富集 Cr^{6+}，c 柱上富集的 Cr^{3+} 被直接洗脱进入雾化器，进行原子吸收测定。达到预定时间后，阀位自动切换至图 5-23（b）位置，洗脱液进入 a 柱洗脱富集的 Cr^{6+}，进行原子吸收测定，同时 Cr^{3+} 在 c 柱上被富集。原子吸收信号由记录仪记录。试验操作循环进行，可以高频率地在线连续采样测定。

水样的测定：吸取一定量的水样，在选定的仪器操作条件下，按照上述步骤直接进样测定，读出样品的吸光度值，计算出样品中 Cr 的含量。

（5）说明　利用本法进行 Cr^{3+} 和 Cr^{6+} 溶液测定，富集 1min 后，检测限 Cr^{3+} 1.03μg/mL，Cr^{6+} 0.54μg/mL，相对标准偏差分别为 3.41％和 1.80％，利用水标样进行分析，结果较好，回收率在 93.5％～107.5％之间。

5.5.3.5　流动注射在线稀释法测定工业用水中钙离子

水体中的钙含量是水质检测的一项重要指标，是水质硬度的核心指标，其含量的高低直接影响并决定着水体的性能。制革工序离不开水，尤其是湿操作工段。制革用水的硬度对成品革的质量影响很大。若制革用水的硬度高于饮用水允许的最高硬度，经湿操作工段后易出现松面、炸面的革坯，且其撕裂强度较低，炸面的革坯身骨扁薄僵硬，涂饰时不吸浆、易掉浆，因此检测制革用水中游离钙离子（Ca^{2+}）含量，可为制革厂用水水质硬度的控制提出参考依据。

（1）方法概述　目前常用的钙离子检测方法主要有滴定法、分光光度法、原子吸收光谱法、离子色谱法、电化学分析法等。与其他技术相比，流动注射分析技术具有装置小型简单、自动化程度高、所需试剂量少、分析速度快、灵敏度高等优点。本方法通过添加稀释流路，实现样品的在线稀释测定，更适合于钙离子的实时、在线自动监测。

（2）主要试剂　本试验所用试剂等级均为分析纯，配制试剂用水均为去离子水。钙离子标准储备液（Ca^{2+} = 1000mg/L）：准确称量 $Ca(NO_3)_2 \cdot 4H_2O$（G.R.）5.9000g，用 0.1mol/L 盐酸 10mL 溶解，加水定容至 1L，此储备液含 Ca^{2+} 1000mg/L，使用时从中移出定量溶液，稀释成不同浓度的操作液。显色液储备液（0.3g/L）：称取 0.3g 偶氮氯膦Ⅲ（CPAⅢ），用水溶解后，移入 1L 容量瓶中，并定容至 1L。R（显色液）：准确吸取显色液储备液，并同用 0.01mol/L 的盐酸溶液将所需显色液的 pH 值调到 2.5，配制成试验所需浓度的显色液。Z（稀释液）：去离子水。C（推动液）：去离子水。

（3）仪器与试验条件　自动分析仪：四川大学现代分离分析研究室研制，利用其流动注射功能测定制革废水中钙离子含量。低压恒流泵：上海沪西分析仪器厂。N-2000 双通道色谱工作站：智能信息工程研究所（浙江大学）。AL204-IC 电子分析天平：梅特勒托利多仪器（上海）有限公司。UV-2450 紫外可见分光光度计：岛津（中国）有限公司。

在线稀释流动注射分光光度法测量 Ca^{2+} 的最佳条件：最佳检测波长 605nm，最佳显色液浓度为 0.07g/L，进样环体积为 $400\mu L$，反应圈长度为 2m。

检测流程如图 5-24 所示。S、C、R 泵管为硅橡胶管，内径分别为 1.0mm、1.4mm 和 0.7mm；Z 泵管内径根据稀释倍数来选择，范围在 0.5～10mm；流路中流通管路均为内径 0.5mm 的聚四氟乙烯管；反应盘管为内径 0.5mm 聚四氟乙烯管制成的螺旋式盘管；进样环为内径 1.0mm 聚四氟乙烯管制成的圆环；光学检测池为光程长度 2.8cm、内径 5mm 玻璃材质流通池。以流动注射法为基础，在溶液 pH 值为 2.5 条件下，偶氮氯膦Ⅲ与 Ca^{2+} 发生螯合反应，形成螯合物，在 605nm 处有最大吸收峰，根据吸光度值的变化，检测水样中 Ca^{2+} 的含量。

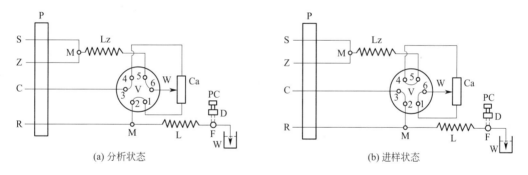

（a）分析状态　　　　　　　　　　（b）进样状态

图 5-24　钙离子的流动注射分析流程图

S—样品；Z—稀释液；C—推动液；R—反应液；P—低压恒流泵；M—混合器；V—六通自动进样阀；
Lz—样品稀释圈；L—反应圈；F—流通池；D—检测器；PC—计算机；W—废液

（4）分析步骤　检测分析过程如下：设置继电器进样时间（1.5min）与分析时间（1.0min），并打开继电器开关，仪器阀门这时处于"分析"位置，C 流经进样流路后与反应液 R 的混合液在反应圈 L 中混合，混合液通过检测器中流通池，检测器采集混合液的吸光度值并转换成电信号，在计算机屏幕上显示为基线图谱。然后，打开仪器时间继电器开关，仪器自动转换至"进样"位置时，S 与 Z 流经进样流路充满进样环 C，C 与 R 的混合液在 L 混合后，仪器在时间继电器控制下，自动转换至"分析"位置，此时六通阀自动将进样环切换至分析流路，C 推动进样环中的 S 与 R 的混合液在 L 中混合发生反应，反应后的混合溶液流经流通池，由检测器采集其吸光度信号并转换为电信号，在色谱工作站上得到反应后混合溶液的吸收曲线，根据吸收曲线峰高可以计算试样中 Ca^{2+} 的浓度。

在最佳的试验条件下，用去离子水配制 Ca^{2+} 浓度分别为 0.1mg/L、2mg/L、5mg/L、

15mg/L、20mg/L、40mg/L、50mg/L 的一系列标准溶液，待基线稳定后，进行连续进样，测定相应 Ca^{2+} 反应后峰高，作标准曲线。水体中 Ca^{2+} 含量在 $0.1\sim50mg/L$ 范围内峰高与浓度成正比关系，线性相关性好，线性范围宽，适用于含 Ca^{2+} 浓度不同的水体中 Ca^{2+} 的检测。

（5）说明　用本方法对成都 3 家不同制革厂的制革用水进行测定，过滤去除不溶性杂质后，选择合适的稀释流路 Lz 流速，分别进行测试，并进行加标回收试验。方法回收率在 $97.0\%\sim98.2\%$ 之间。与国家标准测定方法——EDTA 法进行对比，本试验方法与国标法的检测结果相差在 $\pm2\%$ 内，表明本方法可用于制革废水中 Ca^{2+} 含量的检测，设备简单，适合于 Ca^{2+} 的快速在线检测。

5.5.3.6　流动注射-化学发光法测定海水中的痕量 Fe（Ⅲ）

过量的铁危害人体肝脏，铁污染地区往往是肝病高发区。人体铁的浓度超过血红蛋白的结合能力时，就会形成沉淀，致使肌体发生代谢性酸中毒，引起肝脏肿大，肝功能损害和诱发糖尿病。铁超标的主要原因是自来水铁管道年久失修，锈蚀严重。饮用水中铁过多，可引起食欲不振、呕吐、腹泻、胃肠道紊乱、大便失常。国家标准（GB 5749—2006）中规定铁含量不超过 $0.3mg/L$。

（1）方法概述　水质中铁的测定方法有原子吸收光度法、催化褪色光度法、催化动力学光度法、双波长分光光度法、邻二氮菲法等。还有合成噻唑偶氮、吡啶偶氮类试剂，应用到环境及药物中微量金属离子的分析，但是此类试剂多数水溶性较差。目前较多用邻二氮菲法，该法选择性好，但是灵敏度较低。文献指出，光度法被广泛用于微量组分的测定。稀酸介质中，二甲酚橙和 Fe（Ⅲ）生成紫红色络合物，在 558nm 处有最大吸收峰，实验操作比较繁琐，工作量大。用流动注射法对环境水样中的 Fe（Ⅲ）进行分析，方法简便，线性范围更广，可在现场快速分析。

（2）主要试剂　Fe（Ⅲ）标准储备液（1.0mg/L）：称取 8.6340g $NH_4Fe(SO_4)_2 \cdot 12H_2O$（优级纯）于去离子水中，加入 9mol/L HCl 4mL，用二次蒸馏水稀释至 1L 容量瓶中，摇匀，定容，作为储备液，用时按需要稀释。HCl 溶液（6mol/L）：取 300mL 二次蒸馏水于烧杯中，搅拌下缓慢加入 300mL 浓盐酸，冷至室温转入广口瓶中备用，用时按需稀释。0.1％二甲酚橙：准确称量 0.1000g 二甲酚橙，用二次蒸馏水溶解，移入 100mL 容量瓶中，备用。1.0％邻二氮菲溶液：准确称量 1.000g 邻二氮菲溶液，用二次蒸馏水溶解，移入 100mL 容量瓶中，备用。所用试剂都为优级纯，用二次蒸馏水溶解。

（3）仪器与试验条件　ZJ-la 金属元素自动分析仪；AT2000 电子天平；KH3200B 型超声波清洗器；分光光度计；光学流通池光程为 8mm（定制）。

在 0.06mol/L HCl 溶液中，二甲酚橙和 Fe（Ⅲ）生成紫红色的络合物，产物在 558nm 波长时有最大的吸收。根据实验原理设计工作流程图，如图 5-25 所示。

试验条件：反应圈 2m，进样环 $300\mu L$，分析时间 100s，进样时间 60s，推动液 C 为 0.05mol/L HCl，显色液 R 母液为 0.1％二甲酚橙溶液，Fe（Ⅲ）0.2mg/L（用 0.06mol/L HCl 定容）。试样 S 内径、推动液 C 内径、显色液 R 内径分别为 1.8mm、1.4mm、1.0mm，反应圈长度 1m，进样环体积 $400\mu L$，进样时间 60s，分析时间 90s，二甲酚橙用量 0.02％，HCl 浓度 0.06mol/L。

（4）分析步骤　在分析状态时 C 泵管内推动液（0.06mol/L HCl）与 R 在反应圈处混合，流经光学流通池测得吸光度，通过 HW2000 软件转变成可视的谱图基线，得到谱图的基线。当时间继电器转化为进样状态时，试样 S 被 C 泵管内推动液（0.06mol/L HCl）推动进入六通自动进样阀，充满进样环。进样 60s 后时间继电器转化为分析状态，推动液（二次

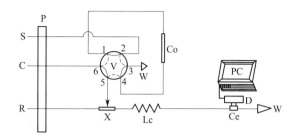

图 5-25　FIA 测定海水中痕量 Fe（Ⅲ）的流程示意图

S—试样；C—推动液（0.06mol/L HCl）；R—二甲酚橙溶液；P—蠕动泵；V—六通自动进样阀；
Co—进样环；Lc—反应圈；X—混合器；Ce—流通池；D—检测器；PC—便携式电脑；W—废液

蒸馏水）将进样环中的试样推动与 R 二甲酚橙在反应圈 Lc 内充分混合反应显色，反应物流经光学流通池，在 558nm 波长下测得吸光度，通过 HW2000 软件转变成计算机上可见的谱图峰高。通过配制一系列不同浓度的 Fe（Ⅲ）标准溶液，通过工作曲线计算出对应的浓度。分别取河水、矿泉水和实验室自来水水样进样测定和加标回收，加标回收试验回收率在 103.0%～106.5%，国标对比的误差在 ±5% 之内，结果令人满意。

（5）说明　二甲酚橙和 Fe（Ⅲ）在 0.06mol/L HCl 溶液中生成紫红色络合物，在 558nm 处有最大吸收峰。在最优的实验条件下，Fe（Ⅲ）线性范围 0.01～2.5mg/L，校准曲线 y（mV）$= 235.74x + 10.554$（x 为三价铁的浓度），相关系数 $R^2 = 0.999$，相对标准偏差（RSD）为 0.36%（$n = 15$），精密度良好。加标回收率在 103.0%～106.5% 范围内。与国标法相比误差在 ±5% 之内。方法简单，操作简便，可在线快速测定环境水样中的 Fe（Ⅲ）。

5.5.3.7　流动注射化学发光法测定水样中微量砷（Ⅲ）

砷是毒理效应性最为严重的元素之一，环境中砷的检测，特别是 As（Ⅲ），一直为人们最关注的问题。砷的毒性强弱与其化学性质及化合价有关。单质砷本身难以被人体吸收，一般无害；有机砷除砷化氢的衍生物外多为低毒；无机砷主要有三价及五价两种形态，人体对砷（Ⅲ）吸收较砷（Ⅴ）少。但砷（Ⅲ）毒性极强（砒霜的主要成分就是三氧化二砷），五价砷毒性较弱。因此测定样品中砷（Ⅲ）含量很有意义。

（1）方法概述　测定砷（Ⅲ）的方法主要有银盐比色法、原子吸收光谱法、原子荧光光谱法和电感耦合等离子体原子发射光谱法等。银盐比色法操作繁琐、灵敏度低、干扰大。近年来，化学发光方法由于仪器设备简单、灵敏度高、线性范围宽等特点而受到人们的重视，并应用于砷的测定。本方法是基于碱性介质中，在钴（Ⅱ）催化作用下，砷（Ⅲ）还原过硫酸铵，使过硫酸铵氧化鲁米诺产生的化学发光强度降低，发光光强降低值与砷（Ⅲ）在一定浓度范围内呈线性关系，建立了流动注射化学发光法测定砷（Ⅲ）的方法。

（2）主要试剂　鲁米诺溶液（0.025mol/L）：称取鲁米诺 0.2216g，用 0.1mol/L 氢氧化钠溶液溶解并定容至 50mL，在冰箱中避光放置，备用。过硫酸铵溶液（0.50mol/L）：称取过硫酸铵 5.7048g，用水溶解并定容至 50mL。砷（Ⅲ）标准储备溶液（1.000g/L）：称取三氧化二砷 0.1320g，加入 0.05mol/L 氢氧化钠溶液至恰好溶解，定容至 100mL。钴（Ⅱ）标准储备溶液：100.0mg/L。三氧化二钴为光谱纯，其他试剂均为分析纯，试验用水为去离子水。

（3）仪器与试验条件　IFFM-E 型流动注射化学发光分析仪。流动注射化学发光流路示意图见图 5-26。

试验条件：试验选择泵的转速为 60r/min，钴（Ⅱ）的质量浓度为 0.060mg/L。鲁米诺溶液的浓度为 1.0×10^{-4} mol/L。过硫酸铵溶液的浓度为 0.050mol/L。氢氧化钠溶液的浓度为 0.10mol/L。

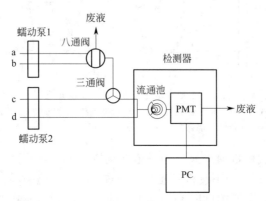

图 5-26　流动注射化学发光法测定水样中微量砷（Ⅲ）流路示意图

a—去离子水；b—过硫酸铵溶液；c—砷（Ⅲ）溶液；d—鲁米诺溶液；PMT—光电倍增管；PC—计算机

（4）分析步骤　采样时蠕动泵 1 转、蠕动泵 2 停，过硫酸铵溶液进入八通阀（阀位左）处以采样。进样时主、副泵同时转动，八通阀阀位旋转到右挡进样。此时去离子水推动过硫酸铵溶液进入三通阀，与砷（Ⅲ）溶液混合，混合溶液再与鲁米诺溶液汇合，通过流通池进入化学发光检测器测定发光强度。

（5）说明　本节提出了在碱性环境下钴（Ⅱ）作为催化剂，鲁米诺-过硫酸铵-砷流动注射化学发光体系测定砷（Ⅲ）含量。该方法成本低，操作简便快速，重现性好，方法可用于水样中微量砷（Ⅲ）的测定。按试验方法对砷（Ⅲ）标准溶液系列进行测定，结果表明：砷（Ⅲ）的质量浓度在 0.5~8.0 mg/L 范围内时与吸光强度呈线性，相关系数为 0.9998。按试验方法对试剂空白平行测定 11 次，检出限（3σ）为 0.39mg/L。

5.5.3.8　流动注射-分光光度法在线监测水中微量铝

铝是地球上含量最多的金属元素，又普遍存在于环境水中。临床研究表明，当人体内铝过量时，会干扰磷的代谢，引发多种病变，从而导致铝中毒。造纸厂、铝材加工业、木材加工业、纺织行业等排放的废水中铝含量都较高，当铝含量达一定浓度时就会抑制水体的自净能力及水生生物的活动。因此建立快速准确测定铝的分析方法有着重要意义。

（1）方法概述　目前，铝的测定方法主要有原子吸收光谱法、分光光度法、示波极谱法及流动注射分析法等。前三种方法都不能实现在线监测，而流动注射全自动在线分析法可将样品中的 Al^{3+} 在流路中与铬天青 S 混合液进行显色反应生成蓝色的络合物，在波长 620nm 处测定其吸光度，提高了实验效率，实现在线监测，取得了满意的效果。

（2）主要试剂　载流液：pH 5.8 的乙酸-乙酸铵溶液，乙酸铵浓度为 0.2mol/L。显色剂：铬天青 S 混合液。溶液 1：称取 1g 十六烷基三甲基溴化铵（CTMAB），溶于水，稀释至 100mL。溶液 2：称取 0.04g 铬天青 S（CAS），加 5mL 乙醇（95%）溶解，稀释至 100mL。取 10mL 溶液 1 及 50mL 溶液 2，稀释至 100mL，常温下储存。1%的抗坏血酸溶液：称取 1g 抗坏血酸，溶于水中，定容至 100mL。铝标准溶液（天津市科密欧化学试剂公司）。

（3）仪器与试验条件　精密陶瓷恒流注射泵（DL-TCB-A）；蠕动泵（DL-RDB-A）；六通阀；四通阀（DL-6TXZF-A）；GT-32 可编程控制器（日本松下公司）。所有管路均采用聚四氟乙烯（PTFE）管；流通池（DL-GD-A）。以上仪器均产自江苏德林环保技术公司。电磁阀（LVM112－5A-1，日本 CKD 公司）；V-5600 型可见分光光度计（上海元析仪器公司）；酸度离子计配 pH 复合电极（上海今迈仪器仪表公司）。

试验条件：在室温（25℃）条件下进行实验，最大吸收波长为 620nm，pH 5.8 为最佳反应酸度，载流液乙酸铵浓度选用 0.2mol/L，铬天青 S 为 0.0004g/mL，乙醇加入量为2.5mL，十六烷基三甲基溴化铵浓度为 0.01g/mL。采样环 L_{S1} 的长短对实验无影响，为节省材料和试剂，本实验 L_{S1} 选用 20cm，采样环 L_{S2} 选取 60cm；显色剂环长度为 60cm；反应管长度取 4.0m。120s 为最佳停留时间，载流流速为 2.0mL/min。

分析流程如图 5-27。采用外径 3mm、内径 1mm 的聚四氟乙烯管连接流路。清洗管路90s 后，转至采样态，待采样完成继而转成测量态，最后通过峰高定量。

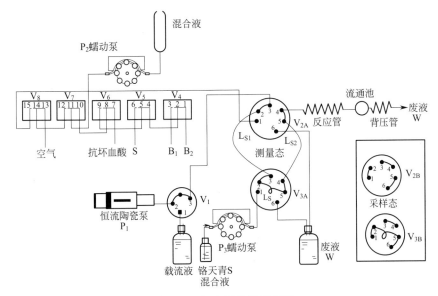

图 5-27 铝在线监测流程图

（4）分析步骤 配制 0.01mg/L、0.05mg/L、0.1mg/L、0.2mg/L、0.3mg/L、0.4mg/L、0.5mg/L、0.6mg/L 铝标准溶液系列，在上述优化条件下测定，以质量浓度为横坐标、吸光度值为纵坐标绘制标准曲线，其线性方程为 $y = 0.4155\rho + 0.0211$，相关系数 $R^2 = 0.999$。分别对 0.05mg/L、0.1mg/L、0.3mg/L 的水样连续测定 11 次，相对标准偏差（RSD）分别为 1.0%、0.75%、0.62%。在确定相同的分析条件下重复 n（$n \geqslant 7$）次空白试验，计算出本法检出限为 0.004mg/L。

（5）说明 本法试剂消耗量少，分析速度快，灵敏度高，抗干扰能力强，适宜于现场的即时检测，回收率在 97.7%～101.7% 之间。在本实验条件下，天然水中正常存在的金属离子不干扰测定。只有存在少量铁离子时，对本法稍有干扰，但可用抗坏血酸作掩蔽剂来消除这些干扰。本实验采用混合管，并同时吸入空气使水样和掩蔽剂充分混合，取得了很好的掩蔽作用。

5.5.4 流动注射分析法测定水中的其他污染物

5.5.4.1 流动注射分析法测定水中阴离子表面活性剂

阴离子表面活性剂是合成洗涤剂的主要成分之一，主要用于洗涤织物、日用器皿、金属表面等。其应用广、用量大，在工业废水、生活污水、地表水、江川河流、水源，以及饮用水中几乎处处都有。阴离子表面活性剂进入水体后聚集在水和其他微粒表面，产生泡沫或发生乳化现象，从而阻断水中氧气的交换，导致水质恶化，对水体造成的环境污染问题越来越严重。

（1）方法概述　水中阴离子表面活性剂的测定方法主要有液相色谱法、电位滴定法和亚甲基蓝分光光度法等。前两种方法因需要特殊仪器，不易于推广。亚甲基蓝分光光度法最常被采用，但该法使用的氯仿毒性较大，对人体有害。该法最低检出浓度较高，常无法客观体现饮用水、地表水中阴离子表面活性剂的真实含量。

以三庚基十二烷基碘化铵、十二烷基苯磺酸钠为电活性物质，制得炭棒 PVC 涂膜阴离子表面活性剂电极（CAS 电极），将该电极与流动注射法相结合，建立以 CAS 电极为指示电极测定水中阴离子表面活性剂的流动注射分析法。该流路组装简单，分析快，结果准确，耗样量少，克服了直接电位法中电位漂移大的缺点，用于环境水样中阴离子表面活性剂的检测，具有较好的检测效果。

（2）主要试剂　三庚基十二烷基碘化铵（A.R.，THDA）；硝基苯［C.P.（化学纯），NB，上海华义化工厂］；邻苯二甲酸二丁酯（A.R.，DBP，成都化学试剂厂）；PVC 粉（A.R.）；四氢呋喃（A.R.，THF，天津市化学试剂一厂）；氯化钾（A.R.，成都临江化工厂）。十二烷基苯磺酸钠（SDBS）标准储备液：500mg/L。SDBS 标准使用液：用标准储备液稀释成 10.00mg/L（水溶液）。试验用水均为蒸馏水。

（3）仪器与试验条件　FIA-2300/2400 型流动注射仪（中国科学院信通科学仪器公司）；pHS-4C 型酸度计（成都方舟科技开发公司）；流通池为自制梯流式流通池，由炭棒 PVC 涂膜阴离子表面活性剂电极（CAS 电极）与 232 型饱和甘汞电极（SCE）组装，CAS 电极表面和 SCE 电极间覆盖 1～2mm 宽的滤纸条，提供载流通道，并保证无断流现象。

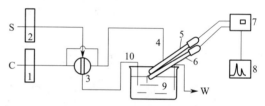

图 5-28　FIA 法测定水中阴离子表面活性剂流程图
C—载流；S—样品；W—废液；1，2—蠕动泵；
3—采样阀；4—分散管；5—CAS 电极；6—SCE 电极；
7—酸度计；8—记录仪；9—流通池；10—废液管

分析流程图如图 5-28 所示。采用浓度为 0.01mol/L 的 KCl 作载流，泵流速为 6.6mL/min，进样体积为 200μL，分散管长度为 20cm。

（4）分析步骤　电活性物质的制备：称取 THDA 3.2g、SDBS 1.8mg，依次加入 0.3mL 硝基苯、PVC 粉 0.2g、0.4mL DBP，搅匀，再加入 10～15mL 四氢呋喃，充分搅拌，使溶液均匀透明，放置 10h 左右涂膜。

电极的制备：将预处理好的炭棒插入上述制备好的电活性物质中，均匀地涂渍在电极上，涂层以四层为宜，制备好的电极使用前须浸泡在 0.001mol/L 的 SDBS 溶液中活化约 2h，再用蒸馏水洗至电位读数稳定。再次使用不必活化，用后洗净，置密闭容器中保存。此电极为 CAS 电极。

按图 5-28 所示连接好试验流路，连接管道均为内径 0.5mm 的聚四氟乙烯管。接通流动注射仪、酸度计、记录仪电源，将 C 端插入盛有载流溶液的容器中，开启主泵、酸度计和记录仪。待酸度计读数稳定，记录仪基线平滑后，开启副泵。再分别吸取 0.0mL、1.0mL、2.0mL、3.0mL、4.0mL、5.0mL、6.0mL 质量浓度为 10.00mg/L 的 SDBS 标准使用液于 50mL 容量瓶中，加水稀释至刻度。按下"采样"键，样品进入采样管（采样时间约 15s），然后按下"进样"键，每个标准溶液连续测定 3 次，获得电位响应信号，并在记录仪上绘出相应的 FIA 图。测量样品前，须用蒸馏水清洗管道，同时，载流自动清洗至基线位置。重复上述操作。采用工作曲线法，求得样品浓度。试验完毕，用蒸馏水清洗管道及电极，关闭蠕动泵，松开泵管，取下 CAS 电极，置密闭容器中保存。对一般的生活饮用水可以直接进样测定，如果采集的水样中有明显可见的悬浮物，可预先过滤去除。

（5）说明　采用工作曲线法，在上述最佳试验条件下，电极的响应范围为 0.340～340mg/L。对标准 SDBS 溶液平行测定 7 次，相对标准偏差分别为 1.28% 和 3.12%。对样品加标回收测定，回收率在 88%～105% 之间。

表面活性剂易被微生物分解，取样后要尽快分析，如不能立即分析，应将样品保存在 0～10℃ 阴暗处，并尽快分析。

5.5.4.2　全微波在线消解流动注射光度分析法测定环境废水中的总磷

磷在自然界中分布很广，它是生物生长必需的营养元素。水中含有适度的营养元素，会促进生物和微生物的生长，令人关注的是磷对湖泊、水库、海湾等封闭水域或水流迟缓的河流的富营养化有着特殊的作用。由于人为因素，在水域中的磷逐渐富集，伴随着藻类的异常繁殖，使水富营养化，在这个过程中，由于藻类大量繁殖和腐烂分解，消耗水中的溶解氧，不利于鱼类等水生动物的生长，降低了水的透明度以及水资源在饮用、景观和养殖等方面的利用价值。为保护水质、控制危害，在环境监测中，总磷已列入正式的监测项目中。

（1）方法概述　水中磷几乎都是以各种磷酸盐形式存在的，有二磷酸盐、三磷酸盐、多磷酸盐和少部分以有机态存在的磷，为测定工业废水和生活污水中磷的总量，必须将各种形态的磷转化为无机态的正磷酸盐。目前，总磷的测定一般采用钼蓝分光光度方法。在酸性条件下，正磷酸盐与钼酸铵反应，生成磷钼杂多酸，加入还原剂抗坏血酸后，则转变成蓝色络合物，通常称为磷钼蓝。磷在转化的过程中常需要消解，消解方法有：硝酸-硫酸消解法、硝酸-高氯酸消解法、过硫酸钾消解法。前两种方法重现性差，而且在消解过程中存在不安全因素；最后一种方法精密度和准确度较高，但遇到特殊水样时，可能消解不彻底。而全微波在线消解流动注射光度分析法可以有效解决以上难题。

（2）主要试剂　二磷酸钠（$Na_4P_2O_7 \cdot 10H_2O$，A.R.）；三磷酸五钠盐（$Na_5P_3O_{10}$，A.R.）；多磷酸钠盐（$P_2O_5 > 68\%$）；对硝基苯基磷酸二钠；过硫酸钾（$K_2S_2O_8$）。磷标准储备溶液（100.00mg/L）：准确称取 0.2179g 磷酸二氢钾（A.R.）溶于少量去离子水中，转移到 500mL 容量瓶中，定容至刻度，用时根据需要稀释。显色剂（R_1）：称取 5.00g 钼酸铵（A.R.）溶于 500mL 浓度为 0.5mol/L 的硫酸溶液中。还原剂（R_2）：称取 0.14g 氯化亚锡（$SnCl_2 \cdot 2H_2O$）和 1.00g 盐酸羟胺，溶于 500mL 浓度为 0.5mol/L 的硫酸溶液中。消解试剂（C_2）：0.1mol/L 的 $HClO_4$ 溶液。

（3）仪器与试验条件　Lambda-2 型紫外可见分光光度计；FIAS-300 流动注射进样系统（德国 Perkin-Elemer 公司）；Mx350 微波炉，TX31 程序控制器（法国 Maxidiest 公司）。试验的流路图如图 5-29 所示。微波功率 90W；试验选用内径 0.8mm、长 5.0m 的消解管道；选用浓度为 0.1mol/L 的 $HClO_4$ 作消解剂；进样体积为 $200\mu L$。

（4）分析步骤　按图 5-29 所示连接流路。泵速、采样和注样时间以及数据采集均由计算机完成；微波装置加热功率由 TX31 程序控制器设定。分别吸取 0.0mL、0.5mL、1.0mL、2.0mL、3.0mL、4.0mL、5.0mL 质量浓度为 50.00mg/L 的磷标准使用液于 50mL 容量瓶中，加水稀释至刻度，试剂流量按一般流动注射测定磷的方法进行优化固定后，直接进样测定。以测定的吸光度值对浓度绘制标准工作曲线。对于饮用水可直接进样测定，污水试样在采集后用酸调至 pH=1，用孔径 $0.45\mu m$ 的滤纸过滤除去悬浮物用于消解测定。根据标准曲线计算样品中总磷的含量。

（5）说明　在选定的试验条件下，以正磷酸盐形式存在的磷的质量浓度在 0.1～10.0mg/L 范围内，与其吸光度呈良好线性关系（$r=0.9990$）。对同一水样 10 次分析（约30min）结果的相对标准偏差为 1.5%。对样品进行回收率试验，回收率为 92.8%～101.0%。

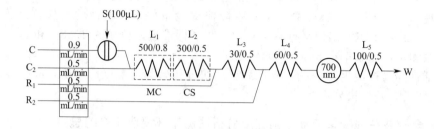

图 5-29　FIA 法测定水中总磷的流程图

C—去离子水载流；C₂—消解试剂；R₁—显色剂；R₂—还原剂；L₁—消解管路（5m，0.8mm）；
L₂—冷却管路（3m，0.5mm）；L₃—反应管路 1（30cm，0.5mm）；L₄—反应管路 2（60cm，0.5mm）；
L₅—背压线圈（10m，0.5mm）；S—试液；W—废液；MC—微波加热装置；CS—冷却装置

5.5.4.3　流动注射分析水中微量砷（V）

砷在环境样品中的含量与人类的生活和健康密切相关，在农药、玻璃、医药等工业生产中的应用日益广泛，同时严重地污染环境。砷的氧化物三氧化二砷是剧毒物质，人体长期吸入含砷化物的物质可引起诱发性肺癌和呼吸道肿瘤，给人体健康带来一定的危害。

（1）方法概述　砷在环境中的含量一般很低，很难准确测定。水中砷的测定，通常用二乙氨基二硫代甲酸银（DDCAg）分光光度法、砷斑法、石墨炉原子吸收法（GFAAS）、氢化物发生（HG）与原子光谱法等。速测法简单、快速，但容易造成分析误差。DDCAg 法是目前国内测定饮水中砷的首选方法，该方法作为经典方法，具有仪器设备简单、精密度和准确度较高等特点，是国内外分析微量砷的标准方法，但是该法显然不如速测法简便易行。GFAAS 法分析效率高，省时省力，对于微量砷的测定结果较好，但是对高含量砷的测定结果却有较大误差。采用氢化物发生（HG）与原子光谱相结合的分析方法，可以大大提高测定的灵敏度，但氢化反应产生的大量气体往往会影响测试结果的精密度。

本节介绍流动注射与氢化物发生测定环境样品中的砷，采用 L-半胱氨酸为还原剂，在低酸度条件下将 As^{5+} 还原为 As^{3+}，用流动注射在线发生氢化物并导入自制的电热石英管原子化器测定水样中痕量砷的 HGAAS 法。试验证明，本法灵敏度高，选择性好，操作简单，分析速度快，消耗样品少，可用于测定各种不同水体中的痕量砷。

样品经过处理后，被测元素与硼氢化钾所产生的新生态的氢生成相应的氢化物，由氮气导入屏蔽式石英炉原子化器，使其原子化，在相应的空心阴极灯发射光谱的激发下，产生原子荧光，测定其原子荧光强度，并与标准系列比较而测出样品中被测元素的含量。

（2）主要试剂　载流溶液：浓度为 0.20mol/L 的盐酸溶液（由优级纯盐酸配制）；浓度为 0.5% 的硼氢化钠溶液（用浓度为 0.2% 的氢氧化钠溶液当天配制）；L-半胱氨酸（A.R.，使用时以固体形式加入）。As^{5+} 标准溶液：准确称取 0.2082g $Na_2HAsO_4 \cdot 7H_2O$（A.R.）溶于水，定容至 50mL，其浓度为 1000.00mg/L，使用时以浓度为 0.02mol/L 的盐酸溶液逐级稀释成质量浓度为 100.00μg/L 的标准使用液。

（3）仪器与试验条件　HITACHI80-50 原子吸收分光光度计（日本 HITACHI 公司）；自制电热石英管原子化器（由石英管和电加热器两部分组成），加热电压 80V；HL-1 型空心阴极灯（衡水市宁强光源厂）；LZ-2000 流动注射仪（沈阳肇发自动分析仪器厂）。

测定的流程图如图 5-30 所示。仪器工作条件：$\lambda = 193.7nm$，狭缝为 2.6nm，灯电流为 7.5mA；进样体积为 500μL；试样中盐酸浓度为 0.02mol/L，载流盐酸浓度为 0.20mol/L；

0.5%L-半胱氨酸作还原剂。

（4）分析步骤　用国产蠕动泵和切换阀（图 5-30）组装了氢化物发生装置。每次测定由采样和氢化物发生两个步骤组成。采样阶段持续 20s，此时蠕动泵 P_2 将样品溶液置于 $500\mu L$ 定量管 a 中，蠕动泵 P_1 输送的载流（0.2mol/L HCl）与硼氢化钠溶液于反应管中混合产生氢气，在载气氮气的帮助下经气液分离器分离使气体混合物进入石英管原子化器，在这一阶段因无砷产生，所以仪器走基线；在第二阶段，采样阀被自动切换到注入位置，采样管中 $500\mu L$ 样品由载流带入反应管，被硼氢化钠溶液在线还原为气态砷，经气液分离后被带入电热石英管原子化器后用原子吸收法进行测定，电热石英管温度 850℃。除蠕动泵管外，所有管线均用 1.0mm 的聚四氟乙烯管连接，反应管 a、b 尺寸经优化后分别为 $\phi 1.0mm \times 100mm$ 和 $\phi 1.0mm \times 300mm$。

分别吸取 0.0mL、0.5mL、1.0mL、2.0mL、3.0mL、4.0mL、5.0mL 砷的标准使用溶液于 50mL 容量瓶中，加入 0.25g L-半胱氨酸，放置 0.5h 后，按照操作步骤，注入进样后，在线发生氢化物，用 HGAAS 测定吸光值，绘制标准曲线。水样经 $0.45\mu m$ 滤膜过滤后，准确移取 20mL，加入 0.125g L-半胱氨酸及 0.5mL 浓度为 1mol/L 的 HCl 溶液（如水样保存时已加硫酸，至 pH 值为 2，再加 0.25mL 浓度为 1mol/L 的 HCl 溶液即可），待溶解后定容至 25mL，放置 0.5h 后测定，同时测定空白。用标准曲线法根据峰高计算含量。

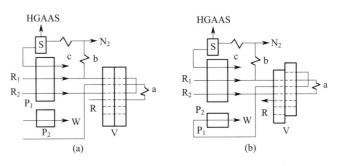

图 5-30　流动注射法测定砷的流程图

（a）采样阶段（P_1，P_2 同时运转，采样时间为 26s）；（b）氢化物发生阶段（P_1 运转，P_2 停转，氢化物发生时间为 35s）

R_1—硼氢化钠溶液；R_2—盐酸溶液；P_1，P_2—蠕动泵；V—切换阀；

S—气液分离器；a—$500\mu L$ 定量管；b，c—反应管；W—废液；R—样品

（5）说明　利用该方法测定水中 As^{5+} 的浓度，在 $0\sim15\mu g/L$ 的范围内标准曲线线性良好，线性相关系数 $r=0.9999$，检测限（3σ）为 $0.05\mu g/L$。在含砷 $3\mu g/L$ 的溶液中进行 8 次平行测定，其相对标准偏差为 1.8%，精密度良好。对不同水样进行测定的加标回收率为 95%～104%。

5.5.4.4　流动注射法测定制革废水中单宁

目前，国内外制革厂使用的鞣剂以铬鞣剂为主，采用铬鞣法制革所产生的含铬废水对环境污染极大。为了减少制革废水中铬对环境的污染，国内外专家、学者对清洁化鞣制技术进行了深入的研究。其中，采用植物鞣制是其中的一种清洁化鞣制技术。但是，植鞣技术所使用的单宁具有酶抑制作用，它对微生物的生物氧化过程具有强烈的抑制作用。另外，单宁本身也是一种污染物，可使制革废水的可生化性降低。含单宁的制革废水排入水体中可导致江河、湖泊和海洋等水质污染，因此，对制革废水中单宁的测定具有重要意义。

（1）方法概述　单宁的测定方法很多，目前主要有分光光度法、化学发光法、荧光法、滴定法、伏安法、液相色谱法、薄层色谱法、原子吸收分光光度法、热透镜光谱法、高灵敏

示波电位动力学分析法等。上述测定单宁的方法大多操作复杂、反应时间长、受外界影响大；或者某些方法虽然精确度提高了，但大多数仪器价格昂贵，不易广泛推广应用。这些都难以满足现代环境监测微型化、现场分析、实时监测等发展趋势的需要。

单宁分子上有极易氧化的羟基，在碱性条件下能与 Folin-Denis（佛林-顿尼斯）试剂反应生成蓝色化合物 Mo_8O_{23}，Mo_8O_{23} 化合物在可见光范围内有稳定的强烈吸收，一定条件下遵从朗伯-比尔定律。本节将流动注射分析技术与之联用，建立了在线监测制革废水中单宁的方法。传统的 Folin-Denis 分析方法中使用的饱和 $NaCO_3$ 碱性溶液会与 Folin-Denis 试剂中的磷酸发生化学反应生成 CO_2，使流路中产生气泡，影响吸光度的测定，本研究使用与饱和 $NaCO_3$ 溶液 pH 值相近的 $Na_2B_4O_7$-NaOH 缓冲溶液代替饱和 $NaCO_3$ 溶液，以防止流路中产生气泡从而影响单宁的测定。

（2）主要试剂　单宁标准储备溶液（1mg/mL）：称取 1.0000g 单宁于 1000mL 容量瓶中，加水释稀至刻度，摇匀，备用。Folin-Denis 试剂（磷钼钨酸溶液）：将 100g 钨酸钠、20g 磷钼酸、50mL 85% 的 H_3PO_4（体积分数）共溶于 750mL 水中，加热回馏 2h，冷却后，用水定容至 1000mL。显色液 R_1：取 2mL Folin-Denis 试剂，用水稀释到 100mL。pH 12.4 的缓冲液 R_2：将 400mL 0.2mol/L 的 $Na_2B_4O_7$ 溶液和 600mL 0.1mol/L 的 NaOH 溶液混合后，用水定容至 1000mL。实验所用试剂均为分析纯；实验用水均为去离子水。

（3）仪器与试验条件　HYY3-1 营养盐自动分析仪（四川大学制革清洁技术国家工程实验室现代分析与分离技术研究室研制，配备光学检测器、特制流通池，具有流动注射分析和低压离子色谱两种功能）；HL-1B 多通道电子恒流蠕动泵（上海沪西分析仪器厂）；HW-2000 双通道色谱工作站（浙江大学智能信息工程研究所）；UV-2800 紫外可见分光光度计（上海尤尼可精密仪器有限公司）；AT2000 电子天平（Edward Keller Inc）；信号处理及计算机系统（浙江大学智能信息工程研究所）。

流动注射分析如图 5-31 所示。首先，载流与混合显色液（显色液 R_1 和缓冲液 R_2 于三通混合器 M_1 中混合后得到的混合显色液）于三通混合器 M_2 中混合后流经检测器，在计算机的显示屏上得到一条基线。同时，试样也被注射进入进样环。当基线平稳后，仪器转换至分析状态，进样环中的样品被载流推动，与混合显色液于三通混合器 M_2 中混合，样品中的单宁在反应圈 RC 中还原 Folin-Denis 试剂，生成蓝色化合物。当蓝色化合物流经检测器后，在计算机的显示屏上得到吸收峰，根据吸收峰的高度确定样品中单宁的含量。

试验条件：在 pH 12.4 的 $Na_2B_4O_7$-NaOH 缓冲溶液中，单宁还原 Folin-Denis 试剂，生成蓝色化合物，紫外可见分光光度计测定波长选在 760nm 蓝色化合物有最大吸收。载流、显色液 R_1 和缓冲液 R_2 的流速分别为 0.22mL/min、0.22mL/min 和 0.72mL/min 时，峰高达最大。实验选用 Folin-Denis 试剂的用量为 2.0mL。选择缓冲溶液 pH 值为 12。反应圈的长度为 3m。

（4）分析步骤　在最佳实验条件下，加入不同量的单宁分别测定其峰高。结果表明，单宁浓度分别在 0.2～10mg/L 和 10～50mg/L 范围内时，单宁浓度与峰高呈良好的线性关系，其校准曲线分别为 $H=5.1657\rho+1.2848$ 和 $H=1.3387\rho+39.243$（式中：H 为峰高，mV；ρ 为单宁的浓度，mg），相关

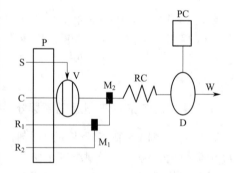

图 5-31　流动注射分析示意图

S—样品；C—载流；R_1—显色液；R_2—缓冲液；
P—蠕动泵；V—进样阀；M_1，M_2—混合器；
RC—反应圈；PC—计算机；D—检测器；W—废液

系数分别为 0.9996 和 0.9997。分别对 $500\mu g/L$ 和 $20mg/L$ 的单宁标准溶液进行平行测定 14 次，相对标准偏差分别为 3.2% 和 2.1%。本方法的检出限（3 倍基线噪声）为 $16.84\mu g/L$。

（5）说明　在最佳实验条件下，采用本方法对某制革厂的制革废水处理设施排放口的废水和总排放口的废水进行现场分析测定，同时进行加标回收试验，并与标准方法进行对照。测定结果和标准方法 GB/T 15686—2008 测得值吻合，相对标准偏差（RSD，$n = 8$）小于 4%。

5.5.4.5　流动注射化学发光法在线监测饮用水中赭曲霉毒素 A 突发污染

饮用水安全对居民的生命健康至关重要，从饮用水供应处到食品企业和居民区经历的环节复杂，存在一些不可预见的致毒风险和突发性污染的安全隐患。国家对化工污染物和农药等有毒有害试剂有很严格的管制措施，但是由天然动植物毒素造成的一些不可预见的致毒风险和突发性污染易被忽视。

谷物如稻谷、麦粒、玉米等在潮湿的环境下极易发霉，其中的赭曲霉在生长的过程中容易产生和积累赭曲霉毒素 A（ochratoxin A，OTA），该毒素一旦进入人体，将严重危害人体健康和生命。赭曲霉毒素 A 可严重损害人的肝肾，致畸致癌，并且可经血液转入母乳，直接危害婴儿的生命健康。赭曲霉毒素 A 分布广、毒性强，对狗和猪的口服 LD_{50} 分别为 $0.2mg/kg$ 和 $0.1mg/kg$。OTA 因其方便获得和富集，容易产生一些不可预见的致毒风险，有可能导致大面积中毒等应急事件。

（1）方法概述　OTA 的检测方法主要有高效液相质谱串联法、薄层色谱法、化学发光酶联免疫分析法、纳米金核酸适配体法、金标记羟胺放大化学发光法等。这些方法存在设备维护昂贵，分析周期长，前处理繁琐，纳米金检测成本高，酶与适配体竞争性反应易受 pH、温度等环境因素影响及难以对饮用水中 OTA 实现在线监测等缺点。流动注射化学发光法灵敏度高、成本低廉、易操作且可连续进样实现快速在线检测，已应用于食品检测、环境监测和临床分析等领域。前期预试验表明，OTA 对鲁米诺-高碘酸钠发光体系有抑制作用，但信号很弱，难以检测。该方法利用光信号增敏剂，建立流动注射化学发光新方法，用于快速在线监测饮用水中 OTA 突发性污染。

（2）主要试剂　赭曲霉毒素 A 标准品：纯度＞99.0%，美国 Sigma 公司；鲁米诺、吐温 20：分析纯，上海麦克林生化科技有限公司。

（3）仪器与试验条件　微弱发光测量仪：BPCL-K 型，北京亚泊斯科技有限公司。六通转换进样阀：CHEMINERT C22Z-3186 型，美国 VICI 公司。蠕动泵：BT100-1F 型，保定兰格恒流泵有限公司。紫外可见分光光度计：UV-3600 Plus 型，日本 SHI-MADZU 公司。最佳吐温 20 浓度为 $40mg/L$；氢氧化钠浓度为 $0.20mol/L$；鲁米诺的浓度为 $6\times10^{-4}\ mol/L$；高碘酸钠浓度为 $5\times10^{-4}mol/L$。

（4）分析步骤　试验流程如图 5-32 所示。a～d 管路分别泵入鲁米诺、样品、高碘酸钠和吐温 20 溶液，四通道于六通阀混合，混合溶液进入化学发光流通池中反应产生荧光。流通池中的光信号由光电倍增管 PMT 放大、检测，再转化为电信号由计算机分析和记录，最终以峰形图呈现。

在最佳条件下，对不同浓度的 OTA 进行梯度试验，试验表明，体系的化学发光强度（y）与 OTA 浓度（x）在 $0.006\sim1.000\mu g/mL$ 时有良好的线性关系，线性方程为 $y=-3101.5x+42120$，相关系数 $R^2=0.9931$。对浓度 $0.2\mu g/mL$ 的 OTA 平行测定 11 次，计算得到相对偏差为 1.68%，说明仪器精密度良好。按照 IUPAC 组织的规定，以 3 倍的标准偏差计算方法的检测限为 $1.74\times10^{-3}\mu g/mL$。在最优检测条件下，分别对宿舍饮用水、怡宝水、鼎湖山泉水以 $0.05\mu g/mL$、$0.50\mu g/mL$ OTA 进行加标回收测定，经计算加标回收

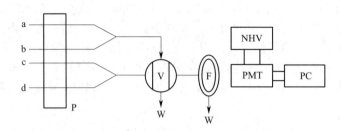

图 5-32　流动注射化学发光流程图

a—鲁米诺溶液；b—样品溶液；c—高碘酸钠溶液；d—吐温 20 溶液；P—蠕动泵；V—六通转换进样阀；

W—废液池；F—化学发光流通池；NHV—负高压；PMT—光电倍增管；PC—电脑记录仪

率为 80.6%～92.4%。

（5）说明　本法成本低、灵敏度高、可实时在线监测，适用于饮用水中 OTA 突发性污染的快速应急预警。但目前的研究主要针对单一毒素，对于混合毒素可考虑化学发光仪等设备的串联进行多毒素的同时在线监测，并结合核磁共振、液相质谱等方法对毒素的结构做更深入的分析。

5.5.4.6　流动注射化学发光法在线监测城市饮水中毒黄素突发性污染

城市居民饮用的自来水，需经水源地（河流、地下、水库等）取水，输水管网输水，水处理厂制水（净化、沉淀、过滤、消毒），水源配送（硬质塑胶 PVC 管、钢塑混合管或涂层钢管）配水，最终到达用户水龙头用水等环节。出来的水分别称为水源水、进厂水、水处理过程水、管网水和家庭龙头自来水。正常状态下，家庭龙头自来水的安全和质量因为有这些关键处理环节能够得到充分保障。但受水源环境污染、水处理技术差异、供水输水管网材质以及一些不可预见的致毒风险、缺乏预警的影响，城市饮水突发污染应急情况难以完全避免。对于城市饮水中毒黄素潜在突发性污染的快速在线监测和预警十分重要。

毒黄素是一种可由椰毒假单胞菌、荚壳伯克霍尔德氏菌、水稻细菌性谷枯病菌等多种细菌产生的小分子类细菌外毒素。毒黄素小鼠静脉注射 LD_{50} 1.7mg/kg，口服 LD_{50} 8.4mg/kg，溶于水，易在通气条件下产生，常见于被污染的发酵米面及变质银耳等食品原料中，属于易被忽视但容易获取的生物化学毒剂。但毒黄素流动注射化学发光快速在线监测方法未见报道。基于毒黄素对鲁米诺-过氧化氢-纳米氧化铜体系化学发光强度的抑制作用，建立一种针对饮水中毒黄素突发性污染的在线监测新方法，期望能应用于城市饮水安全预警。

（1）方法概述　毒黄素的检测方法主要有薄层色谱法、高效液相色谱-质谱法、分光光度法、高效液相色谱法、生物传感测定法等。这些方法存在设备昂贵、操作复杂、重复性较差、耗时较久、不能实时在线监测等缺陷。流动注射化学发光法具有检测限低、灵敏度高、检测迅速、线性范围宽、可连续进样从而实现在线监测等优点。

（2）主要试剂　鲁米诺标准品：Cas 号 521-31-3，纯度 98%，美国 Sigma 公司。过氧化氢溶液：Cas 号 7722-84-1（51501），纯度 30%，广州市信洪贸易有限公司。纳米氧化铜分散液：纯度 30%，宣城晶瑞新材料有限公司。毒黄素标准品：Cas 号 84-82-2，纯度 ≥ 98%，广州菲博（宝汇）生物科技有限公司。

（3）仪器与试验条件　微弱发光测量仪：BPCL-K 型，北京亚泊斯科技有限公司。六通阀：CHEMINERT C22Z-3186 型，美国 VICI 公司。蠕动泵：BT100-1F 型，保定兰格恒流泵有限公司。紫外-可见分光光度计：UV-3600 Plus 型，日本岛津有限公司。

流动注射化学发光原理如图 5-33 所示。通道 a～d 分别加入鲁米诺溶液、毒黄素溶液、过氧化氢溶液和纳米氧化铜溶液。4 个通道均由 P 处蠕动泵给予推动力，当溶液流至六通阀时再对六通阀进行调节，使各管道内的溶液混合反应产生荧光，荧光信号再由光电倍增管捕捉，最终光信号由信号分析器转化为电信号，再由计算机记录下来并对其进行分析。纳米氧化铜可作为该发光体系的光增敏剂，通过观察对比纳米氧化铜对化学发光体系光强的增敏作用、毒黄素对体系光强的抑制作用以及鲁米诺-过氧化氢体系化学发光光强，绘制动力学曲线。

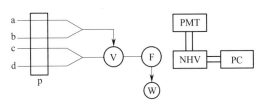

图 5-33　流动注射化学发光原理图
a—鲁米诺溶液；b—毒黄素溶液；c—过氧化氢溶液；
d—纳米氧化铜溶液；P—蠕动泵；V—六通阀；F—流通池；
W—废液；PMT—光电倍增管；NHV—负高压；PC—电脑

（4）分析步骤　鲁米诺最佳浓度为 4.8mmol/L，氢氧化钠最佳浓度为 0.04mol/L，过氧化氢最佳浓度为 0.6mol/L，纳米氧化铜最佳浓度为 140mg/L。在最优试验条件下，将毒黄素浓度和化学发光强度分别作为横、纵坐标，绘制标准曲线。毒黄素浓度在 0.005～5.000mg/L 范围内与光强线性关系较好，线性方程 $y = -1407.7x + 136438$，$R^2 = 0.993$。对 0.05mg/L 毒黄素平行测定 11 次，相对标准偏差 0.28%，表明仪器精密性好，数据结果可信。以 3 倍标准偏差计算的方法计算出方法检出限为 0.001 mg/L。以某品牌瓶装矿泉水、宿舍桶装纯净水以及蒸馏水为样本，在优化试验条件下测定其中毒黄素含量，再加标测回收率。样本加标回收率为 84%～114%。从回收率的计算结果可以看出矿泉水加标回收率过高，可能是矿泉水中含有的部分金属离子干扰了体系发光，使回收率偏高。

（5）说明　毒黄素对鲁米诺-过氧化氢发光体系的发光强度具有显著抑制作用，纳米氧化铜可强化这一作用并产生光增敏效果。基于这一原理，建立了一种用于饮水中可能发生的毒黄素突发性污染监测新方法。该方法可实现在线监测，适用于饮水中毒黄素突发性污染的快速预警。

5.6
流动注射分析技术的进展

FIA 在国内外的分析化学、分析仪器领域的研究及应用仍是一个热点问题。作为一种在线化学自动化分析技术，其自动化程度、分析速度、较低的操作费用和极好的重现性都是一般分析方法难以比拟的，尤其是样品的在线预处理技术更显示出 FIA 旺盛的生命力，充分展示了 FIA 在自动化分析领域里的应用前景。在水中有机物监测乃至整个环境监测领域中应用 FIA 技术，不仅可以简化分析步骤、降低数据成本、提高分析结果的精确度和可靠性，而且对于逐步实现环境监测自动化、强化环境管理具有重要意义。

FIA 发展的初始阶段，它被认为是一项使分析操作自动化及提高分析速度的技术。后来的发展表明这一认识并不全面，因为许多研究工作显示了 FIA 有更为独特的功能。提高分析效率固然重要，但也可以通过 FIA 以外的其他手段来实现。另外，某些分析功能的改善也很难由 FIA 之外的技术做到。只有通过研究，集中开发这些具有某种不可替代性的功能才能长久保持 FIA 的生命力，不断扩大其在近代分析化学中的应用。

从国内外 FIA 系统的发展现状可以更清楚地了解 FIA 技术的发展动向，总体上 FIA 分析技术可以分为四代：流动注射（1 代）、顺序注射分析技术（2 代）、流动注射-可更新表面技术（3 代）和阀上实验室（4 代）。

（1）流动注射（flow injection，FI）　传统的流动注射分析系统由一台高性能的多通道蠕动泵、一个注入阀、一个反应管和一台检测器（如带流通池的分光光度计）组成。

（2）顺序注射分析技术（sequential injection analysis，SIA）　　1990 年 Ruzicka 和 Marshall 提出了顺序注射分析（SIA），由于它流路简单、操作简化、容易实现微机控制，就作为流动注射分析的一个分支迅速发展起来，目前已成为流动注射分析研究最活跃的领域之一。它的核心是一个多通道选择阀。阀的各个通道分别与检测器、样品、试剂等通道相连，公共通道与一个可以正反抽吸的泵相连。通过泵从不同通道顺序地吸入一定体积的溶液，送到泵与阀之间的储存管中。在这一过程中，由于样品和试剂之间径向和轴向的分散作用而互相渗透和混合，发生化学反应，反应产物被推送到检测器中进行检测。

（3）流动注射-可更新表面技术（flow injection renewable surface technique，FI-RST）
FI-RST 的主要特点是固定相是一次性使用。20 世纪 90 年代初，Pollema 等提出了基于磁性原理的可更新固定化酶反应器，固定化酶磁珠在磁铁的作用下附着于反应管道内壁上，试样通过反应器与固定化酶磁珠发生反应。测定结束后，给反应线圈通电，形成反向磁场，抵消磁铁磁场，使磁珠脱落，流出反应器，下次测定时再注入新磁珠。此技术也称为微珠注射技术（bead injection，BI）。

FI-RST 可与多种检测方法联用，包括吸收光谱、电化学、荧光检测等。当试样区带通过微珠层时，在微珠表面发生反应，这样既可直接在微珠层上进行测定，也可在微珠洗脱液中测定，这种技术在生物医学等研究领域得到广泛应用。通常用于生物化学研究。

（4）阀上实验室　　阀上实验室系统是微型化设计的顺序注射系统（所有的部件都集成在一个整体阀上），这种精密制作的仪器将试样的注入口、反应通道及多功能流通池以特别设计的结构集成在多通道选择阀上，选择阀各端口在阀内部用微通道互相连接，可以在计算机控制下正向流动、反向流动和逆流，从而进行样品稀释、溶剂添加、混合、培养和反应速率的测定。多功能流通池两端用光纤与检测器相连，进行检测。它是目前集成程度和自动化程度较高的流动注射分析系统。

FIA 法具备的采样量少、测定速度快及在线试样处理功能，使其在一些工业、环境、生物过程监控中的独特优势已日益明显。近年来 FIA 法在研究药物溶出过程及生物活体代谢过程的连续监测中均反映出其在生命科学中未来发展的潜力。

FIA 在线分离手段已遍及液-液（溶剂萃取及渗析）、液-固（共沉淀及柱吸附）、液-气（气体扩散）各领域，且有关设备已进入商品化阶段。今后的发展会集中在分离浓集体系的实际应用方面，包括形态分析及某些复杂试样中的超痕量分析。

FIA 原子光谱分析的应用是 FIA 与某种检测技术联用最为成功的范例之一。主要表现在：可以显著减少试样消耗，在对某些试样如血液、唾液、汗液分析中有重要意义；对试样中盐分及黏度具有高耐受性；具备间接测定有机成分的广泛功能；具备在线分离浓集试样功能。今后的发展应集中上述优点将联用技术应用于实际试样的分析中。

利用日益发展的 FIA 分析技术的自动稀释功能发展智能化的校正体系，可望在微机控制下根据待测物的响应信号强度决定其在线稀释倍数及单一标准溶液的稀释倍数，这一功能在各类化学过程监测中具有重要意义，甚至在某些领域中配制标准溶液系列的操作也将成为过去式。

流动注射分析技术不仅可应用于环境监测、医药和临床化验、工业在线分析等领域，同时也可应用于化学反应动力学机理、络合物的形成过程及生化反应等理论研究。一些复杂的物理和化学过程能在流动注射分析技术中得以实现，并由此产生出在线离子交换、在线固相萃取、在线氢化物发生、液液萃取、气体扩散、停流技术、稀释技术、FIA 滴定技术和同时分析等许多新的技术和装置，使得一些反应过程复杂、要求条件苛刻及操作繁琐的分析方法变得简单、快速易行，而且极大地提高了方法的准确度和精密度。

随着科学技术的不断发展，可通过进一步发展流动注射分析技术与其他测试技术的联合应用，充分发挥其分析速度快、准确度和精密度高、设备和操作简单、通用性强、试样和试剂消耗量少以及可以与多种手段相结合等优点，来替代目前所采用的一些传统的化学分析方法，扩展流动注射分析技术的应用范围。可以相信流动注射分析技术会有新的发展和更广阔的应用天地。同时流动注射分析技术正逐渐向着微型化、集成化的方向不断发展，微全分析系统将逐渐成为分析类仪器的重要发展方向。若能够将相关的技术与微全分析系统进行结合，从而形成真正意义上的"微泵""微阀"等实现水环境分析中自动微分析系统，使其能够更好地适应针对现场的检测模式。

参 考 文 献

[1] Ruzicka J，Hansen E H. 流动注射分析 [M]. 方肇伦，徐淑坤，等译. 北京：北京科学出版社，1991.

[2] 方肇伦. 流动注射分析法 [M]. 北京：北京科学出版社，1999.

[3] 柯以侃，董慧茄. 分析化学手册第三分册——光谱分析 [M]. 2版. 北京：化学工业出版社，1998.

[4] 魏复盛. 水和废水监测分析方法指南（中册）[M]. 北京：中国环境科学出版社，1994.

[5] 郭涛. 流动注射分析的理论及医疗实践 [M]. 北京：人民军医出版社，1993.

[6] 何燧源. 环境污染物分析监测 [M]. 北京：化学工业出版社，2001.

[7] 吴宁生，周德辉. 流动注射分析中样品分散与反应管长或载流流速的关系 [J]. 中国科学技术大学学报，1999，29（6）：717-721.

[8] 董慧茄. 流动注射分析的原理及影响因素 [J]. 化学通报，1989（3）：34-39.

[9] 任杰，宋海华. 流动注射分析原理及进展 [J]. 天津化工，2003，17（2）：22-24.

[10] 邹公伟，刘震. 流动注射分析中试样分散的对流-扩散理论 [J]. 高等学校化学学报，1995，16（8）：1187-1190.

[11] 范世华，方肇伦. 环境水中微量硫酸根离子的流动注射分光光度法测定 [J]. 光谱学与光谱分析，1998，18（5）：590-592.

[12] 警言勤，谢松兵. 反相流动注射催化光度法测定亚硝酸根 [J]. 理化检验——化学分册，2002，38（9）：450-453.

[13] 警言勤，盂国防. 反相流动注射催化光度法测定废水中的亚硝酸根 [J]. 岩矿测试，2001，20（2）：108-110.

[14] 刘芳，李俊. 流动注射法测定水中氨氮 [J]. 环境监测管理与技术，2001，13（4）：33.

[15] 张永生，邹晓春，张曼平，等. 流动注射分析-气体扩散法测定海水中的 NH_4-N [J]. 海洋环境科学，2002，21（2）：58-59.

[16] 吴宏，徐丽娜，王镇浦，等. 流动注射分光光度法测定水中痕量氟化物 [J]. 化工环保，1999（6）：369-372.

[17] 孙青萍. 流动注射光度法测定水中氰化物 [J]. 理化检验-化学分册，2004，40（1）：35-36.

[18] 马运明，马蔚. 氟化物的分析方法进展 [J]. 环境与健康杂志，2003，20（2）：125-126.

[19] 陈晓青，张磊. 流动注射停流法快速测定环境水样中 COD [J]. 理化检验——化学分册，2001，37（7）：316-320.

[20] 康春莉，李文艳，包国章，等. 流动注射在线吸附紫外分光光度法测定水体中的苯酚 [J]. 吉林大学自然科学学报，2001（3）：106-108.

[21] 王英，康春莉，李润博，等. 流动注射在线液-液萃取分光光度法测定水中的痕量酚 [J]. 吉林大学自然科学学报，2000（2）：97-100.

[22] 龚正君，黄玉明，章竹君，等. 流动注射化学发光法测定水中的苯酚 [J]. 分析化学-研究简报，2002，30（9）：1123-1125.

[23] 邓大伟，李俊锋，王洪艳，等. 废水中苯胺类物质在线分离流动注射分光光度测定方法的研究 [J]. 吉林农业大学学报，2003，25（3）：324-326.

[24] 警言勤，覃淑琴，施宏亮. 流动注射-分光光度法间接测定微量苯胺 [J]. 分析化学，2002，29（12）：1483.

[25] 饶志明，王建宁，李隆弟，等. 流动注射化学发光测定甲基对硫磷 [J]. 分析化学-研究报告，2001，29（4）：373-377.

[26] 邱海鸥，姜浩，汤志勇，等. 流动注射在线氢化物发生-原子荧光光谱法测定环境水样中痕量无机汞和有机汞 [J]. 环境科学与技术，2000，92（4）：24-26.

[27] 王尚芝，刘月成，宋雅茹，等. 流动注射-氢化物发生-原子吸收光谱法测定海水中铅 [J]. 光谱实验室，2003，20（4）：513-515.

[28] 王爱霞，张宏，张卓勇，等. 流动注射在线分离富集火焰原子吸收法快速顺序测定环境样品中六种元素 [J]. 光

谱学与光谱分析，2003，23（4）：785-788.

[29] 陈树榆，孙梅．流动注射在线螯合树脂双柱预富集火焰原子吸收法测定痕量铜、铅、锡和锰 [J]．光谱学与光谱分析，2001，21（3）：377-381.

[30] 康维钧，梁淑轩，哈婧，等．流动注射在线分离富集火焰原子吸收光谱法测定环境水样中铬（Ⅲ）和铬（Ⅵ）的形态 [J]．光谱学与光谱分析，2003，23（3）：572-575.

[31] 樊静，陈亚红，冯素玲，等．流动注射在线分离预浓集分光光度法测定环境水样中的痕量铬（Ⅵ）[J]．分析试验室，2004，23（1）：70-72.

[32] 王玉杰，关胜，郝电，等．碳棒涂膜电极流动注射法测定环境水样中的阴离子表面活性剂 [J]．分析化学-研究简报，2002，30（12）：1455-1458.

[33] 崔丽英，马海丽，孙军亚，等．亚甲蓝分光光度法测定水体中的阴离子表面活性剂 [J]．化学分析计量，2003，12（3）：31-32.

[34] 范世华，Muller H W，Schweizr B，等．全微波在线消解流动注射光度分析方法测定环境废水中总磷 [J]．冶金分析，2003，23（2）：1-3.

[35] 徐光明，Ali A，卢晓华，等．流动注射氢化物发生法测定水样中痕量砷 [J]．环境污染与防治，1998，20（4）：36-37.

[36] 夏正斌，张燕红．流动注射-氢化物发生-原子吸收光谱法测定涂料中的 As，Sb，Se，Hg [J]．分析仪器，2002，1：29-32.

[37] 罗志刚，唐美，欧阳春秀，等．饮水中铅砷汞硒的断续流动氢化物发生原子荧光测定法 [J]．环境与健康杂志，2002，19（4）：332-333.

[38] 宋功式．流动注射荧光法测定磷和砷 [J]．光谱学与光谱分析，1999，19（3）：467-477.

[39] 方肇伦．关于流动注射分析今后发展的若干见解 [J]．岩矿测试，1997，16（2）：138-140.

[40] 王建雅，方肇伦．流动注射可更新表面技术进展 [J]．分析化学，2001，29（4）：466-472.

[41] 李明，陈焕文，郑健，等．流动注射分析技术的若干进展 [J]．分析仪器，2003，3：1-5.

[42] 郑晓红．流动注射分析技术的发展现状 [J]．仪器仪表与分析监测，2002，1：2-5.

[43] 张宏康，王中瑷，林奕楠，等．流动注射分析与电感耦合等离子体质谱联用技术研究进展 [J]．食品安全质量检测学报，2014，5（12）：3988-3991.

[44] 洪陵成，张红艳，王艳，等．流动注射分析在环境水质重金属检测中的应用进展 [J]．化学分析计量，2010，19（4）：90-91.

[45] 王耀，胡浩光，健生，等．应用连续流动分析仪测定环境水样中氰化物 [J]．理化检测（化学分册），2010，46（9）：1078-1079.

[46] 陈甲蕾，孙慧云，汪数学，等．流动注射对氨基二甲基苯胺光度法测定水体中的硫化物 [J]．干旱环境监测，2009，23（3）：138-140.

[47] 池泉．流动注射化学发光法测定水体中的微量亚硝酸根 [J]．广东化工，2017，23（44）：102-103.

[48] 贺舒文，薛伟峰，梁健健．流动注射在线分析法检测海水中氨氮 [J]．化学分析计量，2019，28（6）：94-97.

[49] 张磊，杨光冠，王时雄．连续流动分析法和传统方法测定环境水样中化学需氧量的比较 [J]．苏州科技学院学报（工程技术版），2016，29（2）：43-46.

[50] 张玉，杨春艳，舒砚勤，等．流动注射-化学发光法测定河水中对苯二酚 [J]．分析试验室，2016，35（3）：283-286.

[51] 张守花，张立科，原思国．流动注射化学发光测定水中对氨基酚 [J]．应用化工，2013，42（5）：929-931.

[52] 俞凌云，董伟，金晶，等．流动注射在线稀释法测定制革用水和废水中钙离子 [J]．中国皮革，2012，41（21）：4-7.

[53] 杨东静，蒋和梅，陈姝娟，等．流动注射法测定环境水样中的 Fe（Ⅲ）[J]．化学研究与应用，2013，25（4）：576-579.

[54] 冯刚，吴俊，秦嘉俊，等．流动注射化学发光法测定水样中微量砷（Ⅲ）[J]．理化检测（化学分册），2015，51（9）：924-926.

[55] 李文，洪陵成，牛彪，等．流动注射-分光光度法在线监测水中微量铝 [J]．分析试验室，2011，30（11）：92-95.

[56] 魏良，代以春，张新申，等．流动注射-Folin-Denis 法测定制革废水中单宁 [J]．冶金分析，2012，32（6）：68-72.

[57] 李梁，唐书泽，杨盼盼，等．流动注射化学发光法在线监测饮用水中赭曲霉毒素 A 突发污染 [J]．食品与机械，2019，35（1）：86-91.

[58] 刘倩好，唐书泽，李梁，等．流动注射化学发光法在线监测城市饮水中毒黄素突发性污染 [J]．食品与机械，2020，36（2）：73-79.

第6章
传感器在水质监测中的应用

6.1
水质监测传感器概述

6.1.1 水质监测传感器的发展史

伴随着我国经济建设的飞速发展和对可持续发展理念的普遍认同，水环境保护问题已受到各级政府和社会各界的广泛关注，成为影响国民经济发展和人民生活质量的关键问题。实现水环境的快速、准确在线质量监测是环境水质质量评价和水处理工艺评估的重要技术保证。在传统的水质检测中，水质参数是通过现场采样和实验室分析得到的，难以适应大面积水体快速检测和在线水质分析的客观要求，存在统计学采样样本数量少以及检测结果滞后等缺点。近年来多种形式的新技术和新型水质检测仪器的出现，进一步促进了连续、自动在线监测水环境技术的进步。

检测和测量仪器中，传感器是信息获取和信息转换的关键设备。水质传感技术已成为大面积水环境特别是海洋环境水质在线监测的关键技术。多年来，我国科学家和技术人员在水质传感器和水质监测技术与仪器装备研发方面，已取得了许多创新成果，并取得了长足的技术进展。在引进、消化、吸收国外同类技术和再创新方面也取得了显著的进步。

国外关于水质自动监测技术的研究起步较早，部分水质自动监测技术已在实践中得到了应用，取得了较好的效果。我国在水质自动监测、移动快速分析等预警预报系统建设方面也取得了较大进步。1998年以来，我国在七大水系的10个重点流域建立了100多个国家地表水水质自动监测站，并根据环境管理需要建立了400多个地方地表水水质自动监测站。目前，我国仍有部分水质自动监测系统是从国外引进的，国内的自动监控装置具有广阔的发展前景和潜在的销售市场。从结构上看，水质监测传感器主要由传感器模块、处理器模块、无线通信模块和电源模块四部分组成。水质监测传感器的内部结构示意图如图6-1所示。

应用较多的水质监测参数有COD、NH_3-N、TOC、TN、TP等参数。经过近30年的发展，我国水质监测系统研发经历了从相关技术引进到消化吸收专利技术，并通过再创新技术形成适合我国实际情况的水质监测的新产品；在检测模式上，从开始的半自动监测发展到可在线监测水质信息；在产业规模上，从仅局限用于小区域专用监控设备的研发，已发展成为该领域的支柱产业之一；通过技术人员的不懈努力，已研发出一批优秀技术产品，形成了产业规模。

20世纪末，国家环境保护局颁布了《排污口规范化整治技术要求（试行）》，规定在污水排污口优先安装流量计。这是我国较早时期开始使用水质监测传感器对水质进行监测。一

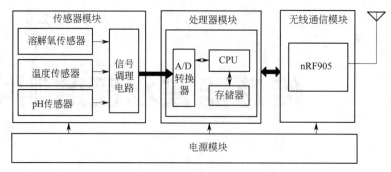

图 6-1　水质监测传感器内部结构示意图

般是在排污口安装三角堰、矩形堰和流量测量通道及水质传感器等测量装置实现对水质参数进行监测。流量监测装置如图 6-2 所示。

图 6-2　流量监测装置

20 世纪末,我国引进了用于生活用水水质监测的 COD 监测仪。当年我国生产同类产品主要是采用手工单组装调试,未形成规模化生产,水质监测装置行业发展较慢。经历了较长时间的在线水质监测仪器研发创新过程,截止到 2001 年,我国 COD 监测仪器取得突破性进展并陆续安装 100 多台,主要分布在经济发达的省份(如江苏、浙江等)。随着我国环境保护总局关于化学需氧量(COD)自动在线监测仪器产品技术要求(HBC6—2001)的发布,我国环境监测仪器质量监督检验中心对 COD 在线监测仪器进行了适用性测试,分别对 30 多家企业的在线检测产品进行了可用性测试。随着我国内需的不断扩大,同类产品研发生产逐渐出现了多元化的迅速发展趋势,国内厂家陆续研发出 COD、NH_3-N、TOC、TN、TP 等在线水质参数监测仪。

经过多年现场安装和操作实践,水质 COD 监测系统得到了不断优化,使其更能满足我国的水质监测需求,形成了性能稳定且适应性强的在线水质参数监测系统,形成了操作规范。伴随着我国该类设备需求市场的不断扩增,同类产品的生产厂家急剧增加。国际一些知名大型企业也逐步进入中国市场,如美国 HACH 公司,带来了自己的先进产品。

2006 年以后,特别是在实施"三网融合"能力建设项目中,要求 COD 污染负荷占主要污染源 60% 以上的区域必须配备在线监测仪器,并与互联网相连,形成了地方(市)、省、全国三级网络,实现了水质的实时在线监测。安装仪器数量的增加和运行管理的逐步规范化,特别是一批专业运维队伍的出现,促进了水质监测仪器的发展。

6.1.2　水质监测传感器的种类

水质监测传感器包括水温传感器、液位传感器、溶解氧传感器、pH 值传感器、电导率传感器、浊度传感器、氨氮传感器和化学需氧量传感器等。每种传感器针对不同的需求可供选用。

6.1.2.1　COD 在线监测仪

化学需氧量 COD（chemical oxygen demand）是以化学方法测量水样中需要被氧化的还原性物质的量，以 mgO_2/L 表示。在河流污染、工业废水水质监测以及污水处理厂的运行管理中，它是一个能较快测定有机物污染的重要参数。COD 反映了水体受还原性物质污染的程度。COD 在线监测仪的原理主要基于重铬酸钾氧化法、电化学氧化法和紫外吸收法三种。

重铬酸钾氧化法是在一定温度条件下，在强酸溶液中加入重铬酸钾氧化水中还原性物质，经高温消解后，将氧化剂中的部分 Cr^{6+} 还原为 Cr^{3+}，最后利用分光光度计、库仑滴定、氧化还原等方法进行定量分析。

电化学氧化法是根据电极与水样接触后引起的氧化还原反应，间接测出 COD 的值。工作电极正极发生氧化反应，辅助电极阴极发生还原反应，氧化过程所消耗的电流大小与 COD 的值呈线性关系，将氧化过程所消耗的电流信号通过检测、放大处理得到相对应的 COD 值。

紫外吸收法（UV）应用紫外线吸光度原理，用双波长吸光度测定法测量水中有机物浓度。通过测定污水对 UV254 的吸收程度得到 UV 吸收值，通过 UV 值与 COD 之间的线性关系式自动换算出所测水样的 COD 值。同时用 UV 计在 550nm 的参比光处可以自动校正浊度、电源波动等系统误差干扰。常用的 COD 检测仪如图 6-3 和图 6-4 所示。

图 6-3　COD 快速测试仪

图 6-4　一体型 COD 快速测定仪

COD 检测仪可广泛应用于地表水（河流、湖泊、水库、海洋）、地下水、生活污水（如：城市污水处理厂水、垃圾填埋场渗滤液等）和工业废水（如：化工厂、天然气厂、焦化厂、造纸厂、制药厂、钢厂、洗涤剂厂、制革厂、染色厂等排水）水质 COD 含量的监测。

6.1.2.2　pH 计

pH 计又称酸度计，是一种常用的仪器设备，主要用来精密测量液体介质的酸碱度值，配上相应的离子选择电极也可以测量离子电极电位值。它是根据 pH 值实用定义采用氢离子选择性电极测量水溶液 pH 值的一种广泛使用的化学分析仪器，用电势法测量 pH 值。其原理是：当一个氢离子可逆的指示电极和一个参比电极同时浸入在某一溶液中组成原电池时（参比电极电位原则是不变的，并应已知），在一定的温度下产生一个电动势，这个电动势与溶液的氢离子活度有关，而与其他离子存在的关系很小。25℃下液相中氢离子活度为 1mol/kg，气相氢气压为 $1.0132×10^5\,Pa$（1 个大气压），这时的氢电极被称为标准氢电极，它的电极电势为零。任何电极的电势都可以依据这个标准氢电极来度量。将待测电极与标准氢电极连接，温度控制在 25℃，所测的电池电动势称为标准电极电势。因此，待测溶液 pH 值的变化可以直接表示为它所构成的电池电动势的变化：

$$E = E_0 + (2.303RT/F)\lg a_{H^+} \qquad (6\text{-}1)$$
$$= E_0 - (2.303RT/F)pH$$

式中　R——气体常数，8.3143J/（℃·g）；

　　　F——法拉第常数，96487.0C/mol；

　　　T——热力学温度，273.15 $+t$，℃；

　　　E_0——标准电极电位，V。

由公式（6-1）可知，测得电池电动势后，可以计算出溶液的 pH 值。pH 值的数值跟产生的电动势电压（一般在 ± 500mV 以内）相关。目前使用的 pH 计就是根据这一原理而设计的。

pH 计的结构组成见图 6-5，一般由测量部分（变换器）和 pH 电极（传感器）两个部分组成。pH 计的测量部分由电位计或电桥组成，在整个系统接通时，被测电池（即电极对产生的电动势）必须在没有电流通过的情况下进行。否则，将会引起电解及电极的极化作用，以致造成测量误差。这就是要采用补偿法测量电位的原因。另外，在测量部分还采用深度负反馈放大电路，使输入阻抗进一步提高。

pH 计可广泛应用于化工化肥、冶金、环保、制药、生化、食品和自来水等行业涉及的水溶液 pH 值

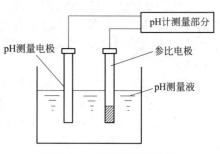

图 6-5　pH 计的结构组成

的连续监测。例如制药行业药物的生产过程中，首先要检验药源是否受到污染和 pH 值情况，以便快速对原料品质进行评估，缩短了检测药源的时间，提高了制药效率；在酿造行业，pH 计对于产品保质及生产工艺状况中控非常重要，pH 值的微弱降低将影响到啤酒花的溶解度，从而导致啤酒成品的苦味加重；乳制品制造业依靠 pH 来确保牛奶不结块；在医药制剂方面，例如注射液 pH 值、人体血液 pH 值测定结果是否准确，都将关系到判定患者是否发生酸碱中毒问题。pH 计具有测量准确度高、反应灵敏、读数准确可靠、操作简单等特点，是连续测量和数显 pH 值的专用仪器，工业 pH 计在工业生产的各个领域有着广泛的应用，为确保测量结果精确，用户根据不同特点和用途进行合理选用。

6.1.2.3　电导率测定仪

电导率是电解质溶液的重要性质参数，电导率测量在环境监测、工业生产流程控制、电分析化学、临床医学、海洋、水文、轻工、冶金等领域中有广泛应用。电导是电阻的倒数，电导率是以数字表示溶液传导电流的能力的重要参数。电导率值取决于离子的性质和浓度、溶液的温度和黏度等。电导仪是以电化学测量方法测定电解质溶液电导的仪器。

溶液电导率可通过溶液测量获得。固体导体的电阻率可以根据欧姆定律和电阻定律测量获得。电解质溶液电导率的测量一般采用交流信号作用于电导池的两电极板，由测量到的电导池常数 K 和两电极板之间的电导 G 而求得电导率 σ。电导率测量中最早采用的是交流电桥法，它直接测量到的是电导值。最常用的仪器设置有常数调节器、温度系数调节器和自动温度补偿器，部分由电导池和温度传感器组成，可以直接测量电解质溶液的电导率。电导率测定仪的测量原理是将两块平行的极板放到被测溶液中，在极板的两端加上一定的电势（通常为正弦波电压），然后测量极板间流过的电流，其工作原理图见图 6-6。电导率（σ）是由导体本身特性决定的。

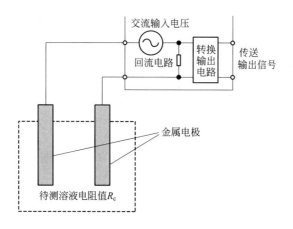

图 6-6　电导率测定仪工作原理图

电导率的基本单位是西门子（S）。因为电导池的几何形状影响电导率值，标准的测量中用单位电导率（S/cm）来表示，以补偿各种电极尺寸造成的差别。单位电导率（C）是所测电导率（σ）与电导池常数（L/A）的乘积。这里的 L 为两块极板之间的液柱长度，A 为极板的面积。

水的电导率与其所含无机酸、碱、盐的量有一定关系。当它们的浓度较低时，电导率随离子浓度的增大而升高。因此，该指标常用于评价水中离子的总浓度或含盐量。新鲜蒸馏水的电导率为 $0.2 \sim 2\mu S/cm$，但放置一段时间后，因吸收了 CO_2，电导率增加到 $2 \sim 4\mu S/cm$；超纯水的电导率小于 $0.1\mu S/cm$；天然水的电导率多在 $50 \sim 500\mu S/cm$ 之间，矿化水可达 $500 \sim 1000\mu S/cm$；含酸、碱、盐的工业废水的电导率往往超过 $10000\mu S/cm$；海水的电导率约为 $30000\mu S/cm$。

电导率测定仪内部主要是由振荡器、电导池、放大器、指示器等部分构成一个完整的回路，其内部构造图如图 6-7 所示。电导电极的两个测量电极板固定在一个玻璃杯内，以保持两电极间的距离和位置不变，这样电极的有效截面积 A 及其间距 L 均为定值，可直接测出电导率的值。

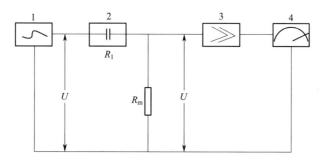

图 6-7　电导率测定仪内部构造图
1—振荡器；2—电导池；3—放大器；4—指示器

电极常数常选用已知电导率的标准氯化钾溶液进行测定。溶液的电导率与其温度、电极的极化现象、电极分布电容等因素有关，仪器上一般都采用了补偿或消除措施。水样采集后应尽快测定，如含有粗大悬浮物质、油脂等将干扰测定，应通过过滤或萃取去除。

电导率仪有笔形、便携式、实验室用和工业用四种类型。笔形电导率仪，一般制成单一量程，测量范围窄，为专用简便仪器。笔形电导率仪还可制成 TDS（总溶解固体）计，用于测量饮用水中的含盐量。便携式和实验室用电导率仪测量范围较广，为常用仪器，不同点是便携式采用直流供电，可携带到现场。相比之下实验室用电导率仪测量范围广、功能多、测量精度高。工业上使用的电导率仪要求稳定性好、环境适用能力强、抗干扰能力优异，且具有模拟输出、数字通信、上下限报警和控制功能等。

6.1.2.4 浊度测定仪

随着国家对饮用水水质安全严格法规的建立，准确地测量低浊度水样系统的检测技术也随之逐渐改善。为保证饮用水管网末梢浊度满足 2006 年颁布《生活饮用水卫生标准》（GB 5749—2006）1NTU 以下的要求，水厂出水的浊度应控制在 0.5NTU 左右。很多城市供水企业将出厂水内控指标控制在 0.1NTU 以下，以保证饮用水的微生物学安全。例如，上海自来水公司的出厂水浊度要求低于 0.08NUT。同时，越来越多的中国供水企业正在向直饮水的目标而努力，随着膜技术的成熟，出厂水浊度可能达到甚至低于 0.05NTU 的水平。

水的浊度是表达水质的重要指标之一。它是水中的悬浮物、胶体物质、浮游生物和微生物等杂质对光所产生的效应的综合表达参数。水的浊度并不直接表示水样中各种悬浮物、胶体物质、浮游生物和微生物等杂质的含量，但与它们存在的数量是相关的。光电浊度仪是利用一稳定的光源通过被测水样直射至光电池表面（硒光电池或硅光电池），水中的悬浮物和胶体颗粒的存在使得透射光强度发生变化，在光电池上也产生相应的电流强度变化，从电表上可直接读出水样的浑浊度参数。

测定浊度的仪器按设计原理分为透射光型、散射光型和透射光-散射光型三种类型。

（1）透射光型浊度仪　透射光型浊度仪利用悬浮物对光的散射和溶质分子对光的吸收程度测出水的浊度。水的浊度不仅与水中悬浮物质的含量有关，而且与它们的大小、形状及折射系数等因素有关。溶液浊度越小，透光率越大。

（2）散射光型浊度仪　按照瑞利理论，当水中悬浮颗粒的大小为光波波长 $1/20 \sim 1/10$ 以下时，光线射入水中引起微粒对光的散射，散射光强度与水中微粒的特性有以下关系：当微粒大小等于或大于入射光波长时，散射（反射）光强度与入射光强度、微粒表面积 A 及粒子数 N 成正比。

国家建设部《城市供水行业 2000 年技术进步发展规划》要求我国供水企业必须迅速有计划地采用散射光浊度仪取代透射光浊度仪和目视比光浊度仪检测水体浊度，有利于保证和提高水质监测水平，并方便国内外水质的比较。

（3）透射光-散射光型浊度仪　如利用透射光 I_t 和散射光 I_k 的比值与浊度成正比这一原理制成的积分球浊度仪。透射光-散射光浊度仪用在小于 1NTU 浊度且精度要求高的测定工作中较合适。此种类型浊度仪带有乘除器，故价格较其他两种类型高。一般应用于发电厂、纯净水厂、自来水厂、生活污水处理厂、饮料厂、环境保护部门、工业用水、制酒行业及制药行业、防疫部门、医院等部门的现场在线浊度测量。

6.1.2.5 氨氮监测仪

水中的氨氮是指以游离氨形式存在的氨氮，主要来源于生活污水中含氮有机物在微生物作用下分解的产物、合成氨等工业产生的废水以及农田排水等。水体中氨含量过高会导致藻类过量繁殖，使水中溶解氧过量消耗，引起水质恶化，使生态系统平衡遭到破坏。同时水体中过量存在的氨氮对鱼类养殖及其他水产养殖业也会造成危害。氨氮是表征水体污染的重要指标之一。

根据我国环境监测总站公布的氨氮在线监测仪合格产品，截止到 2013 年 9 月 30 日，在国内市场上共有 68 种氨氮在线监测仪。根据其测量原理主要分为纳氏试剂分光光度法、水杨酸分光光度法、氨气敏电极法、电导法和铵离子选择法等 5 种。

（1）纳氏试剂分光光度法　氨（NH_3）与碘化汞和碘化钾的碱性溶液反应生成淡红棕色胶态化合物，在 410～425nm 波长范围内有强烈吸收，根据朗伯-比尔定律可定量检测水样中的氨。基于纳氏试剂法的水质氨氮在线监测仪，具有较高的环境适用性，可以应用在地表水、地下水和其他污染源的氨氮在线监测中，但由于比色容易受到水样色度和浊度的影响，在高色度、高浊度的应用环境中，对仪器的预处理模块提出较高要求。同时，由于仪器所用试剂含有碘化汞，如操作不当，可能存在对操作者易造成伤害的风险，同时易造成环境的二次污染。

（2）水杨酸分光光度传感器　水样中的氨氮以铵（NH_4^+）的形式参与反应，在亚硝基铁氰化钾存在时，铵与水杨酸和次氯酸根离子反应生成蓝色化合物靛酚蓝，在 697nm 处产生吸收峰，根据朗伯-比尔定律可定量检测水样中铵的含量。水杨酸分光光度法的检出限比纳氏试剂法低，可以达到 0.01mg/L，且安全无毒，因此以该方法为原理的氨氮在线监测仪更适合应用于饮用水、地表水等低浓度水体的监测。测试所需的次氯酸盐溶液保存时间短，因此在在线应用中应重点注意试剂的有效保存问题。水杨酸分光光度传感器可用于地表水、中水、城市污水及工业废水等行业水体中氨氮含量的快速检测，还可应用于在线实时水质监控的领域。

6.2
原位水质监测传感器的工作原理和应用

原位水质监测仪的结构包括电源、监测探头、光纤光谱仪、工控机和气泵。气泵设有与监测探头相连的气体管路；光纤光谱仪设有分别与工控机和监测探头相连的数据传输管路；监测探头包括壳体、开放式样品监测室、光谱传感器、温度传感器、湿度传感器、传输线缆和窗口清洗装置。原位水质监测仪将上述所提到的水质监测传感器进行有机的结合。

6.2.1 水温传感器

6.2.1.1 概述

水温传感器是原位水质监测传感器中用于监测水体温度的一种传感器。21 世纪以来，常用的温度传感器是热电偶传感器和热电阻传感器，而常用于水质监测的则是热电阻传感器。热电阻传感器是利用导体电阻随温度变化的特性来检测温度和与温度相关参数的装置。按照温度系数可以将热电阻传感器分为三类：负温度系数（negative temperature coefficient，NTC）传感器、正温度系数（positive temperature coefficient，PTC）传感器和临界温度热敏电阻（critical temperature resistor，CTR）传感器。NTC 传感器的电阻值大小随着温度的升高而减小，PTC 传感器的电阻值则是随着温度的升高而增大，而 CTR 是具有负电阻突变的特性，在某一温度下，CTR 电阻值随温度的增加急剧减小，呈现出很大的负温度系数。温度测量是根据金属导体的阻值随温度的升高而增大的特性来进行的。大多数热电阻的阻值随温度升高 1℃ 而增大 0.4% ～ 0.6%，这种传感器适用于高精度的温度检测。大部分热电阻由纯金属材料制成。铂、铜、镍等作为热阻材料具有温度系数大、线性度好、性能稳定、温度范围宽、加工方便等特点，被广泛应用。

热电阻传感器（示意图如图 6-8 所示）主要分为两类。

（1）NTC 热阻传感器　NTC（负温度系数）是指随温度上升电阻呈指数关系减小、具有负温度系数的热敏电阻现象或材料。该材料是利用锰、铜、硅、钴、铁、镍、锌等两种或两种以上的金属氧化物进行充分混合、成型、烧结等而成的半导体陶瓷，可制成具有负温度系数（NTC）的热敏电阻。其电阻率材料常数随材料成分比例、烧结气氛、烧结温度和结构状态不同而变化。现在还出现了以碳化硅、硒化锡、氮化钽等为代表的非氧化物系 NTC 热敏电阻材料。

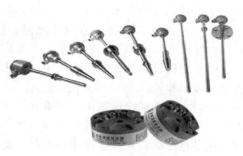

图 6-8　热电阻传感器

（2）PTC 热阻传感器　PTC（正温度系数）是指在一定的温度范围内电阻有显著增大、具有正温度系数的热敏电阻现象或材料，可专门用于恒温传感器。陶瓷 PTC 是以钛酸钡（或锶、铅）为主成分，添加少量稀土（Y、Nb、Bi、Sb）和 Mn、Fe 等元素以及玻璃（氧化硅、氧化铝）等添加剂，经过烧结而成的半导体陶瓷。添加电阻正温度系数的锰、铁、铜、铬氧化物和其他功能添加剂，由高温烧结而成的钛酸铂半固溶体，制成热敏电阻材料。热敏电阻材料的温度系数和居里点温度受到成分和烧结条件（尤其是冷却温度）的影响。

6.2.1.2　工作原理

热电阻传感器的原理是导电物体的电阻大小会随着温度变化而发生变化。由周围环境的温度变化引起导体电阻大小的变化，于是可以利用电阻随温度变化的特性，通过对电阻阻值的检测，工作仪表就会显示出与阻值相对应的温度值。热电阻传感器是根据导体或半导体的电阻率随温度变化的原理设计的，通过电阻随温度变化的特性来测量温度。当阻值变化时，工作表显示与阻值相对应的温度值。铂是一种贵金属，具有耐高温、温度特性好且使用寿命长等特点，因此被广泛应用。以铂电阻为例，其与温度的关系可用公示（6-2）或公式（6-3）表示。

在 -200～0℃ 以内：

$$R_t = R_0[1 + At + Bt^2 + C(t - 100t^3)] \tag{6-2}$$

在 0～800℃ 以内：

$$R_t = R_0(1 + At + Bt^2) \tag{6-3}$$

式中　R_t——温度为 t℃时的电阻值；

$\quad\quad R_0$——温度为 0℃时的电阻值；

$\quad\quad t$——任意温度，℃；

A，B，C——常数。

铂的 $W_{100} = 1.391$ 时，$A = 3.968 \times 10^{-3}℃^{-1}$，$B = -5.847 \times 10^{-7}℃^{-1}$，$C = -4.22 \times 10^{-12}℃^{-1}$；

铂的 $W_{100} = 1.389$ 时，$A = 3.949 \times 10^{-3}℃^{-1}$，$B = -5.851 \times 10^{-7}℃^{-1}$，$C = -4.04 \times 10^{-12}℃^{-1}$。

可以看出热电阻在温度 t 时的电阻值与 R_0 有关。我国规定工业用的铂热电阻有 $R_0 = 10\Omega$ 和 $R_0 = 100\Omega$ 两种，对应的分度表分别为 10Pt 和 100Pt，其中又以 100Pt 较常用，测得热电阻的阻值 R_t，便可根据分度表查得对应的温度值。

6.2.1.3　主要特点

采用一些电阻温度特性稳定且重复性好的材料，得到的热电阻传感器的测量精度高，并且能够直观简便地显示与温度的对应关系；在测量范围上的限值较小，无论在低温还是在高温都有能够对应的合适材料，尤其在低温下的测试，主要是采用热电阻来表征；在自动测量温度和远距离操作测量温度中都易于操作。

与热电偶相比较，最方便的地方在于热电阻只需一种材料就可以制备出，在制备工艺程序上较简洁。另外，热电偶在测试低温数据时受到的干扰较大，读数需要参考低温端的电势，导致准确度不如热电阻。与红外等非接触式测温手段相比，热电阻传感器则更加精确、响应更快、受周围环境影响也更小。

6.2.1.4　主要应用

热敏电阻可作为电子线路元件用于仪表线温度补偿和热电偶冷端温度补偿。利用 NTC 热敏电阻的自热特性，可以实现自动增益控制，可以构造 RC（电阻-电容）振荡器的稳幅电路、延时电路和保护电路。当自热温度远远高于环境温度时，其阻值也与环境的散热条件有关。因此，热敏电阻常用于流量计、气体分析仪和热导率的分析，使其成为一种特殊的检测元件。而 PTC 热敏电阻主要用于电气设备的热保护、无触点继电器、恒温、自动增益控制、电机启动、延时、彩电自动消磁、火灾报警和温度补偿等方面。

（1）基于 WiFi 技术的温度传感器　在现代生活中，WiFi 的使用越来越广泛。人们日常生活中的手机、电脑和平板等终端设备已经几乎离不开 WiFi，而如今温度传感器也开始与 WiFi 有了紧密联系。从 20 世纪 90 年代末开始，以美国为首的欧美国家已经开始致力研究无线温度传感器。进入 21 世纪以来，欧美多所高校对温度传感器的数据传输、运行系统等进行了深入研究。之后，随着各国之间科学技术的不断交流，无线温度传感器开始在亚洲盛行起来。在 21 世纪初，我们国家也开始了对这种无线温度传感器的研究，开始着手研究涉及无线传感器领域的相关项目，并且取得了一系列成果。目前 WiFi 无线温度传感器已经在原位水质检测方面取得良好的效果，改进了传统温度传感器的不足，无需布线，拥有小巧的体积和简便的安装过程，安全可靠，并且传输距离不受限制。

（2）光纤温度传感器　光纤测温是 20 世纪 70 年代发展起来的一门新兴测温技术，与传统的温度传感器相比具有以下优点：光波不产生电磁干扰，易被各种光探测器件接收，可方便地进行光电或电光转换；易与电子装置和计算机相匹配；光纤工作频率宽，动态范围大，是一种低损耗传输线；光纤本身不带电，体积小，质量轻，易弯曲，抗辐射性能好；特别适合于易燃、易爆、空间受严格限制及强电磁干扰等恶劣环境下使用。光纤温度传感器在水质检测领域也已取得了大量可靠的应用。

6.2.2　电化学传感器

6.2.2.1　概述

电化学传感器是分析技术和传感技术结合的产物，是将待测溶液的化学信号（待测物质的浓度、活度等）转变为直观可读的电化学信号（电流、电阻、电位等）的装置。电化学水质传感器主要用于液体或溶于液体的固体成分、液体的酸碱度、电导率及氧化还原电位等参数的测量。如图 6-9 所示，电化学传感器的构造主要有用于待测物选择性识别的感应器和用于信号转化的转换器。工作电极作为电化学传感器的感应器，很大程度上影响着传感器的分析性能，常见的工作电极有玻碳电极、金属电极、超微电极、碳糊电极等。由于其灵敏度高、响应快速、易于小型化、价格低等优势，电化学传感器在水质检测中发挥着越来越重要的作用。

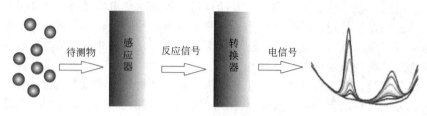

图 6-9　电化学传感器示意图

最早的电化学传感器可以追溯到 20 世纪 50 年代，当时用于氧气监测。到了 20 世纪 80 年代中期，小型电化学传感器开始用于检测多种有毒气体，显示出了良好的敏感性与选择性，可用于静态或移动场合的检测。电化学传感器可分为电位传感器、电导传感器、功率传感器、极谱传感器和电解传感器。

6.2.2.2　工作原理

电化学传感器是应用电化学分析的基本原理和实验技术，基于待测物质的电化学性质，将待测物质的化学变化转化为电信号输出，从而实现待测物质组分及含量检测的一种传感器。电化学传感器主要由识别系统和转导系统组成，识别系统的作用是选择性地与被分析物质相互作用并将产生的化学参数转换成一定的电信号，转导系统的作用是接受这些信号并以电化学信号的形式传输给电子系统再由电子系统进行放大输出。电化学传感器按其输出信号可分为电势型传感器、电流型传感器和电导型传感器。

电势型传感器的工作原理是通过测量电极与电极膜表面之间的电势差来达到检测待测物的目的；电流型传感器的工作原理是基于控制反应电势所引起的待测物直接氧化还原反应，进而发生多相电子传递，并作为电流信号输出，从而对被测物质进行检测；电导型传感器的工作原理则是基于测量待测物质在发生反应前后，溶液的电导变化情况进行检测。

电化学传感器的工作原理是与被测气体发生反应，产生与气体浓度成正比的电信号。典型的电化学传感器由传感电极（或工作电极）和由薄电解层隔开的反电极组成。气体首先通过微小的毛细管开口与传感器发生反应，然后通过疏水屏障层，最后到达电极表面。该方法允许适量的气体与传感器电极反应，形成足够的电信号，同时防止电解质从传感器泄漏。通过势垒扩散的气体与传感器电极发生反应，电极可被氧化或还原。这些反应是由为被测气体设计的电极材料催化的。

通过连接电极之间的电阻，电流与测量气体的浓度成正比，在正负电极之间流动。通过测量电流来确定气体的浓度。然而，即使传感器处于清洁的环境空气中，传感器的输出信号也往往不是零。这个电流信号通常被称为背景电流或初始电流。这是信号的一个随机变化，它的不稳定性是温度的变化，而第二个变化与操作的时间有关。这个数字有时比检测到的信号大几十倍，因此消除传感器背景电流的影响是提高测量精度的重要环节。在实际应用中，由于电极表面的电化学反应是连续的，因此传感器电极的电位不能保持恒定。长时间使用会导致传感器性能下降。为了提高传感器的性能，引入了参考电极。参考电极安装在电解液中，与传感器电极相邻。在传感器电极上施加一个稳定的恒电位。参考电极可以在传感器电极上保持这个固定的电压值。参考电极之间没有电流流动。气体分子与传感器电极发生化学反应，并对电极进行测量。测量结果通常与气体浓度直接相关。施加到传感器电极上的电压使传感器能够与待测气体作用。

6.2.2.3　主要特点

① 在三电极传感器上，通常使用跳线将工作电极连接到参考电极上。如果在存储期间将其移除，则需要很长时间传感器才能稳定并准备使用。一些传感器需要在电极之间有一个偏置，在这种情况下，传感器与一个 9 伏电池供电的电子电路一起工作。传感器需要 30min～24h 才能稳定。

② 大多数有毒气体传感器需要少量的氧气才能正常工作。在传感器的背面有一个通风口。

③ 传感器中电池的电解液是一种疏水屏障隔离的水溶剂，可以防止水溶剂的泄漏。然而，像其他气体分子一样，水蒸气也可以通过疏水屏障。在高湿度的环境下，长时间接触可能会导致过量的水分积聚和渗漏。在低湿度条件下，传感器可能会干燥。用于监测高浓度气体的传感器具有低孔隙率屏障，以限制气体的分子量，因此它们不受湿度的影响。与用于监测低浓度气体的传感器一样，该传感器具有高孔隙率屏障，允许气体分子自由流动。

6.2.2.4　主要应用

电化学传感器监测金属离子的示意图如图 6-10 所示。

（1）电流型电化学传感器　电流型电化学传感器是通过电极将外界的化学量信号转化为电流信号来进行检测的元器件，使用该器件检测水体中重金属离子的电化学检测分析技术主要指溶出伏安法。

（2）电位型电化学传感器检测　电位型电化学传感器是通过电极将外界的化学量转化为电位信号来进行检测的元器件，使用该器件检测水体中重金属离子的电化学检测分析技术包括离子选择性电极法、溶出计时电位分析法等。石墨烯是一种新材料，目前，石墨烯已被广泛应用于分子印迹电化学传感器，在提高传感器灵敏度方面显示出极大的优势。

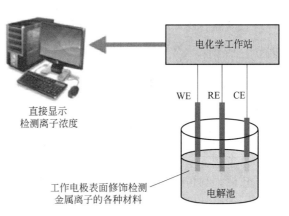

图 6-10　电化学传感器监测金属离子示意图
WE—工作电极；RE—参比电极；CE—辅助电极

（3）水质总氮检测的电化学传感器自动分析系统　在 0mg/L 到 2mg/L 浓度范围内，该自动检测系统对水中总氮具有较高的检测灵敏度［$6.5\mu A/(mg/L)$］和较好的线性度（0.993）。与现有的总氮自动检测仪器相比，研制的系统具有试剂消耗量少、简单易用、功耗和成本低等优点。

6.2.3　光纤传感器

6.2.3.1　概述

长期以来，光学传感技术一直与精确和非侵入性测量联系在一起。光束有许多独立的参数，包括强度、波长光谱、相位和偏振等，而且这些参数对应用的测量都很敏感，在传统光学仪器中，保持光学对准需要相当高的机械稳定性，这就限制了它的应用。

现代光纤传感器的发展归功于 20 世纪 60 年代两项最重要的科学进步——激光和现代低损耗光纤。光纤传感器体积小，重量轻，总体上是微创性的。光纤传感器可以在单光纤网络上实现有效的多路复用。随着对新型光纤元件和传感元件更深入的研究，光纤传感器将会有更大的发展。

6.2.3.2 工作原理

光纤传感器是基于光纤和光谱分析技术，结合化学、生物反应原理制成的各种传感器。其工作原理：由光源发出的光经光纤送入敏感探头处，被测物质与传感膜中的敏感试剂发生反应，引起光的强度、波长、频率、相位、偏振态等光学特性的变化，调制后的信号经光纤送到光检测器，根据不同的光学特性原理进行分析处理来测定分析物的含量。光纤传感器基本上由光源、光纤光路、传感头和信号调理电路等几部分组成。这一技术的应用体现出灵敏度高的优势，可以应用于精密测量。光纤传感器实物如图 6-11 所示。

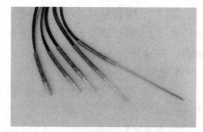

图 6-11　光纤传感器实物图

6.2.3.3 主要特点

光纤传感器检测灵敏度较高；几何形状具有多方面的适应性，可以制成任意形状的光纤传感器；可以制造传感各种不同物理信息（声、磁、温度、旋转等）的器件；可以用于高电气噪声、高温、腐蚀或其他的恶劣环境；电绝缘性能好，抗电磁干扰能力强，非侵入性，高灵敏度，容易实现对被测信号的远距离监控，耐腐蚀，防爆，光路有可挠曲性，便于与计算机连接。光学性质的多样化和化学生物反应原理的结合，使得光纤传感器的测定范围十分广泛，它还可以测定氨、重金属、油类和酚等物质。

6.2.3.4 主要应用

人类的不合理活动导致水体的物理、化学、生物或放射性等方面的特征改变，造成水质恶化，严重危害生态环境，因此，水污染的监测是环保的重要方面。其发展趋势为多点分布式在线监测，与传统的电化学类传感器相比，光纤传感器更加适合这种技术趋势。在水质监测方面，国内外已有大量的光纤传感器用于水质监测，覆盖水质多个污染成分的检测，比如光纤 pH 传感器、光纤溶解氧传感器、光纤离子传感器和光纤浊度传感器等，其中有一些已经用于实际的水质监测，但有些尚处于实验室研究阶段。下面介绍两种光纤传感器。

（1）SPR 光纤传感器　SPR 是一种物理光学现象，它利用偏振光在光纤敏感包层形成的表面等离子波与消逝波的谐振来对待测物进行检测和分析。检测受光纤、敏感层和待测物系统影响的谐振光特性，即可标定待测物的浓度等参数。

（2）消逝波光纤传感器　光在光纤中传播是基于全内反射原理，在全内反射时有部分光波越过纤芯包层界面耦合进入包层，其强度沿径向呈指数衰减，这部分光波就是消逝波。基于消逝波传感原理的光纤传感器将裸芯部分外溶液或气体作为新的包层，通过对消逝波的选择吸收来进行检测。

6.2.4　生物传感器

6.2.4.1　概述

20 世纪 60 年代，美国学者电分析化学专家 Leland C. Clark Jr 提出，对生物化学物质的测定能否像 pH 电极那样便捷。这导致了酶电极（enzyme electrode）即第一个生物传感器（biosensor）的问世。半个世纪以来，生命科学、化学、物理、信息、材料、仿生等多学科原理和技术纷纷融入，使生物传感发展成为一门典型的汇聚技术（convergence technology）。它被赋予若干特征——简便、灵敏、快速、准确，因而在生命科学研究、疾病诊断与居家监护、生物过程控制、农业与食品安全、环境监测与污染控制、生物安全与生物安保、航天、深海和极地科学等领域展现出广阔的应用前景。生物传感器分析仪的实物图如图6-12所示。

6.2.4.2　工作原理

生物传感器是一种将生物感应元件的专一性与一个能够产生和待测浓度成比例的信号的传感器结合起来的分析装置。生物传感器是利用生物敏感材料制成的具有分子识别能力的膜（微生物膜）与分析物发生特异性反应，产生的信息经信号转换器（换能器）转化为光和电等容易检测的信号，从而测定待测分析物的含量。生物传感器按所用分子识别元件的不同，可分为酶传感器、微生物传感器、组织传感器、细胞器传感器、免疫传感器等；按信号转换元件的不同，可分为电化学生物传感器、半导体生物传感器、测热型生物传感器、测光型生物传感器、测声型生物传感器等；按对输出电信号的不同测量方式，又可分为电位型生物传感器、电流型生物传感器和伏安型生物传感器。

图 6-12　生物传感器分析仪实物图

6.2.4.3　主要特点

生物传感器应用的是生物机理。与传统的化学传感器和离线分析分离技术（如高压液相色谱或质谱）相比有许多不可比拟的优势，如高选择性、高灵敏度、较好的稳定性，能在复杂的体系中进行快速在线连续监测。除此之外，传感器和测量仪器的成本远低于大型分析仪，易于推广。

① 操作简单，所需样品少，检测时间短。

② 样品一般不需要预处理，它结合了样品中被测组分的分离和检测，具有良好的选择性。测定过程中一般不需要其他试剂，使测定过程简单、快速，易于实现自动分析。

③ 它可以进入机体进行体内分析。

④ 对被检物质有很好的选择性，噪声低。

⑤ 固定化处理后，可长期保持生物活性，传感器可重复使用。

⑥ 传感器和测量仪器的成本远低于大型分析仪，易于推广。

6.2.4.4　主要应用

应用于水质监控的生物传感器所使用的分子识别元件主要有酶、微生物和细胞器等。在水质监控中的主要应用有细菌总数、硫化物、有机农药、有机酚和水体富氧的测定等。

6.3
在线水质监测系统的工作原理和应用

在线水质监测系统主要包括：水色卫星监测系统、无人船载式水质监测系统、无线网络水质监测系统和海床基监测系统。这些监测系统在大面积地表水体或海洋特定水域的边界确定、在线水质监测方面发挥着越来越重要的作用。特别是在突发事件发生造成水体严重污染情况下，可快速在线给出污染水体的边界和水体污染程度的定性定量信息，为采取快速安全的处置措施提供重要依据。

6.3.1　水色卫星监测系统

6.3.1.1　水色卫星的工作原理

水色（ocean color）指海洋水体在可见光-近红外波段的光谱特性。正如人眼看到的不同水体具有不同的颜色一样。水色卫星是指搭载有水色遥感器的多遥感器卫星平台，如美国NIMBUS-7、EOS-AM/PM，欧洲空间局 ENVISAT，日本 ADEOS 等卫星上分别载有沿岸带水色扫描仪（CZCS）、中分辨率成像光谱仪（MODIS），在 36 个通道中有 9 个为水色遥感专门设计的通道。另外，如欧洲中分辨率成像光谱仪 MERIS、水色水温扫描仪 OCTS 等水色遥感器。我国于 21 世纪初发射了自行设计制造的海洋一号水色卫星，载有 10 波段水色水温扫描仪 COCTS 和 4 波段 CCD 相机。

当太阳光辐射传播到水中时，部分光能量被水体中的悬浮物质、叶绿素和黄色物质等成分吸收，转化为热能滞留在水体中，而另一部分光被水体中的微颗粒物散射逃逸出水面，水色卫星可获取该部分离水反射率信号。水色遥感技术主要是利用星载或机载传感器接收到的离水反射率信号，通过水生物光学模型反演出影响水体反射率的水体光学组分的浓度。水色遥感技术的基本原理可概括如下：水中光学组分浓度的特征，可引起水体的光学性质发生变化，体现在水的吸收和散射光学信号特征，卫星传感器获取的信号通过光学模型反演出水中悬浮物、叶绿素和黄色物质含量信息。

6.3.1.2　水色卫星主要技术特点

20 世纪 70 年代以来，随着空间地球观测技术的发展，海洋色彩感知技术在这一领域的潜力日益显现。1978 年，美国国家航空航天局（NASA）发射了"宁布斯-7"（NIMBUS-7）卫星，实现了对全球海域色素的时空分布和变化信息的观测，该卫星一直工作到 1986 年。我国分别于 1987 年和 1989 年发射了 FY -1 号和 1989-1 号卫星，配置了高分辨率扫描辐射计 VHRSR 的两个海洋水色信道。这两颗卫星虽然工作时间不长，但首次实现了对海洋的叶绿素浓度分布和悬浮泥沙状态的高质量评估。1996 年日本发射了装备有海洋色温扫描仪的 OCTS ADEOS 卫星- 1 号，成功地得到一张信息丰富的海洋信息颜色图表，但该卫星只运行了 10 个月。1997 年 9 月，美国发射了一颗 SeaStar SeaWiFS（sear view wide-povsensor）号海洋水色卫星。卫星的 SeaWiFS 数据进一步提高了水色卫星获取海洋水质信息的质量。海洋水色卫星的主要特点表现在以下几方面：

① 噪声低：水色卫星获取信息的信噪比较低，提高了水质测量的灵敏度。

② 合理的波段配置：卫星可配置 5 个带宽为 20nm 的可见光波段和 3 个带宽为 40nm 的近红外波段用于大气校正，有效地提高了大气校正和辐射探测的精度。

③ 卫星具有 s-20 的倾斜扫描功能，可避开太阳耀斑干扰，提高了数据的质量和利用效率。

④ 可设置最佳过境时间（中午 12 点左右），确保卫星影像有足够的照明效果。

部分水色卫星的参数如表 6-1 所示。

表 6-1　部分水色卫星的参数

卫星	资助者	传感器	运行轨道资料
NIMBUS-7 (1978/10-86/06) 雨云卫星 7 号	美国宇航局 (NASA)	传感器 czcs：5 个可见近红外波段（443～750nm）；1 个热红外波段（11.5μm）；星下点分辨率 0.825km；刈幅 1566km	轨道：太阳同步近圆形轨道 高度：约 955km 倾角：99.3° 节点：12：00（中午）
SeaStar (1997/09-02/09) 别名：OrbView-2	美国宇航局 (NASA)	传感器 SeaWiFS：8 个波段（402～885nm）；星下点分辨率 1.1km；刈幅 2800km	轨道类型：太阳同步近圆形轨道倾角：98.2° 高度：约 705km 轨道周期：100min 节点：EOS-AM 10：30（上午）降轨，EOS-PM 1：30（下午）升轨
EOS-AM 别名：TERRA （拉丁语；地球） (1999112)	美国 宇航局	传感器 MODIS：36 个波段（620～14385nm）；星下点分辨率 1.0km（波段 8～36），500m（波段 3～7），250m（波段 1 和 2）；刈幅 2330km	轨道类型：太阳同步近圆形轨道 倾角：98.2° 高度：约 705km 轨道周期：100min 节点：EOS-AM 10：30（上午）降轨，EOS-PM 1：30（下午）升轨
EOS-PM 别名：AQUA （拉丁语：水） (2002/05-)	美国 宇航局		
ADEOS-II (2002/12-03/10) ADEOS-I (1996/03-97/06)	日本国家 航天发展局 (NASDA)	传感器：SeaWinds，GLI（Global Imager，AMSR（Advanced Microwave Scanning Radiometer），IL-AS-II（improved Limb Atmospheric Spectrometer），POLDER（Polarization and Directionality of the Earth′s Reflectances)	轨道类型：太阳同步近圆形轨道 倾角：98.60° 高度：约 804.6km 节点：10：41（上午）
IR5-P3 (1996/03-01/03)	印度 DLR/德国	传感器 MOS：星下点分辨率 0.5km，刈幅 200km	轨道类型：太阳同步近圆形轨道 高度：约 817km 倾角：98.70° 节点：10：30（上午）
HY-1A	中国	传感器 COCTS：星下点分辨率 1.1 km	轨道类型：太阳同步近圆形轨道

6.3.2　无人船载式水质监测系统

伴随着我国沿海经济持续快速增长，沿海城市入海排水量也在不断增加；海上石油开采规模的逐渐扩大，也给近海海域带来较为严峻的环境风险。切实有效开展海洋水质监测工作，有效掌握海洋实时水质信息，可为及时采取科学有效的保护措施提供重要依据。传统的大面积水体（如海洋、湖泊和河流等）水质环境监测主要以人工观测为主要方式，且监测时间跨度较长，所测数据存在滞后性，无法及时准确地反映水环境质量信息的实时变化情况，难以对突发事件影响程度进行在线评估，并为突发事件快速安全处置提供决策依据。近些年来船载水质自动监测系统，由于可实现水质监测无人值守、实现在线水质监测和水质取样，以及数据实时传输且不受天气条件影响等优点，得到了快速发展。运用多艘无人监测船组网运行和数据传输，辅以大数据云计算数据处理功能，可大大提高区域水面积水质质量评估真实性和检测速度。进一步将无人检测船与水色卫星联合应用，将在特定区域水污染面积边界确定、水质所含组分参数交汇分析和数据快速处理传输，以及在水环境突发事件的快速安全处置等方面，发挥越来越重要的作用。无人船结构图如图 6-13 所示。

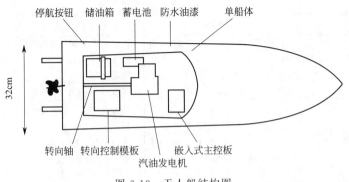

图 6-13　无人船结构图

6.3.2.1　系统结构

船载水质自动监测系统结构包括水质组分检测信息传感系统（自动检测传感器和自动水样采集系统）、船体自主规划导航动力系统和自主避障与数据处理传输系统。

（1）水质组分检测信息传感系统　根据水质检测指标要求，可在船体上安装各类水质监测传感器，赋予无人船在预设指令下实现自主寻迹和水质参数自动检测的功能。检测指标主要包括水体温度、盐度、溶解氧、pH 值和营养盐等指标。可通过安装相应的传感器得以实现检测功能。在无人船具体测量过程中，根据水体流动式测量原理，在船体两侧安装海水泵，可采集水样。

（2）船体自主规划导航动力系统　这部分主要是为自主规划水质监测的路线并为无人船提供动力，以实现对水质检测实施全方面的掌控。

（3）自主避障与数据处理传输系统　这一部分主要是为了切实有效传输各项水质监测数据和信息，同时实现无人船自主避障，保障船体航行安全，保证无人船水质检测系统的有效监管。该系统能够对水样进行自动采集和分配，快速测量水体中的多种水质参数，通过数据存储、无线数据传输和大数据处理，可快速获取区域水质状况并可进行水质评估。

6.3.2.2　船载水质自动监测系统特点及应用

走航式自动水质在线监测系统以移动监测平台为基本监测单元，具有自主导航、任务记录、数据显示、协同工作、在线水质参数分析、测量水质变化参数，以及运用全球卫星定位系统和无线数据通信装置进行信息通信等功能。可用于在线获取内河、水库和沿海水域追踪污染物、测量水文环境和航道状况等信息。走航式水质监测平台系统构成如图 6-14 所示。

监测平台可对走航式监测船的实时数据进行记录和处理，并通过监测平台实施对走航船的控制。

6.3.2.3　性能特点

① 走航式水质采集监测平台　通过接收来自岸基站控制台的指令，在虚拟仪器软件的控制下，自主确定移动平台的运动轨迹，自主移动到设定测试区域，进行自动采样及自动测试。自动水体采样系统，采用单片机实现对多路水样进行高精度实时采集，丰富的 IO 控制实现水体采集系统功能的智能转换。实现自主导航、自主避障，包括平台运行路线的自主规划、自主判断以及通过激光、超声波等技术实现自主避障的功能。以模块化仪器集成方式制造走航式水质监测装备，可对被测区域水质进行多参数监测。允许走航式水质监测装备依据 GPS 或北斗导航系统指引，自动根据初始任务设置完成指定地点水样采集和参数测量工作，

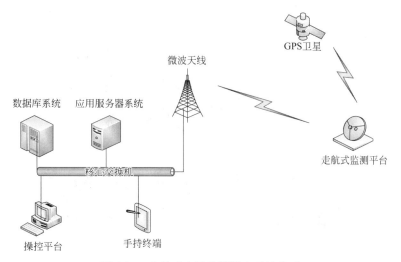

图 6-14 走航式水质监测平台系统构成

并在任务完成后返回出发点。从而提供机动灵活、无人自主导航、实时监测的手段，不受气候条件影响，并可降低水质监测工作成本。走航式水质检测仪实物图如图 6-15 所示，其系统构成如图 6-16 所示。

② 基于 GPS 和北斗卫星导航的近海水样采集系统是以无人船为搭载平台的移动水质监测站。该系统由岸基站和无人监测船两部分组成。岸基站配备控制接入点和通信设备；监测船上配备计算控制平台、通信设备，以及水样采集和监测模块。用户可在岸基站通过无线通信与监测船建立连接，通过计算平台上的航行规划系统，对目标检测区域进行监测点的任务规划，完成规划后，任务通过传输协议从计算

图 6-15 走航式水质检测仪实物图

平台传送至负责协调船体转动与导航的控制平台，该控制器外接 GPS/北斗卫星接收器、水样采集监测控制板，内置三轴陀螺仪与三轴加速度模块，可计算出船体运动姿态数据，将姿态数据与 GPS/北斗接收器和电子罗盘仪接收到的数据进行导航算法处理，根据结果对电机和舵机进行相应的控制，实现定点导航，监测船到达指定监测点后，导航控制器将根据任务输出继电器控制信号，以此激活水样采集监测控制板，控制板根据控制程序实现对监测设备的通断控制，从而实现定点水样采集监测任务。系统自动控制导航部分及电传监测采水部分的示意图如图 6-17 所示。

6.3.2.4 应用领域

走航式水质采集监测船主要应用于江河湖泊、水库和海洋等区域水域的水质监测，生活生产污水排放监测，饮用水及水源水质监测，水污染事故发生应急监测和海洋赤潮控制区的水质监测等方面。通常可通过在手机上安装的 APP 对走航式水质监测仪进行数据的实时记录，可随时随地观察水质状况与变化。

走航的监测平台是实时监测控制的平台，可对走航式监测船的实时数据进行记录和处理，并且可通过监测平台对走航船进行控制。

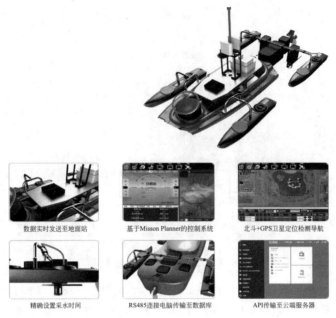

图 6-16　走航式水质检测系统构成

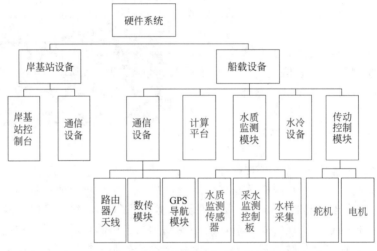

图 6-17　系统自动控制导航部分及电传监测采水部分

6.3.3　无线网络水质监测系统

　　无线传感器网络的在线水质监测系统是一种可更便捷地实现对水体信息进行质量监测的综合系统。无线网络水质监测系统构架可以用三级网络模型表示（如图 6-18）：第一级是区域水体底层的水质传感器节点；第二级是水体中层的水质存储节点；第三级是水体高层的水质监测节点。水质传感器节点主要实现将水质检测数据发送到水质存储节点，完成水质数据采集的任务；水质存储节点主要通过 RJ45 或 GPRS 模块实现将网关水质数据解析到 Oracle 数据库进行数据存储和显示的功能；水质监测节点主要采用 Google Earth 数字地图开发水质监测中心平台来展示和监测水质数据，最终完成对水资源水质的智能化管理。本系统最终实现了水质数据采集、无线传输和数据监控，并与 PC 机（个人计算机）协同实现了实时数据通信，整个软件平台运行平稳，可实时提供水质监测数据。

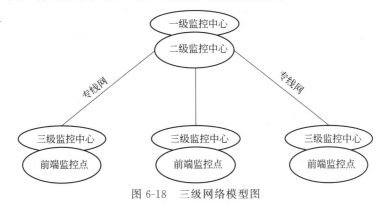

图 6-18　三级网络模型图

有文献报道，针对传统水质监测系统存在接线故障多、成本高、系统精度低等问题，该系统优化了水质监测系统的数据通信方式、传感器节点硬件、传感器节点软件和水质信息传感器等使用性能，设计了一种基于无线传感器网络的水产养殖水质参数监测系统，该系统由多参数信息融合功能的水质无线监测节点、无线路由节点和上位机监测中心组成，优化了水质信息的传输过程。信息采集由传感器节点完成，系统采集的数据通过无线传感器网络发送到汇聚节点，汇聚节点通过 RS232 串口将水质数据传输到本地监控中心。传感器节点采用高性能STM32 单片机，传感器部分采用工业 pH 电极和 YDC100 溶解氧电极作为传感元件。

利用基于 ZigBee 的无线传感器网络和 SOC 片上系统，构建了一种基于无线传感器网络的远程水质监测系统。该系统集成了 ZigBee 技术和 GPRS（通用分组无线服务）无线通信技术，结合 GPS 或北斗定位技术，利用 GPRS 和互联网对接技术实现对地下水水质检测数据的远程传输和监测。

智能水质监测系统是一种基于无线传感器网络技术的智能水质监测平台。智能水质监测系统的核心控制模块为 S3C2440，协处理器为 stc89c54RD＋ MCU。协处理器的主要功能是辅助核心控制器模块 S3C2440。系统主要采用无线传感器网络技术进行数据传输，并设计了wifi、蓝牙、ZigBee、GSM 等技术作为辅助备用传输。系统核心控制器模块 S3C2440A 采用了 ARM920T 的内核、CMOS 标准宏单元、存储器单元，以及采用了新的总线架构 AMBA（Advanced Micro controller Bus Architecture）。该装置适用于低成本、功率敏感的应用场合，该系统采用了 S3C2440A 核心控制芯片，提高了工作效率，节约了使用成本。ZigBee水质监测系统框架图如图 6-19 所示。

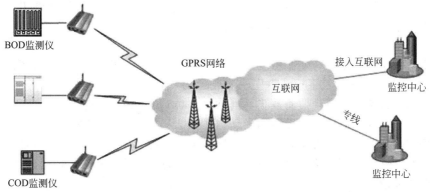

图 6-19　ZigBee 水质监测系统框架图

传统的有线水质监测系统在监测水环境污染时，存在监测点较多、监测时间较长等问题。基于无线传感器网络的水质监测系统，通过无线传感器节点对被监测水域进行水质参数的数据采集，将采集到的数据经过 ZigBee 网络进行汇总及处理后，并经过 GPRS 网络及时地远程传送给监管部门，从而实现了对河流或海洋水质情况的实时、有效的监督和管理。实验结果证明，该系统能够满足水质监测的技术要求，可较好地应用于水质监测领域。物联网水质监测中心系统框架图如图 6-20 所示。

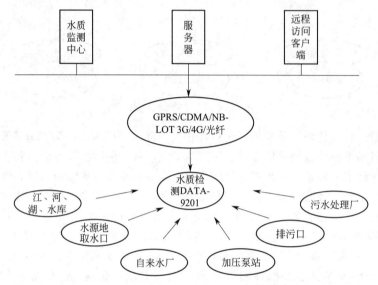

图 6-20　物联网水质监测中心系统框架图

6.3.4　海床基监测系统

基于海床的海洋环境自动监测系统是部署在海床上对海洋环境进行定点、长期、连续测量的综合自动监测系统。随着人类对海洋资源的开发利用，海洋灾害监测与海底环境勘测已经成为继地面监测观测和遥感观测之后的第三个地球科学观测平台。近年来，海底监测观测系统的研发应用已逐渐成为海洋监测技术领域的研究热点。许多发达国家正在努力构建沿海地区和全球海洋资源环境的立体监测系统。目前已建成了许多国际海底监测系统，如美国20世纪末建立的用于生态环境建设的生态环境海底观测站 LEO-15，布放在离岸 16km，水深 15m 的大陆架上，通过电缆/光缆与岸基站连接，对海水温度和海流参数等数据进行长期监测，用浮标来监测并对海啸进行预警。放置在尼莫海底的观测系统被放置于 1600m 深的火山热液喷口附近，以监测海底火山活动规律。在国家 863 计划的支持下，我国科技工作者在"九五"期间研发了装置底部安装多个参数传感器的综合监测系统，开发了自成式海床监测系统，主要用于采集水样，监测悬沙浓度剖面和粒径谱，以及波浪、潮汐、水流等动态环境背景，可以在 50m 深的水下连续工作一个月。"十五"期间，进一步开发了具有实时传输功能的海底动力要素综合自动监测系统，可以在 100m 以下的海底连续工作 3 个月，监测海浪、水位、水流剖面、温度、盐度等海洋动力学要素。"十一五"期间，科学工作者进一步以海底多参数综合监测系统为基础，实现了数据实时传输并优化了布放和回收技术系统，提高了基于海底的安全监控系统的有效性和对海底环境的适应性，更适合长期在恶劣的海洋环境下实现有效监测。

6.3.4.1 系统工作原理

海床基监测系统是一种坐底式离岸监测装置。各种测量仪器和系统工作设备被安装在水下综合平台上。在中央控制机的控制下，每台测量仪器在预定的时间间隔内通电，对海洋环境进行监测，包括水流剖面、水位、盐度、温度等海洋环境因素。监控数据集中存储在中央控制器上，最新数据通过水声通信实时传输到水面浮标系统，再通过卫星通信或无线通信由浮标传输到地面站。水面舰艇可以发出声音命令实现远程控制水下系统的运行程序。其工作流程如图 6-21 所示。

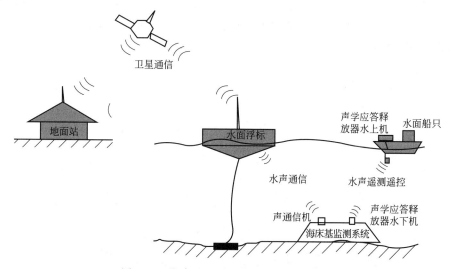

图 6-21　海床基监测系统工作流程示意图

海床基监测系统整体组成方案如图 6-22 所示，包括水上和水下两个部分。

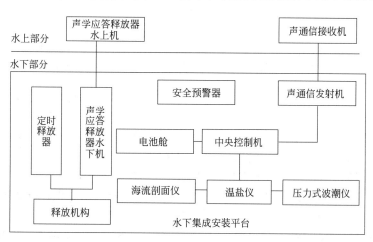

图 6-22　海床基监测系统整体组成方案

（1）水上部分

① 声学应答释放器水上机　用于在系统恢复期间发射应答器和释放控制命令。

② 声通信接收机　安装在水面浮标系统上，接收到水下系统传输的数据后，将数据发送到浮标数据采集模块。

（2）水下部分

① 水下集成安装平台　包括浮体、仪器舱、配重支撑架、释放机构等，是各种仪器设备的工作平台。

② 测量仪器　包括声学多普勒海流剖面仪（ADCP）、压力式波潮仪、温盐仪等设备。

③ 系统设备　包括中央控制机、声学应答释放器水下机、定时释放器、安全预警器（当水下设备上浮水面时，通过手机短信或卫星通信发出警报信息）、电池舱及声通信发射机等设备。

水下系统总体结构如图 6-23 所示。它的外观是一个梯形封闭系统，表面不容易钩住结构部件。整体结构布局可分为两部分，由释放机构连接：上部为仪器舱，安装多种传感器和设备，其顶部安装浮体；下部为配重支撑架，配置重物，安装有声通信机、声学海流剖面仪及声学应答释放器等声学仪器。安全预警器安装在仪器舱上部，上覆透声罩，防止拖网勾挂并起到保护作用；温盐仪、中央控制机、水位计和两个电池舱安装在仪器舱下部。

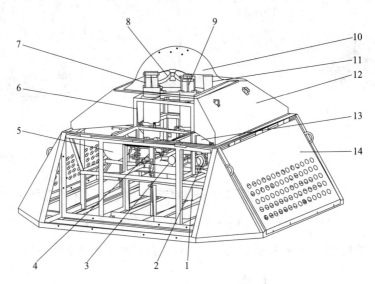

图 6-23　水下系统总体结构

1—绳舱；2—定时释放器；3—温盐仪；4—压力式波潮仪；5—电池舱；6—仪器舱；7—声通信机；
8—ADCP；9—声学应答释放器；10—透声罩；11—安全预警器；12—浮体（4 块）；13—中央控制机；14—基座

在水下平台的结构设计上采取了防拖网、防掩埋、防倾覆和防污损等安全性和环境适应性措施，归纳如下：

a. 结构平稳性　系统的结构布局保证了浮心配置的合理性。当姿态倾斜时，会产生较大的恢复力矩，系统保持稳定，使系统具有良好的抗倾覆性能。

b. 防泥沙掩埋　基座底部的配重板起到防沉阻泥板的作用，配重支撑架与仪器舱之间有较大的空间，充当海流通道。由于系统仪器舱支撑到一定高度，即使基座部分埋置到一定程度，也不会影响设备在回收过程中自动浮到水面。

c. 防拖网设计　该系统的整体形状像一个梯子，底盘更大，顶部由声音渗透材料制成。外表比较光滑，不易钩起结构，有利于拖网的顺利滑过。

d. 防腐蚀和污损　为防止受到海水腐蚀和海生物附着而导致系统结构部件的损毁，系统采取了"三防"处理措施，在结构部件表面涂敷防腐蚀和防生物附着涂料，在不同金属材质的结构件之间采取绝缘隔断，在重要部位安装牺牲阳极。

6.3.4.2 数据采集和传输

（1）数据采集　系统配置的声学多普勒海流剖面仪（ADCP），工作频率为 470kHz，它可以在水深 100m 的海床上工作，从下到上测量分布点处水质参数，对海床到海面的多层流的速度和方向进行检测。在典型情况下，区间为 1m。压力式波潮仪在系统工作水深小于 30m 时可用于测量水位和波高、波周期等参数，当系统工作水深大于 30m 时由于压力波测量方法不适用，只能提取水位数据。温盐仪是用来测量海底的温度和盐度的。在中央控制机的控制下，测量仪以预先设定的采样周期对海洋环境要素进行监测。测量数据存储在每个测量仪器的内部和中央控制机的存储器中。数据发送到水面浮标后，数据也存储在浮标和岸站的接收端。这种多点存储和相互备份的方式有利于保证测量数据的完整性，通过相互比较可以验证数据传输的有效性和测量数据的质量。

（2）数据实时传输　海底监测系统的实时数据传输链路由测量仪器、中央控制机、声通信机、浮标数据接收模块、卫星通信模块和地面接收站组成。水下系统每 1h（可设置）采集一组实测数据，通过实时数据传输链路将最新数据传回地面站。在整个传输环节中，水声通信是水下与水面系统通信的关键环节。在海洋环境中，水声通信是最适合无缆远距离数据传输的方法。同时，复杂的海洋声环境对水声通信的效果有很大的影响。系统最大传输距离可达 3000m。在系统设计中应采取以下措施以保证通信效果：

① 声通信发射机安装在水下平台的顶部，地面接收机安装在浮标的底部，淹没在水下约 2m 处，以避免结构干扰、屏蔽等原因对声通信效果的影响。

② 水下系统集成了各种不同工作频率、分时运行的声学设备（ADCP 470kHz，声学应答释放器 15kHz，声传输机 12kHz），避免声信号之间的干扰影响通信。

③ 水下系统对原始监测数据进行存储和处理后，形成特征数据传输到水面，并对声波传输数据进行压缩，保证数据传输的可靠性。特征数据包含了水下系统的姿态数据（方向角、倾角、摆角），可以用来判断水下系统是否稳定。

（3）系统能源供给　作为一种离岸工作的坐底式观测系统，它不能像水面浮标那样依靠太阳能供电。如果通过海底电缆从陆地向水下系统提供电力，那么在许多情况下，这是昂贵和难以实现的。实际可行的供能方式是系统本身配备足够的储能电池，合理进行用电管理，以达到系统长期水下运行的目的。

根据水下设备能耗计算和考虑电池的低温环境实际输出能量，研究者开发了海底监测系统，配备了可以支持各种仪器、设备工作连续 3 个月，并可留有 30% 以上余量的储能电池，重力负载在水下系统占有相当大的比例（总重量）。在系统功率管理方面，水下工作仪表的电路设计应尽量选用低功率元件，必要时才提供大功率元件，以降低功耗。根据系统的工作流程，中央控制机在必要时向系统内的电气设备供电，并在其他时间停止供电，以降低仪器的备用功耗。

（4）系统布放与回收

① 系统布放　系统布放时通过脱钩装置与布放船只的吊杆连接并吊放至水面以下，然后脱钩使其自由下落海底。这种布放方式简化了海上布放的作业程序，降低了对作业船只和配套设备的要求，有助于提高系统布放的可操作性。

在下落过程中，系统会受到重力、浮力和水阻力的影响。根据仿真计算和实验测试，在系统自由落体过程中，下落速度在很短的时间（$t < 2s$）内收敛到一个稳定的值，约为 0.6m/s。研究者根据 HY/T 016.12—1992《海洋仪器基本环境试验方法　冲击试验》，对系统上集成的仪器设备进行了冲击试验，并在室内水池（水泥底）进行多次布放试验。试验结果表明，在底部冲击条件下，系统能保持良好的机电性能。当系统在下落过程中受到侧洋

流的干扰，姿态发生倾斜时，系统的重浮力将产生一个恢复力矩来支撑系统，保证其姿态不会失控。通过对系统结构物理特性和耐水特性的分析，侧水流速度为 0.5m/s 时，系统结构物理特性和耐水特性最好。

② 系统释放和恢复　系统恢复后，水面舰艇上的水声应答释放机通过水声应答释放机发出水声遥控释放命令。水下应答释放机接收到指令后，控制释放机构进行脱钩动作，仪器舱由浮体驱动到水面。高强度电缆预先储存在系统中，分别连接到仪表室和配重底座。当仪器舱升到水面时，砝码支撑以重锚的形式将浮动部分锚定，使其不会漂离水流而迷失方向。待仪表室恢复后，可将配重支架与连接的设备一起恢复。在发生事故后，如果声音释放设备非正常工作且水下系统不能接收表面发布命令，它可以在最后一刻通过释放装置来控制释放机制，引爆系统上升和复苏。采用两种控制方法并行控制释放机构，有效提高了系统恢复的可靠性。

6.3.4.3　基于海床基水下无限通信网

多个海床基节点在水下形成无线水声通信网络，通过与水面浮标和监测船舶通信，将数据传输到地面数据中心，其示意图如图 6-24 所示。

可搭载噪声、ADCP、pH 值、电导率、COD、浊度等先进传感器，建立海洋温度、水质参数、海洋状况、潮汐数据和资源的监测网络，实现可靠的数据传输。应用于海洋环境监测、资源勘探、科学实验、防灾救援、海防探测、水下目标入侵报警、水下礁、船舶跟踪报告、海底三维定位导航等领域。

图 6-24　基于海床基水下无限通信网示意图

基于水声通信的水下网络和水下定位导航卫星网（示意图如图 6-25 所示），通过水声通信的水下网络组网方式，以具有通信与定位导航功能的浮标及波浪滑翔机为水面节点、海床基或潜标为水下节点，采用先进的自组织网络技术、自适应功率调试技术、双信道交叉解码技术，借鉴国内外先进的水下定位和导航技术，并结合水声通信与 LTE / GPS 或北斗导航系统、水下定位和导航定位卫星组成的卫星网络，表面节点和水下节点构造，通过相应的通信与定位导航算法，实现水声测距定位和水声通信的功能一体化。

6.3.5　地层断层水质监测系统

断层水又称"活水"，是指地层断层带内的水。断层通常与不同的含水层相连，甚至与地表水相连。地质构造尤其是断层构造是煤矿突水的主要原因之一。当断层穿过煤层和含水层时，两个断层板块的位移将改变煤层底板与相对含水层之间的相对位置和距离。在许多情况下两者之间的距离缩短，防水层的有效厚度减小，有时煤层甚至直接与含水层接触。在这种情况下，开挖面如果暴露或靠近断层带，会使承压水突然涌出，形成突水，威胁工作人员的生命安全。

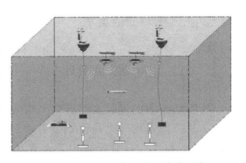

图 6-25　水下网络和水下定位导航
卫星网示意图

　　研究者开发了一种多层水质原位监测设备，水质监测探针上装有压力传感器，通过输电线路连接到数据采集设备，通过光纤传输采集数据。通过动力装置调整水质监测探头的纵向位置，可实现多层次的水质监测。

　　传统的水质在线或现场监测点只能用于点位监测，不具有有效的对不同深度水质进行三维监测的能力。该装置对于更准确地了解水质变化，识别多层次的水质变化机理具有重要作用。断层水质监测系统结构如图 6-26 所示。

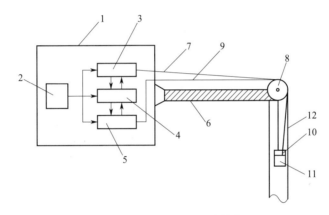

图 6-26　断层水质监测系统结构图

1—外壳；2—电源；3—动力装置；4—控制器；5—数据采集装置；6—支架；
7—牵引线；8—滑轮；9—光纤；10—压力传感器；11—水质监测探头；12—保护管套

　　多层原位水质监控设备使用电源驱动动力装置带动控制器采集数据，水质监测探头完成水质数据采集工作并通过光纤传输信号。设备的机械构成由主体密闭外壳、轻质高硬度材料支架、牵引线、滑轮和保护管套构成。其中，电源和数据采集装置分别以两个方向与控制器连接，数据采集装置由数模转换器、数据存储器、4G 发射机或 RS485 接口组成。采集到的数据通过 4G 传输模块或 RS485 接口传输到计算机终端进行数据分析处理。控制器由单片机构成，动力单元由低功率伺服电机、牵引绞车、光纤绞车组成。绞车与伺服电机动力输出轴固定连接，牵引线与光纤、水质监测探头固定连接。所述保护管套为下端有开口的中空圆筒。保护管套的下口与监测现场水面保持一定距离。保护管套的直径大于水质监测探头的圆周长度。保护管套与支架固定连接。电源采用风光互补供电方式，并设有储电装置。

　　在实际应用过程中，首先根据压力传感器反馈信息控制器，确定第一个水质监测点，将监测数据反馈给数据采集设备，从而完成水质监测的过程。重复上述过程，可依次进行多级水质监测。最后一次监测任务完成后，将水质监测探头复位到保护管套中。

6.3.5.1 监测释放断层水

当下列情况发生时，有必要进行断层水水质测试：

① 掘进工作面前方或附近有含（导）水断层，但具体位置和导水率不清，可能发生突水的情况下。

② 驱动面的底板隔水层厚度与实际水压处于临界状态，可能发生突水。

③ 故障暴露或通过巷道，没有水的象征，但由于实际水压的防水层厚度接近临界状态，可能会导致突水，有必要找出是否深和强含水层已经连接，或有一个地板水导高度。

④ 当工作面距已知含水断层60m；矿区小断层使煤层与强含水层之间的距离小于水障的安全厚度或突水系数大于0.06；矿区构造不明，含水层水压大于3MPa等情况下均需进行断水层监测。

6.3.5.2 探测和释放断层水的方法

断层水的探测方式与空水相同。钻孔安排见表6-2。断层水勘探必须有总体设计、单孔施工设计和安全措施。设计和措施不仅包括书面描述，还应包括预期剖面、钻孔结构图和孔板安全装置图。

表 6-2 勘探断层水钻孔安排

探查目的	钻孔布置示意图	简要说明
工作面前方已知或预测有合（导）水的断层的探查		一般应先布1号孔，尽可能一钻打透断层，然后再分别打2号、3号孔，以确定断层倾向、走向、倾角和断层的落差及两盘的对接关系，其中至少有一个孔打在断层与合水层交面线附近
隔水岩柱厚度处于临界状态时，对掘进工作面前方有无断层突水危险的调查		一般应沿巷道掘进方向打三个孔，尽量打深，力争一次打透断层，否则就必须留足超前距，边探边掘直至探明断层的确切情况，再确定具体的防水措施
巷道实见断层，在采动影响后有无突水危险性的探查		一般应向下盘预见采动影响带内打1号孔，探明断层带的合（导）水和水压、水量等情况。若有水，采后很可能突水；若无水，则还应向预计采动带以下打2号孔，然后根据具体条件分析突水的可能性和采取相应的防水措施

钻探过程中，应及时识别岩心并正确分层，正确记录涌（漏）水的深度。一般每钻5～10m，要准确测量一次水压（水平面）和水量。在最终钻孔后15天内，准确确定或计算孔坐标（x，y，z），并给出截面图等相关数据。

6.3.5.3 排放故障水安全注意事项

① 断层水压力大于2MPa，一般不沿煤层钻探断层水。

② 射孔层必须位于坚硬岩石中，孔板管（又称止水套管）长度、超前距离、勘探断层起点距离应满足要求（表6-3）。

③ 暴露断层带或含水层时，钻孔直径应小于60mm，用带肋钻头控制孔内进水，防止高压水钻杆喷出。

④ 所有勘探任务完成后，应立即进行注浆封堵。

表6-3　沿岩层探断层安全距离　　　　　　　　　　　　　　　　单位：m

起探距离（即探水线的圈定）或条件距离		水压/MPa	超前距		止水套管	说　明
			水平方向	垂直方向	长度	
资料可靠，据水压大小	20~50	<1	10	8	5	①依据《煤矿防治水工作条例》20条规定及有关单位经验提出；
根据资料推定	60~80	1~2	15	12	10	②水压大于2MPa时，止水管套应下两层，第一层约5m，第二层按表所列，均需注浆加固；
		2~3	20	15	15	
物探圈定范围	60~100	3~4	25	18	20	③沿煤层对断层水等进行水平方向探水掘进时，超前距、止水管套长度和是否用移动式，应专门提出设计，上报批准
情况不清		>4	>30	>20	>20	

根据某煤矿011802工作面水文地质条件，在直流法和瞬变电磁法超前勘探的基础上，系统分析了工作面水文地质条件和充水特征。该煤矿011802工作面回采井、主井、缓坡辅助斜井及风机、辅助巷道掘进过程中受到不同程度的水损害威胁。含水层不同程度地发生突水，后期露出风化基岩。断层导流和含水率特性也是该矿安全开采时存在的主要问题。检测单位初始开采011802工作面矿井水文地质条件进行全面调查，系统分析了初始开采水文地质条件和水充填特点，确定检测水断层突水的特征和原则。

① 直流法超前探索技术原理　矿井直流电法属于全空间电法勘探技术。基于岩石电学性质的差异，建立全空间条件下的电场，利用全空间电场理论处理和解释与矿山有关的水文地质问题。超前探测是研究掘进前地层电性变化规律，预测掘进前含水、导水构造分布和发育的一种新型地下电探测技术。掘进头的超前检测应采用固定供电电极和移动测量电极MN的三极装置。井下超前探测施工装置示意图如图6-27所示。

地下工程超前探测时，供电电极A_1、A_2、A_3一般布置在巷道迎头附近一定距离处。测量电极MN沿箭头指示方向在巷道中按一定间隔移动，每移动一次，测得对应于A_1、A_2、A_3的视电阻率值。被测电极锰的间距根据地质任务和勘探的具体情况而变化，同时还应考虑信噪比的大小。根据实际应用经验，勘探范围应不超过80m。通过对巷道超前探测视电阻率资料的分析和解释，可以推断出巷道前方富水构造的分布形态。

图6-27　井下超前探测施工装置示意图

② 矿井瞬变电磁法技术原理　矿井瞬变电磁（tem）是一种对水敏感、探测范围大的地下水探测新技术。瞬变电磁法的技术原理与地面瞬变电磁法相同。由于矿井瞬变电磁法勘探是在煤矿井下巷道中进行的，与地面瞬变电磁法相比，矿井瞬变电磁场应是全空间的。全空间瞬变电磁场的传播示意图如图 6-28 所示。

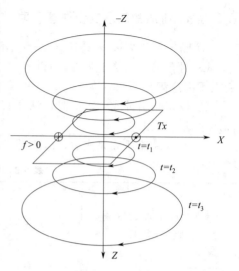

图 6-28　全空间瞬变电磁场的传播示意图

由于矿井瞬变电磁勘探是在井下巷道中进行的，测量采用多匝小环装置，因此井下噪声、数据处理和解释方法与地面瞬变电磁方法不同，主要有以下特点：

a. 由于地下测量环境与地表不同，与地面瞬变电磁方法相比地下测量具有小的数据收集工作负载，可用便携式测量设备，工作效率高，成本低；

b. 由于瞬变电磁法关断时间的影响，与其他物探方法相比，无法探测到浅海异常体，往往在浅海形成约 20m 的盲区；

c. 井下金属仪器设备对矿井瞬变电磁法勘探影响较大，在数据处理和解释中需要对其进行校正或去除。

6.3.5.4　应用效果

在上述两种检测方法的基础上，确定了故障水检测原理和故障突水特性。通过水文地质条件的调查，查明了该煤矿一采煤工作面充水的主要因素，判断了水文地质条件的复杂性，预测了一采煤工作面正常和最大进水量。在对勘探结果和预测结果进行实际验证的基础上，总结了适合该矿区下段煤层开采的工作面水文地质条件勘查原理。该方法的成功应用，从根本上改变了该矿水害防治的被动局面，保证了该矿安全高效生产。

6.4
AI+ 大数据水质监测与评估分析系统

6.4.1　表层水质无人监测系统

据统计，2018 年我国 COD 排放总量约为 2294.6 万吨，氨氮排放总量约为 238.6 万吨，超出了环境容量的最大限度。此外，在我国的长江中下游流域中，2/3 的水质受到不同程度的污染。

6.4.2　流域水质监测方法

地表水监测可采用面积分析、采样断面分析等方法。近年来，我国在开发区域水质监测技术方面取得了长足进展。在传统检测方法基础上，通过在水面上放置漂浮监测装置物和在湖边安装固定监测设备，通过管道抽取水样进行原位取样检测实现实时水况数据监测。但该技术施工成本较高，且监测位置固定，如遇恶劣天气则无法进行卫星遥感监测。水污染事故的传统处理方法为哪里有污染就到哪里探明当地以及附近水域的情况，每间隔一定时长进行采样和监测，直至水质恢复正常。水质采样均为人工进行。乘船取水不仅工作量大、数据滞后，且遇恶劣天气存在人员安全风险。随着科学技术的进步，特别是信息化技术的快速发展，无人值守水质监测平台的出现极大地促进了我国在线水质监测模式的进步，大大提升了大面积水域水质监测信息的准确性和在线性。

6.4.3 无人监测系统的结构及工作原理

水质监测断面设置了三条垂直线（左、中、右），每条垂直线下方50cm处设采样点，采样测定。使用无人船载有的水质检测器检测水质，然后降低探测器指定水质自动检测的深度，进一步完成截面水质数据检测。一般常用于海洋、河流和湖泊等的水质检测，以及人类难以到达的区域。无人船应用 AD hoc 网络/公共网络、智能控制、远程视频通信以及人工智能交互等技术，可以实现无人船进行水质采样，收集定点、定量和固定深度的水样的储罐，并把所取水样带回实验室进行测试。每次无人船到达取水点，它会自动记录并上传一个取水点报告，将记录取水点的经纬度、水摄入总量、进水时间和取水点地图截图位置及其他信息，以确保管理云平台所需要的水样样本。无人船监测平台的使用，显著提高了水环境风险监测能力和相应的快速安全预警管理能力。实时检测水质指标包括温度、盐度、溶解氧、浊度、pH 值等参数。

6.4.4 无人船监测系统的应用

无人船可以由移动电话或远程控制到达指定的水域进行精确采样，实现自动控制水样的提取位置、取水深度和取水萃取量，从而实现自动采样，同时生成抽样报告。对于无人船携带的有限的模块，可以在以后进行更复杂的质量控制。其特点是采样方便，突发事件处理迅速，可对不同水环境下的位点进行采样，可实现实时的数据传输和反馈。

6.4.5 无人水下监测系统

无人水下监测系统是一个融合了软件、硬件、通信网络和客户端-服务器端的水下监测系统，是三层次立体结构，主要用来对水质监测难度大或者人力无法监测到的区域水质进行实时监测调度。

系统的总体设计方案从上到下分为三个层次的功能：控制和存储显示软件系统的上层中央服务器、嵌入式控制系统和无线通信网络系统的中间层以及底层的水下采集系统。从实现的角度将系统分为硬件系统设计、软件系统设计和通信网络建设。

6.4.5.1 硬件系统总体框架设计

本系统的主要功能是通过 ZigBee 无线传输局域网实现实时稳定的通信，利用嵌入式系统的低功耗和高实时性，实现无监督条件下水下施工数据的准确采集。硬件系统主要包括数据采集平台（包括 ipc ＋ ad-link 采集卡）、嵌入式中央控制系统（MSP430＋ZigBee 通信）和远程服务器（PC）。

嵌入式控制通信平台，该平台由嵌入式控制板和 ZigBee 通信节点两部分组成。嵌入式控制板还包含许多自主设计的硬件子单元，如 SD 卡接口电路、LCD 接口电路、COM 接口电路。这些硬件子单元与嵌入式核心电路系统共同构成了嵌入式控制系统。

控制通信平台是整个系统的核心模块。一方面与主机服务器通信，实现数据的稳定传输；另一方面控制水下采集部分的工作流程，与水下采集部分进行通信，实现了实时采集和节能的双重要求，满足了用户的需求。嵌入式系统是以 MSP430F149 为核心的硬件，提供 RS232、RS485 和 LCD 液晶屏等标准接口，可以方便地连接相应的设备，并提供丰富的调试手段。为了方便大容量存储，系统还提供 SD 卡接口。

综上所述，嵌入式控制通信平台的功能概括如下：

① 通过串口模块和水下数据采集进行数据通信，通过无线通信网络和自定义通信协议与服务器建立稳定的数据通信，通过中继对水下采集平台进行工作流程控制。

② 水下数据采集平台通过 IPC 所配备的双通道 ad-link9113a 数据采集卡采集水下 orim-eter、测斜仪、沉降装置等传感器的数据，并通过服务器嵌入式控制模块进一步传输。

③ ZigBee 通信网络由 ZigBee 通信节点组成。ZigBee 节点基于 TI CC2430 SOC 解决方案。该 CC2430 芯片集成了增强型 8051MCU 和 CC2430 射频收发器。ZigBee 通信节点的设计包括串行通信模块、天线模块和电源模块。

6.4.5.2　WSN 通信网络结构设计

本系统采用 ZigBee 技术构成无线通信网络，主要优点是成本低、频带免费试用、功耗低、稳定性好。ZigBee 节点可以组成多种网络拓扑，以满足系统的需求。ZigBee 网络具有灵活的网络结构，可以满足多种任务的需求。目前，ZigBee 协议可以支持自组织网络结构的星型网络、集群网络、网状网络。

星型网络结构简单方便。在最简单的情况下，一个中心节点协调器和几个终端节点可以形成一个网络。如果需要远程传输，则向网络中添加路由节点。这些路由节点可以自动将包转发到下一个节点，直到将包发送到目标地址为止。

星型结构具有以下特点：支持点对点和点对多点通信，中心节点是 ZigBee 协调器，终端节点是 ZigBee 终端设备。所有通过中心节点的数据都适用于圆形、分散和间隔较近的设备。同时，集群网络和网状网络可以构成更广泛的网络。网络中所有连接的设备都可以互相通信。如果两个设备之间没有直接的路径，可以通过多个跃点来实现通信。网格网络的主要特点是系统采用多跳路由通信网络，容量大，可达 65535 个节点。

6.4.5.3　软件系统总体设计

系统在各级硬件系统的基础上，开发了与之配套的软件系统。因为硬件系统的分层设计，所以整个软件系统从上到下可分为三个系统：a. 控制软件运行与 PC 服务器，完成整个系统的控制和数据处理；b. 控制软件和通信平台基于多个 Z-无线域网软件开发；c. 工业运行数据采集系统。

水下采集平台系统运行在一个定制的 Windows XP 操作系统下。在此操作系统的基础上，开发了基于 VC 的采集软件。自启动的软件需要实现自动加载工业控制，开机启动时，软件需要接收到上一层的指令，判断是何反应，如果它是一个数据采集指令，则由模拟信号采集卡采集传感器的信息，采集后通过串口通信模块，将传感器的信息返回到更高层次的嵌入式通信终端。这一部分的编程涉及嵌入式控制通信系统的通信编程。部分嵌入式控制系统主要是基于 MSP430 平台编写各种驱动程序，在此基础上编写相应的应用程序。该模块的主要编程功能是根据自定义的通信协议解析服务器发送的消息，然后进行相应的控制操作，再将操作结果发送回中央服务器。在软件通信方面，使用两个串口进行编程：一个串口连接 ZigBee 无线通信设备，实现与服务器的稳定通信；另一个串口连接水下采集设备，主要完成指令的转发、接收和数据接收等功能。

服务器终端软件的主要功能是接收终端发送的数据，并进行相应的检查和处理操作。同时，在数据出现问题时，修正错误或重新传输数据。当数据完全正确时，对收集到的原始数据进行相应的处理，然后存储在数据库中供用户参考或打印。

6.4.6　人工深海监测系统

传统的海洋科学研究方法只能从地面或海面上乘船观察来分析海洋状况来获取各种特征参数，据此进一步对海洋水质和生态环境状况进行判断评估。随着卫星遥感技术的发展，可以实现从空中观测海洋信息。但上述方法只能获取海洋表面的相关数据参数，还需要进一步丰富海洋参数监测方法，获取更全面的海洋水质和生态状况综合信息。海底观测网由铺设在海底的电缆、光纤网络和各种仪器设备组成，可以克服设备的供电和通信问题，实现对海洋的三维连续观测，被称为地表、海表、水色卫星遥感之外的对地观测系统第三平台。

目前，世界上已有著名的海底观测网络，如加拿大的东北太平洋海底时间序列观测网络（NEPTUNE）、美国的维多利亚海底实验观测网络（VENUS）等。我国科技工作者在国家"863"计划的大力支持下，经过多年的努力，在海底观测网络建设方面获得突破性进展：如"十一五"期间，我国自主组建的海底观测网组核心部件在美国蒙特利湾海底顺利完成布放，并与美国MARS海底观测网并网运行，且连续稳定实现半年以上的海试；"十二五"期间，由中国科学院声学研究所牵头，联合国内部12家涉海研究机构在南海建设了一套光电复合缆线长度达150km的海底观测网试验系统，在水深1800m处连接了多套海洋化学、地球物理和海底动力观测平台。

海底观测网络的水下部分一般由电源子系统、通信子系统、定时子系统和监测子系统组成。在电源子系统中，海底观测网络节点接线盒将岸基海底电缆传输的10000V直流转换为科学仪器可使用的48V、24V、12V直流。通信子系统采用海底光缆和光电子交换机，为科学仪器提供高速以太网通信。定时子系统为整个系统提供准确的时间信号。监测子系统负责供电系统和通信系统的连续监控。

数据采集器与接线盒通过水密电缆连接，获得48V直流（DC）电源。数据采集器与阴离子分析仪、硝酸盐传感器等仪器相连，可为科学仪器提供直流48V、24V、12V等电源。根据仪器输出数据的不同格式，采用A/D采样或RS232、RS485串口采集数据。

海底化学监测系统包括下列科学仪器：

（1）海底原位离子检测采用离子色谱　可用于河流、湖泊、海洋等各种水环境中的离子检测，可对水中F^-、Cl^-、Br^-、NO_2^-、NO_3^-、PO_4^{3-}、SO_4^{2-}等多种离子浓度进行定量检测，检测水深范围在0～4000m。系统电源为DC9～18V，数据采集器之间采用RS485通信。

（2）硝酸盐传感器　MBARI-isus V3，由美国MBARI海洋研究所设计，测量范围0～2000μmol/L，精度2μmol/L，最大工作水深达1000m，电源6～18V，信号输出电压0～4.096V。

（3）叶绿素传感器　SCF型，美国Seapoint公司制造，测量范围0～150g/L，最大工作水深6000m，直流电源12V，输出信号0～5V。

（4）溶解氧传感器　美国AADI公司生产的OXGEN OPTODE 3975A型，测量范围0～500m，分辨率1m，最大工作水深6000m。

6.4.7　大数据水质评估分析系统

随着计算机技术的快速发展，以存储、计算、网络传输为核心技术的大数据系统正逐步进入人们的生活。未来人们的生产生活也会越来越依赖大数据系统。大数据水质评价分析系统是应用大数据系统对水质进行客观评价的系统。

大数据水质评价分析系统是基于云数据库和云计算的水质指标检测分析和反馈系统。通过对现有水样数据与前期存储水数据的各项指标进行全面的匹配分析，反馈当前水质的具体情况。

本系统主要从数据采集和数据处理两个方面进行分析。数据采集主要通过科研资料网络进行实时数据采集。为了可靠、准确地评价水质，系统可整合水质评价所需的各项指标，数据收集自全国各地。收集了不同水域的水质评估数据，结合互联网和云计算平台的大数据水质评价分析系统进行分析。高质量的算法和计算速度为水质评价提供了可靠和准确的数据。大数据水质分析系统是一套全面可靠的水质检测与评价系统。具有全面性和可靠性的特点。大数据水质评价分析系统通过收集不同地区、不同水域的各种水质参数数据，对各种水质指标的评价进行准确计算，评价结果具有代表性。

水库的水质与当地居民的生产生活行为密切相关。针对不同类型的水库水质进行大数据监测，是对水库水质进行实时评估与评价的重要工作。目前，我国水库大数据系统已在全国范围内实现即时数据收集和云计算分析，并可实现及时进行水库水质健康状况评估。

海洋的水质情况在一定程度上直接反映当前地球的区域性生态环境状况。大数据可根据海洋水质状况，对海洋生态及海洋生物生存的影响进一步地评估，使分析结果更加全面。

大数据系统的可靠性特征：

（1）数据类型繁多　对数据的处理能力提出了更高的要求，例如网络日志、音频、视频、图片、地理位置信息等多类型的数据。

（2）处理速度快，时效性要求高　处理速度快，时效性要求高是区分于传统的数据处理模式最显著的特征。

（3）数据价值密度相对较低　随着物联网的广泛应用，无处不在的信息感知和信息虽然丰富，但是价值密度却较低。大数据时代亟待解决的难题是，如何通过强大的机器算法更迅速地完成数据的价值"提纯"，提高信息感知的价值密度。

大数据水质评价分析系统通过信息批量处理计算、流量计算、图形计算、查询分析计算等复杂而准确的快速计算，反映水体质量的评估结果。除了水质评估外，大数据评估系统还将记录世界各地区的水质信息，便于及时对当前的世界各地的环境水平进行评估，为今后水质评价和分析研究奠定了坚实的数据基础。正是这些计算和数据使得大数据水质评价系统越来越可靠。

6.4.8　大数据水域监测系统

（1）水温　水温是影响鱼类生存和繁殖的重要环境因素之一。低温环境下，鱼类的消化酶活性较低，死亡率较高；高温环境下，鱼类的生物活性物质变性失活。因此，控制水温是鱼类健康生长的必要条件。

Pt1000温度传感器用于检测养殖水体温度，测量精度0.1℃。Pt1000是一种热阻随温度变化的铂热阻，当控制变压器（TC）的阻值为1000Ω时，其阻值随温度的升高而匀速增大，呈线性变化。需要先将Pt1000的电阻转换成电压信号，然后输入单片机进行数模转换（AD），实现温度感知。Pt1000外部检测电路如图6-29所示。

（2）溶解氧　溶解氧是溶入水中的分子氧。大气压力、氧分压、水温等因素都会影响水中溶

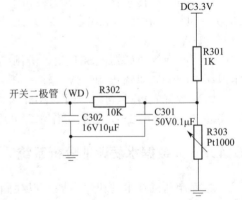

图6-29　Pt1000外部检测电路

解氧含量。利用溶解氧传感器可采集水体中的溶解氧浓度。由于温度会影响溶解氧含量，所以需要选择温度补偿传感器。实际的溶解氧传感器如图 6-30 所示。

（3）pH pH 传感器，如图 6-31 所示。由于复合电极的内阻非常高，输出信号是毫伏级电压信号，因此需要使用放大传感器将电压信号放大，放大传感器的原理是将电压信号输入单片机，并通过 OP07 运算放大器将电压信号放大。pH 调理电路如图 6-32 所示。电平调制电路的目的是增加测量电路的输入阻抗，实现二次滤波放大的目的。

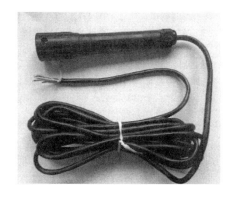

图 6-30 溶解氧传感器实物图

图 6-31 pH 复合电极实物图

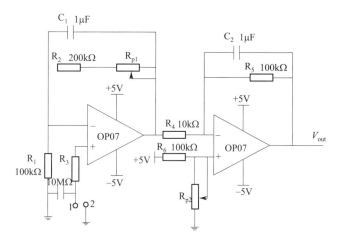

图 6-32 pH 调理电路

注：图中 1、2 分别为 pH 电极的正极和负极接口，$R_1 \sim R_6$ 为固定电阻，R_{p1}、R_{p2} 为可变电阻，C_1、C_2 为电容，V_{out} 为输出电压。OP07 为运算放大器

（4）水质检测传感器的选择 JAP60M/u52-10m 是一款多参数水质检测传感器。六个水质参数 pH 值、温度、溶解氧、电解电导率、浊度和盐度可以同时测量。JAP60M/u52-10m 可自动纠错数据，传感器可直接放入水中进行测量，对测量数据具有更好的保护功能，使数据更加安全。将 JAP60M/ u52-10m 传感器的测量参数通过串行通信传输到 ZigBee 无线通信模块进行数据传输。

水质检测传感器的不断更新升级为水质监测带来了极大的帮助，让水质监测信息更客观、更准确、为判断水质情况提供客观依据。

参 考 文 献

［1］ Grattan K T V，Sun T. Fiber optic sensor technology：an overview ［J］. Sensors and Actuators A Physical，2000，

82（1/2/3）：40-61.

[2] 王超，杨列坤．基于 WiFi 技术的温度传感器应用现状及前景［J］．科技创新导报，2019，16（32）：90-91.

[3] 周广丽，鄂书林，邓文渊．光纤温度传感器的研究和应用［J］．光通信技术，2007，31（6）：54-57.

[4] 吴刚，刘月明，楼俊．光纤水质传感器的研究现状和发展趋势［J］．传感器与微系统，2012，31（10）：6-8.

[5] 王树春，毛健．光纤传感产业发展现状及展望［J］．现代制造技术与装备，2020（3）：70-71.

[6] 王征，姜志刚，孙鸿儒，等．氨氮水质自动仪的现状及发展［J］．城市建设理论研究，2013（7）：1-3.

[7] 李国刚．水质自动监测技术与在线自动监测仪器的发展现状［A］．中国环境保护产业协会，2001，中国国际环保展专题报告会论文集［C］//中国环境保护产业协会，2001：6.

[8] 左航，马颢珺，王晓慧．水质氨氮在线监测仪发展现状［J］．环境科学与管理，2012，37（3）：130-132.

[9] 周冬秋，肖韶荣，肖林．基于荧光猝灭原理的光纤溶解氧传感器研制［J］．光学与光电技术，2013，11（4）：64-85.

[10] 吴刚．光纤浊度传感器的研究与设计［D］．杭州：中国计量大学，2014.

[11] 张玉，孙旋，刘电霆．光纤传感器在液位检测中的应用［J］．传感器与微系统，2011，30（6）：123-125.

[12] 沈修锋．光纤传感器的制作工艺及工程应用研究［D］．北京：北京理工大学，2015.

[13] 陈浩然．基于日志分析的信息检索技术研究与实现［D］．成都：电子科技大学，2009.

[14] 雷梓阁．生物传感器的原理与应用［J］．科技资讯，2015，13（34）：23-25.

[15] 张李建，廉飞宇．生物传感器的发展现状及其应用展望［J］．中国高新技术企业，2016（3）：53-54.

[16] 范玉国，李婉琳，杨升洪，等．生物传感器技术在水质监测中的应用［J］．环境与发展，2019，31（12）：76-79.

[17] 冉纲林，顾昌林，仲路铭，等．垂直耦合悬空型氮化硅微盘光学传感器［J］．计测技术，2019，39（4）：44-49.

[18] 童敏明，唐守锋，董海波．传感器原理与检测技术［M］．北京：机械工业出版社，2014.

[19] 王芳．热电阻式温度传感器的测温原理与应用［J］．黑龙江冶金，2007（1）：33-35.

[20] 孙健，甘朝钦，刘英，等．临界温度热敏电阻阻温特性的数学模型［J］．电子元件与材料，2002，21（7）：17-18.

[21] 周广丽，鄂书林，邓文渊．光纤温度传感器的研究和应用［J］．光通信技术，2007（6）：54-57.

[22] 宋怡然，胡敬芳，邹小平，等．电化学传感器在水质重金属检测中的应用［J］．传感器世界，2017，23（12）：17-23.

[23] Wang Y，Xu H，Zhang J M，et al. Electrochemical sensors for clinic analysis［J］．Sensors，2008，8（4）：2043-2081.

[24] Janata J，Josowicz M，DeVaney D M. Chemical sensors［J］．Analytical chemistry，1994，66（12）：207-228.

[25] 王继阳，胡敬芳，宋钰，等．基于石墨烯的离子印迹电化学传感器在水质重金属检测中的研究进展［J］．传感器世界，2019，25（12）：7-16.

[26] 陈露．金属氧化物纳米材料气敏光学传感器研究进展［J］．科技经济导刊，2016（19）：87.

[27] 雷梓阁．生物传感器的原理与应用［J］．科技资讯，2015，13（34）：23-25.

[28] 张安定．遥感技术基础与应用［M］．北京：科学出版社，2014.

[29] 李晖，杜军兰，哈谦，等．船载海洋水质自动监测系统研制和应用［J］．环境影响评价，2018，40（6）：67-70.

[30] 吴江滨．随机激光的发光原理［J］．物理通报，2008（5）：57-57.

[31] 项馨仪，赵杰煜，黄元捷．基于无线传感网络的水质监测系统［J］．无线通信技术，2018，27（2）：21-25.

[32] 范利平，王志坚．融合 GPRS 技术的 ZigBee 无线网络水质监测系统的设计［J］．长沙大学学报，2012，26（5）：54-56.

[33] 赵敏华，李莉，呼娜．基于无线传感器网络的水质监测系统设计［J］．计算机工程，2014，40（2）：92-96.

[34] 张国杰，陈凯，颜志刚，等．基于无线传感器网络的水质监测系统研究［J］．机电工程，2016，33（3）：366-372.

[35] 袁崇亮，亓相涛．基于无线传感器网络的智能水质监测系统设计［J］．电脑知识与技术，2017，13（20）：218-222.

[36] 汪品先．走向深海大洋：揭开地球的隐秘档案［J］．科技潮，2005（1）：24-27.

[37] 李红星，陶春辉，刘财，等．海底观测系统传感器技术现状与趋势［A］．中国地球物理学会，2006，中国地球物理学会第 22 届年会论文集［C］//中国地球物理学会：中国地球物理学会，2006：1.

[38] Alt C J V，Grassle J F. Leo-15 an unmanned long term environmental observatory［C］．//Oceans：IEEE，1992.

[39] Von Alt C，De Luca M P，Glenn S M，et al. LEO-15：Monitoring and managing coastal resources［J］．Sea Technology，1997，38（8）：10-16.

[40] 陈鹰，潘依雯．深海科考探险日记［M］．杭州：浙江大学出版社，2004.

[41] 孙思萍．海床基海洋动力要素自动监测系统［J］．气象水文海洋仪器，2004（2）：26-30.

[42] 齐尔麦，张毅，常延年．海床基海洋环境自动监测系统的研究［J］．海洋技术学报，2011，30（2）：84-87.

[43] 李娜，宗学波，李超杰，等．一种多层水质原位监测装置［P］．中国：ZL2016203547289，2016-09-28.

[44] 惠维渊，石英儒．基于物探确定金凤矿断层水突水特征及探测原则浅析［J］．技术与创新管理，2010，31（6）：
      765-767.

[45] 黄军辉，毛维林．帷幕注浆防治断层水技术在超化煤矿的应用［J］．能源与环保，2011，（6）：53-55.

[46] 奚旦立．环境工程手册：环境监测卷［M］．北京：高等教育出版社，1998.

[47] 城乡建设环境保护部环境保护局．环境监测分析方法［M］．北京：中国环境科学出版社，1986.

[48] 张剑荣．仪器分析实验［M］．北京：科学出版社，2009.

[49] 四川大学，浙江大学．分析化学实验［M］．3版．北京：高等教育出版社，2006.

[50] 丁桑岚．环境评价概论［M］．北京：化学工业出版社，2003.

[51] 程晓如，陈永祥，方正，等．武汉东湖西南区外源污染调查与评价［J］．环境科学与技术，2001，96（4）：
      41-43.

[52] 魏小龙．MSP430系列单片机接口技术及系统设计实例［J］．单片机与嵌入式系统应用，2002（9）：73.

[53] 王英志，李宗伯，等．嵌入式系统原理与设计［M］．北京：高等教育出版社，2007.

[54] 于宏毅，李鸥，张效义．无线传感器网络理论、技术与实现［M］．北京：国防工业出版社，2008.

[55] Chave A D，Waterworth G，Maffei A R，et al. Cabled ocean observatory systems［J］．Marine Technology Society
      Journal，2004，38（2）：30-43.

[56] Isern A R. The national science foundation′s ocean observatory initiative：An interactive ocean observatory network
      to advance ocean research［C］// Oceans：IEEE，2004.

[57] 汪品先．从海底观察地球——地球系统的第三个观测平台［J］．自然杂志，2007，29（3）：125-130.

[58] 赵吉浩，高艳波，朱光文，等．海洋观测技术进展［J］．海洋技术，2008，27（4）：1-16.

[59] 马伟锋，崔维成，刘涛，等．海底电缆观测系统的研究现状与发展趋势［J］．海岸工程，2009，28（3）：76-84.

[60] Barnes C R. Building the world′s first regional cabled ocean observatory（NEPTUNE）：Realities，challenges and op-
      portunities［C］//Oceans：IEEE，2007.

[61] Dewey R，Round A，Macoun P，et al. The VENUS cabled observatory：Engineering meets science on the seafloor
      ［C］//Oceans：IEEE，2007.

[62] 罗红品．养殖水域水质多参数远程实时监测系统研究［D］．重庆：西南大学，2015.

第 7 章
水质遥感监测分析技术

7.1
水质遥感监测的发展现状

　　水质监测是监视和测定水体中污染物的种类、浓度及变化趋势以及评价水质状况的技术过程。监测范围包括未被污染和已受污染的天然水体（如：江、河、湖、海和地下水等）以及工业排放水体（项小清，2013）。传统的水质监测是通过实地采样和实验室分析等技术手段得以实现的，该监测方法在水质监测准确度方面是有保证的，但在水体水质总体评价方面还存在着一定的局限性。水样监测结果只代表了局部水体水质，不能全面反映水体总体随时空变化情况下水质相应的变化特征，不能对水体质量进行实时监测（张博，2007）。为克服水质监测及水质评价传统技术的实地考察和定点观测的空间局限性，使大范围水质评价的"面状"监测成为现实，遥感水质监测技术受到了越来越多的环境工作者的关注。该技术凭借其适时、迅速、持续监测等特点，被成功地引入水质监测领域，实现了对大面积水体的时空变化信息及水质信息的在线快速、准确监测（崔爱红等，2016）。水质遥感监测是通过研究水质参数的光谱特征和地面实测水质参数之间的关系，建立水质参数反演算法实现的，它具有监测范围广、速度快、成本低和便于进行长期动态监测等优势，可以反映水质的时空分布情况和变化趋势，能发现一些常规方法难以揭示的污染源和污染物迁移特征（周艺等，2004）。其基本原理是：水体成分的光学性质决定着水体的反射率，水体物质组成和状态特征使相应的水体吸收光谱和反射波长特征发生变化，从而获取水体质量的信息特征（王小平等，2017）。

7.1.1　遥感监测水质参数的发展现状

　　水质遥感监测技术自早期的从遥感影像中识别水域区域逐步拓展到对各种水质指标进行遥感监测、制图和预测，其参数种类涉及方向也越来越多。1974 年，Klemas（1974）利用处理后的 MSS 遥感影像建立了 Delawane Bay 海湾悬浮泥沙含量的线性统计模型，其后，遥感技术在环境评价（Wang et al，2019）、环境污染事件（溢油、赤潮等）监测（李栖筠等，1994）、水体热污染中均有着广泛应用（汪小钦等，2002）。近几年水质遥感监测仍然是研究热点，彭保发（2018）运用高分 1 号卫星成功监测 2014～2016 年洞庭湖水体中的叶绿素 a 浓度、悬浮物浓度；孙凤琴（2018）成功将遥感水质监测同流域周围开发建设相结合，监测了开发建设工程对水质的影响；王喆（2019）运用遥感监测评价了煤矿区域的水体污染情况。随着学者们对水体中物质的光谱特征与水质参数的对应关系及反演算法的相关研究的不断深入，遥感技术在水质监测中的应用从定性识别逐渐过渡到了定量分析。遥感监测的水质指标已增加至叶绿素 a、悬浮物、黄色物质、浑浊度、化学需氧量（COD）、五日生化需氧量（BOD_5）、透明度、总磷、总氮等十几种指标（崔爱红等，2016）。

内陆水体水质监测指标中，叶绿素 a 的地位十分重要，通过对叶绿素 a 的反演，可以反映出水中浮游生物和基础生产力的分布，并推断出水体中藻类含量，进而可以评价水体的富营养化状况。目前，遥感手段被众多学者用来建立叶绿素反演模型，D. J. Carpenter 和 S. M. Carpenter（1983）利用 1978～1979 年澳大利亚东南部三个湖泊区域 7 景 Landsat 多光谱图像，建立了湖泊叶绿素浓度和水体浑浊度的多元线性回归模型，其预测结果与实际观测值对比，相关系数分布在 0.5～0.96 之间，模型精度较高。同时研究发现，Landsat MSS 影像在进行校准后，能够满足水质监测需求，扩大了遥感数据的选择范围。K. Ya. Kondratyev（1998）等认为：光学组分在内陆和沿海水体中的特性较为复杂，利用水体的上辐射模型可反演出 Ladoga 湖泊中的叶绿素、悬浮物、黄色物质的浓度。谢婷婷（2019）采用多元回归、BP 神经网络、随机森林等算法分别构架了闽江下游的叶绿素 a 反演模型，均有较高精度。刘文雅（2019）基于辐射传播模型较好地反演了巢湖叶绿素 a 浓度。

由于水体中悬浮物可以被农药、可溶解 N 和 P、重金属和其他污染物附着，水体透明度、浑浊度和水色等光学特性可直观地反映出水体中的污染物含量，因此遥感技术在内陆水体监测中也发挥着重要作用。水体中的悬浮物量化指标可以作为水体污染判断指标，可用于监测内陆水体中悬浮物的浓度及其分布情况，对于内陆水体水质污染的防治具有重大意义（周伟奇等，2004）。另外，有色可溶性有机物（CDOM）以 DOC（可溶性有机碳）为主要成分，分子结构复杂，主要是指黄腐酸和腐殖酸等未能鉴别的 DOC 组分。CDOM 主要由氨基酸、糖、氨基糖、脂肪酸类、类胡萝卜素、氯纶色素、碳水化合物和酚等组成。它的吸收特性主要体现在对紫外和蓝光波段吸收能力较强，而对黄色波段吸收能力较弱，从而呈现黄色，因此又被领域内称为"黄色物质"。因其具有较为稳定的光学特性，在生物光学领域，CDOM 参数有着极为重要的地位，在水体中，尤其是海洋水体示踪中有着重要应用，如探测海水中的碳含量的应用。20 世纪 90 年代开始，国外研究人员对内陆水体中 CDOM 特性、监测手段进行了广泛研究，大致分为两方面：一方面是进行水色遥感时如何消除 CDOM 的干扰，如栾晓宁（2017）通过激光诱导荧光光谱的偏振特性成功消除了 CDOM 以及叶绿素在海洋溢油方面的监测干扰；另一方面是研究遥感探测 CDOM 浓度的方法，赵莹（2018）利用实测的高光谱影像构建的单波段一阶微分模型，在反演水体 CDOM 浓度方面取得了较好的结果。此外，CDOM 在不同季节对光谱的吸收程度（Nelson et al，1998）、CDOM 吸收系数与紫外波段的衰减系数之间的关系（S. C. Johannessen et al，2003）、CDOM 吸收系数的光谱斜率与波长的关系（马荣华，2005）、CDOM 吸收光谱特性（姚昕，2018）、CDOM 光学特性及组成（王涛，2019）和 CDOM 的荧光特征（吕伟伟，2018）的探究为遥感数据反演 CDOM 指数研究提供了支撑。

7.1.2 水质遥感监测方法

水质遥感监测方法自 20 世纪 70 年代提出以来，经过不断改进和完善，在监测技术和应用领域拓展方面均取得了长足的进步，在水生态环境质量和应急事件在线快速评估方面发挥着越来越重要的作用（Chen et al，2020）。过程中首先要选取合适的遥感卫星，以获取所需的遥感影像，常使用的遥感影像包括 Landsat 系列卫星影像、高分一号卫星影像等。随后需要对遥感影像进行预处理，如：辐射校正、几何校正。利用预处理后的遥感影像对水体流域进行提取，选取监测范围，根据影像光谱信息获取水面光谱反射率，建立对应的水体光谱特征和水质参数，选取主要水质参数对应的最佳波段组合，从而构建出水质反演模型，据此计算出水质指标。

目前，利用遥感影像信息提取水体区域的方法主要有两大类：一类是传统方法，可分为单波段阈值法、多波段谱间关系法以及归一化指数法等方法。单波段阈值法较为简单，利用多波段影像中的某一波段提取水体范围（Work，1975），阈值精确度直接影响到水体提取的准确度（陆家驹，1992）。多波段谱间关系法利用多个波段信息分析水体和其他地物光谱的不同进行水体范围提取，弥补了单波段阈值法的不足（毕海芸，2012）。归一化指数法是借鉴归一化指数提出的水体范围提取方法，可以较好地增强水体范围提取和抑制其他地物干扰（McFeeters，1996）。研究者通过对波段组合进行改进，进一步优化了指数算法，经验证表明改进后的算法可以降低植被、房屋对水体提取的干扰。另一类是机器学习等方法。随着计算机技术的不断发展，机器学习等传统方法也开始用于遥感水面提取研究。有学者采取面向对象法完成了山区复杂情况下的水域提取，对复杂环境水体范围提取提供了可借鉴的方法（沈金祥，2012）；有学者改进了四层决策树分类法并在提取鄱阳湖水体范围中取得了较好的效果（程晨，2012）；孟伟灿（2011）对区域生长法进行优化，有效地提高了提取水体边界的精确度；王雪（2018）验证了通过卷积神经网络提取水体的可行性；陈前（2019）采用Deeplabv3网络进行水体边界提取精度达到了92.14%。

常用的水质反演方法有经验法、半经验法及分析法。其中经验法是最简单直接的反演方法，在水质遥感技术发展的中早期有着较为广泛的应用：有学者提出悬浮物的反射率与含量存在负指数关系，并且在杭州湾监测中得到实际应用（李京，1986）。半经验分析方法通过优化波段组合有效地扩大了水体影像识别的可选范围，Gitelson（2008）运用MIDOS和MERIS影像实现对复杂水域进行定量监测，为浑浊水域中水质遥感监测提供了有效方法。分析法又可分为神经网络法和物理机理法。

7.1.2.1　神经网络法

神经网络法对于非线性函数具有强大的数据处理能力，可以有效地提高检测的精度。有学者运用神经网络处理方法成功地提高了鄱阳湖反演水体悬浮颗粒物浓度的精确度（江辉，2011）；付泰然（2019）采用自编码的BP神经网络构建了亚硝酸氮浓度模型；谢旭（2019）采用PSO-RBF对传统神经网络进行改进，对闽江下游水体悬浮物进行了反演；基于灰度理论进一步对神经网络模型进行优化，可有效地提高遥感预测信息的精度（王翔宇等，2010）。

7.1.2.2　物理机理法

物理机理法针对模型参数的优选已有多种方法。Hoogenboom（1998）使用物理分析法，构建了矩阵反演模型，成功地运用水下辐照度对水体进行反演。Dekker（2001）采用实测水体内在光学性质构建了物理光学模型，并在悬浮度浓度估算方面取得了较好的效果。林剑远（2019）基于故有光学量构建的物理模型在嘉兴市成功应用。

7.1.3　水质遥感监测数据源的发展现状

在丰富的遥感监测数据源中应用较多的是多光谱和高光谱数据。国际遥感界普遍认同，以光谱分辨率作为区分，光谱分辨率在 $10^{-1}\lambda$ 数量级范围的称为多光谱遥感（Multispectral），光谱分辨率在 $10^{-2}\lambda$ 数量级范围的称为高光谱遥感（Hyperspectral）（陈述彭等，1998）。多光谱遥感数据来源广泛，获取相对容易，且访问周期短，数据量丰富。但是由于多光谱数据具有自身波段数量少、光谱范围宽等特点，在水质监测中有一定的局限性。在这方面，高光谱数据具有更大优势。高光谱数据具有波段丰富、光谱范围窄且可以获得连续的水体光谱的特征。但同时高光谱数据存在的扫描幅度窄、重访周期较长等问题对于水环境的大范围监测以及应急监测效果不佳（梁文秀等，2015）。近些年来，高分遥感以及无人机遥感技术的发展为水质遥感监测增添了新的数据源。在高分数据中，高分一号卫星（GF-1

是一种高分辨率对地观测卫星，可同时具有高分辨率与大幅宽的数据特征，能满足用户对数据信息精细化应用的需求。在水质监测应用方面，可以为水质监测提供兼具高空间分辨率、多光谱与宽覆盖特点的数据，因此在近几年水质监测中得到普遍应用。图 7-1 是高分一号首批影像图中的银川市影像。

图 7-1　高分一号获得的银川市影像图（来源：国家航天局）

但是高分数据的准确获取依然容易受到天气状况的影响，难以实时、快速地获取监测数据（Wang et al，2016）。近年来，无人机信息获取技术的快速发展，也为水质在线监测技术的发展做出了积极贡献。2015 年工程技术人员运用无人机平台载荷搭配技术，研究了南水北调工程的一个输水水域的水源地的污染情况，最终找出该区域的主要污染源，为该区域接下来的水源保护提供强有力的技术支撑（洪运富等，2015）。刘彦君（2019）采用无人机获取的多光谱影像成功反演了总磷（TP）、悬浮物浓度（SS）、浊度（TUB）三种水质参数。侍昊（2018）在城市区域中采用无人机遥感实现了城市水环境信息的提取。该项技术很好地弥补了卫星监测技术的不足，通过无人机搭载 CCD 数码相机或者通过搭载红外摄像机实现对水质的监测，监测过程中受天气状况影响小，并且无人机具有灵活、便于操作等优势，获取的影像空间分辨率较高。

7.2
遥感监测概述及水质遥感监测的基本原理

7.2.1　遥感监测的概述

遥感（remote sensing，RS），即遥远的感知，起源于 20 世纪 60 年代，可以从广义和狭义两个角度来理解（梅安新，2001）。遥感过程示意图如图 7-2 所示。在广义方面，遥感是指不直接接触监测目标的远距离信息探测，包括对电磁场、力场机械波（声波、地震波）等的探测，而在实际工作中，遥感探测一般是指电磁波的探测。在狭义方面，遥感是指使用遥感探测器，在不接触目标的情况下，远距离将目标的电磁波特性记录下来，经过传输与处理，从中提取人们感兴趣的信息，从而揭示目标物的属性信息及其变化特征。

7.2.1.1　遥感监测过程

（1）数据获取　通过传感器接收并记录目标物电磁波特征从而间接获取信息数据。传感器包括扫描仪、雷达、摄影机、辐射计等，装载传感器的平台包括地面平台、空间平台和空中平台。

（2）数据处理与分析　　地面站接收到来自遥感卫星发送的数字信息，记录在高密度的磁介质上（如高密度磁带 HDDT 或光盘等），并进行一系列的数据处理，如遥感数据的信息恢复、遥感影像辐射校正和投影变换等，再转换为用户可使用的通用数据格式或转换成模拟信号（记录在胶片上），才可以被用户使用。

（3）数据应用　　遥感数据可以被各行各业的人员使用，生产各种信息产品，包括各种图形、图像、影像图、专题图、表格、地学参数（温度、湿度、植被覆盖度等）、数据库文件等，应用于各类领域中，包括资源调查、环境监测、国土整治、区域规划等。

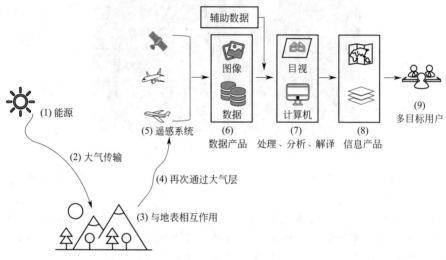

图 7-2　遥感过程示意图（参照赵英时，2003）

7.2.1.2　遥感基本属性

遥感技术的发展，遥感数据采集手段的多样性以及数据观测条件的可控性等技术的进步，保证了遥感信息的多源性获取，包括多平台、多波段、多时相、多角度、多视场、多极化等手段（汪伟等，2015）。这里重点介绍遥感信息的三种基本属性：多平台、多波段和多时相。

（1）多平台　　遥感平台是用来安置各类传感器的运载工具，使传感器从一定高度或距离对地面进行探测，按距离地面远近可以将遥感平台分为三种类型：

① 地面遥感　　传感器安置在地面平台上，如手提、车载、船载、固定或活动高架平台等。

② 航空遥感　　传感器安置在航空器上，如直升机、喷气式飞机、系留气球等。

③ 航天遥感　　传感器安置在地球的航天器上，如航天飞机、人造地球卫星、空间站、火箭、宇宙飞船等（应申，2005）。

（2）多波段　　遥感中常用的电磁波波谱范围主要是紫外线 UV（$0.05\sim0.38\mu m$）—可见光 VIS（$0.38\sim0.76\mu m$）—近红外 NIR（$0.76\sim1.3\mu m$）—短波红外 SWIR（$1.3\sim3\mu m$）—中红外 MIR（$3\sim6\mu m$）—远红外 FIR（$6\sim15\mu m$）—微波 MW（$1mm\sim1m$）。不同波长的电磁波与物质的相互作用有很大的差异，即物质在不同波段的光谱特征差异很大（明冬萍，2017）。电磁波波谱示意图如图 7-3 所示。

（3）多时相　　遥感探测按照一定的时间周期重复采集数据，即可以按照固定的周期实现对地球的重复覆盖，这样就可以得到同一区域不同时间的数据。多时相特征就是可以利用研究区不同时间节点的多幅影像数据对该地区各类地物的时间序列动态变化进行监测。由于平

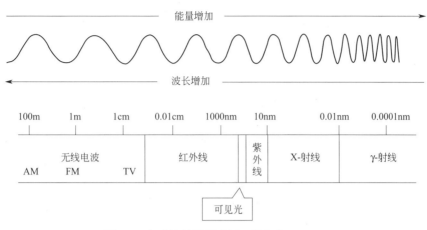

图 7-3 电磁波波谱示意图（明冬萍，2017）

台高度、运行周期、轨道间隔、轨道倾角等参数的多样性，重复观测的时间周期也各不相同，例如 Landsat 系列卫星每隔 16 天重复采集数据，静止气象卫星每隔 0.5h 重复采集数据。图 7-4 所示为青海湖鸟岛湖岸线变化情况，由图中不同时期的青海湖鸟岛影像数据可以监测青海湖鸟岛湖岸线变化情况。

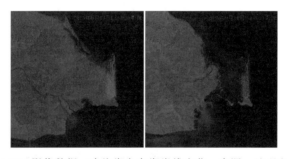

图 7-4 Landsat OLI 影像数据（青海湖鸟岛湖岸线变化：来源，地理空间数据云平台）

图 7-5 所示为火神山医院建设前后的变化情况，由图中不同时期的火神山医院影像数据可以监测火神山医院建设前后的土地利用类型的变化情况。

图 7-5 高分二号影像数据（火神山建设前后：来源，人民日报、中国陆地观测卫星数据中心）

7.2.2 水质遥感监测的基本原理

水质遥感监测的基本原理是水体中富含的各种活性物质对光辐射的吸收及散射作用最终决定了水体的光谱特征，水体的光谱特征即是水质遥感监测的基础，是进行后续水环境评价的依据。水体的光谱特征由水体本身富含物质以及水体自身状态决定，不同的水体表现出来的光谱特征存在明显差异。水体本身富含物质主要有浮游生物含量（叶绿素浓度）、悬浮固体含量（浑浊度）、营养盐含量（黄色物质、溶解有机物质、盐度指标）以及其他污染物。水体自身状态一般是指底部形态（水下地形）和水深等因素。这些因素的综合影响会导致水体对特定波长的吸收或反射变化（曹心德等，2011）。

水的光谱特征在可见光波段 $0.6\mu m$ 以前的表现是吸收少、反射率较低、透射现象明显。水面的反射率一般在 5% 左右，但会随着太阳高度角的变化而发生变化，由 3% 到 10% 不等（马荣华，2009）。水体的反射现象包含三方面：水表面反射、水体底部物质反射和水中悬浮物质（浮游生物或叶绿素和泥沙等）的反射。对于清澈水体，在蓝-绿光波段的反射率是 4%～5%，在 $0.6\mu m$ 以下的红光部分反射率降到 2%～3%。在近红外、短波红外范围内几乎会吸收全部的入射能量，这也就是水体在这两个波段的反射能量很小的缘故。这一现象会与土壤、植被的光谱形成鲜明的对比，因此在这个波段水体容易识别（王刚等，2008）。图7-6 反映了水的光谱递减规律。纵坐标表示反射率，横坐标表示波长，随着波长的增加反射率逐渐减小，含有泥沙的水比清澈的水的反射率要高。

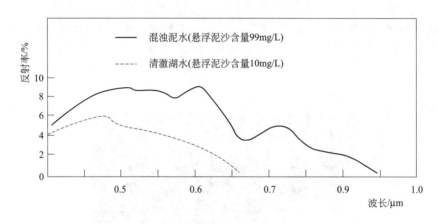

图 7-6　水的光谱递减规律（P. H. Swain et al，1978）

具体表现是：太阳辐射经过大气时，会受到大气分子和气溶胶粒子的吸收和散射作用，到达水面后，在气-水交接处，一部分辐射被反射，另一部分进入水体。在水中的辐射波会受到水中物质的吸收散射作用，导致辐射波的光谱特征发生变化。水体中能起到吸收作用的物质主要有四种：纯水、溶解性有机物（黄物质）、藻类色素（浮游植物）和非生命颗粒物（浮游植物死亡产生的有机碎屑及陆生或湖底泥砂经悬浮产生的无机悬浮颗粒）。除非生命颗粒物在自然浓度条件下对光辐射不发生明显的吸收外，其他三种物质都会对一定波长范围的光进行选择性吸收，形成各自的特征吸收光谱（Brown，1984）。同时，未被吸收的光会受到水体中物质的散射作用，传播方向会发生改变，最终后向散射光混合着水体的反射光并携带着水体信息一起通过水-气交界面向上传输，最终被光学遥感器接收（Iii et al，1990）。值得注意的是：采用航空或卫星平台进行测量时，受大气特性的影响，传感器接收到的水体辐射信号最终用公式（7-1）（杨世植，2002）表示：

$$L_a = (L_w + L_s + L_g)T_u + L_p \tag{7-1}$$

式中　L_a——传感器接收的水体的辐亮度；

L_w——向上的离水辐亮度；

L_s——水面对漫射光的闪耀辐亮度；

L_g——直射阳光在水面的闪耀辐亮度；

T_u——水体表面与传感器间的大气透过率；

L_p——大气的程辐亮度。

式（7-1）中参数都与波长有关（赵英时，2003）。由以上可以看出，水体的光谱特征受诸多因素的影响，是各因素共同作用的结果。因此为了对水质进行监测需要从传感器获取信息中提取相应的特征信息，示意图见图7-7。

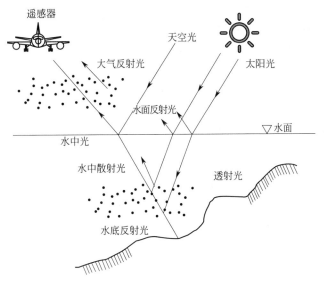

图 7-7 遥感水质监测示意图（赵英时，2003）

7.3
水资源时空信息遥感提取方法

7.3.1 遥感影像的选取

当各类遥感系统以主动或者被动的方式采集数据时，地表目标物发射和反射的电磁辐射会被各种遥感仪器接收并记录下来。记录的信息可以直接或间接地反映所摄地物的信息，比如地物的特征，地物的大小，地物的位置等多个属性，表明遥感影像具有"多维"特征，它的各种维度可通过各种分辨率来体现及度量。

7.3.1.1 遥感影像的特征

研究对象的地学属性包括四个方面：空间分布、波谱反射、时相变化以及辐射特征。与研究对象的地学属性相对应，遥感影像的特征相应地从四个方面来描述，即空间分辨率、光谱分辨率、时间分辨率和辐射分辨率。

（1）空间分辨率 空间分辨率是指图像上能够详细区分最小单元的尺寸或者大小，传感器瞬时视场所能观察到的地面场元宽度，即地面物体所能分辨的最小单元。对于摄影影像，通常用单位长度内包含可分辨的黑白"线对"数表示（线对/mm）；对于扫描影像，通常用瞬时视场角（IFOV）的大小来表示（毫弧度，mrad），即像元。1个像元对应地块的面积越小，表明传感器可以识别的物体越小，也就是空间分辨率越高。但实际上每一个目标在图像上的可分辨程度，不完全取决于空间分辨率的具体值，也受它的形状、大小以及周围物体的亮度、结构的相对差异的影响。

（2）光谱分辨率 光谱分辨率是指传感器在接收目标辐射的波谱时所能分辨的最小波长间隔，间隔越小，分辨率越高。波段个数越多，各波段波长间隔越小，反映地物波谱特性会越好。但在实际应用中，并非波段越多越好，当波段太多时，就会形成海量数据，数据冗余度就会很大，不利于快速获取数据。实际中，应该根据需求，设置合适的光谱分辨率。

（3）时间分辨率　时间分辨率是指对同一地点进行重复覆盖采样的时间间隔，即采样的时间频率，也称为重访周期。它是评价遥感系统动态监测能力的重要指标，例如天气预报、灾害监测等需要短周期的时间分辨率，而植物、作物长势的监测、估产等需要用"旬"或者"日"为单位，因此可以根据不同的遥感目的采用不同的时间分辨率。

（4）辐射分辨率　辐射分辨率又称为传感器的灵敏度，是指传感器识别地物辐射微小差别的能力。传感器的辐射能力强，说明传感器监测地物反射或辐射能量的微小差异的能力强。一般用灰度的分级数表示，也称量化级数。需要注意的一点是，伴随着空间分辨率的增大，辐射分辨率将降低。因此，遥感应用中必须对二者进行适当的选择。

7.3.1.2　遥感影像的获取手段

由以上内容得知，水质监测最常见的数据主要有两种：多光谱遥感数据和高光谱遥感数据。在水体监测方面，多光谱数据的应用要早于高光谱数据。为了满足水体光谱特征的精细化提取，高光谱成像数据和非成像水质光谱数据也开始应用于水质监测。表 7-1 列举了水质监测数据获取手段及其基本特征。

表 7-1　水质监测数据获取及其基本特征

数据获取手段		可用数据					数据特征
		卫星	传感器	波段数	空间分辨率/m	时间分辨率/d	国家	
卫星多光谱数据		SPOT	HRV	4	10/20	26	法国	单波段范围较宽，成像波段较少，波谱上一般不连续，光谱波段不能覆盖整个可见光至红外范围，光谱分辨率较低
		LANDSAT	MSS	4	78	18/16	美国	
			TM	7	28.5/120	16		
			OLI	11	30/15	16		
		IKONOS	全色/多光谱	5	1/4	1～3	美国	
		QuickBird	全色/多光谱	5	0.61/2.44	1～6	美国	
		高分一号GF-1	全色/多光谱	9	2/8/16	4/2	中国	
		NOAA	AVHRR	5	1100	4～5	美国	
光谱成像仪	星载平台	EOS TERRA	MODIS	36	250/500/1000	1	美国	光谱分辨率较高，可对可见光至红外波段范围完全覆盖，星载平台上的影像空间分辨率较低
		ENVISAT	MERIS	15	300/1200	35	欧洲	
		Sea Star	SeaWiFS	8	1100/4500	1～2	美国	
		EO-1	Hyperion	242	30	200	美国	
		HJ-1A/B	HSI	19	100	2	中国	
	机载平台	AVIRIS（机载可见光/红外成像光谱仪）		224	20	—	美国	
		CASI/SASI		36/101	0.8/1.9	—	加拿大	
		OMIS（实用型模块化成像光谱仪）		128	3（mard）	—	中国	
		PHI		124	1.3（mard）	—	中国	
非成像水质光谱仪		常见的有 ASD 野外光谱仪、便携式光谱仪等						以图形等非影像形式记录光谱反射率，实地测量不同水体的光谱特征曲线

（1）多光谱遥感数据　多光谱数据波段数量少、光谱范围宽，形成的波谱一般不连续，使得光谱波段不能覆盖整个可见光至红外范围，光谱分辨率不高，无法获得水体的精细光谱

特征。但多光谱数据源多，重访周期短。在水体监测方面，常用的多光谱数据有：美国陆地卫星 Landsat 的 MSS 和 TM 数据、ETM+数据、EO-1 ALI 数据，法国 SPOT 卫星的 HRV 数据，中巴地球资源 1 号卫星（CBERS-1）的 CCD 相机数据，印度的 IRS-IC 数据、气象卫星 NOAA 的 AVHRR 数据等（崔爱红等，2016）。随着我国航天事业的发展，我国高分系列的一号到五号卫星均可用于水质监测。

（2）高光谱遥感数据　高光谱遥感数据在获取的精细化程度上有很大的改善。高光谱由于其独特的特点，波段数量多、分辨率高，最为重要的是可以将传统的图像维和光谱维融合到一起，从而使得地物的光谱特征是连续的，弥补遥感定量分析中光谱分辨率不足的缺点，为水质遥感定量反演提供重要的数据源，提高了水质监测的精度（林剑远等，2019）。目前，较为常见的高光谱传感器有两种，一种是成像光谱仪，另一种是非成像光谱仪。一般情况下是以飞机、卫星或者地面平台为载体进行工作的。

成像光谱仪的影像数据光谱分辨率较高，可完全覆盖可见光至红外波段范围。根据搭载的平台可分为星载和机载两种类型。星载平台的数据包括 Terra 和 Aqua 上的 MODIS 数据、MERIS 数据、美国的 EO-1 HYPERION 数据、SEAWIFS 数据和天宫一号高光谱成像仪等。机载平台的数据包括美国的 AVIRIS 数据、加拿大的 CASI 数据、芬兰的 AISA 数据、中国的 OMIS-Ⅱ 成像光谱数据、PHI 数据等等。这些数据被广泛用到水质监测研究当中。国内也有针对环境专门研发的环境卫星，在水质监测方面，HJ-1A 卫星应用较多，且常见于内陆水域研究中。目前，国内外对水质参数的研究应用较多的是 MODIS 数据、MERIS 数据、SEAWIFS 宽视场水色扫描仪数据以及 HIS 数据。机载平台也已经得到普遍应用，且优势显著，可以获得精细化的影像产品。

非成像水质光谱仪获取数据不同于成像光谱仪以影像来记录光谱反射率，它是以图形的形式实地进行各种水体的光谱特征曲线的测量。因此，它的数据来源主要靠各种野外光谱仪获取，当不需要图形的时候，它就可以简单地作为一种数据获取方法，成本低廉而且操作灵活方便。非成像光谱仪常被用于地物的光谱反射率、透射率及其他辐射率的测量，在水质遥感中，结合高光谱遥感数据，优化已有的反演模型，从而获得更精细化的产品。

7.3.2　数据的预处理

在实际的图像处理与分析前必须进行图像的预处理，这是由于遥感系统空间、波谱、时间以及辐射分辨率的限制，不容易很精确地记录复杂的地表信息，因而误差不可避免地存在于数据获取过程中。这些误差降低了遥感数据的质量，从而影响图像分析的精度，因此必须对图像进行预处理。图像的预处理一般包括辐射校正、几何较正、图像镶嵌与裁剪、去云去噪、图像增强等几个环节。对于遥感在不同行业的应用，数据预处理的要求不完全相同。

7.3.2.1　辐射校正

辐射校正是指消除图像数据中依附在辐射亮度中的各种失真的过程（图 7-8）。这种辐射失真的来源，主要是在传感器成像过程中受到遥感平台位置和运动状况、地形起伏、地球表面曲率、太阳高度和大气折射等因素影响造成的。

辐射校正的完整过程包括遥感器校正、大气参数校正以及太阳高度和地形校正（何思佳，2019）。而一般情况下传感器校正、太阳高度和地形校正，在数据生产过程中由生产单位根据传感器参数进行校正，不需要用户进行处理。因此用户重点需要考虑大气影响造成的影像数据畸变。

图 7-8　遥感图像辐射校正流程

　　大气影响是指在对水体进行遥测时，由于水体自身信号微弱，绝大多数的信号是来源于大气瑞利散射、气溶胶散射以及太阳散射，导致获取的水质遥感信息存在较大误差的现象。这时就需要对获取的水质遥感信息进行大气校正，以消除或减少以上误差的影响。大气校正常用的方法有回归分析法和直方图最小值去除法等。

　　（1）回归分析法　校正方法：在图像中待校正的某一波段和不受大气影响的波段（如TM7）中，选择由最亮至最暗的一系列目标，将每一个目标的两个待比较的波段灰度值提取出来进行回归分析（梅安新等，2001）。

　　（2）直方图最小值去除法　直方图最小值去除法的原理：在一幅影像中，总可以找到某一种或几种地物的辐射亮度或反射率接近0，例如，地形起伏产生的阴影区、反射率很低的深海水体或云块的阴影区等，这些区域理论上的像元亮度值为0。但实际量测时，这个值并不为0，而这个值就应该是大气散射导致的辐射度值，也称为程辐射度增值。

　　校正方法：首先应该确定图像上确有辐射亮度或反射率为0的区域，则亮度最小值必定是这一区域大气影响的辐射度值。在校正时，将每一个波段中每一像元都减去本波段最小值，使图像亮度的最小值与理论值一样，从而使图像亮度的动态范围得到改善，对比度增强，从而提高图像质量。

7.3.2.2　几何校正

　　当遥感图像在几何位置上变化，产生行列不均匀、地物形状不规则、与实际情况差异较大以及像元大小与地面大小对应不准确时，就说明该遥感影像产生了几何形变。这种几何形变分为系统性畸变和随机性畸变。系统性畸变是由遥感器结构引起的畸变，该类畸变具有一定的规律性，常在地面接收站应用模拟遥感平台及传感器内部变形的数学公式或模型来预测，并进行校正，称为几何粗校正（梅安新等，2001）。随机性畸变是指由于遥感平台位置和运动状态变化以及地形起伏、地球自转等因素影响产生的畸变，不具有规律性，对其进行校正称为几何精校正。

　　几何校正是指从具有几何畸变的图像上消除畸变的过程，即定量确定图像上像元坐标与目标物的地理坐标的对应关系，目的是消除上文提到的系统性和随机性误差。在遥感数据接收后，先由接收部门进行粗校正。当用户拿到后，由于使用的目的不同或投影及比例尺的不同，仍需要进一步进行几何校正，最常用且通用的一种方式是几何精校正，适用于地面平坦、不需考虑高程信息的情况。具体的几何精校正步骤如下：

　　① 地面控制点（GCP）的选取；

　　② 多项式纠正模型；

　　③ 重新采样、内插法的确定。

7.3.2.3　图像镶嵌

　　当单幅遥感图像的范围不足以覆盖研究区时，通常需要将两幅或多幅遥感图像（这些图像可能是在不同的成像条件下获取的）拼接在一起构成一幅整体图像，这个过程称为图像的镶嵌。在进行图像镶嵌时，首先要指定一幅影像为参照图像，作为镶嵌过程中几何校正、地理投影、数据类型以及像元大小的基准；在重复覆盖的地区，各图像之间要有较高的匹配度，必要时应对图像利用控制点来进行配准，即使镶嵌的多幅影像之间像元大小不一，但也应包含与参照影像图相同数量的层数。图像镶嵌时一般需要进行图像匹配，图像匹配的方法包括直方图匹配和彩色亮度匹配（霍帅起，2018）。

7.3.2.4　图像裁剪

图像裁剪的目的是去除研究区之外的区域，通常按照行政区划边界或自然区划边界图像进行裁剪，在一些基础数据制作中，一般还需要进行标准分幅裁剪。分幅裁剪分为规则分幅裁剪和不规则分幅裁剪（邓书斌等，2014）。图像裁剪过程包括两个部分：矢量栅格化和掩模计算。矢量栅格化是将面状矢量数据转化为二值栅格图像文件，文件像元的大小与被裁剪图像一致；掩模计算是将二值栅格图像中的裁剪区域的值设为 1，区域外取值设为 0，与被裁剪图像做交集运算，计算所得的图像就是所需的图像裁剪结果（马文奎等，2015）。

7.3.3　水资源信息提取的方法

水资源信息的获取实际上是对遥感影像所包含的地物进行分类从而得到目标水体的信息，而遥感影像的分类方法与影像的质量、使用者的需求密切相关，并且随着遥感技术的迅速发展，图像的分辨率也越来越高，分类方法也层出不穷，目前主要的分类方法有：目视解译、监督分类、非监督分类、半监督分类、多方法耦合等。

7.3.3.1　目视解译

目视解译也称为目视判译或者目视判读，它是指专业的技术人员利用眼睛直接观察或者使用特殊的辅助仪器，从遥感影像上获得所需目标物信息的过程。解译质量受到技术人员、研究目标和遥感影像质量三个因素的影响。技术人员必须了解目标物的相关基础知识，对遥感技术的理论与方法熟练掌握，并且有过实际的解译经验和针对目标物的实际资料。遥感影像的解译主要是基于影像的特征，其主要包括形与色。当解译水体时，就需先了解水体的色调、阴影、形状、大小、纹理、图案、位置和组合 8 个基本要素。综合这 8 个基本要素，同时结合时间、图像种类、比例尺和水体对象等信息，建立起这类水体目标物的解译标志（马文奎等，2015）。主要的方法包括：直接判读法、对比分析法、信息复合法、综合推理法以及地理相关分析法等（赵英时，2003）。在实际的解译过程中，各种方法相互利用，以一种方法为主，其余方法为辅实现目标物的识别。

7.3.3.2　监督分类

监督分类也称为训练分类法，是指通过已知类别的样本像元去判别未知类别像元的过程，即利用遥感影像上的样本区进行训练获得目标物样本的光谱特征作为决策规则，建立判别函数，对未分类的影像进行分类，将其划分到与之最相似的样本类别中（朱光良，1999）。分类过程包括两个基本步骤：样本的选择和信息的提取，例如水体样本、植被样本、土壤样本等，要求训练区域必须具有代表性和准确性；选择合适的分类算法，监督分类方法主要包括两种，一种是参数法，另一种是非参数法。遥感图像监督分类处理的一般流程如图 7-9 所示。

图 7-9　遥感图像监督分类处理的一般流程

参数法包括平行算法、最小距离法和最大似然法等。平行算法是根据训练样本的亮度值范围形成一个多维空间，凡是其他像元落在这个多维空间内，则被划分为该类别（朱光良，1999），它的特点是算法简单、直接。但当类别较多时，各类别所定义的区域容易重叠。最小距离法是指依据各类别的样本在各波段的均值，然后比较各像元离样本平均值的距离大小去判定其所属类别（张开等，2014），它的不足是容易在边界处产生重叠区域，降低分类精度。最大似然法是在前两者的基础上，改进其算法，假设遥感数据服从多维正态分布，构造判别分类函数，然后计算每个像元属于某一类地物的概率，比较后将其归入概率最大的那一类中（涂兵等，2019），它的特点是可以定量地考虑多波段和类别，精度较高，但计算量较大。

非参数法包括支持向量机法、神经网络分类法、决策树分类法、专家决策系统法和随机森林法。支持向量机方法是一类按监督学习方式对数据进行二元分类的广义线性分类器，其决策边界是对学习样本求解的最大边距超平面，该方法的优点是学习速度快、自适应能力高、可表达性方面强、不限制特征空间高维等，具有较高的分类精度（Vapnik，1998；周志华，2016；李航，2012）。神经网络分类法是利用机器模拟人类学习的过程，它的结构包括一个输入层、若干个中间隐含层和一个输出层。它是指计算机经过不断地学习，然后从大量杂乱的数据中发现某些规律以此来进行分类（赵英时，2003）。它可以实现各种非线性映射，对信息进行分布式存储，具有并行处理、自组织、自学习、自适应等特点。决策树分类法包括决策树学习与决策树分类两个过程，是基于属性值的测试将输入训练集分割成子集，并在每个分割成的子集中以递归的方式重复分割，直到一个节点处的子集中所有元素都有相同的值或属性值用尽或其他指定的条件时停止（明冬萍等，2017）。决策树分类法不依赖任何先验统计假设条件，具有灵活、直观、运算效率高等特点。专家决策系统法是融合光谱信息和其他辅助信息，以专家知识和经验进行推理得出结论，一般包括推理机和知识库两个部分（明冬萍等，2017）。它具有启发性、透明性和灵活性等特点。随机森林法是由多个决策树组成的，每一棵决策树单独进行分类计算获得其分类结果，最后依据所有树的分类结果进行投票获取最终的结果（明冬萍等，2017）。它具有人工干预少、分类效果明显、鲁棒性良好和运算效率高等特点。

7.3.3.3　非监督分类

非监督分类是一种在无先验知识的情况下，依据图像自身的特征以集群为理论基础对地物类别进行划分的分类方法（韦玉春，2007）。此方法主要采用聚类分析方法，由计算机统计待分类样本的结构和光谱特征，并按照相似性自动分割或合并成一个集群，每个集群代表一个类别，由此划分为若干个类别，然后由分析人员经过实地调查或已知的数据进行比较，确定各个类别所对应的目标地物类型，以此实现遥感影像的自动分类（韦玉春，2007）。主要方法包括：K-均值聚类方法和 ISODATA 分类方法。一般流程如图 7-10 所示。

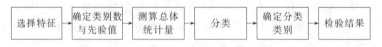

图 7-10　遥感图像非监督分类处理的一般流程

7.3.3.4　指数法

除了上述常用的分类方法之外，还可以针对遥感影像的波段特征构建遥感指数来提取水体信息。原理是遥感影像上的目标地物在不同的光谱通道中，其所反映的光谱信息差异和变化不同，由此对其进行加减乘除等线性或非线性运算，得到一些对目标地物具有一定指示意义的数值，则为各类指数（赵英时，2003）。对于水体信息的提取，常用的指数包括归一化差分植被指数（NDVI）和归一化差分水指数（NDWI）。

① 归一化差分植被指数（normalized difference vegetation index，NDVI）　如公式（7-2）所示（Rouse et al，1974）。

$$NDVI = \frac{NIR - RED}{NIR + RED} \tag{7-2}$$

式中　NIR——近红外波段；
　　　RED——红光波段。

在近红外波段植被的反射率明显高于水体的反射率，而对于红光波段，水体的反射率高于植被的反射率，因此利用 NDVI 指数可以提高有关水陆的信息差别（田静等，2017）。在植被覆盖度高的地区，NDVI 值也高；植被覆盖度低的地区，NDVI 值受到土壤的影响，数值较低，如水体和沙漠等。利用这一特性，可以通过设置阈值来区分水体和植被、土壤（马文奎等，2015）。

② 归一化差分水指数（normalized difference water index，NDWI）　如公式（7-3）所示（McFeeters，1996）。

$$NDWI = \frac{NIR - GREEN}{NIR + GREEN} \tag{7-3}$$

式中　NIR——近红外波段；
　　　GREEN——绿光波段。

依据归一化差分植被指数的原理，把目标物的最强反射波段作为分子，最弱的作为分母，然后利用比值运算把二者的差距进行扩大，使得其他背景地物普遍被抑制，从而达到突出研究地物的目的（李文波等，2008）。对于水体而言，在近红外波段和绿光波段的光谱特征存在着明显的差异，水体在可见光到红外波段的反射率是逐渐减弱的，而植被在近红外波段的反射率达到了最高，由此利用二者在近红外波段和绿光波段所存在的反差来创建 NDWI 指数，达到植被信息最大限度地抑制以此来突出水体信息（Ma et al，2013）。

7.3.4　误差与精度评价

任何图像的分类必会产生各种程度的误差，遥感影像分类的误差来源主要产生于四个方面：遥感成像过程、图像处理过程、分类过程以及地表特征复杂性。这些误差主要分为两类：位置误差和属性误差。位置误差产生的来源是各类别边界的不准确，而属性误差是类别识别错误造成的（赵英时，2003）。通过对误差来源的分析，运用一定的技术手段，降低误差对最终结果的影响，使结果更加精确，同时也为分类方法的改进做出铺垫。

遥感图像分类精度评价是将分类结果与检验数据进行比较从而检验分类效果的过程。关于检验的数据主要是指更详细的参考图像或者实测数据。参考图像是主要检验对象；实测数据是对结果的验证，主要起"辅助功能"。参考图像数据主要包括：目视解译的结果、较高比例尺的地形图、训练样本等数据。

精度评价即在参考图像上选取一定数量的样本，通过比较选取的样本和分类结果来确定分类的准确度。对分类结果进行精度检验通常采用的技术手段是误差矩阵分析方法（Congalton et al，1991）。

误差矩阵是进行精度评价的一种计算手段，其形式一般用 n 行 n 列矩阵表示，其中 n 代表分类类别的数量，如表 7-2 所示。误差矩阵在指标评价中运用比较广泛，可以为总体精度评价、制图精度评价、用户精度评价等等方面提供参考依据。另外，由于其分类类别的多样性，因此也称为混淆矩阵。

表 7-2 图像分类

参考图像分类类别	评价图像分类类别				实测总和
	1	2	…	n	
1	P_{11}	P_{21}	…	P_{n1}	P_{+1}
2	P_{12}	P_{22}	…	P_{n2}	P_{+2}
…	…	…	…	…	…
n	P_{1n}	P_{2n}	…	P_{nn}	P_{+n}
分类总和	P_{1+}	P_{2+}	…	P_{n+}	P

误差矩阵中"行"代表参考图像分类类别，"列"代表评价图像分类类别，分别用 i、j 表示。如以 P_{ij} 为例，其代表的含义是：分类数据类型中第 i 类和实测数据类型第 j 类所占的组成成分；$P_{i+} = \sum\limits_{j=1}^{n} P_{ij}$ 为分类所得到的第 i 类的总和；$P_{j+} = \sum\limits_{i=1}^{n} P_{ij}$ 为实测的第 j 类的总和；P 为样本总数。

基本精度估计量有以下四类：总体分类精度、用户精度、制图精度和 Kappa 系数。

总体分类精度：

$$P_c = \sum_{i=1}^{n} \frac{P_{ii}}{P} \tag{7-4}$$

式中　P——样本总数；

　　　P_c——总体分类精度；

　　　n——分类类别的数量；

　　　P_{ii}——参考图像分类类别数 i 与评价图像分类类别数 j 相等的组成成分（$i=j$）。

用户精度（对于第 i 类）：

$$P_{ui} = P_{ii} + P_{i+} \tag{7-5}$$

式中　P_{ui}——用户精度（对于第 i 类）；

　　　P_{i+}—— $\sum\limits_{j=1}^{n} P_{ij}$ 分类所得到的第 i 类的总和。

制图精度（对于第 j 类）：

$$P_{Aj} = P_{ii} + P_{+j} \tag{7-6}$$

式中　P_{Ai}——制图精度（对于第 j 类）；

　　　P_{i+}—— $\sum\limits_{j=1}^{n} P_{ij}$ 分类所得到的第 j 类的总和。

Kappa 系数：Kappa 系数是运用混淆矩阵计算而来的，计算公式如式（7-7）所示，它主要运用于精度性评价和图像一致性判断（张丹，2009）。Kappa 系数的大小则反映了两幅图像的差异程度，Kappa 系数越大则表明两幅图像差异不大，Kappa 系数越小则表明差异很大。因此 Kappa 系数能够很好地体现出图像间的差异程度。另外，利用 Kappa 系数反映图像间的差异，这种手段克服了对样本和方法依赖性大的缺点。

$$K_{hat} = \frac{N \sum\limits_{i=1}^{r} x_{ii} - \sum\limits_{i=1}^{r} (x_{i+} x_{+i})}{N^2 - \sum\limits_{i=1}^{r} (x_{i+} x_{+i})} \tag{7-7}$$

式中　K_{hat}——Kappa 分析产生的评价指标；

r——误差矩阵中总列数；

x_{ii}——误差矩阵中第 i 行、第 i 列上像元数量（正确分类的数目）；

x_{i+}——第 i 行总像元数量；

x_{+i}——第 i 列总像元数量；

N——总的用于精度评估的像元数量。

7.4
水质参数反演方法

在评价水环境质量时，主要影响因子有水中悬浮物（浑浊度）、溶解有机物质、病原体、油类物质、化学物质和藻类（叶绿素、类胡萝卜素）等（肖晶等，2019；崔颖等，2018）。遥感监测则是根据水体的温度和光学的特殊性质，利用可见光和热红外遥感技术对水体的污染状况进行监测。但是对于相对比较清澈的水体来说，水体反射率通常很低，往往小于 10%，另外水体对光也有较强的吸收性，因此目前一般都采用以水体光谱特性和水色为指标的遥感技术（刘红等，2013；段洪涛等，2019）来监测水环境的质量。

7.4.1　水质参数反演的常用方法

总的来说，水质遥感监测就是把实地测量数据和遥感数据相结合，并根据遥感知识和一定的反演算法来获得研究区内实时水质现状的方法。水质遥感监测依据不同的反演算法大致可以分为经验法、半经验法和分析法，见表 7-3。

表 7-3　水质遥感监测方法分类

方法	特点	优势与不足
经验法	对遥感影像波段数据和地面实测数据进行相关性分析，建立回归模型	简单易用，但是通用性较差，算法的精度不高
半经验法	依据水质参数光谱模型、统计分析方法获得水质参数反演结果	是一种定量的经验算法，提高模型的置信度
分析法	利用遥感测量数据反演水体各组分浓度	水质参数反演精度较高，适用性较强，但一些光学参数的测量对设备和条件要求较高

水质遥感监测方法如表 7-3 所示分为经验法、半经验法和分析法，这三种方法各有优缺点，其应用在不同数据源、不同水质参数反演中的差别表现显著（曹引等，2017）。其中，经验方法是随着多光谱遥感数据的广泛应用而发展起来的一种水质遥感监测方法，它一般是通过分析遥感监测值与地面实测值之间的统计关系来反演水质参数值。但是由于水质参数与遥感监测得到的辐射值之间的事实相关性没有保证，因此这种方法得到的结果可信度不高，并且利用经验推算的算法精度也一般不高，其在时空关系方面都有一定的特殊性（胡举波，2006）。半经验方法是随着高光谱数据在水质监测中的应用而发展起来的。半经验方法基于一定的水质参数光谱特征，再与统计分析相结合，从而确定反演水质参数的波谱范围和合适的波段或者波段组合，然后选用合适的数学方法建立遥感数据和水质参数之间的定量经验性算法，这种方法在一定程度上可以提高模型的可信度（周伟奇，2004）。分析方法是利用生物光学模型描述水质参数与离水辐射亮度或反射光谱之间的关系，同时利用辐射传输方程模拟太阳光经过水体和大气层时的散射和吸收情况（吕恒等，2005），但是由于目前的水体光学模型十分复杂，水体各组分的吸收和散射系数也随不同水域而发生变化，且模型的预设条件也偏多，因此基于生物光

学模型的算法目前还无法泛化（吴孝传，2016），以下将详细介绍三种方法的内容。

7.4.1.1　经验法

经验方法是基于经验对遥感波段数据和实地测量数据进行相关性统计分析来建立回归模型，选择最优波段或波段组合数据，与地面实测水质参数值通过统计分析得到的算法。比较常用的波段比值方程如公式（7-8）所示（吕恒等，2005）：

$$C = \alpha \left[\frac{L_u(\lambda_i)}{L_u(\lambda_j)} \right]^{\beta} + \gamma \tag{7-8}$$

式中　　C——水质参数；

$L_u(\lambda_i)$——i波段的反射率或辐照度；

$L_u(\lambda_j)$——j波段的反射率或辐照度；

α，β，γ——常用系数。

有研究者采用经验法中的多元逐步回归分析方法，研究发现 Landsat 8 的近红外波段与其他波段的组合和水体浑浊度具有较高的相关性，并在此基础上运用 OLI 的第 1、3、5 波段组合建立了汉江中下游浊度的遥感反演数学模型，表明经验法可更有效地监测区域水体浑浊分布情况（冯奇等，2017）。

经验法是水质反演中应用最为广泛的方法，它的优点是需要的参数少，操作相对更简单，它可以通过恰当的波段组合或建立回归方程进而提高水质参数的反演精度。但是该方法的缺点是通用性较差，在针对不同水体、不同时间的监测时，都需要建立适当的模型，空间和时间具有一定的特殊性，并且由于遥感观测数据与水质参数之间的实际相关性没有保证，因此该种算法的精度通常也不高。

7.4.1.2　半经验法

半经验方法基于一定的水质参数光谱特征，进行统计分析来选择反演的波谱范围和合适的波段或波段组合，然后选用合适的数学方法在遥感数据和水质参数数据之间构建定量的算法模型。半经验方法一方面需要分析并研究水体水质参数的光学特征，另一方面也需要将已有信息与统计模型相结合。总之，半经验法首先要获取水体的光谱曲线，并且它能兼顾水体组分的生物光学特性和实测水质参数数据，是一种定量的经验算法，从而在一定程度上提高了模型建立的置信度。

遥感水质监测方法在 20 世纪 80～90 年代以经验方法为主，此后则是以半经验方法为主。而这两种方法都是通过对遥感数据、（准）同步的地面水质波谱数据和实验室水质分析数据进行适当的统计分析并反演水质参数（周艺等，2004）。不同的是，经验方法是随多光谱数据在水质遥感监测领域的应用而发展起来的，而半经验方法是在高光谱遥感数据的应用前提下发展起来的，且半经验方法是基于一定的水质参数光谱特征。半经验法可以使用 MODIS 和 MERIS 影像对复杂水域进行定量检测，克服了浑浊水域中水质参数难以检测的难题（Gitelson et al，2008）。此外，经验方法与半经验方法的共同点是它们都是对遥感数据进行适当的统计回归分析进而得到水质参数的预测值。常用的统计方法有：线性回归、多元线性回归、对数转换线性回归、聚类分析、多项式回归、贝叶斯分析、灰色系统理论、逐步多元线性回归和主成分分析等。

7.4.1.3　分析法

分析法是以辐射传输理论提出的上行辐射与水体中光学活性物质特征吸收和后向散射特性之间的关系为基础建立的，利用遥感测量得到的水体反射率反演水体中各组分的特征吸收系数和后向散射系数，并通过水体中各组分浓度与其特征吸收系数、后向散射系数相关联，反演水体中各组分的浓度（Lee et al, 1994）。公式（7-9）表达了辐照度之比和吸收系数与后向散射系数之间的关系（张运林，2011）。

$$R(\lambda,0)=f\frac{b_{b}(\lambda)}{a(\lambda)+b_{b}(\lambda)} \tag{7-9}$$

式中 $R(\lambda,0)$——波长为 λ 的电磁波在入水时向上和向下的辐照度之比；

f——可变系数；

$a(\lambda)$——水体中各组分的吸收系数之和；

$b_{b}(\lambda)$——水体中后向散射系数之和。

该方法的优点是建立的水质参数遥感反演模型中的各参数有明确的物理意义，且反演精度较高，同时模型的适用性也较强，它对实地采集的数据量要求不高，通过遥感传感器测得反射率就可以反演出水体中各组分的浓度。该方法的缺点在于建模之初需要的数据参数种类比较多，其中有水体的固有光学特性、表观光学特性及水质参数等，特别是水体固有光学特性这一参数的测量对硬件设备和环境条件要求都较高。此外，随着计算机和人工智能等科学技术的发展，由分析方法推广得到的许多特殊算法也被引入水质参数的反演中来，如光谱混合分析法、代数算法、非线性优化法、主成分分析法、神经网络方法、遗传算法、贝叶斯方法、支持向量机和最小二乘法等（刘金雅等，2020）。

7.4.2 水质遥感监测的参数

水质遥感的监测对象是水体中的有机组分和无机组分，主要是对叶绿素 a、悬浮物和有色可溶性物质的监测，见表 7-4。

表 7-4 水质遥感监测对象

水质参数	意义	光谱特征
叶绿素 a	叶绿素 a 浓度的增加会使水体反射光谱发生变化	叶绿素 a 在可见光波段范围内有两个显著的吸收最大值：蓝紫光波段（400～500nm）和676nm附近
悬浮物	悬浮物浓度值直接反映水体的透明度、浊度、色度等	对于可见光遥感来说，在波长 580～680nm 的波段范围内，不同的悬浮物浓度将出现不同的反射峰值
有色可溶性有机物	它具有比较稳定的光学性质，也是水体（尤其是海洋）中具有很好示踪性质的物质	内陆水体通常是用 CDOM 处于波长为 440nm 处的吸收系数等值评估 CDOM 物质含量的多少

叶绿素 a 是内陆水体水质监测中重要的水质参数之一，一方面它能反映水中浮游生物和初级生产力的分布，另一方面叶绿素 a 的含量变化也是表征水体富营养化程度的一个指标。同时，在内陆水体水质遥感监测研究中，叶绿素 a 还是研究最多的一种水质参数，国内外在其光谱特征、遥感估测最佳波段以及水质反演模型构建等方面都进行了大量的研究工作，并且多种航空高光谱数据、多种多光谱卫星遥感数据现已在内陆水体的叶绿素 a 遥感监测研究中得到广泛应用。

悬浮物是内陆水体水质监测中最重要的水质参数之一，指所有悬浮在水体中的颗粒物质，包括生物活体有机物质（主要是浮游藻类）、浮游植物死亡而产生的有机碎屑，以及陆生或湖底泥沙悬浮而产生的无机悬浮颗粒。水体中悬浮物的含量不仅对水体造成直接影响，包括水体透明度、浑浊度、水色等指标，而且也会使水在生活饮用、娱乐休闲和工业生产方面的应用造成影响，给人类的生产生活带来不便。此外，农药、可溶解氮和磷、其他重金属均可附着在悬浮物表面，因此悬浮物也是一些污染物的载体。将水体中的悬浮物作为水体污染的指标能够监测内陆水体中悬浮物的浓度及其分布情况，这对于内陆水体水质污染的防治具有十分重大的意义（汪翡翠等，2018）。

国内外对有色可溶性有机物（CDOM）浓度遥感监测的研究都是从海洋领域开始的。CDOM 作为一个很重要的生物光学参数，其本身具有较为稳定的光学性质，且在水体中（尤其是海洋水体）具有较好的示踪性能（沈红等，2006），因此常用遥感探测 CDOM 物质的浓度特性来反演分析并预测海水中碳的含量。内陆水体中通常采用 CDOM 处于波长 440nm 处的吸收系数等值，作为水体污染程度评估指标。以下详细介绍几种水质参数的遥感监测原理。

7.4.2.1 叶绿素 a 的监测

遥感监测水体营养程度或叶绿素 a 浓度是了解湖泊、水库等静态水域富营养化的重要技术手段。其中，水中的叶绿素 a（CHla）浓度是浮游生物分布的主要特性指标，也是水体富营养化的主要指标，在一定程度上决定了水体的反射光谱特征。叶绿素 a 含量的增加会改变水体反射光谱，叶绿素 a 在可见光内有两个显著的吸收最大值：蓝紫光波段（400～500nm）和 676nm 附近。并且在波长 440nm 处具有吸收峰，在波长 400～480nm（蓝光）范围内，其反射率随水体中叶绿素 a 含量的增加而不断降低，在波长 550～570nm 范围内存在一个反射峰，这是由水生植物中叶绿素和胡萝卜素弱吸收以及细胞散射作用造成的，这一反射峰值与色素的组成成分有关，因此可以作为叶绿素 a 定量评估的标志。同时藻青蛋白的吸收峰在 624nm 处，所以在 630nm 附近有一个反射率谷值。在 685～715nm 范围内，反射峰的出现是含藻类水体最显著的光谱特征，它通常被认为是判定水体中含有藻类叶绿素的依据（李素菊等，2002）。此外，波段比能更有效地剔除波段中的耦合效应，而 Landsat TM 数据具有较高的空间和光谱分辨率及较丰富的数据源，其在水质遥感领域的应用得到许多学者的认可（陈军等，2011），所以 TM2/TM3 常被用于叶绿素 a 浓度的反演（Dekker et al，2005）。

7.4.2.2 悬浮物的监测

作为水质指标的重要参数之一，水体中悬浮物的浓度值直接影响水体的透明度、浊度、色度等指标，便于研究人员实时掌控水体的水生生态条件及近岸水文特征信息。水中固体悬浮物的光谱曲线差异十分明显，水体在近红外与可见光内的反射亮度随着悬浮物浓度的增大而增加，反射峰波长同时移向长波方向，反射峰变得越来越宽。对于可见光遥感来说，在波长 580～680nm 的波段范围内，不同悬浮物浓度有不同的反射峰值，即水中悬浮物最敏感的波段，也就是监测水体浑浊度的最佳波段。有学者指出 700～900nm 范围是水体中悬浮物遥感定量估测的最佳波段，也就是在这个波段反射率对水中悬浮物浓度的变化最敏感（Gitelson，1993）。而悬浮物的颗粒粒径越小，散射系数越大，对应的反射率也更大。此外，悬浮物的吸收和散射作用可用公式（7-10）和公式（7-11）来表示（Carder et al，1991；Lee et al，2002）：

$$a_p(\lambda) = a_{ph}(\lambda) + a_{NAP}(\lambda) \tag{7-10}$$

式中　$a_p(\lambda)$——总悬浮物的吸收系数；

　　　$a_{ph}(\lambda)$——浮游藻类的吸收系数；

　　$a_{NAP}(\lambda)$——非藻类悬浮物的吸收系数。

$$b_{bp}(\lambda) = b_{bp}(\lambda_0)\left(\frac{\lambda_0}{\lambda}\right)^{\gamma} \tag{7-11}$$

式中　$b_{bp}(\lambda)$——总悬浮物散射系数；

　　　$b_{bp}(\lambda_0)$——参考波长处的悬浮物的后向散射系数；

　　　γ——悬浮物后向散射光谱斜率，一般在 0～2 之间。

7.4.2.3 有色可溶性有机物（CDOM）的监测

有色可溶性有机物（CDOM）是指由黄腐酸和腐殖酸等组成的可溶性有机物，广泛存在于海洋、湖泊等水体中（Green et al，1994）。它的吸收特性在紫外和蓝光范围内十分明显，而在黄色波段吸收最小，呈黄色，所以将这类复杂的混合物称为"黄色物质"。国内外对有色可溶性有机物（CDOM）浓度的遥感监测都是从海洋开始的，因为它具有比较稳定的光学性质，同时在水体中（特别是海洋）具有很好的示踪性质，因此 CDOM 也是一个非常重要的生物光学参数。内陆水体常用的是 CDOM 处于波长 440nm 处的吸收系数［见公式（7-12）］，用以评估 CDOM 在水体中的含量（陈军等，2011；石亮亮等，2018）。而在以陆源 CDOM 为主的近岸海域，CDOM 浓度还可以作为海水污染程度的一个重要指标，可以分析并预测海水中碳的含量。

$$a_{CDOM}(\lambda) = a_{CDOM}(\lambda_0) \exp\left[-s(\lambda_0 - \lambda)\right] \tag{7-12}$$

式中　$a_{CDOM}(\lambda)$——CDOM 在波长 λ 处的单位吸收系数；
　　　　s——CDOM 吸收光谱的曲线斜率；
　　　　λ_0——参考波长（内陆水体常选定 440nm）。

此外，随着计算机和人工智能等科学技术的发展，机器学习算法中的随机森林法也被引入水质参数 CDOM 的反演中。随机森林是利用多棵树对样本进行训练并预测的一种分类器，该分类器最早由 Leo Breiman 提出（Leo Breiman et al，2001）。在我国，研究者在实地观测、室内实验以及分析水体固有光学特性的基础上，引入机器学习的算法，建立了我国内陆湖泊水体 CDOM 浓度随机森林反演模型，并发现其反演水质参数精度显著提高（吴志明等，2018）。

7.4.3　影响水质遥感监测精度的因素

（1）大气因素　大气校正对水质遥感信息的提取有很重要的影响，在可见光波段，大气的分子及气溶胶的后向散射占了传感器接收辐射量的 90% 以上，因此，即使很小的大气校正误差也可能会引起水质参数的反演误差（李四海等，2000；段洪涛等，2019）。

（2）同步监测误差　同步监测产生的误差，无论是采用分析方法、经验方法还是半经验方法，都常常会需要实地采集水质数据和光谱数据，在实地采集时，船体晃动、光谱仪本身的阴影和水质分析时产生的误差，都会对水质参数反演精度的误差产生严重的影响（吕恒等，2005）。

（3）数据源的影响　不同遥感数据源也会对遥感水质监测有一定的影响，由于不同遥感数据源的时间分辨率、空间分辨率、辐射分辨率、波谱分辨率不同，这也必然会影响水质参数提取的精度（Cao et al，2017）。

（4）传感器的影响　不同波谱分辨率的传感器对同一地物的探测效果也会有很大区别，因此在探测叶绿素 a、悬浮物、黄色物质等不同水质参数时，需根据实际需求对传感器的波段进行选择和设置（朱卫纲等，2010；段洪涛等，2019）。

7.5
水质遥感监测的实例分析

7.5.1　研究区概况

于桥水库在天津市蓟州区城东，地理位置是 39°99′71″~40°07′44″N，117°43′09″~117°

$68'26''E$，处于燕山山脉边缘地带的州河盆地，是一座山谷形盆地水库（见图7-11）。东西长度约30km，南北宽度约8km，水库的最大蓄水面积可达 $250km^2$。于桥水库控制的流域面积为 $2060km^2$，占州河流域面积的96％，最大库容为 $15.59×10^8m^3$。于桥水库承担着天津市水资源供应的任务，是天津市"引滦入津"工程重要的调蓄水库，其入库水主要来自淋河、沙河以及黎河。

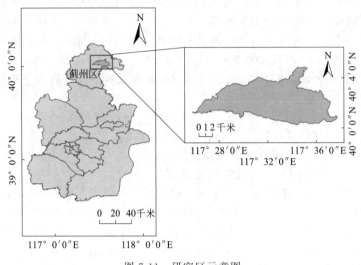

图 7-11　研究区示意图

随着流域内社会经济的迅速发展，入库污染负荷急剧增加，水库水质恶化，特别是2013年前后，库区水质恶化程度严重。由于上游污染物的排放，下游水库水质不断恶化，超过水体自身的自净能力，破坏水库的生态平衡，造成于桥水库藻类水华暴发（房旭等，2018），直接威胁天津市的用水安全。

7.5.2　数据来源和预处理

7.5.2.1　数据来源

研究数据为Landsat8 OLI遥感影像，其空间分辨率是 $30m×30m$，来源于美国地质勘探局（United States Geological Survey，USGS）。通过查阅文献资料发现，蓝藻水华暴发的季节主要集中在夏秋两季，而冬春季节基本不暴发。同时发现，于桥水库在2016年开始大规模暴发蓝藻水华，因此选取2016年8月8日的影像作为水库蓝藻暴发时期的研究数据。相关研究表明，之后于桥水库经过了一系列的治理，水质得到明显的改善，因此选取2018年10月17日的影像作为治理后的研究数据。

7.5.2.2　数据预处理

在进行蓝藻水华信息提取之前，首先要对遥感影像进行预处理，本研究中数据预处理主要包括辐射定标、几何校正和图像裁剪等。

（1）辐射定标　辐射定标是在需要计算地物的光谱反射率或者需要对不同时间、不同传感器获取的图像进行比较时，都必须将图像的亮度灰度值转换为绝对的辐射亮度，这个过程就是辐射定标。通过辐射定标可以尽可能地消除数据收集过程中的一些偶然误差。这些偶然误差主要来自大气环境、太阳的方位角、传感器自身和不可避免的噪声。如不消除这些偶然误差，就会造成传感器的测量值与光谱辐射亮度等一系列物理量之间存在较大差异。

（2）几何校正 几何精校正是利用地面控制点 GCP 对各种因素引起的遥感图像几何畸变进行校正。通过数字校正，改正原始图像的几何变形，产生符合某种地图投影的新图像。若影像 RMSE（误差）都在 12 以下，则可以满足研究的精度需要。本研究所选取并下载的两幅影像 RMSE 值分别为 7.427 和 7.952，因此，本研究不需要对其进行几何精校正。

（3）图像裁剪 图像裁剪的目的是将研究之外的区域去除，常用方法是按照行政区划边界或自然区划边界进行图像裁剪。本研究使用于桥水库的矢量边界对影像进行裁剪，得到研究区数据。

7.5.3 研究方法

7.5.3.1 NDVI 指数提取

有相关研究表明 NDVI 指数对植被敏感，并且蓝藻在光谱上植被的特征明显（Huete et al，2002；张东彦等，2019）。与使用蓝绿波段相比，使用红波段和近红外波段时可以有效减少大气的影响和有色溶解性有机物（CDOM）的干扰问题（房旭等，2018）。因此，本研究选取 NDVI 指数作为于桥水库蓝藻暴发时的基本指数，NDVI 的计算参照公式（7-2）。

7.5.3.2 蓝藻阈值确定

通常因为蓝藻水华区域和水体光谱特征存在很大的差别，所以在蓝藻水华区域和非水华区域的边界，NDVI 值会有一个明显的变化，因此区分水华区与非水华区最关键的步骤就是确定分割的阈值。本研究利用分界区域坡度差异大的特点，通过坡度与统计分析相结合的方法确定了蓝藻水华阈值。具体步骤是先计算 NDVI 数据的坡度，之后参考已有的研究确定坡度较大的地方就是蓝藻和水华的大致分界线（房旭等，2018），然后经过多次试验，得到研究区较大坡度图，最后将较大坡度图与 NDVI 影像相乘，并对该值进行统计，计算其均值减去两倍标准差，即可确定该影像蓝藻水华的提取阈值。此方法已经在太湖等区域成功实践（佴兆骏等，2016）。

7.5.3.3 蓝藻覆盖面积的确定及聚集强度分级

基于蓝藻提取阈值将 NDVI 影像中的蓝藻信息提取出来，并根据影像的分辨率计算出于桥水库的蓝藻分布面积。此外 NDVI 还能反映植物生物量，即 NDVI 值越大植物长势越好（Chen et al，2017）。因此根据 NDVI 值的分布，可以确定蓝藻水华的空间分布状况，最后通过重分类方法将于桥水库蓝藻水华区分成低强度聚集区、中强度聚集区和高强度聚集区。

7.5.4 结果分析

图 7-12 和图 7-13 为反演出来的 NDVI 指数图，可以明显看出在研究区内水体的 NDVI 值与蓝藻水华的 NDVI 值差异较大，运用 NDVI 指数能够很好地反映蓝藻水华的分布特征。图 7-14 和图 7-15 为基于 NDVI 指数图所求的坡度图，这是获取蓝藻水华与水体边界的基础数据。图 7-16 和图 7-17 是经过多次试验所得到的较大坡度区域分布图。之后基于 7.5.3.2 中的研究方法，对 NDVI 指数进行计算后，得到每幅影像的蓝藻水华阈值，其中 2016 年 8 月 8 日的藻华阈值为 −0.108，2018 年 10 月 17 日的藻华阈值为 −0.087，确定了蓝藻水华的分布情况。最后再对其进行重分类得到蓝藻水华聚集强度分布图，见图 7-18 和图 7-19。

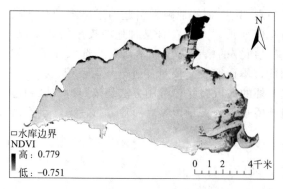

图 7-12　2016-08-08 NDVI 指数图　　　　图 7-13　2018-10-17 NDVI 指数图

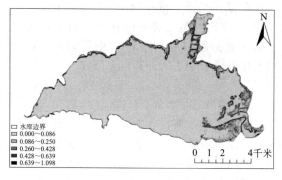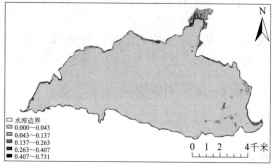

图 7-14　2016-08-08 坡度图　　　　　　图 7-15　2018-10-17 坡度图

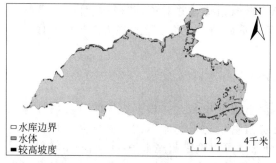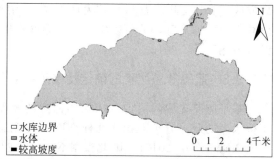

图 7-16　2016-08-08 较高坡度区域分布图　　　图 7-17　2018-10-17 较高坡度区域分布图

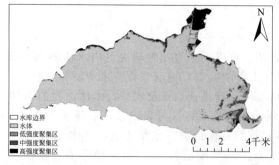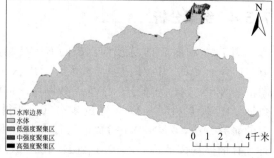

图 7-18　2016-08-08 蓝藻聚集强度分布图　　　图 7-19　2018-10-17 蓝藻聚集强度分布图

查阅相关文献和资料发现，于桥水库在 2016 年开始大规模地暴发蓝藻水华，且这种情况多发生在秋季。通过计算分析 2016 年 8 月 8 日的遥感影像得出蓝藻水华面积为 $6.72km^2$，从蓝藻水华的空间分布来看，水库北边和水库东边的蓝藻水华分布较多，并且北边的分布聚集度要明显高于东边。其中库北是入库水源源头，受上游的潘家口和大黑汀水库水质恶化的影响，有大量污染物进入于桥水库，并在入库口大面积堆叠。水库东边和南边则主要受人类活动的影响，同时水体表层的藻类因风和浪的影响，藻类和污染物也更容易堆积，导致水质不断恶化，居民用水无法正常使用。

选取 2018 年 10 月 17 日的蓝藻水华影像与 2016 年 8 月 8 日的蓝藻水华影像进行对比，2018 年 10 月 17 日于桥水库的蓝藻水华面积为 $1.37km^2$。蓝藻水华面积较 2016 年有明显的减少，从空间分布来看，水库北边还分布有少量的蓝藻水华，水库南边和东边则几乎看不到有蓝藻水华分布，并且北边的蓝藻水华聚集程度与 2016 年相比也有很大的变化，只有少部分为低强度聚集。东边和南边的蓝藻水华治理效果十分明显，是因为这两个区域的污染主要是人类活动造成的，所以治理措施更加有针对性，治理效果也更好。由此能够看出遥感监测水质状况也能得到很好的效果。

7.6
展望

近些年来，伴随遥感技术的快速发展，其在水资源实时、大尺度的质量监测、评价分类与决策等方面有着广泛的应用（贾海，2017）。相较于传统的水质监测方法，基于遥感技术的监测方法可以达到大范围、高效率、低成本等效果（张丽华等，2016），但同时具有模型普适性差、监测参数不够全面、数据源不够丰富、传感器技术应用不够成熟等多方面的缺点（孙玉芳等，2016）。其中在模型普适性方面，遥感水质监测方法在之后的研究中仍需要对经验模型和半经验分析模型的适用性进行改进，虽然此类方法所需要监测的因子较多，但其适应性也比较强，故而之后的研究中要继续加强模型分析法的研究（许海蓬等，2014）。对于水质参数的监测，运用遥感技术所能监测到的参数不够全面，与实际中需要的参数监测存在着一定的差距，这与遥感数据源有很大的关系，因此要增加其他遥感数据在水质监测中的应用，如高光谱遥感，除此之外还可以根据实际需求改变工作方式，采用主动遥感获取更多的水质参数信息，以期获得更高的水质监测精度和参数数量（曹引，2016）。在数据源应用方面，因为目前对于Ⅱ类水体的光学特性研究不够深入，反演算法不够成熟，所以导致各类数据源在水质遥感监测的应用中受到限制，因此要加强对水体光学特性的研究，实现遥感在水质监测中更加广泛的应用。在传感器技术应用方面，伴随着卫星传感器的不断发展，大量研究表明多源遥感数据融合可以提高水质参数反演精度（崔爱红等，2016）。高分辨遥感卫星的深入研究及应用对遥感水质监测技术的发展具有重要意义，特别是我国高分系列卫星的发展为中国大面积遥感监测提供了重要的硬件支撑，不仅可以用于区域环境污染精细化探测，还可用于水环境、大气环境和生态环境质量等大范围的宏观监测与评价（彭保发等，2018；温爽等，2018）。例如 GF-1 卫星 WFV 数据，相比 HJ-1 CCD 数据在辐射、光谱和空间特征这 3 个方面存在明显的优势，而其在光谱和辐射特征方面虽与 Landsat8 OLI 存在着一定的差距，但其空间特征方面却明显优于 Landsat8 OLI。同时，GF-1WFV 卫星遥感数据作为一种新型的数据源，虽然存在光谱分辨率低、无法捕捉水体细微特征的缺陷，但该遥感数据具有获取便捷、时间和空间分辨率较高、观测幅宽大等优点，这就使得 WFV 数据在中小型水体的动态监测中可以获得大范围的、实时的监测效果，从而拓宽水质遥感的应用领域（梁文秀等, 2016)。

总的来说, 当前水质遥感监测技术已经取得了快速发展, 但仍然存在一些不足, 今后应针对具体的监测案例发展特定的水质监测技术。例如在监测湖泊水华方面, 其主要问题是叶绿素 a 反演的精度不够高, 反演的方法还是以经验和半经验方法为主, 在空间和时间方面都有一定的局限性 (刘京等, 2017)。这些问题使蓝藻水华监测业务化运行受到极大限制。为此, 应加强以下方面的工作, 针对湖泊水体的特点, 发展专门用于湖泊水色遥感的新型传感器 (王牲等, 2010)。这类传感器首先应该具有较高的时间分辨率, 因为蓝藻暴发极易受到气象要素的影响, 叶绿素的时空变化非常快, 只有具备高时间分辨率才能实现实时动态监测 (嵇晓燕等, 2016); 其次, 需要高空间分辨率来满足湖泊水体空间尺度的监测需求, 而大量的悬浮物、叶绿素和黄色物质的存在造成水体的光谱特征复杂多样, 因此也需要较高的光谱分辨率来区分这些物质 (刘京华等, 2019); 然后针对小型水体面积范围小, 水体的光学特性复杂多变, 受人类干扰的强度大等多种因素的影响, 若要提高水质遥感监测的精度, 可以结合各类传感器的优势, 尤其是高分辨率卫星, 将其与其他卫星联合同步观测, 保持数据的一致性, 构建适合于小型水体水华监测的复合模型。基于此原理, 加强多源卫星的联合观测, 以此构建适用于不同类型水体水华监测的模型 (房旭等, 2018)。此外, 若要得到更加精确的水质参数变化, 传感器也必须具有较好的辐射分辨率, 而在传感器所获得的总辐射亮度中, 来自大气的程辐射占据了极大的比例, 因此想要提高水质遥感的监测精度就必须剔除大气的影响, 进行大气校正 (徐伟伟等, 2017)。最后, 应该从根源出发深入探讨蓝藻水华的暴发机理, 认识水文气象因子与蓝藻水华的响应关系, 综合水文气象条件与遥感影像信息, 从而提高蓝藻水华预警预报的准确性和可靠性 (鲁韦坤等, 2017)。

参 考 文 献

[1] 项小清. 水质监测的监测对象及技术方法综述 [J]. 低碳世界, 2013 (6): 70-71.

[2] 张博, 张柏, 洪梅, 等. 湖泊水质遥感研究进展 [J]. 水科学进展, 2007, 18 (2): 301-310.

[3] 崔爱红. 基于 AISA 高光谱数据的总磷总氮反演 [J]. 测绘与空间地理信息, 2016, 39 (9): 124-126, 129.

[4] 周艺, 周伟奇, 王世新, 等. 遥感技术在内陆水体水质监测中的应用 [J]. 水科学进展, 2004, 15 (3): 312-317.

[5] 王小平, 张飞, 李晓航, 等. 艾比湖区域景观格局空间特征与地表水质的关联分析 [J]. 生态学报, 2017, 37 (22): 7438-7452.

[6] Klemas V, Bartlett D, Philpot W, et al. Coastal and estuarine studies with ERTS-1 and Skylab [J]. Remote Sensing of Environment, 1974, 3 (3): 153-174.

[7] 李栖筠, 陈维英, 肖乾广, 等. 老铁山水道漏油事故卫星监测 [J]. 环境遥感, 1994, 9 (4): 256-262.

[8] 汪小钦, 王钦敏, 刘高焕, 等. 水污染遥感监测 [J]. 遥感技术与应用, 2002, 17 (2): 74-77.

[9] 彭保发, 陈哲夫, 李建辉, 等. 基于 GF-1 影像的洞庭湖区水体水质遥感监测 [J]. 地理研究, 2018, 37 (9): 1683-1691.

[10] 孙凤琴, 徐涵秋, 施婷婷, 等. 开发建设对敖江水质浊度影响的遥感监测 [J]. 地球信息科学学报, 2018, 20 (11): 143-150.

[11] 王喆, 余江宽, 路云阁. 西部典型煤矿区水体污染遥感监测应用 [J]. 生态与农村环境学报, 2019, 35 (4): 538-544.

[12] Carpenter D J, Carpenter S M. Modeling inland water quality using Landsat data [J]. Remote Sensing of Environment, 1983, 13 (4): 345-352.

[13] Kondratyev K Y, Pozdnyakov D V, Pettersson L H. Water quality remote sensing in the visible spectrum [J]. International Journal of Remote Sensing, 1998, 19 (5): 957-979.

[14] 谢婷婷, 陈芸芝, 卢文芳, 等. 面向 GF-1 WFV 数据的闽江下游叶绿素 a 反演模型研究 [J]. 环境科学学报, 2019, 39 (12): 4276-4283.

[15] 刘文雅, 邓孺孺, 梁业恒, 等. 基于辐射传输模型的巢湖叶绿素 a 浓度反演 [J]. 国土资源遥感, 2019, 31 (2): 102-110.

[16] 栾晓宁, 张锋, 郭金家, 等. 模拟溢油样品激光诱导荧光光谱的偏振特性研究 [J]. 光谱学与光谱分析, 2017,

37（7）：2092-2099.

［17］ 赵莹.内陆水体CDOM荧光特性及遥感反演研究［D］.长春：中国科学院大学（中国科学院东北地理与农业生态研究所），2018.

［18］ Nelson N B，Siegel D A，Michaels A F. Seasonal dynamics of colored dissolved material in the Sargasso Sea［J］. Deep Sea Research Part I：Oceanographic Research Papers，1998，45（6）：931-957.

［19］ Johannessen S C，Miller W L，Cullen J J. Calculation of UV attenuation and colored dissolved organic matter absorption spectra from measurements of ocean color［J］. Journal of Geophysical Research：Oceans，2003，108（C9）：1701-1713.

［20］ 马荣华，戴锦芳.结合Landsat ETM与实测光谱估测太湖叶绿素及悬浮物含量［J］.湖泊科学，2005，17（2）：97-103.

［21］ 姚昕，吕伟伟，刘延龙，等.东平湖CDOM吸收光谱特性及其来源解析［J］.中国环境科学，2018，38（8）：3079-3086.

［22］ 王涛，邵田田，梁晓文，等.夏季高原河流CDOM光学特性、组成及来源研究［J］.环境科学学报，2019，39（3）：22-32.

［23］ 吕伟伟，姚昕，张保华.大汶河-东平湖CDOM的荧光特征及与营养物质的耦合关系［J］.生态环境学报，2018，27（3）：565-572.

［24］ Work E A，Gilmer D S. Utilization of satellite data for inventorying prairie ponds and lakes［J］. Photogrammetric Engineering and Remote Sensing，1976，42（5）：685-694.

［25］ 陆家驹，李士鸿.TM资料水体识别技术的改进［J］.环境遥感，1992，7（1）：17-23.

［26］ 毕海芸，王思远，曾江源，等.基于TM影像的几种常用水体提取方法的比较和分析［J］.遥感信息，2012，27（5）：77-82.

［27］ 杜云艳，周成虎.水体的遥感信息自动提取方法［J］.遥感学报，1998，2（4）：3-5.

［28］ McFeeters S K. The use of the Normalized Difference Water Index（NDWI）in the delineation of open water features［J］. International Journal of Remote Sensing，1996，17（7）：1425-1432.

［29］ 徐涵秋.利用改进的归一化差异水体指数（MNDWI）提取水体信息的研究［J］.遥感学报，2005，9（5）：589-595.

［30］ 沈金祥，杨辽，陈曦，等.面向对象的山区湖泊信息自动提取方法［J］.国土资源遥感，2012，（3）：84-91.

［31］ 程晨，韦玉春，牛志春.基于ETM+图像和决策树的水体信息提取——以鄱阳湖周边区域为例［J］.遥感信息，2012，27（6）：49-56.

［32］ 孟伟灿，朱述龙，朱宝山，等.区域生长与GVF Snake模型相结合的水域边界提取［J］.测绘科学技术学报，2011，28（4）：262-265.

［33］ 王雪，隋立春，钟棉卿，等.全卷积神经网络用于遥感影像水体提取［J］.测绘通报，2018（6）：41-45.

［34］ 陈前，郑利娟，李小娟，等.基于深度学习的高分遥感影像水体提取模型研究［J］.地理与地理信息科学，2019，35（4）：43-49.

［35］ 李京.水域悬浮固体含量的遥感定量研究［J］.环境科学学报，1986，6（2）：166-173.

［36］ Gitelson A A，Dall'Olmo G，Moses W，et al. A simple semi-analytical model for remote estimation of chlorophyll a in turbid waters：Validation［J］. Remote Sensing of Environment，2008，112（9）：3582-3593.

［37］ Lee Z P，Carder K L，Arnone R A. Deriving inherent optical properties from water color：A multiband quasi-analytical algorithm for optically deep waters［J］. Applied optics，2002，41（27）：5755-5772.

［38］ Carder K L，Hawes S K，Baker K A，et al. Reflectance model for quantifying chlorophyll a in the presence of productivity degradation products［J］. Journal of Geophysical Research：Oceans，1991，96（C11）：20599-20611.

［39］ 江辉，周文斌，刘小真.基于RBF神经网络的鄱阳湖表层水体总悬浮颗粒物浓度遥感反演［J］.生态环境学报，2010，19（12）：2948-2952.

［40］ 付泰然，刘广鑫，万全元，等.基于栈式自编码BP神经网络预测水体亚硝态氮浓度模型［J］.水产学报，2019，43（4）：257-266.

［41］ 谢旭，陈芸芝.基于PSO-RBF神经网络模型反演闽江下游水体悬浮物浓度［J］.遥感技术与应用，2018，33（5）：128-135.

［42］ 王翔宇，汪西莉.结合灰色扩充的GA-BP神经网络模型在渭河水质遥感反演中的应用［J］.遥感技术与应用，2010，25（2）：251-256.

［43］ Hoogenboo H J，Dekker A G，Althuis I A. Simulation of AVIRIS Sensitivity for Detecting Chlorophyll over Coastal and Inland Waters［J］. Remote Sensing of Environment，1998，65（3）：333-340.

［44］ 陈述彭，童庆禧，郭华东.遥感信息机理研究［M］.北京：科学出版社，1998.

[45] 梁文秀，李俊生，周德民，等．面向内陆水环境监测的 GF-1 卫星 WFV 数据特征评价 [J]．遥感技术与应用，2015，30（4）：810-818.

[46] 洪运富，杨海军，李营，等．水源地污染源无人机遥感监测 [J]．中国环境监测，2015，31（5）：163-166.

[47] 刘彦君，夏凯，冯海林，等．基于无人机多光谱影像的小微水域水质要素反演 [J]．环境科学学报，2019，39（4）：1241-1249.

[48] 侍昊，李旭文，牛志春，等．基于微型无人机遥感数据的城市水环境信息提取初探 [J]．中国环境监测，2018，34（3）：141-147.

[49] 梅安新，彭望禄，秦其明，等．遥感导论 [M]．北京：高等教育出版社，2001.

[50] 汪伟，卢麾．遥感数据在水文模拟中的应用研究进展 [J]．遥感技术与应用，2015，30（6）：1042-1050.

[51] 应申．空间可视分析的关键技术和应用研究 [D]．武汉：武汉大学，2005.

[52] 明冬萍，刘美玲．遥感地学应用 [M]．北京：科学出版社，2017.

[53] 曹心德，魏晓欣，代革联，等．土壤重金属复合污染及其化学钝化修复技术研究进展 [J]．环境工程学报，2011，5（7）：1441-1453.

[54] 马荣华，唐军武，段洪涛，等．湖泊水色遥感研究进展 [J]．湖泊科学，2009，1（2）：143-158.

[55] 王刚，李小曼，田杰．几种 TM 影像的水体自动提取方法比较 [J]．测绘科学，2008，33（3）：129，141-142.

[56] Swain P H, Davis S M. Remote sensing: the quantitative approach [M]. New York: McGraw-Hill, 1978.

[57] 赵英时．等．遥感应用分析原理与方法 [M]．2 版．北京：科学出版社，2013.

[58] Brown J M A. Light and photosynthesis in aquatic ecosystems: John T O Kirk, Cambridge University Press, Cambridge/New York/Melbourne, 1983, ISBN 0-521-24450-1 [J]. Aquatic Botany, 1984, 20 (3): 362-364.

[59] Iii E W R, Jensen J R. The derivation of water volume reflectances from airborne MSS data using in situ water volume reflectances, and a combined optimization technique and radiative transfer model [J]. International Journal of Remote Sensing, 1990, 11 (6): 979-998.

[60] 杨世植．水质的光学遥感监测技术 [J]．光电子技术与信息，2002，15（1）：1-5.

[61] 崔爱红，董广军，周亚文，等．水质关键因素光谱遥感监测技术分析 [J]．测绘科学，2016，41（11）：61-65.

[62] 何思佳．基于多光谱遥感影像的城市河道水体异常检测方法研究 [D]．杭州：浙江大学，2019.

[63] 霍帅起．基于 Spark 的海量遥感图像并行镶嵌处理方法研究 [D]．哈尔滨：东北林业大学，2018.

[64] 邓书斌，陈秋锦，杜会建，等．ENVI 遥感图像处理方法 [M]．2 版．北京：高等教育出版社，2014.

[65] 马文奎．遥感技术在水环境评价中的应用 [M]．北京：中国水利水电出版社，2015.

[66] 朱光良，刘南．浙江省海宁市 TM 图像土地利用自动分类精度评价方法的试验研究 [J]．遥感学报，1999，3（2）：144-150.

[67] 张开，周红敏，王锦地，等．融合 Landsat ETM＋和 MODIS 数据估算高时空分辨率地表短波反照率 [J]．遥感学报，2014，18（3）：5-25.

[68] 涂兵，张晓飞，张国云，等．递归滤波与 KNN 的高光谱遥感图像分类方法 [J]．国土资源遥感，2019，31（1）：22-32.

[69] Vapnik V. Statistical learning theory [M]. New York: John Wiley&Sons Inc, 1998.

[70] 周志华．机器学习 [M]．北京：清华大学出版社，2016.

[71] 李航．统计学习方法 [M]．北京：清华大学出版社，2012.

[72] 韦玉春，汤国安，杨昕．遥感数字图像处理教程 [M]．北京：科学出版社，2007.

[73] Rouse J W, Haas R H, Schell J A, et al. Monitoring vegetation systems in the Great Plains with ERTS [C]. //NASA special publication, 1974: 351-309.

[74] 田静，邢艳秋，姚松涛，等．基于元胞自动机和 BP 神经网络算法的 Landsat-TM 遥感影像森林类型分类比较 [J]．林业科学，2017，53（2）：26-34.

[75] Ma H X, Guo S L, Zhou Y L. Modified water information extraction method based on remote sensing images [J]. Journal of Water Resources Research, 2013, 2 (2): 127-133.

[76] 张丹．基于多分类器融合的遥感影像分类方法研究 [D]．阜新：辽宁工程技术大学，2009.

[77] 肖晶，王宝利，张海涛，等．乌江河流-水库体系浮游植物功能群演替及其环境影响因子辨识 [J]．地球与环境，2019，47（6）：829-838.

[78] 崔颖，杨可明，郭添玉，等．土壤的石油污染信息高光谱遥感监测方法 [J]．科学技术与工程，2018，18（3）：92-98.

[79] 刘红，张清海，林绍霞，等．遥感技术在水环境和大气环境监测中的应用研究进展 [J]．贵州农业科学，2013，41（1）：187-190.

[80] 段洪涛，罗菊花，曹志刚，等．流域水环境遥感研究进展与思考 [J]．地理科学进展，2019，38（8）：

1182-1195.

[81] 曹引. 草型湖泊水质遥感监测技术及应用研究 [D]. 上海：东华大学，2016.

[82] 胡举波. 黄浦江上游水域水质遥感监测模型的研究 [D]. 上海：同济大学，2006.

[83] 周伟奇. 内陆水体水质多光谱遥感监测方法和技术研究 [D]. 北京：中国科学院研究生院（遥感应用研究所），2004.

[84] 吕恒，江南，李新国. 内陆湖泊的水质遥感监测研究 [J]. 地球科学进展，2005，20（2）：185-192.

[85] 吴孝传. 沿海水域污水遥感监测方法研究 [D]. 大连：大连海事大学，2016.

[86] 冯奇，程学军，沈欣，等. 利用 Landsat 8 OLI 进行汉江下游水体浊度反演 [J]. 武汉大学学报（信息科学版），2017，42（5）：643-647.

[87] Lee Z，Carder K L，Hawes S K，et al. Model for the Interpretation of hyperspectral remote-sensing reflectance [J]. Applied Optics，1994，33（24）：5721-5732.

[88] 张运林. 湖泊光学研究进展及其展望 [J]. 湖泊科学，2011，23（4）：483-497.

[89] 陈晓玲，赵红梅，田礼乔. 环境遥感模型与应用 [M]. 武汉：武汉大学出版社，2008.

[90] 沈红，赵冬至，付云娜，等. 黄色物质光学特性及遥感研究进展 [J]. 遥感学报，2006，10（6）：131-136.

[91] 李素菊，王学军. 内陆水体水质参数光谱特征与定量遥感 [J]. 地理与地理信息科学，2002，18（2）：26-30.

[92] 陈军，付军，孙记红. 用数值方法模拟观测误差对水质浓度反演模型参数的影响——以叶绿素 a 浓度为例 [J]. 国土资源遥感，2011，23（1）：57-61.

[93] Dekker A G，Vos R J，Peters S W M. Analytical algorithms for lake water TSM estimation for retro spective analyses of TM and SPOT sensor data [J]. International Journal of Remote Sensing，2005，23（1）：15-35.

[94] 李俊生，张兵，张霞，等. 一种计算水体中悬浮物后向散射系数的方法 [J]. 遥感学报，2008，12（2）：193-198.

[95] 疏小舟，尹球，匡定波. 内陆水体藻类叶绿素浓度与反射光谱特征的关系 [J]. 遥感学报，2000，4（1）：41-45.

[96] Gitelson A. Quantitative remote sensing methods for real time monitoring inland waters quality [J]. International Journal of Remote Sensing，1993，14（7）：1269-1295.

[97] Green S A，Blough N V. Optical absorption and fluorescence properties of chromophoric dissolved organic matter in natural waters [J]. Limnology and Oceanography，1994，39（8）：1903-1916.

[98] 石亮亮，毛志华，刘明亮，等. 暴雨事件对千岛湖 CDOM 及颗粒物吸收光谱特征的影响 [J]. 湖泊科学，2018，30（2）：358-374.

[99] Leo B. Random forests [J]. Machine Learning，2001，45（1）：5-32.

[100] 吴志明，李建超，王睿，等. 基于随机森林的内陆湖泊水体有色可溶性有机物（CDOM）浓度遥感估算 [J]. 湖泊科学，2018，30（4）：979-991.

[101] Cao Z G，Duan H T，Feng L，et al. Climate-and human-in-duced changes in suspended particulate matter over Lake Hongze on short and long timescales [J]. Remote Sensing of Environment，2017，192：98-113.

[102] 房旭，段洪涛，曹志刚，等. 基于多源卫星数据的小型水体蓝藻水华联合监测——以天津于桥水库为例 [J]. 湖泊科学，2018，30（4）：967-968.

[103] Huete A，Didan K，Miura T，et al. Overview of the radiometric and biophysical performance of the MODIS vegetation indices [J]. Remote Sensing of Environment，2002，83（1/2）：195-213.

[104] 张东彦，尹勋，佘宝，等. 多源卫星遥感数据监测巢湖蓝藻水华爆发研究 [J]. 红外与激光工程，2019，48（7）：303-314.

[105] 佴兆骏，段洪涛，朱利，等. 基于环境卫星 CCD 数据的太湖蓝藻水华监测算法研究 [J]. 湖泊科学，2016，28（3）：624-634.

[106] 张媛，王玲，包安明，等. 基于神经网络的玛纳斯河流域植被地上生物量反演 [J]. 干旱区研究，2019，36（4）：863-869.

[107] 贾海. 遥感技术在水文水资源领域中的应用与发展前景 [J]. 湖南水利水电，2017，（2）：48-49.

[108] 张丽华，武捷春，包玉海，等. 基于 MODIS 数据的乌梁素海水体遥感监测 [J]. 环境工程，2016，34（3）：161-165.

[109] 孙玉芳，姜丽华，李刚，等. 外来植物入侵遥感监测预警研究进展 [J]. 中国农业资源与区划，2016，37（8）：223-229.

[110] 许海蓬，马毅，梁建，等. 基于半经验模型的水深反演及不同水深范围的误差分析 [J]. 海岸工程，2014，33（1）：19-25.

[111] 温爽，王桥，李云梅，等. 基于高分影像的城市黑臭水体遥感识别：以南京为例 [J]. 环境科学，2018，39（1）：60-70.

[112] 刘京，刘廷良，刘允，等.地表水环境自动监测技术应用与发展趋势 [J].中国环境监测，2017，33（6）：1-9.

[113] 王牲，江南，胡斌，等.太湖蓝藻水华遥感动态监测信息系统设计与实现 [J].测绘科学，2010，35（2）：53，164-166.

[114] 嵇晓燕，张迪，李文攀，等.湖泊蓝藻天地一体化监测业务化运行平台的构建——以滇池流域为例 [J].环境保护，2016，44（18）：24-27.

[115] 刘京华，陈军，秦松，等.红外光谱在微藻领域的应用研究进展 [J].光谱学与光谱分析，2019，39（1）：79-86.

[116] 徐伟伟，张黎明，陈洪耀，等.基于反射点源的高分辨率光学卫星传感器在轨辐射定标方法 [J].光学学报，2017，37（3）：340-347.

[117] 鲁韦坤，余凌翔，欧晓昆，等.滇池蓝藻水华发生频率与气象因子的关系 [J].湖泊科学，2017，29（3）：534-545.

[118] Wang D C，Chen J H，Zhang L H，et al. Establishing an ecological security pattern for urban agglomeration, taking ecosystem services and human interference factors into consideration [J].Peer J，2019，7：28.

[119] Chen J H，Wang D C，Li G D，et al. Spatial and temporal heterogeneity analysis of water conservation in Beijing-Tianjin-Hebei urban agglomeration based on the geodetector and spatial elastic coefficient trajectory models [J].GeoHealth，2020，4（8）：1-18.

[120] Wang D C，Chen W G，Wei W，et al. Research on the relationship between urban development intensity and eco-environmental stresses in Bohai rim coastal area, China [J].Sustainability，2016，8（4）：1-15.

[121] 刘金雅，汪东川，孙然好，等.基于变化轨迹分析方法的生态用地流失空间关联研究 [J].地理研究，2020，39（1）：103-114.

[122] 汪翡翠，汪东川，张利辉，等.京津冀城市群土地利用生态风险的时空变化分析 [J].生态学报，2018，38（12）：4307-4316.

[123] Chen W G，Wang D C，Huang Y，et al. Monitoring and analysis of coastal reclamation from 1995-2015 in Tianjin Binhai New Area, China [J].Scientific Reports，2017，7：1-12.